# まえがき

電気回路は，電気電子工学の基礎科目の一つであり，キルヒホッフの法則といくつかの定理を使って回路の電圧と電流を計算したり，回路素子の定数を決定したりする科目です．多くの問題を解いて，その解法に慣れることが，上達への近道です．

本書は7つの章に分かれていますが，特に基本となる第1章と第2章をしっかり学びましょう．第1章「直流回路」では，電圧と電流の概念を身につけ，キルヒホッフの法則に習熟します．テブナンの定理，Y–Δ変換，ブリッジ回路，網目電流法，節点電位法などは，直流回路の中で学習しますが，交流回路でも使うことができます．第2章「正弦波交流回路」では，正弦波の電圧と電流をフェーザで表現し，インピーダンスを使って計算します．数学の知識として複素数と正弦波が必要ですので，それぞれを第2.1節と第2.2節で学べるようにしました．第3章から第7章は，学習状況に応じて，どこから始めても良いでしょう．第7章「過渡現象」では，微分方程式の解法とラプラス変換の知識が必要ですので，それぞれを第7.2節と第7.5節で解説しました．

各節は4ページから成り，1ページ目が解説，2ページ目が例題，3～4ページ目が演習問題です．解説に書けなかった部分を例題にしたものもあります．

本書の演習問題は，筆者が木更津高専の演習用に作った問題が元になっていて，答が簡単な数値になり，最小限の計算量で済むように作ってあります．ぜひ，たくさんの問題を解いて，自信をつけてください．

今回の改訂では，一部の例題や演習問題を差し替え，図面を見やすく修正し，新たに解答欄を設けました．解答欄を設けることにより，解答へ向かって進みやすくなり，進捗状況の確認もできると思います．

2024年3月

上原　正啓

JN062949

# 目 次

# 1 直流回路 ▶ 1.1 電流とキルヒホッフの第1法則(電流則)

電流の性質とキルヒホッフの第1法則(電流則)を理解している.

## 電荷と電流

【参考】電気学の初期の時代に，電気の量(quantity)と電気の強さ(intensity)なる概念があり，それぞれの頭文字 $Q$ と $I$ が電荷量と電流の記号になった.

- 電荷の記号は $Q$，単位は [C] (クーロン).
- 電流の記号は $I$，単位は [A] (アンペア).
- **電流 $I$ = 導線の断面を1秒間に通る電荷量.**

  → 時間 $\Delta t$ [s] に電荷 $\Delta Q$ [C] が通れば，

$$I = \frac{\Delta Q}{\Delta t}\ [\mathrm{A}].$$

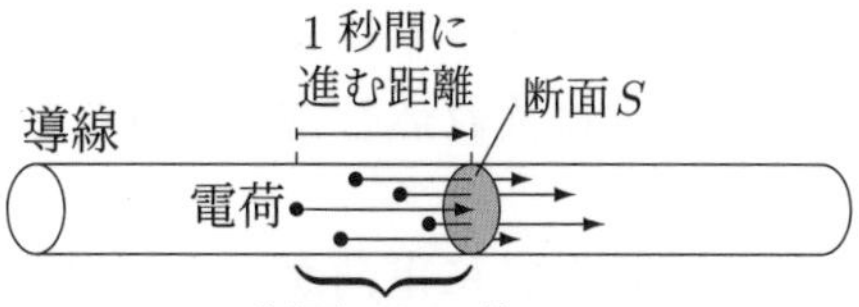


(導線では，負電荷の自由電子の移動が電流となるので，上式で $\Delta Q<0$, $I<0$ となるが，電子の移動方向とは逆向きに電流を測り，$I>0$ とする.)

$\Delta t \to 0$ とすれば，$$I = \lim_{\Delta t\to 0}\frac{\Delta Q}{\Delta t} = \frac{\mathrm{d}Q}{\mathrm{d}t}\ [\mathrm{A}].$$ ($Q$は，時刻 $t$ までに通った電荷量)

- 1本の導線上では，どの部分の電流も同じ.

  → 右図で，$I_1 = I_2 = I_3 = I_4 = I_5$.

  (電荷同士の反発力のため，電荷は導線に滞留しない)

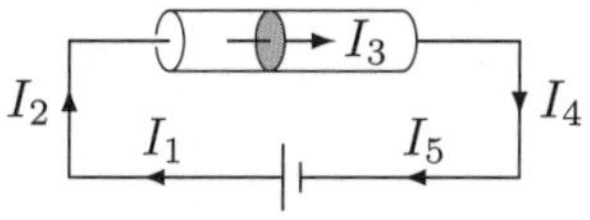


- 右図の並列回路では，$I_1 = I_2 + I_3$.

  (**分流**という)

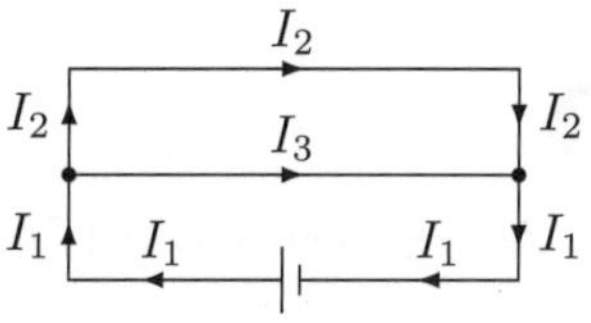


## キルヒホッフの第1法則(電流則)

- 任意の**節点**(導線の接続点)において，

  **流入電流の和 = 流出電流の和.**

  → 右図で，$3+7=6+4$.

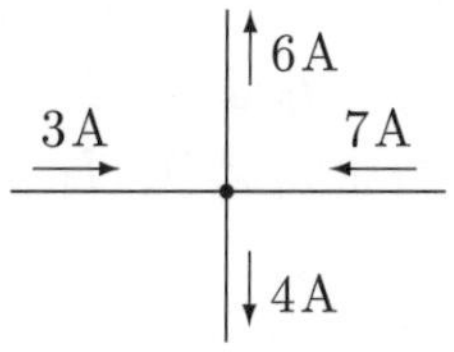


⇓ 全電流を流出方向に測る

- すべての電流 $(I_1, I_2, \cdots, I_n)$ を節点からの流出方向に測り，流入電流にはマイナスを付けることにすれば，

  **流出電流の和 = ゼロ.** ⇒ $\displaystyle\sum_{i=1}^{n} I_i = 0.$

  → 右図で，$6+4+(-3)+(-7)=0$.

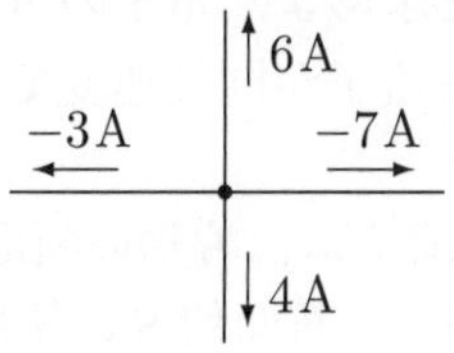


【交流との関連】

第1章「直流回路」の内容は，直流だけではなく，交流の瞬時値 $i(t)$ に対しても成立する.
さらに，電力に関することを除けば，交流のフェーザ $\dot{I}$ に対しても成立する.
しかし，交流の実効値 $I=|\dot{I}|$ に対しては，キルヒホッフの法則等は，一般に成立しない.

**例題 1.1**　6 秒間に 30 [C] の電荷が通るときの電流 $I$ を求めよ．

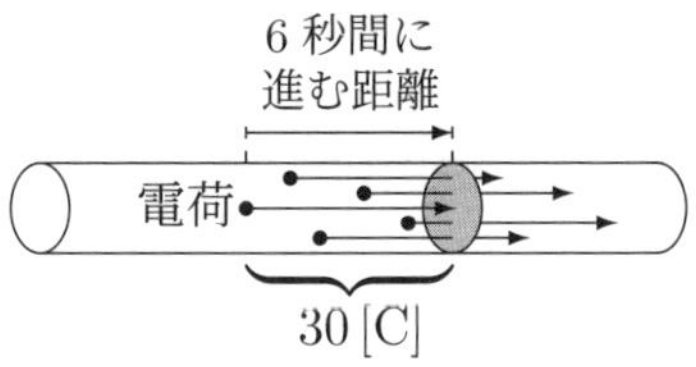


**解答**　$I = \dfrac{\Delta Q}{\Delta t} = \dfrac{30}{6} = 5\,[\mathrm{A}]$.

**例題 1.2**　$I = 2\,[\mathrm{mA}]$ の一定電流を $t = 3$ 秒間，コンデンサに流した．コンデンサに蓄えられる電荷 $Q$ を求めよ．コンデンサの初期電荷はゼロとする．

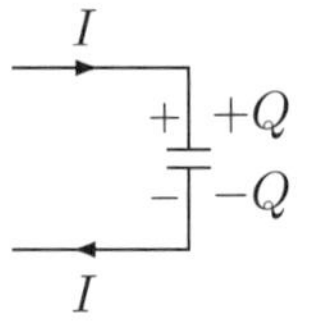


**解答**　$Q = I \times t = (2\times 10^{-3}) \times 3 = 6\times 10^{-3}\,[\mathrm{C}] = 6\,[\mathrm{mC}]$.

**例題 1.3**　コンデンサの電荷が $Q(t) = 5\sin 800t\,[\mathrm{mC}]$ で変化するとき，このコンデンサに流れ込む電流 $i(t)$ を求めよ．

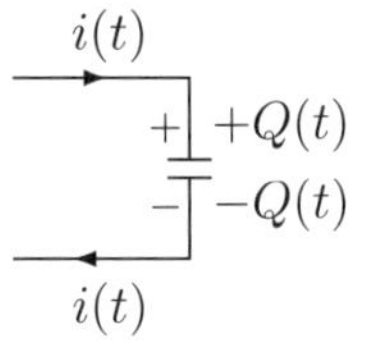


**解答**　微小時間 $\Delta t$ に電荷が $\Delta Q$ だけ増加すれば，$i(t) = \dfrac{\Delta Q}{\Delta t}$．$\Delta t \to 0$ とすれば，$i(t) = \dfrac{\mathrm{d}Q}{\mathrm{d}t} = (5\times 10^{-3}\sin 800t)' = 5\times 10^{-3}\times 800\cos 800t = 4\cos 800t\,[\mathrm{A}]$.

**例題 1.4**　次の回路に流れる電流 $I_1$〜$I_6$ を求めよ．

(1)

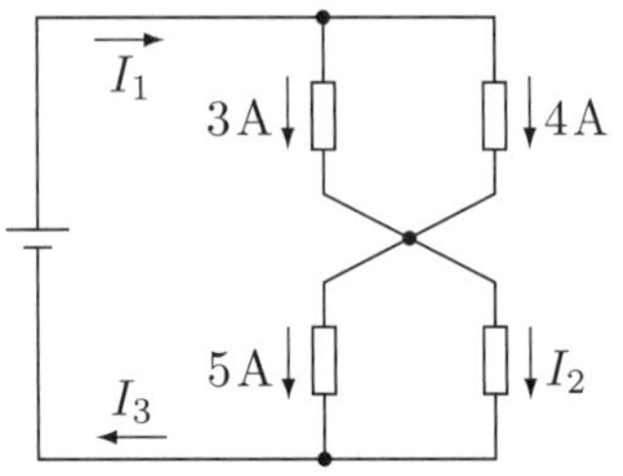


(2)

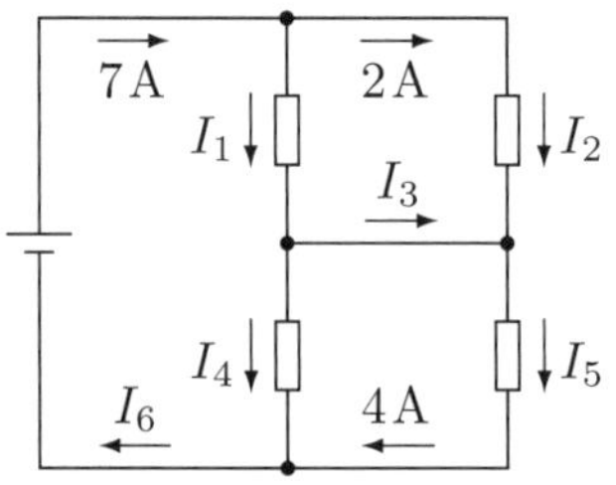


**解答**

(1) キルヒホッフの第 1 法則より，$I_1 = 3 + 4 = 7\,[\mathrm{A}]$.
$3 + 4 = 5 + I_2$ より，$I_2 = 3 + 4 - 5 = 2\,[\mathrm{A}]$.
$I_3 = 5 + I_2 = 5 + 2 = 7\,[\mathrm{A}]$. ← これは $I_1$ と等しい．

(2) キルヒホッフの第 1 法則より，$7 = I_1 + 2. \to I_1 = 5\,[\mathrm{A}]$.　$I_2 = 2\,[\mathrm{A}]$.　$I_5 = 4\,[\mathrm{A}]$.
$I_2 + I_3 = I_5$ より，$I_3 = I_5 - I_2 = 4 - 2 = 2\,[\mathrm{A}]$.
$I_1 = I_3 + I_4$ より，$I_4 = I_1 - I_3 = 5 - 2 = 3\,[\mathrm{A}]$.　$I_6 = I_4 + 4 = 3 + 4 = 7\,[\mathrm{A}]$.

**例題 1.5**　導線中に $n = 10^{28}\,[個/\mathrm{m}^3]$ の自由電子がある．断面積 $S = 1\,[\mathrm{mm}^2]$ の導線に電流 $I = 1.6\,[\mathrm{A}]$ を流したとき，自由電子の速度 $v$ を求めよ．電子の電荷は $e = -1.6\times 10^{-19}\,[\mathrm{C}]$ とし，すべての自由電子が同じ速度で同じ方向に動くものとする．

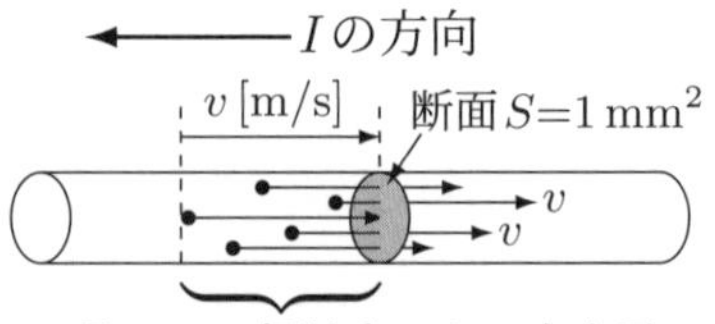


長さ $v$ の領域内にある自由電子が 1 秒間に断面 $S$ を通る．

**解答**　電流 $I$ は，導線の断面 $S$ を 1 秒間に通る電荷量であり，これは長さ $v$，断面積 $S$ の領域内にある自由電子の電荷量に等しい．この領域の体積は $Sv\,[\mathrm{m}^3/\mathrm{s}]$，電荷数は $Svn\,[個/\mathrm{s}]$，電荷量は $Svne\,[\mathrm{C/s}]$ であるから，$I = Svne\,[\mathrm{A}]$ となる．

$\therefore v = \dfrac{I}{Sne} = \dfrac{1.6}{10^{-6}\times 10^{28}\times(-1.6\times 10^{-19})} = -10^{-3}\,[\mathrm{m/s}] = -1\,[\mathrm{mm/s}]$.　（$v$ が $I$ と逆方向のためマイナスがつく．）

【念のため】ここで求めた自由電子の速度 1 [mm/s] は，電気の伝わる速さ（伝搬速度）とは違う．スイッチを入れてから 1 [m] 先の電灯がつくまでに 1000 秒かかるわけではない．伝搬速度については，「第 6 章. 分布定数回路」で求める．

| ドリル No.1 | Class | | No. | | Name | |
|---|---|---|---|---|---|---|

**問題 1.1**　電流と電荷に関する次の問題を解きなさい．［　］の中には単位を記入しなさい．

(1) 1 分間に 6 [C] の電荷が通ったときの電流 $I$ を求めよ．

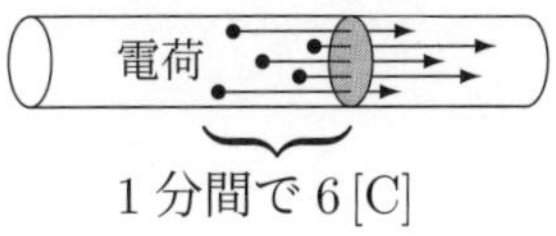


（答）$I =$　　　　　［　　］.

(2) 10 [mA] の一定電流を導線に 1 時間流した．1 時間に導線を通った電荷量 $Q$ を求めよ．

（答）$Q =$　　　　　［　　］.

(3) 50 [mA] の一定電流を 40 [ms] の間，コンデンサに流したとき，蓄えられる電荷 $Q$ を求めよ．コンデンサの初期電荷はゼロとする．

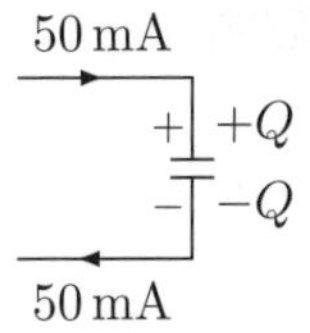


（答）$Q =$　　　　　［　　］.

(4) 電気分解において，陰極に 3 [mol] の電子を供給するためには，陽極方向に電流 4 [A] を何時間流せばよいか．ただし，1 [mol] = $6.0\times10^{23}$ [個] の電子の電荷量は −96000 [C]（ファラデー定数という）である．

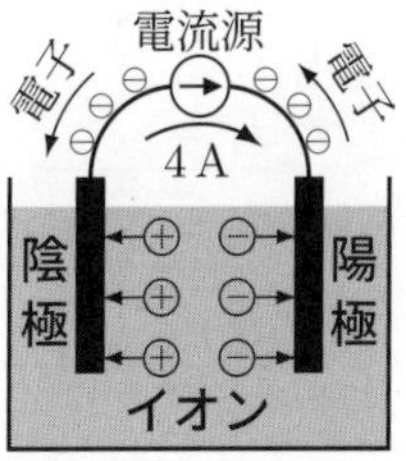


（答）　　　　　［ h ］.

(5) 時刻 $t=0$ [s] に右図の回路を閉じたとき，コンデンサの電荷が $Q(t)=1-2e^{-100t}+e^{-200t}$ [mC] で充電された．電流 $i(t)$，$i(t)$ が最大になる時刻 $t_0$，$i(t)$ の最大値 $i_0$ を求めよ．$\ln 2 \fallingdotseq 0.7$ とする．

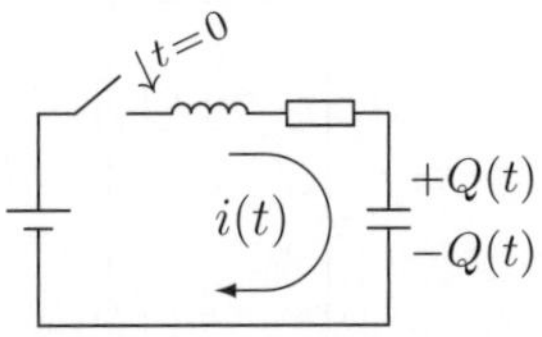


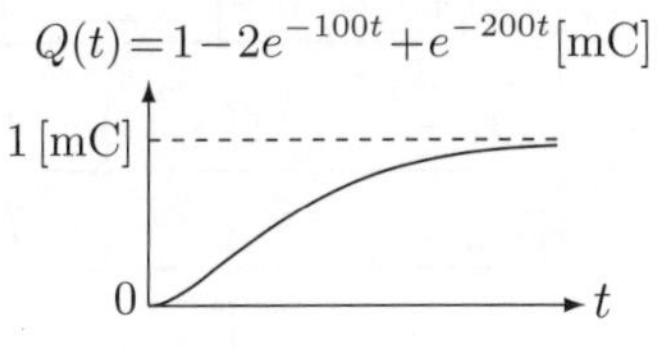


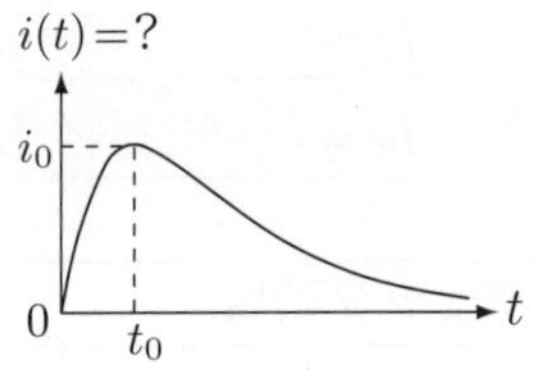


（答）$i(t) =$　　　　　　　　　［　　］.　$t_0 =$　　　　［　　］.　$i_0 =$　　　　［　　］.

(6) 時刻 $t=0$ [s] に右図の回路を閉じると，コンデンサの電荷が $Q(t)=2(1-\cos 1000t)$ [$\mu$C] のように増減を繰り返した．電流 $i(t)$ を求め，その概形を描け．

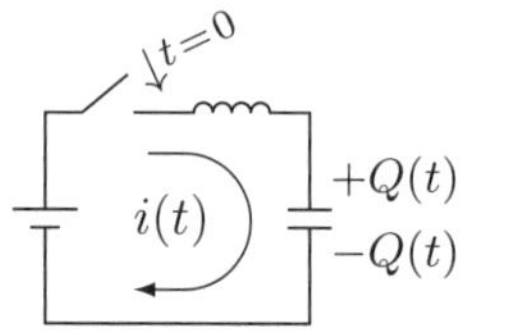


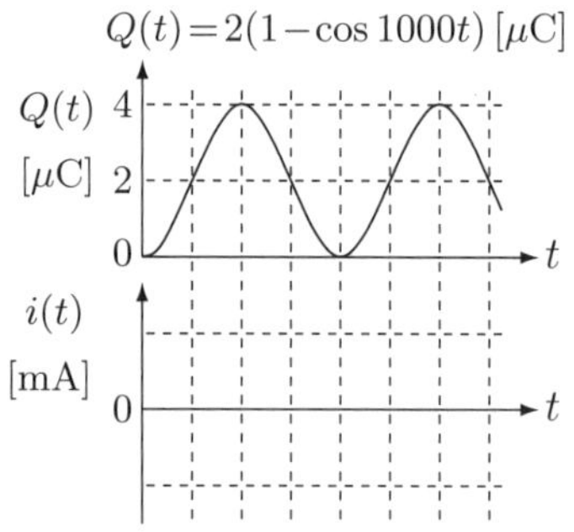


（答）$i(t)=$ ＿＿＿＿＿＿ [　　]．概形と数値を上図に記入する．

**問題 1.2**　次の回路の電流 $I_1$～$I_{12}$ を求めよ．(電流の向きによっては，マイナスの電流もある)

(1)

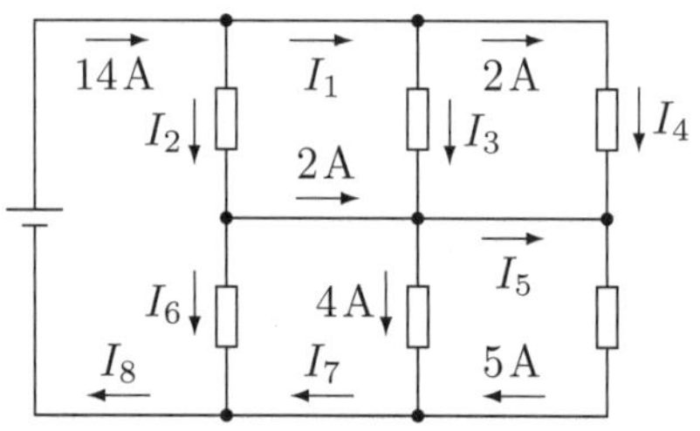


$I_1=$ ＿＿＿ [　　]．$I_2=$ ＿＿＿ [　　]．

$I_3=$ ＿＿＿ [　　]．$I_4=$ ＿＿＿ [　　]．

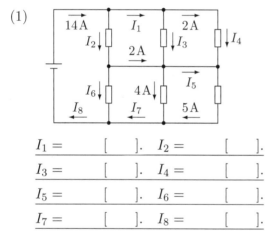

$I_5=$ ＿＿＿ [　　]．$I_6=$ ＿＿＿ [　　]．

$I_7=$ ＿＿＿ [　　]．$I_8=$ ＿＿＿ [　　]．

(2)

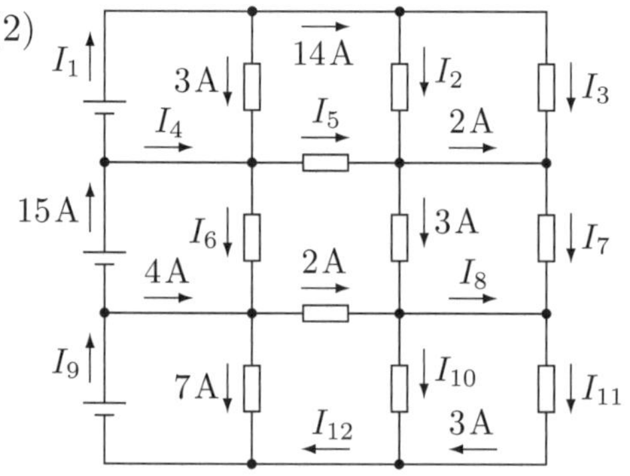


$I_1=$ ＿＿＿ [　　]．$I_2=$ ＿＿＿ [　　]．

$I_3=$ ＿＿＿ [　　]．$I_4=$ ＿＿＿ [　　]．

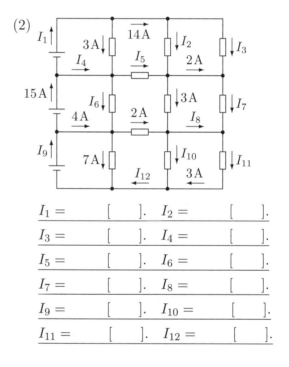

$I_5=$ ＿＿＿ [　　]．$I_6=$ ＿＿＿ [　　]．

$I_7=$ ＿＿＿ [　　]．$I_8=$ ＿＿＿ [　　]．

$I_9=$ ＿＿＿ [　　]．$I_{10}=$ ＿＿＿ [　　]．

$I_{11}=$ ＿＿＿ [　　]．$I_{12}=$ ＿＿＿ [　　]．

(3)

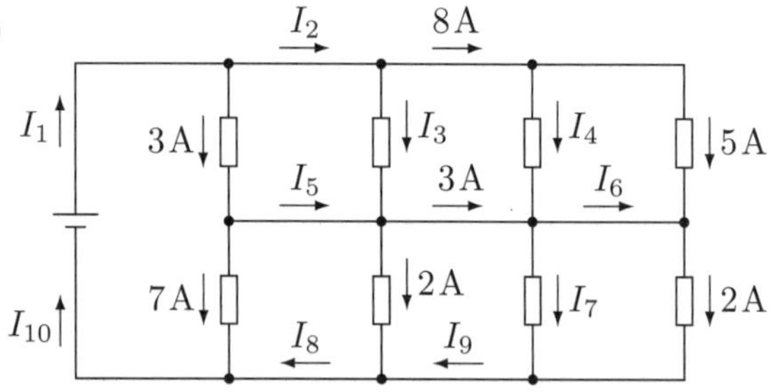

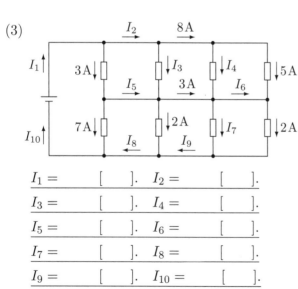

$I_1=$ ＿＿＿ [　　]．$I_2=$ ＿＿＿ [　　]．

$I_3=$ ＿＿＿ [　　]．$I_4=$ ＿＿＿ [　　]．

$I_5=$ ＿＿＿ [　　]．$I_6=$ ＿＿＿ [　　]．

$I_7=$ ＿＿＿ [　　]．$I_8=$ ＿＿＿ [　　]．

$I_9=$ ＿＿＿ [　　]．$I_{10}=$ ＿＿＿ [　　]．

| **チェック項目** | 月　日 | 月　日 |
|---|---|---|
| 電流の性質とキルヒホッフの第１法則（電流則）を理解している． | | |

## 1 直流回路 ▶ 1.2 電圧とオームの法則

電圧の性質とオームの法則を理解している.

### 電位と電圧

- 電位と電圧の記号は $V$, 単位は [V]（ボルト）.

- **電位 $V$ は 電気の世界での高さ**を表す.
  - → 接地点または回路のマイナス側が基準電位 $V=0$.
  - → 電位 $V$ にある電荷 $Q$ の位置エネルギー $= QV$ [J].

- ある区間の一端から他端までの**電位差を電圧**という.
  - → 直列接続された各素子の電圧の和＝全体の電圧.
  - → 右上の直列回路では, $4+5=2+3+4=9$ [V].

- **同一導線上は等電位**である.
  - → 並列回路（右図）は, 各素子の電圧が等しい.

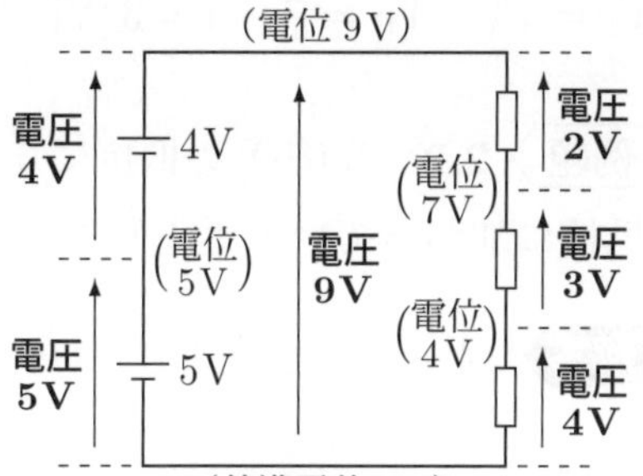

[直列回路の例]

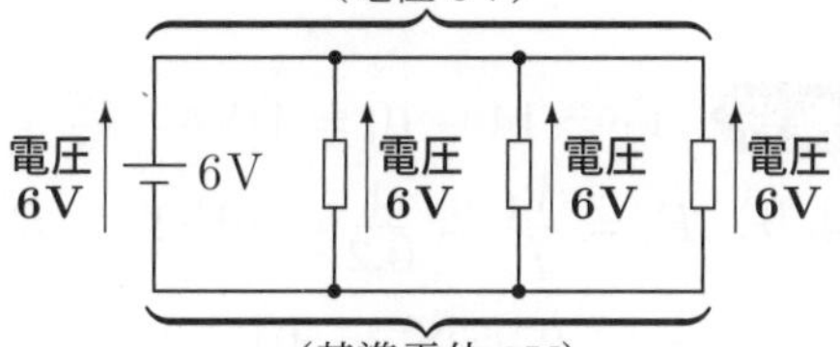

[並列回路の例]

### オームの法則

- 抵抗（ ─▭─ ）の電圧 $V$ [V] と電流 $I$ [A] は比例する（**オームの法則**）.

$$\left.\begin{array}{l} \dfrac{V}{I}=\text{定数}\,R. \rightarrow \boxed{V=RI.} \\[2mm] \dfrac{I}{V}=\text{定数}\,G. \rightarrow \boxed{I=GV.} \end{array}\right\} \rightarrow \boxed{R=\dfrac{1}{G},\quad G=\dfrac{1}{R}.}$$

$R\,[\overset{\text{オーム}}{\Omega}]$ を **抵抗**, $G\,[\overset{\text{ジーメンス}}{\text{S}}]$ を **コンダクタンス**という.

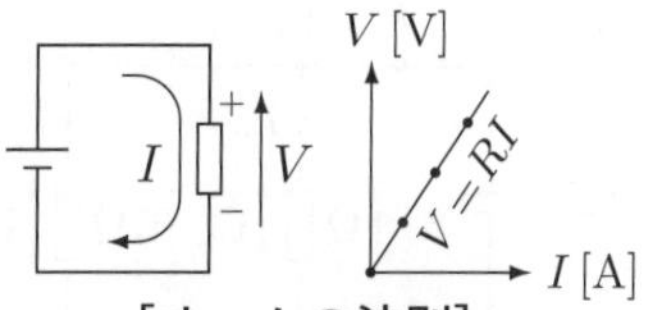

[オームの法則]

- 抵抗 $R$ は電流の「**流れにくさ**」, コンダクタンス $G$ は電流の「**流れやすさ**」を表す.

- 抵抗上で $I$ は**高電位から低電位に流れる**. → 抵抗上で $I$ と $V$ とは逆方向 $\left(\begin{smallmatrix} & I \to \\ \text{─▭─} \\ \xleftarrow{\ V\ } \end{smallmatrix}\right)$.

### 導体と絶縁体

- 原子から離れて自由に動く電子を**自由電子**という. 自由電子は低電位から高電位に向かって動き, これが電流となる. 電流の向きは, 逆に高電位から低電位に向かう.

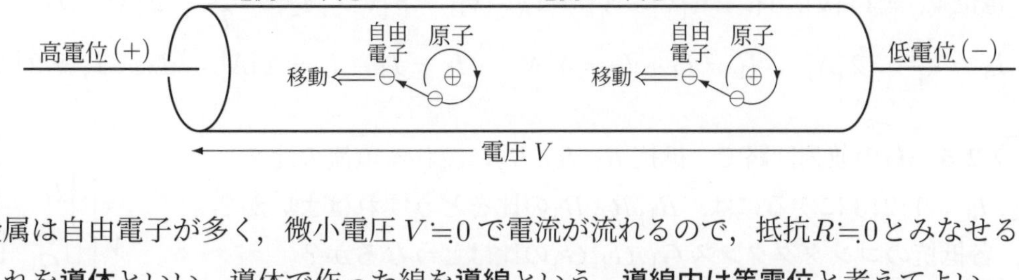

- 金属は自由電子が多く, 微小電圧 $V≒0$ で電流が流れるので, 抵抗 $R≒0$ とみなせる. これを**導体**といい, 導体で作った線を**導線**という. **導線内は等電位**と考えてよい.

- 紙・ゴム・空気などは自由電子がほとんど無く, 電流 $I≒0$ ゆえ, 抵抗 $R≒\infty$ とみなせる. これを**絶縁体**という. 絶縁体（空気を含む）で囲んだ導線の外へ電流は漏れ出さない.

**例題 2.1**　右の直列回路の点A, B, Cの電位が $V_A=7$ [V], $V_B=4$ [V], $V_C=0$ [V] のとき，電源の電圧 $E$ と抵抗 $R_1, R_2$ の電圧 $V_1, V_2$ を求めよ．

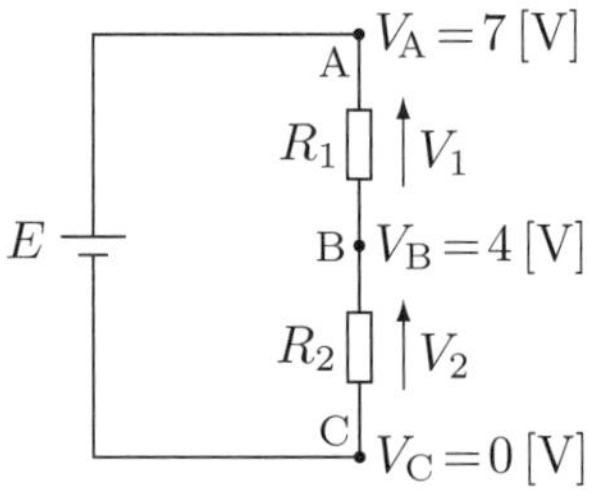


**解答**　電圧は電位差であるから，$E=V_A-V_C=7-0=7$ [V]．
$V_1=V_A-V_B=7-4=3$ [V]．　$V_2=V_B-V_C=4-0=4$ [V]．

**例題 2.2**　100 [Ω] の抵抗に 0.1 [A] の電流が流れているとき，この抵抗に加わっている電圧 $V$ を求めよ．

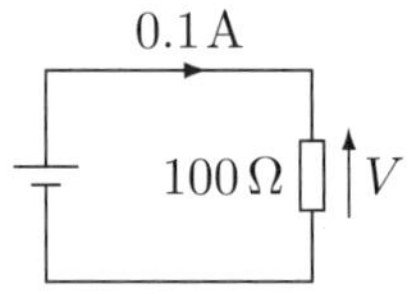


**解答**　オームの法則より，$V=RI=100\times 0.1=10$ [V]．

**例題 2.3**　右の回路の点A, B, Cの電位が $V_A=14$ [V], $V_B=10$ [V], $V_C=0$ [V]，電流が $I=0.2$ [A] であるとき，抵抗 $R_1, R_2$ の電圧 $V_1, V_2$, 抵抗値 $R_1, R_2$, およびそれぞれのコンダクタンス $G_1, G_2$ を求めよ．

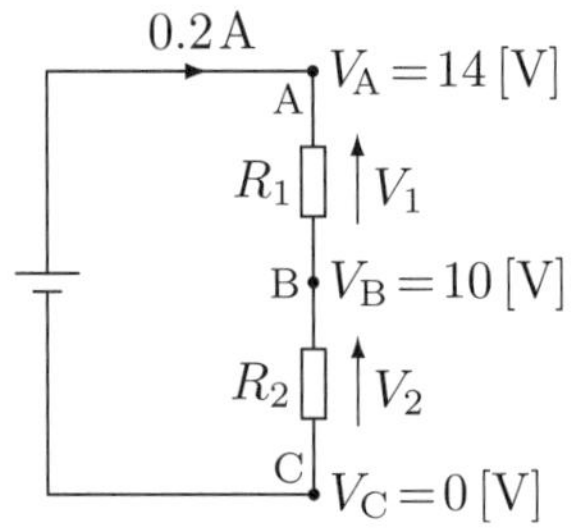


**解答**　$V_1=14-10=4$ [V]．　$V_2=10-0=10$ [V]．オームの法則より，$R_1=\dfrac{V_1}{I}=\dfrac{4}{0.2}=20$ [Ω]．　$R_2=\dfrac{V_2}{I}=\dfrac{10}{0.2}=50$ [Ω]．
$G_1=\dfrac{1}{R_1}=0.05$ [S] $=50$ [mS]．　$G_2=\dfrac{1}{R_2}=0.02$ [S] $=20$ [mS]．

**例題 2.4**　次の回路の抵抗の電圧 $V_1, V_2$ と電流 $I_1, I_2, \cdots$ を求めよ．

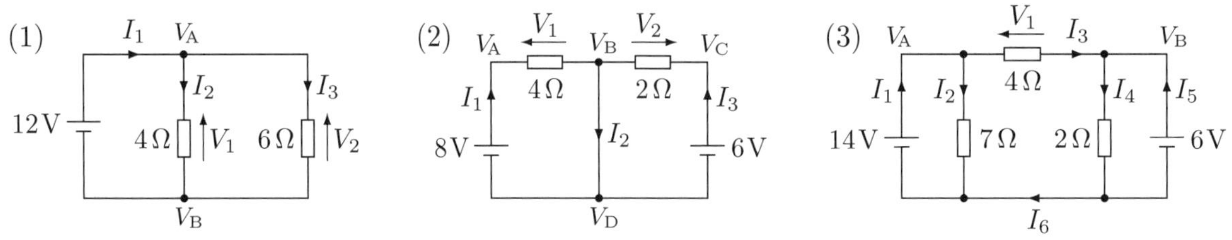


**解答**　電源のマイナス側を基準電位 0 [V] とする．同一導線上は等電位であることに注意する．

(1) 電位 $V_A=12$ [V]，$V_B=0$ [V]．　$V_1=V_2=V_A-V_B=12-0=12$ [V]．
オームの法則より，$I_2=\dfrac{V_1}{4}=\dfrac{12}{4}=3$ [A]．　$I_3=\dfrac{V_2}{6}=\dfrac{12}{6}=2$ [A]．
キルヒホッフの第1法則より，$I_1=I_2+I_3=3+2=5$ [A]．

(2) 電位 $V_A=8$ [V]，$V_B=V_D=0$ [V]，$V_C=6$ [V]．　$V_1=V_A-V_B=8$ [V]．　$V_2=V_C-V_B=6$ [V]．
$I_1=\dfrac{V_1}{4}=\dfrac{8}{4}=2$ [A]．　$I_3=\dfrac{V_2}{2}=\dfrac{6}{2}=3$ [A]．　$I_2=I_1+I_3=2+3=5$ [A]．

(3) 電位 $V_A=14$ [V]，$V_B=6$ [V]．　$V_1=V_A-V_B=8$ [V]．　$I_2=\dfrac{14}{7}=2$ [A]．　$I_4=\dfrac{6}{2}=3$ [A]．
$I_3=\dfrac{V_1}{4}=2$ [A]．　$I_1=I_2+I_3=4$ [A]．　$I_5=I_4-I_3=1$ [A]．　$I_6=I_3=2$ [A]．

**例題 2.5**　右の並列回路で，抵抗 $R_1, R_2, R_3$ に流れる電流の比を $I_1:I_2:I_3=1:2:3$ にするには，$R_1, R_2, R_3$ の比をどうすればよいか？また，各抵抗のコンダクタンス $G_1, G_2, G_3$ の比はどうなるか？

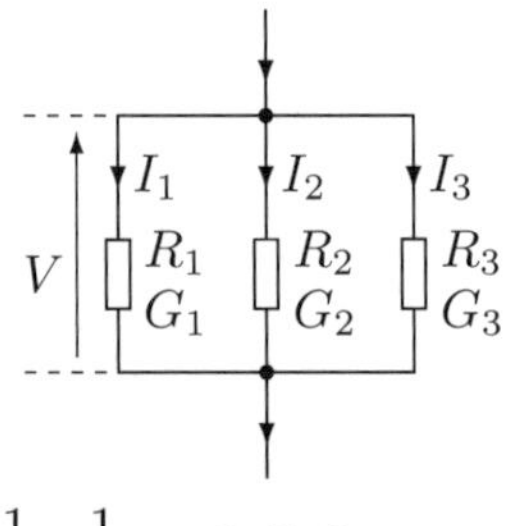


**解答**　各抵抗の電圧は等しい．これを $V$ とすれば，オームの法則より，
$V=R_1I_1=R_2I_2=R_3I_3$．　$\therefore R_1:R_2:R_3=\dfrac{V}{I_1}:\dfrac{V}{I_2}:\dfrac{V}{I_3}=\dfrac{1}{I_1}:\dfrac{1}{I_2}:\dfrac{1}{I_3}=\dfrac{1}{1}:\dfrac{1}{2}:\dfrac{1}{3}=6:3:2$．
$I_1=G_1V$, $I_2=G_2V$, $I_3=G_3V$ だから，$G_1:G_2:G_3=I_1:I_2:I_3=1:2:3$．

| ドリル No.2 | Class | | No. | | Name | |
|---|---|---|---|---|---|---|

**問題 2.1** 次の回路で，各点の電位 $V_A, V_B, \cdots$ が与えられているとき，電源電圧 $E$ と各抵抗の電圧 $V_1, V_2, \cdots$ を求めよ.（電圧の向きによっては，マイナスの電圧もある）

(1)

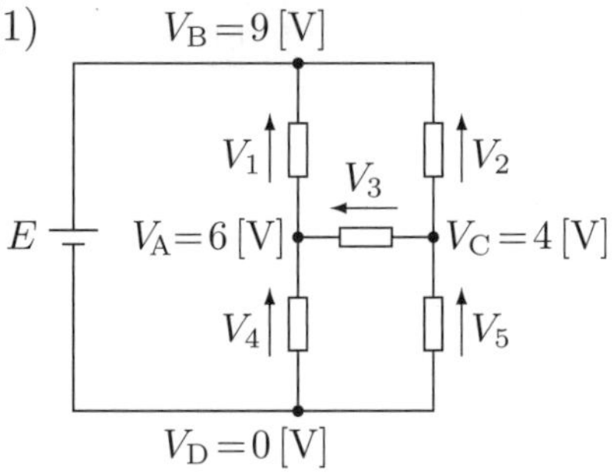


$E =$ [ ]. $V_1 =$ [ ].

$V_2 =$ [ ]. $V_3 =$ [ ].

$V_4 =$ [ ]. $V_5 =$ [ ].

(2)

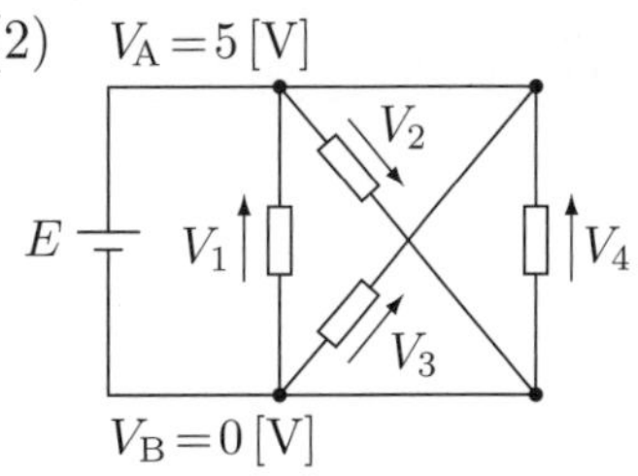


$E =$ [ ].

$V_1 =$ [ ].

$V_2 =$ [ ].

$V_3 =$ [ ].

$V_4 =$ [ ].

(3)

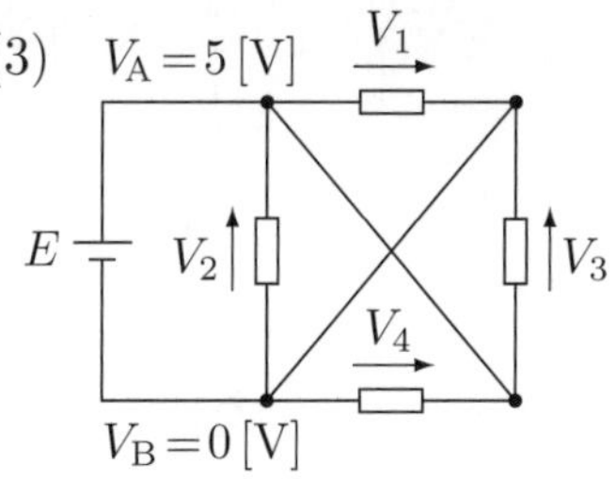


$E =$ [ ].

$V_1 =$ [ ].

$V_2 =$ [ ].

$V_3 =$ [ ].

$V_4 =$ [ ].

**問題 2.2** 次の回路で，図のように電圧が与えられているとき，電圧 $V_1, V_2, \cdots$ を求めよ.

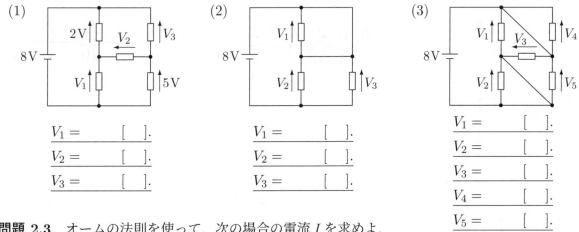

(1)

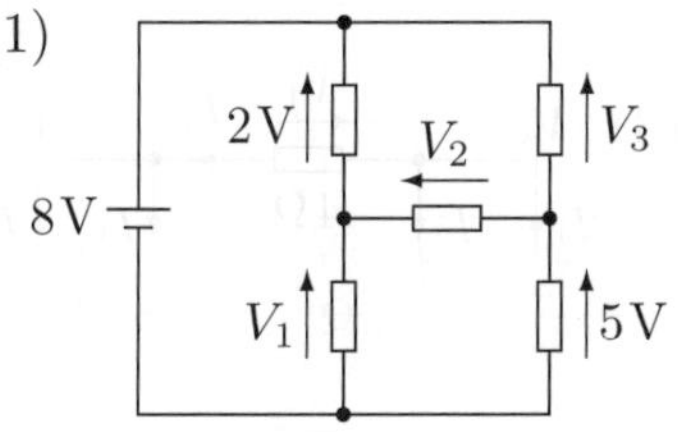


$V_1 =$ [ ].

$V_2 =$ [ ].

$V_3 =$ [ ].

(2)

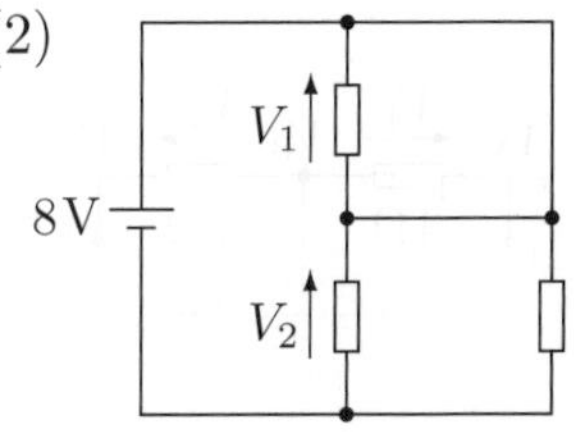


$V_1 =$ [ ].

$V_2 =$ [ ].

$V_3 =$ [ ].

(3)

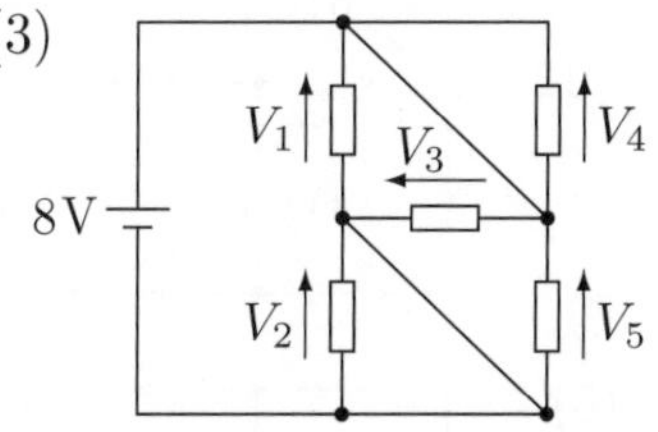


$V_1 =$ [ ].

$V_2 =$ [ ].

$V_3 =$ [ ].

$V_4 =$ [ ].

$V_5 =$ [ ].

**問題 2.3** オームの法則を使って，次の場合の電流 $I$ を求めよ.

(1) 抵抗値を 2 [kΩ] に固定して，電源電圧を 2, 4, 6, 8 [V] と変えた場合.

(a)

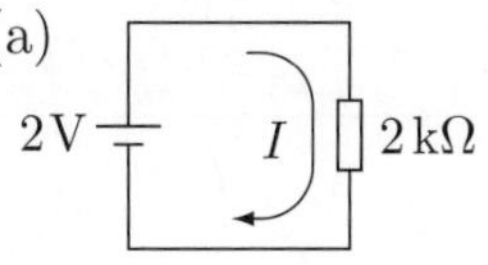


(b)

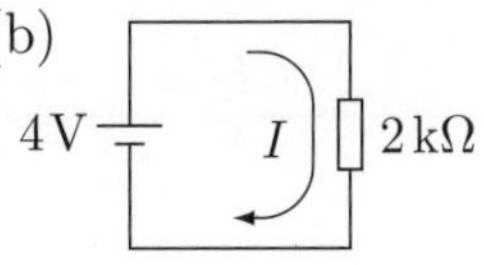


(c)

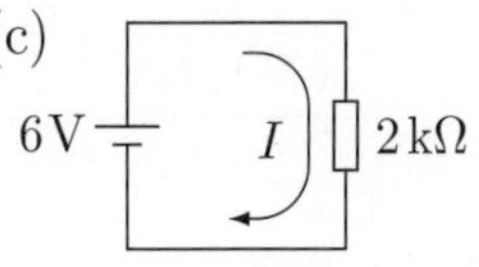


(d)

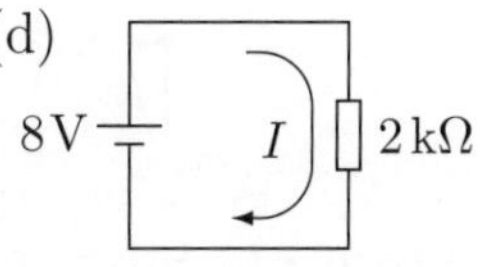


$I =$ [ ]. $I =$ [ ]. $I =$ [ ]. $I =$ [ ].

(2) 電源電圧を 12 [V] に固定して，抵抗値を 1, 2, 3, 4 [kΩ] と変えた場合.

(a)

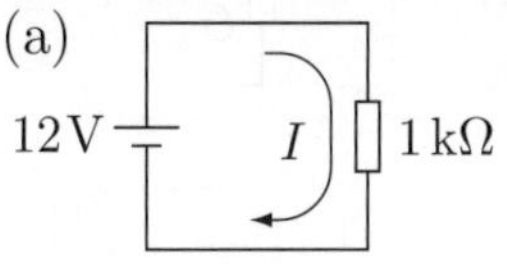


(b)

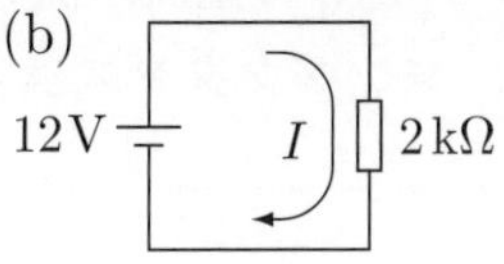


(c)

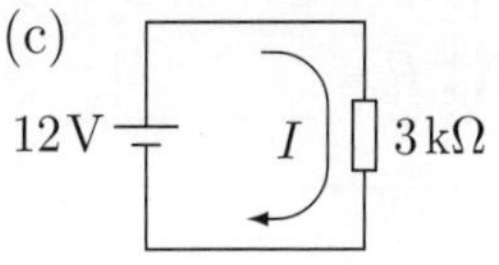


(d)

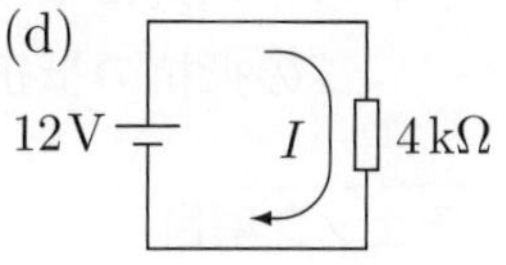


$I =$ [ ]. $I =$ [ ]. $I =$ [ ]. $I =$ [ ].

**問題 2.4**　キルヒホッフの第 1 法則とオームの法則を使って，電流 $I_1, I_2, \cdots$ を求めよ．

(1)

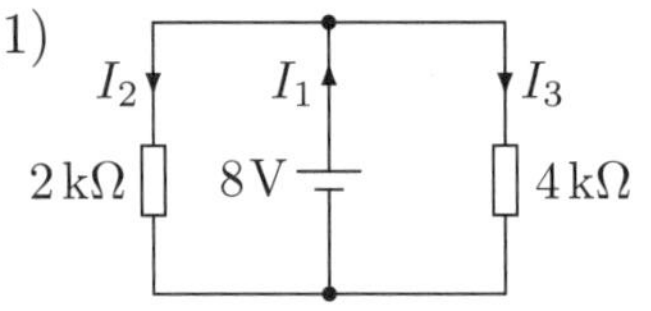


(答) $I_1=$ ＿＿＿＿ [　　]．$I_2=$ ＿＿＿＿ [　　]．$I_3=$ ＿＿＿＿ [　　]．

(2)

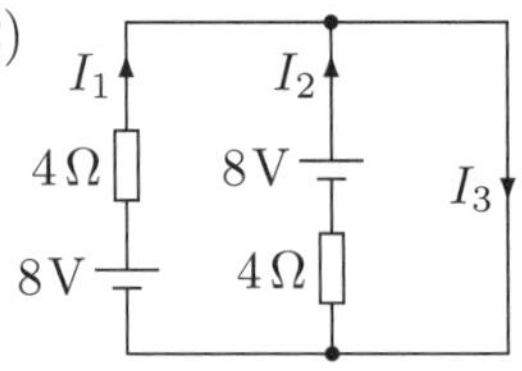


(答) $I_1=$ ＿＿＿＿ [　　]．$I_2=$ ＿＿＿＿ [　　]．$I_3=$ ＿＿＿＿ [　　]．

(3)

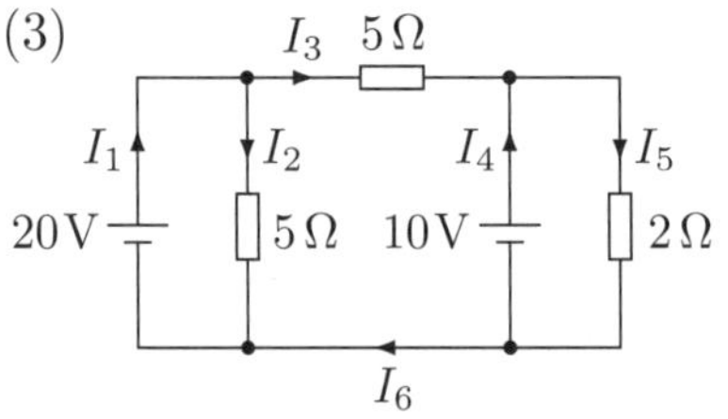


(答) $I_1=$ ＿＿＿＿ [　　]．$I_2=$ ＿＿＿＿ [　　]．$I_3=$ ＿＿＿＿ [　　]．
$I_4=$ ＿＿＿＿ [　　]．$I_5=$ ＿＿＿＿ [　　]．$I_6=$ ＿＿＿＿ [　　]．

(4)

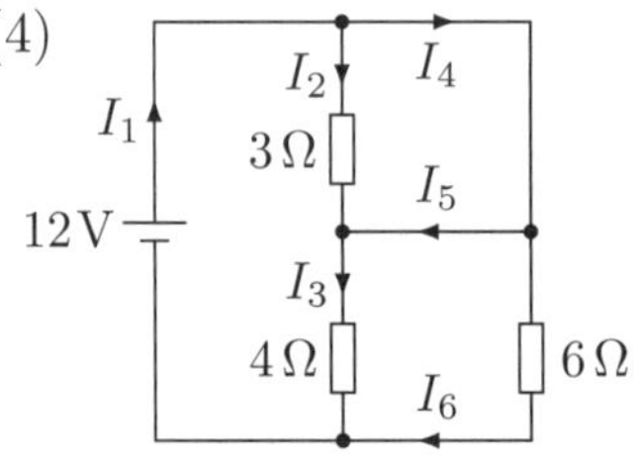


(答) $I_1=$ ＿＿＿＿ [　　]．$I_2=$ ＿＿＿＿ [　　]．$I_3=$ ＿＿＿＿ [　　]．
$I_4=$ ＿＿＿＿ [　　]．$I_5=$ ＿＿＿＿ [　　]．$I_6=$ ＿＿＿＿ [　　]．

(5)

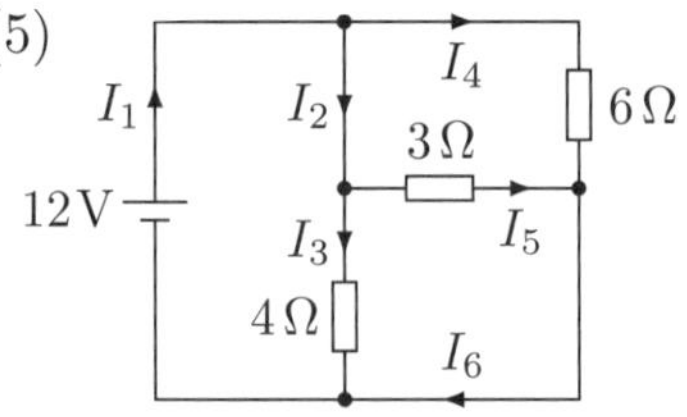


(答) $I_1=$ ＿＿＿＿ [　　]．$I_2=$ ＿＿＿＿ [　　]．$I_3=$ ＿＿＿＿ [　　]．
$I_4=$ ＿＿＿＿ [　　]．$I_5=$ ＿＿＿＿ [　　]．$I_6=$ ＿＿＿＿ [　　]．

(6)

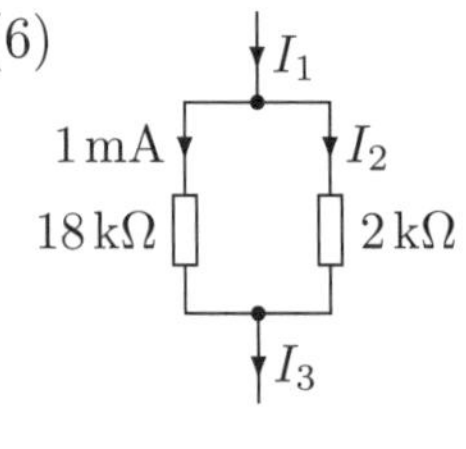


(答) $I_1=$ ＿＿＿＿ [　　]．$I_2=$ ＿＿＿＿ [　　]．$I_3=$ ＿＿＿＿ [　　]．

**問題 2.5**　次の下線部に記入せよ．

(1) 抵抗 $R=100$ [kΩ] のコンダクタンスは $G=$ ＿＿＿＿ [　　]．

(2) コンダクタンス 2 [mS] の抵抗に電圧 5 [V] を加えたとき，流れる電流は $I=$ ＿＿＿＿ [　　]．

(3) ある抵抗に 10 [V] の電圧を印加したとき，5 [mA] の電流が流れた．
この抵抗の抵抗値は $R=$ ＿＿＿＿ [　　]，コンダクタンスは $G=$ ＿＿＿＿ [　　]．

| チェック項目 | 月　日 | 月　日 |
|---|---|---|
| 電圧の性質とオームの法則を理解している． | | |

合成抵抗を求めることができる.

## 直列回路の合成抵抗

- 直列回路は, 電流 $I$ が共通で, 電圧は和 $V=V_1+V_2+\cdots$ になる.
- **図 1** の直列抵抗 $R_1, R_2, R_3$ を, **図 2** の 1 個の合成抵抗 $R$ に置き換えよう.

**図 1**: $V=V_1+V_2+V_3=R_1I+R_2I+R_3I$
$=(R_1+R_2+R_3)\,I.$

**図 2**: $V=RI.$

$\therefore$ **直列の合成抵抗** $R=R_1+R_2+R_3.$

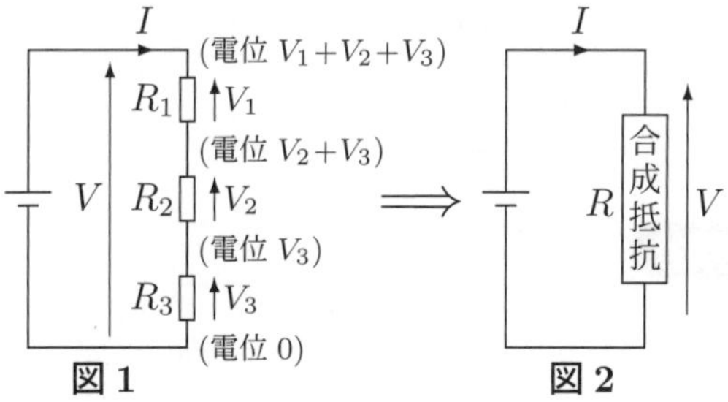

図 1　図 2

- 同一の抵抗 $R_1$ を $n$ 個直列接続した場合の合成抵抗 $R=\underbrace{R_1+R_1+\cdots+R_1}_{n\text{個}}=nR_1.$

## 並列回路の合成抵抗

- 並列回路は, 電圧 $V$ が共通で, 電流は和 $I=I_1+I_2+\cdots$ になる.
- **図 3** の並列抵抗 $R_1, R_2, R_3$ を, **図 4** の 1 個の合成抵抗 $R$ で置き換えよう.

$R_1, R_2, R_3, R$ のコンダクタンスを $G_1=\frac{1}{R_1}$, $G_2=\frac{1}{R_2}$, $G_3=\frac{1}{R_3}$, $G=\frac{1}{R}$ とすると,

**図 3**: $I=I_1+I_2+I_3=G_1V+G_2V+G_3V$
$=(G_1+G_2+G_3)\,V.$

**図 4**: $I=GV.$

$\therefore$ **並列の合成コンダクタンス** $G=G_1+G_2+G_3.$

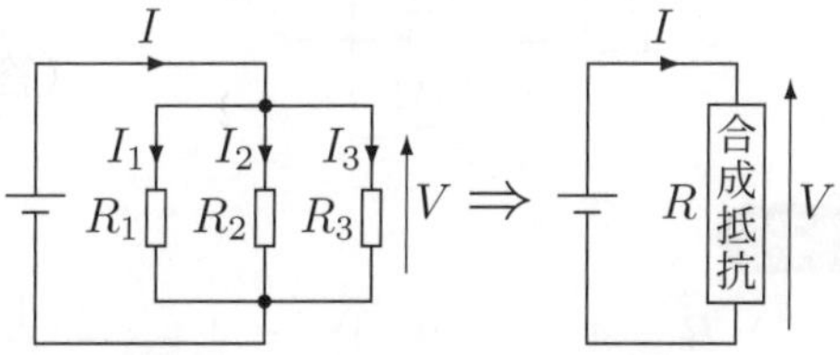

図 3　図 4

抵抗に直すと,

$\frac{1}{R}=\frac{1}{R_1}+\frac{1}{R_2}+\frac{1}{R_3}.$ → **並列の合成抵抗** $R=\dfrac{1}{\frac{1}{R_1}+\frac{1}{R_2}+\frac{1}{R_3}}=R_1/\!/R_2/\!/R_3.$ （$/\!/$：並列の記号）

- 同一の抵抗 $R_1$ を $n$ 個並列接続した場合の合成抵抗 $R=\dfrac{1}{\underbrace{\frac{1}{R_1}+\frac{1}{R_1}+\cdots+\frac{1}{R_1}}_{n\text{個}}}=\dfrac{1}{\frac{n}{R_1}}=\dfrac{R_1}{n}.$

- 2 抵抗 $R_1, R_2$ の並列 → **2 抵抗の並列抵抗** $R_1/\!/R_2=\dfrac{1}{\frac{1}{R_1}+\frac{1}{R_2}}=\dfrac{R_1R_2}{R_1+R_2}=\dfrac{\textbf{積}}{\textbf{和}}.$

## 等電位を利用した合成抵抗の求め方

- **図 5** の点A, Bの電位はどちらも $\frac{E}{2}$ で等電位.
- 等電位なら A, Bを短絡（導線で結合）しても電位状態は同じゆえ, **図 6** に変形してもよい.
- 等電位なら抵抗 $R_x$ に電流は流れないから, A, B間を開放し, **図 7** に変形してもよい.

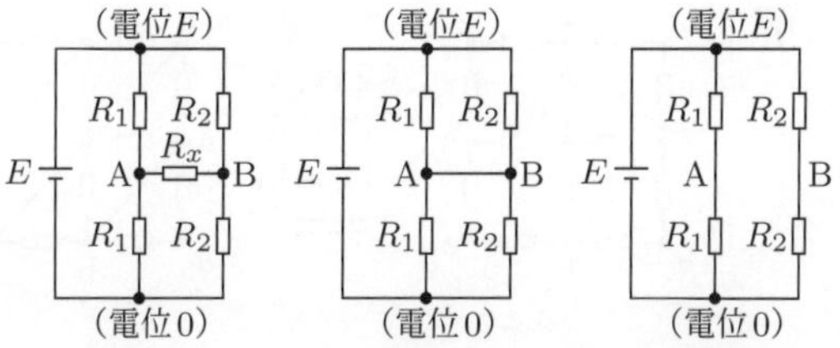

図 5　図 6 AB短絡　図 7 AB開放

⟹ **図 6**, **図 7** は直列と並列の組み合わせ（直並列）なので, 簡単に合成抵抗を計算できる.

**例題 3.1**　次の直列回路の合成抵抗$R$を求めよ.

(1) 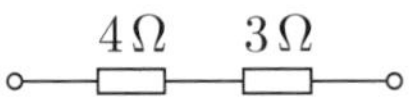


(2) 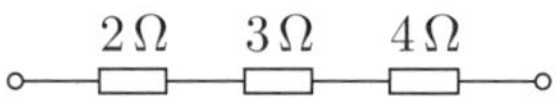


(3) 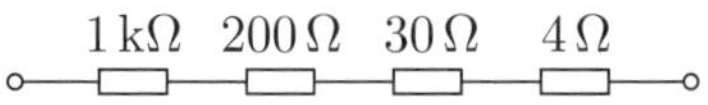


**解答**　(1) $R=4+3=7\,[\Omega]$.　(2) $R=2+3+4=9\,[\Omega]$.　(3) $R=1000+200+30+4=1234\,[\Omega]$.

**例題 3.2**　次の並列回路の合成抵抗$R$を求めよ.

(1) 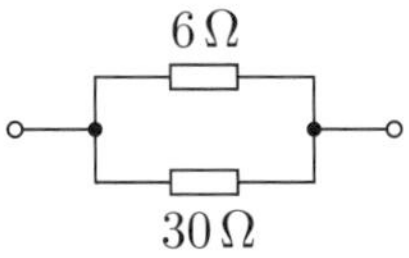


(2) 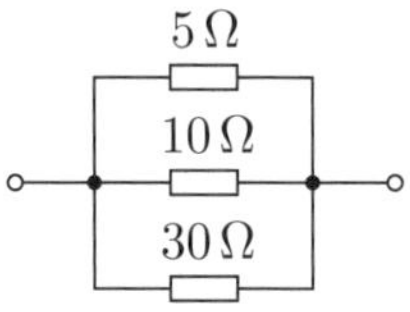


(3) 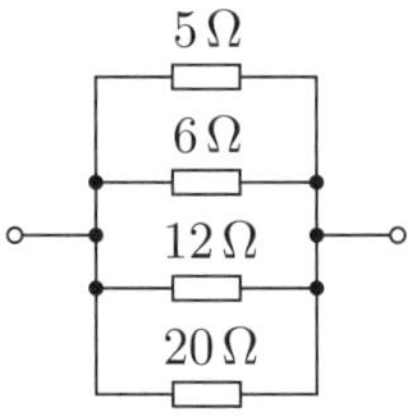


**解答**

(1) $R=6/\!/30=\dfrac{1}{\dfrac{1}{6}+\dfrac{1}{30}}\overset{\text{分母, 分子}\times 30}{=}\dfrac{30}{\dfrac{30}{6}+\dfrac{30}{30}}=\dfrac{30}{5+1}=\dfrac{30}{6}=5\,[\Omega]$.　または, $R=\dfrac{6\times30}{6+30}=\dfrac{180}{36}=5\,[\Omega]$.

(2) $R=5/\!/10/\!/30=\dfrac{1}{\dfrac{1}{5}+\dfrac{1}{10}+\dfrac{1}{30}}=\dfrac{30}{\dfrac{30}{5}+\dfrac{30}{10}+\dfrac{30}{30}}=\dfrac{30}{6+3+1}=\dfrac{30}{10}=3\,[\Omega]$.

(3) $R=5/\!/6/\!/12/\!/20=\dfrac{1}{\dfrac{1}{5}+\dfrac{1}{6}+\dfrac{1}{12}+\dfrac{1}{20}}=\dfrac{60}{\dfrac{60}{5}+\dfrac{60}{6}+\dfrac{60}{12}+\dfrac{60}{20}}=\dfrac{60}{12+10+5+3}=\dfrac{60}{30}=2\,[\Omega]$.

**例題 3.3**　次の直並列回路(直列と並列を組み合わせた回路)の合成抵抗$R$を求めよ.

(1) 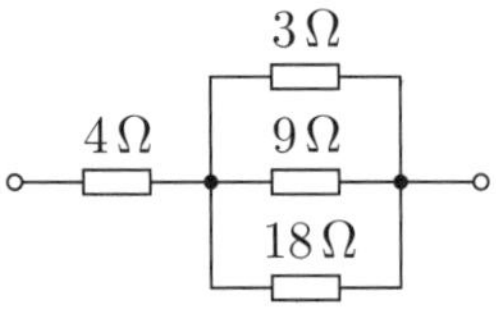


(2) 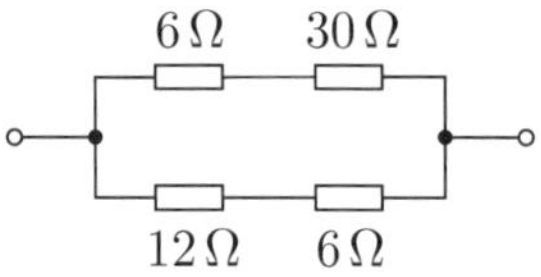


(3) 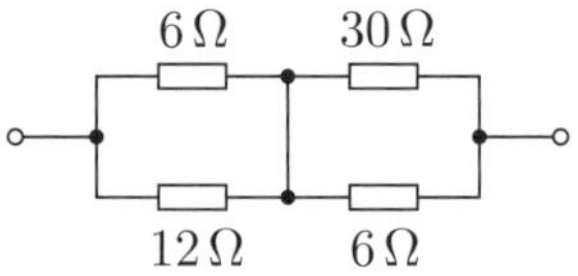


**解答**

(1) $R=4+(3/\!/9/\!/18)=4+\dfrac{1}{\dfrac{1}{3}+\dfrac{1}{9}+\dfrac{1}{18}}=4+\dfrac{18}{\dfrac{18}{3}+\dfrac{18}{9}+\dfrac{18}{18}}=4+\dfrac{18}{6+2+1}=4+\dfrac{18}{9}=6\,[\Omega]$.

(2) $R=(6+30)/\!/(12+6)=36/\!/18=\dfrac{36\times18}{36+18}=\dfrac{36}{2+1}=12\,[\Omega]$.

(3) 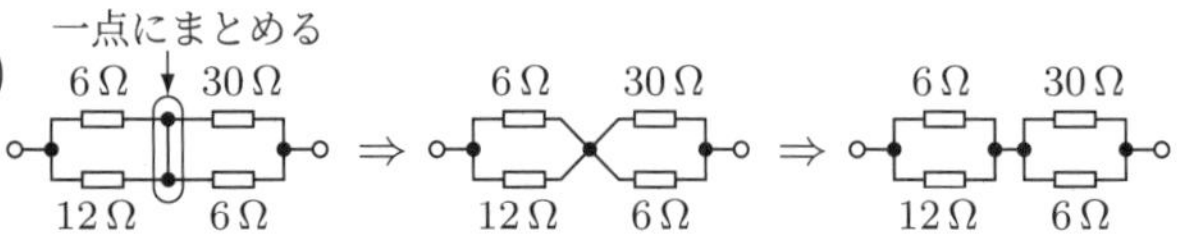


$R=(6/\!/12)+(30/\!/6)=\dfrac{6\times12}{6+12}+\dfrac{30\times6}{30+6}$
$=\dfrac{12}{1+2}+\dfrac{30}{5+1}=4+5=9\,[\Omega]$.

**例題 3.4**　右の回路のAB間の抵抗値$R$を求めよ.

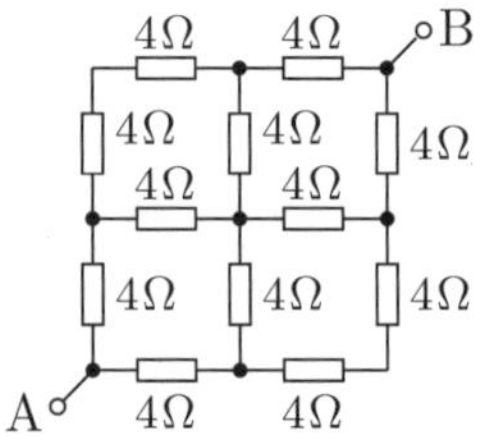


**解答**　2種類の解法を示す.

［解1］

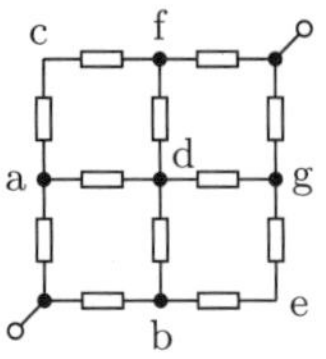

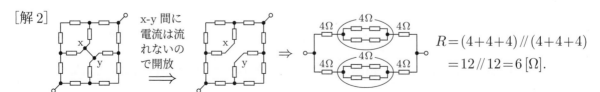

a-b, c-d-e, f-g は, 同電位なので短絡 ⟹

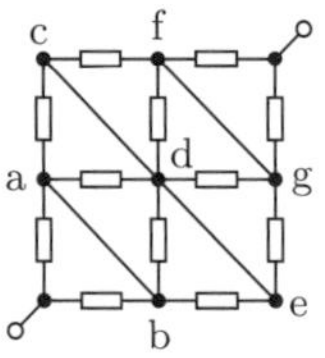


⇒

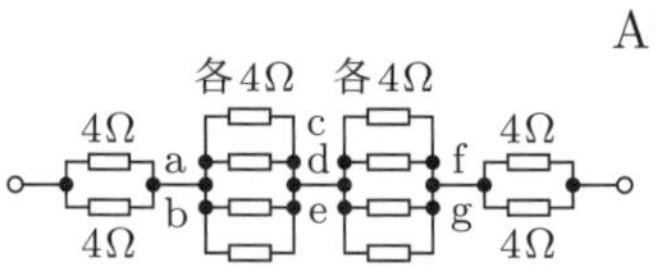


$R=\dfrac{4}{2}+\dfrac{4}{4}+\dfrac{4}{4}+\dfrac{4}{2}=2+1+1+2=6\,[\Omega]$.

［解2］

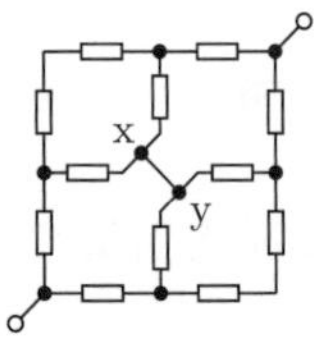


x-y 間に電流は流れないので開放 ⟹

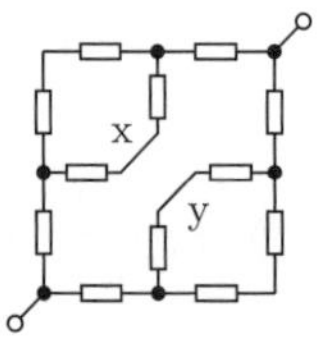


⇒

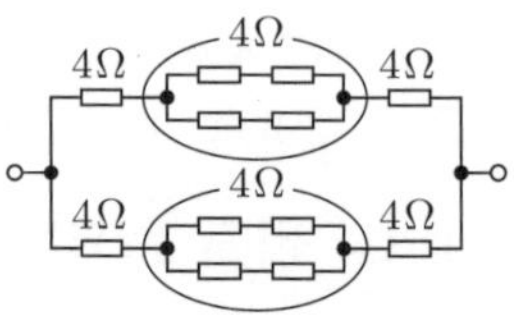


$R=(4+4+4)/\!/(4+4+4)$
$=12/\!/12=6\,[\Omega]$.

| ドリル No.3 | Class | | No. | | Name | |
|---|---|---|---|---|---|---|

**問題 3.1**　次の回路の合成抵抗 $R$ を求めよ．

(1)

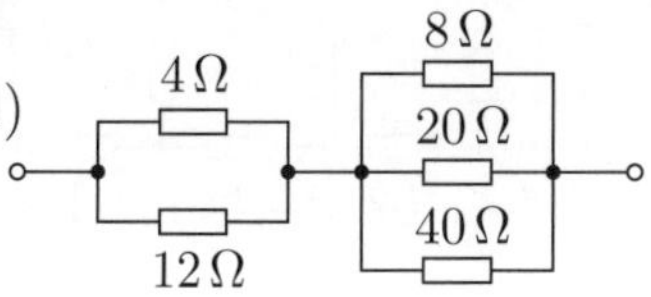


(2)

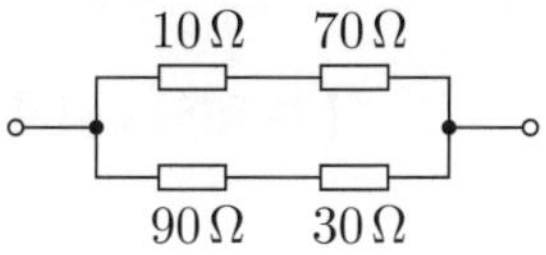


(3)

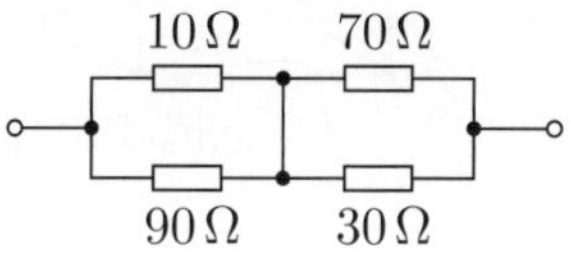


（答）$R =$ 　　　[　　]．

（答）$R =$ 　　　[　　]．

（答）$R =$ 　　　[　　]．

(4)

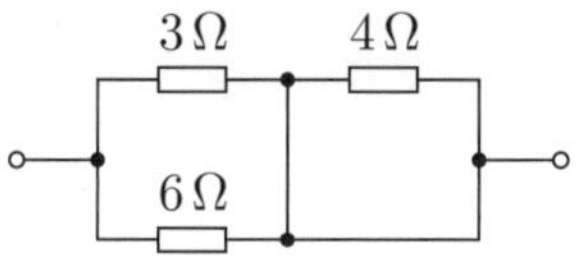


(5)

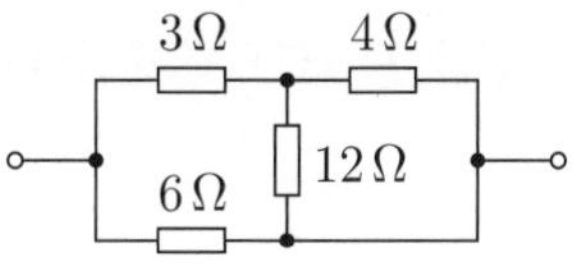


(6)

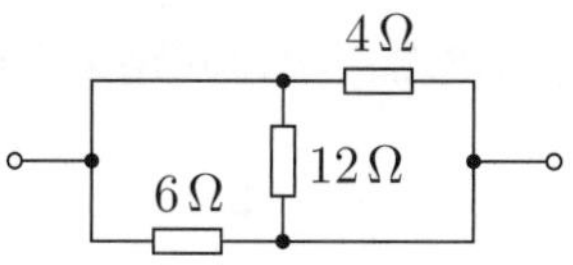


（答）$R =$ 　　　[　　]．

（答）$R =$ 　　　[　　]．

（答）$R =$ 　　　[　　]．

(7)

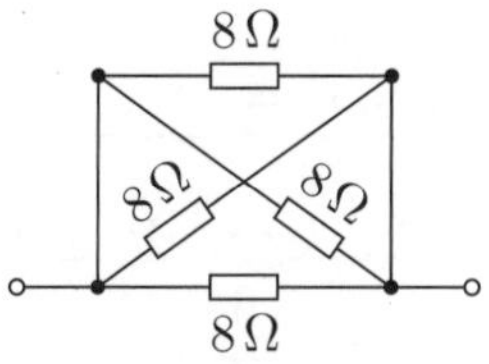


(8)

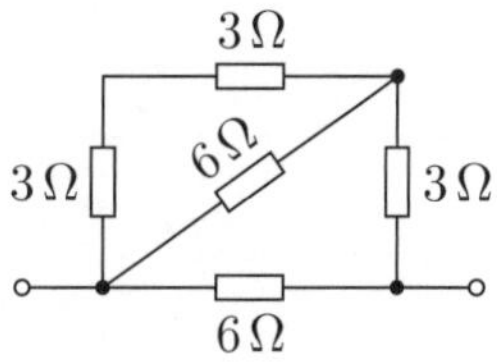


(9)

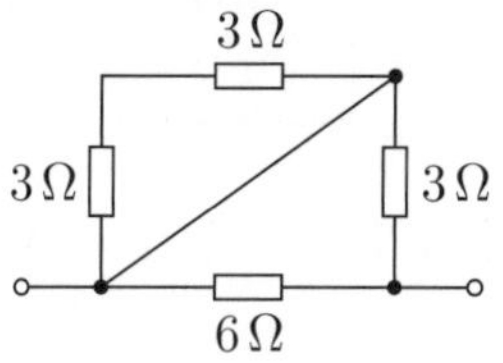


（答）$R =$ 　　　[　　]．

（答）$R =$ 　　　[　　]．

（答）$R =$ 　　　[　　]．

(10)

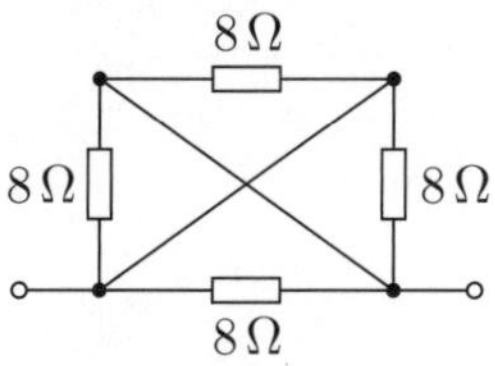


(11)

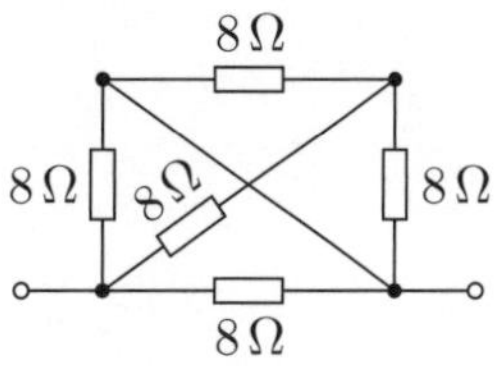


(12)

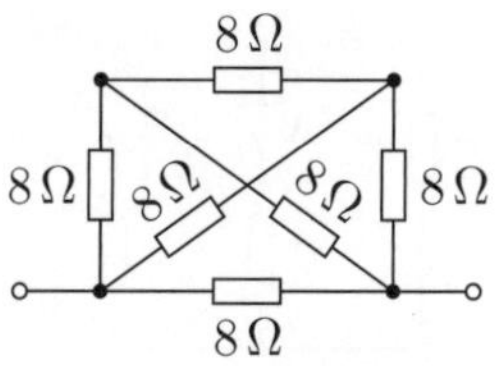


（答）$R =$ 　　　[　　]．

（答）$R =$ 　　　[　　]．

（答）$R =$ 　　　[　　]．

(13)

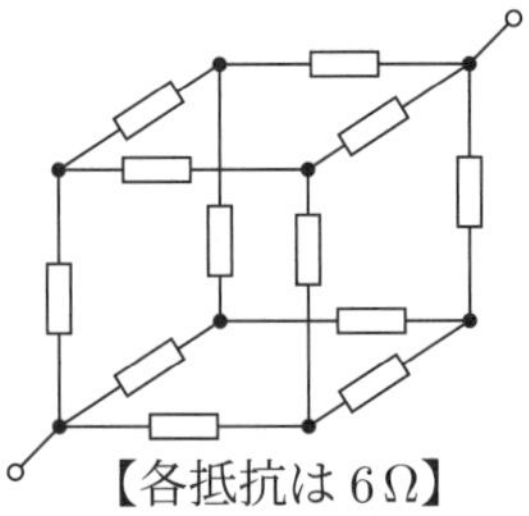

【各抵抗は 6Ω】

(14)

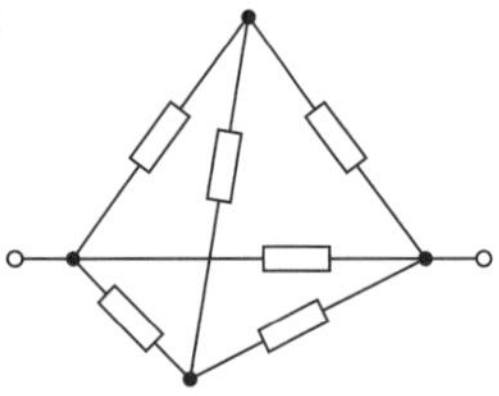

【各抵抗は 6Ω】

(15)

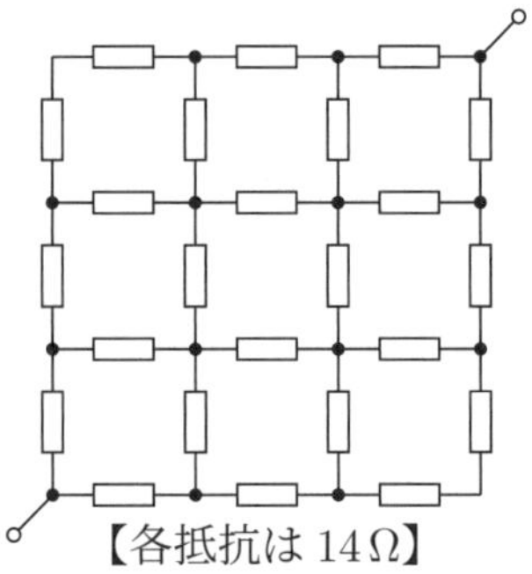

【各抵抗は 14Ω】

（答）$R =$ 　　[　].　　（答）$R =$ 　　[　].　　（答）$R =$ 　　[　].

**問題 3.2**　次の回路の合成抵抗 $R$, 電流 $I$, 電圧 $V$ を求めよ.

(1)

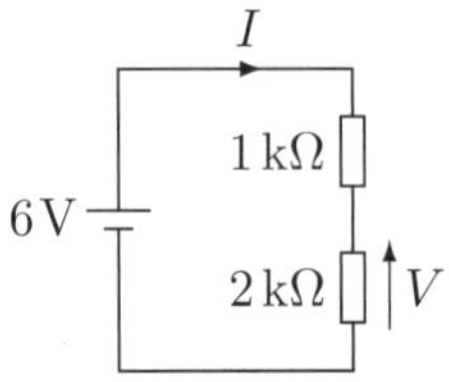


（答）$R =$ 　　[　].　$I =$ 　　[　].　$V =$ 　　[　].

(2)

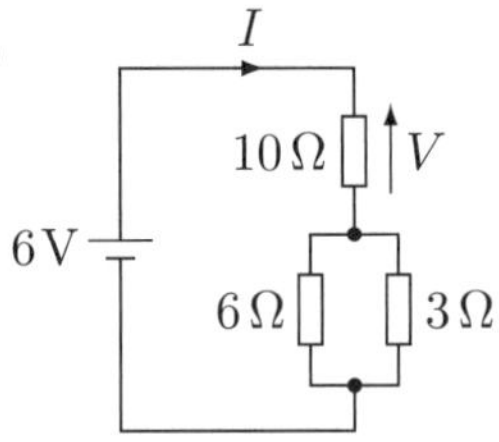


（答）$R =$ 　　[　].　$I =$ 　　[　].　$V =$ 　　[　].

**問題 3.3**　抵抗 $R_1 = 14\,[\Omega]$ と並列に抵抗 $R_2$ を接続し，合成抵抗を $10\,[\Omega]$ にしたい．$R_2$ を求めよ.

（答）$R_2 =$ 　　[　].

**問題 3.4**　未知の抵抗 $x, y, z$ をもつ次の回路で，スイッチをAだけ閉じたとき，Bだけ閉じたとき，両方閉じたときの電流 $I$ が，それぞれ 5[A], 8[A], 10[A] であった．抵抗 $x, y, z$ を求めよ.

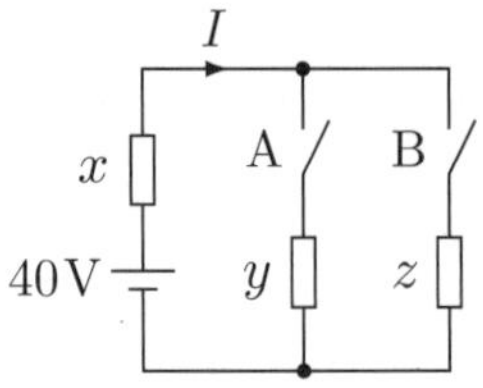


（答）$x =$ 　　[　].　$y =$ 　　[　].　$z =$ 　　[　].

| チェック項目 | 月　日 | 月　日 |
|---|---|---|
| 合成抵抗を求めることができる. | | |

# 1 直流回路 ▶ 1.4 分圧と分流

分圧と分流を理解している.

## 直列回路の分圧

- 直列回路で，全体の電圧が与えられたとき，各抵抗の電圧を求めよう.

右図で，$I=\underbrace{\dfrac{V}{R_1+R_2+R_3}}$ だから，

代入

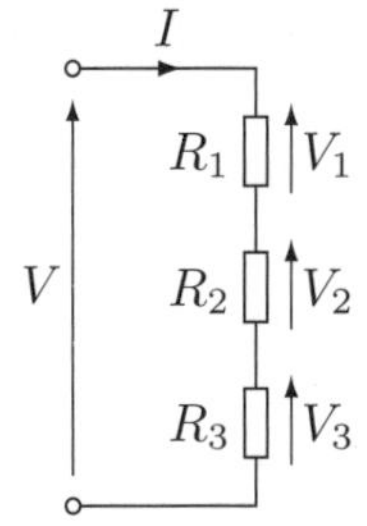


$$\begin{cases} V_1=R_1I=\dfrac{R_1}{R_1+R_2+R_3}\times V. \\ V_2=R_2I=\dfrac{R_2}{R_1+R_2+R_3}\times V. \\ V_3=R_3I=\dfrac{R_3}{R_1+R_2+R_3}\times V. \end{cases}$$

**【分圧】 各抵抗の電圧 $=\dfrac{\text{自分の抵抗}}{\text{抵抗の和}}\times$ 全電圧.** （自分の抵抗が大ならば，自分の電圧も大になる.）

→ 直列抵抗の各電圧の比＝抵抗の比（$V_1:V_2:V_3=R_1:R_2:R_3$）.

## 並列回路の分流

- 2抵抗の並列回路で，全体の電流が与えられたとき，各抵抗の電流を求めよう.

右図の合成抵抗 $R=R_1 /\!/ R_2=\dfrac{R_1R_2}{R_1+R_2}$ だから，

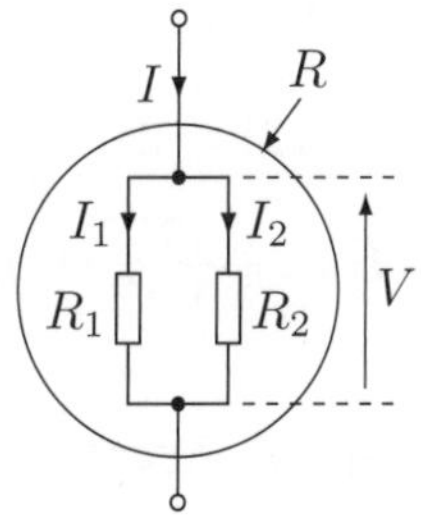


$$V=RI=\frac{R_1R_2}{R_1+R_2}\times I.$$

$$\begin{cases} I_1=\dfrac{V}{R_1}=\dfrac{R_2}{R_1+R_2}\times I. \\ I_2=\dfrac{V}{R_2}=\dfrac{R_1}{R_1+R_2}\times I. \end{cases}$$

**【2抵抗の分流】 各抵抗の電流 $=\dfrac{\text{相手の抵抗}}{\text{抵抗の和}}\times$ 全電流.** （相手の抵抗が大ならば，自分の電流が大になる.）

- 3抵抗以上の分流は，合成コンダクタンス $G=G_1+G_2+G_3$ を使う.

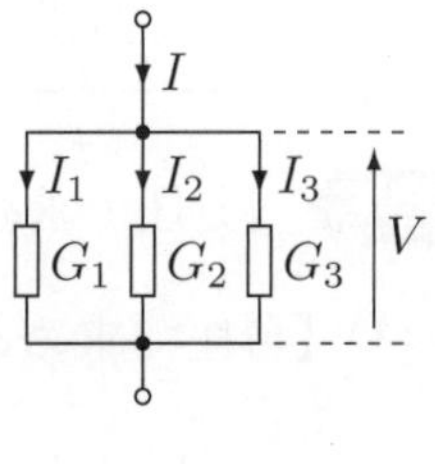


右図で，$V=\dfrac{I}{G}=\dfrac{I}{G_1+G_2+G_3}$ だから，

$$I_1=G_1V=\frac{G_1}{G_1+G_2+G_3}\times I,\quad I_2=G_2V=\frac{G_2}{G_1+G_2+G_3}\times I,\ \cdots.$$

→ 並列抵抗の各電流の比＝コンダクタンスの比（$I_1:I_2:I_3=G_1:G_2:G_3$）.

## 直並列回路（直列と並列を組み合わせた回路）の計算

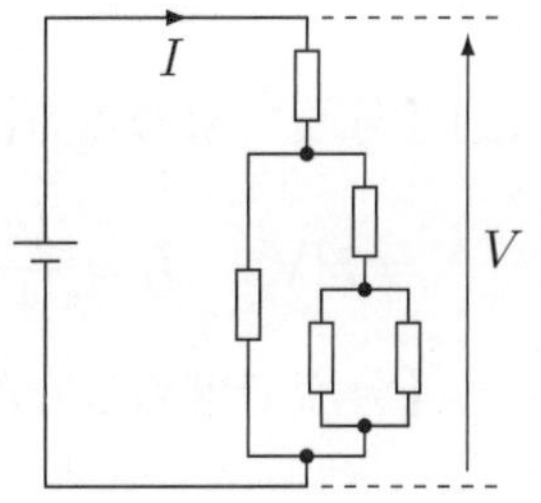


- 分圧で求める方法
  全体の電圧 $V$ から，分圧により各部の電圧を求める.
- 分流で求める方法
  全体の電流 $I$ を求めてから，分流により各部の電流を求める.

**例題 4.1**　分圧の式を使って，次の回路の電圧 $V_1, V_2$ を求めよ．

(1)

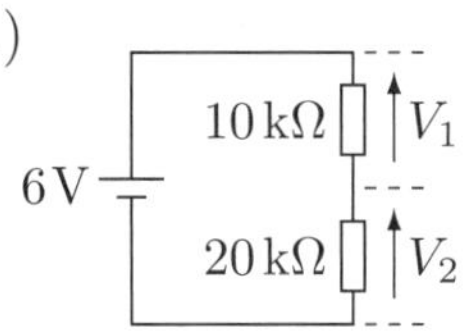


(2)

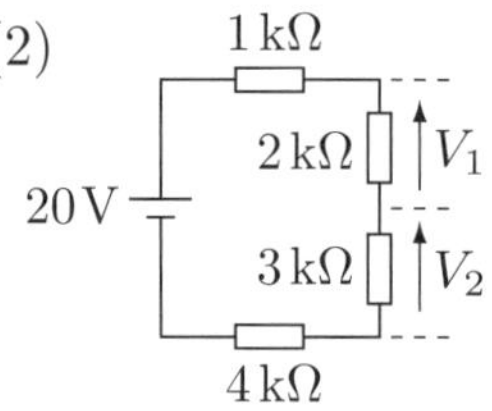


(3)

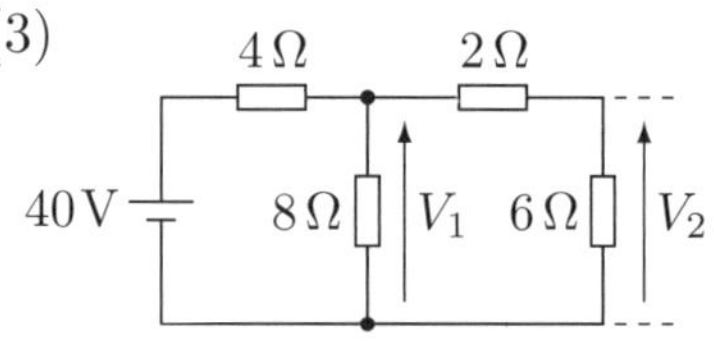


**解答**

(1) $V_1 = \dfrac{10\text{k}}{10\text{k}+20\text{k}} \times 6 = \dfrac{10}{30} \times 6 = 2\,[\text{V}]$.　　$V_2 = \dfrac{20\text{k}}{10\text{k}+20\text{k}} \times 6 = \dfrac{20}{30} \times 6 = 4\,[\text{V}]$.

(2) $V_1 = \dfrac{2\text{k}}{1\text{k}+2\text{k}+3\text{k}+4\text{k}} \times 20 = \dfrac{2}{10} \times 20 = 4\,[\text{V}]$.　$V_2 = \dfrac{3\text{k}}{1\text{k}+2\text{k}+3\text{k}+4\text{k}} \times 20 = \dfrac{3}{10} \times 20 = 6\,[\text{V}]$.

(3)【注意】$V_1$ は，$4\,[\Omega]$ と $8/\!/(2+6)\,[\Omega]$ ( 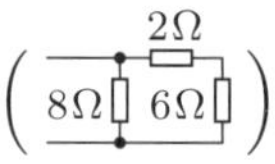 ) の分圧であり，$4\,[\Omega]$ と $8\,[\Omega]$ の分圧ではない．


$V_1 = \dfrac{8/\!/(2+6)}{4+[8/\!/(2+6)]} \times 40 = \dfrac{4}{4+4} \times 40 = 20\,[\text{V}]$.　$V_2 = \dfrac{6}{2+6} \times V_1 = \dfrac{6}{8} \times 20 = 15\,[\text{V}]$.

**例題 4.2**　分流の式を使って，次の回路の電流 $I_1, I_2$ を求めよ．

(1)

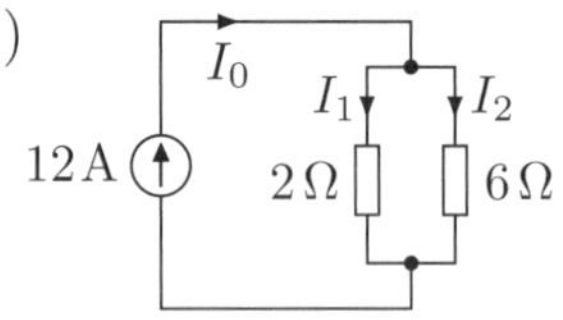


（↑）は，常に一定の電流を流す電源で，**電流源**と呼ばれる．

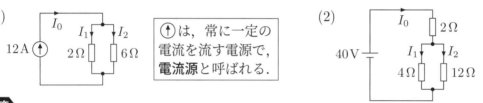

(2)

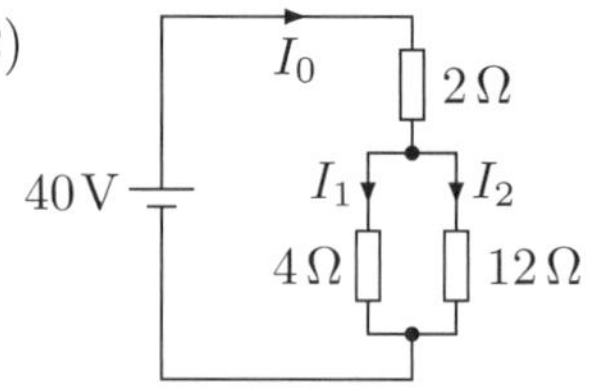


**解答**

(1) $I_0 = 12\,[\text{A}]$.　$I_1 = \dfrac{6}{2+6} \times I_0 = \dfrac{6}{8} \times 12 = 9\,[\text{A}]$.　$I_2 = \dfrac{2}{2+6} \times I_0 = \dfrac{2}{8} \times 12 = 3\,[\text{A}]$.

(2) 全抵抗 $R = 2 + (4/\!/12) = 2 + \dfrac{4 \times 12}{4+12} = 2 + \dfrac{4 \times 12}{16} = 2 + 3 = 5\,[\Omega]$.

$I_0 = \dfrac{40}{R} = 8\,[\text{A}]$.　$I_1 = \dfrac{12}{4+12} \times I_0 = \dfrac{12}{16} \times 8 = 6\,[\text{A}]$.　$I_2 = \dfrac{4}{4+12} \times I_0 = \dfrac{4}{16} \times 8 = 2\,[\text{A}]$.

**例題 4.3**　次の直並列回路の各部分の電流と電圧を求めよ．

(1)

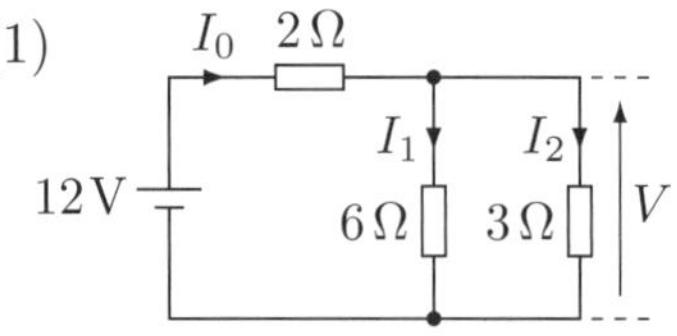


(2)

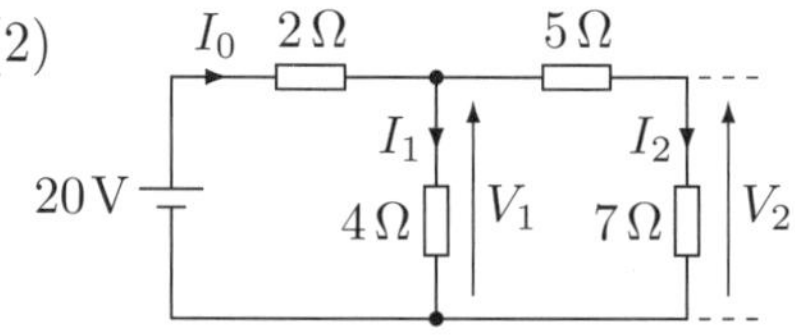


**解答**【分圧で求める方法】と【分流で求める方法】を示す．

(1)【分圧で求める方法】$V = \dfrac{6/\!/3}{2+(6/\!/3)} \times 12 = \dfrac{2}{2+2} \times 12 = 6\,[\text{V}]$.　$I_1 = \dfrac{V}{6} = 1\,[\text{A}]$.　$I_2 = \dfrac{V}{3} = 2\,[\text{A}]$.　$I_0 = I_1 + I_2 = 3\,[\text{A}]$.　【分流で求める方法】$I_0 = \dfrac{12}{2+(6/\!/3)} = \dfrac{12}{2+2} = 3\,[\text{A}]$.
$I_1 = \dfrac{3}{6+3} \times I_0 = 1\,[\text{A}]$.　$I_2 = \dfrac{6}{6+3} \times I_0 = 2\,[\text{A}]$.　$V = 6I_1 = 3I_2 = (6/\!/3)I_0 = 6\,[\text{V}]$.

(2)【分圧で求める方法】$V_1 = \dfrac{4/\!/(5+7)}{2+[4/\!/(5+7)]} \times 20 = \dfrac{3}{2+3} \times 20 = 12\,[\text{V}]$.　$V_2 = \dfrac{7}{5+7} \times V_1 = 7\,[\text{V}]$.　$I_1 = \dfrac{V_1}{4} = 3\,[\text{A}]$.　$I_2 = \dfrac{V_2}{7} = 1\,[\text{A}]$.　$I_0 = I_1 + I_2 = 4\,[\text{A}]$.

【分流で求める方法】$I_0 = \dfrac{20}{2+[4/\!/(5+7)]} = \dfrac{20}{2+3} = 4\,[\text{A}]$.　$I_1 = \dfrac{5+7}{4+(5+7)} \times I_0 = 3\,[\text{A}]$.

$I_2 = \dfrac{4}{4+(5+7)} \times I_0 = 1\,[\text{A}]$.　$V_1 = 4I_1 = 12\,[\text{V}]$.　$V_2 = 7I_2 = 7\,[\text{V}]$.

| ドリル No.4 | Class | | No. | | Name | |
|---|---|---|---|---|---|---|

**問題 4.1**　分圧の式を使って，次の回路の電圧 $V_1, V_2, \cdots$ を求めよ．

(1)

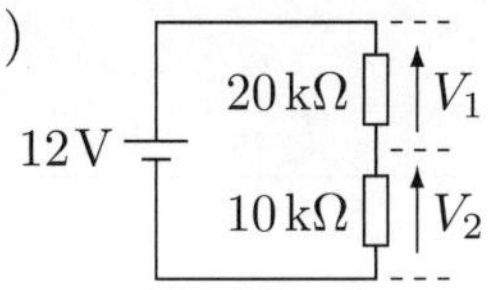


(答) $V_1 =$ 　　[　]．$V_2 =$ 　　[　]．

(2)

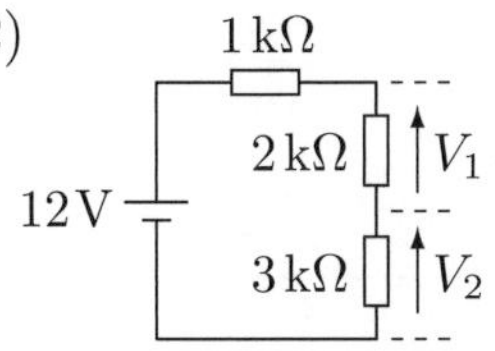


(答) $V_1 =$ 　　[　]．$V_2 =$ 　　[　]．

(3)

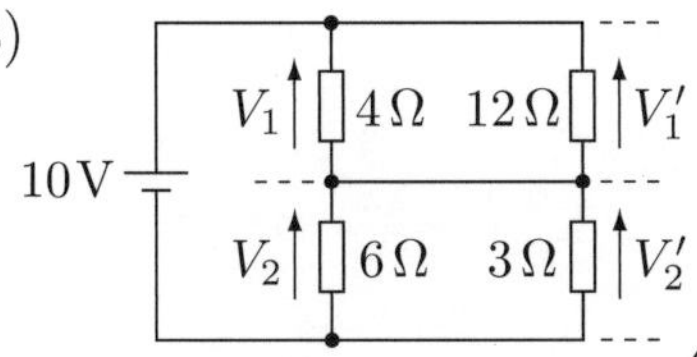


(答) $V_1 =$ 　　[　]．$V_2 =$ 　　[　]．$V_1' =$ 　　[　]．$V_2' =$ 　　[　]．

(4)

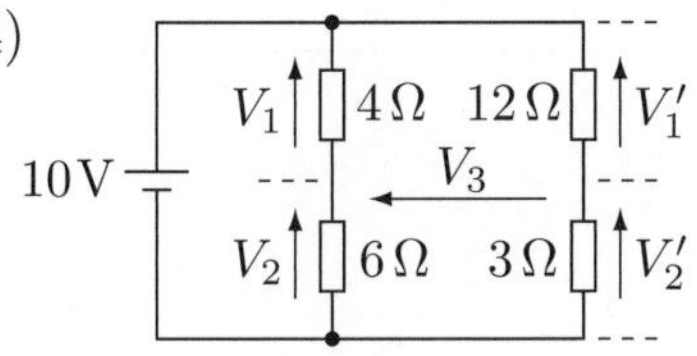


(答) $V_1 =$ 　　[　]．$V_2 =$ 　　[　]．$V_1' =$ 　　[　]．$V_2' =$ 　　[　]．$V_3 =$ 　　[　]．

(5)

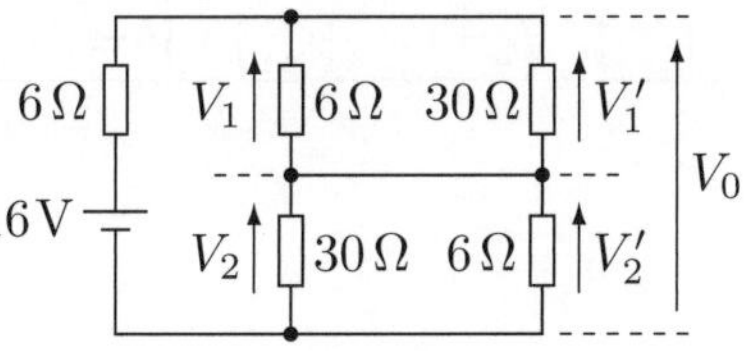


(答) $V_0 =$ 　　[　]．$V_1 =$ 　　[　]．$V_2 =$ 　　[　]．$V_1' =$ 　　[　]．$V_2' =$ 　　[　]．

(6)

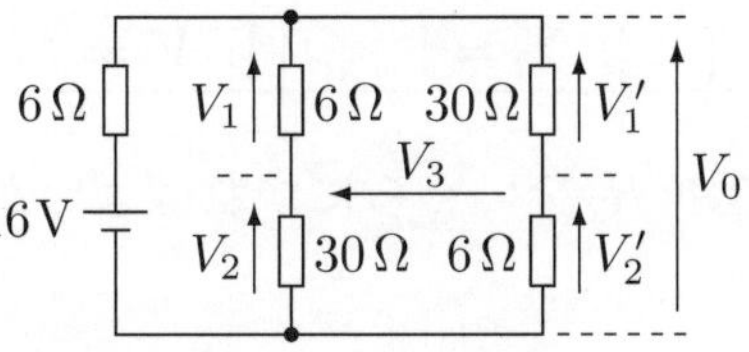


(答) $V_0 =$ 　　[　]．$V_1 =$ 　　[　]．$V_2 =$ 　　[　]．$V_1' =$ 　　[　]．$V_2' =$ 　　[　]．$V_3 =$ 　　[　]．

(7)

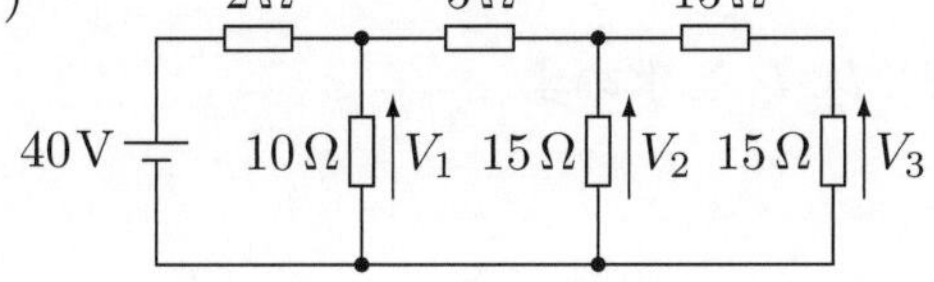


(答) $V_1 =$ 　　[　]．$V_2 =$ 　　[　]．$V_3 =$ 　　[　]．

(8)

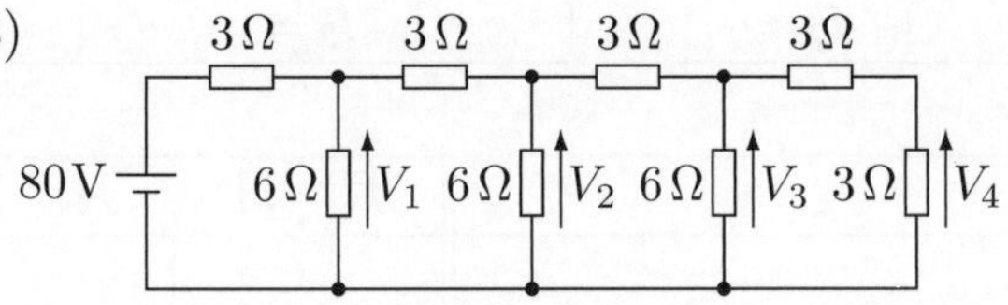


(答) $V_1 =$ 　　[　]．$V_2 =$ 　　[　]．$V_3 =$ 　　[　]．$V_4 =$ 　　[　]．

**問題 4.2**　分流の式を使って，次の回路の電流 $I_1, I_2, \cdots$ を求めよ．

(1)

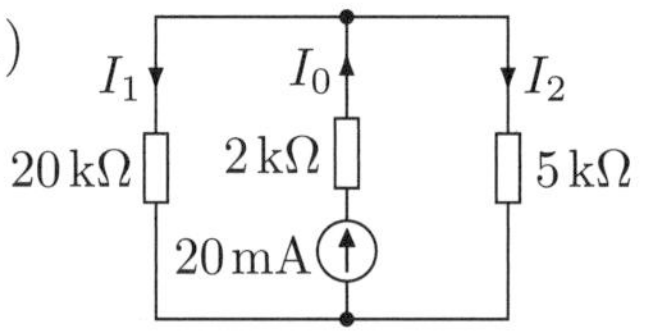


(答) $I_0 =$　　[　　].　$I_1 =$　　[　　].　$I_2 =$　　[　　].

(2)

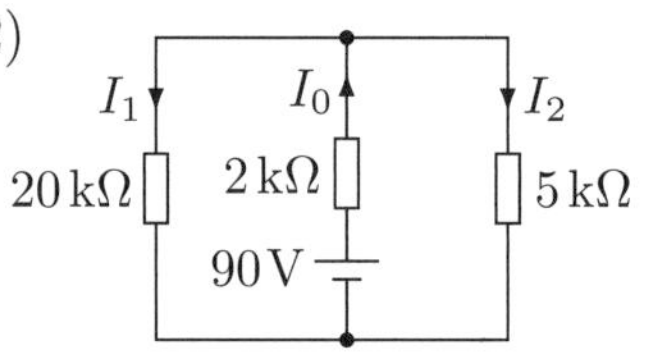


(答) $I_0 =$　　[　　].　$I_1 =$　　[　　].　$I_2 =$　　[　　].

(3)

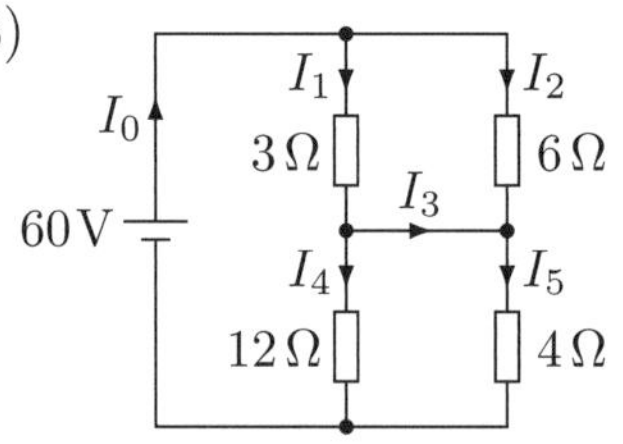


(答) $I_0 =$　[　].　$I_1 =$　[　].　$I_2 =$　[　].　$I_3 =$　[　].　$I_4 =$　[　].　$I_5 =$　[　].

**問題 4.3**　次の直並列回路の各部分の電流と電圧を求めよ．

(1)

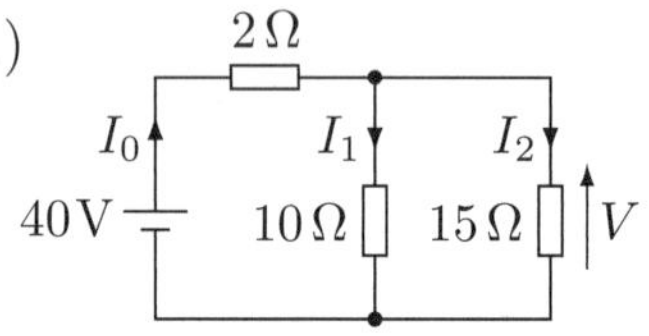


(答) $I_0 =$　[　].　$I_1 =$　[　].　$I_2 =$　[　].　$V =$　[　].

(2)

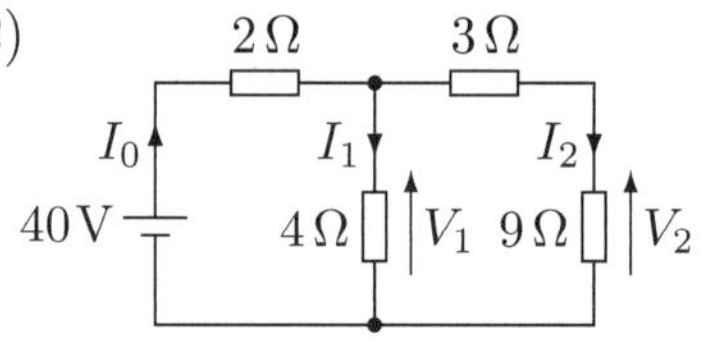


(答) $I_0 =$　[　].　$I_1 =$　[　].　$I_2 =$　[　].　$V_1 =$　[　].　$V_2 =$　[　].

**問題 4.4**　次の回路で電流 $I_0$ の 10%を抵抗 $R_1$ に流すには，抵抗 $R_2$ をいくらにすればよいか．

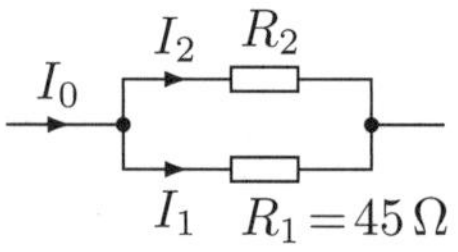


(答) $R_2 =$　　[　　].

**問題 4.5**　次の回路で電流 $I_0 = 55$ [mA] のとき，電流 $I_1, I_2, I_3$ を求めよ．

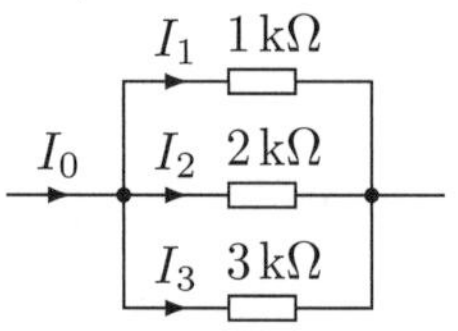


(答) $I_1 =$　　[　　].　$I_2 =$　　[　　].　$I_3 =$　　[　　].

| チェック項目 | 月　日 | 月　日 |
|---|---|---|
| 分圧と分流を理解している． | | |

キルヒホッフの第2法則(電圧則)を理解している.

## 起電力と電圧降下

- 電源は，電荷の電位を上昇させて，電荷にエネルギーを供給する.
  電源が上昇させる電圧を**起電力** $E$ [V] という.（起電力といっても，力[N] ではなく電圧[V].）
- 抵抗(負荷)は，電荷の電位を下降させて，電荷のエネルギーを消費する.
  抵抗(負荷)が下降させた電圧 $V = RI$ [V] を**電圧降下**という.

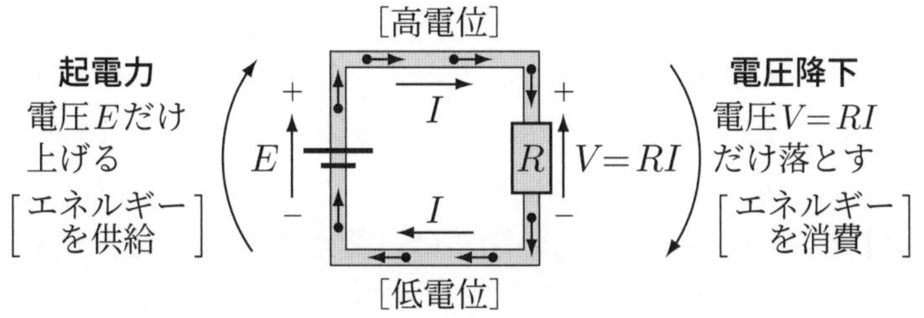


実際は，自由電子(負電荷)が電流 $I$ と逆方向に移動する.
負電荷では，電位が下がると，エネルギーが増加する.
**(エネルギー＝電荷 × 電位)**

- 電源は水を高所へ押し上げるポンプや，人や物を高所へ運ぶリフトの役割をする.
  (例題**5.1** (1) の 4V の電源のように，低所へ下げる役割もする)
- 起電力は電流方向を＋側にして測り，電圧降下は電流方向を－側にして測る.
  電源と抵抗を一直線に並べると，この違いがわかる(右図).
  (エネルギーを供給するか消費するかの違いである)

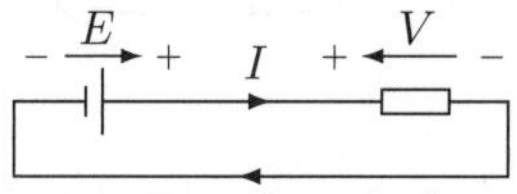


- 回路を一周すると電位がもとの値に戻る(保存場)ので，起電力 $E$ = 電圧降下 $RI$.

## キルヒホッフの第2法則(電圧則)

- 任意の**閉路**(導線が作る閉曲線で，向きをもつ)に沿って，

**起電力の和＝電圧降下の和.** ⇒ $$\sum_{i=1}^{n} E_i = \sum_{j=1}^{m} R_j I_j.$$

閉路を一周したとき，起電力で上昇した電位が，電圧降下で下降し，もとの電位に戻ることを表す.

- **図1**の場合，

$$\underbrace{20\,[\mathrm{V}]}_{\text{起電力}} = \underbrace{2\,[\Omega] \times 4\,[\mathrm{A}]}_{2\,\Omega\text{の電圧降下}} + \underbrace{3\,[\Omega] \times 4\,[\mathrm{A}]}_{3\,\Omega\text{の電圧降下}}$$

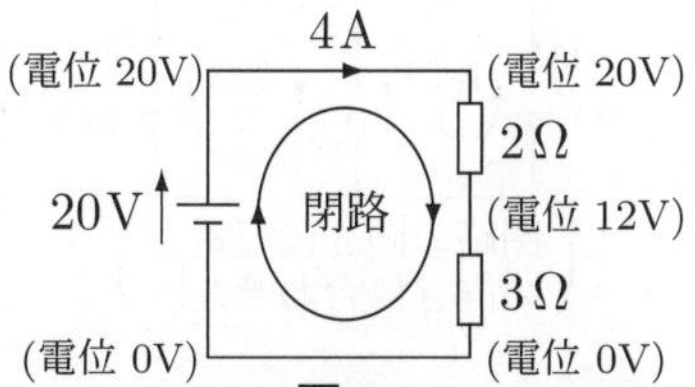


**図1**

- 閉路の向きは，起電力や電流と同方向にすると便利.
  **起電力や電流が閉路と逆方向のときは，マイナスが付く.**
- **図2**の場合，

閉路1：　32　＝ 6 × 2 + 4 × 5.
閉路2：　41　＝ 7 × 3 + 4 × 5.
閉路3：　32 − 41 ＝ 6 × 2 + 7 × (−3).

起電力 41V が閉路3と逆方向なので，**マイナス**

電流 3A が閉路3と逆方向なので，**マイナス**

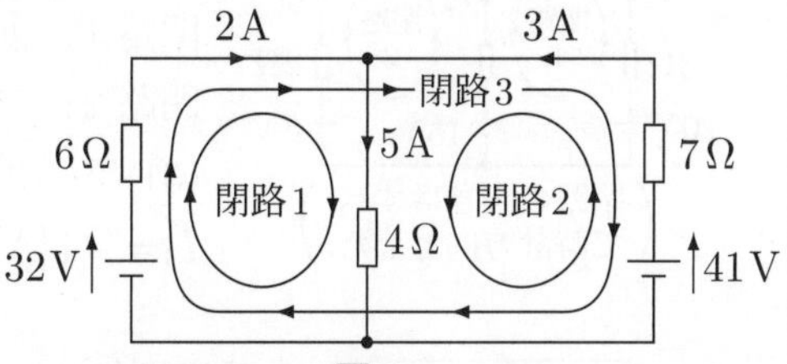


**図2**

この場合，独立な閉路は2つなので，閉路1と2だけを使えばよい.
(閉路1の式から閉路2の式を減算すれば，閉路3の式になる)

**例題 5.1** 次の回路の電流 $I$ と起電力 $E_1, E_2$ を求めよ.

(1)
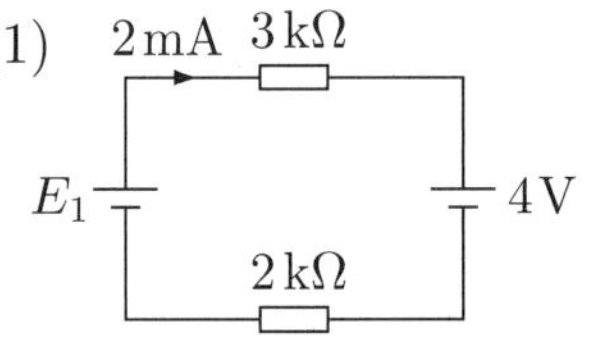


(2)
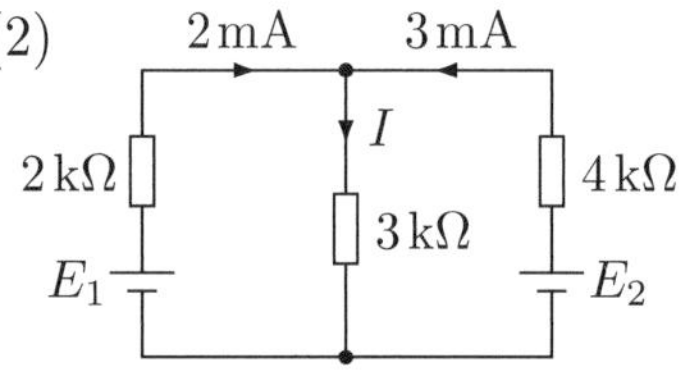


(3)
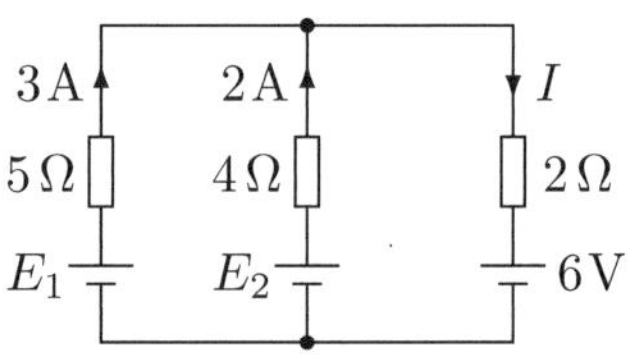


**解答**

(1)
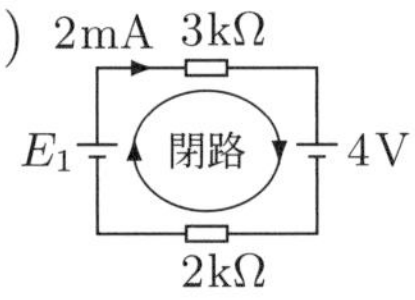


左図の閉路に沿って，キルヒホッフの第2法則を使うと，

$E_1 - 4 = 3\,[\mathrm{k\Omega}] \times 2\,[\mathrm{mA}] + 2\,[\mathrm{k\Omega}] \times 2\,[\mathrm{mA}] = 6 + 4 = 10.\quad \therefore E_1 = 14\,[\mathrm{V}].$

【注意】4Vは閉路と逆方向なのでマイナス．**キロ** $(10^3) \times$ **ミリ** $(10^{-3}) = 1$.

(2)
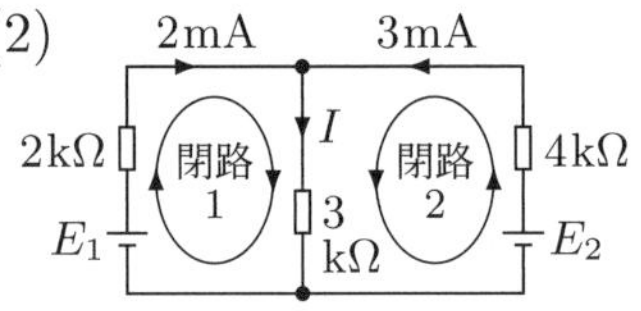


キルヒホッフの第1法則より，$I = 2 + 3 = 5\,[\mathrm{mA}]$. 第2法則より，

閉路1で，$E_1 = 2\,[\mathrm{k\Omega}] \times 2\,[\mathrm{mA}] + 3\,[\mathrm{k\Omega}] \times 5\,[\mathrm{mA}] = 19\,[\mathrm{V}]$.

閉路2で，$E_2 = 4\,[\mathrm{k\Omega}] \times 3\,[\mathrm{mA}] + 3\,[\mathrm{k\Omega}] \times 5\,[\mathrm{mA}] = 27\,[\mathrm{V}]$.

【注意】$E_1 \to 2\mathrm{k} \to 4\mathrm{k} \to E_2$ の閉路は計算が複雑なため，使わない.

(3)
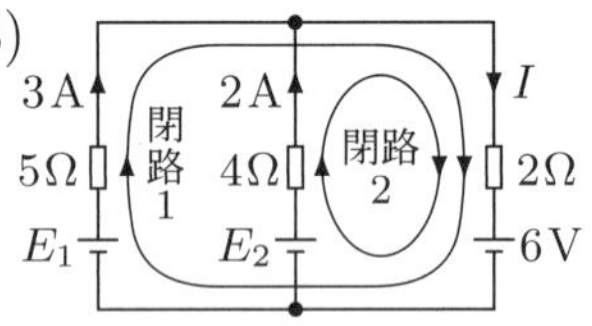


キルヒホッフの第1法則より，$I = 3 + 2 = 5\,[\mathrm{A}]$. 第2法則より，

閉路1で，$E_1 - 6 = 5 \times 3 + 2 \times 5 = 25.\quad \therefore E_1 = 31\,[\mathrm{V}]$.

閉路2で，$E_2 - 6 = 4 \times 2 + 2 \times 5 = 18.\quad \therefore E_2 = 24\,[\mathrm{V}]$.

【注意】$E_1 \to 5\Omega \to 4\Omega \to E_2$ の閉路は計算が複雑なため，使わない.

**例題 5.2** 次の回路の電流 $I_1, I_2, I_3$ を求めよ.

(1)
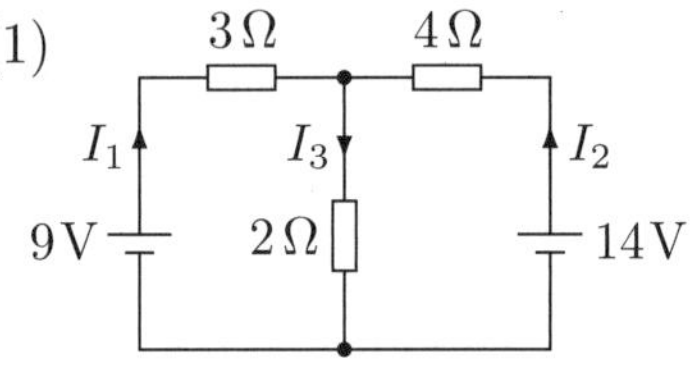


(2)
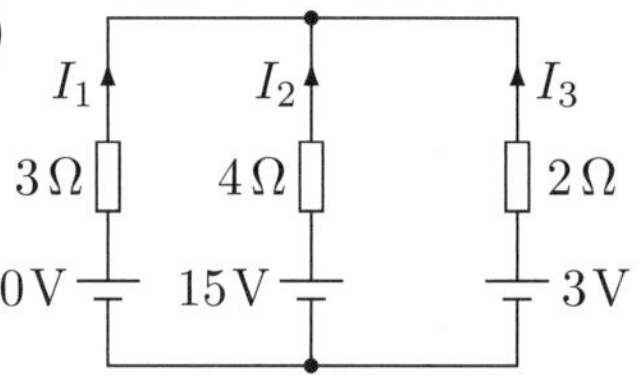


(3)
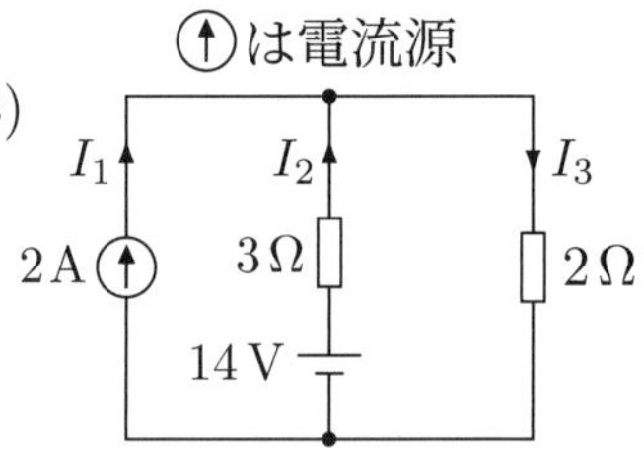


**解答**

(1)
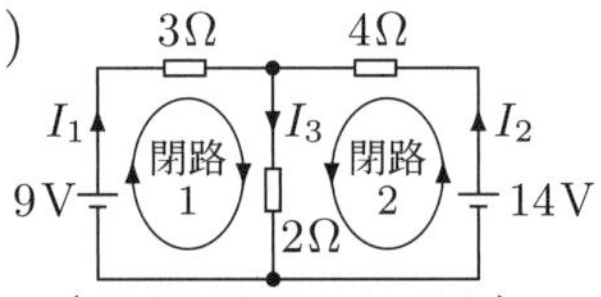


（閉路の向きは起電力の向きに合わせた.）

キルヒホッフの第1法則より，$I_3 = I_1 + I_2. \cdots (1)$ 第2法則より，

閉路1で，$9 = 3I_1 + 2I_3 \overset{(1)}{=} 3I_1 + 2(I_1 + I_2) = 5I_1 + 2I_2. \cdots (2)$

閉路2で，$14 = 4I_2 + 2I_3 \overset{(1)}{=} 4I_2 + 2(I_1 + I_2) = 2I_1 + 6I_2. \cdots (3)$

$(2) \times 3 - (3):\ 13 = 13I_1. \to I_1 = 1\,[\mathrm{A}].\quad (2)$ より，$9 = 5 \times 1 + 2I_2.$

$\to I_2 = 2\,[\mathrm{A}].\quad (1)$ より，$I_3 = I_1 + I_2 = 1 + 2 = 3\,[\mathrm{A}]$.

(2)
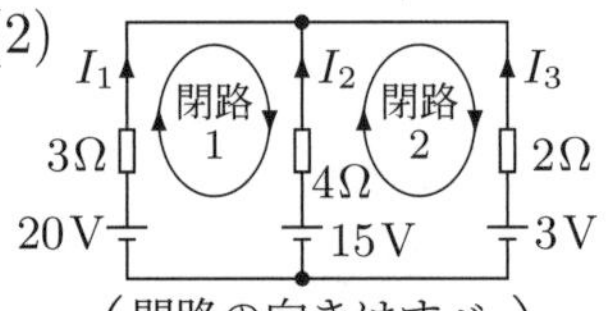


（閉路の向きはすべて時計方向とした.）

$I_1 + I_2 + I_3 = 0. \to I_3 = -I_1 - I_2. \cdots (1)$

閉路1: $20 - 15 = 3I_1 - 4I_2. \to 3I_1 - 4I_2 = 5. \cdots (2)$

閉路2: $15 - 3 = 4I_2 - 2I_3 \overset{(1)}{=} 4I_2 + 2(I_1 + I_2). \to I_1 + 3I_2 = 6. \cdots (3)$

$(3) \times 3 - (2):\ 13I_2 = 13. \to I_2 = 1\,[\mathrm{A}].\quad (3)$ より $I_1 = 3\,[\mathrm{A}].\quad (1)$ より

$I_3 = -4\,[\mathrm{A}]$. 【注意】閉路と逆方向の起電力と電流はマイナス.

(3)
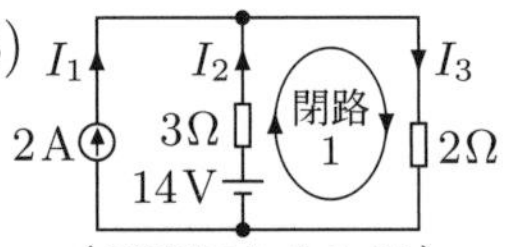


（電流源を含む閉路は使わない.）

電流源Ⓘは，電流が確定し ($I_1 = 2\,[\mathrm{A}]$)，電圧が不確定なので，電流源を含む閉路は使用しない. $I_3 = I_1 + I_2 = 2 + I_2. \cdots (1)$

閉路1で，$14 = 3I_2 + 2I_3 \overset{(1)}{=} 3I_2 + 2(2 + I_2) = 5I_2 + 4. \to I_2 = 2\,[\mathrm{A}]$.

(1) より $I_3 = 4\,[\mathrm{A}]$.（これより，電流源の電圧 $= 2I_3 = 8\,[\mathrm{V}]$ を得る）

| ドリル No.5 | Class | | No. | | Name | |
|---|---|---|---|---|---|---|

**問題 5.1**　キルヒホッフの法則を使い，次の回路の電流 $I_1, \cdots$ と起電力 $E_1, \cdots$ を求めよ．

(1)

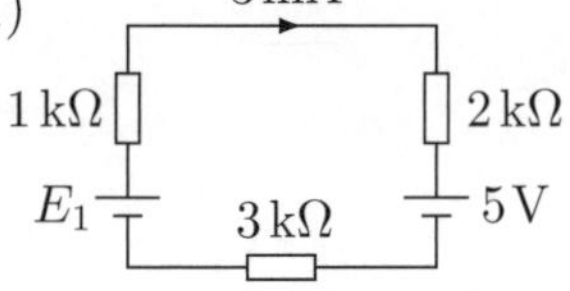


（答）$E_1 =$ 　　[　　].

(2)

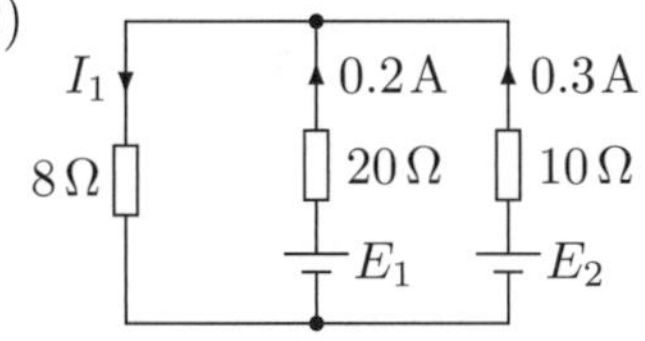


（答）$I_1 =$ 　　[　　].　$E_1 =$ 　　[　　].　$E_2 =$ 　　[　　].

(3)

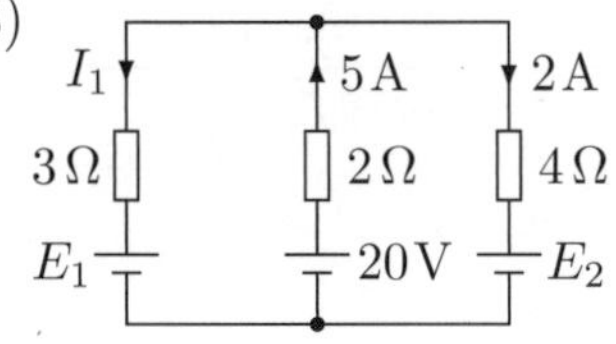


（答）$I_1 =$ 　　[　　].　$E_1 =$ 　　[　　].　$E_2 =$ 　　[　　].

(4)

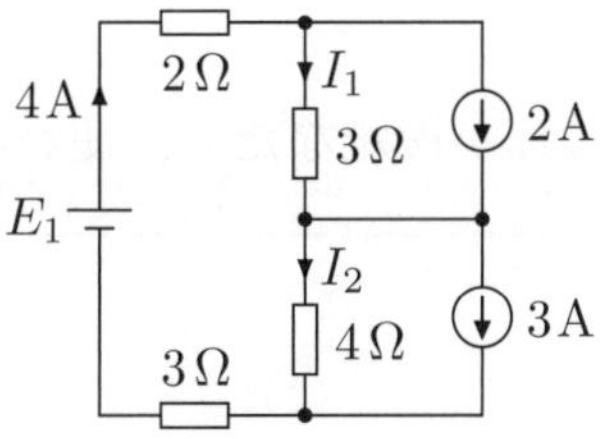


（答）$I_1 =$ 　　[　　].　$I_2 =$ 　　[　　].　$E_1 =$ 　　[　　].

(5)

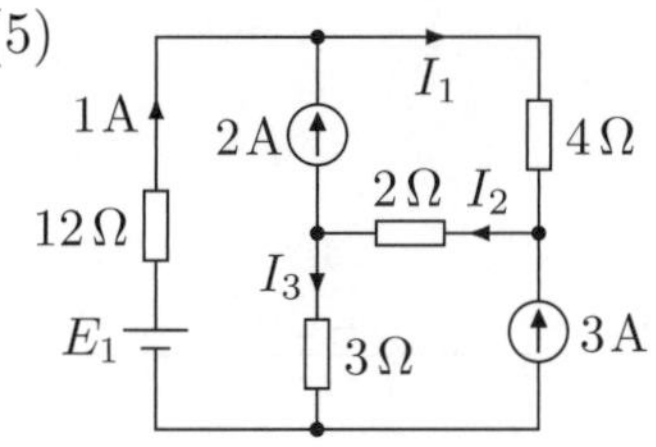


（答）$I_1 =$ 　　[　　].　$I_2 =$ 　　[　　].　$I_3 =$ 　　[　　].　$E_1 =$ 　　[　　].

**問題 5.2**　キルヒホッフの法則を使い，次の回路の電流 $I_1, I_2, \cdots$ を求めよ．

(1)

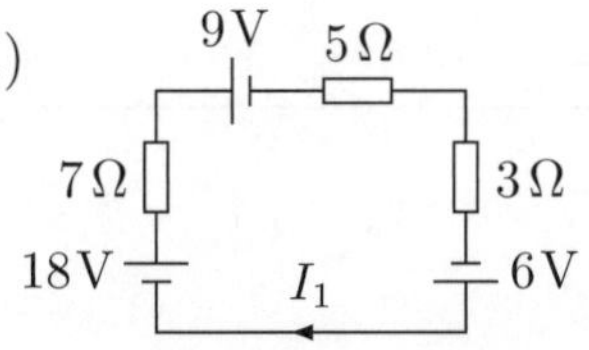


（答）$I_1 =$ 　　[　　].

(2)

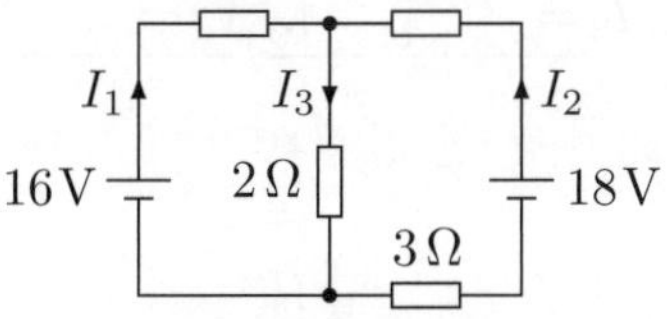


（答）$I_1 =$ 　　[　　].　$I_2 =$ 　　[　　].　$I_3 =$ 　　[　　].

(3)

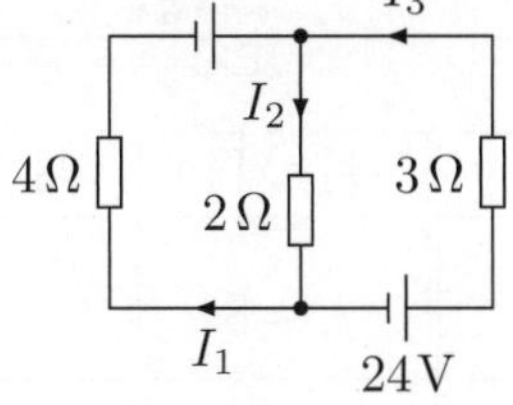


（答）$I_1 =$ 　　[　　].　$I_2 =$ 　　[　　].　$I_3 =$ 　　[　　].

**問題 5.3**　キルヒホッフの法則を使い，次の回路の電流 $I_1, I_2, \cdots$ と電圧 $V_1, \cdots$ を求めよ．

(1)

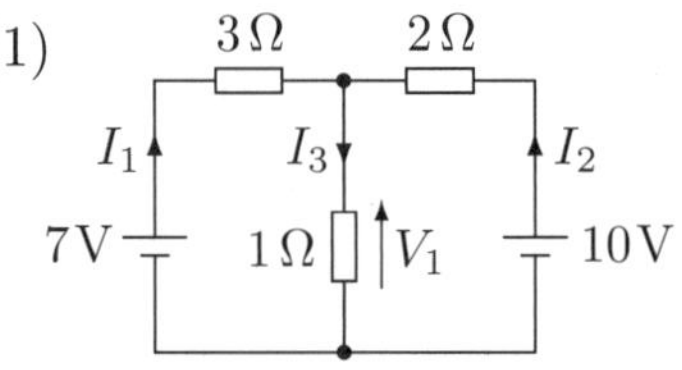


（答）$I_1 =$ 　　[　　]．$I_2 =$ 　　[　　]．$I_3 =$ 　　[　　]．$V_1 =$ 　　[　　]．

(2)

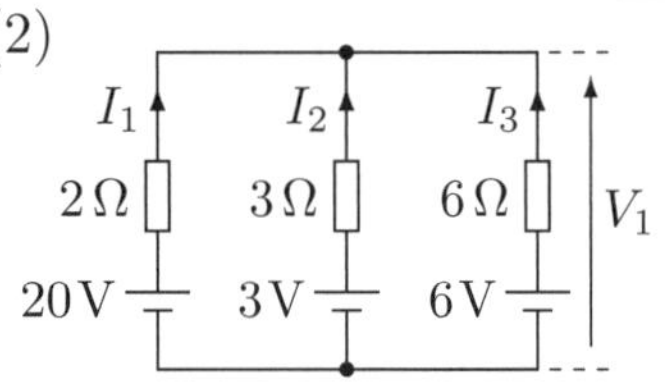


（答）$I_1 =$ 　　[　　]．$I_2 =$ 　　[　　]．$I_3 =$ 　　[　　]．$V_1 =$ 　　[　　]．

(3)

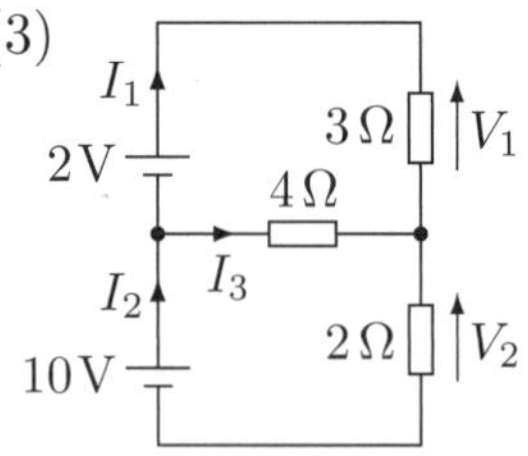


（答）$I_1 =$ 　　[　　]．$I_2 =$ 　　[　　]．$I_3 =$ 　　[　　]．$V_1 =$ 　　[　　]．$V_2 =$ 　　[　　]．

(4)

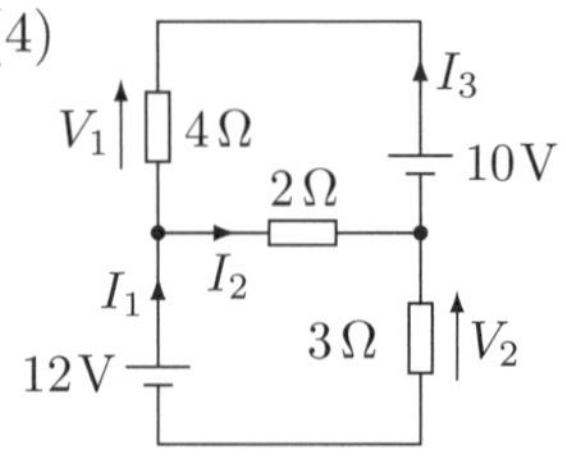


（答）$I_1 =$ 　　[　　]．$I_2 =$ 　　[　　]．$I_3 =$ 　　[　　]．$V_1 =$ 　　[　　]．$V_2 =$ 　　[　　]．

(5)

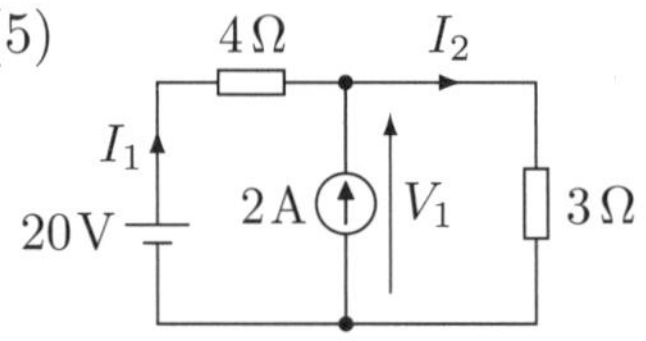


（答）$I_1 =$ 　　[　　]．$I_2 =$ 　　[　　]．$V_1 =$ 　　[　　]．

(6)

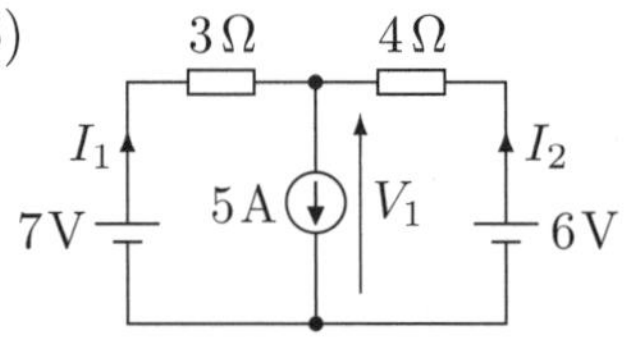


（答）$I_1 =$ 　　[　　]．$I_2 =$ 　　[　　]．$V_1 =$ 　　[　　]．

(7)

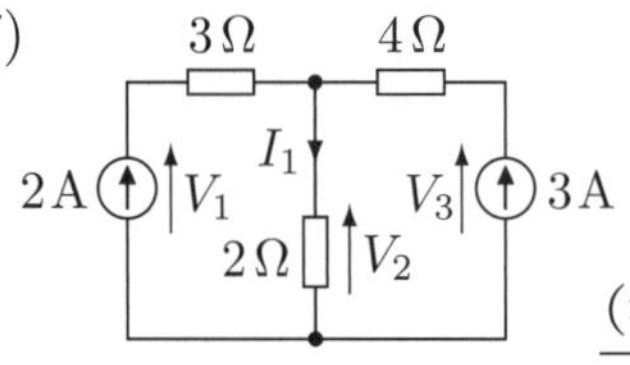


（答）$I_1 =$ 　　[　　]．$V_1 =$ 　　[　　]．$V_2 =$ 　　[　　]．$V_3 =$ 　　[　　]．

| **チェック項目** | 月　日 | 月　日 |
|---|---|---|
| キルヒホッフの第 2 法則（電圧則）を理解している． | | |

Y–Δ変換，重ねの理を理解している．

## Y–Δ（スターデルタ）変換

- 3つの導線を放射状（星芒（せいぼう）状）に結ぶことを**Y結線（スター結線・ワイ結線・星形結線）**といい，環状に結ぶことを**Δ結線（デルタ結線・三角結線・環状結線）**という．
- 右下の図のY結線とΔ結線との変換公式（**Y–Δ（スターデルタ）変換**という．導出は例題**34.2**）は，

**Δ→Y**

$$\begin{cases} a=\dfrac{yz}{x+y+z}. \\ b=\dfrac{zx}{x+y+z}. \\ c=\dfrac{xy}{x+y+z}. \end{cases}$$

【Δ→Y】$\dfrac{\text{隣辺の積}}{\text{和}}$

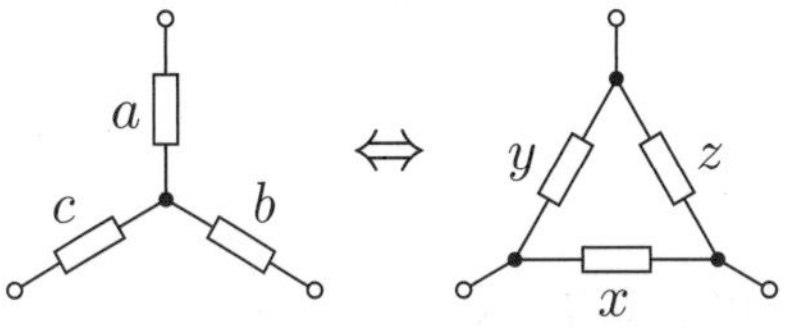


［Y結線］　［Δ結線］

**Y→Δ**

$$\begin{cases} x=\dfrac{ab+bc+ca}{a}. \\ y=\dfrac{ab+bc+ca}{b}. \\ z=\dfrac{ab+bc+ca}{c}. \end{cases}$$

【Y→Δ】$\dfrac{\text{積の和}}{\text{対辺}}$

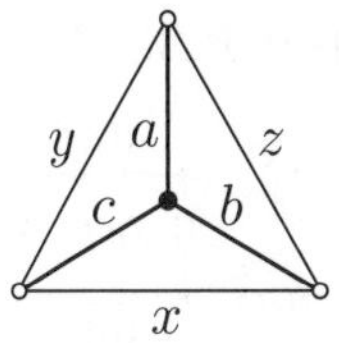


- Y–Δ変換により，複雑な回路を簡単化できる．

【例】

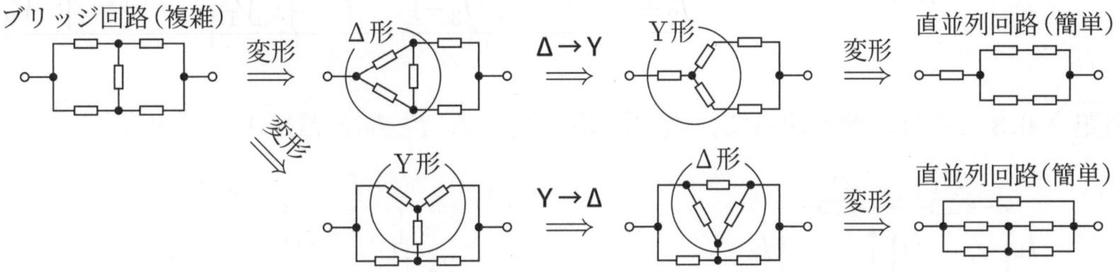


## 重（かさ）ねの理（り）（重（かさ）ね合（あ）わせの理（り））

- 出力電圧を一定値 $E$ [V] に保つ電源を**電圧源**（$E$ 記号）といい，出力電流を一定値 $J$ [A] に保つ電源を**電流源**（$J$ 記号）という．
- **【重ねの理】** 複数の電源をもつ回路は，「一部の電源を残して他の電源を**除去**した回路」を**重ね合わせて**計算できる．

電圧源は 0 [V] にする．→ **短絡（ショート）**する．
電流源は 0 [A] にする．→ **開放（オープン）**する．

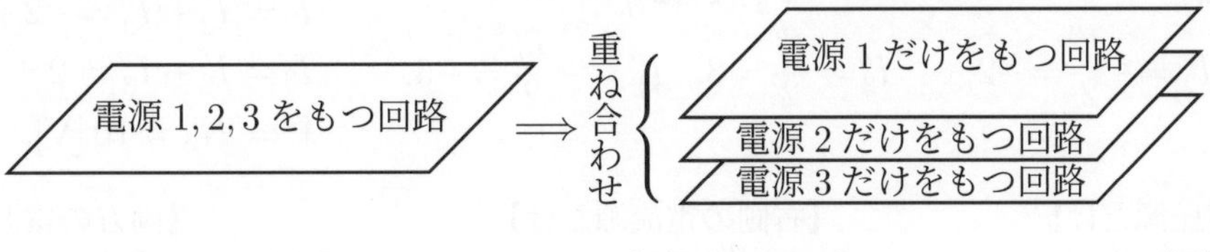


【例】

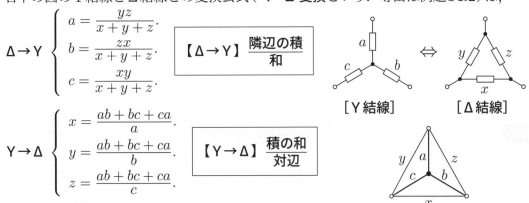

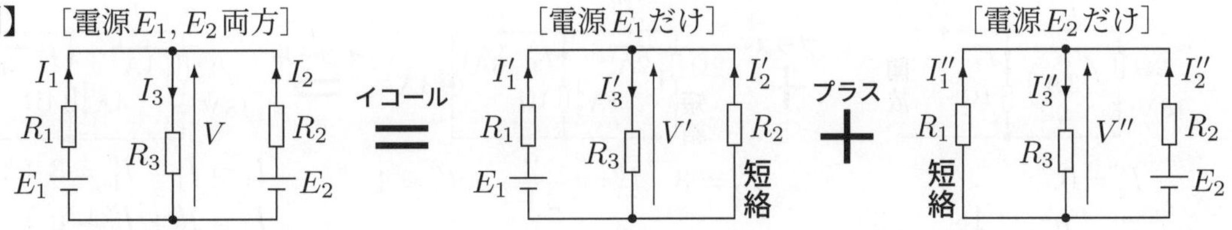


上記回路で，$V=V'+V''$，$I_1=I_1'+I_1''$，$I_2=I_2'+I_2''$，$I_3=I_3'+I_3''$．

**例題 6.1**　次の (1) をY形に，(2) をΔ形に変換せよ．

(1)

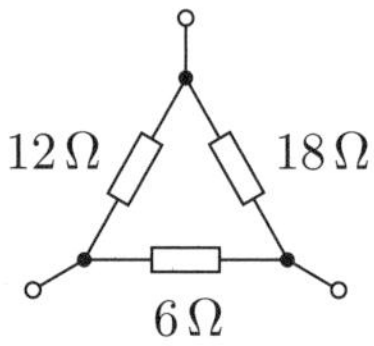


(2)

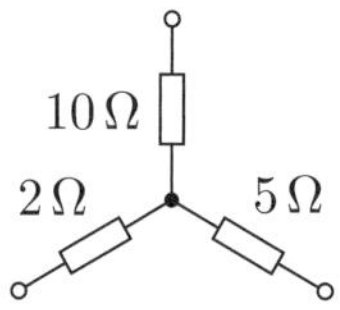


**解答**

(1)

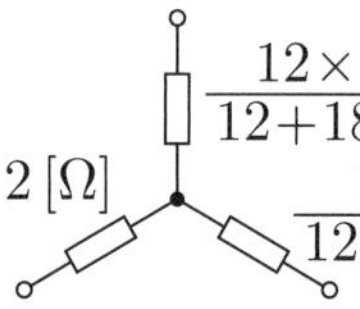

$\dfrac{12\times18}{12+18+6}=6\,[\Omega]$

$\dfrac{12\times6}{12+18+6}=2\,[\Omega]$

$\dfrac{18\times6}{12+18+6}=3\,[\Omega]$

(2)

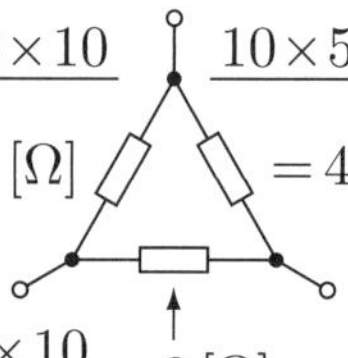

$\dfrac{10\times5+5\times2+2\times10}{5}=16\,[\Omega]$

$\dfrac{10\times5+5\times2+2\times10}{2}=40\,[\Omega]$

$\dfrac{10\times5+5\times2+2\times10}{10}=8\,[\Omega]$

**例題 6.2**　Δ→Y変換を使って，右の回路の合成抵抗$R$を求めよ．

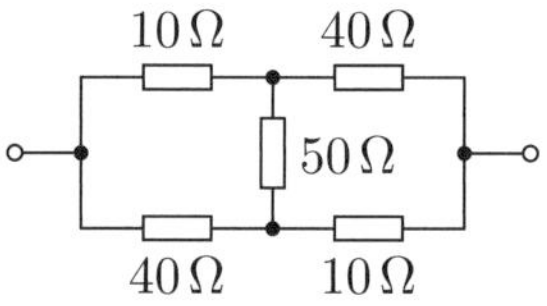


**解答**　左半分をΔ→Y変換して，直並列回路に変形する．

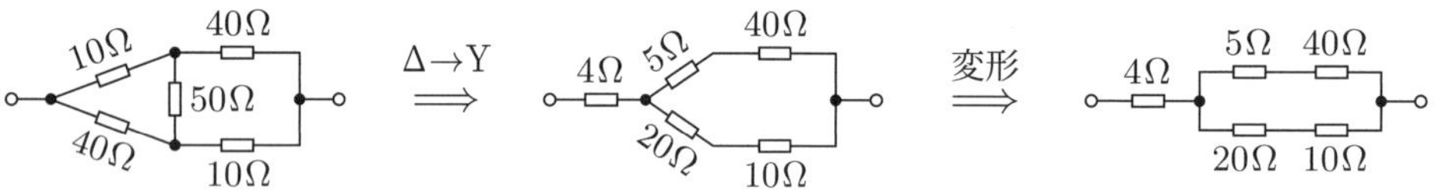


$$R=4+[(5+40)/\!/(20+10)]=4+(45/\!/30)=4+\frac{1}{\dfrac{1}{45}+\dfrac{1}{30}}=4+\frac{90}{\dfrac{90}{45}+\dfrac{90}{30}}=4+\frac{90}{2+3}=4+18=22\,[\Omega].$$

**例題 6.3**　重ねの理を使って，次の回路の電流 $I_1, I_2, I_3$ と電圧 $V$ を求めよ．

(1)

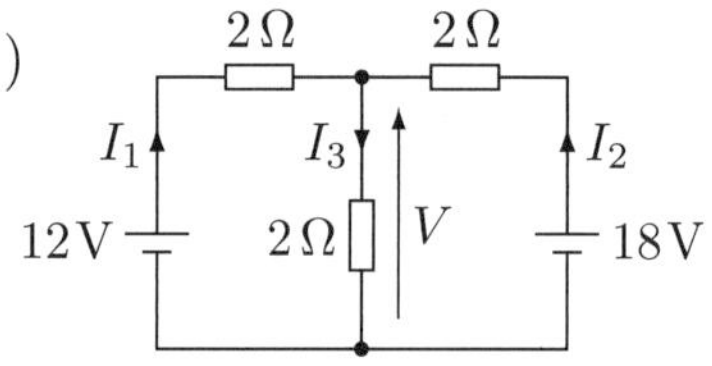


(2)

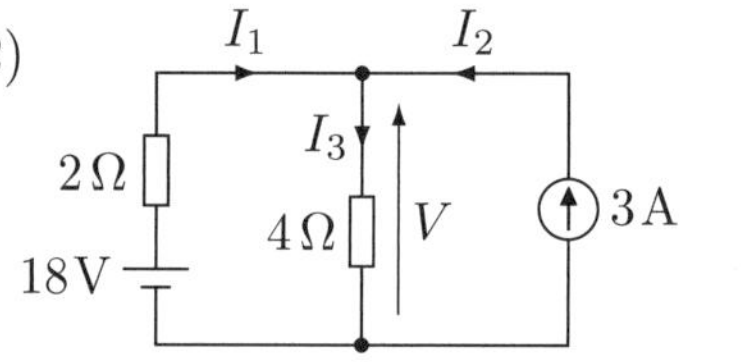


**解答**

(1) 【左側の電圧源だけ】

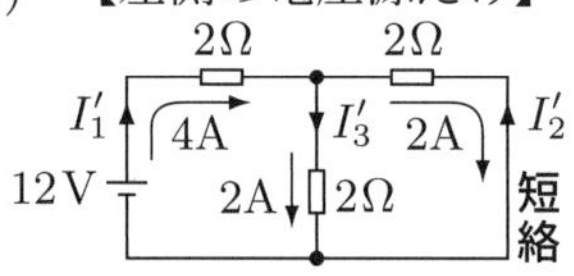


$I'_1=\dfrac{12}{2+(2/\!/2)}=\dfrac{12}{3}=4.$

$I'_3=\dfrac{I'_1}{2}=2.\quad I'_2=-\dfrac{I'_1}{2}=-2.$

プラス

【右側の電圧源だけ】

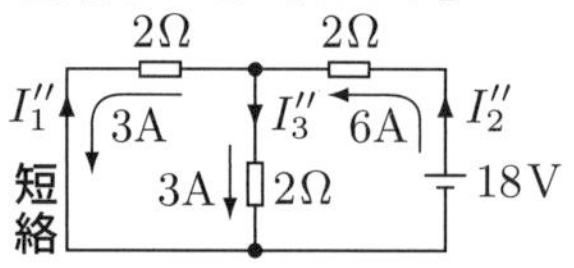


$I''_2=\dfrac{18}{2+(2/\!/2)}=\dfrac{18}{3}=6.$

$I''_3=\dfrac{I''_2}{2}=3.\quad I''_1=-\dfrac{I''_2}{2}=-3.$

イコール

【両方の電圧源】

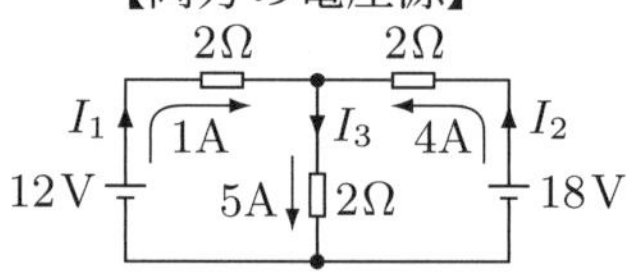


$I_1=I'_1+I''_1=4-3=1\,[\mathrm{A}].$

$I_2=I'_2+I''_2=-2+6=4\,[\mathrm{A}].$

$I_3=I'_3+I''_3=2+3=5\,[\mathrm{A}].$

$V=2I_3=10\,[\mathrm{V}].$

(2) 【左側の電圧源だけ】

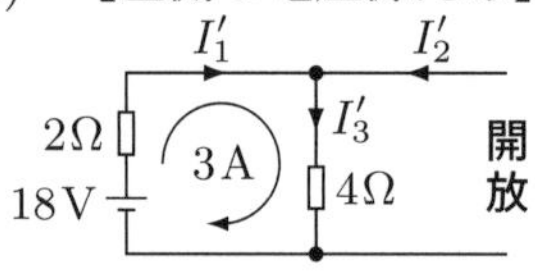


$I'_2=0.$

$I'_1=I'_3=\dfrac{18}{2+4}=3.$

プラス

【右側の電流源だけ】

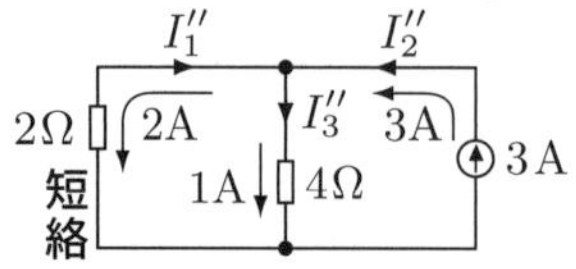


$I''_2=3.\quad I''_3=\dfrac{2}{2+4}\times I''_2=1.$

$I''_1=-\dfrac{4}{2+4}\times I''_2=-2.$

イコール

【両方の電源】

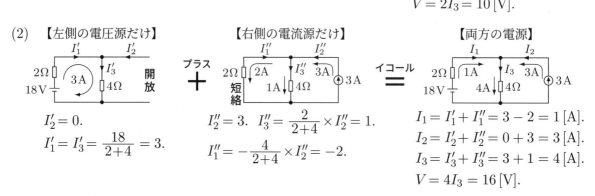

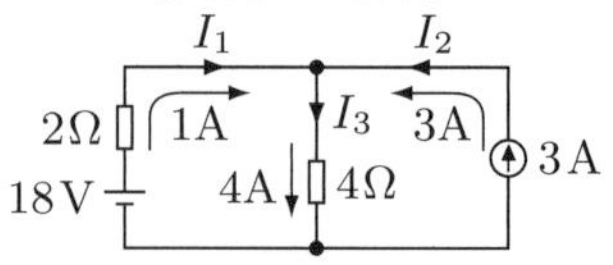


$I_1=I'_1+I''_1=3-2=1\,[\mathrm{A}].$

$I_2=I'_2+I''_2=0+3=3\,[\mathrm{A}].$

$I_3=I'_3+I''_3=3+1=4\,[\mathrm{A}].$

$V=4I_3=16\,[\mathrm{V}].$

| **ドリル No.6** | Class | | No. | | Name | |
| --- | --- | --- | --- | --- | --- | --- |

**問題 6.1**　次の (1) と (2) をY形に，(3) と (4) をΔ形に変換せよ．

(1)

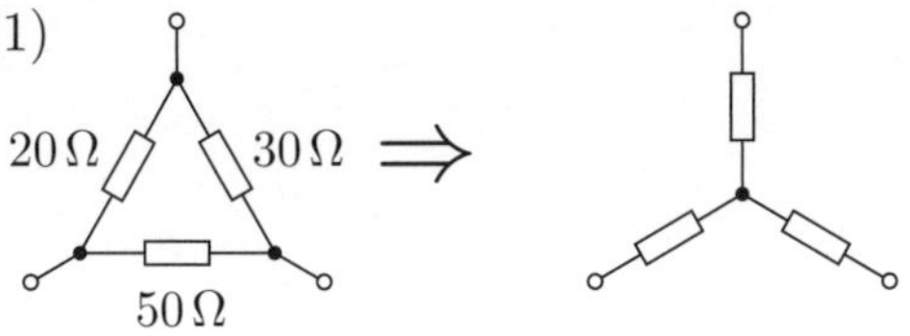


(2)

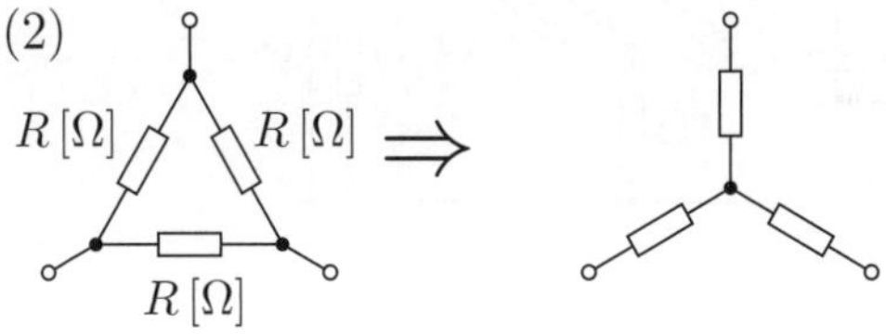


(3)

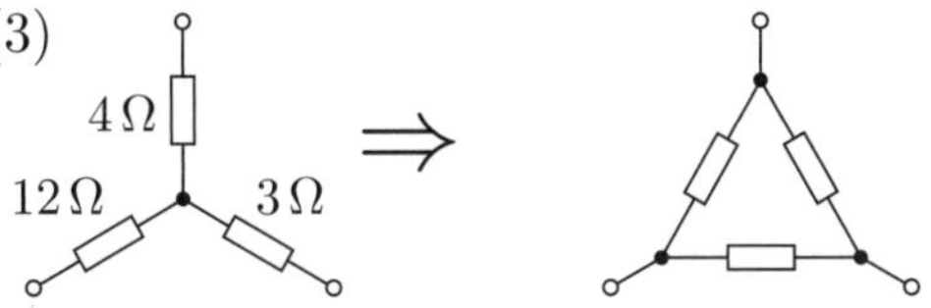


(4)

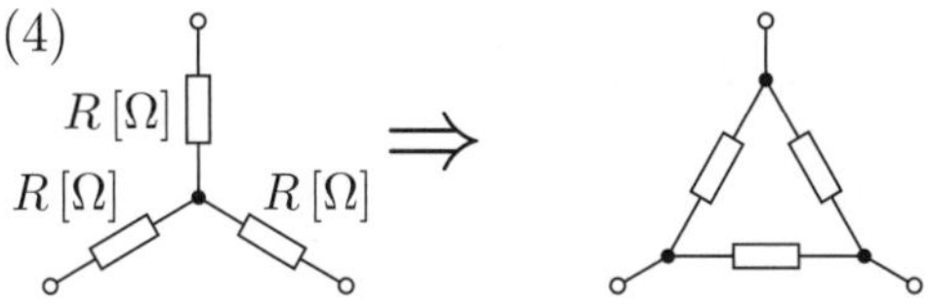


**問題 6.2**　$\Delta \to$ Y変換を使って，(1) と (2) の合成抵抗$R$，および (3) の電流 $I_0 \sim I_5$を求めよ．

(1)

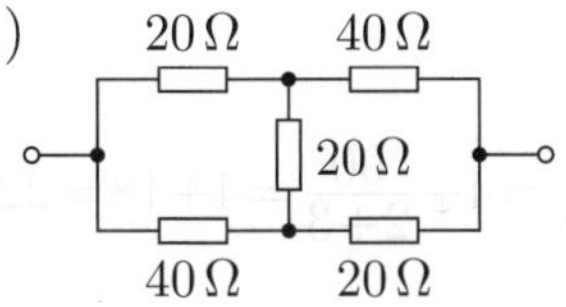


（答）$R=$　　　[　　]．

(2)

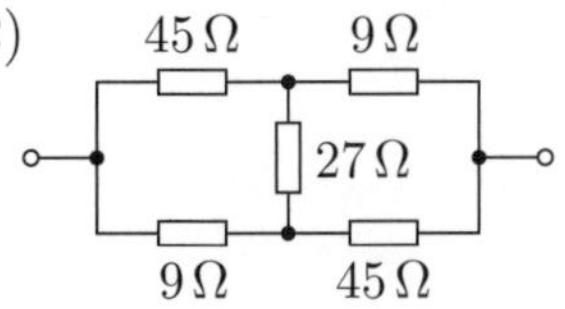


（答）$R=$　　　[　　]．

(3)

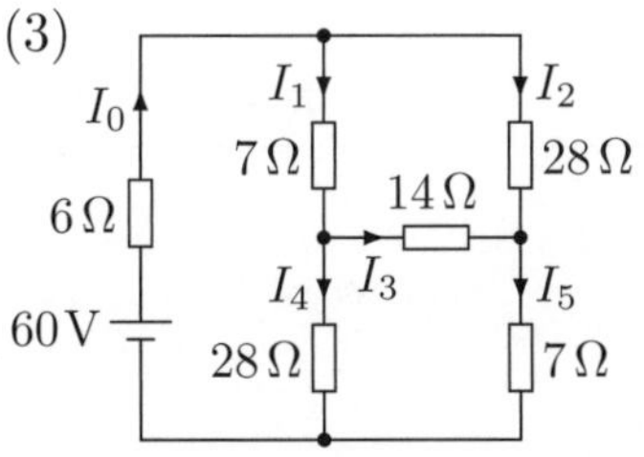


（答）$I_0=$　　[　　]．$I_1=$　　[　　]．$I_2=$　　[　　]．$I_3=$　　[　　]．$I_4=$　　[　　]．$I_5=$　　[　　]．

**問題 6.3**　Y $\to \Delta$変換を使って，次の回路の電圧$V$を求めよ．

(1)

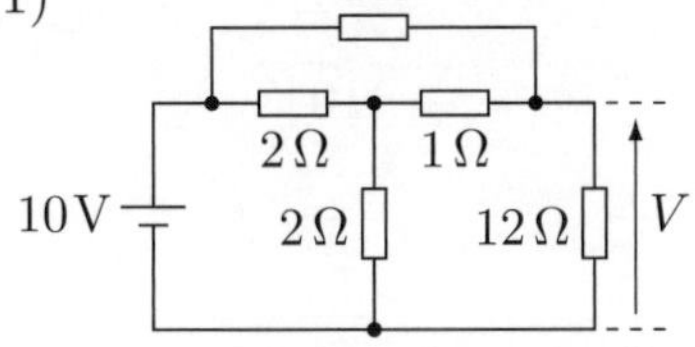


（答）$V=$　　　[　　]．

(2)

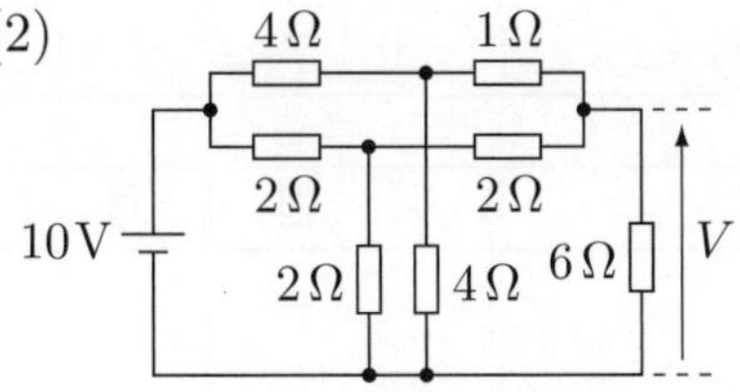


（答）$V=$　　　[　　]．

**問題 6.4**　Δ→Y変換またはY→Δ変換を使って，次の回路の電圧$V$を求めよ．

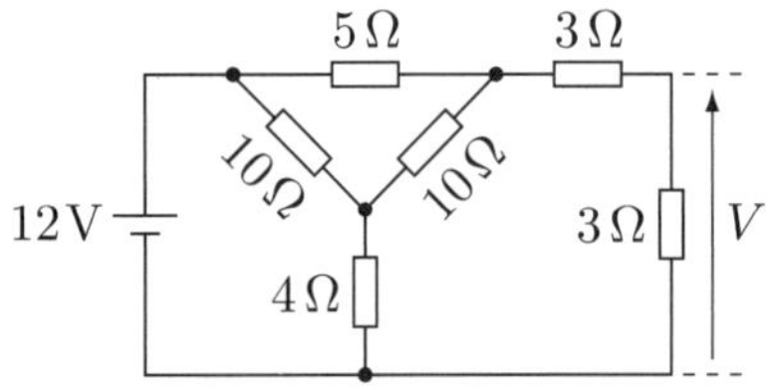


（答）$V=$　　　［　］.

**問題 6.5**　重ねの理を使って，次の回路の電流$I_1, I_2, I_3$を求めよ．(1) と (2) では電圧$V$も求めよ．

(1)

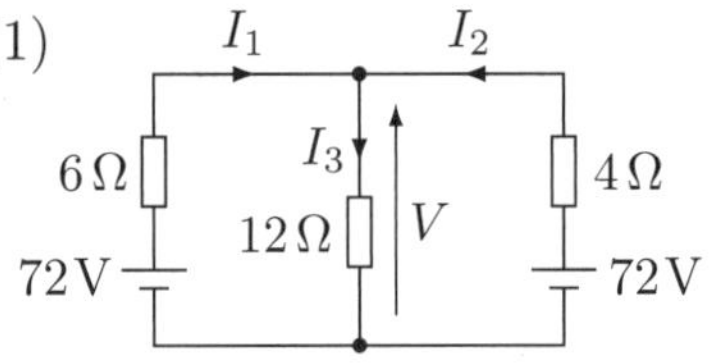


（答）$I_1=$　　　［　］．$I_2=$　　　［　］．$I_3=$　　　［　］．$V=$　　　［　］.

(2)

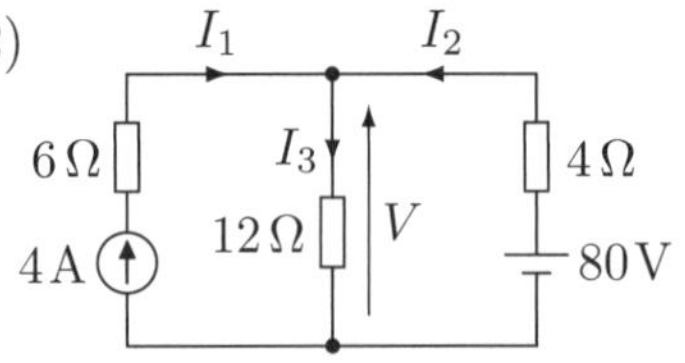


（答）$I_1=$　　　［　］．$I_2=$　　　［　］．$I_3=$　　　［　］．$V=$　　　［　］.

(3)

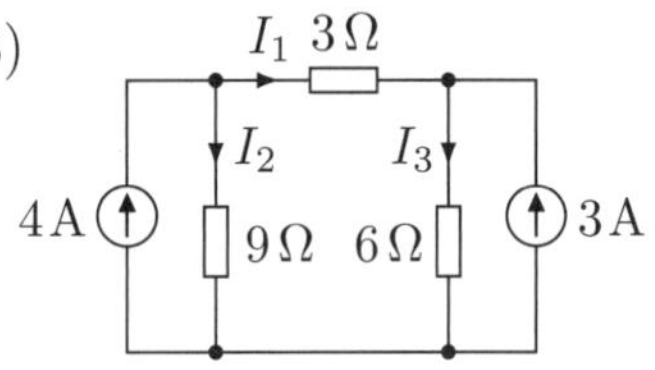


（答）$I_1=$　　　［　］．$I_2=$　　　［　］，$I_3=$　　　［　］.

(4)

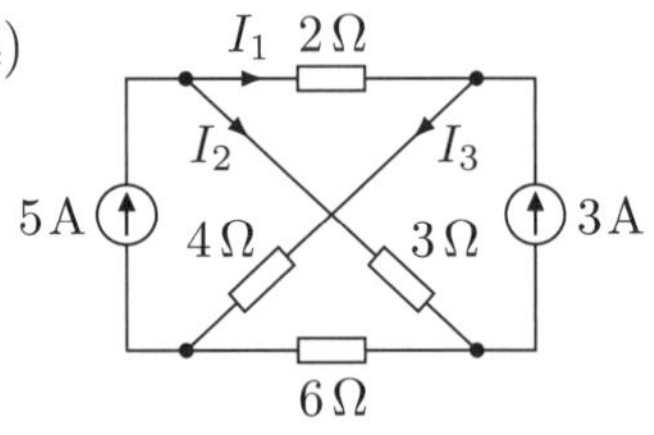


（答）$I_1=$　　　［　］．$I_2=$　　　［　］，$I_3=$　　　［　］.

(5)

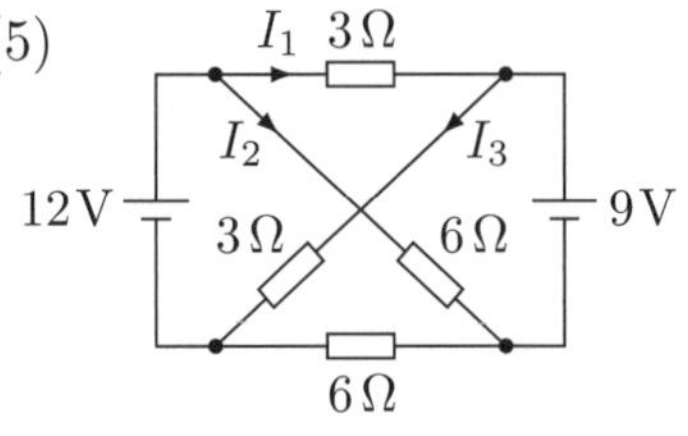


（答）$I_1=$　　　［　］．$I_2=$　　　［　］，$I_3=$　　　［　］.

| **チェック項目** | 月　日 | 月　日 |
|---|---|---|
| Y–Δ変換，重ねの理を理解している． | | |

# 1 直流回路 ▶ 1.7 テブナンの定理とノートンの定理

テブナンの定理とノートンの定理を理解している.

## テブナンの定理とノートンの定理

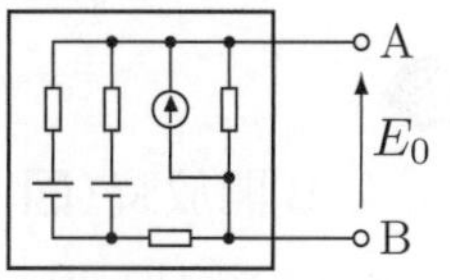

- 電源を含む回路を**能動回路**,電源を含まない回路を**受動回路**という.

[能動回路Nの一例]

- 【**テブナンの定理**】能動回路Nを端子A,Bからみると,電圧源$E_0$と抵抗$R_0$の直列回路(**テブナンの等価回路**)と等価である.ただし,

  $E_0$は,端子A,B開放時のA,B間の電圧(**開放電圧**).

  $R_0$は,能動回路Nから全電源を除去(電圧源→短絡,電流源→開放)した受動回路を端子A,Bからみた合成抵抗.

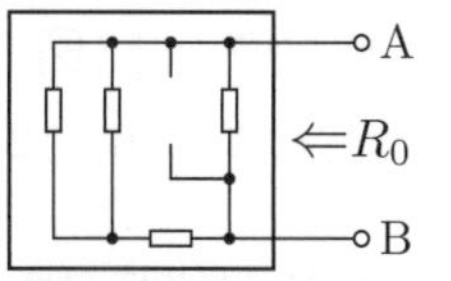

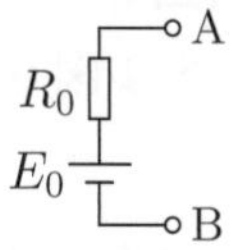

[能動回路Nから全電源除去]
⇒ 受動回路$R_0$になる.

- 【**ノートンの定理**】能動回路Nを端子A,Bからみると,電流源$J_0$と抵抗$R_0$の並列回路(**ノートンの等価回路**)と等価である.ただし,$R_0$は上記と同一であり,

  $J_0$は,端子A,B短絡時にA→Bを流れる電流(**短絡電流**).

$$\begin{bmatrix} \text{テブナンの} \\ \text{等価回路} \end{bmatrix} \quad \begin{bmatrix} \text{ノートンの} \\ \text{等価回路} \end{bmatrix}$$

- ノートンの等価回路をテブナンの等価回路に変換すれば,$E_0 = R_0 J_0$を得る.

- 【**テブナンの定理の証明**】能動回路N(電源除去時は$R_0$)に,別の能動回路N'(電源除去時は$R_0'$)を接続し,重ねの理を使う.**図1**と**図2**は等価.**図2**からN'の電源と$\overleftarrow{E_0}$を除去した回路が**図3**,Nの電源と$\overrightarrow{E_0}$を除去した回路が**図4**である.**図3**は何も出力しないので,**図1**=**図4**(**テブナンの等価回路**)となる.

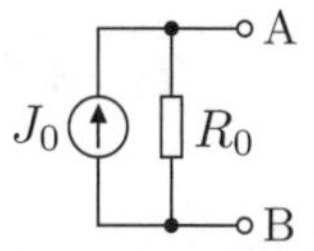

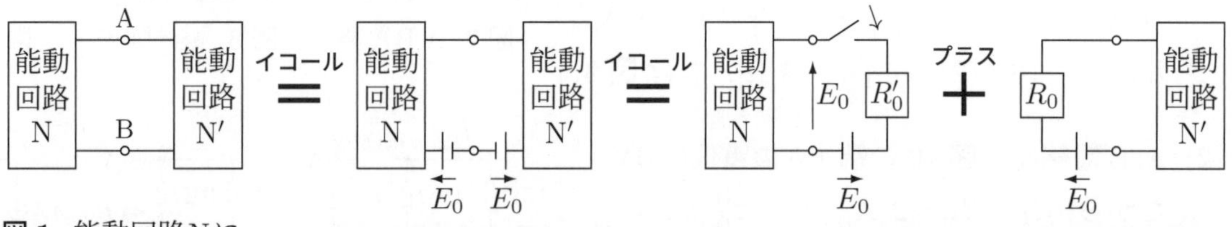

図1.能動回路Nに別の能動回路N'を接続する.

図2.互いに逆向きで等しい電圧源$E_0$を挿入しても図1と変わらない.

図3.スイッチの両側は等電位$E_0$ゆえ,スイッチを閉じても電流=0.→Nは何も出力しない.

図4.能動回路Nは,**テブナンの等価回路**になる.

## 電圧源–電流源変換

- 電圧源$E$と抵抗$R$の直列回路を,ノートンの等価回路に変換しよう.A,Bの短絡電流$= \dfrac{E}{R}$,電圧源除去(短絡)時の合成抵抗$=R$ゆえ,右図となる.(**電圧源→電流源変換**)

  [電圧源→電流源変換]

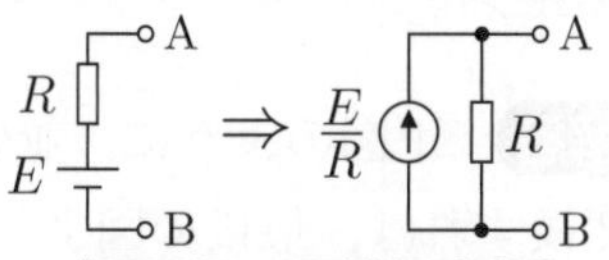

- 電流源$J$と抵抗$R$の並列回路を,テブナンの等価回路に変換しよう.A,Bの開放電圧$=RJ$,電流源除去(開放)時の合成抵抗$=R$ゆえ,右図となる.(**電流源→電圧源変換**)

  [電流源→電圧源変換]

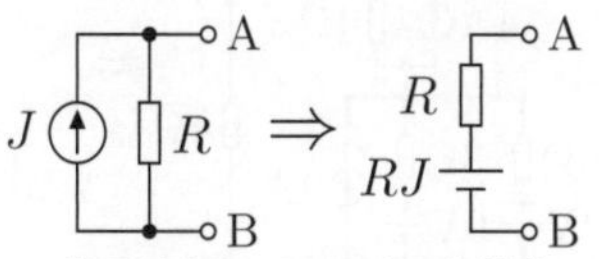

**例題** 7.1 次の回路のテブナンの等価回路を求めよ．

(1)
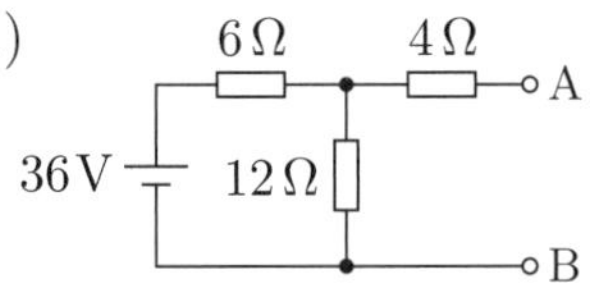


(2)
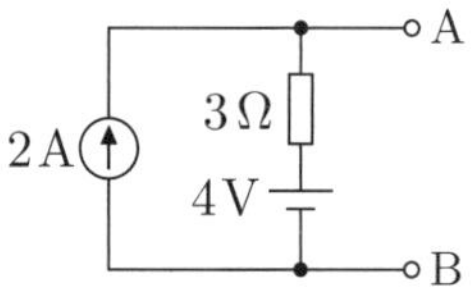


**解答**

(1) A, B 開放時（**図 1**），4Ω の電流 $I=0$ ゆえ，4Ω の電圧 $=0$，4Ω の左右は等電位となる．

$\therefore\ E_0 = V = \dfrac{12}{6+12}\times 36 = \dfrac{2}{3}\times 36 = 24\,[\mathrm{V}]$．

電源除去時（**図 2**）に A, B からみた合成抵抗

$R_0 = 4 + (6/\!/12) = 4+4 = 8\,[\Omega]$．答は **図 3**．

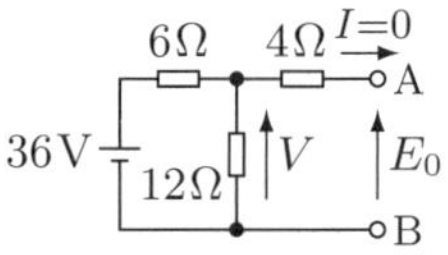


**図 1**. A,B開放

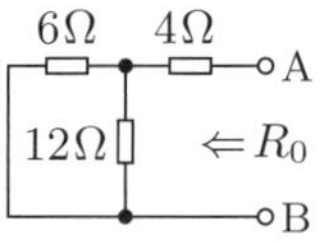


**図 2**. 電源除去

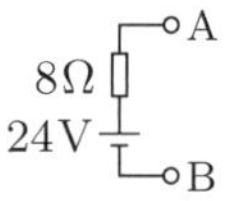


**図 3**. 答

(2) A, B 開放時（**図 4**），3Ω の電流 $=2\,[\mathrm{A}]$ ゆえ，3Ω の電圧 $=3\times 2=6\,[\mathrm{V}]$，$E_0=4+6=10\,[\mathrm{V}]$．電源除去時（**図 5**）に A, B からみた合成抵抗 $R_0=3\,[\Omega]$．答は **図 6** となる．

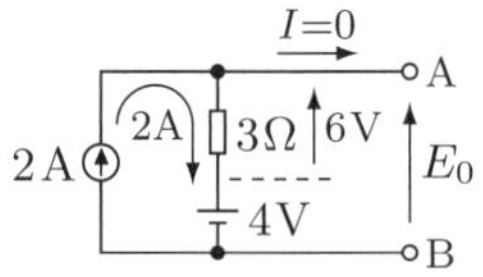


**図 4**. A,B開放

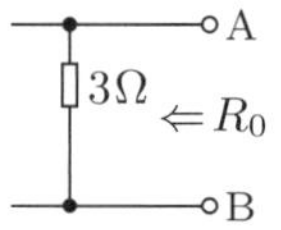


**図 5**. 電源除去

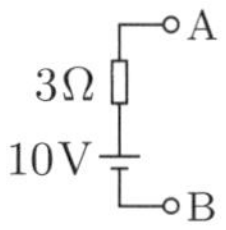


**図 6**. 答

**例題** 7.2 次の回路のノートンの等価回路を求めよ．

(1)
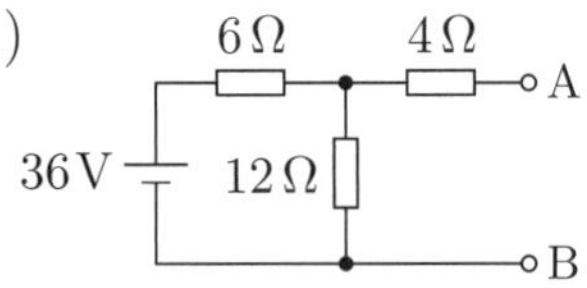


(2)
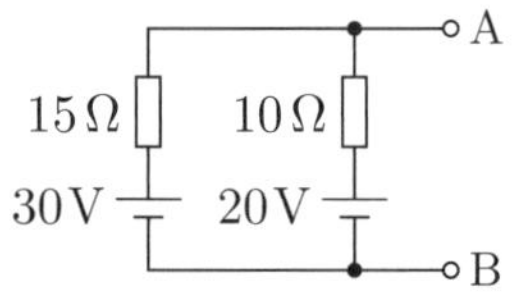


**解答**

(1) 例題 **7.1** (1) と同回路．A, B 短絡時（**図 7**），6Ω の電流 $I=\dfrac{36}{6+(4/\!/12)}=\dfrac{36}{6+3}=4\,[\mathrm{A}]$ を分流して，$J_0=\dfrac{12}{12+4}\times I=\dfrac{3}{4}\times 4=3\,[\mathrm{A}]$．

$R_0 = 4 + (6/\!/12) = 4+4 = 8\,[\Omega]$．答は **図 9**．

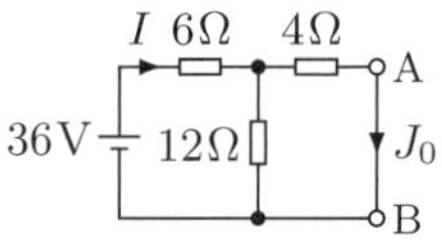


**図 7**. A,B短絡

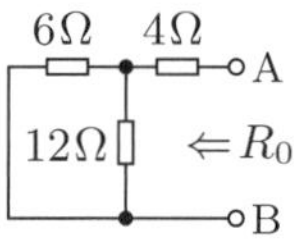


**図 8**. 電源除去

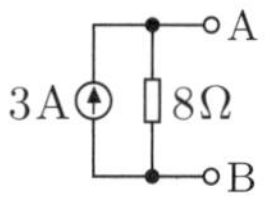


**図 9**. 答

(2) A, B 短絡時，**図 10** の端子Aの電位は 0V だから，$I_1=\dfrac{30}{15}=2\,[\mathrm{A}]$，$I_2=\dfrac{20}{10}=2\,[\mathrm{A}]$．$J_0=I_1+I_2=4\,[\mathrm{A}]$．電源除去時（**図 11**）の合成抵抗 $R_0=15/\!/10=6\,[\Omega]$．答は **図 12**．

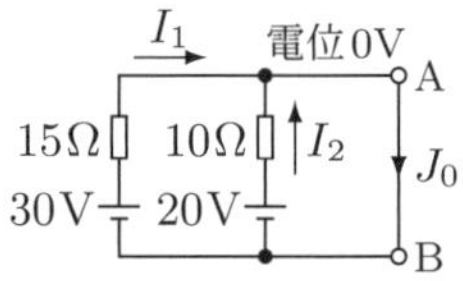


**図 10**. A,B短絡

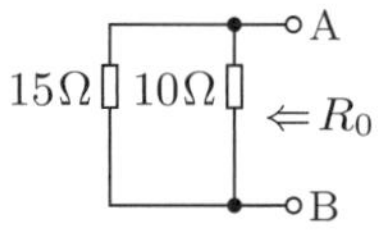


**図 11**. 電源除去

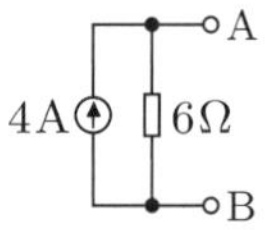


**図 12**. 答

**例題** 7.3 電圧源–電流源変換を使って，右の回路の電流 $I$ を求めよ．

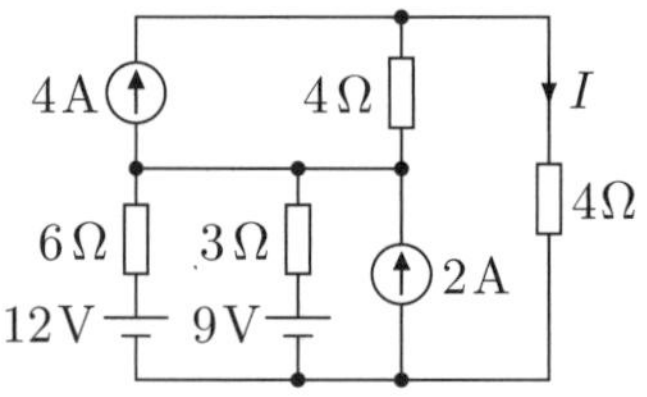


**解答** 下図のように，並列部分は電流源に，直列部分は電圧源に変換すれば，最後の図より，$I=\dfrac{30}{6+4}=3\,[\mathrm{A}]$．

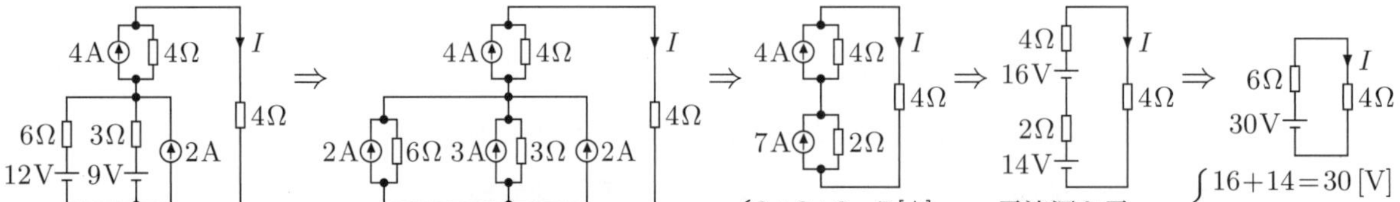


与えられた回路

電圧源を電流源に変換

$\begin{cases} 2+3+2=7\,[\mathrm{A}] \\ 6/\!/3=2\,[\Omega] \end{cases}$

電流源を電圧源に変換

$\begin{cases} 16+14=30\,[\mathrm{V}] \\ 4+2=6\,[\Omega] \end{cases}$

| ドリル No.7 | Class | | No. | | Name | |
|---|---|---|---|---|---|---|

**問題 7.1**　次の回路のテブナンの等価回路を求めよ.

(1)
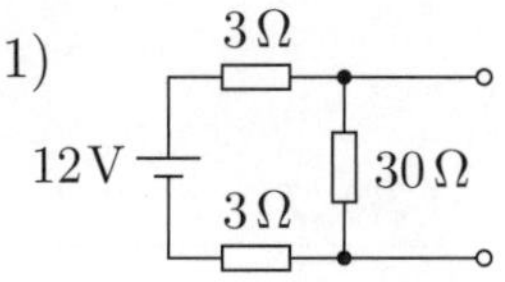


(2)
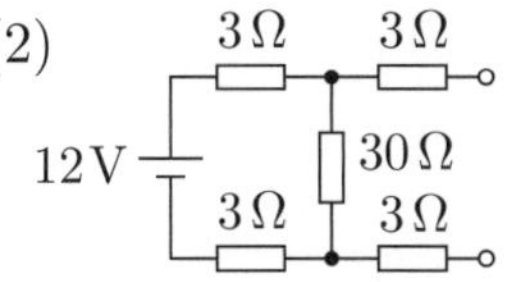


(3)
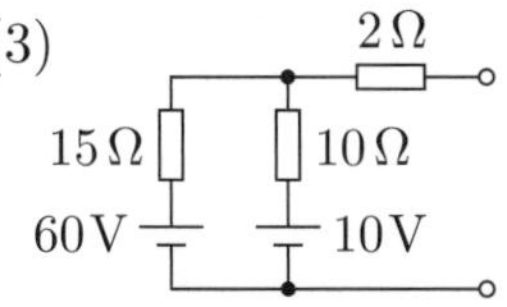


(4)
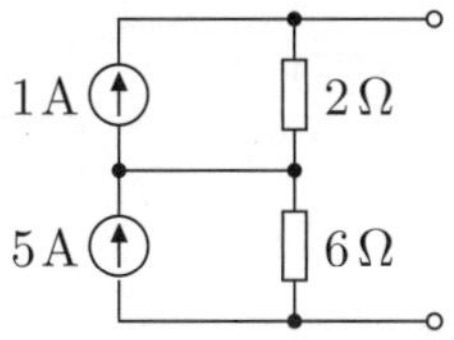


(5)
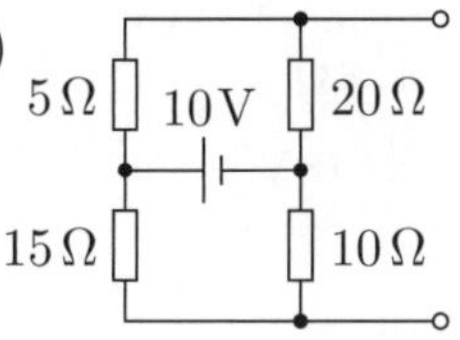


**問題 7.2**　次の回路のノートンの等価回路を求めよ.

(1)
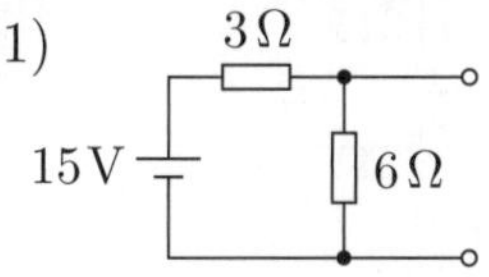


(2)
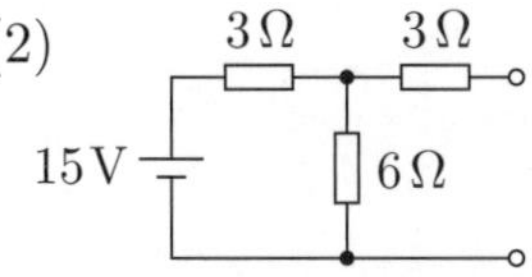


(3)
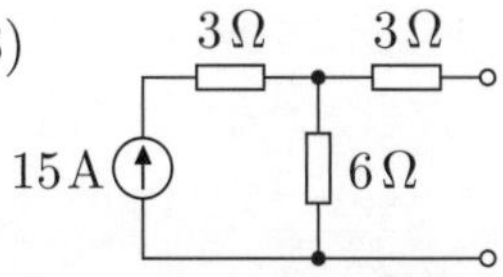


**問題 7.3**　右の回路で，端子A, B を開放したとき AB 間の電圧が 60V であり，A, B を短絡したとき A→B に流れる電流が 3A であった.

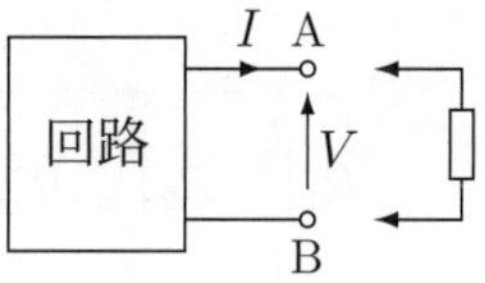


(1) この回路のテブナンの等価回路とノートンの等価回路を求めよ.

(2) AB 間に 10Ω の抵抗を接続したときの端子間電圧 $V$ と端子電流 $I$ を求めよ.

(答) $V=$ 　　　[　]. $I=$ 　　　[　].

**問題 7.4**　次の回路の破線部┆┆のテブナンの等価回路を求め，それを使って電流 $I$ を求めよ．

(1)
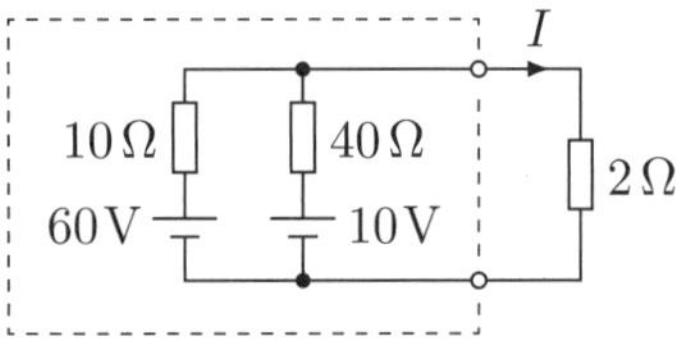


（答）$I=$　　　[　　].

(2)
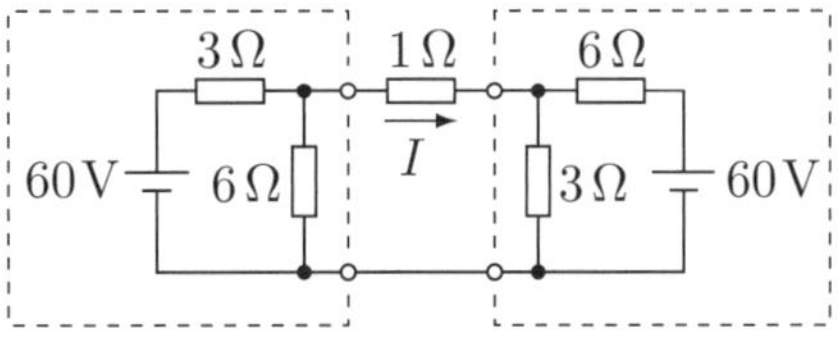


（答）$I=$　　　[　　].

(3)
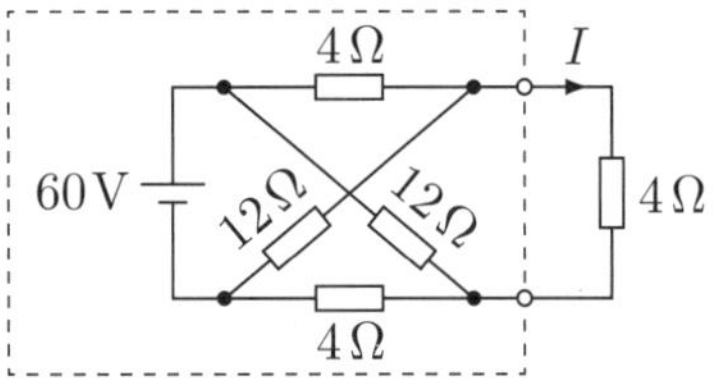


（答）$I=$　　　[　　].

**問題 7.5**　(1)〜(3) を電流源に，(4)〜(6) を電圧源に変換せよ．

(1)
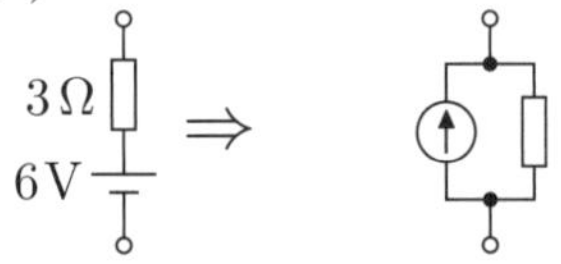


(2)
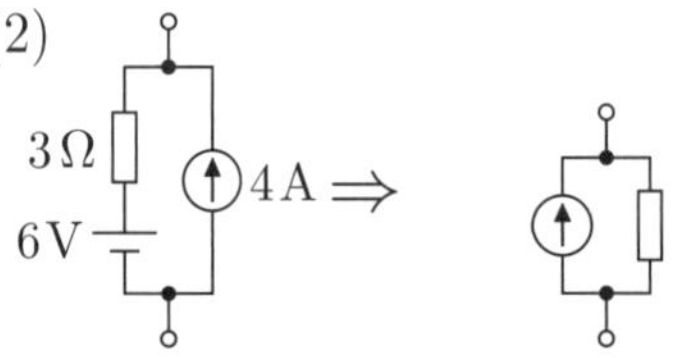


(3)
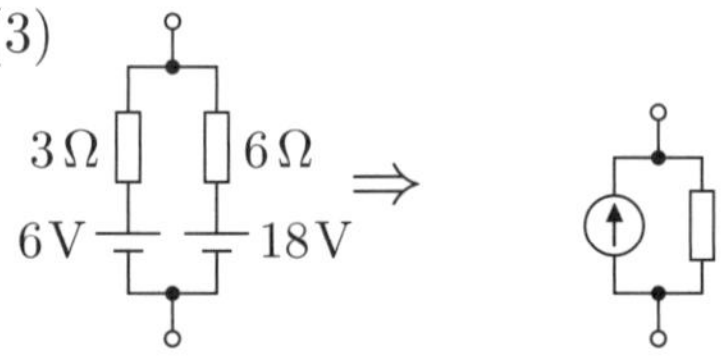


(4)
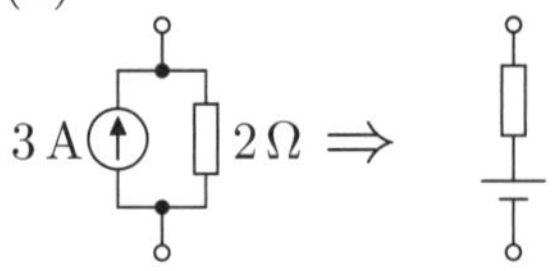


(5)
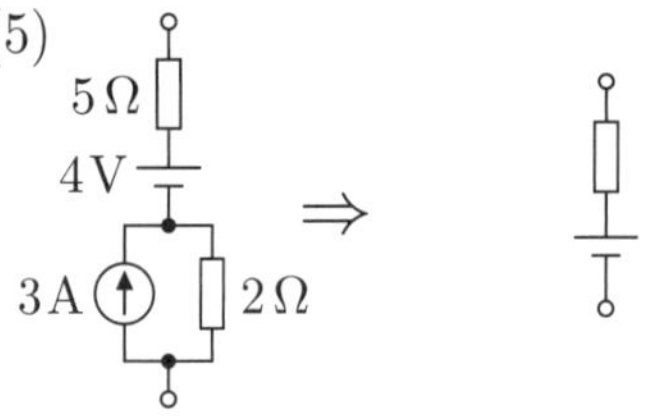


(6)
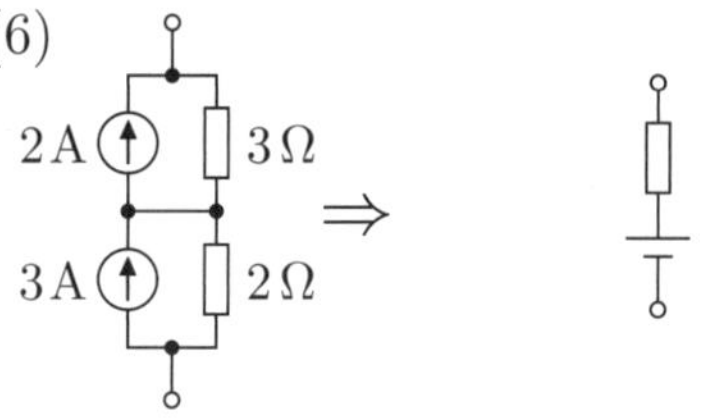


**問題 7.6**　電圧源–電流源変換により，次の回路の電流 $I$, 電圧 $V$ を求めよ．

(1)
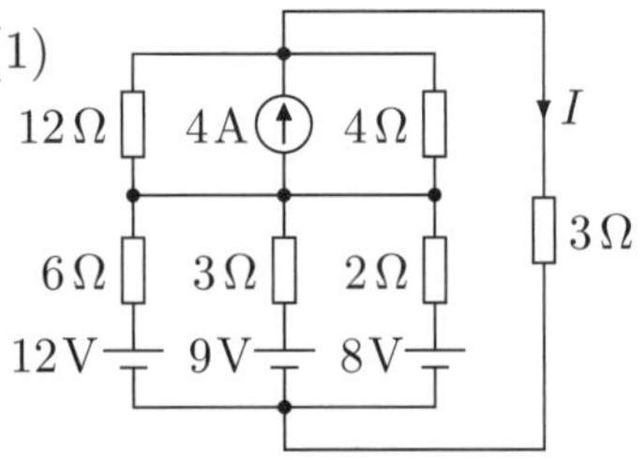


（答）$I=$　　　[　　].

(2)
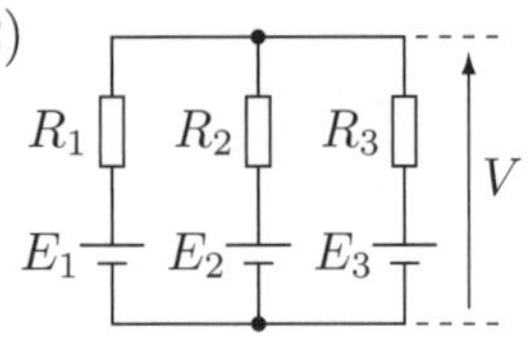


（答）$V=$

| チェック項目 | 月　日 | 月　日 |
|---|---|---|
| テブナンの定理とノートンの定理を理解している. | | |

ブリッジ回路，相反定理，補償定理を理解している．

## ブリッジ回路

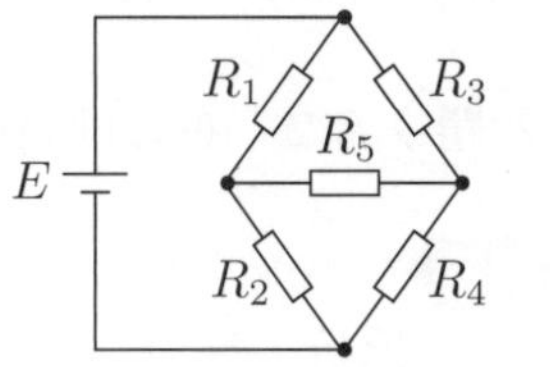


[ブリッジ回路]

- 並列回路の中間に橋を架けた回路を**ブリッジ回路**という．
  ブリッジ回路は直並列回路で表すことはできない．
- 右図の抵抗$R_5$に電流が流れない状態を**平衡状態**という．
- 電源のマイナス側を電位0，$R_5$の左右を電位$V_A, V_B$とする．
  $R_5$除去時に$V_A = V_B$ならば，$R_5$接続時に$R_5$に電流は流れず，平衡状態となる．このとき$V_A = \dfrac{R_2}{R_1+R_2}E$，$V_B = \dfrac{R_4}{R_3+R_4}E$．
  $\rightarrow \dfrac{R_2}{R_1+R_2} = \dfrac{R_4}{R_3+R_4}$． $\rightarrow$ **平衡条件** $R_1R_4 = R_2R_3$．

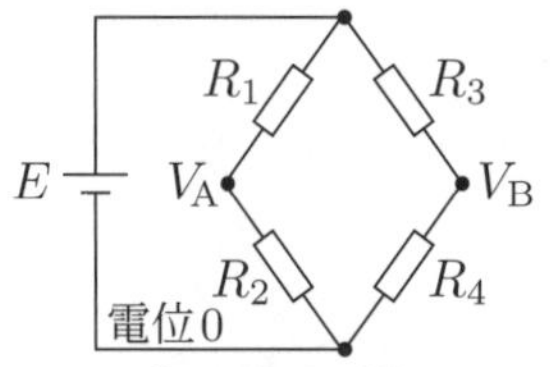


[$R_5$除去時]

- $R_5$の代わりに検流計(ガルバノメータⒼ)を置き，既知抵抗$R_1$, $R_2$, $R_3$の値を加減して平衡状態にし，未知抵抗$R_4 = \dfrac{R_2R_3}{R_1}$と求める装置を**ホイートストン・ブリッジ**という．分銅を加減して平衡状態にして，未知の質量を求める天秤に似ている．

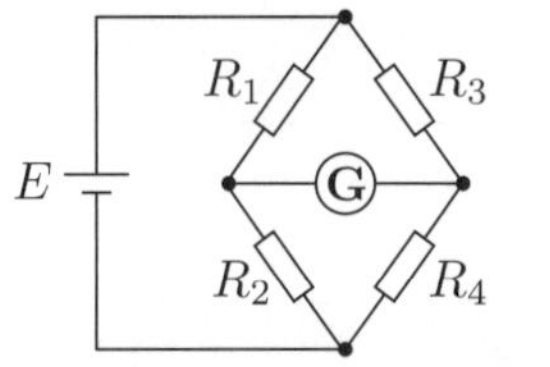


[ホイートストン・ブリッジ]

## 相反定理(可逆定理)

- **【電圧源と短絡電流】**受動回路の端子A, Bに電圧源$E$ [V] を接続したときの端子X, Yの短絡電流が$I$ [A]，端子X, Yに電圧源$E'$ [V] を接続したときの端子A, Bの短絡電流が$I'$ [A] であれば，$E : E' = I : I'$が成り立つ．特に$E = E'$ならば$I = I'$．(証明は例題**9.3**)
- **【電流源と開放電圧】**受動回路の端子A, Bに電流源$J$ [A] を接続したときの端子X, Yの開放電圧が$V$ [V]，端子X, Yに電流源$J'$ [A] を接続したときの端子A, Bの開放電圧が$V'$ [V] であれば，$J : J' = V : V'$が成り立つ．特に$J = J'$ならば$V = V'$．(証明は例題**10.2**)

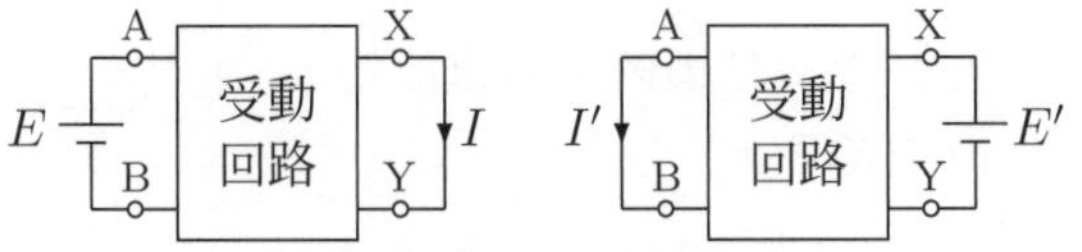


[電圧源と短絡電流]

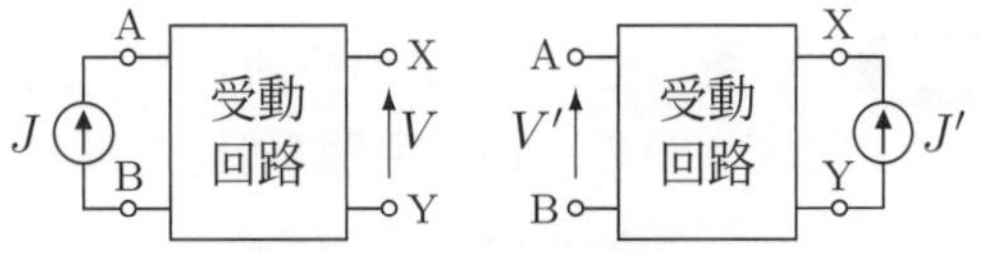


[電流源と開放電圧]

## 補償定理

- **【補償定理】**能動回路Nの導線aに電流$I$ [A] が流れていた．導線aに抵抗$R$ [Ω] を挿入したときの各導線の電流の変化分は，能動回路Nから電源を除去して受動回路$R_0$とし，導線aに$I$と逆方向の電圧源$RI$ [V] を挿入したときの各導線の電流に等しい．
- **【補償定理の証明】**図1〜図5のように重ねの理を使う．図5が変化分を求める回路．

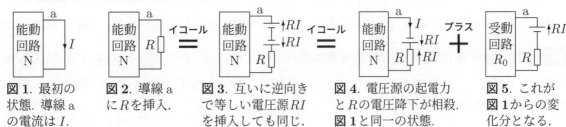

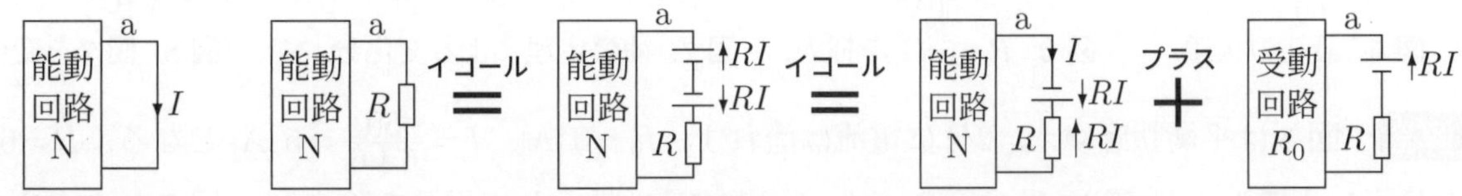


**図1**．最初の状態．導線aの電流は$I$．

**図2**．導線aに$R$を挿入．

**図3**．互いに逆向きで等しい電圧源$RI$を挿入しても同じ．

**図4**．電圧源の起電力と$R$の電圧降下が相殺．図1と同一の状態．

**図5**．これが図1からの変化分となる．

**例題 8.1**　右のホイートストンブリッジのダイヤル抵抗$R$を$123\,\Omega$にしたとき，検流計Ⓖがゼロを指した．未知抵抗$R_x$の抵抗値は，いくらか？

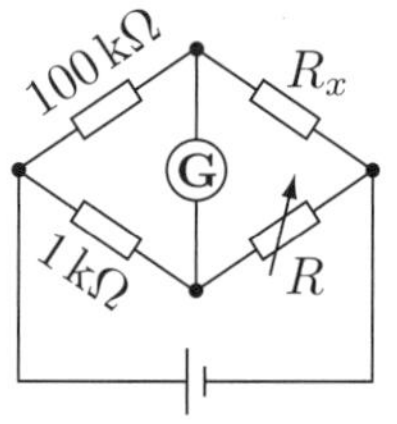


**解答**　ブリッジの平衡条件より，$100\,[\mathrm{k\Omega}] \times R = 1\,[\mathrm{k\Omega}] \times R_x$.
$\therefore R_x = 100R = 12300\,[\Omega] = 12.3\,[\mathrm{k\Omega}]$.

**例題 8.2**　右の回路の電流$I$を求めよ．

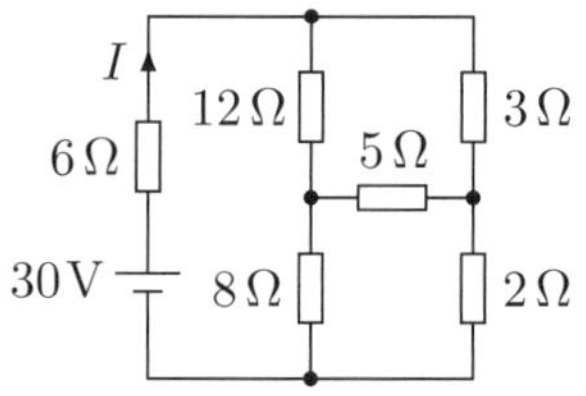


**解答**　右半分のブリッジ回路は，$12\times2=8\times3$ゆえ，平衡状態であり，$5\,\Omega$の抵抗に電流は流れないので，これを開放して計算してもよい．

$$\therefore\ I = \frac{30}{6+[(12+8)/\!/(3+2)]} = \frac{30}{6+(20/\!/5)} = \frac{30}{6+4} = 3\,[\mathrm{A}].$$

**例題 8.3**　**図1**のブリッジ回路の抵抗$r$に流れる電流$I$を，テブナンの定理を使って求めよ．

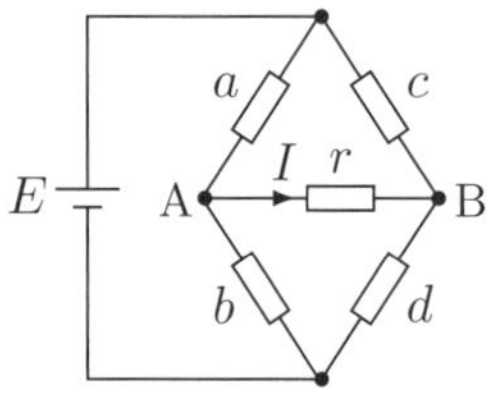


**図1**．ブリッジ回路．

変形 ⇒

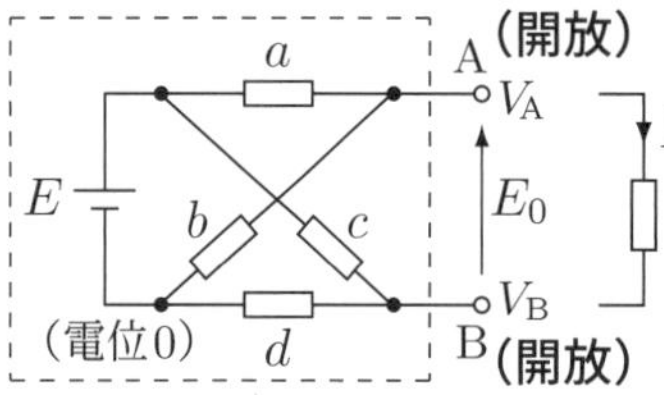


**図2**．ブリッジ回路を変形する．

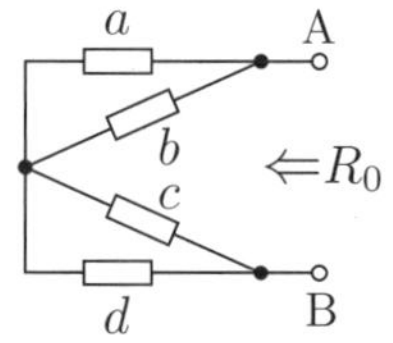


**図3**．電源$E$を除去（短絡）する．

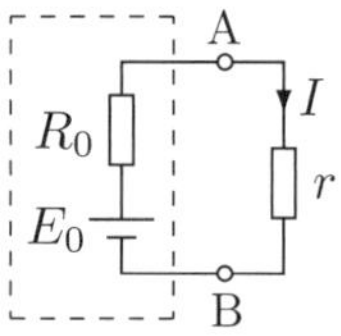


**図4**．テブナンの等価回路．

**解答**　**図1**を**図2**に変形し，破線部のテブナンの等価回路を求める．端子A, Bの開放電圧$E_0$は，電位$V_A=\dfrac{b}{a+b}E$と$V_B=\dfrac{d}{c+d}E$の差だから，$E_0=V_A-V_B=\left(\dfrac{b}{a+b}-\dfrac{d}{c+d}\right)E=\dfrac{(bc-ad)E}{(a+b)(c+d)}$.

**図3**より，電源除去時のA, B間の抵抗$R_0=(a/\!/b)+(c/\!/d)=\dfrac{ab}{a+b}+\dfrac{cd}{c+d}=\dfrac{abc+bcd+cda+dab}{(a+b)(c+d)}$.

**図4**より，$I=\dfrac{E_0}{r+R_0}=\dfrac{\dfrac{(bc-ad)E}{(a+b)(c+d)}}{r+\dfrac{abc+bcd+cda+dab}{(a+b)(c+d)}}=\dfrac{(bc-ad)E}{(a+b)(c+d)r+(abc+bcd+cda+dab)}$. 特に$ad=bc$のとき$I=0$となる．

**例題 8.4**　平衡しているブリッジ回路のブリッジ部に，右図のように電圧源$E$を挿入したとき，右図の電流$I$は，いくらか？

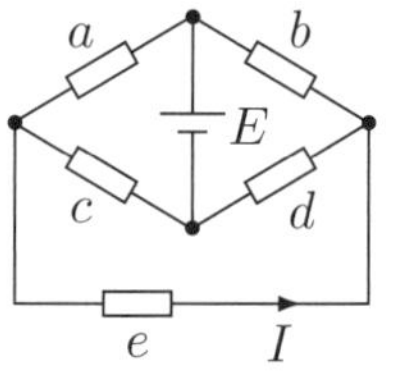


**解答**　平衡している（$I$の箇所に電圧源を挿入したとき，$E$の箇所の電流がゼロになる）から，相反定理（可逆定理）より，$I=0$である．

**例題 8.5**　**図5**のブリッジ回路の電流$I_0$と$I$を求めよ．次に，**図6**のように右上の辺に$R=6\,[\Omega]$を追加したときの電流$I_0'$と$I'$を，補償定理により求めよ．

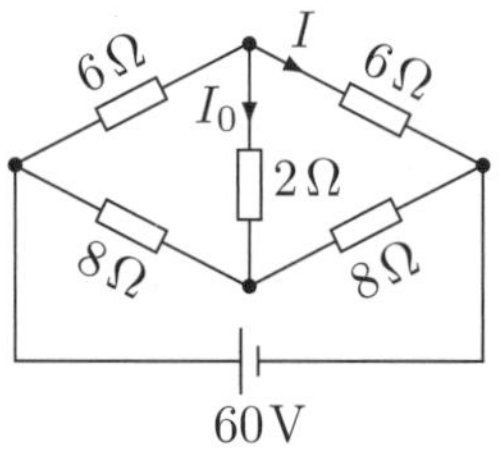


**図5**．最初の状態．

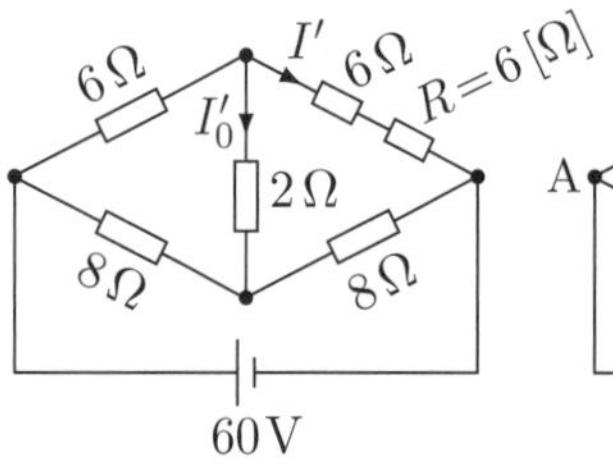


**図6**．$R=6\,[\Omega]$を挿入．

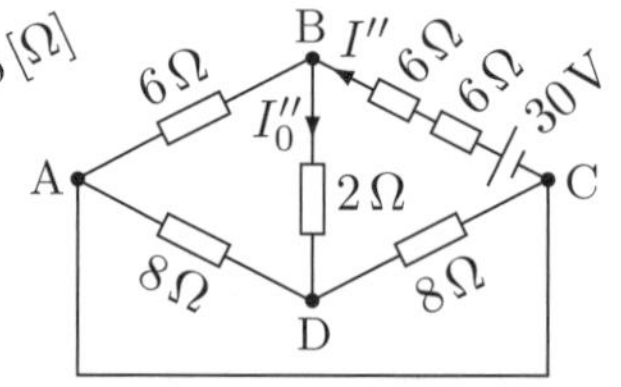


**図7**．補償定理による変化分．

変形 ⇒

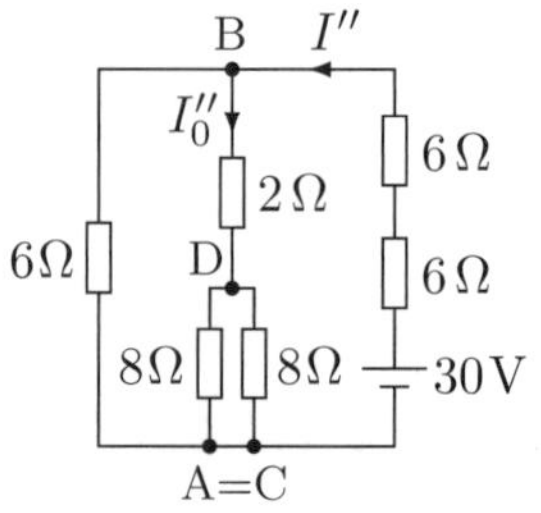


**図8**．**図7**を変形．

**解答**　**図5**は平衡状態ゆえ，$2\,\Omega$に電流は流れず，$I_0=0\,[\mathrm{A}]$，$I=\dfrac{60}{6+6}=5\,[\mathrm{A}]$となる．$R=6\,[\Omega]$の挿入による変化分$I_0''$と$I''$は，$RI=6\times5=30\,[\mathrm{V}]$を挿入して電源を除去した**図7**から求める．

**図7**を**図8**に変形し，$I''=\dfrac{30}{6+6+\{6/\!/[2+(8/\!/8)]\}}=\dfrac{30}{15}=2\,[\mathrm{A}]$. $I_0''=\dfrac{6}{6+[2+(8/\!/8)]}\times I''=1\,[\mathrm{A}]$.

補償定理より，$I_0'=I_0+I_0''=0+1=1\,[\mathrm{A}]$.　$I'=I-I''=5-2=3\,[\mathrm{A}]$.（$I''$の向きに注意）

| ドリル No.8 | Class | | No. | | Name | |
|---|---|---|---|---|---|---|

**問題 8.1**　次のブリッジが平衡するときの抵抗 $R$ と，平衡時の電流 $I_0 \sim I_4$ と電圧 $V_1 \sim V_4$ を求めよ．

(1)

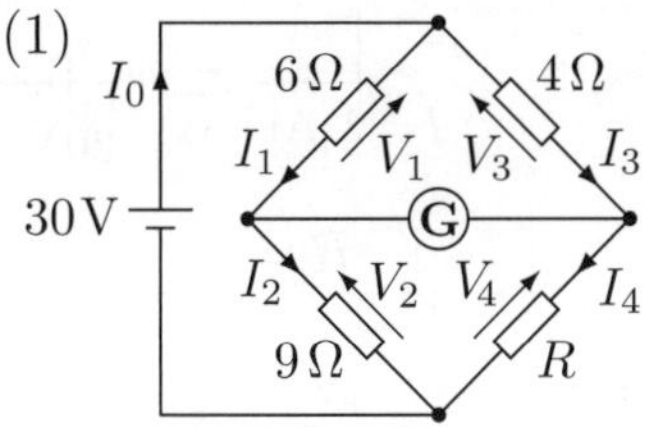


(答) $R=$ [　]．$I_1=$ [　]．$I_2=$ [　]．$I_3=$ [　]．

$I_4=$ [　]．$I_0=$ [　]．$V_1=$ [　]．$V_2=$ [　]．$V_3=$ [　]．$V_4=$ [　]．

(2)

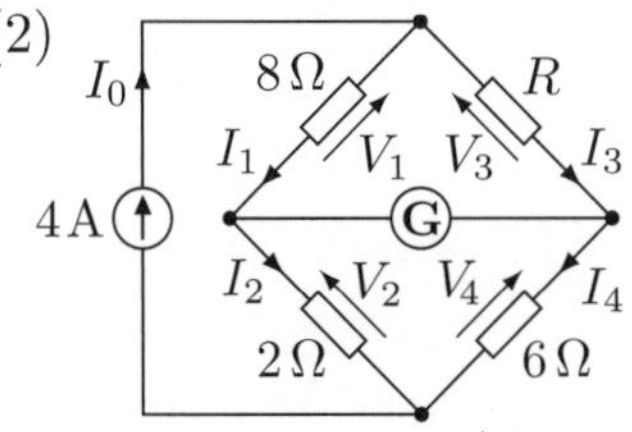


(答) $R=$ [　]．$I_1=$ [　]．$I_2=$ [　]．$I_3=$ [　]．

$I_4=$ [　]．$I_0=$ [　]．$V_1=$ [　]．$V_2=$ [　]．$V_3=$ [　]．$V_4=$ [　]．

(3)

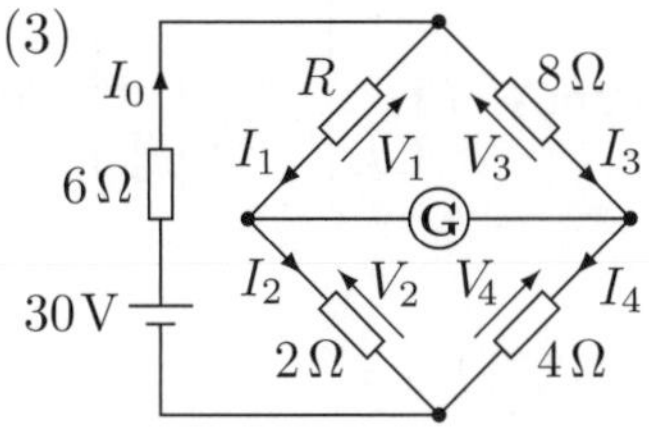


(答) $R=$ [　]．$I_1=$ [　]．$I_2=$ [　]．$I_3=$ [　]．

$I_4=$ [　]．$I_0=$ [　]．$V_1=$ [　]．$V_2=$ [　]．$V_3=$ [　]．$V_4=$ [　]．

**問題 8.2**　次のブリッジが平衡するときの抵抗 $R$ の値を求めよ．

(1)

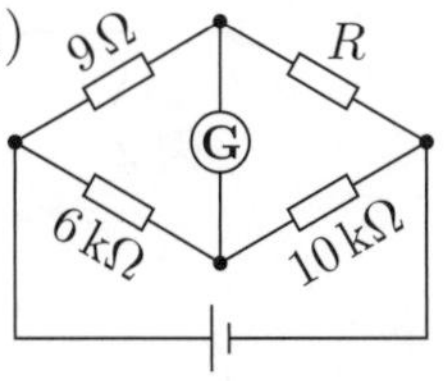


(答) $R=$ [　　]．

(2)

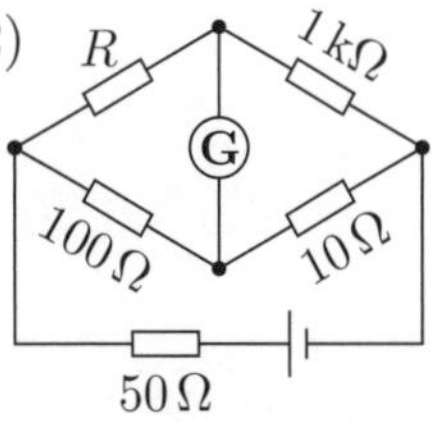


(答) $R=$ [　　]．

(3)

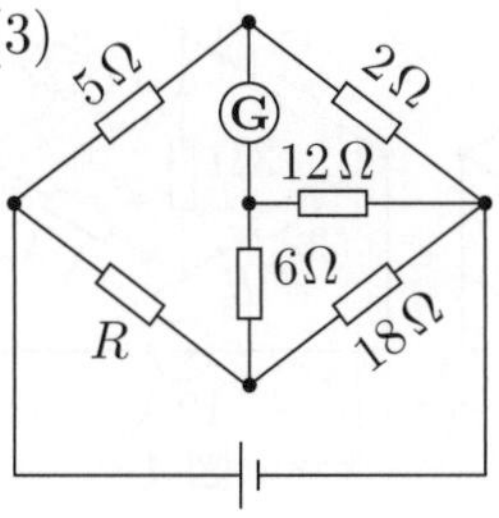


(答) $R=$ [　　]．

(4)

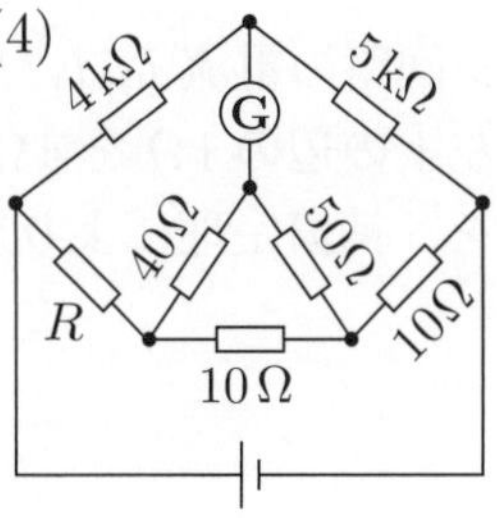


(答) $R=$ [　　]．

**問題 8.3**　右の回路の電流 $I_0 \sim I_3$ を求めよ．

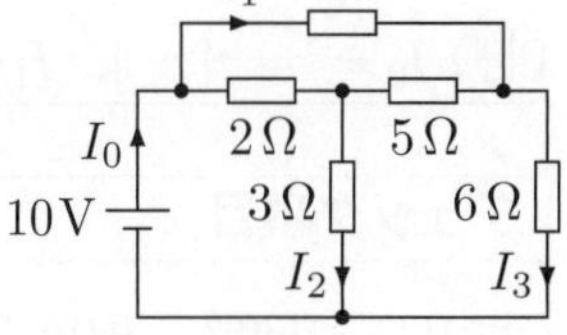


(答) $I_0=$ [　]．$I_1=$ [　]．$I_2=$ [　]．$I_3=$ [　]．

**問題 8.4**　右の回路のスイッチを閉じても開いても，電流を $I=2\,[\mathrm{A}]$ に保つように，抵抗 $r$ と $R$ の値を定めよ．

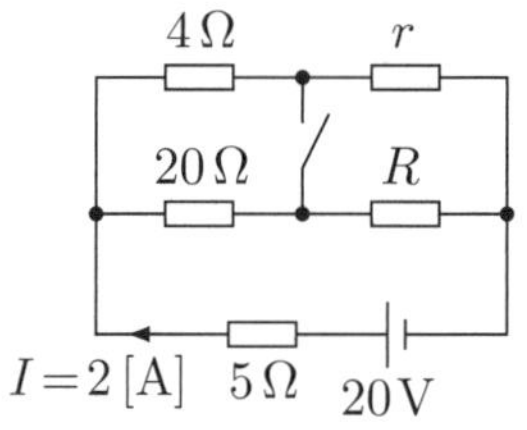


（答）$r=$　　　［　］．$R=$　　　［　］．

**問題 8.5**　右のケルビンのダブルブリッジは，低抵抗の金属の抵抗値 $R$ を，接触抵抗と導線抵抗を含まずに測定できる．接触抵抗等は抵抗 $x$ に含まれる．平衡条件式を求め，この条件式が $x$ を含まないための条件を求めよ．

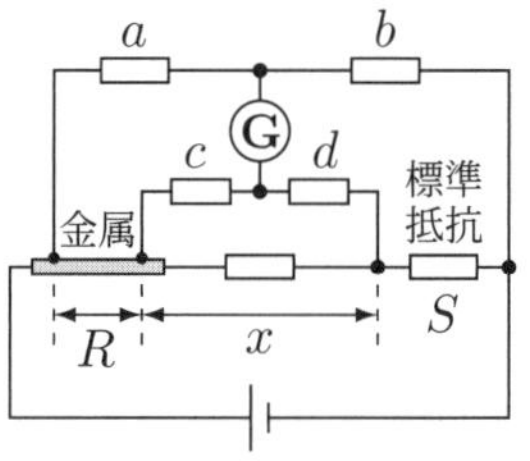


（答）平衡条件式　　　　　　　　　　　　$x$ を含まない条件

**問題 8.6**　ある受動回路の端子1, 1′間に 8 [V] の電圧源を接続したとき，端子2, 2′の短絡電流は 2 [mA] だった．端子2, 2′間に 20 [V] の電圧源を接続したときの端子1, 1′の短絡電流 $I$ を求めよ．

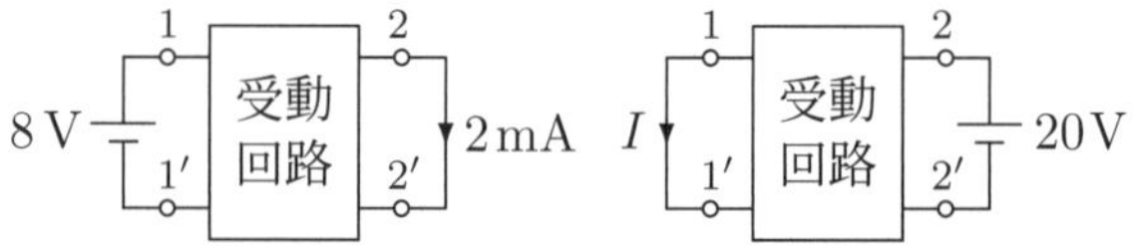


（答）$I=$　　　［　　］．

**問題 8.7**　**図 1** のブリッジ回路の電流 $I_0, I_1, I_2$ を求めよ．次に，**図 2** のように右上の辺の 1Ω を 9Ω に変更したときの電流 $I_0', I_1', I_2'$ を，補償定理により求めよ．

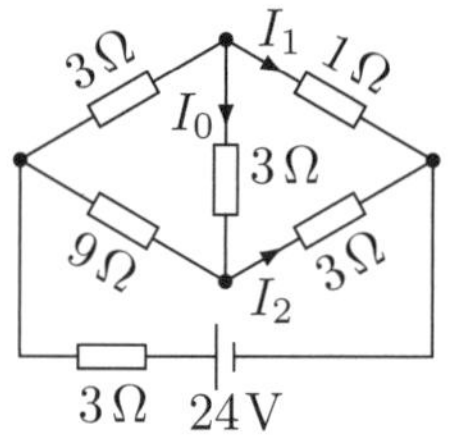


**図 1**

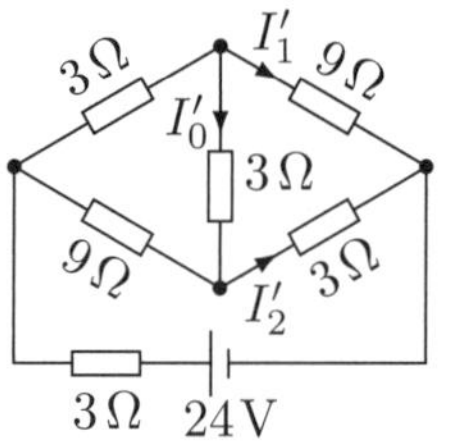


**図 2**

（答）$I_0=$　　［　］．$I_1=$　　［　］．$I_2=$　　［　］．$I_0'=$　　［　］．$I_1'=$　　［　］．$I_2'=$　　［　］．

**問題 8.8**　**図 3** のブリッジ回路の電流 $I_0, I_1, I_2$ を求めよ．次に，**図 4** のように左上の辺の 1Ω を 4Ω に変更したときの電流 $I_0', I_1', I_2'$ を，補償定理により求めよ．

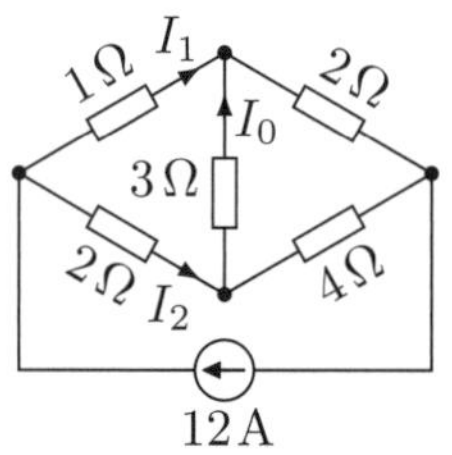


**図 3**

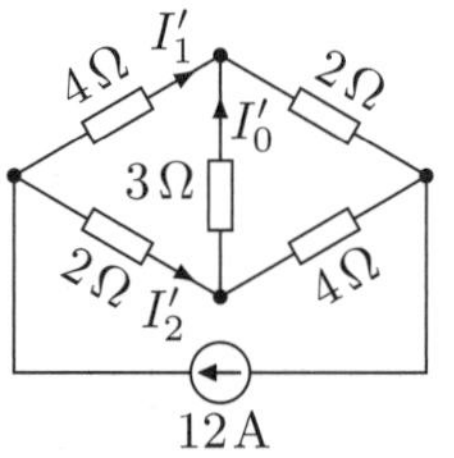


**図 4**

（答）$I_0=$　　［　］．$I_1=$　　［　］．$I_2=$　　［　］．$I_0'=$　　［　］．$I_1'=$　　［　］．$I_2'=$　　［　］．

| チェック項目 | 月　日 | 月　日 |
|---|---|---|
| ブリッジ回路，相反定理，補償定理を理解している． | | |

網目電流法を理解している．

## 網目電流

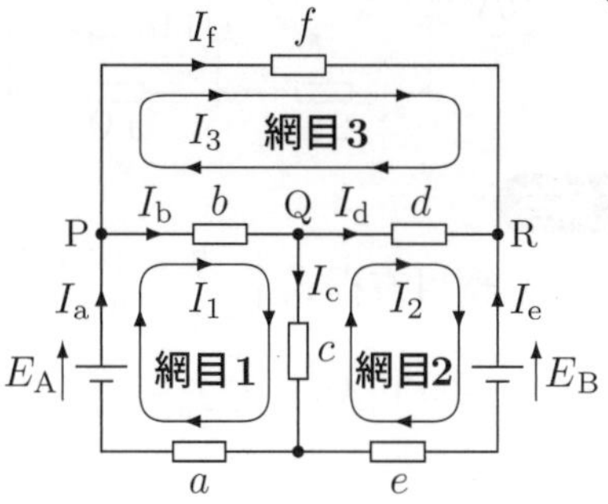


- 右の回路で，向きをもった3つの小閉路を**網目**といい，網目を一周する電流 $I_1, I_2, I_3$ を**網目電流**という．
- 網目電流の重ね合わせが，導線の電流となる： $I_a = I_1$，$I_b = I_1 - I_3$，$I_c = I_1 - I_2$，$I_d = I_2 - I_3$，$I_e = -I_2$，$I_f = I_3$．

## 網目電流法

- 上記回路の網目1, 2, 3に沿ってキルヒホッフの第2法則を適用する．起電力や電流の向きが網目の向きと逆の場合はマイナスが付くことに注意して，

**網目1**： $E_A = aI_a + bI_b + cI_c = aI_1 + b(I_1 - I_3) + c(I_1 - I_2) = (a+b+c)I_1 - cI_2 - bI_3.$

**網目2**：$-E_B = dI_d - eI_e - cI_c = d(I_2 - I_3) + eI_2 + c(I_2 - I_1) = -cI_1 + (c+d+e)I_2 - dI_3.$

**網目3**： $0 = fI_f - dI_d - bI_b = fI_3 + d(I_3 - I_2) + b(I_3 - I_1) = -bI_1 - dI_2 + (b+d+f)I_3.$

両辺を交換して行列に直すと，
$$\begin{bmatrix} a+b+c & -c & -b \\ -c & c+d+e & -d \\ -b & -d & b+d+f \end{bmatrix}\begin{bmatrix} I_1 \\ I_2 \\ I_3 \end{bmatrix} = \begin{bmatrix} E_A \\ -E_B \\ 0 \end{bmatrix}. \quad \text{（網目方程式）}$$

・上式右辺：網目1, 2, 3の起電力（起電力が網目と逆方向ならマイナス）．

・左辺の行列の対角 $(n, n)$ 成分：網目 $n$ が有する全抵抗の和．

・非対角 $\underbrace{(n, m) = (m, n)}_{\text{対称行列になる}}$ 成分：網目 $n, m$ が共有する抵抗（この抵抗上で $I_n$ と $I_m$ の方向が逆ならマイナス）．

- 網目電流はキルヒホッフの第1法則（流入電流＝流出電流）を自動的に満たす．
- 通常の方法では未知数が6個（$I_a \sim I_f$）で，節点P, Q, Rに第1法則，網目1, 2, 3に第2法則を適用するが，網目電流法では未知数を3個（$I_1 \sim I_3$）に節約できる．
- 電流源(↑)は電圧源に変換する．

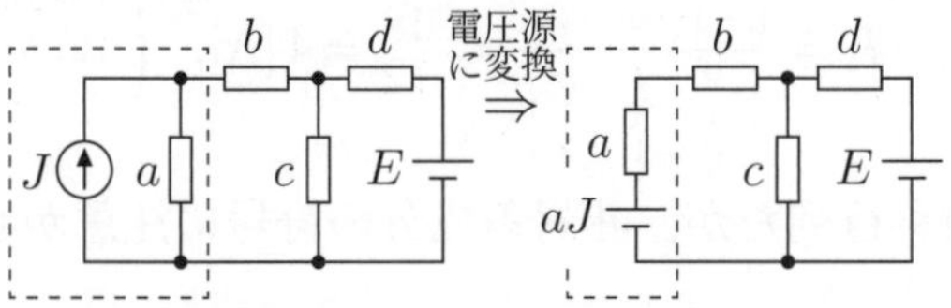


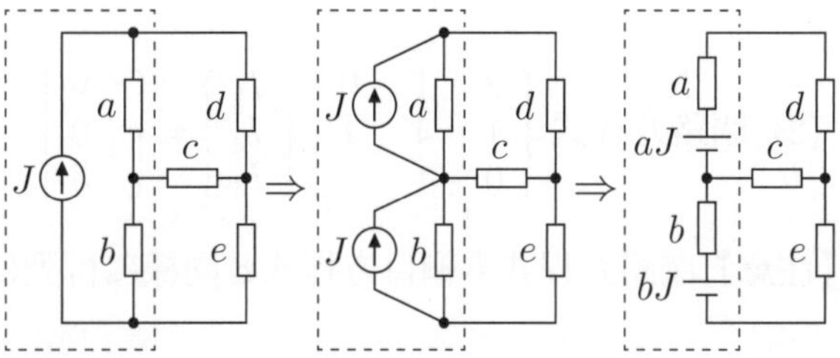


## クラメルの式

- $\begin{bmatrix} a & b \\ c & d \end{bmatrix}\begin{bmatrix} x \\ y \end{bmatrix} = \begin{bmatrix} E_1 \\ E_2 \end{bmatrix}$ の解は，$x = \dfrac{\begin{vmatrix} E_1 & b \\ E_2 & d \end{vmatrix}}{\begin{vmatrix} a & b \\ c & d \end{vmatrix}}$，$y = \dfrac{\begin{vmatrix} a & E_1 \\ c & E_2 \end{vmatrix}}{\begin{vmatrix} a & b \\ c & d \end{vmatrix}}$．

- $\begin{bmatrix} a & b & c \\ d & e & f \\ g & h & i \end{bmatrix}\begin{bmatrix} x \\ y \\ z \end{bmatrix} = \begin{bmatrix} E_1 \\ E_2 \\ E_3 \end{bmatrix}$ の解は，$x = \dfrac{\begin{vmatrix} E_1 & b & c \\ E_2 & e & f \\ E_3 & h & i \end{vmatrix}}{\begin{vmatrix} a & b & c \\ d & e & f \\ g & h & i \end{vmatrix}}$，$y = \dfrac{\begin{vmatrix} a & E_1 & c \\ d & E_2 & f \\ g & E_3 & i \end{vmatrix}}{\begin{vmatrix} a & b & c \\ d & e & f \\ g & h & i \end{vmatrix}}$，$z = \dfrac{\begin{vmatrix} a & b & E_1 \\ d & e & E_2 \\ g & h & E_3 \end{vmatrix}}{\begin{vmatrix} a & b & c \\ d & e & f \\ g & h & i \end{vmatrix}}$．

- 行列式の計算：$\begin{vmatrix} a & b \\ c & d \end{vmatrix} = ad - bc.$ 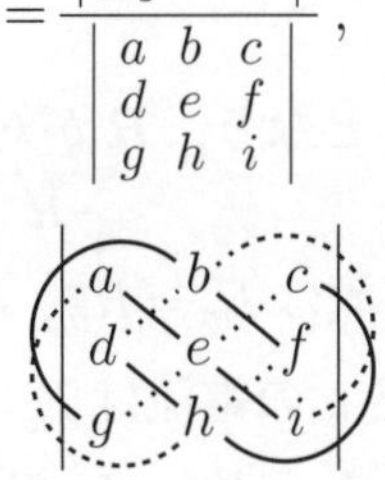 $= aei + dhc + gbf - gec - dbi - ahf.$



—はプラス，……はマイナス．

**例題 9.1**　次の回路の網目方程式を作り，電流 $I_a, I_b, I_c$ を求めよ．

(1)

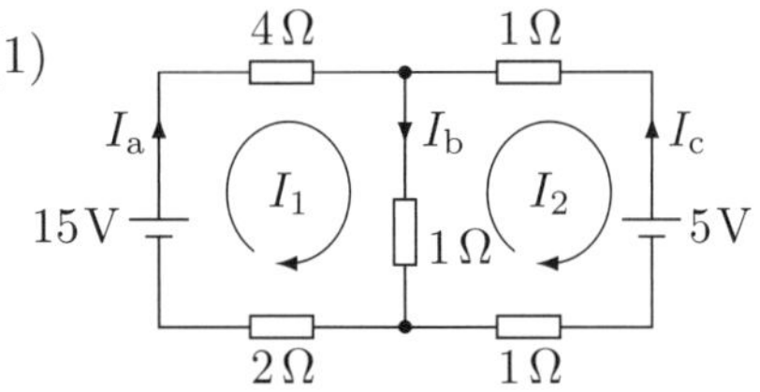


(2)

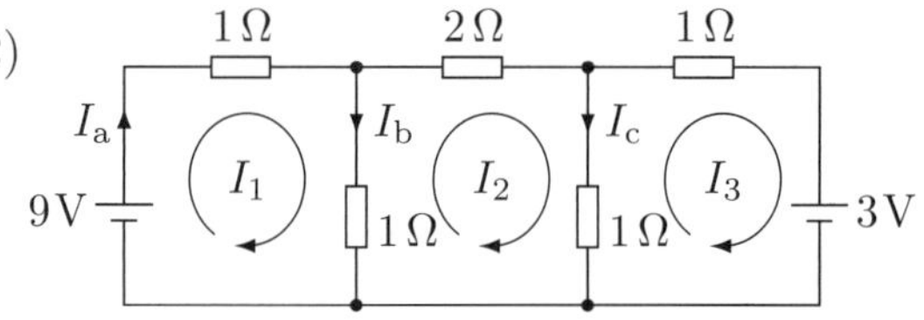


**解答**

(1) 網目方程式 $\begin{bmatrix}7&-1\\-1&3\end{bmatrix}\begin{bmatrix}I_1\\I_2\end{bmatrix}=\begin{bmatrix}15\\-5\end{bmatrix}$．　$I_1=\dfrac{\begin{vmatrix}15&-1\\-5&3\end{vmatrix}}{\begin{vmatrix}7&-1\\-1&3\end{vmatrix}}=\dfrac{40}{20}=2\,[\mathrm{A}]$．　$I_2=\dfrac{\begin{vmatrix}7&15\\-1&-5\end{vmatrix}}{\begin{vmatrix}7&-1\\-1&3\end{vmatrix}}=\dfrac{-20}{20}$ $=-1\,[\mathrm{A}]$．　$\therefore\ I_a=I_1=2\,[\mathrm{A}]$．　$I_b=I_1-I_2=3\,[\mathrm{A}]$．　$I_c=-I_2=1\,[\mathrm{A}]$．

(2) 網目方程式 $\begin{bmatrix}2&-1&0\\-1&4&-1\\0&-1&2\end{bmatrix}\begin{bmatrix}I_1\\I_2\\I_3\end{bmatrix}=\begin{bmatrix}9\\0\\-3\end{bmatrix}$．　$I_1=\dfrac{\begin{vmatrix}9&-1&0\\0&4&-1\\-3&-1&2\end{vmatrix}}{\begin{vmatrix}2&-1&0\\-1&4&-1\\0&-1&2\end{vmatrix}}=\dfrac{60}{12}=5\,[\mathrm{A}]$．

$I_2=\dfrac{\begin{vmatrix}2&9&0\\-1&0&-1\\0&-3&2\end{vmatrix}}{\begin{vmatrix}2&-1&0\\-1&4&-1\\0&-1&2\end{vmatrix}}=\dfrac{12}{12}=1\,[\mathrm{A}]$．　$I_3=\dfrac{\begin{vmatrix}2&-1&9\\-1&4&0\\0&-1&-3\end{vmatrix}}{\begin{vmatrix}2&-1&0\\-1&4&-1\\0&-1&2\end{vmatrix}}=\dfrac{-12}{12}=-1\,[\mathrm{A}]$．　$\begin{cases}I_a=I_1=5\,[\mathrm{A}].\\ I_b=I_1-I_2=4\,[\mathrm{A}].\\ I_c=I_2-I_3=2\,[\mathrm{A}].\end{cases}$

**例題 9.2**　例題 **9.1** で $I_b$ だけを求める場合，網目電流ではなく下図の閉路電流 $I_1, I_2, \cdots$ を変数とすればよい．このときの方程式は**閉路方程式**と呼ばれるが，作り方は網目方程式と同じである．

(1)

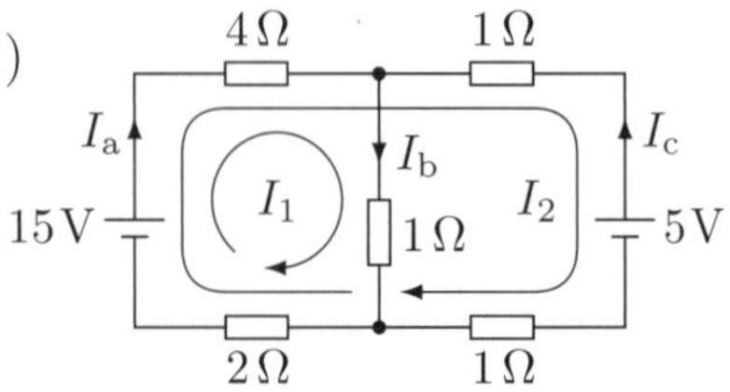


(2)

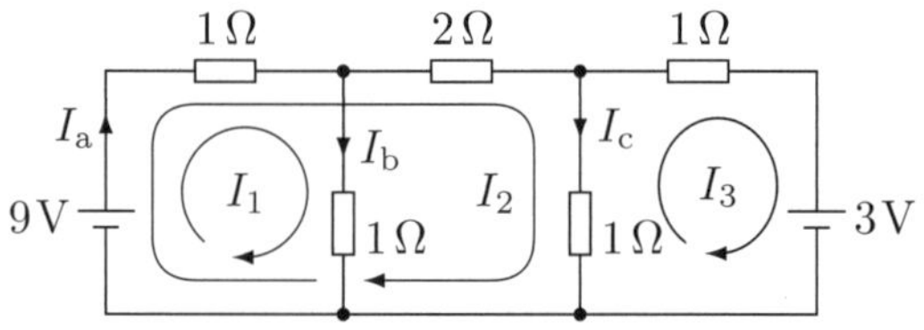


**解答**

(1) 閉路方程式 $\begin{bmatrix}7&6\\6&8\end{bmatrix}\begin{bmatrix}I_1\\I_2\end{bmatrix}=\begin{bmatrix}15\\15-5\end{bmatrix}$．　$I_b=I_1=\dfrac{\begin{vmatrix}15&6\\10&8\end{vmatrix}}{\begin{vmatrix}7&6\\6&8\end{vmatrix}}=\dfrac{60}{20}=3\,[\mathrm{A}]$．　（例題 **9.1** (1) の $I_b$ と一致．）

(2) 閉路方程式 $\begin{bmatrix}2&1&0\\1&4&-1\\0&-1&2\end{bmatrix}\begin{bmatrix}I_1\\I_2\\I_3\end{bmatrix}=\begin{bmatrix}9\\9\\-3\end{bmatrix}$．　$I_b=I_1=\dfrac{\begin{vmatrix}9&1&0\\9&4&-1\\-3&-1&2\end{vmatrix}}{\begin{vmatrix}2&1&0\\1&4&-1\\0&-1&2\end{vmatrix}}=\dfrac{48}{12}=4\,[\mathrm{A}]$．　（例題 **9.1** (2) の $I_b$ と一致．）

【注意】閉路方程式も網目方程式と同様に行列は対称行列だが，非対角成分の符号に注意が必要．

**例題 9.3**　閉路方程式の行列が対称行列であることを利用して，電圧源と短絡電流に関する相反定理 (p.29) を証明せよ．

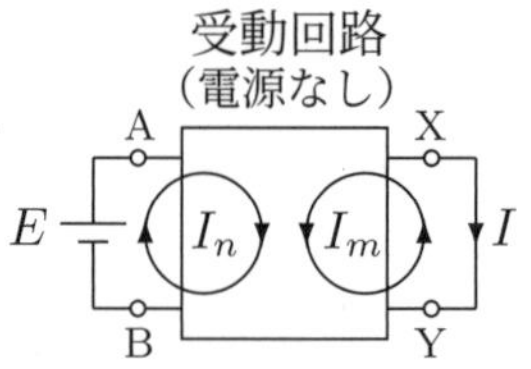


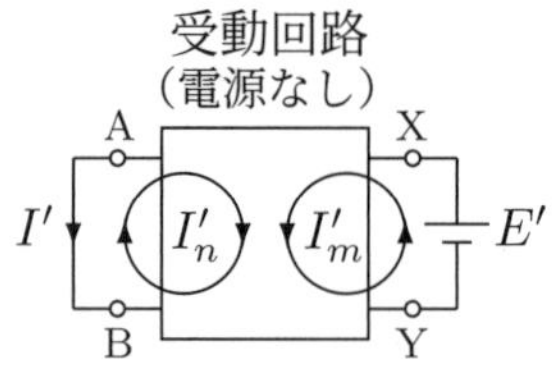


**解答**　図のように，閉路 $n$ だけが端子A, Bを通り，閉路 $m$ だけが端子X, Yを通るように閉路を選ぶ．閉路方程式の行列を $\boldsymbol{R}$ とすると，

$\boldsymbol{R}\begin{bmatrix}I_1\\I_2\\\vdots\end{bmatrix}=\begin{bmatrix}E_1\\E_2\\\vdots\end{bmatrix}\rightarrow\begin{bmatrix}I_1\\I_2\\\vdots\end{bmatrix}=\boldsymbol{R}^{-1}\begin{bmatrix}E_1\\E_2\\\vdots\end{bmatrix}$ となり，$\boldsymbol{R}$ が対称ゆえ $\boldsymbol{R}^{-1}$ も対称となる．閉路 $n$ だけに電圧源 $E$ を入れたときの閉路 $m$ の電流は $I_m=R^{-1}_{mn}E$（$\boldsymbol{R}^{-1}$ の $(m,n)$ 成分）であり ⇒ $\left(\text{第}m\text{行}\rightarrow\begin{bmatrix}I_1\\\vdots\\I_m\\\vdots\end{bmatrix}=\begin{bmatrix}\ \boldsymbol{R}^{-1}\ \end{bmatrix}\begin{bmatrix}\vdots\\0\\E\\0\\\vdots\end{bmatrix}\leftarrow\text{第}n\text{行}\right)$

閉路 $m$ だけに $E'$ を入れたときの閉路 $n$ の電流は $I'_n=R^{-1}_{nm}E'$ である．$R^{-1}_{mn}=R^{-1}_{nm}$ ゆえ，$E:E'=I_m:I'_n=I:I'$ を得る．

| ドリル No.9 | Class | | No. | | Name | |
|---|---|---|---|---|---|---|

**問題 9.1**　次の回路の網目方程式を作り，網目電流 $I_1, I_2, \cdots$，および電流 $I_\mathrm{a}, I_\mathrm{b}, \cdots$ を求めよ．

(1)

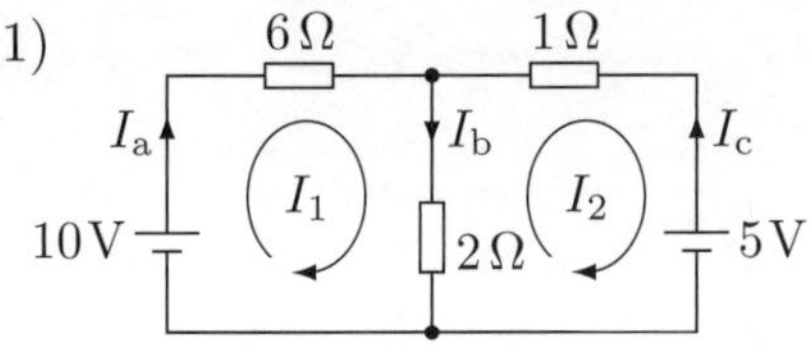


(答) $\begin{bmatrix} \quad & \quad \end{bmatrix} \begin{bmatrix} I_1 \\ I_2 \end{bmatrix} = \begin{bmatrix} \quad \end{bmatrix}$.

$I_1 =$ 　　[　]．$I_2 =$ 　　[　]．$I_\mathrm{a} =$ 　　[　]．$I_\mathrm{b} =$ 　　[　]．$I_\mathrm{c} =$ 　　[　]．

(2)

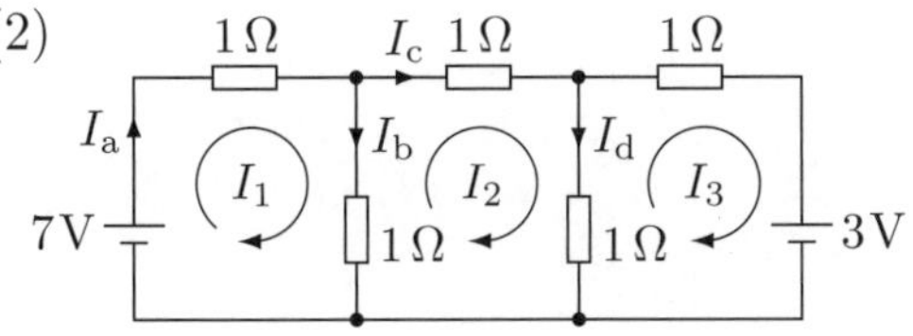


(答) $\begin{bmatrix} \quad & \quad & \quad \end{bmatrix} \begin{bmatrix} I_1 \\ I_2 \\ I_3 \end{bmatrix} = \begin{bmatrix} \quad \end{bmatrix}$.　$I_1 =$ 　　[　]．$I_2 =$ 　　[　]．

$I_3 =$ 　　[　]．$I_\mathrm{a} =$ 　　[　]．$I_\mathrm{b} =$ 　　[　]．$I_\mathrm{c} =$ 　　[　]．$I_\mathrm{d} =$ 　　[　]．

(3)

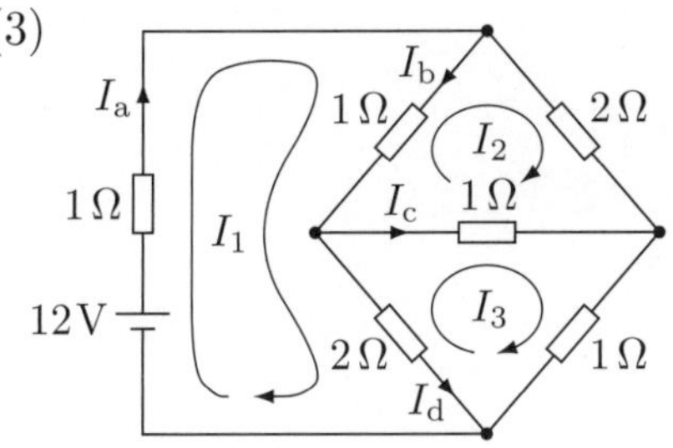


(答) $\begin{bmatrix} \quad & \quad & \quad \end{bmatrix} \begin{bmatrix} I_1 \\ I_2 \\ I_3 \end{bmatrix} = \begin{bmatrix} \quad \end{bmatrix}$.　$I_1 =$ 　　[　]．$I_2 =$ 　　[　]．

$I_3 =$ 　　[　]．$I_\mathrm{a} =$ 　　[　]．$I_\mathrm{b} =$ 　　[　]．$I_\mathrm{c} =$ 　　[　]．$I_\mathrm{d} =$ 　　[　]．

(4)

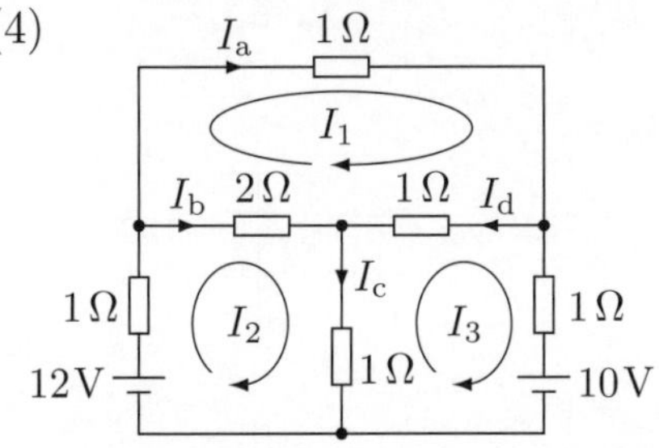


(答) $\begin{bmatrix} \quad & \quad & \quad \end{bmatrix} \begin{bmatrix} I_1 \\ I_2 \\ I_3 \end{bmatrix} = \begin{bmatrix} \quad \end{bmatrix}$.　$I_1 =$ 　　[　]．$I_2 =$ 　　[　]．

$I_3 =$ 　　[　]．$I_\mathrm{a} =$ 　　[　]．$I_\mathrm{b} =$ 　　[　]．$I_\mathrm{c} =$ 　　[　]．$I_\mathrm{d} =$ 　　[　]．

(5)

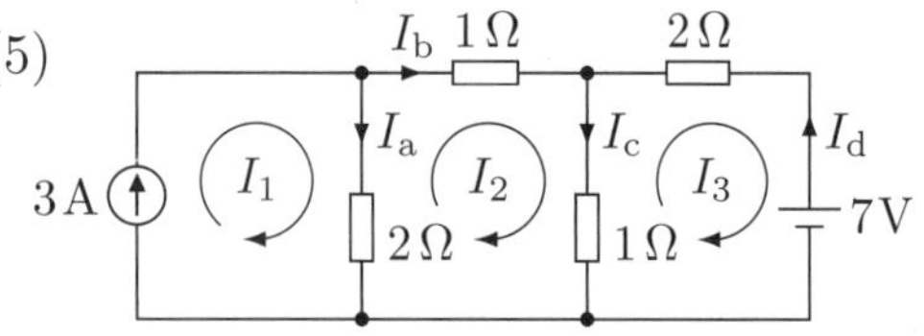


(答) $\begin{bmatrix} & \\ & \end{bmatrix}\begin{bmatrix} I_2 \\ I_3 \end{bmatrix} = \begin{bmatrix} \\ \end{bmatrix}$. $I_1 =$ [ ]. $I_2 =$ [ ].

$I_3 =$ [ ]. $I_a =$ [ ]. $I_b =$ [ ]. $I_c =$ [ ]. $I_d =$ [ ].

(6)

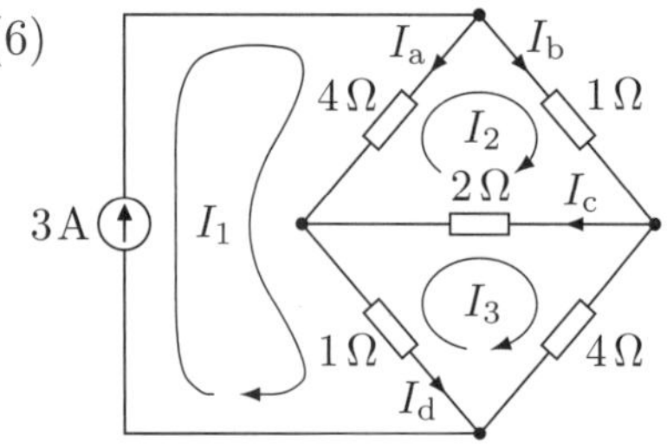

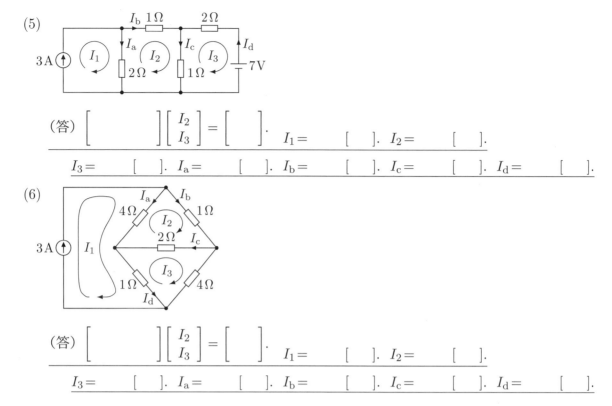

(答) $\begin{bmatrix} & \\ & \end{bmatrix}\begin{bmatrix} I_2 \\ I_3 \end{bmatrix} = \begin{bmatrix} \\ \end{bmatrix}$. $I_1 =$ [ ]. $I_2 =$ [ ].

$I_3 =$ [ ]. $I_a =$ [ ]. $I_b =$ [ ]. $I_c =$ [ ]. $I_d =$ [ ].

**問題 9.2** 閉路電流 $I_1, I_2, \cdots$ に関する閉路方程式を解いて $I_a$ を求めよ.

(1)

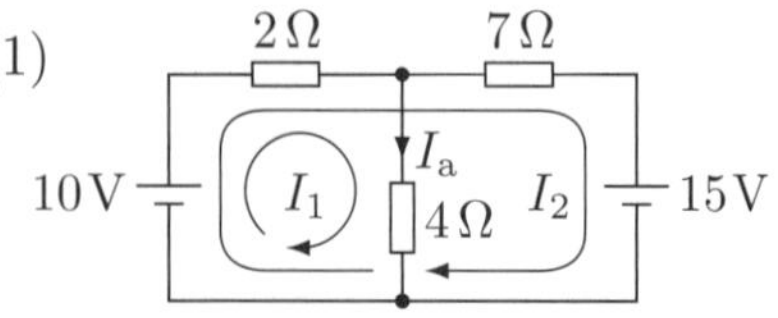

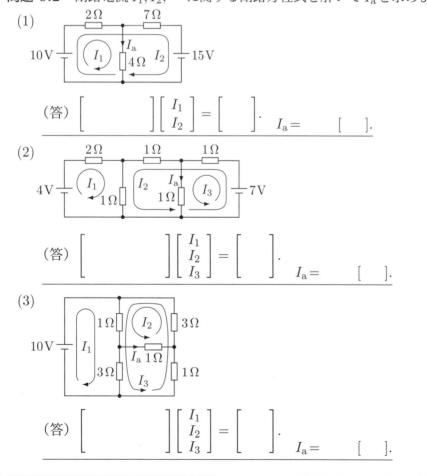

(答) $\begin{bmatrix} & \\ & \end{bmatrix}\begin{bmatrix} I_1 \\ I_2 \end{bmatrix} = \begin{bmatrix} \\ \end{bmatrix}$. $I_a =$ [ ].

(2)

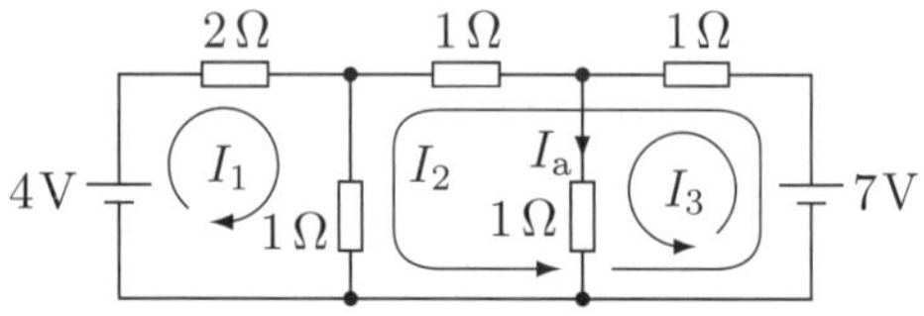


(答) $\begin{bmatrix} & & \\ & & \\ & & \end{bmatrix}\begin{bmatrix} I_1 \\ I_2 \\ I_3 \end{bmatrix} = \begin{bmatrix} \\ \\ \end{bmatrix}$. $I_a =$ [ ].

(3)

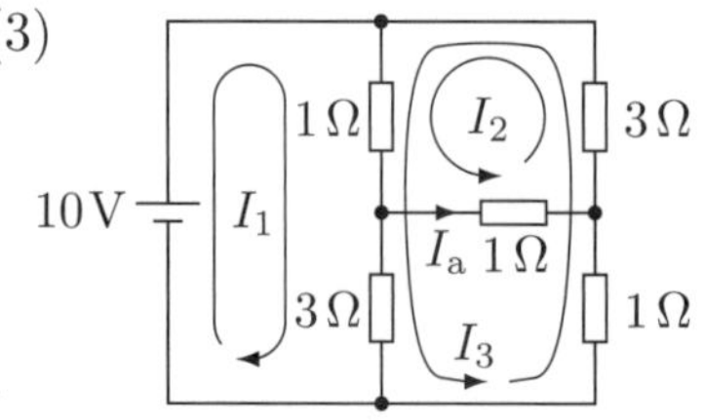


(答) $\begin{bmatrix} & & \\ & & \\ & & \end{bmatrix}\begin{bmatrix} I_1 \\ I_2 \\ I_3 \end{bmatrix} = \begin{bmatrix} \\ \\ \end{bmatrix}$. $I_a =$ [ ].

| チェック項目 | 月　日 | 月　日 |
|---|---|---|
| 網目電流法を理解している. | | |

節点電位法を理解している．

【電流源 ⇧ を多くもつ回路では，網目電流法よりも節点電位法が便利です】

**節点電位法**

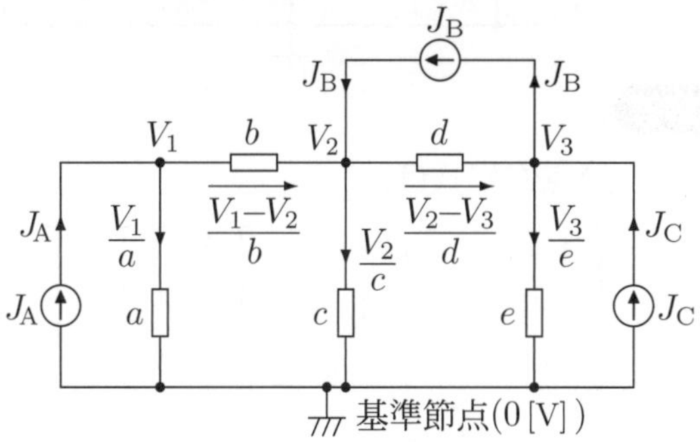


- 1つの節点(**基準節点**)を電位 0 [V] とし，他の節点の電位(**節点電位**) $V_1, V_2, \cdots$ を未知数とする．
- 右の回路に $V_1, V_2, V_3$ と書かれた節点1, 2, 3 にキルヒホッフの第 1 法則を適用する．

「電流源から流入する電流＝抵抗へ流出する電流」の形で書くと，

**節点 1**： $J_A = \dfrac{V_1}{a} + \dfrac{V_1-V_2}{b} = \left(\dfrac{1}{a}+\dfrac{1}{b}\right)V_1 - \dfrac{1}{b}V_2.$

**節点 2**： $J_B = \dfrac{V_2}{c} + \dfrac{V_2-V_1}{b} + \dfrac{V_2-V_3}{d} = -\dfrac{1}{b}V_1 + \left(\dfrac{1}{b}+\dfrac{1}{c}+\dfrac{1}{d}\right)V_2 - \dfrac{1}{d}V_3.$

**節点 3**： $J_C - J_B = \dfrac{V_3}{e} + \dfrac{V_3-V_2}{d} = -\dfrac{1}{d}V_2 + \left(\dfrac{1}{d}+\dfrac{1}{e}\right)V_3.$

両辺を交換してから，行列に直すと，

$$\begin{bmatrix} \dfrac{1}{a}+\dfrac{1}{b} & -\dfrac{1}{b} & 0 \\ -\dfrac{1}{b} & \dfrac{1}{b}+\dfrac{1}{c}+\dfrac{1}{d} & -\dfrac{1}{d} \\ 0 & -\dfrac{1}{d} & \dfrac{1}{d}+\dfrac{1}{e} \end{bmatrix} \begin{bmatrix} V_1 \\ V_2 \\ V_3 \end{bmatrix} = \begin{bmatrix} J_A \\ J_B \\ J_C - J_B \end{bmatrix}. \quad \text{(節点方程式)}$$

・上式右辺：節点1, 2, 3へ電流源から流入する電流(流出のときはマイナス)．

・左辺の行列の対角 $(n,n)$ 成分：節点 $n$ につながる全コンダクタンスの和．

・非対角 $\underbrace{(n,m)=(m,n)}_{\text{対称行列になる}}$ 成分：節点 $n$ と $m$ をつなぐコンダクタンス(マイナスが付く)．

- キルヒホッフの第 2 法則(閉路を一周すると電位がもとに戻る)は自動的に満たされる．
- 基準節点において，キルヒホッフの第 1 法則は自動的に満たされる．
  ( $N$ 個の節点をもつ回路では，$N-1$ 個の節点に第 1 法則を適用すれば十分．
  実際，上記の節点方程式の各行を合計して $-1$ 倍すれば基準節点の式になる． )
- 電圧源は，下図のように電流源に変換する．

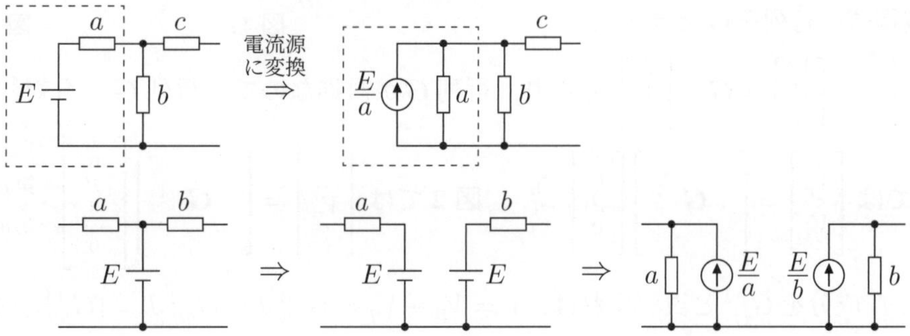

**例題 10.1** 次の回路の節点方程式を作り，節点電位 $V_1, V_2, \cdots$ と電流 $I_\mathrm{a}, I_\mathrm{b}, \cdots$ を求めよ．

(1)

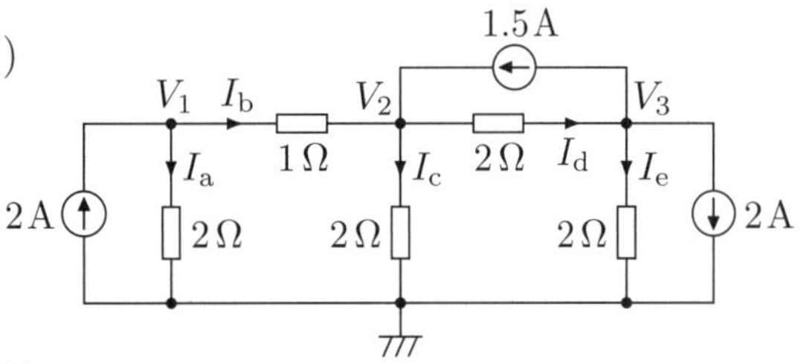


(2)

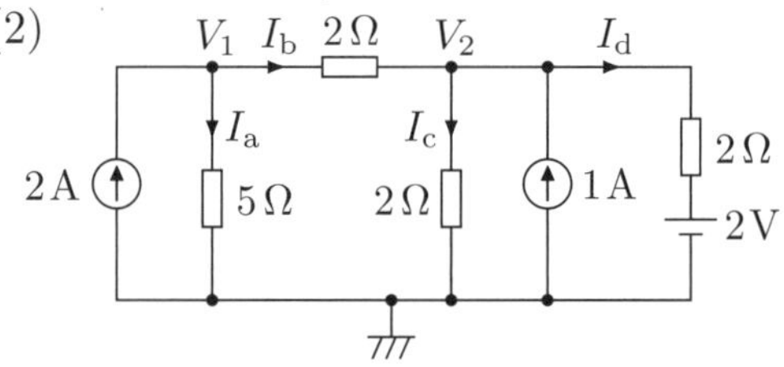


**解答**

(1) 節点方程式は，

$$\begin{bmatrix} \frac{1}{2}+1 & -1 & 0 \\ -1 & \frac{1}{2}+\frac{1}{2}+1 & -\frac{1}{2} \\ 0 & -\frac{1}{2} & \frac{1}{2}+\frac{1}{2} \end{bmatrix} \begin{bmatrix} V_1 \\ V_2 \\ V_3 \end{bmatrix} = \begin{bmatrix} 2 \\ 1.5 \\ -2-1.5 \end{bmatrix}. \xrightarrow{2倍} \begin{bmatrix} 3 & -2 & 0 \\ -2 & 4 & -1 \\ 0 & -1 & 2 \end{bmatrix} \begin{bmatrix} V_1 \\ V_2 \\ V_3 \end{bmatrix} = \begin{bmatrix} 4 \\ 3 \\ -7 \end{bmatrix}.$$

$$V_1 = \frac{\begin{vmatrix} 4 & -2 & 0 \\ 3 & 4 & -1 \\ -7 & -1 & 2 \end{vmatrix}}{\begin{vmatrix} 3 & -2 & 0 \\ -2 & 4 & -1 \\ 0 & -1 & 2 \end{vmatrix}} = \frac{26}{13} = 2\,[\mathrm{V}]. \quad V_2 = \frac{\begin{vmatrix} 3 & 4 & 0 \\ -2 & 3 & -1 \\ 0 & -7 & 2 \end{vmatrix}}{\begin{vmatrix} 3 & -2 & 0 \\ -2 & 4 & -1 \\ 0 & -1 & 2 \end{vmatrix}} = \frac{13}{13} = 1\,[\mathrm{V}]. \quad V_3 = \frac{\begin{vmatrix} 3 & -2 & 4 \\ -2 & 4 & 3 \\ 0 & -1 & -7 \end{vmatrix}}{\begin{vmatrix} 3 & -2 & 0 \\ -2 & 4 & -1 \\ 0 & -1 & 2 \end{vmatrix}}$$

$$= \frac{-39}{13} = -3\,[\mathrm{V}]. \quad I_\mathrm{a} = \frac{V_1}{2} = 1\,[\mathrm{A}]. \quad I_\mathrm{b} = \frac{V_1 - V_2}{1} = 1\,[\mathrm{A}]. \quad I_\mathrm{c} = \frac{V_2}{2} = 0.5\,[\mathrm{A}].$$

$$I_\mathrm{d} = \frac{V_2 - V_3}{2} = 2\,[\mathrm{A}]. \quad I_\mathrm{e} = \frac{V_3}{2} = -1.5\,[\mathrm{A}].$$

(2)

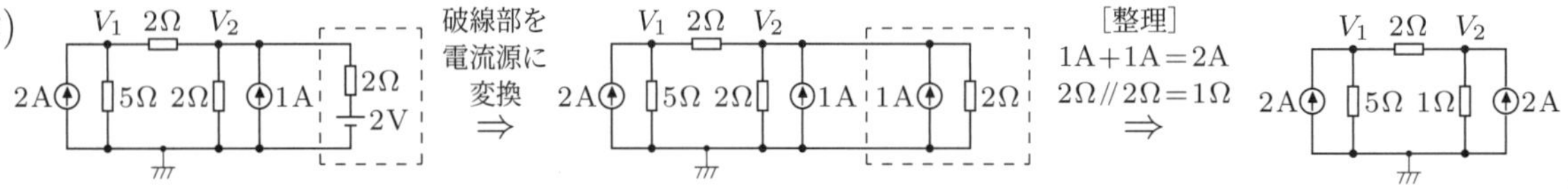


上図の破線部のように電圧源を電流源に変換してから整理すると，節点方程式は，

$$\begin{bmatrix} \frac{1}{5}+\frac{1}{2} & -\frac{1}{2} \\ -\frac{1}{2} & 1+\frac{1}{2} \end{bmatrix} \begin{bmatrix} V_1 \\ V_2 \end{bmatrix} = \begin{bmatrix} 2 \\ 2 \end{bmatrix}. \rightarrow \begin{bmatrix} 0.7 & -0.5 \\ -0.5 & 1.5 \end{bmatrix} \begin{bmatrix} V_1 \\ V_2 \end{bmatrix} = \begin{bmatrix} 2 \\ 2 \end{bmatrix}. \xrightarrow{10倍} \begin{bmatrix} 7 & -5 \\ -5 & 15 \end{bmatrix} \begin{bmatrix} V_1 \\ V_2 \end{bmatrix} = \begin{bmatrix} 20 \\ 20 \end{bmatrix}.$$

$$V_1 = \frac{\begin{vmatrix} 20 & -5 \\ 20 & 15 \end{vmatrix}}{\begin{vmatrix} 7 & -5 \\ -5 & 15 \end{vmatrix}} = \frac{400}{80} = 5\,[\mathrm{V}]. \quad V_2 = \frac{\begin{vmatrix} 7 & 20 \\ -5 & 20 \end{vmatrix}}{\begin{vmatrix} 7 & -5 \\ -5 & 15 \end{vmatrix}} = \frac{240}{80} = 3\,[\mathrm{V}].$$

$$I_\mathrm{a} = \frac{V_1}{5} = 1\,[\mathrm{A}]. \quad I_\mathrm{b} = \frac{V_1 - V_2}{2} = 1\,[\mathrm{A}]. \quad I_\mathrm{c} = \frac{V_2}{2} = 1.5\,[\mathrm{A}]. \quad I_\mathrm{d} = \frac{V_2 - 2}{2} = 0.5\,[\mathrm{A}].$$

**例題 10.2** 節点方程式の行列が対称であることから，電流源と開放電圧に関する相反定理(p.29)を証明せよ．**図 1,2** の節点Oを基準節点(0V)とする．

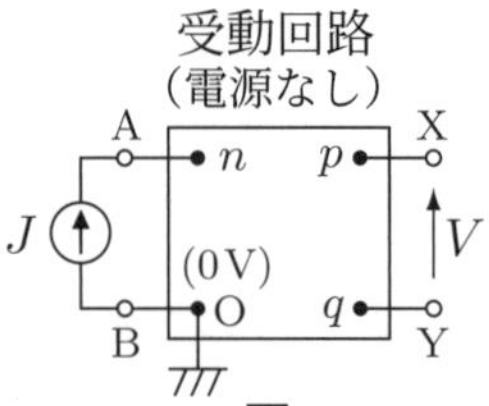


**図 1.**

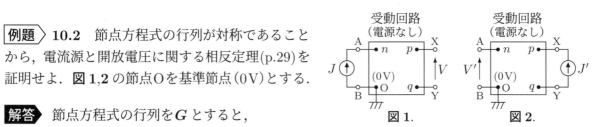

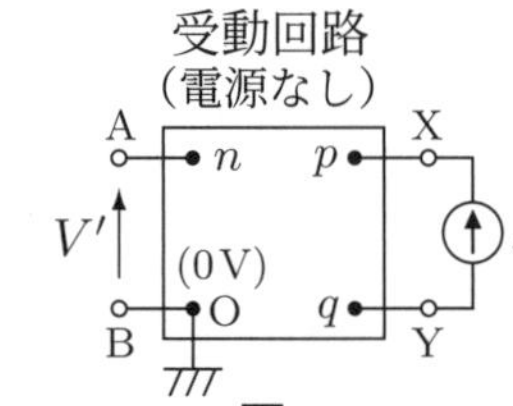


**図 2.**

**解答** 節点方程式の行列を $\boldsymbol{G}$ とすると，

$\boldsymbol{G}\begin{bmatrix} V_1 \\ V_2 \\ \vdots \end{bmatrix} = \begin{bmatrix} J_1 \\ J_2 \\ \vdots \end{bmatrix} \rightarrow \begin{bmatrix} V_1 \\ V_2 \\ \vdots \end{bmatrix} = \boldsymbol{G}^{-1}\begin{bmatrix} J_1 \\ J_2 \\ \vdots \end{bmatrix}$ となり，行列 $\boldsymbol{G}$ が対称なので，行列 $\boldsymbol{G}^{-1}$ も対称となる．

上式は，**図 1** では $\begin{bmatrix} \vdots \\ V_p \\ \vdots \\ V_q \\ \vdots \end{bmatrix} = \begin{bmatrix} & \boldsymbol{G}^{-1} & \end{bmatrix} \begin{bmatrix} \vdots \\ 0 \\ J \\ 0 \\ \vdots \end{bmatrix} \leftarrow$ 第 $n$ 行，**図 2** では $\begin{bmatrix} \vdots \\ V_n' \\ \vdots \end{bmatrix} = \begin{bmatrix} & \boldsymbol{G}^{-1} & \end{bmatrix} \begin{bmatrix} \vdots \\ 0 \\ J' \\ 0 \\ -J' \\ 0 \\ \vdots \end{bmatrix}$ ← 第 $p$ 行，← 第 $q$ 行 となる．

行列 $\boldsymbol{G}^{-1}$ の $(i,j)$ 成分を $G_{ij}^{-1}$ と表記すれば，$V = V_p - V_q = G_{pn}^{-1}J - G_{qn}^{-1}J = (G_{pn}^{-1} - G_{qn}^{-1})J$，$V' = V_n' - 0 = (G_{np}^{-1} - G_{nq}^{-1})J'$ である．$G_{pn}^{-1} = G_{np}^{-1}$，$G_{qn}^{-1} = G_{nq}^{-1}$ ゆえ，$J : J' = V : V'$ を得る．

| ドリル No.10 | Class | | No. | | Name | |
|---|---|---|---|---|---|---|

**問題 10.1**　次の回路の節点方程式を作り，節点電位 $V_1, V_2, \cdots$，および電流 $I_a, I_b, \cdots$ を求めよ．

(1)

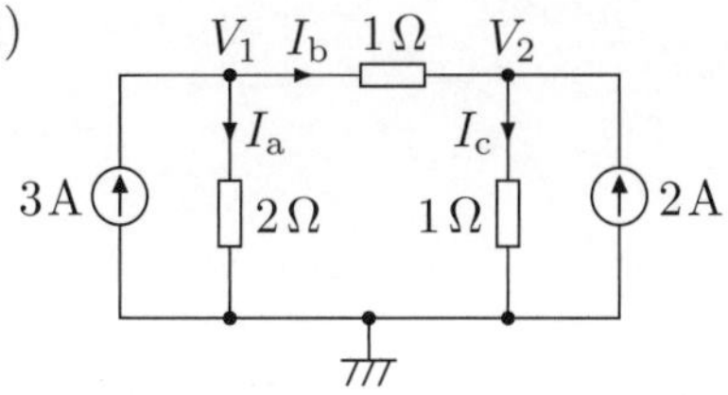


(答) $\begin{bmatrix} \quad & \quad \\ \quad & \quad \end{bmatrix}\begin{bmatrix} V_1 \\ V_2 \end{bmatrix} = \begin{bmatrix} \quad \\ \quad \end{bmatrix}$.

$V_1 =$ 　　[　]．$V_2 =$ 　　[　]．$I_a =$ 　　[　]．$I_b =$ 　　[　]．$I_c =$ 　　[　].

(2)

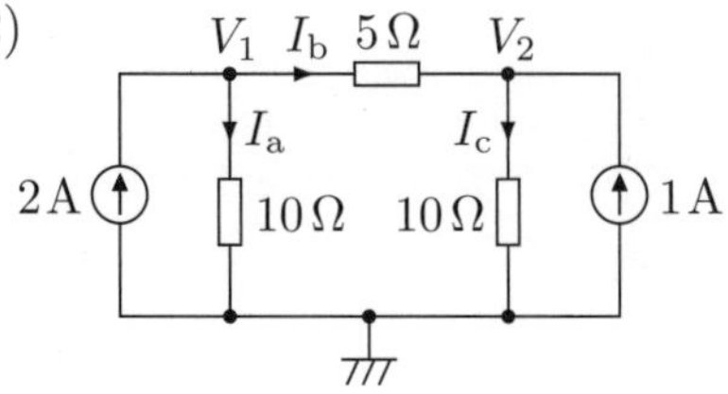


(答) $\begin{bmatrix} \quad & \quad \\ \quad & \quad \end{bmatrix}\begin{bmatrix} V_1 \\ V_2 \end{bmatrix} = \begin{bmatrix} \quad \\ \quad \end{bmatrix}$.

$V_1 =$ 　　[　]．$V_2 =$ 　　[　]．$I_a =$ 　　[　]．$I_b =$ 　　[　]．$I_c =$ 　　[　].

(3)

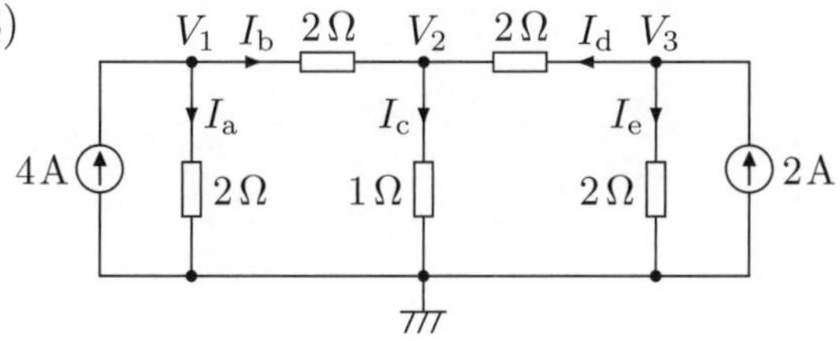


(答) $\begin{bmatrix} \quad & \quad & \quad \\ \quad & \quad & \quad \\ \quad & \quad & \quad \end{bmatrix}\begin{bmatrix} V_1 \\ V_2 \\ V_3 \end{bmatrix} = \begin{bmatrix} \quad \\ \quad \\ \quad \end{bmatrix}$.　$V_1 =$ 　　[　]．$V_2 =$ 　　[　]．$V_3 =$ 　　[　].

$I_a =$ 　　[　]．$I_b =$ 　　[　]．$I_c =$ 　　[　]．$I_d =$ 　　[　]．$I_e =$ 　　[　].

(4)

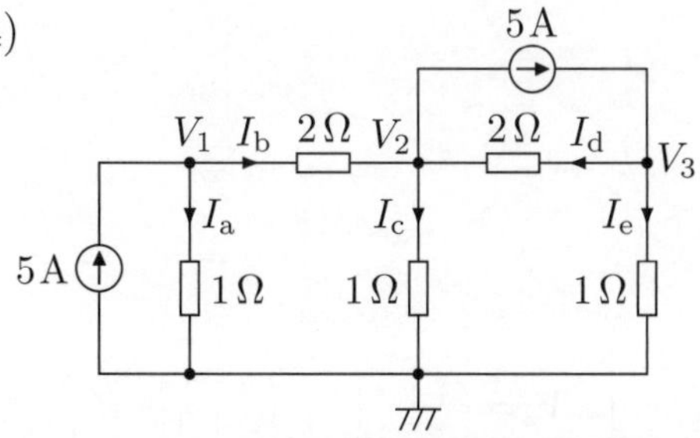


(答) $\begin{bmatrix} \quad & \quad & \quad \\ \quad & \quad & \quad \\ \quad & \quad & \quad \end{bmatrix}\begin{bmatrix} V_1 \\ V_2 \\ V_3 \end{bmatrix} = \begin{bmatrix} \quad \\ \quad \\ \quad \end{bmatrix}$.　$V_1 =$ 　　[　]．$V_2 =$ 　　[　]．$V_3 =$ 　　[　].

$I_a =$ 　　[　]．$I_b =$ 　　[　]．$I_c =$ 　　[　]．$I_d =$ 　　[　]．$I_e =$ 　　[　].

(5)

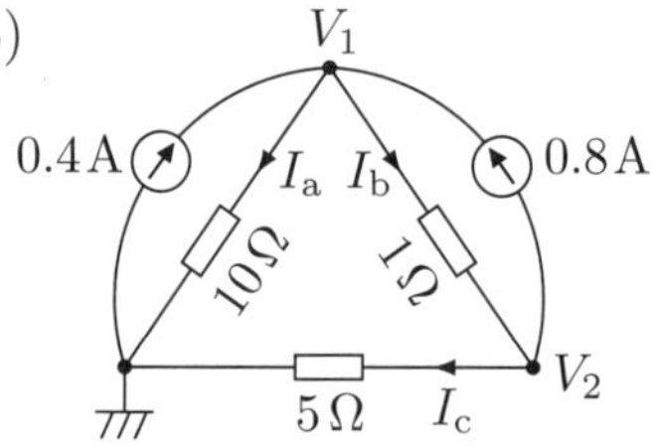


(答) $\begin{bmatrix} & \end{bmatrix} \begin{bmatrix} V_1 \\ V_2 \end{bmatrix} = \begin{bmatrix} \\ \end{bmatrix}$.

$V_1 =$ [ ]. $V_2 =$ [ ]. $I_a =$ [ ]. $I_b =$ [ ]. $I_c =$ [ ].

(6)

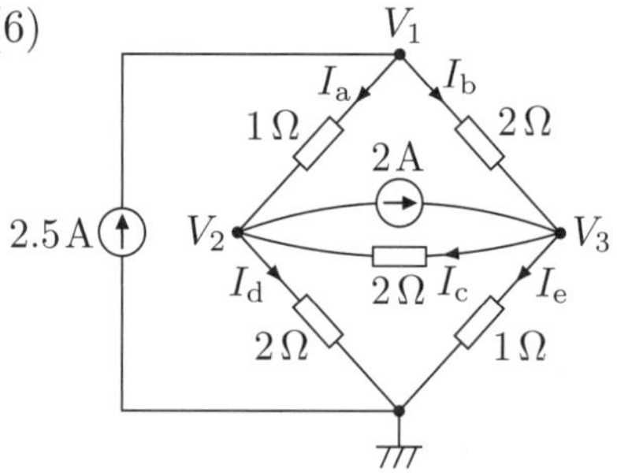


(答) $\begin{bmatrix} & & \end{bmatrix} \begin{bmatrix} V_1 \\ V_2 \\ V_3 \end{bmatrix} = \begin{bmatrix} \\ \\ \end{bmatrix}$. $V_1 =$ [ ]. $V_2 =$ [ ]. $V_3 =$ [ ].

$I_a =$ [ ]. $I_b =$ [ ]. $I_c =$ [ ]. $I_d =$ [ ]. $I_e =$ [ ].

(7)

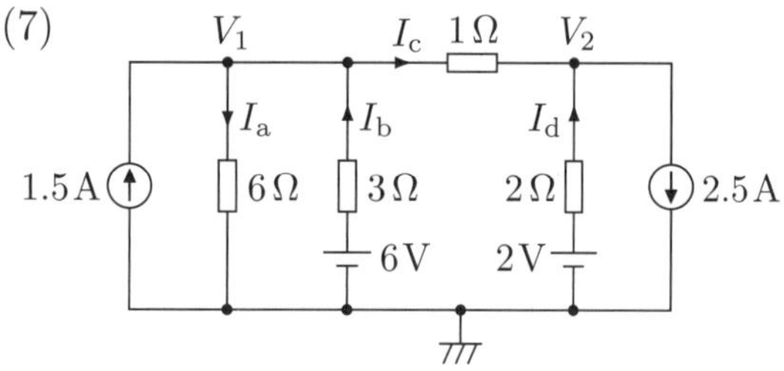


(答) $\begin{bmatrix} & \end{bmatrix} \begin{bmatrix} V_1 \\ V_2 \end{bmatrix} = \begin{bmatrix} \\ \end{bmatrix}$. $V_1 =$ [ ]. $V_2 =$ [ ].

$I_a =$ [ ]. $I_b =$ [ ]. $I_c =$ [ ]. $I_d =$ [ ].

(8)

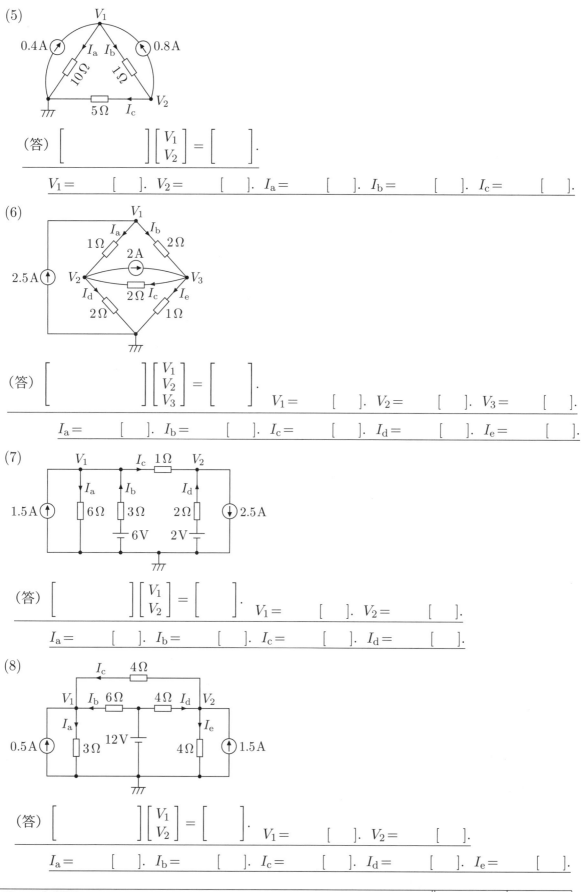

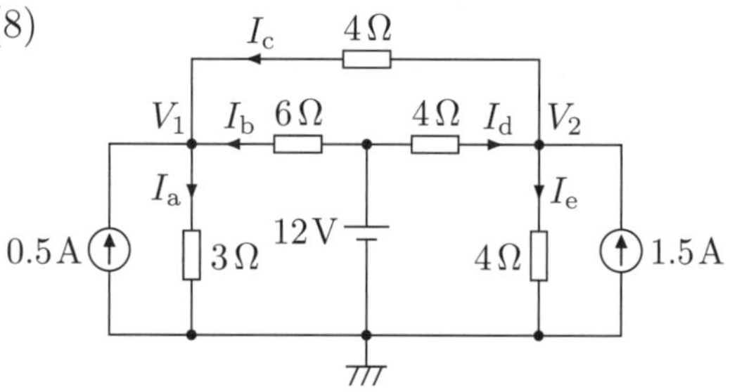


(答) $\begin{bmatrix} & \end{bmatrix} \begin{bmatrix} V_1 \\ V_2 \end{bmatrix} = \begin{bmatrix} \\ \end{bmatrix}$. $V_1 =$ [ ]. $V_2 =$ [ ].

$I_a =$ [ ]. $I_b =$ [ ]. $I_c =$ [ ]. $I_d =$ [ ]. $I_e =$ [ ].

| チェック項目 | 月　日 | 月　日 |
|---|---|---|
| 節点電位法を理解している. | | |

電力と電力量を理解している．

## エネルギーと電力

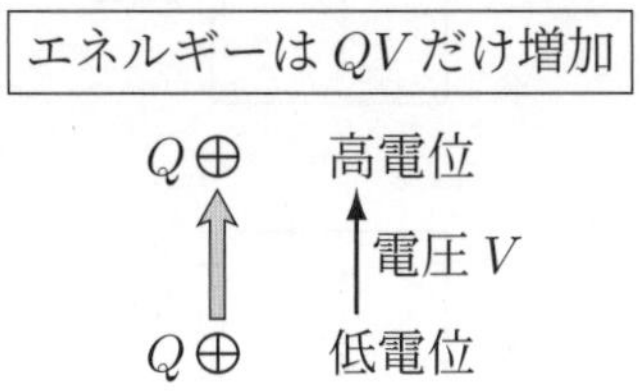


- 電荷$Q$ [C] を電位差（電圧）$V$ [V] だけ高電位に上げると，電荷の電気エネルギーは$W=QV$ [J] だけ増加する．
- １秒間に供給（または消費）する電気エネルギーを**電力**という．電力の記号は$P$，単位は[W]（ワット）である．
  → $t_1 \leqq t \leqq t_2$ の間に供給（消費）する電気エネルギーは，$W=\int_{t_1}^{t_2} P\,\mathrm{d}t$.
- 右の回路で，電源が供給する電力$P$は，
  $\underbrace{\text{１秒間に通る電荷}}_{\text{電流 } I}$ × 電圧$V$だから，

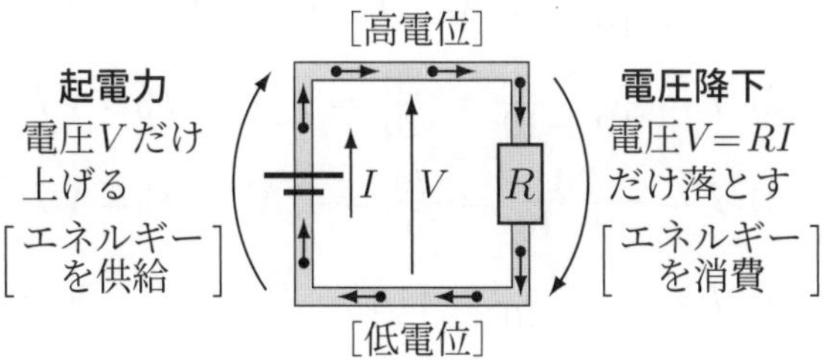


**電力** $P=VI$ [W].

これは，抵抗が消費する電力でもある．

- $V=RI$より，**抵抗$R$の消費電力** $P=VI=RI^2=\dfrac{V^2}{R}$ [W].

## 電力量

- ある時間内に供給（または消費）する電気エネルギーを**電力量**$W$という．

$$\begin{cases} \text{電力量 } W\,[\overset{\text{ジュール}}{\text{J}}] = \text{電力 } P\,[\text{W}] \times \text{秒数 } [\text{s}]. \\ \text{電力量 } W\,[\overset{\text{ワット時}}{\text{W}\cdot\text{h}}] = \text{電力 } P\,[\text{W}] \times \text{時間 } [\text{h}]. \end{cases}$$

- 1 [h] = 3600 [s]. → 1 [W·h] = 3600 [W·s] = 3600 [J].

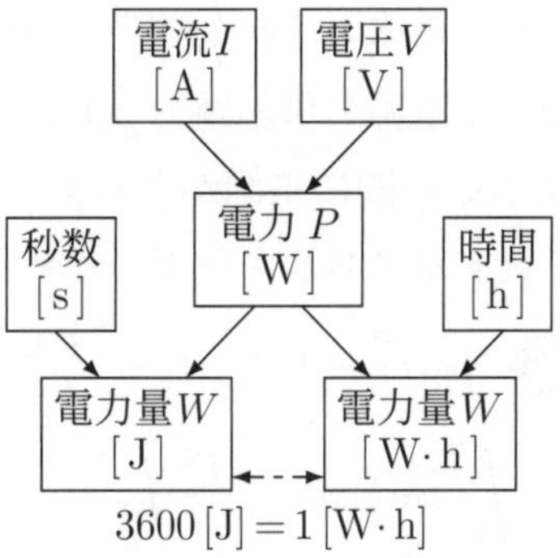


## 最大電力

- 内部抵抗$r$, 起電力$E$の電源に負荷抵抗$R$を接続したとき，$R$の消費電力$P$を最大にする$R$の値を求めよう．
  $P=RI^2$ に $I=\dfrac{E}{R+r}$ を代入して変形すれば，

$$P=\frac{RE^2}{(R+r)^2}=\frac{RE^2}{(R-r)^2+4Rr}=\frac{E^2}{\dfrac{(R-r)^2}{R}+4r}.$$

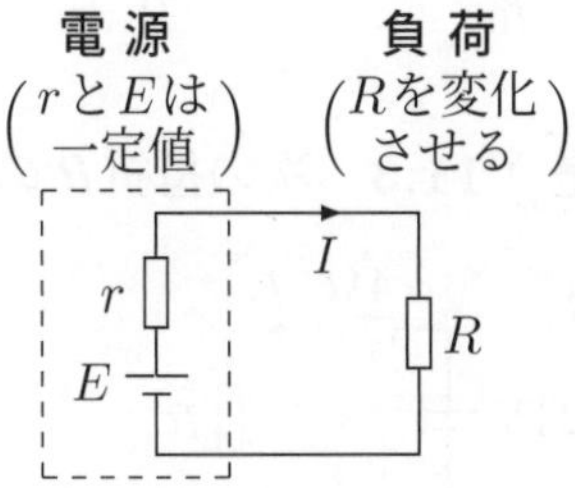


$r$を一定にして$R$を変化させると，$R=r$のときに右辺の分母の第１項が最小値０となり，$P$は最大値$P_{\max}=\dfrac{E^2}{4r}$となる．したがって，最大電力の条件は，

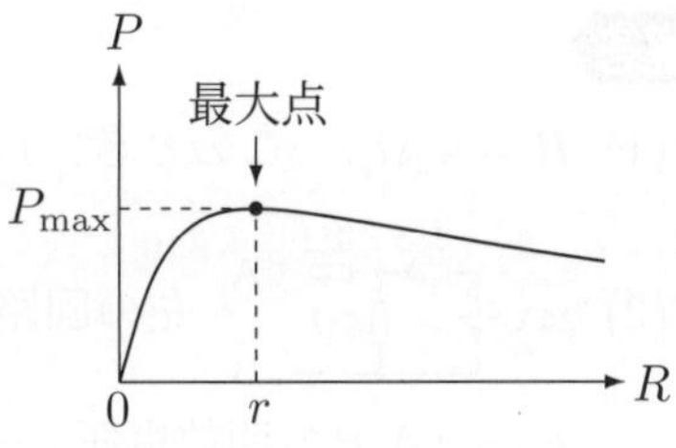


負荷抵抗 $R$ = 電源の内部抵抗 $r$. **（最大電力条件）**

**例題** **11.1**　(1)〜(3) の回路の電源の供給電力$P_0$と抵抗 1 個の消費電力$P_1$を求めよ．(4)〜(5) の回路の電源の供給電力$P_0$と，抵抗$R_1, R_2$の消費電力$P_1, P_2$を求めよ．

(1)
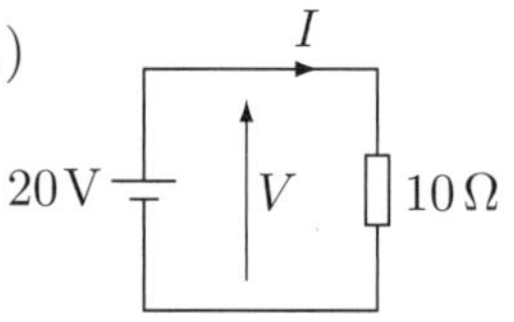


(2)
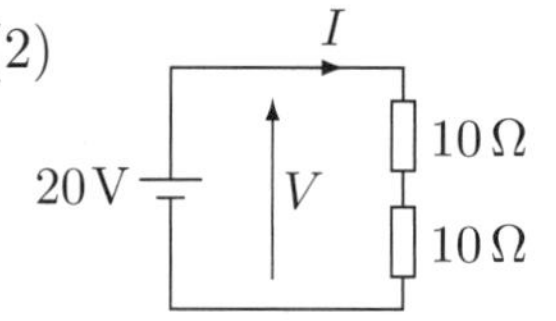


(3)
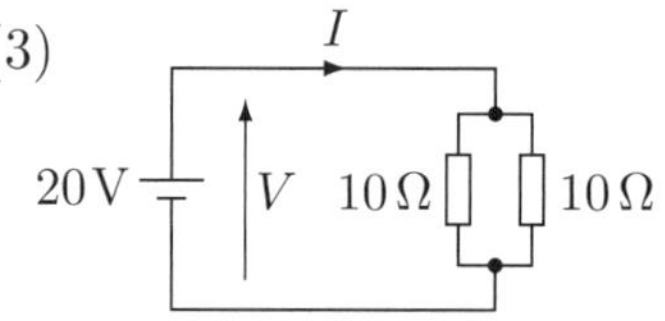


(4)
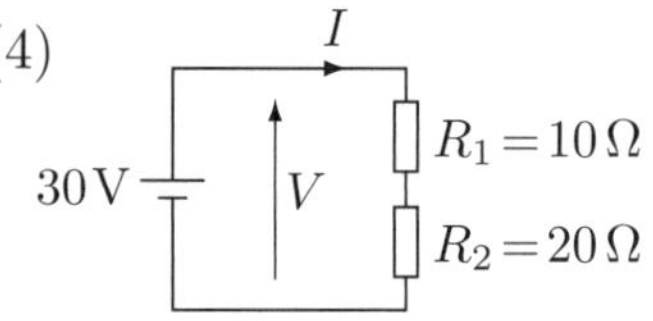


(5)
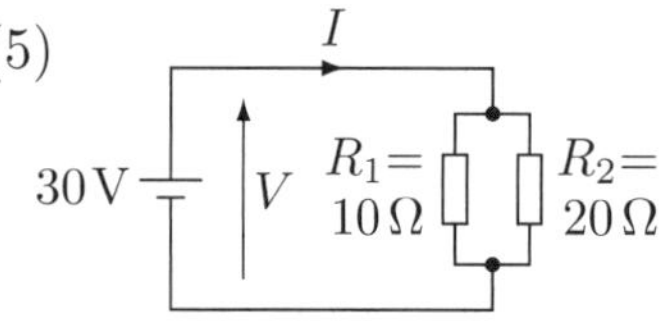


**解答**　抵抗の消費電力の合計値が，電源の供給電力に等しいことに注意する．

(1) $I = \dfrac{20}{10} = 2\,[\mathrm{A}]$.　$P_0 = P_1 = VI = 40\,[\mathrm{W}]$.

(2) $I = \dfrac{20}{10+10} = \dfrac{20}{20} = 1\,[\mathrm{A}]$.　$P_0 = VI = 20\,[\mathrm{W}]$.　$P_1 = \dfrac{V}{2} \times I = 10\,[\mathrm{W}]$.

(3) $I = \dfrac{20}{10/\!/10} = \dfrac{20}{5} = 4\,[\mathrm{A}]$.　$P_0 = VI = 80\,[\mathrm{W}]$.　$P_1 = V \times \dfrac{I}{2} = 40\,[\mathrm{W}]$.

(4) $I = \dfrac{30}{10+20} = 1\,[\mathrm{A}]$.　$P_0 = VI = 30\,[\mathrm{W}]$.　$P_1 = R_1 I^2 = 10\,[\mathrm{W}]$.　$P_2 = R_2 I^2 = 20\,[\mathrm{W}]$.

(5) $I = \dfrac{30}{10} + \dfrac{30}{20} = 4.5\,[\mathrm{A}]$.　$P_0 = VI = 135\,[\mathrm{W}]$.　$P_1 = \dfrac{V^2}{R_1} = 90\,[\mathrm{W}]$.　$P_2 = \dfrac{V^2}{R_2} = 45\,[\mathrm{W}]$.

**例題** **11.2**　右の回路で時刻$t = 0\,[\mathrm{s}]$にスイッチを閉じたら，電流$i(t) = \dfrac{E}{R} e^{-\frac{1}{RC}t}\,[\mathrm{A}]$が流れた．時刻$t \geqq 0$における電源の供給電力$p_0(t)$と抵抗の消費電力$p_1(t)$，$0 \leqq t < \infty$の間に電源が供給するエネルギー$W_0$と抵抗が消費するエネルギー$W_1$を求めよ．

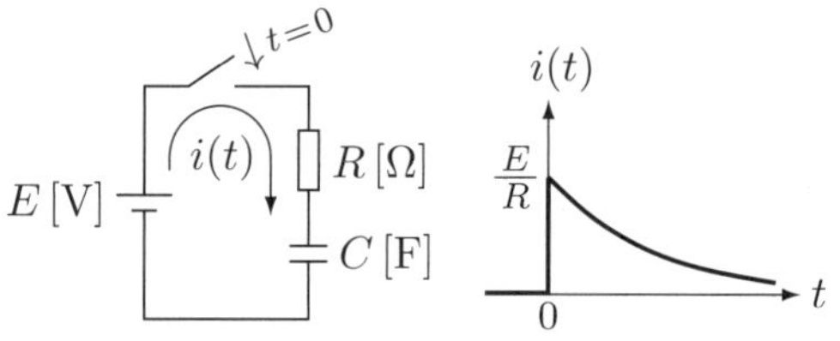


**解答**　$p_0(t) = E \times i(t) = \dfrac{E^2}{R} e^{-\frac{1}{RC}t}\,[\mathrm{W}]$.　$p_1(t) = R\,[\,i(t)]^2 = \dfrac{E^2}{R} e^{-\frac{2}{RC}t}\,[\mathrm{W}]$.

$$W_0 = \int_0^\infty p_0(t)\,\mathrm{d}t = \frac{E^2}{R}\int_0^\infty e^{-\frac{1}{RC}t}\,\mathrm{d}t = -\frac{E^2}{R} \times RC\left[e^{-\frac{1}{RC}t}\right]_0^\infty = CE^2\ [\mathrm{J}].$$

$$W_1 = \int_0^\infty p_1(t)\,\mathrm{d}t = \frac{E^2}{R}\int_0^\infty e^{-\frac{2}{RC}t}\,\mathrm{d}t = -\frac{E^2}{R} \times \frac{RC}{2}\left[e^{-\frac{2}{RC}t}\right]_0^\infty = \frac{CE^2}{2}\ [\mathrm{J}].$$

> 残りのエネルギー
> $W_0 - W_1 = \dfrac{CE^2}{2}\,[\mathrm{J}]$ は，
> コンデンサが蓄える．
> （問題 **14.5** 参照）

**例題** **11.3**　次の抵抗$R$の消費電力を最大にする$R$の値と，そのときの消費電力$P_{\max}$を求めよ．

(1)
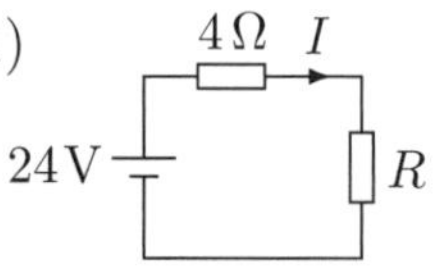


(2)
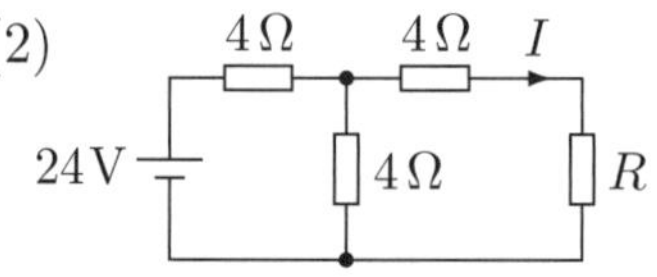


**解答**

(1) $R = 4\,[\Omega]$.　このとき，$P_{\max} = RI^2 = 4 \times \left(\dfrac{24}{4+4}\right)^2 = 4 \times 3^2 = 36\,[\mathrm{W}]$.

(2)
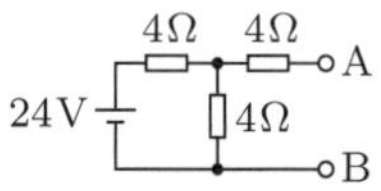

左の回路をテブナンの等価回路
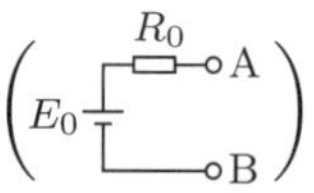

に変形する．

$E_0 =$（A,Bの開放電圧）$= \dfrac{4}{4+4} \times 24 = 12\,[\mathrm{V}]$.　$R_0 =$（電源除去時にA,Bからみた抵抗）

$= 4 + (4/\!/4) = 6\,[\Omega]$.　$\therefore R = R_0 = 6\,[\Omega]$.　$P_{\max} = RI^2 = R\left(\dfrac{E_0}{R+R_0}\right)^2 = 6 \times 1^2 = 6\,[\mathrm{W}]$.

| ドリル No.11 | Class | | No. | | Name | |
|---|---|---|---|---|---|---|

**問題 11.1**　電力と電力量に関する次の問題を解きなさい.

(1) 100 [V] の直流電源に負荷をつなぐと電流 0.2 [A] が流れた. 負荷の電力 $P$ と抵抗 $R$, および負荷に 30 分間通電したときの電力量 $W$ を求めよ.

(答) $P=$ 　　　[　　]. $R=$ 　　　[　　]. $W=$ 　　　[　　].

(2) 電圧 100 [V], 電力 400 [W] の電熱器に流れる電流 $I$ と電熱器の抵抗値 $R$ を求めよ.

(答) $I=$ 　　　[　　]. $R=$ 　　　[　　].

(3) 電力 500 [W] の電気製品を 5 時間使用したときの電力量 $W$ を [MJ] と [kW·h] で表せ.

(答) $W=$ 　　　[MJ] $=$ 　　　[kW·h].

**問題 11.2**　次の回路の電源の供給電力 $P_0$ と抵抗 $R_1, R_2, \cdots$ の消費電力 $P_1, P_2, \cdots$ を求めよ.

(1)

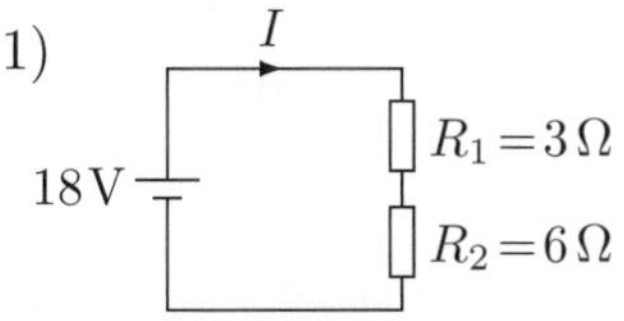


(答) $P_0=$ 　　　[　　]. $P_1=$ 　　　[　　]. $P_2=$ 　　　[　　].

(2)

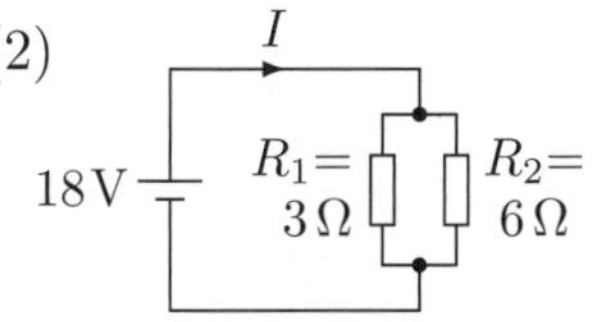


(答) $P_0=$ 　　　[　　]. $P_1=$ 　　　[　　]. $P_2=$ 　　　[　　].

(3)

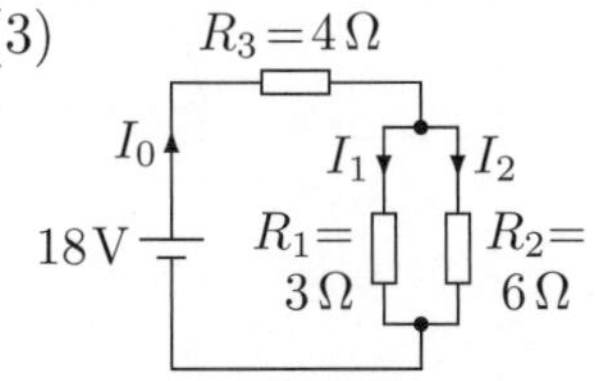


(答) $P_0=$ 　　　[　　]. $P_1=$ 　　　[　　]. $P_2=$ 　　　[　　]. $P_3=$ 　　　[　　].

(4)

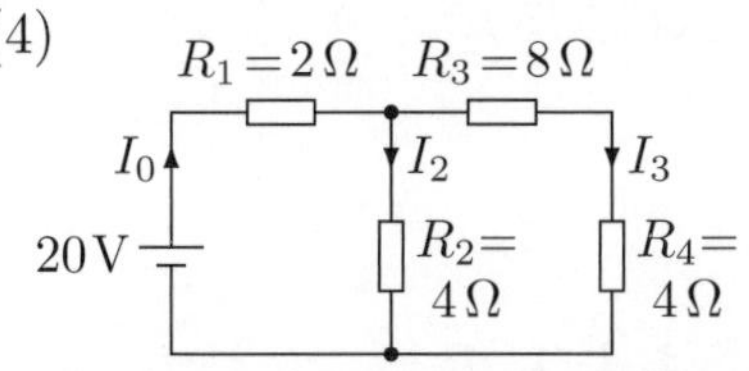


(答) $P_0=$ 　　　[　　].

$P_1=$ 　　　[　　]. $P_2=$ 　　　[　　]. $P_3=$ 　　　[　　]. $P_4=$ 　　　[　　].

**問題 11.3**　ある回路の端子A,Bを開放したときAB間の電圧 $V=12$ [V] であり，AB間を短絡したとき A→B に流れる電流 $I=6$ [A] であった．

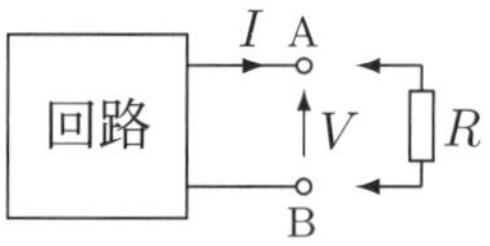


(1) この回路のテブナンの等価回路を求めよ．

(2) AB間に抵抗 $R=0,\ 0.4,\ 1,\ 2,\ 4,\ 10,\ \infty$ [Ω] を接続したときの $R$ の電流 $I$，電圧 $V$，消費電力 $P$ を右の表に記入せよ．

| $R$ [Ω] | $I$ [A] | $V$ [V] | $P$ [W] |
|---|---|---|---|
| 0 | | | |
| 0.4 | | | |
| 1 | | | |
| 2 | | | |
| 4 | | | |
| 10 | | | |
| $\infty$ | | | |

(3) $R$ がいくつのとき，$P$ が最大になるか．　(答) $R=$　　[　]．

**問題 11.4**　次の回路で，抵抗 $R$ の電力を最大にする $R$ の値と，そのときの電力 $P_{\max}$ を求めよ．

(1)

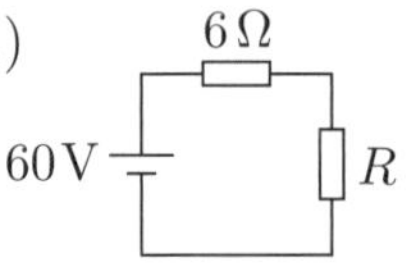


(答) $R=$　　[　]．$P_{\max}=$　　[　]．

(2)

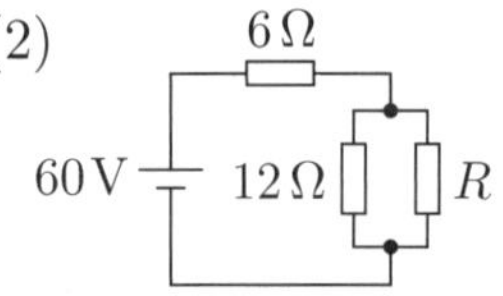


(答) $R=$　　[　]．$P_{\max}=$　　[　]．

(3)

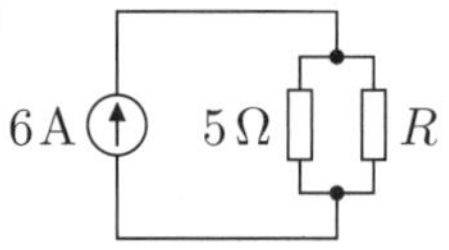


(答) $R=$　　[　]．$P_{\max}=$　　[　]．

(4)

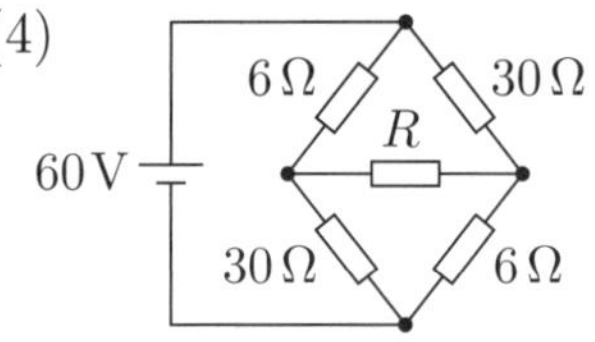


(答) $R=$　　[　]．$P_{\max}=$　　[　]．

**問題 11.5**　起電力 $E$，内部抵抗 $r$ の電源に抵抗 $R$ を接続し，$R$ を変化させると，$R$ の電力 $P$ が変化する．$P$ の最大値を $P_{\max}$ と置く．

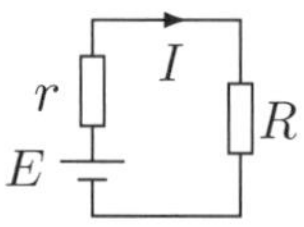


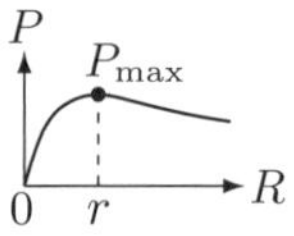


(1) $R=2r$ および $R=0.5r$ のときの $P$ は $P_{\max}$ の何倍か？

(答) $R=2r$ のとき　　倍．　$R=0.5r$ のとき　　倍．

(2) $P=\dfrac{P_{\max}}{2}$ となるときの $R$ を求めよ（答は2個で，$r$ を含む式になる）．

(答) $R=$　　　　および　$R=$　　　　．

| チェック項目 | 月　日 | 月　日 |
|---|---|---|
| 電力と電力量を理解している． | | |

複素数の性質を理解している.

### 虚数単位 $j$

- $j^2=-1$ を満たす数 $j$ を **虚数単位** という.（一般には $i$ と書くが，電気では $j$ と書く）
- $j$ 倍 $\times j$ 倍 $=-1$ 倍 は，原点のまわりの **180° の回転** だから，**$j$ 倍は 90° の回転** である．ただし，回転方向は**反時計方向**とする．
- $j$ 倍 $\times \dfrac{1}{j}$ 倍 $=1$ だから，**$\dfrac{1}{j}$ 倍は $-90°$ の回転**である．

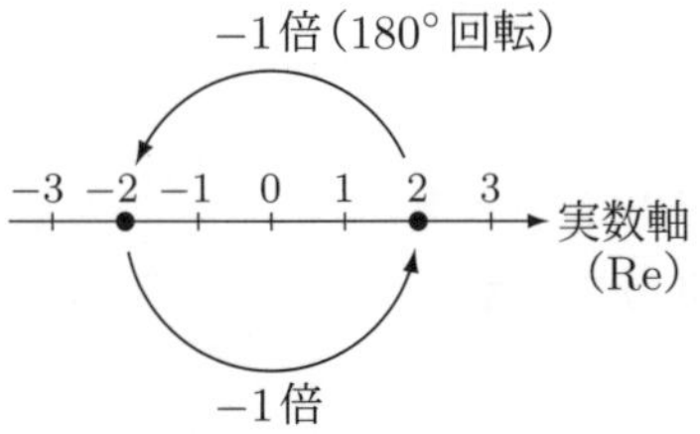


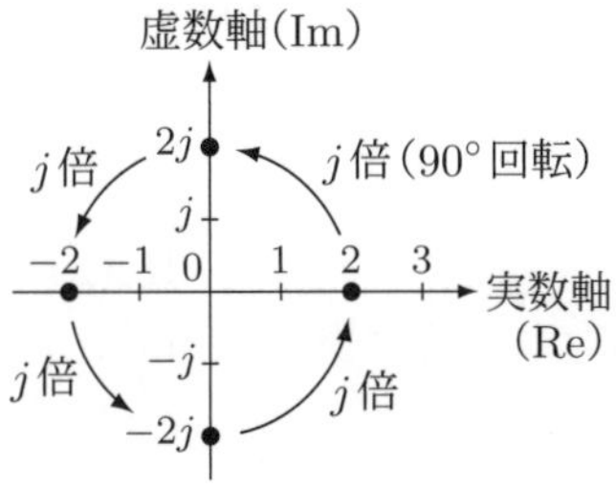


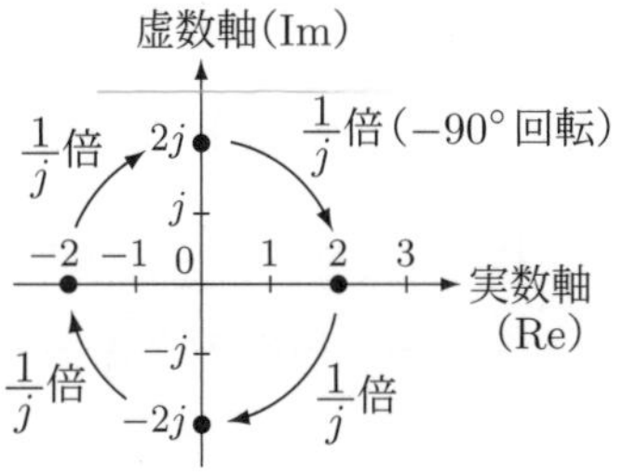


### 複素数の実部, 虚部, 絶対値, 偏角

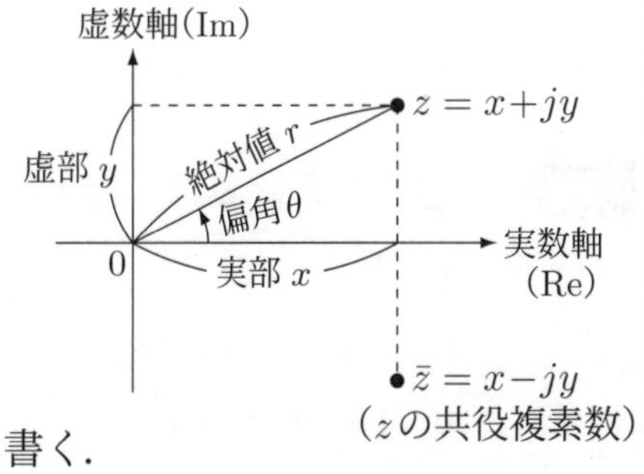


- 実数軸と虚数軸が作る平面を**複素平面（ガウス平面）**といい，この平面上の点 $z$ を**複素数**という．
- 右図の**複素数** $z$ において，$x$ を**実部**，$y$ を**虚部**，$r$ を**絶対値**，$\theta$ を**偏角**（反時計方向が正）という．
  $x=\mathrm{Re}(z)$，$y=\mathrm{Im}(z)$，$r=|z|$，$\theta=\arg(z)$，$z=x+jy$ と書く．
- $x=r\cos\theta$，$y=r\sin\theta$，$r=\sqrt{x^2+y^2}$，$\tan\theta=\dfrac{y}{x} \to \theta=\tan^{-1}\dfrac{y}{x}$ の関係がある．
- $\bar{z}=x-jy$ を $z$ の**共役**（きょうやく）**複素数**という．$z\times\bar{z}=(x+jy)(x-jy)=x^2+y^2=r^2=|z|^2$ である．

### オイラーの公式

- 絶対値 1, 偏角 $\theta$ の複素数は $e^{j\theta}$ と書ける．すなわち，

**【オイラーの公式】**
$$\begin{cases} e^{j\theta} = \cos\theta + j\sin\theta \\ e^{-j\theta} = \cos\theta - j\sin\theta \end{cases}$$

- $e^{j0}=1$，$e^{j\frac{\pi}{2}}=j$，$e^{j\pi}=-1$，$e^{j\frac{3\pi}{2}}=-j$，$e^{j2\pi}=1$，$\cdots$
  $e^{-j\frac{\pi}{2}}=-j$，$e^{-j\pi}=-1$，$e^{-j\frac{3\pi}{2}}=j$，$e^{-j2\pi}=1$，$\cdots$

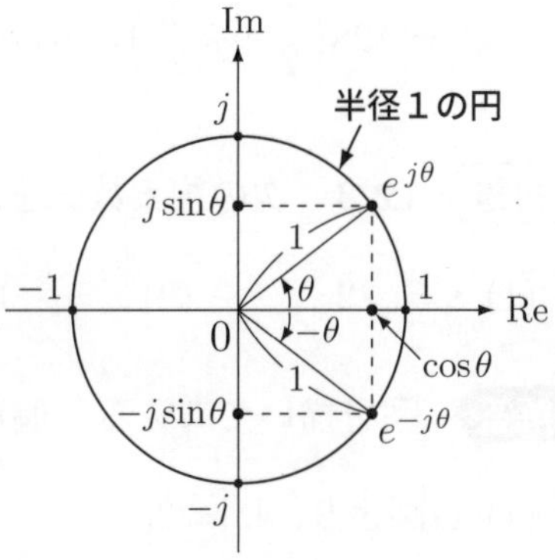


### 複素数 $z$ の直角座標表示と極座標表示

- $z=x+jy$　　← **直角座標表示**（実部と虚部で表示）
  $=r\cos\theta+jr\sin\theta=r(\cos\theta+j\sin\theta)=re^{j\theta}$．← **極座標表示**（絶対値と偏角で表示）
- 加減算は直角座標表示が便利．→【例】$(5+j4)-(2-j3)=(5-2)+j(4+3)=3+j7$.
- 乗除算, べき乗は極座標表示が便利．→【例】$6\,e^{j\frac{\pi}{3}}\div 3\,e^{j\frac{\pi}{4}}=\dfrac{6}{3}e^{j(\frac{\pi}{3}-\frac{\pi}{4})}=2\,e^{j\frac{\pi}{12}}$.

例題 **12.1**　次の複素数 $z$ の実部 $\mathrm{Re}(z)$，虚部 $\mathrm{Im}(z)$，絶対値 $|z|$，偏角 $\arg(z)$ を求めよ．

(1) $z=3+j3$.　(2) $z=1-j\sqrt{3}$.　(3) $z=2\,e^{j\frac{\pi}{6}}$.　(4) $z=-4\,e^{-j\frac{3\pi}{2}}$.

**解答**　複素平面上に $z$ を描いて考える．右図のように，直角二等辺三角形の各辺の比が $1:1:\sqrt{2}$ であること，正三角形を二等分した直角三角形の各辺の比が $1:\sqrt{3}:2$ であることを使う．

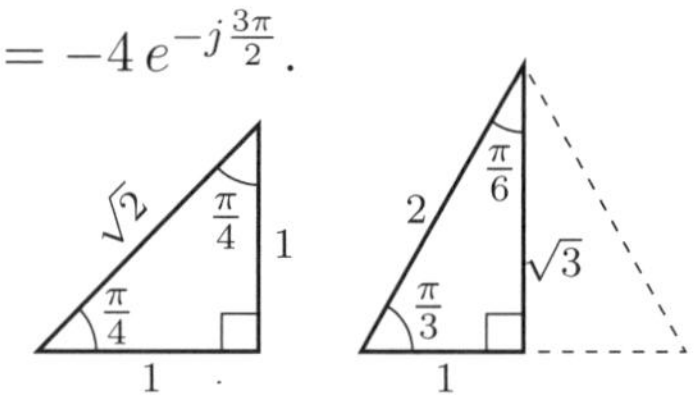


(1) $\mathrm{Re}(z)=3,\quad \mathrm{Im}(z)=3.$

$|z|=\sqrt{3^2+3^2}=3\sqrt{2}.$

$\arg(z)=\tan^{-1}\dfrac{3}{3}=\dfrac{\pi}{4}.$

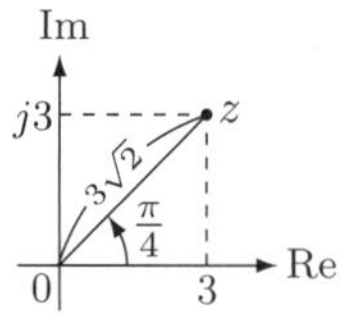


(2) $\mathrm{Re}(z)=1,\quad \mathrm{Im}(z)=-\sqrt{3}.$

$|z|=\sqrt{1^2+(\sqrt{3})^2}=2.$

$\arg(z)=-\tan^{-1}\sqrt{3}=-\dfrac{\pi}{3}.$

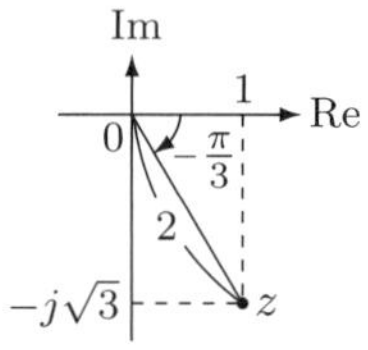


(3) $z=2\,e^{j\frac{\pi}{6}}=2\Big(\cos\dfrac{\pi}{6}+j\sin\dfrac{\pi}{6}\Big)$

$=2\Big(\dfrac{\sqrt{3}}{2}+j\dfrac{1}{2}\Big)=\sqrt{3}+j1.$

$\mathrm{Re}(z)=\sqrt{3}.\quad \mathrm{Im}(z)=1.$

$|z|=2.\quad \arg(z)=\dfrac{\pi}{6}.$

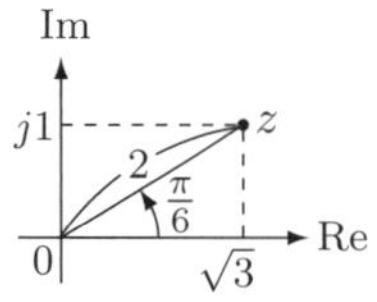


(4) $-1=e^{j\pi}$ だから，

$z=4\,e^{j\pi}e^{-j\frac{3\pi}{2}}=4\,e^{j(\pi-\frac{3\pi}{2})}$

$=4\,e^{-j\frac{\pi}{2}}=0-j4.$

$\mathrm{Re}(z)=0.\quad \mathrm{Im}(z)=-4.$

$|z|=4.\quad \arg(z)=-\dfrac{\pi}{2}.$

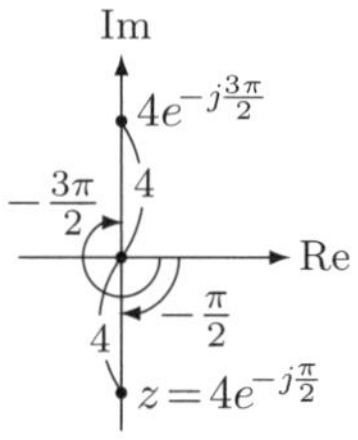


例題 **12.2**　次の複素数 $z$ を，直角座標表示（ □ $+\,j$□ または □ $-\,j$□ ）の形に直せ．

(1) $z=4\,e^{j3\pi}$.　(2) $z=2\,e^{j\frac{\pi}{3}}$.　(3) $z=\big(1+j\sqrt{3}\big)^7$.　(4) $z=\dfrac{(1+j)^7}{(1-j)^5}$.

**解答**　べき乗と乗除算は，極座標表示に直してから計算するとよい．

(1) $z=4\,e^{j3\pi}$

$=4(\cos 3\pi+j\sin 3\pi)$

$=4(-1+j0)=-4.$

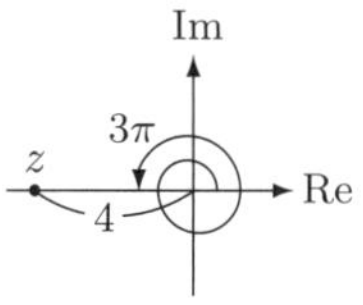


(2) $z=2\,e^{j\frac{\pi}{3}}$

$=2\Big(\cos\dfrac{\pi}{3}+j\sin\dfrac{\pi}{3}\Big)$

$=2\Big(\dfrac{1}{2}+j\dfrac{\sqrt{3}}{2}\Big)=1+j\sqrt{3}.$

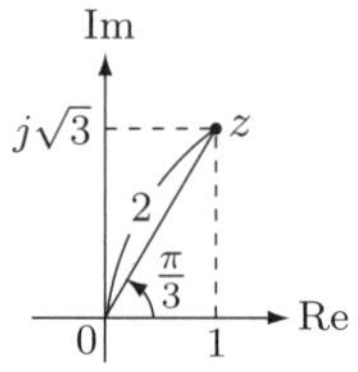


(3) $z=\big(1+j\sqrt{3}\big)^7=\big(2\,e^{j\frac{\pi}{3}}\big)^7=2^7e^{j\frac{7\pi}{3}}$

$=128\,e^{j(\frac{\pi}{3}+2\pi)}=128\,e^{j\frac{\pi}{3}}$

$=128\Big(\dfrac{1}{2}+j\dfrac{\sqrt{3}}{2}\Big)=64+j64\sqrt{3}.$

(4) $z=\dfrac{(1+j)^7}{(1-j)^5}=\dfrac{\big(\sqrt{2}\,e^{j\frac{\pi}{4}}\big)^7}{\big(\sqrt{2}\,e^{-j\frac{\pi}{4}}\big)^5}=\dfrac{\big(\sqrt{2}\,\big)^7e^{j\frac{7\pi}{4}}}{\big(\sqrt{2}\,\big)^5e^{-j\frac{5\pi}{4}}}$

$=\big(\sqrt{2}\,\big)^{7-5}e^{j(\frac{7\pi}{4}+\frac{5\pi}{4})}=2\,e^{j3\pi}=2(-1+j0)$

$=-2.$

例題 **12.3**　次の複素数 $z$ を，絶対値と偏角による極座標表示（ □$e^{j□}$ ）の形に直せ．

(1) $z=-2$.　(2) $z=-1-j1$.　(3) $z=-3\,e^{j\frac{\pi}{5}}$.　(4) $z=\dfrac{1+j\sqrt{3}}{1+j}$.

**解答**　図を描いて考える．偏角は $-\pi<\arg(z)\leqq\pi$ の範囲とする．絶対値 $\geqq 0$ に注意．

(1) 右図より，$|z|=2$，

$\arg(z)=\pi$ だから，

$z=2\,e^{j\pi}.$

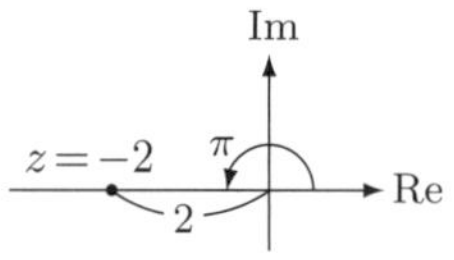


(2) 右図より，$|z|=\sqrt{2}$，

$\arg(z)=-\dfrac{3\pi}{4}$ だから，

$z=\sqrt{2}\,e^{-j\frac{3\pi}{4}}.$

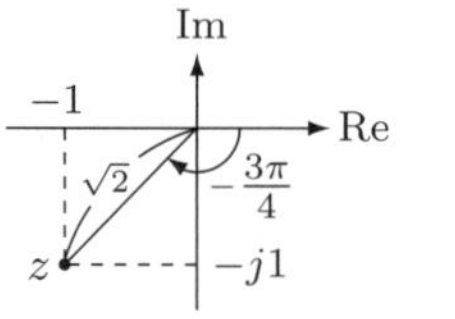


(3) 右図より，$|z|=3$，

$\arg(z)=-\dfrac{4\pi}{5}$ だから，

$z=3\,e^{-j\frac{4\pi}{5}}.$

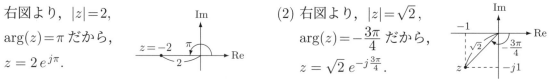

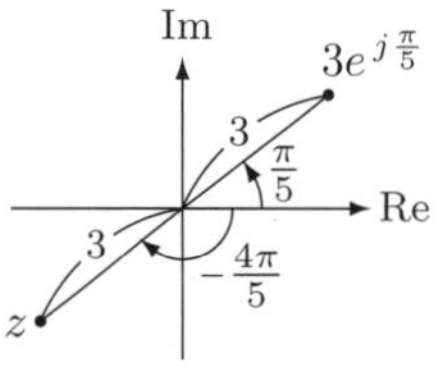


(4) $z=\dfrac{1+j\sqrt{3}}{1+j}=\dfrac{2\,e^{j\frac{\pi}{3}}}{\sqrt{2}\,e^{j\frac{\pi}{4}}}=\dfrac{2}{\sqrt{2}}\,e^{j(\frac{\pi}{3}-\frac{\pi}{4})}$

$=\sqrt{2}\,e^{j\frac{\pi}{12}}.$

| ドリル No.12 | Class | | No. | | Name | |
|---|---|---|---|---|---|---|

**問題 12.1**　次の複素数 $z_1 \sim z_9$ の実部, 虚部, 絶対値, 偏角を求め, 表に記入せよ.

(1) $z_1 = j$

(2) $z_2 = -j2$

(3) $z_3 = -3$

(4) $z_4 = 2 - j2$

(5) $z_5 = -2 + j2$

(6) $z_6 = \sqrt{3} + j$

(7) $z_7 = (\sqrt{3} + j)^2$

(8) $z_8 = (\sqrt{3} + j)^3$

(9) $z_9 = \dfrac{1}{\sqrt{3} + j}$

【答】

| | 実部 | 虚部 | 絶対値 | 偏角 |
|---|---|---|---|---|
| $z_1$ | | | | |
| $z_2$ | | | | |
| $z_3$ | | | | |
| $z_4$ | | | | |
| $z_5$ | | | | |
| $z_6$ | | | | |
| $z_7$ | | | | |
| $z_8$ | | | | |
| $z_9$ | | | | |

**問題 12.2**　次の計算をせよ. ただし, $a, b, \theta$ は実数とする.

(1) $|3 + j4| =$

(2) $|3 - j4| =$

(3) $\overline{3 + j4} =$

(4) $\left|(3 + j4)(1 + j2)^2\right| =$

(5) $\left|\dfrac{a + jb}{a - jb}\right| =$

(6) $(a + jb)(a - jb) =$

(7) $(a + jb)(b + ja) =$

(8) $\dfrac{a + jb}{b - ja} =$

(9) $|e^{j\theta}| =$

(10) $\overline{e^{j\theta}} =$

(11) $\dfrac{e^{j\theta} + e^{-j\theta}}{2} =$

(12) $\dfrac{e^{j\theta} - e^{-j\theta}}{2j} =$

**問題 12.3**　次の複素数を直角座標表示（ $\square + j\square$ または $\square - j\square$ ）の形に直せ．

(1)　$4\,e^{j\frac{\pi}{2}} =$

(2)　$\sqrt{2}\,e^{j\frac{\pi}{4}} =$

(3)　$2\,e^{-j\frac{\pi}{6}} =$

(4)　$\left(2\,e^{-j\frac{\pi}{6}}\right)^5 =$

(5)　$\left(\sqrt{3} - j\right)^6 =$

(6)　$(1+j)^5(1-j)^3 =$

(7)　$\left(\dfrac{1+j\sqrt{3}}{1+j}\right)^6 =$

(8)　$e^{-j\frac{2\pi}{3}} + e^{j\frac{2\pi}{3}} =$

**問題 12.4**　次の複素数 $z$ を極座標表示（ $\square e^{j\square}$ ）の形に直せ．

(1)　$j3 =$

(2)　$-3\,e^{-j\frac{\pi}{8}} =$

(3)　$\dfrac{4\,e^{j\frac{5}{8}\pi}}{j} =$

(4)　$1+j =$

(5)　$\dfrac{6}{1+j} =$

(6)　$(1+j)^8 =$

(7)　$(1-j)(1+j\sqrt{3}) =$

(8)　$\dfrac{(\sqrt{3}+j)^5}{(1+j)^3} =$

**問題 12.5**　次の方程式の複素数の解 $z$ を求めよ．$z = re^{j\theta}$ $(r \geqq 0,\ -\pi < \theta \leqq \pi)$ と置くとよい．

(1)　$z^3 = 1$（解は 3 個）

（答）$z =$ ＿＿＿＿＿＿＿＿＿＿＿＿．

(2)　$z^2 = j$（解は 2 個）

（答）$z =$ ＿＿＿＿＿＿＿＿＿＿＿＿．

| チェック項目 | 月　日 | 月　日 |
|---|---|---|
| 複素数の性質を理解している． | | |

正弦波を理解している．

## 正弦波の波形

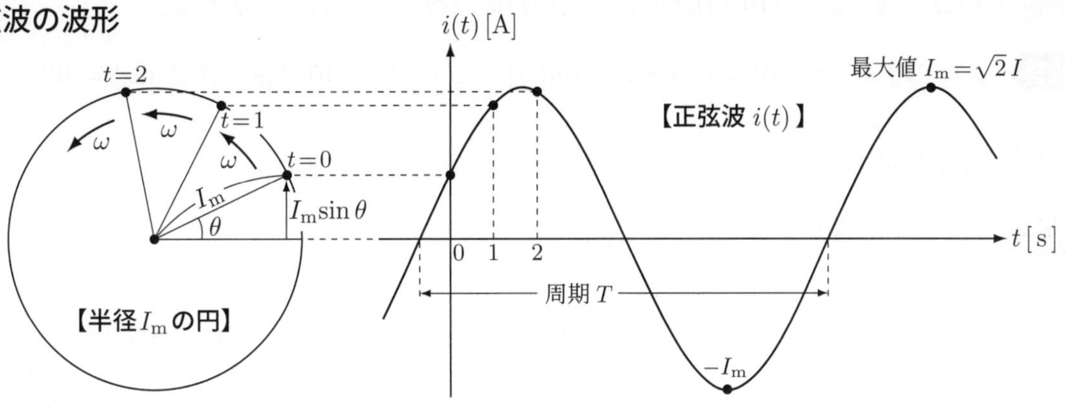


- 半径 $I_m$ の円上を１秒あたり $\omega$ [rad/s] で回転する点の縦座標が**正弦波** $i(t)$ となる．
- 正弦波電流（正弦波電圧も同様）は次の諸量をもつ（上図参照）．

| | | | |
|---|---|---|---|
| **最大値** | $I_m$ | [A] | ⋯ 正弦波電流の振幅．$I_m = \sqrt{2}\,I$． |
| **実効値** | $I$ | [A] | ⋯ $I = \dfrac{I_m}{\sqrt{2}}$．（最大値 $\div\sqrt{2}$．電力計算のために導入された量） |
| **瞬時値** | $i(t)$ | [A] | ⋯ 時刻 $t$ に依存して時々刻々と変化する量．小文字で書く． |
| **初期位相角** | $\theta$ | [rad] | ⋯ $t=0$ のときの角度（反時計方向が正）．**位相角，位相．** |
| **角周波数** | $\omega$ | [rad/s] | ⋯ １秒あたりに（反時計方向に）進む角度． |
| **周波数** | $f$ | [Hz] | ⋯ １秒あたりの回転数．または１秒あたりの正弦波の往復数． |
| **周期** | $T$ | [s] | ⋯ 円を１回転する時間．または正弦波が１往復する時間． |

- １回転 $= 2\pi$ [rad] だから，１秒間に $f$ 回転すれば角度は $2\pi f$ [rad] 進む．→ $\boxed{\omega = 2\pi f.}$
- １秒間に $f$ 往復すれば，周期は $\dfrac{1}{f}$．→ $\boxed{T = \dfrac{1}{f},\quad f = \dfrac{1}{T},\quad \omega = \dfrac{2\pi}{T}.}$

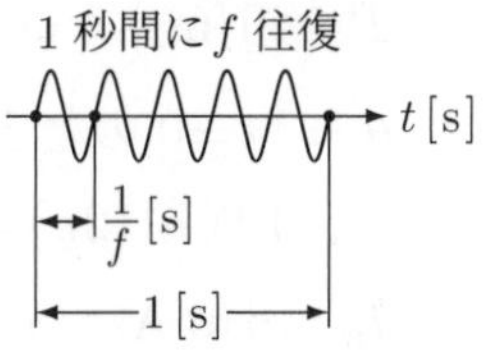


## 正弦波の瞬時値の式

- $t = 0, 1, \cdots$ のとき，角度と瞬時値は右の表のようになる．

| $t$ [s] | 角度 [rad] | 瞬時値 $i(t)$ [A] |
|---|---|---|
| 0 | $\theta$ | $I_m \sin\theta$ |
| 1 | $\omega + \theta$ | $I_m \sin(\omega + \theta)$ |
| ⋯ | ⋯ | ⋯ |
| $t$ | $\omega t + \theta$ | $I_m \sin(\omega t + \theta)$ ←時刻 $t$ のときの瞬時値 $i(t)$ |

- したがって，正弦波電流と正弦波電圧の瞬時値 $i(t), v(t)$ の式は次のように書ける．

$$i(t) = I_m \sin(\omega t + \theta_I) = \sqrt{2}\,I \sin(\omega t + \theta_I)\ \text{[A]}.$$
$$v(t) = V_m \sin(\omega t + \theta_V) = \sqrt{2}\,V \sin(\omega t + \theta_V)\ \text{[V]}.$$

（$i(t)$ と $v(t)$ の $\omega$ は同じだが，$\theta$ は異なるので $\theta_I$ と $\theta_V$ で区別する．）

## 位相の進みと遅れ，位相差

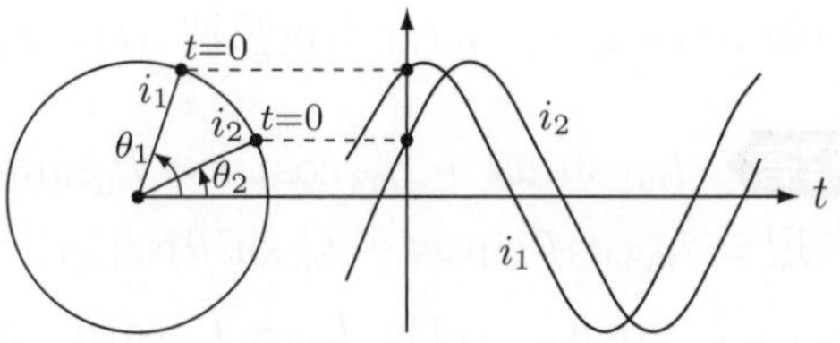


- 正弦波 $i_1, i_2$ の位相が $\theta_1 > \theta_2$ のとき（右図），「$i_1$ は $i_2$ より $\theta_1 - \theta_2$ だけ**位相が進む**」，「$i_2$ は $i_1$ より $\theta_1 - \theta_2$ だけ**位相が遅れる**」といい，$\theta_1 - \theta_2$ を**位相差**という．$\theta_1 = \theta_2$ のとき，「$i_1$ と $i_2$ は**同位相（同相）**」という．

**例題 13.1**　周期 $T=20$ [ms] の正弦波の周波数 $f$ と角周波数 $\omega$ を求めよ．

**解答**　$f=\dfrac{1}{T}=\dfrac{1}{20\times10^{-3}}=\dfrac{10^3}{20}=50$ [Hz].　　$\omega=2\pi f=100\pi \fallingdotseq 314$ [rad/s].

**例題 13.2**　周波数 $f=10$ [kHz] の正弦波の角周波数 $\omega$ と周期 $T$ を求めよ．

**解答**　$\omega=2\pi f=2\pi\times10^4 \fallingdotseq 6.28\times10^4$ [rad/s].　　$T=\dfrac{1}{f}=10^{-4}$ [s] $=0.1$ [ms] $=100$ [$\mu$s].

**例題 13.3**　最大値 $I_{\mathrm{m}}=20$ [mA] の正弦波電流の実効値 $I$ を求めよ．

**解答**　$I=\dfrac{I_{\mathrm{m}}}{\sqrt{2}}=\dfrac{20}{\sqrt{2}}=10\sqrt{2}\fallingdotseq 14.1$ [mA].

**例題 13.4**　次の正弦波電流の周期 $T$，角周波数 $\omega$，位相 $\theta$，最大値 $I_{\mathrm{m}}$，瞬時値 $i(t)$ を求めよ．

(1)

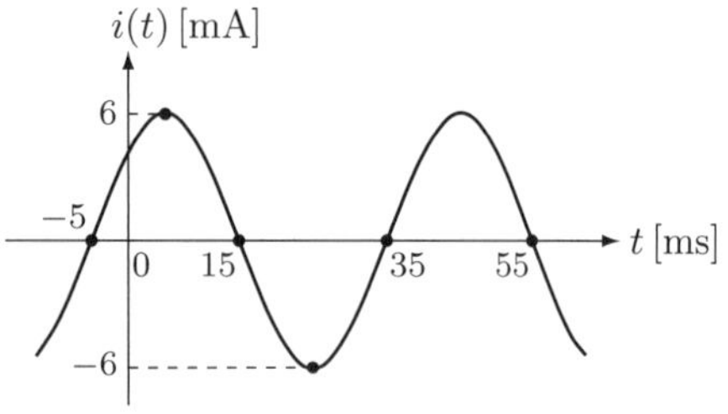


(2)

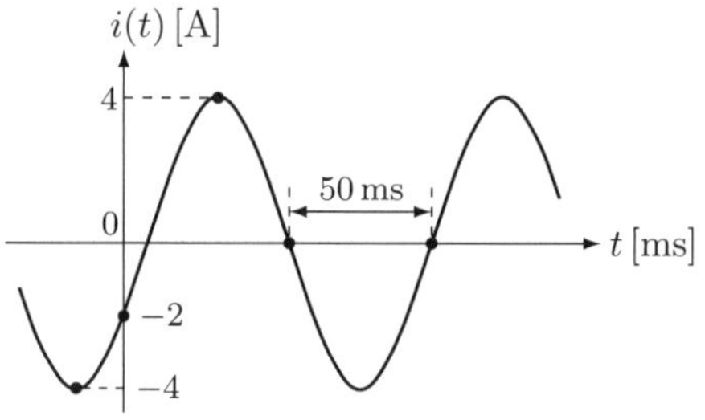


**解答**

(1)

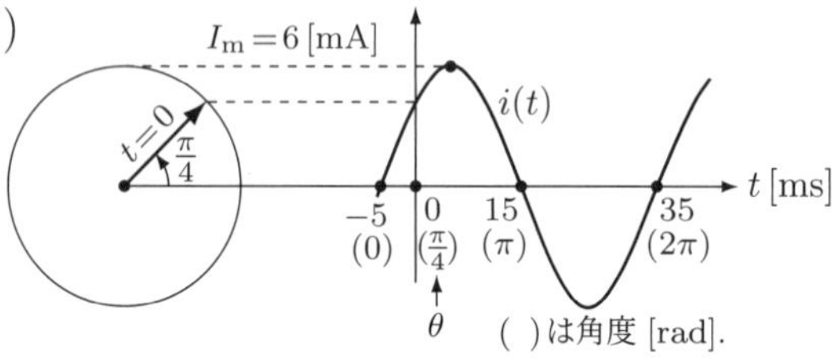


(2)

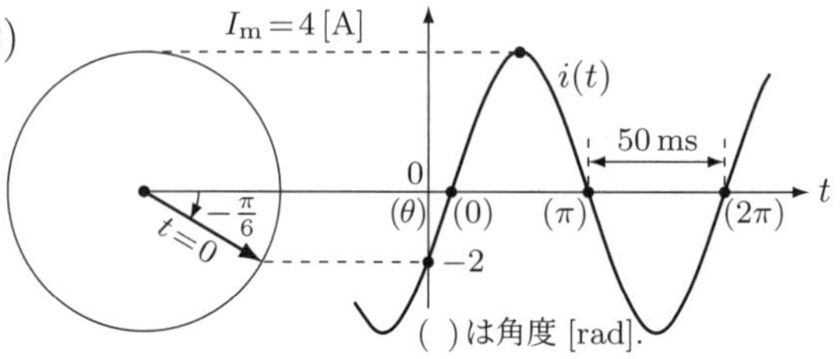


(1)

$T=40$ [ms].　$\omega=\dfrac{2\pi}{T}=\dfrac{2\pi}{0.04}=50\pi$ [rad/s].

$\theta=$「$t=0$ のときの角度」$=\frac{\pi}{4}$ [rad].

( ∵ 1 周期 $(2\pi)=40$ ms ゆえ，$5$ ms $=\frac{\pi}{4}$. )

$I_{\mathrm{m}}=6$ [mA].　$i(t)=6\sin(50\pi t+\frac{\pi}{4})$ [mA].

(2)

$T=100$ [ms].　$\omega=\dfrac{2\pi}{T}=\dfrac{2\pi}{0.1}=20\pi$ [rad/s].

$I_{\mathrm{m}}=4$ [A].　$i(t)=4\sin(20\pi t+\theta)$ において，

$i(0)=4\sin\theta=-2$ より，$\theta=-\dfrac{\pi}{6}$ [rad].

$\therefore\ i(t)=4\sin(20\pi t-\frac{\pi}{6})$ [A].

**例題 13.5**　正弦波電流 $i_1(t)=I_{\mathrm{m1}}\sin(\omega t+\frac{\pi}{4})$ と $i_2(t)=I_{\mathrm{m2}}\cos(\omega t-\frac{\pi}{6})$ の位相関係を求めよ．

**解答**　公式 $\cos\omega t=\sin(\omega t+\frac{\pi}{2})$ より，$\cos\omega t$ は $\sin\omega t$ より $\dfrac{\pi}{2}$ だけ位相が進む．　$i_2(t)=I_{\mathrm{m2}}\cos(\omega t-\frac{\pi}{6})=I_{\mathrm{m2}}\sin(\omega t-\frac{\pi}{6}+\frac{\pi}{2})=I_{\mathrm{m2}}\sin(\omega t+\frac{\pi}{3})$.
したがって，$i_2$ は $i_1$ より $\dfrac{\pi}{3}-\dfrac{\pi}{4}=\dfrac{\pi}{12}$ [rad] だけ位相が進んでいる．

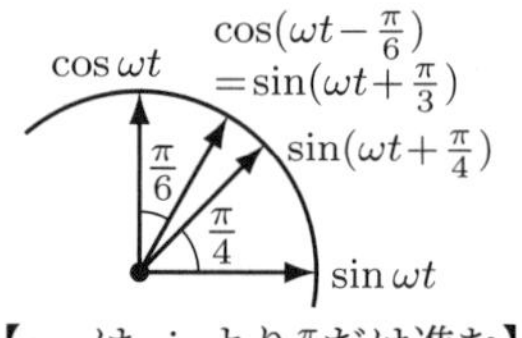


【cos は sin より $\frac{\pi}{2}$ だけ進む】

**例題 13.6**　互いの位相差が $\dfrac{\pi}{2}$ [rad] である 2 つの正弦波 $i_1(t)=I_{\mathrm{m1}}\sin\omega t$ と $i_2(t)=I_{\mathrm{m2}}\cos\omega t$ の和 $i(t)=i_1(t)+i_2(t)$ も正弦波 $i(t)=I_{\mathrm{m}}\sin(\omega t+\theta)$ になる．$i(t)$ の最大値 $I_{\mathrm{m}}$ と位相 $\theta$ を求めよ．

**解答**　$I_{\mathrm{m1}}\sin\omega t+I_{\mathrm{m2}}\cos\omega t=I_{\mathrm{m}}\sin(\omega t+\theta)$ において，加法定理より，
右辺 $=I_{\mathrm{m}}\cos\theta\sin\omega t+I_{\mathrm{m}}\sin\theta\cos\omega t$.　$\sin\omega t$ と $\cos\omega t$ の係数を，左辺と右辺で等値すれば，
$I_{\mathrm{m1}}=I_{\mathrm{m}}\cos\theta.\cdots(1)$　$I_{\mathrm{m2}}=I_{\mathrm{m}}\sin\theta.\cdots(2)$　　$(1)^2+(2)^2$：$I_{\mathrm{m1}}{}^2+I_{\mathrm{m2}}{}^2=I_{\mathrm{m}}{}^2(\cos^2\theta+\sin^2\theta)=I_{\mathrm{m}}{}^2$.
$\therefore\ I_{\mathrm{m}}=\sqrt{I_{\mathrm{m1}}{}^2+I_{\mathrm{m2}}{}^2}$.　　$\dfrac{(2)}{(1)}$：$\dfrac{I_{\mathrm{m2}}}{I_{\mathrm{m1}}}=\dfrac{\sin\theta}{\cos\theta}=\tan\theta$.　$\therefore\ \theta=\tan^{-1}\dfrac{I_{\mathrm{m2}}}{I_{\mathrm{m1}}}$.

| ドリル No.13 | Class | | No. | | Name | |
|---|---|---|---|---|---|---|

**問題 13.1**　正弦波交流に関する次の諸量を求めよ．

(1) 周期が 1 [$\mu$s] のときの周波数 $f$ と角周波数 $\omega$．

（答）$f =$ 　　　　[　　]．$\omega =$ 　　　　[　　]．

(2) 周波数が 50 [kHz] のときの角周波数 $\omega$ と周期 $T$．

（答）$\omega =$ 　　　　[　　]．$T =$ 　　　　[　　]．

(3) 最大値が 10 [V] のときの実効値 $V$．

（答）$V =$ 　　　　[　　]．

(4) 実効値が 100 [V] のときの最大値 $V_{\mathrm{m}}$．

（答）$V_{\mathrm{m}} =$ 　　　　[　　]．

(5) 2 つの正弦波 $i_1(t) = 2\sin(\omega t - \frac{\pi}{6})$ [A] と $i_2(t) = 3\cos\omega t$ [A] の位相差 $\phi$．

（答）$\phi =$ 　　　　[　　]．

**問題 13.2**　次の正弦波の周期 $T$, 周波数 $f$, 角周波数 $\omega$, 位相 $\theta$, 最大値 $V_{\mathrm{m}}$, 瞬時値 $v(t)$ を求めよ．

(1)

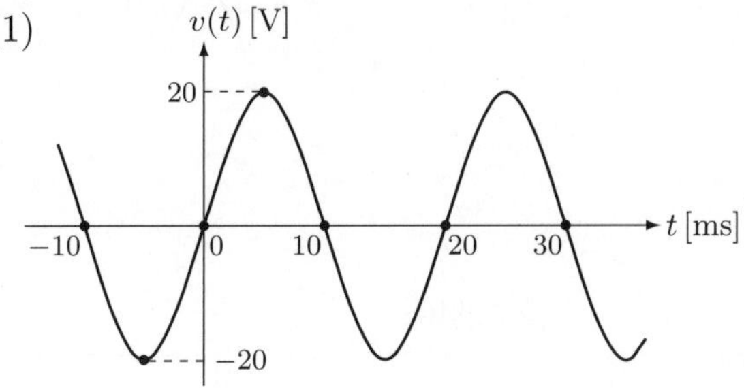


（答）$T =$ 　　　　[　　]．$f =$ 　　　　[　　]．

$\omega =$ 　　　　[　　]．$\theta =$ 　　　　[　　]．$V_{\mathrm{m}} =$ 　　　　[　　]．$v(t) =$ 　　　　[　　]．

(2)

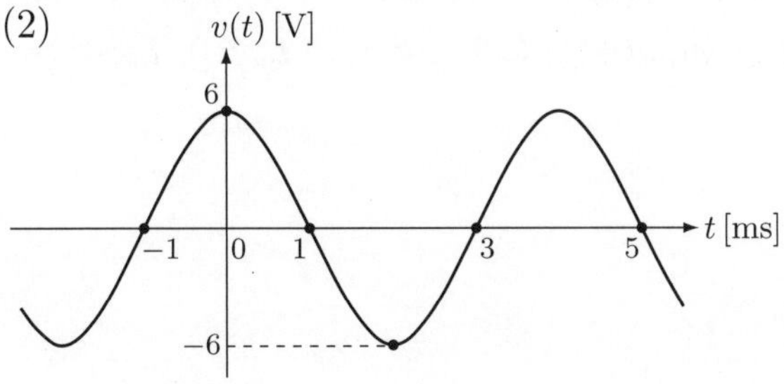


（答）$T =$ 　　　　[　　]．$f =$ 　　　　[　　]．

$\omega =$ 　　　　[　　]．$\theta =$ 　　　　[　　]．$V_{\mathrm{m}} =$ 　　　　[　　]．$v(t) =$ 　　　　[　　]．

(3)

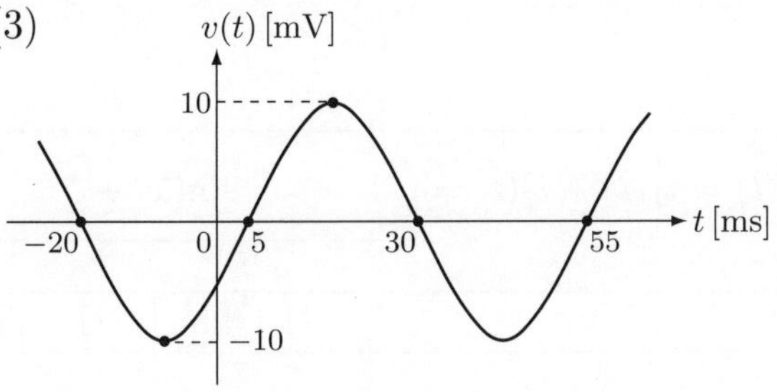


（答）$T =$ 　　　　[　　]．$f =$ 　　　　[　　]．

$\omega =$ 　　　　[　　]．$\theta =$ 　　　　[　　]．$V_{\mathrm{m}} =$ 　　　　[　　]．$v(t) =$ 　　　　[　　]．

(4)

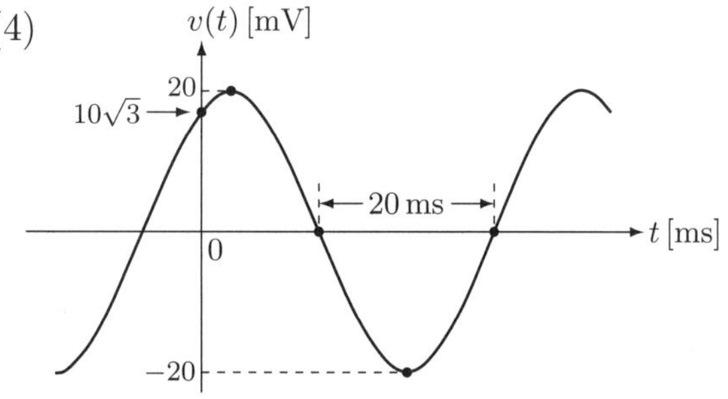


（答）$T=$ [ ]．$f=$ [ ]．

$\omega=$ [ ]．$\theta=$ [ ]．$V_{\mathrm{m}}=$ [ ]．$v(t)=$ [ ]．

**問題 13.3**　次の正弦波 $i_1, i_2$ について，周期 $T$，$i_1, i_2$ の位相 $\theta_1, \theta_2$，$i_1$と $i_2$の位相関係を求めよ．

(1)

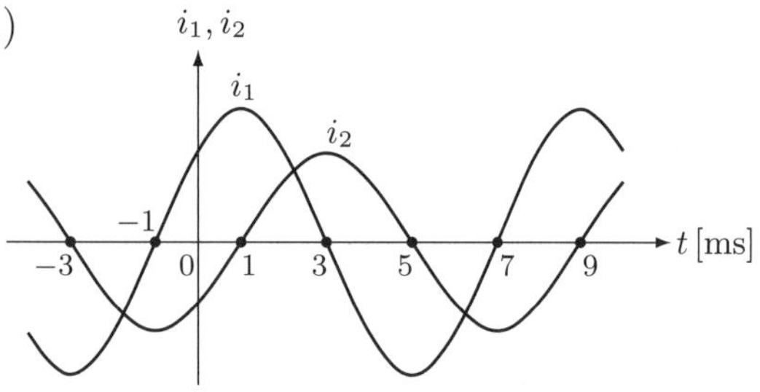


（答）$T=$ [ ]．$\theta_1=$ [ ]．$\theta_2=$ [ ]．位相関係

(2)

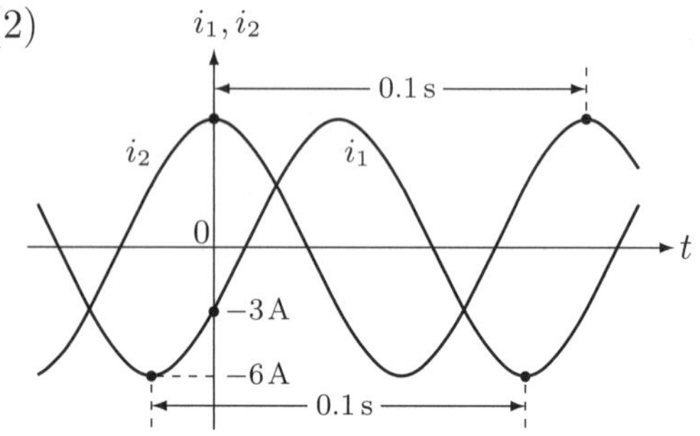


（答）$T=$ [ ]．$\theta_1=$ [ ]．$\theta_2=$ [ ]．位相関係

**問題 13.4**　互いの位相差が $\theta$ である 2 つの正弦波 $i_1(t)=I_{\mathrm{m}1}\sin\omega t$ と $i_2(t)=I_{\mathrm{m}2}\sin(\omega t+\theta)$ の和 $i(t)=i_1(t)+i_2(t)$ も正弦波 $i(t)=I_{\mathrm{m}}\sin(\omega t+\phi)$ になる．$I_{\mathrm{m}}$と $\phi$ を求めよ．次に，$i_1(t)=I_0\sin\omega t$，$i_2(t)=I_0\sin(\omega t+\frac{\pi}{3})$ の場合の $i(t)=i_1(t)+i_2(t)$ を $\square\sin(\omega t+\square)$ の形で表せ．($I_{\mathrm{m}}>0$, $I_0>0$)

（答）$I_{\mathrm{m}}=$ ．$\phi=$ ．

$i_1(t)=I_0\sin\omega t$，$i_2(t)=I_0\sin(\omega t+\frac{\pi}{3})$ の場合，$i(t)=i_1(t)+i_2(t)=$ $\sin(\omega t+$ $)$．

| チェック項目 | 月　日 | 月　日 |
|---|---|---|
| 正弦波を理解している． | | |

## 2 正弦波交流回路 ▶ 2.3 コイルとコンデンサ

コイルとコンデンサを理解している.

交流回路の素子には，**抵抗** $\left(\underline{\quad R \quad}\right)$，**コイル** $\left(\underline{\quad L \quad}\right)$，**コンデンサ** $\left(\underline{\quad C \quad}\right)$ がある.

### ● 抵抗

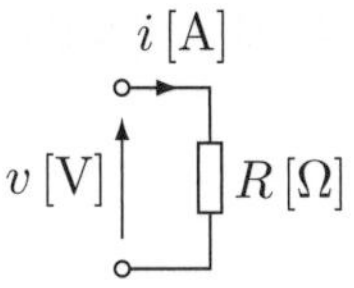

【回路図】

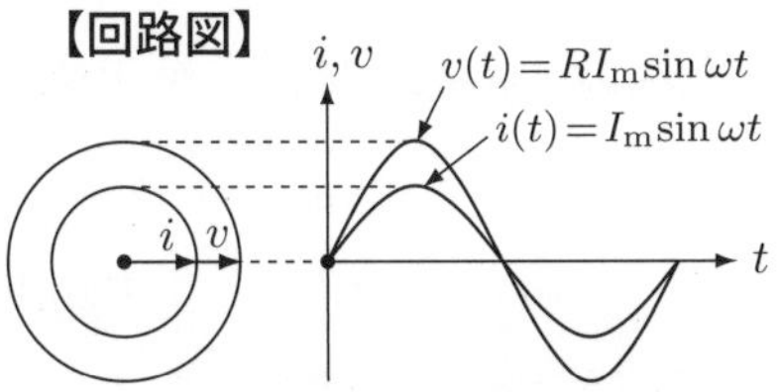

【正弦波交流の波形】

抵抗の電流 $i$ と電圧 $v$ は比例する(**オームの法則**).

【**抵抗の式**】 $\quad v = Ri, \quad i = Gv.$

上式の $R\,[\Omega]$ を**抵抗**，$G = \dfrac{1}{R}\,[\mathrm{S}]$ を**コンダクタンス**という.

**【正弦波交流の場合】**

$i(t) = I_{\mathrm{m}} \sin \omega t$ のとき，$v(t) = Ri(t) = RI_{\mathrm{m}} \sin \omega t.$

したがって，$v(t)$ と $i(t)$ は**同位相**(左図).

### ● コイル(インダクタ)

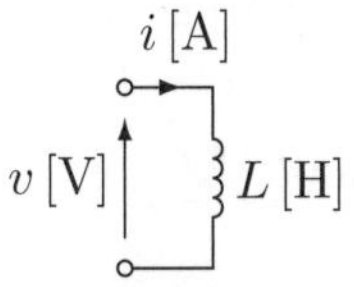

【回路図】　【概形図】

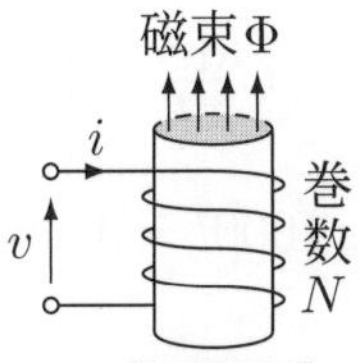

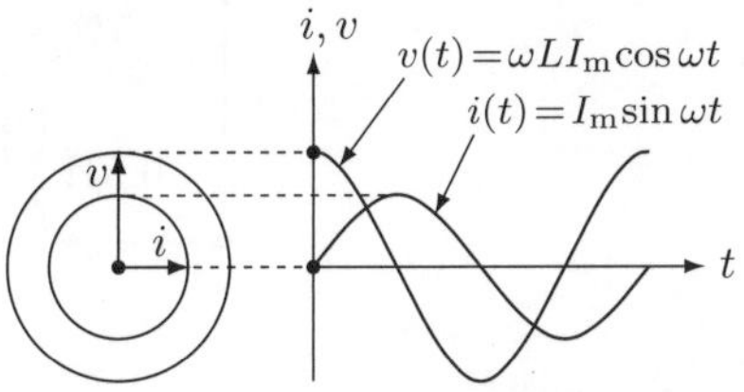

【正弦波交流の波形】

コイルの磁束鎖交数 $N\Phi$ は電流 $i$ に比例. $\rightarrow N\Phi = Li.$

上式の比例定数 $L\,[\overset{\text{ヘンリー}}{\mathrm{H}}]$ を**自己インダクタンス**という.

電磁誘導の法則 $v = \dfrac{\mathrm{d}(N\Phi)}{\mathrm{d}t}$ に上式を代入すれば，

【**コイルの式**】 $\quad v = L\dfrac{\mathrm{d}i}{\mathrm{d}t}.$

**【正弦波交流の場合】**

$i(t) = I_{\mathrm{m}} \sin \omega t$ のとき，$v(t) = L\dfrac{\mathrm{d}}{\mathrm{d}t}(I_{\mathrm{m}} \sin \omega t)$

$= \omega L I_{\mathrm{m}} \cos \omega t = \omega L I_{\mathrm{m}} \sin(\omega t + 90°).$

したがって，$v(t)$ は $i(t)$ より **90°位相が進む**(左図).

**【直流の場合】** $i = $ 一定. $\rightarrow v = L\dfrac{\mathrm{d}i}{\mathrm{d}t} = 0.$ $\rightarrow$ **短絡と同じ**.

### ● コンデンサ(キャパシタ)

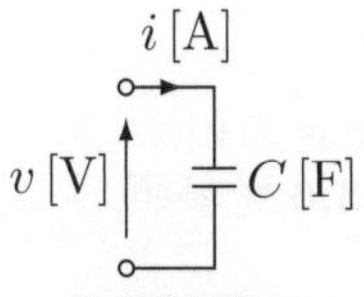

【回路図】　【概形図】

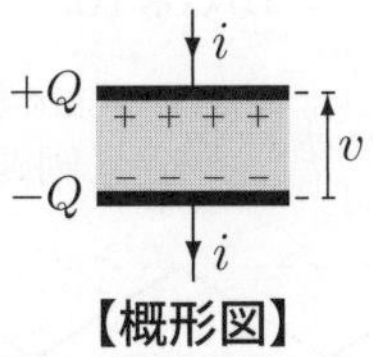

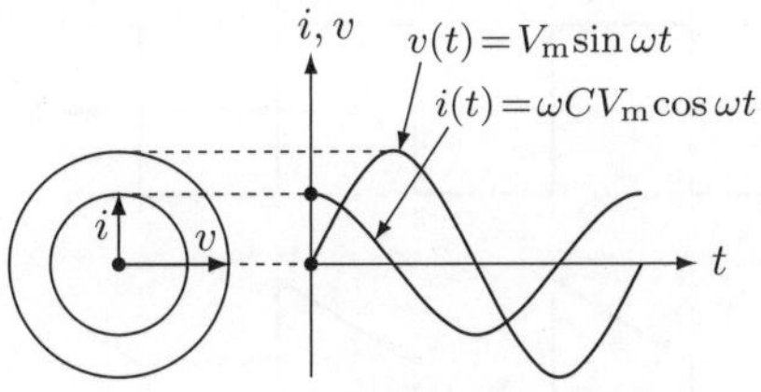

【正弦波交流の波形】

コンデンサの電荷 $Q$ は電圧 $v$ に比例. $\rightarrow Q = Cv.$

上式の比例定数 $C\,[\overset{\text{ファラド}}{\mathrm{F}}]$ を**静電容量**という.

電荷 $Q$ と電流 $i$ の関係式 $i = \dfrac{\mathrm{d}Q}{\mathrm{d}t}$ に上式を代入すれば，

【**コンデンサの式**】 $\quad i = C\dfrac{\mathrm{d}v}{\mathrm{d}t}.$

**【正弦波交流の場合】**

$v(t) = V_{\mathrm{m}} \sin \omega t$ のとき，$i(t) = C\dfrac{\mathrm{d}}{\mathrm{d}t}(V_{\mathrm{m}} \sin \omega t)$

$= \omega C V_{\mathrm{m}} \cos \omega t = \omega C V_{\mathrm{m}} \sin(\omega t + 90°).$

したがって，$v(t)$ は $i(t)$ より **90°位相が遅れる**(左図).

**【直流の場合】** $v = $ 一定. $\rightarrow i = C\dfrac{\mathrm{d}v}{\mathrm{d}t} = 0.$ $\rightarrow$ **開放と同じ**.

**例題 14.1**　$L=10$ [mH] のコイルに下記の電流 $i$ が流れた場合，コイルの電圧 $v$ を求めよ．

(1) 電流 $i$ が 0.1 秒間に 2 [A] の割合で変化した場合．

(2) 直流電流 $i=2$ [A] の場合．

(3) 正弦波電流 $i=2\sin 500t$ [A] の場合．

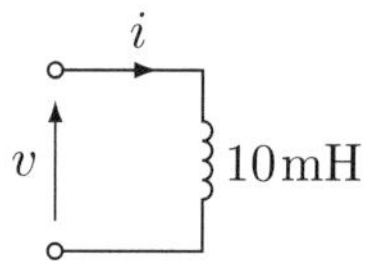


**解答**　$L=10$ [mH] を $L=10\times10^{-3}=0.01$ [H] に直して計算する．

(1) $v=L\dfrac{\Delta i}{\Delta t}=0.01\times\dfrac{2}{0.1}=0.2\,[\mathrm{V}]=200\,[\mathrm{mV}]$.　　(2) $v=L\dfrac{\mathrm{d}i}{\mathrm{d}t}=0.01\times\dfrac{\mathrm{d}}{\mathrm{d}t}2=0.01\times0=0\,[\mathrm{V}]$.

(3) $v=L\dfrac{\mathrm{d}i}{\mathrm{d}t}=0.01\times\dfrac{\mathrm{d}}{\mathrm{d}t}(2\sin 500t)=0.01\times2\times500\cos 500t=10\cos 500t\ [\mathrm{V}]$.

**例題 14.2**　$C=100$ [$\mu$F] のコンデンサに下記の電圧 $v$ を加えた場合，流れる電流 $i$ を求めよ．

(1) 電圧 $v$ が 10 [ms] の間に 3 [V] の割合で変化した場合．

(2) 直流電圧 $v=10$ [V] の場合．

(3) 正弦波電圧 $v=10\sin 1000t$ [V] の場合．

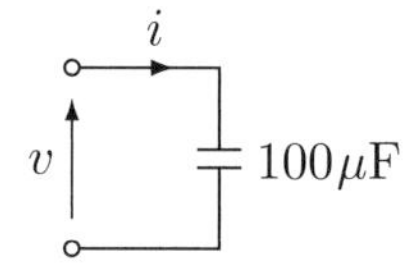


**解答**　$C=100$ [$\mu$F] を $C=100\times10^{-6}=10^{-4}$ [F] に直し，10 [ms] を $10^{-2}$ [s] に直して計算する．

(1) $i=C\dfrac{\Delta v}{\Delta t}=10^{-4}\times\dfrac{3}{10^{-2}}=0.03\,[\mathrm{A}]=30\,[\mathrm{mA}]$.　　(2) $i=C\dfrac{\mathrm{d}v}{\mathrm{d}t}=10^{-4}\times\dfrac{\mathrm{d}}{\mathrm{d}t}10=0\,[\mathrm{A}]$.

(3) $i=C\dfrac{\mathrm{d}v}{\mathrm{d}t}=10^{-4}\times\dfrac{\mathrm{d}}{\mathrm{d}t}(10\sin 1000t)=10^{-4}\times10\times1000\cos 1000t=1\cos 1000t\ [\mathrm{A}]$.

**例題 14.3**　右の RL 直列回路で電流 $i$ が下記の場合，電圧 $v_{\mathrm{R}}, v_{\mathrm{L}}, v$ を求めよ．

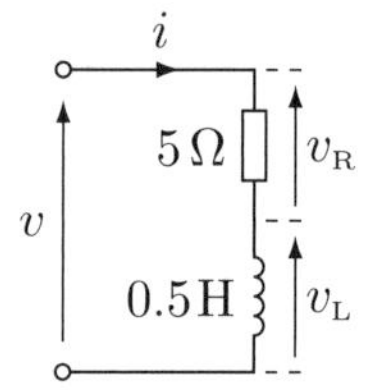


(1) 一次関数 $i=40t+2$ [A].

(2) 正弦波 $i=2\sin 10t$ [A].

(3) 右図の三角波

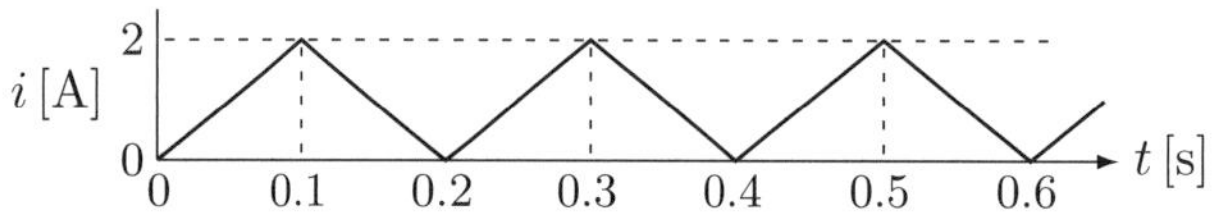


**解答**

(1) $v_{\mathrm{R}}=5(40t+2)=200t+10$ [V].　$v_{\mathrm{L}}=0.5\dfrac{\mathrm{d}}{\mathrm{d}t}(40t+2)=20$ [V].　$v=v_{\mathrm{R}}+v_{\mathrm{L}}=200t+30$ [V].

(2) $v_{\mathrm{R}}=5\times2\sin 10t=10\sin 10t$ [V].　$v_{\mathrm{L}}=0.5\dfrac{\mathrm{d}}{\mathrm{d}t}(2\sin 10t)=10\cos 10t$ [V].

$v=v_{\mathrm{R}}+v_{\mathrm{L}}=10\sin 10t+10\cos 10t=10\sqrt{2}\sin(10t+45^\circ)$ [V].　（sin と cos の和は例題**13.6** を参照.）

(3) $0<t<0.1$ のとき，

$v_{\mathrm{L}}=L\dfrac{\Delta i}{\Delta t}=0.5\times\dfrac{2}{0.1}=10\,[\mathrm{V}]$.

$0.1<t<0.2$ のとき，

$v_{\mathrm{L}}=L\dfrac{\Delta i}{\Delta t}=0.5\times\dfrac{-2}{0.1}=-10\,[\mathrm{V}]$.

以降は，上の 2 式が繰り返され，$v_{\mathrm{R}}, v_{\mathrm{L}}, v$ の波形は右図となる．

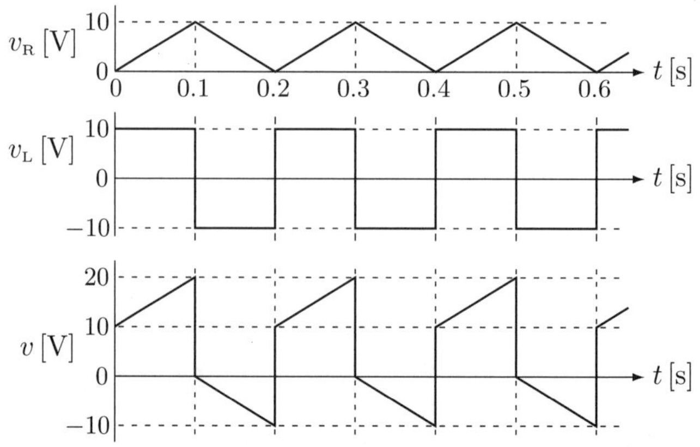

| ドリル No.14 | Class | | No. | | Name | |
|---|---|---|---|---|---|---|

**問題 14.1**　コイルとコンデンサに関する次の諸量を求めよ.

(1) 0.5 [H] のコイルの電流が，0.2 秒間に 1.2 [A] の割合で変化したとき，発生する電圧 $V$.

(答) $V=$　　　　[　　].

(2) 5 [ms] の間に 100 [mA] の割合で電流が変化したとき，2 [V] の電圧を発生するコイルの自己インダクタンス $L$.

(答) $L=$　　　　[　　].

(3) 10 [$\mu$F] のコンデンサの電圧が，0.1 秒間に 10 [V] の割合で変化したとき，流れる電流 $I$.

(答) $I=$　　　　[　　].

(4) 静電容量 2 [$\mu$F], 初期電圧 0 [V] のコンデンサに 1.5 [mA] の電流を 40 [ms] の間流した後のコンデンサの電圧 $V$.

(答) $V=$　　　　[　　].

**問題 14.2**　右の RL 直列回路で電流 $i$ が下記の場合，電圧 $v_R, v_L, v$ を求めよ.

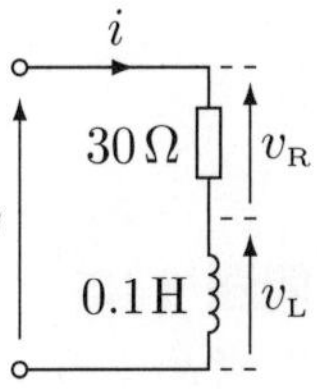


(1) 直流電流 $i = 0.2$ [A].

(答) $v_R=$　　　　[　　].　$v_L=$　　　　[　　].　$v=$　　　　[　　].

(2) 正弦波 $i = 0.1\sin 400t$ [A].

(答) $v_R=$　　　　[　　].　$v_L=$　　　　[　　].　$v=$　　　　[　　].

(3) 右図の台形波

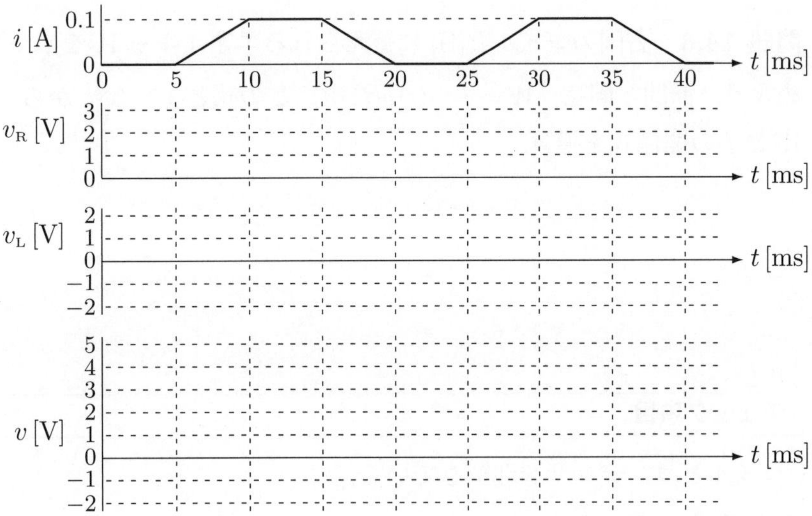

**問題 14.3**　右の RC 並列回路で電圧 $v$ が下記の場合，電流 $i_{\mathrm{R}}$, $i_{\mathrm{C}}$, $i$ を求めよ．

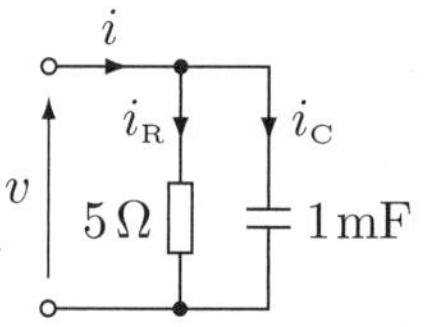


(1) 直流電圧 $v = 20$ [V].

（答）$i_{\mathrm{R}} =$ 　　　　[　　].　$i_{\mathrm{C}} =$ 　　　　[　　].　$i =$ 　　　　[　　].

(2) 正弦波 $v = 10 \sin 200t$ [V].

（答）$i_{\mathrm{R}} =$ 　　　　[　　].　$i_{\mathrm{C}} =$ 　　　　[　　].　$i =$ 　　　　[　　].

**問題 14.4**　右の RLC 直列回路で電圧 $v_{\mathrm{C}} = V_{\mathrm{m}} \sin \omega t$ [V] のとき，以下を求めよ．

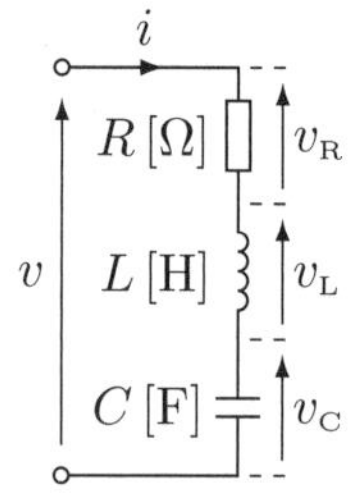


(1) 電流 $i$ と電圧 $v$.

（答）$i =$ 　　　　[　　].　$v =$ 　　　　[　　].

(2) 電流 $i$ と電圧 $v$ が同相のときの角周波数 $\omega$.

（答）$\omega =$ 　　　　[　　].

**問題 14.5**　右図のコンデンサ $C$ [F] に蓄えられるエネルギー $W$ を求めよう．$W$ は，電源電圧 $v(t)$ を 0 から $V$ まで増やしたとき電源が供給したエネルギーに等しいから，供給電力 $p(t) = i(t)v(t)$ を積分して，$W = \displaystyle\int_{t_0}^{t_1} i(t)v(t)\,\mathrm{d}t$．この式と $i = C\dfrac{\mathrm{d}v}{\mathrm{d}t}$ から $W$ と $V$ の関係式を導け．

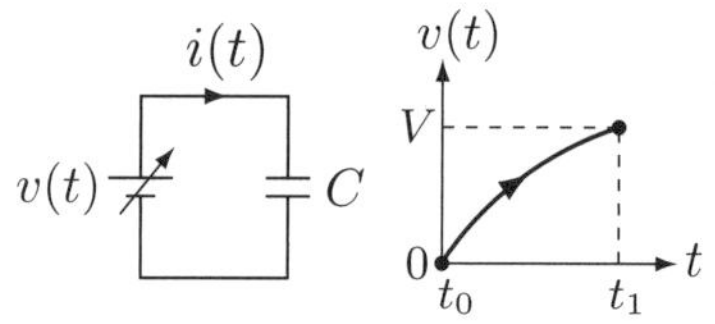


**電圧 $v$ を 0 から $V$ まで増やす**

（答）$W =$ 　　　　[　　].

**問題 14.6**　右図のコイル $L$ [H] に蓄えられるエネルギー $W$ を求めよう．前問と同様，$W = \displaystyle\int_{t_0}^{t_1} i(t)v(t)\,\mathrm{d}t$．この式と $v = L\dfrac{\mathrm{d}i}{\mathrm{d}t}$ から $W$ と $I$ の関係式を導け．

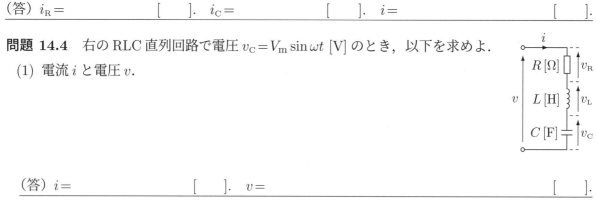

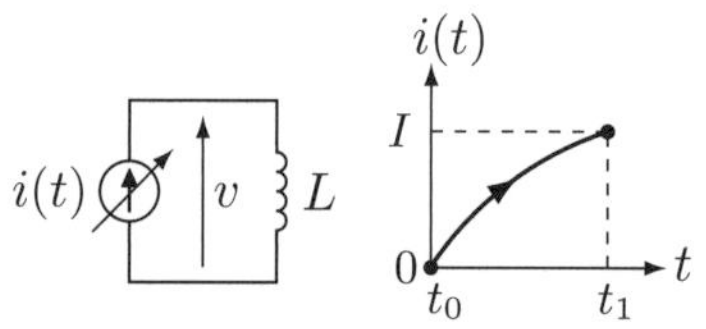


**電流 $i$ を 0 から $I$ まで増やす**

（答）$W =$ 　　　　[　　].

| チェック項目 | 月　日 | 月　日 |
| --- | --- | --- |
| コイルとコンデンサを理解している． | | |

フェーザとインピーダンスを理解している．

## 正弦波の瞬時値とフェーザ

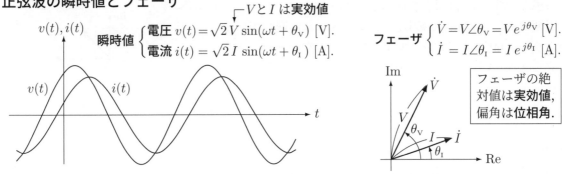

（$V$ と $I$ は**実効値**）

**瞬時値** $\begin{cases} \textbf{電圧}\ v(t)=\sqrt{2}\,V\sin(\omega t+\theta_{\rm V})\ [{\rm V}]. \\ \textbf{電流}\ i(t)=\sqrt{2}\,I\sin(\omega t+\theta_{\rm I})\ [{\rm A}]. \end{cases}$

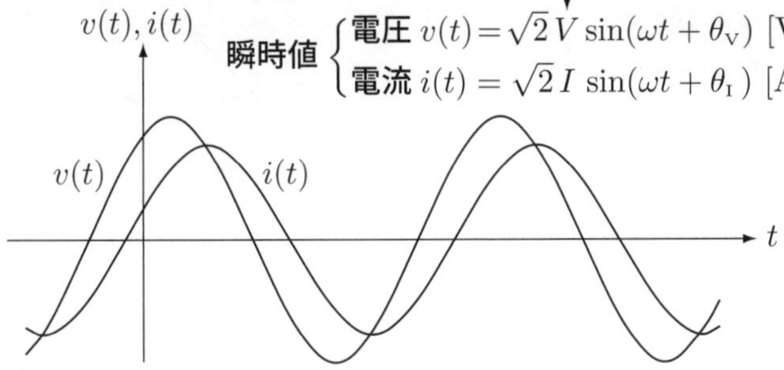


**フェーザ** $\begin{cases} \dot{V}=V\angle\theta_{\rm V}=V e^{j\theta_{\rm V}}\ [{\rm V}]. \\ \dot{I}=I\angle\theta_{\rm I}=I e^{j\theta_{\rm I}}\ [{\rm A}]. \end{cases}$

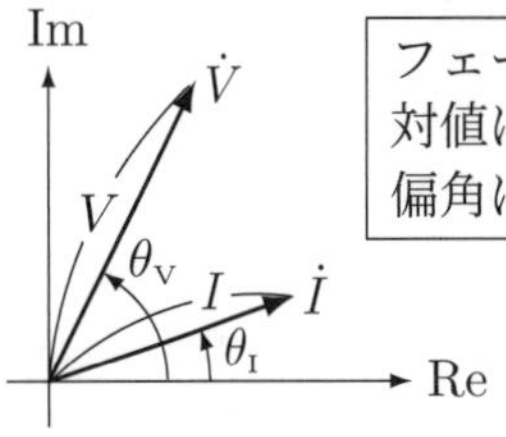


フェーザの絶対値は**実効値**，偏角は**位相角**．

- 瞬時値 $v(t)=\sqrt{2}\,V\sin(\omega t+\theta_{\rm V})\cdots(1)$ を複素化し，$v(t)=\sqrt{2}\,V e^{j(\omega t+\theta_{\rm V})}\cdots(2)$ と置く．(2) は複素平面で中心 0, 半径 $\sqrt{2}\,V$ の円上を回転する点を表し，その虚部が (1) となる．
- $\dot{V}=V\angle\theta_{\rm V}=V e^{j\theta_{\rm V}}$ と置けば，式 (2) は $v(t)=\sqrt{2}\,\dot{V}e^{j\omega t}.\ \cdots(3)$
- 同様に，$\dot{I}=I\angle\theta_{\rm I}=I\,e^{j\theta_{\rm I}}$ と置けば，$i(t)=\sqrt{2}\,\dot{I}\,e^{j\omega t}.\ \cdots(4)$

} $\dot{V}$ と $\dot{I}$ を**フェーザ**という．

## 抵抗・コイル・コンデンサのインピーダンス $\dot{Z}=\dfrac{\dot{V}}{\dot{I}}\,[\Omega]$

- **抵抗**　$v=Ri$ に (3),(4) を代入して，

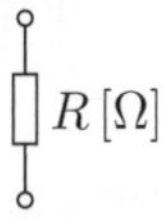


$$\sqrt{2}\,\dot{V}e^{j\omega t}=R\sqrt{2}\,\dot{I}\,e^{j\omega t}.$$

$\rightarrow$ $\boxed{\dot{V}=R\dot{I}}$ $\rightarrow$ $\boxed{\dot{Z}=R\,[\Omega]}$

【$\dot{V}$ は $\dot{I}$ と同位相】

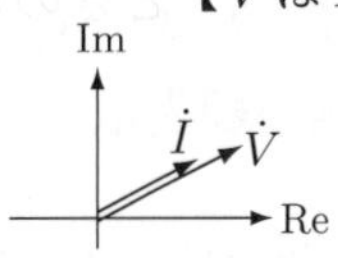


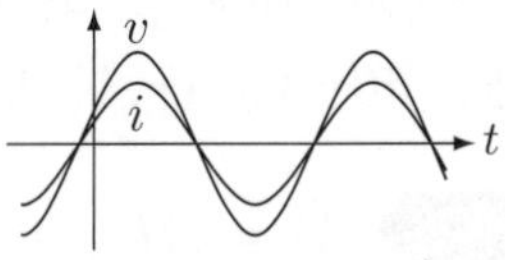


- **コイル**　$v=L\dfrac{{\rm d}i}{{\rm d}t}$ に (3),(4) を代入して，

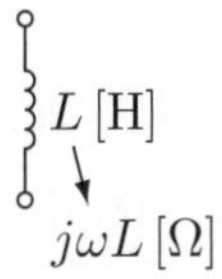


$$\sqrt{2}\,\dot{V}e^{j\omega t}=L\frac{\rm d}{{\rm d}t}\left(\sqrt{2}\,\dot{I}e^{j\omega t}\right)=j\omega L\sqrt{2}\,\dot{I}e^{j\omega t}.$$

$\rightarrow$ $\boxed{\dot{V}=j\omega L\,\dot{I}}$ $\rightarrow$ $\boxed{\dot{Z}=j\omega L\,[\Omega]}$

（$j$ 倍は $+90^\circ$ 回転）

【$\dot{V}$ は $\dot{I}$ より $90^\circ$ 進み】

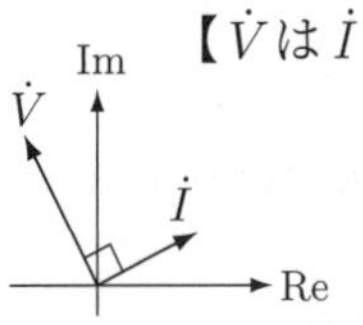


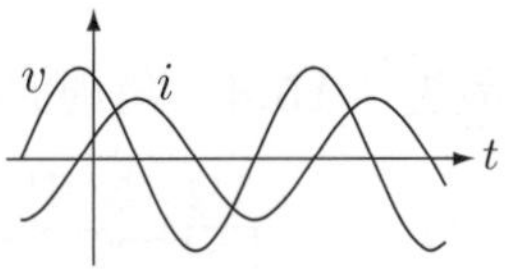


- **コンデンサ**　$i=C\dfrac{{\rm d}v}{{\rm d}t}$ に (3),(4) を代入して，

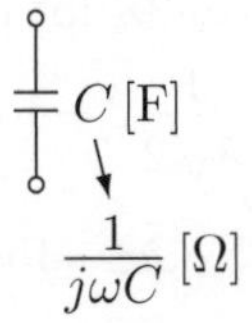


$$\sqrt{2}\,\dot{I}e^{j\omega t}=C\frac{\rm d}{{\rm d}t}\left(\sqrt{2}\,\dot{V}e^{j\omega t}\right)=j\omega C\sqrt{2}\,\dot{V}e^{j\omega t}.$$

$\rightarrow$ $\boxed{\dot{V}=\dfrac{1}{j\omega C}\,\dot{I}}$ $\rightarrow$ $\boxed{\dot{Z}=\dfrac{1}{j\omega C}\,[\Omega]}$

（$\dfrac{1}{j}$ 倍は $-90^\circ$ 回転）

【$\dot{V}$ は $\dot{I}$ より $90^\circ$ 遅れ】

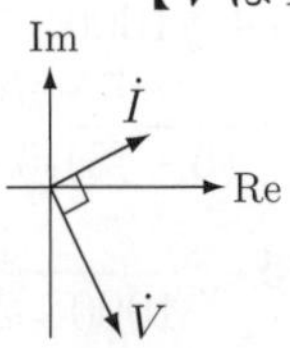


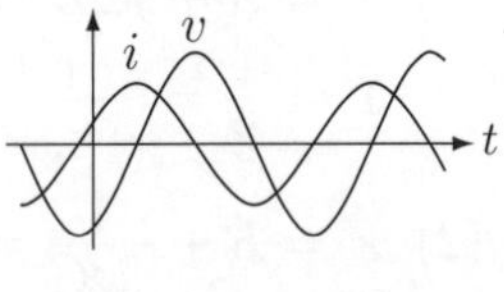


## インピーダンス $\dot{Z}$ とアドミタンス $\dot{Y}$

- **インピーダンス** $\dot{Z}=\dfrac{\dot{V}}{\dot{I}}\,[\Omega]$.
- **アドミタンス** $\dot{Y}=\dfrac{\dot{I}}{\dot{V}}\,[{\rm S}]$.
- $\dot{V}=\dot{Z}\dot{I}$，$\dot{I}=\dot{Y}\dot{V}$，$\dot{Y}=\dfrac{1}{\dot{Z}}$，$\dot{Z}=\dfrac{1}{\dot{Y}}$.

| | インピーダンス $\dot{Z}$ | アドミタンス $\dot{Y}$ |
|---|---|---|
| 抵　抗 $R\,[\Omega]$ | $R\ \ [\Omega]$ | $\dfrac{1}{R}\ \ [{\rm S}]$ |
| コ イ ル $L\,[{\rm H}]$ | $j\omega L\ [\Omega]$ | $\dfrac{1}{j\omega L}\ [{\rm S}]$ |
| コンデンサ $C\,[{\rm F}]$ | $\dfrac{1}{j\omega C}\ [\Omega]$ | $j\omega C\ [{\rm S}]$ |

- フェーザ $\dot{V},\dot{I},\dot{Z}$ に関して，キルヒホッフの法則などの諸法則が成り立つ．
- 直列結合では各インピーダンスが加算され，並列結合では各アドミタンスが加算される．

**例題 15.1**　右図の正弦波 $v_1, v_2, v_3$ の実効値 $V_1, V_2, V_3$，位相角 $\theta_1, \theta_2, \theta_3$，フェーザ $\dot{V}_1, \dot{V}_2, \dot{V}_3$ を求め，複素平面上にフェーザ $\dot{V}_1, \dot{V}_2, \dot{V}_3$ を描け．

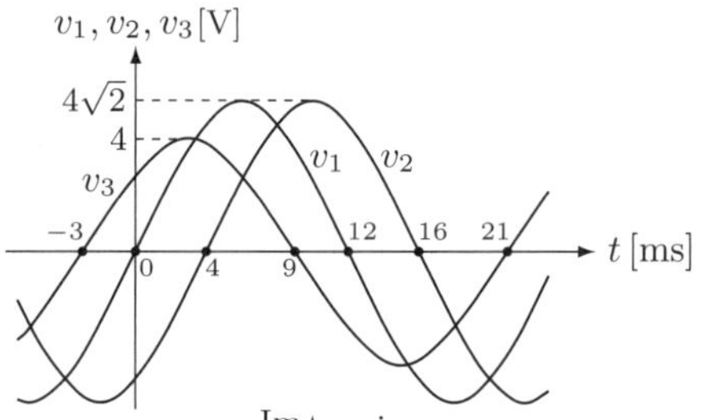


**解答**　実効値＝最大値 $\div\sqrt{2}$ だから，$V_1 = V_2 = 4\,[\mathrm{V}]$，$V_3 = 2\sqrt{2}\,[\mathrm{V}]$．$v_1$ は原点を通るから $\theta_1 = 0°$．
半周期$(180°) = 12\,\mathrm{ms}$ であり，$v_2$ は $4\,\mathrm{ms} = 60°$ 遅れているから $\theta_2 = -60°$．$v_3$ は $3\,\mathrm{ms} = 45°$ 進んでいるから $\theta_3 = 45°$．
$\therefore\ \dot{V}_1 = 4\angle 0°\,[\mathrm{V}]$．$\dot{V}_2 = 4\angle -60°\,[\mathrm{V}]$．$\dot{V}_3 = 2\sqrt{2}\angle 45°\,[\mathrm{V}]$．
$\left(\begin{array}{l}\dot{V}_1 = 4\,e^{j0°}\,[\mathrm{V}],\ \dot{V}_2 = 4\,e^{-j60°}\,[\mathrm{V}],\ \dot{V}_3 = 2\sqrt{2}\,e^{j45°}\,[\mathrm{V}]\ \text{でもよいし，} \\ \dot{V}_1 = 4 + j0\,[\mathrm{V}],\ \dot{V}_2 = 2 - j2\sqrt{3}\,[\mathrm{V}],\ \dot{V}_3 = 2 + j2\,[\mathrm{V}]\ \text{でもよい．}\end{array}\right)$

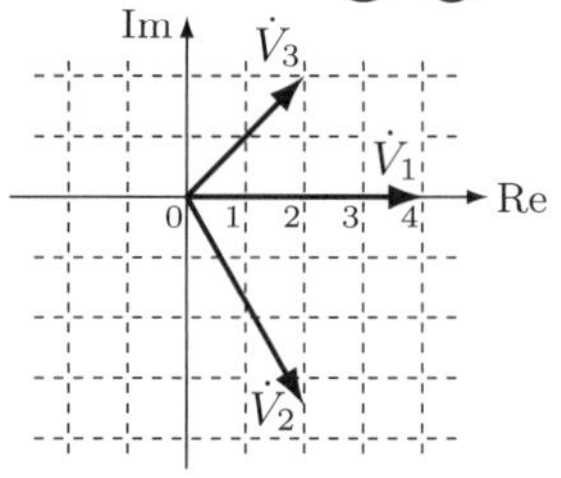


**例題 15.2**　フェーザ $\dot{I}_1 = I_1\angle 0°$ と $\dot{I}_2 = I_2\angle\theta$ の和 $\dot{I} = \dot{I}_1 + \dot{I}_2$ の実効値 $I$ と位相角 $\phi$ を求めよ．次に，$\dot{I}_1 = I_0\angle 0°$, $\dot{I}_2 = I_0\angle 60°$ の場合の $\dot{I} = \dot{I}_1 + \dot{I}_2$ を求めよ．

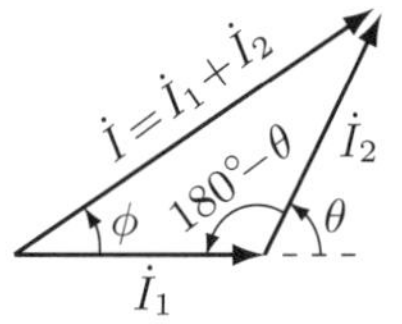


**解答**　右図の $\dot{I}_1, \dot{I}_2, \dot{I}$ が作る三角形に余弦定理を適用して，
$I^2 = {I_1}^2 + {I_2}^2 - 2I_1I_2\cos(180° - \theta) = {I_1}^2 + {I_2}^2 + 2I_1I_2\cos\theta$．　$\therefore\ I = \sqrt{{I_1}^2 + {I_2}^2 + 2I_1I_2\cos\theta}$．
$\phi = \tan^{-1}\dfrac{\mathrm{Im}(\dot{I})}{\mathrm{Re}(\dot{I})} = \tan^{-1}\dfrac{I_2\sin\theta}{I_1 + I_2\cos\theta}$．　$\dot{I}_1 = I_0\angle 0°$, $\dot{I}_2 = I_0\angle 60°$ の場合，$I = \sqrt{I_0^2 + I_0^2 + 2I_0^2\cos 60°}$
$= I_0\sqrt{3}$．$\phi = \tan^{-1}\dfrac{I_0\sin 60°}{I_0 + I_0\cos 60°} = \tan^{-1}\dfrac{1}{\sqrt{3}} = 30°$．　$\therefore\ \dot{I} = I_0\sqrt{3}\angle 30°$．（問題**13.4**の答と比較せよ）

**例題 15.3**　右の各回路で，角周波数 $\omega = 1000\,[\mathrm{rad/s}]$，電流 $\dot{I} = 2\angle 30°[\mathrm{A}]$ のとき，電圧 $\dot{V}_\mathrm{R}, \dot{V}_\mathrm{L}, \dot{V}_\mathrm{C}$ を極座標表示せよ．

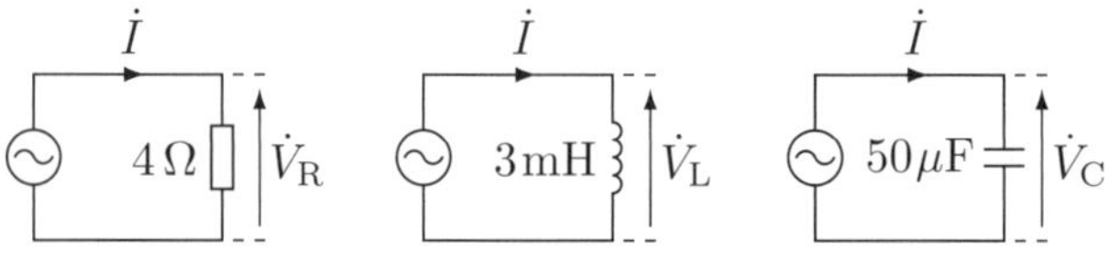


**解答**　$\dot{V}_\mathrm{R} = R\dot{I} = 4\times 2\,e^{j30°} = 8\,e^{j30°} = 8\angle 30°\,[\mathrm{V}]$．　$j = e^{j90°}$ ゆえ，$\dot{V}_\mathrm{L} = j\omega L\dot{I} = e^{j90°}\times 6\,e^{j30°}$
$= 6\,e^{j120°} = 6\angle 120°\,[\mathrm{V}]$．　$\dot{V}_\mathrm{C} = \dfrac{\dot{I}}{j\omega C} = \dfrac{2\,e^{j30°}}{e^{j90°}\times 1000\times 50\times 10^{-6}} = 40\,e^{-j60°} = 40\angle -60°\,[\mathrm{V}]$．

**例題 15.4**　角周波数 $1000\,[\mathrm{rad/s}]$ のとき，次のインピーダンス $\dot{Z}$ とアドミタンス $\dot{Y}$ を求めよ．

(1) 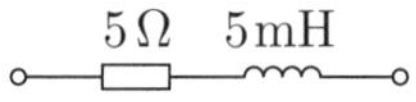

(2) 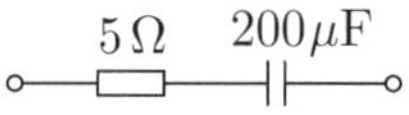

(3) 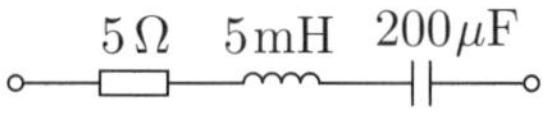


**解答**　直列結合のインピーダンス $\dot{Z}$ は，各素子のインピーダンスの和になる．$\dfrac{1}{j} = -j$ を使う．

(1) $\dot{Z} = R + j\omega L = 5 + j1000\times 5\times 10^{-3} = 5 + j5\,[\Omega]$．または $\dot{Z} = 5\sqrt{2}\,e^{j45°} = 5\sqrt{2}\angle 45°\,[\Omega]$．
$\dot{Y} = \dfrac{1}{\dot{Z}} = \dfrac{1}{5 + j5} = \dfrac{5 - j5}{(5 + j5)(5 - j5)} = 0.1 - j0.1\,[\mathrm{S}]$．または $\dot{Y} = \dfrac{1}{5\sqrt{2}\,e^{j45°}} = \dfrac{1}{5\sqrt{2}}\angle -45°\,[\mathrm{S}]$．

(2) $\dot{Z} = R + \dfrac{1}{j\omega C} = 5 - j\dfrac{1}{1000\times 2\times 10^{-4}} = 5 - j5\,[\Omega]$．または $\dot{Z} = 5\sqrt{2}\,e^{-j45°} = 5\sqrt{2}\angle -45°\,[\Omega]$．
$\dot{Y} = \dfrac{1}{\dot{Z}} = \dfrac{1}{5 - j5} = \dfrac{5 + j5}{(5 - j5)(5 + j5)} = 0.1 + j0.1\,[\mathrm{S}]$．または $\dot{Y} = \dfrac{1}{5\sqrt{2}\,e^{-j45°}} = \dfrac{1}{5\sqrt{2}}\angle 45°\,[\mathrm{S}]$．

(3) $\dot{Z} = R + j\omega L + \dfrac{1}{j\omega C} = 5 + j5 - j5 = 5 + j0\,[\Omega]$．または $\dot{Z} = 5\angle 0°\,[\Omega]$．$\dot{Y} = \dfrac{1}{\dot{Z}} = 0.2 + j0\,[\mathrm{S}]$．
または $\dot{Y} = 0.2\angle 0°\,[\mathrm{S}]$．

**例題 15.5**　RL 直列回路で，角周波数 $\omega = 100\,[\mathrm{rad/s}]$，電流 $\dot{I} = 3\angle 20°\,[\mathrm{A}]$，電圧 $\dot{V} = 60\angle 50°\,[\mathrm{V}]$ のとき，インピーダンス $\dot{Z}$，抵抗 $R$，自己インダクタンス $L$ を求めよ．

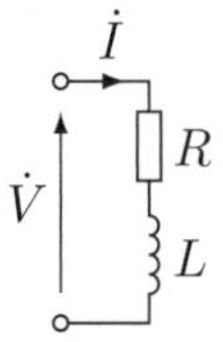


**解答**　$\dot{Z} = \dfrac{\dot{V}}{\dot{I}} = \dfrac{60\,e^{j50°}}{3\,e^{j20°}} = 20\,e^{j30°} = 10\sqrt{3} + j10\,[\Omega]$．
$\dot{Z} = R + j\omega L$ より，$R = 10\sqrt{3}\,[\Omega]$．$\omega L = 10. \rightarrow L = 0.1\,[\mathrm{H}]$．

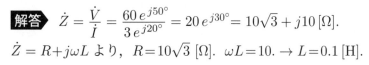

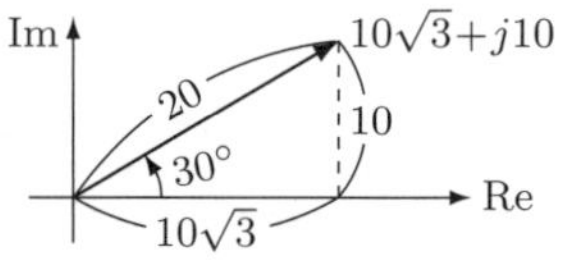

| ドリル No.15 | Class | | No. | | Name | |
|---|---|---|---|---|---|---|

**問題 15.1**　下図の正弦波 $v_1, v_2, v_3$ のフェーザ $\dot{V}_1, \dot{V}_2, \dot{V}_3$ を求め，複素平面上に記入せよ．

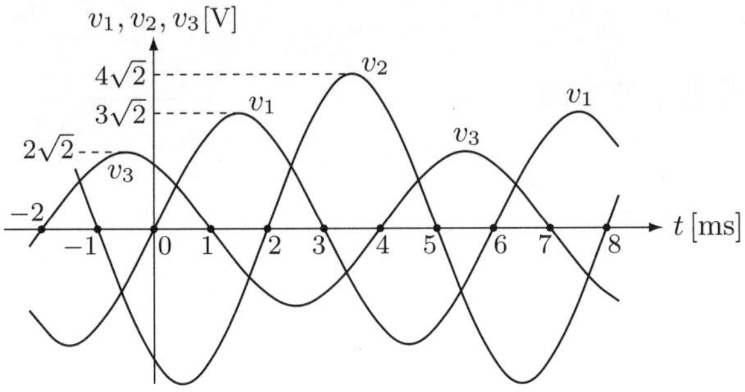


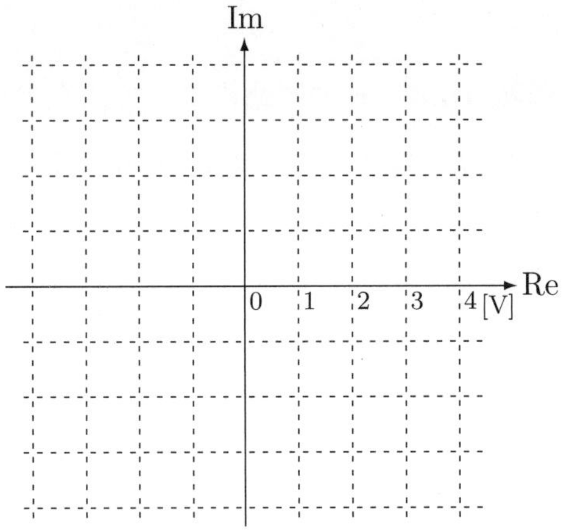


（答）$\dot{V}_1 =$　　　$\angle$　　　[　　]．　$\dot{V}_2 =$　　　$\angle$　　　[　　]．　$\dot{V}_3 =$　　　$\angle$　　　[　　]．

**問題 15.2**　角周波数 $\omega = 500$ [rad/s] のとき，次の直列回路のインピーダンス $\dot{Z}$ とアドミタンス $\dot{Y}$ を求め，極座標表示せよ．

(1)

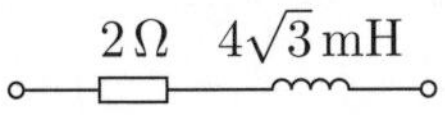


（答）$\dot{Z} =$　　　$\angle$　　　[　　]．　$\dot{Y} =$　　　$\angle$　　　[　　]．

(2)

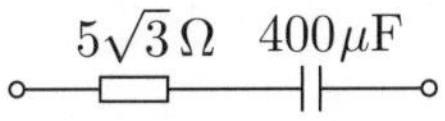


（答）$\dot{Z} =$　　　$\angle$　　　[　　]．　$\dot{Y} =$　　　$\angle$　　　[　　]．

(3)

（答）$\dot{Z} =$　　　$\angle$　　　[　　]．　$\dot{Y} =$　　　$\angle$　　　[　　]．

**問題 15.3**　角周波数 $\omega = 500$ [rad/s] のとき，次の並列回路のインピーダンス $\dot{Z}$ とアドミタンス $\dot{Y}$ を求め，極座標表示せよ．

(1)

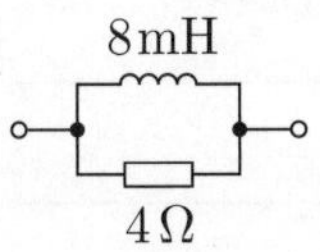


（答）$\dot{Z} =$　　　$\angle$　　　[　　]．　$\dot{Y} =$　　　$\angle$　　　[　　]．

(2)

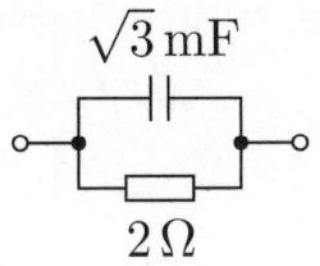


（答）$\dot{Z} =$　　　$\angle$　　　[　　]．　$\dot{Y} =$　　　$\angle$　　　[　　]．

**問題 15.4**　直列 RLC 回路の $R, L, C$ の電圧の実効値が $V_{\mathrm{R}} = 4$ [V], $V_{\mathrm{L}} = 7$ [V], $V_{\mathrm{C}} = 10$ [V] であるとき，全体の電圧の実効値 $V$ を求めよ．

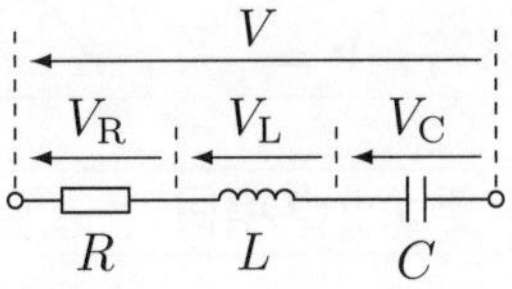


（答）$V =$　　　[　　]．

**問題 15.5**　直列 RL 回路で，全体の電圧が 10 [V], $R$ の電圧が 6 [V] のとき，$L$ の電圧 $V_{\mathrm{L}}$ を求めよ．

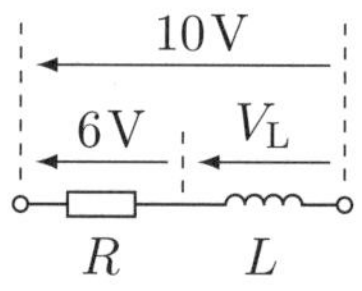


（答）$V_{\mathrm{L}}=$　　　　[　].

**問題 15.6**　右の回路について，次の値を極座標表示で求めよ．

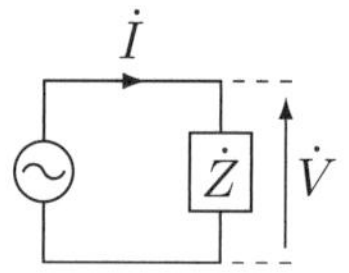


(1) $\dot{I}=2\angle 30°$[A]，$\dot{Z}=10\angle 60°$[Ω] のときの $\dot{V}$.

（答）$\dot{V}=$　　　$\angle$　　　[　].

(2) $\dot{I}=2+j1$ [A]，$\dot{Z}=3+j1$ [Ω] のときの $\dot{V}$.

（答）$\dot{V}=$　　　$\angle$　　　[　].

(3) $\dot{V}=20\angle 30°$[V]，$\dot{Z}=5\angle 40°$[Ω] のときの $\dot{I}$.

（答）$\dot{I}=$　　　$\angle$　　　[　].

(4) $\dot{V}=2+j2$ [V]，$\dot{Z}=\sqrt{3}+j1$ [Ω] のときの $\dot{I}$.

（答）$\dot{I}=$　　　$\angle$　　　[　].

**問題 15.7**　角周波数 $\omega=10^5$ [rad/s] の RC 並列回路のインピーダンスが $\dot{Z}=1-j3$ [Ω] のとき，$R$ と $C$ の値を求めよ．

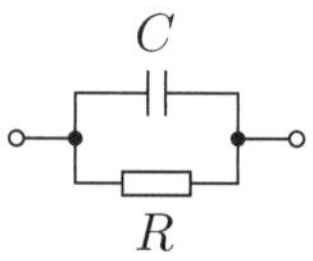


（答）$R=$　　　　[　　].　$C=$　　　　　[　　].

**問題 15.8**　右の RC 直列回路の電圧 $v(t)$ と電流 $i(t)$ の波形から，角周波数 $\omega$，フェーザ $\dot{V}$, $\dot{I}$，インピーダンス $\dot{Z}$, および $R$ と $C$ の値を求めよ．

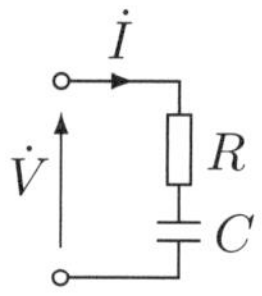


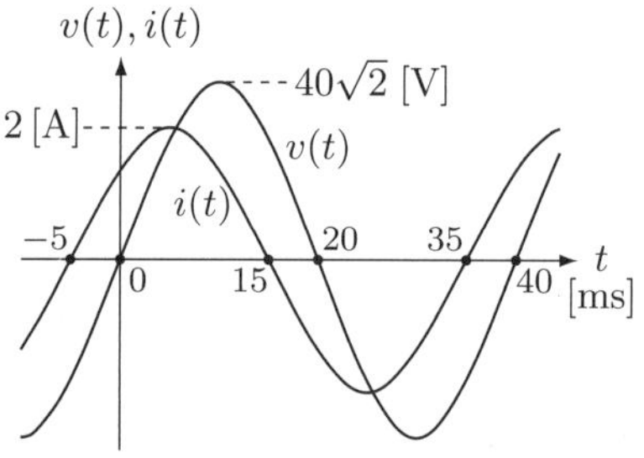


（答）$\omega=$　　　　　[　　].　$\dot{V}=$　　　$\angle$　　　[　].　$\dot{I}=$　　　$\angle$　　　[　].

$\dot{Z}=$　　　$\angle$　　　[　].　$R=$　　　　[　].　$C=$　　　　　[　].

**問題 15.9**　インピーダンス $\dot{Z}=5+j5$ [Ω] の負荷に瞬時電圧 $v(t)=20\sin\omega t$ [V] を印加したとき，電圧と電流のフェーザ $\dot{V}$, $\dot{I}$，および瞬時電流 $i(t)$ を求めよ．

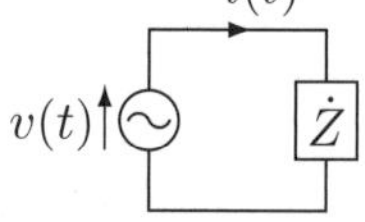


（答）$\dot{V}=$　　　$\angle$　　　[　].　$\dot{I}=$　　　$\angle$　　　[　].　$i(t)=$　　　　sin　　　　　[　].

| チェック項目 | 月　日 | 月　日 |
|---|---|---|
| フェーザとインピーダンスを理解している． | | |

RL 直列回路と RC 直列回路の計算ができる．

### RL 直列回路

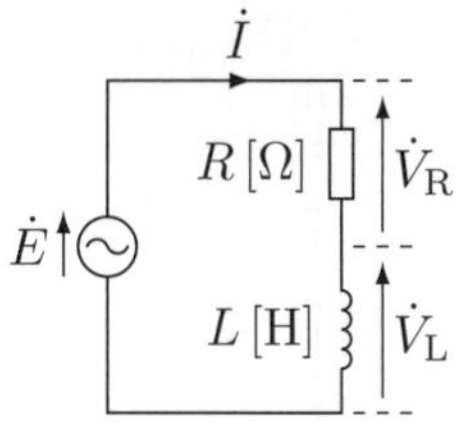


- 左の図で，$\dot{E} = \dot{V}_{\mathrm{R}} + \dot{V}_{\mathrm{L}} = R\dot{I} + j\omega L\dot{I} = (R + j\omega L)\,\dot{I}$.
  → RL 直列のインピーダンス $\dot{Z} = R + j\omega L\ [\Omega]$.
- $\dot{Z} = Ze^{j\phi}$ と置けば，$Z = |\dot{Z}| = \sqrt{R^2 + (\omega L)^2}$，$\phi = \tan^{-1}\dfrac{\omega L}{R} > 0$.
- $\dot{I} = Ie^{j\theta}$ と置けば，$\dot{E} = \dot{Z}\dot{I} = Ze^{j\phi} \times Ie^{j\theta} = ZI\,e^{j(\theta+\phi)}$.
  → $\dot{E}$ は $\dot{I}$ より $\phi$ だけ位相が進む（**誘導性**という）.
  （$\dot{E}$ を基準にみれば，$\dot{I}$ の位相が $\phi$ だけ遅れる）

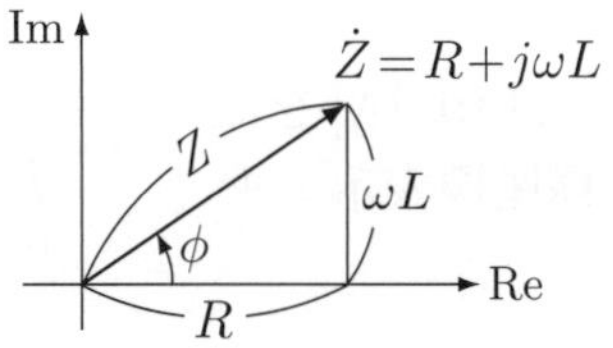


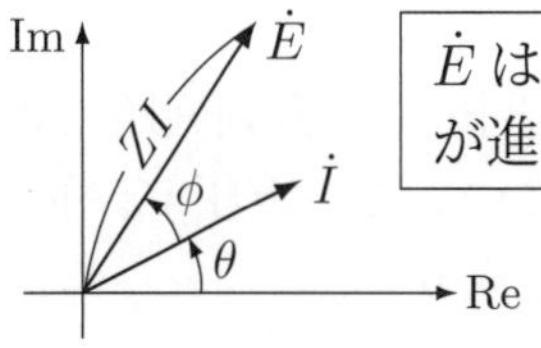


$\dot{E}$ は $\dot{I}$ より位相が進む.（**誘導性**）

### RC 直列回路

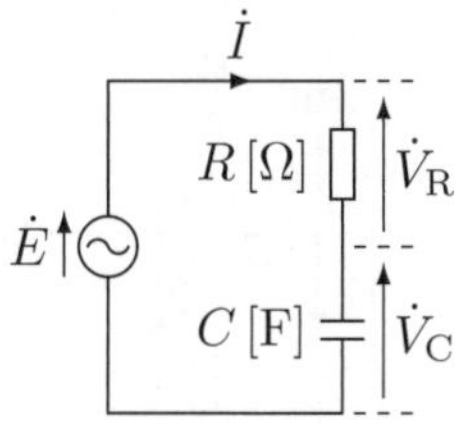


- 左の図で，$\dot{E} = \dot{V}_{\mathrm{R}} + \dot{V}_{\mathrm{C}} = R\dot{I} + \dfrac{1}{j\omega C}\dot{I} = \left(R + \dfrac{1}{j\omega C}\right)\dot{I}$.
  → RC 直列のインピーダンス $\dot{Z} = R + \dfrac{1}{j\omega C} = R - j\dfrac{1}{\omega C}\ [\Omega]$.
- $\dot{Z} = Ze^{j\phi}$ と置けば，$Z = \sqrt{R^2 + \left(\dfrac{1}{\omega C}\right)^2}$，$\phi = -\tan^{-1}\dfrac{1}{\omega CR} < 0$.
  → $\dot{E}$ は $\dot{I}$ より $|\phi|$ だけ位相が遅れる（**容量性**という）.
  （$\dot{E}$ を基準にみれば，$\dot{I}$ の位相が $|\phi|$ だけ進む）

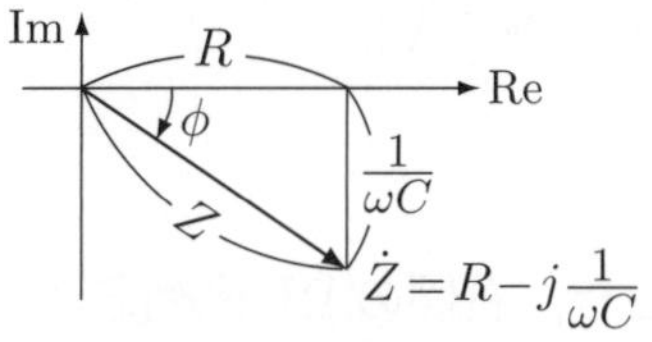


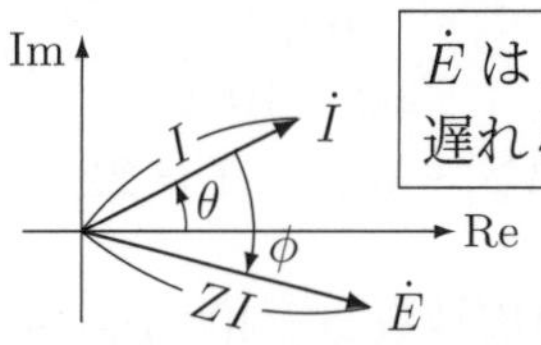


$\dot{E}$ は $\dot{I}$ より位相が遅れる.（**容量性**）

**【注意】** フェーザの位相角は，時刻 $t$ の原点の選び方に依存する．通常，電源電圧の瞬時値 $e(t)$ または電源電流の瞬時値 $i(t)$ が上向きに $t$ 軸と交差する点（0 〜→ $t$）を $t$ の原点に選んで，$\dot{E}$ または $\dot{I}$ の位相角を $0°$ にする．なお，$\dot{Z}$ と $\dot{Y}$ の偏角は，$t$ の原点の選び方に依存しない．

### リアクタンス $X$ とサセプタンス $B$

- インピーダンス $\dot{Z}\,[\Omega]$ を実部 $R$ と虚部 $X$ に分け，$\dot{Z} = R + jX$ と書くとき，実部 $R\,[\Omega]$ を**抵抗**，虚部 $X\,[\Omega]$ を**リアクタンス**という．
  コイルのリアクタンスは $X = \omega L\,[\Omega]$，コンデンサのリアクタンスは $X = -\dfrac{1}{\omega C}\,[\Omega]$.
- リアクタンス $X > 0$ のとき，$\dot{E}$ は $\dot{I}$ より進み位相（誘導性）.
  リアクタンス $X < 0$ のとき，$\dot{E}$ は $\dot{I}$ より遅れ位相（容量性）.
- アドミタンス $\dot{Y}\,[\mathrm{S}]$ を実部 $G$ と虚部 $B$ に分け，$\dot{Y} = G + jB$ と書くとき，実部 $G\,[\mathrm{S}]$ を**コンダクタンス**，虚部 $B\,[\mathrm{S}]$ を**サセプタンス**という．

**例題** **16.1**　右図の RL 直列回路に電流 $\dot{I}=0.1\angle 0°$ [A] を流した．次の場合について，電圧 $\dot{V}_R$, $\dot{V}_L$, $\dot{V}$ の極座標表示を求め，複素平面に記入せよ．

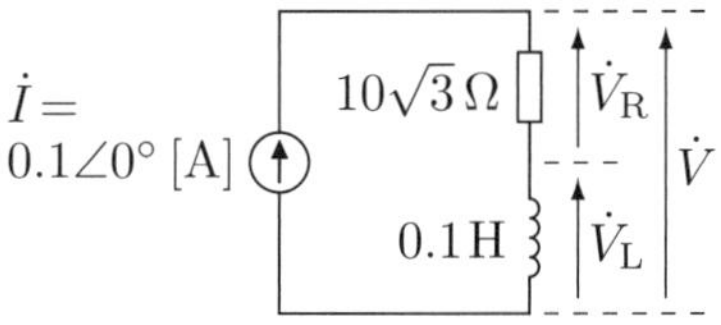


(1) 角周波数 $\omega=100$ [rad/s].　　(2) 角周波数 $\omega=300$ [rad/s].

**解答**

(1) $\dot{V}_R = R\dot{I} = 10\sqrt{3}\times 0.1 = \sqrt{3}\angle 0°$ [V].

$\dot{V}_L = j\omega L\dot{I} = j100\times 0.1\times 0.1 = j1 = 1\angle 90°$ [V].

$\dot{V} = \dot{V}_R + \dot{V}_L = \sqrt{3}+j1 = 2\angle 30°$ [V].

(2) $\dot{V}_R = R\dot{I} = 10\sqrt{3}\times 0.1 = \sqrt{3}\angle 0°$ [V].

$\dot{V}_L = j\omega L\dot{I} = j300\times 0.1\times 0.1 = j3 = 3\angle 90°$ [V].

$\dot{V} = \dot{V}_R + \dot{V}_L = \sqrt{3}+j3 = 2\sqrt{3}\angle 60°$ [V].

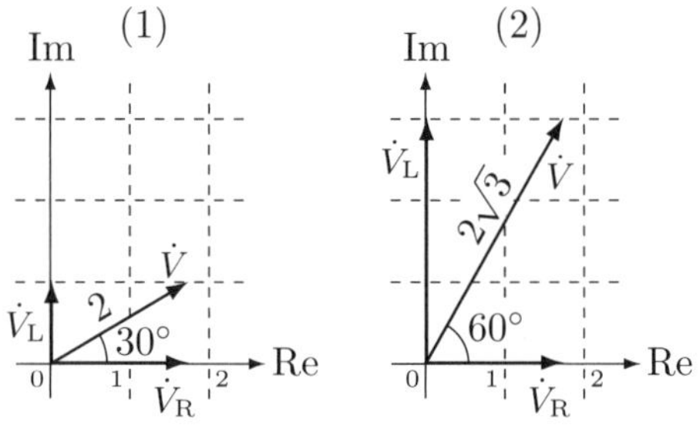


**例題** **16.2**　右図の RC 直列回路に電流 $\dot{I}=0.3\angle 0°$ [A] を流した．次の場合について，電圧 $\dot{V}_R$, $\dot{V}_C$, $\dot{V}$ の極座標表示を求め，複素平面に記入せよ．

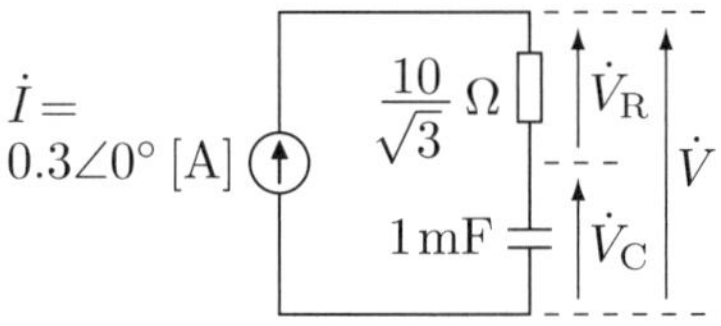


(1) 角周波数 $\omega=100$ [rad/s].　　(2) 角周波数 $\omega=300$ [rad/s].

**解答**

(1) $\dot{V}_R = R\dot{I} = \dfrac{10}{\sqrt{3}}\times 0.3 = \sqrt{3}\angle 0°$ [V].

$\dot{V}_C = \dfrac{\dot{I}}{j\omega C} = \dfrac{0.3}{j100\times 10^{-3}} = -j3 = 3\angle -90°$ [V].

$\dot{V} = \dot{V}_R + \dot{V}_C = \sqrt{3}-j3 = 2\sqrt{3}\angle -60°$ [V].

(2) $\dot{V}_R = R\dot{I} = \dfrac{10}{\sqrt{3}}\times 0.3 = \sqrt{3}\angle 0°$ [V].

$\dot{V}_C = \dfrac{\dot{I}}{j\omega C} = \dfrac{0.3}{j300\times 10^{-3}} = -j1 = 1\angle -90°$ [V].

$\dot{V} = \dot{V}_R + \dot{V}_C = \sqrt{3}-j1 = 2\angle -30°$ [V].

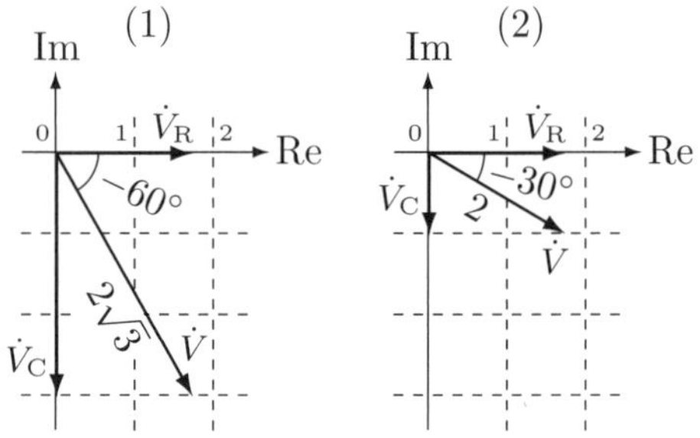


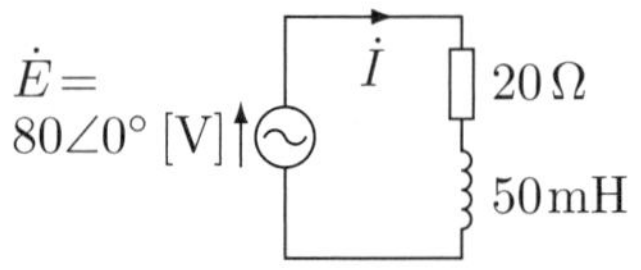


**例題** **16.3**　角周波数 $\omega=400$ [rad/s] のとき，右図の RL 直列回路のインピーダンス $\dot{Z}$，電流 $\dot{I}$ とその実効値 $I$ を求めよ．

**解答**　$\dot{Z} = R + j\omega L = 20 + j400\times 0.05 = 20 + j20 = 20\sqrt{2}\angle 45°$ [Ω].

$\dot{I} = \dfrac{\dot{E}}{\dot{Z}} = \dfrac{80\,e^{j0°}}{20\sqrt{2}\,e^{j45°}} = 2\sqrt{2}\,e^{-j45°} = 2\sqrt{2}\angle -45°$[A].　$I = |\dot{I}| = 2\sqrt{2}$ [A].

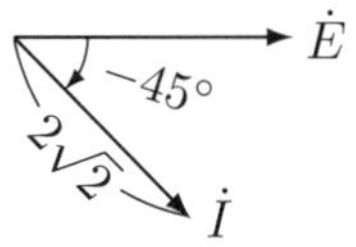


**例題** **16.4**　角周波数 $\omega=1000$ [rad/s] のとき，右の回路の電流 $\dot{I}$，電圧 $\dot{V}$ とその実効値 $V$ を求め，フェーザ $\dot{E}, \dot{V}, \dot{I}$ を図示せよ．

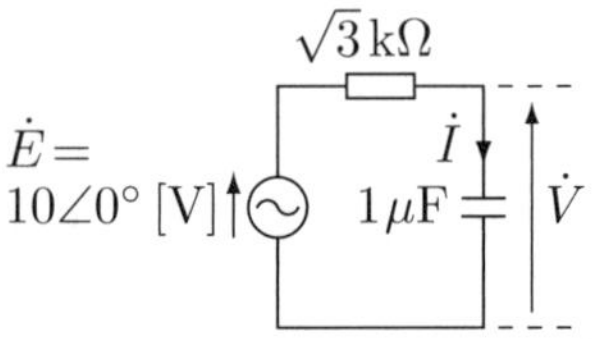


**解答**　$\dot{I} = \dfrac{\dot{E}}{R+\dfrac{1}{j\omega C}} = \dfrac{10}{1000\sqrt{3} - j\dfrac{1}{10^3\times 10^{-6}}} = \dfrac{0.01}{\sqrt{3}-j1}$

$= \dfrac{0.01}{2\,e^{-j30°}} = 0.005\,e^{j30°} = 0.005\angle 30°$[A] $= 5\angle 30°$[mA].

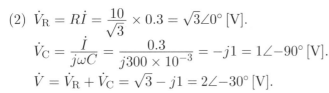

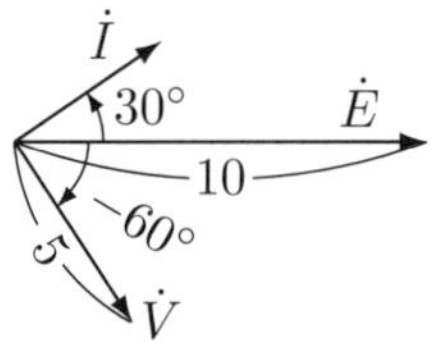


$\dot{V} = \dfrac{\dot{I}}{j\omega C} = \dfrac{0.005\,e^{j30°}}{e^{j90°}\times 10^3\times 10^{-6}} = 5\,e^{-j60°} = 5\angle -60°$[V].　$V = |\dot{V}| = 5$ [V].

$\dot{V}$ は $R$ と $\dfrac{1}{j\omega C}$ の分圧でも得られる．→ $\dot{V} = \dfrac{\frac{1}{j\omega C}}{\frac{1}{j\omega C}+R}\times\dot{E} = \dfrac{\dot{E}}{1+j\omega CR} = \dfrac{10}{1+j\sqrt{3}} = \cdots$.

| **ドリル No.16** | Class | | No. | | Name | |
|---|---|---|---|---|---|---|

| $x$ | 0 | 1/4 | 1/3 | 1/2 | 2/3 | 3/4 | 1 | 4/3 | 3/2 | 2 | 3 | 4 | $\infty$ |
|---|---|---|---|---|---|---|---|---|---|---|---|---|---|
| $\tan^{-1}x$ | 0° | 14.0° | 18.4° | 26.6° | 33.7° | 36.9° | 45° | 53.1° | 56.3° | 63.4° | 71.6° | 76.0° | 90° |

**問題 16.1**　右の RL 回路で，角周波数 $\omega = 0, 100, 200, 400$ [rad/s] のときの電圧 $\dot{V}$ を直角座標と極座標で求め，複素平面に描け．

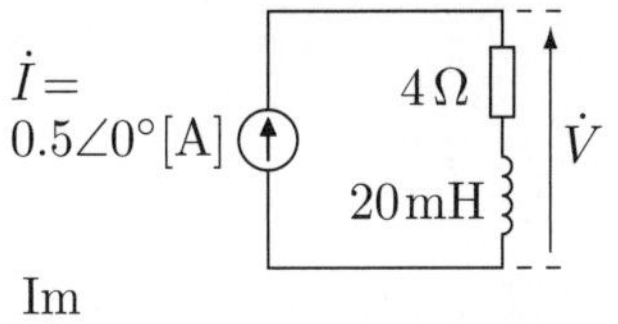


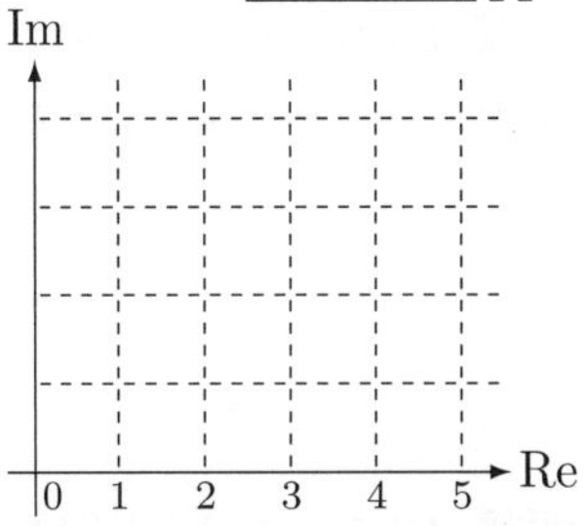


(答)　$\omega =\ \ 0$ [rad/s]：$\dot{V} =$ 　　$+\,j$ 　　$=$ 　　$\angle$ 　　[　].
$\omega = 100$ [rad/s]：$\dot{V} =$ 　　$+\,j$ 　　$=$ 　　$\angle$ 　　[　].
$\omega = 200$ [rad/s]：$\dot{V} =$ 　　$+\,j$ 　　$=$ 　　$\angle$ 　　[　].
$\omega = 400$ [rad/s]：$\dot{V} =$ 　　$+\,j$ 　　$=$ 　　$\angle$ 　　[　].

**問題 16.2**　右の RL 回路で，角周波数 $\omega = 0, 100, 200, 400$ [rad/s] のときの電流 $\dot{I}$ を直角座標と極座標で求め，複素平面に描け．

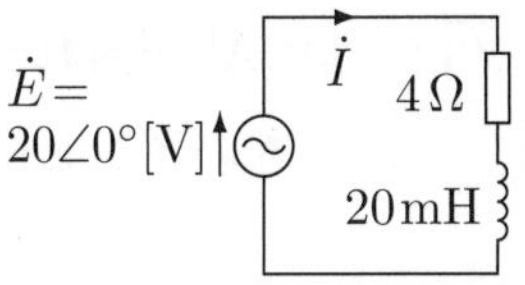


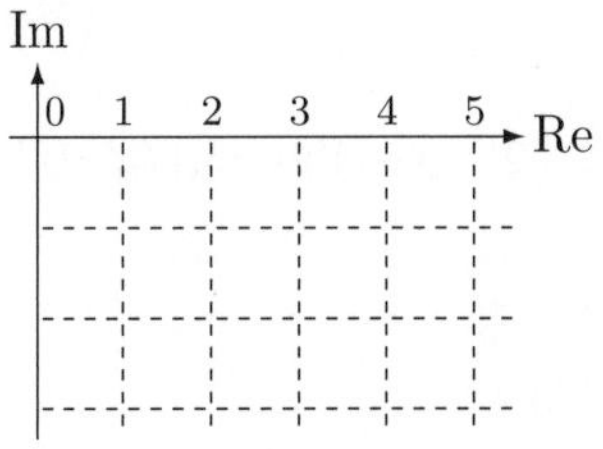


(答)　$\omega =\ \ 0$ [rad/s]：$\dot{I} =$ 　　$-\,j$ 　　$=$ 　　$\angle$ 　　[　].
$\omega = 100$ [rad/s]：$\dot{I} =$ 　　$-\,j$ 　　$=$ 　　$\angle$ 　　[　].
$\omega = 200$ [rad/s]：$\dot{I} =$ 　　$-\,j$ 　　$=$ 　　$\angle$ 　　[　].
$\omega = 400$ [rad/s]：$\dot{I} =$ 　　$-\,j$ 　　$=$ 　　$\angle$ 　　[　].

**問題 16.3**　右の RC 回路で，角周波数 $\omega = 100, 200, 400, \infty$ [rad/s] のときの電圧 $\dot{V}$ を直角座標と極座標で求め，複素平面に描け．

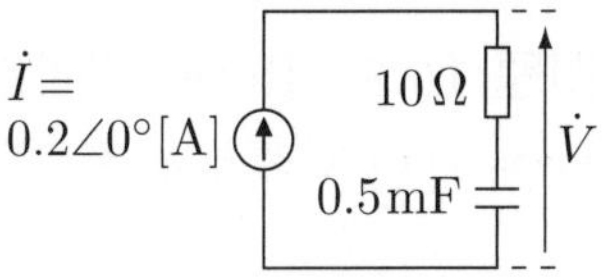


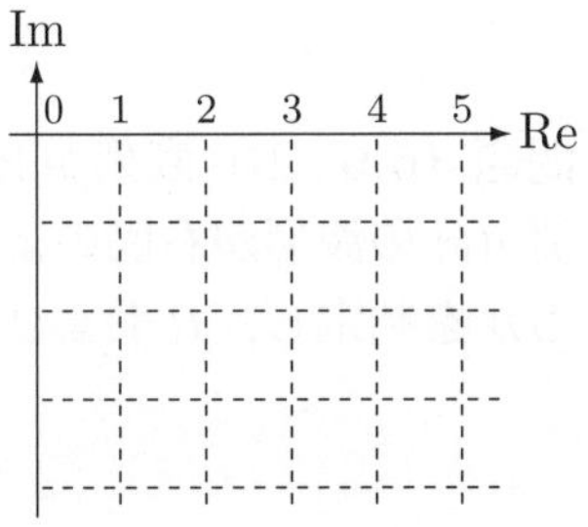


(答)　$\omega = 100$ [rad/s]：$\dot{V} =$ 　　$-\,j$ 　　$=$ 　　$\angle$ 　　[　].
$\omega = 200$ [rad/s]：$\dot{V} =$ 　　$-\,j$ 　　$=$ 　　$\angle$ 　　[　].
$\omega = 400$ [rad/s]：$\dot{V} =$ 　　$-\,j$ 　　$=$ 　　$\angle$ 　　[　].
$\omega = \infty$ [rad/s]：$\dot{V} =$ 　　$-\,j$ 　　$=$ 　　$\angle$ 　　[　].

**問題 16.4**　右の RC 回路で，角周波数 $\omega = 100, 200, 400, \infty$ [rad/s] のときの電流 $\dot{I}$ を直角座標と極座標で求め，複素平面に描け．

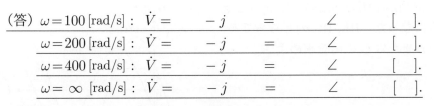

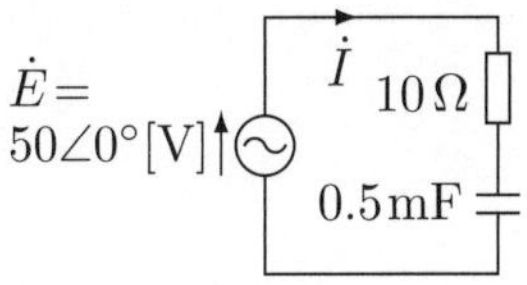


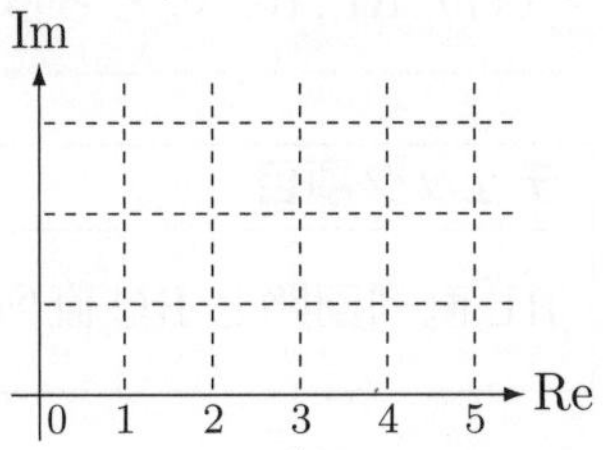


(答)　$\omega = 100$ [rad/s]：$\dot{I} =$ 　　$+\,j$ 　　$=$ 　　$\angle$ 　　[　].
$\omega = 200$ [rad/s]：$\dot{I} =$ 　　$+\,j$ 　　$=$ 　　$\angle$ 　　[　].
$\omega = 400$ [rad/s]：$\dot{I} =$ 　　$+\,j$ 　　$=$ 　　$\angle$ 　　[　].
$\omega = \infty$ [rad/s]：$\dot{I} =$ 　　$+\,j$ 　　$=$ 　　$\angle$ 　　[　].

**問題 16.5**　角周波数 $\omega=100$ [rad/s] のとき，右の回路の電流 $\dot{I}$，電圧 $\dot{V}$ とその実効値 $V$ を求め，フェーザ $\dot{V}$ と $\dot{I}$ を図に記入せよ．

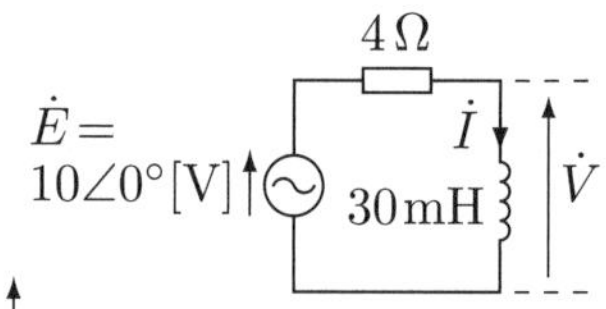


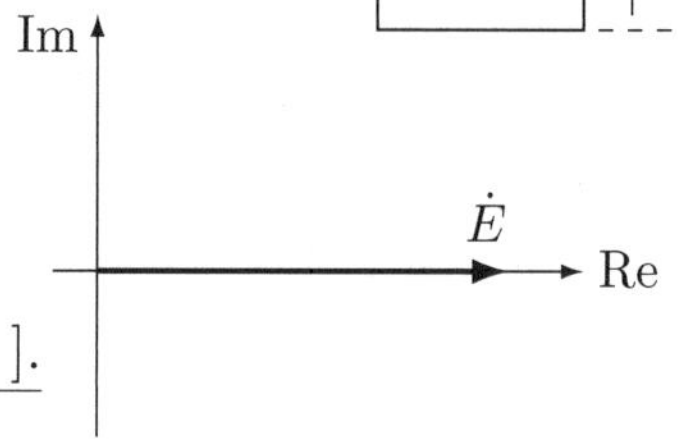


（答）$\dot{I}=$　　∠　　　[　]．$\dot{V}=$　　∠　　　[　]．$V=$　　[　]．

**問題 16.6**　右の回路は，電源が直流 ($\omega=0$) のとき $I=5$ [A] が流れ，交流 ($\omega=100$ [rad/s]) のとき $I=3$ [A] が流れる．$R$ と $L$ の値を求めよ．

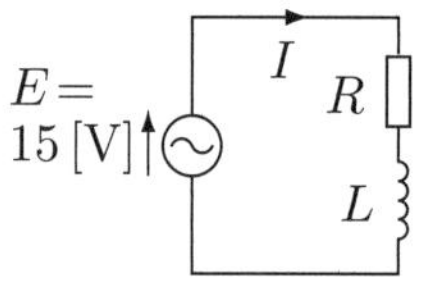


（答）$R=$　　　[　]．$L=$　　　[　]．

**問題 16.7**　右の回路は，角周波数 $\omega=100$ [rad/s] のとき $\dot{I}=\sqrt{3}\angle-30°$[A] が流れる．このとき，以下を求めよ．

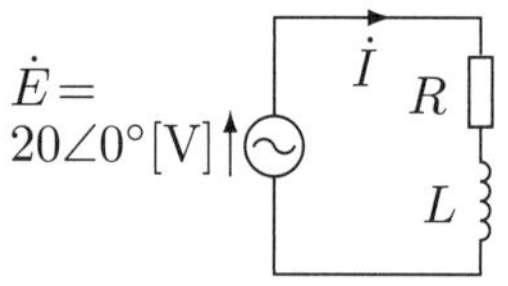


(1) このときのインピーダンス $\dot{Z}$ と $R, L$ の値．

（答）$\dot{Z}=$　　∠　　　[　]．$R=$　　　[　]．$L=$　　　[　]．

(2) $\omega=300$ [rad/s] のときの $\dot{Z}$ と $\dot{I}$．

（答）$\dot{Z}=$　　∠　　　[　]．$\dot{I}=$　　∠　　　[　]．

**問題 16.8**　RC 直列回路の，$R$ と $C$ の電圧がそれぞれ $V_{\mathrm{R}}=12$ [V]，$V_{\mathrm{C}}=5$ [V] であるとき，電源電圧 $E$ を求めよ．

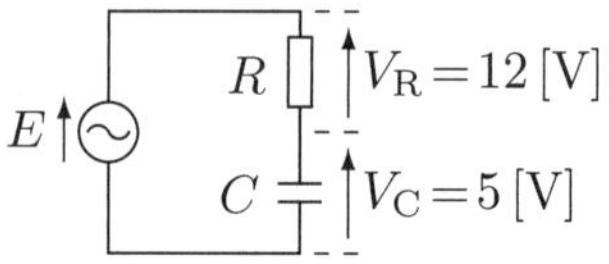


（答）$E=$　　　[　]．

**問題 16.9**　RL 直列か RC 直列か不明の回路の電圧 $v(t)$ と電流 $i(t)$ の波形が右図のようになった．RL, RC のどちらであるかを判定し，$R$ および，$L$ または $C$ の値を求めよ．

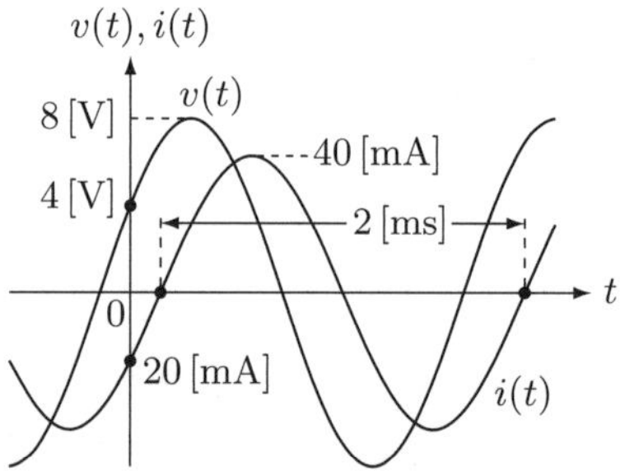


（答）RL, RC のどちらか？　　　$R=$　　　[　]．　$L$ または $C=$　　　[　]．

| チェック項目 | 月　日 | 月　日 |
|---|---|---|
| RL 直列回路と RC 直列回路の計算ができる． | | |

LC 直列回路と RLC 直列回路の計算ができる．

## LC 直列回路

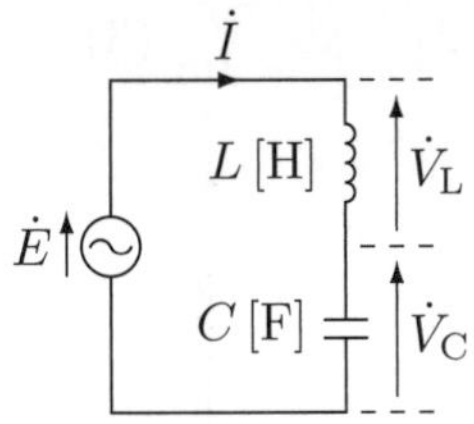


- 左の図で，$\dot{E} = \dot{V}_L + \dot{V}_C = j\omega L\dot{I} + \dfrac{1}{j\omega C}\dot{I} = j\left(\omega L - \dfrac{1}{\omega C}\right)\dot{I}$.

  → LC 直列のインピーダンス $\dot{Z} = j\left(\omega L - \dfrac{1}{\omega C}\right)$ [Ω].

  → $\dot{Z}$ は虚部（リアクタンス $X$）だけをもつ．$X = \omega L - \dfrac{1}{\omega C}$ [Ω].

- $\dot{Z} = Ze^{j\phi}$ と置けば，$Z = |\dot{Z}| = |X| = \left|\omega L - \dfrac{1}{\omega C}\right|$，$\phi = \pm 90°$.

$$\begin{cases} \omega L < \dfrac{1}{\omega C} \left(\omega < \dfrac{1}{\sqrt{LC}}\right) \text{のとき，} X < 0,\ \phi = -90° \textbf{（容量性）}. \\ \omega L > \dfrac{1}{\omega C} \left(\omega > \dfrac{1}{\sqrt{LC}}\right) \text{のとき，} X > 0,\ \phi = 90° \textbf{（誘導性）}. \end{cases}$$

【$\omega < \dfrac{1}{\sqrt{LC}}$ のとき．**容量性**】

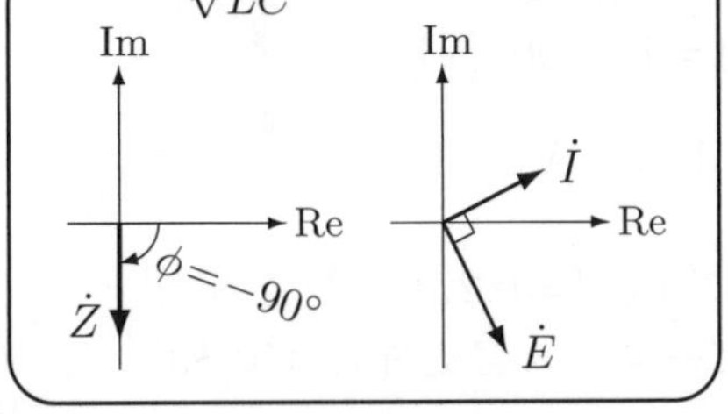


【$\omega > \dfrac{1}{\sqrt{LC}}$ のとき．**誘導性**】

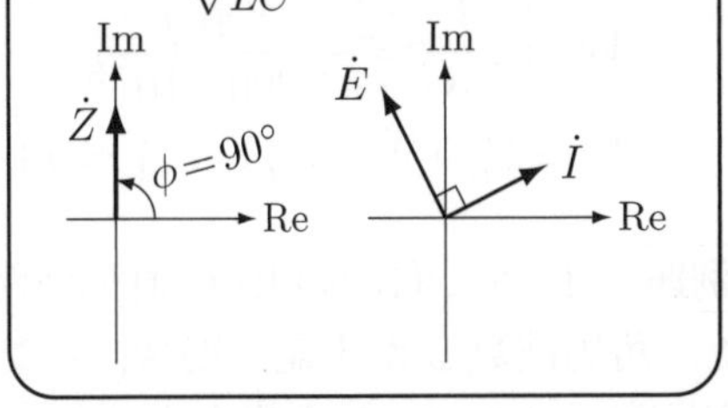


- $\omega L = \dfrac{1}{\omega C} \left(\omega = \dfrac{1}{\sqrt{LC}}\right)$ のとき，$\dot{Z} = 0$. → $\dot{E} = \dot{Z}\dot{I} = 0$.

  このとき，電源電圧 $\dot{E} = 0$ でも電流 $\dot{I}$ が流れる **（共振）**.

## RLC 直列回路

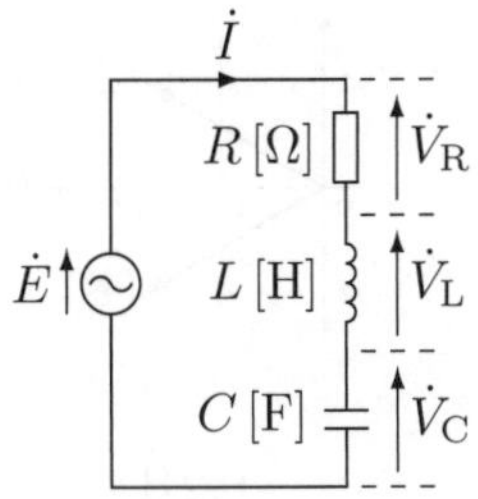


- 左の図で，

  $\dot{E} = \dot{V}_R + \dot{V}_L + \dot{V}_C = R\dot{I} + j\omega L\dot{I} + \dfrac{1}{j\omega C}\dot{I} = \left[R + j\left(\omega L - \dfrac{1}{\omega C}\right)\right]\dot{I}$.

  → RLC 直列のインピーダンス $\dot{Z} = R + j\left(\omega L - \dfrac{1}{\omega C}\right)$ [Ω].

  → リアクタンス $X = \omega L - \dfrac{1}{\omega C}$ [Ω]

- $\dot{Z} = Ze^{j\phi}$ と置けば，$Z = |\dot{Z}| = \sqrt{R^2 + X^2} = \sqrt{R^2 + \left(\omega L - \dfrac{1}{\omega C}\right)^2}$.

  $\phi = \tan^{-1}\dfrac{X}{R} = \tan^{-1}\dfrac{\omega L - \frac{1}{\omega C}}{R}$.

$$\begin{cases} \omega L < \dfrac{1}{\omega C} \left(\omega < \dfrac{1}{\sqrt{LC}}\right) \text{のとき，} X < 0,\ -90° < \phi < 0° \textbf{（容量性）}. \\ \omega L = \dfrac{1}{\omega C} \left(\omega = \dfrac{1}{\sqrt{LC}}\right) \text{のとき，} X = 0,\ \phi = 0° \textbf{（共振）}. \\ \omega L > \dfrac{1}{\omega C} \left(\omega > \dfrac{1}{\sqrt{LC}}\right) \text{のとき，} X > 0,\ 0° < \phi < 90° \textbf{（誘導性）}. \end{cases}$$

【$\omega < \dfrac{1}{\sqrt{LC}}$．**容量性**】

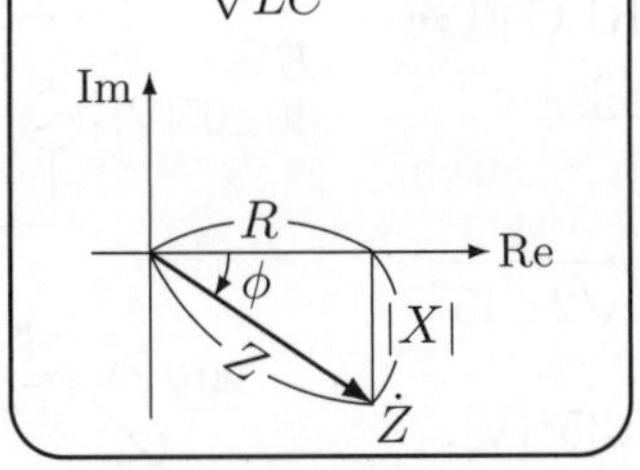


【$\omega = \dfrac{1}{\sqrt{LC}}$．**共振**】

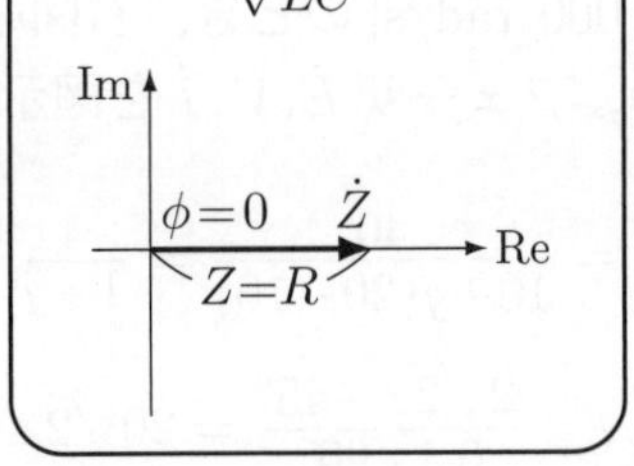


【$\omega > \dfrac{1}{\sqrt{LC}}$．**誘導性**】

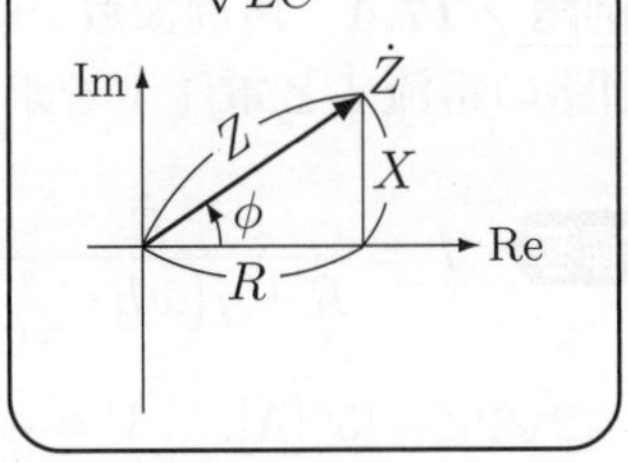

**例題 17.1** 右図の LC 直列回路に電流 $\dot{I}=0.2\angle 0°$ [A] を流した．角周波数 $\omega$ が下記の場合，電圧 $\dot{V}_L, \dot{V}_C, \dot{V}$ の極座標表示を求め，それらを複素平面に記入せよ．

(1) $\omega=50$ [rad/s]. (2) $\omega=100$ [rad/s]. (3) $\omega=200$ [rad/s].

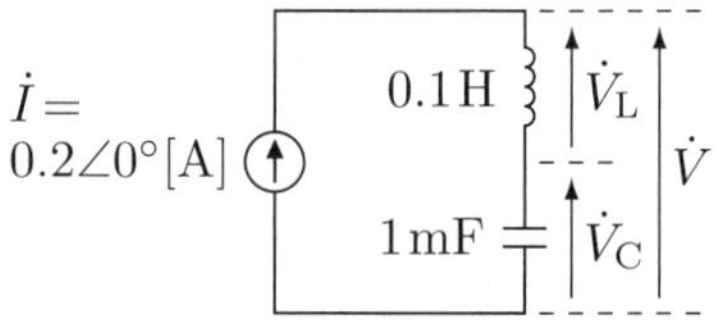


**解答**

(1) $\dot{V}_L=j\omega L\dot{I}=j50\times 0.1\times 0.2=j1=1\angle 90°$ [V].

$\dot{V}_C=\dfrac{\dot{I}}{j\omega C}=-j\dfrac{0.2}{50\times 10^{-3}}=-j4=4\angle -90°$ [V].

$\dot{V}=\dot{V}_L+\dot{V}_C=j1-j4=-j3=3\angle -90°$ [V].

(2) $\dot{V}_L=j\omega L\dot{I}=j100\times 0.1\times 0.2=j2=2\angle 90°$ [V].

$\dot{V}_C=\dfrac{\dot{I}}{j\omega C}=-j\dfrac{0.2}{100\times 10^{-3}}=-j2=2\angle -90°$ [V].

$\dot{V}=\dot{V}_L+\dot{V}_C=j2-j2=0$ [V].（位相角は無い）

(3) $\dot{V}_L=j\omega L\dot{I}=j200\times 0.1\times 0.2=j4=4\angle 90°$ [V].

$\dot{V}_C=\dfrac{\dot{I}}{j\omega C}=-j\dfrac{0.2}{200\times 10^{-3}}=-j1=1\angle -90°$ [V].

$\dot{V}=\dot{V}_L+\dot{V}_C=j4-j1=j3=3\angle 90°$ [V].

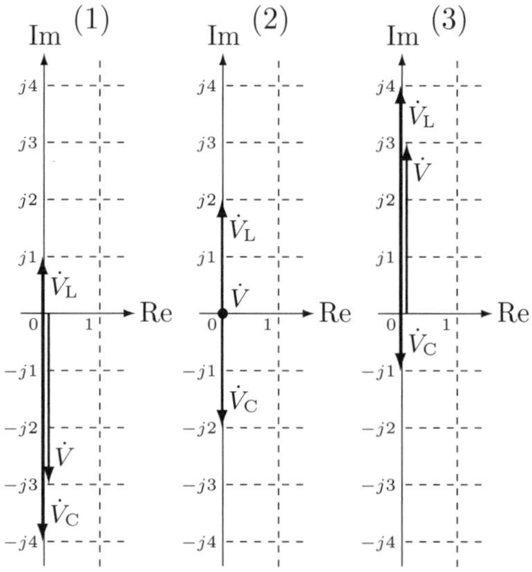


**例題 17.2** 右図の RLC 直列回路に電流 $\dot{I}=0.2\angle 0°$ [A] を流した．角周波数 $\omega$ が下記の場合，インピーダンス $\dot{Z}$ と電圧 $\dot{V}$ の極座標表示を求め，$\dot{V}$ を複素平面に記入せよ．

(1) $\omega=100$ [rad/s]. (2) $\omega=200$ [rad/s].

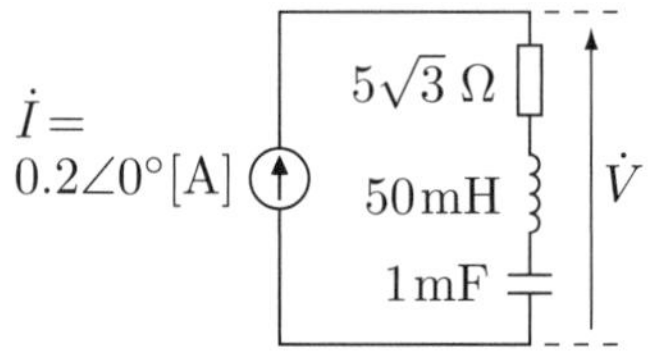


**解答** $\omega<\dfrac{1}{\sqrt{LC}}\fallingdotseq 141$ [rad/s] のときに容量性，$\omega>\dfrac{1}{\sqrt{LC}}$ のときに誘導性となる．

(1) $\dot{Z}=R+j\left(\omega L-\dfrac{1}{\omega C}\right)=5\sqrt{3}+j(5-10)=5\sqrt{3}-j5=10\angle -30°$ [Ω].

$\dot{V}=\dot{Z}\dot{I}=2\angle -30°$ [V].（容量性）

(2) $\dot{Z}=R+j\left(\omega L-\dfrac{1}{\omega C}\right)=5\sqrt{3}+j(10-5)=5\sqrt{3}+j5=10\angle 30°$ [Ω].

$\dot{V}=\dot{Z}\dot{I}=2\angle 30°$ [V].（誘導性）

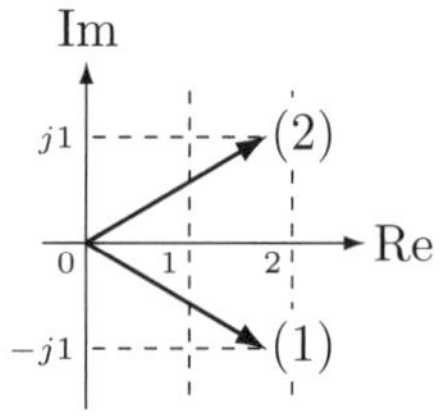


**例題 17.3** 角周波数 $\omega=1000$ [rad/s] のとき，右図の LC 直列回路のインピーダンス $\dot{Z}$，電流 $\dot{I}$，コンデンサの電圧 $\dot{V}$ を求めよ．

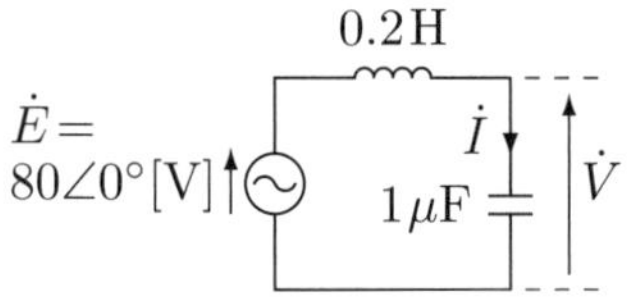


**解答** $\dot{Z}=j\omega L+\dfrac{1}{j\omega C}=j10^3\times 0.2-j\dfrac{1}{10^3\times 10^{-6}}=j200-j1000$

$=-j800=800\angle -90°$[Ω]. $\dot{I}=\dfrac{\dot{E}}{\dot{Z}}=\dfrac{80}{800\angle -90°}=0.1\angle 90°$[A].

$\dot{V}=\dfrac{\dot{I}}{j\omega C}=\dfrac{0.1\angle 90°}{10^3\times 10^{-6}\angle 90°}=100\angle 0°$[V].（$V>E$ となる）

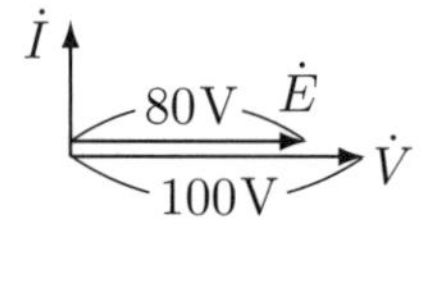


**例題 17.4** 角周波数 $\omega=1000$ [rad/s] のとき，右図の RLC 直列回路の電流 $\dot{I}$ と電圧 $\dot{V}$ を求め，フェーザ $\dot{E}, \dot{V}, \dot{I}$ を図示せよ．

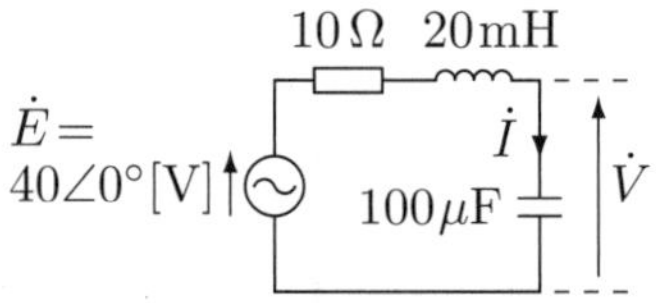


**解答** $\dot{I}=\dfrac{\dot{E}}{R+j\left(\omega L-\frac{1}{\omega C}\right)}=\dfrac{40}{10+j(20-10)}=\dfrac{4}{1+j}=\dfrac{4}{\sqrt{2}\angle 45°}$

$=2\sqrt{2}\angle -45°$[A]. $\dot{V}=\dfrac{\dot{I}}{j\omega C}=\dfrac{2\sqrt{2}\angle -45°}{0.1\angle 90°}=20\sqrt{2}\angle -135°$[V].

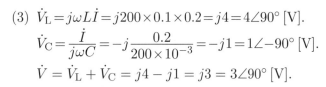

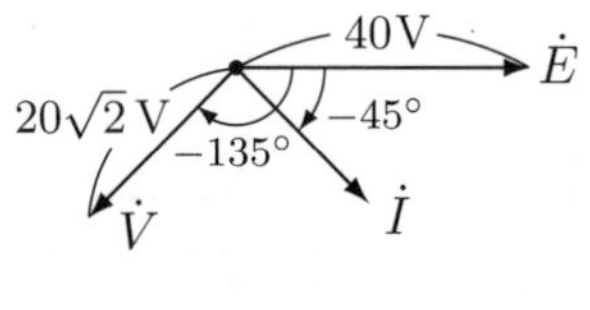

| ドリル No.17 | Class | | No. | | Name | |
|---|---|---|---|---|---|---|

**問題 17.1**　右の RLC 回路で，角周波数 $\omega=50$, 100, 200 [rad/s] のときの電圧 $\dot{V}$ を直角座標と極座標で求め，複素平面に描け．

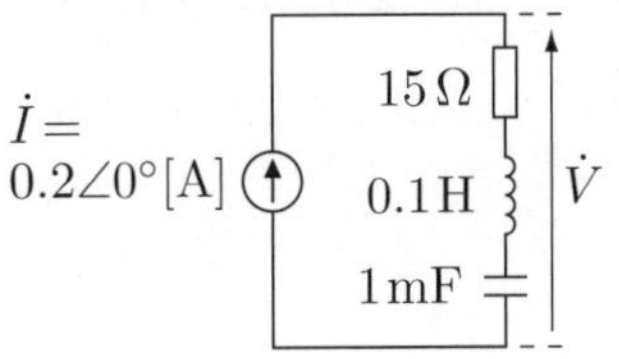


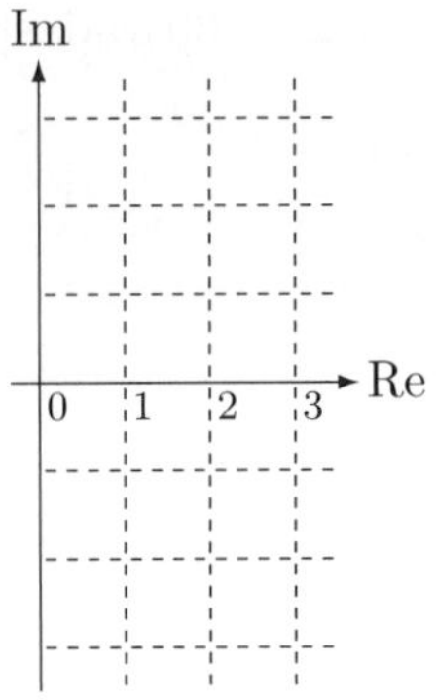


（答）$\omega=\ \ 50$ [rad/s]：$\dot{V}=$　　　　　　$=$　　　　　$\angle$　　　　　[　]．
$\omega=100$ [rad/s]：$\dot{V}=$　　　　　　$=$　　　　　$\angle$　　　　　[　]．
$\omega=200$ [rad/s]：$\dot{V}=$　　　　　　$=$　　　　　$\angle$　　　　　[　]．

**問題 17.2**　右の RLC 回路で，角周波数 $\omega=0, 50, 100, 200, \infty$ [rad/s] のときの電流 $\dot{I}$ を直角座標と極座標で求め，複素平面に描け．

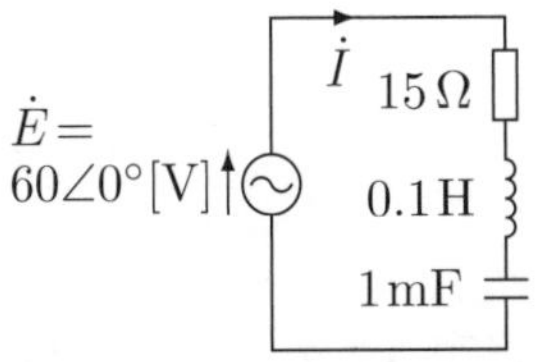


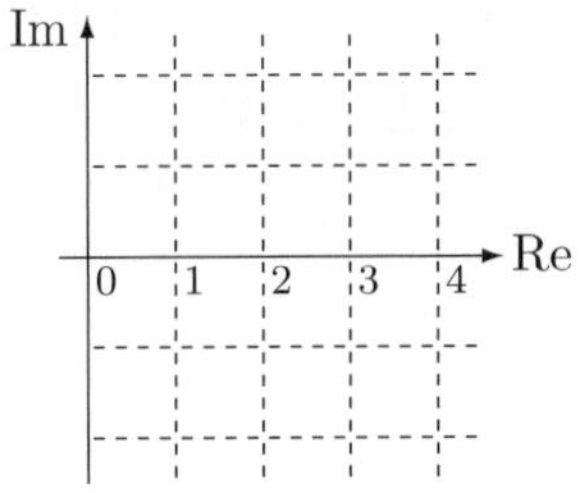


（答）$\omega=\ \ \ 0$ [rad/s]：$\dot{I}=$　　　　　　$=$　　　　　$\angle$　　　　　[　]．
$\omega=\ \ 50$ [rad/s]：$\dot{I}=$　　　　　　$=$　　　　　$\angle$　　　　　[　]．
$\omega=100$ [rad/s]：$\dot{I}=$　　　　　　$=$　　　　　$\angle$　　　　　[　]．
$\omega=200$ [rad/s]：$\dot{I}=$　　　　　　$=$　　　　　$\angle$　　　　　[　]．
$\omega=\ \infty$ [rad/s]：$\dot{I}=$　　　　　　$=$　　　　　$\angle$　　　　　[　]．

**問題 17.3**　角周波数 $\omega=1000$ [rad/s] のとき，右の LC 回路の電流 $\dot{I}$, 電圧 $\dot{V}_{\mathrm{L}}$ と $\dot{V}_{\mathrm{C}}$ を求め，フェーザを描け．

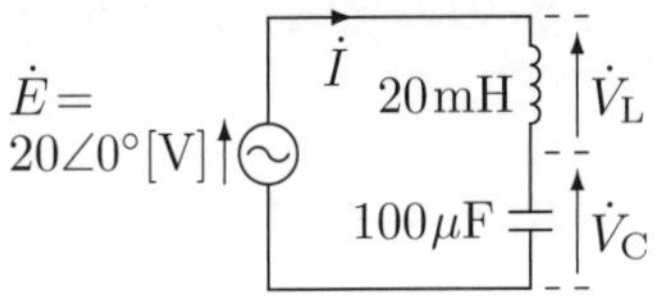


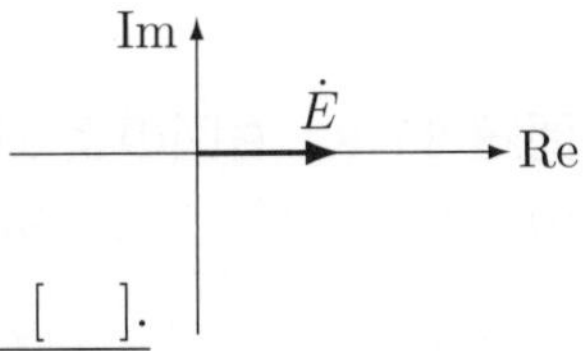


（答）$\dot{I}=$　　$\angle$　　　　[　]．$\dot{V}_{\mathrm{L}}=$　　$\angle$　　　　[　]．$\dot{V}_{\mathrm{C}}=$　　$\angle$　　　　[　]．

**問題 17.4**　右の LC 回路で $V_{\mathrm{L}}=5$ [V], $V_{\mathrm{C}}=3$ [V] のとき，全電圧 $V$ を求めよ．

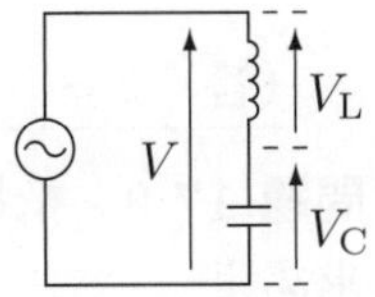


（答）$V=$　　　　[　]．

**問題 17.5**　LC 直列回路が共振状態 $\omega=1/\sqrt{LC}$ [rad/s] にあるとき，コンデンサの電圧を $\dot{V}=V\angle 0°$ [V] とする．電流 $\dot{I}$，$\dot{V}$ と $\dot{I}$ の瞬時値 $v(t)$ と $i(t)$, $C$ と $L$ が有するエネルギー $W_{\mathrm{C}}(t)=\frac{1}{2}Cv^2$ と $W_{\mathrm{L}}(t)=\frac{1}{2}Li^2$ を求めよ．

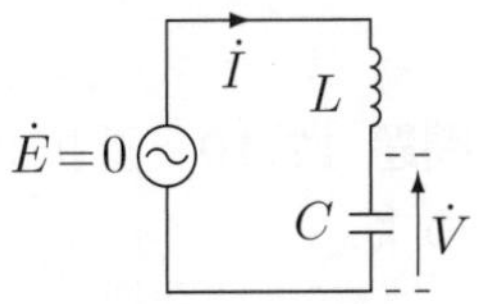


（答）$\dot{I}=$　　　　　$\angle$　　　　[　]．　$v(t)=$　　　　$\sin\omega t$ [　]．　$i(t)=$　　　　　　　　[　]．
$W_{\mathrm{C}}(t)=$　　　　　　　　　　　[　]．　$W_{\mathrm{L}}(t)=$　　　　　　　　　　　[　]．

**問題 17.6** 角周波数 $\omega = 100, 200$ [rad/s] のとき，右の RLC 回路の電流 $\dot{I}$ と電圧 $\dot{V}_R, \dot{V}_L, \dot{V}_C$ を求め，$\dot{V}_R, \dot{V}_L, \dot{V}_C$ を複素平面に描け．

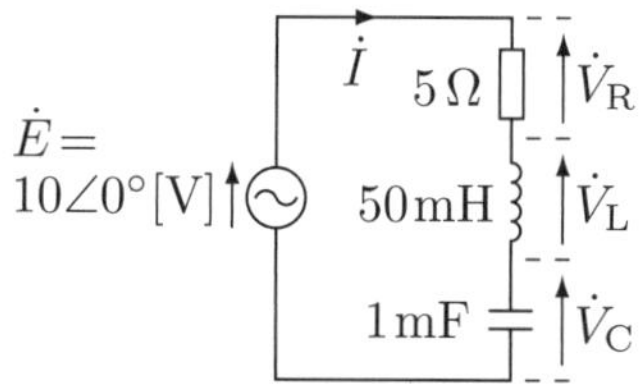


(1) $\omega = 100$ [rad/s]

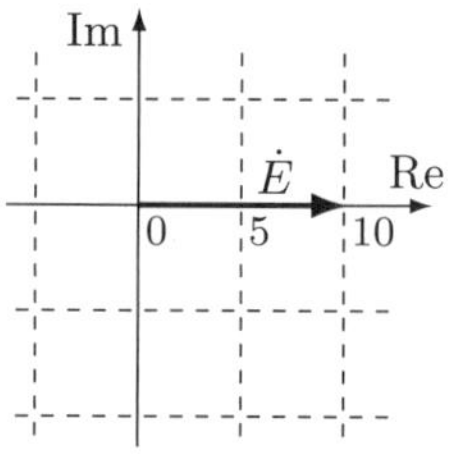


(答) $\dot{I} =$ ∠ [ ]. $\dot{V}_R =$ ∠ [ ].

$\dot{V}_L =$ ∠ [ ]. $\dot{V}_C =$ ∠ [ ].

(2) $\omega = 200$ [rad/s]

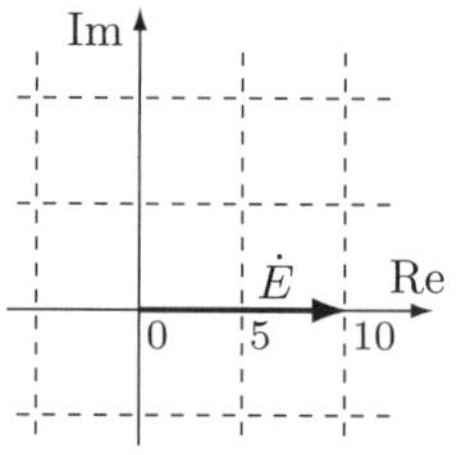


(答) $\dot{I} =$ ∠ [ ]. $\dot{V}_R =$ ∠ [ ].

$\dot{V}_L =$ ∠ [ ]. $\dot{V}_C =$ ∠ [ ].

**問題 17.7** 右の回路で，$E = 150$ [V]，角周波数 $\omega = 1000$ [rad/s] である．スイッチ $S_1$ と $S_2$ を開いたとき，電流 $I = 5$ [A] で $\dot{I}$ は $\dot{E}$ と同相であり，スイッチ $S_2$ のみを閉じたとき，$I = 3$ [A] であった．以下の値を求めよ．

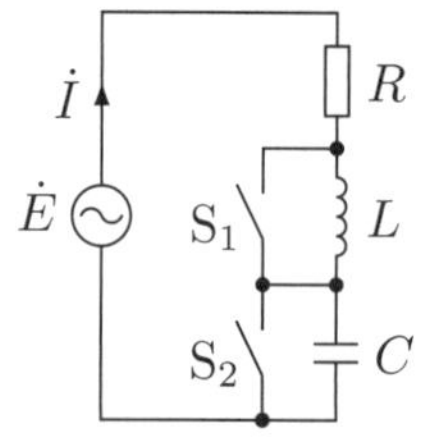


(1) $R, L, C$ の値．

(答) $R =$ [ ]. $L =$ [ ]. $C =$ [ ].

(2) $S_1$ のみを閉じたときの $I$．

(答) $I =$ [ ].

(3) $S_1$ と $S_2$ を閉じたときの $I$．

(答) $I =$ [ ].

**問題 17.8** 右図のように抵抗とリアクタンスが与えられた回路のインピーダンス $\dot{Z}$，電流 $\dot{I}$，$\dot{I}$ の実効値 $I$ と位相角 $\theta$ を求めよ．

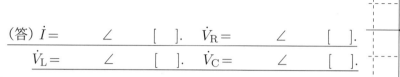

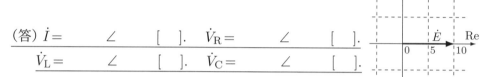

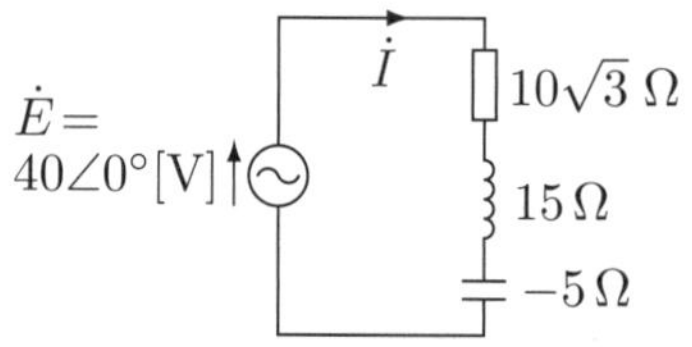


(答) $\dot{Z} =$ ∠ [ ]. $\dot{I} =$ ∠ [ ]. $I =$ [ ]. $\theta =$ [ ].

**問題 17.9** 抵抗 40 [Ω]，リアクタンス 30 [Ω] の負荷に電圧 100 [V] を加えたときに流れる電流 $I$ を求めよ．

(答) $I =$ [ ].

**問題 17.10** 抵抗 30 [Ω]，リアクタンス 10 [Ω] のとき，コンダクタンス $G$ とサセプタンス $B$ を求めよ．

(答) $G =$ [ ]. $B =$ [ ].

| チェック項目 | 月　日 | 月　日 |
|---|---|---|
| LC 直列回路と RLC 直列回路の計算ができる． | | |

並列回路の計算ができる．

### 並列回路とアドミタンス

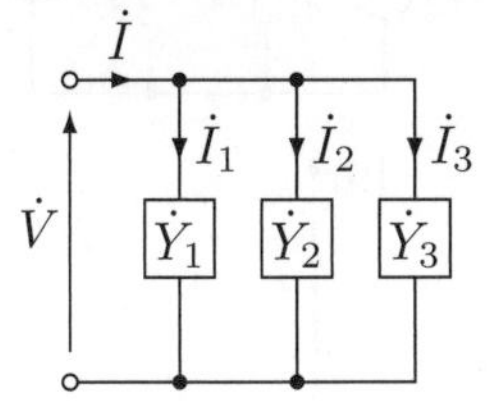


- 並列回路では，電圧 $\dot{V}$ は共通で，電流は和 $\dot{I}=\dot{I}_1+\dot{I}_2+\cdots$ になる．
- 左の並列回路の各素子のアドミタンスを $\dot{Y}_1, \dot{Y}_2, \dot{Y}_3$ とすれば，

$$\dot{I}=\dot{I}_1+\dot{I}_2+\dot{I}_3=\dot{Y}_1\dot{V}+\dot{Y}_2\dot{V}+\dot{Y}_3\dot{V}=(\dot{Y}_1+\dot{Y}_2+\dot{Y}_3)\dot{V}.$$

→ **並列の合成アドミタンス** $\dot{Y}=\dot{Y}_1+\dot{Y}_2+\dot{Y}_3.$

- 上式に $\dot{Y}=\frac{1}{\dot{Z}}$，$\dot{Y}_1=\frac{1}{\dot{Z}_1}$，$\dot{Y}_2=\frac{1}{\dot{Z}_2}$，$\dot{Y}_3=\frac{1}{\dot{Z}_3}$ を代入して逆数にすれば，

**並列の合成インピーダンス** $\dot{Z}=\dfrac{1}{\frac{1}{\dot{Z}_1}+\frac{1}{\dot{Z}_2}+\frac{1}{\dot{Z}_3}}.$

### RL 並列回路

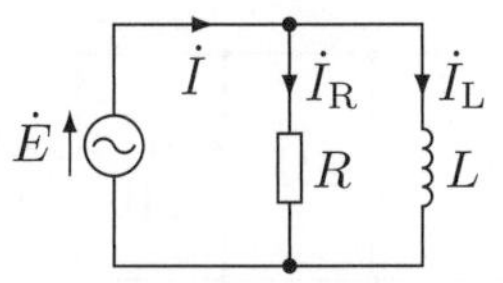


- 左図で $\dot{I}=\dot{I}_R+\dot{I}_L=\frac{\dot{E}}{R}+\frac{\dot{E}}{j\omega L}=\left(\frac{1}{R}-j\frac{1}{\omega L}\right)\dot{E}.$

→ RL 並列のアドミタンス $\dot{Y}=\frac{1}{R}-j\frac{1}{\omega L}$ [S].

- $\dot{I}$ は $\dot{E}$ より位相が遅れる(**誘導性**).

$\dot{I}$ は $\dot{E}$ より位相が遅れる(**誘導性**).

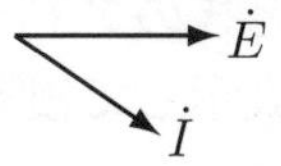


### RC 並列回路

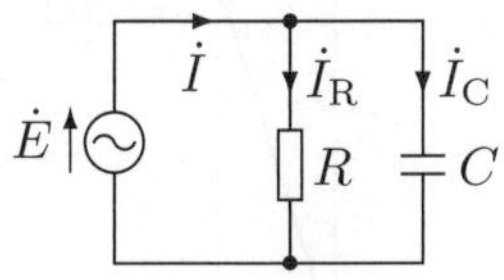


- 左図で $\dot{I}=\dot{I}_R+\dot{I}_C=\frac{\dot{E}}{R}+j\omega C\dot{E}=\left(\frac{1}{R}+j\omega C\right)\dot{E}.$

→ RC 並列のアドミタンス $\dot{Y}=\frac{1}{R}+j\omega C$ [S].

- $\dot{I}$ は $\dot{E}$ より位相が進む(**容量性**).

$\dot{I}$ は $\dot{E}$ より位相が進む(**容量性**).

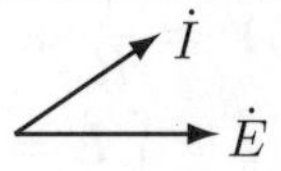


### LC 並列回路

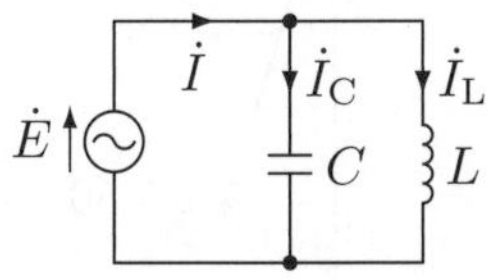


- 左図で $\dot{I}=\dot{I}_C+\dot{I}_L=j\left(\omega C-\frac{1}{\omega L}\right)\dot{E}.$

→ アドミタンス $\dot{Y}=j\left(\omega C-\frac{1}{\omega L}\right)$ [S].

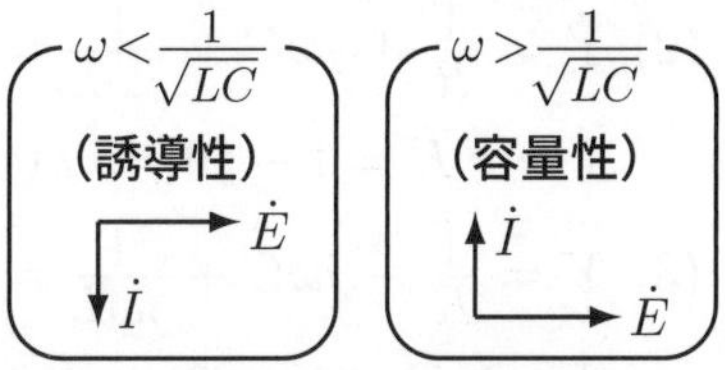


- $\begin{cases}\omega C<\frac{1}{\omega L}\ \left(\omega<\frac{1}{\sqrt{LC}}\right) \text{のとき，} \dot{I} \text{は} \dot{E} \text{より} 90^\circ \text{遅れる(誘導性)}. \\ \omega C=\frac{1}{\omega L}\ \left(\omega=\frac{1}{\sqrt{LC}}\right) \text{のとき，} \dot{I}=0 \text{(並列共振，反共振)}. \\ \omega C>\frac{1}{\omega L}\ \left(\omega>\frac{1}{\sqrt{LC}}\right) \text{のとき，} \dot{I} \text{は} \dot{E} \text{より} 90^\circ \text{進む(容量性)}. \end{cases}$

### RLC 並列回路

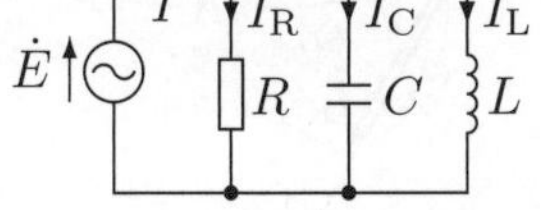


- 左図で

$$\dot{I}=\dot{I}_R+\dot{I}_C+\dot{I}_L=\left[\frac{1}{R}+j\left(\omega C-\frac{1}{\omega L}\right)\right]\dot{E}.$$

→ アドミタンス $\dot{Y}=\frac{1}{R}+j\left(\omega C-\frac{1}{\omega L}\right)$ [S].

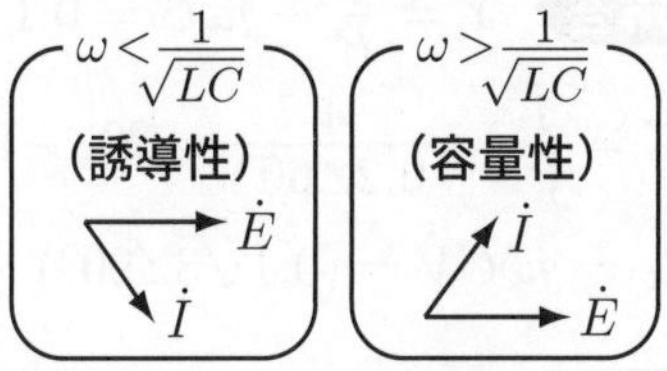


→ $\begin{cases}\text{コンダクタンス } G=\mathrm{Re}(\dot{Y})=\frac{1}{R} \text{ [S]}. \\ \text{サセプタンス } B=\mathrm{Im}(\dot{Y})=\omega C-\frac{1}{\omega L} \text{ [S]}. \end{cases}$

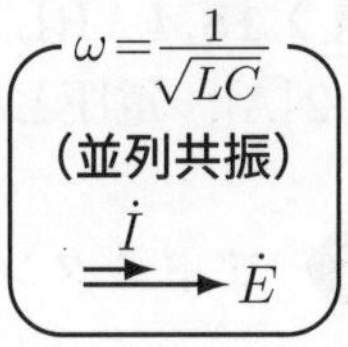


- $\omega C \lesseqqgtr \frac{1}{\omega L}\ \left(\omega \lesseqqgtr \frac{1}{\sqrt{LC}}\right)$ により，**誘導性・並列共振・容量性**となる．
  ($\omega$ 依存性が RLC 直列の場合と逆になる)

**例題 18.1**　下記の RL 並列回路，RC 並列回路，LC 並列回路，RLC 並列回路において，角周波数 $\omega=1000$ [rad/s]，$\dot{E}=60\angle 0°$[V]，$R=30$ [Ω]，$L=30$ [mH]，$C=50$ [$\mu$F] であるとき，電流 $\dot{I}_\mathrm{R}$，$\dot{I}_\mathrm{L}$，$\dot{I}_\mathrm{C}$，$\dot{I}_1$，$\dot{I}_2$，$\dot{I}_3$，$\dot{I}_4$ の極座標表示を求め，それらを複素平面に記入せよ．

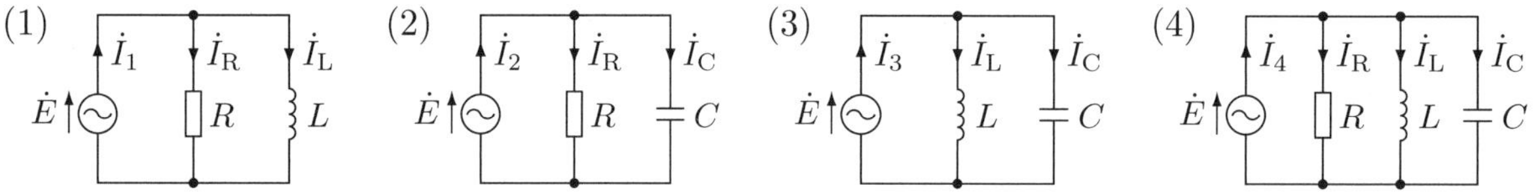

**解答**　$\dot{I}_\mathrm{R}=\dfrac{\dot{E}}{R}=\dfrac{60}{30}=2=2\angle 0°$ [A].　$\dot{I}_\mathrm{L}=\dfrac{\dot{E}}{j\omega L}=\dfrac{60}{j30}=-j2$ $=2\angle -90°$ [A].　$\dot{I}_\mathrm{C}=j\omega C\dot{E}=j0.05\times 60=j3=3\angle 90°$ [A].

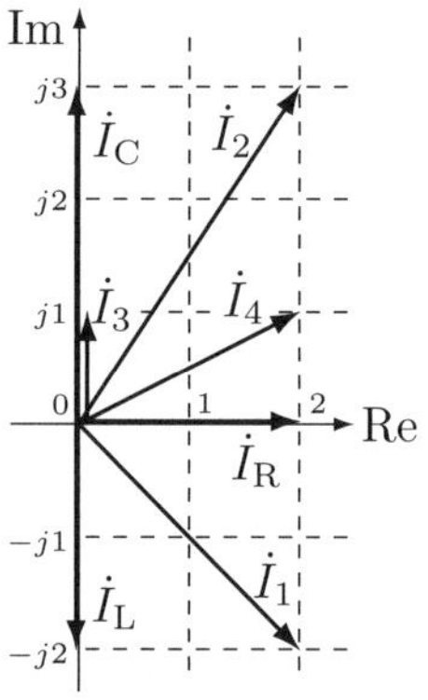

(1) $\dot{I}_1=\dot{I}_\mathrm{R}+\dot{I}_\mathrm{L}=2-j2=2\sqrt{2}\angle -45° \fallingdotseq 2.83\angle -45°$ [A].

(2) $\dot{I}_2=\dot{I}_\mathrm{R}+\dot{I}_\mathrm{C}=2+j3=\sqrt{13}\angle \tan^{-1}\dfrac{3}{2} \fallingdotseq 3.61\angle 56.3°$[A].

(3) $\dot{I}_3=\dot{I}_\mathrm{L}+\dot{I}_\mathrm{C}=-j2+j3=j1=1\angle 90°$ [A].

(4) $\dot{I}_4=\dot{I}_\mathrm{R}+\dot{I}_\mathrm{L}+\dot{I}_\mathrm{C}=2-j2+j3=2+j1=\sqrt{5}\angle \tan^{-1}\dfrac{1}{2}\fallingdotseq 2.24\angle 26.6°$ [A].

**例題 18.2**　右図の RLC 並列回路で，角周波数 $\omega$ が下記のときのアドミタンス $\dot{Y}$ と電流 $\dot{I}$ を求めよ．$\dot{I}$ を極座標で表示して複素平面に記入せよ．

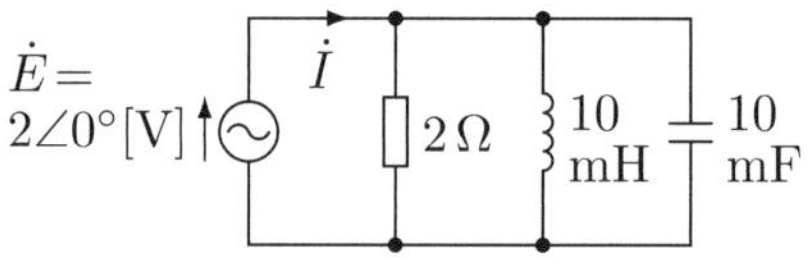

(1) $\omega=50$ [rad/s].　(2) $\omega=100$ [rad/s].　(3) $\omega=200$ [rad/s].

**解答**　$\omega \lesseqgtr \dfrac{1}{\sqrt{LC}}=100$ [rad/s] により，誘導性・並列共振・容量性となる．

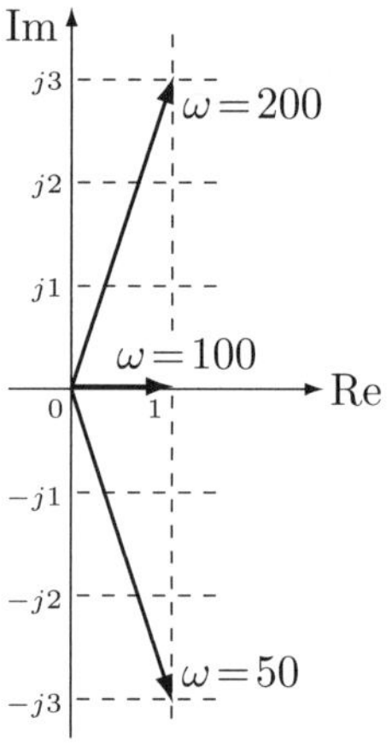

(1) $\dot{Y}=\dfrac{1}{R}+j\omega C+\dfrac{1}{j\omega L}=0.5+j(0.5-2)=0.5-j1.5$ [S].
$\dot{I}=\dot{Y}\dot{E}=1-j3=\sqrt{10}\angle -\tan^{-1}3\fallingdotseq 3.16\angle -71.6°$ [A].（誘導性）

(2) $\dot{Y}=\dfrac{1}{R}+j\omega C+\dfrac{1}{j\omega L}=0.5+j(1-1)=0.5+j0$ [S].
$\dot{I}=\dot{Y}\dot{E}=1+j0=1\angle 0°$ [A].（並列共振）

(3) $\dot{Y}=\dfrac{1}{R}+j\omega C+\dfrac{1}{j\omega L}=0.5+j(2-0.5)=0.5+j1.5$ [S].
$\dot{I}=\dot{Y}\dot{E}=1+j3=\sqrt{10}\angle \tan^{-1}3\fallingdotseq 3.16\angle 71.6°$ [A].（容量性）

**例題 18.3**　右の RC 並列回路で，角周波数 $\omega=100$ [rad/s] のとき，アドミタンス $\dot{Y}$，電圧 $\dot{V}$，電流 $\dot{I}_\mathrm{R}$ と $\dot{I}_\mathrm{C}$ を求め，電圧と電流のフェーザを描け．

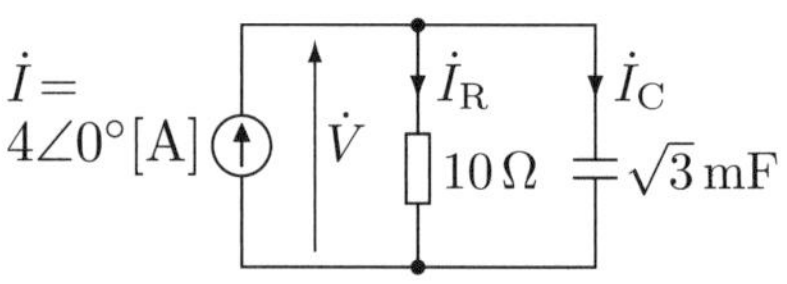

**解答**　$\dot{Y}=\dfrac{1}{R}+j\omega C=0.1+j0.1\sqrt{3}=0.2\angle 60°$ [S].

$\dot{V}=\dfrac{\dot{I}}{\dot{Y}}=\dfrac{4}{0.2\angle 60°}=20\angle -60°$[V].　$\dot{I}_\mathrm{R}=\dfrac{\dot{V}}{R}=\dfrac{20\angle -60°}{10}=2\angle -60°$ [A].

$\dot{I}_\mathrm{C}=j\omega C\dot{V}=(0.1\sqrt{3}\angle 90°)\times(20\angle -60°)=2\sqrt{3}\angle 30°$ [A].

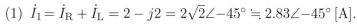

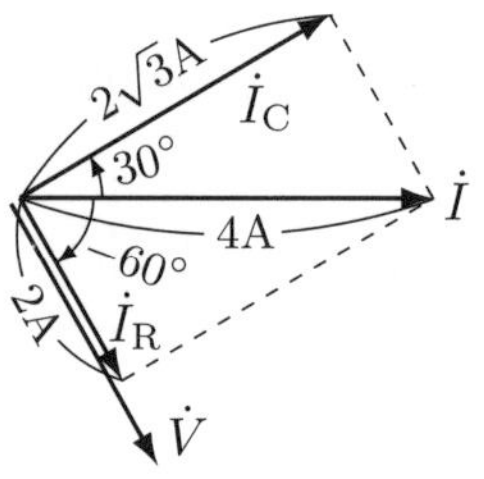

**例題 18.4**　RL 並列回路において，角周波数 100 [rad/s]，電圧 100 [V]，電流 2 [A]，電圧と電流の位相差が 60° のとき，$R$ と $L$ の値を求めよ．

**解答**　アドミタンス $\dot{Y}=\dfrac{1}{R}-j\dfrac{1}{\omega L}$ および $\dot{Y}=\dfrac{\dot{I}}{\dot{V}}=\dfrac{2}{100}\angle -60°=\dfrac{1}{100}-j\dfrac{\sqrt{3}}{100}$ より，

$R=100$ [Ω].　$\omega L=\dfrac{100}{\sqrt{3}}$. $\rightarrow$ $L=\dfrac{1}{\sqrt{3}}\fallingdotseq 0.577$ [H] $=577$ [mH].

| ドリル No.18 | Class | | No. | | Name | |
|---|---|---|---|---|---|---|

| $x$ | 0 | 1/4 | 1/3 | 1/2 | 2/3 | 3/4 | 1 | 4/3 | 3/2 | 2 | 3 | 4 | $\infty$ |
|---|---|---|---|---|---|---|---|---|---|---|---|---|---|
| $\tan^{-1}x$ | 0° | 14.0° | 18.4° | 26.6° | 33.7° | 36.9° | 45° | 53.1° | 56.3° | 63.4° | 71.6° | 76.0° | 90° |

**問題 18.1**　右の並列回路の各アドミタンスが，$\dot{Y}_1=\sqrt{2}\angle-45°$[S]，$\dot{Y}_2=1.5\angle 90°$[S] であるとき，電流 $\dot{I}_1, \dot{I}_2, \dot{I}$ を極座標で求め，複素平面に描け．

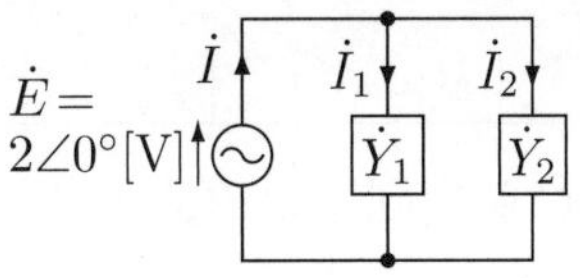


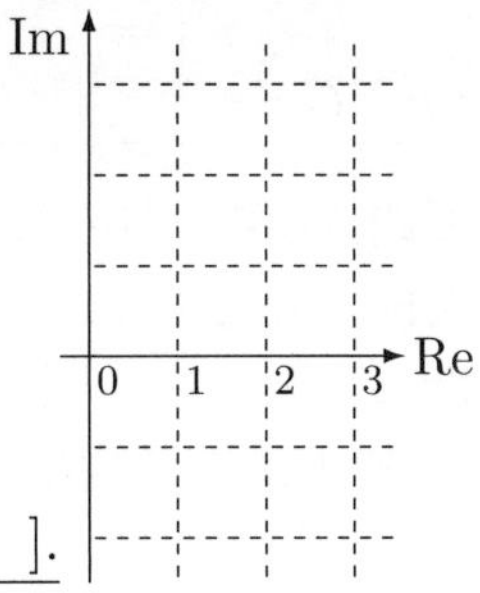


（答）$\dot{I}_1=$　　　$\angle$　　　[　]．$\dot{I}_2=$　　　$\angle$　　　[　]．$\dot{I}=$　　　$\angle$　　　[　]．

**問題 18.2**　右の RC 並列回路で，角周波数 $\omega=0, 100$ 200, 400 [rad/s] のときのアドミタンス $\dot{Y}$ とインピーダンス $\dot{Z}$ を直角座標で求め，$\dot{Z}$ と $\dot{Y}$ を複素平面に描け．

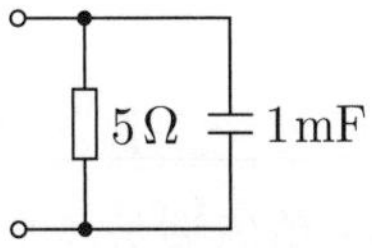


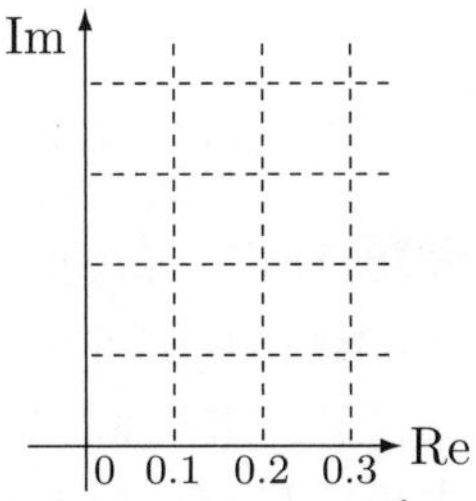


**アドミタンス $\dot{Y}$**

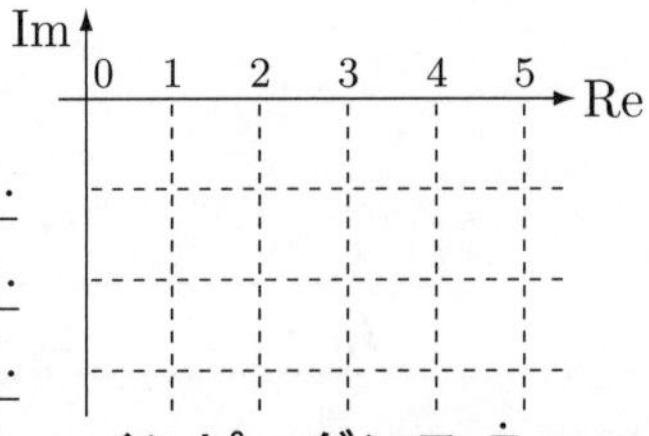


**インピーダンス $\dot{Z}$**

（答）$\omega=$ 0 [rad/s]：$\dot{Y}=$　　　[　]．$\dot{Z}=$　　　[　]．

$\omega=100$ [rad/s]：$\dot{Y}=$　　　[　]．$\dot{Z}=$　　　[　]．

$\omega=200$ [rad/s]：$\dot{Y}=$　　　[　]．$\dot{Z}=$　　　[　]．

$\omega=400$ [rad/s]：$\dot{Y}=$　　　[　]．$\dot{Z}=$　　　[　]．

**問題 18.3**　右の RL 並列回路で，角周波数 $\omega=100, 200,$ $400, \infty$ [rad/s] のときのアドミタンス $\dot{Y}$ とインピーダンス $\dot{Z}$ を直角座標で求め，$\dot{Z}$ と $\dot{Y}$ を複素平面に描け．

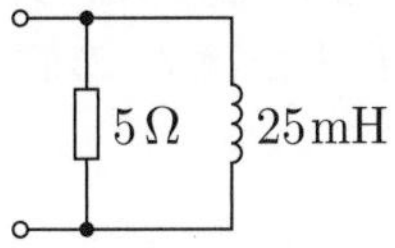


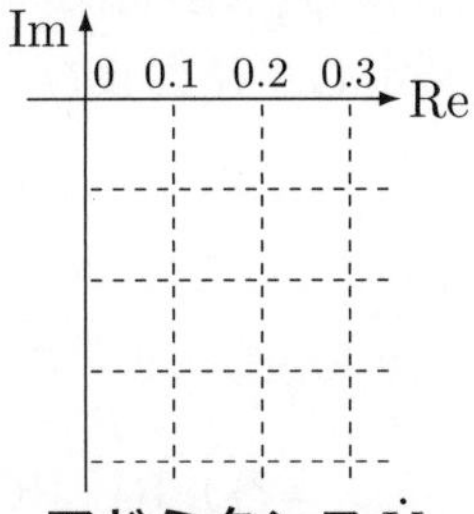


**アドミタンス $\dot{Y}$**

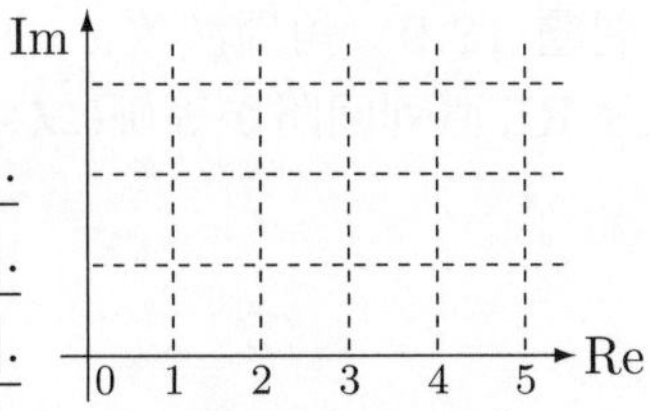


**インピーダンス $\dot{Z}$**

（答）$\omega=100$ [rad/s]：$\dot{Y}=$　　　[　]．$\dot{Z}=$　　　[　]．

$\omega=200$ [rad/s]：$\dot{Y}=$　　　[　]．$\dot{Z}=$　　　[　]．

$\omega=400$ [rad/s]：$\dot{Y}=$　　　[　]．$\dot{Z}=$　　　[　]．

$\omega=\infty$ [rad/s]：$\dot{Y}=$　　　[　]．$\dot{Z}=$　　　[　]．

**問題 18.4**　右の RLC 並列回路で，下記の場合の電流 $I_1$ と $I_2$ を求めよ．

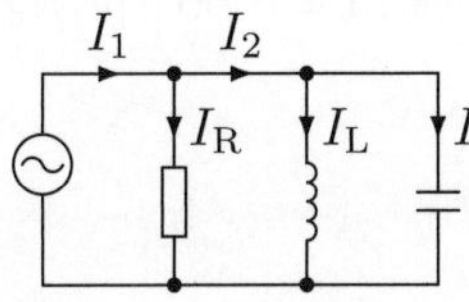


(1) $I_R=3$ [A], $I_L=7$ [A], $I_C=7$ [A] の場合．

（答）$I_1=$　　[　]．$I_2=$　　[　]．

(2) $I_R=3$ [A], $I_L=3$ [A], $I_C=7$ [A] の場合．

（答）$I_1=$　　[　]．$I_2=$　　[　]．

**問題 18.5**　角周波数 $\omega = 1000$ [rad/s] のとき，右の RLC 並列回路のコンダクタンス $G$，サセプタンス $B$，アドミタンス $\dot{Y}$ を求め，電流 $\dot{I}$ を極座標で表示せよ．

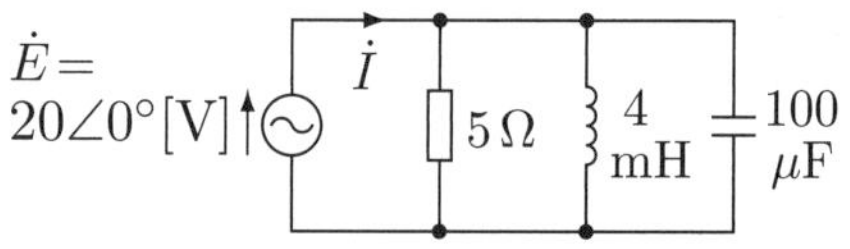


(答) $G=$　　　[　　].　$B=$　　　[　　].　$\dot{Y}=$　　　[　　].　$\dot{I}=$　　　∠　　　[　　].

**問題 18.6**　右の RLC 並列回路の電流 $I$ は，スイッチ $S_1$ と $S_2$ を開いたとき 1.2 [A]，$S_1$ のみを閉じたとき 1.5 [A]，$S_2$ のみを閉じたとき 2 [A] となる．コンダクタンス $G$ とサセプタンス $B_1$，$B_2$ を求めよ．次に，$S_1$ と $S_2$ を閉じたときの $I$ を求めよ．

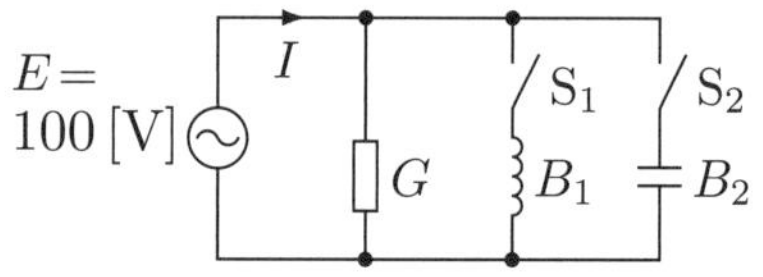


(答) $G=$　　　[　　].　$B_1=$　　　[　　].　$B_2=$　　　[　　].　$I=$　　　[　　].

**問題 18.7**　右の回路で角周波数 $\omega = 1000$ [rad/s] のとき，アドミタンス $\dot{Y}$，電圧 $\dot{V}$，電流 $\dot{I}_R, \dot{I}_L, \dot{I}_C$ を求め，$\dot{I}_R, \dot{I}_L, \dot{I}_C$ を複素平面に描け．

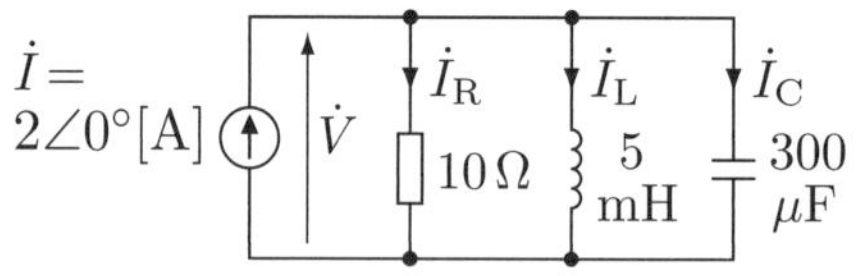


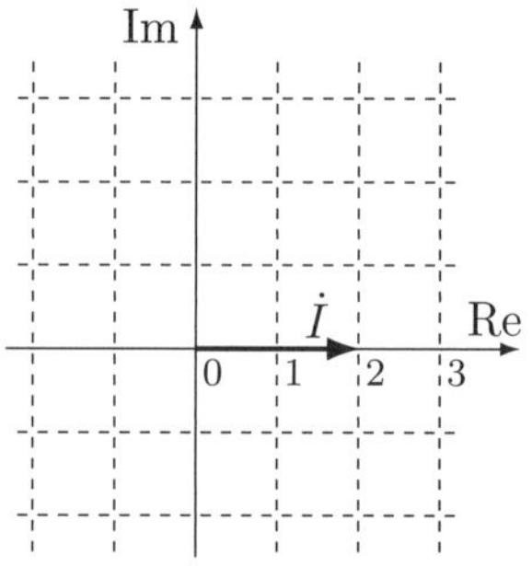


(答) $\dot{Y}=$　　　∠　　　[　　].　$\dot{V}=$　　　∠　　　[　　].
$\dot{I}_R=$　　　∠　　　[　　].　$\dot{I}_L=$　　　∠　　　[　　].　$\dot{I}_C=$　　　∠　　　[　　].

**問題 18.8**　RL 並列か RC 並列か不明の回路の電圧 $v(t)$ と電流 $i(t)$ の波形が右図のようになった．RL, RC のどちらであるかを判定し，$R$ および，$L$ または $C$ の値を求めよ．

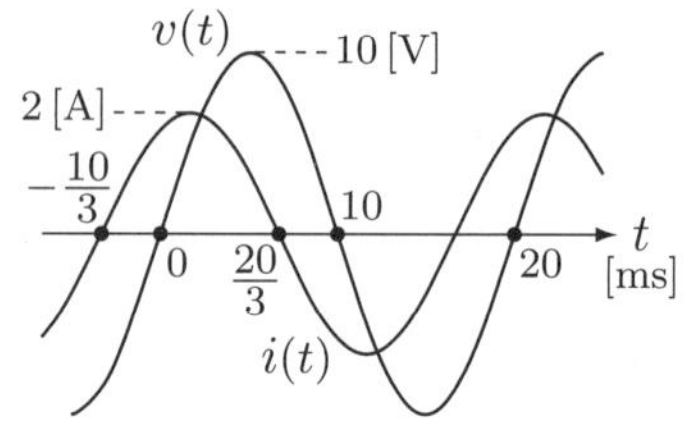


(答) RL, RC のどちらか？　　　.　$R=$　　　[　　].　$L$ または $C=$　　　[　　].

**問題 18.9**　角周波数 $\omega = 1000$ [rad/s] のとき，右の RL 並列回路と RL 直列回路が等価になるような $R$ と $L$ の値を求めよ．

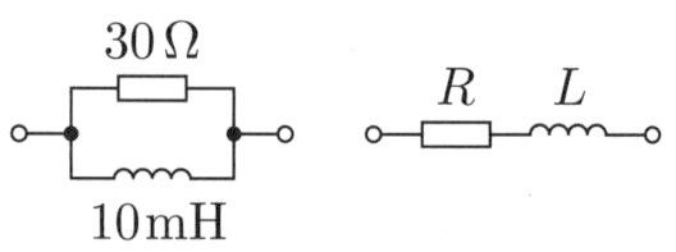


(答) $R=$　　　[　　].　$L=$　　　[　　]

**問題 18.10**　右の RC 並列回路は，電源が直流のとき $I=4$ [A] が流れ，交流 ($\omega$=1000 [rad/s]) のとき $I=5$ [A] が流れる．$R$ と $C$ を求めよ．

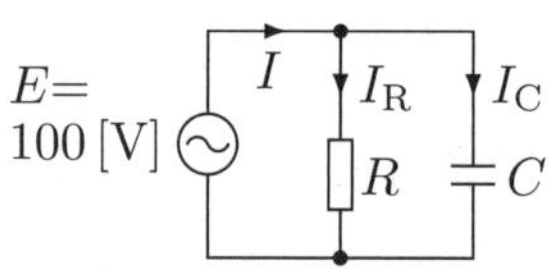


(答) $R=$　　　[　　].　$C=$　　　[　　]

| チェック項目 | 月　日 | 月　日 |
|---|---|---|
| 並列回路の計算ができる. | | |

直並列回路の計算ができる.

便宜のために，第2章の今までの主要事項をまとめる.

### 複素数 $z$

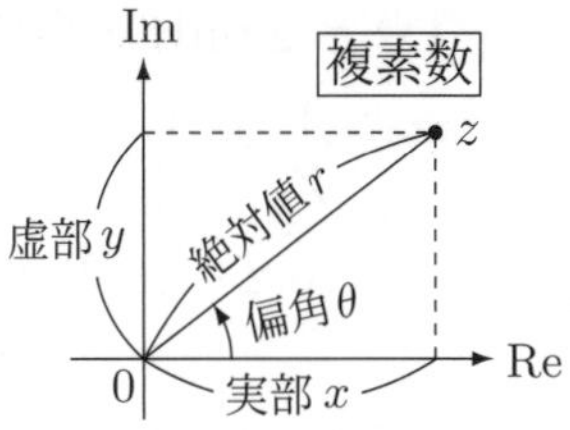


- $j$＝虚数単位. $j^2=-1$. $\times j$ は $+90°$ 回転. $\div j$ は $-90°$ 回転.
- オイラーの公式 $e^{\pm j\theta}=\cos\theta\pm j\sin\theta$.
- 直角座標表示 $z=x+jy$.（$x$：実部，$y$：虚部）　極座標表示 $z=r\,e^{j\theta}=r\angle\theta$.（$r$：絶対値，$\theta$：偏角）
- $x=r\cos\theta$. $y=r\sin\theta$. $r=\sqrt{x^2+y^2}\geqq 0$. $\theta=\tan^{-1}\dfrac{y}{x}$.

### 瞬時値 $v(t)$ とフェーザ $\dot{V}$

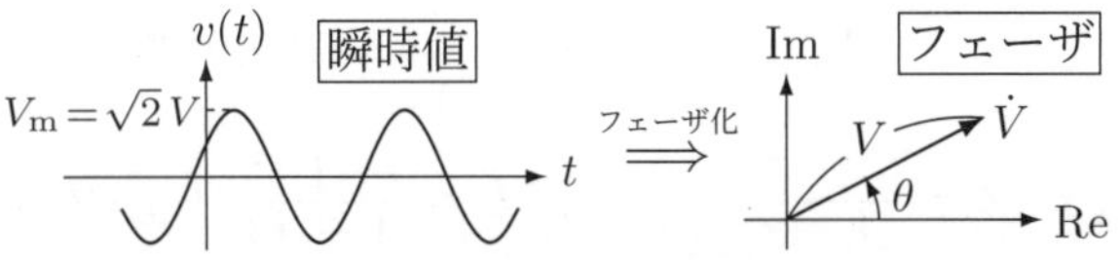


- 瞬時値 $v(t)=V_{\mathrm{m}}\sin(\omega t+\theta)=\sqrt{2}\,V\sin(\omega t+\theta)$. $\Longrightarrow$ フェーザ $\dot{V}=V\angle\theta=V\,e^{j\theta}$.（$V_{\mathrm{m}}$：最大値，$\omega$：角周波数，$\theta$：位相角，$V$：実効値）
- フェーザ $\dot{V}$ を瞬時値 $v(t)$ に戻すときは，$\sqrt{2}\,\dot{V}e^{j\omega t}=\sqrt{2}\,V e^{j(\omega t+\theta)}$ の虚部を求める.（ただし，瞬時値を cos で表す場合は，虚部ではなく実部を求める）
- 時刻 $t$ の原点を移動すれば，すべてのフェーザの位相角を同量だけ増減できる.
  → ある1つのフェーザ（たとえば，電源電圧 $\dot{E}$）の方向を基準方向 $(0°)$ に設定できる.
- フェーザ $\dot{V},\dot{I}$ に対してキルヒホッフの法則が成立するが，実効値 $V,I$ に対しては不成立.

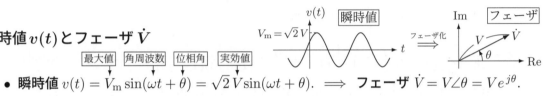

### インピーダンス $\dot{Z}$ とアドミタンス $\dot{Y}$

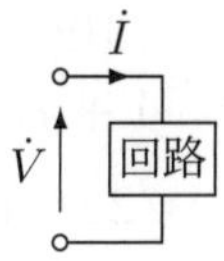


- インピーダンス $\dot{Z}=\dfrac{\dot{V}}{\dot{I}}$ [Ω]. アドミタンス $\dot{Y}=\dfrac{\dot{I}}{\dot{V}}$ [S]. $\dot{Z}=\dfrac{1}{\dot{Y}}$. $\dot{Y}=\dfrac{1}{\dot{Z}}$.
  （$\dot{Z}$ と $\dot{Y}$ は回路固有の量であり，時刻 $t$ の原点を移動しても変化しない）
- $\dot{Z}=R+jX$ [Ω].（$R$：抵抗，$X$：リアクタンス）　$\dot{Y}=G+jB$ [S].（$G$：コンダクタンス，$B$：サセプタンス）
- 直列（$\dot{Z}_1$–$\dot{Z}_2$–$\dot{Z}_3$）の合成インピーダンス $\dot{Z}=\dot{Z}_1+\dot{Z}_2+\dot{Z}_3$. 並列（$\dot{Y}_1$, $\dot{Y}_2$, $\dot{Y}_3$）の合成アドミタンス $\dot{Y}=\dot{Y}_1+\dot{Y}_2+\dot{Y}_3$. $\rightarrow \dot{Z}=\dfrac{1}{\dfrac{1}{\dot{Z}_1}+\dfrac{1}{\dot{Z}_2}+\dfrac{1}{\dot{Z}_3}}$.

### 抵抗，コイル（インダクタ），コンデンサ（キャパシタ）

| 名前 | 記号 | 瞬時値 $v$ と $i$ | インピーダンス | アドミタンス | フェーザ $\dot{I}$ と $\dot{V}$ | 位相関係 |
|---|---|---|---|---|---|---|
| **抵抗** | $R$ [Ω] | $v=Ri$ | $R$ [Ω] | $\dfrac{1}{R}$ [S] | $\dot{V}=R\dot{I}$, $\dot{I}$ | $\dot{V}$ と $\dot{I}$ は同位相. |
| **コイル** | $L$ [$H$] | $v=L\dfrac{\mathrm{d}i}{\mathrm{d}t}$ | $j\omega L$ [Ω] | $\dfrac{1}{j\omega L}$ [S] | $\dot{V}=j\omega L\dot{I}$, $\dot{I}$ | $i$ は急変しない.<br>（$i$ は慣性をもつ）<br>$\dot{I}$ は $\dot{V}$ より $90°$ 遅れ. |
| **コンデンサ** | $C$ [$F$] | $i=C\dfrac{\mathrm{d}v}{\mathrm{d}t}$ | $\dfrac{1}{j\omega C}$ [Ω] | $j\omega C$ [S] | $\dot{I}$, $\dot{V}=\dfrac{\dot{I}}{j\omega C}$ | $v$ は急変しない.<br>（$v$ は慣性をもつ）<br>$\dot{V}$ は $\dot{I}$ より $90°$ 遅れ. |

- RLC 直列の $\dot{Z}=R+j\left(\omega L-\dfrac{1}{\omega C}\right)$ [Ω].　RLC 並列の $\dot{Y}=\dfrac{1}{R}+j\left(\omega C-\dfrac{1}{\omega L}\right)$ [S].

**例題 19.1** 角周波数 $\omega=100\,[\mathrm{rad/s}]$ のとき，次のインピーダンス$\dot{Z}$とアドミタンス$\dot{Y}$を求めよ．

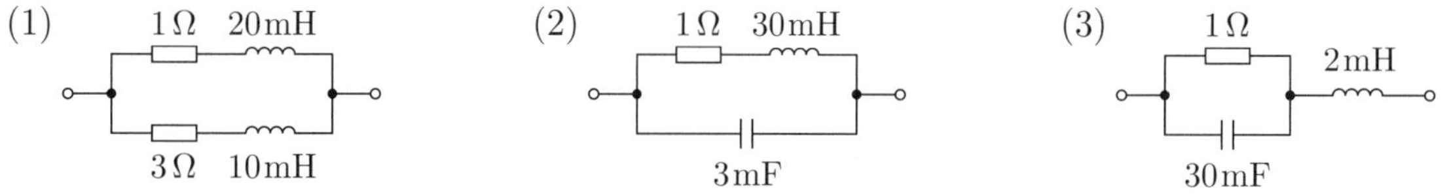


**解答** 直列の部分ではインピーダンスが和になり，並列の部分ではアドミタンスが和になる．

(1) 1Ω と 20mH の合成インピーダンスを $\dot{Z}_1$，3Ω と 10mH の合成インピーダンスを $\dot{Z}_2$ とする．

$$\dot{Y}=\frac{1}{\dot{Z}_1}+\frac{1}{\dot{Z}_2}=\frac{1}{1+j2}+\frac{1}{3+j1}=\frac{1-j2}{(1+j2)(1-j2)}+\frac{3-j1}{(3+j1)(3-j1)}$$
$$=(0.2-j0.4)+(0.3-j0.1)=0.5-j0.5=\frac{1}{\sqrt{2}}\angle-45^\circ\,[\mathrm{S}].\quad \dot{Z}=\frac{1}{\dot{Y}}=\sqrt{2}\angle 45^\circ\,[\Omega].$$

(2) $$\dot{Y}=\frac{1}{R+j\omega L}+j\omega C=\frac{1}{1+j3}+j0.3=\frac{1-j3}{(1+j3)(1-j3)}+j0.3=(0.1-j0.3)+j0.3$$
$$=0.1\angle 0^\circ\,[\mathrm{S}].\quad \dot{Z}=\frac{1}{\dot{Y}}=10\angle 0^\circ\,[\Omega].$$

(3) $$\dot{Z}=\frac{1}{\frac{1}{R}+j\omega C}+j\omega L=\frac{1}{1+j3}+j0.2=\frac{1-j3}{(1+j3)(1-j3)}+j0.2=(0.1-j0.3)+j0.2$$
$$=0.1-j0.1=\frac{1}{5\sqrt{2}}\angle-45^\circ\,[\Omega].\quad \dot{Y}=\frac{1}{\dot{Z}}=5\sqrt{2}\angle 45^\circ\,[\mathrm{S}].$$

**例題 19.2** 角周波数 $\omega=1000\,[\mathrm{rad/s}]$ のとき，右の直並列回路の電流 $\dot{I}$ と電圧 $\dot{V}_1,\dot{V}_2$ を求め，それらのフェーザを描け．

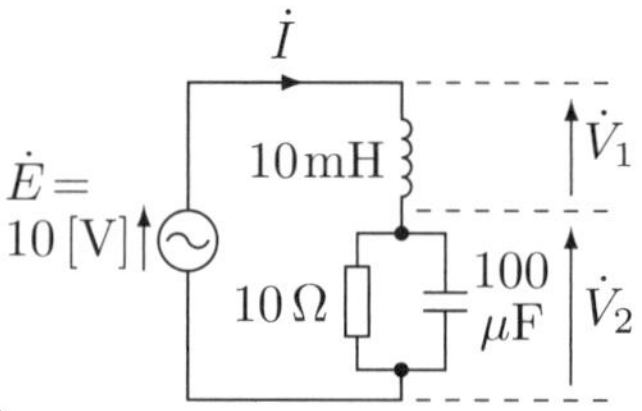


**解答** $L$ および RC 並列のインピーダンスをそれぞれ $\dot{Z}_1,\dot{Z}_2$ とすれば，

$$\dot{Z}_1=j\omega L=j10\,[\Omega].\quad \dot{Z}_2=\frac{1}{\frac{1}{R}+j\omega C}=\frac{R}{1+j\omega CR}=\frac{10}{1+j}$$
$$=\frac{10(1-j)}{(1+j)(1-j)}=5-j5\,[\Omega].\quad \dot{I}=\frac{\dot{E}}{\dot{Z}_1+\dot{Z}_2}=\frac{10}{5+j5}=\frac{10}{5\sqrt{2}\angle 45^\circ}$$
$$=\sqrt{2}\angle-45^\circ\,[\mathrm{A}].\quad \dot{V}_1=\dot{Z}_1\dot{I}=(10\angle 90^\circ)\times(\sqrt{2}\angle-45^\circ)=10\sqrt{2}\angle 45^\circ\,[\mathrm{V}].$$
$$\dot{V}_2=\dot{Z}_2\dot{I}=(5\sqrt{2}\angle-45^\circ)\times(\sqrt{2}\angle-45^\circ)=10\angle-90^\circ\,[\mathrm{V}].$$

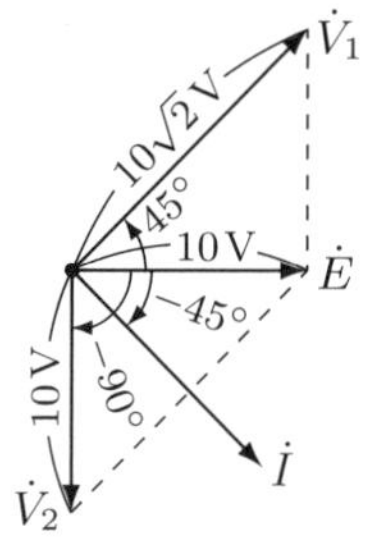


**例題 19.3** 角周波数 $\omega=100\,[\mathrm{rad/s}]$ のとき，右の回路の電圧 $\dot{V}$ を求めよ．ただし，$L_1=1\,[\mathrm{mH}]$, $L_2=4\,[\mathrm{mH}]$, $C_1=1\,[\mu\mathrm{F}]$, $C_2=4\,[\mu\mathrm{F}]$.

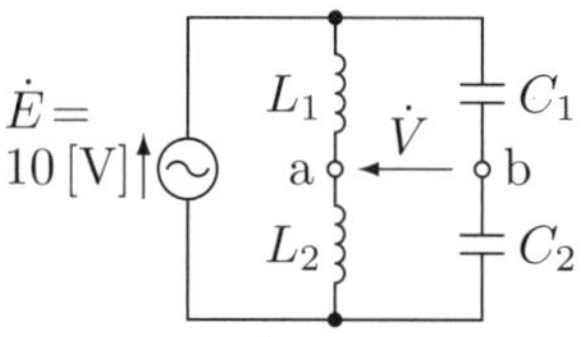


**解答** 各素子のインピーダンスで電源電圧 $\dot{E}$ を分圧すれば，

点 a の電位 $\dot{V}_\mathrm{a}=\dfrac{j\omega L_2}{j\omega L_1+j\omega L_2}\times\dot{E}=\dfrac{L_2}{L_1+L_2}\times\dot{E}=\dfrac{4}{1+4}\times 10=8\,[\mathrm{V}].$

点 b の電位 $\dot{V}_\mathrm{b}=\dfrac{\frac{1}{j\omega C_2}}{\frac{1}{j\omega C_1}+\frac{1}{j\omega C_2}}\times\dot{E}=\dfrac{C_1}{C_2+C_1}\times\dot{E}=\dfrac{1}{4+1}\times 10=2\,[\mathrm{V}].\quad\therefore\dot{V}=\dot{V}_\mathrm{a}-\dot{V}_\mathrm{b}=6\,[\mathrm{V}].$

**例題 19.4** 角周波数 $\omega=400\,[\mathrm{rad/s}]$ のとき，スイッチ S の開閉にかかわらず右の回路の電流 $I$ は $5\,[\mathrm{A}]$ だった．$L, C\neq 0$ の値を求めよ．

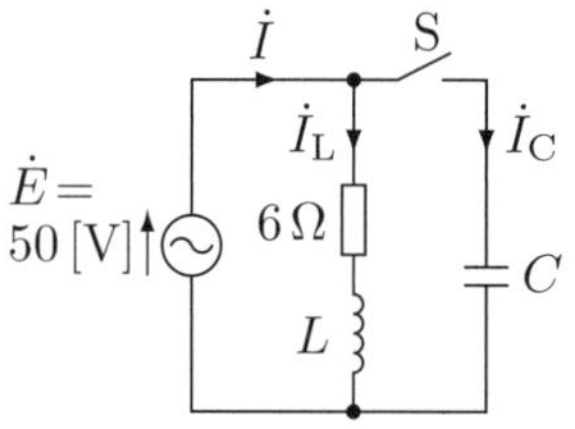


**解答** S を開いたとき，$\dfrac{\dot{E}}{\dot{I}}=R+j\omega L.\ \xrightarrow{\text{絶対値}}\ \dfrac{E}{I}=\sqrt{R^2+(\omega L)^2}.$

$\therefore 10=\sqrt{6^2+(\omega L)^2}.\ \rightarrow\ \omega L=8.\quad L=\dfrac{8}{\omega}=\dfrac{8}{400}=0.02\,[\mathrm{H}]=20\,[\mathrm{mH}].$

$\dot{I}_\mathrm{L}=\dfrac{\dot{E}}{R+j\omega L}=\dfrac{50}{6+j8}=\dfrac{50(6-j8)}{(6+j8)(6-j8)}=3-j4\,[\mathrm{A}].$ S を閉じたとき，$\dot{I}_\mathrm{C}=j8\,[\mathrm{A}]$ ならば，

$\dot{I}=\dot{I}_\mathrm{L}+\dot{I}_\mathrm{C}=3+j4\ \rightarrow\ I=5$ となるから，$\dot{I}_\mathrm{C}=j\omega C\dot{E}=j8.\ \rightarrow\ C=\dfrac{8}{\omega E}=400\,[\mu\mathrm{F}].$

| ドリル No.19 | Class | | No. | | Name | |
|---|---|---|---|---|---|---|

| $x$ | 0 | 1/4 | 1/3 | 1/2 | 2/3 | 3/4 | 1 | 4/3 | 3/2 | 2 | 3 | 4 | $\infty$ |
|---|---|---|---|---|---|---|---|---|---|---|---|---|---|
| $\tan^{-1}x$ | 0° | 14.0° | 18.4° | 26.6° | 33.7° | 36.9° | 45° | 53.1° | 56.3° | 63.4° | 71.6° | 76.0° | 90° |

**問題 19.1** 角周波数 $\omega=100$ [rad/s] のとき, 次のインピーダンス $\dot{Z}$ とアドミタンス $\dot{Y}$ を求めよ.

(1)

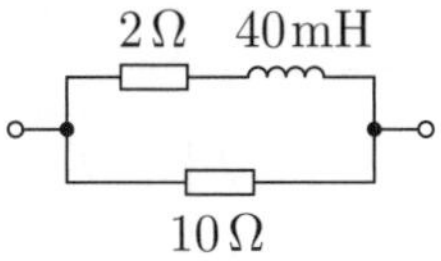


(答) $\dot{Z}=$ ∠ [ ]. $\dot{Y}=$ ∠ [ ].

(2)

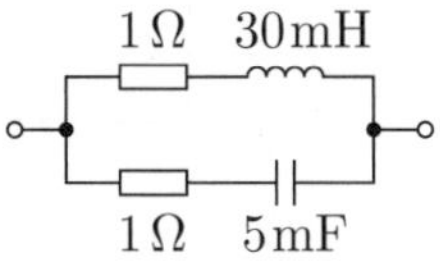


(答) $\dot{Z}=$ ∠ [ ]. $\dot{Y}=$ ∠ [ ].

(3)

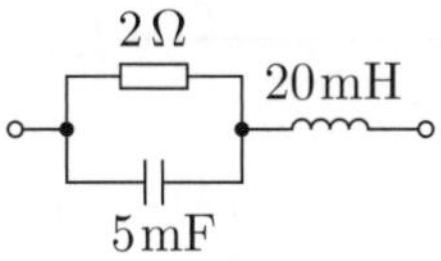


(答) $\dot{Z}=$ ∠ [ ]. $\dot{Y}=$ ∠ [ ].

**問題 19.2** 角周波数 $\omega=100$ [rad/s] のとき, 次の電流 $\dot{I}$ と電圧 $\dot{V}_1, \dot{V}_2$ を求め, フェーザを描け.

(1)

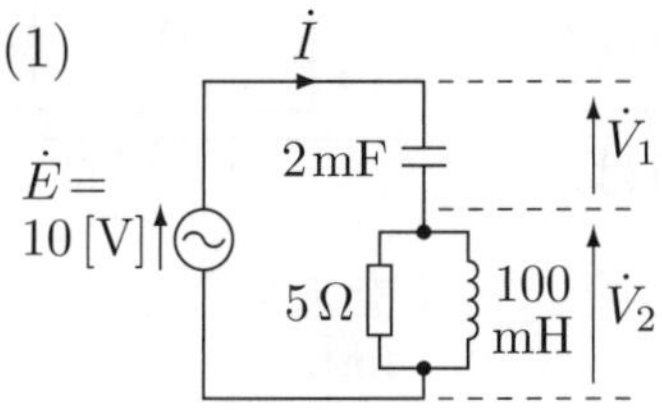


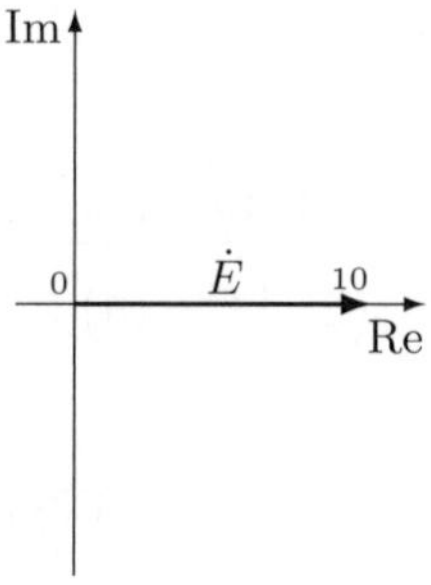


(答) $\dot{I}=$ ∠ [ ].

$\dot{V}_1=$ ∠ [ ]. $\dot{V}_2=$ ∠ [ ].

(2)

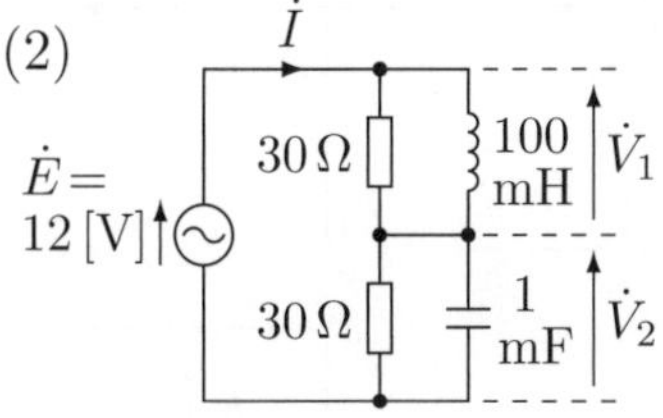


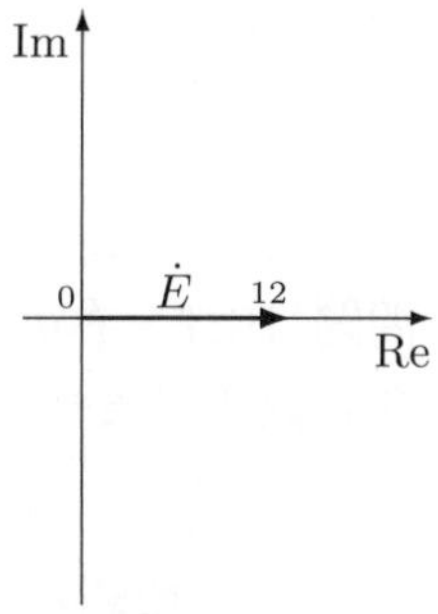


(答) $\dot{I}=$ ∠ [ ].

$\dot{V}_1=$ ∠ [ ]. $\dot{V}_2=$ ∠ [ ].

**問題 19.3** 角周波数 $\omega=100$ [rad/s] のとき, 次の電流 $\dot{I}, \dot{I}_1, \dot{I}_2$ を求め, フェーザを描け.

(1)

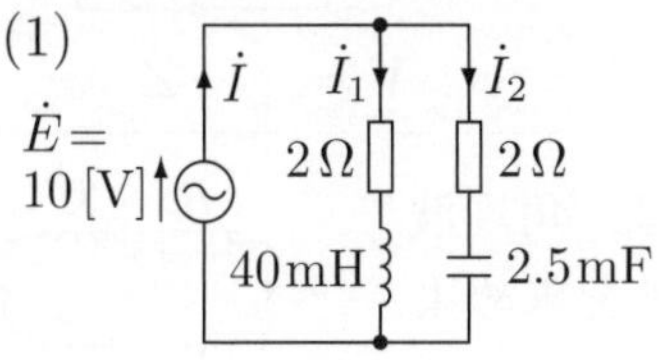


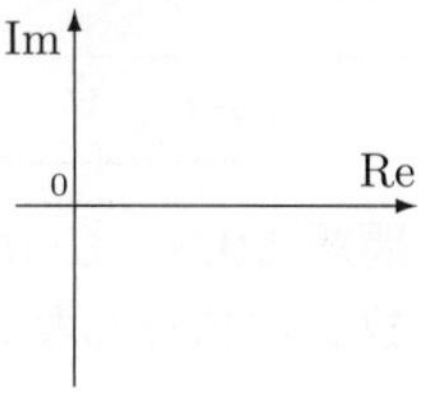


(答) $\dot{I}_1=$ ∠ [ ]. $\dot{I}_2=$ ∠ [ ]. $\dot{I}=$ ∠ [ ].

(2)

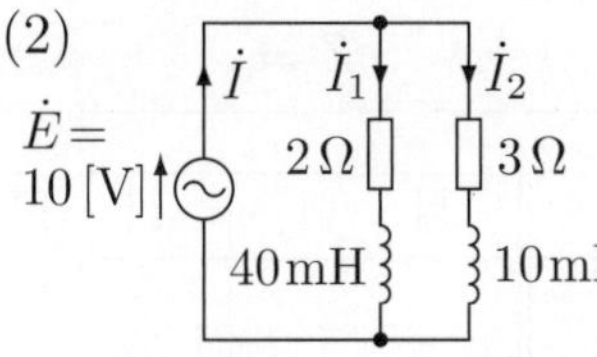


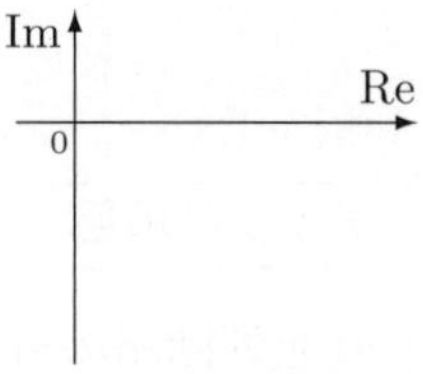


(答) $\dot{I}_1=$ ∠ [ ]. $\dot{I}_2=$ ∠ [ ]. $\dot{I}=$ ∠ [ ].

**問題 19.4**　右の回路の電源の瞬時電圧が $e(t)=10\sqrt{2}\sin(100t)$ [V] のとき，瞬時電圧 $v_1(t)$, $v_2(t)$ を求めよ．

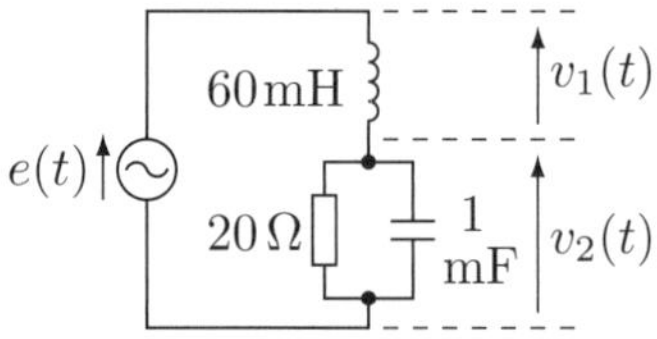


（答）$v_1(t)=$　　　sin(　　　　　　)［　］．$v_2(t)=$　　　sin(　　　　　　)［　］．

**問題 19.5**　角周波数 $\omega=100$ [rad/s] のとき，右の回路の電流 $I, I_1, I_2$ がすべて 1 [A] となった．$\dot{E}$ を基準方向としてフェーザ $\dot{I}, \dot{I}_1, \dot{I}_2$ を描き，$R, L, C$ の値を求めよ．

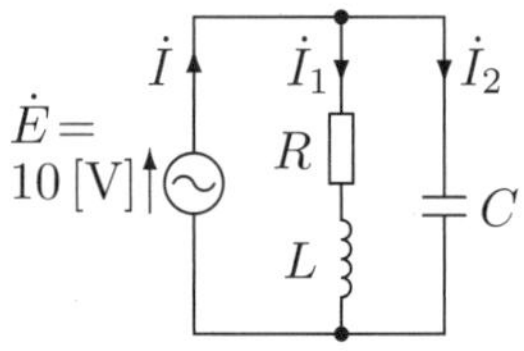


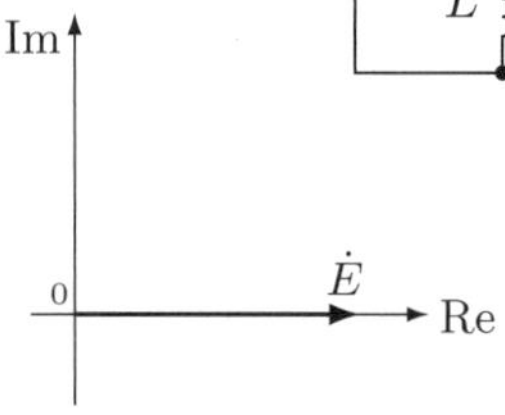


（答）$R=$　　　［　］．$L=$　　　［　　］ $C=$　　　［　　］．

**問題 19.6**　右図の回路 (a),(b) において，角周波数 $\omega=1000$ [rad/s] のとき，次の問に答えよ．

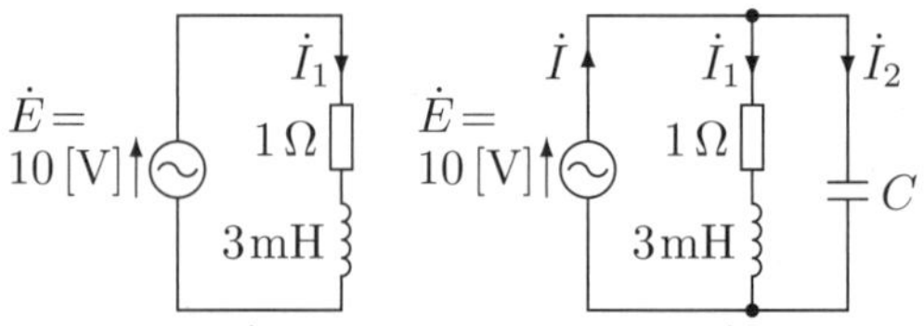


回路 (a)　　回路 (b)

(1) 回路 (a) の電流 $\dot{I}_1$ とその実効値 $I_1$ を求めよ．

（答）$\dot{I}_1=$　　　$-j$　　　［　］．$I_1=$　　　［　］．

(2) 回路 (a) に並列に $C$ を接続した回路 (b) で，$C$ を変数として電流 $\dot{I}_2$ と $\dot{I}$ を求めよ．

（答）$\dot{I}_2=$　　　［　］．$\dot{I}=$　　　$+j$　　　［　］．

(3) 電流 $I$ を最小にする $C$ を求め，このときの $\dot{I}_1, \dot{I}_2, \dot{I}$ のフェーザを描け．

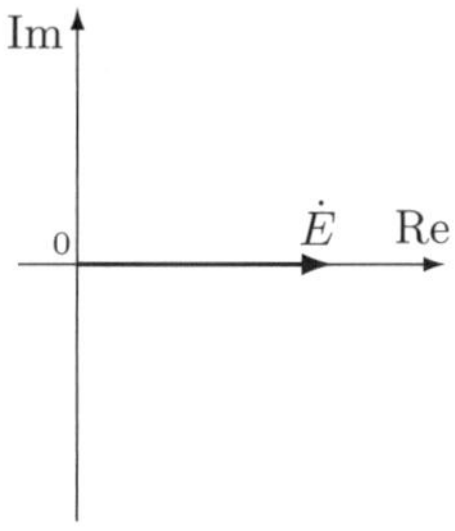


（答）$C=$　　　［　　］．

**問題 19.7**　右の回路の出力電圧 $\dot{V}$ とその実効値 $V$ を，$\omega, R, L, E$ を含む数式で表せ．次に，$\omega=0$, $\omega=\frac{R}{L}$, $\omega=\infty$ のときの $\dot{V}$ を求めよ．

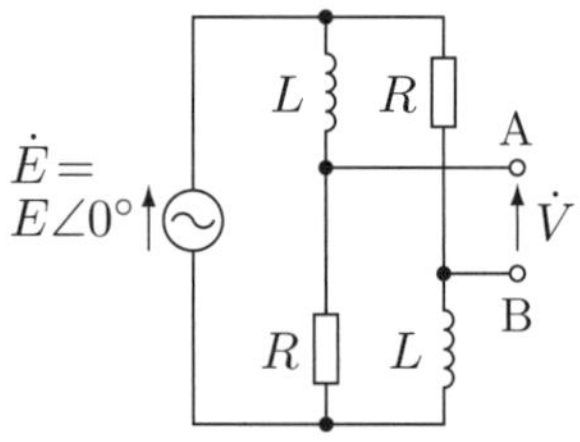


（答）$\dot{V}=$　　　　　．$V=$　　　　．

$\omega=0$：$\dot{V}=$　　$\angle$　　．$\omega=\frac{R}{L}$：$\dot{V}=$　　$\angle$　　．$\omega=\infty$：$\dot{V}=$　　$\angle$　　．

**問題 19.8**　$L=CR^2$ が成り立つとき，右の回路のアドミタンス $\dot{Y}$ は，角周波数 $\omega$ に依存しない値となる．このときの $\dot{Y}$ およびインピーダンス $\dot{Z}$ を求めよ．

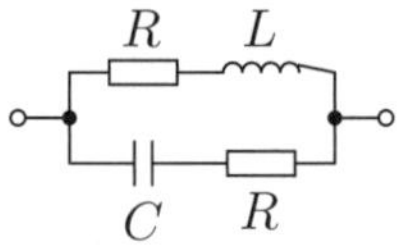


（答）$\dot{Y}=$　　　　．$\dot{Z}=$　　　　．

| チェック項目 | 月　日 | 月　日 |
|---|---|---|
| 直並列回路の計算ができる． | | |

共振回路の計算ができる.

## 直列共振回路

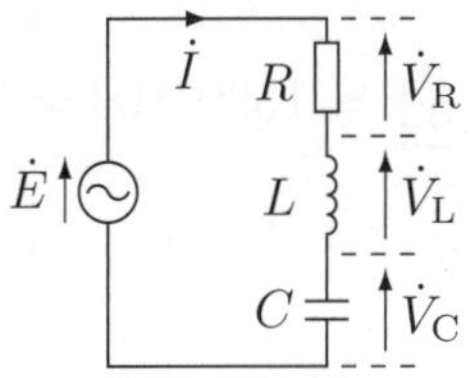

[直列共振回路]

- 右の回路を**直列共振回路**という(ただし, $R$=小).
- 電流 $\dot{I}=\dfrac{\dot{E}}{R+j\left(\omega L-\frac{1}{\omega C}\right)}$, $\quad I=|\dot{I}|=\dfrac{E}{\sqrt{R^2+\left(\omega L-\frac{1}{\omega C}\right)^2}}$.
- $\omega L=\dfrac{1}{\omega C}$ のとき, 上式分母は最小. → $I$ は最大(**共振**).
  このときの $\omega$ を**共振角周波数** $\boldsymbol{\omega_{\mathrm{r}}}$ という.

  $$\boxed{\omega_{\mathrm{r}}L=\frac{1}{\omega_{\mathrm{r}}C}. \ \rightarrow \ \omega_{\mathrm{r}}=\frac{1}{\sqrt{LC}}\ [\mathrm{rad/s}],\quad f_{\mathrm{r}}=\frac{1}{2\pi\sqrt{LC}}\ [\mathrm{Hz}].}$$

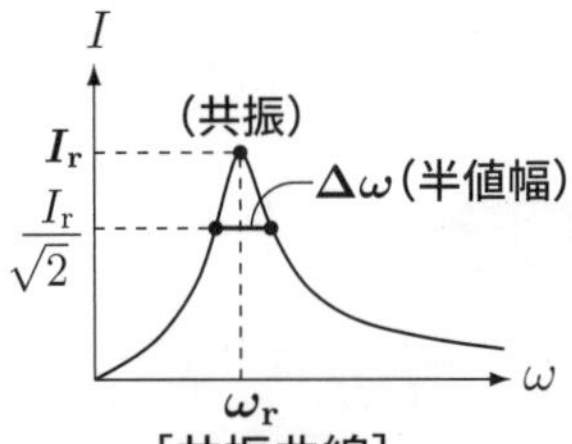

[共振曲線]

- **共振時($\boldsymbol{\omega=\omega_{\mathrm{r}}}$)の特徴**
  $\dot{V}_{\mathrm{L}}=j\omega_{\mathrm{r}}L\dot{I}$ と $\dot{V}_{\mathrm{C}}=-j\dfrac{1}{\omega_{\mathrm{r}}C}\dot{I}$ は, 大きさが等しく向きが逆.
  $\dot{E}=\dot{V}_{\mathrm{R}}+\cancel{\dot{V}_{\mathrm{L}}}+\cancel{\dot{V}_{\mathrm{C}}}=\dot{V}_{\mathrm{R}}=R\dot{I}$. → **共振電流** $\dot{\boldsymbol{I}}_{\mathbf{r}}=\dfrac{\dot{E}}{R}$.
  $\dot{Z}=R+j\left(\cancel{\omega_{\mathrm{r}}L}-\cancel{\dfrac{1}{\omega_{\mathrm{r}}C}}\right)=R=$ 実数.

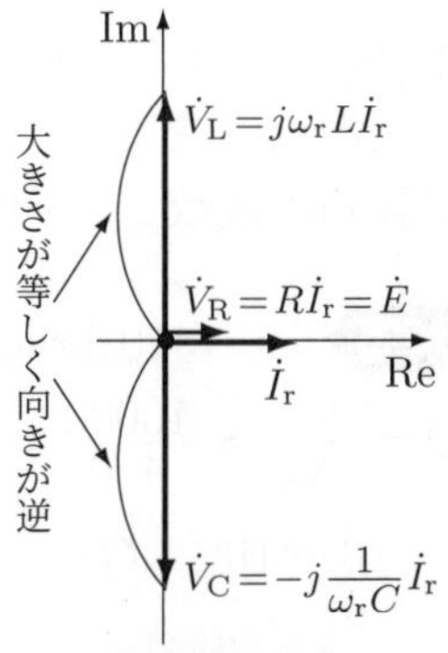

[共振時のフェーザ]

- **共振の鋭さ・電圧拡大率・回路の良さ(Quality factor)$\boldsymbol{Q}$**

$$Q=\begin{cases}\text{電圧拡大率}\ \left.\dfrac{V_{\mathrm{L}}}{E}\right|_{\omega=\omega_{\mathrm{r}}}=\dfrac{\omega_{\mathrm{r}}LI_{\mathrm{r}}}{RI_{\mathrm{r}}}=\dfrac{\omega_{\mathrm{r}}L}{R}.\\[2ex] \text{電圧拡大率}\ \left.\dfrac{V_{\mathrm{C}}}{E}\right|_{\omega=\omega_{\mathrm{r}}}=\dfrac{\frac{1}{\omega_{\mathrm{r}}C}I_{\mathrm{r}}}{RI_{\mathrm{r}}}=\dfrac{1}{\omega_{\mathrm{r}}CR}.\\[2ex] \text{共振曲線の鋭さ}=\dfrac{\text{共振角周波数}}{\text{半値幅}}=\dfrac{\omega_{\mathrm{r}}}{\Delta\omega}.\end{cases}\quad \overset{\omega_{\mathrm{r}}=\frac{1}{\sqrt{LC}}}{\Longrightarrow}\ Q=\frac{1}{R}\sqrt{\frac{L}{C}}.$$

- LC 直列(o―LC―o)は, 共振時に $\dot{Z}=0$. → 短絡と等価.

## 並列共振回路

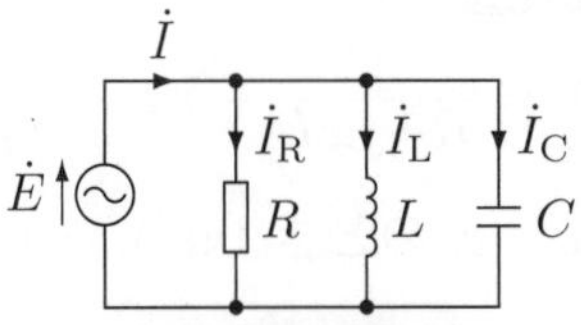

[並列共振回路]

- 右の回路を**並列共振回路**という(ただし, $R$=大).
- 電流 $\dot{I}=\left[\frac{1}{R}+j\left(\omega C-\frac{1}{\omega L}\right)\right]\dot{E}$, $\quad I=|\dot{I}|=\sqrt{\left(\frac{1}{R}\right)^2+\left(\omega C-\frac{1}{\omega L}\right)^2}\,E$.
- $\omega C=\dfrac{1}{\omega L}$ のとき, $I$ は最小(**並列共振・反共振**).
  この $\omega$ を**反共振角周波数** $\omega_{\mathrm{r}}$ という. → $\boxed{\omega_{\mathrm{r}}=\dfrac{1}{\sqrt{LC}}\ [\mathrm{rad/s}].}$

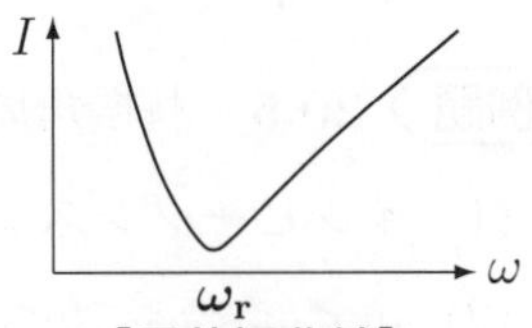

[反共振曲線]

- **反共振時($\boldsymbol{\omega=\omega_{\mathrm{r}}}$)の特徴**
  $\dot{I}_{\mathrm{C}}=j\omega_{\mathrm{r}}C\dot{E}$ と $\dot{I}_{\mathrm{L}}=-j\dfrac{1}{\omega_{\mathrm{r}}L}\dot{E}$ は, 大きさが等しく向きが逆.
  $\dot{I}=\dot{I}_{\mathrm{R}}+\cancel{\dot{I}_{\mathrm{C}}}+\cancel{\dot{I}_{\mathrm{L}}}=\dot{I}_{\mathrm{R}}$. $\quad\dot{Y}=\frac{1}{R}+j\left(\cancel{\omega_{\mathrm{r}}C}-\cancel{\frac{1}{\omega_{\mathrm{r}}L}}\right)=\frac{1}{R}$. → $\dot{Z}=R$.
- LC 並列(o―L∥C―o)は, 反共振時に $\dot{Y}=0$, $\dot{Z}=\infty$. → 開放と等価.
- 実際の並列共振回路は $L$ の抵抗分 $r$ のため, 右の形になる.

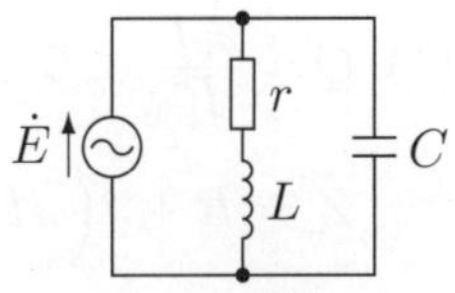

[実際の並列共振回路]

共振回路では, 共振時(反共振時)に $\dot{Z}$ と $\dot{Y}$ は実数となる.
→ $\mathrm{Im}(\dot{Z})=0$, $\mathrm{Im}(\dot{Y})=0$ より, $\omega_{\mathrm{r}}$ が求められる.

**例題 20.1**　右の直列共振回路の共振角周波数 $\omega_{\rm r}$，共振周波数 $f_{\rm r}$，回路の $Q$，共振時の $\dot{I}, \dot{V}_{\rm R}, \dot{V}_{\rm L}, \dot{V}_{\rm C}$ を求め，共振時の $\dot{V}_{\rm R}, \dot{V}_{\rm L}, \dot{V}_{\rm C}$ のフェーザを描け．

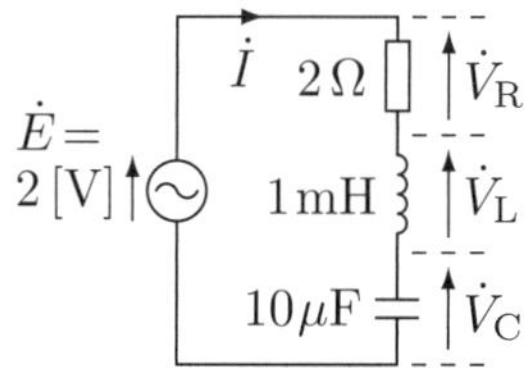


**解答**　$\omega_{\rm r}=\dfrac{1}{\sqrt{LC}}=\dfrac{1}{\sqrt{10^{-3}\times10^{-5}}}=\dfrac{1}{\sqrt{10^{-8}}}=\dfrac{1}{10^{-4}}=10^4$ [rad/s].

$f_{\rm r}=\dfrac{\omega_{\rm r}}{2\pi}\fallingdotseq 1590$ [Hz] $=1.59$ [kHz].　$Q=\dfrac{\omega_{\rm r}L}{R}=\dfrac{10^4\times10^{-3}}{2}=5$.　共振時に，

$\dot{I}=\dfrac{\dot{E}}{R}=1\angle0^\circ$ [A].　$\dot{V}_{\rm R}=\dot{E}=2\angle0^\circ$ [V].　$\dot{V}_{\rm L}=j\omega_{\rm r}L\dot{I}=j10=10\angle90^\circ$ [V].

$\dot{V}_{\rm C}=\dfrac{\dot{I}}{j\omega_{\rm r}C}=-j10=10\angle-90^\circ$ [V].　（$\dot{V}_{\rm L}=jQ\dot{E}$，$\dot{V}_{\rm C}=-jQ\dot{E}$ となる．）

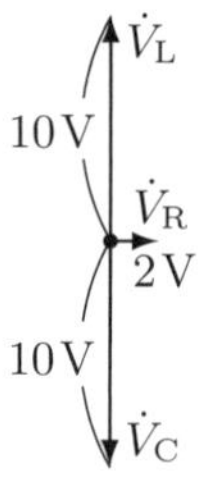


**例題 20.2**　RLC 直列共振回路で，電源電圧 $E=0.2$ [V]，共振角周波数 $\omega_{\rm r}=10^5$ [rad/s]，共振電流 $I_{\rm r}=40$ [mA]，回路の $Q=20$ であるとき，$R, L, C$ の値，共振時の電圧 $V_{\rm R}, V_{\rm L}, V_{\rm C}$ を求めよ．

**解答**　$I_{\rm r}=\dfrac{E}{R}$ より $R=\dfrac{E}{I_{\rm r}}=\dfrac{0.2}{0.04}=5$ [Ω].　$Q=\dfrac{\omega_{\rm r}L}{R}$ より $L=\dfrac{QR}{\omega_{\rm r}}=\dfrac{20\times5}{10^5}=10^{-3}$ [H] $=1$ [mH].

$Q=\dfrac{1}{\omega_{\rm r}CR}$ より $C=\dfrac{1}{\omega_{\rm r}QR}=\dfrac{1}{10^5\times20\times5}=\dfrac{1}{10^7}=10^{-7}$ [F] $=0.1$ [μF].

共振時に，$V_{\rm R}=E=0.2$ [V].　$V_{\rm L}=V_{\rm C}=QE=20\times0.2=4$ [V].

**例題 20.3**　RLC 直列共振回路の電源電圧を $E=0.8$ [V] に固定し，角周波数 $\omega$ を変化させて電流 $I$ を測ったとき，右図のようになった．共振角周波数 $\omega_{\rm r}$，半値幅 $\Delta\omega$，および $Q, R, L, C$ の値を求めよ．

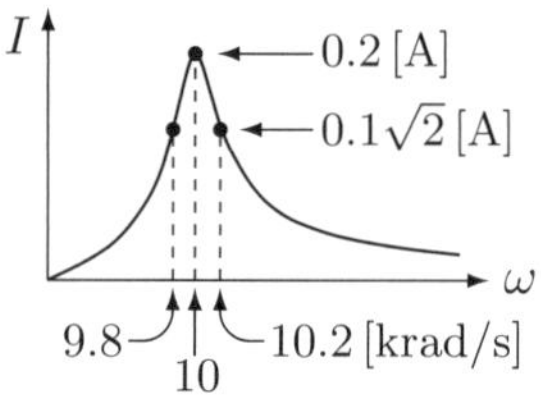


**解答**　$\omega_{\rm r}=10$ [krad/s].　$\Delta\omega=10.2-9.8=0.4$ [krad/s].

$Q=\dfrac{\omega_{\rm r}}{\Delta\omega}=\dfrac{10000}{400}=25$.　$R=\dfrac{E}{I_{\rm r}}=\dfrac{0.8}{0.2}=4$ [Ω].　$Q=\dfrac{\omega_{\rm r}L}{R}$ より $L=\dfrac{QR}{\omega_{\rm r}}=\dfrac{25\times4}{10^4}=10^{-2}$ [H]

$=10$ [mH].　$Q=\dfrac{1}{\omega_{\rm r}CR}$ より $C=\dfrac{1}{\omega_{\rm r}QR}=\dfrac{1}{10^4\times25\times4}=10^{-6}$ [F] $=1$ [μF].

**例題 20.4**　右の並列共振回路の反共振角周波数 $\omega_{\rm r}$ を求めよ．

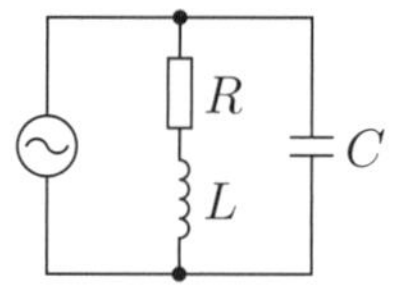


**解答**　アドミタンス $\dot{Y}$ が実数になる条件から求める．

$$\dot{Y}=\frac{1}{R+j\omega L}+j\omega C=\frac{R-j\omega L}{R^2+(\omega L)^2}+j\omega C=\frac{R}{R^2+(\omega L)^2}+j\omega\left[C-\frac{L}{R^2+(\omega L)^2}\right].$$

$\omega=\omega_{\rm r}$ のとき ${\rm Im}(\dot{Y})=0$ になるから，$C=\dfrac{L}{R^2+(\omega_{\rm r}L)^2}$.　$R^2+(\omega_{\rm r}L)^2=\dfrac{L}{C}$.　$(\omega_{\rm r}L)^2=\dfrac{L}{C}-R^2$.

$\therefore\ \omega_{\rm r}=\dfrac{1}{L}\sqrt{\dfrac{L}{C}-R^2}=\dfrac{1}{\sqrt{LC}}\sqrt{1-\dfrac{CR^2}{L}}$.　$R^2\ll\dfrac{L}{C}$ ならば，$\omega_{\rm r}\fallingdotseq\dfrac{1}{\sqrt{LC}}$ となる．

**例題 20.5**　共振角周波数 $\omega_{\rm r}$，回路の良さ $Q$ の RLC 直列共振回路について，下記に答えよ．

(1) インピーダンス $\dot{Z}$ を $R, Q, \omega, \omega_{\rm r}$ で表せ．

(2) $\omega_1<\omega_{\rm r}<\omega_2$ かつ $I(\omega_1)=I(\omega_2)$ のとき，$\omega_1$ と $\omega_2$ の関係を求めよ．

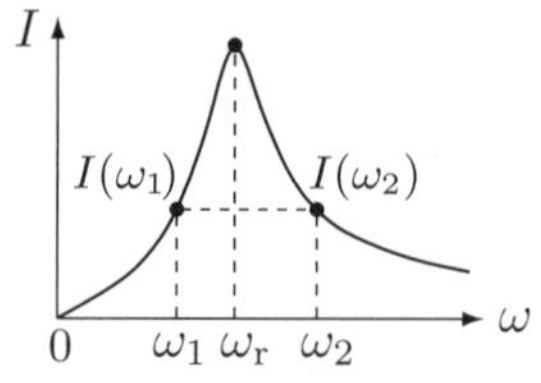


**解答**

(1) $Q=\dfrac{\omega_{\rm r}L}{R}$ より $L=\dfrac{QR}{\omega_{\rm r}}$.　$Q=\dfrac{1}{\omega_{\rm r}CR}$ より $C=\dfrac{1}{\omega_{\rm r}QR}$. したがって，

$$\dot{Z}=R+j\left(\omega L-\frac{1}{\omega C}\right)=R+j\left(\frac{\omega QR}{\omega_{\rm r}}-\frac{\omega_{\rm r}QR}{\omega}\right)=R\left[1+jQ\left(\frac{\omega}{\omega_{\rm r}}-\frac{\omega_{\rm r}}{\omega}\right)\right].$$

(2) $I(\omega_1)=I(\omega_2)$. → $|\dot{Z}(\omega_1)|=|\dot{Z}(\omega_2)|$. → $|X(\omega_1)|=|X(\omega_2)|$. → $X(\omega_1)=-X(\omega_2)$.

$\therefore\ \left(\dfrac{\omega_1}{\omega_{\rm r}}-\dfrac{\omega_{\rm r}}{\omega_1}\right)=-\left(\dfrac{\omega_2}{\omega_{\rm r}}-\dfrac{\omega_{\rm r}}{\omega_2}\right)$. → $\dfrac{\omega_1+\omega_2}{\omega_{\rm r}}=\dfrac{\omega_{\rm r}(\omega_1+\omega_2)}{\omega_1\omega_2}$.　したがって，$\omega_1\omega_2={\omega_{\rm r}}^2$.

| ドリル No.20 | Class | | No. | | Name | |
|---|---|---|---|---|---|---|

**問題 20.1**　RLC 直列共振回路に関する下記の問題に答えよ．

(1) $L=5$ [mH], $C=0.5$ [$\mu$F], $R=5$ [$\Omega$] のときの共振角周波数 $\omega_{\mathrm{r}}$ と回路の $Q$ を求めよ．

（答）$\omega_{\mathrm{r}}=$ 　　　[　　]．$Q=$ 　　　．

(2) $L=2$ [mH] のとき，共振角周波数を $10^4$ [rad/s] にするための $C$ の値を求めよ．

（答）$C=$ 　　　[　　]．

(3) $C$ の値を変化させて共振周波数を 2 倍にするためには，$C$ をどうすればよいか？

（答）　　　　　　．

(4) ある周波数のとき，$V_{\mathrm{R}}=0.5$ [V], $V_{\mathrm{L}}=V_{\mathrm{C}}=10$ [V] となった．回路の $Q$ を求めよ．

（答）$Q=$ 　　　．

(5) 共振周波数 $f_{\mathrm{r}}=90$ [kHz]，半値幅 $\Delta f=6$ [kHz] のとき，回路の $Q$ を求めよ．

（答）$Q=$ 　　　．

**問題 20.2**　右の共振回路の共振角周波数 $\omega_{\mathrm{r}}$，共振周波数 $f_{\mathrm{r}}$，回路の $Q$，共振時の $\dot{I}, \dot{V}_{\mathrm{R}}, \dot{V}_{\mathrm{L}}, \dot{V}_{\mathrm{C}}$ を求めよ．

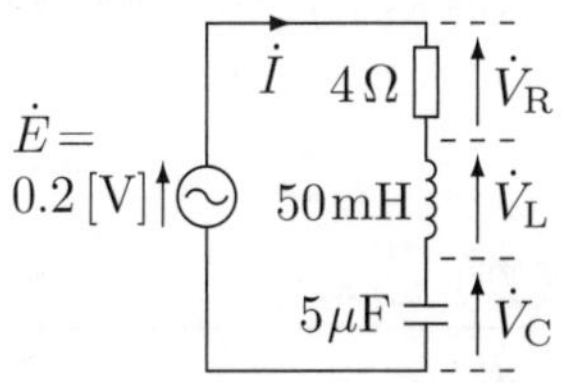


（答）$\omega_{\mathrm{r}}=$ 　　　[　　]．$f_{\mathrm{r}}=$ 　　　[　　]．$Q=$ 　　　．$\dot{I}=$ 　　　$\angle$ 　　　[　　]．

$\dot{V}_{\mathrm{R}}=$ 　　　$\angle$ 　　　[　　]．$\dot{V}_{\mathrm{L}}=$ 　　　$\angle$ 　　　[　　]．$\dot{V}_{\mathrm{C}}=$ 　　　$\angle$ 　　　[　　]．

**問題 20.3**　右の共振回路は，共振角周波数が $10^6$ [rad/s]，共振電流が 5 [mA]，$Q=50$ である．$R, L, C$ の値を求めよ．

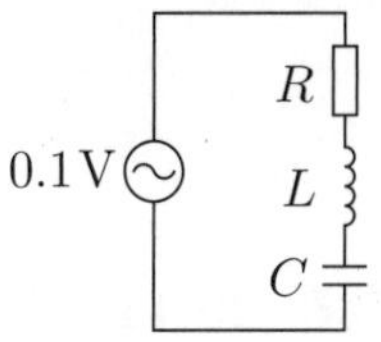


（答）$R=$ 　　[　　]．$L=$ 　　[　　]．$C=$ 　　[　　]．

**問題 20.4**　右の共振回路は，共振角周波数が $2\times10^4$ [rad/s]，半値幅が $10^3$ [rad/s] である．回路の $Q$ と，$L, C$ の値を求めよ．

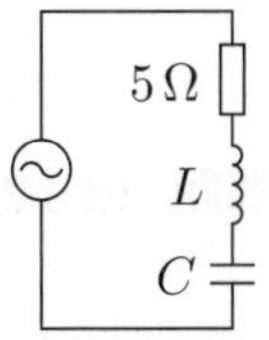


（答）$Q=$ 　　．$L=$ 　　[　　]．$C=$ 　　[　　]．

**問題 20.5**　右の共振回路は，共振時に $V_{\mathrm{C}}=10$ [V] となる．共振角周波数 $\omega_{\mathrm{r}}$ と $C$ の値を求めよ．

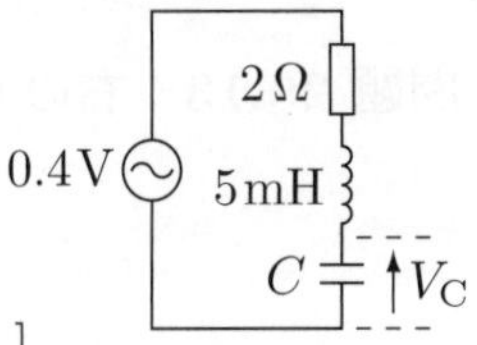


（答）$\omega_{\mathrm{r}}=$ 　　　[　　]．$C=$ 　　　[　　]．

**問題 20.6**　RLC 直列共振回路において，$\dfrac{\omega_{\mathrm{r}}}{\Delta\omega}=\dfrac{\omega_{\mathrm{r}}L}{R}$ が成り立つことを示せ．

**問題 20.7**　RLC 直列共振回路の電源電圧を $E = 0.2$ [V] に固定し，角周波数 $\omega$ を変化させて電流 $I$ を測ったとき，右図のようになった．共振角周波数 $\omega_r$，および $Q, R, L, C$ の値を求めよ．

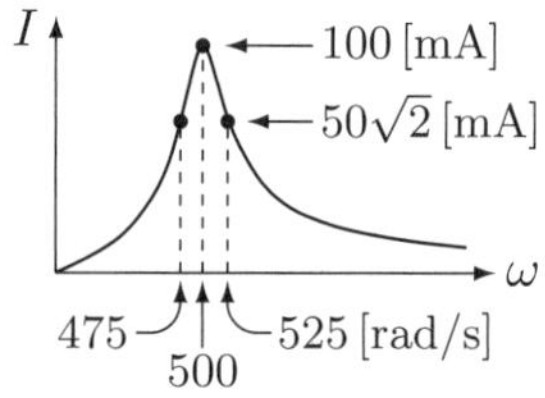


（答）$\omega_r =$　　　[　　]．$Q =$　　　．$R =$　　　[　]．$L =$　　　[　　]．$C =$　　　[　　]．

**問題 20.8**　RLC 直列共振回路の電源電圧 $E$ を一定にし，角周波数 $\omega$ を変化させて電流 $I$ とコンデンサ電圧 $V_C$ を測ったら右図のようになった．$E, Q, R, L, C$ の値を求めよ．

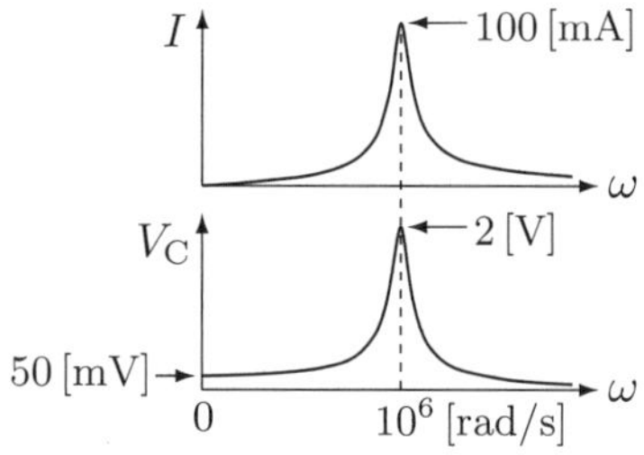


（答）$E =$　　　[　　]．$Q =$　　　．$R =$　　　[　]．$L =$　　　[　　]．$C =$　　　[　　]．

**問題 20.9**　右の並列共振回路の，反共振角周波数 $\omega_r$，反共振周波数 $f_r$，反共振時の電流 $\dot{I}$, $\dot{I}'$, $\dot{I}_R$, $\dot{I}_L$, $\dot{I}_C$ を求めよ．

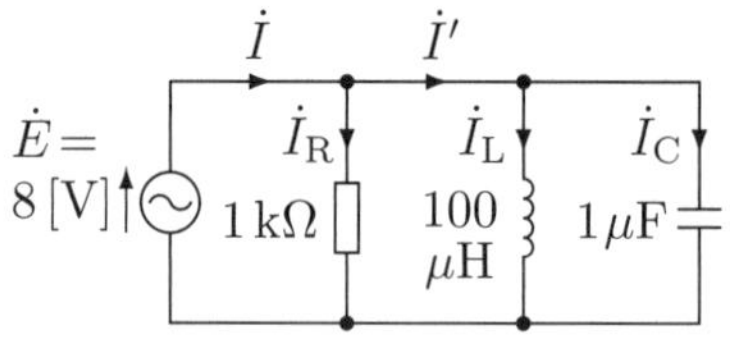


（答）$\omega_r =$　　　[　　]．$f_r =$　　　[　　]．$\dot{I} =$　　　∠　　　[　　]．$\dot{I}' =$　　　∠　　　[　　]．

$\dot{I}_R =$　　　∠　　　[　　]．$\dot{I}_L =$　　　∠　　　[　　]．$\dot{I}_C =$　　　∠　　　[　　]．

**問題 20.10**　右の回路は，電源が直流のとき電流 $I = 0.5$ [A]，交流 ($\omega = 10^4$ [rad/s]) のとき $I = 0.3$ [A] となる．$R_1$ と $R_2$ を求めよ．

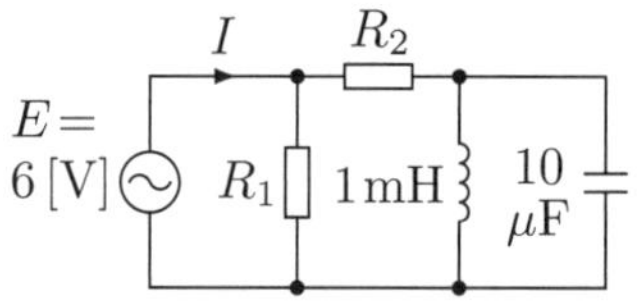


（答）$R_1 =$　　　[　]．$R_2 =$　　　[　]．

**問題 20.11**　右の RLC 直列回路の電源電流は $I = 0.5$ [A] である．この R, L, C を並列に直して同じ電源に接続したときの電源電流 $I$ を求めよ．

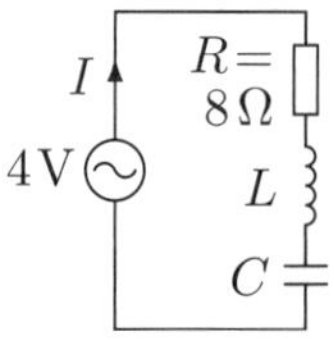


（答）$I =$　　　[　]．

**問題 20.12**　右の並列共振回路の反共振角周波数 $\omega_r$ を求めよ．

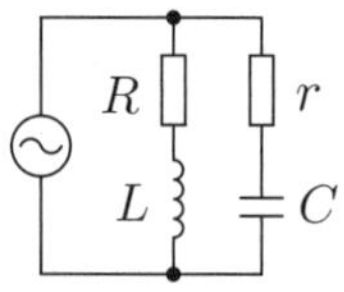


（答）$\omega_r =$　　　　．

**問題 20.13**　右の (a),(b) の共振角周波数 $\omega_r$ と反共振角周波数 $\omega_r'$ を求めよ．

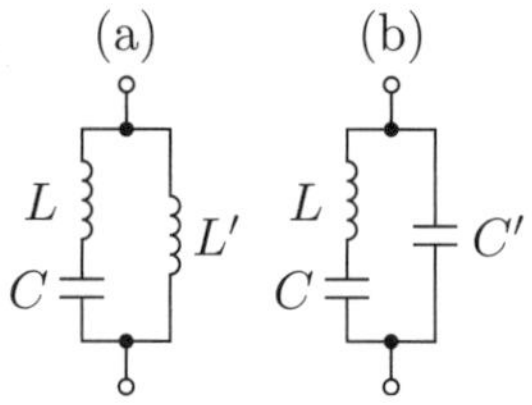


（答）(a) $\omega_r =$　　　．$\omega_r' =$　　　．(b) $\omega_r =$　　　．$\omega_r' =$　　　．

| チェック項目 | 月　日 | 月　日 |
|---|---|---|
| 共振回路の計算ができる． | | |

交流回路の諸定理を理解している．

## 直流回路と交流回路

交流でも直流と同様，**キルヒホッフの法則**，**分圧と分流の式**，**重ねの理**，**テブナンとノートンの定理**，**電圧源-電流源変換**，**Y-Δ変換**，**ブリッジの平衡条件**などが利用できる．
（ただし，フェーザ $\dot{V}, \dot{I}$ または瞬時値 $v(t), i(t)$ を使う必要がある．実効値 $V, I$ では不可）

## キルヒホッフの第 1 法則（電流則）

流入電流の和 ＝ 流出電流の和．

全電流を流出方向に測れば，

流出電流の和 ＝ 0． ⇒ $\sum_{i=1}^{n} \dot{I}_i = 0.$

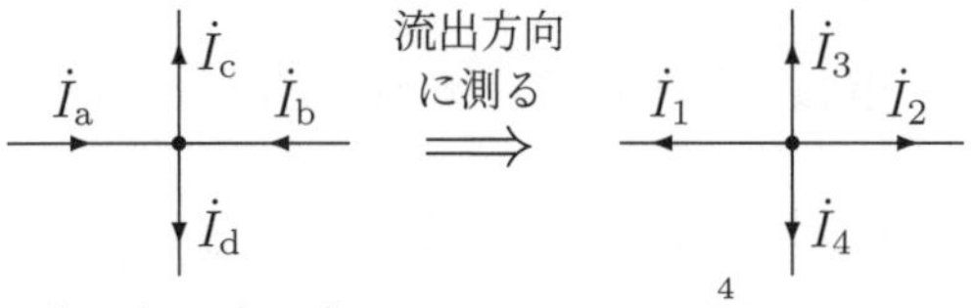


$\dot{I}_a + \dot{I}_b = \dot{I}_c + \dot{I}_d.$ $\sum_{i=1}^{4} \dot{I}_i = 0.$

## キルヒホッフの第 2 法則（電圧則）

任意の閉路に沿って，

起電力の和 ＝ 電圧降下の和． ⇒ $\sum_{i=1}^{n} \dot{E}_i = \sum_{j=1}^{m} \dot{Z}_j \dot{I}_j.$

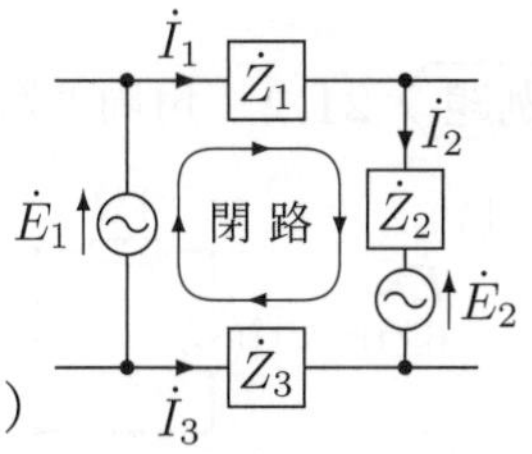


右図で，$\dot{E}_1 - \dot{E}_2 = \dot{Z}_1\dot{I}_1 + \dot{Z}_2\dot{I}_2 - \dot{Z}_3\dot{I}_3$.（閉路と逆方向の項はマイナス）

## 分圧

$$\dot{V}_1 = \frac{\dot{Z}_1}{\dot{Z}_1 + \dot{Z}_2} \times \dot{V}.$$

$$\dot{V}_2 = \frac{\dot{Z}_2}{\dot{Z}_1 + \dot{Z}_2} \times \dot{V}.$$

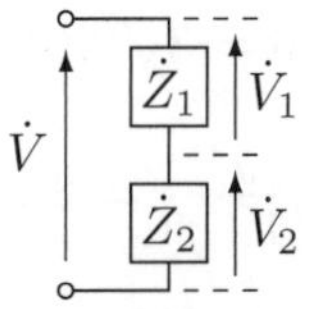

$$\frac{\text{自分のインピーダンス}}{\text{全インピーダンス}} \times \text{全電圧}.$$

## 分流（2 つのインピーダンスの場合だけに成立）

$$\dot{I}_1 = \frac{\dot{Z}_2}{\dot{Z}_1 + \dot{Z}_2} \times \dot{I}.$$

$$\dot{I}_2 = \frac{\dot{Z}_1}{\dot{Z}_1 + \dot{Z}_2} \times \dot{I}.$$

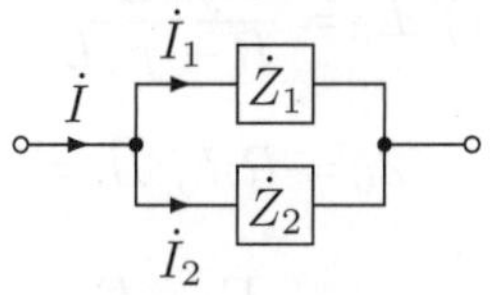

$$\frac{\text{相手のインピーダンス}}{\text{全インピーダンス}} \times \text{全電流}.$$

## 重ねの理

複数電源の回路は，電源の一部を残して他の電源を除去した回路を重ねたものに等しい．
（除去 → 電圧源は短絡，電流源は開放．）

## テブナンの定理，ノートンの定理

- $\dot{E}_0$ は，能動回路の端子 A,B 開放時の A,B 間の電圧（**開放電圧**）．
- $\dot{J}_0$ は，能動回路の端子 A,B 短絡時に A→B を流れる電流（**短絡電流**）．
- $\dot{Z}_0$ は，能動回路の電源除去時（電圧源は短絡，電流源は開放）の AB 間のインピーダンス．

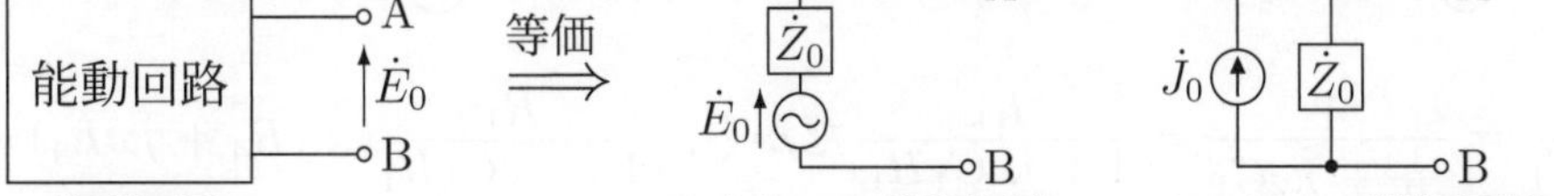


**能動回路**　**テブナンの等価回路**　**ノートンの等価回路**

## 電圧源-電流源変換

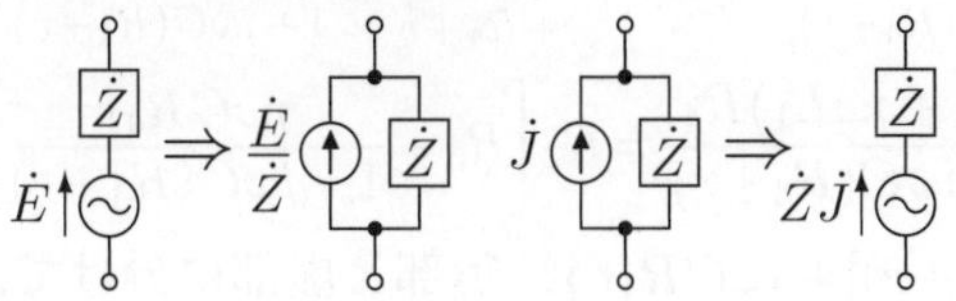

## Y-Δ変換

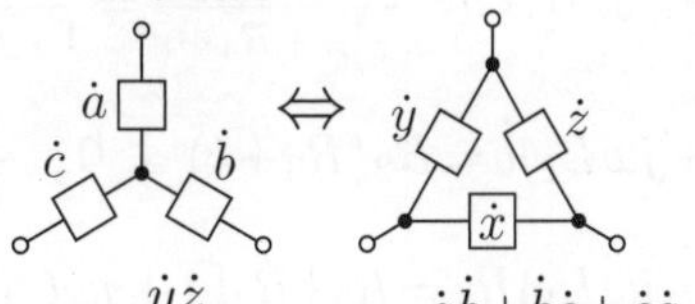

$$\dot{a} = \frac{\dot{y}\dot{z}}{\dot{x} + \dot{y} + \dot{z}} \qquad \dot{x} = \frac{\dot{a}\dot{b} + \dot{b}\dot{c} + \dot{c}\dot{a}}{\dot{a}}$$

## ブリッジの平衡条件

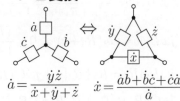

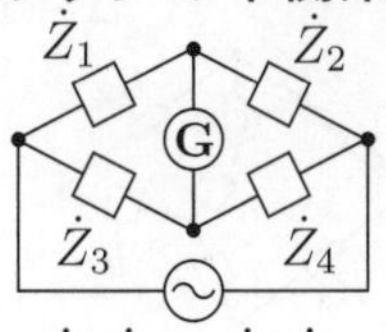

$$\dot{Z}_1\dot{Z}_4 = \dot{Z}_2\dot{Z}_3$$

**例題** **21.1**　角周波数 $\omega = 100$ [rad/s] のとき，次の回路の電流 $\dot{I}, \dot{I}_1 \sim \dot{I}_3$ を極座標で求めよ．

(1)

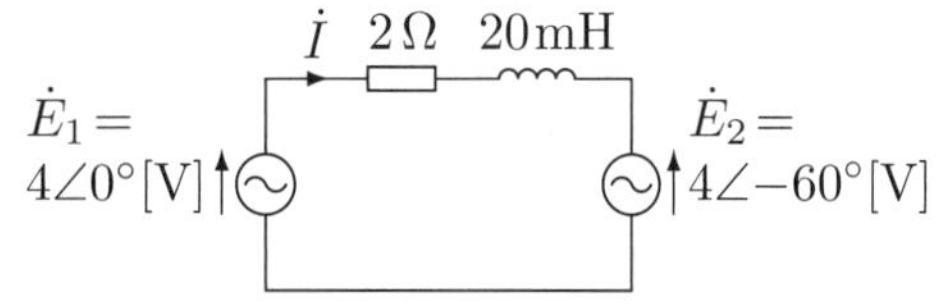


(2)

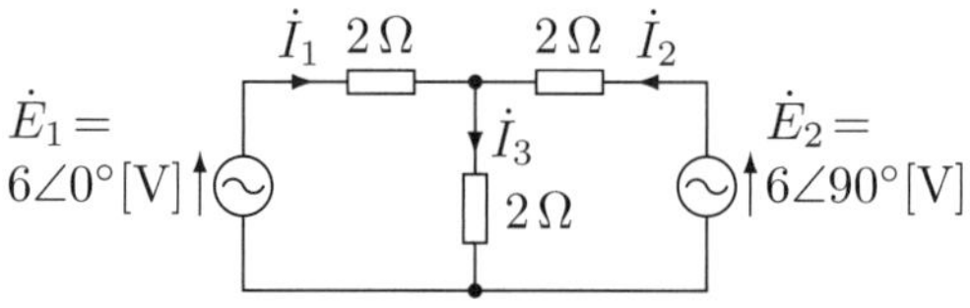


**解答**

(1) 時計方向の閉路にキルヒホッフの電圧則を適用すると，$\dot{E}_1 - \dot{E}_2 = \dot{Z}\dot{I}$.　$\therefore\ \dot{I} = \dfrac{\dot{E}_1 - \dot{E}_2}{\dot{Z}}$

$$= \frac{4\angle 0^\circ - 4\angle -60^\circ}{2 + j2} = \frac{4 - (2 - j2\sqrt{3})}{2 + j2} = \frac{2 + j2\sqrt{3}}{2 + j2} = \frac{4\angle 60^\circ}{2\sqrt{2}\angle 45^\circ} = \sqrt{2}\angle 15^\circ\ \text{[A]}.$$

(2) 重ねの理を使う．電源が $\dot{E}_1$ だけのとき，$\dot{I}_1' = \dfrac{\dot{E}_1}{2 + (2 /\!/ 2)} = \dfrac{6}{3} = 2$，$\dot{I}_3' = \dfrac{\dot{I}_1'}{2} = 1$，$\dot{I}_2' = -1$.

電源が $\dot{E}_2$ だけのとき，$\dot{I}_2'' = \dfrac{\dot{E}_2}{2 + (2 /\!/ 2)} = \dfrac{j6}{3} = j2$，$\dot{I}_3'' = \dfrac{\dot{I}_2''}{2} = j1$，$\dot{I}_1'' = -j1$.

$\therefore\ \dot{I}_1 = \dot{I}_1' + \dot{I}_1'' = 2 - j1 \fallingdotseq \sqrt{5}\angle -26.6^\circ$ [A].　$\dot{I}_2 = \dot{I}_2' + \dot{I}_2'' = -1 + j2 \fallingdotseq \sqrt{5}\angle 116.6^\circ$ [A].

$\dot{I}_3 = \dot{I}_3' + \dot{I}_3'' = 1 + j1 = \sqrt{2}\angle 45^\circ$ [A].

**例題** **21.2**　角周波数 $\omega = 100$ [rad/s] のとき，次の回路のテブナンの等価回路を求めよ．

(1)

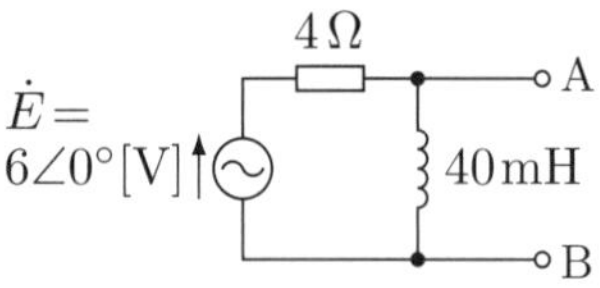


(2)

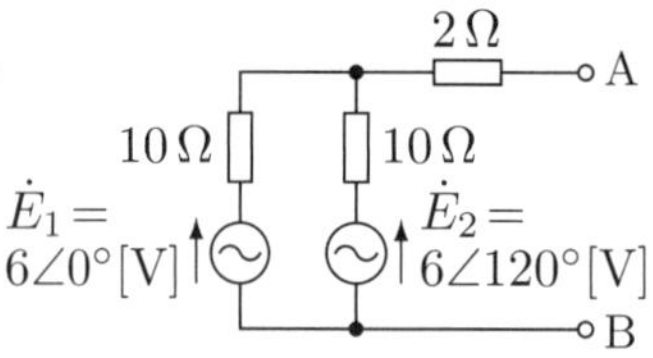


(3)

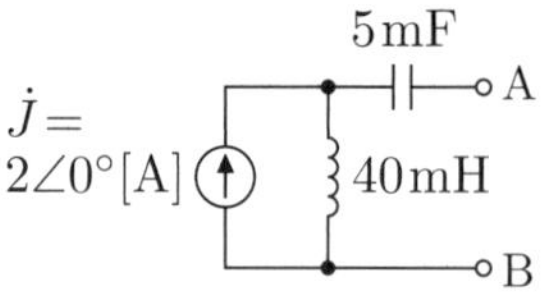


**解答**

(1) $\dot{E}_0 = \dfrac{j\omega L}{R + j\omega L} \times \dot{E} = \dfrac{j4}{4 + j4} \times 6 = \dfrac{4\angle 90^\circ}{4\sqrt{2}\angle 45^\circ} \times 6 = 3\sqrt{2}\angle 45^\circ$ [V].

$\dot{Z}_0 = R /\!/ j\omega L = 4 /\!/ j4 = \dfrac{4 \times j4}{4 + j4} = \dfrac{j4}{1 + j} = \dfrac{j4(1 - j)}{(1 + j)(1 - j)} = 2 + j2$ [Ω].

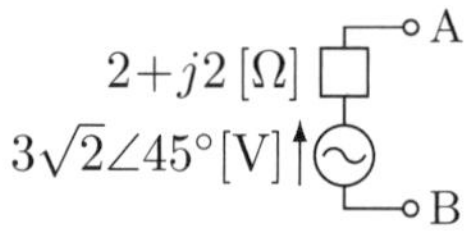


(2) $\dot{E}_0 = \dfrac{\dot{E}_1 + \dot{E}_2}{2} = \dfrac{6 + (-3 + j3\sqrt{3})}{2} = \dfrac{3 + j3\sqrt{3}}{2} = \dfrac{6\angle 60^\circ}{2} = 3\angle 60^\circ$ [V].

$\dot{Z}_0 = (10 /\!/ 10) + 2 = 5 + 2 = 7$ [Ω].

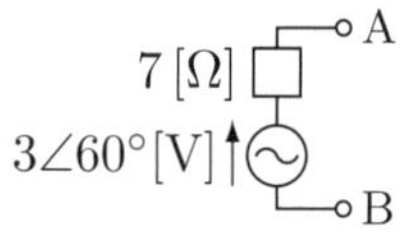


(3) $\dot{E}_0 = j\omega L\dot{J} = j4 \times 2 = 8\angle 90^\circ$ [V].　$\dot{Z}_0 = j\omega L + \dfrac{1}{j\omega C} = j4 - j2 = j2$ [Ω].

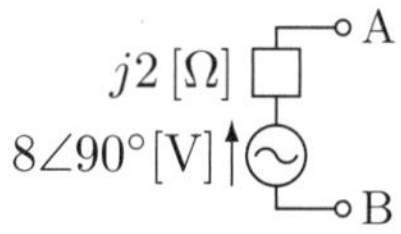


**例題** **21.3**　角周波数 $\omega$ のとき，次の交流ブリッジの平衡条件を求めよ．

(1)

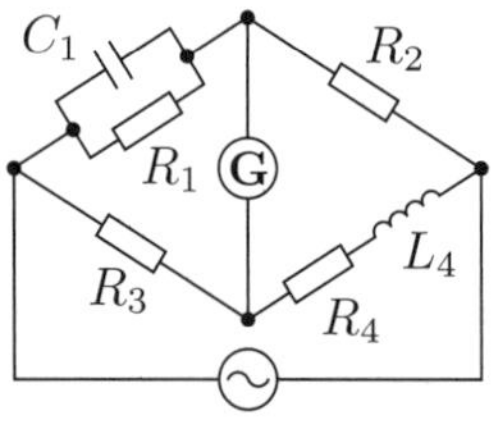


(Maxwell bridge)

(2)

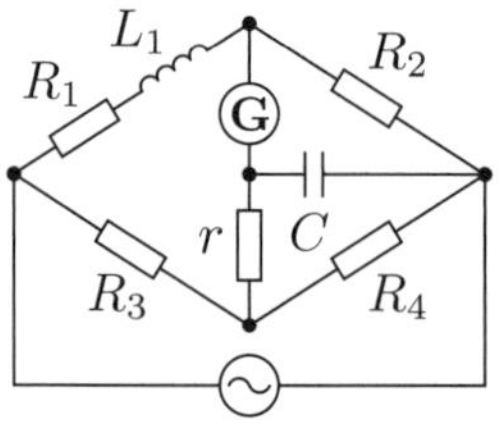


(Anderson bridge)

**解答**

(1) $R_1 /\!/ \dfrac{1}{j\omega C_1} = \dfrac{1}{\frac{1}{R_1} + j\omega C_1} = \dfrac{R_1}{1 + j\omega C_1 R_1}$ だから，$\dfrac{R_1}{1 + j\omega C_1 R_1} \times (R_4 + j\omega L_4) = R_2 R_3$.

$R_1(R_4 + j\omega L_4) = R_2 R_3 (1 + j\omega C_1 R_1)$．実部と虚部に分けて，$R_1 R_4 = R_2 R_3$，$L_4 = C_1 R_2 R_3$.

(2)

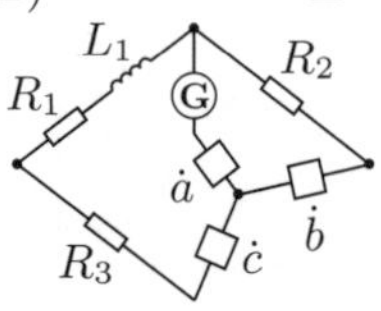


$\Delta \to$ Y 変換より，$\dot{b} = \dfrac{R_4 \times \frac{1}{j\omega C}}{\frac{1}{j\omega C} + R_4 + r} = \dfrac{R_4}{1 + j\omega C(R_4 + r)}$．$\dot{c} = \dfrac{R_4 r}{\frac{1}{j\omega C} + R_4 + r} = \dfrac{j\omega C R_4 r}{1 + j\omega C(R_4 + r)}$.

$(R_1 + j\omega L_1)\dot{b} = R_2(R_3 + \dot{c})$ より，$\dfrac{(R_1 + j\omega L_1)R_4}{1 + j\omega C(R_4 + r)} = R_2\left[R_3 + \dfrac{j\omega C R_4 r}{1 + j\omega C(R_4 + r)}\right]$.

$(R_1 + j\omega L_1)R_4 = R_2\{R_3[1 + j\omega C(R_4 + r)] + j\omega C R_4 r\}$．実部と虚部に分けて，

$R_1 R_4 = R_2 R_3$，$L_1 R_4 = C(R_2 R_3 R_4 + R_2 R_3 r + R_2 R_4 r) \xrightarrow{R_2 R_3 = R_1 R_4} L_1 = C(R_2 R_3 + R_1 r + R_2 r)$.

| ドリル No.21 | Class | | No. | | Name | |
|---|---|---|---|---|---|---|

**問題 21.1**　角周波数 $\omega = 100$ [rad/s] のとき，次の回路の電流，電圧を極座標で求めよ．

(1)

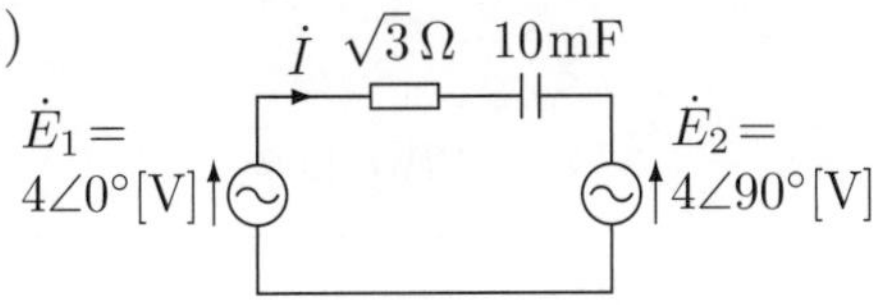


（答）$\dot{I} =$ 　　　$\angle$ 　　　[　].

(2)

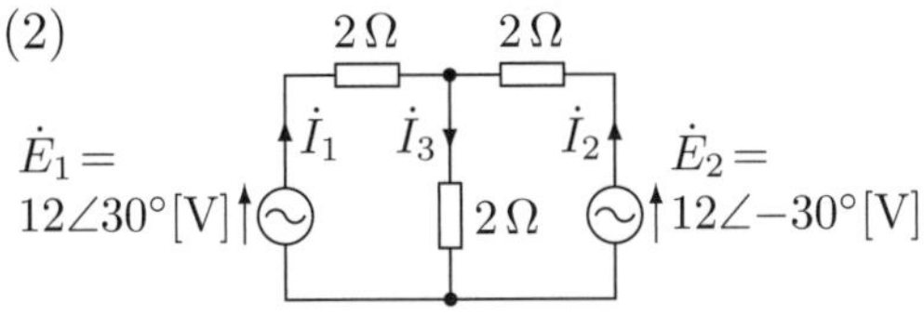


（答）$\dot{I}_1 =$ 　　　$\angle$ 　　　[　].　$\dot{I}_2 =$ 　　　$\angle$ 　　　[　].　$\dot{I}_3 =$ 　　　$\angle$ 　　　[　].

(3)

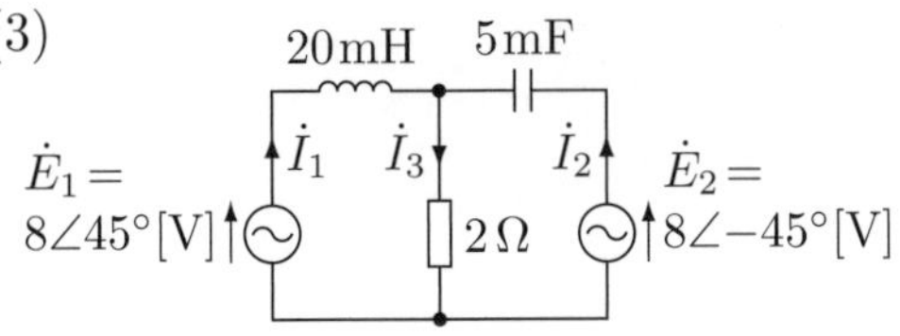


（答）$\dot{I}_1 =$ 　　　$\angle$ 　　　[　].　$\dot{I}_2 =$ 　　　$\angle$ 　　　[　].　$\dot{I}_3 =$ 　　　$\angle$ 　　　[　].

(4) $\dot{E}_{\mathrm{a}} = E\angle 0°$, $\dot{E}_{\mathrm{b}} = E\angle -120°$, $\dot{E}_{\mathrm{c}} = E\angle -240°$. 電圧 $\dot{V}$ を求めた後，$\dot{I}_{\mathrm{a}}, \dot{I}_{\mathrm{b}}, \dot{I}_{\mathrm{c}}$ を求めるとよい．

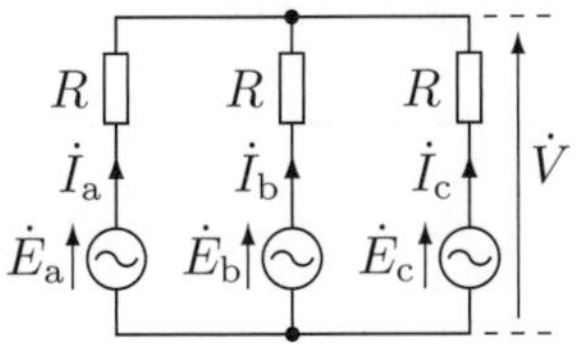


（答）$\dot{V} =$ 　　　．$\dot{I}_{\mathrm{a}} =$ 　　　．$\dot{I}_{\mathrm{b}} =$ 　　　．$\dot{I}_{\mathrm{c}} =$ 　　　．

**問題 21.2**　角周波数 $\omega$ のとき，次の回路の負荷 $\dot{Z}$ の値を変えても負荷電圧 $\dot{V}$ が変わらないための条件を求め，そのときの $\dot{V}$ を求めよ．(破線部をテブナンの等価回路にするとよい)

(1)

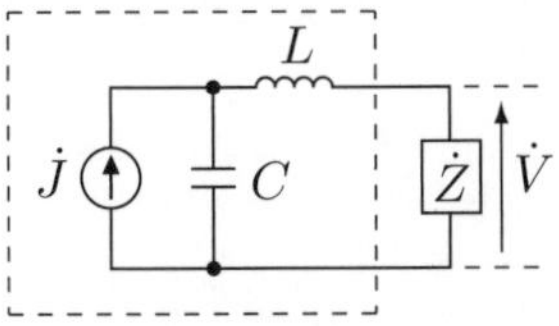


（答）条件：　　　　　．$\dot{V} =$ 　　　　．

(2)

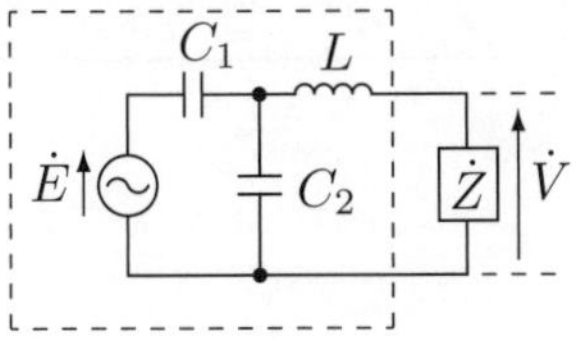


（答）条件：　　　　　．$\dot{V} =$ 　　　　．

**問題 21.3**　角周波数 $\omega$ のとき，次の回路の負荷 $\dot{Z}$ の値を変えても負荷電流 $\dot{I}$ が変わらないための条件を求め，そのときの $\dot{I}$ を求めよ．

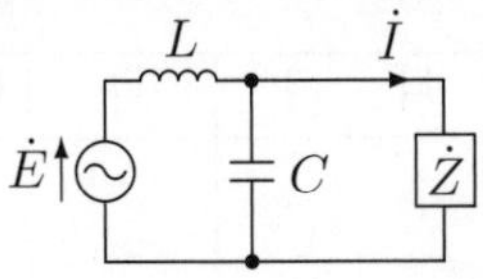


（答）条件：　　　　　．$\dot{I} =$ 　　　　．

**問題 21.4** 次の回路の負荷電圧 $\dot{V}$ がゼロになる角周波数 $\omega$ を求めよ.

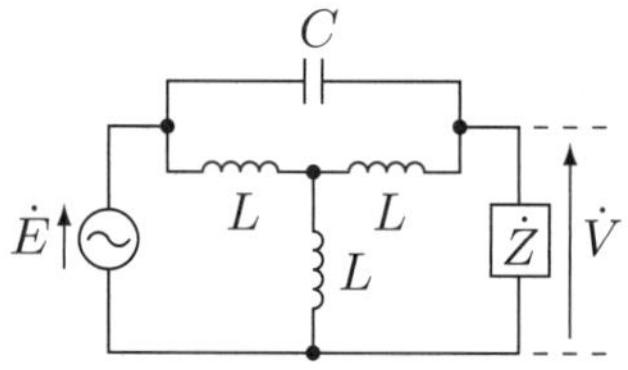

（答）$\omega =$ 　　　　　　　.

**問題 21.5** 角周波数 $\omega$ のとき，次の交流ブリッジの平衡条件を求めよ.

(1)  $\left( \begin{array}{c} \text{Maxwell} \\ \text{bridge} \end{array} \right)$

（答）　　　　　　　　　　　　　　　　　　　　　　　.

(2)  $\left( \begin{array}{c} \text{Owen} \\ \text{bridge} \end{array} \right)$

（答）　　　　　　　　　　　　　　　　　　　　　　　.

(3)  $\left( \begin{array}{c} \text{Hay} \\ \text{bridge} \end{array} \right)$

（答）　　　　　　　　　　　　　　　　　　　　　　　.

(4)  $\left( \begin{array}{c} \text{Schering} \\ \text{bridge} \end{array} \right)$

（答）　　　　　　　　　　　　　　　　　　　　　　　.

(5) $\left( \begin{array}{c} \text{Wien} \\ \text{bridge} \end{array} \right)$

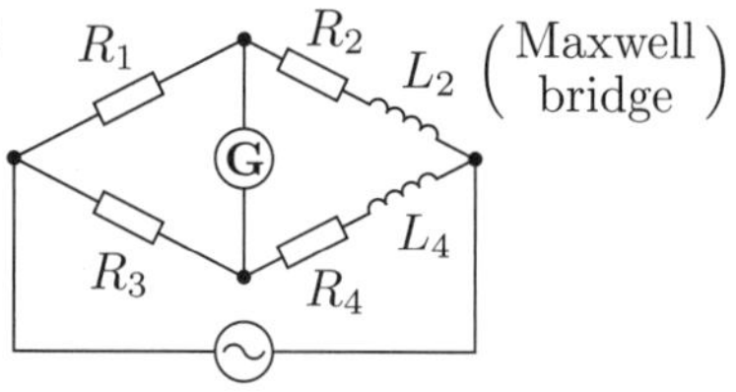

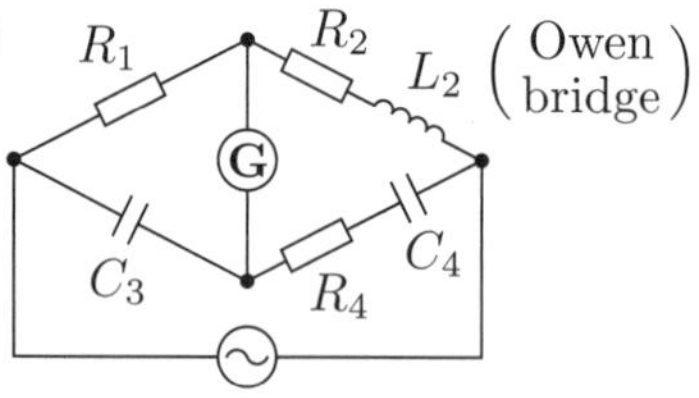

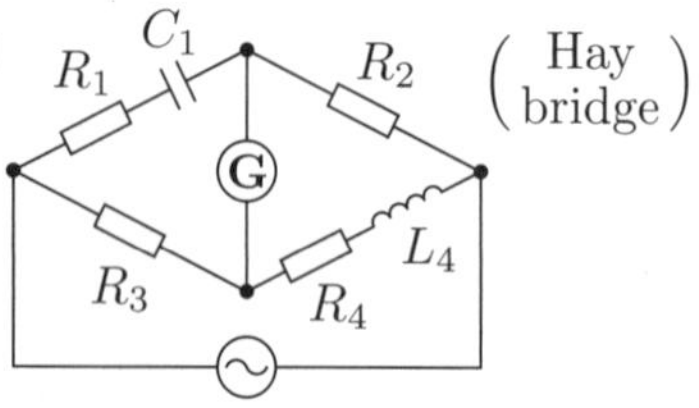

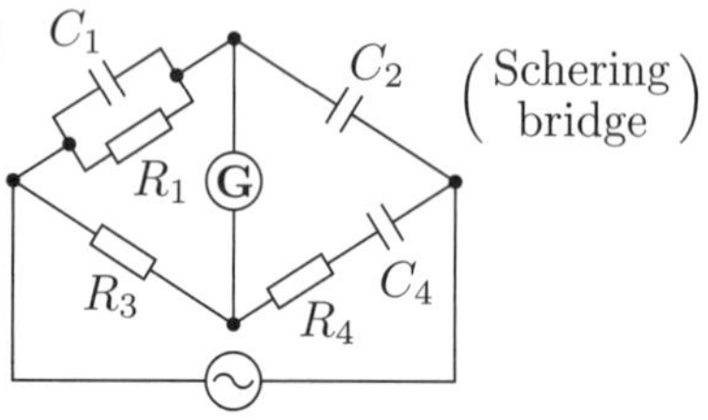

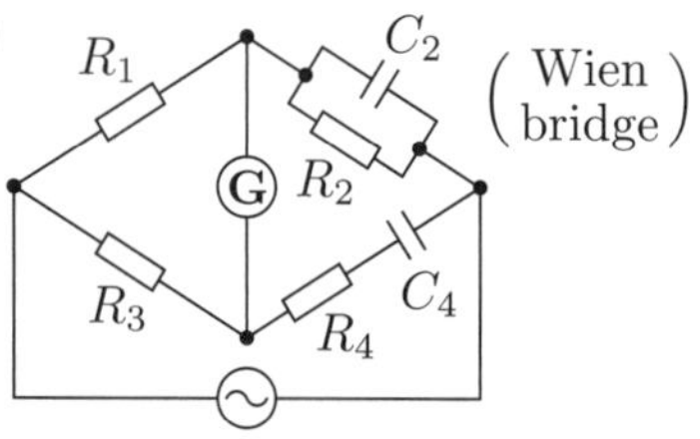

（答）　　　　　　　　　　　　　　　　　　　　　　　.

(6)

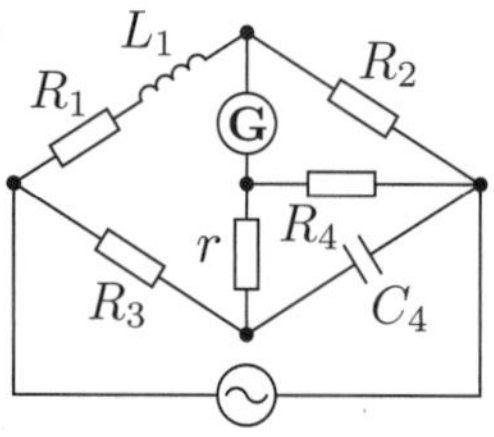

（答）　　　　　　　　　　　　　　　　　　　　　　　.

| チェック項目 | 月　日 | 月　日 |
|---|---|---|
| 交流回路の諸定理を理解している. | | |

相互誘導回路の計算ができる．

## 自己インダクタンス $L_1, L_2$ と相互インダクタンス $M$

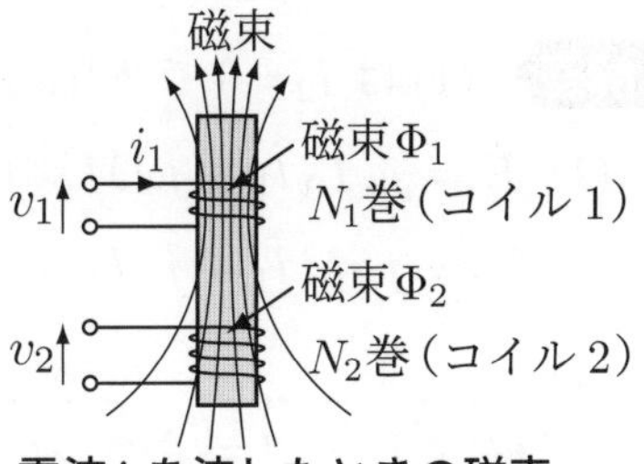


電流 $i_1$ を流したときの磁束

- (1) 右図のようにコイル 1 に電流 $i_1$ を流したとき，
  磁束鎖交数 $N_1\Phi_1 = L_1 i_1$，$N_2\Phi_2 = M i_1$ と置けば，
  電圧 $v_1 = \dfrac{\mathrm{d}(N_1\Phi_1)}{\mathrm{d}t} = L_1\dfrac{\mathrm{d}i_1}{\mathrm{d}t}$，$v_2 = \dfrac{\mathrm{d}(N_2\Phi_2)}{\mathrm{d}t} = M\dfrac{\mathrm{d}i_1}{\mathrm{d}t}$．
  → フェーザ表記は，$\dot{V}_1 = j\omega L_1\dot{I}_1$，$\dot{V}_2 = j\omega M\dot{I}_1$．

  (2) 電流 $i_2$ を流したとき，$\dot{V}_1 = j\omega M\dot{I}_2$，$\dot{V}_2 = j\omega L_2\dot{I}_2$．

  (1) と (2) を合計して，
  $$\dot{V}_1 = j\omega L_1\dot{I}_1 + j\omega M\dot{I}_2.\qquad \dot{V}_2 = j\omega M\dot{I}_1 + j\omega L_2\dot{I}_2.$$
  （$L_1, L_2$ : コイル1, 2の**自己インダクタンス** [H]
  $M$ : コイル1, 2間の**相互インダクタンス** [H]）

- 黒丸印（・）からコイルへ電流を流すと，同方向の磁束を作るよう極性表示する．黒丸印を付けず，同極性なら $M>0$，逆極性なら $M<0$ としてもよい．

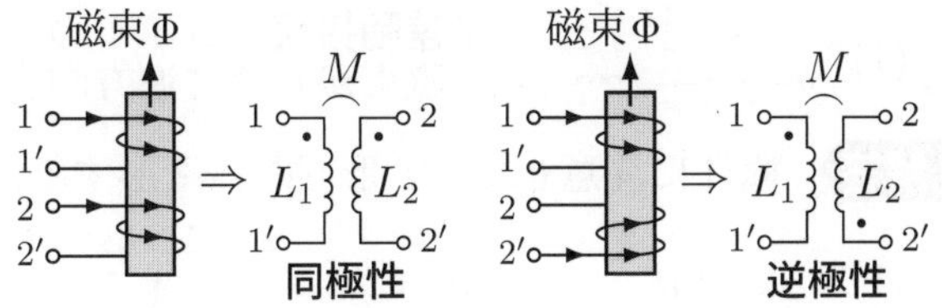


- $M^2 \leqq L_1L_2$ が成り立つ．$M^2 = L_1L_2$ のとき**密結合**（漏れ磁束が無い）という．
  **結合係数** $k = \dfrac{M}{\sqrt{L_1L_2}}$．→ $M = k\sqrt{L_1L_2}$．　$-1 \leqq k \leqq 1$ であり，密結合のとき $k = \pm 1$．

- **相互誘導回路から T 形回路への等価変換**

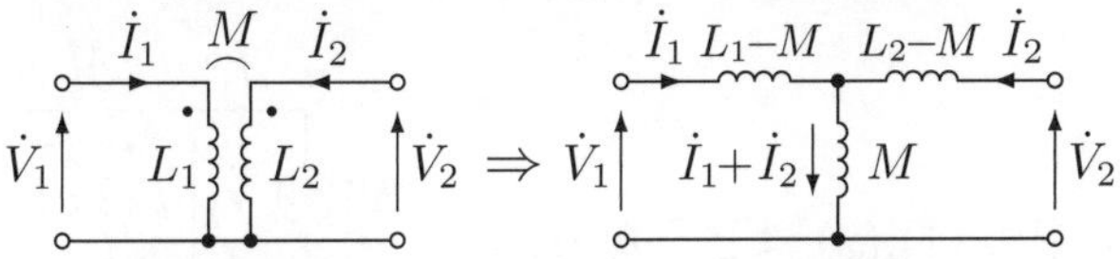


相互誘導回路の式（上掲）と一致する．
⇓
$$\begin{cases}\dot{V}_1 = j\omega(L_1-M)\dot{I}_1 + j\omega M(\dot{I}_1+\dot{I}_2).\\ \dot{V}_2 = j\omega(L_2-M)\dot{I}_2 + j\omega M(\dot{I}_1+\dot{I}_2).\end{cases}$$

## 密結合の場合

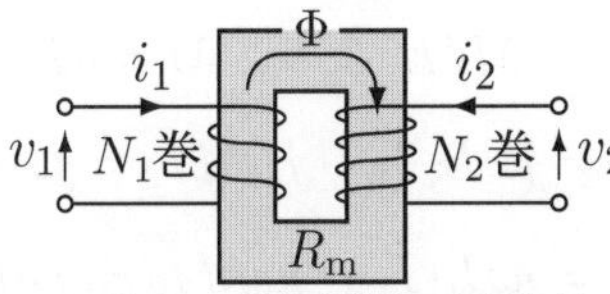


（$R_\mathrm{m}$ は鉄心の磁気抵抗で透磁率に反比例）

- 磁束Φが鉄心の外に漏れない密結合の場合（右図）
  磁束 $\Phi = \dfrac{\text{起磁力 } N_1i_1+N_2i_2}{\text{磁気抵抗 } R_\mathrm{m}} = \dfrac{N_1}{R_\mathrm{m}}i_1 + \dfrac{N_2}{R_\mathrm{m}}i_2$．
  $v_1 = \dfrac{\mathrm{d}(N_1\Phi)}{\mathrm{d}t} = \dfrac{N_1^2}{R_\mathrm{m}}\dfrac{\mathrm{d}i_1}{\mathrm{d}t} + \dfrac{N_1N_2}{R_\mathrm{m}}\dfrac{\mathrm{d}i_2}{\mathrm{d}t}$，$v_2 = \dfrac{\mathrm{d}(N_2\Phi)}{\mathrm{d}t} = \dfrac{N_1N_2}{R_\mathrm{m}}\dfrac{\mathrm{d}i_1}{\mathrm{d}t} + \dfrac{N_2^2}{R_\mathrm{m}}\dfrac{\mathrm{d}i_2}{\mathrm{d}t}$．→ $v_1 : v_2 = N_1 : N_2$．
  $\therefore\ L_1 = \dfrac{N_1^2}{R_\mathrm{m}}$，$L_2 = \dfrac{N_2^2}{R_\mathrm{m}}$，$M = \dfrac{N_1N_2}{R_\mathrm{m}}$．→ $M = \sqrt{L_1L_2}$，$k = 1$．
  （$N_2$ の巻く向きが逆のときは，$M = -\sqrt{L_1L_2}$，$k = -1$．）
- **巻数比** $n = \dfrac{N_2}{N_1}$ と置けば，$v_2 = nv_1$．$\xrightarrow{\text{フェーザ}}$ $\dot{V}_2 = n\dot{V}_1$．　$M = nL_1$，$L_2 = nM = n^2L_1$．

## 理想変圧器

- 上記で鉄心の透磁率 $=\infty$ → $R_\mathrm{m} = 0$，$L_1, L_2, M = \infty$ の場合を**理想変圧器**という．
- このとき，起磁力 $N_1i_1 + N_2i_2 = 0$．→ $i_2 = -\dfrac{1}{n}i_1$．→ $\dot{I}_2 = -\dfrac{1}{n}\dot{I}_1$．
  $\dot{I}_1, \dot{I}_2$ は差動（互いが逆向きの磁束を作る）に働く．
- 右の回路で $\dot{Z} = \dfrac{n\dot{V}_1}{\frac{\dot{I}_1}{n}}$．→ 一次側からみたインピーダンス $\dfrac{\dot{V}_1}{\dot{I}_1} = \dfrac{\dot{Z}}{n^2}$．

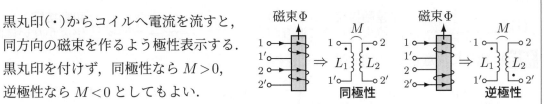

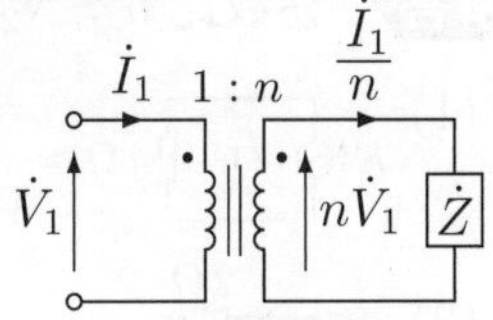


[理想変圧器]

**例題 22.1**　角周波数 $\omega=100$ [rad/s] のとき，次の回路の電流，電圧を求めよ．

(1)

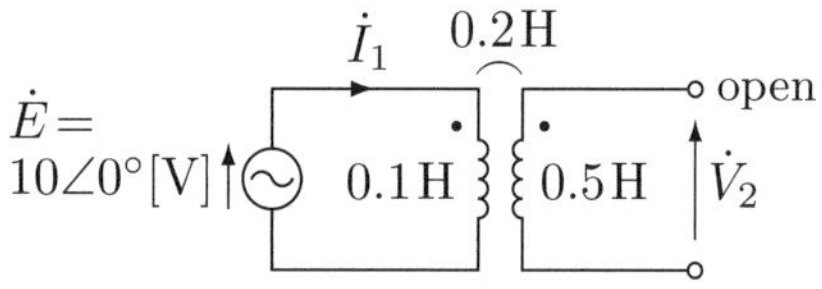

(2)

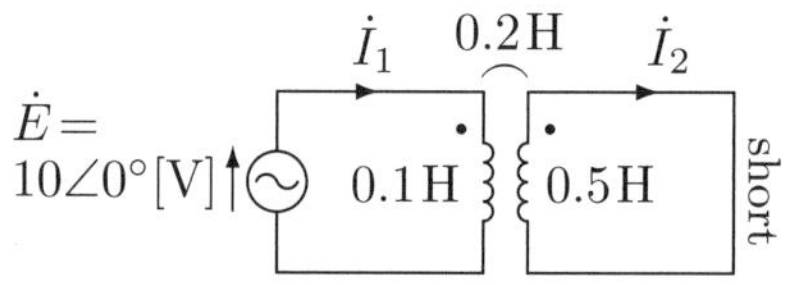

**解答**　(1) は $I_2=0$ であり，(2) は $V_2=0$ である．(2) は T 形回路に変換すると簡単に解ける．

(1) $\dot{E}=j\omega L_1\dot{I}_1+j\omega M\times 0=j10\dot{I}_1.\ \rightarrow\ \dot{I}_1=\dfrac{10}{j10}=-j1=1\angle -90°$[A].

$\dot{V}_2=j\omega M\dot{I}_1+j\omega L_2\times 0=j20\dot{I}_1=j20\times(-j1)=20\angle 0°$[V].

(2)

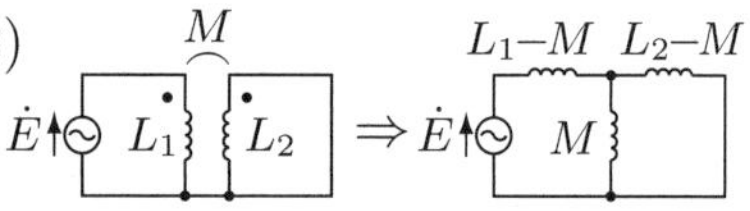

$$\dot{I}_1=\frac{\dot{E}}{j\omega(L_1-M)+[\,j\omega M\,/\!/\,j\omega(L_2-M)]}=\frac{10}{-j10+(j20\,/\!/\,j30)}$$
$$=\frac{10}{-j10+j12}=\frac{10}{j2}=-j5=5\angle -90°\text{[A]}.$$

分流の式より，$\dot{I}_2=\dfrac{j\omega M}{j\omega M+j\omega(L_2-M)}\times\dot{I}_1=\dfrac{M}{L_2}\times\dot{I}_1=\dfrac{0.2}{0.5}\times 5\angle -90°=2\angle -90°$[A].

**例題 22.2**　次の合成インダクタンス $L_0$ を求めよ（単純に $L_0=L_1+L_2$ とはならない）．

(1)

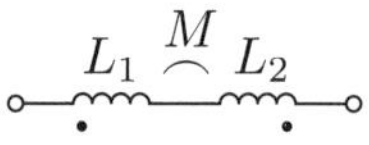

（**差動接続**：コイルの磁束が互いに逆方向）

(2)

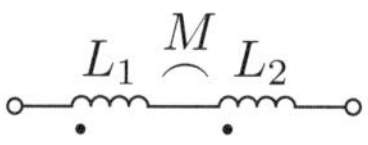

（**和動接続**：コイルの磁束が互いに同方向）

**解答**　極性に注意して，T 形回路に変形する．

(1)

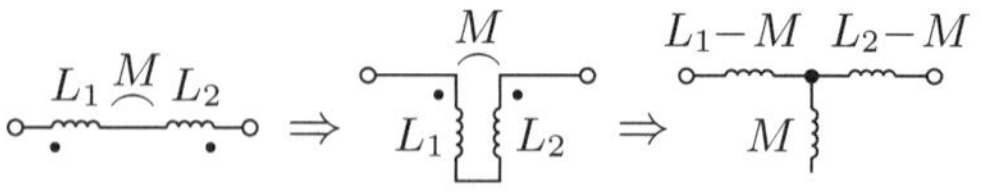

図より，$L_0=(L_1-M)+(L_2-M)=L_1+L_2-2M$.

(2)

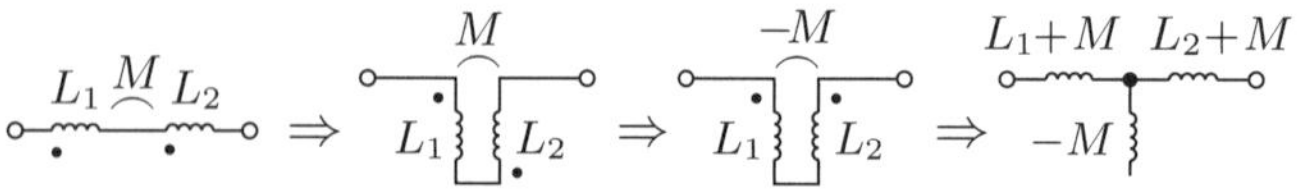

図より，$L_0=(L_1+M)+(L_2+M)$
$=L_1+L_2+2M$.

**例題 22.3**　密結合（$M^2=L_1L_2$）の相互誘導回路に関して下記に答えよ．$n=M/L_1$ と置く．

(1) $\dot{V}_2=n\dot{V}_1$ となることを示せ．

(2) 右図の回路の電流 $I_1$ を求めよ．

(3) $L_1\rightarrow\infty$（$\therefore M, L_2\rightarrow\infty$）の場合，上記の (1),(2) はどうなるか．

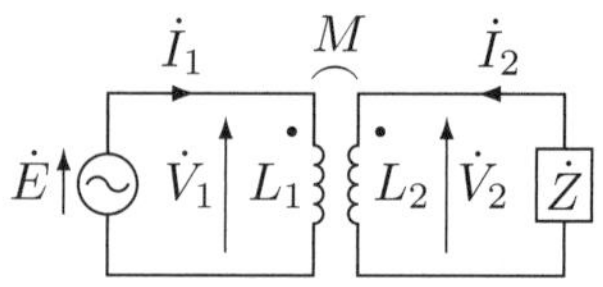

密結合

**解答**　$n=M/L_1$ より，$M=nL_1$，$L_2=M^2/L_1=n^2L_1$ となる．

(1) $\dot{V}_1=j\omega L_1\dot{I}_1+j\omega M\dot{I}_2=j\omega L_1(\dot{I}_1+n\dot{I}_2)$.　$\dot{V}_2=j\omega M\dot{I}_1+j\omega L_2\dot{I}_2=j\omega nL_1(\dot{I}_1+n\dot{I}_2)=n\dot{V}_1$.

(2) $\dot{E}=j\omega L_1\dot{I}_1+j\omega M\dot{I}_2=j\omega L_1(\dot{I}_1+n\dot{I}_2).\rightarrow\dot{I}_1=\dfrac{\dot{E}}{j\omega L_1}-n\dot{I}_2$.

$-\dot{I}_2=\dfrac{\dot{V}_2}{\dot{Z}}=\dfrac{n\dot{E}}{\dot{Z}}$ を上式に代入して，$\dot{I}_1=\dfrac{\dot{E}}{j\omega L_1}+\dfrac{\dot{E}}{\dot{Z}/n^2}$.（右図→）

(3) $\dot{I}_1+n\dot{I}_2=0$ より，$\dot{I}_2=-\dfrac{\dot{I}_1}{n}$.　$\dot{I}_1=\dfrac{\dot{E}}{\dot{Z}/n^2}$.（理想変圧器である）

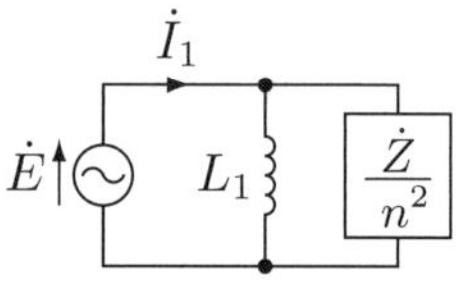

一次側から見た等価回路

**例題 22.4**　巻数 $N_1=100$, $N_2=1000$ の理想変圧器をもつ次の回路の電流と電圧を求めよ．

(1)

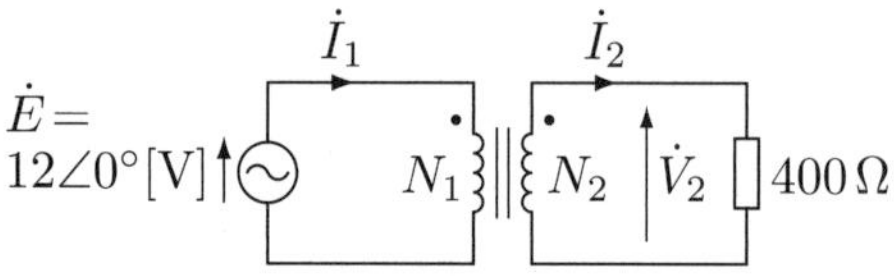

(2)

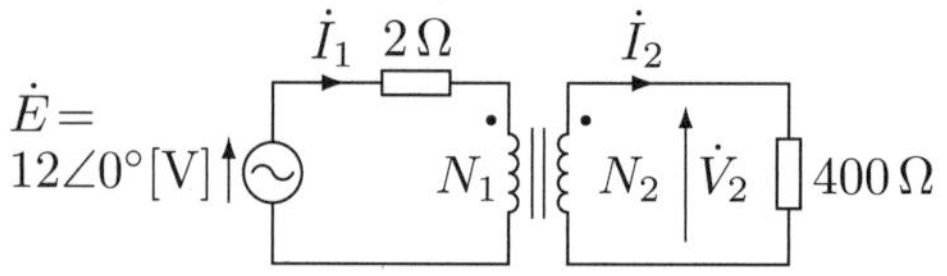

**解答**　巻数比 $n=N_2/N_1=10$.　400 [Ω] を一次側からみると $400/n^2=4$ [Ω] にみえる．

(1)

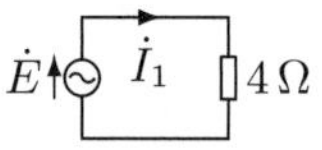

一次側からみた等価回路より，$\dot{I}_1=\dfrac{\dot{E}}{4}=3\angle 0°$ [A].　$\dot{I}_2=\dfrac{\dot{I}_1}{n}=0.3\angle 0°$ [A].

$\dot{V}_2=400\dot{I}_2=120\angle 0°$ [V].（$\dot{V}_2=n\dot{E}$ から求めてもよい）

(2)

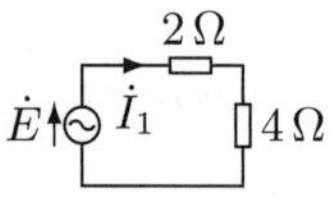

一次側からみた等価回路より，$\dot{I}_1=\dfrac{\dot{E}}{2+4}=2\angle 0°$ [A].　$\dot{I}_2=\dfrac{\dot{I}_1}{n}=0.2\angle 0°$ [A].

$\dot{V}_2=400\dot{I}_2=80\angle 0°$ [V].（$\dot{V}_2=n(\dot{E}-2\dot{I}_1)$ から求めてもよい）

| ドリル No.22 | Class | | No. | | Name | |
|---|---|---|---|---|---|---|

**問題 22.1** 角周波数 $\omega = 1000$ [rad/s], $L_1 = 6$ [mH], $L_2 = 3$ [mH], $M = 4$ [mH] のとき，次の回路の電流，電圧を求めよ．

(1)

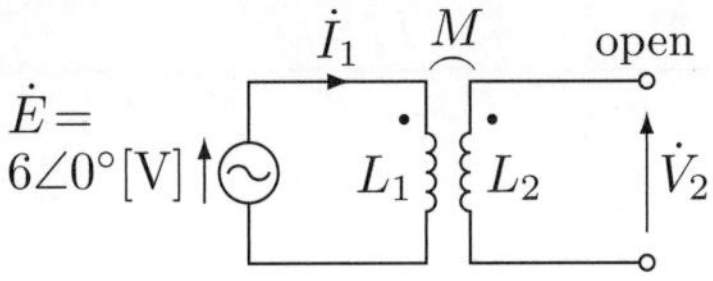


（答） $\dot{I}_1 =$ ∠ [ ]． $\dot{V}_2 =$ ∠ [ ]．

(2)

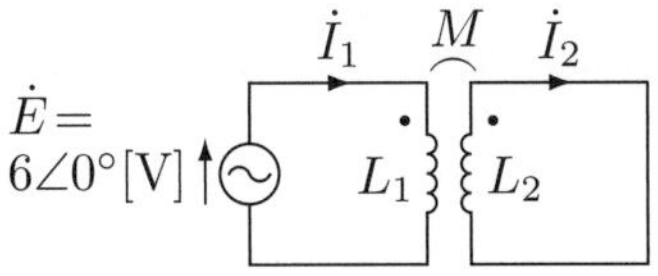


（答） $\dot{I}_1 =$ ∠ [ ]． $\dot{I}_2 =$ ∠ [ ]．

(3)

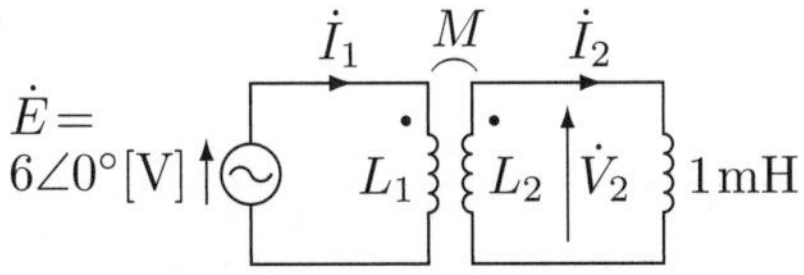


（答） $\dot{I}_1 =$ ∠ [ ]． $\dot{I}_2 =$ ∠ [ ]． $\dot{V}_2 =$ ∠ [ ]．

**問題 22.2** 角周波数 $\omega = 1000$ [rad/s] のとき，次の回路の電流 $\dot{I}_1, \dot{I}_2$ を求めよ．

(1)

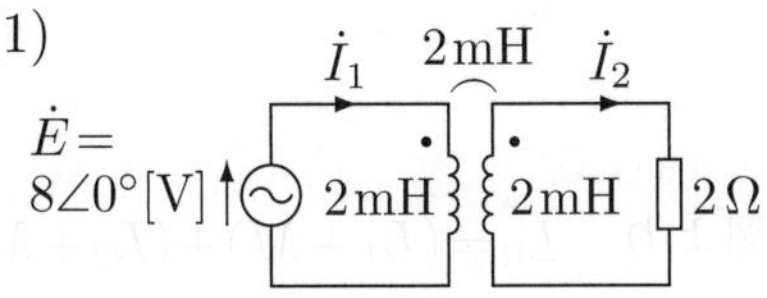


（答） $\dot{I}_1 =$ ∠ [ ]． $\dot{I}_2 =$ ∠ [ ]．

(2)

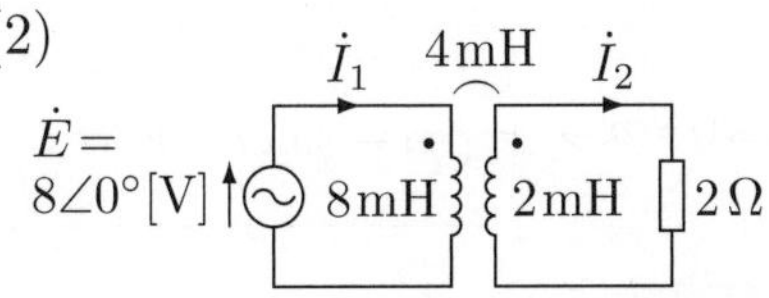


（答） $\dot{I}_1 =$ ∠ [ ]． $\dot{I}_2 =$ ∠ [ ]．

**問題 22.3** 右図のコイルBを開放し，Aに角周波数 $\omega = 1000$ [rad/s] の電流 $I_A = 0.5$ [A] を流したとき，電圧 $V_A = 2$ [V], $V_B = 3$ [V] が生じた．

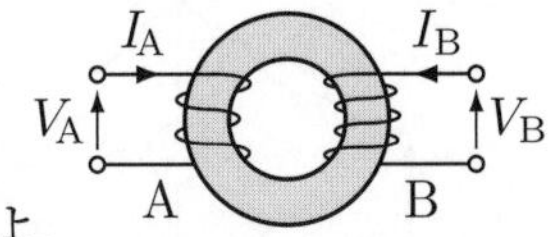


(1) Aの自己インダクタンス $L_A$ とAB間の相互インダクタンス $M$ を求めよ．

（答） $L_A =$ [ ]． $M =$ [ ]．

(2) Bを短絡し $I_A = 1$ [A] を流したとき，$I_B = 0.6$ [A] が流れた．自己インダクタンス $L_B$ を求めよ．

（答） $L_B =$ [ ]．

(3) Aを開放し，Bに $\omega = 10^4$ [rad/s] の電流 $I_B = 0.1$ [A] を流したときの電圧 $V_A$, $V_B$ を求めよ．

（答） $V_A =$ [ ]． $V_B =$ [ ]．

**問題 22.4** 右図のコイル1,2の自己インダクタンス $L_1 = 20$ [mH], $L_2 = 5$ [mH], 相互インダクタンス $M = 9$ [mH] であるとき，下記を求めよ．

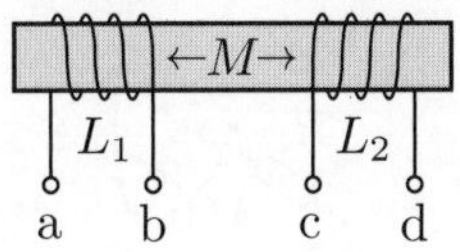


(1) コイル間の結合係数 $k =$

(2) b-c 接続時の a-d 間の自己インダクタンス $L_{ad} =$

(3) b-d 接続時の a-c 間の自己インダクタンス $L_{ac} =$

**問題 22.5** 次の合成インダクタンス $L_0$ を求めよ．

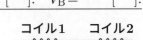

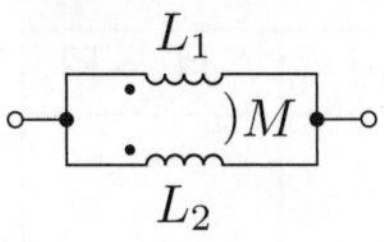


（答） $L_0 =$ ．

**問題 22.6**　巻数 $N_1:N_2:N_3=1:2:4$ の理想変圧器を有する次の回路の電流を求めよ．

(1)

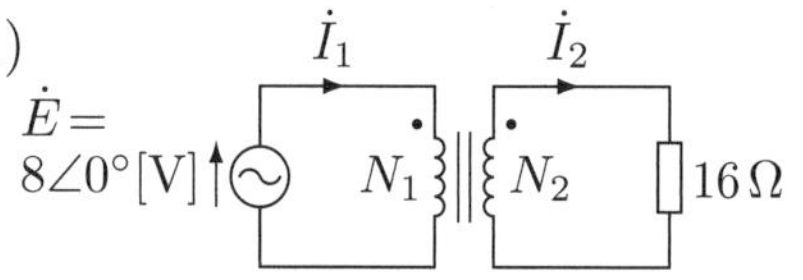


（答）$\dot{I}_1=$　　$\angle$　　[　]．$\dot{I}_2=$　　$\angle$　　[　]．

(2)

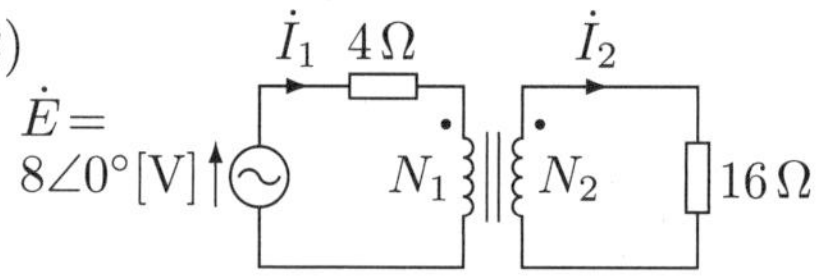


（答）$\dot{I}_1=$　　$\angle$　　[　]．$\dot{I}_2=$　　$\angle$　　[　]．

(3)

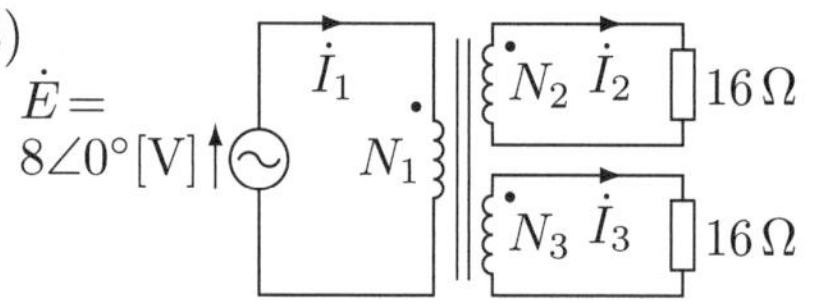


（答）$\dot{I}_1=$　　$\angle$　　[　]．$\dot{I}_2=$　　$\angle$　　[　]．$\dot{I}_3=$　　$\angle$　　[　]．

**問題 22.7**　角周波数 $\omega$ のとき，次の回路の電流 $\dot{I}$ を求めよ．

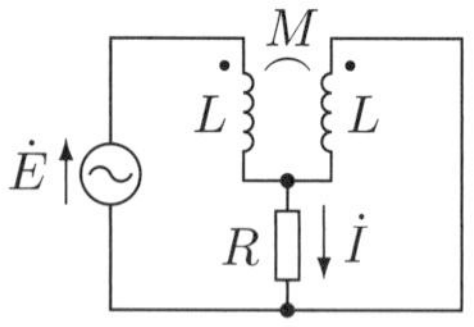


（答）$\dot{I}=$　　　　．

**問題 22.8**　次の回路で，検流計Ⓖの電流 $\dot{I}$ が 0 になるのは，角周波数 $\omega$ がいくつのときか．

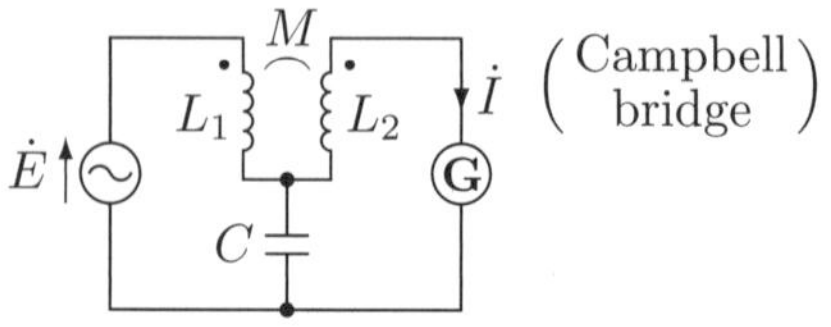


（答）$\omega=$　　　　．

**問題 22.9**　角周波数 $\omega$ のとき，次の交流ブリッジの平衡条件を求めよ．

(1)

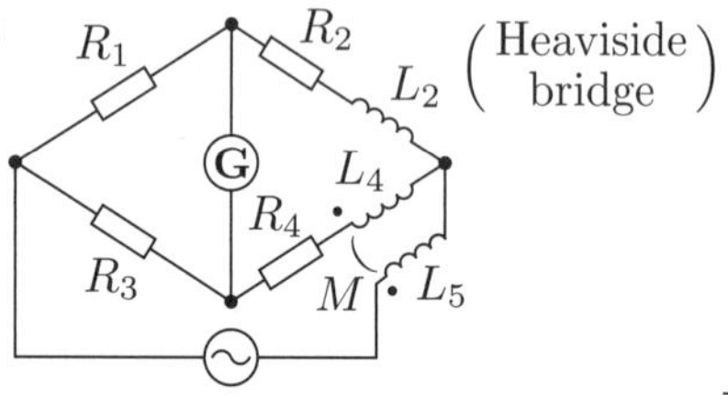


（答）　　　　．

(2)

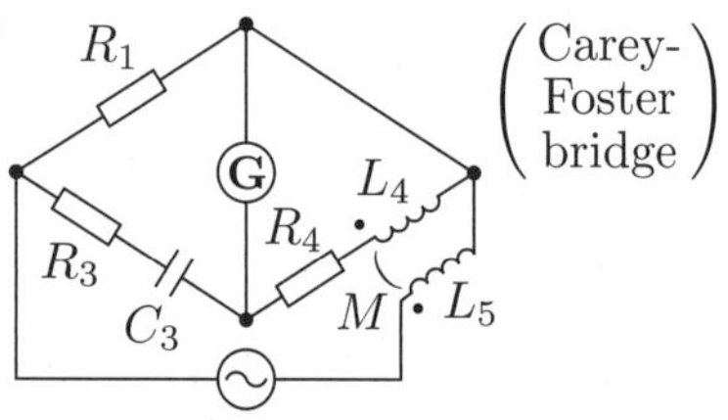


（答）　　　　．

(3)

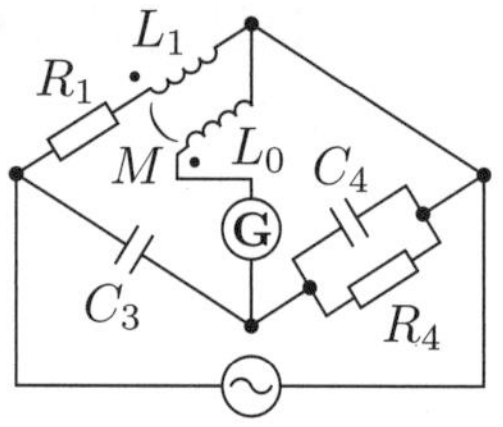


（答）　　　　．

| チェック項目 | 月　日 | 月　日 |
|---|---|---|
| 相互誘導回路の計算ができる． | | |

> 交流電力の計算ができる.

### 有効電力 $P$

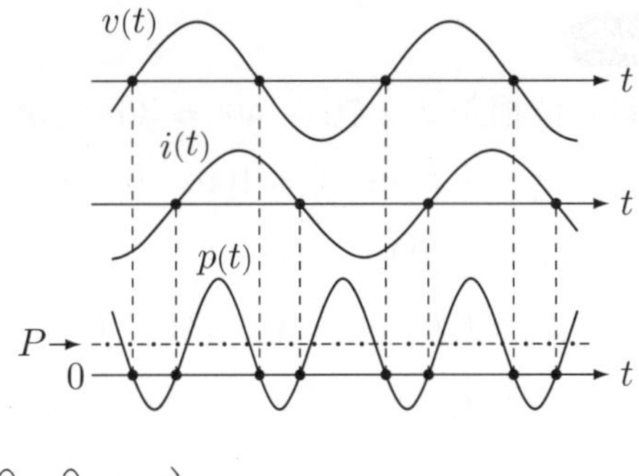

瞬時電圧 $v(t) = \sqrt{2}\,V \sin(\omega t + \theta_\mathrm{V})$,

瞬時電流 $i(t) = \sqrt{2}\,I \sin(\omega t + \theta_\mathrm{I})$ のときに,

瞬時電力 $p(t) = v(t)\,i(t) = 2VI \sin(\omega t + \theta_\mathrm{V}) \sin(\omega t + \theta_\mathrm{I})$.

公式 $2 \sin a \sin b = \cos(a-b) - \cos(a+b)$ より,

$$p(t) = VI\Big[\underbrace{\cos(\theta_\mathrm{V} - \theta_\mathrm{I})}_{\text{時間的に一定}} - \underbrace{\cos(2\omega t + \theta_\mathrm{V} + \theta_\mathrm{I})}_{\text{時間的に変動し時間平均はゼロ}}\Big].$$

- $p(t)$ の時間平均を**有効電力**（または単に**電力**）$P$ という.

  $$\boxed{\text{有効電力}\ P = VI \cos(\theta_\mathrm{V} - \theta_\mathrm{I}) = VI \cos\theta\ [\mathrm{W}].}$$

  $\theta = \theta_\mathrm{V} - \theta_\mathrm{I}$ は $\dot V$ と $\dot I$ の位相差であり，$\cos\theta$ を**力率**（りきりつ）という.

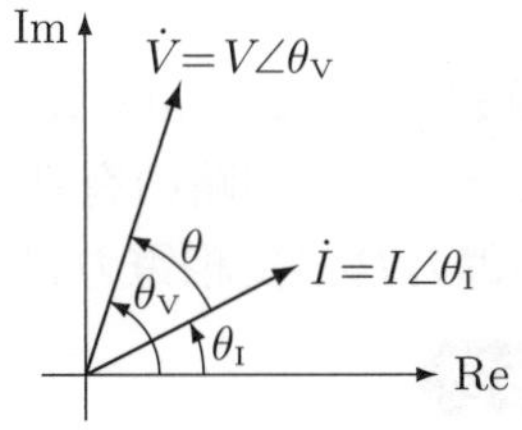

- 抵抗では，$\dot V$ と $\dot I$ の位相差 $\theta = 0° \ \to\ P = VI \cos 0° = VI$.

- コイルとコンデンサでは，$\theta = \pm 90° \to P = VI \cos(\pm 90°) = 0. \to$ 電力を消費しない.

### 無効電力 $P_\mathrm{r}$ と皮相電力 $P_\mathrm{a}$

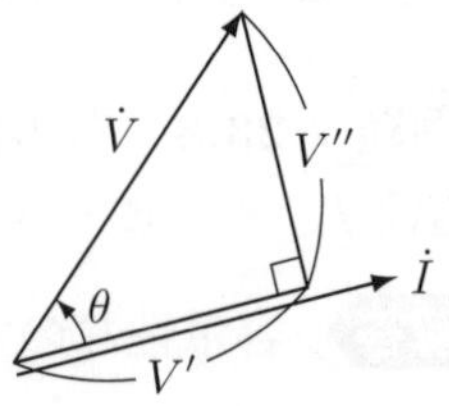

右図のように，$\dot V$ を，$\dot I$ に平行な成分 $V'$ と垂直な成分 $V''$ に分けると，

- $V' = V\cos\theta$ と $I$ の積は **有効電力** $P = VI\cos\theta\ [\mathrm{W}]$.

- $V'' = V\sin\theta$ と $I$ の積は，$\boxed{\text{無効電力}\ P_\mathrm{r} = VI \sin\theta\ [\overset{\text{バール}}{\mathrm{var}}].}$

- $V$ と $I$ の積は，$\boxed{\text{皮相電力}\ P_\mathrm{a} = VI\ [\overset{\text{ボルトアンペア}}{\mathrm{VA}}].}$

- 有効電力=消費される電力，無効電力=消費されない電力，皮相電力=見かけ上の電力.

### 複素電力 $\dot P = \dot V \bar{\dot I}$

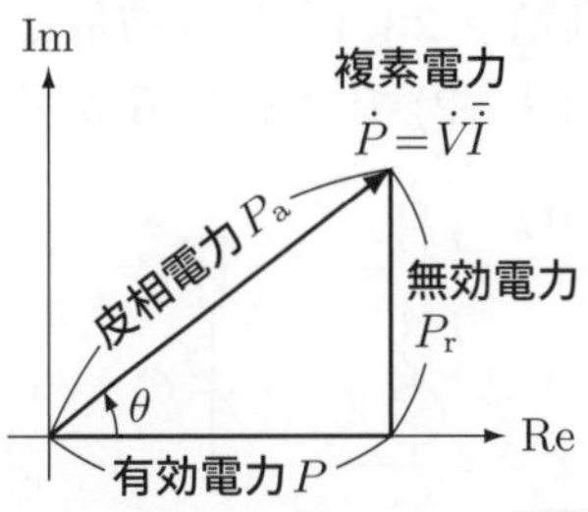

- **複素電力** $\dot P = \dot V \bar{\dot I} = V e^{j\theta_\mathrm{V}}\,I e^{-j\theta_\mathrm{I}} = VI e^{j\theta}$ $\quad\overset{\theta = \theta_\mathrm{V} - \theta_\mathrm{I}}{}$

  $\qquad\qquad = VI\cos\theta + jVI\sin\theta = P + jP_\mathrm{r}$.

  $\to\ \boxed{P = \mathrm{Re}(\dot P),\quad P_\mathrm{r} = \mathrm{Im}(\dot P),\quad P_\mathrm{a} = |\dot P|.}$

- 負荷インピーダンス $\dot Z = R + jX$ のとき，

  $\dot P = \dot V \bar{\dot I} = \dot Z \dot I \bar{\dot I} = \dot Z\,I e^{j\theta_\mathrm{I}}\,I e^{-j\theta_\mathrm{I}} = \dot Z I^2 = R I^2 + j X I^2$.

  $\to\ \boxed{\dot P = \dot Z I^2,\quad P = R I^2,\quad P_\mathrm{r} = X I^2,\quad P_\mathrm{a} = Z I^2.}$

### 供給電力最大の条件（整合条件）

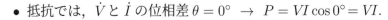

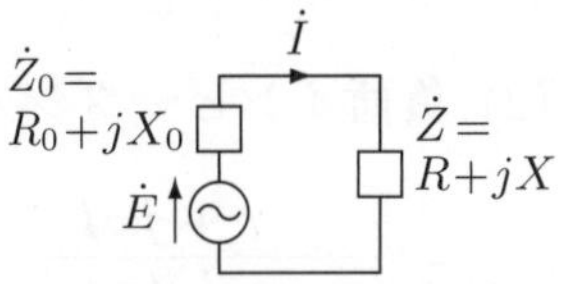

- 電源インピーダンス $\dot Z_0 = R_0 + jX_0$，負荷インピーダンス

  $\dot Z = R + jX$ のとき，$\dot Z$ を加減して負荷の電力 $P$ を最大にしたい.

- $P = R I^2 = R \times \left|\dfrac{\dot E}{\dot Z + \dot Z_0}\right|^2 = \dfrac{R \times |\dot E|^2}{|(R + R_0) + j(X + X_0)|^2} = \dfrac{R E^2}{(R + R_0)^2 + (X + X_0)^2}$

  を最大にするには，$\boxed{X = -X_0,\ R = R_0\ \to\ \dot Z = \bar{\dot Z_0}}$ とすればよい. **（整合条件）**

**例題 23.1** 右の回路の起電力$\dot{E}$，電流$\dot{I}$，負荷インピーダンス$\dot{Z}$等が次のように与えられたとき，有効電力$P$，無効電力$P_r$，皮相電力$P_a$を求めよ．

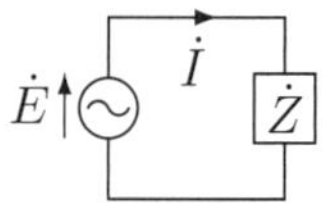


(1) $\dot{E}=100\angle 70°$[V]，$\dot{I}=0.2\angle 40°$[A]．　(2) $E=100$[V]，$I=0.5$[A]，力率$=0.6$．

(3) $\dot{E}=1+j3$[V]，　$\dot{I}=3+j1$[A]．　(4) $E=40$[V]，$\dot{Z}=16+j12$[Ω]．

**解答**

(1) 位相差$\theta=70°-40°=30°$だから，$P=EI\cos 30°=100\times 0.2\times\dfrac{\sqrt{3}}{2}=10\sqrt{3}\fallingdotseq 17.3$ [W]．
$P_r=EI\sin 30°=100\times 0.2\times\dfrac{1}{2}=10$ [var]．　$P_a=EI=100\times 0.2=20$ [VA]．

(2) $\cos\theta=0.6$．　$\cos^2\theta+\sin^2\theta=1$より，$\sin\theta=\pm\sqrt{1-\cos^2\theta}=\pm\sqrt{1-0.6^2}=\pm\sqrt{0.64}=\pm 0.8$．
$P_a=EI=50$ [VA]．　$P=EI\cos\theta=50\times 0.6=30$ [W]．　$P_r=EI\sin\theta=50\times(\pm 0.8)=\pm 40$ [var]．

(3) 複素電力$\dot{P}=\dot{E}\bar{\dot{I}}=(1+j3)(3-j1)=6+j8$だから，$P=6$ [W]．$P_r=8$ [var]．$P_a=10$ [VA]．

(4) $Z=|\dot{Z}|=20$ [Ω]．$I=\dfrac{E}{Z}=2$ [A]．$P=RI^2=64$ [W]．$P_r=XI^2=48$ [var]．$P_a=ZI^2=80$ [VA]．

**例題 23.2** $\omega=100$ [rad/s] のとき，右の回路の有効電力$P$，無効電力$P_r$，皮相電力$P_a$を求めよ．

(1)

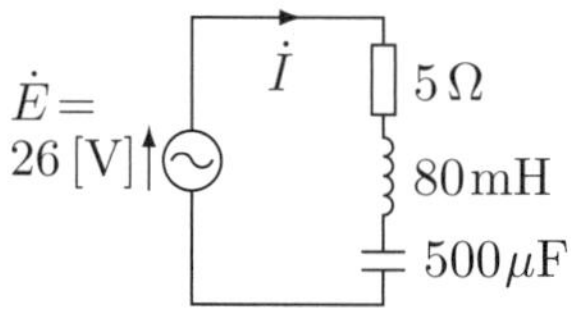


(2)

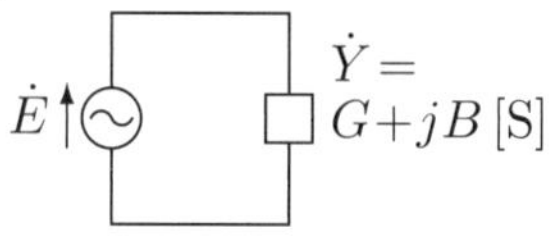


**解答**

(1) $\dot{Z}=R+j\left(\omega L-\dfrac{1}{\omega C}\right)=5+j(8-20)=5-j12$ [Ω]．　$Z=|\dot{Z}|=13$ [Ω]．　$I=\dfrac{E}{Z}=2$ [A]．
$P=RI^2=5\times 2^2=20$ [W]．　$P_r=XI^2=-12\times 2^2=-48$ [var]．　$P_a=EI=26\times 2=52$ [VA]．

(2) $\dot{P}=\dot{E}\bar{\dot{I}}=\dot{E}\overline{\dot{Y}\dot{E}}=\bar{\dot{Y}}E^2=(G-jB)E^2=GE^2-jBE^2$ゆえ，$P=GE^2$，$P_r=-BE^2$，$P_a=YE^2$．

**例題 23.3** 右の回路の負荷$\dot{Z}$は容量性で力率0.8，電力72 [W] である．電流$I$，インピーダンス$\dot{Z}$，無効電力$P_r$，皮相電力$P_a$を求めよ．

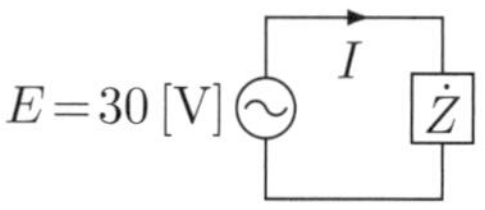


**解答** 容量性なので$\theta<0$．　$\cos\theta=0.8$ゆえ，$\sin\theta=-\sqrt{1-\cos^2\theta}=-\sqrt{1-0.8^2}=-0.6$．
$P=EI\cos\theta$より$I=\dfrac{P}{E\cos\theta}=\dfrac{72}{30\times 0.8}=3$ [A]．$Z=\dfrac{E}{I}=\dfrac{30}{3}=10$ [Ω]．$\dot{Z}=Ze^{j\theta}=Z(\cos\theta+j\sin\theta)$
$=10(0.8-j0.6)=8-j6$ [Ω]．　$P_a=EI=30\times 3=90$ [VA]．　$P_r=EI\sin\theta=90\times(-0.6)=-54$ [var]．

**例題 23.4** 角周波数$\omega$のとき，次の回路の抵抗$R$の電力を最大にする条件を求めよ．ただし，(1)と(2)では$C$と$R$が可変，(3)では$L$と$C$が可変（$R$は固定で$R>r$）とする．

(1)

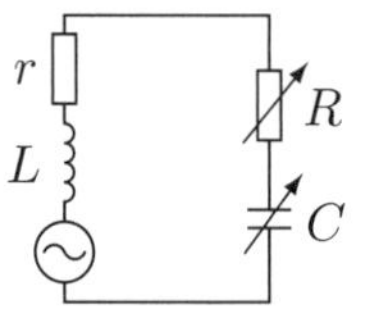


(2)

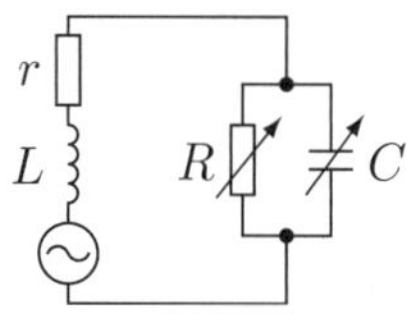


(3)

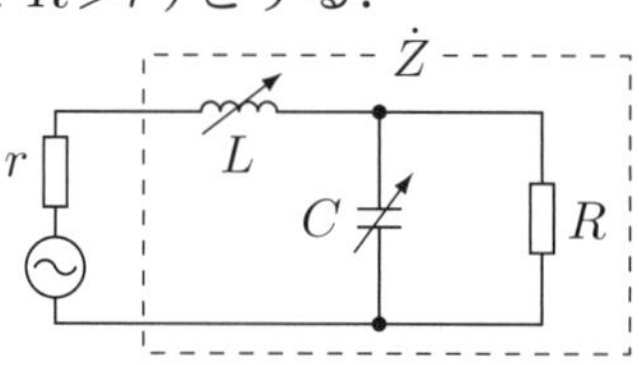


**解答** $L, C$は電力を消費しないことに注意し，整合条件を使う．(実は，(2)と(3)は同じ回路)

(1) 負荷インピーダンス$R-j\dfrac{1}{\omega C}=\overline{r+j\omega L}=r-j\omega L$より，$R=r$，$\dfrac{1}{\omega C}=\omega L$．$\to C=\dfrac{1}{\omega^2 L}$．

(2) 負荷インピーダンス$\dfrac{1}{\frac{1}{R}+j\omega C}=\overline{r+j\omega L}=r-j\omega L$より，$\dfrac{1}{R}+j\omega C=\dfrac{1}{r-j\omega L}$
$=\dfrac{r+j\omega L}{(r-j\omega L)(r+j\omega L)}=\dfrac{r}{r^2+(\omega L)^2}+\dfrac{j\omega L}{r^2+(\omega L)^2}$．　$\therefore R=\dfrac{r^2+(\omega L)^2}{r}$，　$C=\dfrac{L}{r^2+(\omega L)^2}$．

(3) 図の破線部全体を負荷$\dot{Z}$とみなす（$L, C$は電力を消費しないので，$\dot{Z}$の電力$=R$の電力）．
$\dot{Z}=j\omega L+\dfrac{R}{1+j\omega CR}=j\omega L+\dfrac{R(1-j\omega CR)}{1+(\omega CR)^2}=\dfrac{R}{1+(\omega CR)^2}+j\omega\left[L-\dfrac{CR^2}{1+(\omega CR)^2}\right]=r$．
$\therefore\ \dfrac{R}{1+(\omega CR)^2}=r$．$\to C=\dfrac{1}{\omega R}\sqrt{\dfrac{R-r}{r}}$．　$L=\dfrac{CR^2}{1+(\omega CR)^2}=CRr=\dfrac{1}{\omega}\sqrt{r(R-r)}$．

| ドリル No.23 | Class | | No. | | Name | |
|---|---|---|---|---|---|---|

**問題 23.1**　交流電力に関して，下記の値を求めよ．

(1) 電圧 $\dot{V}=100\angle-30^\circ$[V]，電流 $\dot{I}=2\angle30^\circ$[A] のときの有効電力 $P$，無効電力 $P_\mathrm{r}$，皮相電力 $P_\mathrm{a}$.

（答）$P=$　　　[　　]．$P_\mathrm{r}=$　　　[　　]．$P_\mathrm{a}=$　　　[　　].

(2) 電圧 $\dot{V}=80+j20$ [V]，電流 $\dot{I}=4-j1$ [A] のときの有効電力 $P$，無効電力 $P_\mathrm{r}$，皮相電力 $P_\mathrm{a}$.

（答）$P=$　　　[　　]．$P_\mathrm{r}=$　　　[　　]．$P_\mathrm{a}=$　　　[　　].

(3) 電圧 100 [V]，インピーダンス $40+j20$ [Ω] のときの有効電力 $P$，無効電力 $P_\mathrm{r}$，皮相電力 $P_\mathrm{a}$.

（答）$P=$　　　[　　]．$P_\mathrm{r}=$　　　[　　]．$P_\mathrm{a}=$　　　[　　].

(4) 電圧 100 [V]，有効電力 400 [W]，無効電力 300 [var] のときの皮相電力 $P_\mathrm{a}$，力率 $\cos\theta$，電流 $I$.

（答）$P_\mathrm{a}=$　　　[　　]．$\cos\theta=$　　　．$I=$　　　[　　].

(5) 電流 2 [A]，有効電力 96 [W]，力率 0.96 のときの電圧 $V$ とインピーダンス $\dot{Z}$（$\dot{Z}$ は容量性).

（答）$V=$　　　[　　]．$\dot{Z}=$　　　[　　].

**問題 23.2**　$\omega=1000$ [rad/s] のとき，次の回路の有効電力 $P$，無効電力 $P_\mathrm{r}$，皮相電力 $P_\mathrm{a}$ を求めよ．

(1)

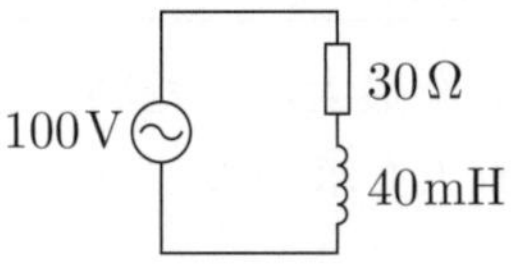


（答）$P=$　　　[　　]．$P_\mathrm{r}=$　　　[　　]．$P_\mathrm{a}=$　　　[　　].

(2)

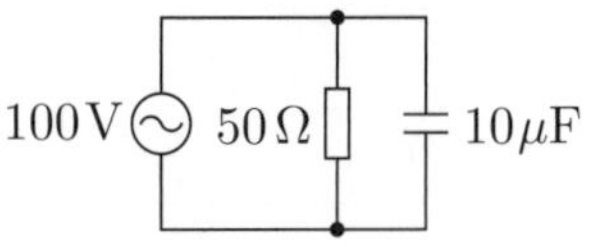


（答）$P=$　　　[　　]．$P_\mathrm{r}=$　　　[　　]．$P_\mathrm{a}=$　　　[　　].

(3)

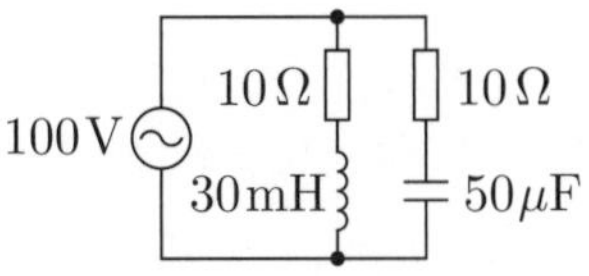


（答）$P=$　　　[　　]．$P_\mathrm{r}=$　　　[　　]．$P_\mathrm{a}=$　　　[　　].

**問題 23.3**　右の回路の負荷 $\dot{Z}$ は誘導性で力率 0.8，電力 400 [W] である．電流 $I$，インピーダンス $\dot{Z}$，無効電力 $P_\mathrm{r}$，皮相電力 $P_\mathrm{a}$ を求めよ．

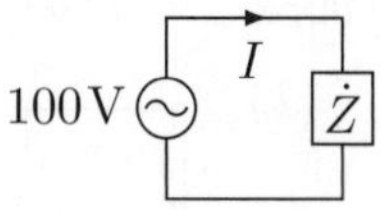


（答）$I=$　　　[　　]．$\dot{Z}=$　　　[　　]．$P_\mathrm{r}=$　　　[　　]．$P_\mathrm{a}=$　　　[　　].

**問題 23.4**　右の回路で，$\dot{Z}_1$ は誘導性で力率 0.6，$\dot{Z}_2$ は力率 1 であり，電流 $I_1=15$ [A]，$I_2=7$ [A] である．電流 $\dot{I}$ とその実効値 $I$ を求めよ．

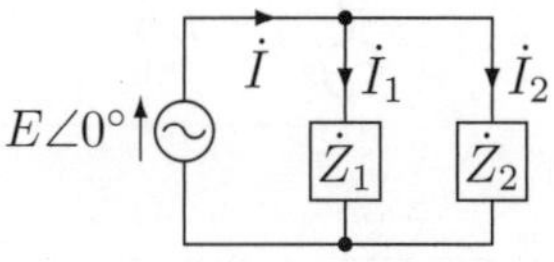


（答）$\dot{I}=$　　　[　　]．$I=$　　　[　　].

**問題 23.5**　右の回路で，$\dot{Z}_1$ は誘導性で力率 0.8，電力 $P_1=1600$ [W]，$\dot{Z}_2$ は容量性で力率 0.6，電力 $P_2=900$ [W] である．電流 $\dot{I}_1$, $\dot{I}_2$, $\dot{I}$ を求めよ．

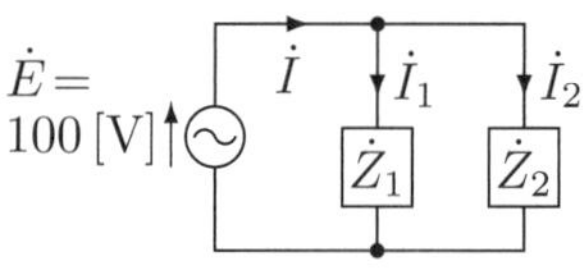


（答）$\dot{I}_1=$　　　　　[　]．$\dot{I}_2=$　　　　　[　]．$\dot{I}=$　　　　　[　]．

**問題 23.6**　角周波数 $\omega=100$ [rad/s], 電圧 $\dot{E}=100$ [V] の電源に電力 $P=1200$ [W], 力率 $\cos\theta=0.6$ の誘導性負荷を接続した．

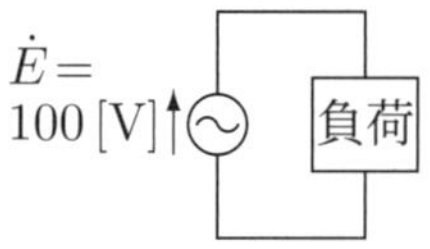


(1) この負荷の皮相電力 $P_\mathrm{a}$, 無効電力 $P_\mathrm{r}$, 複素電力 $\dot{P}$ を求めよ．

（答）$P_\mathrm{a}=$　　　　[　　]．$P_\mathrm{r}=$　　　　[　　]．$\dot{P}=$　　　　　[　]．

(2) 負荷に並列にコンデンサ $C$ を接続した．$C$ を変数として，電流 $\dot{I}_\mathrm{C}$，および $C$ の複素電力 $\dot{P}_\mathrm{C}$ を求めよ．

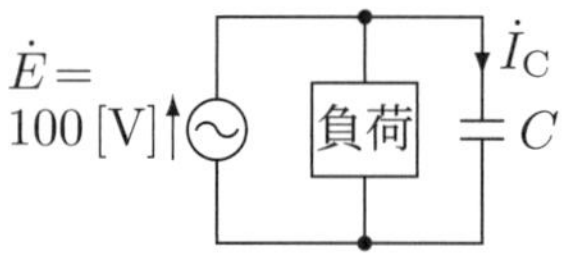


（答）$\dot{I}_\mathrm{C}=$　　　　　[　]．$\dot{P}_\mathrm{C}=$　　　　　[　]．

(3) 回路全体の皮相電力が 1500 [VA] を超えないために必要最小な $C$ の値を求めよ．

（答）$C=$　　　　[　　]．

**問題 23.7**　下記の回路で，負荷インピーダンス $\dot{Z}$ を加減して $\dot{Z}$ の電力 $P$ を最大にしたい．$\dot{Z}$ をいくらにすればよいか．最大にしたときの $P$ の値 $P_{\max}$ と，そのときの電流 $\dot{I}$ も求めよ．

(1)

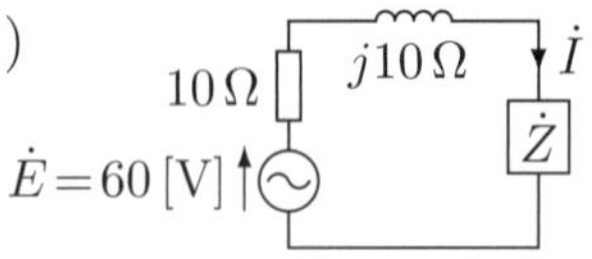


（答）$\dot{Z}=$　　　　[　]．$P_{\max}=$　　　[　]．$\dot{I}=$　　　$\angle$　　　[　]．

(2)

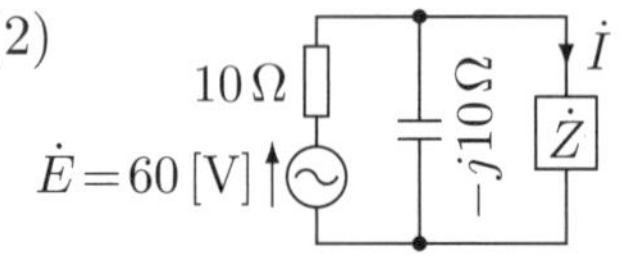


（答）$\dot{Z}=$　　　　[　]．$P_{\max}=$　　　[　]．$\dot{I}=$　　　$\angle$　　　[　]．

**問題 23.8**　下記の回路で，負荷抵抗 $R$ の値を固定し，理想変圧器の巻数比 $n$ または $C, L$ の値を加減して $R$ の電力 $P$ を最大にしたい．$n, C, L$ の値を求めよ．(2) では，$R>r$ とする．

(1)

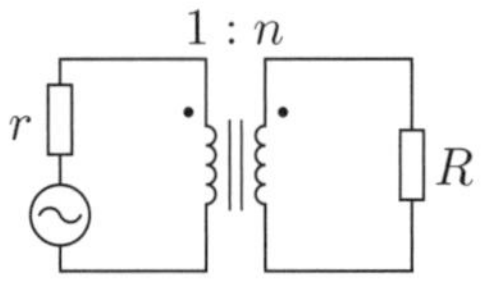

（答）$n=$　　　　．

(2)

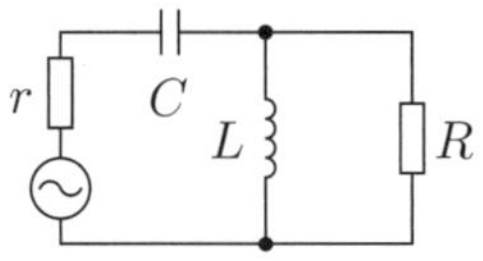


（答）$C=$　　　　　．$L=$　　　　．

| チェック項目 | 月　日 | 月　日 |
|---|---|---|
| 交流電力の計算ができる． | | |

周波数特性と複素平面上の軌跡を理解している.

### R, L, C のインピーダンスの周波数特性

抵抗 $R\,[\Omega]$

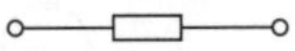

インピーダンス $\dot{Z} = R\,[\Omega]$

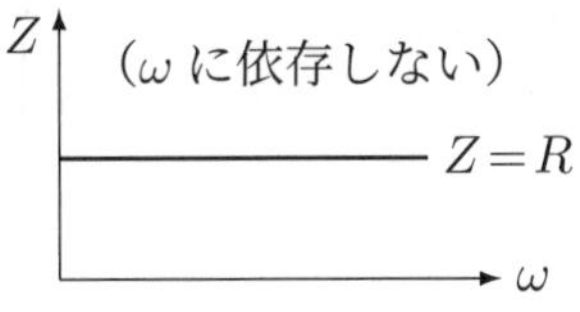

（$\omega$ に依存しない）

$Z = R$

コイル $L\,[\mathrm{H}]$

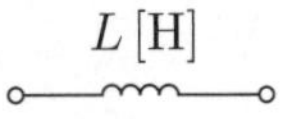

$\dot{Z} = j\omega L\,[\Omega]$

（$\omega$ に比例）
$Z = \omega L$

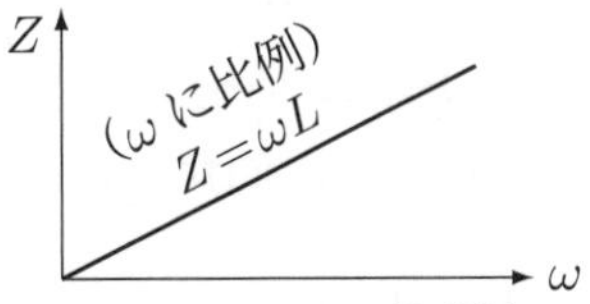

$\omega \to 0$ で $Z \to 0$（短絡）
$\omega \to \infty$ で $Z \to \infty$（開放）

コンデンサ $C\,[\mathrm{F}]$

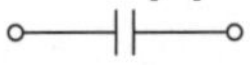

$\dot{Z} = \dfrac{1}{j\omega C} = -j\dfrac{1}{\omega C}\,[\Omega]$

（$\omega$ に反比例）
$Z = \dfrac{1}{\omega C}$

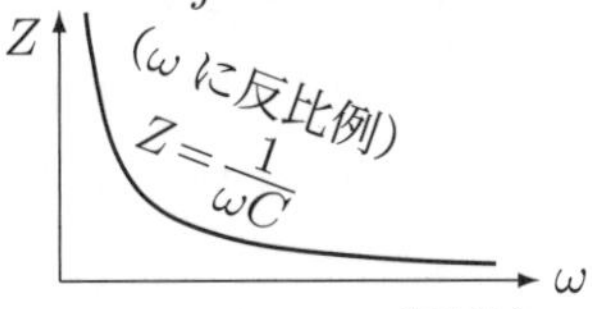

$\omega \to 0$ で $Z \to \infty$（開放）
$\omega \to \infty$ で $Z \to 0$（短絡）

### 例として RL 直列の場合

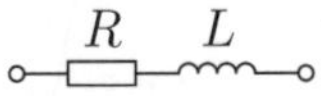

- **インピーダンス** $\dot{Z} = R + j\omega L$.

  $\omega = \dfrac{R}{L}$ のとき $\dot{Z} = R + jR = \sqrt{2}\,R\angle 45°$.

  $Z = |\dot{Z}| = \sqrt{R^2 + (\omega L)^2}$ の値は,

  $\begin{cases} R = \omega L \left(\omega = \dfrac{R}{L}\right) \text{のとき } Z = \sqrt{2}\,R. \\ R \gg \omega L \left(\omega \ll \dfrac{R}{L}\right) \text{のとき } Z \fallingdotseq R. \\ R \ll \omega L \left(\omega \gg \dfrac{R}{L}\right) \text{のとき } Z \fallingdotseq \omega L. \end{cases}$

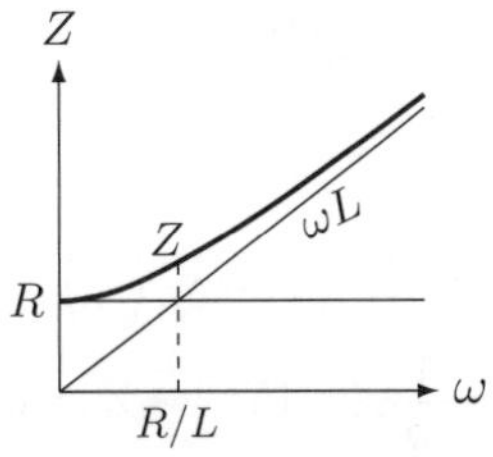

[$Z$ の周波数特性]

$\omega$ が増える方向を矢印で示す.

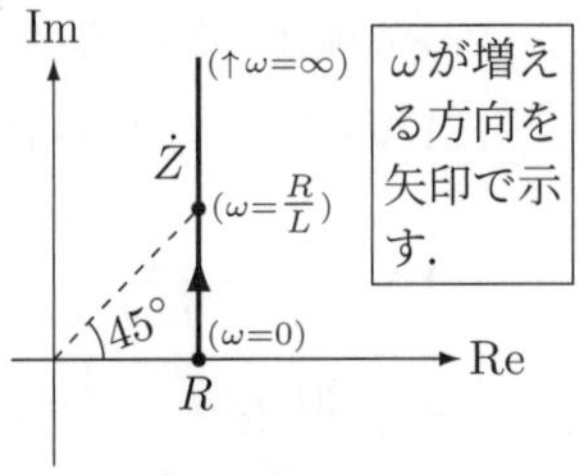

[$\dot{Z}$ の軌跡]

【注意】一般に正数 $a, b$ が $a \gg b$ のとき $\sqrt{a^2 + b^2} \fallingdotseq a$. たとえば $\sqrt{5^2 + 1^2} = 5.09\cdots$, $\sqrt{10^2 + 1^2} = 10.04\cdots$.

- **アドミタンス** $\dot{Y} = \dfrac{1}{\dot{Z}} = \dfrac{1}{R + j\omega L}$.

  $\omega = \dfrac{R}{L}$ のとき $\dot{Y} = \dfrac{1}{R + jR} = \dfrac{1}{\sqrt{2}\,R}\angle -45°$.

  $Y = |\dot{Y}| = \dfrac{1}{\sqrt{R^2 + (\omega L)^2}}$ の値は,

  $\begin{cases} R = \omega L \left(\omega = \dfrac{R}{L}\right) \text{のとき } Y = \dfrac{1}{\sqrt{2}\,R}. \\ R \gg \omega L \left(\omega \ll \dfrac{R}{L}\right) \text{のとき } Y \fallingdotseq \dfrac{1}{R}. \\ R \ll \omega L \left(\omega \gg \dfrac{R}{L}\right) \text{のとき } Y \fallingdotseq \dfrac{1}{\omega L}. \end{cases}$

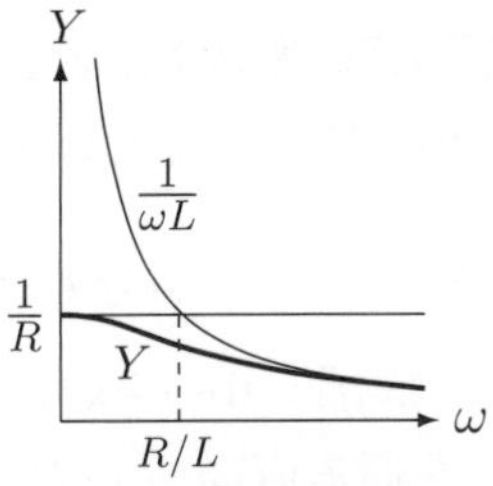

[$Y$ の周波数特性]

$\omega$ が増える方向を矢印で示す.

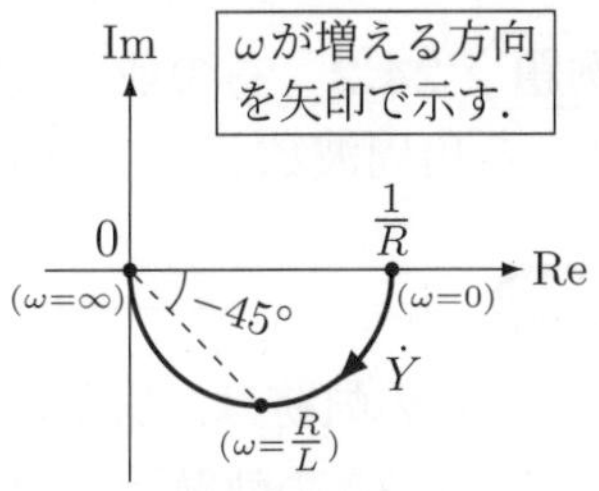

[$\dot{Y}$ の軌跡]
（描き方は下の説明を参照）

### 逆数の軌跡の描き方

- $\dot{Z}$ の軌跡が<u>原点を通らない直線</u>のとき,
  → $1/\dot{Z}$ の軌跡は<u>原点を通る円</u>.

  （原点 O から $\dot{Z}$ の軌跡への垂線の足を $\dot{Z}_0$ とすれば, $1/\dot{Z}$ の軌跡は, 点 $1/\dot{Z}_0$ と O を結ぶ線分を直径とする円になる.）

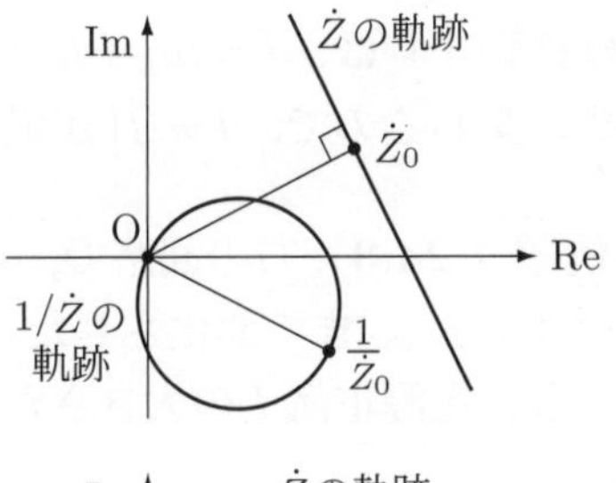

- 逆に, $\dot{Z}$ が<u>原点を通る円</u> → $1/\dot{Z}$ は<u>原点を通らない直線</u>.

- $\dot{Z}$ が<u>原点を通らない円</u> → $1/\dot{Z}$ は<u>原点を通らない円</u>.

  （$\dot{Z}$ の軌跡の円の中心と原点 O とを結ぶ直線を引き, その直線と円の交点を $\dot{Z}_1, \dot{Z}_2$ とすれば, $1/\dot{Z}$ の軌跡は, 点 $1/\dot{Z}_1$ と点 $1/\dot{Z}_2$ とを結ぶ線分を直径とする円になる.）

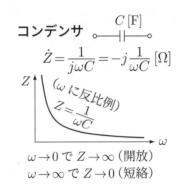

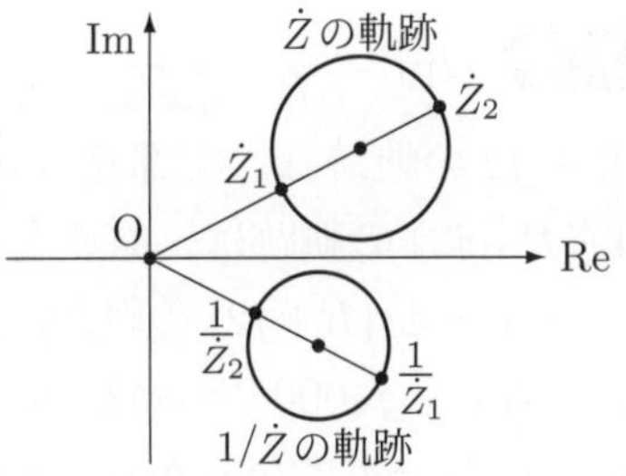

**例題 24.1**　角周波数$\omega$が変化したとき，次のインピーダンス$Z$の周波数特性，およびインピーダンス$\dot{Z}$とアドミタンス$\dot{Y}$の複素平面上の軌跡を描け．

(1) 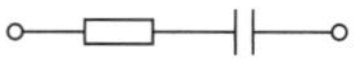


(2) 

(3) 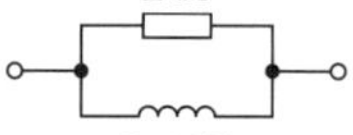


**解答**　単位 [Ω], [S], [rad/s] は省略する．

(1) $\dot{Z}=R+\dfrac{1}{j\omega C}=2-j\dfrac{10^3}{\omega}$.　$Z=\sqrt{2^2+\left(\dfrac{10^3}{\omega}\right)^2}$.

$\omega=500$ のとき，$\dot{Z}=2-j2=2\sqrt{2}\angle-45°$.

$\omega\ll500$ のとき $Z\fallingdotseq\dfrac{10^3}{\omega}$.　$\omega\gg500$ のとき $Z\fallingdotseq2$.

$\dot{Z}$の軌跡は下側の半直線（実部$=2$, 虚部$=-\infty\sim0$）.

$\dot{Y}$の軌跡は上側の半円（$\dot{Z}$の偏角$\leqq0\to\dot{Y}$の偏角$\geqq0$）.

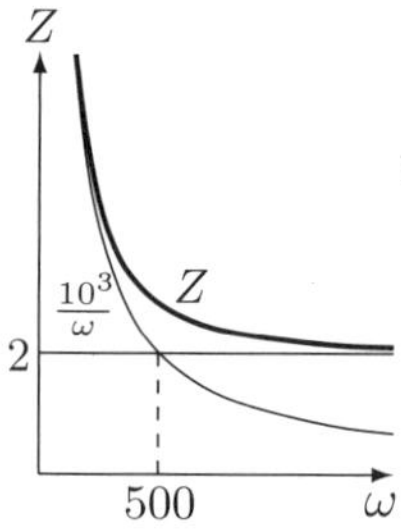


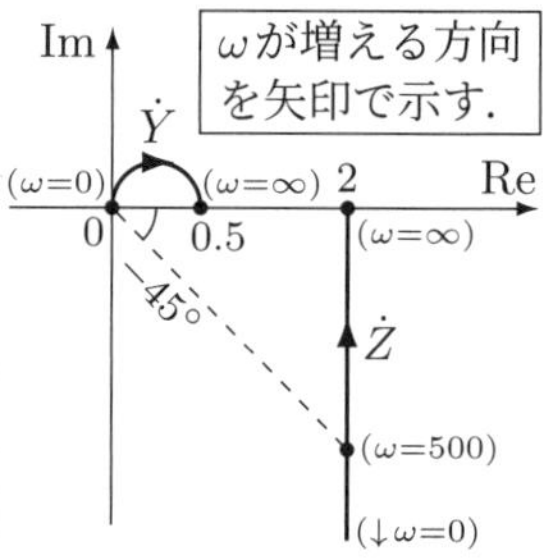


(2) $\dot{Z}=R+j\omega L+\dfrac{1}{j\omega C}=2+j\left(\dfrac{\omega}{10}-\dfrac{10^3}{\omega}\right)$.

$Z=\sqrt{2^2+\left(\dfrac{\omega}{10}-\dfrac{10^3}{\omega}\right)^2}$.　$\omega=100$ のとき $\dot{Z}=2\angle0°$.

$\omega\ll100$ のとき $Z\fallingdotseq\dfrac{10^3}{\omega}$.　$\omega\gg100$ のとき $Z\fallingdotseq\dfrac{\omega}{10}$.

$\dot{Z}$の軌跡は直線（実部$=2$, 虚部$=-\infty\sim+\infty$）.

$\dot{Y}$の軌跡は円（直径$=0.5$）.

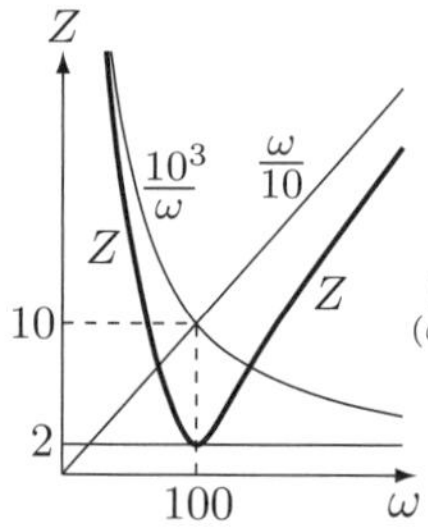


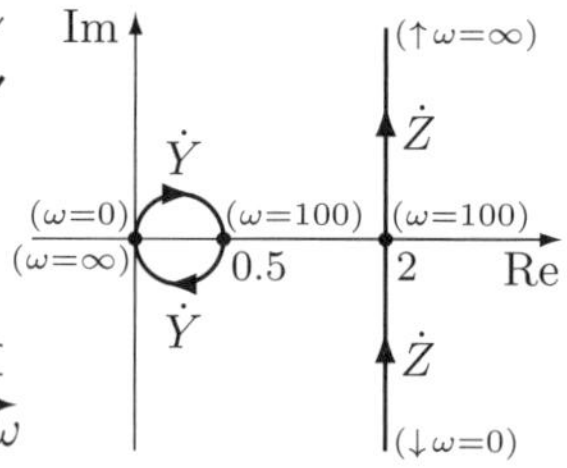


(3) $\dot{Y}=\dfrac{1}{R}+\dfrac{1}{j\omega L}=\dfrac{1}{2}-j\dfrac{10}{\omega}$.　$Y=\sqrt{\left(\dfrac{1}{2}\right)^2+\left(\dfrac{10}{\omega}\right)^2}$.

$\omega=20$ で $\dot{Y}=\dfrac{1}{2}-j\dfrac{1}{2}=\dfrac{1}{\sqrt{2}}\angle-45°.\to\dot{Z}=\sqrt{2}\angle45°$.

$\omega\ll20$ で $Y\fallingdotseq\dfrac{10}{\omega}.\to Z\fallingdotseq\dfrac{\omega}{10}$.　$\omega\gg20$ で $Y\fallingdotseq\dfrac{1}{2}$.

$\to Z\fallingdotseq2$.　$\dot{Y}$の軌跡は下側の半直線（実部$=0.5$）.

$\dot{Z}$の軌跡は上側の半円（直径$=2$）.

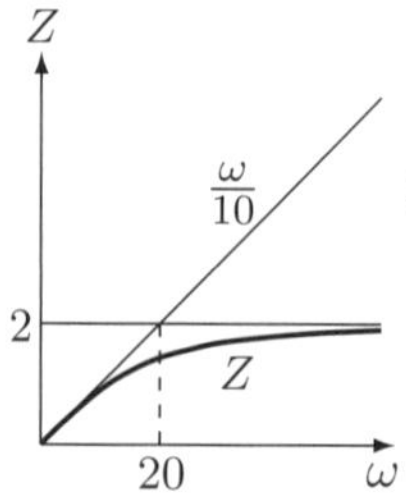


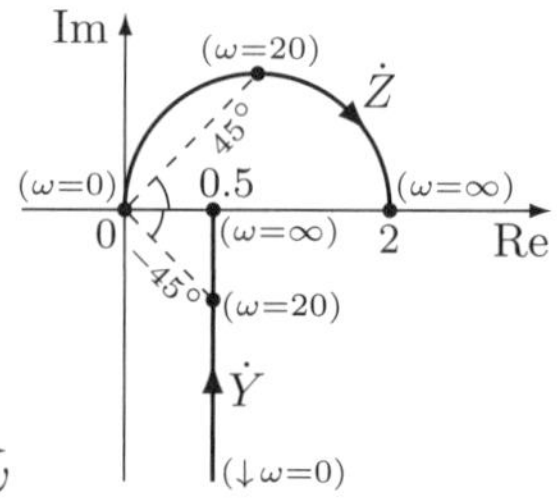


**例題 24.2**　右の並列共振回路の電流$\dot{I}_{\mathrm{RL}}$と$\dot{I}$の軌跡を描き，$\mathrm{Im}(\dot{I})=0$になる角周波数$\omega_{\mathrm{r}}$と$I$が最小になる角周波数$\omega_0$の大小関係を調べよ．

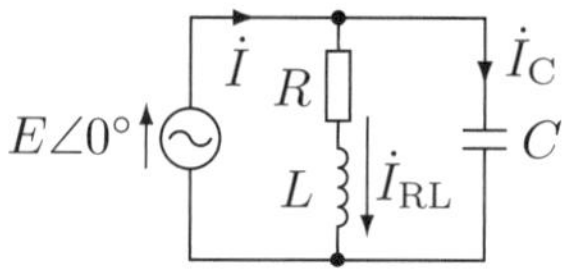


**解答**　$\dot{I}_{\mathrm{RL}}=\dfrac{E}{R+j\omega L}$ の軌跡は次の手順で考える．

$R+j\omega L$ の軌跡は，実部$=R$，虚部$=0\sim+\infty$ の上側の半直線．

$1/(R+j\omega L)$ の軌跡は，原点を通る直径$=1/R$ の下側の半円．

$\therefore$ $\dot{I}_{\mathrm{RL}}=E/(R+j\omega L)$ の軌跡は，直径$=E/R$ の下側の半円．

$\dot{I}_{\mathrm{RL}}$の軌跡を，$\dot{I}_{\mathrm{C}}=j\omega CE$（$\omega$に比例して虚数方向に増加）だけ移動すれば，$\dot{I}=\dot{I}_{\mathrm{RL}}+\dot{I}_{\mathrm{C}}$となる．この$\dot{I}$の軌跡は実軸と斜めに交わるので，$I=|\dot{I}|$が最小になる$\omega_0$は$\omega_{\mathrm{r}}$より大きい．

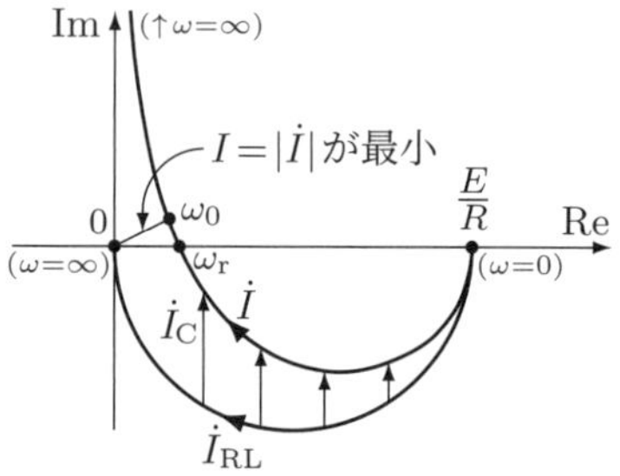


**例題 24.3**　右の回路で，角周波数を 1000 [rad/s] に固定し，抵抗$R$を0から$\infty$まで変化させたときの電流$\dot{I}_{\mathrm{RL}}$の軌跡を描け．$R$が変化しても，電源電流$I$の大きさが一定であるための$C$の値を求めよ．

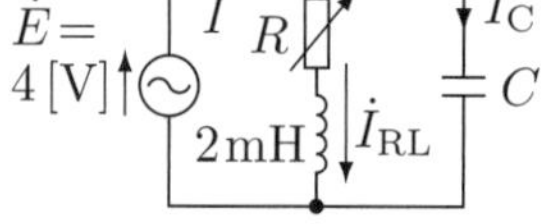


**解答**　$\dot{I}_{\mathrm{RL}}=\dfrac{\dot{E}}{R+j\omega L}=\dfrac{4}{R+j2}$.　$\dot{I}_{\mathrm{C}}=j\omega C\dot{E}=j4000C$.

$R+j2$ の軌跡は，実部$R=0\sim+\infty$，虚部$=2$ の右側の半直線．

$1/(R+j2)$ の軌跡は，原点を通る直径$=0.5$ の下側の半円（右図）．

$\therefore$ $\dot{I}_{\mathrm{RL}}=4/(R+j2)$ の軌跡は，直径$=2$ の下側の半円（右図）．

$\dot{I}=\dot{I}_{\mathrm{RL}}+j4000C$ の軌跡が，原点を中心とする半円になれば，$I=|\dot{I}|$が一定になるから，$j4000C=j1.\to C=\dfrac{1}{4000}=250\,[\mu\mathrm{F}]$.

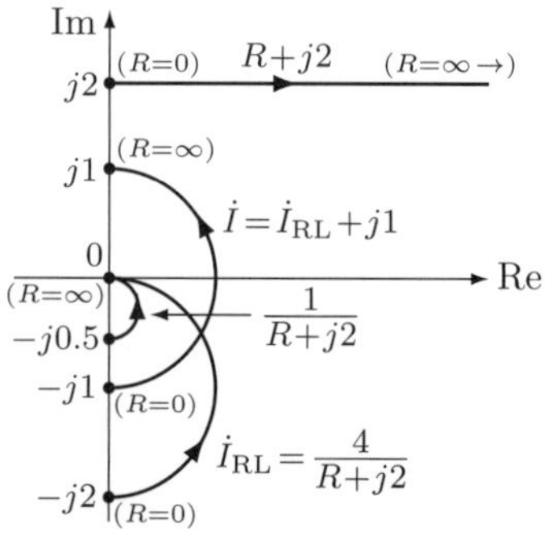

| ドリル No.24 | Class | | No. | | Name | |
|---|---|---|---|---|---|---|

**問題 24.1**　角周波数 $\omega$ が 0 から $\infty$ まで変化したとき，次の回路のインピーダンス $Z$ の周波数特性，およびインピーダンス $\dot{Z}$ とアドミタンス $\dot{Y}$ の複素平面上の軌跡を描け．(1) と (2) では $\dot{Z}$ の偏角が 45° または −45° になる角周波数 $\omega_0$ を求め，(3) では反共振角周波数 $\omega_r$ を求めよ．

(1)

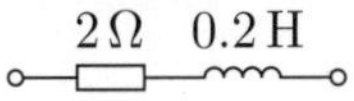


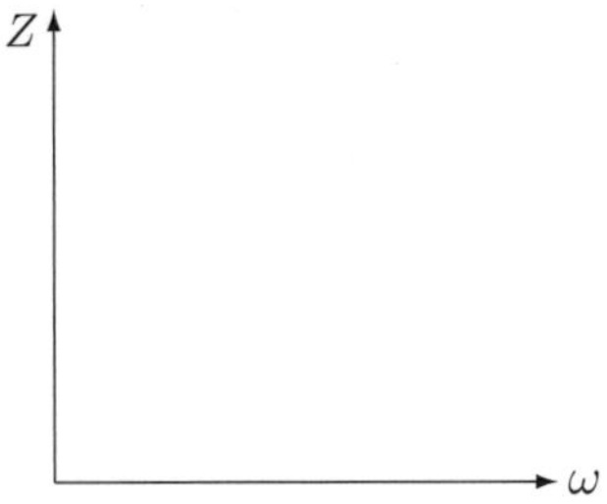


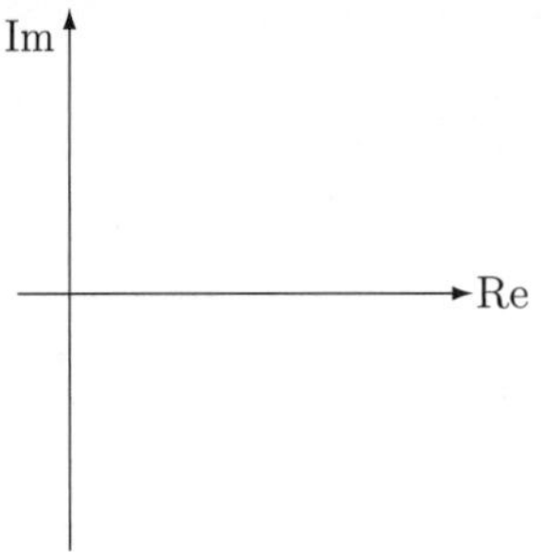


（答）$\omega_0 =$　　　[　　　].

(2)

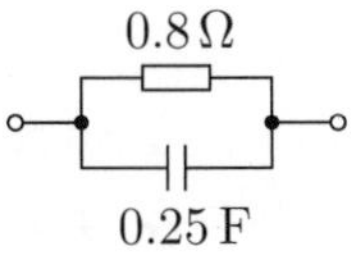


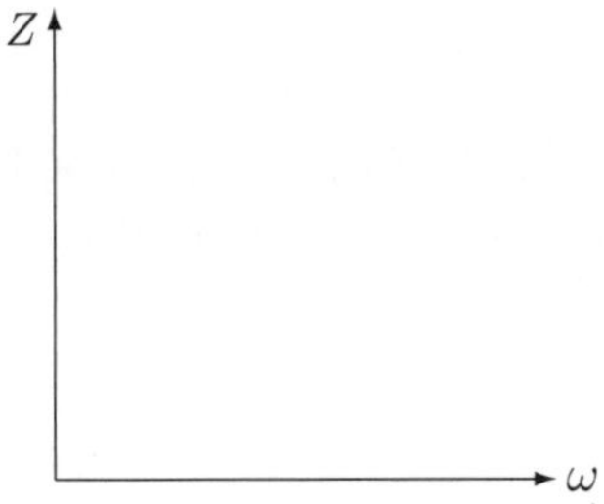


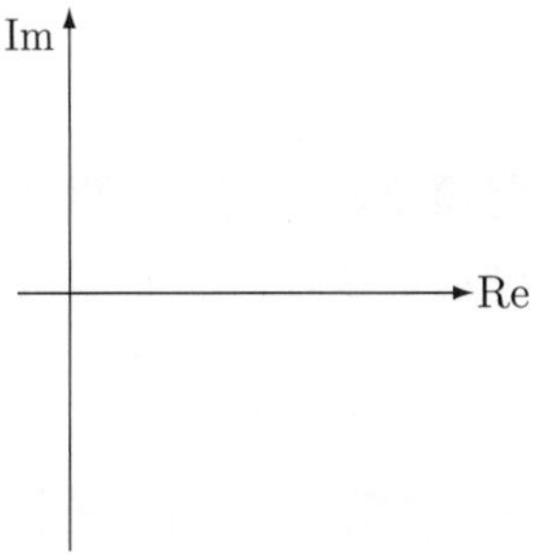


（答）$\omega_0 =$　　　[　　　].

(3)

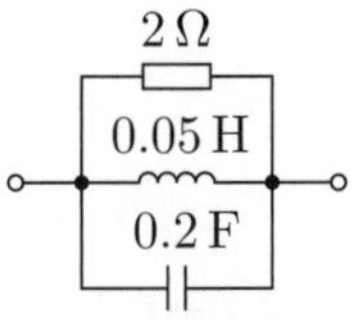


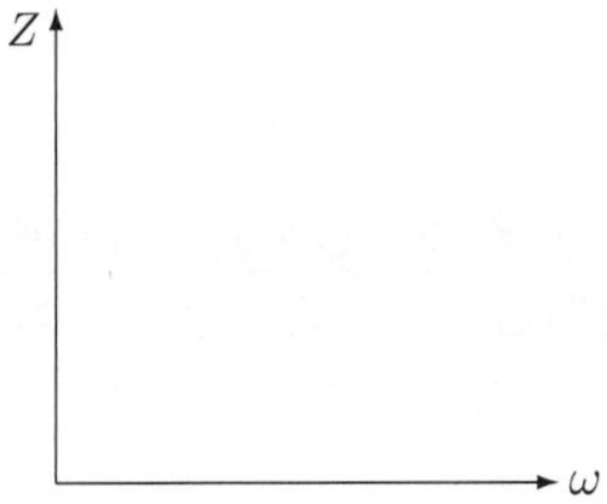


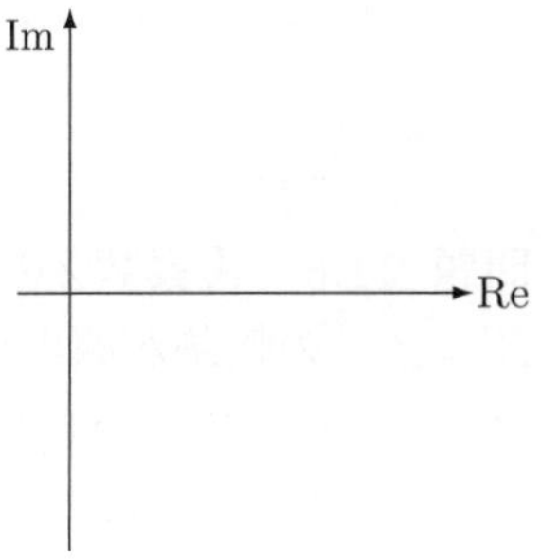


（答）$\omega_r =$　　　[　　　].

**問題 24.2**　角周波数 $\omega$ が 0 から $\infty$ まで変化したとき，次の回路のインピーダンス $\dot{Z}$ とアドミタンス $\dot{Y}$ の軌跡を描け．

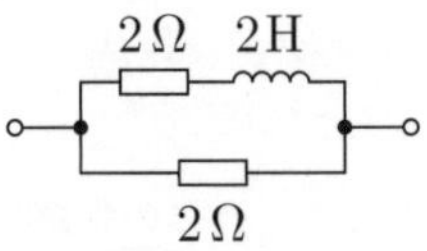

**問題 24.3**　角周波数 $\omega$ が 0 から $\infty$ まで変化したとき，次の回路の電圧 $\dot{V}$ の軌跡を描け．(1) では，$\dot{V}'$ の軌跡も描き，$V' = |\dot{V}'|$ が一定値になることを示し，その値を求めよ．

(1)

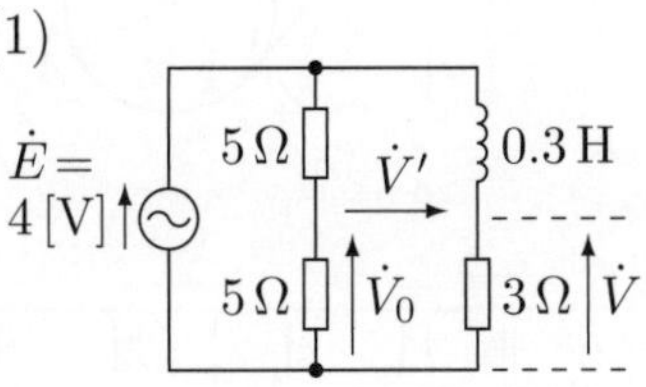


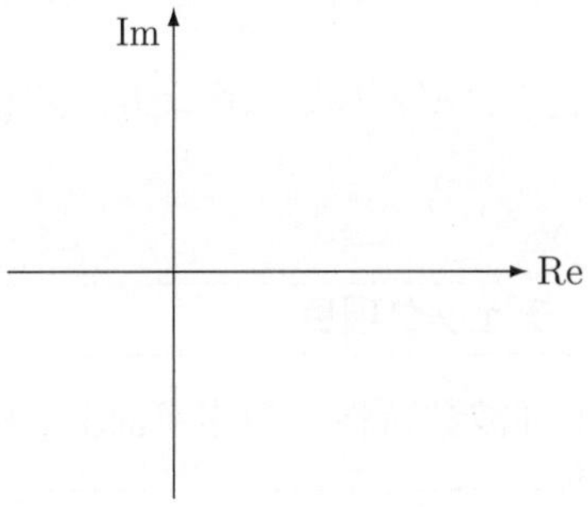


（答）$V' =$　　　[　　].

(2)

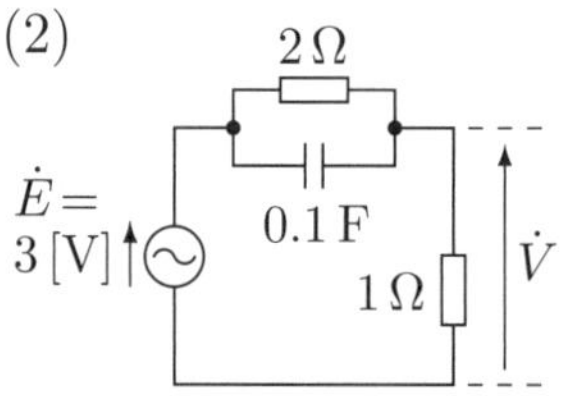


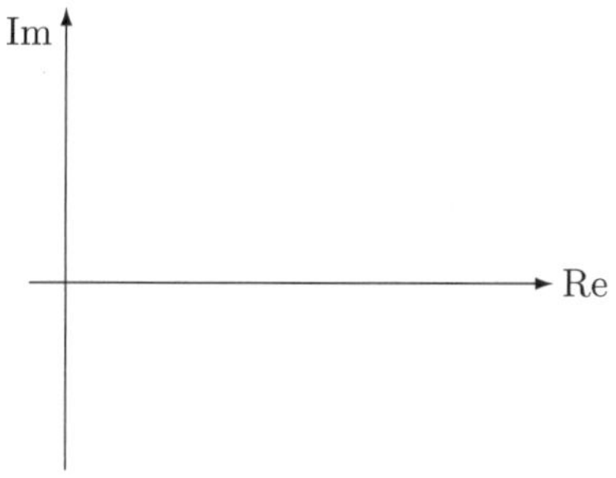


**問題 24.4** 次の回路で，角周波数を 100 [rad/s] に固定し，コイルのインダクタンス $L$ を 0 から $\infty$ まで変化させたときの電流 $\dot{I}$ の軌跡を描き，この軌跡が 2 個の共振点をもつことを示せ．

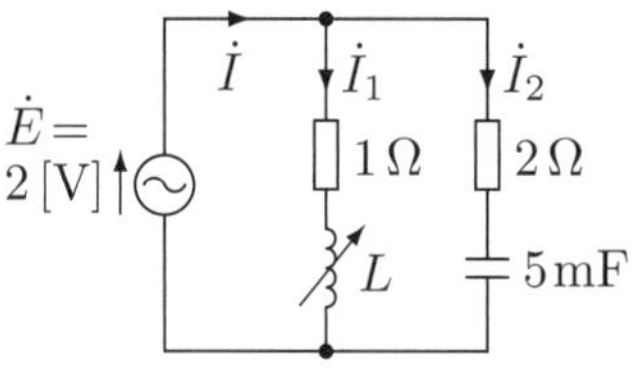


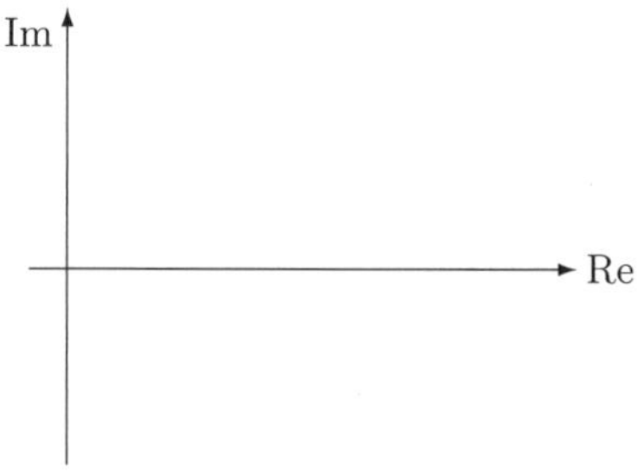


**問題 24.5** 次の回路で，角周波数を 100 [rad/s] に固定し，コンデンサ $C$ を 0 から $\infty$ まで変化させたときの電圧 $\dot{V}$ の軌跡を描き，$V$ の最大値 $V_{\max}$ を求めよ．

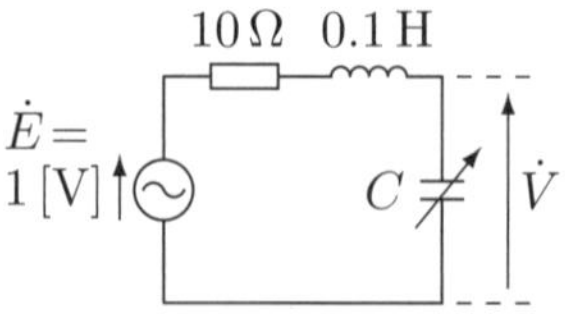


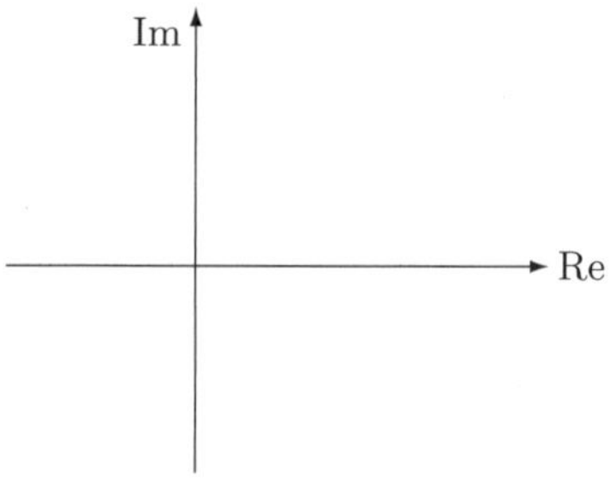


（答）$V_{\max}=$　　　　[　　].

**問題 24.6** 複素数 $Z$ の軌跡が原点Oを通らない直線であるとき，$Z'=Z^{-1}$ の軌跡が原点を通る円になることを次の手順で示せ．

(1) 原点Oから $Z$ の軌跡への垂線の足を $A$ とし，$A'=A^{-1}$ とするとき，$\triangle OAZ \propto \triangle OZ'A'$ を示せ．

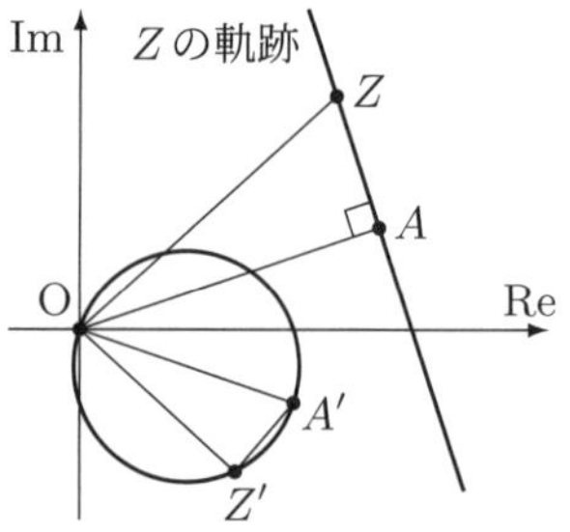


(2) $\angle OZ'A'=90°$ より，$Z'$ は直径 $OA'$ の円上の点となる．

**問題 24.7** 複素数 $Z$ の軌跡が原点Oを通らない円（中心 $Z_0$）であるとき，$Z'=Z^{-1}$ の軌跡が原点を通らない円になることを次の手順で示せ．

(1) 直線 $OZ_0$ と $Z$ の軌跡との交点を $A, B$ とし，$A'=A^{-1}$，$B'=B^{-1}$ とするとき，$\triangle OAZ \propto \triangle OZ'A'$，$\triangle OBZ \propto \triangle OZ'B'$ を示せ．

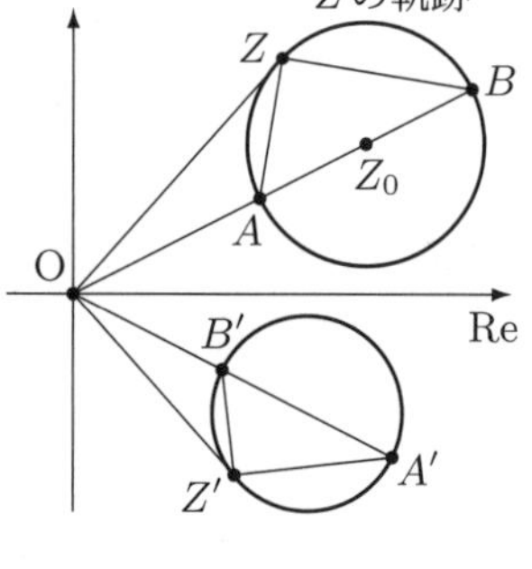


(2) $\angle A'Z'B'=90°$ より，$Z'$ は直径 $A'B'$ の円上の点となる．

| チェック項目 | 月　日 | 月　日 |
|---|---|---|
| 周波数特性と複素平面上の軌跡を理解している． | | |

## 3 三相交流回路 ► 3.1 平衡三相回路（Y結線）

三相交流の基本を理解し，Y結線の平衡三相回路を計算できる．

### 三相交流回路

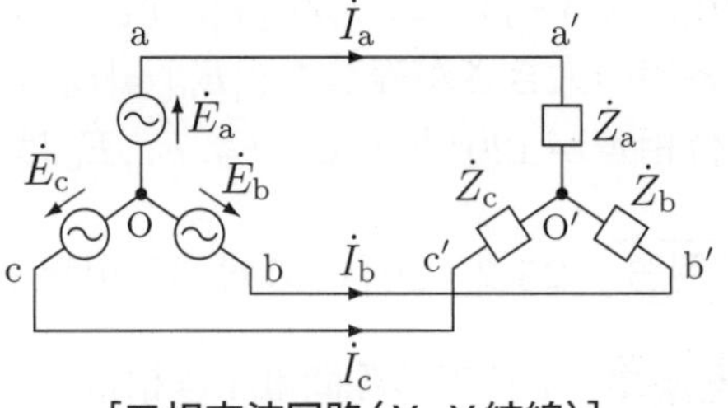


［三相交流回路（Y‑Y結線）］

- 互いに位相の異なる3つの起電力$\dot{E}_a, \dot{E}_b, \dot{E}_c$をもつ回路を**三相交流回路**という．これに対し，前章の回路を**単相交流回路**という．
- 3つの起電力$\dot{E}_a, \dot{E}_b, \dot{E}_c$の大きさが等しく，位相が120°ずつ異なるとき，**対称起電力**という．

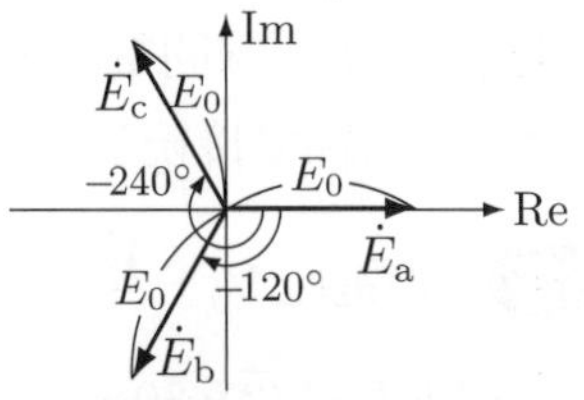


［対称起電力のフェーザ］

- 3つの負荷$\dot{Z}_a, \dot{Z}_b, \dot{Z}_c$が等しいとき，**平衡負荷**という．
- 起電力が対称で負荷が平衡（このとき電流も対称）な三相交流回路を**平衡三相回路**という．
- 三相交流は，1線あたりの送電電力が大きい，回転磁界が得やすい，合計瞬時電力が一定などの利点をもつ．
- 三相交流回路の結線方式には，**Y結線**と**Δ結線**がある．

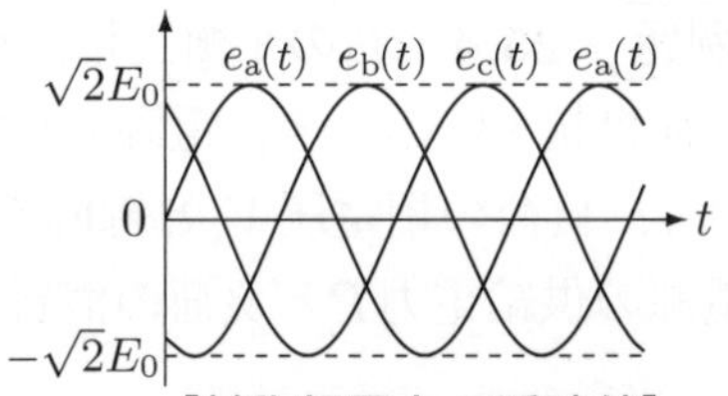


［対称起電力の瞬時値］

- 対称起電力のa相（基準方向），b相，c相のフェーザは，
  $\dot{E}_a = E_0\angle 0°$，　$\dot{E}_b = E_0\angle -120°$，　$\dot{E}_c = E_0\angle -240°$．
  a相 $\xrightarrow{120°遅れ}$ b相 $\xrightarrow{120°遅れ}$ c相 $\xrightarrow{120°遅れ}$ a相 $\xrightarrow{120°遅れ}$ $\cdots$ **相順**という．

### 平衡三相回路（Y‑Y結線）

- 右図で，$\dot{E}_a, \dot{E}_b, \dot{E}_c$＝**相電圧**，
  $\dot{E}_{ab}, \dot{E}_{bc}, \dot{E}_{ca}$＝**線間電圧**，
  $\dot{I}_a, \dot{I}_b, \dot{I}_c$＝**相電流＝線電流**．

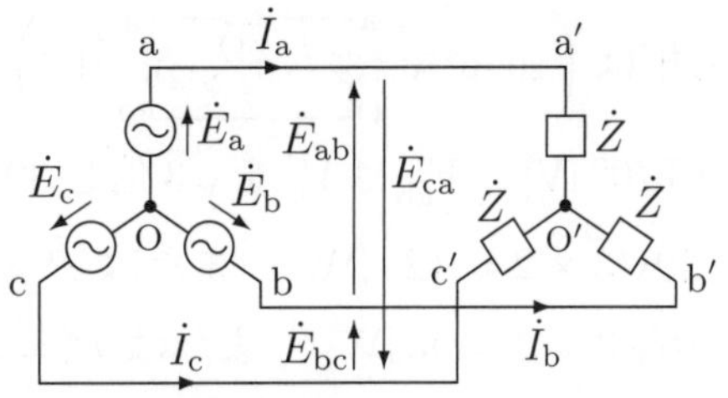


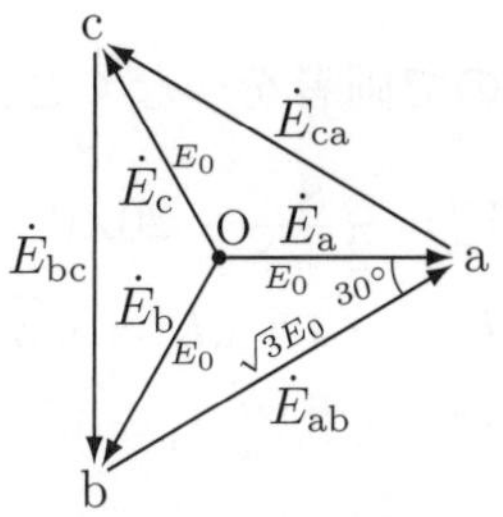


- フェーザ図より，線間電圧$\dot{E}_{ab}$は相電圧$\dot{E}_a$と比べて，$\sqrt{3}$倍大きく，位相が30°進む．

| **相電圧** $\dot{E}_a$ $\underset{\div\sqrt{3},\ -30°}{\overset{\times\sqrt{3},\ +30°}{\rightleftarrows}}$ **線間電圧** $\dot{E}_{ab}$ |
|---|

【例】$\dot{E}_a = E_0\angle 0°$ならば$\dot{E}_{ab} = \sqrt{3}E_0\angle 30°$．

- 平衡三相回路の中性点OとO′の電位は等しい → OとO′をつないでも，計算上は同じ．
  → **3つの単相回路に分けて計算できる．**

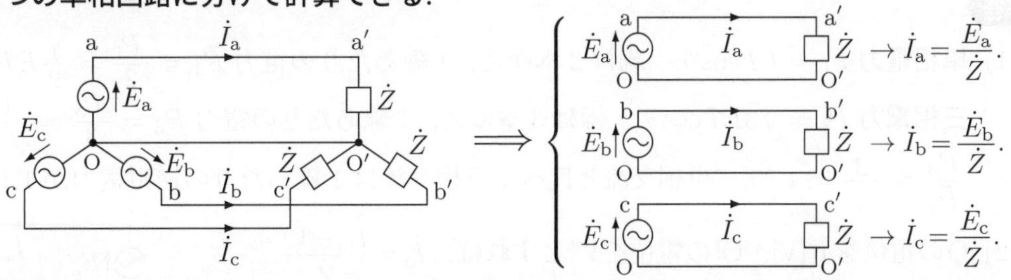


- Y結線の相電圧，線間電圧，線電流の大きさを，それぞれ$E_0$，$E_l = \sqrt{3}E_0$，$I_l$と置けば，
  1相の電力$= E_0 I_l \cos\theta$．($\cos\theta$＝力率) → **三相電力** $P = 3E_0 I_l \cos\theta = \sqrt{3}E_l I_l \cos\theta$．

【注意】$\theta$は相電圧$\dot{E}_a$と$\dot{I}_a$の位相差であり，線間電圧$\dot{E}_{ab}$と$\dot{I}_a$の位相差ではない．

例題 **25.1**　3つの起電力 $\dot{E}_a = j2$ [V]，$\dot{E}_b = \sqrt{3} - j1$ [V]，$\dot{E}_c = -\sqrt{3} - j1$ [V] が対称起電力であることを示せ．

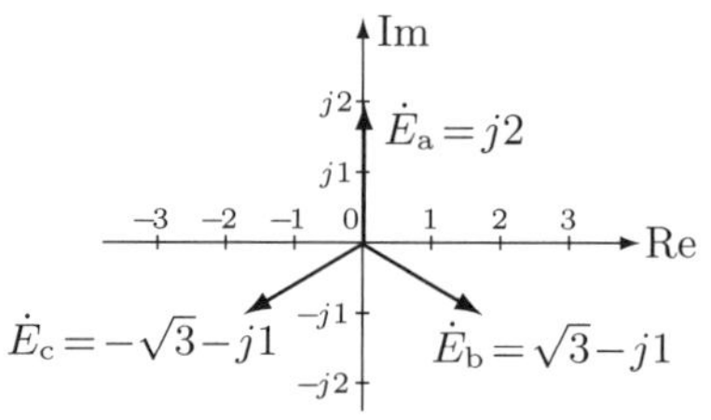


解答　極座標にすると，$\dot{E}_a = j2 = 2\angle 90°$ [V]，$\dot{E}_b = \sqrt{3} - j1 = 2\angle -30°$ [V]，$\dot{E}_c = -\sqrt{3} - j1 = 2\angle -150°$ [V]．各相の大きさが等しく（$|\dot{E}_a| = |\dot{E}_b| = |\dot{E}_c| = 2$ [V]），互いの位相差が 120° なので，$\dot{E}_a, \dot{E}_b, \dot{E}_c$ は対称起電力である．

例題 **25.2**　20 [V] の対称三相起電力をY結線したときの線間電圧 $E$ を求めよ．

解答　Y結線の線間電圧は相電圧の $\sqrt{3}$ 倍だから，$E = 20\sqrt{3} \fallingdotseq 34.6$ [V]．

例題 **25.3**　線間電圧 $E = 30$ [V] の対称三相電圧に，抵抗 10 [Ω] の平衡負荷をY結線で接続した．負荷の相電圧 $V_0$，線電流 $I$，電力 $P$ を求めよ．

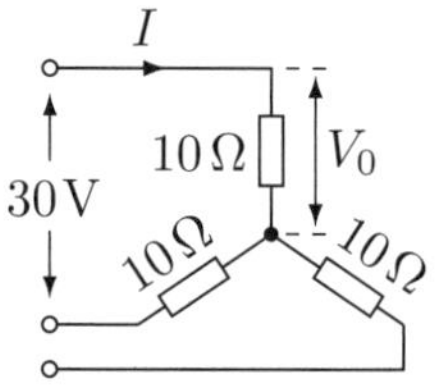


解答　相電圧 $V_0 = \dfrac{\text{線間電圧}E}{\sqrt{3}} = 10\sqrt{3}$ [V]．　$I = \dfrac{V_0}{10} = \sqrt{3}$ [A]．
$P = \sqrt{3}\,EI = \sqrt{3} \times 30 \times \sqrt{3} = 90$ [W]．または $P = 3V_0 I = 3 \times 10\sqrt{3} \times \sqrt{3} = 90$ [W]．

例題 **25.4**　右の平衡三相回路で，線路抵抗 2 Ω，負荷抵抗 8 Ω のとき，電源の相電圧 $\dot{E}_a$ と線間電圧 $\dot{E}_{ab}$，負荷の相電圧 $\dot{V}'_a$ と線間電圧 $\dot{V}'_{ab}$，線電流 $\dot{I}_a$，電源の供給電力 $P$ と負荷の消費電力 $P'$ を求めよ．

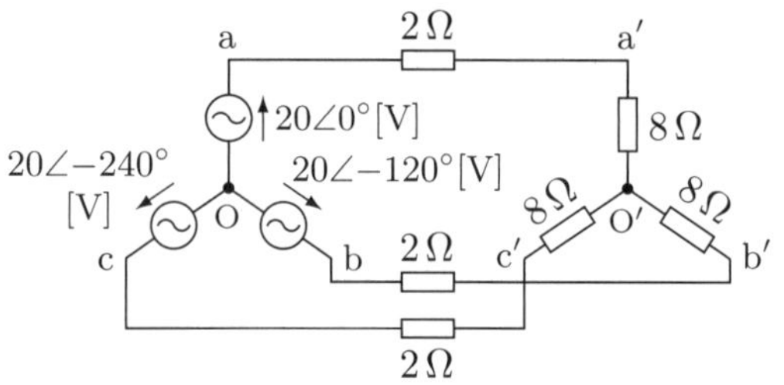


解答　$\dot{E}_a = 20\angle 0°$ [V]．$\dot{E}_{ab}$ は $\dot{E}_a$ を $\sqrt{3}$ 倍し 30° 進めて，$\dot{E}_{ab} = 20\sqrt{3}\angle 30°$ [V]．平衡三相回路ゆえ，電源側と負荷側の中性点OとO′の電位は等しいので両者をつなぐと，a 相は（

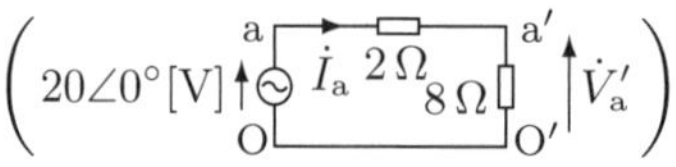


）となるから，$\dot{I}_a = \dfrac{20\angle 0°}{2 + 8} = 2\angle 0°$ [A]．
$\dot{V}'_a = \dfrac{8}{2+8} \times 20\angle 0° = 16\angle 0°$ [V]．　$\dot{V}'_{ab}$ は $\dot{V}'_a$ を $\sqrt{3}$ 倍し 30° 進めて，$\dot{V}'_{ab} = 16\sqrt{3}\angle 30°$ [V]．
$P = \sqrt{3}\,E_{ab} I_a = \sqrt{3} \times 20\sqrt{3} \times 2 = 120$ [W]．　または $P = 3E_a I_a = 3 \times 20 \times 2 = 120$ [W]．
$P' = \sqrt{3}\,V'_{ab} I_a = \sqrt{3} \times 16\sqrt{3} \times 2 = 96$ [W]．　または $P' = 3V'_a I_a = 3 \times 16 \times 2 = 96$ [W]．

例題 **25.5**　平衡三相交流に関する下記の性質を示しなさい．

(1) 線間電圧 $E$ と線電流 $I$ を固定したとき，単相交流と比べて1線あたりの送電電力が大きい．

(2) Y-Y結線の電源側の中性点Oの電位と負荷側の中性点O′の電位が等しい．

解答

(1) **単相電力** $P_1 = EI\cos\theta$．　線は2本ゆえ，1線あたりの電力 $\overline{P}_1 = \dfrac{P_1}{2} = \dfrac{1}{2}EI\cos\theta$．
**三相電力** $P_3 = \sqrt{3}EI\cos\theta$．　線は3本ゆえ，1線あたりの電力 $\overline{P}_3 = \dfrac{P_3}{3} = \dfrac{1}{\sqrt{3}}EI\cos\theta$．
$\dfrac{\overline{P}_3}{\overline{P}_1} = \dfrac{2}{\sqrt{3}} \fallingdotseq 1.15$．　単相交流と比べて三相交流は1線あたりの送電電力が 1.15 倍大きい．

(2) Oの電位を 0 [V]，O′の電位を $\dot{V}'$ とすれば，$\dot{I}_a = \dfrac{\dot{E}_a - \dot{V}'}{\dot{Z}}$，$\dot{I}_b = \dfrac{\dot{E}_b - \dot{V}'}{\dot{Z}}$，$\dot{I}_c = \dfrac{\dot{E}_c - \dot{V}'}{\dot{Z}}$．これらをキルヒホッフの第1法則 $\dot{I}_a + \dot{I}_b + \dot{I}_c = 0$ に代入して，$\dfrac{\dot{E}_a + \dot{E}_b + \dot{E}_c - 3\dot{V}'}{\dot{Z}} = 0$．

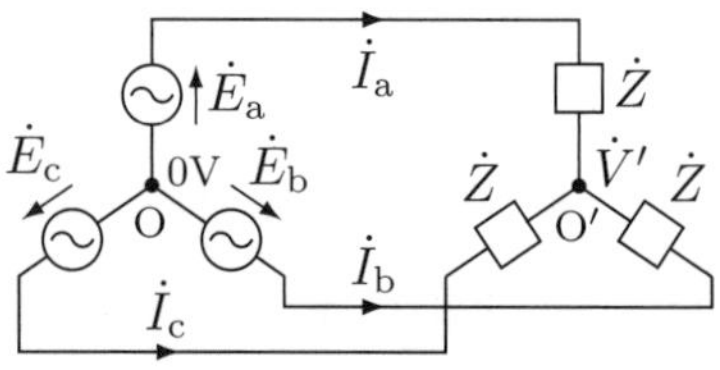


$$\dot{V}' = \frac{1}{3}(\dot{E}_a + \dot{E}_b + \dot{E}_c) = \frac{1}{3}\dot{E}_a(1 + e^{-j120°} + e^{-j240°}) = \frac{1}{3}\dot{E}_a\left[1 + \left(-\frac{1}{2} - j\frac{\sqrt{3}}{2}\right) + \left(-\frac{1}{2} + j\frac{\sqrt{3}}{2}\right)\right] = 0.$$

| ドリル No.25 | Class | | No. | | Name | |
|---|---|---|---|---|---|---|

**問題 25.1**　次の三相交流電圧または電流のフェーザを求め，複素平面上に図示せよ．

(1)

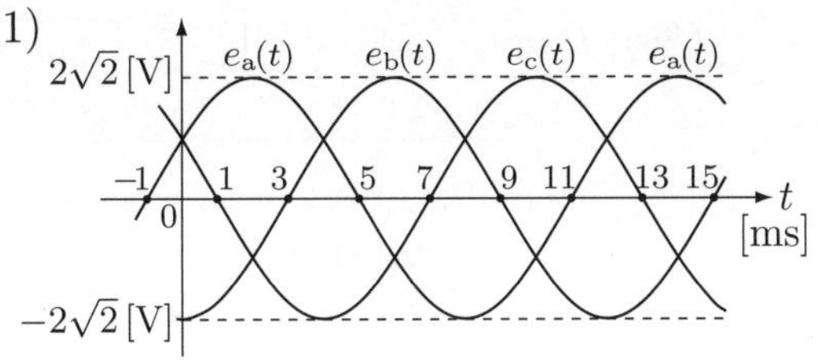


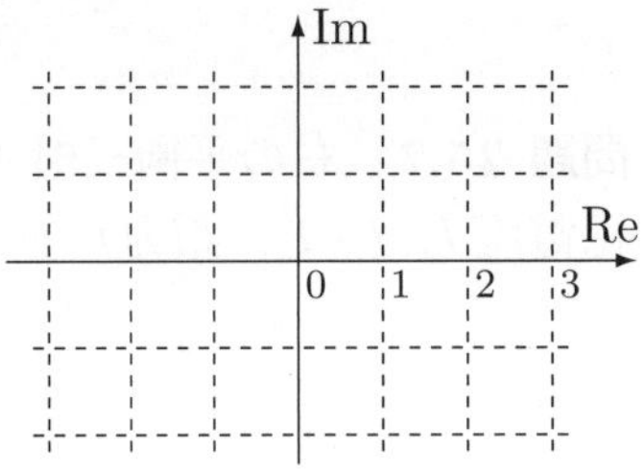


(答) $\dot{E}_a =$ 　∠　 [　]．$\dot{E}_b =$ 　∠　 [　]．$\dot{E}_c =$ 　∠　 [　]．

(2)

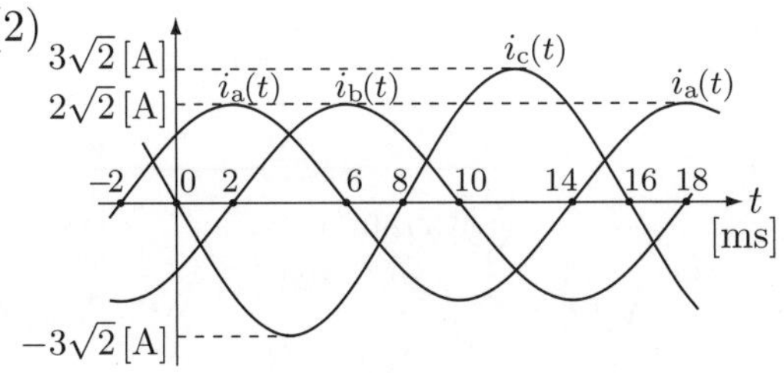


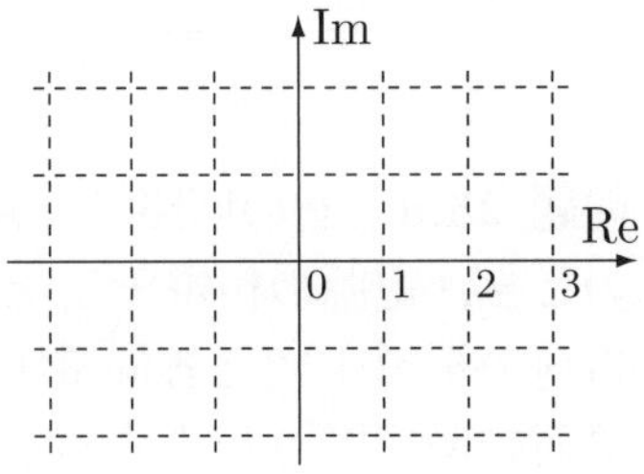


(答) $\dot{I}_a =$ 　∠　 [　]．$\dot{I}_b =$ 　∠　 [　]．$\dot{I}_c =$ 　∠　 [　]．

**問題 25.2**　下記の起電力$\dot{E}_a, \dot{E}_b, \dot{E}_c$が対称起電力であるかどうか判別せよ．

(1) $\dot{E}_a = -j4$ [V],　$\dot{E}_b = 2\sqrt{3} + j2$ [V],　$\dot{E}_c = -2\sqrt{3} + j2$ [V].

(答)

(2) $\dot{E}_a = -2$ [V],　$\dot{E}_b = 2 + j2\sqrt{3}$ [V],　$\dot{E}_c = 2 - j2\sqrt{3}$ [V].

(答)

(3) $\dot{E}_a = j4$ [V],　$\dot{E}_b = 2 - j2\sqrt{3}$ [V],　$\dot{E}_c = -2 - j2\sqrt{3}$ [V].

(答)

**問題 25.3**　$\dot{E}_b = 1 - j\sqrt{3}$ [V] であるとき，3つの起電力$\dot{E}_a, \dot{E}_b, \dot{E}_c$がこの相順で対称起電力となるような$\dot{E}_a$と$\dot{E}_c$を求めよ．

(答) $\dot{E}_a =$ 　∠　 [　]．$\dot{E}_c =$ 　∠　 [　]．

**問題 25.4**　平衡三相回路の線間電圧が 250 [V]，線電流が 5 [A]，負荷の力率が 0.8 であるとき，負荷の消費電力 $P$ を求めよ．

(答) $P =$ 　 [　]．

**問題 25.5**　線間電圧$E = 60$ [V] の対称三相電圧に，抵抗 4 [Ω] の平衡負荷をY結線で接続した．負荷の相電圧 $V_0$，線電流 $I$，電力 $P$ を求めよ．

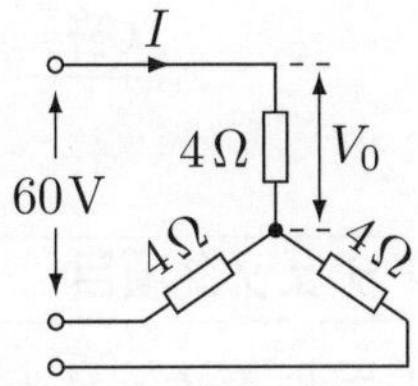


(答) $V_0 =$ 　 [　]．$I =$ 　 [　]．$P =$ 　 [　]．

**問題 25.6**　平衡三相回路の線間電圧 $\dot{E}_{\mathrm{ab}}=100\angle 40°$[V]，線電流 $\dot{I}_{\mathrm{a}}=4\angle -20°$[A] であるとき，送電電力 $P$ を求めよ．ただし，a 相, b 相, c 相の相順である．

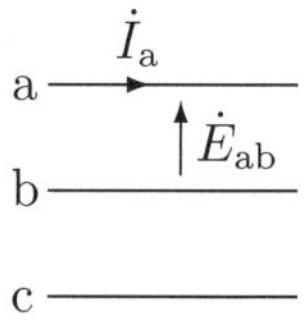


（答）$P=$　　　　[　].

**問題 25.7**　右の平衡三相回路の線間電圧 $\dot{E}_{\mathrm{ab}}, \dot{E}_{\mathrm{bc}}, \dot{E}_{\mathrm{ca}}$，線電流 $\dot{I}_{\mathrm{a}}, \dot{I}_{\mathrm{b}}, \dot{I}_{\mathrm{c}}$，電力 $P$ を求めよ．

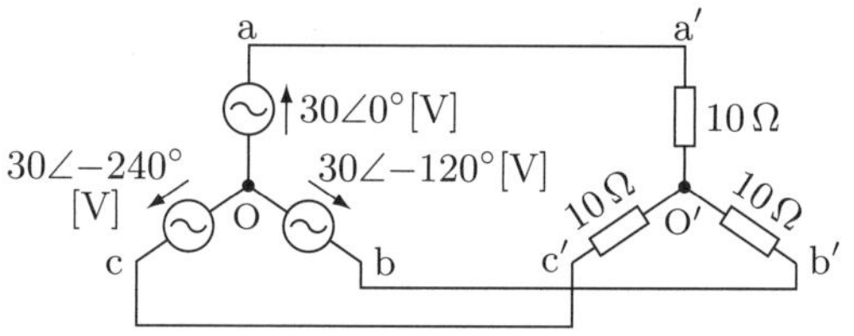


（答）$\dot{E}_{\mathrm{ab}}=$　　∠　　[　].　$\dot{E}_{\mathrm{bc}}=$　　∠　　[　].　$\dot{E}_{\mathrm{ca}}=$　　∠　　[　].

$\dot{I}_{\mathrm{a}}=$　　∠　　[　].　$\dot{I}_{\mathrm{b}}=$　　∠　　[　].　$\dot{I}_{\mathrm{c}}=$　　∠　　[　].　$P=$　　[　].

**問題 25.8**　右の回路で，線路抵抗 5Ω, 負荷抵抗 10Ω のとき，電源の相電圧 $\dot{E}_{\mathrm{a}}$ と線間電圧 $\dot{E}_{\mathrm{ab}}$，線電流 $\dot{I}_{\mathrm{a}}$，負荷の相電圧 $\dot{V}'_{\mathrm{a}}$ と線間電圧 $\dot{V}'_{\mathrm{ab}}$，電源の供給電力 $P$ と負荷の消費電力 $P'$ を求めよ．

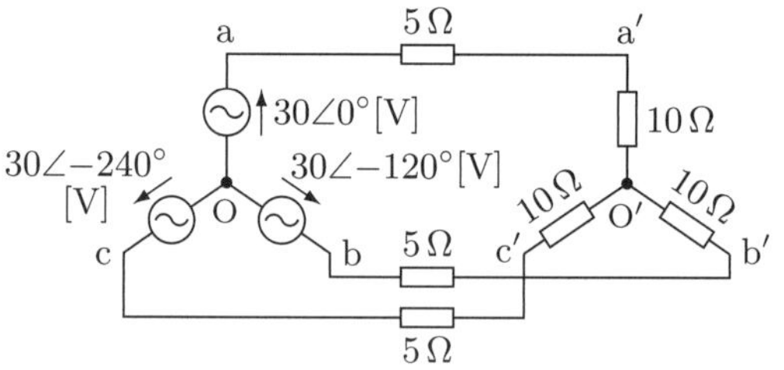


（答）$\dot{E}_{\mathrm{a}}=$　　∠　　[　].　$\dot{E}_{\mathrm{ab}}=$　　∠　　[　].　$\dot{I}_{\mathrm{a}}=$　　∠　　[　].

$\dot{V}'_{\mathrm{a}}=$　　∠　　[　].　$\dot{V}'_{\mathrm{ab}}=$　　∠　　[　].　$P=$　　[　].　$P'=$　　[　].

**問題 25.9**　右の回路で，電源の相電圧 $\dot{E}_{\mathrm{a}}$ と線間電圧 $\dot{E}_{\mathrm{ab}}$，線電流 $\dot{I}_{\mathrm{a}}$，負荷の相電圧 $\dot{V}'_{\mathrm{a}}$ と線間電圧 $\dot{V}'_{\mathrm{ab}}$，電源の供給電力 $P$ と負荷の消費電力 $P'$ を求めよ．

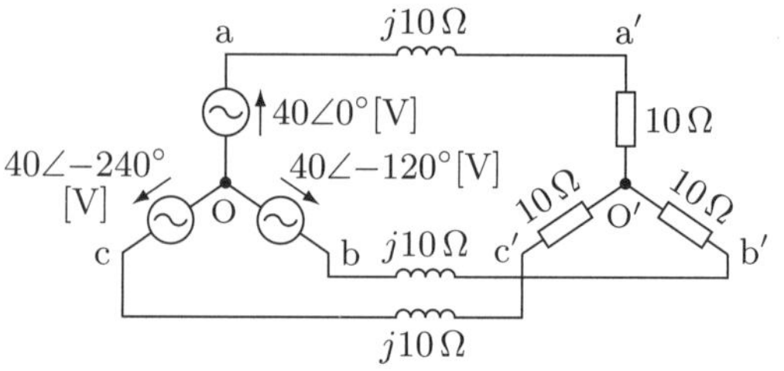


（答）$\dot{E}_{\mathrm{a}}=$　　∠　　[　].　$\dot{E}_{\mathrm{ab}}=$　　∠　　[　].　$\dot{I}_{\mathrm{a}}=$　　∠　　[　].

$\dot{V}'_{\mathrm{a}}=$　　∠　　[　].　$\dot{V}'_{\mathrm{ab}}=$　　∠　　[　].　$P=$　　[　].　$P'=$　　[　].

**問題 25.10**　右の回路で，電源の相電圧 $\dot{E}_{\mathrm{a}}$ と線間電圧 $\dot{E}_{\mathrm{ab}}$，線電流 $\dot{I}_{\mathrm{a}}$，負荷の相電圧 $\dot{V}'_{\mathrm{a}}$ と線間電圧 $\dot{V}'_{\mathrm{ab}}$，負荷の消費電力 $P'$ を求めよ．

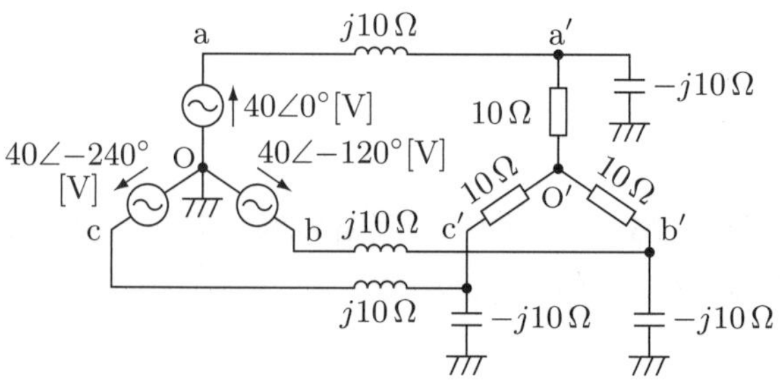


（答）$\dot{E}_{\mathrm{a}}=$　　∠　　[　].　$\dot{E}_{\mathrm{ab}}=$　　∠　　[　].　$\dot{I}_{\mathrm{a}}=$　　∠　　[　].

$\dot{V}'_{\mathrm{a}}=$　　∠　　[　].　$\dot{V}'_{\mathrm{ab}}=$　　∠　　[　].　$P'=$　　[　].

| チェック項目 | 月　日 | 月　日 |
|---|---|---|
| 三相交流の基本を理解し，Y結線の平衡三相回路を計算できる． | | |

Δ結線の平衡三相回路を計算できる.

## 平衡三相回路(Δ-Δ結線)

- 右図のΔ-Δ結線の平衡三相回路で,
  $\dot{E}_{ab}, \dot{E}_{bc}, \dot{E}_{ca}$ = **相電圧** = **線間電圧**,
  $\dot{I}_{ab}, \dot{I}_{bc}, \dot{I}_{ca}$ = **電源の相電流**,
  $\dot{I}'_{ab}, \dot{I}'_{bc}, \dot{I}'_{ca}$ = **負荷の相電流**,
  $\dot{I}_a, \dot{I}_b, \dot{I}_c$ = **線電流**.

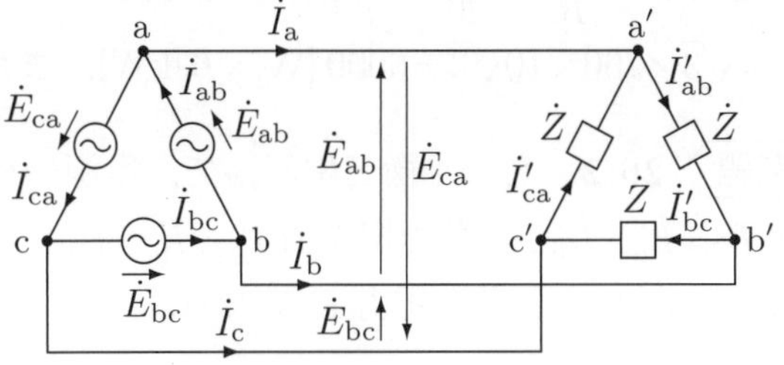


**[平衡三相回路(Δ-Δ結線)]**

- $\dot{E}_{ab}, \dot{E}_{bc}, \dot{E}_{ca}$ は**対称起電力**(大きさが互いに等しく, 位相が120°ずつ異なる)である.
- **平衡負荷**なので, 電流 $\dot{I}_{ab} = \dot{I}'_{ab} = \dfrac{\dot{E}_{ab}}{\dot{Z}}$, $\dot{I}_{bc} = \dot{I}'_{bc} = \dfrac{\dot{E}_{bc}}{\dot{Z}}$, $\dot{I}_{ca} = \dot{I}'_{ca} = \dfrac{\dot{E}_{ca}}{\dot{Z}}$ も**対称電流**.
  【注意】電源のΔを一周した起電力の合計 $\dot{E}_{ab} + \dot{E}_{bc} + \dot{E}_{ca}$ はゼロなので, 電源のΔに循環電流は流れない.
- 相電流 $\dot{I}_{ab} = \dot{I}'_{ab}$, $\dot{I}_{bc} = \dot{I}'_{bc}$, $\dot{I}_{ca} = \dot{I}'_{ca}$ と線電流 $\dot{I}_a, \dot{I}_b, \dot{I}_c$ の関係.

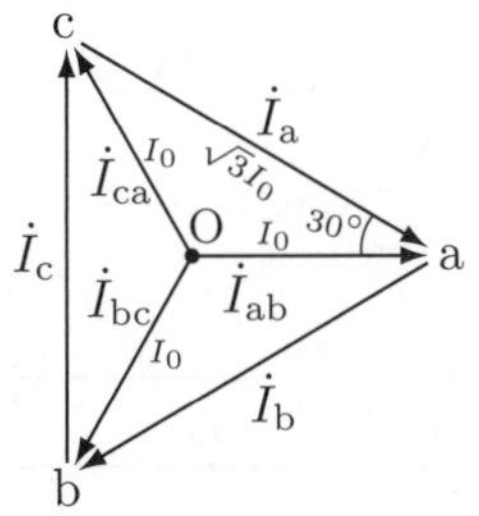


$\dot{I}_a = \dot{I}_{ab} - \dot{I}_{ca} = \dot{I}'_{ab} - \dot{I}'_{ca}$. ($\because \dot{I}_{ca} + \dot{I}_a = \dot{I}_{ab}$, $\dot{I}'_{ca} + \dot{I}_a = \dot{I}'_{ab}$).
フェーザ図より, $\dot{I}_a$ は $\dot{I}_{ab}$ と比べて, $\sqrt{3}$ 倍で30°遅れる.

相電流 $\dot{I}_{ab}$ $\underset{\div\sqrt{3},\ +30^\circ}{\overset{\times\sqrt{3},\ -30^\circ}{\rightleftarrows}}$ 線電流 $\dot{I}_a$

【例】$\dot{I}_{ab} = I_0\angle 0^\circ$ ならば $\dot{I}_a = \sqrt{3}I_0\angle -30^\circ$.

- Δ結線の線間電圧, 相電流, 線電流の大きさを, それぞれ $E_l$, $I_0$, $I_l = \sqrt{3}I_0$ と置けば,
  1相の電力 $= E_l I_0 \cos\theta$. ($\cos\theta$ = 力率) → **三相電力** $P = 3E_l I_0 \cos\theta = \sqrt{3}E_l I_l \cos\theta$.
  【注意】$\theta$ は $\dot{E}_{ab}$ と $\dot{I}_{ab}$ の位相差であり, $\dot{E}_{ab}$ と $\dot{I}_a$ の位相差ではない.
  3.1節の結果と合わせると, Y結線でもΔ結線でも三相電力は次のように計算できる.

**三相電力** $P = 3 \times$ 相電圧 $\times$ 相電流 $\times \cos\theta = \sqrt{3} \times$ 線間電圧 $\times$ 線電流 $\times \cos\theta$.
($\theta$ は相電圧と相電流の位相差)

## 対称起電力のY-Δ変換

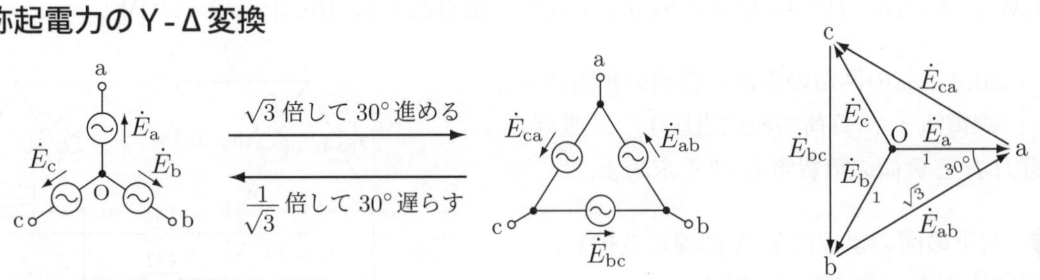


## 平衡負荷のY-Δ変換

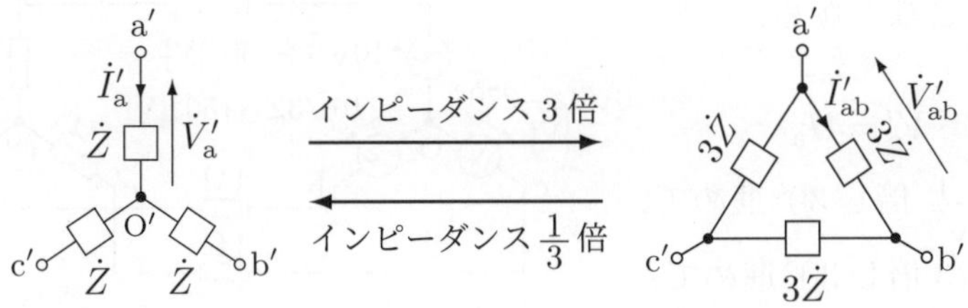


**負荷の電圧, 電流, インピーダンス**

| Y結線 | | Δ結線 |
|---|---|---|
| $\dot{V}'_a$ | $\xrightarrow{\times\sqrt{3},\ +30^\circ}$ | $\dot{V}'_{ab}$ |
| $\dot{I}'_a$ | $\xrightarrow{\div\sqrt{3},\ +30^\circ}$ | $\dot{I}'_{ab}$ |
| $\dot{Z}$ | $\xrightarrow{\times 3}$ | $3\dot{Z}$ |

例題 **26.1** 線間電圧 $E=200\,[\mathrm{V}]$ の平衡三相回路で，負荷抵抗 $20\,\Omega$ が $\Delta$ 結線のとき，負荷の相電圧 $V_0$ と相電流 $I_0$，線電流 $I$，電力 $P$ を求めよ．

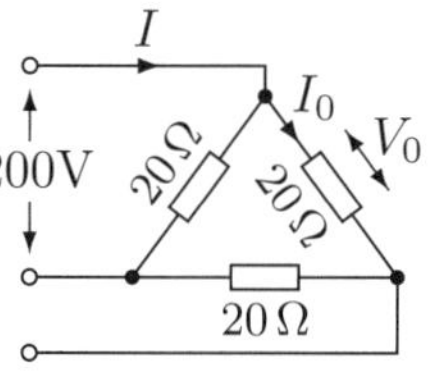


**解答** $\Delta$ 結線なので，相電圧 $V_0=$ 線間電圧 $E=200\,[\mathrm{V}]$．
相電流 $I_0=\dfrac{V_0}{R}=\dfrac{200}{20}=10\,[\mathrm{A}]$． 線電流 $I=\sqrt{3}I_0=10\sqrt{3}\,[\mathrm{A}]$． $P=\sqrt{3}\,EI$
$=\sqrt{3}\times200\times10\sqrt{3}=6000\,[\mathrm{W}]=6\,[\mathrm{kW}]$．または，$P=3V_0I_0=3\times200\times10=6000\,[\mathrm{W}]=6\,[\mathrm{kW}]$．

例題 **26.2** 右の平衡三相回路で，電源の相電流 $\dot{I}_{ab}$，$\dot{I}_{bc}$，$\dot{I}_{ca}$，負荷の相電流 $\dot{I}'_{ab}$，$\dot{I}'_{bc}$，$\dot{I}'_{ca}$，線電流 $\dot{I}_a$，$\dot{I}_b$，$\dot{I}_c$，負荷の電力 $P$ を求めよ．

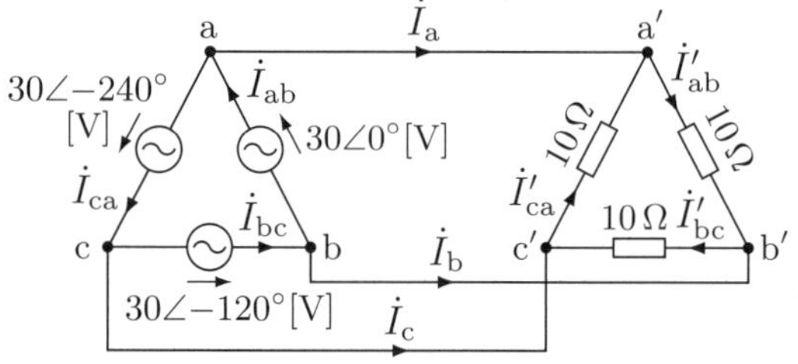


**解答** $\dot{I}_{ab}=\dot{I}'_{ab}=\dfrac{\dot{E}_{ab}}{10}=\dfrac{30\angle0^\circ}{10}=3\angle0^\circ\,[\mathrm{A}]$．

$\dot{I}_{bc}=\dot{I}'_{bc}=\dfrac{\dot{E}_{bc}}{10}=\dfrac{30\angle-120^\circ}{10}=3\angle-120^\circ\,[\mathrm{A}]$．

$\dot{I}_{ca}=\dot{I}'_{ca}=\dfrac{\dot{E}_{ca}}{10}=\dfrac{30\angle-240^\circ}{10}=3\angle-240^\circ\,[\mathrm{A}]$． これらを $\sqrt{3}$ 倍し $30^\circ$ 遅らせて，$\dot{I}_a=3\sqrt{3}\angle-30^\circ\,[\mathrm{A}]$．
$\dot{I}_b=3\sqrt{3}\angle-150^\circ\,[\mathrm{A}]$．$\dot{I}_c=3\sqrt{3}\angle-270^\circ\,[\mathrm{A}]$． $P=\sqrt{3}\times$ 線間電圧 $\times$ 線電流 $=\sqrt{3}\times30\times3\sqrt{3}=270\,[\mathrm{W}]$．
または，$P=3\times$ 相電圧 $\times$ 相電流 $=3\times30\times3=270\,[\mathrm{W}]$．

例題 **26.3** 右の平衡三相回路で，電源の相電流 $\dot{I}_{ab}$，$\dot{I}_{bc}$，$\dot{I}_{ca}$，線電流 $\dot{I}_a$，$\dot{I}_b$，$\dot{I}_c$，負荷の相電圧 $\dot{V}'_a$，$\dot{V}'_b$，$\dot{V}'_c$，負荷の電力 $P$ を求めよ．

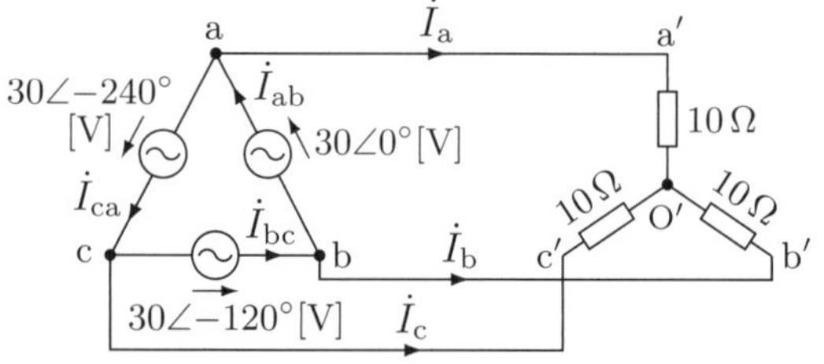


**解答** Y-Y 結線 または $\Delta$-$\Delta$ 結線に変換する．
右下の図のように電源をY形に変換し，中性点O とO′の電位が等しいので両者をつなぐと，a 相は，

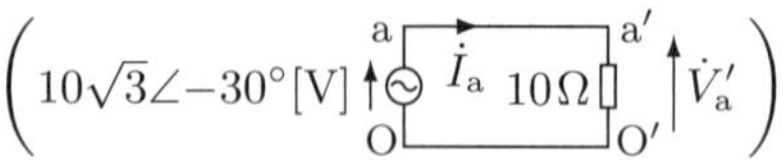


となるから，

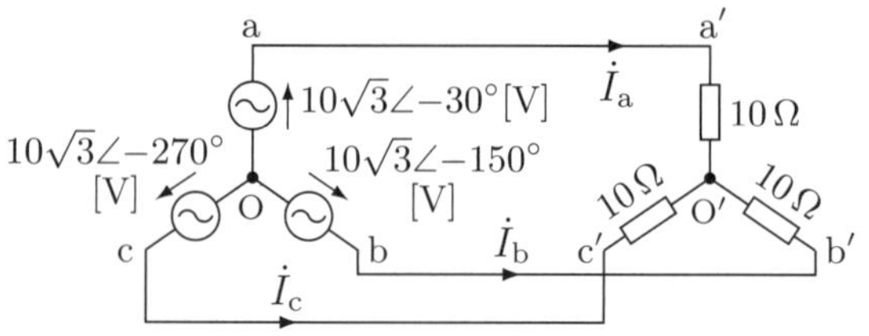


$\dot{V}'_a=10\sqrt{3}\angle-30^\circ\,[\mathrm{V}]$， $\dot{I}_a=\dfrac{\dot{V}'_a}{10}=\sqrt{3}\angle-30^\circ\,[\mathrm{A}]$．
同様に，$\dot{V}'_b=10\sqrt{3}\angle-150^\circ\,[\mathrm{V}]$， $\dot{I}_b=\sqrt{3}\angle-150^\circ\,[\mathrm{A}]$，
$\dot{V}'_c=10\sqrt{3}\angle-270^\circ\,[\mathrm{V}]$， $\dot{I}_c=\sqrt{3}\angle-270^\circ\,[\mathrm{A}]$． $\dot{I}_{ab}, \dot{I}_{bc}, \dot{I}_{ca}$ は，$\dot{I}_a, \dot{I}_b, \dot{I}_c$ を $\frac{1}{\sqrt{3}}$ 倍し $30^\circ$ 進めて，
$\dot{I}_{ab}=1\angle0^\circ\,[\mathrm{A}]$，$\dot{I}_{bc}=1\angle-120^\circ\,[\mathrm{A}]$，$\dot{I}_{ca}=1\angle-240^\circ\,[\mathrm{A}]$． $P=\sqrt{3}\times$ 線間電圧 $\times$ 線電流 $=\sqrt{3}\times30\times\sqrt{3}$
$=90\,[\mathrm{W}]$．または，$P=3\times$ 負荷の相電圧 $\times$ 負荷の相電流 $=3\times10\sqrt{3}\times\sqrt{3}=90\,[\mathrm{W}]$．

例題 **26.4** 右の回路の電源と負荷の相電流 $\dot{I}_{ab}$ と $\dot{I}'_{ab}$，線電流 $\dot{I}_a$，負荷の線間電圧 $\dot{V}'_{ab}$，電源の供給電力 $P$ と負荷の消費電力 $P'$ を求めよ．

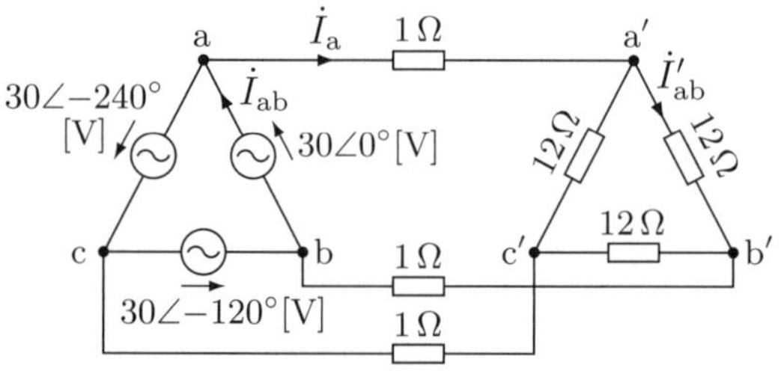


**解答** 右下の図のようにY-Y結線に変換し，中性点OとO′をつなぐと，a 相は，

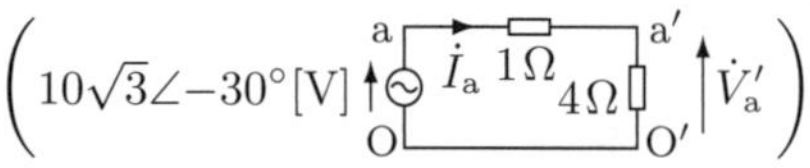


となるから，

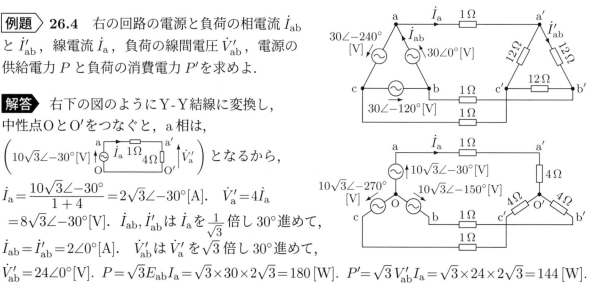

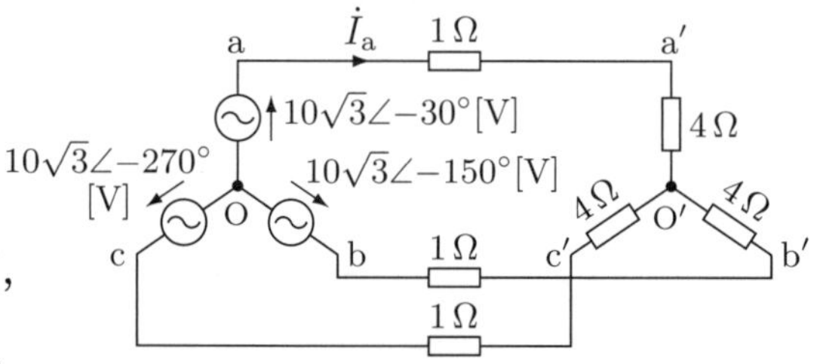


$\dot{I}_a=\dfrac{10\sqrt{3}\angle-30^\circ}{1+4}=2\sqrt{3}\angle-30^\circ\,[\mathrm{A}]$． $\dot{V}'_a=4\dot{I}_a$
$=8\sqrt{3}\angle-30^\circ\,[\mathrm{V}]$． $\dot{I}_{ab}, \dot{I}'_{ab}$ は $\dot{I}_a$ を $\frac{1}{\sqrt{3}}$ 倍し $30^\circ$ 進めて，
$\dot{I}_{ab}=\dot{I}'_{ab}=2\angle0^\circ\,[\mathrm{A}]$． $\dot{V}'_{ab}$ は $\dot{V}'_a$ を $\sqrt{3}$ 倍し $30^\circ$ 進めて，
$\dot{V}'_{ab}=24\angle0^\circ\,[\mathrm{V}]$． $P=\sqrt{3}E_{ab}I_a=\sqrt{3}\times30\times2\sqrt{3}=180\,[\mathrm{W}]$． $P'=\sqrt{3}\,V'_{ab}I_a=\sqrt{3}\times24\times2\sqrt{3}=144\,[\mathrm{W}]$．

| | | | | | | |
|---|---|---|---|---|---|---|
| **ドリル No.26** | Class | | No. | | Name | |

**問題 26.1**　100 [V] の対称三相起電力を Δ 結線したときの線間電圧 $E$ を求めよ．

（答）$E =$　　　　[　]．

**問題 26.2**　Δ 結線に相電流 10 [A] の対称三相電流が流れているとき，線電流 $I$ を求めよ．

（答）$I =$　　　　[　]．

**問題 26.3**　負荷抵抗が Δ 結線された平衡三相回路の線電流が 6 [A]，線間電圧が 60 [V] のとき，抵抗 $R$ と電力 $P$ を求めよ．

（答）$R =$　　　　[　]．$P =$　　　　[　]．

**問題 26.4**　線電流 $I = 3$ [A] の平衡三相回路で，負荷抵抗 6 Ω が Δ 結線のとき，負荷の相電流 $I_0$ と相電圧 $V_0$，線間電圧 $V$，電力 $P$ を求めよ．

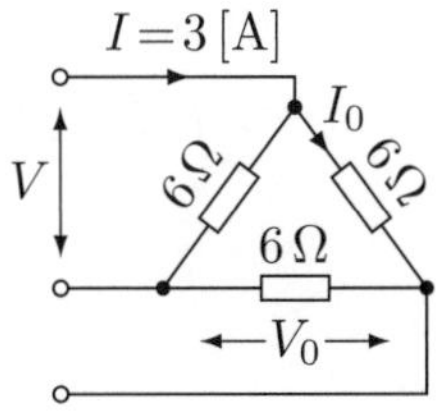


（答）$I_0 =$　　　　[　]．$V_0 =$　　　　[　]．$V =$　　　　[　]．$P =$　　　　[　]．

**問題 26.5**　右の回路に対称な線電流 $I = 3$ [A] が流れている．負荷 6 Ω の相電流 $I_0$ と相電圧 $V_0$，線間電圧 $V$ と $V_g$，全体の電力 $P$ を求めよ．

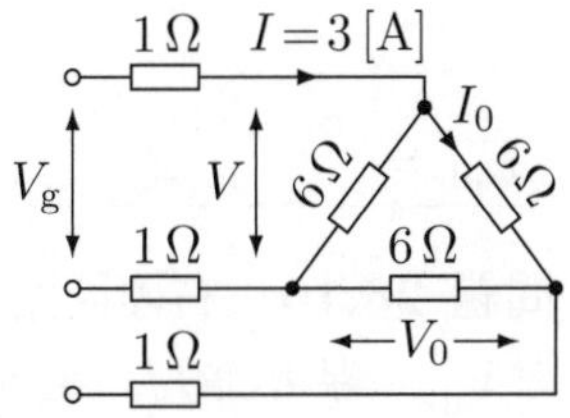


（答）$I_0 =$　　　　[　]．$V_0 =$　　　　[　]．$V =$　　　　[　]．$V_g =$　　　　[　]．$P =$　　　　[　]．

**問題 26.6**　右の平衡三相回路の電源の相電流 $\dot{I}_{ab}$, $\dot{I}_{bc}$, $\dot{I}_{ca}$, 負荷の相電流 $\dot{I}'_{ab}$, $\dot{I}'_{bc}$, $\dot{I}'_{ca}$, 線電流 $\dot{I}_a$, $\dot{I}_b$, $\dot{I}_c$, 負荷の電力 $P$ を求めよ．

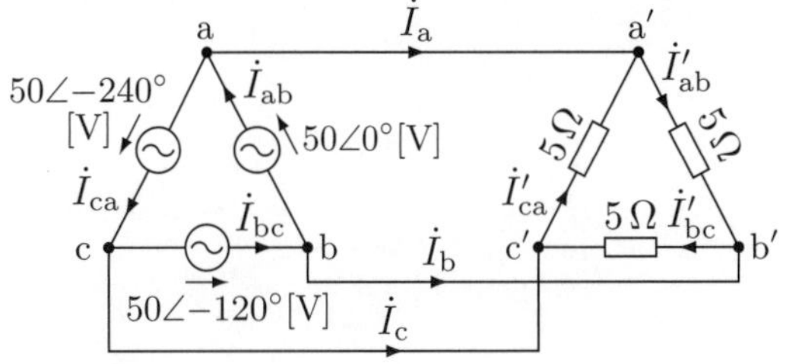


（答）$\dot{I}_{ab} =$　　$\angle$　　[　]．$\dot{I}_{bc} =$　　$\angle$　　[　]．$\dot{I}_{ca} =$　　$\angle$　　[　]．

$\dot{I}'_{ab} =$　　$\angle$　　[　]．$\dot{I}'_{bc} =$　　$\angle$　　[　]．$\dot{I}'_{ca} =$　　$\angle$　　[　]．

$\dot{I}_a =$　　$\angle$　　[　]．$\dot{I}_b =$　　$\angle$　　[　]．$\dot{I}_c =$　　$\angle$　　[　]．$P =$　　　　[　]．

**問題 26.7**　右の平衡三相回路の電源の相電流 $\dot{I}_{ab}$, $\dot{I}_{bc}$, $\dot{I}_{ca}$, 線電流 $\dot{I}_a$, $\dot{I}_b$, $\dot{I}_c$, 負荷の相電圧 $\dot{V}'_a$, $\dot{V}'_b$, $\dot{V}'_c$, 負荷の電力 $P$ を求めよ．

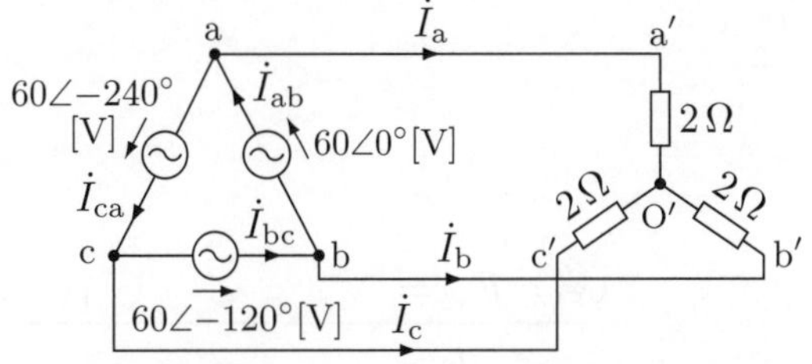


（答）$\dot{I}_{ab} =$　　$\angle$　　[　]．$\dot{I}_{bc} =$　　$\angle$　　[　]．$\dot{I}_{ca} =$　　$\angle$　　[　]．

$\dot{I}_a =$　　$\angle$　　[　]．$\dot{I}_b =$　　$\angle$　　[　]．$\dot{I}_c =$　　$\angle$　　[　]．

$\dot{V}'_a =$　　$\angle$　　[　]．$\dot{V}'_b =$　　$\angle$　　[　]．$\dot{V}'_c =$　　$\angle$　　[　]．$P =$　　　　[　]．

**問題 26.8**　右の回路の電源と負荷の相電流 $\dot{I}_{\mathrm{ab}}$ と $\dot{I}'_{\mathrm{ab}}$，線電流 $\dot{I}_{\mathrm{a}}$，負荷の線間電圧 $\dot{V}'_{\mathrm{ab}}$，電源の供給電力 $P$ と負荷の消費電力 $P'$ を求めよ．

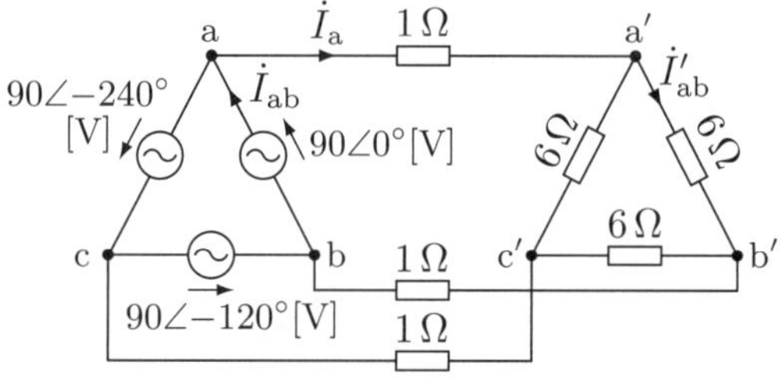


（答）$\dot{I}_{\mathrm{ab}}=$　　　∠　　　[　]．$\dot{I}'_{\mathrm{ab}}=$　　　∠　　　[　]．

$\dot{I}_{\mathrm{a}}=$　　　∠　　　[　]．$\dot{V}'_{\mathrm{ab}}=$　　　∠　　　[　]．$P=$　　　[　]．$P'=$　　　[　]．

**問題 26.9**　右の回路の線電流 $\dot{I}_{\mathrm{a}}$，負荷の相電流 $\dot{I}'_{\mathrm{ab}}$，電源と負荷の線間電圧 $\dot{E}_{\mathrm{ab}}$ と $\dot{V}'_{\mathrm{ab}}$，電源の供給電力 $P$ と負荷の消費電力 $P'$ を求めよ．

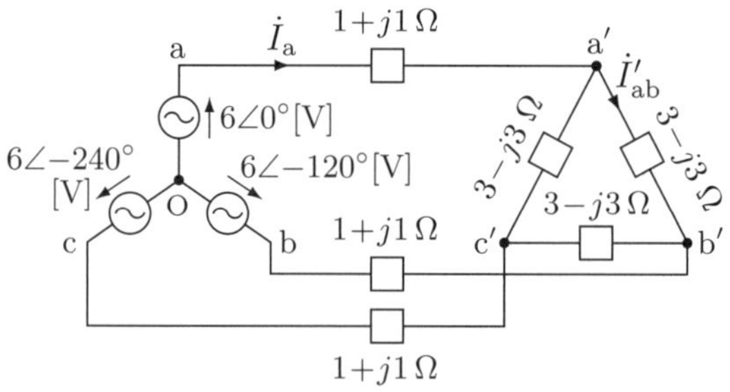


（答）$\dot{I}_{\mathrm{a}}=$　　　∠　　　[　]．$\dot{I}'_{\mathrm{ab}}=$　　　∠　　　[　]．

$\dot{E}_{\mathrm{ab}}=$　　　∠　　　[　]．$\dot{V}'_{\mathrm{ab}}=$　　　∠　　　[　]．$P=$　　　[　]．$P'=$　　　[　]．

**問題 26.10**　右の回路の電源と負荷の線間電圧 $\dot{V}_{\mathrm{ab}}$ と $\dot{V}'_{\mathrm{ab}}$，線電流 $\dot{I}_{\mathrm{a}}$，電源の相電流 $\dot{I}_{\mathrm{ab}}$ を求めよ．

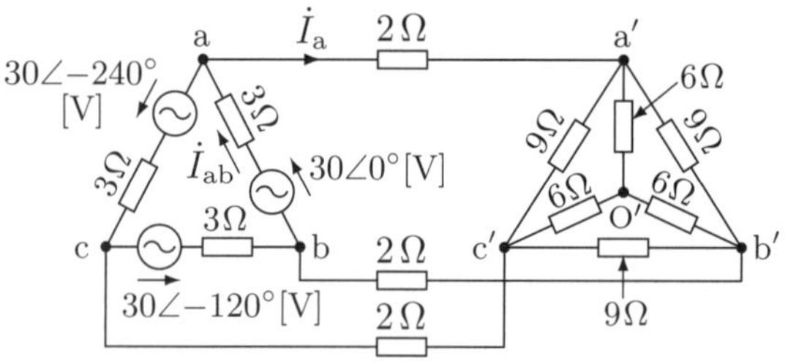


（答）$\dot{V}_{\mathrm{ab}}=$　　　∠　　　[　]．$\dot{V}'_{\mathrm{ab}}=$　　　∠　　　[　]．

$\dot{I}_{\mathrm{a}}=$　　　∠　　　[　]．$\dot{I}_{\mathrm{ab}}=$　　　∠　　　[　]．

**問題 26.11**　右の回路の電源と負荷の線間電圧 $\dot{E}_{\mathrm{ab}}$ と $\dot{V}'_{\mathrm{ab}}$，電流 $\dot{I}_{\mathrm{a}}, \dot{I}_1, \dot{I}_2, \dot{I}_3$ を求めよ．

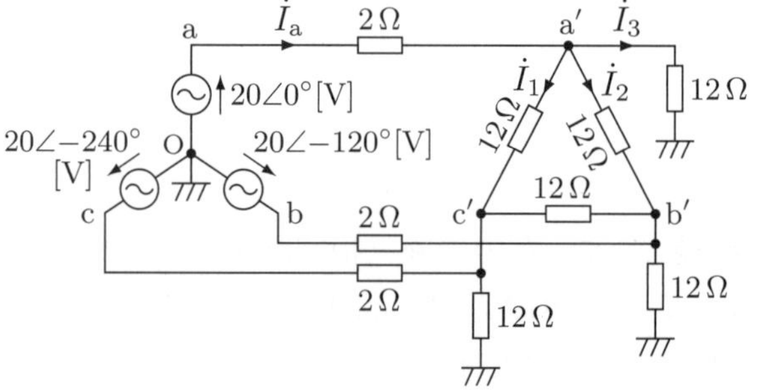


（答）$\dot{E}_{\mathrm{ab}}=$　　　∠　　　[　]．$\dot{V}'_{\mathrm{ab}}=$　　　∠　　　[　]．$\dot{I}_{\mathrm{a}}=$　　　∠　　　[　]．

$\dot{I}_1=$　　　∠　　　[　]．$\dot{I}_2=$　　　∠　　　[　]．$\dot{I}_3=$　　　∠　　　[　]．

| チェック項目 | 月　日 | 月　日 |
| --- | --- | --- |
| Δ結線の平衡三相回路を計算できる． | | |

不平衡三相回路を計算できる．

起電力が非対称または負荷が不平衡な三相交流回路を**不平衡三相回路**という．

## 不平衡三相回路（Δ-Δ結線）

- 右図でΔ結線の負荷の相電流は，
  $\dot{I}'_{\mathrm{ab}}=\dfrac{\dot{E}_{\mathrm{ab}}}{\dot{Z}_{\mathrm{ab}}}$，$\dot{I}'_{\mathrm{bc}}=\dfrac{\dot{E}_{\mathrm{bc}}}{\dot{Z}_{\mathrm{bc}}}$，$\dot{I}'_{\mathrm{ca}}=\dfrac{\dot{E}_{\mathrm{ca}}}{\dot{Z}_{\mathrm{ca}}}$.
- 線電流は，
  $\dot{I}_{\mathrm{a}}=\dot{I}'_{\mathrm{ab}}-\dot{I}'_{\mathrm{ca}}$，$\dot{I}_{\mathrm{b}}=\dot{I}'_{\mathrm{bc}}-\dot{I}'_{\mathrm{ab}}$，$\dot{I}_{\mathrm{c}}=\dot{I}'_{\mathrm{ca}}-\dot{I}'_{\mathrm{bc}}$.

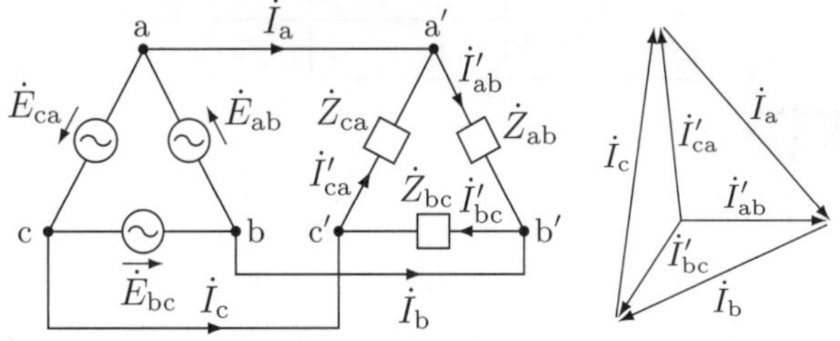

**[不平衡三相回路（Δ-Δ結線）]**

## 不平衡三相回路（Y-Y結線）

- 電源の中性点Oと負荷の中性点O′の電位は一般に異なる．Oの電位を0[V]（⏚）とすれば，

$$\text{O}'\text{の電位 } \dot{V}_{\mathrm{n}}=\frac{\dfrac{\dot{E}_{\mathrm{a}}}{\dot{Z}_{\mathrm{a}}}+\dfrac{\dot{E}_{\mathrm{b}}}{\dot{Z}_{\mathrm{b}}}+\dfrac{\dot{E}_{\mathrm{c}}}{\dot{Z}_{\mathrm{c}}}}{\dfrac{1}{\dot{Z}_{\mathrm{a}}}+\dfrac{1}{\dot{Z}_{\mathrm{b}}}+\dfrac{1}{\dot{Z}_{\mathrm{c}}}}.$$

（中性線なし）

問題 **7.6**(2) を参照

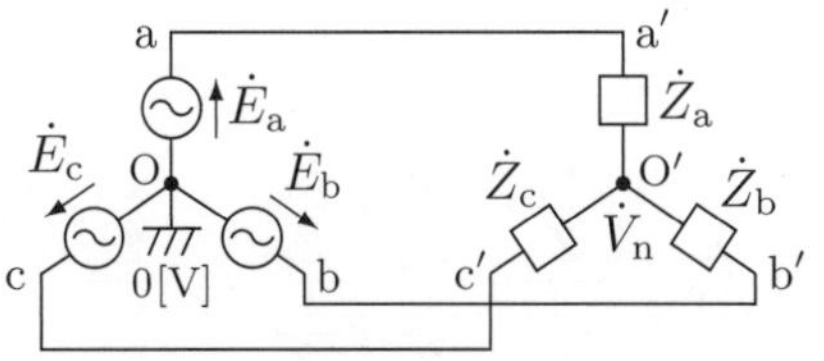

**[不平衡三相回路（Y-Y結線）]**

- 中性線でOとO′をつないだ右図の場合は，

$$\text{O}'\text{の電位 } \dot{V}_{\mathrm{n}}=\frac{\dfrac{\dot{E}_{\mathrm{a}}}{\dot{Z}_{\mathrm{a}}}+\dfrac{\dot{E}_{\mathrm{b}}}{\dot{Z}_{\mathrm{b}}}+\dfrac{\dot{E}_{\mathrm{c}}}{\dot{Z}_{\mathrm{c}}}}{\dfrac{1}{\dot{Z}_{\mathrm{a}}}+\dfrac{1}{\dot{Z}_{\mathrm{b}}}+\dfrac{1}{\dot{Z}_{\mathrm{c}}}+\dfrac{1}{\dot{Z}_{\mathrm{n}}}}.$$

（中性線あり）

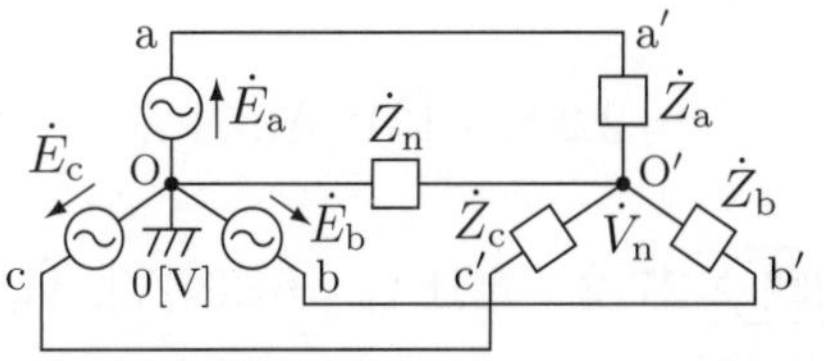

**[不平衡三相回路（Y-Y結線，中性線）]**

## 対称座標法

- $a=e^{j120^\circ}=e^{-j240^\circ}$ と置く． $a^2=e^{j240^\circ}=e^{-j120^\circ}=a^{-1}$,
  $a^3=e^{j360^\circ}=1$, $a^4=a$, $a^5=a^2$, $a^6=1,\cdots$ $1+a+a^2=0.$

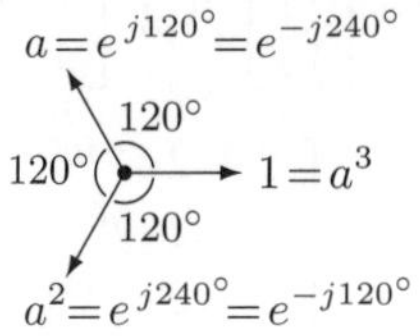


- 非対称電圧 $\dot{V}_{\mathrm{a}},\dot{V}_{\mathrm{b}},\dot{V}_{\mathrm{c}}$ を対称分（零相分 $\dot{V}_0$, 正相分 $\dot{V}_1$, 逆相分 $\dot{V}_2$）に分解する．

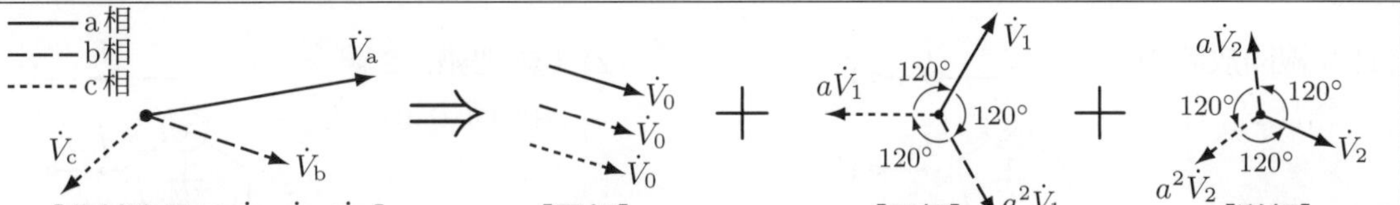


**[非対称電圧 $\dot{V}_{\mathrm{a}},\dot{V}_{\mathrm{b}},\dot{V}_{\mathrm{c}}$]**　**[零相]** 同位相の同一電圧　**[正相]** 正回転の対称電圧　**[逆相]** 逆回転の対称電圧

- （零相）（正相）（逆相）　（対称分→相電圧）　（相電圧→対称分）

$$\begin{cases}\dot{V}_{\mathrm{a}}=\dot{V}_0+\dot{V}_1+\dot{V}_2\\ \dot{V}_{\mathrm{b}}=\dot{V}_0+a^2\dot{V}_1+a\dot{V}_2\\ \dot{V}_{\mathrm{c}}=\dot{V}_0+a\dot{V}_1+a^2\dot{V}_2\end{cases}\Rightarrow\begin{bmatrix}\dot{V}_{\mathrm{a}}\\ \dot{V}_{\mathrm{b}}\\ \dot{V}_{\mathrm{c}}\end{bmatrix}=\begin{bmatrix}1&1&1\\1&a^2&a\\1&a&a^2\end{bmatrix}\begin{bmatrix}\dot{V}_0\\ \dot{V}_1\\ \dot{V}_2\end{bmatrix}.\ \text{逆に，}\begin{bmatrix}\dot{V}_0\\ \dot{V}_1\\ \dot{V}_2\end{bmatrix}=\frac{1}{3}\begin{bmatrix}1&1&1\\1&a&a^2\\1&a^2&a\end{bmatrix}\begin{bmatrix}\dot{V}_{\mathrm{a}}\\ \dot{V}_{\mathrm{b}}\\ \dot{V}_{\mathrm{c}}\end{bmatrix}.$$

- 上式と同様に，非対称電流 $\dot{I}_{\mathrm{a}},\dot{I}_{\mathrm{b}},\dot{I}_{\mathrm{c}}$ も対称分 $\dot{I}_0$, $\dot{I}_1$, $\dot{I}_2$ に分解できる．
- 三相交流発電機の電圧 $(\dot{V}_{\mathrm{a}},\dot{V}_{\mathrm{b}},\dot{V}_{\mathrm{c}})$ と電流 $(\dot{I}_{\mathrm{a}},\dot{I}_{\mathrm{b}},\dot{I}_{\mathrm{c}})$ の対称分 $(\dot{V}_0,\dot{V}_1,\dot{V}_2)$ と $(\dot{I}_0,\dot{I}_1,\dot{I}_2)$ の間に次式が成立する．

$$\begin{bmatrix}\dot{V}_0\\ \dot{V}_1\\ \dot{V}_2\end{bmatrix}=\begin{bmatrix}0\\ \dot{E}\\ 0\end{bmatrix}-\begin{bmatrix}\dot{Z}_{g0}&0&0\\0&\dot{Z}_{g1}&0\\0&0&\dot{Z}_{g2}\end{bmatrix}\begin{bmatrix}\dot{I}_0\\ \dot{I}_1\\ \dot{I}_2\end{bmatrix}.$$

（**三相交流発電機の基本式**）

発電機の出力　起電力（正相のみ）　内部インピーダンスによる電圧降下

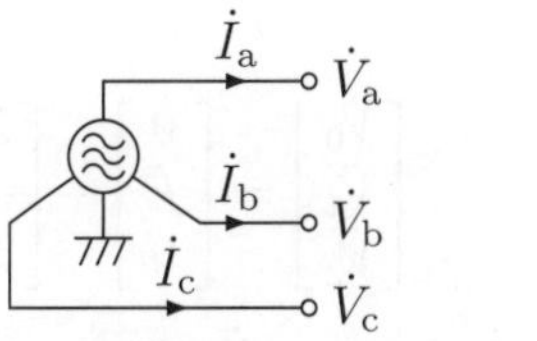


**[三相交流発電機の回路記号]**

**例題** **27.1**　対称起電力・不平衡負荷の下記の三相回路の線電流 $\dot{I}_\mathrm{a}, \dot{I}_\mathrm{b}, \dot{I}_\mathrm{c}$ を求めよ．

(1)

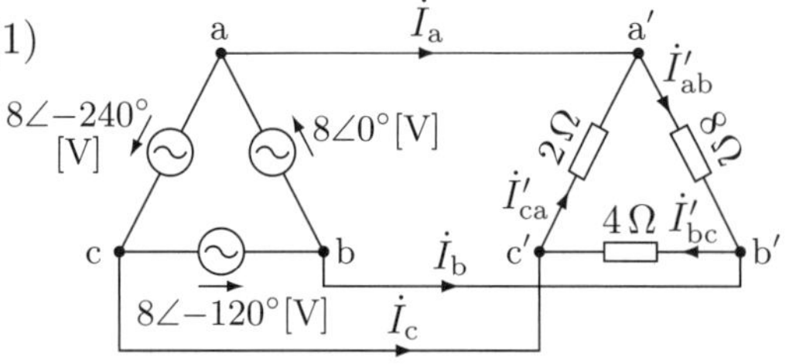


(2)

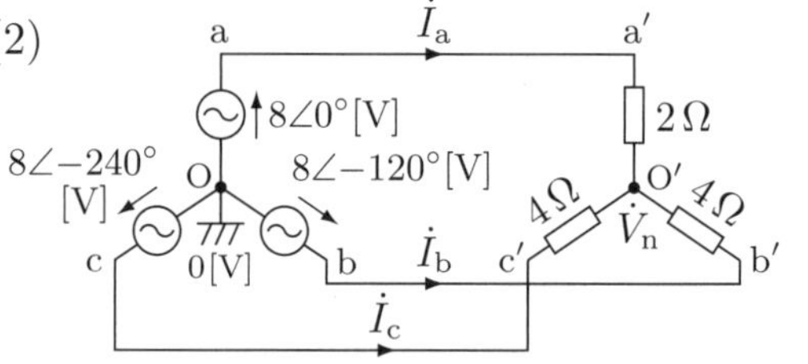


**解答**

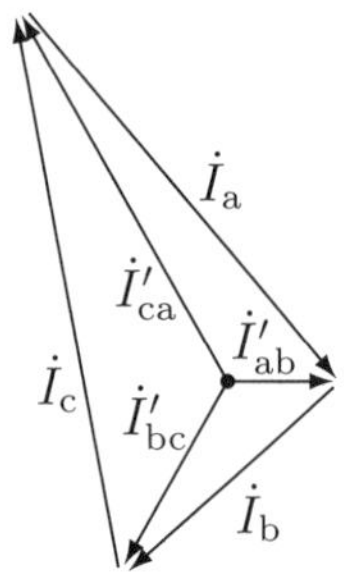


(1) $\dot{I}'_\mathrm{ab}=\dfrac{\dot{E}_\mathrm{ab}}{8}=1\angle 0°\,[\mathrm{A}]$．　$\dot{I}'_\mathrm{bc}=\dfrac{\dot{E}_\mathrm{bc}}{4}=2\angle -120°\,[\mathrm{A}]$．　$\dot{I}'_\mathrm{ca}=\dfrac{\dot{E}_\mathrm{ca}}{2}=4\angle -240°\,[\mathrm{A}]$．

$\dot{I}_\mathrm{a}=\dot{I}'_\mathrm{ab}-\dot{I}'_\mathrm{ca}=1\angle 0°-4\angle -240°=1-(-2+j2\sqrt{3})=3-j2\sqrt{3}\fallingdotseq 4.58\angle -49°\,[\mathrm{A}]$．

$\dot{I}_\mathrm{b}=\dot{I}'_\mathrm{bc}-\dot{I}'_\mathrm{ab}=2\angle -120°-1\angle 0°=(-1-j\sqrt{3})-1=-2-j\sqrt{3}\fallingdotseq 2.65\angle -139°\,[\mathrm{A}]$．

$\dot{I}_\mathrm{c}=\dot{I}'_\mathrm{ca}-\dot{I}'_\mathrm{bc}=4\angle -240°-2\angle -120°=(-2+j2\sqrt{3})-(-1-j\sqrt{3})=-1+j3\sqrt{3}$

$\fallingdotseq 5.29\angle -259°\,[\mathrm{A}]$．（または $\dot{I}_\mathrm{a}+\dot{I}_\mathrm{b}+\dot{I}_\mathrm{c}=0. \rightarrow \dot{I}_\mathrm{c}=-\dot{I}_\mathrm{a}-\dot{I}_\mathrm{b}$ より求める）

(2) $$\dot{V}_\mathrm{n}=\frac{\dfrac{\dot{E}_\mathrm{a}}{\dot{Z}_\mathrm{a}}+\dfrac{\dot{E}_\mathrm{b}}{\dot{Z}_\mathrm{b}}+\dfrac{\dot{E}_\mathrm{c}}{\dot{Z}_\mathrm{c}}}{\dfrac{1}{\dot{Z}_\mathrm{a}}+\dfrac{1}{\dot{Z}_\mathrm{b}}+\dfrac{1}{\dot{Z}_\mathrm{c}}}=\frac{\dfrac{8}{2}+\dfrac{8\angle -120°}{4}+\dfrac{8\angle -240°}{4}}{\dfrac{1}{2}+\dfrac{1}{4}+\dfrac{1}{4}}=4+2\overbrace{(e^{-j120°}+e^{-j240°})}^{=-1}=4-2=2\,[\mathrm{V}].$$

$\dot{I}_\mathrm{a}=\dfrac{\dot{E}_\mathrm{a}-\dot{V}_\mathrm{n}}{2}=\dfrac{8-2}{2}=3\angle 0°\,[\mathrm{A}]$．　$\dot{I}_\mathrm{b}=\dfrac{\dot{E}_\mathrm{b}-\dot{V}_\mathrm{n}}{4}=\dfrac{(-4-j4\sqrt{3})-2}{4}=-\dfrac{3}{2}-j\sqrt{3}$

$\fallingdotseq 2.29\angle -131°\,[\mathrm{A}]$．　$\dot{I}_\mathrm{c}=\dfrac{\dot{E}_\mathrm{c}-\dot{V}_\mathrm{n}}{4}=\dfrac{(-4+j4\sqrt{3})-2}{4}=-\dfrac{3}{2}+j\sqrt{3}\fallingdotseq 2.29\angle -229°\,[\mathrm{A}]$．

**例題** **27.2**　電圧 $\dot{V}_\mathrm{a}=6\angle 0°\,[\mathrm{V}]$, $\dot{V}_\mathrm{b}=6\angle -60°\,[\mathrm{V}]$, $\dot{V}_\mathrm{c}=6\angle -300°\,[\mathrm{V}]$ の対称分 $\dot{V}_0, \dot{V}_1, \dot{V}_2$ を求めよ．

**解答**

$$\begin{bmatrix}\dot{V}_0\\\dot{V}_1\\\dot{V}_2\end{bmatrix}=\frac{1}{3}\begin{bmatrix}1&1&1\\1&a&a^2\\1&a^2&a\end{bmatrix}\begin{bmatrix}6\angle 0°\\6\angle -60°\\6\angle -300°\end{bmatrix}=\begin{bmatrix}1&1&1\\1&e^{j120°}&e^{-j120°}\\1&e^{-j120°}&e^{j120°}\end{bmatrix}\begin{bmatrix}2\\2\,e^{-j60°}\\2\,e^{j60°}\end{bmatrix}$$

$$=\begin{bmatrix}2+2\,e^{-j60°}+2\,e^{j60°}\\2+2\,e^{j60°}+2\,e^{-j60°}\\2+2\,e^{-j180°}+2\,e^{j180°}\end{bmatrix}=\begin{bmatrix}2+(1-j\sqrt{3})+(1+j\sqrt{3})\\2+(1+j\sqrt{3})+(1-j\sqrt{3})\\2+(-2)+(-2)\end{bmatrix}=\begin{bmatrix}4\\4\\-2\end{bmatrix}\,[\mathrm{V}].$$

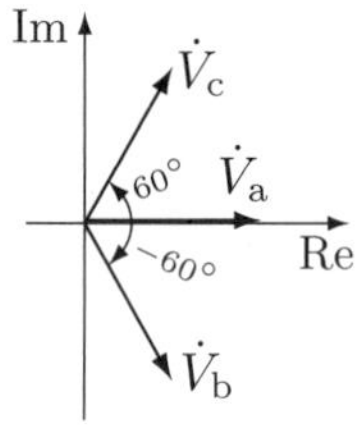


**例題** **27.3**　三相交流発電機の出力端子を下記のようにしたとき，電圧または電流を求めよ．

(1) 3 線開放時の電圧 $\dot{V}_\mathrm{a}, \dot{V}_\mathrm{b}, \dot{V}_\mathrm{c}$．

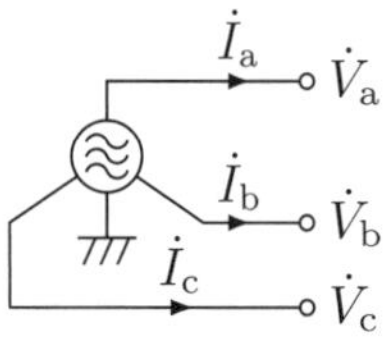


(2) 1 線地絡，2 線開放時の電流 $\dot{I}_\mathrm{a}$．

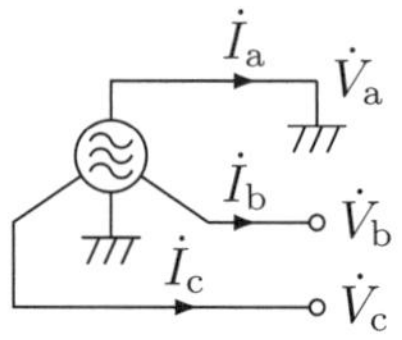


**解答**

(1) 開放しているから $\dot{I}_\mathrm{a}=\dot{I}_\mathrm{b}=\dot{I}_\mathrm{c}=0$．ゆえに，その対称分もゼロになり，$\dot{I}_0=\dot{I}_1=\dot{I}_2=0$．

$$\begin{bmatrix}\dot{V}_0\\\dot{V}_1\\\dot{V}_2\end{bmatrix}=\begin{bmatrix}0\\\dot{E}\\0\end{bmatrix}-\begin{bmatrix}\dot{Z}_{g0}&0&0\\0&\dot{Z}_{g1}&0\\0&0&\dot{Z}_{g2}\end{bmatrix}\begin{bmatrix}\dot{I}_0\\\dot{I}_1\\\dot{I}_2\end{bmatrix}=\begin{bmatrix}0\\\dot{E}\\0\end{bmatrix}.\quad\therefore\begin{bmatrix}\dot{V}_\mathrm{a}\\\dot{V}_\mathrm{b}\\\dot{V}_\mathrm{c}\end{bmatrix}=\begin{bmatrix}1&1&1\\1&a^2&a\\1&a&a^2\end{bmatrix}\begin{bmatrix}0\\\dot{E}\\0\end{bmatrix}=\begin{bmatrix}\dot{E}\\\dot{E}\,e^{-j120°}\\\dot{E}\,e^{-j240°}\end{bmatrix}.$$

(2) b, c 相が開放 $\rightarrow \dot{I}_\mathrm{b}=\dot{I}_\mathrm{c}=0$．　a 相が地絡 $\rightarrow \dot{V}_\mathrm{a}=0$．　$\begin{bmatrix}\dot{I}_0\\\dot{I}_1\\\dot{I}_2\end{bmatrix}=\dfrac{1}{3}\begin{bmatrix}1&1&1\\1&a&a^2\\1&a^2&a\end{bmatrix}\begin{bmatrix}\dot{I}_\mathrm{a}\\0\\0\end{bmatrix}=\begin{bmatrix}\dot{I}_\mathrm{a}/3\\\dot{I}_\mathrm{a}/3\\\dot{I}_\mathrm{a}/3\end{bmatrix}$．

$$\begin{bmatrix}\dot{V}_0\\\dot{V}_1\\\dot{V}_2\end{bmatrix}=\begin{bmatrix}0\\\dot{E}\\0\end{bmatrix}-\begin{bmatrix}\dot{Z}_{g0}&0&0\\0&\dot{Z}_{g1}&0\\0&0&\dot{Z}_{g2}\end{bmatrix}\begin{bmatrix}\dot{I}_\mathrm{a}/3\\\dot{I}_\mathrm{a}/3\\\dot{I}_\mathrm{a}/3\end{bmatrix}=\begin{bmatrix}-\dot{Z}_{g0}\dot{I}_\mathrm{a}/3\\\dot{E}-\dot{Z}_{g1}\dot{I}_\mathrm{a}/3\\-\dot{Z}_{g2}\dot{I}_\mathrm{a}/3\end{bmatrix}.\quad\therefore\begin{bmatrix}\dot{V}_\mathrm{a}\\\dot{V}_\mathrm{b}\\\dot{V}_\mathrm{c}\end{bmatrix}=\begin{bmatrix}1&1&1\\1&a^2&a\\1&a&a^2\end{bmatrix}\begin{bmatrix}-\dot{Z}_{g0}\dot{I}_\mathrm{a}/3\\\dot{E}-\dot{Z}_{g1}\dot{I}_\mathrm{a}/3\\-\dot{Z}_{g2}\dot{I}_\mathrm{a}/3\end{bmatrix}.$$

$$\dot{V}_\mathrm{a}=-\frac{\dot{Z}_{g0}\dot{I}_\mathrm{a}}{3}+\left(\dot{E}-\frac{\dot{Z}_{g1}\dot{I}_\mathrm{a}}{3}\right)-\frac{\dot{Z}_{g2}\dot{I}_\mathrm{a}}{3}=\dot{E}-\frac{(\dot{Z}_{g0}+\dot{Z}_{g1}+\dot{Z}_{g2})\dot{I}_\mathrm{a}}{3}=0.\rightarrow\dot{I}_\mathrm{a}=\frac{3\dot{E}}{\dot{Z}_{g0}+\dot{Z}_{g1}+\dot{Z}_{g2}}.$$

| ドリル No.27 | Class | | No. | | Name | |
|---|---|---|---|---|---|---|

**問題 27.1**　中性線の無い不平衡三相回路の線電流の大きさが $I_{\mathrm{a}}=\sqrt{2}\,[\mathrm{A}]$, $I_{\mathrm{b}}=1\,[\mathrm{A}]$, $I_{\mathrm{c}}=1\,[\mathrm{A}]$ のとき，$\dot{I}_{\mathrm{b}}$ と $\dot{I}_{\mathrm{c}}$ の位相差 $\theta_{\mathrm{bc}}$ を求めよ．

$\theta_{\mathrm{bc}}=$　　　　.

**問題 27.2**　右の不平衡三相回路について下記を求めよ．

(1)　負荷の相電流 $\dot{I}'_{\mathrm{ab}}, \dot{I}'_{\mathrm{bc}}, \dot{I}'_{\mathrm{ca}}$ と線電流 $\dot{I}_{\mathrm{a}}, \dot{I}_{\mathrm{b}}, \dot{I}_{\mathrm{c}}$.

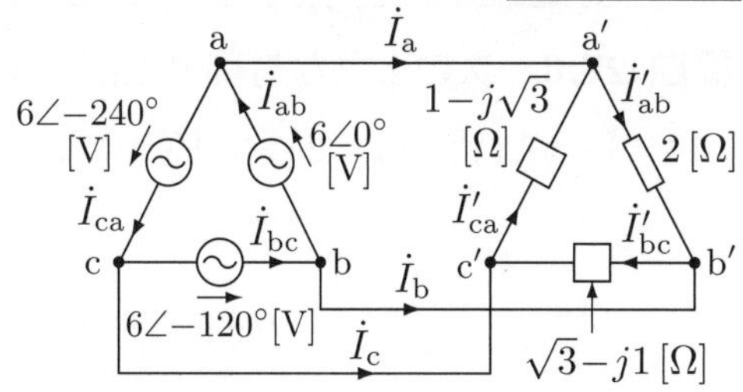


(答) $\dot{I}'_{\mathrm{ab}}=$　　$\angle$　　[　].　$\dot{I}'_{\mathrm{bc}}=$　　$\angle$　　[　].

$\dot{I}'_{\mathrm{ca}}=$　　$\angle$　　[　].　$\dot{I}_{\mathrm{a}}=$　　$\angle$　　[　].　$\dot{I}_{\mathrm{b}}=$　　$\angle$　　[　].　$\dot{I}_{\mathrm{c}}=$　　$\angle$　　[　].

(2)　電源の相電流 $\dot{I}_{\mathrm{ab}}, \dot{I}_{\mathrm{bc}}, \dot{I}_{\mathrm{ca}}$.（各電源に微小なインピーダンス $\dot{Z}_0$ を直列に付加し，電源側の $\Delta$ 結線にキルヒホッフの電圧則を使うと，$\dot{I}_{\mathrm{ab}}+\dot{I}_{\mathrm{bc}}+\dot{I}_{\mathrm{ca}}=0$ となることを使う．$\tan^{-1}\frac{1}{3}\fallingdotseq 18°$ とする.）

(答) $\dot{I}_{\mathrm{ab}}=$　　$\angle$　　[　].　$\dot{I}_{\mathrm{bc}}=$　　$\angle$　　[　].　$\dot{I}_{\mathrm{ca}}=$　　$\angle$　　[　].

**問題 27.3**　次の不平衡三相回路の負荷の中性点の電位 $\dot{V}_{\mathrm{n}}$ と電流 $\dot{I}_{\mathrm{a}}$ を求めよ．(2),(3) では電流 $\dot{I}_{\mathrm{n}}$ も求めよ．起電力 $\dot{E}_{\mathrm{a}}=40\angle0°[\mathrm{V}]$, $\dot{E}_{\mathrm{b}}=40\angle-120°[\mathrm{V}]$, $\dot{E}_{\mathrm{c}}=40\angle-240°[\mathrm{V}]$ とする．

(1)

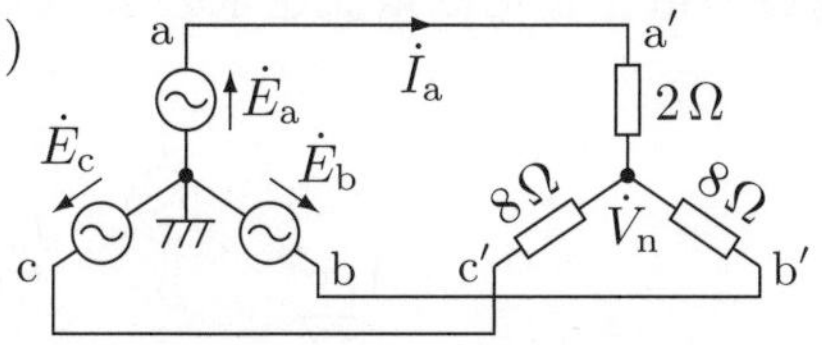


(答) $\dot{V}_{\mathrm{n}}=$　　$\angle$　　[　].　$\dot{I}_{\mathrm{a}}=$　　$\angle$　　[　].

(2)

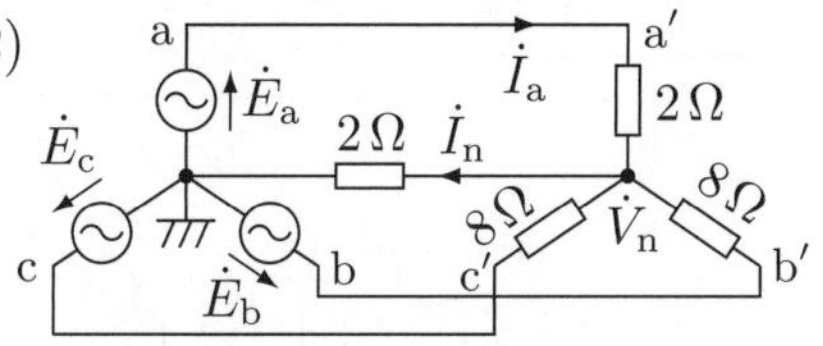


(答) $\dot{V}_{\mathrm{n}}=$　　$\angle$　　[　].

$\dot{I}_{\mathrm{a}}=$　　$\angle$　　[　].　$\dot{I}_{\mathrm{n}}=$　　$\angle$　　[　].

(3)

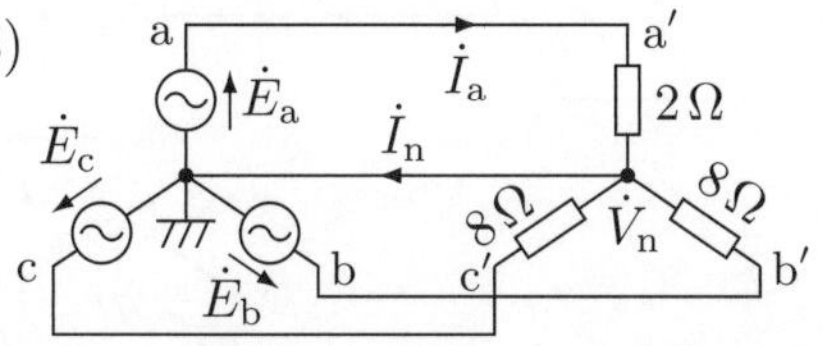


(答) $\dot{V}_{\mathrm{n}}=$　　$\angle$　　[　].

$\dot{I}_{\mathrm{a}}=$　　$\angle$　　[　].　$\dot{I}_{\mathrm{n}}=$　　$\angle$　　[　].

**問題 27.4**　次の不平衡三相回路の中性点の電位 $\dot{V}_{\mathrm{n}}$ を求めよ．b 相の負荷と c 相の負荷のどちらの消費電力が大きいか．$\dot{E}_{\mathrm{a}}=5\angle0°[\mathrm{V}]$, $\dot{E}_{\mathrm{b}}=5\angle-120°[\mathrm{V}]$, $\dot{E}_{\mathrm{c}}=5\angle-240°[\mathrm{V}]$, $\tan^{-1}3\fallingdotseq 72°$ とする．

(1)

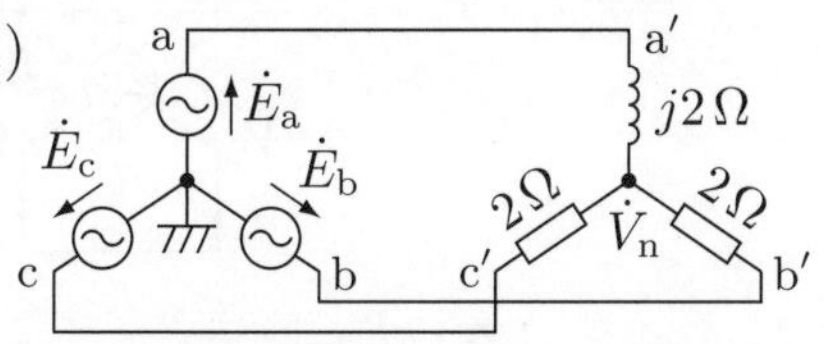


(答) $\dot{V}_{\mathrm{n}}=$　　$\angle$　　[　].　　相.

(2)

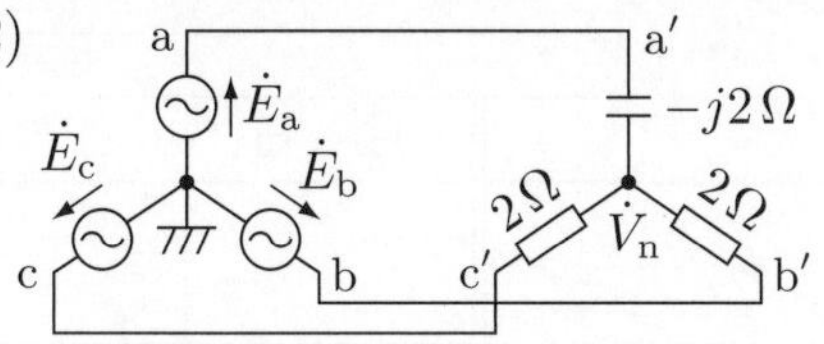


(答) $\dot{V}_{\mathrm{n}}=$　　$\angle$　　[　].　　相.

**問題 27.5**　右の回路の中性点の電位 $\dot{V}_{\rm n}$ と電流 $\dot{I}_{\rm a}$ を求めよ．

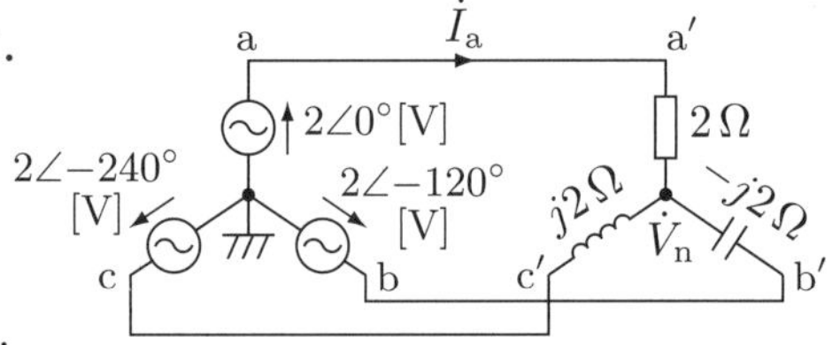


（答）$\dot{V}_{\rm n}=$　　　　∠　　　[　]．$\dot{I}_{\rm a}=$　　　∠　　　[　]．

**問題 27.6**　次のような対称分 $\dot{V}_0, \dot{V}_1, \dot{V}_2$ をもつ電圧 $\dot{V}_{\rm a}, \dot{V}_{\rm b}, \dot{V}_{\rm c}$ を求めよ．

(1) $\dot{V}_0=1$ [V]，$\dot{V}_1=2$ [V]，$\dot{V}_2=1$ [V]．

（答）$\dot{V}_{\rm a}=$　∠　　[　]．$\dot{V}_{\rm b}=$　∠　　[　]．$\dot{V}_{\rm c}=$　∠　　[　]．

(2) $\dot{V}_0=1$ [V]，$\dot{V}_1=1$ [V]，$\dot{V}_2=2$ [V]．

（答）$\dot{V}_{\rm a}=$　∠　　[　]．$\dot{V}_{\rm b}=$　∠　　[　]．$\dot{V}_{\rm c}=$　∠　　[　]．

(3) $\dot{V}_0=2$ [V]，$\dot{V}_1=2$ [V]，$\dot{V}_2=0$ [V]．

（答）$\dot{V}_{\rm a}=$　∠　　[　]．$\dot{V}_{\rm b}=$　∠　　[　]．$\dot{V}_{\rm c}=$　∠　　[　]．

**問題 27.7**　三相交流発電機の出力端子を次のようにした場合の電圧または電流を求めよ．

(1) 3 線地絡時の地絡電流 $\dot{I}_{\rm a}, \dot{I}_{\rm b}, \dot{I}_{\rm c}$．

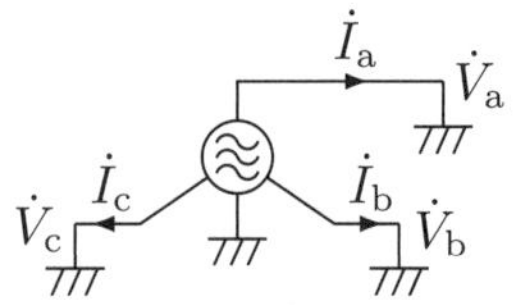


（答）$\dot{I}_{\rm a}=$　　　　．$\dot{I}_{\rm b}=$　　　　．$\dot{I}_{\rm c}=$　　　　．

(2) 平衡負荷 $\dot{Z}$ 接続時の電流 $\dot{I}_{\rm a}, \dot{I}_{\rm b}, \dot{I}_{\rm c}$．

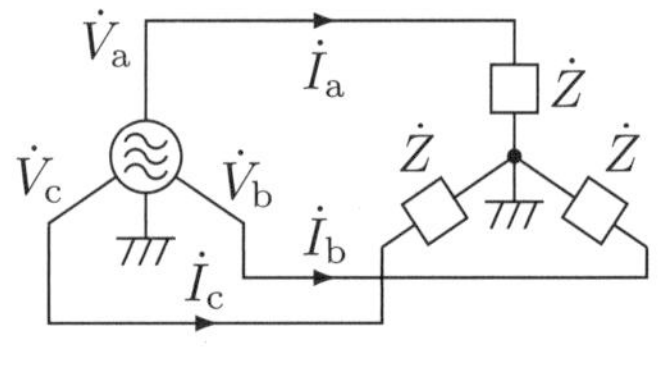


（答）$\dot{I}_{\rm a}=$　　　　．$\dot{I}_{\rm b}=$　　　　．$\dot{I}_{\rm c}=$　　　　．

(3) 2 線地絡，1 線開放時の開放電圧 $\dot{V}_{\rm a}$．

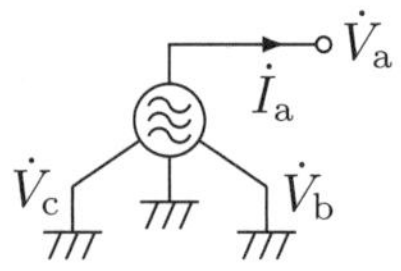


（答）$\dot{V}_{\rm a}=$　　　　．

(4) 2 線短絡，1 線開放時の短絡電流 $\dot{I}_{\rm b}=-\dot{I}_{\rm c}$．

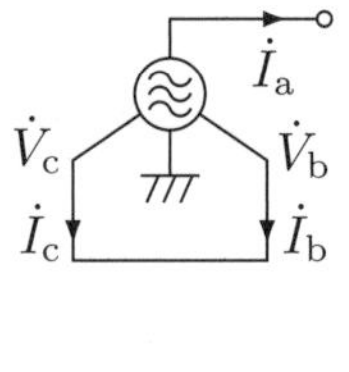


（答）$\dot{I}_{\rm b}=$　　　　．

| チェック項目 | 月　日 | 月　日 |
| --- | --- | --- |
| 不平衡三相回路を計算できる． | | |

三相回路の電力と回転磁界を理解している．

## ブロンデルの定理

- **$n$相交流の電力$P$は$n-1$個の電力計で測定できる．**

【証明】図1の各相の電圧，電流の瞬時値を$v_k, i_k$と書けば，瞬時電力 $p=v_1i_1+v_2i_2+\cdots+v_{n-1}i_{n-1}+v_ni_n$.

$i_1+i_2+\cdots+i_n=0.$ → $i_n=-i_1-i_2-\cdots-i_{n-1}$ ゆえ，

$$p=v_1i_1+v_2i_2+\cdots+v_{n-1}i_{n-1}+v_n(-i_1-\cdots-i_{n-1})$$
$$=(v_1-v_n)i_1+(v_2-v_n)i_2+\cdots+(v_{n-1}-v_n)i_{n-1}.$$

$\therefore P=P_1+P_2+\cdots+P_{n-1}$.　（$P_1, P_2\cdots$は電力計$W_1, W_2\cdots$の値）

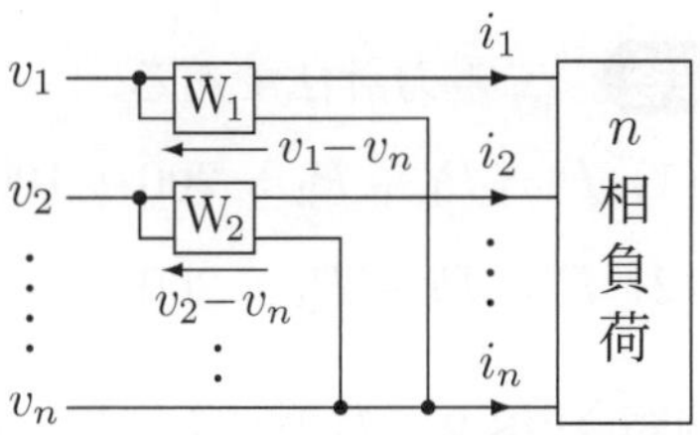

**［図1. $n$相交流の電力測定］**

## 二電力計法

- ブロンデルの定理より三相電力は2個の電力計で測定できる．
- 図2の三相電力は$P=P_1+P_2$となる**（二電力計法）**．
（$P_1$は$\dot{I}_a$と$\dot{V}_{ac}$による電力，$P_2$は$\dot{I}_b$と$\dot{V}_{bc}$による電力）
- **平衡三相の場合**は1相ずらしても同じだから，$P_2$を$\dot{I}_a$と$\dot{V}_{ab}$による電力としてもよい．このとき，図3のように1個の電力計Wで三相電力$P=P_1+P_2$が求められる．
- 図4のように，$\dot{I}_a$が$\dot{V}_a$より$\theta$だけ遅れるとすれば，$\dot{I}_a$と$\dot{V}_{ac}$の位相差は$\theta-30°$，$\dot{I}_a$と$\dot{V}_{ab}$の位相差は$\theta+30°$ゆえ，

$$P_1=|\dot{V}_{ac}|\,|\dot{I}_a|\cos(\theta-30°)=VI(\cos\theta\cos30°+\sin\theta\sin30°).$$
$$P_2=|\dot{V}_{ab}|\,|\dot{I}_a|\cos(\theta+30°)=VI(\cos\theta\cos30°-\sin\theta\sin30°).$$
$$\therefore P=P_1+P_2=2VI\cos\theta\cos30°=\sqrt{3}\,VI\cos\theta.$$

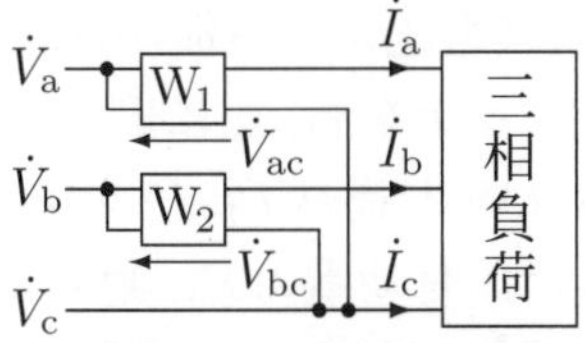

**［図2. 二電力計法］**

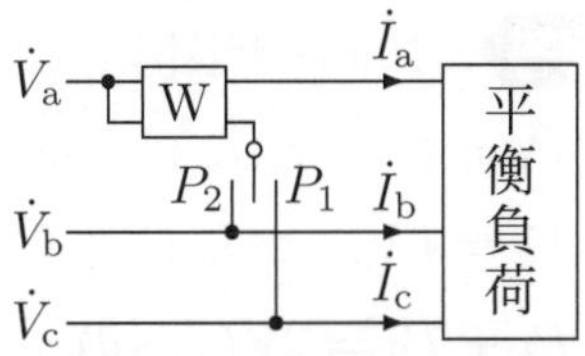

**［図3. 平衡三相の場合］**

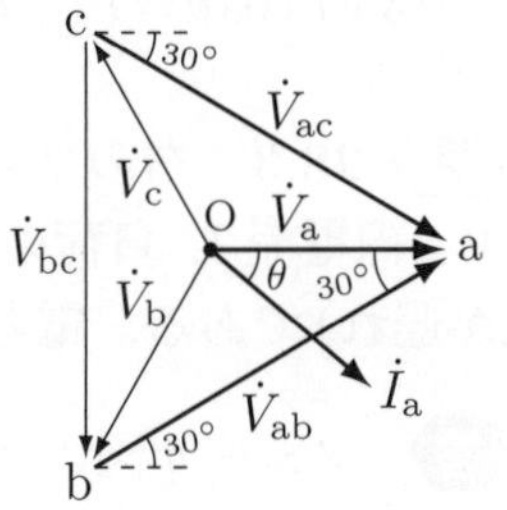

**［図4. フェーザ図］**

## 回転磁界

- 3個のコイルを120°ずらして置き，対称電流$i_a, i_b, i_c$を流すと，大きさが一定で，方向が時間とともに回転する磁界$H$が得られる．

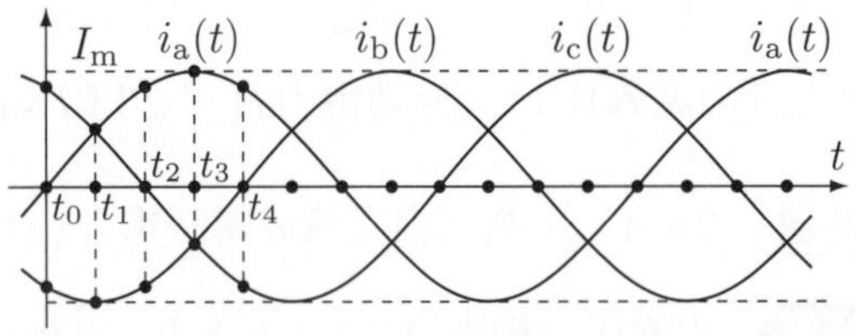

**1個のコイル（横からみた図）**

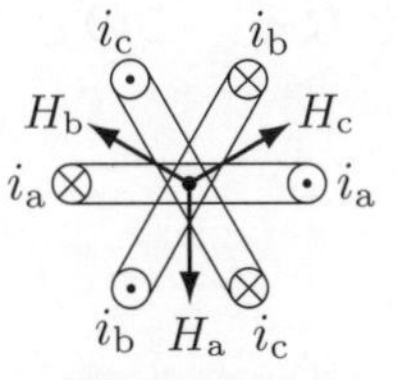

**3個のコイルとその磁界$H$**

| $[t=t_0]$ | $[t=t_1]$ | $[t=t_2]$ | $[t=t_3]$ | $[t=t_4]$ |
|---|---|---|---|---|
| $i_a=0$ | $i_a=\frac{1}{2}I_m$ | $i_a=\frac{\sqrt{3}}{2}I_m$ | $i_a=I_m$ | $i_a=\frac{\sqrt{3}}{2}I_m$ |
| $i_b=-\frac{\sqrt{3}}{2}I_m$ | $i_b=-I_m$ | $i_b=-\frac{\sqrt{3}}{2}I_m$ | $i_b=-\frac{1}{2}I_m$ | $i_b=0$ |
| $i_c=\frac{\sqrt{3}}{2}I_m$ | $i_c=\frac{1}{2}I_m$ | $i_c=0$ | $i_c=-\frac{1}{2}I_m$ | $i_c=-\frac{\sqrt{3}}{2}I_m$ |

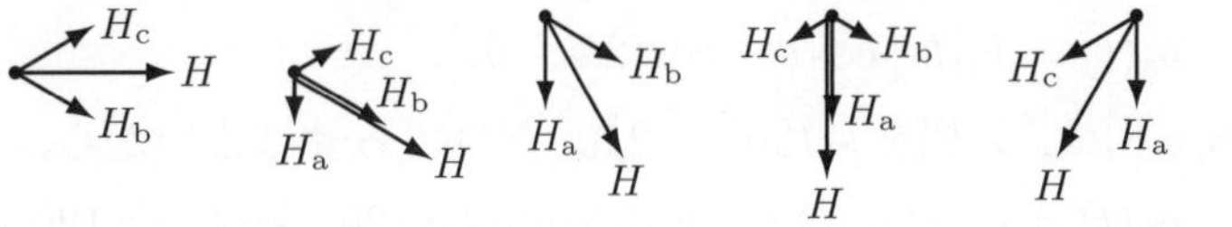


## V結線

- Δ結線の電源の1相分を除去した結線を**V結線**という．線間電圧$\dot{E}_{ab}, \dot{E}_{bc}, \dot{E}_{ca}$はΔ結線と同じ値となる．右のV結線で$\dot{E}_{ab}=E\angle0°, \dot{E}_{bc}=E\angle-120°, \dot{E}_{ca}=E\angle-240°$.

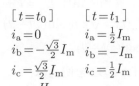

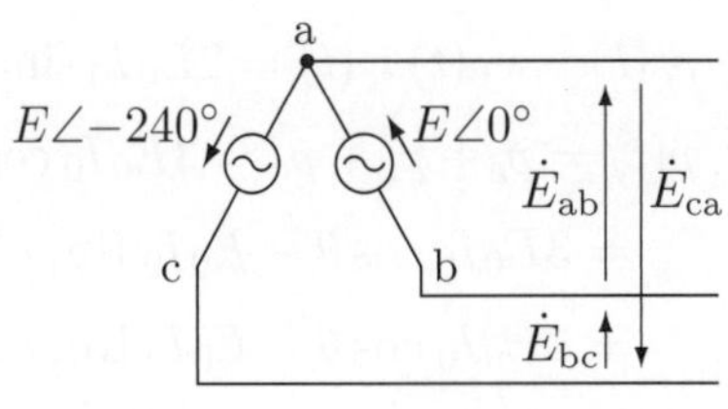

**例題** **28.1** 右の三相交流回路で，電力計$\mathrm{W_1, W_2}$の読み$P_1, P_2$が次のようなとき，三相負荷の消費電力$P$を求めよ．

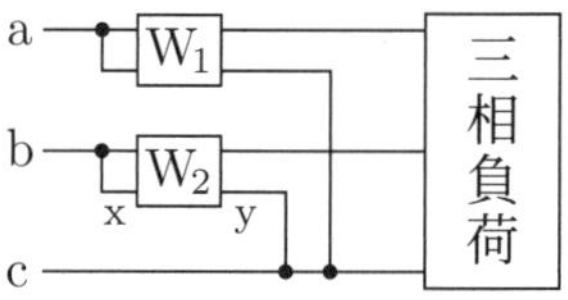


(1) $P_1 = 200\,[\mathrm{W}]$,　$P_2 = 100\,[\mathrm{W}]$.

(2) $P_1 = 200\,[\mathrm{W}]$,　$P_2 = -20\,[\mathrm{W}]$.　（負の電力は，電力計の電圧端子 x と y を交換して測定する．）

**解答** 二電力計法である．

(1) $P = P_1 + P_2 = 200 + 100 = 300\,[\mathrm{W}]$.

(2) $P = P_1 + P_2 = 200 - 20 = 180\,[\mathrm{W}]$.

**例題** **28.2** 右の平衡三相回路は，線間電圧$V$，線電流$I$，負荷の位相角$\theta$（電圧より電流が遅れ）である．スイッチを右，左に倒したときの電力計Wの読み$P_1, P_2$を求めよ．また，有効電力$P$，無効電力$P_\mathrm{r}$，位相角$\theta$を$P_1, P_2$で表せ．

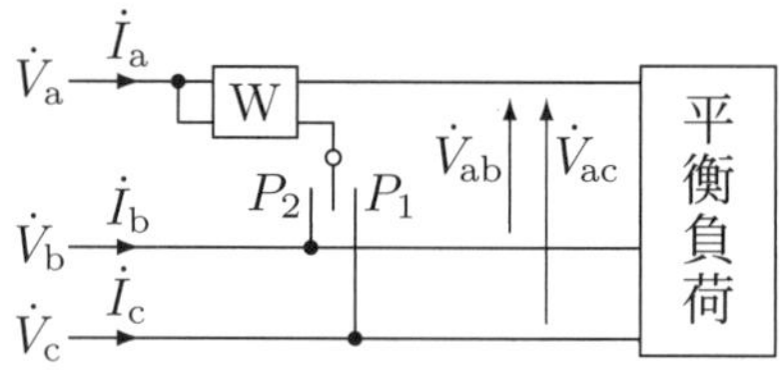


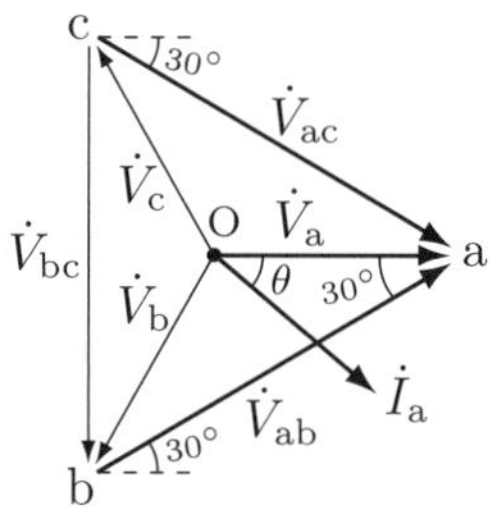


**解答** フェーザ図より，$\dot{V}_\mathrm{ac}$と$\dot{I}_\mathrm{a}$のなす角は$\theta - 30°$，$\dot{V}_\mathrm{ab}$と$\dot{I}_\mathrm{a}$のなす角は$\theta + 30°$だから，

$P_1 = (\,\dot{V}_\mathrm{ac}$ と $\dot{I}_\mathrm{a}$ による電力$\,) = |\dot{V}_\mathrm{ac}|\,|\dot{I}_\mathrm{a}|\cos(\theta - 30°) = VI(\cos\theta\cos 30° + \sin\theta\sin 30°)$.

$P_2 = (\,\dot{V}_\mathrm{ab}$ と $\dot{I}_\mathrm{a}$ による電力$\,) = |\dot{V}_\mathrm{ab}|\,|\dot{I}_\mathrm{a}|\cos(\theta + 30°) = VI(\cos\theta\cos 30° - \sin\theta\sin 30°)$.

$\therefore P_1 + P_2 = 2VI\cos\theta\cos 30° = \sqrt{3}\,VI\cos\theta.$　$P_1 - P_2 = 2VI\sin\theta\sin 30° = VI\sin\theta.$

$P = \sqrt{3}\,VI\cos\theta = P_1 + P_2.$　$P_\mathrm{r} = \sqrt{3}\,VI\sin\theta = \sqrt{3}\,(P_1 - P_2).$　$\theta = \tan^{-1}\dfrac{P_\mathrm{r}}{P} = \tan^{-1}\dfrac{\sqrt{3}\,(P_1 - P_2)}{P_1 + P_2}.$

**例題** **28.3** 右の平衡三相回路は，線間電圧$V$，線電流$I$，負荷の位相角$\theta$（電圧より電流が遅れ）である．電力計の読み$W$を求めよ．

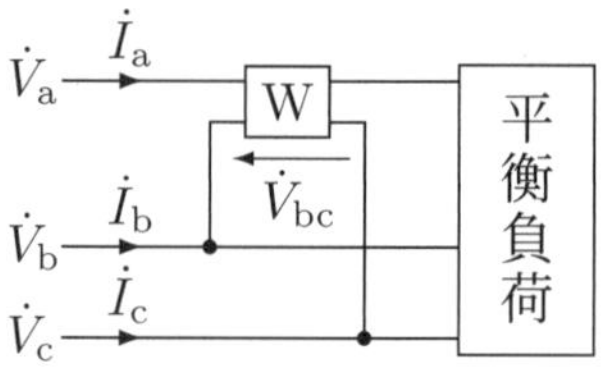


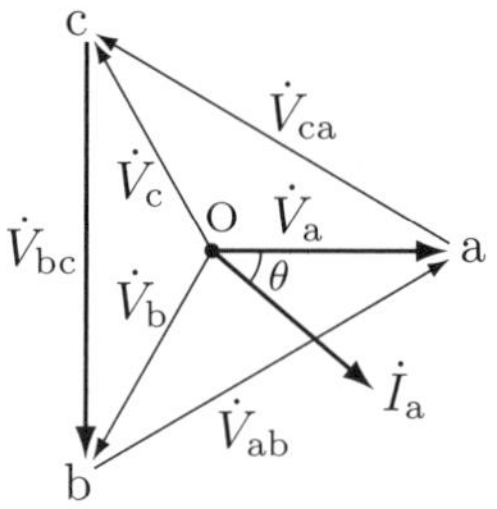


**解答** フェーザ図より，$\dot{V}_\mathrm{bc}$と$\dot{I}_\mathrm{a}$のなす角は$90° - \theta$だから，

$W = (\,\dot{V}_\mathrm{bc}$ と $\dot{I}_\mathrm{a}$ による電力$\,) = |\dot{V}_\mathrm{bc}|\,|\dot{I}_\mathrm{a}|\cos(90° - \theta) = VI\sin\theta$.

電力計の読み$W$は，無効電力$P_\mathrm{r} = \sqrt{3}\,VI\sin\theta$の$1/\sqrt{3}$倍の値になる．

**例題** **28.4** 平衡三相交流の瞬時電力$p(t)$は，時間的に一定な値であることを示せ．

**解答** 相電圧と相電流を$E_0, I_0$とし，a相の電圧$\dot{E}_\mathrm{a} = E_0\angle 0°$，電流$\dot{I}_\mathrm{a} = I_0\angle -\theta$とすれば，それぞれの瞬時値は$e_\mathrm{a}(t) = \sqrt{2}\,E_0\sin\omega t$，$i_\mathrm{a}(t) = \sqrt{2}\,I_0\sin(\omega t - \theta)$となる．このとき，a相の瞬時電力は，

$$p_\mathrm{a}(t) = e_\mathrm{a}(t)\,i_\mathrm{a}(t) = 2E_0I_0\sin\omega t\,\sin(\omega t - \theta).$$

公式 $2\sin A\sin B = \cos(A - B) - \cos(A + B)$ を使えば，

$$p_\mathrm{a}(t) = E_0I_0\big[\cos\theta - \cos(2\omega t - \theta)\big].$$

b, c相は，a相を$-120°$, $-240°$だけずらせばよいから，

$$p_\mathrm{b}(t) = e_\mathrm{b}(t)\,i_\mathrm{b}(t) = 2E_0I_0\sin(\omega t - 120°)\sin(\omega t - 120° - \theta) = E_0I_0\big[\cos\theta - \cos(2\omega t - 240° - \theta)\big].$$

$$p_\mathrm{c}(t) = e_\mathrm{c}(t)\,i_\mathrm{c}(t) = 2E_0I_0\sin(\omega t - 240°)\sin(\omega t - 240° - \theta) = E_0I_0\big[\cos\theta - \cos(2\omega t - 480° - \theta)\big].$$

$$\begin{aligned}
\therefore p(t) = p_\mathrm{a} + p_\mathrm{b} + p_\mathrm{c} &= 3E_0I_0\cos\theta - E_0I_0\big[\cos(2\omega t - \theta) + \cos(2\omega t - 240° - \theta) + \cos(2\omega t - 480° - \theta)\big] \\
&= 3E_0I_0\cos\theta - E_0I_0\,\mathrm{Re}\big[e^{j(2\omega t - \theta)} + e^{j(2\omega t - 240° - \theta)} + e^{j(2\omega t - 480° - \theta)}\big] \\
&= 3E_0I_0\cos\theta - E_0I_0\,\mathrm{Re}\big[e^{j(2\omega t - \theta)}\underbrace{(1 + e^{-j240°} + e^{-j480°})}_{=0}\big] = 3E_0I_0\cos\theta.
\end{aligned}$$

（時間的に一定値）

| ドリル No.28 | Class | | No. | | Name | |
|---|---|---|---|---|---|---|

**問題 28.1**　右の三相交流回路の電力計$W_1, W_2$の読み$P_1, P_2$が次のようなとき，三相負荷の消費電力$P$を求めよ．

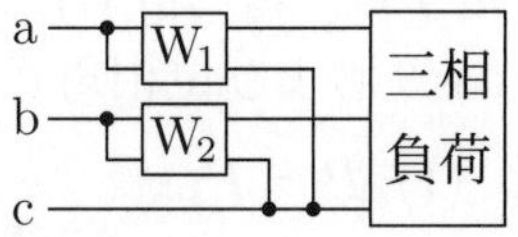


(1) $P_1 = 200$ [W]，$P_2 = 300$ [W]．

（答）$P =$ 　　　[　]．

(2) $P_1 = -200$ [W]，$P_2 = 300$ [W]．

（答）$P =$ 　　　[　]．

**問題 28.2**　右の平衡三相回路の負荷$\dot{Z}$が次の値のとき，電流$\dot{I}_a$，電圧$\dot{E}_{ab}, \dot{E}_{ac}$を求めよ．スイッチを右，左に倒したときの電力計Wの読み$P_1, P_2$を求め，$P_1+P_2$が負荷の全電力$\sqrt{3}\,EI\cos\theta$（$E$は線間電圧，$I$は線電流，$\theta$は$\dot{Z}$の偏角）に等しいことを確かめよ．

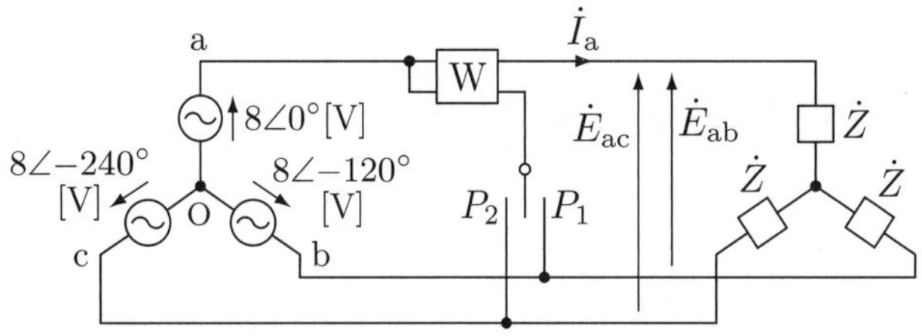


(1) $\dot{Z} = 2 + j0$ [Ω] のとき．

（答）$\dot{I}_a =$ 　　$\angle$ 　　[　]．$\dot{E}_{ab} =$ 　　$\angle$ 　　[　]．

$\dot{E}_{ac} =$ 　　$\angle$ 　　[　]．$P_1 =$ 　　[　]．$P_2 =$ 　　[　]．$\sqrt{3}\,EI\cos\theta =$ 　　[　]．

(2) $\dot{Z} = \sqrt{3} + j1$ [Ω] のとき．

（答）$\dot{I}_a =$ 　　$\angle$ 　　[　]．$\dot{E}_{ab} =$ 　　$\angle$ 　　[　]．

$\dot{E}_{ac} =$ 　　$\angle$ 　　[　]．$P_1 =$ 　　[　]．$P_2 =$ 　　[　]．$\sqrt{3}\,EI\cos\theta =$ 　　[　]．

(3) $\dot{Z} = 1 - j\sqrt{3}$ [Ω] のとき．

（答）$\dot{I}_a =$ 　　$\angle$ 　　[　]．$\dot{E}_{ab} =$ 　　$\angle$ 　　[　]．

$\dot{E}_{ac} =$ 　　$\angle$ 　　[　]．$P_1 =$ 　　[　]．$P_2 =$ 　　[　]．$\sqrt{3}\,EI\cos\theta =$ 　　[　]．

**問題 28.3**　線間電圧$E = 20\sqrt{3}$ [V] の平衡三相回路の負荷$\dot{Z}$がY結線のとき，右図の電力計$W_1, W_2$の読み$P_1, P_2$が次のようになった．$\dot{Z} = Z\angle\theta$を求めよ．a, b, cの相順とする．

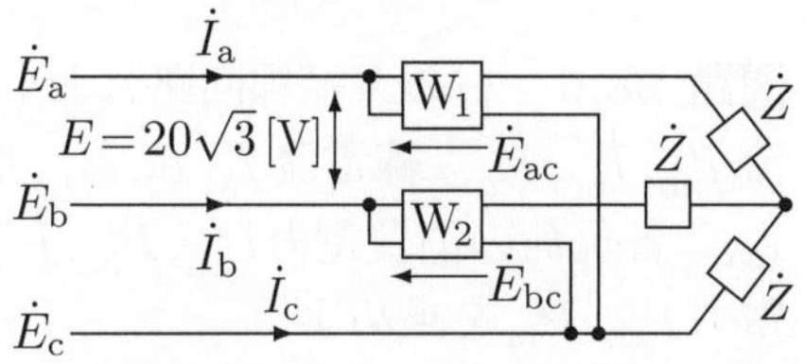


(1) $P_1 = P_2 = 100$ [W] のとき．

（答）$\dot{Z} =$ 　　$\angle$ 　　[　]．

(2) $P_1 = 150$ [W]，$P_2 = 0$ [W] のとき．

（答）$\dot{Z} =$ 　　$\angle$ 　　[　]．

(3) $P_1 = 100$ [W]，$P_2 = 200$ [W] のとき．

（答）$\dot{Z} =$ 　　$\angle$ 　　[　]．

**問題 28.4**　右図のように，平衡三相回路の電力を二電力計法で測定する．電力計$W_1, W_2$の読み$P_1, P_2$が次の関係にある場合，力率$\cos\theta$および位相角$\theta$を求めよ．

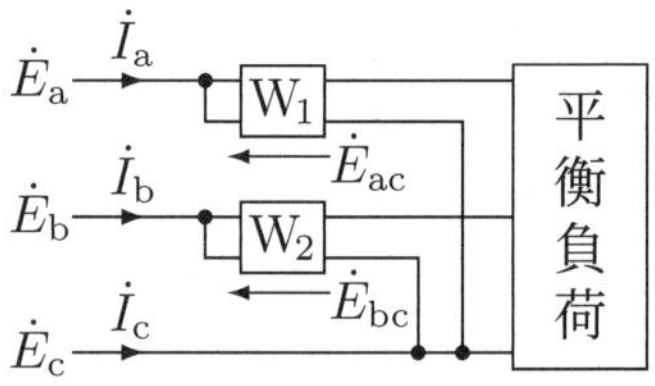


(1) $P_1 = P_2$.

（答）$\cos\theta =$ 　　．$\theta =$ 　　．

(2) $P_1 = 2P_2$ または $2P_1 = P_2$.

（答）$\cos\theta =$ 　　．$\theta =$ 　　．

(3) $P_1 = 0$ または $P_2 = 0$.

（答）$\cos\theta =$ 　　．$\theta =$ 　　．

(4) $P_1 = -P_2$.

（答）$\cos\theta =$ 　　．$\theta =$ 　　．

**問題 28.5**　右図のように2個のコイルa,bを直交させ，電流$i_a(t)$, $i_b(t)$を流すと，コイルa,bはそれぞれ$x, y$方向の磁界$H_x(t), H_y(t)$を作る．$i_a(t), i_b(t)$が次のとき，発生する合成磁界$\overrightarrow{H}(t) = (H_x(t), H_y(t))$の大きさ$H$と向き$\phi$を求めよ．電流が$I_m$のときの磁界を$H_m$とする．

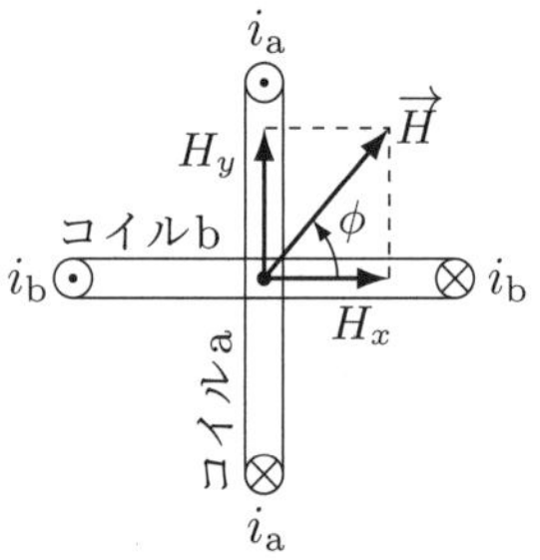


⊗紙面裏への電流
⊙紙面表への電流

(1) $i_a(t) = I_m\cos\omega t$,　$i_b(t) = I_m\cos(\omega t - 90°) = I_m\sin\omega t$ のとき．

（答）$H =$ 　　　．$\phi =$ 　　　．

(2) $i_a(t) = I_m\cos\omega t$,　$i_b(t) = I_m\cos(\omega t + 90°) = -I_m\sin\omega t$ のとき．

（答）$H =$ 　　　．$\phi =$ 　　　．

(3) $i_a(t) = I_m\cos\omega t$,　$i_b(t) = I_m\cos\omega t$ のとき．

（答）$H =$ 　　　．$\phi =$ 　　　．

**問題 28.6**　右のV結線回路において，負荷の相電流$\dot{I}'_{ab}, \dot{I}'_{bc}, \dot{I}'_{ca}$，線電流$\dot{I}_a, \dot{I}_b, \dot{I}_c$，電源の相電流$\dot{I}_{ab}$, $\dot{I}_{ca}$，各負荷の消費電力$P'_{ab}, P'_{bc}, P'_{ca}$，各電源の供給電力$P_{ab}, P_{ca}$を求めよ．

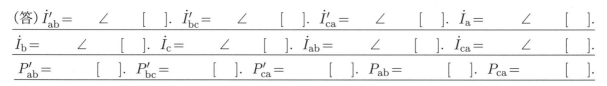

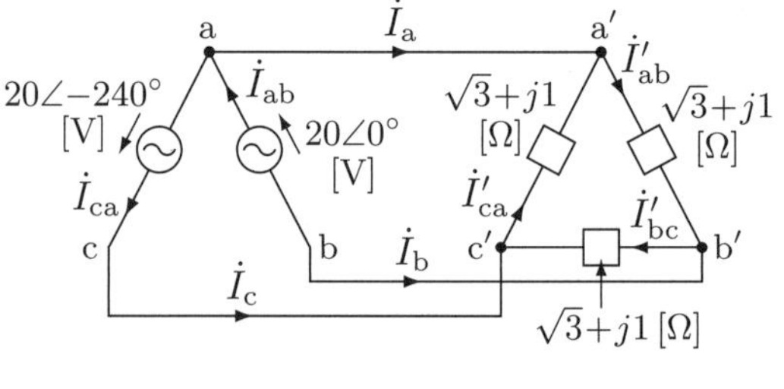


（答）$\dot{I}'_{ab} =$ 　∠ 　[ ]．$\dot{I}'_{bc} =$ 　∠ 　[ ]．$\dot{I}'_{ca} =$ 　∠ 　[ ]．$\dot{I}_a =$ 　∠ 　[ ]．

$\dot{I}_b =$ 　∠ 　[ ]．$\dot{I}_c =$ 　∠ 　[ ]．$\dot{I}_{ab} =$ 　∠ 　[ ]．$\dot{I}_{ca} =$ 　∠ 　[ ]．

$P'_{ab} =$ 　[ ]．$P'_{bc} =$ 　[ ]．$P'_{ca} =$ 　[ ]．$P_{ab} =$ 　[ ]．$P_{ca} =$ 　[ ]．

| チェック項目 | 月　日 | 月　日 |
|---|---|---|
| 三相回路の電力と回転磁界を理解している． | | |

## 4 非正弦波交流 ▶ 4.1 非正弦波交流の基礎

非正弦波交流の基礎を理解し，実効値と絶対平均値を計算できる．

周期状に変化する電流・電圧が**交流**であり，その中で正弦波以外の交流を**非正弦波交流**または**ひずみ波交流**といい，回路計算法が正弦波交流と異なる．

便宜のため，波形による計算法の違いを下記にまとめる．

### 電流（電圧）波形の分類と計算法

- **直 流**

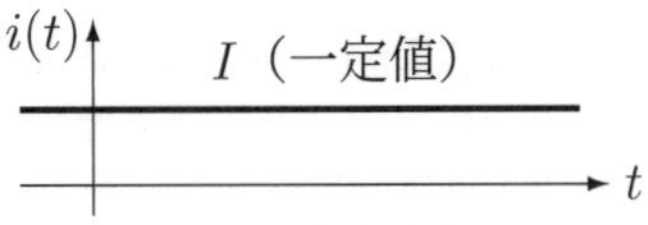

抵抗 $R\,[\Omega]$，電流 $I$，電圧 $V$ だけで計算できる．

- **交 流**
  （周期波）
  - **正弦波**

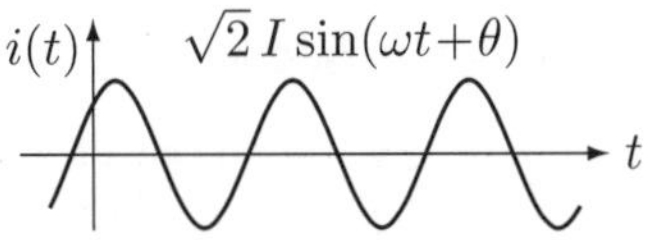

フェーザ $\dot{I}=I\angle\theta$ を使う．抵抗，コイル，コンデンサをインピーダンス $R\,[\Omega]$, $j\omega L\,[\Omega]$, $\frac{1}{j\omega C}\,[\Omega]$ として計算．

  - **非正弦波**
    （ひずみ波）

正弦波に分解（フーリエ展開）し，分解した各正弦波にインピーダンスを適用して計算．

- **その他**
  （過渡現象など）

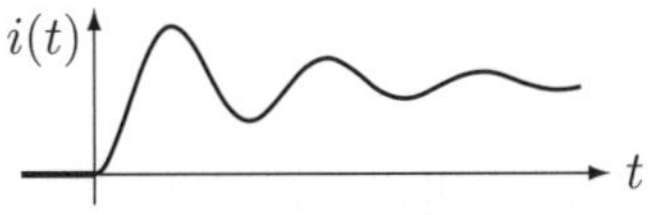

回路の微分方程式を解いて計算する．場合により，ラプラス変換を使う．

### 非正弦波交流の代表例

- **方 形 波**
- **台 形 波**

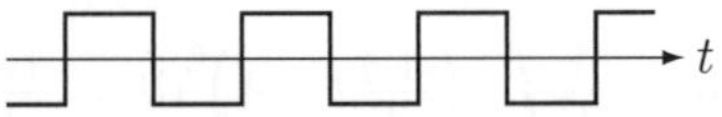

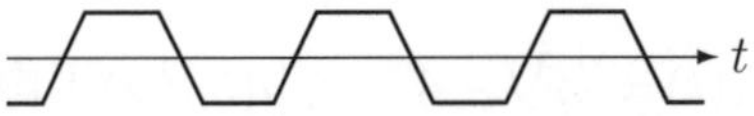

- **三 角 波**
- **全波整流波**

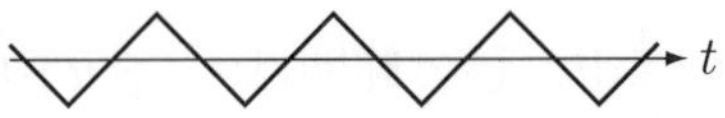

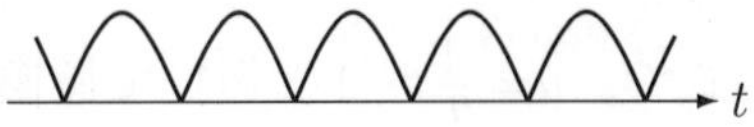

- **のこぎり波**
- **半波整流波**

### 交流波形 $i(t)$ の実効値，絶対平均値，波高率，波形率

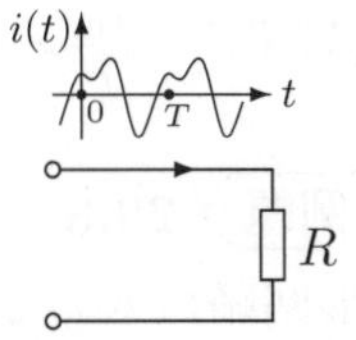

- 正弦波または非正弦波の交流電流を $i(t)$，周期を $T$ とする．
- 電流 $i(t)$ を抵抗 $R$ に流すと，**瞬時電力** $p(t)=R\,[i(t)]^2$．これを1周期平均して，**有効電力** $P=\dfrac{1}{T}\displaystyle\int_0^T p(t)\,\mathrm{d}t=R\times\dfrac{1}{T}\displaystyle\int_0^T [i(t)]^2\mathrm{d}t$．これを直流電力の式 $P=RI^2$ と揃えるため，$\boxed{I=\sqrt{\dfrac{1}{T}\displaystyle\int_0^T [i(t)]^2\mathrm{d}t}}$ と置く．$I$ を $i(t)$ の**実効値**という．

  $i(t)$ の**2乗の平均のルート**なので，**rms値** (root mean square value) ともいう．

  【注意】積分範囲は1周期ならば何でもよい．0から $T$ まで，$-T/2$ から $T/2$ まで，等々．

- $i(t)$ の絶対値の平均 $\boxed{I_\mathrm{a}=\dfrac{1}{T}\displaystyle\int_0^T |i(t)|\,\mathrm{d}t}$ を**絶対平均値**という．

  これに対し，通常の平均値 $I_0=\dfrac{1}{T}\displaystyle\int_0^T i(t)\,\mathrm{d}t$ を**直流成分**または**直流分**という．

- 波形を表す量として，$\boxed{\text{波高率}=\dfrac{\text{最大値}\,I_\mathrm{m}}{\text{実効値}\,I}}$ と $\boxed{\text{波形率}=\dfrac{\text{実効値}\,I}{\text{絶対平均値}\,I_\mathrm{a}}}$ がある．

**例題 29.1** 右の正弦波交流 $v(t)=V_{\rm m}\sin(\omega t+\theta)$ の周期 $T$，実効値 $V$，絶対平均値 $V_{\rm a}$，波高率，波形率を求めよ．

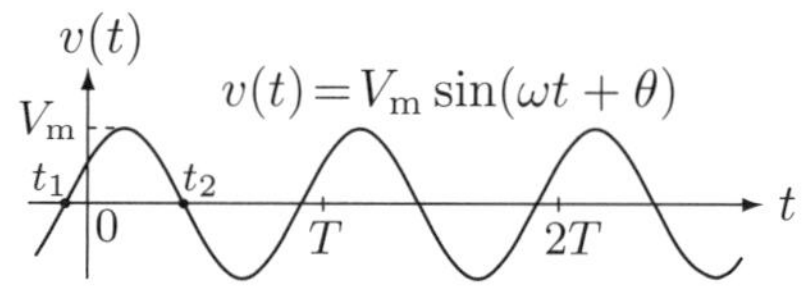


**解答** 周期 $T$ で $\omega t$ が $2\pi$ 進むから，$\omega T=2\pi$．$\therefore T=\dfrac{2\pi}{\omega}$．
公式 $\sin^2\alpha=\frac{1}{2}(1-\cos 2\alpha)$ を使って，$[v(t)]^2$ の1周期の平均を求めると，

$$\frac{1}{T}\int_0^T[v(t)]^2{\rm d}t=\frac{V_{\rm m}^2}{T}\int_0^T\sin^2(\omega t+\theta)\,{\rm d}t=\frac{V_{\rm m}^2}{2T}\int_0^T\big[1-\cos 2(\omega t+\theta)\big]{\rm d}t=\frac{V_{\rm m}^2}{2T}\left[t-\frac{\sin 2(\omega t+\theta)}{2\omega}\right]_0^T$$

$$=\frac{V_{\rm m}^2}{2T}\left[T-\frac{\sin 2(\overset{\omega T=2\pi}{\omega T}+\theta)-\sin 2\theta}{2\omega}\right]=\frac{V_{\rm m}^2}{2T}\left[T-\frac{\cancel{\sin(4\pi+2\theta)}-\cancel{\sin 2\theta}}{2\omega}\right]=\frac{V_{\rm m}^2}{2}.$$

$$\therefore V=\sqrt{\frac{1}{T}\int_0^T[v(t)]^2\,{\rm d}t}=\frac{V_{\rm m}}{\sqrt{2}}.$$

（上式において $y=\sin^2(\omega t+\theta)$ は，$y=0$ と $y=1$ の間を往復する正弦波なので，その平均値は $1/2$ になると考えればよい．）

次に，$|v(t)|$ の平均 $V_{\rm a}$ を求める．$|v(t)|$ は 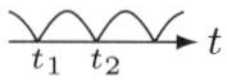 の形なので，$v(t)=V_{\rm m}\sin(\omega t+\theta)$ が正の区間，すなわち $\omega t_1+\theta=0$ となる時刻 $t_1$ から $\omega t_2+\theta=\pi$ となる時刻 $t_2$ までの半周期で平均すればよい．

$$V_{\rm a}=\frac{1}{\frac{T}{2}}\int_{t_1}^{t_2}|v(t)|\,{\rm d}t=\frac{2V_{\rm m}}{T}\int_{t_1}^{t_2}\sin(\omega t+\theta)\,{\rm d}t=\frac{2V_{\rm m}}{T}\left[-\frac{\cos(\omega t+\theta)}{\omega}\right]_{t_1}^{t_2}=\underset{\omega T=2\pi}{\frac{2V_{\rm m}}{\omega T}}\big[-(\cos\pi-\cos 0)\big]$$

$$=\frac{2V_{\rm m}}{\pi}.\quad 波高率=\frac{V_{\rm m}}{V}=\sqrt{2}\fallingdotseq 1.41.\quad 波形率=\frac{V}{V_{\rm a}}=\frac{\pi}{2\sqrt{2}}\fallingdotseq 1.11.$$

**例題 29.2** 右の三角波 $i(t)$ の最大値 $I_{\rm m}$，実効値 $I$，絶対平均値 $I_{\rm a}$，波高率，波形率を求めよ．

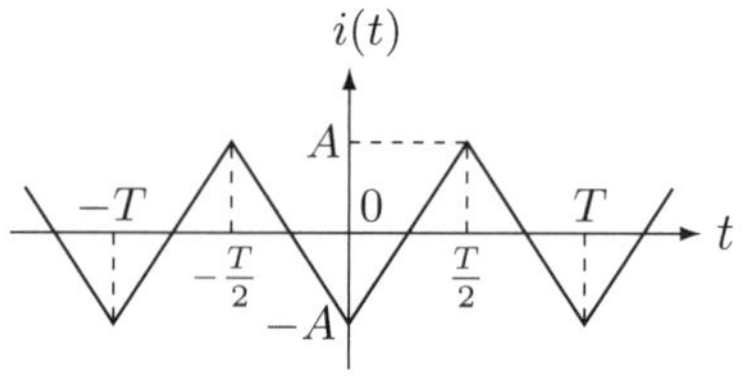


**解答** 図より $I_{\rm m}=A$．$[i(t)]^2$ は  の形なので，区間 $0\leqq t\leqq\dfrac{T}{4}$ で平均すれば十分である．この区間の $i(t)$ は，傾き $\dfrac{4A}{T}$，切片 $-A$ の直線ゆえ，

$$i(t)=\frac{4A}{T}t-A.\quad\therefore [i(t)]^2の平均=\frac{1}{\frac{T}{4}}\int_0^{\frac{T}{4}}[i(t)]^2{\rm d}t=\frac{4}{T}\int_0^{\frac{T}{4}}\left(\frac{4A}{T}t-A\right)^2{\rm d}t=\frac{4A^2}{T}\int_0^{\frac{T}{4}}\left(\frac{4}{T}t-1\right)^2{\rm d}t.$$

上式で，$u=\dfrac{4}{T}t-1$ と置いて置換積分すると，${\rm d}u=\dfrac{4}{T}{\rm d}t$，積分範囲は $-1\leqq u\leqq 0$ となるから，

$$[i(t)]^2の平均=A^2\int_{-1}^0u^2\,{\rm d}u=A^2\left[\frac{u^3}{3}\right]_{-1}^0=\frac{A^2}{3}.\qquad\therefore I=\sqrt{[i(t)]^2の平均}=\frac{A}{\sqrt{3}}.$$

次に，$|i(t)|$ は  のように $0$ と $A$ の間を往復するので，$|i(t)|$ の平均値 $I_{\rm a}=\dfrac{A}{2}$．
波高率$=\dfrac{I_{\rm m}}{I}=\sqrt{3}\fallingdotseq 1.73$．　波形率$=\dfrac{I}{I_{\rm a}}=\dfrac{2}{\sqrt{3}}\fallingdotseq 1.15$．

**例題 29.3** 正弦波 $v_1(t)=4\sin\omega t$ を，次の入出力特性をもつ非線形回路に入力したとき，出力 $v_2(t)$ はどのような非正弦波になるか．

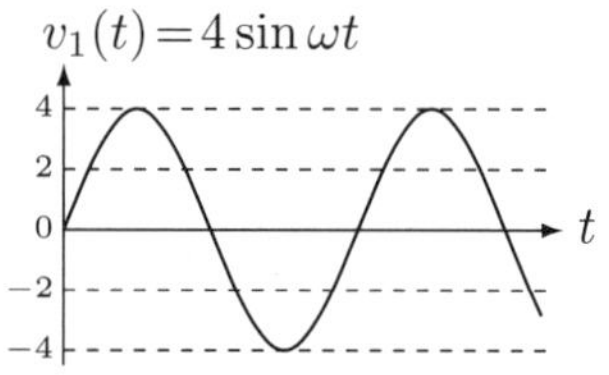


(1)

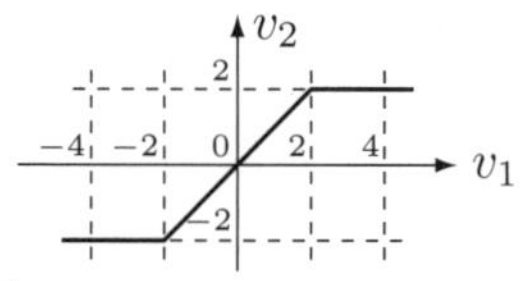


(2)

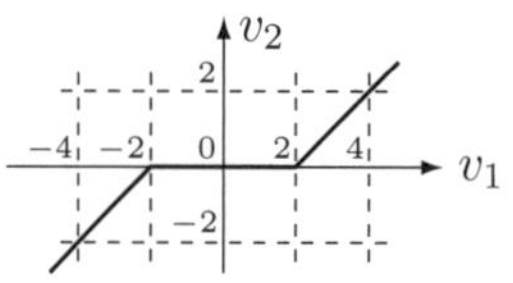


**解答**

(1)
- $v_1\leqq -2$ のとき，$v_2=-2$．
- $-2\leqq v_1\leqq 2$ のとき，$v_2=v_1$．
- $v_1\geqq 2$ のとき，$v_2=2$．

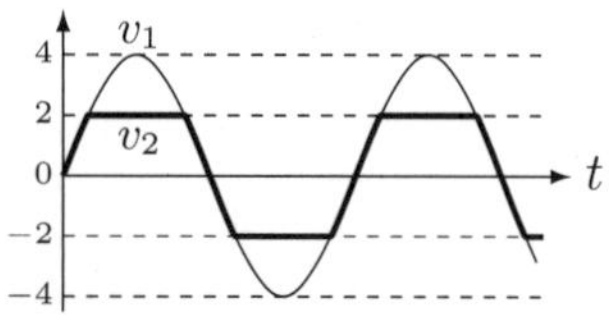


(2)
- $v_1\leqq -2$ のとき，$v_2=v_1+2$．
- $-2\leqq v_1\leqq 2$ のとき，$v_2=0$．
- $v_1\geqq 2$ のとき，$v_2=v_1-2$．

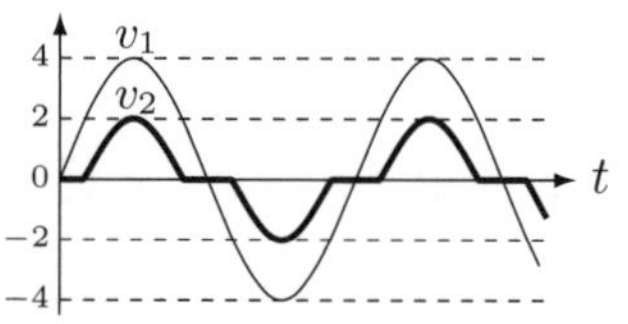

| ドリル No.29 | Class | | No. | | Name | |
|---|---|---|---|---|---|---|

**問題 29.1**　次に示す非正弦波交流 $v(t)$ の最大値 $V_{\mathrm{m}}$，実効値 $V$，絶対平均値 $V_{\mathrm{a}}$，波高率，波形率を求めよ．

(1) 方形波

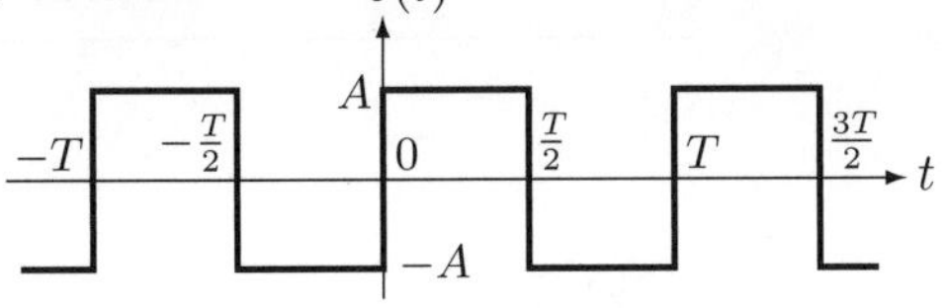


（答）$V_{\mathrm{m}} =$ 　　　．$V =$ 　　　．$V_{\mathrm{a}} =$ 　　　．波高率 $=$ 　　　．波形率 $=$ 　　　．

(2) のこぎり波

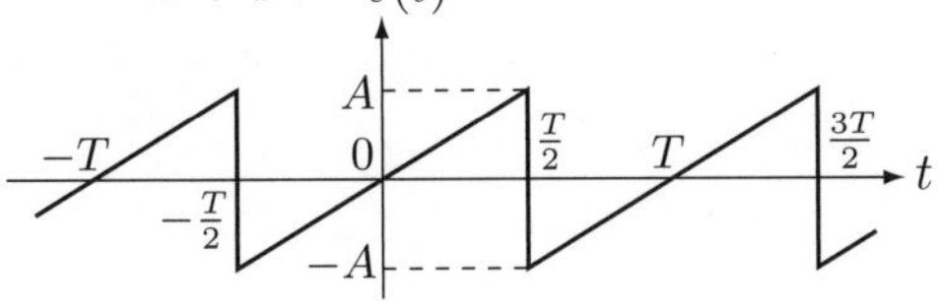


（答）$V_{\mathrm{m}} =$ 　　　．$V =$ 　　　．$V_{\mathrm{a}} =$ 　　　．波高率 $=$ 　　　．波形率 $=$ 　　　．

(3) 全波整流波　$v(t) = A|\sin \omega t\,|$

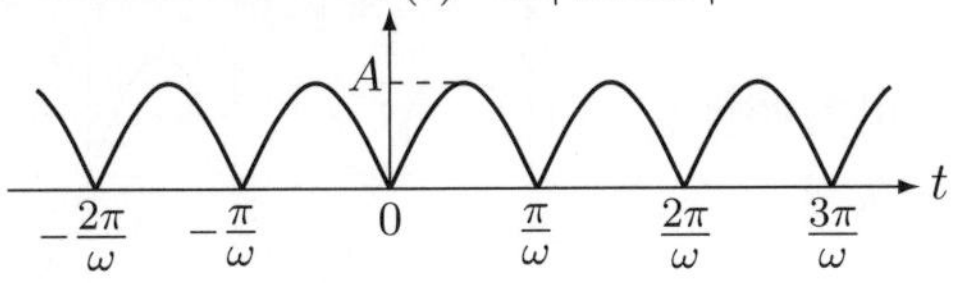


（答）$V_{\mathrm{m}} =$ 　　　．$V =$ 　　　．$V_{\mathrm{a}} =$ 　　　．波高率 $=$ 　　　．波形率 $=$ 　　　．

(4) 半波整流波　$v(t) = \begin{cases} A \sin \omega t & \left(0 \leqq t \leqq \frac{\pi}{\omega}\right) \\ 0 & \left(\frac{\pi}{\omega} \leqq t \leqq \frac{2\pi}{\omega}\right) \end{cases}$

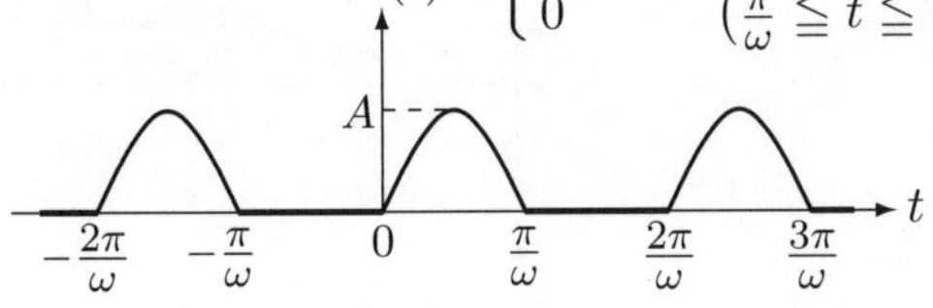


（答）$V_{\mathrm{m}} =$ 　　　．$V =$ 　　　．$V_{\mathrm{a}} =$ 　　　．波高率 $=$ 　　　．波形率 $=$ 　　　．

**問題 29.2**　次に示す非正弦波交流 $v(t)$ の実効値 $V$ と絶対平均値 $V_a$ を求めよ．

(1)

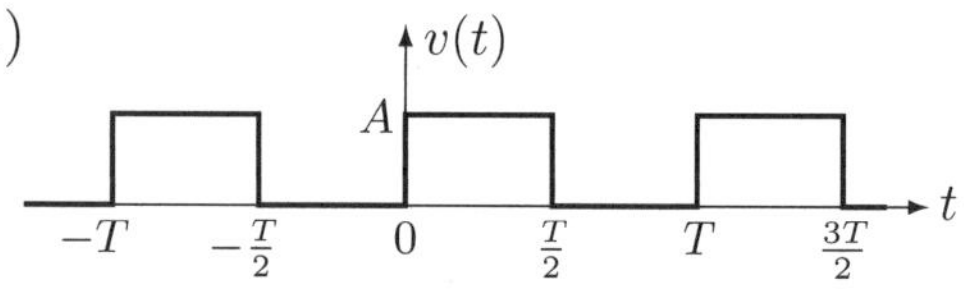


（答）$V=$　　　．$V_a=$　　　．

(2)

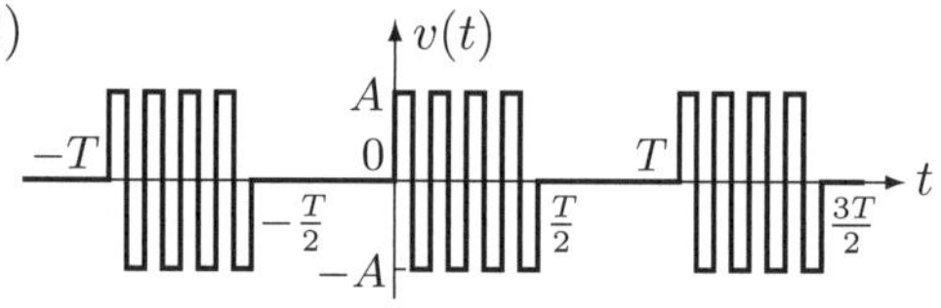


（答）$V=$　　　．$V_a=$　　　．

(3)

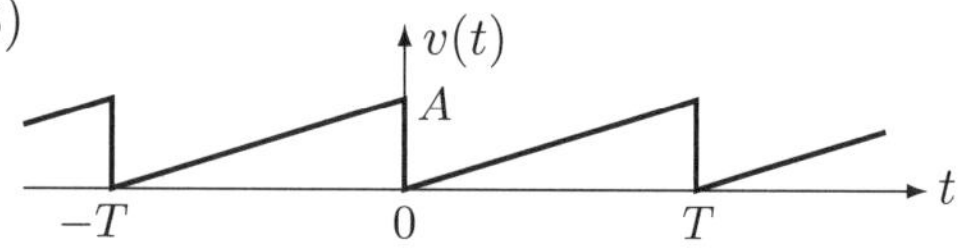


（答）$V=$　　　．$V_a=$　　　．

(4)

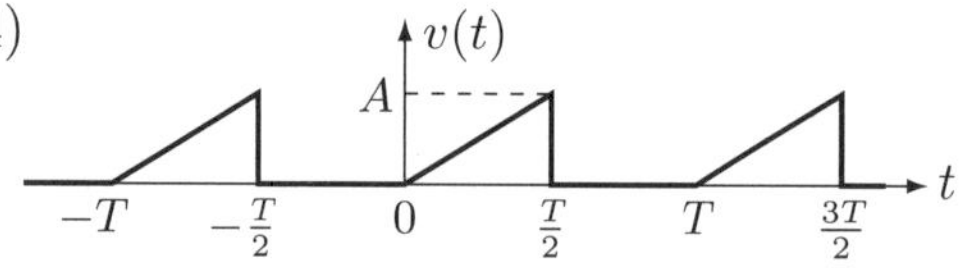


（答）$V=$　　　．$V_a=$　　　．

(5)

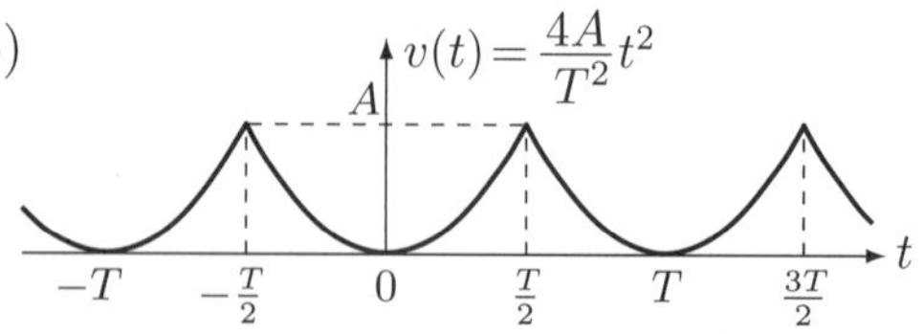


（答）$V=$　　　．$V_a=$　　　．

**問題 29.3**　右図の正弦波 $v_1(t)=4\sin\omega t$ を，下記の入出力特性をもつ非線形回路に入力したときの出力 $v_2(t)$ の波形を記入せよ．

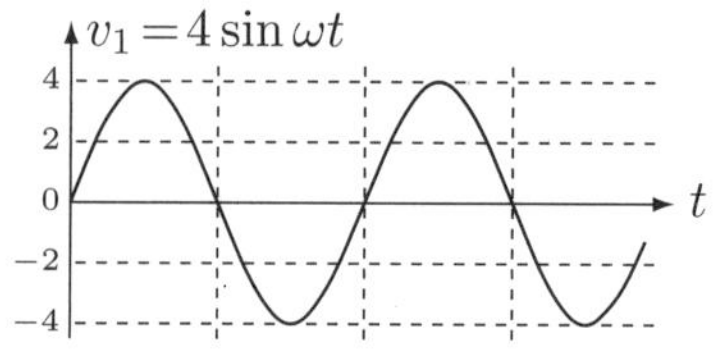


(1)

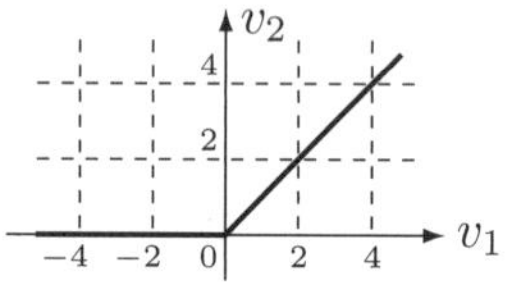


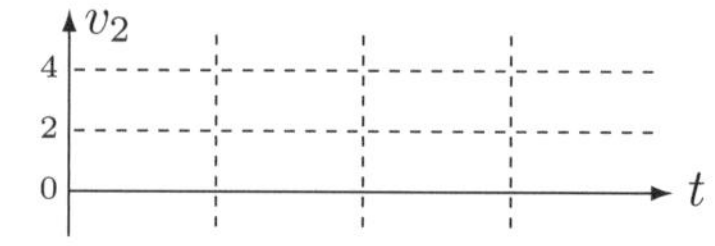

(2)

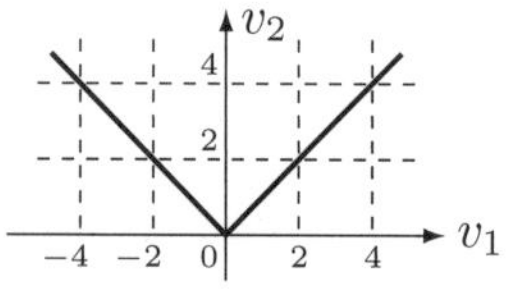


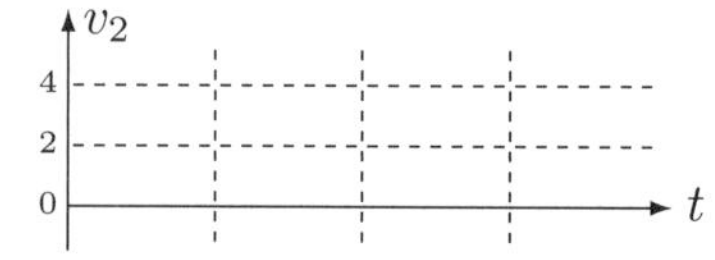

(3)

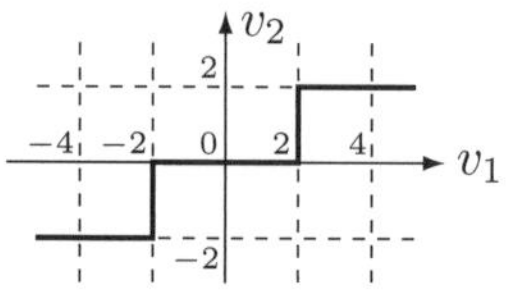


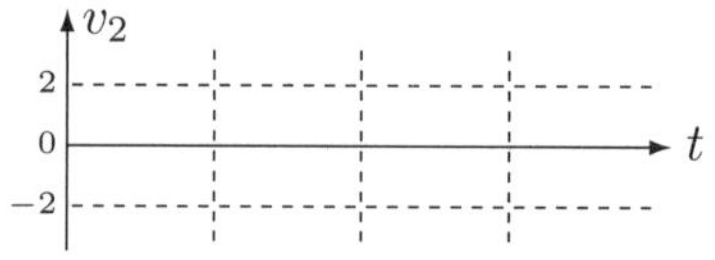

(4)

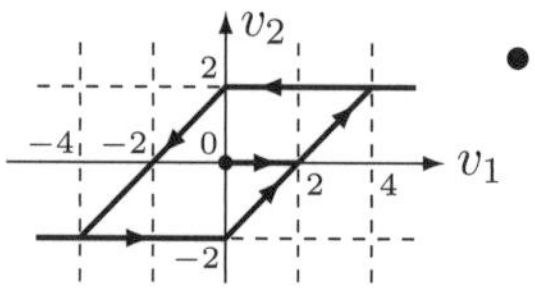


● $t=0$ のとき，$v_2=0$ とする．

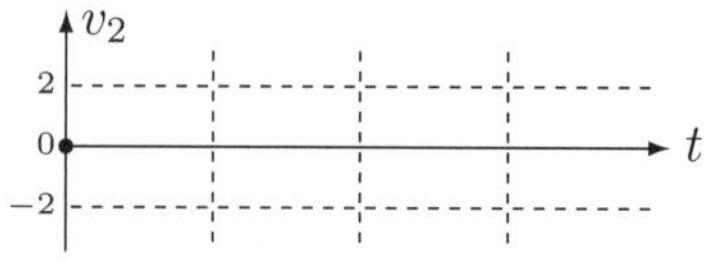

| チェック項目 | 月　日 | 月　日 |
|---|---|---|
| 非正弦波交流の基礎を理解し，実効値と絶対平均値を計算できる． | | |

非正弦波交流をフーリエ級数に展開できる.

## 非正弦波交流のフーリエ級数展開

- 非正弦波交流は複数の正弦波の和(**フーリエ級数**)の形に展開できる.

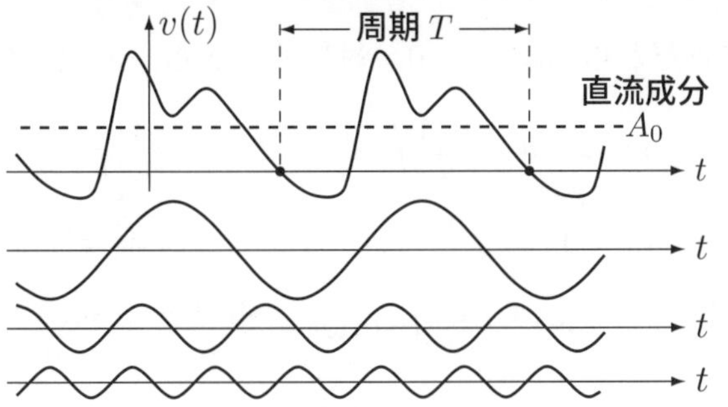


$T$：**周期** [s]

$f=\dfrac{1}{T}$：**基本周波数** [Hz] (基本波の周波数)

$\omega=2\pi f=\dfrac{2\pi}{T}$：**基本角周波数** [rad/s] (基本波の角周波数)

$t \Leftarrow A_1\sin(\omega t+\theta_1)$：**第 1 調波(基本波)**

$t \Leftarrow A_2\sin(2\omega t+\theta_2)$：**第 2 調波** } **高調波**

$t \Leftarrow A_3\sin(3\omega t+\theta_3)$：**第 3 調波** } **高調波**

……

- $v(t)=A_0+A_1\sin(\omega t+\theta_1)+A_2\sin(2\omega t+\theta_2)+A_3\sin(3\omega t+\theta_3)+\cdots$ **(フーリエ級数)**

  直流成分 ($A_0$)　第 1 調波(基本波) ($A_1\sin(\omega t+\theta_1)$)　第 2 調波　第 3 調波　…（第 2 調波以降：高調波）

## 3 種類のフーリエ級数

- 振幅 $A_n$ と位相 $\theta_n$ で表したフーリエ級数.

$$v(t)=A_0+A_1\sin(\omega t+\theta_1)+A_2\sin(2\omega t+\theta_2)+\cdots.$$

- $\cos n\omega t$, $\sin n\omega t$ の係数 $a_n, b_n$ で表したフーリエ級数.　$a_n=A_n\sin\theta_n$　$b_n=A_n\cos\theta_n$

$A_n\sin(n\omega t+\theta_n)=A_n\sin n\omega t\cos\theta_n+A_n\cos n\omega t\sin\theta_n=a_n\cos n\omega t+b_n\sin n\omega t$ と置く.

$$v(t)=a_0+a_1\cos\omega t+a_2\cos 2\omega t+\cdots+b_1\sin\omega t+b_2\sin 2\omega t+\cdots.$$

- 指数関数 $e^{jn\omega t}$ の係数 $c_n$ で表したフーリエ級数.　$c_n=\dfrac{a_n-jb_n}{2}$, $c_{-n}=\dfrac{a_n+jb_n}{2}$ $(n\geqq 1)$

$a_n\cos n\omega t+b_n\sin n\omega t=a_n\dfrac{e^{jn\omega t}+e^{-jn\omega t}}{2}+b_n\dfrac{e^{jn\omega t}-e^{-jn\omega t}}{2j}=c_ne^{jn\omega t}+c_{-n}e^{-jn\omega t}$ と置く.

$$v(t)=\cdots+c_{-2}\,e^{-j2\omega t}+c_{-1}\,e^{-j\omega t}+c_0+c_1\,e^{j\omega t}+c_2\,e^{j2\omega t}+\cdots.$$

## フーリエ係数 $a_n, b_n$ の計算式

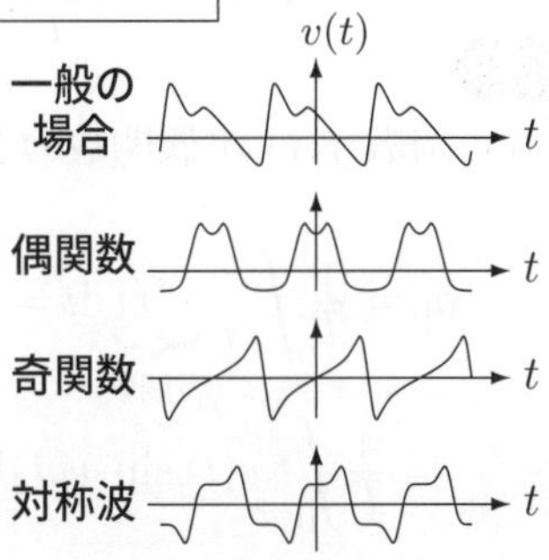


- $v(t)$ が次の対称性をもつ場合，係数の計算が簡単になる.
  - (1) **偶関数**：左右対称. $v(-t)=v(t)$.
  - (2) **奇関数**：原点に対して点対称. $v(-t)=-v(t)$.
  - (3) **対称波**：半周期のずれで上下対称. $v(t+\frac{T}{2})=-v(t)$.

上記の場合，積分区間が半周期になり一部の係数は 0 になる.

| | 一般の場合【注意】 | $v(t)$ が偶関数 | $v(t)$ が奇関数 | $v(t)$ が対称波 |
|---|---|---|---|---|
| $a_0=$ | $\dfrac{1}{T}\displaystyle\int_0^T v(t)\,\mathrm{d}t$ | $\dfrac{2}{T}\displaystyle\int_0^{\frac{T}{2}} v(t)\,\mathrm{d}t$ | 0 | 0 |
| $a_n=$ | $\dfrac{2}{T}\displaystyle\int_0^T v(t)\cos n\omega t\,\mathrm{d}t$ | $\dfrac{4}{T}\displaystyle\int_0^{\frac{T}{2}} v(t)\cos n\omega t\,\mathrm{d}t$ | 0 | 0 ($n$=偶数)<br>$\dfrac{4}{T}\displaystyle\int_0^{\frac{T}{2}} v(t)\cos n\omega t\,\mathrm{d}t$ ($n$=奇数) |
| $b_n=$ | $\dfrac{2}{T}\displaystyle\int_0^T v(t)\sin n\omega t\,\mathrm{d}t$ | 0 | $\dfrac{4}{T}\displaystyle\int_0^{\frac{T}{2}} v(t)\sin n\omega t\,\mathrm{d}t$ | 0 ($n$=偶数)<br>$\dfrac{4}{T}\displaystyle\int_0^{\frac{T}{2}} v(t)\sin n\omega t\,\mathrm{d}t$ ($n$=奇数) |

【注意】「一般の場合」の積分区間は，1 周期であれば，$0\sim T$ でも，$-T/2\sim T/2$ でも，何でもよい.

**例題 30.1** 次の非正弦波交流 $v(t)$ をフーリエ級数に展開せよ．

(1) 方形波

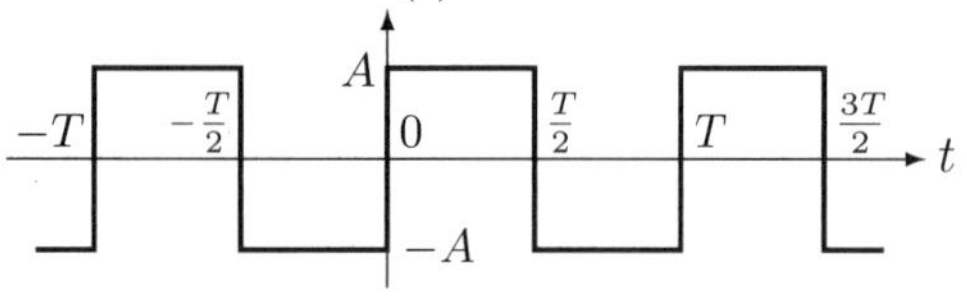


(2) 三角波

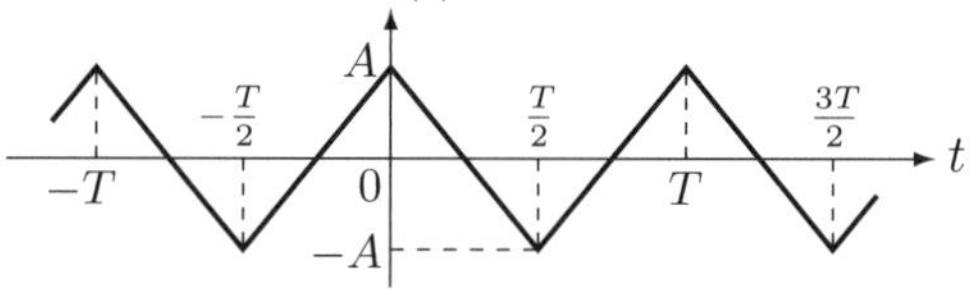


**解答** 基本角周波数 $\omega=\dfrac{2\pi}{T}$．したがって，$\omega T=2\pi$．波形の対称性を利用する．

(1) $0<t<\dfrac{T}{2}$ のとき $v(t)=A$．$v(t)$は奇関数だから $a_0=a_n=0$．対称波だから，$n=$偶数 のとき，$b_n=0$．$n=$奇数 のとき，

[$v(t)=A$] [$\omega T=2\pi$]

$$b_n=\frac{4}{T}\int_0^{\frac{T}{2}}v(t)\sin n\omega t\,\mathrm{d}t=\frac{4A}{T}\int_0^{\frac{T}{2}}\sin n\omega t\,\mathrm{d}t=\frac{4A}{n\omega T}\Big[-\cos n\omega t\Big]_0^{\frac{T}{2}}$$

[$\omega T=2\pi$] [$n=$奇数]

$$=\frac{2A}{n\pi}\left(-\cos\frac{n\omega T}{2}+\cos 0\right)=\frac{2A}{n\pi}(-\cos n\pi+1)=\frac{4A}{n\pi}.$$

$b_1=\dfrac{4A}{\pi}$，$b_3=\dfrac{4A}{3\pi}$，$b_5=\dfrac{4A}{5\pi}$，$b_7=\dfrac{4A}{7\pi}$，$\cdots$．$v(t)=\dfrac{4A}{\pi}\left(\sin\omega t+\dfrac{\sin 3\omega t}{3}+\dfrac{\sin 5\omega t}{5}+\cdots\right)$．

(2) $0\leqq t\leqq\dfrac{T}{2}$ のとき $v(t)=A-\dfrac{4A}{T}t$．$v(t)$は偶関数だから $b_n=0$．対称波だから，$a_0=0$，$n=$偶数 のとき $a_n=0$．$n=$奇数 のとき，

[$v(t)=A-\frac{4A}{T}t$]

$$a_n=\frac{4}{T}\int_0^{\frac{T}{2}}v(t)\cos n\omega t\,\mathrm{d}t=\frac{4A}{T}\int_0^{\frac{T}{2}}\left(1-\frac{4}{T}t\right)\cos n\omega t\,\mathrm{d}t$$

[部分積分]

$$=\frac{4A}{n\omega T}\left[\left(1-\frac{4}{T}t\right)\underbrace{\sin n\omega t\Big]_0^{\frac{T}{2}}}_{\frac{\omega T}{2}=\pi\ \text{ゆえゼロ}}-\frac{4A}{n\omega T}\int_0^{\frac{T}{2}}\left(-\frac{4}{T}\right)\sin n\omega t\,\mathrm{d}t=\frac{16A}{(n\omega T)^2}\Big[-\cos n\omega t\Big]_0^{\frac{T}{2}}$$

[$\omega T=2\pi$] [$\omega T=2\pi$] [$n=$奇数]

$$=\frac{4A}{(n\pi)^2}\left(-\cos\frac{n\omega T}{2}+\cos 0\right)=\frac{4A}{(n\pi)^2}(-\cos n\pi+1)=\frac{8A}{(n\pi)^2}.$$

$a_1=\dfrac{8A}{\pi^2}$，$a_3=\dfrac{8A}{(3\pi)^2}$，$a_5=\dfrac{8A}{(5\pi)^2}$，$\cdots$．$v(t)=\dfrac{8A}{\pi^2}\left(\cos\omega t+\dfrac{\cos 3\omega t}{3^2}+\dfrac{\cos 5\omega t}{5^2}+\cdots\right)$．

【注意】(2) のフーリエ級数を $t$ で微分すると，(1) のフーリエ級数の $-\frac{2\omega}{\pi}=-\dfrac{4}{T}$ 倍になる．

**例題 30.2** 周期関数 $v(t)$ のフーリエ係数の計算式 $a_0=\dfrac{1}{T}\displaystyle\int_0^T v(t)\mathrm{d}t$，$a_n=\dfrac{2}{T}\displaystyle\int_0^T v(t)\cos n\omega t\,\mathrm{d}t$，$b_n=\dfrac{2}{T}\displaystyle\int_0^T v(t)\sin n\omega t\,\mathrm{d}t$ から，$v(t)$ が (1)奇関数，(2)対称波のときのフーリエ係数の計算式を導け．ただし，$T=$周期，$\omega=\dfrac{2\pi}{T}$，$\omega T=2\pi$ であり，上式の積分区間は $\displaystyle\int_{-\frac{T}{2}}^{\frac{T}{2}}$ でもよい．

**解答**

(1) 関数 $f(t)$ が偶関数のとき $\displaystyle\int_{-\frac{T}{2}}^{\frac{T}{2}}f(t)\,\mathrm{d}t=2\int_0^{\frac{T}{2}}f(t)\,\mathrm{d}t$，$f(t)$ が奇関数のとき $\displaystyle\int_{-\frac{T}{2}}^{\frac{T}{2}}f(t)\,\mathrm{d}t=0$．

$$a_0=\frac{1}{T}\int_{-\frac{T}{2}}^{\frac{T}{2}}\underbrace{v(t)}_{\text{奇関数}}\mathrm{d}t=0.\quad a_n=\frac{2}{T}\int_{-\frac{T}{2}}^{\frac{T}{2}}\underbrace{v(t)}\ \underbrace{\cos n\omega t}_{\text{奇関数}\times\text{偶関数}=\text{奇関数}}\mathrm{d}t=0.\quad b_n=\frac{2}{T}\int_{-\frac{T}{2}}^{\frac{T}{2}}\underbrace{v(t)}\ \underbrace{\sin n\omega t}_{\text{奇関数}\times\text{奇関数}=\text{偶関数}}\mathrm{d}t$$

$$=\frac{4}{T}\int_0^{\frac{T}{2}}v(t)\sin n\omega t\,\mathrm{d}t.$$

(2) $v\left(t+\frac{T}{2}\right)=-v(t)$．$a_0=\dfrac{1}{T}\displaystyle\int_0^T v(t)\mathrm{d}t=\dfrac{1}{T}\left\{\int_0^{\frac{T}{2}}v(t)\mathrm{d}t+\int_{\frac{T}{2}}^T v(t)\mathrm{d}t\right\}$．第 2 項の積分は $t=u+\dfrac{T}{2}$ と置けば，$\displaystyle\int_{\frac{T}{2}}^T v(t)\mathrm{d}t=\int_0^{\frac{T}{2}}v\left(u+\tfrac{T}{2}\right)\mathrm{d}u=-\int_0^{\frac{T}{2}}v(u)\mathrm{d}u$．$\therefore a_0=0$．$a_n=\dfrac{2}{T}\displaystyle\int_0^T v(t)\cos n\omega t\,\mathrm{d}t$

$=\dfrac{2}{T}\left\{\displaystyle\int_0^{\frac{T}{2}}v(t)\cos n\omega t\,\mathrm{d}t+\int_{\frac{T}{2}}^T v(t)\cos n\omega t\,\mathrm{d}t\right\}$．第 2 項で $t=u+\frac{T}{2}$ と置き，$\displaystyle\int_{\frac{T}{2}}^T v(t)\cos n\omega t\,\mathrm{d}t$

[$\omega T=2\pi$] [$\cos(x+n\pi)=(-1)^n\cos x$]

$$=\int_0^{\frac{T}{2}}v\left(u+\tfrac{T}{2}\right)\cos n\omega\left(u+\tfrac{T}{2}\right)\mathrm{d}u=-\int_0^{\frac{T}{2}}v(u)\cos(n\omega u+n\pi)\,\mathrm{d}u=(-1)^{n+1}\int_0^{\frac{T}{2}}v(u)\cos n\omega u\,\mathrm{d}u.$$

$$\therefore a_n=\frac{2}{T}\left[1+(-1)^{n+1}\right]\int_0^{\frac{T}{2}}v(t)\cos n\omega t\,\mathrm{d}t=\begin{cases}0 & (n=\text{偶数})\\ \dfrac{4}{T}\displaystyle\int_0^{\frac{T}{2}}v(t)\cos n\omega t\,\mathrm{d}t & (n=\text{奇数})\end{cases}.$$

$b_n$ も同様．

| ドリル No.30 | Class | | No. | | Name | |
|---|---|---|---|---|---|---|

**問題 30.1** 次の非正弦波交流 $v(t)$ をフーリエ級数に展開せよ．

(1) 方形波 (周期 $T$, 基本角周波数 $\omega=\dfrac{2\pi}{T}$)

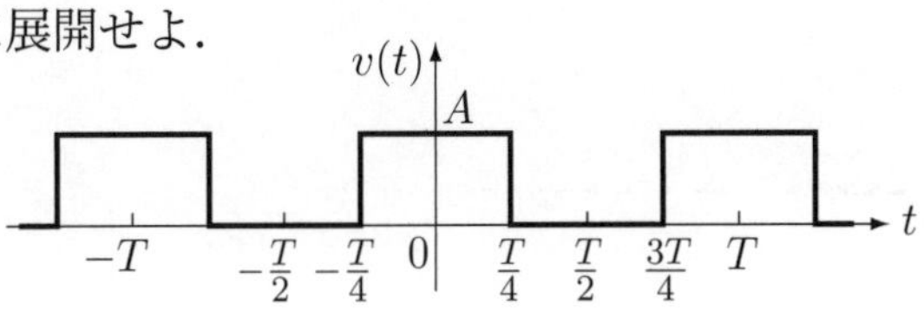

（答）$v(t)=$ ．

(2) 正負のパルス波 (周期 $T$, 基本角周波数 $\omega=\dfrac{2\pi}{T}$)

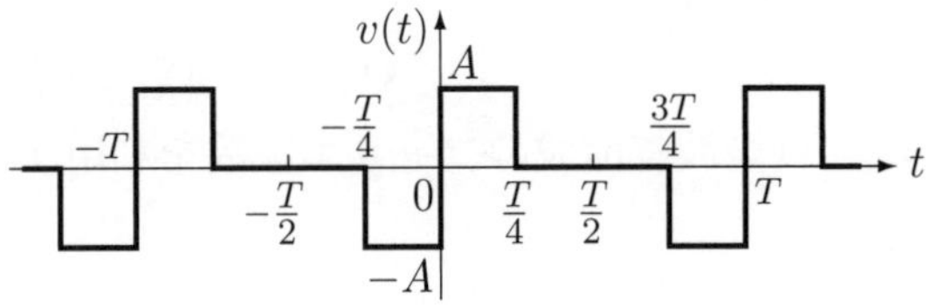

（答）$v(t)=$ ．

(3) 正負のパルス波 (周期 $T$, 基本角周波数 $\omega=\dfrac{2\pi}{T}$)

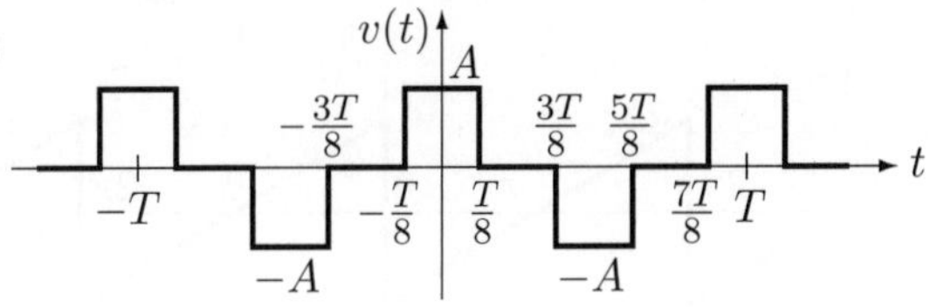

（答）$v(t)=$ ．

(4) のこぎり波 (周期 $T$, 基本角周波数 $\omega=\dfrac{2\pi}{T}$)

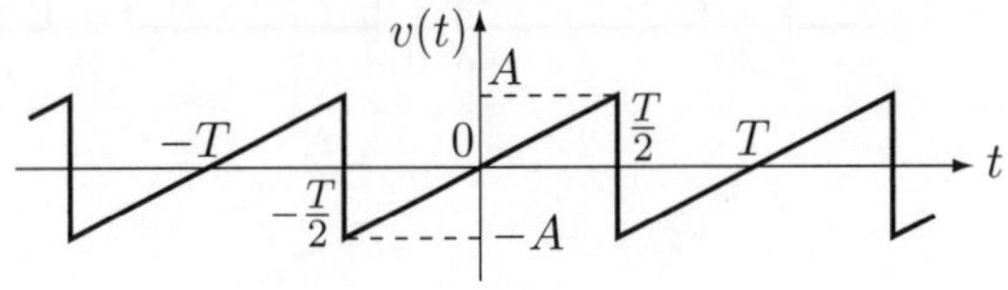

（答）$v(t)=$ ．

(5) 全波整流波 $v(t)=A|\sin\omega t|$.
（基本角周波数$=2\omega$, 周期 $T=\frac{\pi}{\omega}$ に注意）

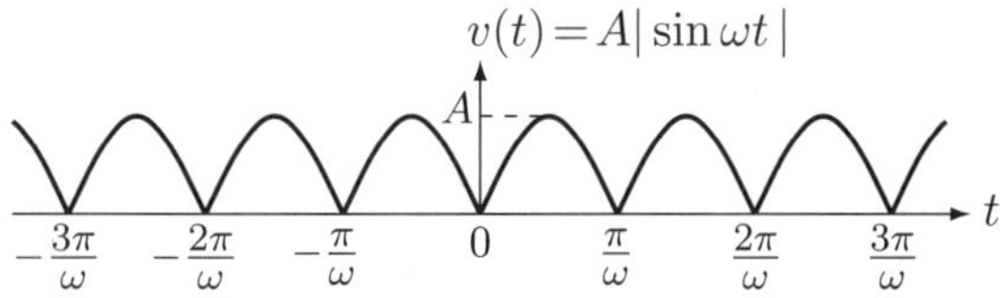


（答）$v(t)=$ .

(6) 半波整流波 $v(t)=\begin{cases} A\sin\omega t & \left(0 \leqq t \leqq \frac{\pi}{\omega}\right) \\ 0 & \left(\frac{\pi}{\omega} \leqq t \leqq \frac{2\pi}{\omega}\right) \end{cases}$
（全波整流波のフーリエ級数を利用する）

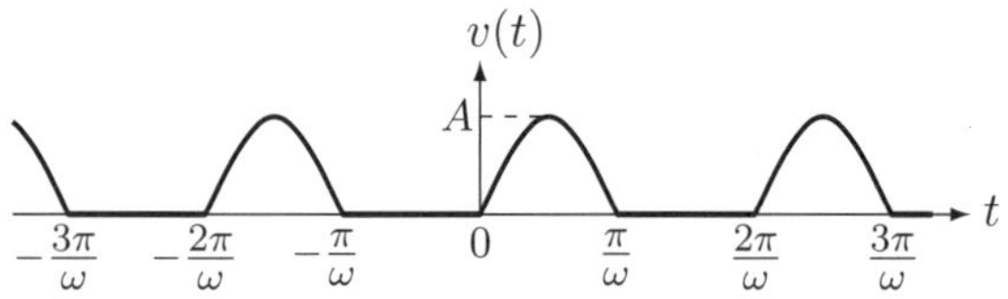


（答）$v(t)=$ .

**問題 30.2** 周期 $T=2\pi$, 基本角周波数 $\omega=1$ の次に示す周期関数 $v(t)$ をフーリエ級数に展開せよ. 特に (2) で $\delta\to 0$ のとき，フーリエ級数はどうなるか.

(1)

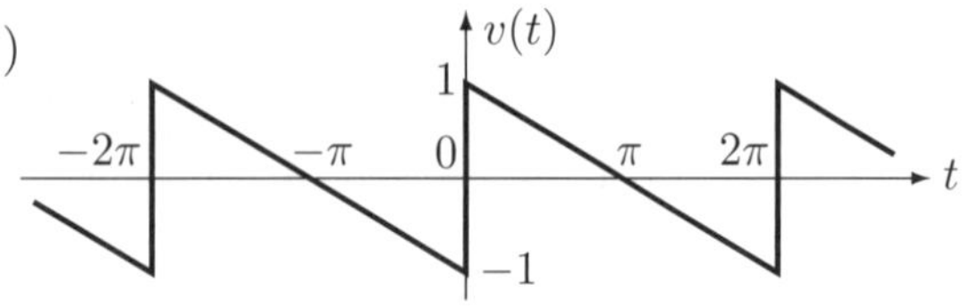


（答）$v(t)=$ .

(2)

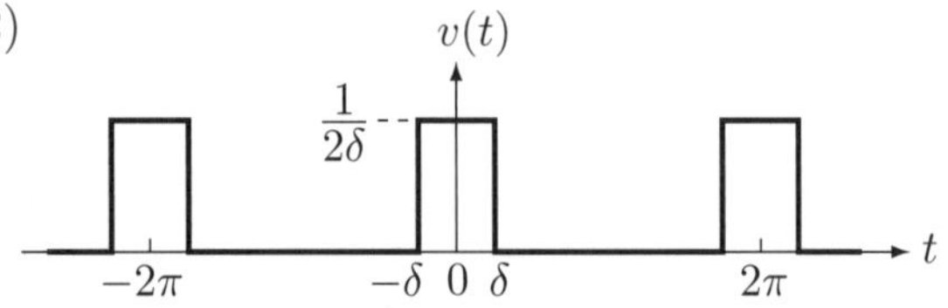


（答）$v(t)=$ .

$\delta\to 0$ のとき，$v(t)=$ .

| チェック項目 | 月　日 | 月　日 |
|---|---|---|
| 非正弦波交流をフーリエ級数に展開できる. | | |

非正弦波交流の回路計算ができる.

非正弦波交流の電圧 $v(t)$ と電流 $i(t)$ が，次のようにフーリエ展開されているとする.

$$\begin{aligned} v(t) &= V_0 + V_{\mathrm{m1}}\sin(\omega t+\theta_1) + V_{\mathrm{m2}}\sin(2\omega t+\theta_2) + V_{\mathrm{m3}}\sin(3\omega t+\theta_3) + \cdots \\ &= V_0 + \sqrt{2}\,V_1\sin(\omega t+\theta_1) + \sqrt{2}\,V_2\sin(2\omega t+\theta_2) + \sqrt{2}\,V_3\sin(3\omega t+\theta_3) + \cdots. \quad (1) \end{aligned}$$

$$\begin{aligned} i(t) &= I_0 + I_{\mathrm{m1}}\sin(\omega t+\phi_1) + I_{\mathrm{m2}}\sin(2\omega t+\phi_2) + I_{\mathrm{m3}}\sin(3\omega t+\phi_3) + \cdots \\ &= I_0 + \sqrt{2}\,I_1\sin(\omega t+\phi_1) + \sqrt{2}\,I_2\sin(2\omega t+\phi_2) + \sqrt{2}\,I_3\sin(3\omega t+\phi_3) + \cdots. \quad (2) \end{aligned}$$

（$V_0, I_0$ は直流成分，$V_{\mathrm{m1}}, I_{\mathrm{m1}}$ 等は各調波の最大値，$V_1, I_1$ 等は各調波の実効値）

## 非正弦波交流の実効値とひずみ率

- $n\neq m$ のとき，フーリエ級数の第 $n$ 調波と第 $m$ 調波の積を 1 周期積分すると 0 になる．すなわち $\int_0^T$(第 $n$ 調波) $\times$ (第 $m$ 調波) $\mathrm{d}t=0$．これを，各調波が**直交**しているという.
- 実効値 $V=\sqrt{\dfrac{1}{T}\int_0^T\left[v(t)\right]^2\mathrm{d}t}$ に式 (1) を代入すると，直交性により同一調波の積だけが残り，右の式が得られる.

  **$v(t)$ の実効値** $V=\sqrt{{V_0}^2+{V_1}^2+{V_2}^2+\cdots}$.
- 同様に $I=\sqrt{\dfrac{1}{T}\int_0^T\left[i(t)\right]^2\mathrm{d}t}$ に式 (2) を代入すると，次式が得られる.

  **$i(t)$ の実効値** $I=\sqrt{I_0^2+I_1^2+I_2^2+\cdots}$.
- 基本波の実効値 $V_1$ に対する高調波の実効値 $\sqrt{{V_2}^2+{V_3}^2+\cdots}$ の比率を**ひずみ率**といい，正弦波からのひずみを表す.

  **$v(t)$ のひずみ率** $=\dfrac{\sqrt{{V_2}^2+{V_3}^2+{V_4}^2+\cdots}}{V_1}$.

  正弦波は，高調波をもたないので，ひずみ率 $=0$ である.

## 非正弦波交流の電力

- 非正弦波交流の**有効電力** $P=\dfrac{1}{T}\int_0^T v(t)i(t)\,\mathrm{d}t$ に，式 (1),(2) を代入して積分すると，直交性により同一調波の積だけが残り，結局，各調波単独の電力の和となる.

| | 直流電力 | 基本波の電力 | 第 2 調波の電力 | ⋯ |
|---|---|---|---|---|
| **有効電力** $P=$ | $V_0I_0$ | $+V_1I_1\cos(\theta_1-\phi_1)$ | $+V_2I_2\cos(\theta_2-\phi_2)$ | $+\cdots$. |

- 非正弦波交流の**皮相電力**と**力率**は次式となる.

**皮相電力** $=VI=\sqrt{({V_0}^2+{V_1}^2+{V_2}^2+\cdots)(I_0^2+I_1^2+I_2^2+\cdots)}$.

**力率** $=\dfrac{\textbf{有効電力}}{\textbf{皮相電力}}=\dfrac{P}{VI}=\dfrac{V_0I_0+V_1I_1\cos(\theta_1-\phi_1)+V_2I_2\cos(\theta_2-\phi_2)+\cdots}{\sqrt{({V_0}^2+{V_1}^2+{V_2}^2+\cdots)(I_0^2+I_1^2+I_2^2+\cdots)}}$.

## 非正弦波交流回路の計算

- 非正弦波交流回路の計算は，各調波が単独にあるとして計算し，結果を重ね合わせる.
- 各調波が単独の場合，正弦波交流理論のフェーザとインピーダンスを使って計算できる.

**例題** **31.1** 下図に示す (1) 方形波, (2) 三角波, (3) のこぎり波のひずみ率 $k$ を求めよ．ただし，

(1) 方形波の実効値 $V=A$, フーリエ級数 $v(t)=\dfrac{4A}{\pi}\left(\sin\omega t+\dfrac{\sin 3\omega t}{3}+\dfrac{\sin 5\omega t}{5}+\cdots\right)$.

(2) 三角波の実効値 $V=\dfrac{A}{\sqrt{3}}$, フーリエ級数 $v(t)=\dfrac{8A}{\pi^2}\left(\cos\omega t+\dfrac{\cos 3\omega t}{3^2}+\dfrac{\cos 5\omega t}{5^2}+\cdots\right)$.

(3) のこぎり波の実効値 $V=\dfrac{A}{\sqrt{3}}$, フーリエ級数 $v(t)=\dfrac{2A}{\pi}\left(\sin\omega t-\dfrac{\sin 2\omega t}{2}+\dfrac{\sin 3\omega t}{3}-\cdots\right)$.

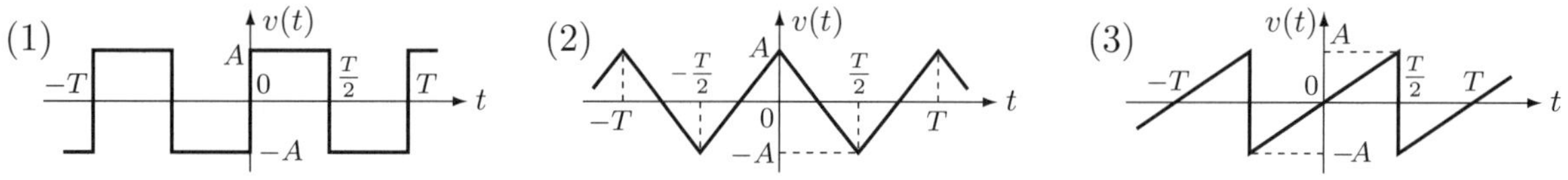


**解答** ひずみ率 $k=\dfrac{\text{高調波の実効値}}{\text{基本波の実効値}}=\dfrac{\sqrt{{V_2}^2+{V_3}^2+\cdots}}{V_1}=\dfrac{\sqrt{V^2-{V_1}^2}}{V_1}=\sqrt{\left(\dfrac{V}{V_1}\right)^2-1}$ を使う．

(1) $V=A$. $V_1=\dfrac{2\sqrt{2}A}{\pi}$. $k=\sqrt{\left(\dfrac{\pi}{2\sqrt{2}}\right)^2-1}=\sqrt{\dfrac{\pi^2}{8}-1}\fallingdotseq 48.3\%$. $\left(\dfrac{1}{1^2}+\dfrac{1}{3^2}+\dfrac{1}{5^2}+\cdots=\dfrac{\pi^2}{8}\right.$ を使ってもよい．$\Big)$

(2) $V=\dfrac{A}{\sqrt{3}}$. $V_1=\dfrac{4\sqrt{2}A}{\pi^2}$. $k=\sqrt{\left(\dfrac{\pi^2}{4\sqrt{6}}\right)^2-1}=\sqrt{\dfrac{\pi^4}{96}-1}\fallingdotseq 12.1\%$. $\left(\dfrac{1}{1^4}+\dfrac{1}{3^4}+\dfrac{1}{5^4}+\cdots=\dfrac{\pi^4}{96}\right.$ を使ってもよい．$\Big)$

(3) $V=\dfrac{A}{\sqrt{3}}$. $V_1=\dfrac{\sqrt{2}A}{\pi}$. $k=\sqrt{\left(\dfrac{\pi}{\sqrt{6}}\right)^2-1}=\sqrt{\dfrac{\pi^2}{6}-1}\fallingdotseq 80.3\%$. $\left(\dfrac{1}{1^2}+\dfrac{1}{2^2}+\dfrac{1}{3^2}+\cdots=\dfrac{\pi^2}{6}\right.$ を使ってもよい．$\Big)$

**例題** **31.2** ある負荷の電圧 $v(t)$ と電流 $i(t)$ が，次のようであった．

$$\begin{cases} v(t)=4\sqrt{2}\sin(t-30^\circ)+2\sqrt{2}\sin(2t+30^\circ)+2\sqrt{2}\sin(3t-30^\circ)+1\sqrt{2}\sin(4t-60^\circ)\ [\mathrm{V}]. \\ i(t)=5\sqrt{2}\sin(t-30^\circ)+3\sqrt{2}\sin(2t+30^\circ)+1\sqrt{2}\sin(3t+30^\circ)+1\sqrt{2}\sin(4t+30^\circ)\ [\mathrm{A}]. \end{cases}$$

$v(t)$ の実効値 $V$, $v(t)$ のひずみ率 $k$, $i(t)$ の実効値 $I$, 有効電力 $P$, 力率 pf を求めよ．

**解答** $V=\sqrt{4^2+2^2+2^2+1^2}=5\,[\mathrm{V}]$. $k=\dfrac{\sqrt{2^2+2^2+1^2}}{4}=\dfrac{3}{4}=75\%$. $I=\sqrt{5^2+3^2+1^2+1^2}=6\,[\mathrm{A}]$.
$P=4\times5\cos0^\circ+2\times3\cos0^\circ+2\times1\cos60^\circ+1\times1\cos90^\circ=20+6+1=27\,[\mathrm{W}]$. $\mathrm{pf}=\dfrac{P}{VI}=0.9$.

**例題** **31.3** 右の RLC 直列回路の電源電圧 $e(t)$が次のようであった．

$$e(t)=\underset{(\omega=0)}{1}+\underset{(\omega=1)}{9\sqrt{2}\sin t}+\underset{(\omega=2)}{3\sqrt{2}\sin 2t}+\underset{(\omega=4)}{3\sqrt{2}\sin 4t}\ [\mathrm{V}].$$

$e(t)$の実効値$E$, 電流 $i(t)$とその実効値 $I$, 有効電力$P$, 力率 pf を求めよ．

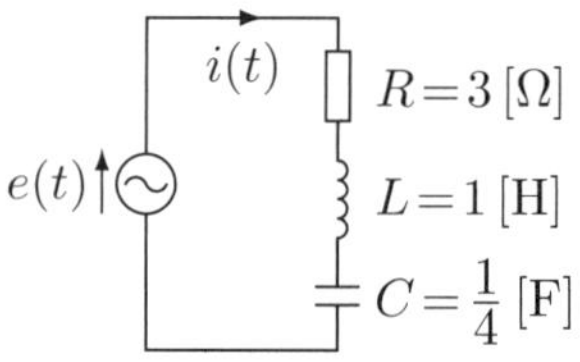


**解答** $E=\sqrt{1^2+9^2+3^2+3^2}=\sqrt{100}=10\,[\mathrm{V}]$.

以下，各調波 $(\omega=0,1,2,4)$ ごとにフェーザ $\dot{E},\dot{I}$ とインピーダンス $\dot{Z}$ を使って計算する．

角周波数 $\omega$ の正弦波に対し，インピーダンス $\dot{Z}=R+j\omega L+\dfrac{1}{j\omega C}=3+j\left(\omega-\dfrac{4}{\omega}\right)\,[\Omega]$.

・直流成分 $(\omega=0)$. $\dot{Z}=3+j(0-\infty)$ だから，$i(t)=0$.

・第 1 調波 $(\omega=1)$. $\dot{Z}=3-j3=3\sqrt{2}\angle-45^\circ$. $e(t)=9\sqrt{2}\sin t.\to\dot{E}=9\angle0^\circ$. $\dot{I}=\dfrac{\dot{E}}{\dot{Z}}=\dfrac{9\angle0^\circ}{3\sqrt{2}\angle-45^\circ}$
$=\dfrac{3}{\sqrt{2}}\angle45^\circ.\ \to\ i(t)=3\sin(t+45^\circ)$.

・第 2 調波 $(\omega=2)$. $\dot{Z}=3+j0=3\angle0^\circ$. $e(t)=3\sqrt{2}\sin 2t.\to\dot{E}=3\angle0^\circ$. $\dot{I}=\dfrac{\dot{E}}{\dot{Z}}=\dfrac{3\angle0^\circ}{3\angle0^\circ}=1\angle0^\circ$.
$\to\ i(t)=\sqrt{2}\sin 2t$.

・第 4 調波 $(\omega=4)$. $\dot{Z}=3+j3=3\sqrt{2}\angle45^\circ$. $e(t)=3\sqrt{2}\sin 4t.\to\dot{E}=3\angle0^\circ$. $\dot{I}=\dfrac{\dot{E}}{\dot{Z}}=\dfrac{3\angle0^\circ}{3\sqrt{2}\angle45^\circ}$
$=\dfrac{1}{\sqrt{2}}\angle-45^\circ.\ \to\ i(t)=1\sin(4t-45^\circ)$.

以上の $i(t)$を重ね合わせて，$i(t)=3\sin(t+45^\circ)+\sqrt{2}\sin 2t+1\sin(4t-45^\circ)\,[\mathrm{A}]$.

$I=\sqrt{\left(\frac{3}{\sqrt{2}}\right)^2+1^2+\left(\frac{1}{\sqrt{2}}\right)^2}=\sqrt{\frac{9}{2}+1+\frac{1}{2}}=\sqrt{6}\,[\mathrm{A}]$. $P=9\times\dfrac{3}{\sqrt{2}}\cos45^\circ+3\times1\cos0^\circ+3\times\dfrac{1}{\sqrt{2}}\cos45^\circ$
$=\dfrac{27}{2}+3+\dfrac{3}{2}=18\,[\mathrm{W}]$. または $P=RI^2=3\times(\sqrt{6})^2=18\,[\mathrm{W}]$. $\mathrm{pf}=\dfrac{P}{EI}=\dfrac{18}{10\times\sqrt{6}}=\dfrac{3\sqrt{6}}{10}\fallingdotseq73\%$.

| ドリル No.31 | Class | | No. | | Name | |
|---|---|---|---|---|---|---|

**問題 31.1**　非正弦波交流に関する次の問題に答えよ．

(1) 電圧 $v(t) = 7 + 8\sin\omega t$ [V] の実効値 $V$ を求めよ．

(答) $V =$ 　　　[　].

(2) 電流 $i(t) = 8\sqrt{2}\sin\omega t + 4\sqrt{2}\sin(3\omega t + 60°) + \sqrt{2}\cos 5\omega t$ [A] の実効値 $I$ を求めよ．

(答) $I =$ 　　　[　].

(3) 電圧 $v(t) = 12\sqrt{2}\sin\omega t + 4\sqrt{2}\sin 3\omega t - 3\sqrt{2}\sin 5\omega t$ [V] の実効値 $V$ とひずみ率 $k$ を求めよ．

(答) $V =$ 　　　[　].　$k =$ 　　　.

**問題 31.2**　ある負荷の電圧 $v(t)$ と電流 $i(t)$ が，次のようであった．

$$\begin{cases} v(t) = 5 + 6\sqrt{2}\sin\omega t + 4\sqrt{2}\sin(2\omega t - 30°) + 2\sqrt{2}\sin(3\omega t - 60°) \text{ [V]}. \\ i(t) = 5 + 4\sqrt{2}\sin(\omega t + 60°) + 2\sqrt{2}\sin(2\omega t + 60°) + 2\sqrt{2}\sin(3\omega t + 60°) \text{ [A]}. \end{cases}$$

$v(t)$ の実効値 $V$，$i(t)$ の実効値 $I$，有効電力 $P$，力率 pf を求めよ．

(答) $V =$ 　　　[　].　$I =$ 　　　[　].　$P =$ 　　　[　].　pf $=$ 　　　.

**問題 31.3**　正弦波電圧 $e(t) = 10\sqrt{2}\cos\omega t$ [V] を非線形回路に入力したとき，電流に第 3 調波が発生し $i(t) = 3\sqrt{2}\cos\omega t + \sqrt{2}\cos 3\omega t$ [A] となった．$i(t)$ のひずみ率 $k$，回路の消費電力 $P$ と力率 pf を求めよ．

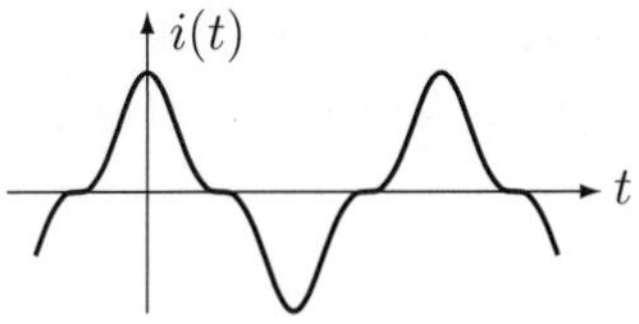


(答) $k =$ 　　　.　$P =$ 　　　[　].　pf $=$ 　　　.

**問題 31.4**　右の回路の電圧が $e(t) = 3 + 6\sqrt{2}\sin t + 6\sqrt{2}\sin 3t$ [V] のとき，$e(t)$ の実効値 $E$，電流 $i(t)$，$i(t)$ の実効値 $I$，電力 $P$，力率 pf を求めよ．

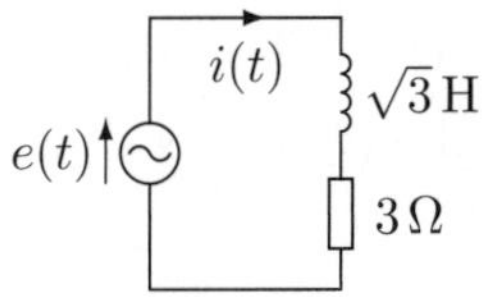


(答) $E =$ 　　　[　].　$i(t) =$ 　　　　　　　　　　　　　　[　].

$I =$ 　　　[　].　$P =$ 　　　[　].　pf $=$ 　　　.

**問題 31.5**　右の回路の電圧が $e(t) = 3 + 6\sqrt{2}\cos 10t + 2\sqrt{2}\cos 30t$ [V] のとき，$e(t)$ の実効値 $E$，電圧 $v(t)$ とその実効値 $V$ を求めよ．

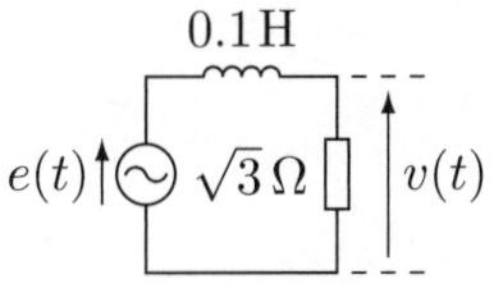


(答) $E =$ 　　　[　].　$v(t) =$ 　　　　　　　　　　　　[　].　$V =$ 　　　[　].

**問題 31.6**　右の回路で $e(t)=2+2\sqrt{2}\sin t+2\sqrt{2}\sin 3t+2\sqrt{2}\sin 9t$ [V] のとき，$e(t)$ の実効値$E$，電圧 $v(t)$ とその実効値 $V$を求めよ．

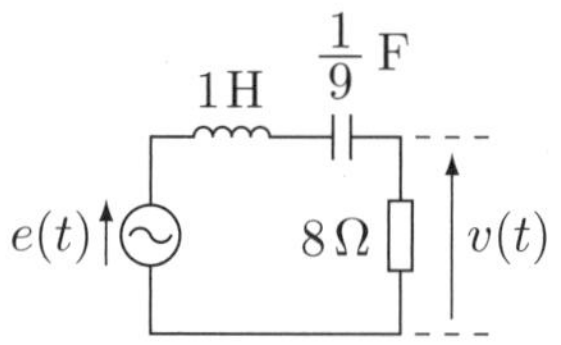


(答) $E=$ 　　　[　]．$v(t)=$ 　　　　　　　　　　[　]．$V=$ 　　　[　]．

**問題 31.7**　右の回路の電流が $i(t)=10\sqrt{2}\sin 10t+3\sqrt{2}\sin 30t$ [A] のとき，電圧 $v_{\mathrm{R}}(t), v_{\mathrm{L}}(t), v_{\mathrm{C}}(t)$，および $i, v_{\mathrm{R}}, v_{\mathrm{L}}, v_{\mathrm{C}}$ のひずみ率 $k_i, k_{\mathrm{R}}, k_{\mathrm{L}}, k_{\mathrm{C}}$ を求めよ．

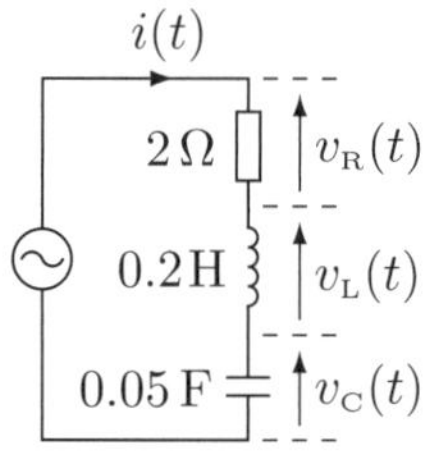


(答) $v_{\mathrm{R}}(t)=$ 　　　　　　　　　[　]．$v_{\mathrm{L}}(t)=$ 　　　　　　　　　[　]．

$v_{\mathrm{C}}(t)=$ 　　　　　　　　　[　]．$k_i=$ 　　．$k_{\mathrm{R}}=$ 　　．$k_{\mathrm{L}}=$ 　　．$k_{\mathrm{C}}=$ 　　．

**問題 31.8**　右の回路で $e(t)=20+2\sqrt{2}\sin 100t$ [V] のとき，電圧 $v(t)$ の交流成分の実効値を，$v(t)$ の直流成分の 1%以下にするためには，$C$ の値をいくら以上にすればよいか．

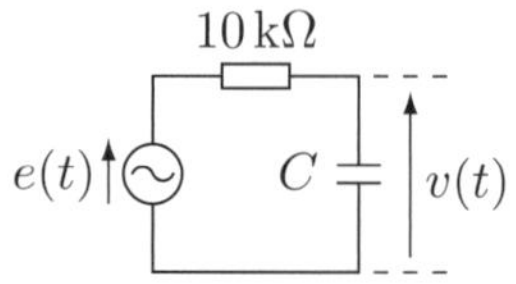


(答) $C \geqq$ 　　　　[　]．

**問題 31.9**　右の回路で $e(t)=10\sqrt{2}\sin 100t+2\sqrt{2}\sin 200t$ [V] のとき，$e(t)$ のひずみ率 $k_e$ を求めよ．$LC$ を $\omega=100$ [rad/s] で共振させ，かつ電圧 $v(t)$ のひずみ率 $k_v$ を 5%にするための $L, C$ の値を求めよ．

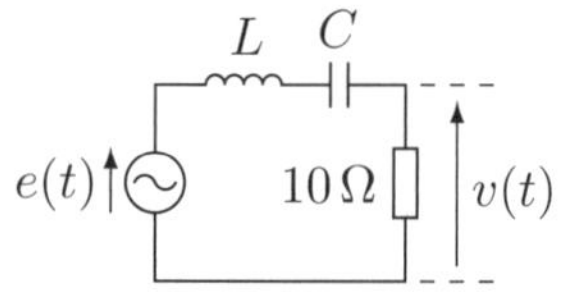


(答) $k_e=$ 　　　．$L=$ 　　　　[　]．$C=$ 　　　　[　]．

**問題 31.10**　右の回路で $e(t)=10\sqrt{2}\sin 100t+2\sqrt{2}\sin 200t$ [V] である．$LC$ を 200 [rad/s] で共振させるための $C$ の値を求め，このときの電圧 $v(t)$ を求めよ．$\tan^{-1}(4/3)=53°$ とする．

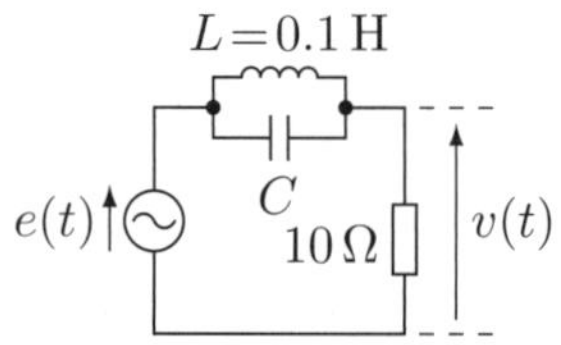


(答) $C=$ 　　　　[　]．$v(t)=$ 　　　　　　　　　　[　]．

| チェック項目 | 月　日 | 月　日 |
|---|---|---|
| 非正弦波交流の回路計算ができる． | | |

## 5 二端子対回路 ▶ 5.1 $Z$行列と$Y$行列

$\boldsymbol{Z}$行列と$\boldsymbol{Y}$行列を計算できる.

【注意】本章では$\dot{V}, \dot{I}, \dot{Z}, \dot{Y}$等を単に$V, I, Z, Y$等と書き，交流と直流の両方で使う.

## 二端子対回路

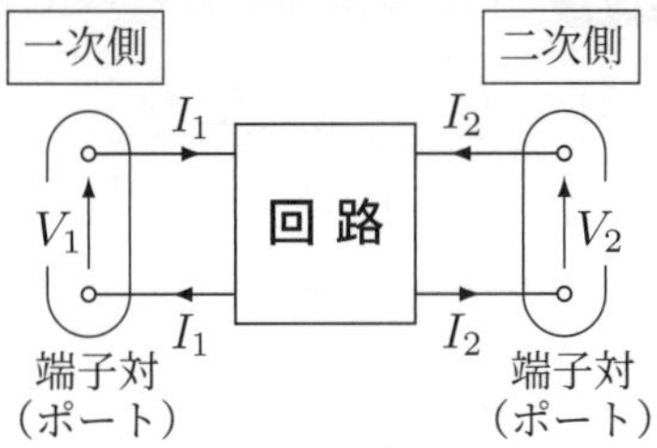


［二端子対回路］

- 一次側（入力側）と二次側（出力側）の2つの**端子対**（たんしつい）（**ポート**）をもつ回路を**二端子対回路**（にたんしつい），**四端子回路**（したんし）という.
- 各端子対の上側に流入する電流と下側から流出する電流は等しくする．したがって，（）はよいが，（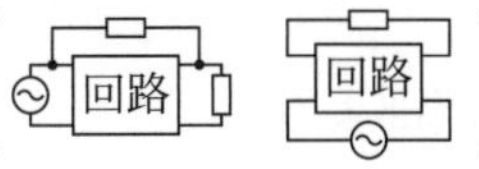）は不可.
- 二端子対回路内には，独立な電源を含まないものとする（従属電源は可）.

## $Z$行列と$Y$行列

- 一端子対回路と二端子対回路を左右に対比してみる.

［一端子対回路］

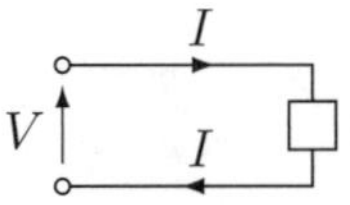


（電圧と電流は比例）

$V = ZI$.　　$I = YV$.

$Z$：**インピーダンス** $[\Omega]$　　$Y$：**アドミタンス** $[\mathrm{S}]$

$Y = \dfrac{1}{Z}$.　$Z = \dfrac{1}{Y}$.

［二端子対回路］

（電圧2つ，電流2つなので，比例係数は2×2の行列）

$$\begin{bmatrix} V_1 \\ V_2 \end{bmatrix} = \begin{bmatrix} Z_{11} & Z_{12} \\ Z_{21} & Z_{22} \end{bmatrix} \begin{bmatrix} I_1 \\ I_2 \end{bmatrix}.$$

**インピーダンス行列** $[\Omega]$ または**$\boldsymbol{Z}$行列**という.

$$\begin{bmatrix} I_1 \\ I_2 \end{bmatrix} = \begin{bmatrix} Y_{11} & Y_{12} \\ Y_{21} & Y_{22} \end{bmatrix} \begin{bmatrix} V_1 \\ V_2 \end{bmatrix}.$$

**アドミタンス行列** $[\mathrm{S}]$ または**$\boldsymbol{Y}$行列**という.

$$\boldsymbol{Z} = \begin{bmatrix} Z_{11} & Z_{12} \\ Z_{21} & Z_{22} \end{bmatrix}.\quad \boldsymbol{Y} = \begin{bmatrix} Y_{11} & Y_{12} \\ Y_{21} & Y_{22} \end{bmatrix}.\quad \boldsymbol{Y} = \boldsymbol{Z}^{-1}.\quad \boldsymbol{Z} = \boldsymbol{Y}^{-1}.$$

- $\boldsymbol{Z}$行列の要素$Z_{11}, Z_{12}$等を**Zパラメータ**，$\boldsymbol{Y}$行列の要素$Y_{11}, Y_{12}$等を**Yパラメータ**という.
- 個々のZパラメータの意味

$$\begin{cases} V_1 = Z_{11}I_1 + Z_{12}I_2. \to Z_{11} = \left.\dfrac{V_1}{I_1}\right|_{I_2=0},\quad Z_{12} = \left.\dfrac{V_1}{I_2}\right|_{I_1=0}. \\ V_2 = Z_{21}I_1 + Z_{22}I_2. \to Z_{21} = \left.\dfrac{V_2}{I_1}\right|_{I_2=0},\quad Z_{22} = \left.\dfrac{V_2}{I_2}\right|_{I_1=0}. \end{cases}$$

- 個々のYパラメータの意味

$$\begin{cases} I_1 = Y_{11}V_1 + Y_{12}V_2. \to Y_{11} = \left.\dfrac{I_1}{V_1}\right|_{V_2=0},\quad Y_{12} = \left.\dfrac{I_1}{V_2}\right|_{V_1=0}. \\ I_2 = Y_{21}V_1 + Y_{22}V_2. \to Y_{21} = \left.\dfrac{I_2}{V_1}\right|_{V_2=0},\quad Y_{22} = \left.\dfrac{I_2}{V_2}\right|_{V_1=0}. \end{cases}$$

- **受動回路**（$R, L, C, M$だけを含む回路）では，相反定理より $\boxed{Z_{12} = Z_{21},\ Y_{12} = Y_{21}}$ が成立.

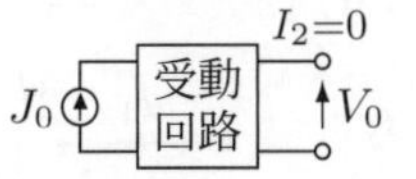


$Z_{21} = \left.\dfrac{V_2}{I_1}\right|_{I_2=0} = \dfrac{V_0}{J_0}$.

$Z_{12} = \left.\dfrac{V_1}{I_2}\right|_{I_1=0} = \dfrac{V_0}{J_0}$.

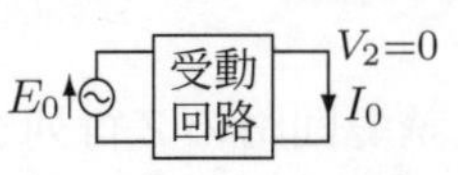


$Y_{21} = \left.\dfrac{I_2}{V_1}\right|_{V_2=0} = \dfrac{-I_0}{E_0}$.

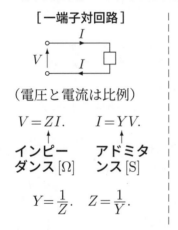

$Y_{12} = \left.\dfrac{I_1}{V_2}\right|_{V_1=0} = \dfrac{-I_0}{E_0}$.

- **対称回路**（左右対称）では，$\boxed{Z_{12} = Z_{21},\ Y_{12} = Y_{21}}$ および $\boxed{Z_{11} = Z_{22},\ Y_{11} = Y_{22}}$ が成立.

$Z_{11} = \left.\dfrac{V_1}{I_1}\right|_{I_2=0} =$［二次側を開放して一次側からみたインピーダンス］．$\overset{\text{等しい}}{\Longleftrightarrow}$ $Z_{22} = \left.\dfrac{V_2}{I_2}\right|_{I_1=0} =$［一次側を開放して二次側からみたインピーダンス］.

$Y_{11} = \left.\dfrac{I_1}{V_1}\right|_{V_2=0} =$［二次側を短絡して一次側からみたアドミタンス］．$\overset{\text{等しい}}{\Longleftrightarrow}$ $Y_{22} = \left.\dfrac{I_2}{V_2}\right|_{V_1=0} =$［一次側を短絡して二次側からみたアドミタンス］.

**例題** **32.1**　次の (1) T 形回路と (2) π 形回路の $\boldsymbol{Z}$ 行列と $\boldsymbol{Y}$ 行列を求めよ．$a, b, c$ と $x, y, z$ は抵抗またはインピーダンスである．

(1) T形回路

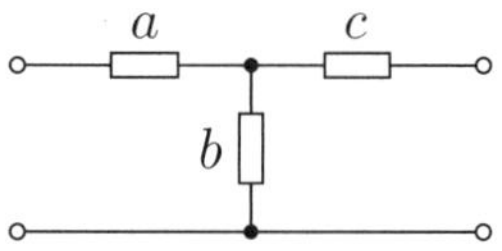


(2) π 形回路

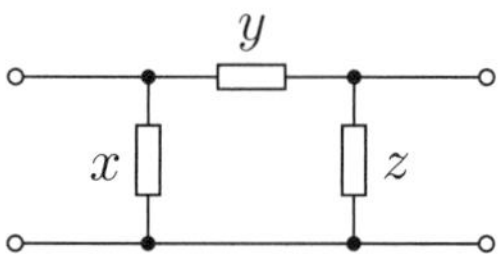


**解答**　(1) は直列を含むので $\boldsymbol{Z}$ 行列から求め，(2) は並列を含むので $\boldsymbol{Y}$ 行列から求める．

(1)

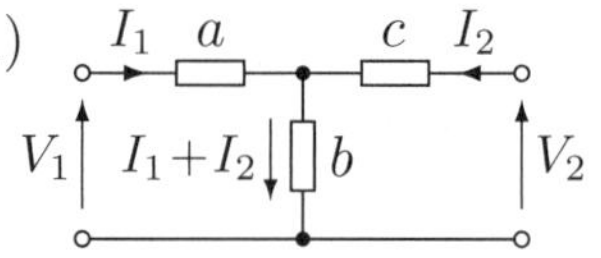


左図において，キルヒホッフの電圧則より，

$$\begin{aligned} V_1 &= aI_1 + b(I_1+I_2) = (a+b)I_1 + bI_2. \\ V_2 &= cI_2 + b(I_1+I_2) = bI_1 + (b+c)I_2. \end{aligned} \Rightarrow \begin{bmatrix} V_1 \\ V_2 \end{bmatrix} = \begin{bmatrix} a+b & b \\ b & b+c \end{bmatrix} \begin{bmatrix} I_1 \\ I_2 \end{bmatrix}.$$

$$\therefore \boldsymbol{Z} = \begin{bmatrix} a+b & b \\ b & b+c \end{bmatrix}. \quad \boldsymbol{Y} = \boldsymbol{Z}^{-1} = \frac{\begin{bmatrix} b+c & -b \\ -b & a+b \end{bmatrix}}{(a+b)(b+c) - b^2} = \frac{1}{ab+bc+ca} \begin{bmatrix} b+c & -b \\ -b & a+b \end{bmatrix}.$$

(2)

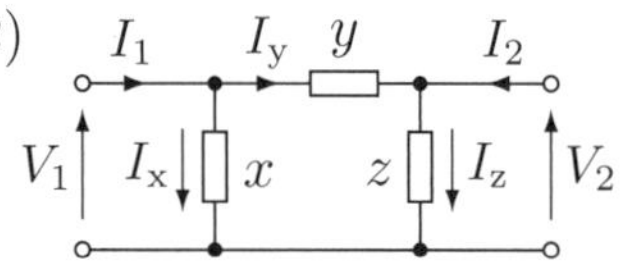


左図において，キルヒホッフの電流則より，

$$I_1 = I_x + I_y = \frac{V_1}{x} + \frac{V_1 - V_2}{y} = \left(\frac{1}{x} + \frac{1}{y}\right)V_1 - \frac{1}{y}V_2.$$

$$I_2 = I_z - I_y = \frac{V_2}{z} - \frac{V_1 - V_2}{y} = -\frac{1}{y}V_1 + \left(\frac{1}{y} + \frac{1}{z}\right)V_2.$$

$$\begin{bmatrix} I_1 \\ I_2 \end{bmatrix} = \begin{bmatrix} \frac{1}{x}+\frac{1}{y} & -\frac{1}{y} \\ -\frac{1}{y} & \frac{1}{y}+\frac{1}{z} \end{bmatrix} \begin{bmatrix} V_1 \\ V_2 \end{bmatrix}. \quad \therefore \boldsymbol{Y} = \begin{bmatrix} \frac{1}{x}+\frac{1}{y} & -\frac{1}{y} \\ -\frac{1}{y} & \frac{1}{y}+\frac{1}{z} \end{bmatrix} = \frac{1}{xyz} \begin{bmatrix} z(x+y) & -xz \\ -xz & x(y+z) \end{bmatrix}.$$

$$\boldsymbol{Z} = \boldsymbol{Y}^{-1} = xyz \times \frac{\begin{bmatrix} x(y+z) & xz \\ xz & z(x+y) \end{bmatrix}}{(x+y)(y+z)xz - (xz)^2} = \frac{1}{x+y+z} \begin{bmatrix} x(y+z) & xz \\ xz & z(x+y) \end{bmatrix}.$$

（上記の (1), (2) は受動回路なので，$Z_{12} = Z_{21}$，$Y_{12} = Y_{21}$ が成立している．
もし $a = c$，$x = z$ であれば対称回路となるので，$Z_{11} = Z_{22}$，$Y_{11} = Y_{22}$ も成立する．）

**例題** **32.2**　右の格子（こうし）形回路の $\boldsymbol{Z}$ 行列を求めよ．$a, b, c, d$ は抵抗またはインピーダンスである．

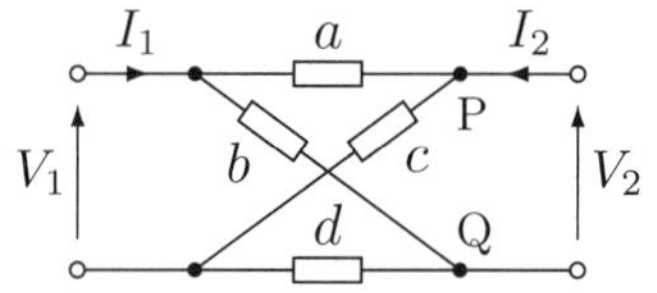


⇓ 二次側を開放し回路変形する．

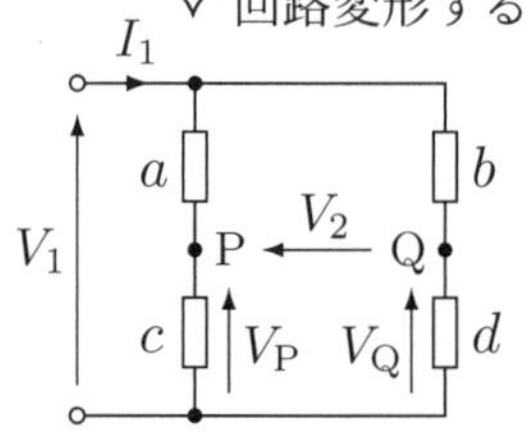


**解答**　各 Z パラメータを個別に求めることにし，はじめに，$Z_{11} = \left.\frac{V_1}{I_1}\right|_{I_2=0}$ と $Z_{21} = \left.\frac{V_2}{I_1}\right|_{I_2=0}$ を求める．$I_2 = 0$ は二次側の開放を意味するから，回路を右下の図（二次側開放，$I_2 = 0$）に変形すると，

$$Z_{11} = \frac{V_1}{I_1} = (a+c) /\!/ (b+d) = \frac{(a+c)(b+d)}{a+b+c+d}.$$

$$V_2 = V_P - V_Q = \frac{c}{a+c}V_1 - \frac{d}{b+d}V_1 = \frac{bc-ad}{(a+c)(b+d)}V_1.$$

$$\therefore Z_{21} = \frac{V_2}{I_1} = \frac{V_2}{V_1}\frac{V_1}{I_1} = \frac{bc-ad}{(a+c)(b+d)} \times Z_{11} = \frac{bc-ad}{a+b+c+d}.$$

$$Z_{22} = (\text{一次側開放時に二次側からみたインピーダンス}) = (a+b) /\!/ (c+d) = \frac{(a+b)(c+d)}{a+b+c+d}.$$

受動回路ゆえ，$Z_{12} = Z_{21}$．$\therefore \boldsymbol{Z} = \dfrac{1}{a+b+c+d} \begin{bmatrix} (a+c)(b+d) & bc-ad \\ bc-ad & (a+b)(c+d) \end{bmatrix}.$

**例題** **32.3**　右の相互誘導回路の $\boldsymbol{Z}$ 行列を求め，これと同じ $\boldsymbol{Z}$ 行列をもつ T 形回路を作れ．

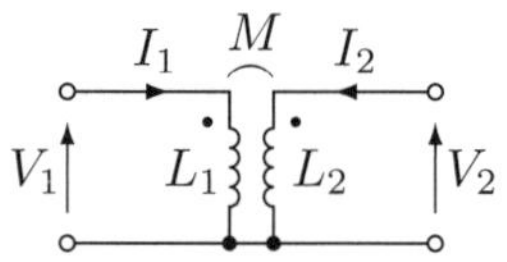


［相互誘導回路］

**解答**　$\begin{cases} V_1 = j\omega L_1 I_1 + j\omega M I_2. \\ V_2 = j\omega M I_1 + j\omega L_2 I_2. \end{cases} \Rightarrow \begin{bmatrix} V_1 \\ V_2 \end{bmatrix} = \begin{bmatrix} j\omega L_1 & j\omega M \\ j\omega M & j\omega L_2 \end{bmatrix} \begin{bmatrix} I_1 \\ I_2 \end{bmatrix}.$

$\therefore \boldsymbol{Z} = \begin{bmatrix} j\omega L_1 & j\omega M \\ j\omega M & j\omega L_2 \end{bmatrix}$．これを例題**32.1**(1)の T 形回路の $\boldsymbol{Z} = \begin{bmatrix} a+b & b \\ b & b+c \end{bmatrix}$ に等値すれば，$\begin{cases} a+b = j\omega L_1. \\ b = j\omega M. \\ b+c = j\omega L_2. \end{cases} \Rightarrow \begin{cases} a = j\omega(L_1 - M). \\ b = j\omega M. \\ c = j\omega(L_2 - M). \end{cases}$　したがって右図となる．

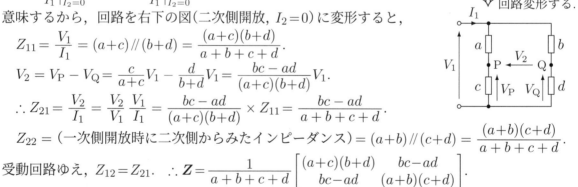

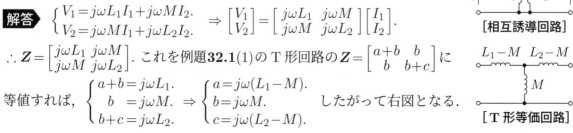

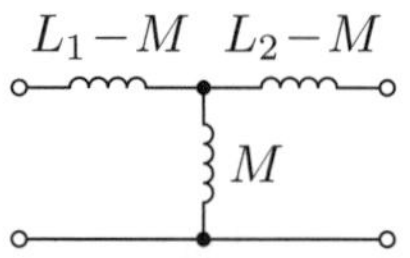


［T 形等価回路］

| ドリル No.32 | Class | | No. | | Name | |
|---|---|---|---|---|---|---|

**問題 32.1**　次の回路の $\boldsymbol{Z}$ 行列と $\boldsymbol{Y}$ 行列を求めよ．$\boldsymbol{Z}$ または $\boldsymbol{Y}$ が存在しない場合もある．

(1)

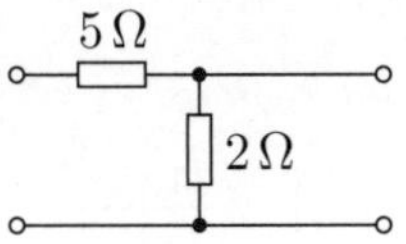


(答) $\boldsymbol{Z} = \begin{bmatrix} \quad \end{bmatrix}$．$\boldsymbol{Y} = \begin{bmatrix} \quad \end{bmatrix}$．

(2)

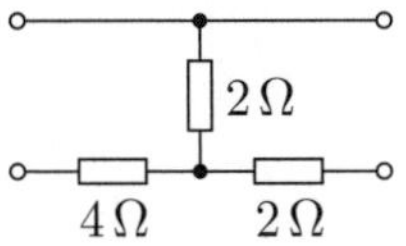


(答) $\boldsymbol{Z} = \begin{bmatrix} \quad \end{bmatrix}$．$\boldsymbol{Y} = \begin{bmatrix} \quad \end{bmatrix}$．

(3)

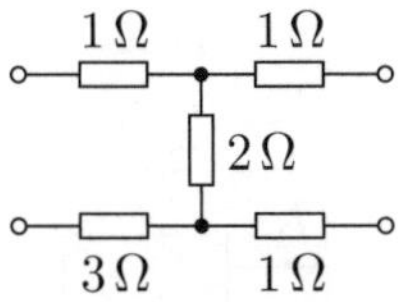


(答) $\boldsymbol{Z} = \begin{bmatrix} \quad \end{bmatrix}$．$\boldsymbol{Y} = \begin{bmatrix} \quad \end{bmatrix}$．

(4)

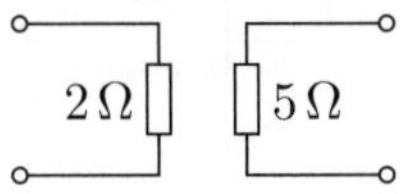


(答) $\boldsymbol{Z} = \begin{bmatrix} \quad \end{bmatrix}$．$\boldsymbol{Y} = \begin{bmatrix} \quad \end{bmatrix}$．

(5)

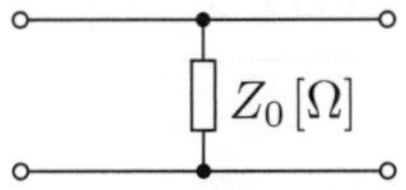


(答) $\boldsymbol{Z} = \begin{bmatrix} \quad \end{bmatrix}$．$\boldsymbol{Y} = \begin{bmatrix} \quad \end{bmatrix}$．

(6)

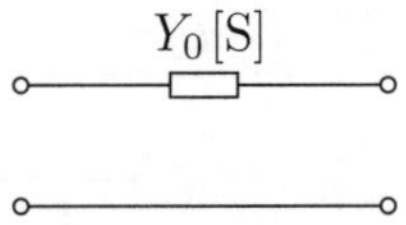


(答) $\boldsymbol{Z} = \begin{bmatrix} \quad \end{bmatrix}$．$\boldsymbol{Y} = \begin{bmatrix} \quad \end{bmatrix}$．

(7)

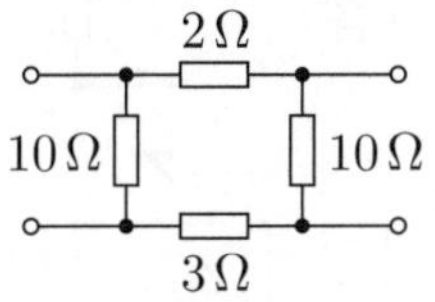


(答) $\boldsymbol{Z} = \begin{bmatrix} \quad \end{bmatrix}$．$\boldsymbol{Y} = \begin{bmatrix} \quad \end{bmatrix}$．

(8)

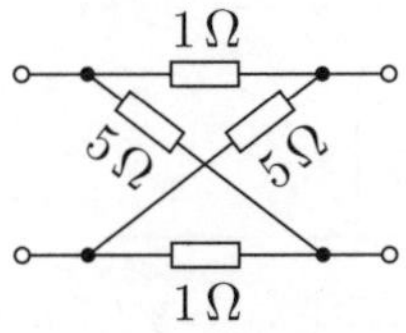


(答) $\boldsymbol{Z} = \begin{bmatrix} \quad \end{bmatrix}$．$\boldsymbol{Y} = \begin{bmatrix} \quad \end{bmatrix}$．

**問題 32.2**　従属電源を含む次の回路(1)の $\boldsymbol{Z}$ 行列を求め，$Z_{12} \neq Z_{21}$ であることを確かめよ．従属電源を含む対称回路(2)の $\boldsymbol{Z}$ 行列はどうなるか？

(1)

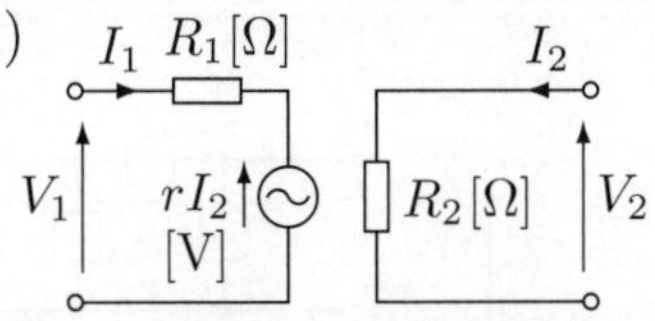


(答) $\boldsymbol{Z} = \begin{bmatrix} \quad \end{bmatrix}$．

(2)

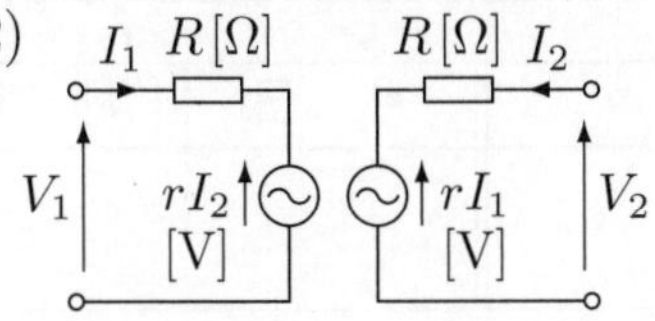


(答) $\boldsymbol{Z} = \begin{bmatrix} \quad \end{bmatrix}$．

**問題 32.3**　次の回路の破線部の$\boldsymbol{Z}$行列と$\boldsymbol{Y}$行列を求め，それを使って電流$I_1, I_2$の値を求めよ．

(1)

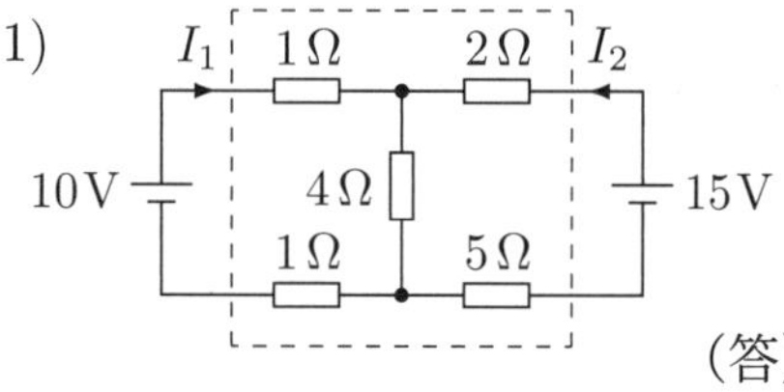


(答) $\boldsymbol{Z} = \begin{bmatrix} & \end{bmatrix}$．$\boldsymbol{Y} = \begin{bmatrix} & \end{bmatrix}$．$I_1 =$　　[　]．$I_2 =$　　[　]．

(2)

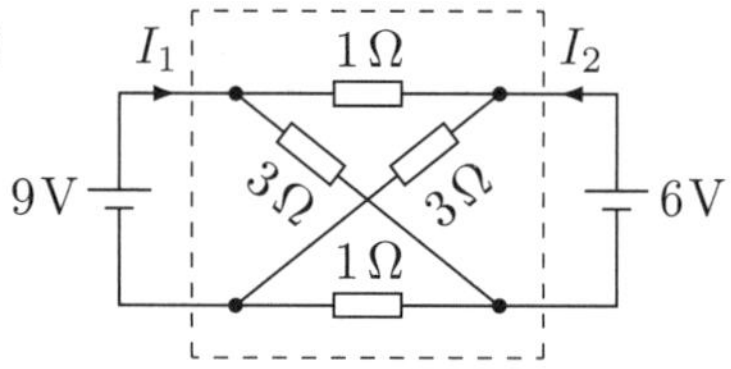


(答) $\boldsymbol{Z} = \begin{bmatrix} & \end{bmatrix}$．$\boldsymbol{Y} = \begin{bmatrix} & \end{bmatrix}$．$I_1 =$　　[　]．$I_2 =$　　[　]．

**問題 32.4**　右の回路は，$E_1 = 6$ [V], $E_2 = 5$ [V] のとき，$I_1 = I_2 = 1$ [A] であり，$E_1 = E_2 = 8$ [V] のとき，$I_1 = 1$ [A], $I_2 = 2$ [A] である．

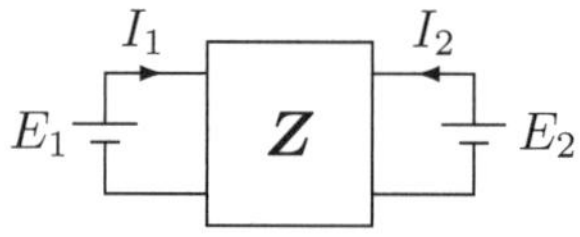


(1) この回路の$\boldsymbol{Z}$行列を求めよ．

(答) $\boldsymbol{Z} = \begin{bmatrix} & \end{bmatrix}$．

(2) $E_1 = 10$ [V], $E_2 = 7$ [V] のときの$I_1, I_2$を求めよ．

(答) $I_1 =$　　[　]．$I_2 =$　　[　]．

(3) この$\boldsymbol{Z}$行列をもつ T 形回路を作れ．

(答)

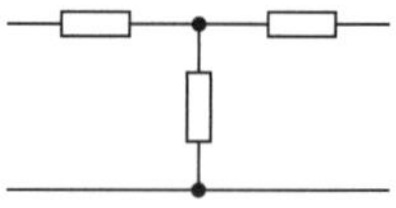

**問題 32.5**　$\boldsymbol{Z} = \begin{bmatrix} Z_{11} & Z_{12} \\ Z_{21} & Z_{22} \end{bmatrix}$の二端子対回路の一次側および二次側にそれぞれ$Z_1$ [Ω], $Z_2$ [Ω] を直列接続した回路の$\boldsymbol{Z}$行列$\boldsymbol{Z}'$を求めよ．

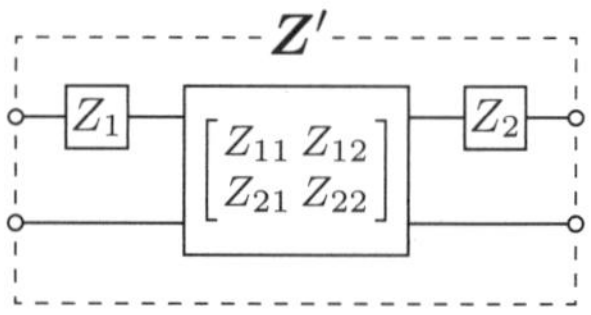


(答) $\boldsymbol{Z}' = \begin{bmatrix} & \end{bmatrix}$．

**問題 32.6**　$\boldsymbol{Y} = \begin{bmatrix} Y_{11} & Y_{12} \\ Y_{21} & Y_{22} \end{bmatrix}$の二端子対回路の一次側および二次側にそれぞれ$Y_1$ [S], $Y_2$ [S] を並列接続した回路の$\boldsymbol{Y}$行列$\boldsymbol{Y}'$を求めよ．
これを利用して，$\boldsymbol{Y}' = \begin{bmatrix} Y_a & -Y_b \\ -Y_b & Y_c \end{bmatrix}$ [S] となるような$\pi$形回路を作れ．

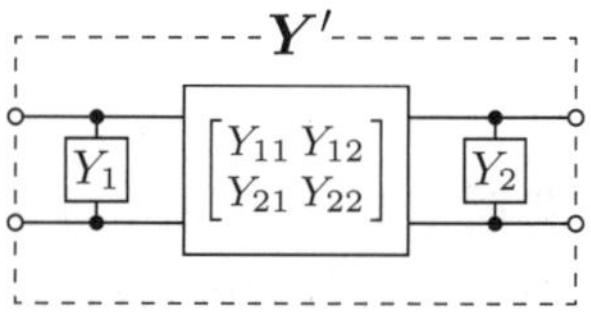


(答) $\boldsymbol{Y}' = \begin{bmatrix} & \end{bmatrix}$．

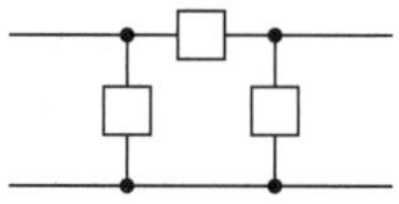

| チェック項目 | 月　日 | 月　日 |
|---|---|---|
| $\boldsymbol{Z}$行列と$\boldsymbol{Y}$行列を計算できる． | | |

$\boldsymbol{F}$行列を計算できる．

### $\boldsymbol{F}$行列

- 二端子対回路の電流$I_1, I_2$を**どちらも右向き**としたとき，

$$\begin{bmatrix} V_1 \\ I_1 \end{bmatrix} = \begin{bmatrix} A & B \\ C & D \end{bmatrix} \begin{bmatrix} V_2 \\ I_2 \end{bmatrix}. \quad \cdots (1)$$

行列$\boldsymbol{F} = \begin{bmatrix} A & B \\ C & D \end{bmatrix}$を**四端子行列，縦続行列，$\boldsymbol{F}$行列**といい，

$A, B, C, D$を**Fパラメータ**という．

$I_1, I_2$はどちらも右向き

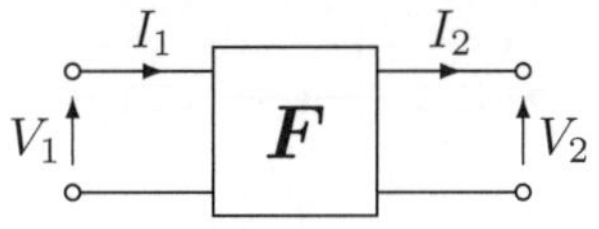


[$\boldsymbol{F}$行列]

- 二端子対回路を縦続接続すると，全体の$\boldsymbol{F}$は個々の$\boldsymbol{F}_i$の積になる．すなわち，右図で，

$$\begin{bmatrix} V_1 \\ I_1 \end{bmatrix} = \boldsymbol{F}_1 \begin{bmatrix} V_2 \\ I_2 \end{bmatrix}, \quad \begin{bmatrix} V_2 \\ I_2 \end{bmatrix} = \boldsymbol{F}_2 \begin{bmatrix} V_3 \\ I_3 \end{bmatrix}, \quad \begin{bmatrix} V_3 \\ I_3 \end{bmatrix} = \boldsymbol{F}_3 \begin{bmatrix} V_4 \\ I_4 \end{bmatrix}.$$

$$\Rightarrow \begin{bmatrix} V_1 \\ I_1 \end{bmatrix} = \boldsymbol{F}_1 \boldsymbol{F}_2 \boldsymbol{F}_3 \begin{bmatrix} V_4 \\ I_4 \end{bmatrix}. \quad \therefore \boldsymbol{F} = \boldsymbol{F}_1 \boldsymbol{F}_2 \boldsymbol{F}_3.$$

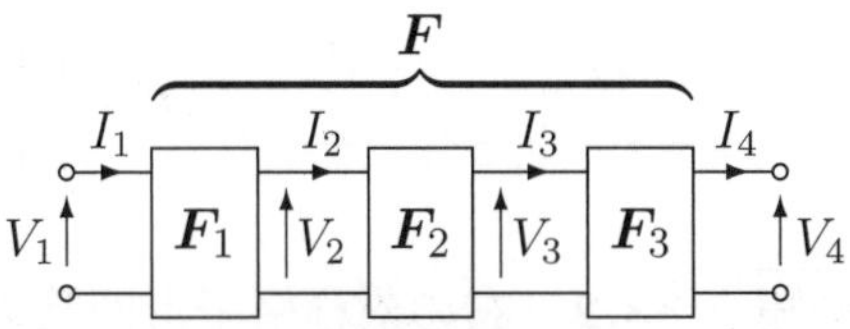


[縦続接続]

- **受動回路**($R, L, C, M$だけを含む回路)では，相反定理より $|\boldsymbol{F}| = 1$ が成立する．

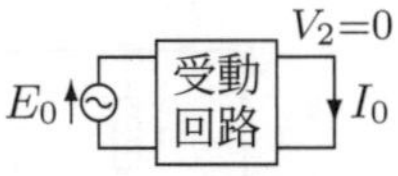


$$\begin{bmatrix} E_0 \\ * \end{bmatrix} = \boldsymbol{F} \begin{bmatrix} 0 \\ I_0 \end{bmatrix}.$$

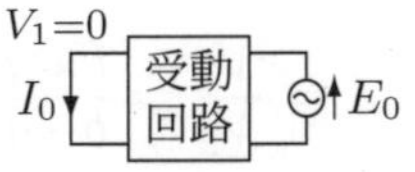


$$\begin{bmatrix} 0 \\ -I_0 \end{bmatrix} = \boldsymbol{F} \begin{bmatrix} E_0 \\ ※ \end{bmatrix}.$$

両式を合併して，$\begin{bmatrix} E_0 & 0 \\ * & -I_0 \end{bmatrix} = \boldsymbol{F} \begin{bmatrix} 0 & E_0 \\ I_0 & ※ \end{bmatrix}$.

上式の行列式は，$-E_0 I_0 = |\boldsymbol{F}| \times (-E_0 I_0)$.

### 基本要素と理想変圧器の$\boldsymbol{F}$行列

- **基本要素1**

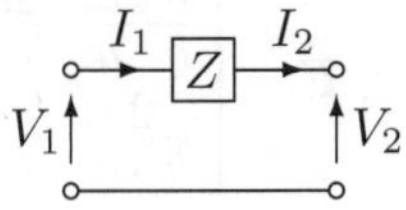


$$\begin{cases} V_1 = V_2 + Z I_2. \\ I_1 = I_2. \end{cases} \Rightarrow \begin{bmatrix} V_1 \\ I_1 \end{bmatrix} = \begin{bmatrix} 1 & Z \\ 0 & 1 \end{bmatrix} \begin{bmatrix} V_2 \\ I_2 \end{bmatrix}. \quad \therefore \boldsymbol{F} = \begin{bmatrix} 1 & Z \\ 0 & 1 \end{bmatrix}.$$

- **基本要素2**

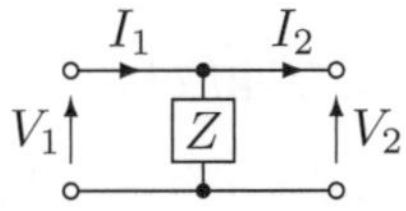


$$\begin{cases} V_1 = V_2. \\ I_1 = \frac{1}{Z} V_2 + I_2. \end{cases} \Rightarrow \begin{bmatrix} V_1 \\ I_1 \end{bmatrix} = \begin{bmatrix} 1 & 0 \\ \frac{1}{Z} & 1 \end{bmatrix} \begin{bmatrix} V_2 \\ I_2 \end{bmatrix}. \quad \therefore \boldsymbol{F} = \begin{bmatrix} 1 & 0 \\ \frac{1}{Z} & 1 \end{bmatrix}.$$

- **理想変圧器**

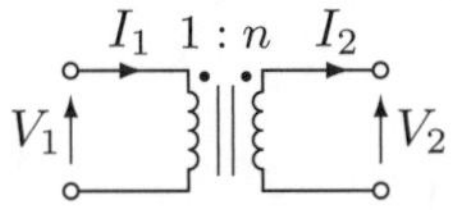


$$\begin{cases} V_1 = \frac{1}{n} V_2. \\ I_1 = n I_2. \end{cases} \Rightarrow \begin{bmatrix} V_1 \\ I_1 \end{bmatrix} = \begin{bmatrix} \frac{1}{n} & 0 \\ 0 & n \end{bmatrix} \begin{bmatrix} V_2 \\ I_2 \end{bmatrix}. \quad \therefore \boldsymbol{F} = \begin{bmatrix} \frac{1}{n} & 0 \\ 0 & n \end{bmatrix}.$$

### $\boldsymbol{F}'$行列

- 式(1)を$V_2, I_2$について解いて，

$$\begin{bmatrix} V_2 \\ I_2 \end{bmatrix} = \begin{bmatrix} A & B \\ C & D \end{bmatrix}^{-1} \begin{bmatrix} V_1 \\ I_1 \end{bmatrix} = \frac{1}{|\boldsymbol{F}|} \begin{bmatrix} D & -B \\ -C & A \end{bmatrix} \begin{bmatrix} V_1 \\ I_1 \end{bmatrix}.$$

**左向きの電流**$I_1' = -I_1$，$I_2' = -I_2$で上式を書き直すと，

$$\begin{bmatrix} V_2 \\ I_2' \end{bmatrix} = \frac{1}{|\boldsymbol{F}|} \begin{bmatrix} D & B \\ C & A \end{bmatrix} \begin{bmatrix} V_1 \\ I_1' \end{bmatrix}, \quad \boldsymbol{F}' = \frac{1}{|\boldsymbol{F}|} \begin{bmatrix} D & B \\ C & A \end{bmatrix}.$$

行列$\boldsymbol{F}'$は，回路を**左右反転(裏返し)**したときの$\boldsymbol{F}$である．

$I_1', I_2'$はどちらも左向き

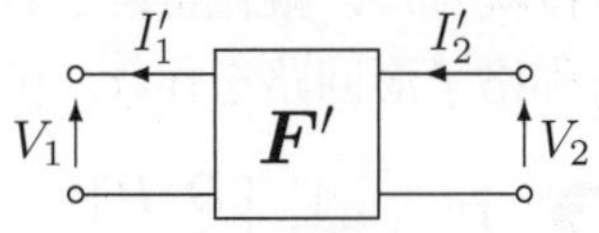


[$\boldsymbol{F}'$行列]

- **受動回路**では，$|\boldsymbol{F}| = 1$だから，$\boldsymbol{F}' = \begin{bmatrix} D & B \\ C & A \end{bmatrix}$となり，$|\boldsymbol{F}'| = 1$ も成立する．

- **対称回路**(左右対称)では，$\boldsymbol{F} = \boldsymbol{F}'$だから，$|\boldsymbol{F}| = |\boldsymbol{F}'| = 1$ および $A = D$ が成立する．

**例題 33.1** 次の (1) T 形回路と (2) $\pi$ 形回路の $\boldsymbol{F}$ 行列を求めよ．$a, b, c$ と $x, y, z$ は抵抗またはインピーダンスである．

(1) T 形回路

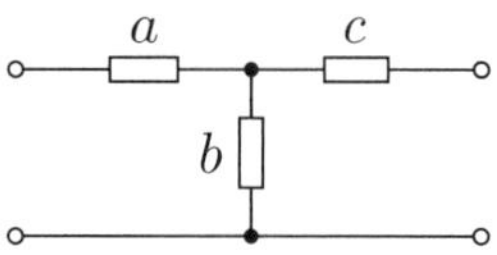


(2) $\pi$ 形回路

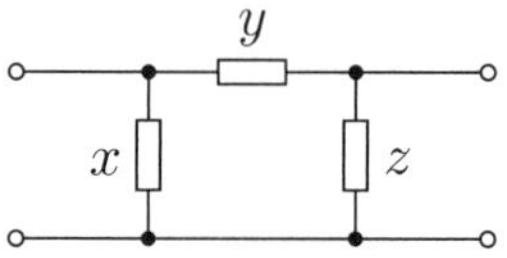


**解答** 基本要素の縦続接続として求める．

(1)

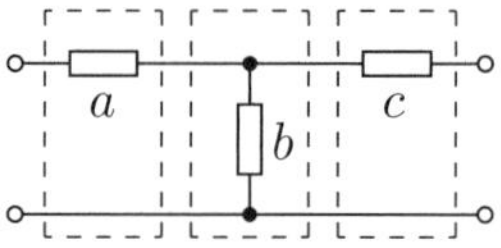


左図の破線部の縦続接続として，$\boldsymbol{F}$を求める．

$$\boldsymbol{F}=\begin{bmatrix}1 & a\\ 0 & 1\end{bmatrix}\begin{bmatrix}1 & 0\\ \frac{1}{b} & 1\end{bmatrix}\begin{bmatrix}1 & c\\ 0 & 1\end{bmatrix}=\begin{bmatrix}1+\frac{a}{b} & a\\ \frac{1}{b} & 1\end{bmatrix}\begin{bmatrix}1 & c\\ 0 & 1\end{bmatrix}=\begin{bmatrix}1+\frac{a}{b} & \frac{ab+bc+ca}{b}\\ \frac{1}{b} & 1+\frac{c}{b}\end{bmatrix}.$$

(2)

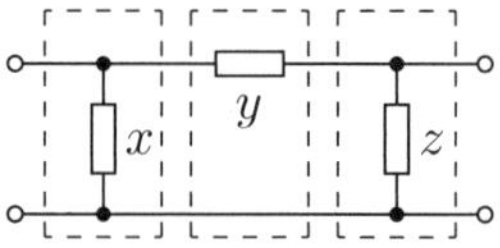


左図の破線部の縦続接続として，$\boldsymbol{F}$を求める．

$$\boldsymbol{F}=\begin{bmatrix}1 & 0\\ \frac{1}{x} & 1\end{bmatrix}\begin{bmatrix}1 & y\\ 0 & 1\end{bmatrix}\begin{bmatrix}1 & 0\\ \frac{1}{z} & 1\end{bmatrix}=\begin{bmatrix}1 & y\\ \frac{1}{x} & 1+\frac{y}{x}\end{bmatrix}\begin{bmatrix}1 & 0\\ \frac{1}{z} & 1\end{bmatrix}=\begin{bmatrix}1+\frac{y}{z} & y\\ \frac{x+y+z}{xz} & 1+\frac{y}{x}\end{bmatrix}.$$

**例題 33.2** 右の対称格子形回路の $\boldsymbol{F}$ 行列を求めよ．$a, b$ は抵抗またはインピーダンスである．

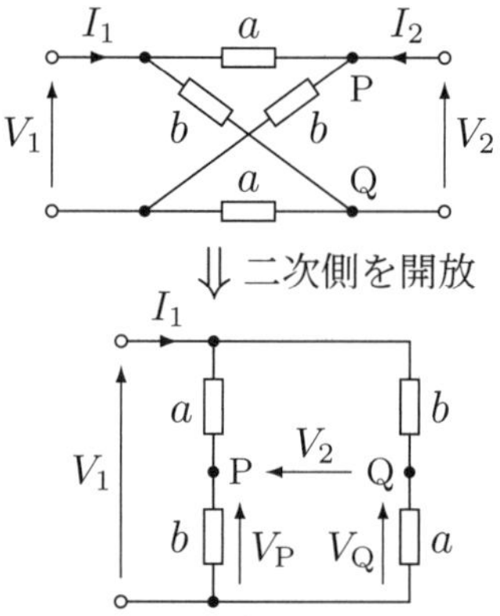


**解答** 二次側を開放($I_2=0$)し，$A=\left.\dfrac{V_1}{V_2}\right|_{I_2=0}$ と $C=\left.\dfrac{I_1}{V_2}\right|_{I_2=0}$ を求める．回路を右下の図に変形すると，

$$V_2=V_\mathrm{P}-V_\mathrm{Q}=\frac{b}{a+b}V_1-\frac{a}{b+a}V_1=\frac{b-a}{b+a}V_1.\ \rightarrow\ A=\frac{V_1}{V_2}=\frac{b+a}{b-a}.$$

$$\frac{V_1}{I_1}=\frac{a+b}{2}.\ \rightarrow\ C=\frac{I_1}{V_2}=\frac{I_1}{V_1}\times\frac{V_1}{V_2}=\frac{2}{a+b}\times\frac{b+a}{b-a}=\frac{2}{b-a}.$$

対称回路だから，$D=A=\dfrac{b+a}{b-a}$． $|\boldsymbol{F}|=AD-BC=1$ だから，

$$B=\frac{AD-1}{C}=\frac{\left(\frac{b+a}{b-a}\right)^2-1}{\frac{2}{b-a}}=\frac{(b+a)^2-(b-a)^2}{2(b-a)}=\frac{2ab}{b-a}.\quad\therefore\boldsymbol{F}=\begin{bmatrix}\frac{b+a}{b-a} & \frac{2ab}{b-a}\\ \frac{2}{b-a} & \frac{b+a}{b-a}\end{bmatrix}.$$

**例題 33.3** $\boldsymbol{F}=\begin{bmatrix}A & B\\ C & D\end{bmatrix}$ の二端子対回路の二次側を短絡および開放したとき，一次側からみたインピーダンス $Z_\mathrm{s}$ および $Z_\mathrm{f}$ を求めよ．

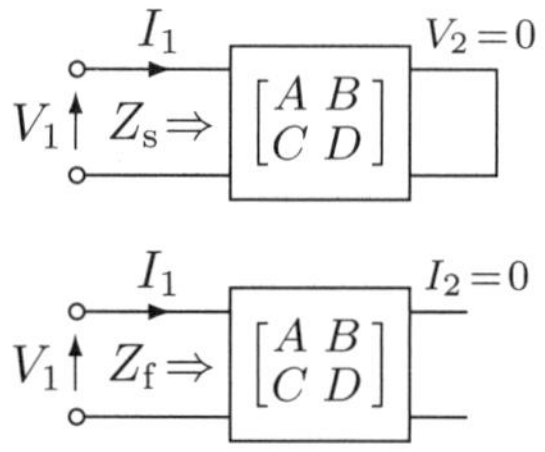


**解答** $\begin{bmatrix}V_1\\ I_1\end{bmatrix}=\begin{bmatrix}A & B\\ C & D\end{bmatrix}\begin{bmatrix}V_2\\ I_2\end{bmatrix}.\ \Rightarrow\ \begin{cases}V_1=AV_2+BI_2.\\ I_1=CV_2+DI_2.\end{cases}$

$$Z_\mathrm{s}=\left.\frac{V_1}{I_1}\right|_{V_2=0}=\frac{BI_2}{DI_2}=\frac{B}{D}.\qquad Z_\mathrm{f}=\left.\frac{V_1}{I_1}\right|_{I_2=0}=\frac{AV_2}{CV_2}=\frac{A}{C}.$$

**例題 33.4** $\boldsymbol{F}=\begin{bmatrix}A & B\\ C & D\end{bmatrix}$ の二端子対回路と，これを裏返した回路 $\boldsymbol{F}'$ を縦続接続した．縦続接続された回路の $\boldsymbol{F}$ 行列 $\boldsymbol{F}_0$ を求め，この $\boldsymbol{F}_0$ と等価な対称格子形回路を作れ．前例題の $Z_\mathrm{s}=B/D$, $Z_\mathrm{f}=A/C$ を使う．

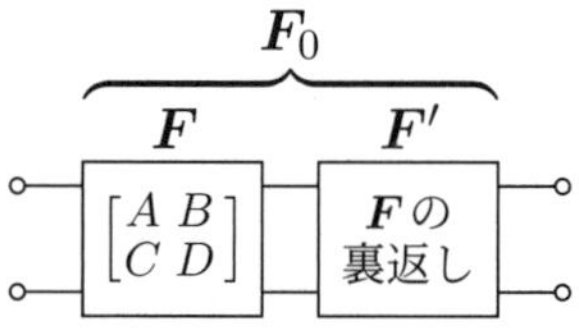


**解答** $\boldsymbol{F}'=\dfrac{1}{|\boldsymbol{F}|}\begin{bmatrix}D & B\\ C & A\end{bmatrix}$． $\boldsymbol{F}_0=\boldsymbol{F}\boldsymbol{F}'=\dfrac{1}{|\boldsymbol{F}|}\begin{bmatrix}A & B\\ C & D\end{bmatrix}\begin{bmatrix}D & B\\ C & A\end{bmatrix}=\dfrac{1}{|\boldsymbol{F}|}\begin{bmatrix}AD+BC & 2AB\\ 2CD & AD+BC\end{bmatrix}$

$$=\begin{bmatrix}\frac{AD+BC}{AD-BC} & \frac{2AB}{AD-BC}\\ \frac{2CD}{AD-BC} & \frac{AD+BC}{AD-BC}\end{bmatrix}=\begin{bmatrix}\frac{\frac{A}{C}+\frac{B}{D}}{\frac{A}{C}-\frac{B}{D}} & \frac{2\frac{A}{C}\frac{B}{D}}{\frac{A}{C}-\frac{B}{D}}\\ \frac{2}{\frac{A}{C}-\frac{B}{D}} & \frac{\frac{A}{C}+\frac{B}{D}}{\frac{A}{C}-\frac{B}{D}}\end{bmatrix}=\begin{bmatrix}\frac{Z_\mathrm{f}+Z_\mathrm{s}}{Z_\mathrm{f}-Z_\mathrm{s}} & \frac{2Z_\mathrm{s}Z_\mathrm{f}}{Z_\mathrm{f}-Z_\mathrm{s}}\\ \frac{2}{Z_\mathrm{f}-Z_\mathrm{s}} & \frac{Z_\mathrm{f}+Z_\mathrm{s}}{Z_\mathrm{f}-Z_\mathrm{s}}\end{bmatrix}.$$

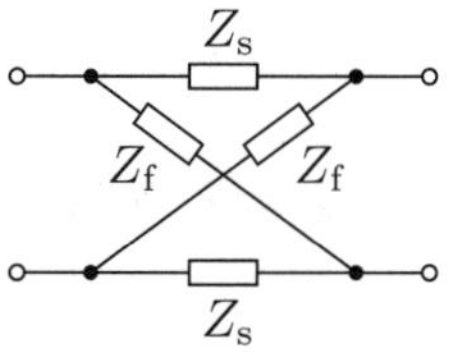


例題**33.2** より，右の対称格子形回路となる(**バートレットの二等分定理**)．

| ドリル No.33 | Class | | No. | | Name | |
|---|---|---|---|---|---|---|

**問題 33.1**　抵抗だけで作られた二端子対回路で，下記の$\boldsymbol{F}$行列の未知のパラメータを求めよ．

(1) $\boldsymbol{F}=\begin{bmatrix} 5 & x \\ 2 & 9 \end{bmatrix}$ における $x$．

(答) $x=$　　　．

(2) $\boldsymbol{F}=\begin{bmatrix} x & 24 \\ 2 & y \end{bmatrix}$ における $x$ と $y$．ただし，対称回路の場合．

(答) $x=$　　　．$y=$　　　．

**問題 33.2**　次の二端子対回路の$\boldsymbol{F}$行列を求めよ．

(1)
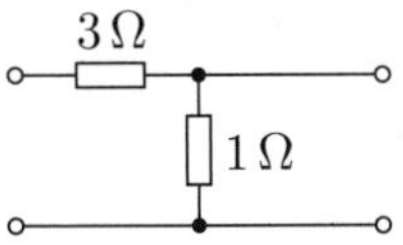


(答) $\boldsymbol{F}=\begin{bmatrix} & \\ & \end{bmatrix}$．

(2)
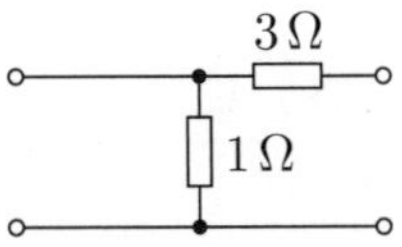


(答) $\boldsymbol{F}=\begin{bmatrix} & \\ & \end{bmatrix}$．

(3)
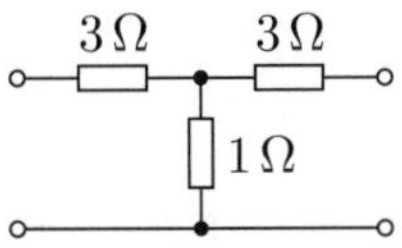


(答) $\boldsymbol{F}=\begin{bmatrix} & \\ & \end{bmatrix}$．

(4)
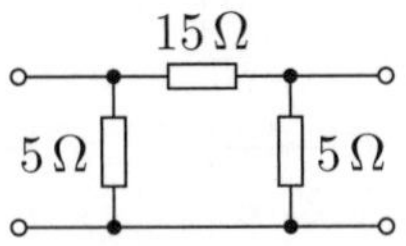


(答) $\boldsymbol{F}=\begin{bmatrix} & \\ & \end{bmatrix}$．

(5)
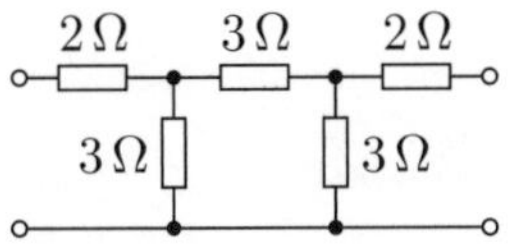


(答) $\boldsymbol{F}=\begin{bmatrix} & \\ & \end{bmatrix}$．

(6)
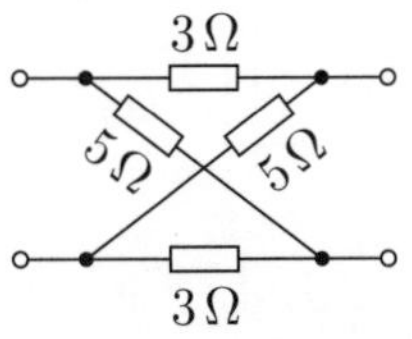


(答) $\boldsymbol{F}=\begin{bmatrix} & \\ & \end{bmatrix}$．

(7)
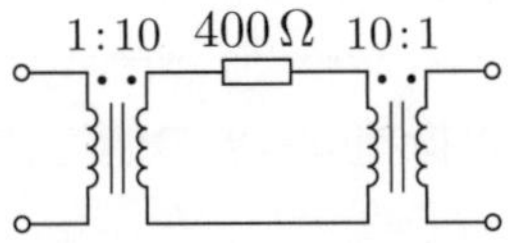


(答) $\boldsymbol{F}=\begin{bmatrix} & \\ & \end{bmatrix}$．

**問題 33.3**　右の回路は，ab 短絡時に $I_1=6$ [A], $I_2=2$ [A] であり，ab 開放時に $I_1=5$ [A], $V_2=5$ [V] である．下記を求めよ．

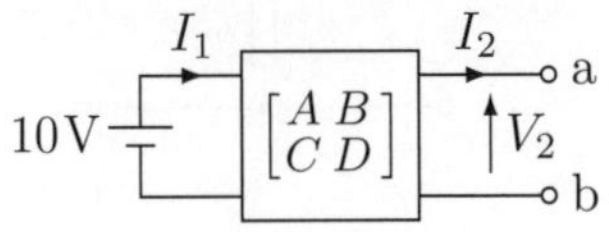


(1) $\boldsymbol{F}$行列 $\boldsymbol{F}=\begin{bmatrix} A & B \\ C & D \end{bmatrix}$．

(答) $\boldsymbol{F}=\begin{bmatrix} & \\ & \end{bmatrix}$．

(2) ab 間に 10Ω の抵抗を付けたときの電圧 $V_2$．

(答) $V_2=$　　　[　]．

(3) ab 間に 10V の電圧源を付けたときの電流 $I_1$ と $I_2$．

(答) $I_1=$　　　[　]．$I_2=$　　　[　]．

**問題 33.4**　$\boldsymbol{F}$行列を利用して，次の二端子対回路の二次側の電圧$V$を求めよ．

(1)

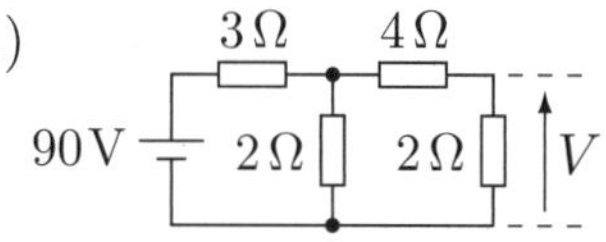


（答）$V=$　　　[　].

(2)

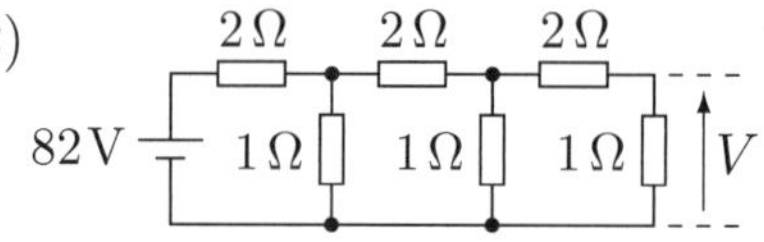


（答）$V=$　　　[　].

(3)

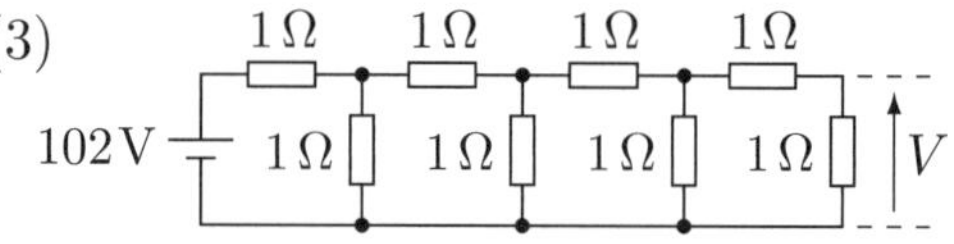


（答）$V=$　　　[　].

(4)

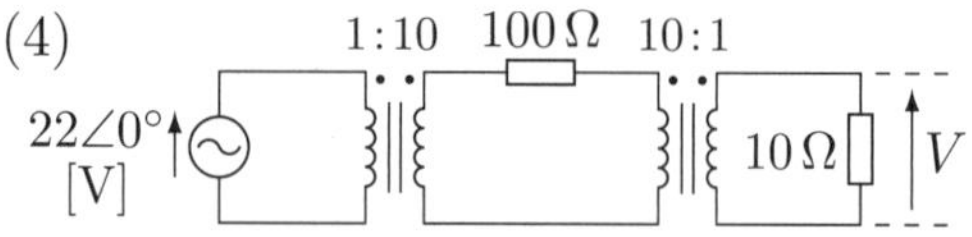


（答）$V=$　　　∠　　　[　].

**問題 33.5**　$\boldsymbol{F}=\begin{bmatrix} A & B \\ C & D \end{bmatrix}$の二端子対回路に関して下記を求めよ．

(1) 二次側に抵抗$R$を接続したとき，一次側からみたインピーダンス$Z_1=\dfrac{V_1}{I_1}$.

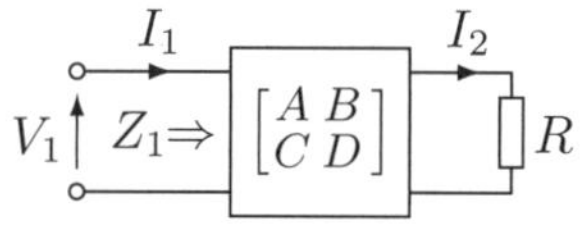


（答）$Z_1=$　　　　　.

(2) 一次側に抵抗$R$を接続したとき，二次側からみたインピーダンス$Z_2=\dfrac{V_2}{I_2'}$.

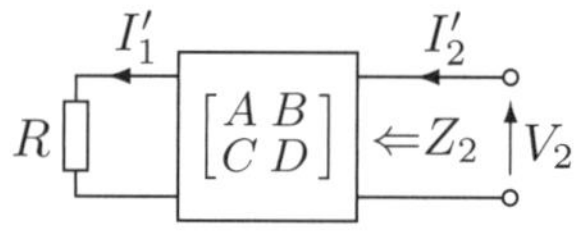


（答）$Z_1=$　　　　　.

**問題 33.6**　$\boldsymbol{F}$行列が$\boldsymbol{F}=\begin{bmatrix} 2 & 4 \\ 0.5 & 1.5 \end{bmatrix}$となるように，T形回路と$\pi$形回路の抵抗$a$～$f$の値を決めよ．

(1)

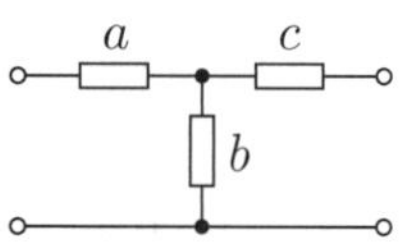


（答）$a=$　　　[Ω].　$b=$　　　[Ω].　$c=$　　　[Ω].

(2)

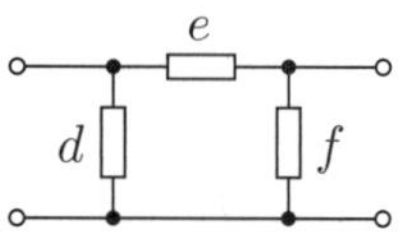


（答）$d=$　　　[Ω].　$e=$　　　[Ω].　$f=$　　　[Ω].

| チェック項目 | 月　日 | 月　日 |
|---|---|---|
| $\boldsymbol{F}$行列を計算できる． | | |

## 5 二端子対回路 ▶ 5.3 二端子対回路を用いた回路計算

二端子対回路を用いて回路計算ができる.

### 二端子対回路の直列接続と$Z$行列

- 電流が共通で，電圧が和 ($V_1 = V_1' + V_1''$, $V_2 = V_2' + V_2''$) になる接続が直列接続である.

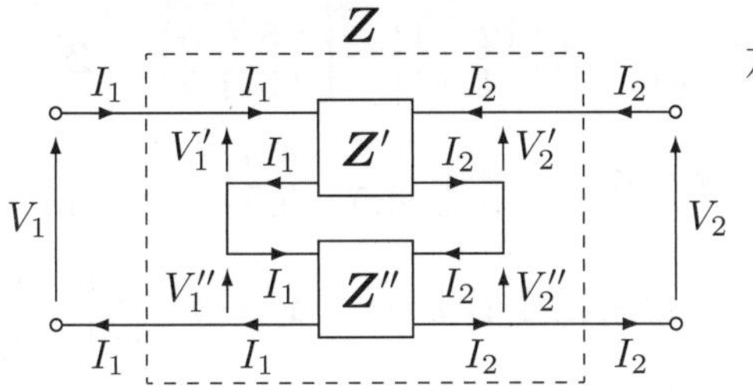

左図で，$\begin{bmatrix} V_1' \\ V_2' \end{bmatrix} = \boldsymbol{Z}' \begin{bmatrix} I_1 \\ I_2 \end{bmatrix}$, $\begin{bmatrix} V_1'' \\ V_2'' \end{bmatrix} = \boldsymbol{Z}'' \begin{bmatrix} I_1 \\ I_2 \end{bmatrix}$.

$\therefore \begin{bmatrix} V_1 \\ V_2 \end{bmatrix} = \begin{bmatrix} V_1' \\ V_2' \end{bmatrix} + \begin{bmatrix} V_1'' \\ V_2'' \end{bmatrix} = \underbrace{(\boldsymbol{Z}' + \boldsymbol{Z}'')}_{\text{全体の}\boldsymbol{Z}} \begin{bmatrix} I_1 \\ I_2 \end{bmatrix}$.

> 直列接続のとき $\boldsymbol{Z} = \boldsymbol{Z}' + \boldsymbol{Z}''$.

【注意】各端子対において，<u>上側に流入する電流と下側から流出する電流は等</u>しくなければならない. 右図のように中央部に短絡閉路があれば，この閉路に任意の循環電流$\Delta I$を追加できるので，条件を成立させることができる.

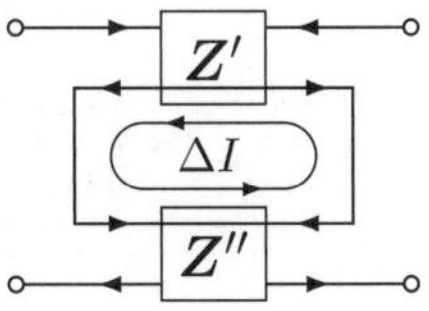

### 二端子対回路の並列接続と$Y$行列

- 電圧が共通で，電流が和 ($I_1 = I_1' + I_1''$, $I_2 = I_2' + I_2''$) になる接続が並列接続である.

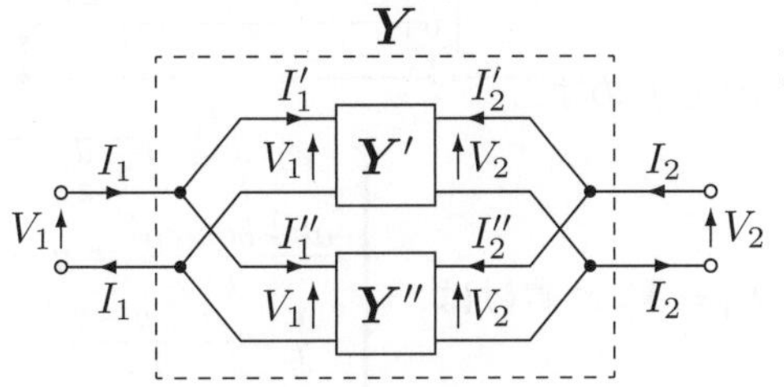

左図で，$\begin{bmatrix} I_1' \\ I_2' \end{bmatrix} = \boldsymbol{Y}' \begin{bmatrix} V_1 \\ V_2 \end{bmatrix}$, $\begin{bmatrix} I_1'' \\ I_2'' \end{bmatrix} = \boldsymbol{Y}'' \begin{bmatrix} V_1 \\ V_2 \end{bmatrix}$.

$\therefore \begin{bmatrix} I_1 \\ I_2 \end{bmatrix} = \begin{bmatrix} I_1' \\ I_2' \end{bmatrix} + \begin{bmatrix} I_1'' \\ I_2'' \end{bmatrix} = \underbrace{(\boldsymbol{Y}' + \boldsymbol{Y}'')}_{\text{全体の}\boldsymbol{Y}} \begin{bmatrix} V_1 \\ V_2 \end{bmatrix}$.

> 並列接続のとき $\boldsymbol{Y} = \boldsymbol{Y}' + \boldsymbol{Y}''$.

【注意】直列接続と同様，各端子対の往復電流は等しくなければならない. 右図のような短絡閉路があれば，循環電流$\Delta I$の追加でこの条件が成立する.

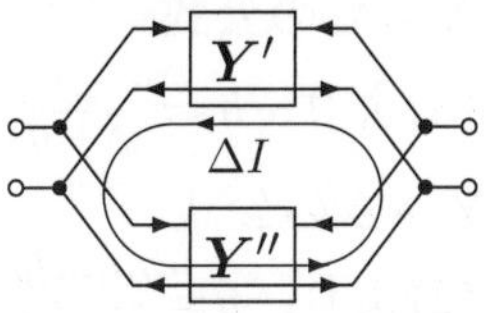

### 二端子対回路のパラメータ変換表

- 次の変換表により，行列$\boldsymbol{Z}, \boldsymbol{Y}, \boldsymbol{F}$を相互に変換できる.

| | $\boldsymbol{Z}$ | $\boldsymbol{Y}$ | $\boldsymbol{F}$ |
|---|---|---|---|
| 【$I_2$は左向き】 $\begin{bmatrix} V_1 \\ V_2 \end{bmatrix} = \begin{bmatrix} Z_{11} & Z_{12} \\ Z_{21} & Z_{22} \end{bmatrix} \begin{bmatrix} I_1 \\ I_2 \end{bmatrix}$ $\boldsymbol{Z} =$ | $\begin{bmatrix} Z_{11} & Z_{12} \\ Z_{21} & Z_{22} \end{bmatrix}$ | $\begin{bmatrix} \frac{Y_{22}}{\lvert\boldsymbol{Y}\rvert} & -\frac{Y_{12}}{\lvert\boldsymbol{Y}\rvert} \\ -\frac{Y_{21}}{\lvert\boldsymbol{Y}\rvert} & \frac{Y_{11}}{\lvert\boldsymbol{Y}\rvert} \end{bmatrix}$ | $\begin{bmatrix} \frac{A}{C} & \frac{\lvert\boldsymbol{F}\rvert}{C} \\ \frac{1}{C} & \frac{D}{C} \end{bmatrix}$ |
| 【$I_2$は左向き】 $\begin{bmatrix} I_1 \\ I_2 \end{bmatrix} = \begin{bmatrix} Y_{11} & Y_{12} \\ Y_{21} & Y_{22} \end{bmatrix} \begin{bmatrix} V_1 \\ V_2 \end{bmatrix}$ $\boldsymbol{Y} =$ | $\begin{bmatrix} \frac{Z_{22}}{\lvert\boldsymbol{Z}\rvert} & -\frac{Z_{12}}{\lvert\boldsymbol{Z}\rvert} \\ -\frac{Z_{21}}{\lvert\boldsymbol{Z}\rvert} & \frac{Z_{11}}{\lvert\boldsymbol{Z}\rvert} \end{bmatrix}$ | $\begin{bmatrix} Y_{11} & Y_{12} \\ Y_{21} & Y_{22} \end{bmatrix}$ | $\begin{bmatrix} \frac{D}{B} & -\frac{\lvert\boldsymbol{F}\rvert}{B} \\ -\frac{1}{B} & \frac{A}{B} \end{bmatrix}$ |
| 【$I_2$は右向き】 $\begin{bmatrix} V_1 \\ I_1 \end{bmatrix} = \begin{bmatrix} A & B \\ C & D \end{bmatrix} \begin{bmatrix} V_2 \\ I_2 \end{bmatrix}$ $\boldsymbol{F} =$ | $\begin{bmatrix} \frac{Z_{11}}{Z_{21}} & \frac{\lvert\boldsymbol{Z}\rvert}{Z_{21}} \\ \frac{1}{Z_{21}} & \frac{Z_{22}}{Z_{21}} \end{bmatrix}$ | $\begin{bmatrix} -\frac{Y_{22}}{Y_{21}} & -\frac{1}{Y_{21}} \\ -\frac{\lvert\boldsymbol{Y}\rvert}{Y_{21}} & -\frac{Y_{11}}{Y_{21}} \end{bmatrix}$ | $\begin{bmatrix} A & B \\ C & D \end{bmatrix}$ |
| 受動回路の場合 | $Z_{12} = Z_{21}$ | $Y_{12} = Y_{21}$ | $\lvert\boldsymbol{F}\rvert = 1$ |
| 対称回路の場合 | $\begin{cases} Z_{12} = Z_{21} \\ Z_{11} = Z_{22} \end{cases}$ | $\begin{cases} Y_{12} = Y_{21} \\ Y_{11} = Y_{22} \end{cases}$ | $\begin{cases} \lvert\boldsymbol{F}\rvert = 1 \\ A = D \end{cases}$ |

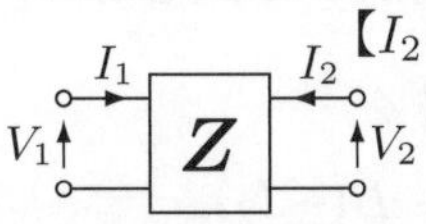

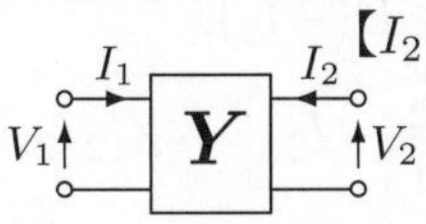

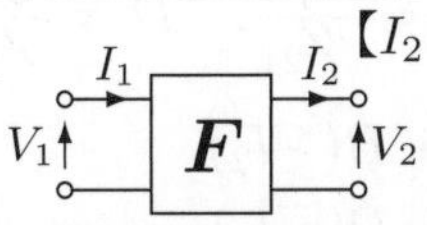

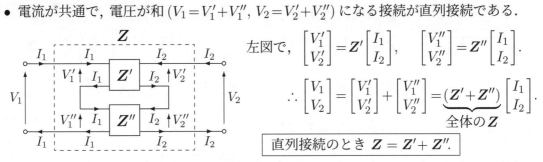

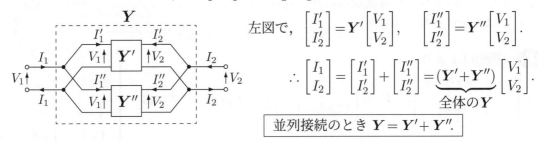

**例題** **34.1**　右の回路を，二端子対回路の (1) 直列接続 および (2) 並列接続に変形して，$\boldsymbol{Z}$行列と $\boldsymbol{Y}$行列を求めよ．

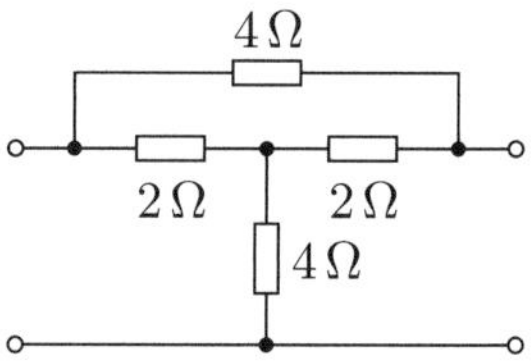


**解答**

(1)

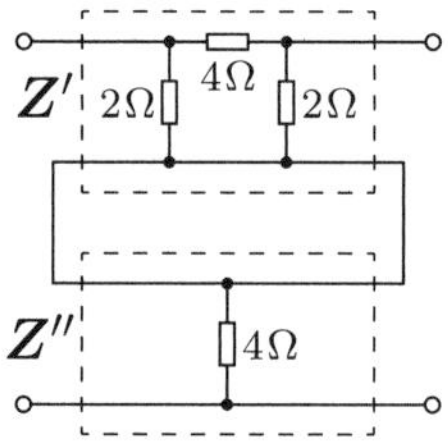


左図のように$\boldsymbol{Z}'$と$\boldsymbol{Z}''$の直列接続に変形する．
$\boldsymbol{Z}'$は例題**32.1**(2)で $x=z=2$, $y=4$ と置き，
$\boldsymbol{Z}''$は例題**32.1**(1)で $a=c=0$, $b=4$ と置けば，

$$\boldsymbol{Z}'=\frac{1}{x+y+z}\begin{bmatrix}x(y+z) & xz\\ xz & z(x+y)\end{bmatrix}=\frac{1}{8}\begin{bmatrix}12 & 4\\ 4 & 12\end{bmatrix}=\begin{bmatrix}1.5 & 0.5\\ 0.5 & 1.5\end{bmatrix}.\quad \boldsymbol{Z}''=\begin{bmatrix}4 & 4\\ 4 & 4\end{bmatrix}.$$

$$\boldsymbol{Z}=\boldsymbol{Z}'+\boldsymbol{Z}''=\begin{bmatrix}5.5 & 4.5\\ 4.5 & 5.5\end{bmatrix}.\quad \boldsymbol{Y}=\boldsymbol{Z}^{-1}=\frac{1}{10}\begin{bmatrix}5.5 & -4.5\\ -4.5 & 5.5\end{bmatrix}=\begin{bmatrix}0.55 & -0.45\\ -0.45 & 0.55\end{bmatrix}.$$

(2)

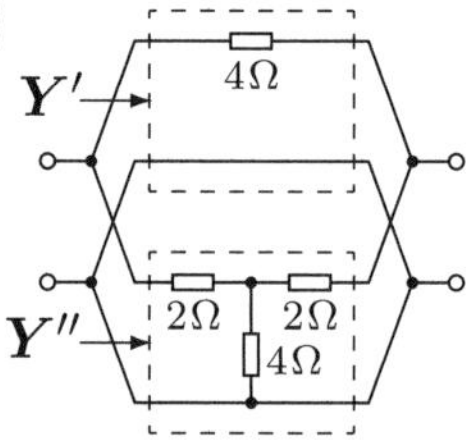


左図のように$\boldsymbol{Y}'$と$\boldsymbol{Y}''$の並列接続に変形する．　$\boldsymbol{Y}'=\begin{bmatrix}1/4 & -1/4\\ -1/4 & 1/4\end{bmatrix}$
$=\begin{bmatrix}0.25 & -0.25\\ -0.25 & 0.25\end{bmatrix}$．　$\boldsymbol{Y}''$は例題**32.1**(1)で $a=c=2$, $b=4$ と置けば，

$$\boldsymbol{Y}''=\frac{1}{ab+bc+ca}\begin{bmatrix}b+c & -b\\ -b & a+b\end{bmatrix}=\frac{1}{20}\begin{bmatrix}6 & -4\\ -4 & 6\end{bmatrix}=\begin{bmatrix}0.3 & -0.2\\ -0.2 & 0.3\end{bmatrix}.$$

$$\boldsymbol{Y}=\boldsymbol{Y}'+\boldsymbol{Y}''=\begin{bmatrix}0.55 & -0.45\\ -0.45 & 0.55\end{bmatrix}.\quad \boldsymbol{Z}=\boldsymbol{Y}^{-1}=\frac{1}{0.1}\begin{bmatrix}0.55 & 0.45\\ 0.45 & 0.55\end{bmatrix}=\begin{bmatrix}5.5 & 4.5\\ 4.5 & 5.5\end{bmatrix}.$$

**例題** **34.2**　右のT形回路と $\pi$ 形回路の$\boldsymbol{F}$行列 $\boldsymbol{F}_{\mathrm{T}}, \boldsymbol{F}_{\pi}$ を等置することにより，Y-Δ変換の公式を導け．$a, b, c$ と $x, y, z$ はインピーダンスである．

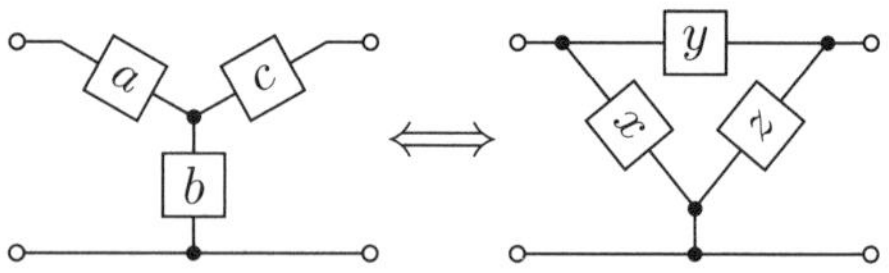


**解答**　例題**33.1** より，

$$\boldsymbol{F}_{\mathrm{T}}=\begin{bmatrix}1+\frac{a}{b} & \frac{ab+bc+ca}{b}\\ \frac{1}{b} & 1+\frac{c}{b}\end{bmatrix}.\quad \boldsymbol{F}_{\pi}=\begin{bmatrix}1+\frac{y}{z} & y\\ \frac{x+y+z}{xz} & 1+\frac{y}{x}\end{bmatrix}.\quad \boldsymbol{F}_{\mathrm{T}}=\boldsymbol{F}_{\pi}\text{と置けば,}\ \begin{cases}1+\frac{a}{b}=1+\frac{y}{z}. & \cdots(1)\\ \frac{ab+bc+ca}{b}=y. & \cdots(2)\\ \frac{1}{b}=\frac{x+y+z}{xz}. & \cdots(3)\\ 1+\frac{c}{b}=1+\frac{y}{x}. & \cdots(4)\end{cases}$$

- Δ→Y の公式

(3)より，$b=\dfrac{xz}{x+y+z}$．　(1)より，$a=\dfrac{y}{z}\times b=\dfrac{xy}{x+y+z}$．　(4)より，$c=\dfrac{y}{x}\times b=\dfrac{yz}{x+y+z}$．

- Y→Δの公式

(2)より，$y=\dfrac{ab+bc+ca}{b}$．　(4)より，$x=\dfrac{b}{c}\times y=\dfrac{ab+bc+ca}{c}$．　(1)より，$z=\dfrac{b}{a}\times y=\dfrac{ab+bc+ca}{a}$．

【注意】受動回路なので$\boldsymbol{F}$行列の4つの要素のうち独立な要素は3つであり，3つの式を使えば十分である．

**例題** **34.3**　$\boldsymbol{Z}=\begin{bmatrix}Z_{11} & Z_{12}\\ Z_{21} & Z_{22}\end{bmatrix}$ および $\boldsymbol{Y}=\begin{bmatrix}Y_{11} & Y_{12}\\ Y_{21} & Y_{22}\end{bmatrix}$ から $\boldsymbol{F}=\begin{bmatrix}A & B\\ C & D\end{bmatrix}$ に変換する式を導け．

**解答**　$\boldsymbol{F}$の $I_2$の向きは，$\boldsymbol{Z}, \boldsymbol{Y}$の $I_2$の向きと逆なので，$\boldsymbol{F}$の $I_2$を $-I_2$と書く．

- $\boldsymbol{Z}\to\boldsymbol{F}$ の変換　$\boldsymbol{Z}\begin{cases}V_1=Z_{11}I_1+Z_{12}I_2. & \cdots(1)\\ V_2=Z_{21}I_1+Z_{22}I_2. & \cdots(2)\end{cases}\Rightarrow\ \boldsymbol{F}\begin{cases}V_1=AV_2+B(-I_2).\\ I_1=CV_2+D(-I_2).\end{cases}$

(2)より，$I_1=\dfrac{1}{Z_{21}}V_2+\dfrac{Z_{22}}{Z_{21}}(-I_2)$．　(1)より，$V_1=Z_{11}\left[\dfrac{1}{Z_{21}}V_2+\dfrac{Z_{22}}{Z_{21}}(-I_2)\right]+Z_{12}I_2$

$$=\frac{Z_{11}}{Z_{21}}V_2+\frac{Z_{11}Z_{22}-Z_{12}Z_{21}}{Z_{21}}(-I_2).\quad \therefore A=\frac{Z_{11}}{Z_{21}}.\quad B=\frac{|\boldsymbol{Z}|}{Z_{21}}.\quad C=\frac{1}{Z_{21}}.\quad D=\frac{Z_{22}}{Z_{21}}.$$

- $\boldsymbol{Y}\to\boldsymbol{F}$ の変換　$\boldsymbol{Y}\begin{cases}I_1=Y_{11}V_1+Y_{12}V_2. & \cdots(3)\\ I_2=Y_{21}V_1+Y_{22}V_2. & \cdots(4)\end{cases}\Rightarrow\ \boldsymbol{F}\begin{cases}V_1=AV_2+B(-I_2).\\ I_1=CV_2+D(-I_2).\end{cases}$

(4) より，$V_1=-\dfrac{Y_{22}}{Y_{21}}V_2-\dfrac{1}{Y_{21}}(-I_2)$．　(3) より，$I_1=Y_{11}\left[-\dfrac{Y_{22}}{Y_{21}}V_2-\dfrac{1}{Y_{21}}(-I_2)\right]+Y_{12}V_2$

$$=\frac{Y_{12}Y_{21}-Y_{11}Y_{22}}{Y_{21}}V_2-\frac{Y_{11}}{Y_{21}}(-I_2).\quad \therefore A=-\frac{Y_{22}}{Y_{21}}.\quad B=-\frac{1}{Y_{21}}.\quad C=-\frac{|\boldsymbol{Y}|}{Y_{21}}.\quad D=-\frac{Y_{11}}{Y_{21}}.$$

| ドリル No.34 | Class | | No. | | Name | |
|---|---|---|---|---|---|---|

**問題 34.1**　右の回路を，二端子対回路の (1) 直列接続 および (2) 並列接続に変形して，$\boldsymbol{Z}$行列と$\boldsymbol{Y}$行列を求めよ．

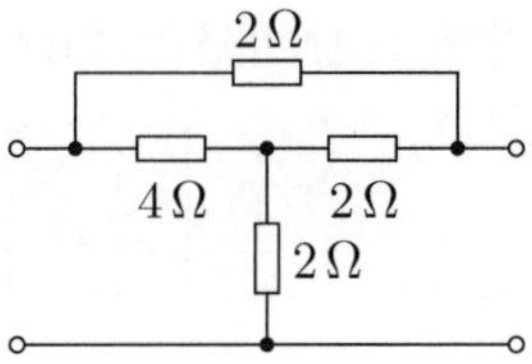


(1) 直列接続に変形．

（答）$\boldsymbol{Z} = \begin{bmatrix} & \end{bmatrix}$，$\boldsymbol{Y} = \begin{bmatrix} & \end{bmatrix}$．

(2) 並列接続に変形．

（答）$\boldsymbol{Z} = \begin{bmatrix} & \end{bmatrix}$，$\boldsymbol{Y} = \begin{bmatrix} & \end{bmatrix}$．

**問題 34.2**　右の回路を二端子対回路の直列接続に変形して，$\boldsymbol{Z}$行列を求めよ．$R$は抵抗，$Z$はインピーダンスである．

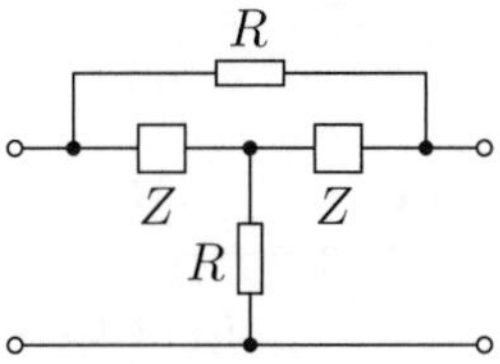


（答）$\boldsymbol{Z} =$　　　　　　　　　　　　．

**問題 34.3**　右の回路を二端子対回路の並列接続に変形して，$\boldsymbol{Y}$行列を求めよ．$R$は抵抗，$Z$はインピーダンスである．

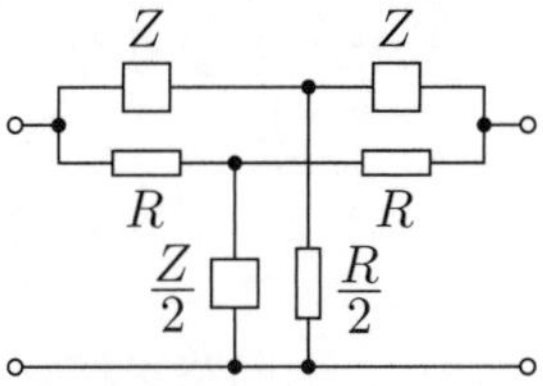


（答）$\boldsymbol{Y} =$　　　　　　　　　　　　．

**問題 34.4**　回路(1)のテブナンの等価回路を求めよ．ただし，$\begin{bmatrix} A & B \\ C & D \end{bmatrix}$は$\boldsymbol{F}$行列である．理想変圧器を含む回路(2)の破線部の$\boldsymbol{F}$行列を求め，回路全体をテブナンの等価回路に直せ．

(1)

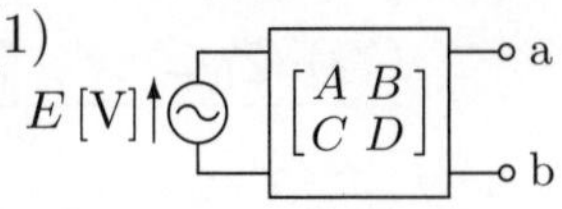


（答）

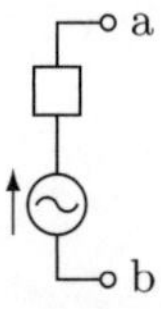


(2)

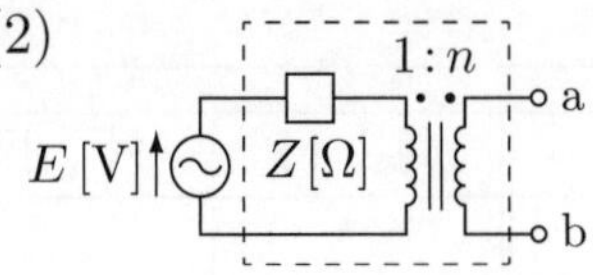


（答）$\boldsymbol{F} = \begin{bmatrix} & \end{bmatrix}$．

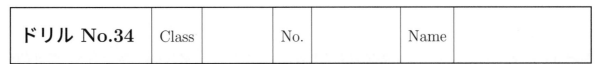

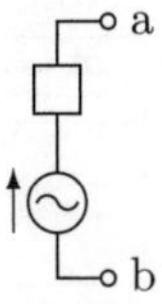

**問題 34.5**　回路(1)のノートンの等価回路を求めよ．ただし，$\begin{bmatrix} A & B \\ C & D \end{bmatrix}$は$\boldsymbol{F}$行列である．理想変圧器を含む回路(2)の破線部の$\boldsymbol{F}$行列を求め，回路全体をノートンの等価回路に直せ．

(1)

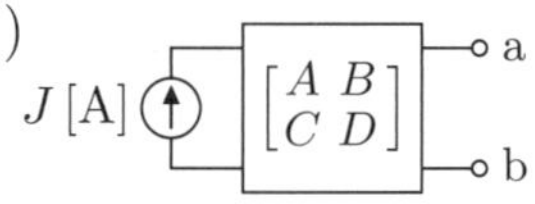


（答）

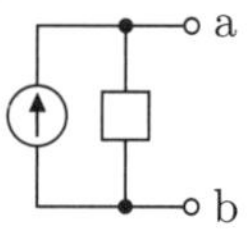


(2)

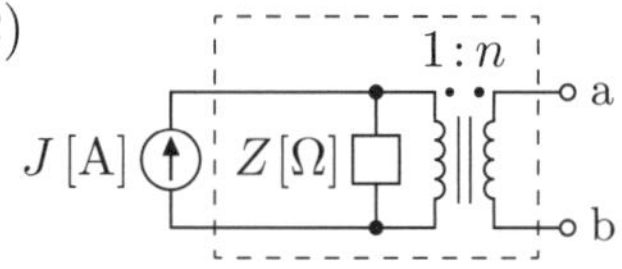


（答）$\boldsymbol{F} = \begin{bmatrix} & \\ & \end{bmatrix}$.

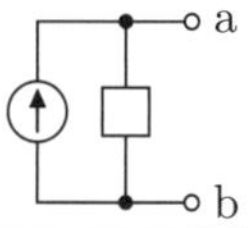


**問題 34.6**　理想変圧器を含む回路(1),(2)と相互誘導回路(3)の$\boldsymbol{F}$行列を求めよ．相互誘導回路(3)が密結合 ($M = nL_1$, $L_2 = nM = n^2L_1$) の場合に$\boldsymbol{F}$行列はどうなるか？ 角周波数は$\omega$とする．

(1)

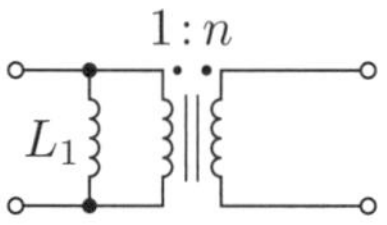


（答）$\boldsymbol{F} = \begin{bmatrix} & \\ & \end{bmatrix}$.

(2)

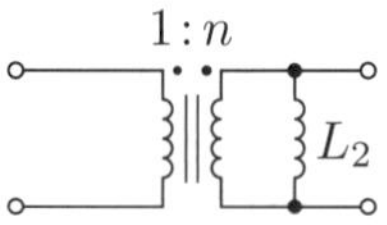


（答）$\boldsymbol{F} = \begin{bmatrix} & \\ & \end{bmatrix}$.

(3)

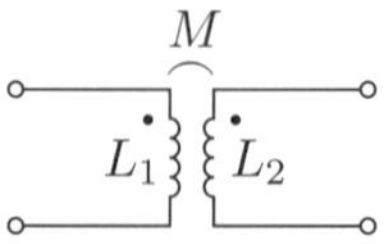


（答）$\boldsymbol{F} = \begin{bmatrix} & \\ & \end{bmatrix}$.　密結合の場合 $\boldsymbol{F} = \begin{bmatrix} & \\ & \end{bmatrix}$.

**問題 34.7**　$\boldsymbol{F}$行列が$\begin{bmatrix} A & B \\ C & A \end{bmatrix}$である対称回路について以下に答えよ．

(1) 二次側にインピーダンス$Z$を接続したとき，一次側から回路をみたインピーダンスも同じ$Z$になるような$Z$を求めよ．

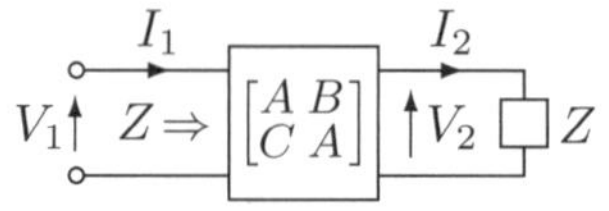


（答）$Z =$ 　　　.

(2) この回路を無限に縦続接続したとき，左端からみたインピーダンス$Z_0$と電圧比$G = \dfrac{V_1}{V_2}$を求めよ．

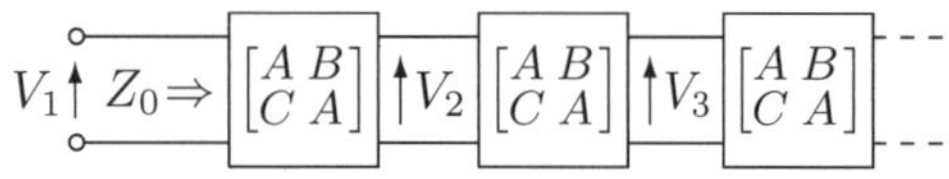


（答）$Z_0 =$ 　　　.　$G =$ 　　　.

(3) 回路$\begin{bmatrix} A & B \\ C & A \end{bmatrix}$が次の(a),(b)の場合の$Z_0$を求めよ．(b)の角周波数は$\omega$とする．

(a)

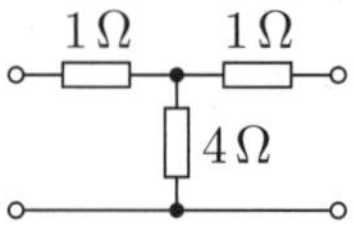


（答）$Z_0 =$ 　　　[Ω].

(b)

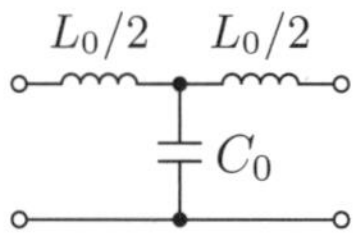


（答）$Z_0 =$ 　　　[Ω].

| チェック項目 | 月　日 | 月　日 |
|---|---|---|
| 二端子対回路を用いて回路計算ができる． | | |

分布定数回路の基本を理解している．

【注意】本章でも $\dot{V}, \dot{I}, \dot{Z}, \dot{Y}$ 等を単に $V, I, Z, Y$ 等と書く．

## 分布定数回路

- 長距離または高周波の回路では，線路長が波長と同程度以上となるため，電圧と電流は伝送線路上の位置 $x$ の関数 $V(x), I(x)$ となり，線路に一様に $R\,[\Omega/\mathrm{m}], L\,[\mathrm{H/m}], G\,[\mathrm{S/m}], C\,[\mathrm{F/m}]$ の定数が分布していると考える必要がある．これを**分布定数回路**という．

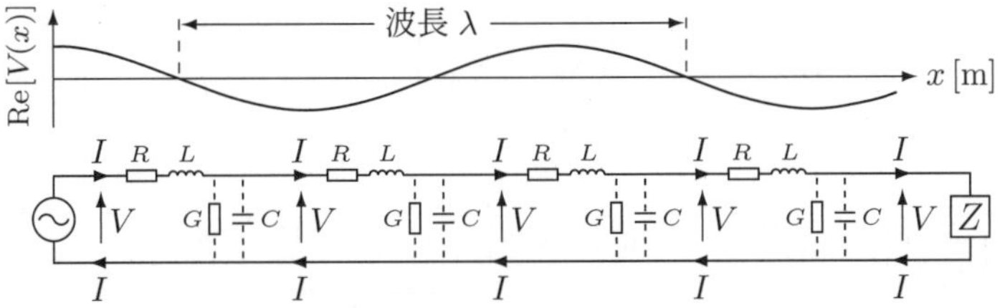


単位長あたりの量

$R\,[\Omega/\mathrm{m}]$ 線路の抵抗

$L\,[\mathrm{H/m}]$ 自己インダクタンス

$G\,[\mathrm{S/m}]$ 漏れコンダクタンス

$C\,[\mathrm{F/m}]$ 線路間の静電容量

## 伝送線路の微分方程式とその一般解

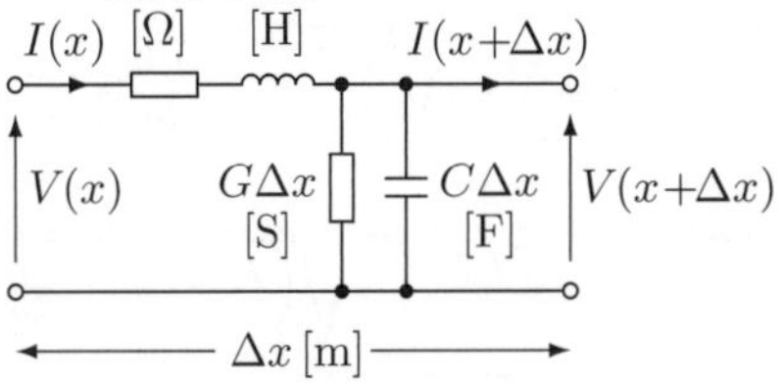


- 微小区間 $\Delta x$ の左右の電圧 $V$ と電流 $I$ の関係式：

  $V(x) - V(x+\Delta x) = (R\Delta x + j\omega L\Delta x)\, I(x)$.

  $\to\ \dfrac{V(x+\Delta x) - V(x)}{\Delta x} = -(R + j\omega L)\, I(x).\ \cdots(1)$

  $I(x) - I(x+\Delta x) = (G\Delta x + j\omega C\Delta x)\, V(x+\Delta x)$.

  $\to\ \dfrac{I(x+\Delta x) - I(x)}{\Delta x} = -(G + j\omega C)\, V(x+\Delta x).\ \cdots(2)$

- $\Delta x \to 0$ の極限で，式 (1), (2) は次の微分方程式になる．

  $\dfrac{\mathrm{d}V}{\mathrm{d}x} = -ZI(x).\ \cdots(3)\quad \dfrac{\mathrm{d}I}{\mathrm{d}x} = -YV(x).\ \cdots(4)$　ただし，$Z = R + j\omega L,\ Y = G + j\omega C$.

  $\dfrac{\mathrm{d}^2V}{\mathrm{d}x^2} \overset{(3)}{=} -Z\dfrac{\mathrm{d}I}{\mathrm{d}x} \overset{(4)}{=} ZYV = \gamma^2 V.\ \cdots(5)$　ただし，$\gamma = \sqrt{ZY} = \sqrt{(R+j\omega L)(G+j\omega C)}$.

- 式 (5) の一般解は，$V(x) = Ae^{-\gamma x} + Be^{\gamma x}.\ \cdots(6)$　ただし，$A = |A|\angle\theta_A,\ B = |B|\angle\theta_B$.

  このとき電流は，$I(x) \overset{(3)}{=} -\dfrac{1}{Z}\dfrac{\mathrm{d}V}{\mathrm{d}x} \overset{(6)}{=} \dfrac{\gamma A}{Z}e^{-\gamma x} - \dfrac{\gamma B}{Z}e^{\gamma x} = \dfrac{A}{Z_0}e^{-\gamma x} - \dfrac{B}{Z_0}e^{\gamma x}.\ \cdots(7)$

  ただし，$Z_0 = \dfrac{Z}{\gamma} = \sqrt{\dfrac{Z}{Y}} = \sqrt{\dfrac{R + j\omega L}{G + j\omega C}}$.　$Z_0\,[\Omega]$ を**特性インピーダンス**という．

## 伝搬波形

- $\gamma = \alpha + j\beta$ と置く．　$\gamma$：**伝搬定数**．$\alpha$：**減衰定数** [Np（ネーパ）/m]．$\beta$：**位相定数** [rad/m]．
- $R = G = 0$（**無損失線路**）の場合．$\gamma = j\omega\sqrt{LC},\ \alpha = 0,\ \beta = \omega\sqrt{LC},\ Z_0 = \sqrt{L/C}$ となる．

  $V(x) \overset{(6)}{=} Ae^{-j\beta x} + Be^{j\beta x}$. $\to$ $V$ の波形 $= \mathrm{Re}\left[\sqrt{2}\,V(x)e^{j\omega t}\right]$

  $= \sqrt{2}\,|A|\cos\left[\beta\left(x - \frac{\omega}{\beta}t\right) - \theta_A\right] + \sqrt{2}\,|B|\cos\left[\beta\left(x + \frac{\omega}{\beta}t\right) + \theta_B\right]$.

  上式第 1 項は速度 $v = \dfrac{\omega}{\beta} = \dfrac{1}{\sqrt{LC}}$ で $+x$ 方向に進む**入射波**，

  第 2 項は $-x$ 方向に進む**反射波**．$\beta\lambda = 2\pi$. $\to$ **波長** $\lambda = \dfrac{2\pi}{\beta}$.

  $v = \dfrac{\omega}{\beta} = \dfrac{2\pi f}{2\pi/\lambda} = f\lambda$．空気中なら $v =$ 光速 $c = 3 \times 10^8\,[\mathrm{m/s}]$.

入射波 $\sqrt{2}\,|A|\cos[\beta(x - \frac{\omega}{\beta}t) - \theta_A]$

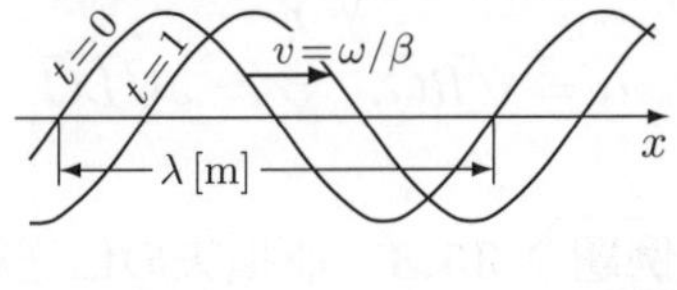


- $R > 0$ または $G > 0$ の場合．減衰定数 $\alpha > 0$ となる．

  $V(x) \overset{(6)}{=} Ae^{-(\alpha+j\beta)x} + Be^{(\alpha+j\beta)x}$. $\to$ $V$ の波形

  $= \sqrt{2}\,|A|e^{-\alpha x}\cos\left[\beta\left(x - \frac{\omega}{\beta}t\right) - \theta_A\right] + \sqrt{2}\,|B|e^{\alpha x}\cos\left[\beta\left(x + \frac{\omega}{\beta}t\right) + \theta_B\right]$.

入射波
$\sqrt{2}\,|A|e^{-\alpha x}\cos[\beta(x - \frac{\omega}{\beta}t) - \theta_A]$

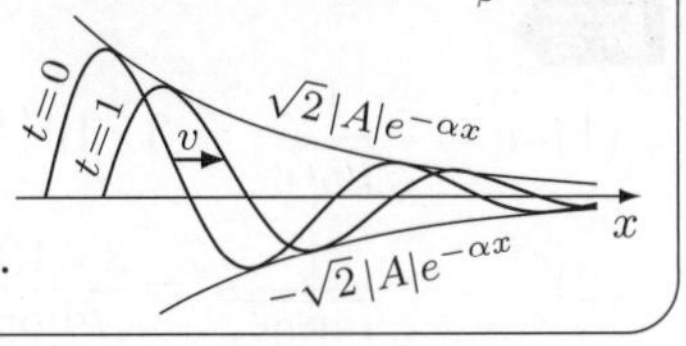

**例題 35.1**　次の伝送線路の伝搬速度 $v$ と特性インピーダンス $Z_0$ を求めよ．線路は無損失とし，導体の周囲は空気（透磁率 $\mu=\mu_0=4\pi\times10^{-7}$ [H/m]，誘電率 $\epsilon=\epsilon_0$，$\dfrac{1}{4\pi\epsilon_0}=9\times10^9$ [m/F]）とする．

(1) 同軸線路

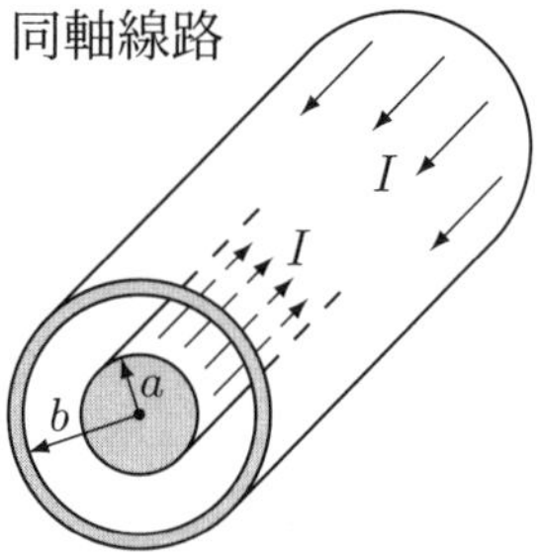


$$L=\frac{\mu}{2\pi}\ln\frac{b}{a}\ \text{[H/m]}.$$
$$C=\frac{2\pi\epsilon}{\ln\frac{b}{a}}\ \text{[F/m]}.$$

(2) 平行線路

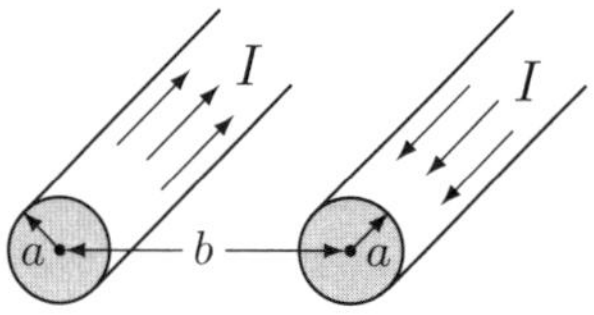


$$L=\frac{\mu}{\pi}\cosh^{-1}\frac{b}{2a}\fallingdotseq\frac{\mu}{\pi}\ln\frac{b}{a}\ \text{[H/m]}.$$
$$C=\frac{\pi\epsilon}{\cosh^{-1}\frac{b}{2a}}\fallingdotseq\frac{\pi\epsilon}{\ln\frac{b}{a}}\ \text{[F/m]}.$$

（最右辺の近似 ≒ は，$b>10a$ のとき，誤差 $<0.5\%$）

(3) 平行板線路

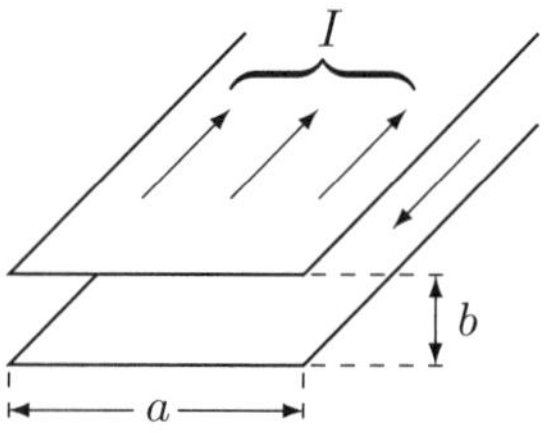


$$L=\frac{\mu b}{a}\ \text{[H/m]}.$$
$$C=\frac{\epsilon a}{b}\ \text{[F/m]}.$$

（$a\gg b$ とする）

**解答**

(1) $v=\dfrac{1}{\sqrt{LC}}=\dfrac{1}{\sqrt{\left(\frac{\mu_0}{2\pi}\ln\frac{b}{a}\right)\left(\frac{2\pi\epsilon_0}{\ln\frac{b}{a}}\right)}}=\dfrac{1}{\sqrt{\mu_0\epsilon_0}}=\dfrac{1}{\sqrt{4\pi\times10^{-7}\times\epsilon_0}}=\sqrt{\dfrac{1}{4\pi\epsilon_0}\times10^7}=\sqrt{9\times10^{16}}$

$=3\times10^8$ [m/s] $=$ 光速 $c$.　　$Z_0=\sqrt{\dfrac{L}{C}}=\sqrt{\left(\dfrac{\mu_0}{2\pi}\ln\dfrac{b}{a}\right)\left(\dfrac{\ln\frac{b}{a}}{2\pi\epsilon_0}\right)}=\dfrac{1}{2\pi}\sqrt{\dfrac{\mu_0}{\epsilon_0}}\ln\dfrac{b}{a}.$

ここで，$\sqrt{\dfrac{\mu_0}{\epsilon_0}}=\dfrac{\mu_0}{\sqrt{\mu_0\epsilon_0}}=\mu_0c=4\pi\times10^{-7}\times3\times10^8=120\pi\ [\Omega]$ だから，$Z_0=60\ln\dfrac{b}{a}\ [\Omega]$.

(2) $v=\dfrac{1}{\sqrt{LC}}=\dfrac{1}{\sqrt{\left(\frac{\mu_0}{\pi}\cosh^{-1}\frac{b}{2a}\right)\left(\frac{\pi\epsilon_0}{\cosh^{-1}\frac{b}{2a}}\right)}}=\dfrac{1}{\sqrt{\mu_0\epsilon_0}}=3\times10^8$ [m/s] $=$ 光速 $c$.　　$Z_0=\sqrt{\dfrac{L}{C}}$

$=\sqrt{\left(\dfrac{\mu_0}{\pi}\cosh^{-1}\dfrac{b}{2a}\right)\left(\dfrac{\cosh^{-1}\frac{b}{2a}}{\pi\epsilon_0}\right)}=\dfrac{1}{\pi}\sqrt{\dfrac{\mu_0}{\epsilon_0}}\cosh^{-1}\dfrac{b}{2a}=120\cosh^{-1}\dfrac{b}{2a}\underset{b>10a\text{ のとき}}{\fallingdotseq}120\ln\dfrac{b}{a}\ [\Omega].$

(3) $v=\dfrac{1}{\sqrt{LC}}=\dfrac{1}{\sqrt{\frac{\mu_0 b}{a}\times\frac{\epsilon_0 a}{b}}}=\dfrac{1}{\sqrt{\mu_0\epsilon_0}}=3\times10^8$ [m/s] $=$ 光速 $c$.　$Z_0=\sqrt{\dfrac{L}{C}}=\dfrac{b}{a}\sqrt{\dfrac{\mu_0}{\epsilon_0}}=\dfrac{120\pi b}{a}\ [\Omega].$

【注意】導体間に誘電体（$\mu=\mu_0$，$\epsilon=\epsilon_0\epsilon_s>\epsilon_0$）があるとき，$v$ と $Z_0$ の値は上記よりも小さくなる．

**例題 35.2**　特性インピーダンス $Z_0=\sqrt{\dfrac{R+j\omega L}{G+j\omega C}}$ が角周波数 $\omega$ に依存しないための条件を求め，この条件下での $Z_0$，減衰定数 $\alpha$，位相定数 $\beta$，伝搬速度 $v$ の値を求めよ．

**解答**　$Z_0=\sqrt{\dfrac{R+j\omega L}{G+j\omega C}}=\sqrt{\dfrac{R}{G}\times\dfrac{1+j\omega\frac{L}{R}}{1+j\omega\frac{C}{G}}}$ より，$\dfrac{L}{R}=\dfrac{C}{G}$ ならば $Z_0=\sqrt{\dfrac{R}{G}}$ は $\omega$ に依存しない．

また，$Z_0=\sqrt{\dfrac{R+j\omega L}{G+j\omega C}}=\sqrt{\dfrac{j\omega L}{j\omega C}\times\dfrac{\frac{R}{j\omega L}+1}{\frac{G}{j\omega C}+1}}$ より，$\dfrac{R}{L}=\dfrac{G}{C}$ ならば $Z_0=\sqrt{\dfrac{L}{C}}$ は $\omega$ に依存しない．

以上より，条件は $LG=CR$ **（無ひずみ条件）**となる．このとき，$Z_0=\sqrt{\dfrac{R}{G}}=\sqrt{\dfrac{L}{C}}$.

$\gamma=\sqrt{ZY}=\sqrt{\dfrac{Z}{Y}}Y=Z_0Y=Z_0(G+j\omega C)=\sqrt{\dfrac{R}{G}}G+j\omega\sqrt{\dfrac{L}{C}}C=\sqrt{RG}+j\omega\sqrt{LC}.$

$\therefore\ \alpha=\sqrt{RG}.\quad \beta=\omega\sqrt{LC}.\quad v=\dfrac{\omega}{\beta}=\dfrac{1}{\sqrt{LC}}.$

**例題 35.3**　無損失の伝送線路の周囲が (1) 空気の場合と (2) 比誘電率 $\epsilon_s=2.25$ の誘電体の場合について，伝搬速度 $v$ および周波数 $f=1$ [GHz] のときの波長 $\lambda$ を求めよ．

**解答**

(1) $v=\dfrac{1}{\sqrt{\mu_0\epsilon_0}}=3\times10^8$ [m/s].　$\lambda=\dfrac{v}{f}=\dfrac{3\times10^8}{10^9}=0.3$ [m] $=30$ [cm].

(2) $v=\dfrac{1}{\sqrt{\mu_0\epsilon_0\epsilon_s}}=\dfrac{3\times10^8}{\sqrt{2.25}}=\dfrac{3\times10^8}{1.5}=2\times10^8$ [m/s].　$\lambda=\dfrac{v}{f}=\dfrac{2\times10^8}{10^9}=0.2$ [m] $=20$ [cm].

| ドリル No.35 | Class | | No. | | Name | |
|---|---|---|---|---|---|---|

**問題 35.1**　周囲が空気である伝送線路を伝搬する波について下記を求めよ．

(1) 波の速度 $v$.

(答) $v =$ 　　　[　　].

(2) 周波数 2 [GHz] のときの波長 $\lambda$.

(答) $\lambda =$ 　　　[　　].

(3) 波長 5 [cm] のときの周波数 $f$.

(答) $f =$ 　　　[　　].

(4) 電圧が $V(x)=7\,e^{-j2x}$ [V] のときの波長 $\lambda$, 角周波数 $\omega$, 周波数 $f$. ただし $x$ の単位は [m].

(答) $\lambda =$ 　　[　　].　$\omega =$ 　　[　　].　$f =$ 　　[　　].

**問題 35.2**　周囲が比誘電率 $\epsilon_s = 2.25$ の誘電体である伝送線路を伝搬する波について下記を求めよ．

(1) 波の速度 $v$.

(答) $v =$ 　　　[　　].

(2) 周波数 2 [GHz] のときの波長 $\lambda$.

(答) $\lambda =$ 　　　[　　].

(3) 波長 5 [cm] のときの周波数 $f$.

(答) $f =$ 　　　[　　].

(4) 電圧が $V(x)=7\,e^{-j2x}$ [V] のときの波長 $\lambda$, 角周波数 $\omega$, 周波数 $f$. ただし $x$ の単位は [m].

(答) $\lambda =$ 　　[　　].　$\omega =$ 　　[　　].　$f =$ 　　[　　].

**問題 35.3**　次の場合に無損失の同軸線路の特性インピーダンス $Z_0$ を求めよ．
右図で $\dfrac{b}{a}=3.5$ とする．同軸線路の $L, C$ は $L=\dfrac{\mu}{2\pi}\ln\dfrac{b}{a}$ [H/m], $C=\dfrac{2\pi\epsilon}{\ln\frac{b}{a}}$ [F/m], $\dfrac{1}{\sqrt{\mu_0\epsilon_0}}=3\times10^8$ [m/s], $\mu_0=4\pi\times10^{-7}$ [H/m], $\ln 3.5 \fallingdotseq 1.25$ である．

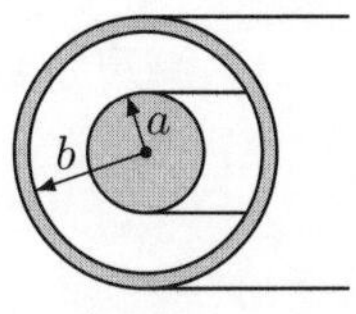


(1) 導体間が空気の場合

(答) $Z_0 =$ 　　　[　　].

(2) 導体間が比誘電率 $\epsilon_s = 2.25$ の誘電体の場合

(答) $Z_0 =$ 　　　[　　].

**問題 35.4**　電圧 $V(x,t)=6\,e^{-j0.4x}\,e^{j10^8 t}$ [V] で表される波の波長 $\lambda$ と速度 $v$ を求めよ．

(答) $\lambda =$ 　　[　　].　$v =$ 　　[　　].

**問題 35.5**　次の 2 つの波形 $V(x,t)$ の伝搬方向 ($+x$ または $-x$) と速度 $v$ を求めよ．

(1) $V(x,t)=V_0\,e^{j(\omega t+kx)}$.

（答）伝搬方向　　　　．$v=$　　　　．

(2) $V(x,t)=V_0\cos(\omega t-kx)$.

（答）伝搬方向　　　　．$v=$　　　　．

**問題 35.6**　単位長あたりの線路抵抗 $R=20\,[\Omega/\text{m}]$，自己インダクタンス $L=10^{-6}[\text{H/m}]$，漏れコンダクタンス $G=0\,[\text{S/m}]$，静電容量 $C=10^{-10}\,[\text{F/m}]$ の線路がある．角周波数 $\omega=10^9\,[\text{rad/s}]$ のとき，減衰定数 $\alpha$，位相定数 $\beta$，波長 $\lambda$，速度 $v$，特性インピーダンス $Z_0$ を求めよ．近似式 $\sqrt{1+\delta}\fallingdotseq 1+\frac{\delta}{2}$ $(|\delta|\ll 1)$ を使う．

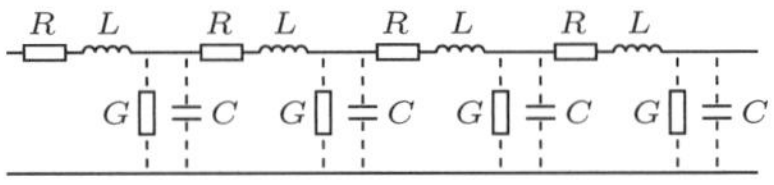


（答）$\alpha=$　　　　[　　　]．$\beta=$　　　　[　　　]．$\lambda=$　　　　[　　]．

$v=$　　　　[　　　]．$Z_0=$　　　　[　　]．

**問題 35.7**　減衰定数 $\alpha=0.1\,[\text{Np/km}]$ の線路で，電圧が半減する距離 $x_0$ を求めよ．$\ln 2\fallingdotseq 0.693$ を使う．

（答）$x_0=$　　　　[　　]．

**問題 35.8**　単位長あたりの線路抵抗 $R\,[\Omega/\text{m}]$ と静電容量 $C\,[\text{F/m}]$ だけをもつ線路の減衰定数 $\alpha$ と位相定数 $\beta$ を求めよ．角周波数は $\omega$ とする．

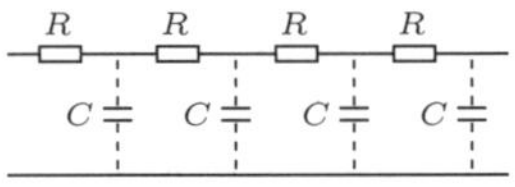


（答）$\alpha=$　　　　[　　　]．$\beta=$　　　　[　　　]．

**問題 35.9**　単位長あたりの線路抵抗 $R\,[\Omega/\text{m}]$ と漏れコンダクタンス $G\,[\text{S/m}]$ をもつ長さ $l\,[\text{m}]$ の線路の左端 $(x=-l)$ に直流電圧 $E$ を印加した．電圧 $V(x)$ と電流 $I(x)$ は方程式 $\dfrac{\mathrm{d}V}{\mathrm{d}x}=-RI$，$\dfrac{\mathrm{d}I}{\mathrm{d}x}=-GV$ を満たす．

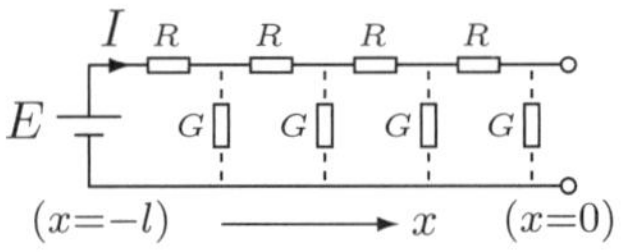


(1) 減衰定数 $\alpha$，特性インピーダンス $Z_0$，および $V(x)$ と $I(x)$ の一般解を求めよ．

（答）$\alpha=$　　　　[　　　]．$Z_0=$　　　　[　　]．$V(x)=$　　　　　　．$I(x)=$　　　　　　．

(2) 右端 $(x=0)$ 短絡時の電源電流 $I(-l)$ を求めよ．

（答）$I(-l)=$　　　　．

(3) 右端 $(x=0)$ 開放時の電源電流 $I(-l)$ を求めよ．

（答）$I(-l)=$　　　　．

| **チェック項目** | 月　日 | 月　日 |
|---|---|---|
| 分布定数回路の基本を理解している． | | |

# 6 分布定数回路 ► 6.2 伝送線路の$\boldsymbol{F}$行列と入力インピーダンス

伝送線路の$\boldsymbol{F}$行列と入力インピーダンスを計算できる．

## 双曲線関数 cosh, sinh, tanh, coth の公式

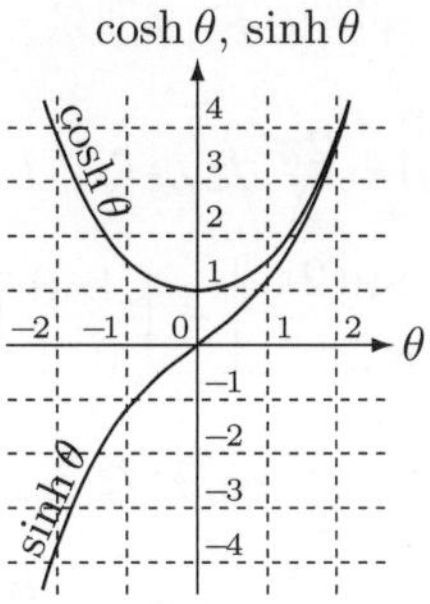


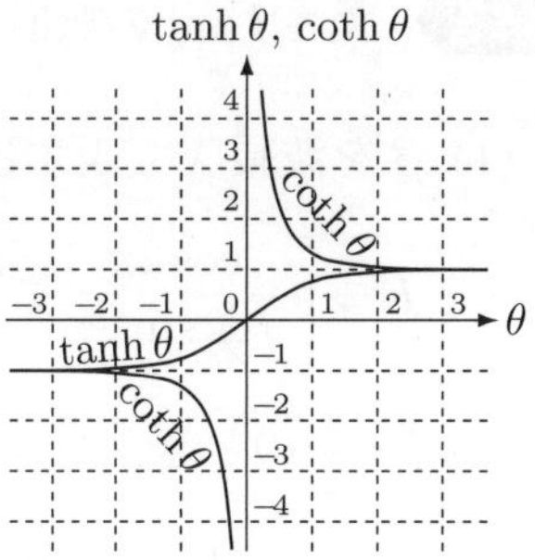


- $\cosh\theta = \dfrac{e^{\theta}+e^{-\theta}}{2}$.　$\sinh\theta = \dfrac{e^{\theta}-e^{-\theta}}{2}$.
- $\tanh\theta = \dfrac{\sinh\theta}{\cosh\theta}$.　$\coth\theta = \dfrac{\cosh\theta}{\sinh\theta}$.
- $(\cosh\theta)' = \sinh\theta$.　$(\sinh\theta)' = \cosh\theta$.
- $\cosh 0 = 1$. $\sinh 0 = \tanh 0 = 0$. $\coth 0 = \infty$.
- $\cosh(-\theta) = \cosh\theta$.　$\sinh(-\theta) = -\sinh\theta$.
- $\cosh(j\theta) = \cos\theta$.　$\sinh(j\theta) = j\sin\theta$.　$\cos(j\theta) = \cosh\theta$.　$\sin(j\theta) = j\sinh\theta$.
- $\cosh^2\theta - \sinh^2\theta = 1$.　$\cosh 2\theta = \cosh^2\theta + \sinh^2\theta = 1 + 2\sinh^2\theta$.　$\sinh 2\theta = 2\sinh\theta\cosh\theta$.

## 長さ $l$ [m] の伝送線路の$\boldsymbol{F}$行列

- $\dfrac{\mathrm{d}^2}{\mathrm{d}x^2}\cosh\gamma x = \gamma^2\cosh\gamma x$，$\dfrac{\mathrm{d}^2}{\mathrm{d}x^2}\sinh\gamma x = \gamma^2\sinh\gamma x$ なので，微分方程式 $\dfrac{\mathrm{d}^2V}{\mathrm{d}x^2} = \gamma^2 V(x)$ の解 $V(x)$ として，指数関数 $e^{\gamma x}, e^{-\gamma x}$ のかわりに，双曲線関数 $\cosh\gamma x$，$\sinh\gamma x$ が使える．

  $$V(x) = C\cosh\gamma x + D\sinh\gamma x. \qquad \cdots(1)$$

  このとき，$I(x) = -\dfrac{1}{Z}\dfrac{\mathrm{d}V}{\mathrm{d}x} = -\dfrac{C}{Z_0}\sinh\gamma x - \dfrac{D}{Z_0}\cosh\gamma x.\ \cdots(2)$

- 長さ $l$ の伝送線路の左端 $x=-l$ および右端 $x=0$ の電圧，電流を，それぞれ $V_1, I_1$ および $V_2, I_2$ とする．

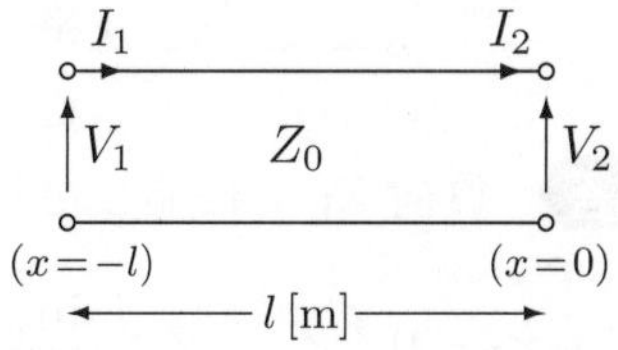


- 右端 $x=0$ で，式 (1), (2) は次のようになる．

  (1) → $V_2 = C$.

  (2) → $I_2 = -\dfrac{D}{Z_0}$.　$\therefore D = -Z_0 I_2$.

- 上式により，式 (1), (2) を書き直すと，

  (1) → $V(x) = V_2\cosh\gamma x - Z_0 I_2\sinh\gamma x$.

  (2) → $I(x) = -\dfrac{1}{Z_0}V_2\sinh\gamma x + I_2\cosh\gamma x$.

- 上式に，左端 $x=-l$ の値を代入すると，$l$ [m] の伝送線路の$\boldsymbol{F}$行列が得られる．

  $$\begin{bmatrix} V_1 \\ I_1 \end{bmatrix} = \begin{bmatrix} \cosh\gamma l & Z_0\sinh\gamma l \\ \frac{1}{Z_0}\sinh\gamma l & \cosh\gamma l \end{bmatrix}\begin{bmatrix} V_2 \\ I_2 \end{bmatrix}. \quad (\text{一般の場合})\cdots(3)$$

- 無損失線路 ($R=G=0$. → $\gamma = j\beta$) のときは，$\cosh j\beta l = \cos\beta l$，$\sinh j\beta l = j\sin\beta l$ より，

  $$\begin{bmatrix} V_1 \\ I_1 \end{bmatrix} = \begin{bmatrix} \cos\beta l & jZ_0\sin\beta l \\ j\frac{1}{Z_0}\sin\beta l & \cos\beta l \end{bmatrix}\begin{bmatrix} V_2 \\ I_2 \end{bmatrix}. \quad (\text{無損失線路})\cdots(4)$$

## $l$ [m] 先を負荷 $Z_{\mathrm{L}}$ で終端したときの入力インピーダンス $Z_{\mathrm{in}}$

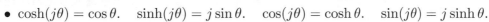

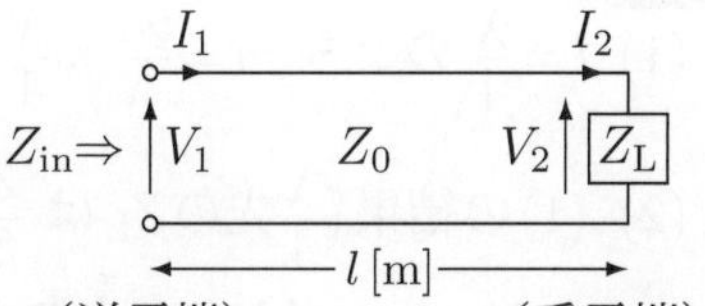


- 一般の場合は，$V_2 = Z_{\mathrm{L}} I_2$ を式(3) に代入して，

  $$Z_{\mathrm{in}} = \frac{V_1}{I_1} = Z_0\frac{Z_{\mathrm{L}}\cosh\gamma l + Z_0\sinh\gamma l}{Z_{\mathrm{L}}\sinh\gamma l + Z_0\cosh\gamma l}. \quad (\text{一般の場合})$$

- 無損失線路の場合は，$V_2 = Z_{\mathrm{L}} I_2$ を式(4) に代入して，

  $$Z_{\mathrm{in}} = \frac{V_1}{I_1} = Z_0\frac{Z_{\mathrm{L}}\cos\beta l + jZ_0\sin\beta l}{jZ_{\mathrm{L}}\sin\beta l + Z_0\cos\beta l}. \quad (\text{無損失線路})$$

**例題 36.1** 次の長さの無損失線路の $\boldsymbol{F}$ 行列を求め，$V_1, I_1$ と $V_2, I_2$ の関係式を導け．線路の特性インピーダンスを $Z_0$ とする．

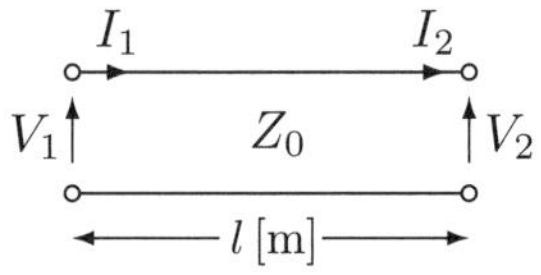


(1) 1 波長　　(2) $\frac{1}{2}$ 波長　　(3) $\frac{1}{4}$ 波長

**解答** 長さ $l$ [m] の無損失線路の $\boldsymbol{F}$ 行列は，$\boldsymbol{F}=\begin{bmatrix} \cos\beta l & jZ_0\sin\beta l \\ j\frac{1}{Z_0}\sin\beta l & \cos\beta l \end{bmatrix}$ である．

(1) $\beta$ を波長 $\lambda$ で表すと $\beta=\frac{2\pi}{\lambda}$ だから，$l=\lambda$ のとき，$\beta l=\frac{2\pi}{\lambda}\times\lambda=2\pi$ となる．したがって，

$$\boldsymbol{F}=\begin{bmatrix} \cos 2\pi & jZ_0\sin 2\pi \\ j\frac{1}{Z_0}\sin 2\pi & \cos 2\pi \end{bmatrix}=\begin{bmatrix} 1 & 0 \\ 0 & 1 \end{bmatrix}. \Rightarrow \begin{cases} V_1=V_2. \\ I_1=I_2. \end{cases}$$（左右で同電圧，同電流）

(2) $l=\frac{\lambda}{2}$ のとき，$\beta l=\frac{2\pi}{\lambda}\times\frac{\lambda}{2}=\pi$ となる．したがって，

$$\boldsymbol{F}=\begin{bmatrix} \cos\pi & jZ_0\sin\pi \\ j\frac{1}{Z_0}\sin\pi & \cos\pi \end{bmatrix}=\begin{bmatrix} -1 & 0 \\ 0 & -1 \end{bmatrix}. \Rightarrow \begin{cases} V_1=-V_2. \\ I_1=-I_2. \end{cases}$$（電圧も電流も正負が逆転）

(3) $l=\frac{\lambda}{4}$ のとき，$\beta l=\frac{2\pi}{\lambda}\times\frac{\lambda}{4}=\frac{\pi}{2}$ となる．したがって，

$$\boldsymbol{F}=\begin{bmatrix} \cos\frac{\pi}{2} & jZ_0\sin\frac{\pi}{2} \\ j\frac{1}{Z_0}\sin\frac{\pi}{2} & \cos\frac{\pi}{2} \end{bmatrix}=\begin{bmatrix} 0 & jZ_0 \\ j\frac{1}{Z_0} & 0 \end{bmatrix}. \Rightarrow \begin{cases} V_1=jZ_0I_2. \\ Z_0I_1=jV_2. \end{cases}$$（$Z_0I$ と $V$ が $j$ 倍されて交換する．）

**例題 36.2** 特性インピーダンス $Z_0$，位相定数 $\beta$，長さ $l$ の無損失線路の右端（受電端）を次のように終端したとき，左端（送電端）からみた入力インピーダンス $Z_{\text{in}}$ を求めよ．

(1) 短絡

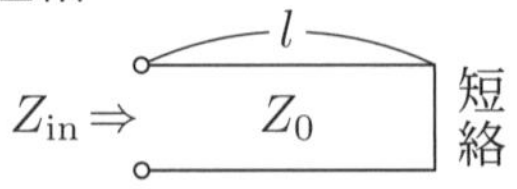


(2) 開放

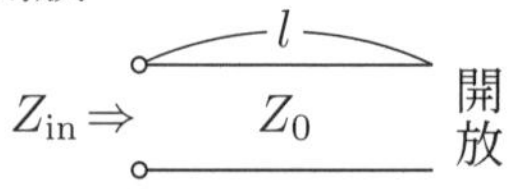


(3) $Z_0$ で終端

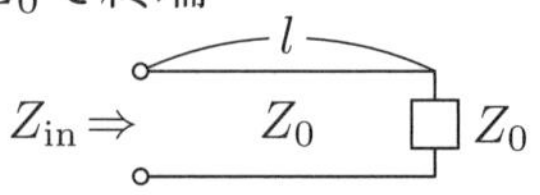


**解答** 負荷 $Z_{\text{L}}$ で終端したとき，$Z_{\text{in}}=Z_0\frac{Z_{\text{L}}\cos\beta l+jZ_0\sin\beta l}{jZ_{\text{L}}\sin\beta l+Z_0\cos\beta l}$.

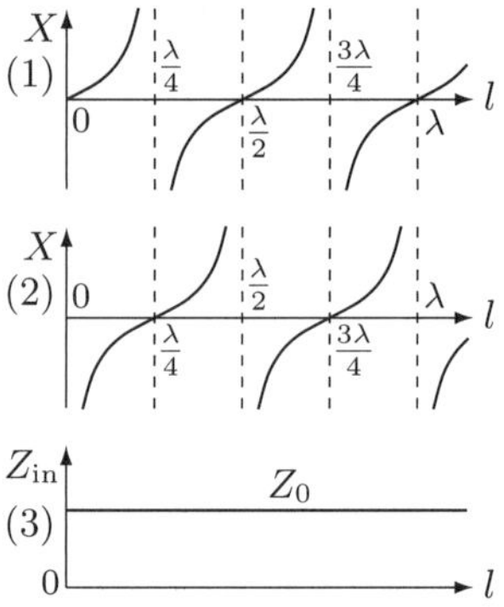


(1) $Z_{\text{L}}=0$. $Z_{\text{in}}=Z_0\frac{j\sin\beta l}{\cos\beta l}=jZ_0\tan\beta l$. リアクタンス $X=Z_0\tan\beta l$.

(2) $Z_{\text{L}}=\infty$. $Z_{\text{in}}=Z_0\frac{\cos\beta l}{j\sin\beta l}=-jZ_0\cot\beta l$.　$X=-Z_0\cot\beta l$.

(3) $Z_{\text{L}}=Z_0$. $Z_{\text{in}}=Z_0\frac{\cos\beta l+j\sin\beta l}{j\sin\beta l+\cos\beta l}=Z_0$.

【注意】(1) と (2) は電力を消費せず反射するので $Z_{\text{in}}=$純虚数 となる．
(3) のように $Z_0$ と負荷抵抗が等しい場合は，長さ $l$ に関係なく $Z_{\text{in}}=Z_0$ となる**（整合）**．

**例題 36.3** 特性インピーダンス $Z_0$，波長 $\lambda$ の下記の無損失線路を左端（送電端）からみた入力インピーダンス $Z_{\text{in}}$ を求めよ．(2) と (3) では $Z_0=100$ [Ω] とする．

(1)

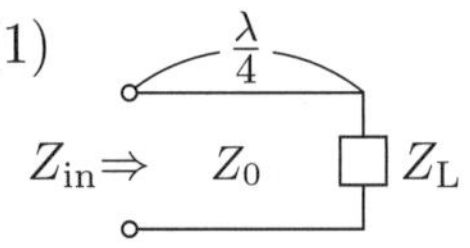


(2)

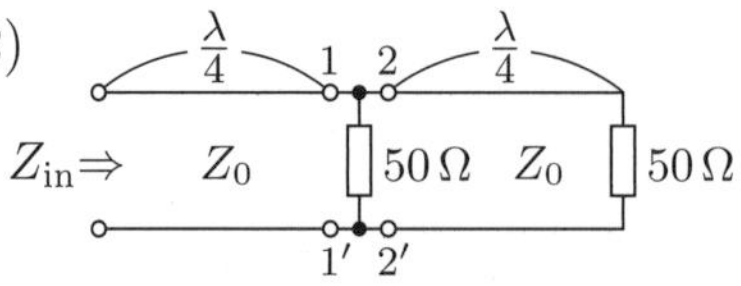


(3)

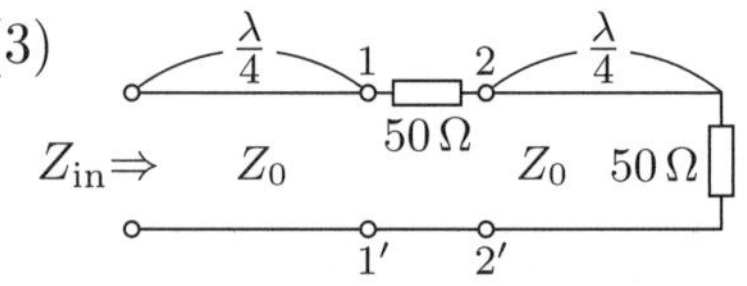


**解答**

(1) $l=\frac{\lambda}{4}$ のとき $\beta l=\frac{2\pi}{\lambda}\times\frac{\lambda}{4}=\frac{\pi}{2}$ ゆえ，$Z_{\text{in}}=Z_0\frac{Z_{\text{L}}\cos\frac{\pi}{2}+jZ_0\sin\frac{\pi}{2}}{jZ_{\text{L}}\sin\frac{\pi}{2}+Z_0\cos\frac{\pi}{2}}=Z_0\frac{0+jZ_0}{jZ_{\text{L}}+0}=\frac{Z_0^2}{Z_{\text{L}}}$.

(2) (1) の結果（$\frac{\lambda}{4}$ 先の $Z_{\text{L}}$ は $\frac{Z_0^2}{Z_{\text{L}}}$ にみえる）を使う．2-2′ から右をみたインピーダンス$=\frac{Z_0^2}{Z_{\text{L}}}=\frac{100^2}{50}=200$．1-1′ から右をみたインピーダンス $=50\,//\,200=40$．$\therefore Z_{\text{in}}=\frac{100^2}{40}=250$ [Ω].

(3) (2) と同様に，2-2′ から右をみたインピーダンス $=200$．1-1′ から右をみたインピーダンス $=50+200=250$．$\therefore Z_{\text{in}}=\frac{100^2}{250}=40$ [Ω].

| ドリル No.36 | Class | | No. | | Name | |
|---|---|---|---|---|---|---|

**問題 36.1**　次の無損失線路の$\boldsymbol{F}$行列を求め，送電端の$V_1, I_1$と受電端の$V_2, I_2$の関係式を導け．$\lambda$と$\lambda'$は波長，$Z_0$と$Z_0'$は特性インピーダンスである．

(1)
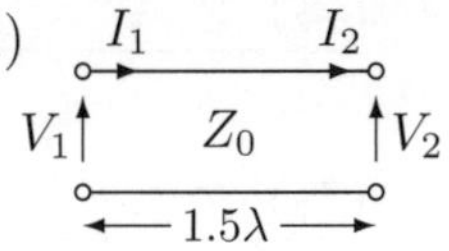


(答) $\boldsymbol{F} = \begin{bmatrix} & \end{bmatrix}$.　$V_1 =$　　　.　$I_1 =$　　　.

(2)
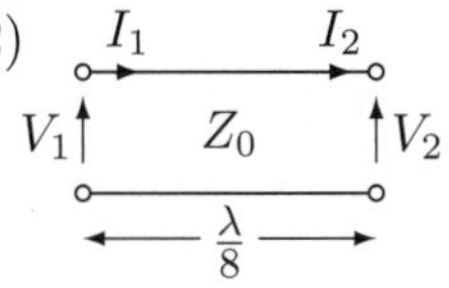


(答) $\boldsymbol{F} = \begin{bmatrix} & \end{bmatrix}$.　$V_1 =$　　　.　$I_1 =$　　　.

(3)
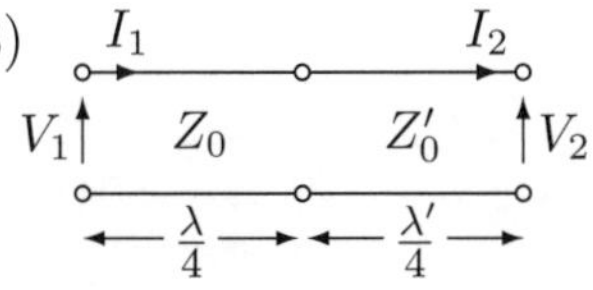


(答) $\boldsymbol{F} = \begin{bmatrix} & \end{bmatrix}$.　$V_1 =$　　　.　$I_1 =$　　　.

(4)
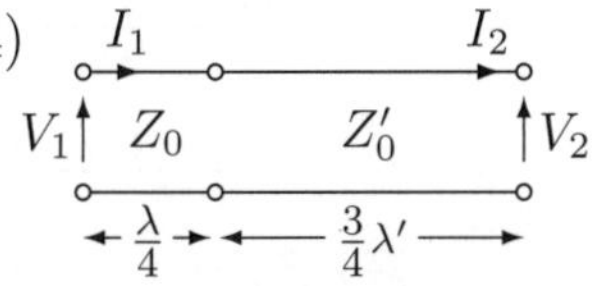


(答) $\boldsymbol{F} = \begin{bmatrix} & \end{bmatrix}$.　$V_1 =$　　　.　$I_1 =$　　　.

**問題 36.2**　特性インピーダンス$Z_0 = 100\,[\Omega]$，波長$\lambda$の無損失線路の送電端に$30\angle 0°\,[\mathrm{V}]$の電源を接続し，受電端を次のようにした．送電端の電流$I_1$と受電端の電流$I_2$および電圧$V_2$を求めよ．

(1)
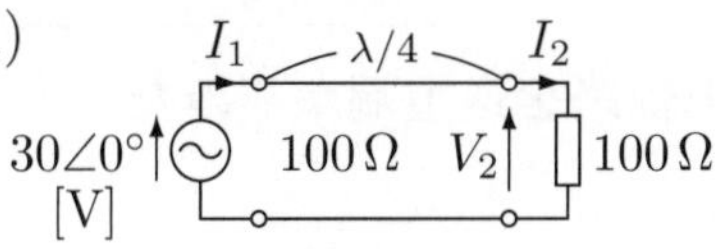


(答) $I_1 =$　　$\angle$　　[　]．$I_2 =$　　$\angle$　　[　]．$V_2 =$　　$\angle$　　[　].

(2)
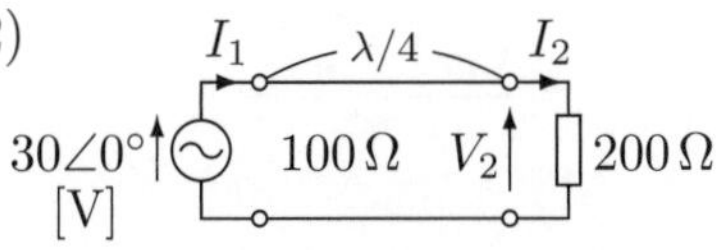


(答) $I_1 =$　　$\angle$　　[　]．$I_2 =$　　$\angle$　　[　]．$V_2 =$　　$\angle$　　[　].

(3)
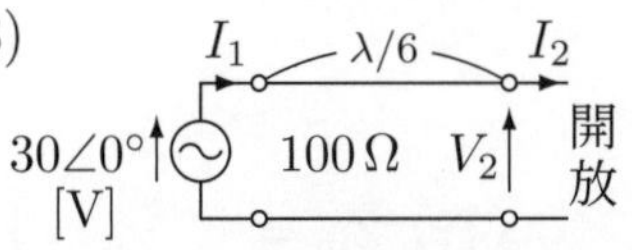


(答) $I_1 =$　　$\angle$　　[　]．$I_2 =$　　$\angle$　　[　]．$V_2 =$　　$\angle$　　[　].

(4)
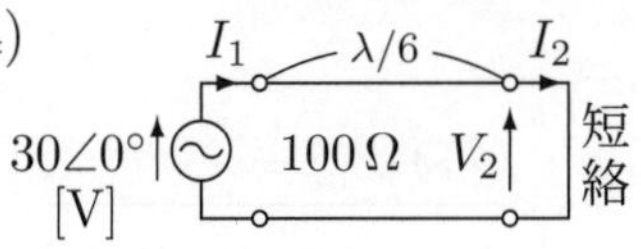


(答) $I_1 =$　　$\angle$　　[　]．$I_2 =$　　$\angle$　　[　]．$V_2 =$　　$\angle$　　[　].

**問題 36.3**　特性インピーダンス$Z_0$，伝搬定数$\gamma$，長さ$l$の伝送線路と等価なT形回路を求めよ．

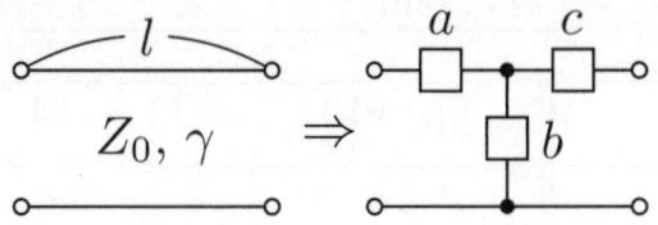


(答) $a =$　　　．$b =$　　　．$c =$　　　.

**問題 36.4**　特性インピーダンス$Z_0$，長さ$l$の無損失線路を負荷$Z_L$で終端した．次の場合に送電端からみた入力インピーダンス$Z_{in}$を求めよ．

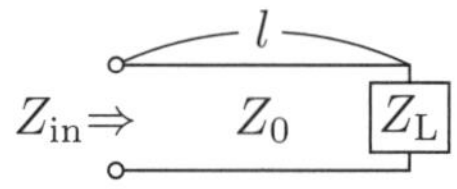


(1) $l=1$ 波長．

（答）$Z_{in}=$　　　　　．

(2) $l=\frac{1}{2}$ 波長．

（答）$Z_{in}=$　　　　　．

(3) $l=\frac{1}{4}$ 波長．

（答）$Z_{in}=$　　　　　．

(4) $l=\frac{1}{8}$ 波長．

（答）$Z_{in}=$　　　　　．

**問題 36.5**　特性インピーダンス 50 [Ω]，長さ$\frac{1}{4}$波長の無損失線路を負荷$Z_L$で終端した．次の場合に送電端からみた入力インピーダンス$Z_{in}$を求めよ．

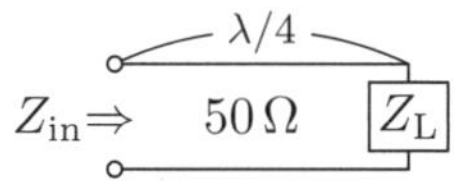


(1) $Z_L=0$ [Ω]（短絡）．

（答）$Z_{in}=$　　　　[　]．

(2) $Z_L=25$ [Ω]．

（答）$Z_{in}=$　　　　[　]．

(3) $Z_L=50$ [Ω]．

（答）$Z_{in}=$　　　　[　]．

(4) $Z_L=100$ [Ω]．

（答）$Z_{in}=$　　　　[　]．

(5) $Z_L=\infty$ [Ω]（開放）．

（答）$Z_{in}=$　　　　[　]．

**問題 36.6**　特性インピーダンス 60 [Ω]，波長$\lambda$の下記の無損失線路を送電端からみた入力インピーダンス$Z_{in}$を求めよ．

(1)

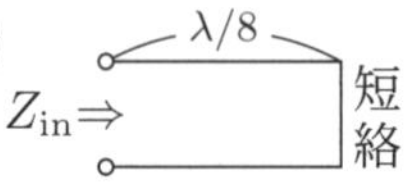


（答）$Z_{in}=$　　　　[　]．

(2)

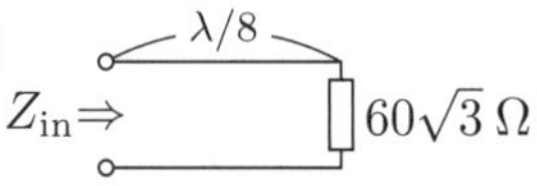


（答）$Z_{in}=$　　　　[　]．

(3)

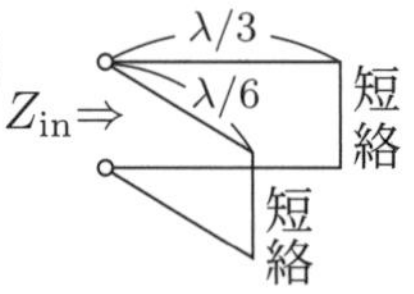


（答）$Z_{in}=$　　　　[　]．

(4)

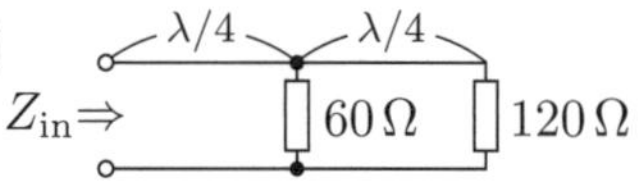


（答）$Z_{in}=$　　　　[　]．

(5)

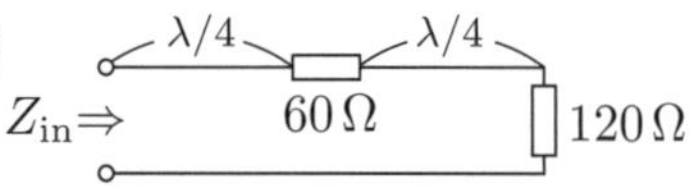


（答）$Z_{in}=$　　　　[　]．

| **チェック項目** | 月　日 | 月　日 |
|---|---|---|
| 伝送線路の$\boldsymbol{F}$行列と入力インピーダンスを計算できる． | | |

反射波・透過波と定在波比を計算できる．

【注意】本節では，無損失線路($R=G=0$, $\gamma=j\beta$, $Z_0=\sqrt{L/C}=$実数)を扱う．

## 反射係数 Γ と透過係数

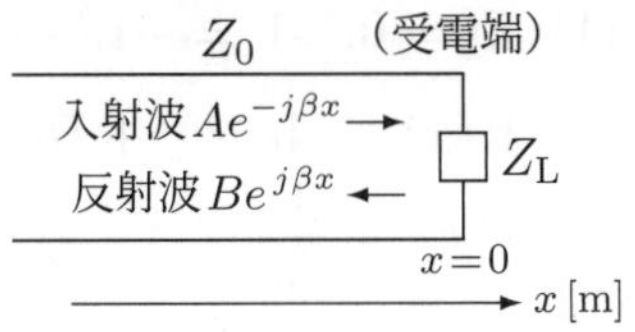


- 受電端($x=0$)に負荷 $Z_L$ を接続した場合を考える．
- 線路上の電圧と電流 $\begin{cases} V(x) = \overbrace{A\,e^{-j\beta x}}^{\text{入射波}} + \overbrace{B\,e^{j\beta x}}^{\text{反射波}}. & \cdots (1) \\ I(x) = \dfrac{A}{Z_0}e^{-j\beta x} - \dfrac{B}{Z_0}e^{j\beta x}. & \cdots (2) \end{cases}$
- $x=0$ で，$Z_L = \dfrac{V(0)}{I(0)} = Z_0\dfrac{A+B}{A-B}$. → $(Z_L - Z_0)A = (Z_L + Z_0)B$.

　→ **反射係数** $\Gamma = \dfrac{B}{A} = \dfrac{Z_L - Z_0}{Z_L + Z_0}$.　一般に $\Gamma$ は複素数で $|\Gamma| \leqq 1$. → $|B| \leqq |A|$.

- $Z_L = Z_0$ のとき，$\Gamma = 0$. → 反射波は無く，入射波はすべて $Z_L$ に吸収される(**整合**).

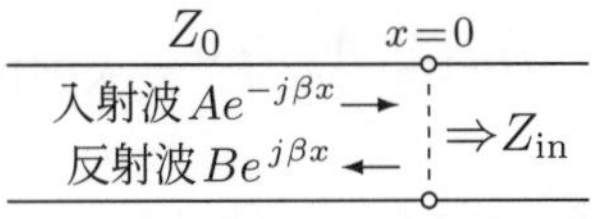


- 受電端でなくても，その点から右側をみた入力インピーダンスを $Z_{in}$ とすれば，その点の反射係数 $\Gamma = \dfrac{Z_{in} - Z_0}{Z_{in} + Z_0}$.

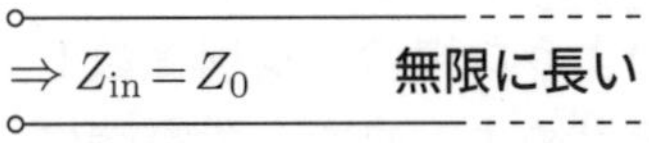


- **無限長線路**の場合，負荷が無いから反射も無く $\Gamma = 0$.
  → 無限長線路の入力インピーダンス $Z_{in} = Z_0$.

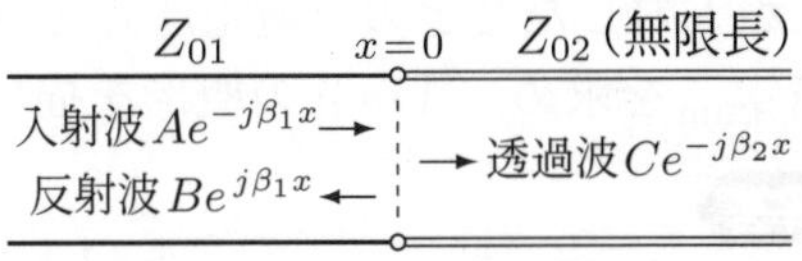


- 特性インピーダンス $Z_{01}, Z_{02}$ の線路($Z_{02}$ は無限長)が $x=0$ で接続しているとき，$x=0$ において，
  $\begin{cases} \text{入射電圧}\ A + \text{反射電圧}\ B = \text{透過電圧}\ C. \\ \text{入射電流}\ \dfrac{A}{Z_{01}} - \text{反射電流}\ \dfrac{B}{Z_{01}} = \text{透過電流}\ \dfrac{C}{Z_{02}}. \end{cases}$

　→ **反射係数** $\Gamma = \dfrac{B}{A} = \dfrac{Z_{02} - Z_{01}}{Z_{02} + Z_{01}}$.　**電圧透過係数** $\dfrac{C}{A} = \dfrac{A+B}{A} = 1 + \Gamma = \dfrac{2Z_{02}}{Z_{02} + Z_{01}}$.

## 伝送線路上の電圧 $|V|$, 電流 $|I|$ と定在波比 $\rho$

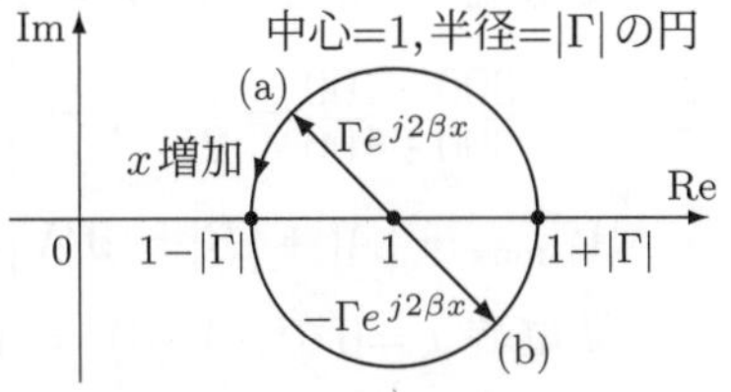


- $B = \Gamma A$ を式(1),(2)に代入して，
  $\begin{cases} V(x) = Ae^{-j\beta x} + Be^{j\beta x} = Ae^{-j\beta x}\overbrace{\left(1 + \Gamma e^{j2\beta x}\right)}^{(a)}. \\ I(x) = \dfrac{A}{Z_0}e^{-j\beta x} - \dfrac{B}{Z_0}e^{j\beta x} = \dfrac{A}{Z_0}e^{-j\beta x}\underbrace{\left(1 - \Gamma e^{j2\beta x}\right)}_{(b)}. \end{cases}$

  上式の(a),(b)は，中心=1, 半径=$|\Gamma|$ の円上を，$x$ の増加とともに反時計方向へ回り，その最大値は $1+|\Gamma|$，最小値は $1-|\Gamma|$ となる．(a),(b)は互いに円の反対側に位置し，一方が最大値 $1+|\Gamma|$ のとき他方は最小値 $1-|\Gamma|$ となる．したがって，

- **電圧の最大値** $|V|_{max} = |A|(1+|\Gamma|) = |A| + |B|$，**最小値** $|V|_{min} = |A|(1-|\Gamma|) = |A| - |B|$.
- **電流の最大値** $|I|_{max} = \dfrac{|A|}{Z_0}(1+|\Gamma|) = \dfrac{|A|+|B|}{Z_0}$，**最小値** $|I|_{min} = \dfrac{|A|}{Z_0}(1-|\Gamma|) = \dfrac{|A|-|B|}{Z_0}$.

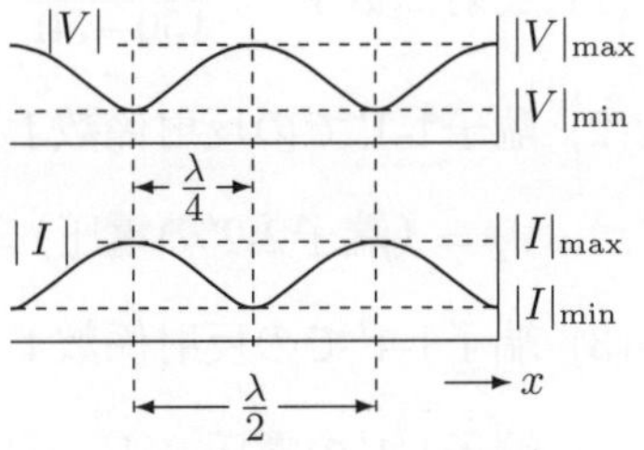


- $|V|$ 最大時に $|I|$ は最小，$|V|$ 最小時に $|I|$ は最大．
  **最大点と最小点の間隔**は $x = \dfrac{\lambda}{4}$.（$\because\ 2\beta x = \pi$ [rad]）
- **定在波比** $\rho = \dfrac{|V|_{max}}{|V|_{min}} = \dfrac{|I|_{max}}{|I|_{min}} = \dfrac{|A|+|B|}{|A|-|B|} = \dfrac{1+|\Gamma|}{1-|\Gamma|}$.

　→ $|\Gamma| = \dfrac{\rho - 1}{\rho + 1}$.　$\dfrac{|V|_{max}}{|I|_{max}} = \dfrac{|V|_{min}}{|I|_{min}} = Z_0$.

**例題 37.1** 次の場合の反射係数$\Gamma$，定在波比$\rho$，電圧$V(x)$，電流$I(x)$を求めよ．ただし，伝送線路の特性インピーダンスを$Z_0$，入射波の電圧を$Ae^{-j\beta x}$，受電端の位置を$x=0$とする．

(1) 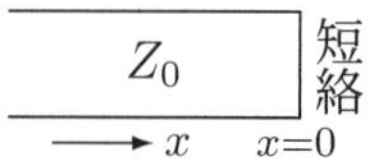


(2) 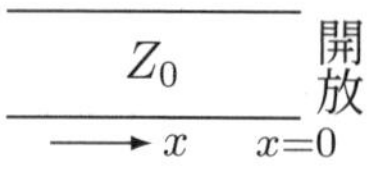


(3) 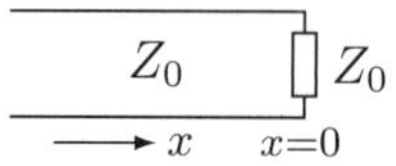


**解答** 公式 $\Gamma=\dfrac{Z_L-Z_0}{Z_L+Z_0}$，$\rho=\dfrac{1+|\Gamma|}{1-|\Gamma|}$ を使う．

(1) $Z_L=0$． $\Gamma=-1$． $\rightarrow B=\Gamma A=-A$． $\rho=\dfrac{1+1}{1-1}=\infty$．

$V(x)=Ae^{-j\beta x}+Be^{j\beta x}=A(e^{-j\beta x}-e^{j\beta x})=-j2A\sin\beta x$．

$I(x)=\dfrac{A}{Z_0}e^{-j\beta x}-\dfrac{B}{Z_0}e^{j\beta x}=\dfrac{A}{Z_0}(e^{-j\beta x}+e^{j\beta x})=\dfrac{2A}{Z_0}\cos\beta x$．

受電端が電力を消費しないため，入射波は全反射し**定在波**となる．

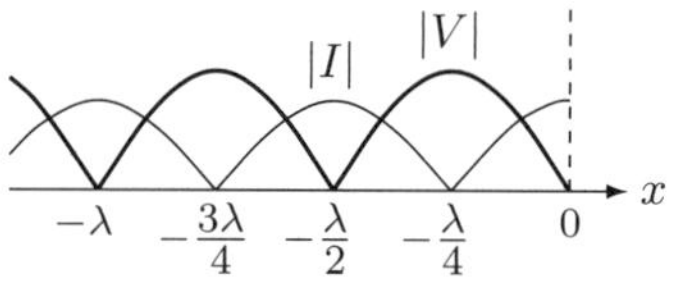


(2) $Z_L=\infty$． $\Gamma=1$． $\rightarrow B=\Gamma A=A$． $\rho=\dfrac{1+1}{1-1}=\infty$．

$V(x)=A(e^{-j\beta x}+e^{j\beta x})=2A\cos\beta x$．

$I(x)=\dfrac{A}{Z_0}(e^{-j\beta x}-e^{j\beta x})=-j\dfrac{2A}{Z_0}\sin\beta x$． **定在波**となる．

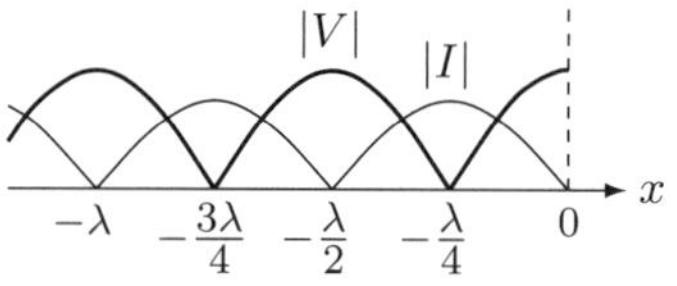


(3) $Z_L=Z_0$． $\Gamma=0$． $\rightarrow B=0$． $\rho=\dfrac{1+0}{1-0}=1$． $V(x)=Ae^{-j\beta x}$．

$I(x)=\dfrac{A}{Z_0}e^{-j\beta x}$． 入射波は負荷に吸収され，反射しない**（整合）**．

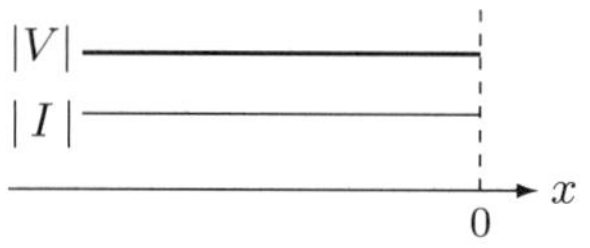


**例題 37.2** 特性インピーダンス$Z_0=100\,[\Omega]$，波長$\lambda=20\,[\text{cm}]$の伝送線路の受電端$x=0$が次のような場合，反射係数$\Gamma$と定在波比$\rho$を求めよ．また，受電端に$A=6\,[\text{V}]$の電圧が入射したときの反射電圧$B$と$|V|_{\max}$，$|V|_{\min}$を求め，$|V(x)|$の概形を描け．

(1) 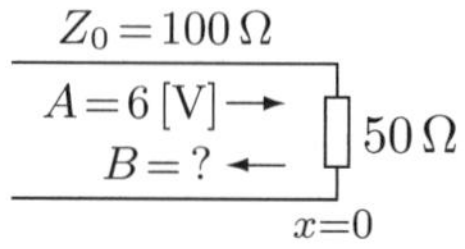


(2) 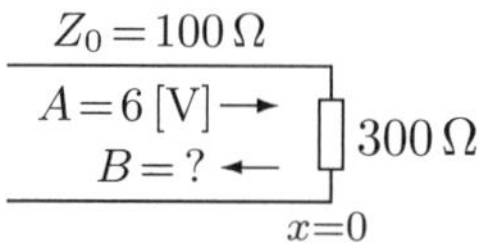


**解答**

(1) $\Gamma=\dfrac{50-100}{50+100}=-\dfrac{1}{3}$． $\rho=\dfrac{1+\frac{1}{3}}{1-\frac{1}{3}}=2$． $B=-\dfrac{1}{3}\times 6=-2\,[\text{V}]$．

$|V|_{\max}=|A|+|B|=8\,[\text{V}]$． $|V|_{\min}=|A|-|B|=4\,[\text{V}]$．

受電端$x=0$で，$V(0)=A+B=6-2=4\,[\text{V}]$．

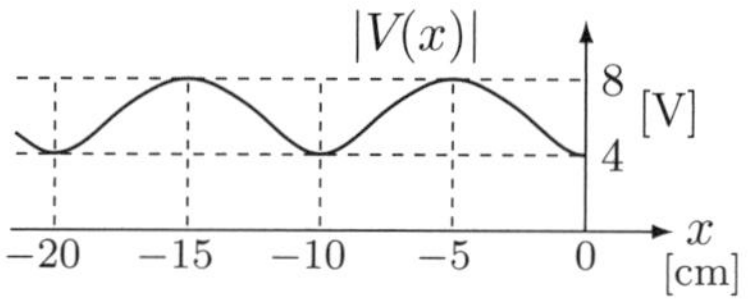


(2) $\Gamma=\dfrac{300-100}{300+100}=\dfrac{1}{2}$． $\rho=\dfrac{1+\frac{1}{2}}{1-\frac{1}{2}}=3$． $B=\dfrac{1}{2}\times 6=3\,[\text{V}]$．

$|V|_{\max}=|A|+|B|=9\,[\text{V}]$． $|V|_{\min}=|A|-|B|=3\,[\text{V}]$．

受電端$x=0$で，$V(0)=A+B=6+3=9\,[\text{V}]$．

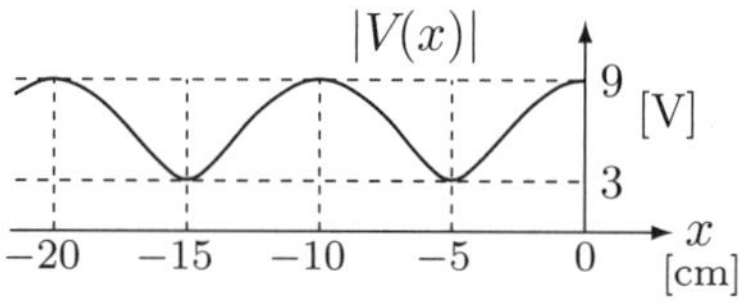


**例題 37.3** 特性インピーダンス$Z_{01}=50\,[\Omega]$と$Z_{02}=150\,[\Omega]$の線路が次のように接続され，接続点に電圧$V_1=30\,[\text{V}]$が入射した．反射電圧$V_1'$と$Z_{02}$への透過電圧$V_2$を求めよ．（$Z_{02}$は無限長）

(1) 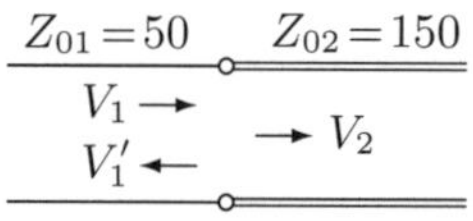


(2) 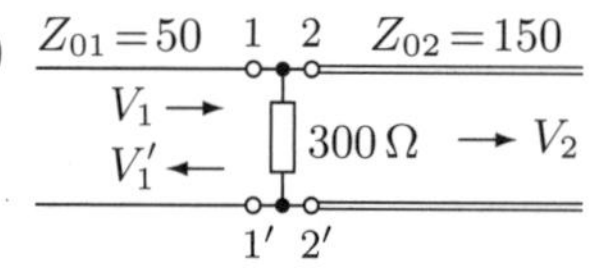


(3) 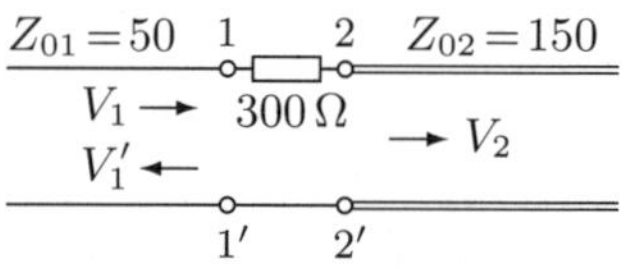


**解答**

(1) 反射係数 $\Gamma=\dfrac{150-50}{150+50}=\dfrac{1}{2}$． $V_1'=\Gamma V_1=\dfrac{1}{2}\times 30=15\,[\text{V}]$． $V_2=V_1+V_1'=30+15=45\,[\text{V}]$．

(2) 端子1-1′での反射係数 $\Gamma=\dfrac{(300/\!/150)-50}{(300/\!/150)+50}=\dfrac{100-50}{100+50}=\dfrac{1}{3}$． $V_1'=\Gamma V_1=\dfrac{1}{3}\times 30=10\,[\text{V}]$．

$V_2=$（端子2-2′の電圧）$=$（端子1-1′の電圧）$=V_1+V_1'=30+10=40\,[\text{V}]$．

(3) 端子1-1′での反射係数 $\Gamma=\dfrac{(300+150)-50}{(300+150)+50}=\dfrac{450-50}{450+50}=\dfrac{4}{5}$． $V_1'=\Gamma V_1=\dfrac{4}{5}\times 30=24\,[\text{V}]$．

端子1-1′の電圧 $=V_1+V_1'=30+24=54\,[\text{V}]$． 分圧より，$V_2=\dfrac{150}{300+150}\times 54=18\,[\text{V}]$．

| ドリル No.37 | Class | | No. | | Name | |
|---|---|---|---|---|---|---|

**問題 37.1**　特性インピーダンス $Z_0=40\,[\Omega]$，波長 $\lambda=80\,[\mathrm{cm}]$ の伝送線路の受電端 $x=0$ が次のような場合，反射係数 $\Gamma$ と定在波比 $\rho$ を求めよ．また，受電端に $A=5\,[\mathrm{V}]$ の電圧が入射したときの反射電圧 $B$ と $|V|_{\max}$，$|V|_{\min}$ を求め，$|V(x)|$ の概形を描け．

(1)
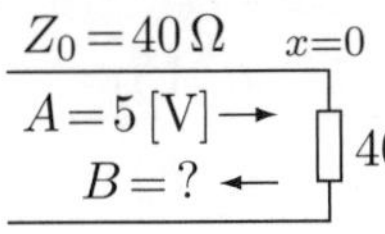

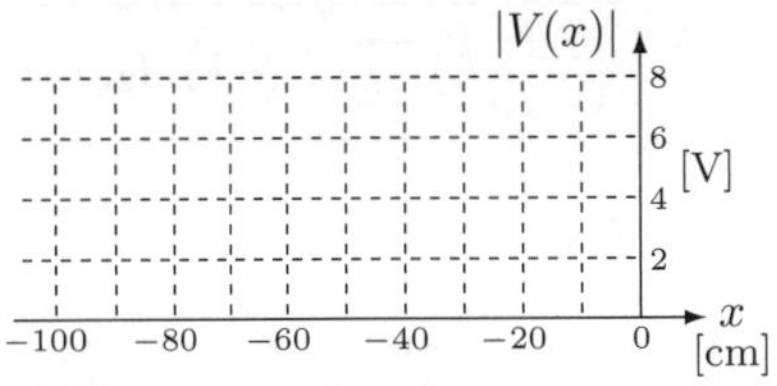


(答) $\Gamma=$　　．$\rho=$　　．$B=$　　[　]．$|V|_{\max}=$　　[　]．$|V|_{\min}=$　　[　]．

(2)
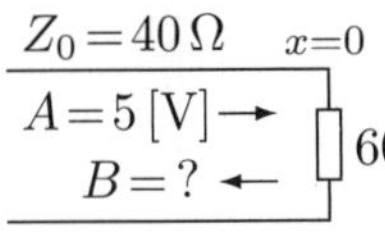

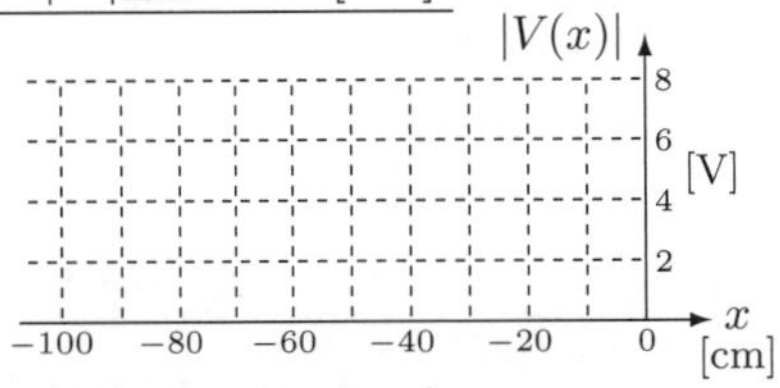


(答) $\Gamma=$　　．$\rho=$　　．$B=$　　[　]．$|V|_{\max}=$　　[　]．$|V|_{\min}=$　　[　]．

(3)
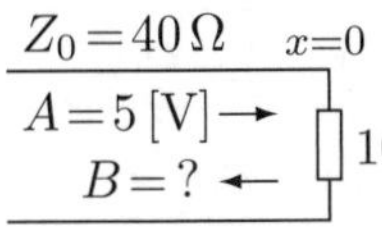

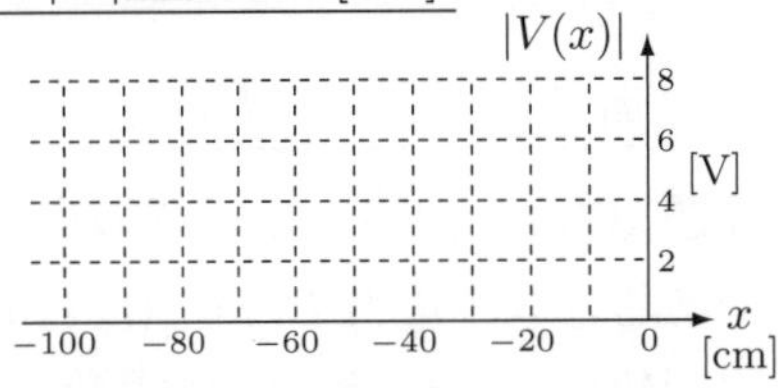


(答) $\Gamma=$　　．$\rho=$　　．$B=$　　[　]．$|V|_{\max}=$　　[　]．$|V|_{\min}=$　　[　]．

(4)
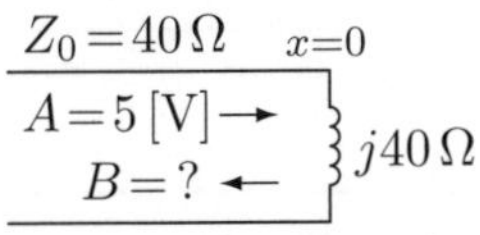

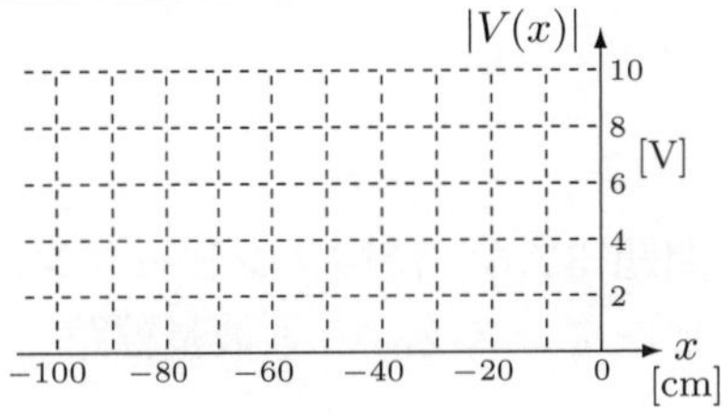


(答) $\Gamma=$　　．$\rho=$　　．$B=$　　[　]．$|V|_{\max}=$　　[　]．$|V|_{\min}=$　　[　]．

**問題 37.2**　特性インピーダンス $Z_{01}$ と $Z_{02}$ の線路が次のように接続され，接続点に電圧 $V_1=10\,[\mathrm{V}]$ が入射した．反射電圧 $V_1'$，$Z_{02}$ への透過電圧 $V_2$，$Z_{01}$ 上の $|V|_{\max}$，$|V|_{\min}$ を求めよ．($Z_{02}$ は無限長)

(1)
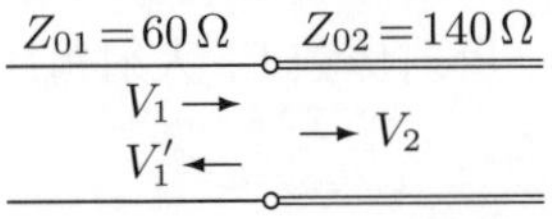


(答) $V_1'=$　　[　]．$V_2=$　　[　]．$|V|_{\max}=$　　[　]．$|V|_{\min}=$　　[　]．

(2)
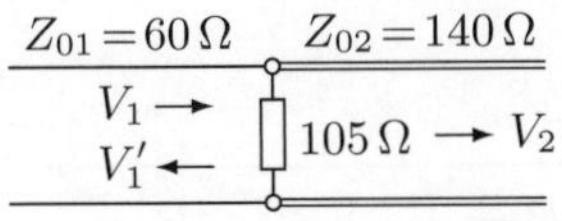


(答) $V_1'=$　　[　]．$V_2=$　　[　]．$|V|_{\max}=$　　[　]．$|V|_{\min}=$　　[　]．

(3)
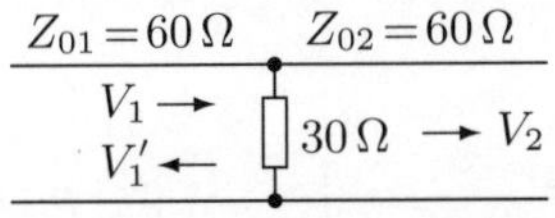


(答) $V_1'=$　　[　]．$V_2=$　　[　]．$|V|_{\max}=$　　[　]．$|V|_{\min}=$　　[　]．

(4)
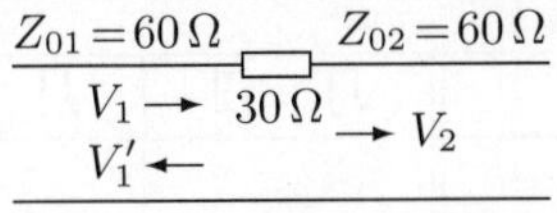


(答) $V_1'=$　　[　]．$V_2=$　　[　]．$|V|_{\max}=$　　[　]．$|V|_{\min}=$　　[　]．

**問題 37.3**　特性インピーダンス$Z_{01}$と$Z_{02}$の線路が次のように接続され，接続点に電圧$V_1=60$ [V] が入射した．反射電圧$V_1'$，透過電圧$V_2$，入射電流$I_1$，反射電流$I_1'$，透過電流$I_2$，入射電力$P_1$，反射電力$P_1'$，透過電力$P_2$を求めよ．($Z_{02}$は無限長線路とし，$I_1'$と$P_1'$は左方向を正方向とする)

(1) 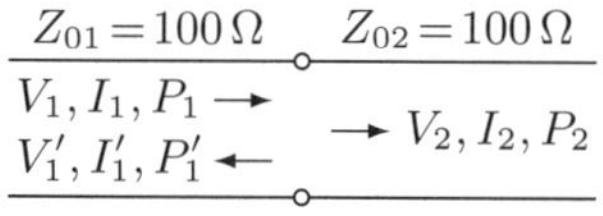


(答) $V_1'=$ [ ]. $V_2=$ [ ].

$I_1=$ [ ]. $I_1'=$ [ ]. $I_2=$ [ ]. $P_1=$ [ ]. $P_1'=$ [ ]. $P_2=$ [ ].

(2) 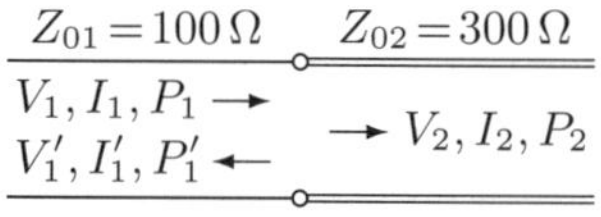


(答) $V_1'=$ [ ]. $V_2=$ [ ].

$I_1=$ [ ]. $I_1'=$ [ ]. $I_2=$ [ ]. $P_1=$ [ ]. $P_1'=$ [ ]. $P_2=$ [ ].

(3) 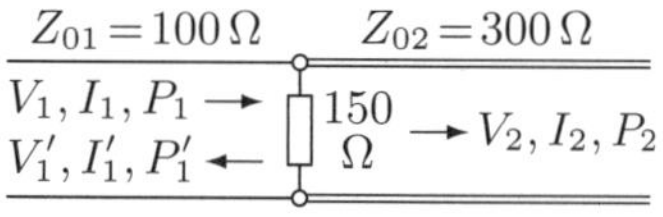


(答) $V_1'=$ [ ]. $V_2=$ [ ].

$I_1=$ [ ]. $I_1'=$ [ ]. $I_2=$ [ ]. $P_1=$ [ ]. $P_1'=$ [ ]. $P_2=$ [ ].

**問題 37.4**　線路上の任意の点$x$の電圧と電流が$V(x)=Ae^{-j\beta x}+Be^{j\beta x}$, $I(x)=\frac{A}{Z_0}e^{-j\beta x}-\frac{B}{Z_0}e^{j\beta x}$であるとき，電力$P(x)=\mathrm{Re}\,(V\bar{I})$を$A, B, Z_0$で表せ．次に，$|V|_{\max}$, $|V|_{\min}$を使って表せ．$A, B$は複素数のフェーザ，$Z_0$は実数である．

(答) $P(x)=$ .

**問題 37.5**　特性インピーダンス$Z_{01}=100$ [Ω] の伝送線路と$R=400$ [Ω] の負荷の間に，特性インピーダンス$Z_{02}$の$\frac{1}{4}$波長線路を挿入して整合を取りたい．$Z_{02}$を求めよ．

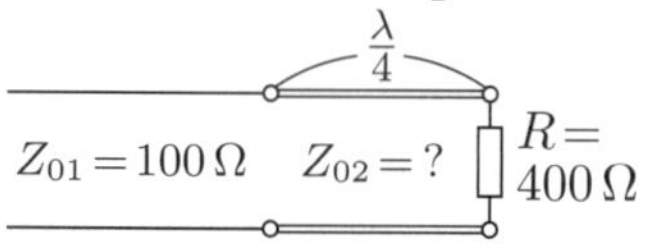


(答) $Z_{02}=$ [ ].

**問題 37.6**　特性インピーダンス$Z_0=300$ [Ω] の線路の受電端$x=0$に抵抗$R$を接続したとき，線路上の電圧$|V(x)|$が次のようになった．波長$\lambda$，周波数$f$，定在波比$\rho$，反射係数$\Gamma$，入射電圧$A$，反射電圧$B$，抵抗値$R$を求めよ．$A$は正の実数，線路の周囲は空気とする．

(1) 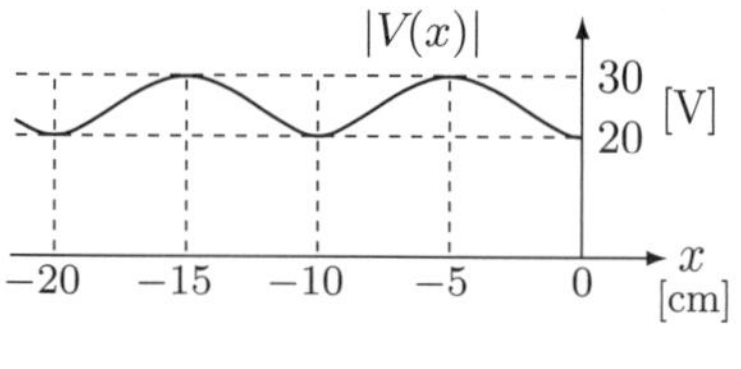


(答) $\lambda=$ [ ]. $f=$ [ ]. $\rho=$ .

$\Gamma=$ . $A=$ [ ]. $B=$ [ ]. $R=$ [ ].

(2) 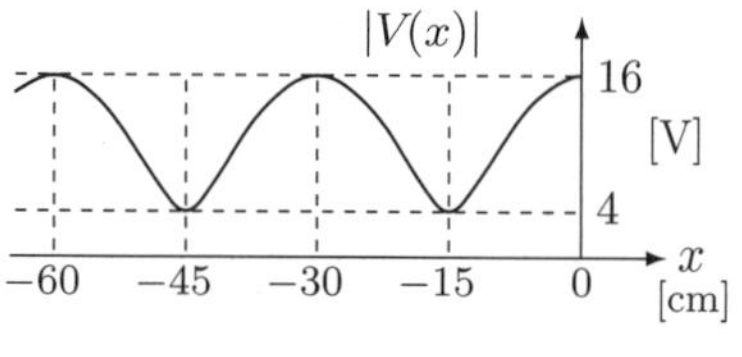


(答) $\lambda=$ [ ]. $f=$ [ ]. $\rho=$ .

$\Gamma=$ . $A=$ [ ]. $B=$ [ ]. $R=$ [ ].

| チェック項目 | 月　日 | 月　日 |
|---|---|---|
| 反射波・透過波と定在波比を計算できる． | | |

スミスチャートを使用できる.

【注意】本節でも無損失線路($\gamma = j\beta$, $Z_0 =$ 実数)を扱う.

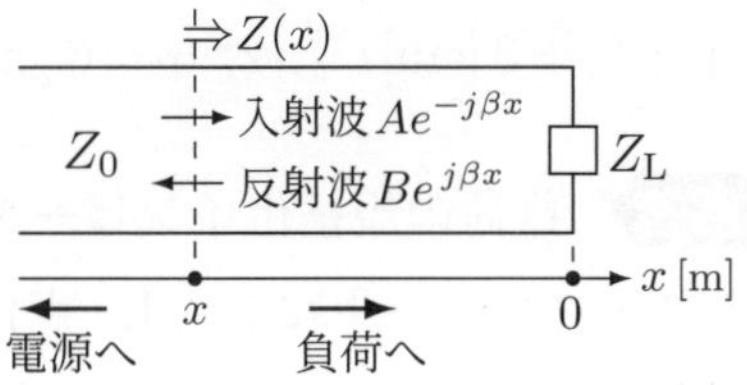


**点 $x$ における反射係数 $\Gamma(x)$ とインピーダンス $Z(x)$**

- 線路上の電圧 $V(x)$ と電流 $I(x)$:

$$V(x) = \overbrace{Ae^{-j\beta x}}^{入射波} + \overbrace{Be^{j\beta x}}^{反射波}, \quad I(x) = \overbrace{\frac{A}{Z_0}e^{-j\beta x}}^{入射波} - \overbrace{\frac{B}{Z_0}e^{j\beta x}}^{反射波}. \cdots (1)$$

- $x=0$ で,反射係数 $\Gamma = \left.\dfrac{反射波}{入射波}\right|_{x=0} = \dfrac{B}{A}$,$Z_L = \dfrac{V(0)}{I(0)} \overset{(1)}{=} Z_0\dfrac{A+B}{A-B} = Z_0\dfrac{1+\frac{B}{A}}{1-\frac{B}{A}} = Z_0\dfrac{1+\Gamma}{1-\Gamma}$.

- 任意の点 $x$ では,反射係数 $\Gamma(x) = \left.\dfrac{反射波}{入射波}\right|_{点x} = \dfrac{Be^{j\beta x}}{Ae^{-j\beta x}} = \Gamma e^{j2\beta x} \cdots (2)$ であり,

インピーダンス $Z(x) = \dfrac{V(x)}{I(x)} \overset{(1)}{=} Z_0\dfrac{Ae^{-j\beta x}+Be^{j\beta x}}{Ae^{-j\beta x}-Be^{j\beta x}} = Z_0\dfrac{1+\frac{Be^{j\beta x}}{Ae^{-j\beta x}}}{1-\frac{Be^{j\beta x}}{Ae^{-j\beta x}}} \overset{(2)}{=} Z_0\dfrac{1+\Gamma(x)}{1-\Gamma(x)}$.

- 式(2)より,$\Gamma(x)$ は複素平面上で中心 0, 半径 $|\Gamma|$ ($|\Gamma| \leqq 1$) の円上にあり,$x$ が増加(負荷方向へ移動)すると反時計方向,$x$ が減少(電源方向へ移動)すると時計方向に回る.$x$ が $\frac{\lambda}{2}$ だけ動くと,回転角 $2\beta x = 2\cdot\frac{2\pi}{\lambda}\cdot\frac{\lambda}{2} = 2\pi$ ゆえ,円を一周する.

- **規格化インピーダンス** $\hat{Z}(x) = \dfrac{Z(x)}{Z_0} = \dfrac{1+\Gamma(x)}{1-\Gamma(x)} \cdots (3)$ と置く.

- $|V(x)| \overset{(1)}{=} \left|Ae^{-j\beta x}\left(1+\frac{Be^{j\beta x}}{Ae^{-j\beta x}}\right)\right| \overset{(2)}{=} |A|\,|1+\Gamma(x)|$ ゆえ,

$\Gamma(x) = |\Gamma|$ のとき,$|V|_{\max} = |A|(1+|\Gamma|)$,$\hat{Z}(x) \overset{(3)}{=} \dfrac{1+|\Gamma|}{1-|\Gamma|} = \rho$.

$\Gamma(x) = -|\Gamma|$ のとき,$|V|_{\min} = |A|(1-|\Gamma|)$,$\hat{Z}(x) \overset{(3)}{=} \dfrac{1-|\Gamma|}{1+|\Gamma|} = \dfrac{1}{\rho}$.

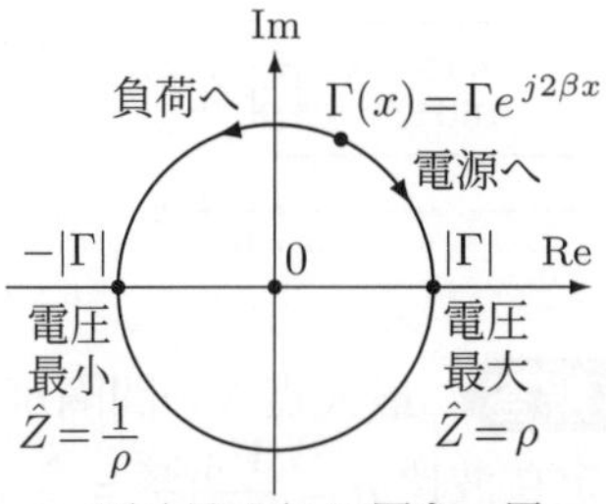


$\Gamma(x)$ は $\lambda/2$ で円を一周.

**[$\Gamma(x)$ 平面]**

**スミスチャート**

- 式(3)より $\Gamma(x)$ と $\hat{Z}(x)$ は一対一対応するので,$\hat{Z}(x) = \hat{R} + j\hat{X}$ と置き,$\Gamma(x)$ 平面($|\Gamma(x)| \leqq 1$)に $\hat{R}$ と $\hat{X}$ の等高線を描けば,$\hat{Z}(x)$ から $\Gamma(x)$ が得られる(**スミスチャート**).

- $x$ が負荷方向または電源方向に動くと,$\Gamma(x)$ は反時計方向または時計方向に回る.

- $x$ が $\frac{\lambda}{2}$ 動くと $\Gamma(x)$ は一周する.

- $x$ が $\frac{\lambda}{4}$ 動くと,$\Gamma(x)$ は半周して,$\Gamma(x \pm \frac{\lambda}{4}) = -\Gamma(x)$.式(3)より,$\hat{Z}(x \pm \frac{\lambda}{4}) = \dfrac{1-\Gamma(x)}{1+\Gamma(x)} = \dfrac{1}{\hat{Z}(x)}$ ゆえ,$\hat{Z}(x)$ は逆数になる.

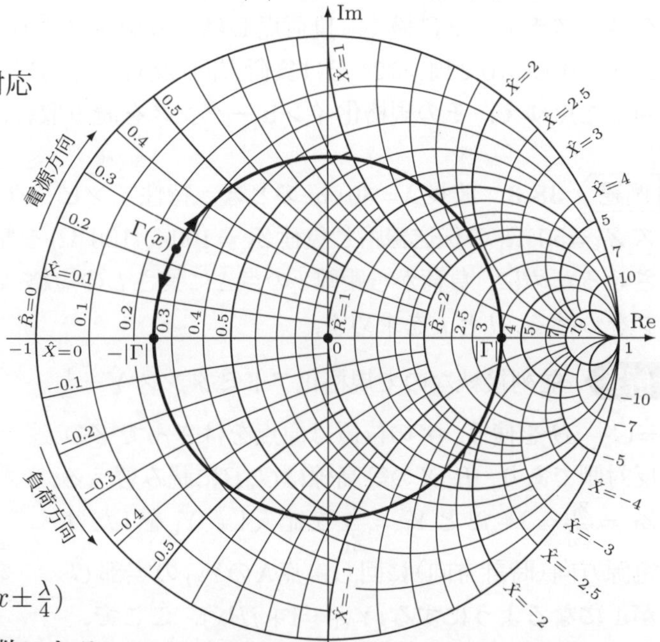


**スミスチャートと $\Gamma(x)$**

- $\Gamma(x)$ の円と正の実軸との交点で $\Gamma(x) = |\Gamma|$ ゆえ,$|V(x)| = |V|_{\max}$,$\hat{Z}(x) = \rho$ となる.
$\Gamma(x)$ の円と負の実軸との交点で $\Gamma(x) = -|\Gamma|$ ゆえ,$|V(x)| = |V|_{\min}$,$\hat{Z}(x) = \dfrac{1}{\rho}$ となる.

**例題 38.1** 特性インピーダンス $Z_0=100\,[\Omega]$ の伝送線路に $Z_\mathrm{L}=100+j100\,[\Omega]$ の負荷を接続した．波長 $\lambda=30\,\mathrm{cm}$ のとき，負荷からの距離が下記の点から負荷をみた入力インピーダンス $Z_\mathrm{A}, Z_\mathrm{B}, Z_\mathrm{C}$ を求めよ．

(1) $l_\mathrm{A}=3\,[\mathrm{cm}]$． (2) $l_\mathrm{B}=6\,[\mathrm{cm}]$． (3) $l_\mathrm{C}=9\,[\mathrm{cm}]$．

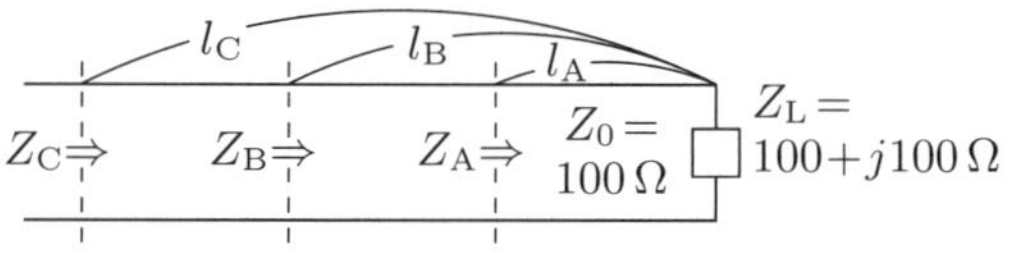


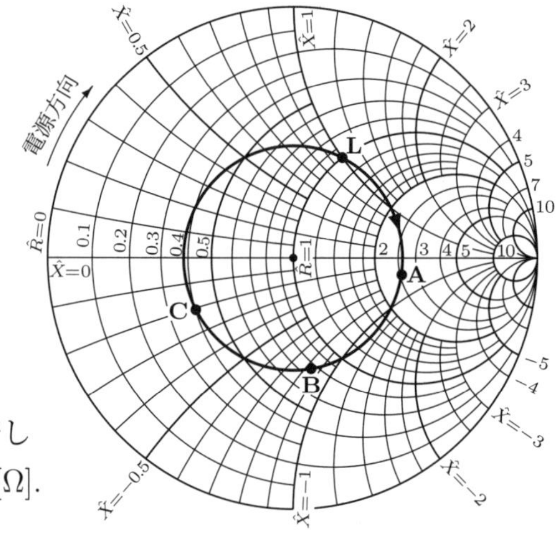


**解答** 負荷の規格化インピーダンス $\hat{Z}_\mathrm{L}=\dfrac{Z_\mathrm{L}}{Z_0}=1+j1$ をスミスチャートに記入し（点L），中心が原点で点Lを通る円を描く．$l=3, 6, 9\,\mathrm{cm}$ の点はそれぞれ，点Lから電源方向に $0.1\lambda, 0.2\lambda, 0.3\lambda$，したがって 0.2, 0.4, 0.6 周，つまり $72°, 144°, 216°$ だけ離れた点となる（点A, B, C）．それぞれの規格化インピーダンスを図から読み取って，$\hat{Z}_\mathrm{A}=2.5-j0.4$，$\hat{Z}_\mathrm{B}=0.75-j0.85$，$\hat{Z}_\mathrm{C}=0.4-j0.2$．$Z_0$ 倍して，$Z_\mathrm{A}=250-j40\,[\Omega]$，$Z_\mathrm{B}=75-j85\,[\Omega]$，$Z_\mathrm{C}=40-j20\,[\Omega]$．

**例題 38.2** 特性インピーダンス $Z_0=100\,[\Omega]$ の伝送線路の電圧 $|V(x)|$ が下図のようであるとき，受電端 $x=0$ に接続された負荷のインピーダンス $Z_\mathrm{L}$ を求めよ．

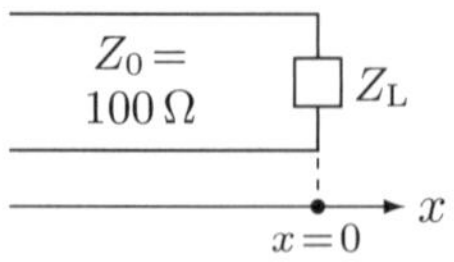


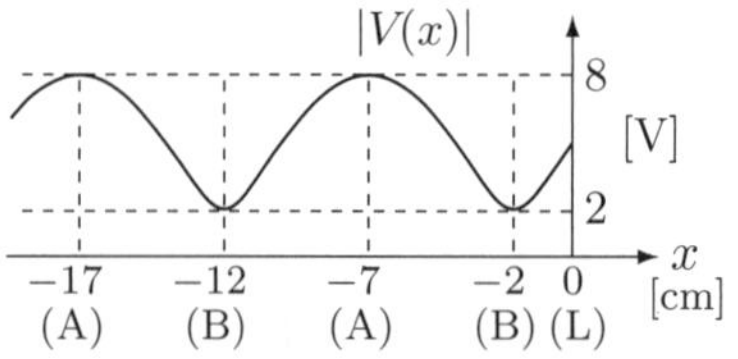


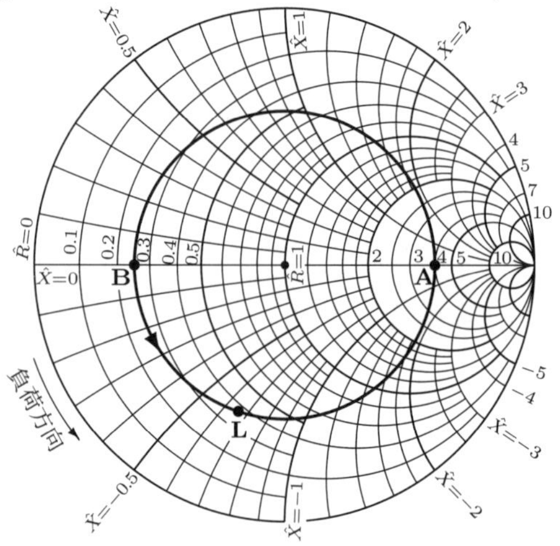


**解答** 最大点Aの間隔が 10 cm ゆえ，波長 $\lambda=20\,\mathrm{cm}$．定在波比 $\rho=\dfrac{|V|_\mathrm{max}}{|V|_\mathrm{min}}=\dfrac{8}{2}=4$．最大点Aで $\hat{Z}_\mathrm{A}=\rho=4$，最小点Bで $\hat{Z}_\mathrm{B}=\dfrac{1}{\rho}=0.25$．このA, Bを直径とする円をスミスチャートに描く．負荷点Lは，最小点Bより $2\,\mathrm{cm}=0.1\lambda=0.2$ 周 $=72°$ だけ負荷方向（反時計方向）に回った点ゆえ，その規格化インピーダンスを読み取れば，$\hat{Z}_\mathrm{L}=0.37-j0.66$．$\therefore Z_\mathrm{L}=37-j66\,[\Omega]$．

**例題 38.3** 波長 $\lambda=36\,\mathrm{cm}$ のとき，特性インピーダンス $Z_0=50\,[\Omega]$ の伝送線路と負荷 $Z_\mathrm{L}=100+j100\,[\Omega]$ を整合させるために，負荷から距離 $l$ の点Aに長さ $l_\mathrm{s}$ の短絡スタブをつける．$l$ と $l_\mathrm{s}$ を求めよ．

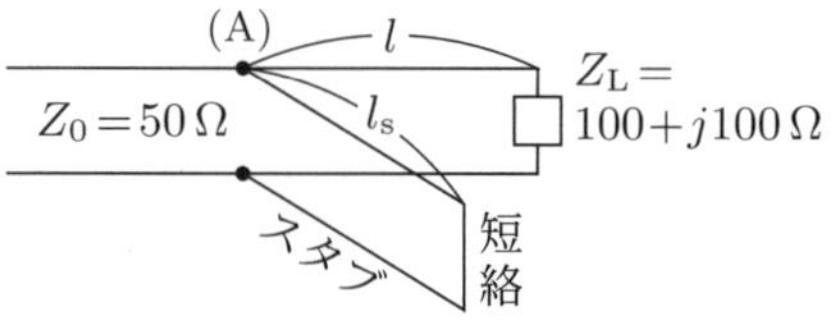


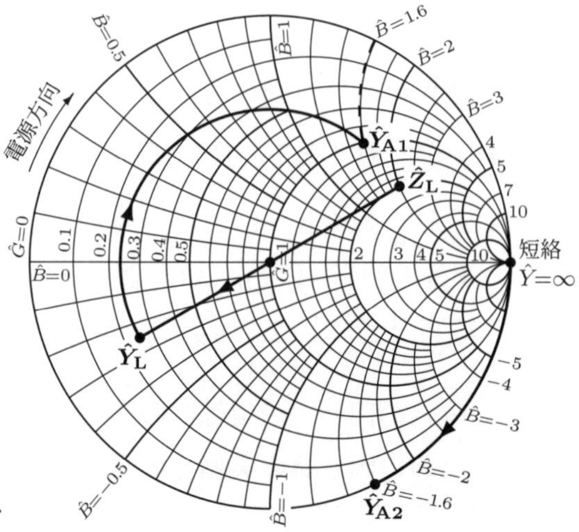


**解答** 並列接続なので規格化アドミタンス $\hat{Y}=\dfrac{1}{\hat{Z}}=\hat{G}+j\hat{B}$ を使う．$\hat{Y}$ の位置は原点をはさんで $\hat{Z}$ の反対側であり，$\hat{R}, \hat{X}$ の等高線は $\hat{G}, \hat{B}$ に読み替える．$\hat{Z}_\mathrm{L}=\dfrac{Z_\mathrm{L}}{Z_0}=2+j2$ と $\hat{Y}_\mathrm{L}=\dfrac{1}{\hat{Z}_\mathrm{L}}$ を記入し，$\hat{Y}_\mathrm{L}$ を $l$ だけ電源方向（時計方向）に回し，点Aの $\hat{Y}_\mathrm{A1}$ の実部 $\hat{G}$ が 1 になるようにする（$\hat{Y}_\mathrm{A1}=1+j\hat{B}_\mathrm{A}$）．ここで，スタブを $\hat{Y}_\mathrm{A2}=0-j B_\mathrm{A}$ にすれば，$\hat{Y}_\mathrm{A}=\hat{Y}_\mathrm{A1}+\hat{Y}_\mathrm{A2}=1, \to \hat{Z}_\mathrm{A}=1, \to Z_\mathrm{A}=Z_0$ と整合できる．図より，$\hat{Y}_\mathrm{L}\to\hat{Y}_\mathrm{A1}$ の回転角 $=158°$．$\to l=\dfrac{158°}{360°}\times\dfrac{\lambda}{2}=7.9\,[\mathrm{cm}]$．短絡 $\to\hat{Y}_\mathrm{A2}$ の回転角 $=64°$．$\to l_\mathrm{s}=\dfrac{64°}{360°}\times\dfrac{\lambda}{2}=3.2\,[\mathrm{cm}]$．

| **ドリル No.38** | Class | | No. | | Name | |
|---|---|---|---|---|---|---|

【注意】ページ下部のスミスチャートを使う．

**問題 38.1**　特性インピーダンス $Z_0 = 100\,[\Omega]$ の伝送線路に負荷 $Z_{\mathrm{L}} = 50 + j100\,[\Omega]$ を接続した．スミスチャートを使い，定在波比 $\rho$，および，負荷から距離 $l = 2,\ 4,\ 6\,[\mathrm{cm}]$ の点から負荷をみた入力インピーダンス $Z_{\mathrm{A}},\ Z_{\mathrm{B}},\ Z_{\mathrm{C}}$ を求めよ．波長は 24 cm とする．

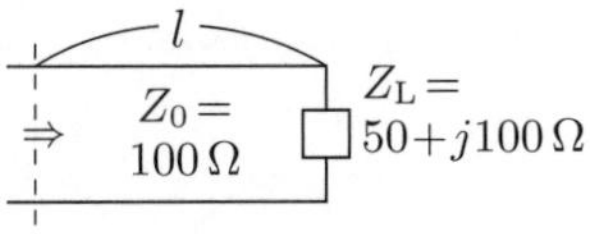


（答）$\rho =$　　　．$Z_{\mathrm{A}} =$　　　　　　　［　］．$Z_{\mathrm{B}} =$　　　　　　　［　］．$Z_{\mathrm{C}} =$　　　　　　　［　］．

**問題 38.2**　特性インピーダンス 100 Ω の線路の受電端を短絡した．波長 20 cm のとき，定在波比 $\rho$，および受電端から距離 $l = 2,\ 4,\ 6\,[\mathrm{cm}]$ の点から受電端をみた入力インピーダンス $Z_{\mathrm{A}},\ Z_{\mathrm{B}},\ Z_{\mathrm{C}}$ を求めよ．

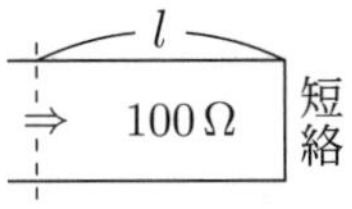


（答）$\rho =$　　　．$Z_{\mathrm{A}} =$　　　　　　　［　］．$Z_{\mathrm{B}} =$　　　　　　　［　］．$Z_{\mathrm{C}} =$　　　　　　　［　］．

**問題 38.3**　波長 32 cm のとき，特性インピーダンス 100 Ω の線路の負荷から距離 4 cm の点 P の入力インピーダンスが $Z_{\mathrm{in}} = 100 + j200\,[\Omega]$ だった．負荷インピーダンス $Z_{\mathrm{L}}$，定在波比 $\rho$，点 P に最も近い電圧最大点の位置を求めよ．

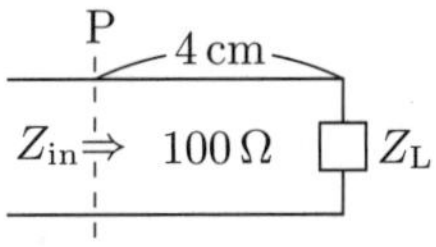


（答）$Z_{\mathrm{L}} =$　　　　　　　［　］．$\rho =$　　　．電圧最大点の位置　　　　　　　．

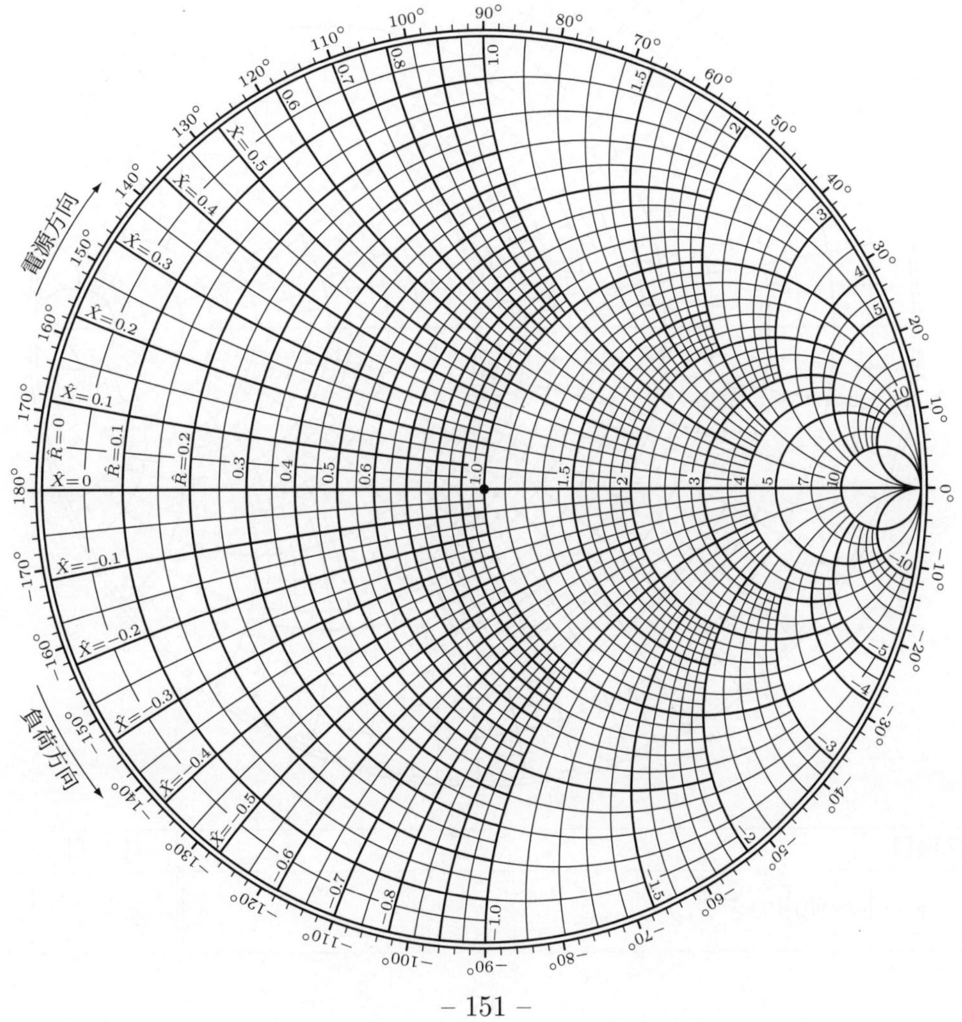

**問題 38.4**　特性インピーダンス $50\,\Omega$ の線路の受電端 $x=0$ に負荷を接続したときの電圧 $|V(x)|$ を下記に示す．波長 $\lambda$，定在波比 $\rho$，負荷インピーダンス $Z_{\mathrm{L}}$ を求めよ．

(1)

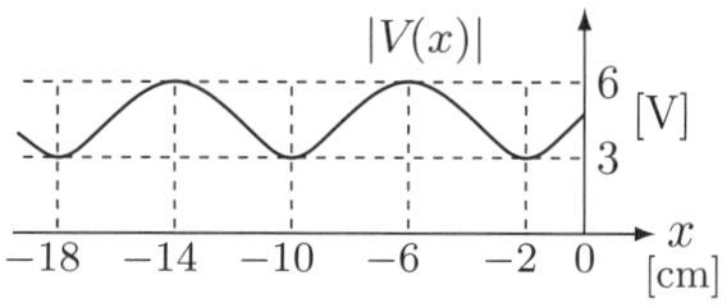


（答）$\lambda=$　　　[　　]．$\rho=$　　．$Z_{\mathrm{L}}=$　　　　　　[　　]．

(2)

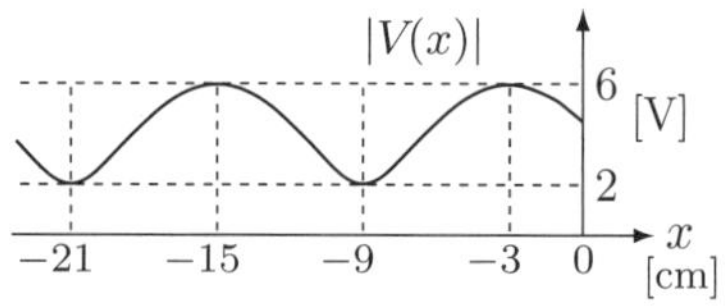


（答）$\lambda=$　　　[　　]．$\rho=$　　．$Z_{\mathrm{L}}=$　　　　　　[　　]．

**問題 38.5**　波長 $\lambda=36\,\mathrm{cm}$ のとき，特性インピーダンス $50\,\Omega$ の線路と負荷 $Z_{\mathrm{L}}=10-j10\,[\Omega]$ を整合させるため，負荷から距離 $l$ の点Aに長さ $l_{\mathrm{s}}$ の短絡スタブをつける．長さ $l$ と $l_{\mathrm{s}}$ を求めよ．

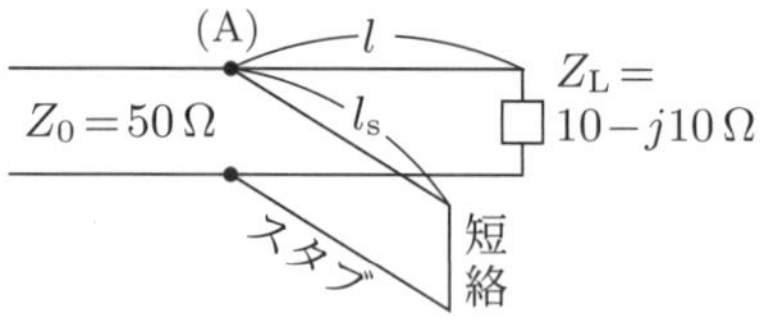


（答）$l=$　　　　[　　]．$l_{\mathrm{s}}=$　　　　[　　]．

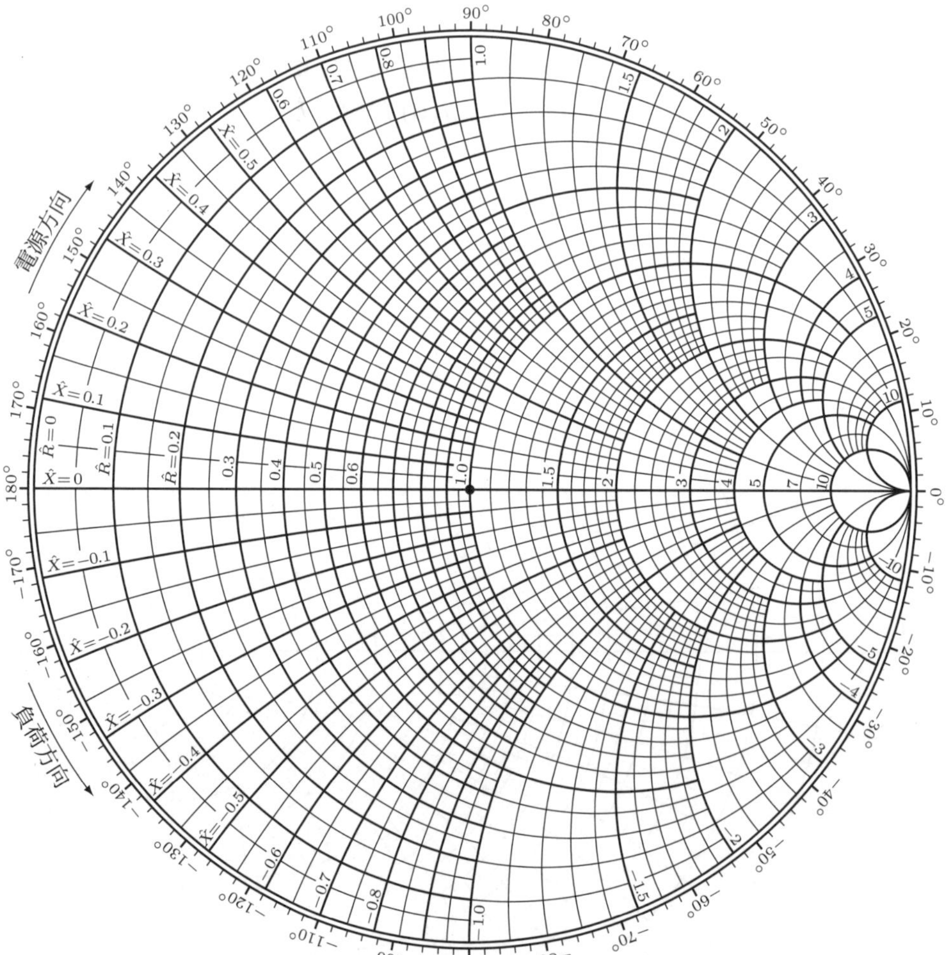


| チェック項目 | 月　日 | 月　日 |
|---|---|---|
| スミスチャートを使用できる． | | |

過渡現象の基本を理解している．

## 定常状態と過渡状態

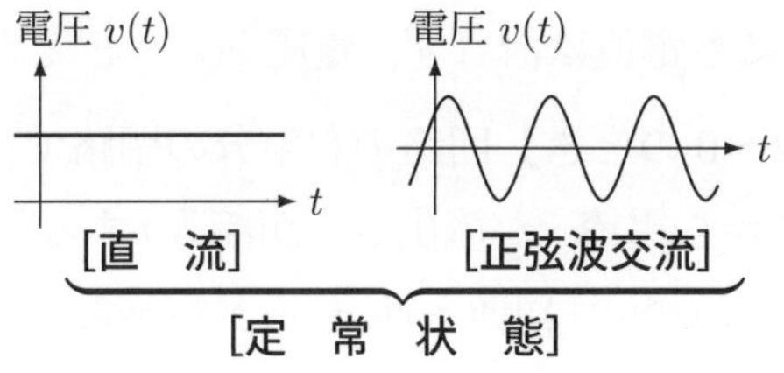


- **【定常状態】** 同じ状態が継続する状態．
  直流，正弦波交流，非正弦波交流が含まれる．
  正弦波交流の場合は，フェーザ $\dot{V}, \dot{I}$ を使う．

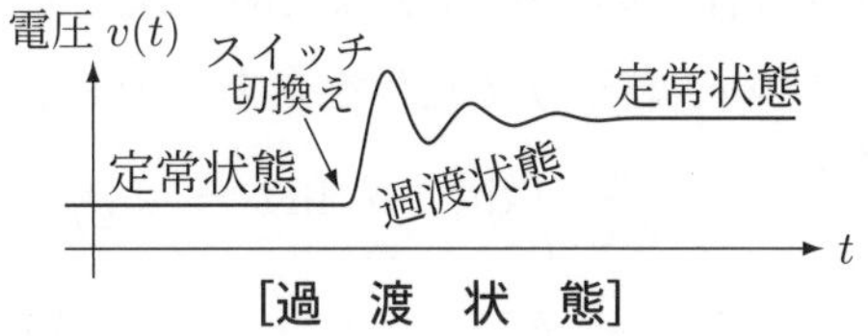


- **【過渡状態】** ある定常状態から別の定常状態に移るまでの状態（スイッチの切換え時など）．
  フェーザとインピーダンスは使えないので，瞬時値 $v(t)$, $i(t)$ に関する微分方程式を解く．

## 抵抗 $R$，コイル $L$，コンデンサ $C$ の基本式（枠内の式）

- **抵抗 $R$**

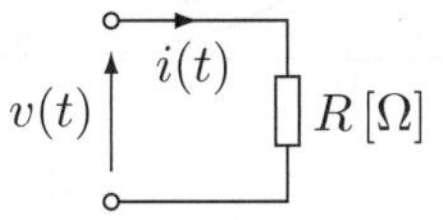


$$v = Ri.$$

**基本式に微分を含まないので，初期条件はない．**
抵抗は，エネルギーを蓄えないで，消費する．
→ 抵抗の消費電力 $p(t) = vi = Ri^2$ [W]．
【注意】消費電力 = 1 秒あたりのエネルギー消費量．

- **コイル（インダクタ）$L$**

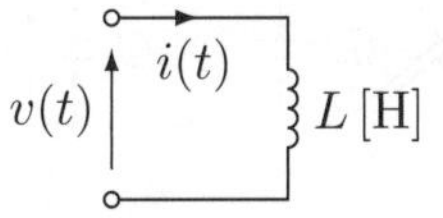


$$v = L\frac{\mathrm{d}i}{\mathrm{d}t}.$$

**コイル電流 $i(t)$ は被微分関数ゆえ，急変しないので，$i(0)$ が微分方程式の初期条件となる．**
電磁エネルギー $W_\mathrm{m} = \frac{1}{2}Li^2$ を蓄える（例題**41.2**）．
（エネルギー $W_\mathrm{m}$ は急変しないので，$i$ も急変しない）

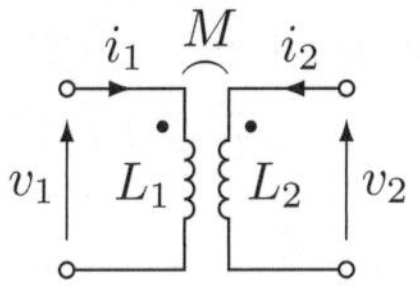


$$v_1 = L_1\frac{\mathrm{d}i_1}{\mathrm{d}t} + M\frac{\mathrm{d}i_2}{\mathrm{d}t}.$$
$$v_2 = M\frac{\mathrm{d}i_1}{\mathrm{d}t} + L_2\frac{\mathrm{d}i_2}{\mathrm{d}t}.$$

**急変しない量は被微分関数の $L_1i_1 + Mi_2$ と $Mi_1 + L_2i_2$（各コイルの磁束鎖交数）である．**
→ 密結合以外の場合 ($L_1L_2 > M^2$) は，$i_1$ と $i_2$ が急変しないことと等価（例題**41.3**）．
$W_\mathrm{m} = \frac{1}{2}L_1i_1^2 + \frac{1}{2}L_2i_2^2 + Mi_1i_2$ を蓄える．

- **コンデンサ（キャパシタ）$C$**

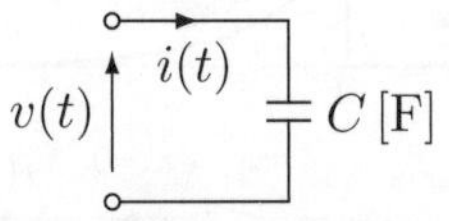


$$i = C\frac{\mathrm{d}v}{\mathrm{d}t}.$$

**コンデンサ電圧 $v(t)$ は被微分関数ゆえ，急変しないので，$v(0)$ が微分方程式の初期条件となる．**
静電エネルギー $W_\mathrm{e} = \frac{1}{2}Cv^2$ を蓄える（例題**41.1**）．
（エネルギー $W_\mathrm{e}$ は急変しないので，$v$ も急変しない）

## 回路の過渡現象を解く手順

- スイッチを切換える瞬間を $t=0$ とする．
- $t<0$ のときの定常解を求める．直流回路ならば，$L$ を短絡，$C$ を開放した解となる．
- $t>0$ のとき，キルヒホッフの法則と $R, L, C$ の基本式から微分方程式を導き，一般解を求める．この一般解は $L$ と $C$ の個数だけの任意定数を含む．
- コイル電流 $i_\mathrm{L}(t)$ とコンデンサ電圧 $v_\mathrm{C}(t)$ は急変しないので，$t=0$ の前後で連続となる．したがって，$i_\mathrm{L}(0)$ と $v_\mathrm{C}(0)$ が，任意定数を決定するための初期条件となる．

**例題〉39.1**　右の RC 回路のスイッチ S を，時刻 $t=0$ の瞬間に (A) から (B) に倒したとき，電圧 $v(t)$ と電流 $i(t)$ を求めよ．

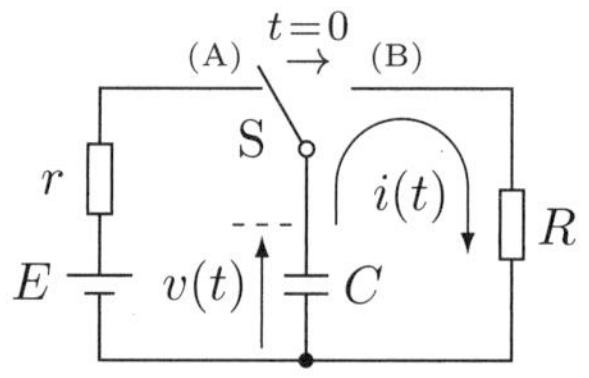


**解答**

【$t<0$ のとき】回路の左半分の閉路で，$C$ に直流電流は流れないので，$r$ にも電流は流れず，電圧 $v(t)=E$ となる．→ 初期条件 $v(0)=E$. ⋯(1)

【$t>0$ のとき】回路の右半分の閉路で，$C$の電圧 $=R$ の電圧ゆえ，$v=Ri$. ⋯(2)

$C$ から電流 $i$ が流出($-i$ が流入)するから，$-i=C\dfrac{\mathrm{d}v}{\mathrm{d}t}$. ⋯(3)

$v$ だけの式(初期条件は $v(0)$ だから)にするため，(3) を (2) に代入して，$v=-RC\dfrac{\mathrm{d}v}{\mathrm{d}t}$. ⋯(4)

微分方程式の一般解法は次節で述べるので，ここでは式 (4) を変数分離法で解く．

左辺が $v$, 右辺が $t$ だけを含むように式 (4) を変形して，$\dfrac{\mathrm{d}v}{v}=-\dfrac{1}{RC}\mathrm{d}t$. →

$\displaystyle\int\frac{\mathrm{d}v}{v}=-\frac{1}{RC}\int\mathrm{d}t$. → $\ln v=-\dfrac{t}{RC}+A$. ($A$ は積分定数)

$\therefore\ v(t)=e^{-\frac{t}{RC}+A}=e^{A}e^{-\frac{t}{RC}}=A'e^{-\frac{t}{RC}}$. ($A'=e^{A}$)

上式の両辺に $t=0$ を代入すると，(1) より $E=A'e^{0}=A'$.

$\therefore\ v(t)=E\,e^{-\frac{t}{RC}}$. ⋯(5)　　$i(t)\overset{(3)}{=}-C\dfrac{\mathrm{d}v}{\mathrm{d}t}\overset{(5)}{=}\dfrac{E}{R}e^{-\frac{t}{RC}}$.

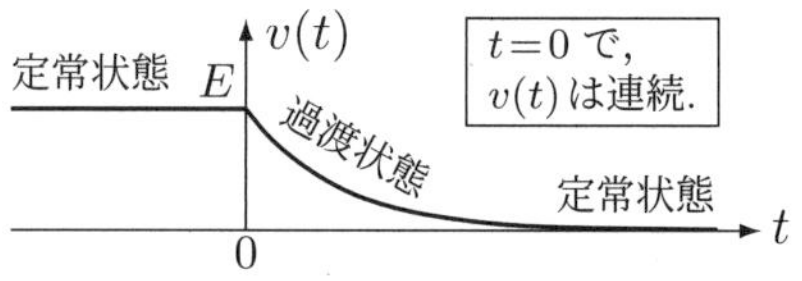


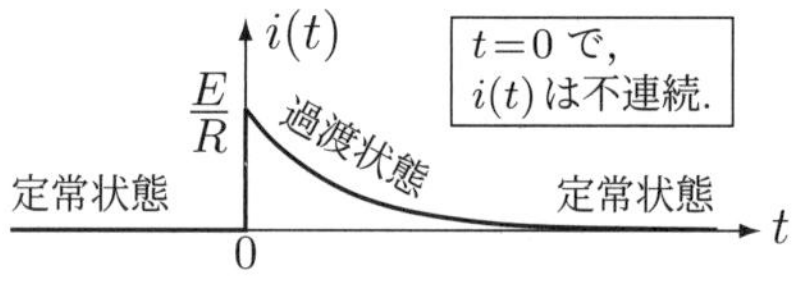


コンデンサは右図のように放電する．$t=0$ で，コンデンサの電圧 $v(t)$ は連続だが，電流 $i(t)$ は不連続になっている．

**例題〉39.2**　右の RC 回路のスイッチ S を，時刻 $t=0$ の瞬間に (B) から (A) に倒したとき，電圧 $v(t)$ と電流 $i(t)$ を求めよ．

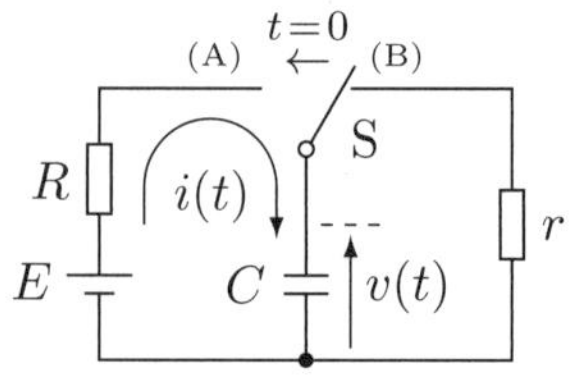


**解答**

【$t<0$ のとき】回路の右半分の閉路に電源は無いから，定常電流も定常電圧もゼロである．電圧 $v(t)=0$. → 初期条件 $v(0)=0$. ⋯(1)

【$t>0$ のとき】回路の左半分の閉路で，キルヒホッフの電圧則より，$E=Ri+v$. ⋯(2)

$C$ に電流 $i$ が流入. → $i=C\dfrac{\mathrm{d}v}{\mathrm{d}t}$. ⋯(3)　　(2), (3) → $E=RC\dfrac{\mathrm{d}v}{\mathrm{d}t}+v$. → $E-v=RC\dfrac{\mathrm{d}v}{\mathrm{d}t}$. →

$\dfrac{\mathrm{d}v}{E-v}=\dfrac{\mathrm{d}t}{RC}$. → $\displaystyle\int\frac{\mathrm{d}v}{E-v}=\frac{1}{RC}\int\mathrm{d}t$. → $-\ln(E-v)=\dfrac{t}{RC}+A$.

$\therefore\ E-v=e^{-\left(\frac{t}{RC}+A\right)}=A'e^{-\frac{t}{RC}}$. → $v(t)=E-A'e^{-\frac{t}{RC}}$.

上式に $t=0$ を代入すると，(1) より $0=E-A'$. → $A'=E$.

$\therefore v(t)=E\left(1-e^{-\frac{t}{RC}}\right)$. ⋯(4)　　$i(t)\overset{(3)}{=}C\dfrac{\mathrm{d}v}{\mathrm{d}t}\overset{(4)}{=}\dfrac{E}{R}e^{-\frac{t}{RC}}$.

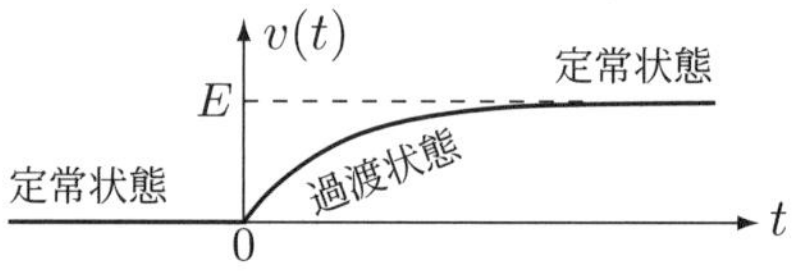


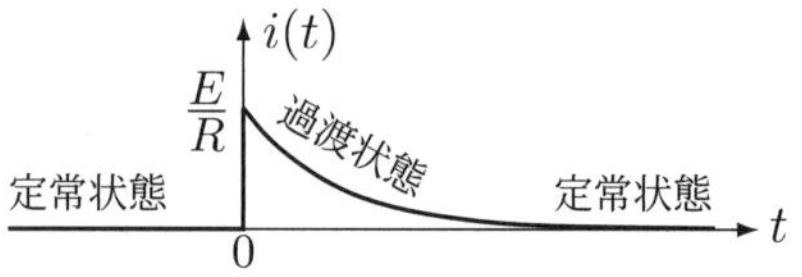


コンデンサは右図のように充電する．

**例題〉39.3**　右の RL 回路のスイッチ S を，時刻 $t=0$ の瞬間に開いたとき，電圧 $v(t)$ と電流 $i(t)$ を求めよ．

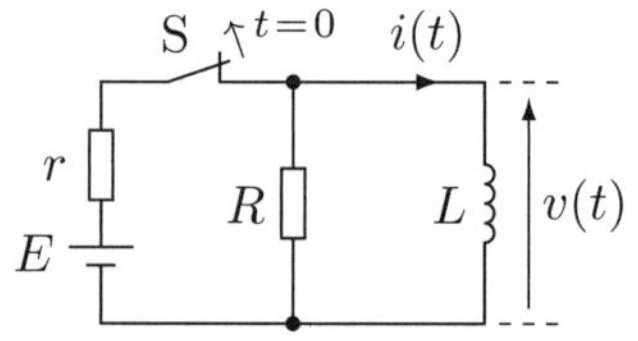


**解答**

【$t<0$ のとき】直流で $L$ は短絡と同じだから，$v(t)=0$. 電源からの電流はすべて $L$ へ流れる．→ $i(t)=\dfrac{E}{r}$. → 初期条件 $i(0)=\dfrac{E}{r}$. ⋯(1)

【$t>0$ のとき】回路の右半分の閉路で，キルヒホッフの電圧則より，

$0=Ri+L\dfrac{\mathrm{d}i}{\mathrm{d}t}$. → $\dfrac{\mathrm{d}i}{i}=-\dfrac{R}{L}\mathrm{d}t$. → $\displaystyle\int\frac{\mathrm{d}i}{i}=-\frac{R}{L}\int\mathrm{d}t$. → $\ln i=-\dfrac{R}{L}t+A$.

$\therefore\ i(t)=e^{-\frac{R}{L}t+A}=A'e^{-\frac{R}{L}t}$.　$t=0$ を代入すると，(1) より $\dfrac{E}{r}=A'$.

$\therefore\ i(t)=\dfrac{E}{r}e^{-\frac{R}{L}t}$.　　$v(t)=L\dfrac{\mathrm{d}i}{\mathrm{d}t}=-\dfrac{R}{r}E\,e^{-\frac{R}{L}t}$.

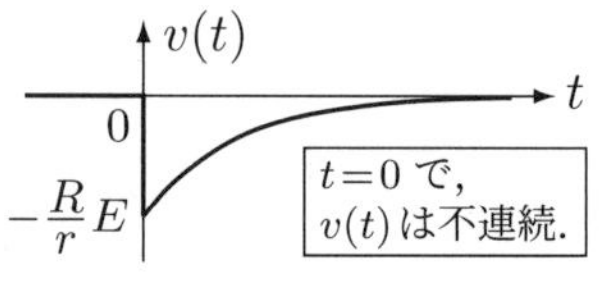


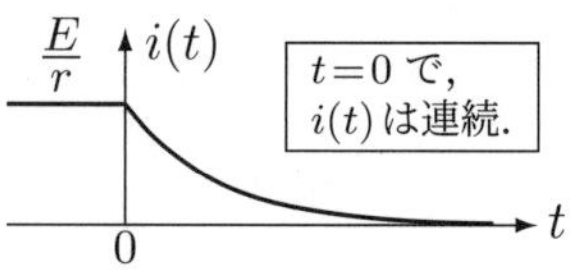

| ドリル No.39 | Class | | No. | | Name | |
|---|---|---|---|---|---|---|

**問題 39.1**　右の RL 回路のスイッチ S を，時刻 $t=0$ の瞬間に閉じたとき，以下に答えよ．

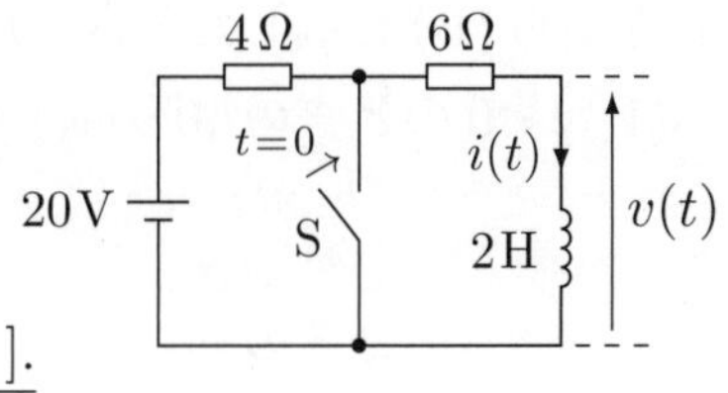


(1) $t<0$ のときの電流 $i(t)$ と電圧 $v(t)$ を求めよ．

(答) $i(t)=$　　[　]．$v(t)=$　　[　]．

(2) $t>0$ のときの $i(t)$ に関する微分方程式を求めよ．

(答)　　　　　　．

(3) 変数分離法により，微分方程式の一般解を求めよ．

(答) $i(t)=$　　　　．

(4) 一般解に初期条件を適用して，電流 $i(t)$ と電圧 $v(t)$ を求めよ．

(答) $i(t)=$　　　　[　]．$v(t)=$　　　　[　]．

(5) 電流 $i(t)$ と電圧 $v(t)$ の概形を描け．

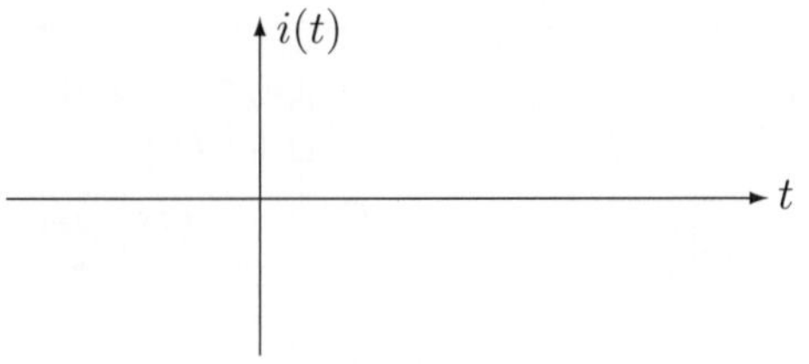


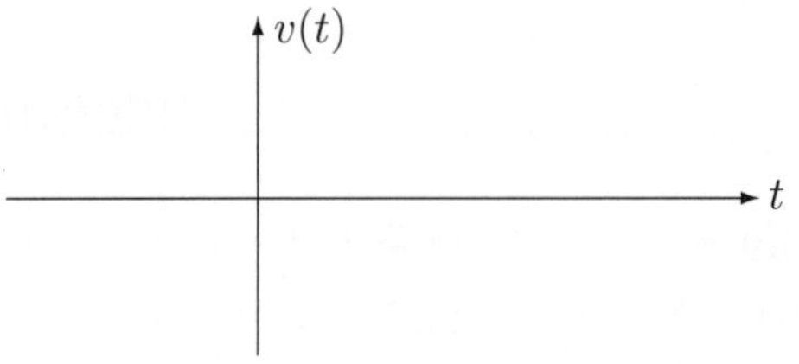


**問題 39.2**　右の RL 回路のスイッチ S を，時刻 $t=0$ の瞬間に閉じたとき，以下に答えよ．

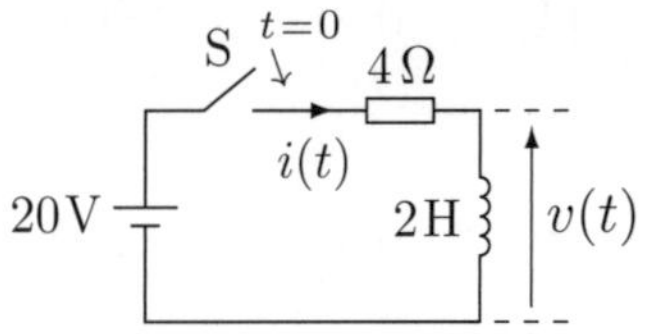


(1) $t<0$ のときの電流 $i(t)$ と電圧 $v(t)$ を求めよ．

(答) $i(t)=$　　[　]．$v(t)=$　　[　]．

(2) $t>0$ のときの $i(t)$ に関する微分方程式を求めよ．

(答)　　　　　　．

(3) 変数分離法により，微分方程式の一般解を求めよ．

(答) $i(t)=$　　　　．

(4) 一般解に初期条件を適用して，電流 $i(t)$ と電圧 $v(t)$ を求めよ．

(答) $i(t)=$　　　　[　]．$v(t)=$　　　　[　]．

(5) 電流 $i(t)$ と電圧 $v(t)$ の概形を描け．

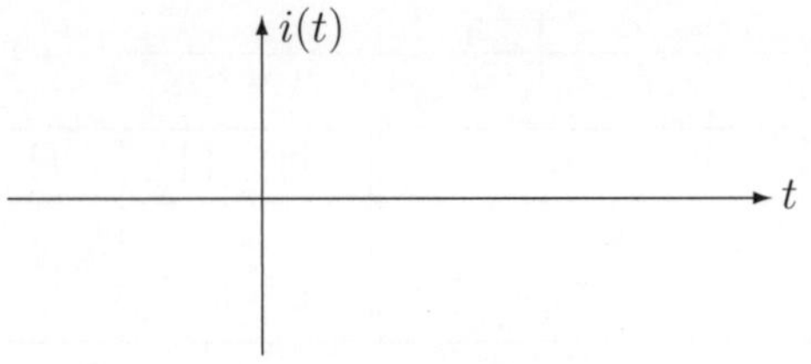


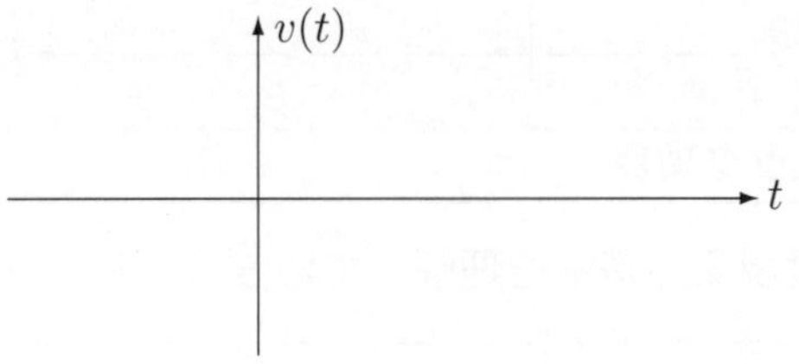

**問題 39.3**　右の RC 回路のスイッチを，時刻 $t=0$ の瞬間に (A) から (B) に倒したとき，以下に答えよ．

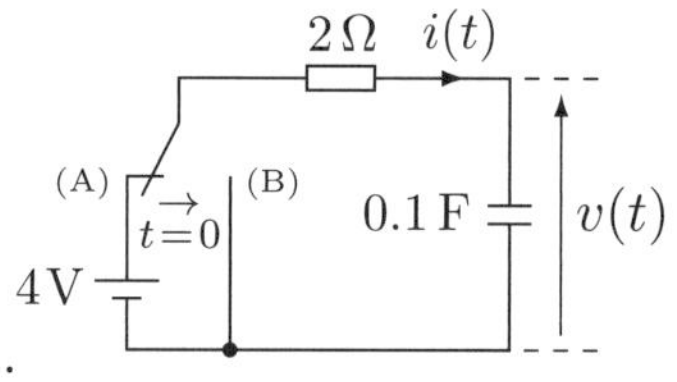


(1) $t<0$ のときの電圧 $v(t)$ と電流 $i(t)$ を求めよ．

(答) $v(t)=$　　[　]．$i(t)=$　　[　]．

(2) $t>0$ のときの $v(t)$ に関する微分方程式を求めよ．

(答)　　　　　　　　　　．

(3) 変数分離法により，微分方程式の一般解を求めよ．

(答) $v(t)=$　　　　　　．

(4) 一般解に初期条件を適用して，電圧 $v(t)$ と電流 $i(t)$ を求めよ．

(答) $v(t)=$　　　　　　[　]．$i(t)=$　　　　　　[　]．

(5) 電圧 $v(t)$ と電流 $i(t)$ の概形を描け．

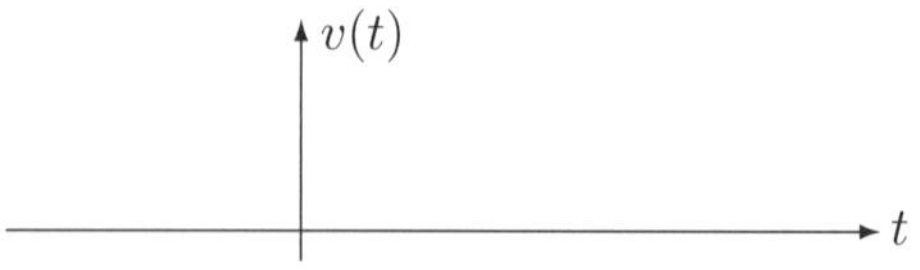


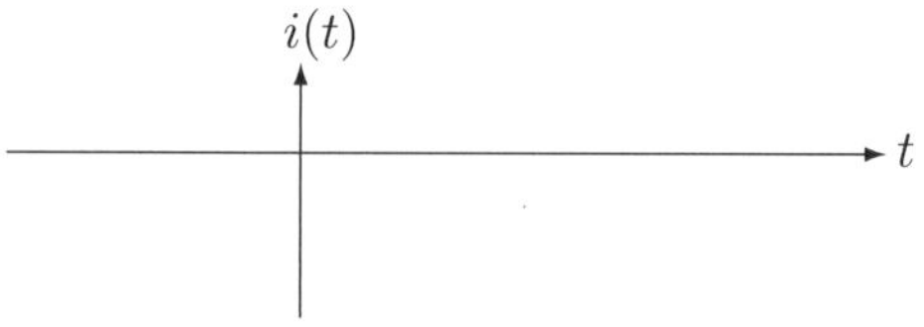


**問題 39.4**　右の RC 回路のスイッチを，時刻 $t=0$ の瞬間に (B) から (A) に倒したとき，以下に答えよ．

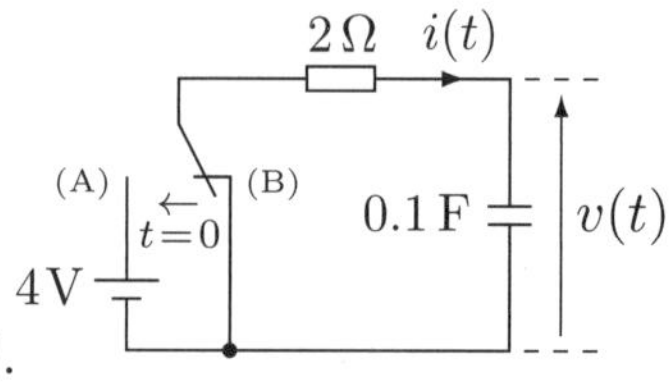


(1) $t<0$ のときの電圧 $v(t)$ と電流 $i(t)$ を求めよ．

(答) $v(t)=$　　[　]．$i(t)=$　　[　]．

(2) $t>0$ のときの $v(t)$ に関する微分方程式を求めよ．

(答)　　　　　　　　　　．

(3) 変数分離法により，微分方程式の一般解を求めよ．

(答) $v(t)=$　　　　　　．

(4) 一般解に初期条件を適用して，電圧 $v(t)$ と電流 $i(t)$ を求めよ．

(答) $v(t)=$　　　　　　[　]．$i(t)=$　　　　　　[　]．

(5) 電圧 $v(t)$ と電流 $i(t)$ の概形を描け．

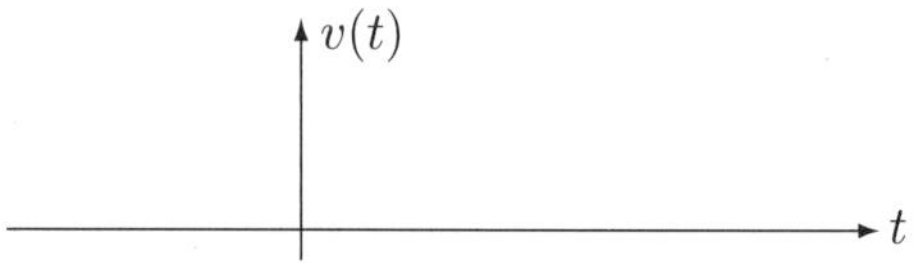


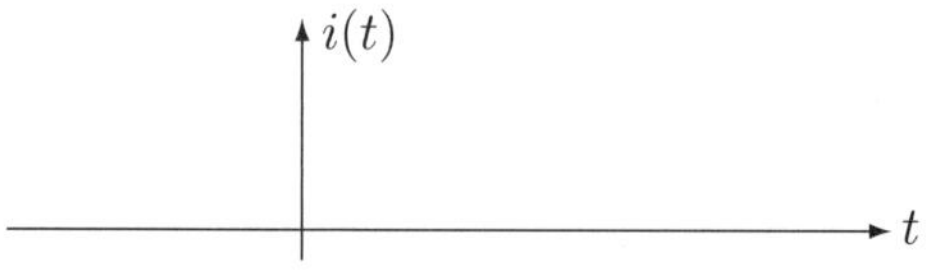


| チェック項目 | 月　日 | 月　日 |
|---|---|---|
| 過渡現象の基本を理解している． | | |

# 7 過渡現象 ▶ 7.2 微分方程式の解法

過渡現象の微分方程式を解くことができる．

## 電気回路の微分方程式

- 抵抗，コイル，コンデンサにおける電圧 $v\,[\mathrm{V}]$ と電流 $i\,[\mathrm{A}]$ の関係式は，次のようになる．

  抵抗　　　$v = Ri.$

  コイル　　$v = L\dfrac{\mathrm{d}i}{\mathrm{d}t}.$

  コンデンサ　$i = C\dfrac{\mathrm{d}v}{\mathrm{d}t}.$

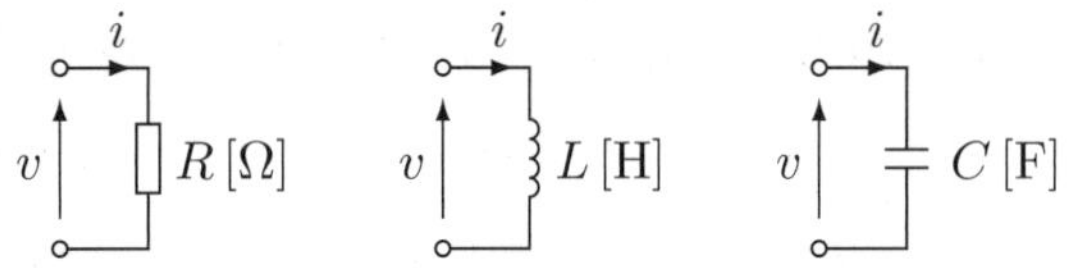


抵　抗　　　コイル　　　コンデンサ

- 上式をキルヒホッフの法則に代入すると，回路の微分方程式が得られる．それは通常，次の例のような**定数係数線形微分方程式**となる．

  例：$\dfrac{\mathrm{d}^2v}{\mathrm{d}t^2} + 3\dfrac{\mathrm{d}v}{\mathrm{d}t} + 2v = 0.$　　$\cdots(1)$　（$t>0$ の回路に電源を含まない場合）

  $\dfrac{\mathrm{d}^2v}{\mathrm{d}t^2} + 3\dfrac{\mathrm{d}v}{\mathrm{d}t} + 2v = 10.$　　$\cdots(2)$　（$t>0$ の回路に直流電源を含む場合）

  $\dfrac{\mathrm{d}^2v}{\mathrm{d}t^2} + 3\dfrac{\mathrm{d}v}{\mathrm{d}t} + 2v = 20\cos 2t.$　$\cdots(3)$　（$t>0$ の回路に交流電源を含む場合）

- 式 (1) のように右辺がゼロの場合を**斉次**（せいじ）または**同次**といい，式 (2),(3) のように右辺が非ゼロの場合を**非斉次**（ひせいじ）または**非同次**という．斉次は電源のない自由応答に相当する．

## 斉次の定数係数線形微分方程式 (1) の解法

- この場合，$v = e^{\lambda t}$ の形の解をもつので，(1) に代入して，$\lambda^2 e^{\lambda t} + 3\lambda e^{\lambda t} + 2\,e^{\lambda t} = 0.$
  これより，**特性方程式** $\lambda^2 + 3\lambda + 2 = (\lambda+1)(\lambda+2) = 0$ を得る．

- 特性方程式を解いて，$\lambda = -1, -2$ を得る．→ **基本解**は，$v = e^{-t}$ と $v = e^{-2t}$.

- 基本解を定数倍した $v = Ae^{-t}$ と $v = Be^{-2t}$ も式 (1) を満たし，それらの和も式 (1) を満たす．→ **一般解**は，$v = Ae^{-t} + Be^{-2t}.$ $\cdots(4)$
  式 (4) を，**斉次解**または**過渡解**（$t\to\infty$ のとき $v\to 0$ になる過渡的な解）という．

- $\lambda$ が複素解 $\lambda = \alpha \pm j\beta$ の場合，式 (4) は，$v = Ae^{(\alpha+j\beta)t} + Be^{(\alpha-j\beta)t}$
  $= e^{\alpha t}\left[A(\cos\beta t + j\sin\beta t) + B(\cos\beta t - j\sin\beta t)\right] = e^{\alpha t}(A'\cos\beta t + B'\sin\beta t)$ となる．

- $\lambda$ が 2 重解の場合，式 (4) は $v = (At + B)\,e^{\lambda t}$ となる．

## 非斉次の定数係数線形微分方程式 (2),(3) の解法

- 非斉次の式 (2),(3) の 1 個の特解を得れば，その特解＋斉次解 (4) も式 (2),(3) を満たす．
  したがって，**非斉次の一般解 ＝ 非斉次の特解（定常解）＋ 斉次の一般解（過渡解）**

- **非斉次の特解**として，下記のような定常状態の解（**定常解**）を用いる．

- 式 (2)：**定数解** $\boldsymbol{v(t) = C}$ を仮定して式 (2) に代入すると，$2C = 10. \to C = 5$ が定常解．

- 式 (3)：**正弦波解** $\boldsymbol{v(t) = P\sin 2t + Q\cos 2t}$ を仮定して式 (3) に代入すると，
  $(P\sin 2t + Q\cos 2t)'' + 3(P\sin 2t + Q\cos 2t)' + 2(P\sin 2t + Q\cos 2t) = 20\cos 2t.$
  $(-2P - 6Q)\sin 2t + (6P - 2Q)\cos 2t = 20\cos 2t. \to \begin{cases} P = 3. \\ Q = -1. \end{cases}$　$3\sin 2t - \cos 2t$ が定常解．

**例題 40.1** 次の1階の定数係数線形微分方程式の一般解 $v(t)$ を求めよ．

(1) $\dfrac{\mathrm{d}v}{\mathrm{d}t}+5v=0.$ (2) $2\dfrac{\mathrm{d}v}{\mathrm{d}t}+6v=30.$ (3) $\dfrac{\mathrm{d}v}{\mathrm{d}t}+2v=8\cos 2t.$

**解答**

(1) 特性方程式 $\lambda+5=0$ より $\lambda=-5$．基本解は $e^{-5t}$．一般解は $v(t)=Ae^{-5t}$．（$A$ は任意定数）

(2) 初めに，斉次方程式 $2\dfrac{\mathrm{d}v}{\mathrm{d}t}+6v=0$ の一般解（過渡解）を求める．特性方程式 $2\lambda+6=0$ より $\lambda=-3$ だから，過渡解は $Ae^{-3t}$．（$A$ は任意定数）
次に，非斉次方程式 $2\dfrac{\mathrm{d}v}{\mathrm{d}t}+6v=30$ の定常解 $v(t)=C$（定数）を求めると，$\dfrac{\mathrm{d}}{\mathrm{d}t}C=0$ だから，$6C=30.\to C=5.$（定常解） 以上より，一般解 $v(t)=$ 定常解 $+$ 過渡解 $=5+Ae^{-3t}$．

(3) 初めに，斉次方程式 $\dfrac{\mathrm{d}v}{\mathrm{d}t}+2v=0$ の一般解（過渡解）を求める．特性方程式 $\lambda+2=0$ より $\lambda=-2$ だから，過渡解は $Ae^{-2t}$．（$A$ は任意定数）
次に，非斉次方程式 $\dfrac{\mathrm{d}v}{\mathrm{d}t}+2v=8\cos 2t$ の定常解 $v(t)=P\sin 2t+Q\cos 2t$ を求めると，
$(P\sin 2t+Q\cos 2t)'+2(P\sin 2t+Q\cos 2t)=8\cos 2t.$
$(2P-2Q)\sin 2t+(2P+2Q)\cos 2t=8\cos 2t.\ \to \begin{cases}2P-2Q=0.\\2P+2Q=8.\end{cases}\ \to \begin{cases}P=2.\\Q=2.\end{cases}$
定常解は $2\sin 2t+2\cos 2t$．一般解 $v(t)=$ 定常解 $+$ 過渡解 $=2\sin 2t+2\cos 2t+Ae^{-2t}$．
【注意】右辺が正弦波の場合，交流理論のフェーザを使って定常解を求めてもよい．
（交流理論は，定常状態の交流に関する理論である）

**例題 40.2** 次の2階の定数係数線形微分方程式の一般解 $v(t)$ を求めよ．

(1) $\dfrac{\mathrm{d}^2v}{\mathrm{d}t^2}+5\dfrac{\mathrm{d}v}{\mathrm{d}t}+6v=24.$ (2) $\dfrac{\mathrm{d}^2v}{\mathrm{d}t^2}+4v=20.$ (3) $\dfrac{\mathrm{d}^2v}{\mathrm{d}t^2}+2\dfrac{\mathrm{d}v}{\mathrm{d}t}+5v=10.$

**解答** 下記において，$A,B$ は任意定数とする．

(1) 特性方程式 $\lambda^2+5\lambda+6=(\lambda+2)(\lambda+3)=0.\ \to\ \lambda=-2,-3.$ 過渡解は $Ae^{-2t}+Be^{-3t}$．
定常解は，$6v=24$ より $v=4$． 一般解 $v(t)=4+Ae^{-2t}+Be^{-3t}$．

(2) 特性方程式 $\lambda^2+4=0.\ \to\ \lambda^2=-4.\ \to\ \lambda=\pm j2.$ 過渡解は $A\cos 2t+B\sin 2t$．
定常解は，$4v=20$ より $v=5$． 一般解 $v(t)=5+A\cos 2t+B\sin 2t$．

(3) 特性方程式 $\lambda^2+2\lambda+5=0.\ \to\ \lambda=-1\pm j2.$ 過渡解は $e^{-t}(A\cos 2t+B\sin 2t)$．
定常解は，$5v=10$ より $v=2$． 一般解 $v(t)=2+e^{-t}(A\cos 2t+B\sin 2t)$．

**例題 40.3** 次の定数係数線形微分方程式を，与えられた初期条件のもとで解け．

(1) $\dfrac{\mathrm{d}v}{\mathrm{d}t}+4v=20,\quad v(0)=3.$ (2) $\dfrac{\mathrm{d}i}{\mathrm{d}t}+3i+4v=8,\quad i=2\dfrac{\mathrm{d}v}{\mathrm{d}t},\quad i(0)=0,\quad v(0)=0.$

**解答**

(1) 特性方程式 $\lambda+4=0.\to\lambda=-4.\to$ 過渡解は $Ae^{-4t}$． 定常解は，$4v=20$ より $v=5$． 一般解 $v(t)=5+Ae^{-4t}$． 初期条件より，$v(0)=5+A=3.\to A=-2.$ $\therefore v(t)=5-2e^{-4t}$．

(2) $i=2\dfrac{\mathrm{d}v}{\mathrm{d}t}$ を $\dfrac{\mathrm{d}i}{\mathrm{d}t}+3i+4v=8$ に代入して，$2\dfrac{\mathrm{d}^2v}{\mathrm{d}t^2}+6\dfrac{\mathrm{d}v}{\mathrm{d}t}+4v=8.\ \to\ \dfrac{\mathrm{d}^2v}{\mathrm{d}t^2}+3\dfrac{\mathrm{d}v}{\mathrm{d}t}+2v=4.$
特性方程式 $\lambda^2+3\lambda+2=(\lambda+1)(\lambda+2)=0.\ \to\ \lambda=-1,-2.\ \to$ 過渡解は $Ae^{-t}+Be^{-2t}$．
定常解は $2v=4$ より $v=2$． 一般解 $v(t)=2+Ae^{-t}+Be^{-2t}$． $i(t)=2\dfrac{\mathrm{d}v}{\mathrm{d}t}=-2Ae^{-t}-4Be^{-2t}$．
初期条件より，$v(0)=2+A+B=0,\ i(0)=-2A-4B=0.\ \to\ A=-4,\ B=2.$
$\therefore\ v(t)=2-4e^{-t}+2e^{-2t}.\quad i(t)=8\left(e^{-t}-e^{-2t}\right).$

| ドリル No.40 | Class | | No. | | Name | |
|---|---|---|---|---|---|---|

**問題 40.1**　次の定数係数線形微分方程式の一般解 $v(t)$ を求めよ．

(1) $\dfrac{\mathrm{d}v}{\mathrm{d}t} + 2v = 0.$

（答）$v(t) =$ ＿＿＿＿＿＿＿＿ .

(2) $\dfrac{\mathrm{d}v}{\mathrm{d}t} + 3v = 6.$

（答）$v(t) =$ ＿＿＿＿＿＿＿＿ .

(3) $\dfrac{\mathrm{d}v}{\mathrm{d}t} + 4v = 10\cos 2t.$

（答）$v(t) =$ ＿＿＿＿＿＿＿＿ .

(4) $\dfrac{\mathrm{d}^2v}{\mathrm{d}t^2} + 4\dfrac{\mathrm{d}v}{\mathrm{d}t} + 3v = 30.$

（答）$v(t) =$ ＿＿＿＿＿＿＿＿ .

(5) $\dfrac{\mathrm{d}^2v}{\mathrm{d}t^2} + 25v = 100.$

（答）$v(t) =$ ＿＿＿＿＿＿＿＿ .

(6) $\dfrac{\mathrm{d}^2v}{\mathrm{d}t^2} + 8\dfrac{\mathrm{d}v}{\mathrm{d}t} + 25v = 100.$

（答）$v(t) =$ ＿＿＿＿＿＿＿＿ .

**問題 40.2**　次の定数係数線形微分方程式を，与えられた初期条件のもとで解け．

(1) $\dfrac{\mathrm{d}v}{\mathrm{d}t} + 7v = 0, \quad v(0) = 10.$

（答）$v(t) =$ ＿＿＿＿＿＿＿＿ .

(2) $\dfrac{\mathrm{d}v}{\mathrm{d}t} + 8v = 40, \quad v(0) = 0.$

（答）$v(t) =$ ＿＿＿＿＿＿＿＿ .

(3) $\dfrac{\mathrm{d}v}{\mathrm{d}t} + 10v = 40, \quad v(0) = 10.$

（答）$v(t) =$ ＿＿＿＿＿＿＿＿ .

(4) $\dfrac{dv}{dt} + v = 20\sin 3t, \quad v(0) = 0.$

（答）$v(t) =$ ＿＿＿＿＿＿＿＿＿＿＿＿＿＿＿＿＿.

(5) $\dfrac{di}{dt} + 6i + 8v = 0, \quad i = \dfrac{dv}{dt}, \quad v(0) = 0, \quad i(0) = 4.$

（答）$v(t) =$ ＿＿＿＿＿＿＿＿＿＿.　$i(t) =$ ＿＿＿＿＿＿＿＿＿＿.

(6) $\dfrac{di}{dt} + 5i + 2v = 6, \quad i = \dfrac{1}{2}\dfrac{dv}{dt}, \quad v(0) = 0, \quad i(0) = 0.$

（答）$v(t) =$ ＿＿＿＿＿＿＿＿＿＿.　$i(t) =$ ＿＿＿＿＿＿＿＿＿＿.

(7) $\dfrac{di}{dt} + 2v = 0, \quad i = \dfrac{1}{8}\dfrac{dv}{dt}, \quad v(0) = 10, \quad i(0) = 0.$

（答）$v(t) =$ ＿＿＿＿＿＿＿＿＿＿.　$i(t) =$ ＿＿＿＿＿＿＿＿＿＿.

(8) $\dfrac{di}{dt} + 5v = 20, \quad i = \dfrac{1}{20}\dfrac{dv}{dt}, \quad v(0) = 0, \quad i(0) = 0.$

（答）$v(t) =$ ＿＿＿＿＿＿＿＿＿＿.　$i(t) =$ ＿＿＿＿＿＿＿＿＿＿.

(9) $\dfrac{di}{dt} + 2i + 2v = 6, \quad i = \dfrac{1}{5}\dfrac{dv}{dt}, \quad v(0) = 0, \quad i(0) = 0.$

（答）$v(t) =$ ＿＿＿＿＿＿＿＿＿＿.　$i(t) =$ ＿＿＿＿＿＿＿＿＿＿.

| **チェック項目** | 月　日 | 月　日 |
|---|---|---|
| 過渡現象の微分方程式を解くことができる. | | |

# 7 過渡現象 ▶ 7.3 RC回路とRL回路

RC 回路と RL 回路の過渡現象を解くことができる．

## RC 回路の過渡現象（放電）

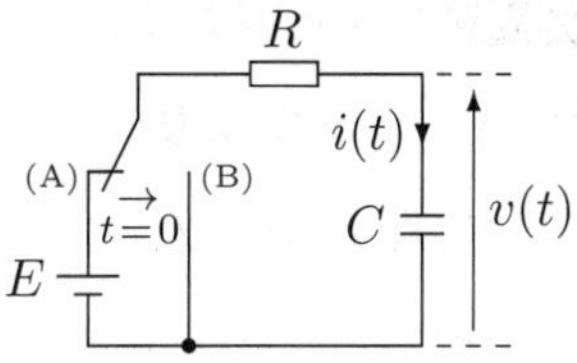


- 右の RC 回路で，$t=0$ にスイッチを (A) から (B) に倒す．
  $0=Ri+v$ に $i=C\dfrac{\mathrm{d}v}{\mathrm{d}t}$ を代入：$\dfrac{\mathrm{d}v}{\mathrm{d}t}+\dfrac{v}{RC}=0.\to v=Ae^{-\frac{t}{RC}}$.
  初期条件 $v(0)=E$ より，任意定数$A=E$. $\therefore\ v(t)=Ee^{-\frac{t}{RC}}$.
- 上式で $v(t)=\dfrac{E}{e}$ になる時刻 $\tau=RC\,[\mathrm{s}]$ を**時定数**という．
  $v(0)=E,\quad v(\tau)=\dfrac{E}{e}\fallingdotseq 0.37E,\quad v(2\tau)=\dfrac{E}{e^2}\fallingdotseq 0.14E,$
  $v(3\tau)=\dfrac{E}{e^3}\fallingdotseq 0.05E,\cdots\ v(5\tau)=\dfrac{E}{e^5}\fallingdotseq 0.007E\to$ **定常状態へ.**
  右図のように，$\tau$ 秒経過すると $v(t)$ の値は $\dfrac{1}{e}\fallingdotseq 0.37$倍になる．

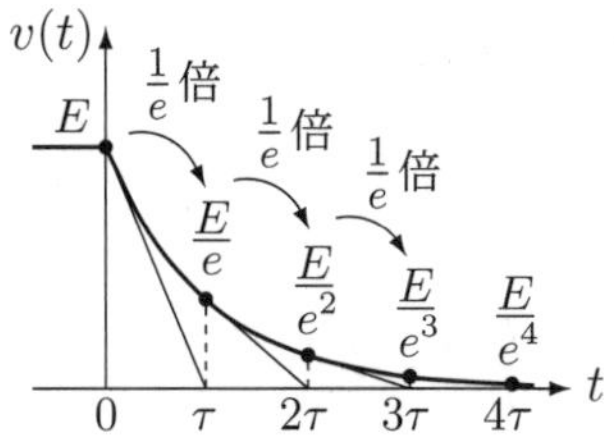

［放電曲線］

- 時定数$\tau$は応答時間の目安であり，数$\tau$で定常状態に移行する．
- 曲線 $v(t)$ 上の任意の点の接線は，$\tau$ 秒後に $t$ 軸と交差する．
- この回路は，コンデンサの静電エネルギー $W_{\mathrm{e}}=\dfrac{1}{2}CE^2$ [J] を解放する放電回路である．

## RC 回路の過渡現象（充電）

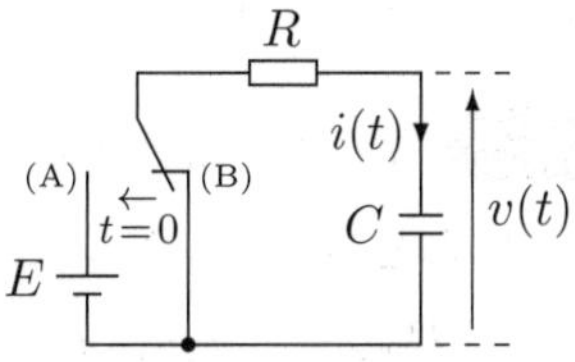


- 右の RC 回路で，$t=0$ にスイッチを (B) から (A) に倒す．
  $E=Ri+v$ と $i=C\dfrac{\mathrm{d}v}{\mathrm{d}t}$ から $\dfrac{\mathrm{d}v}{\mathrm{d}t}+\dfrac{v}{RC}=\dfrac{E}{RC}.\to v=E+Ae^{-\frac{t}{RC}}$.
  初期条件 $v(0)=0$ より，$A=-E$. $\therefore\ v(t)=E\left(1-e^{-\frac{t}{RC}}\right)$.
- $e$ の指数部が $-1$ になる時刻 $\tau=RC\,[\mathrm{s}]$ が時定数である．
  $v(0)=0,\quad v(\tau)=(1-\frac{1}{e})E\fallingdotseq 0.63E,\quad v(2\tau)=(1-\frac{1}{e^2})E$
  $\fallingdotseq 0.86E,\ \cdots\ v(5\tau)=(1-\frac{1}{e^5})E\fallingdotseq 0.993E\to$ 定常状態へ．
  右図のように，$\tau$ 秒経過すると $E-v(t)$ の値は $\dfrac{1}{e}$倍になる．

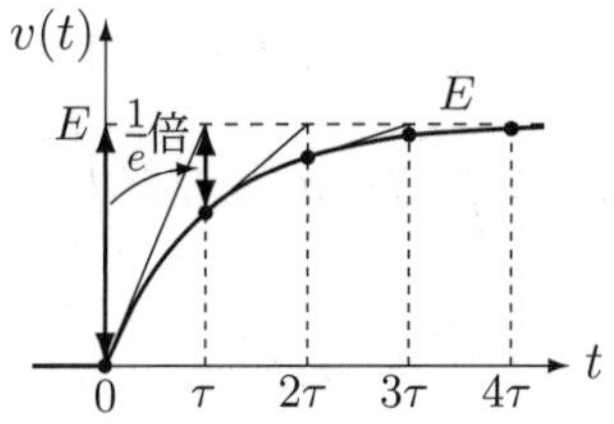

［充電曲線］

- 曲線 $v(t)$ 上の任意の点の接線は，$\tau$ 秒後に $E$ と交差する．
- この回路は，コンデンサに静電エネルギー $W_{\mathrm{e}}=\dfrac{1}{2}CE^2$ [J] を蓄積する充電回路である．

## RL 回路の過渡現象（電源除去）

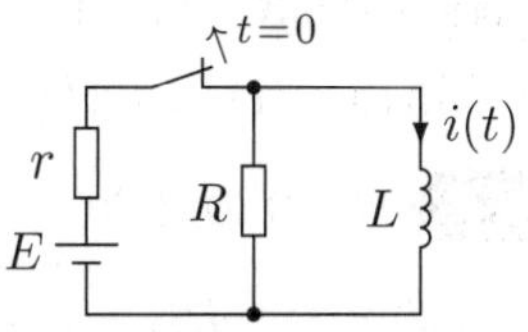


- 右の RL 回路で，$t=0$ にスイッチを開くと，$0=Ri+L\dfrac{\mathrm{d}i}{\mathrm{d}t}$.
  初期条件 $i(0)=\dfrac{E}{r}$ より，コイル電流は $i(t)=\dfrac{E}{r}e^{-\frac{R}{L}t}$.
- $e$ の指数部が $-1$ になる時刻 $\tau=\dfrac{L}{R}\,[\mathrm{s}]$ が時定数である．
- コイルの電磁エネルギー $W_{\mathrm{m}}=\dfrac{1}{2}L\left(\dfrac{E}{r}\right)^2$ [J] が解放される．

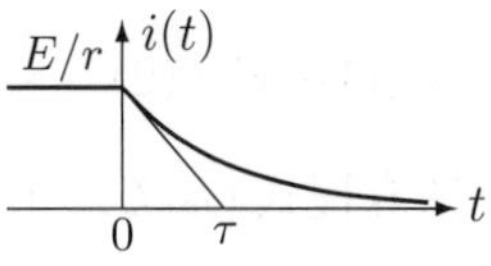


## RL 回路の過渡現象（電源投入）

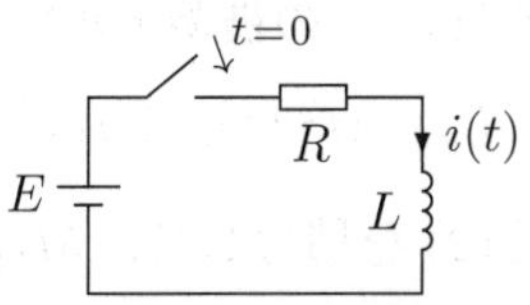


- 右の RL 回路で，$t=0$ にスイッチを閉じると，$E=Ri+L\dfrac{\mathrm{d}i}{\mathrm{d}t}$.
  初期条件 $i(0)=0$ より，コイル電流は $i(t)=\dfrac{E}{R}\left(1-e^{-\frac{R}{L}t}\right)$.
- $e$ の指数部が $-1$ になる時刻 $\tau=\dfrac{L}{R}\,[\mathrm{s}]$ が時定数である．
- コイルに電磁エネルギー $W_{\mathrm{m}}=\dfrac{1}{2}L\left(\dfrac{E}{R}\right)^2$ [J] が蓄積される．

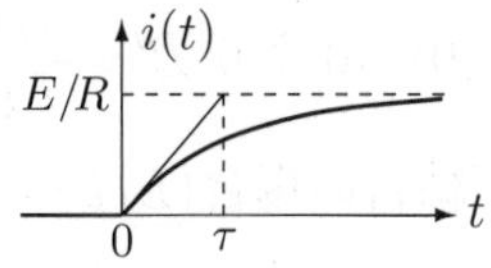

**例題** **41.1**　右の回路のスイッチを時刻 $t=0$ で閉じたときの電圧 $v(t)$，電流 $i(t)$，時定数 $\tau$ を求めよ．$t<0$ のとき，$v(t)=0$ とする．$0<t<\infty$ の間に電圧源が供給するエネルギー $W_0$，抵抗が消費するエネルギー $W_{\mathrm{R}}$，コンデンサに供給されるエネルギー $W_{\mathrm{C}}$ も求めよ．

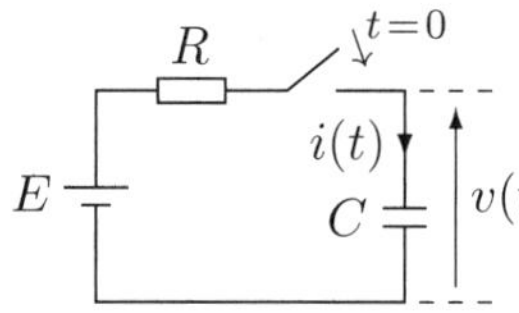


**解答**　$t>0$ のとき，$E=Ri+v$ に $i=C\dfrac{\mathrm{d}v}{\mathrm{d}t}$ を代入して，$RC\dfrac{\mathrm{d}v}{\mathrm{d}t}+v=E$．特性方程式 $RC\lambda+1=0$ より $\lambda=-\dfrac{1}{RC}$ ゆえ，過渡解 $=Ae^{-\frac{t}{RC}}$．定常解 $=E$．$\therefore$ 一般解 $v(t)=E+Ae^{-\frac{t}{RC}}$．
初期条件 $v(0)=E+A=0$ ゆえ，$A=-E$．　$\therefore v(t)=E\left(1-e^{-\frac{t}{RC}}\right)$．　$i(t)=C\dfrac{\mathrm{d}v}{\mathrm{d}t}=\dfrac{E}{R}e^{-\frac{t}{RC}}$．
時定数 $\tau$ は $e$ の指数が $-1$ になる時刻ゆえ，$\dfrac{\tau}{RC}=1.\rightarrow\tau=RC$．供給エネルギー $W_0$ は供給電力 $Ei$ を積分して，$W_0=\displaystyle\int_0^\infty Ei\,\mathrm{d}t=\frac{E^2}{R}\int_0^\infty e^{-\frac{t}{RC}}\mathrm{d}t=\frac{E^2}{R}\Big[-RC\,e^{-\frac{t}{RC}}\Big]_0^\infty=CE^2$．　$W_{\mathrm{R}}=\displaystyle\int_0^\infty Ri^2\,\mathrm{d}t$

$$=\frac{E^2}{R}\int_0^\infty e^{-\frac{2t}{RC}}\,\mathrm{d}t=\frac{E^2}{R}\Big[-\frac{RC}{2}e^{-\frac{2t}{RC}}\Big]_0^\infty=\frac{1}{2}CE^2.\quad W_{\mathrm{C}}=\int_0^\infty vi\,\mathrm{d}t=\frac{E^2}{R}\int_0^\infty\left(e^{-\frac{t}{RC}}-e^{-\frac{2t}{RC}}\right)\mathrm{d}t$$

$$=\frac{E^2}{R}\Big[-RC\,e^{-\frac{t}{RC}}+\frac{RC}{2}e^{-\frac{2t}{RC}}\Big]_0^\infty=\frac{1}{2}CE^2.$$ $\Leftarrow$ コンデンサが蓄積する静電エネルギー $W_{\mathrm{e}}$

**例題** **41.2**　右の回路のスイッチを時刻 $t=0$ で閉じたときの電圧 $v(t)$，電流 $i(t)$，時定数 $\tau$ を求めよ．ただし，電流源は直流電流 $J$ [A] を流す．$0<t<\infty$ の間に電流源が供給するエネルギー $W_0$，抵抗が消費するエネルギー $W_{\mathrm{R}}$，コイルに供給されるエネルギー $W_{\mathrm{L}}$ も求めよ．

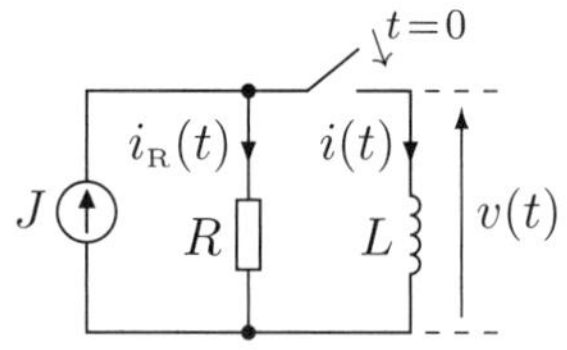


**解答**　$t<0$ のとき $i(t)=0$ だから，初期条件は $i(0)=0$．
$t>0$ のとき，$J=i_{\mathrm{R}}+i$ に $i_{\mathrm{R}}=\dfrac{v}{R}=\dfrac{L}{R}\dfrac{\mathrm{d}i}{\mathrm{d}t}$ を代入して，$\dfrac{L}{R}\dfrac{\mathrm{d}i}{\mathrm{d}t}+i=J$．特性方程式 $\dfrac{L}{R}\lambda+1=0$ より，$\lambda=-\dfrac{R}{L}$ ゆえ，過渡解 $=Ae^{-\frac{R}{L}t}$．定常解 $=J$．$\therefore$ 一般解 $i(t)=J+Ae^{-\frac{R}{L}t}$．　$i(0)=J+A=0$ ゆえ，$A=-J$．　$\therefore i(t)=J\left(1-e^{-\frac{R}{L}t}\right)$．　$v(t)=L\dfrac{\mathrm{d}i}{\mathrm{d}t}=RJe^{-\frac{R}{L}t}$．　時定数 $\tau$ は，$\dfrac{R}{L}\tau=1$ より $\tau=\dfrac{L}{R}$．

$$W_0=\int_0^\infty Jv\,\mathrm{d}t=RJ^2\int_0^\infty e^{-\frac{R}{L}t}\,\mathrm{d}t=RJ^2\Big[-\frac{L}{R}e^{-\frac{R}{L}t}\Big]_0^\infty=LJ^2.\quad W_{\mathrm{R}}=\int_0^\infty\frac{v^2}{R}\mathrm{d}t=RJ^2\int_0^\infty e^{-\frac{2R}{L}t}\,\mathrm{d}t$$

$$=RJ^2\Big[-\frac{L}{2R}e^{-\frac{2R}{L}t}\Big]_0^\infty=\frac{1}{2}LJ^2.\quad W_{\mathrm{L}}=\int_0^\infty vi\,\mathrm{d}t=RJ^2\int_0^\infty\left(e^{-\frac{R}{L}t}-e^{-\frac{2R}{L}t}\right)\mathrm{d}t$$

$$=RJ^2\Big[-\frac{L}{R}e^{-\frac{R}{L}t}+\frac{L}{2R}e^{-\frac{2R}{L}t}\Big]_0^\infty=\frac{1}{2}LJ^2.$$ $\Leftarrow$ コイルが蓄積する電磁エネルギー $W_{\mathrm{m}}$

**例題** **41.3**　右の相互誘導回路のスイッチを時刻 $t=0$ で閉じたときの電流 $i_1(t)$ と $i_2(t)$ を求めよ．$t<0$ のときに，$i_2(t)=0$ とする．

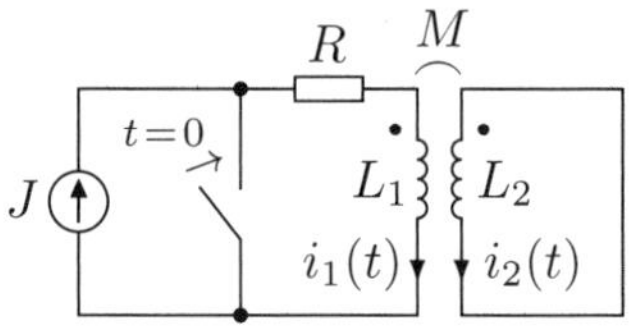


**解答**　$t<0$ のとき，$i_1(t)=J$，$i_2(t)=0$．
$t>0$ のとき，$Ri_1+L_1\dfrac{\mathrm{d}i_1}{\mathrm{d}t}+M\dfrac{\mathrm{d}i_2}{\mathrm{d}t}=0.\cdots(1)$．　$M\dfrac{\mathrm{d}i_1}{\mathrm{d}t}+L_2\dfrac{\mathrm{d}i_2}{\mathrm{d}t}=0.\cdots(2)$
$L_2\times(1)-M\times(2)\;\rightarrow\;(L_1L_2-M^2)\dfrac{\mathrm{d}i_1}{\mathrm{d}t}+RL_2i_1=0.\cdots(3)$　密結合以外の場合 $(L_1L_2>M^2)$ は，特性方程式 $(L_1L_2-M^2)\lambda+RL_2=0$ より $\lambda=-\dfrac{RL_2}{L_1L_2-M^2}$ ゆえ，一般解は $i_1(t)=Ae^{-\frac{RL_2}{L_1L_2-M^2}t}$．
式 (1),(2) の被微分項である磁束鎖交数 $L_1i_1+Mi_2$ と $Mi_1+L_2i_2$ が急変しない量であるが，$L_1L_2\neq M^2$ ならば $i_1$ と $i_2$ も急変しないので，$i_1(0)=J$ より $A=J$．$\therefore i_1(t)=Je^{-\frac{RL_2}{L_1L_2-M^2}t}.\cdots(4)$
式 (2) を積分して，$Mi_1+L_2i_2=B.\rightarrow\;i_2=B'-\dfrac{M}{L_2}i_1\overset{(4)}{=}B'-\dfrac{MJ}{L_2}e^{-\frac{RL_2}{L_1L_2-M^2}t}$．$(B,B'$ は任意定数$)$
$i_2(0)=0$ より $B'=\dfrac{MJ}{L_2}$，$i_2(t)=\dfrac{MJ}{L_2}\left(1-e^{-\frac{RL_2}{L_1L_2-M^2}t}\right).\cdots(5)$
密結合の場合 $(L_1L_2=M^2)$，式 (3) より，$i_1(t)=0$，$i_2(t)=\dfrac{MJ}{L_2}$．
これは，式 (4),(5) で時定数 $\rightarrow+0$ の場合に相当する．

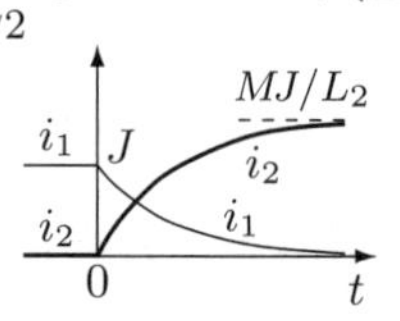

$L_1L_2>M^2$ の場合

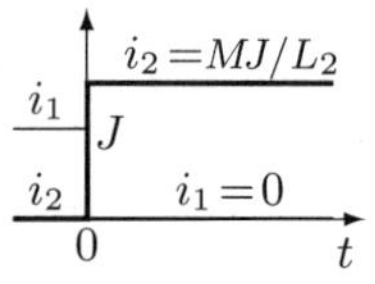

$L_1L_2=M^2$ の場合

| ドリル No.41 | Class | | No. | | Name | |
|---|---|---|---|---|---|---|

**問題 41.1**　右の回路のスイッチを，時刻 $t=0$ の瞬間に開いた．

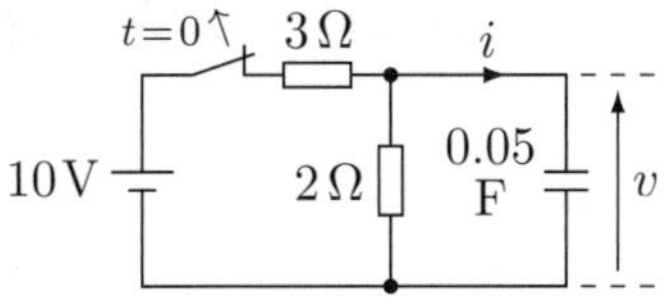


(1) $t<0$ のときの電圧 $v(t)$ と電流 $i(t)$ を求めよ．

（答）$v(t)=$　　[　]．$i(t)=$　　[　]．

(2) $t>0$ のときの電圧 $v(t)$，電流 $i(t)$，時定数 $\tau$ を求めよ．

（答）$v(t)=$　　　　[　]．$i(t)=$　　　　[　]．$\tau=$　　　[　]．

(3) $t=0$ のときにコンデンサが蓄えている静電エネルギー $W_e$ と，$0<t<\infty$ の間に抵抗が消費するエネルギー $W_R$ を求めよ．

（答）$W_e=$　　　[　　]．$W_R=$　　　[　　]．

**問題 41.2**　右の回路のスイッチを，時刻 $t=0$ の瞬間に開いた．

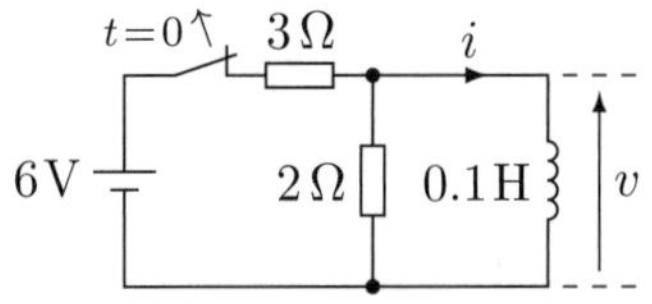


(1) $t<0$ のときの電圧 $v(t)$ と電流 $i(t)$ を求めよ．

（答）$v(t)=$　　[　]．$i(t)=$　　[　]．

(2) $t>0$ のときの電圧 $v(t)$，電流 $i(t)$，時定数 $\tau$ を求めよ．

（答）$v(t)=$　　　　[　]．$i(t)=$　　　　[　]．$\tau=$　　　[　]．

(3) $t=0$ のときにコイルが蓄えている電磁エネルギー $W_m$ と，$0<t<\infty$ の間に抵抗が消費するエネルギー $W_R$ を求めよ．

（答）$W_m=$　　　[　　]．$W_R=$　　　[　　]．

**問題 41.3**　右の回路のスイッチを，時刻 $t=0$ の瞬間に開いた．

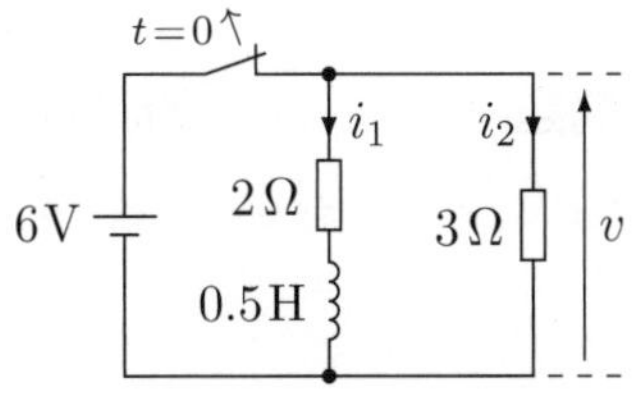


(1) $t<0$ のときの電流 $i_1(t)$，$i_2(t)$ と電圧 $v(t)$ を求めよ．

（答）$i_1(t)=$　　[　]．$i_2(t)=$　　[　]．$v(t)=$　　[　]．

(2) $t>0$ のときの電流 $i_1(t)$，$i_2(t)$，電圧 $v(t)$，時定数 $\tau$ を求めよ．

（答）$i_1(t)=$　　　[　]．$i_2(t)=$　　　[　]．$v(t)=$　　　[　]．$\tau=$　　[　]．

(3) 電流 $i_1(t)$，$i_2(t)$，電圧 $v(t)$ の概形を描き，時定数を図中に記入せよ．

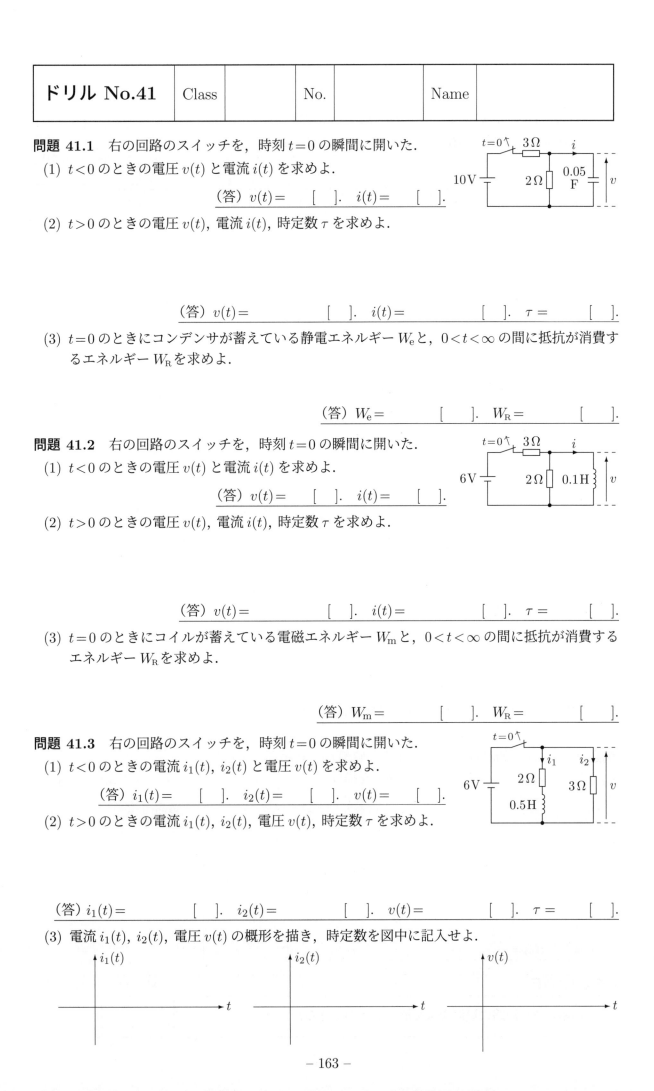

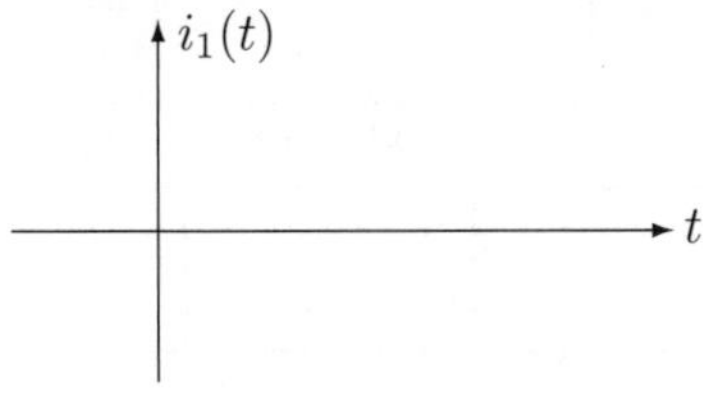


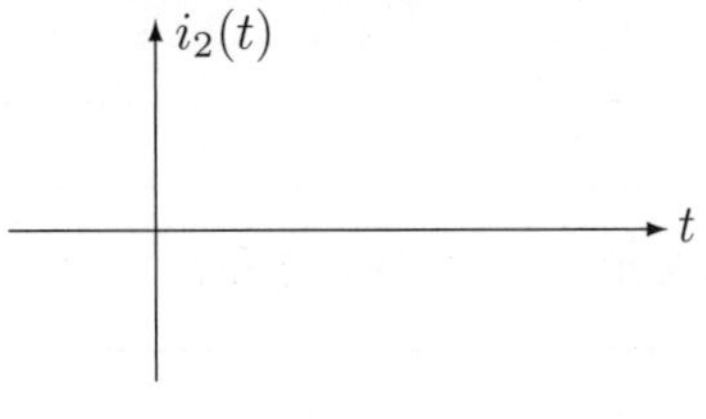


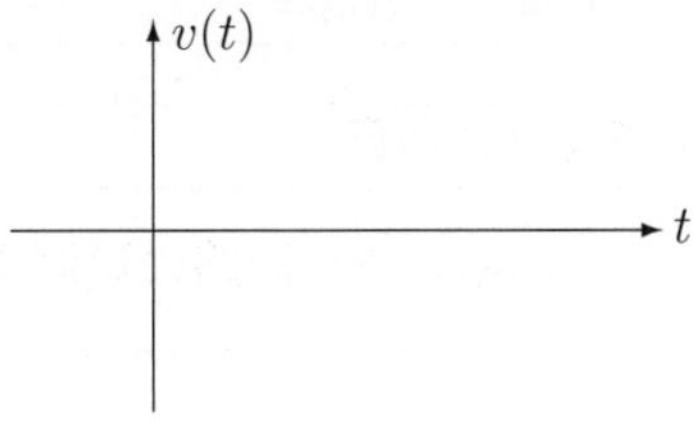

**問題 41.4**　右の回路のスイッチを，時刻 $t=0$ の瞬間に閉じた．

(1) $t>0$ のときの電流 $i_1(t)$, $i_2(t)$ と時定数 $\tau$ を求めよ．

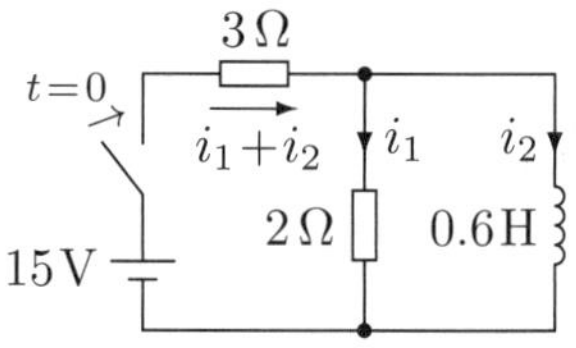


(答) $i_1(t)=$ 　　　　　[　]．　$i_2(t)=$ 　　　　　[　]．　$\tau=$ 　　[　]．

(2) 電流 $i_1(t)$, $i_2(t)$, $i_1(t)+i_2(t)$ の概形を描き，時定数を図中に記入せよ．

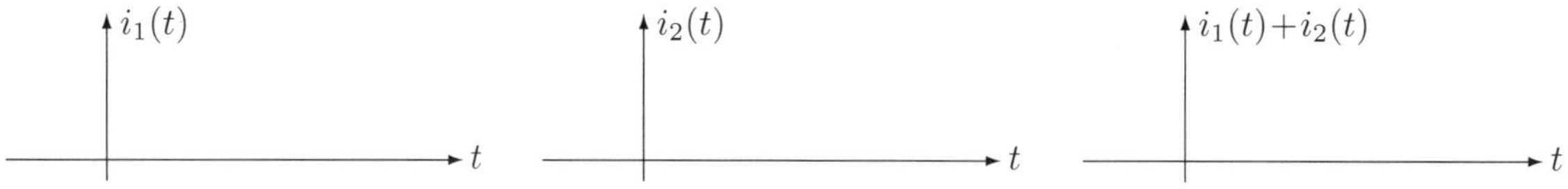


**問題 41.5**　右の回路のスイッチを，時刻 $t=0$ の瞬間に閉じた．

(1) $t>0$ のときの電圧 $v(t)$ と時定数 $\tau$ を求めよ．

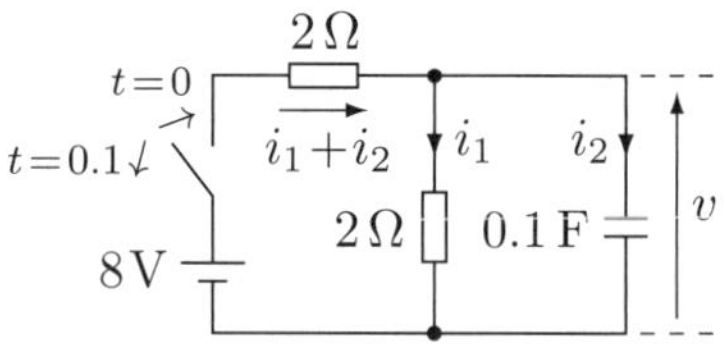


(答) $v(t)=$ 　　　　　[　]．　$\tau=$ 　　[　]．

(2) $t=0.1\,[\mathrm{s}]$ でスイッチを再び開いた．$t>0.1\,[\mathrm{s}]$ のときの電圧 $v(t)$ と時定数 $\tau'$ を求めよ．

(答) $v(t)=$ 　　　　　[　]．

$\tau'=$ 　　[　]．

(3) 電圧 $v(t)$ の概形を描き，時定数を図中に記入せよ．

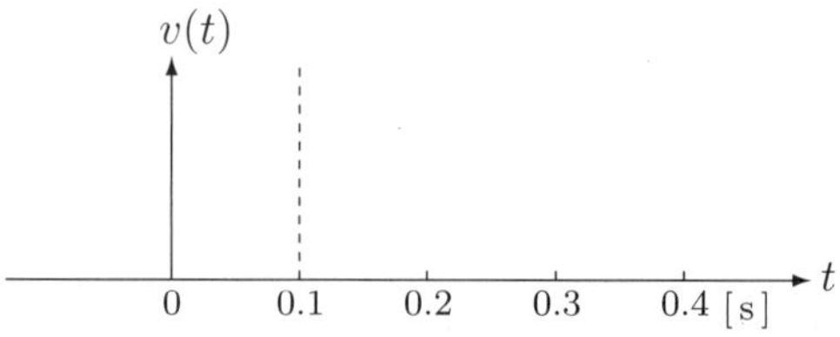


**問題 41.6**　右の交流回路のスイッチを，時刻 $t=0$ の瞬間に閉じた．
$t>0$ のときの電流 $i(t)$ を求め，その概形を描け．

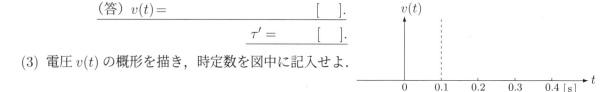

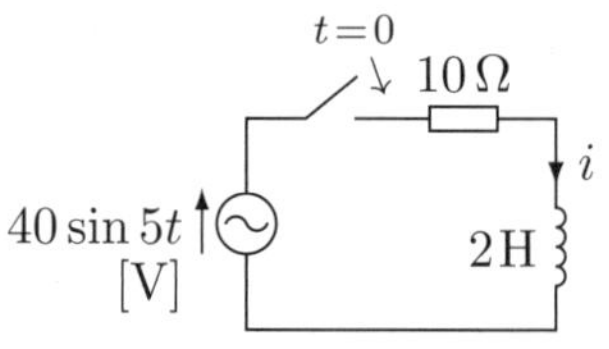

(答) $i(t)=$ 　　　　　　　　[　]．

| チェック項目 | 月　日 | 月　日 |
|---|---|---|
| RC 回路と RL 回路の過渡現象を解くことができる． | | |

LC 回路と RLC 回路の過渡現象を解くことができる．

## LC 回路の過渡現象

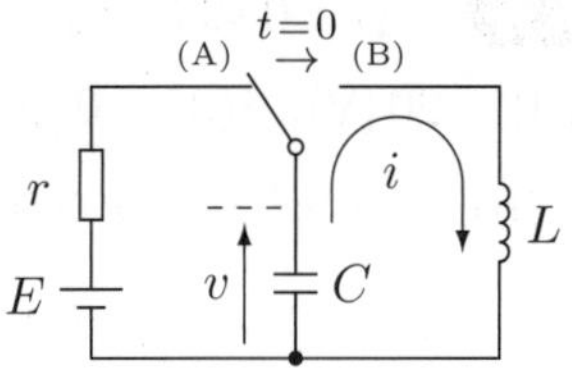


- 右の LC 回路で，$t=0$ にスイッチを (A) から (B) に倒すと，

$$\begin{cases} \text{コンデンサ電圧}=\text{コイル電圧} \rightarrow v = L\dfrac{\mathrm{d}i}{\mathrm{d}t}. \cdots (1) \\ \text{コンデンサの電流と電圧の関係} \rightarrow -i = C\dfrac{\mathrm{d}v}{\mathrm{d}t}. \cdots (2) \end{cases}$$

(2) を (1) に代入して，$LC\dfrac{\mathrm{d}^2v}{\mathrm{d}t^2}+v=0.$

特性方程式 $LC\lambda^2+1=0. \rightarrow \lambda = \pm j\dfrac{1}{\sqrt{LC}} = \pm j\omega_\mathrm{r}$ と置けば，

$$\text{一般解}\begin{cases} v(t) = A\cos\omega_\mathrm{r}t + B\sin\omega_\mathrm{r}t. \ (A, B \text{ は任意定数}) \\ i(t) = -C\dfrac{\mathrm{d}v}{\mathrm{d}t} = \omega_\mathrm{r}C(A\sin\omega_\mathrm{r}t - B\cos\omega_\mathrm{r}t). \end{cases}$$

初期条件 $v(0)=E$，$i(0)=0$ より，$A=E$，$B=0$ ゆえ，

$$v(t) = E\cos\omega_\mathrm{r}t, \quad i(t) = \omega_\mathrm{r}CE\sin\omega_\mathrm{r}t = \sqrt{\frac{C}{L}}E\sin\omega_\mathrm{r}t.$$

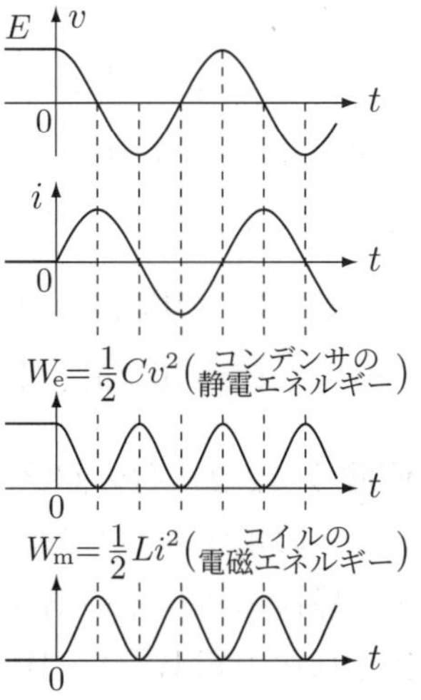


- 共振角周波数 $\omega_\mathrm{r}=\dfrac{1}{\sqrt{LC}}$ [rad/s] で振動し続ける **(共振状態)**．
- 右図のように，コンデンサの静電エネルギー $W_\mathrm{e}$ とコイルの電磁エネルギー $W_\mathrm{m}$ の間で，エネルギーが往復している．
- 2 つのエネルギー状態をもつ**複エネルギー回路**は，抵抗 $R$ が小さければ，エネルギーの往復により振動を生じる（振り子やバネの振動と同様）．

## RLC 回路の過渡現象

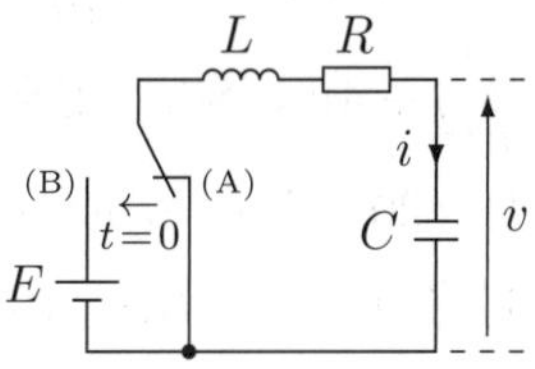


- 右の RLC 回路で，$t=0$ にスイッチを (A) から (B) に倒すと，

$$L\frac{\mathrm{d}i}{\mathrm{d}t} + Ri + v = E. \cdots (3) \qquad i = C\frac{\mathrm{d}v}{\mathrm{d}t}. \cdots (4)$$

(4) を (3) に代入して，$LC\dfrac{\mathrm{d}^2v}{\mathrm{d}t^2}+RC\dfrac{\mathrm{d}v}{\mathrm{d}t}+v=E.$

定常解は $v=E$.

特性方程式 $LC\lambda^2+RC\lambda+1=0$ の解を $\lambda_1, \lambda_2=\dfrac{-RC\pm\sqrt{(RC)^2-4LC}}{2LC}$ と置けば，次の 3 つの場合に分かれる．（下記の $A, B$ は定数）

- $(RC)^2>4LC \ \left(R>2\sqrt{\frac{L}{C}}\right)$ の場合，$\lambda_1, \lambda_2$ は相異なる負の実数．

$$v(t) = E + Ae^{\lambda_1 t} + Be^{\lambda_2 t}. \cdots (\mathrm{a})$$

$R$ が大きいので **(過制動)**，振動しない．

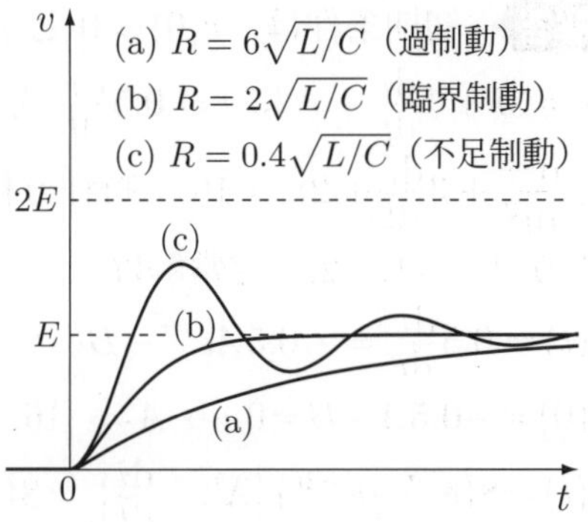


- $(RC)^2=4LC \ \left(R=2\sqrt{\frac{L}{C}}\right)$ の場合，$\lambda_1=\lambda_2=-\dfrac{R}{2L}$.

$$v(t) = E + (At+B)e^{-\frac{R}{2L}t}. \cdots (\mathrm{b}) \quad \textbf{(臨界制動)}$$

- $(RC)^2<4LC \ \left(R<2\sqrt{\frac{L}{C}}\right)$ の場合，$\lambda_1, \lambda_2$ は複素数．

$$\lambda_1, \lambda_2 = -\frac{R}{2L} \pm j\omega, \quad \omega = \frac{\sqrt{4LC-(RC)^2}}{2LC} < \omega_\mathrm{r}.$$

$$v(t) = E + e^{-\frac{R}{2L}t}(A\cos\omega t + B\sin\omega t). \cdots (\mathrm{c})$$

$R$ が小さいので **(不足制動)**，減衰しながら角周波数 $\omega<\omega_\mathrm{r}$ で振動する **(減衰振動)**．

**例題 42.1** 右の回路で，$t=0$ にスイッチを (A) から (B) に倒したときの電圧 $v(t)$ と電流 $i(t)$ を求めよ．時刻 $t$ における，コンデンサの静電エネルギー $W_e(t)$，コイルの電磁エネルギー $W_m(t)$，およびそれらの和 $W(t)=W_e(t)+W_m(t)$ も求めよ．

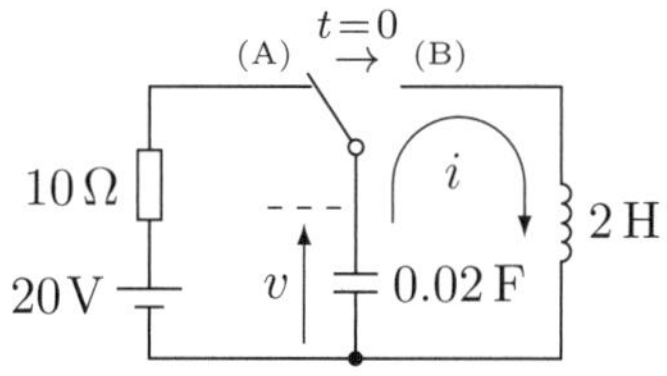


**解答** 【$t<0$ のとき】$v=20$ [V]，$i=0$ [A] ゆえ，初期条件は，$v(0)=20$ [V]，$i(0)=0$ [A]．コンデンサとコイルのエネルギーは，$W_e(0)=\frac{1}{2}Cv^2=\frac{1}{2}\times0.02\times20^2=4$ [J]，　$W_m(0)=\frac{1}{2}Li^2=0$ [J]．

【$t>0$ のとき】$v=2\frac{\mathrm{d}i}{\mathrm{d}t}$ に $-i=0.02\frac{\mathrm{d}v}{\mathrm{d}t}$ を代入して，$v=-0.04\frac{\mathrm{d}^2v}{\mathrm{d}t^2}$．

$\therefore\frac{\mathrm{d}^2v}{\mathrm{d}t^2}=-25v$．特性方程式 $\lambda^2=-25$ より，$\lambda=\pm j5$ ゆえ，一般解は，$v(t)=A\cos5t+B\sin5t$．　$i(t)=-0.02\frac{\mathrm{d}v}{\mathrm{d}t}=0.1A\sin5t-0.1B\cos5t$．

初期条件より，$v(0)=A=20$，$i(0)=-0.1B=0$．$\therefore v(t)=20\cos5t$ [V]．

$i(t)=2\sin5t$ [A]．　$W_e(t)=\frac{1}{2}Cv^2=\frac{1}{2}\times0.02\times(20\cos5t)^2=4\cos^2 5t$

$=2+2\cos10t$ [J]．　$W_m(t)=\frac{1}{2}Li^2=\frac{1}{2}\times2\times(2\sin5t)^2=4\sin^2 5t$

$=2-2\cos10t$ [J]．　$W(t)=4$ [J] = 一定値．各波形を右図に示す．

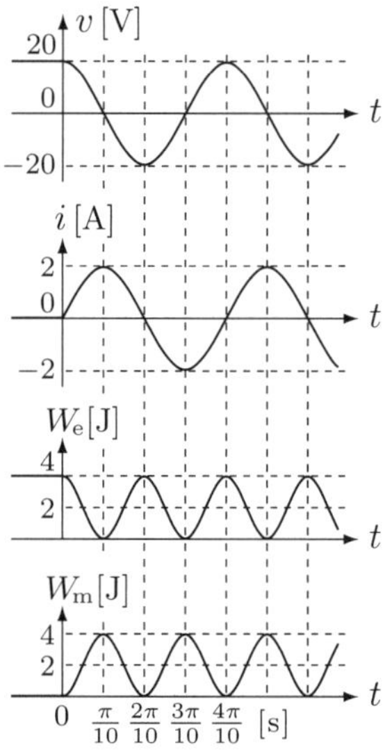


**例題 42.2** 右の回路で，$t=0$ にスイッチを (A) から (B) に倒したときの電圧 $v(t)$ と電流 $i(t)$ を求めよ．時刻 $t$ における，コンデンサの静電エネルギー $W_e(t)$，コイルの電磁エネルギー $W_m(t)$，およびそれらの和 $W(t)=W_e(t)+W_m(t)$ も求めよ．

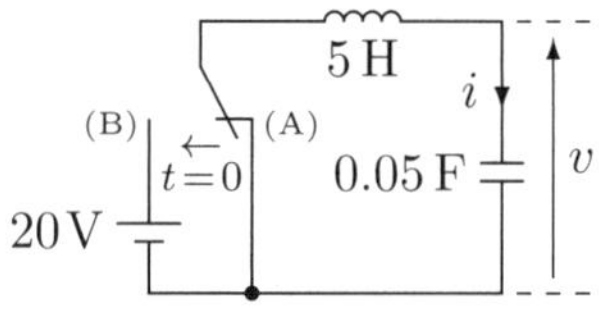


**解答** 初期条件は，$v(0)=0$ と $i(0)=0$．$W_e(0)=W_m(0)=0$．

$t>0$ のとき，$20=5\frac{\mathrm{d}i}{\mathrm{d}t}+v$ に $i=0.05\frac{\mathrm{d}v}{\mathrm{d}t}$ を代入し，$20=0.25\frac{\mathrm{d}^2v}{\mathrm{d}t^2}+v$．

$\therefore\frac{\mathrm{d}^2v}{\mathrm{d}t^2}+4v=80$．定常解は 20．特性方程式 $\lambda^2+4=0$ より，$\lambda=\pm j2$．

$v(t)=20+A\cos2t+B\sin2t$．$i(t)=0.05\frac{\mathrm{d}v}{\mathrm{d}t}=-0.1A\sin2t+0.1B\cos2t$．

初期条件より $v(0)=20+A=0.\to A=-20$．　$i(0)=0.1B=0.\to B=0$．

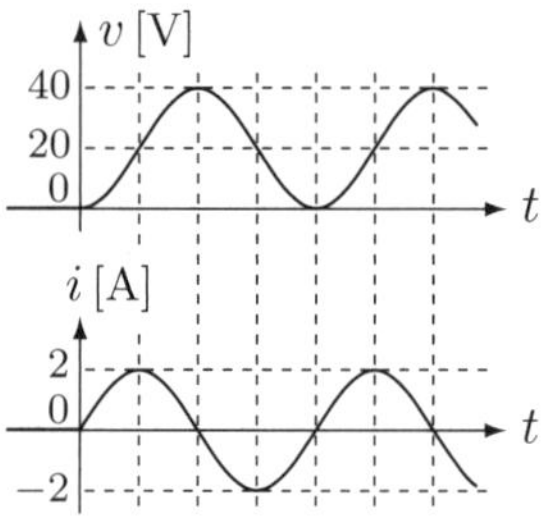


$\therefore v(t)=20(1-\cos2t)$ [V]．　$i(t)=2\sin2t$ [A]．　$W_e(t)=\frac{1}{2}Cv^2=10(1-\cos2t)^2$ [J]．$W_m(t)=\frac{1}{2}Li^2$ $=10\sin^2 2t$ [J]．$W(t)=20(1-\cos2t)$ [J]．電源からの電流が，総エネルギー $W(t)$ を増減させる．

**例題 42.3** 右の回路で，$t=0$ にスイッチを (A) から (B) に倒したときの電圧 $v(t)$ と電流 $i(t)$ を求めよ．$i(t)$が最大になる時刻 $t_0$ とそのときの電圧 $v(t_0)$，電流 $i(t_0)$ を求め，$v(t)$ と $i(t)$ の概形を描け．

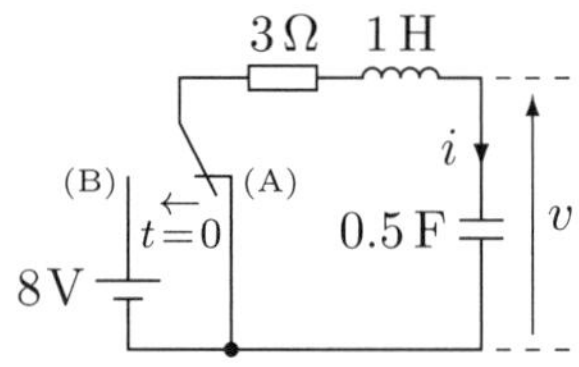


**解答** 初期条件は，$v(0)=0$ と $i(0)=0$．　$t>0$ のとき，

$8=3i+1\frac{\mathrm{d}i}{\mathrm{d}t}+v$ に $i=0.5\frac{\mathrm{d}v}{\mathrm{d}t}$ を代入して，$8=1.5\frac{\mathrm{d}v}{\mathrm{d}t}+0.5\frac{\mathrm{d}^2v}{\mathrm{d}t^2}+v$．

$\therefore\frac{\mathrm{d}^2v}{\mathrm{d}t^2}+3\frac{\mathrm{d}v}{\mathrm{d}t}+2v=16$．特性方程式 $\lambda^2+3\lambda+2=(\lambda+1)(\lambda+2)=0$ より $\lambda=-1,-2$．定常解は 8．一般解は $v(t)=8+Ae^{-t}+Be^{-2t}$．

$i(t)=0.5\frac{\mathrm{d}v}{\mathrm{d}t}=-0.5Ae^{-t}-Be^{-2t}$．初期条件より，$v(0)=8+A+B=0$，

$i(0)=-0.5A-B=0.\to A=-16,\ B=8.\ \therefore v(t)=8\left(1-2e^{-t}+e^{-2t}\right)$ [V]．

$i(t)=8\left(e^{-t}-e^{-2t}\right)$ [A]．　$\left.\frac{\mathrm{d}i}{\mathrm{d}t}\right|_{t_0}=8\left(-e^{-t_0}+2e^{-2t_0}\right)=0.\to e^{-t_0}=2e^{-2t_0}$．

$\to e^{t_0}=2.\to t_0=\ln2$ [s]．　$i(t_0)=8\left(e^{-\ln2}-e^{-2\ln2}\right)=8\left(\frac{1}{2}-\frac{1}{4}\right)=2$ [A]．

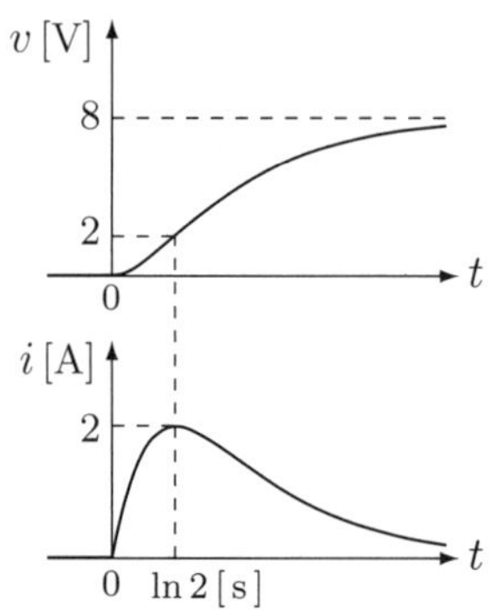


$v(t_0)=8\left(1-2e^{-\ln2}+e^{-2\ln2}\right)=8\left(1-2\times\frac{1}{2}+\frac{1}{4}\right)=2$ [V]．（$R\fallingdotseq2.1\sqrt{\frac{L}{C}}$．臨界制動に近い応答）

| ドリル No.42 | Class | | No. | | Name | |
|---|---|---|---|---|---|---|

**問題 42.1**　右の回路のスイッチを時刻 $t=0$ の瞬間に開いた．

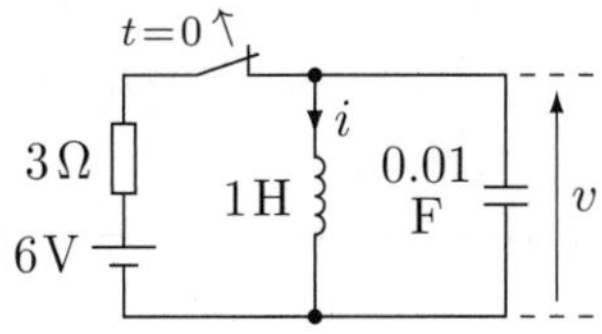


(1) $t<0$ のときの電圧 $v(t)$ と電流 $i(t)$ を求めよ．

（答）$v(t)=$　　　[　]．$i(t)=$　　　[　]．

(2) $t>0$ のときの電圧 $v(t)$, 電流 $i(t)$ を求め，それらの概形を描け．

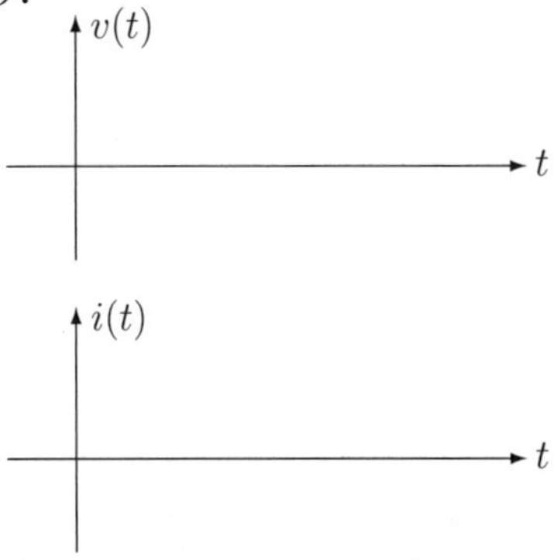

（答）$v(t)=$　　　[　]．$i(t)=$　　　[　]．

(3) 時刻 $t$ における，コンデンサの静電エネルギー $W_{\mathrm{e}}(t)$，コイルの電磁エネルギー $W_{\mathrm{m}}(t)$，および $W(t)=W_{\mathrm{e}}(t)+W_{\mathrm{m}}(t)$ を求めよ．

（答）$W_{\mathrm{e}}(t)=$　　　[　]．$W_{\mathrm{m}}(t)=$　　　[　]．$W(t)=$　　　[　]．

**問題 42.2**　右の回路のスイッチを時刻 $t=0$ の瞬間に閉じた．$t>0$ のときの電圧 $v(t)$，電流 $i(t)$ を求め，それらの概形を描け．$t<0$ のときに $v(t)=0$, $i(t)=0$ である．

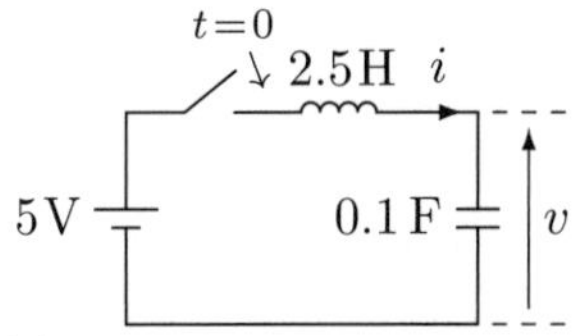


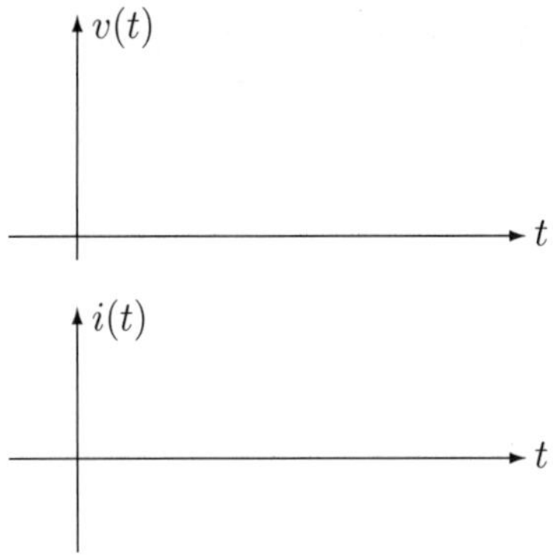


（答）$v(t)=$　　　[　]．$i(t)=$　　　[　]．

**問題 42.3**　右の回路のスイッチを時刻 $t=0$ の瞬間に開いた．$t>0$ のときの電圧 $v(t)$, 電流 $i(t)$ を求め，それらの概形を描け．$J=2$ [A] は直流電流，$t<0$ のときに $v(t)=0$, $i(t)=0$ である．

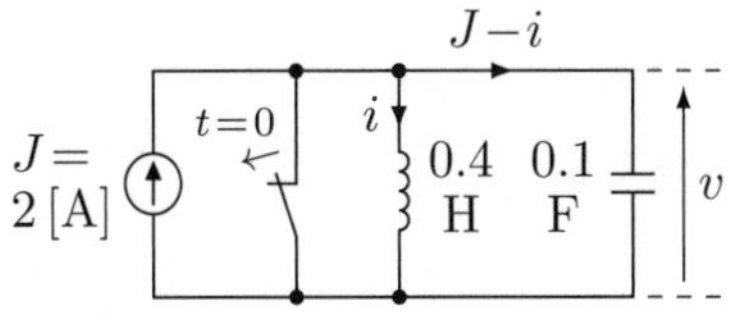


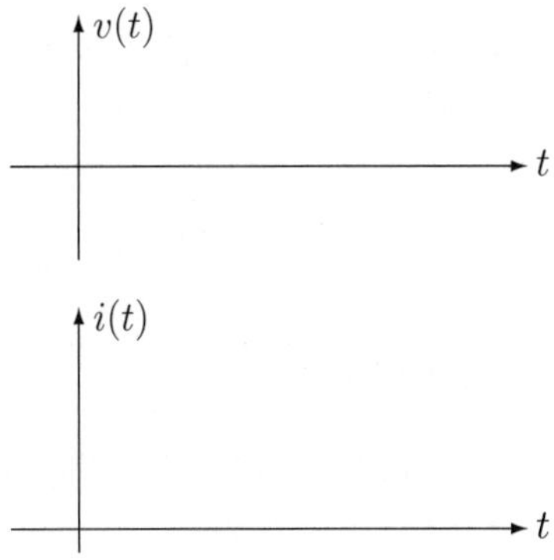


（答）$v(t)=$　　　[　]．$i(t)=$　　　[　]．

**問題 42.4**　右の回路で，$t=0$ にスイッチを (A) から (B) に倒したときの電圧 $v(t)$ と電流 $i(t)$ を求めよ．$i(t)$ が最大になる時刻 $t_0$ とそのときの $v(t_0)$ と $i(t_0)$ を求め，$v(t)$ と $i(t)$ の概形を描け．

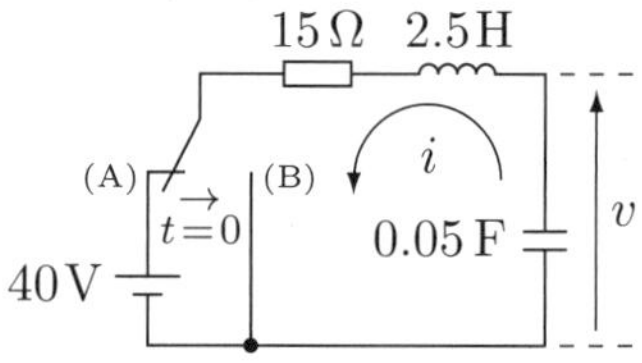

（答）$v(t)=$　　　　　　　　　　[　]．$i(t)=$　　　　　　　　　　[　]．

$t_0=$　　　　　　[　]．$v(t_0)=$　　　　　[　]．$i(t_0)=$　　　　　[　]．

**問題 42.5**　右の回路で，$t=0$ にスイッチを (A) から (B) に倒したときの電圧 $v(t)$ と電流 $i(t)$ を求めよ．この過渡応答は過制動，臨界制動，不足制動のどれか?

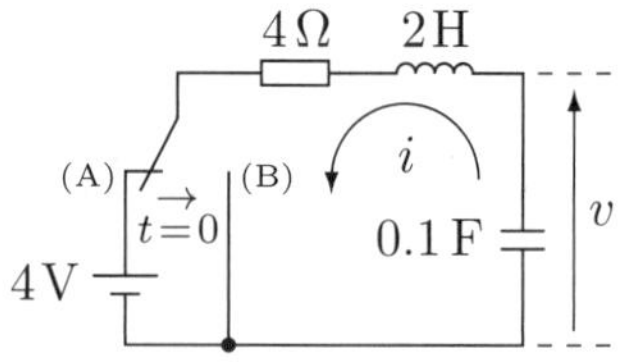


（答）$v(t)=$　　　　　　　　　　[　]．$i(t)=$　　　　　　　　　　[　]．　　　制動．

**問題 42.6**　右の回路で，$t=0$ にスイッチを (B) から (A) に倒したときの電圧 $v(t)$ と電流 $i(t)$ を求めよ．$i(t)$ が最大になる時刻 $t_0$ とそのときの $v(t_0)$ と $i(t_0)$ を求め，$v(t)$ と $i(t)$ の概形を描け．

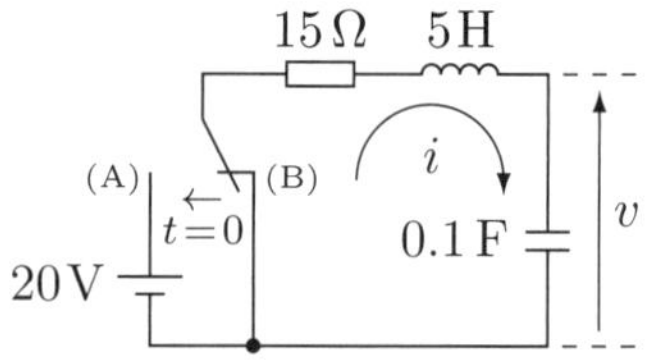

（答）$v(t)=$　　　　　　　　　　[　]．$i(t)=$　　　　　　　　　　[　]．

$t_0=$　　　　　　[　]．$v(t_0)=$　　　　　[　]．$i(t_0)=$　　　　　[　]．

**問題 42.7**　右の回路のスイッチを (B) から (A) に倒したときの過渡応答を臨界制動にするための $R$ の値を求めよ．

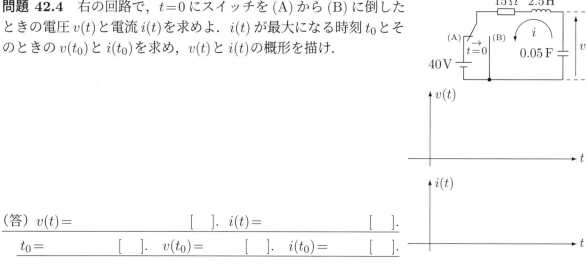

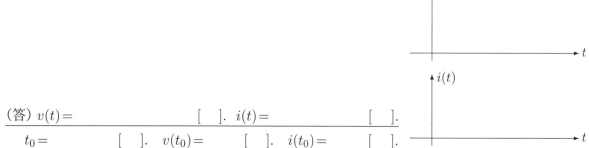

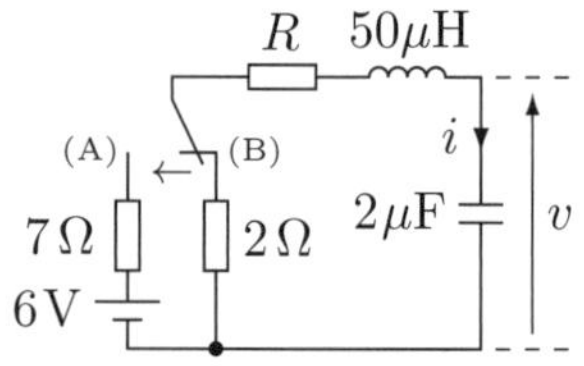


（答）$R=$　　　　[　]．

| チェック項目 | 月　日 | 月　日 |
|---|---|---|
| LC 回路と RLC 回路の過渡現象を解くことができる． | | |

ラプラス変換と逆ラプラス変換を計算することができる.

## ラプラス変換

- 時刻 $t$ の関数 $f(t)$ に対して，$\boxed{F(s)=\int_0^{\infty} f(t)e^{-st}\,\mathrm{d}t}$ を，$f(t)$ の**ラプラス変換**という.
  $f(t)$ は $F(s)$ の**逆ラプラス変換**である.
- ラプラス変換と逆ラプラス変換を，それぞれ記号 $\mathcal{L}$ と $\mathcal{L}^{-1}$ で表し，$\mathcal{L}\big[f(t)\big]=F(s)$，$\mathcal{L}^{-1}\big[F(s)\big]=f(t)$，$f(t)\xrightarrow{\mathcal{L}}F(s)$，$F(s)\xrightarrow{\mathcal{L}^{-1}}f(t)$ と表記する．$\mathcal{L}$ は L の筆記体である.
- $f(t)$を **$t$ 領域**の関数（**$t$ 関数**，**表関数**），$F(s)$を **$s$ 領域**の関数（**$s$ 関数**，**裏関数**）という.
  $t$ 関数は $v(t)$, $i(t)$のように小文字で書き，$s$ 関数は $V(s)$, $I(s)$のように大文字で書く.
- $f(t)$の微分 $\dfrac{\mathrm{d}f}{\mathrm{d}t}\xrightarrow{\mathcal{L}} sF(s)-f(0)$．すなわち $t$ 領域での微分は，$s$ 領域では $s$ に関する代数演算となり，初期条件 $f(0)$ も自動的に取り込まれる.
  $t$ 領域の微分方程式は，$s$ 領域で代数方程式となるので，この代数方程式を解いて $F(s)$ を求め，それを逆変換して $f(t)$ を得ることができる.

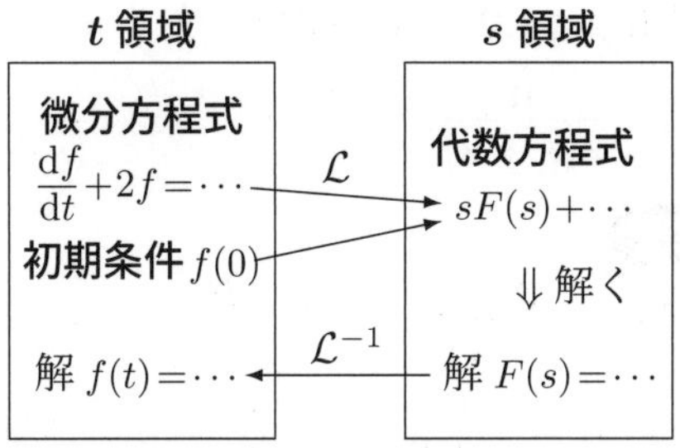


## ラプラス変換に関する関数

- 時刻 $t<0$ のときの $f(t)$の値は $F(s)$に影響しないので，$t<0$ のとき $f(t)=0$ とする．したがって，定数 1 は**単位ステップ関数** $u(t)$ 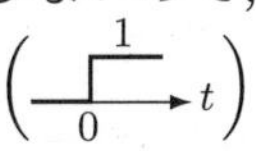 となる.
- 一瞬だけ高い値をもつインパルスを表すため，**デルタ関数** $\delta(t)$ 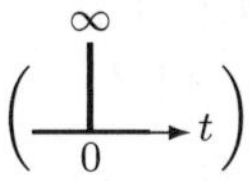 を使う．$\delta(t)$ は $t=0$ において幅 0, 高さ $\infty$, 面積 1 の形をもつ．したがって，$t\neq 0$ のとき $\delta(t)=0$ であり，$\displaystyle\int_{0_-}^{0_+}\delta(t)\,\mathrm{d}t=1$ となる．（$0_-$ と $0_+$ は，それぞれ $t=0$ の直前と直後を表す）

## ラプラス変換表

- $F(s)$から $f(t)$に逆変換するときは，$F(s)$を**部分分数分解**し，下表を使って逆変換する.

| | $t$ 関数 | $s$ 関数 | $t$ 関数 | $s$ 関数 |
|---|---|---|---|---|
| 微分則 | $\dfrac{\mathrm{d}f}{\mathrm{d}t}$ | $sF(s)-f(0)$ | $u(t)$, 1 | $\dfrac{1}{s}$ |
| 2 階微分則 | $\dfrac{\mathrm{d}^2f}{\mathrm{d}t^2}$ | $s^2F(s)-f(0)s-f'(0)$ | $e^{-at}$ | $\dfrac{1}{s+a}$ |
| 積分則 | $\displaystyle\int_0^t f(t)\,\mathrm{d}t$ | $\dfrac{F(s)}{s}$ | $te^{-at}$ | $\dfrac{1}{(s+a)^2}$ |
| たたみ込み | $\displaystyle\int_0^t f(u)\,g(t-u)\,\mathrm{d}u$ | $F(s)\,G(s)$ | $\cos\omega t$ | $\dfrac{s}{s^2+\omega^2}$ |
| 推移則 | $f(t-a)\,u(t-a)$ | $e^{-as}F(s)$ | $\sin\omega t$ | $\dfrac{\omega}{s^2+\omega^2}$ |
| 減衰則 | $e^{-at}f(t)$ | $F(s+a)$ | $e^{-at}\cos\omega t$ | $\dfrac{s+a}{(s+a)^2+\omega^2}$ |
| デルタ関数 | $\delta(t)$ | 1 | $e^{-at}\sin\omega t$ | $\dfrac{\omega}{(s+a)^2+\omega^2}$ |

**例題** 43.1　次の関数をラプラス変換せよ．

(1) 1.　(2) $\delta(t)$.　(3) $e^{-at}$.　(4) $\cos\omega t$.

**解答**　$F(s)=\displaystyle\int_0^\infty f(t)\,\mathrm{d}t$ を使って求める．

(1) $\displaystyle\int_0^\infty 1\times e^{-st}\,\mathrm{d}t=\left[\frac{e^{-st}}{-s}\right]_0^\infty=\frac{e^{-\infty}-e^0}{-s}=\frac{0-1}{-s}=\frac{1}{s}.$

(2) $\displaystyle\int_{0_-}^\infty \delta(t)\,e^{-st}\,\mathrm{d}t=\int_{0_-}^{0_+}\delta(t)\,e^{-st}\,\mathrm{d}t+\int_{0_+}^\infty\delta(t)\,e^{-st}\,\mathrm{d}t=\int_{0_-}^{0_+}\delta(t)\times 1\,\mathrm{d}t+\int_{0_+}^\infty 0\,\mathrm{d}t=1+0=1.$

(3) $\displaystyle\int_0^\infty e^{-at}\,e^{-st}\,\mathrm{d}t=\int_0^\infty e^{-(s+a)t}\,\mathrm{d}t=\left[\frac{e^{-(s+a)t}}{-(s+a)}\right]_0^\infty=\frac{e^{-\infty}-e^0}{-(s+a)}=\frac{0-1}{-(s+a)}=\frac{1}{s+a}.$

(4) (3) で $a=j\omega$ と置けば，$e^{-j\omega t}\xrightarrow{\mathcal{L}}\dfrac{1}{s+j\omega}=\dfrac{s-j\omega}{(s+j\omega)(s-j\omega)}=\dfrac{s}{s^2+\omega^2}-j\dfrac{\omega}{s^2+\omega^2}.$

$e^{-j\omega t}=\cos\omega t-j\sin\omega t$ ゆえ，上式の実数部だけを取り出せば，$\cos\omega t\xrightarrow{\mathcal{L}}\dfrac{s}{s^2+\omega^2}.$

**例題** 43.2　次の関数を逆ラプラス変換せよ．

(1) $\dfrac{6}{s(s+2)}$.　(2) $\dfrac{s+5}{(s+1)(s+2)(s+3)}$.　(3) $\dfrac{2s+8}{s(s^2+4)}$.

**解答**

(1) $\dfrac{6}{s(s+2)}=\dfrac{A}{s}+\dfrac{B}{s+2}\cdots$① と置く．①の $s$ 倍：$\dfrac{6}{s+2}=A+\dfrac{Bs}{s+2}$ に $s=0$ を代入して，

$A=\left.\dfrac{6}{s+2}\right|_{s=0}=\dfrac{6}{2}=3.$　①の $(s+2)$ 倍：$\dfrac{6}{s}=\dfrac{A(s+2)}{s}+B$ に $s=-2$ を代入して，

$B=\left.\dfrac{6}{s}\right|_{s=-2}=-3.$　$\therefore\ \dfrac{6}{s(s+2)}=\dfrac{3}{s}-\dfrac{3}{s+2}.\xrightarrow{\mathcal{L}^{-1}}3\bigl(1-e^{-2t}\bigr).$

(2) $\dfrac{s+5}{(s+1)(s+2)(s+3)}=\dfrac{A}{s+1}+\dfrac{B}{s+2}+\dfrac{C}{s+3}\cdots$① と置く．①の $(s+1)$ 倍：$\dfrac{s+5}{(s+2)(s+3)}$

$=A+\dfrac{B(s+1)}{s+2}+\dfrac{C(s+1)}{s+3}$ に $s=-1$ を代入して，$A=\left.\dfrac{s+5}{(s+2)(s+3)}\right|_{s=-1}=\dfrac{4}{1\times2}=2.$

同様に，$B=\left.\dfrac{s+5}{(s+1)(s+3)}\right|_{s=-2}=\dfrac{3}{(-1)\times1}=-3.$　$C=\left.\dfrac{s+5}{(s+1)(s+2)}\right|_{s=-3}=\dfrac{2}{(-2)\times(-1)}=1.$

$\therefore\ \dfrac{s+5}{(s+1)(s+2)(s+3)}=\dfrac{2}{s+1}-\dfrac{3}{s+2}+\dfrac{1}{s+3}.\xrightarrow{\mathcal{L}^{-1}}2\,e^{-t}-3\,e^{-2t}+e^{-3t}.$

(3) 積分則 $\dfrac{F(s)}{s}\xrightarrow{\mathcal{L}^{-1}}\displaystyle\int_0^t f(t)\,\mathrm{d}t$ を使う．$\dfrac{2s+8}{s^2+4}=\dfrac{2\times s}{s^2+2^2}+\dfrac{4\times2}{s^2+2^2}\xrightarrow{\mathcal{L}^{-1}}2\cos2t+4\sin2t.$

$\therefore\ \dfrac{2s+8}{s(s^2+4)}\xrightarrow{\mathcal{L}^{-1}}\displaystyle\int_0^t(2\cos2t+4\sin2t)\,\mathrm{d}t=\Bigl[\sin2t-2\cos2t\Bigr]_0^t=\sin2t-2\cos2t+2.$

**例題** 43.3　ラプラス変換を使って，次の微分方程式の解 $v(t)$ を求めよ．

(1) $\dfrac{\mathrm{d}v}{\mathrm{d}t}+2v=8.\quad v(0)=3.$　(2) $\dfrac{\mathrm{d}^2v}{\mathrm{d}t^2}+4v=8.\quad v(0)=1,\ v'(0)=2.$

**解答**

(1) $\dfrac{\mathrm{d}v}{\mathrm{d}t}+2v=8.\xrightarrow{\mathcal{L}}\bigl[sV(s)-3\bigr]+2V(s)=\dfrac{8}{s}.\ \to\ (s+2)V(s)=3+\dfrac{8}{s}=\dfrac{3s+8}{s}.$

$V(s)=\dfrac{3s+8}{s(s+2)}=\dfrac{A}{s}+\dfrac{B}{s+2}$ と置けば，$A=\left.\dfrac{3s+8}{s+2}\right|_{s=0}=4,\quad B=\left.\dfrac{3s+8}{s}\right|_{s=-2}=-1.$

$\therefore\ V(s)=\dfrac{4}{s}-\dfrac{1}{s+2}.\xrightarrow{\mathcal{L}^{-1}}v(t)=4-e^{-2t}.$

(2) $\dfrac{\mathrm{d}^2v}{\mathrm{d}t^2}+4v=8.\xrightarrow{\mathcal{L}}\bigl[s^2V(s)-s-2\bigr]+4V(s)=\dfrac{8}{s}.\ \to\ (s^2+4)V(s)=s+2+\dfrac{8}{s}=\dfrac{s^2+2s+8}{s}.$

$V(s)=\dfrac{s^2+2s+8}{s(s^2+4)}=\dfrac{A}{s}+\dfrac{Bs+C}{s^2+4}.\quad s^2+2s+8=A(s^2+4)+(Bs+C)s=(A+B)s^2+Cs+4A.$

$A=2,\ B=-1,\ C=2.\quad\therefore\ V(s)=\dfrac{2}{s}-\dfrac{s}{s^2+4}+\dfrac{2}{s^2+4}.\xrightarrow{\mathcal{L}^{-1}}v(t)=2-\cos2t+\sin2t.$

| ドリル No.43 | Class | | No. | | Name | |
|---|---|---|---|---|---|---|

**問題 43.1**　図示の関数 $v(t)$ のラプラス変換 $V(s)$ を求めよ．$f(t-a)\,u(t-a) \xrightarrow{\mathcal{L}} F(s)e^{-as}$ を使う．

(1)
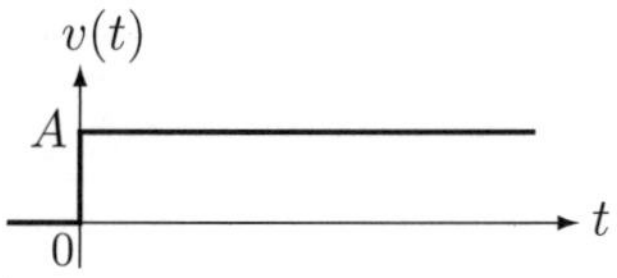


（答）$V(s)=$ ＿＿＿＿＿＿ .

(2)
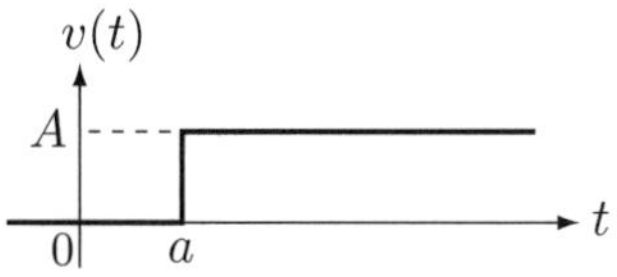


（答）$V(s)=$ ＿＿＿＿＿＿ .

(3)
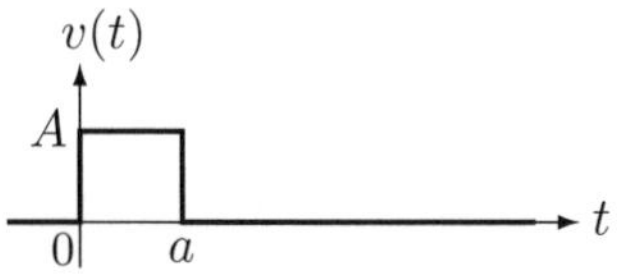


（答）$V(s)=$ ＿＿＿＿＿＿ .

(4)
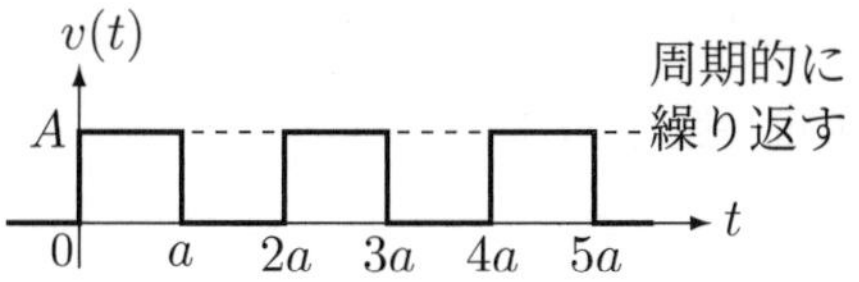


（答）$V(s)=$ ＿＿＿＿＿＿ .

(5) 周期 $2a$ の正弦波
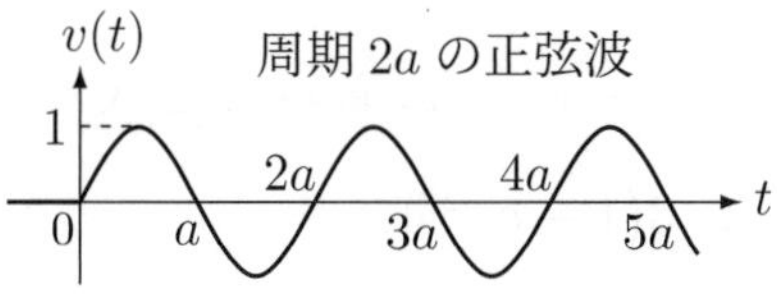


（答）$V(s)=$ ＿＿＿＿＿＿ .

(6) (5) を $a$ だけ右に移動
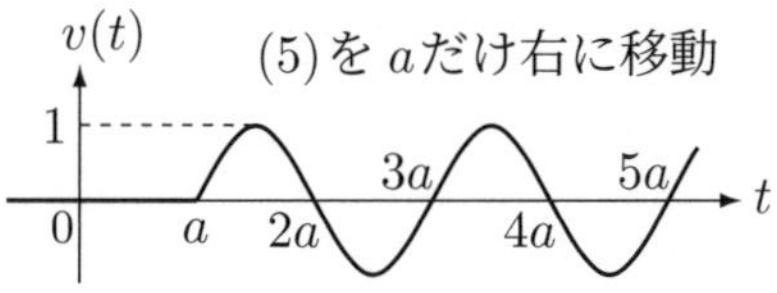


（答）$V(s)=$ ＿＿＿＿＿＿ .

(7) 半周期だけの正弦波
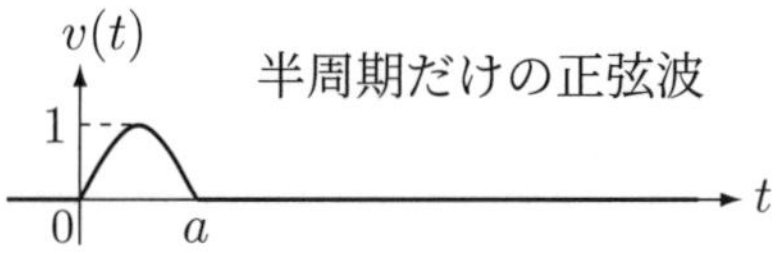


（答）$V(s)=$ ＿＿＿＿＿＿ .

(8) 正弦波の全波整流
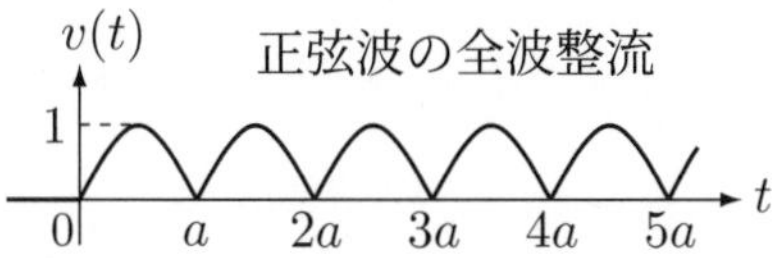


（答）$V(s)=$ ＿＿＿＿＿＿ .

**問題 43.2**　次の関数 $V(s)$ の逆ラプラス変換 $v(t)$ を求めよ．

(1) $V(s) = \dfrac{12}{s+4}$.

（答）$v(t)=$ ＿＿＿＿＿＿ .

(2) $V(s) = \dfrac{12}{s(s+4)}$.

（答）$v(t)=$ ＿＿＿＿＿＿ .

(3) $V(s) = \dfrac{6}{s^2+3s+2}$.

（答）$v(t)=$ ＿＿＿＿＿＿ .

(4) $V(s) = \dfrac{s+4}{s(s+1)(s+2)}$.

（答）$v(t)=$ ＿＿＿＿＿＿ .

(5) $V(s)=\dfrac{s+6}{s^2+9}$.

（答）$v(t)=$ ＿＿＿＿＿＿＿＿＿＿＿＿＿＿.

(6) $V(s)=\dfrac{2s+20}{s^2+2s+10}$.

（答）$v(t)=$ ＿＿＿＿＿＿＿＿＿＿＿＿＿＿.

(7) $V(s)=\dfrac{50}{s(s^2+25)}$.

（答）$v(t)=$ ＿＿＿＿＿＿＿＿＿＿＿＿＿＿.

(8) $V(s)=\dfrac{s-4}{(s^2+4)(s+1)}$.

（答）$v(t)=$ ＿＿＿＿＿＿＿＿＿＿＿＿＿＿.

(9) $V(s)=\dfrac{1-e^{-s}}{s(s+1)}$.

（答）$v(t)=$ ＿＿＿＿＿＿＿＿＿＿＿＿＿＿.

**問題 43.3**　ラプラス変換を使って，次の微分方程式の解 $v(t)$ を求めよ．

(1) $\dfrac{\mathrm{d}v}{\mathrm{d}t}+4v=0.\quad v(0)=8.$

（答）$v(t)=$ ＿＿＿＿＿＿＿＿.

(2) $\dfrac{\mathrm{d}v}{\mathrm{d}t}+4v=8.\quad v(0)=0.$

（答）$v(t)=$ ＿＿＿＿＿＿＿＿.

(3) $\dfrac{\mathrm{d}v}{\mathrm{d}t}+4v=10\cos 2t.\quad v(0)=0.$

（答）$v(t)=$ ＿＿＿＿＿＿＿＿＿＿＿＿＿＿.

(4) $\dfrac{\mathrm{d}^2v}{\mathrm{d}t^2}+5\dfrac{\mathrm{d}v}{\mathrm{d}t}+6v=6.\quad v(0)=0,\ v'(0)=0.$

（答）$v(t)=$ ＿＿＿＿＿＿＿＿＿＿＿＿＿＿.

(5) $\dfrac{\mathrm{d}^2v}{\mathrm{d}t^2}+9v=18.\quad v(0)=0,\ v'(0)=0.$

（答）$v(t)=$ ＿＿＿＿＿＿＿＿＿＿＿＿＿＿.

(6) $\dfrac{\mathrm{d}^2v}{\mathrm{d}t^2}+2\dfrac{\mathrm{d}v}{\mathrm{d}t}+5v=0.\quad v(0)=0,\ v'(0)=6.$

（答）$v(t)=$ ＿＿＿＿＿＿＿＿＿＿＿＿＿＿.

| チェック項目 | 月　日 | 月　日 |
|---|---|---|
| ラプラス変換と逆ラプラス変換を計算することができる． | | |

ラプラス変換を用いて過渡現象を解くことができる.

### 電気回路の方程式をラプラス変換で解く手順

(1) **【$t$ 領域における作業】** キルヒホッフの法則，および抵抗，コイル，コンデンサの電流と電圧の関係式(右図)から微分方程式を求める．コイル電流とコンデンサ電圧の初期条件 $i_{\mathrm{L}}(0)$, $v_{\mathrm{C}}(0)$ も求める.

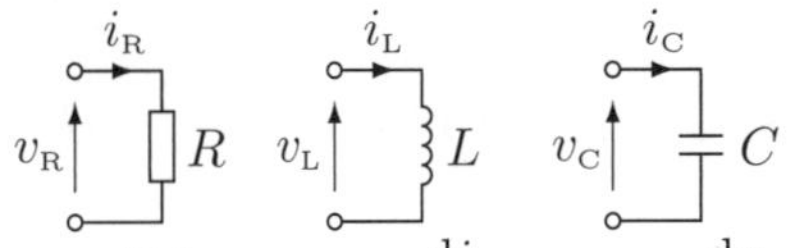


$v_{\mathrm{R}}=R\,i_{\mathrm{R}}$.　$v_{\mathrm{L}}=L\dfrac{\mathrm{d}i_{\mathrm{L}}}{\mathrm{d}t}$.　$i_{\mathrm{C}}=C\dfrac{\mathrm{d}v_{\mathrm{C}}}{\mathrm{d}t}$.

(2) **【$t$ 領域から $s$ 領域への移動】** (1)で求めた式をラプラス変換する．このとき，

$$v_{\mathrm{L}}=L\frac{\mathrm{d}i_{\mathrm{L}}}{\mathrm{d}t}.\ \xrightarrow{\mathcal{L}}\ V_{\mathrm{L}}(s)=L\left[sI_{\mathrm{L}}(s)-i_{\mathrm{L}}(0)\right]=LsI_{\mathrm{L}}(s)-Li_{\mathrm{L}}(0),$$

$$i_{\mathrm{C}}=C\frac{\mathrm{d}v_{\mathrm{C}}}{\mathrm{d}t}.\ \xrightarrow{\mathcal{L}}\ I_{\mathrm{C}}(s)=C\left[sV_{\mathrm{C}}(s)-v_{\mathrm{C}}(0)\right]=CsV_{\mathrm{C}}(s)-Cv_{\mathrm{C}}(0)$$

のように，$i_{\mathrm{L}}(0)$ と $v_{\mathrm{C}}(0)$ が取り込まれる.
上式の $Li_{\mathrm{L}}(0)$ と $Cv_{\mathrm{C}}(0)$ は，$t=0$ でのコイルの磁束鎖交数とコンデンサの電荷である.

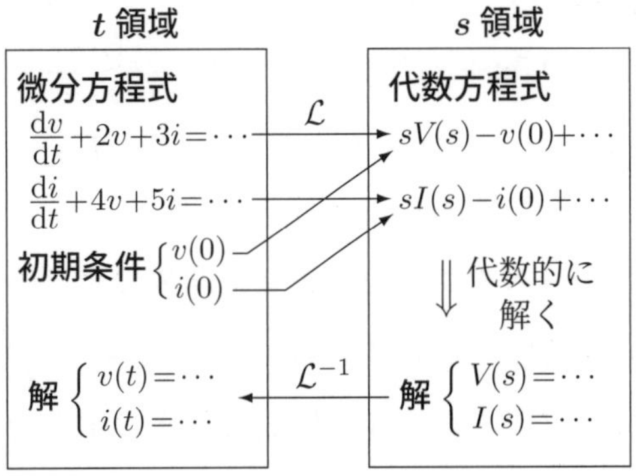


(3) **【$s$ 領域における作業】** ラプラス変換された式は $s$ を含む代数方程式なので，代数的に解いて電圧 $V(s)$ と電流 $I(s)$ を求める.

(4) **【$s$ 領域から $t$ 領域への移動】** $V(s), I(s)$ を逆ラプラス変換して，$v(t), i(t)$ を得る.

### 初期値定理と最終値定理

- $s$ 関数 $F(s)$ から，$t$ 関数 $f(t)$ の初期値 $f(0)$ と最終値 $f(\infty)$ を知ることができる.
- **初期値定理**　$f(0)=\lim\limits_{s\to\infty} sF(s)$.
- **最終値定理**　$f(\infty)=\lim\limits_{s\to 0} sF(s)$.　($t\to\infty$ のときに $f(t)$ が一定値に収束する場合だけ成立する.)

### 第1種初期条件と第2種初期条件

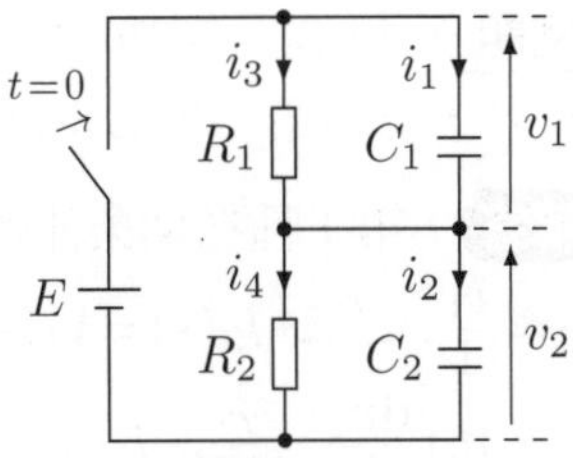


- 右の回路は，$t<0$ のとき $v_1=v_2=0$ であるが，スイッチを閉じた直後，キルヒホッフの法則を満足しない ($E\neq v_1+v_2$) ので，無限大の瞬間電流が流れ，一瞬で $v_1$ と $v_2$ が変化する.
- 変化前を $v_1(0_-)$, $v_2(0_-)$ と表記して**第1種初期条件**といい，変化後を $v_1(0_+)$, $v_2(0_+)$ と表記して**第2種初期条件**という.
- 微分方程式を直接解く場合，初期条件として第2種初期条件を使う必要があるが，ラプラス変換の場合，第1種初期条件を使っても正しい答が出る(例題**44.3**).

【解説】無限大の電流は抵抗に流れず $E\to C_1\to C_2\to E$ を流れるので，$C_1, C_2$ の電荷は等量 $q_1=q_2$ となる.
$i_1+i_3=i_2+i_4.\ \to C_1\dfrac{\mathrm{d}v_1}{\mathrm{d}t}+i_3=C_2\dfrac{\mathrm{d}v_2}{\mathrm{d}t}+i_4.\ \xrightarrow{\mathcal{L}}\ C_1\left[sV_1(s)-v_1(0)\right]+I_3(s)=C_2\left[sV_2(s)-v_2(0)\right]+I_4(s).$
上式で $C_1v_1=q_1$，$C_2v_2=q_2$ なので，$q_1=q_2$ ならば相殺されて，第1種でも第2種でも同じ結果となる.

- ラプラス変換の初期値定理は，第2種初期条件 $f(0_+)$ の値である.

**例題 44.1**　右の回路のスイッチを時刻 $t=0$ に閉じたときの電圧 $v(t)$ と電流 $i(t)$ を求めよ．ただし，$t<0$ のとき $v(t)=0$ とする．

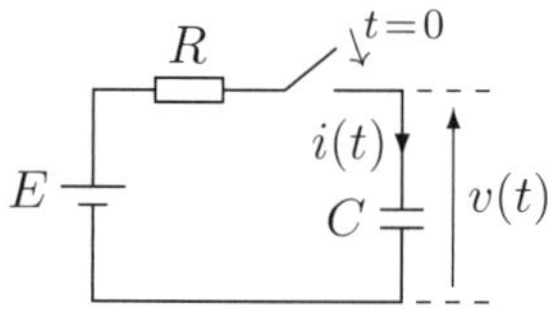


**解答**　$E=Ri(t)+v(t).\ \xrightarrow{\mathcal{L}}\ \dfrac{E}{s}=RI(s)+V(s).\ \cdots(1)$

$i(t)=C\dfrac{\mathrm{d}v}{\mathrm{d}t}.\ \xrightarrow{\mathcal{L}}\ I(s)=C\bigl[sV(s)-0\bigr]=CsV(s).\ \cdots(2)$

式(2)を式(1)に代入し，$\dfrac{E}{s}=(RCs+1)V(s).\to V(s)=\dfrac{E}{s(RCs+1)}=\dfrac{\frac{E}{RC}}{s(s+\frac{1}{RC})}=\dfrac{E}{s}-\dfrac{E}{s+\frac{1}{RC}}.$

$\xrightarrow{\mathcal{L}^{-1}}\ v(t)=E\bigl(1-e^{-\frac{t}{RC}}\bigr).\quad I(s)=CsV(s)=\dfrac{\frac{E}{R}}{s+\frac{1}{RC}}.\ \xrightarrow{\mathcal{L}^{-1}}\ i(t)=\dfrac{E}{R}e^{-\frac{t}{RC}}.$

**例題 44.2**　右の回路の電源電圧 $e(t)$ が次のような場合の電流 $i(t)$ を求めよ．ただし，$t<0$ のとき $e(t)=0$ である．

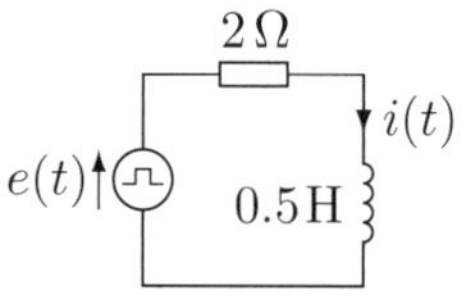


(1) $e(t)=u(t)$ [V]. ( 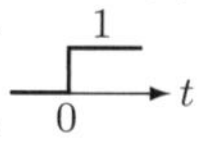 )　(2) $e(t)=\delta(t)$ [V]. ( 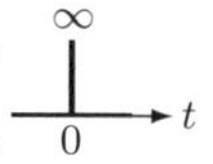 )

(3) $e(t)=u(t)-u(t-\frac{1}{4})$ [V]. ( 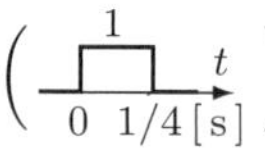 )　(4) $e(t)=5\sin 2t$ [V]. ( 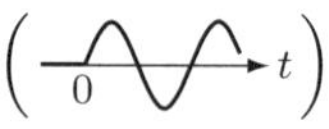 )

**解答**　(1)〜(4)共通で，$i(0_-)=0$，$e(t)=2i(t)+0.5\dfrac{\mathrm{d}i}{\mathrm{d}t}.\ \xrightarrow{\mathcal{L}}\ E(s)=2I(s)+0.5\bigl[sI(s)-0\bigr]$

$=(0.5s+2)I(s).\quad\therefore I(s)=\dfrac{E(s)}{0.5s+2}=\dfrac{2}{s+4}E(s).$

(1) $e(t)=u(t).\ \xrightarrow{\mathcal{L}}\ E(s)=\dfrac{1}{s}.\quad I(s)=\dfrac{2}{s+4}\times\dfrac{1}{s}=\dfrac{2}{s(s+4)}=\dfrac{0.5}{s}-\dfrac{0.5}{s+4}.$

$\xrightarrow{\mathcal{L}^{-1}}\ i(t)=0.5\bigl(1-e^{-4t}\bigr)$ [A].

（入力が単位ステップ関数のときの出力を**インディシャル応答**という.）

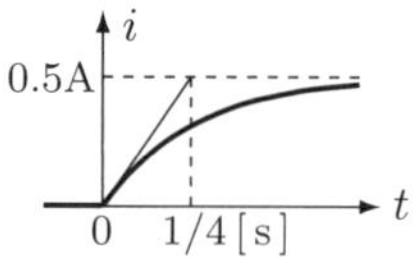


(2) $e(t)=\delta(t).\ \xrightarrow{\mathcal{L}}\ E(s)=1.\quad I(s)=\dfrac{2}{s+4}\times 1=\dfrac{2}{s+4}.\ \xrightarrow{\mathcal{L}^{-1}}\ i(t)=2\,e^{-4t}$ [A].

（入力がデルタ関数のときの出力を**インパルス応答**という.）

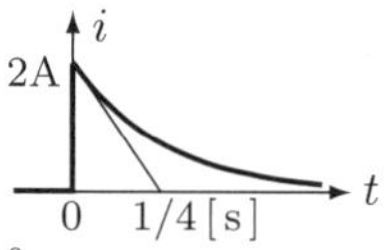


(3) $e(t)=u(t)-u(t-\frac{1}{4}).\ \xrightarrow{\mathcal{L}}\ E(s)=\dfrac{1}{s}-\dfrac{1}{s}e^{-\frac{s}{4}}.\quad I(s)=\dfrac{2}{s(s+4)}-\dfrac{2}{s(s+4)}e^{-\frac{s}{4}}.$

(1)より $\dfrac{2}{s(s+4)}\ \xrightarrow{\mathcal{L}^{-1}}\ 0.5\bigl(1-e^{-4t}\bigr)$．推移則より $\dfrac{2}{s(s+4)}e^{-\frac{s}{4}}\ \xrightarrow{\mathcal{L}^{-1}}\ 0.5\bigl[1-e^{-4(t-\frac{1}{4})}\bigr]u(t-\frac{1}{4}).$

$$\therefore i(t)=\begin{cases}0.5\bigl(1-e^{-4t}\bigr)\ [\mathrm{A}] & (t<\frac{1}{4})\\ 0.5\bigl(1-e^{-4t}\bigr)-0.5\bigl[1-e^{-4(t-\frac{1}{4})}\bigr]=0.5(1-\frac{1}{e})e^{-4(t-\frac{1}{4})}\ [\mathrm{A}] & (t>\frac{1}{4}).\end{cases}$$

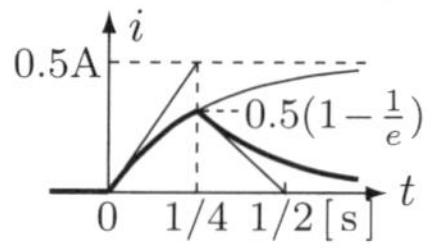


(4) $e(t)=5\sin 2t.\ \xrightarrow{\mathcal{L}}\ E(s)=\dfrac{5\times 2}{s^2+4}.\quad I(s)=\dfrac{2}{s+4}\times\dfrac{10}{s^2+4}=\dfrac{20}{(s^2+4)(s+4)}$

$=\dfrac{4-s}{s^2+4}+\dfrac{1}{s+4}.\ \xrightarrow{\mathcal{L}^{-1}}\ i(t)=2\sin 2t-\cos 2t+e^{-4t}$ [A].

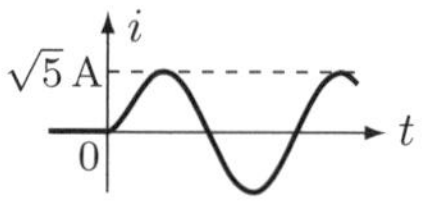


**例題 44.3**　右図のスイッチを時刻 $t=0$ で閉じたとき，電圧 $v_1(t)$，$v_2(t)$ とその第1種および第2種初期条件，電流 $i_1(t), i_2(t)$ を求めよ．

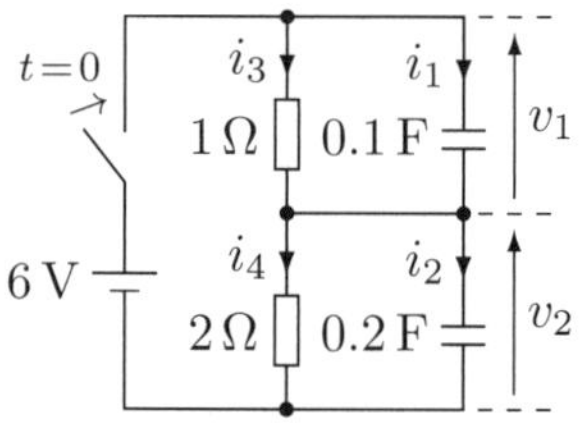


**解答**　第1種初期条件は，$v_1(0_-)=v_2(0_-)=0$ [V]．　$t>0$ のとき，

$i_3=\dfrac{v_1}{1}.\ \xrightarrow{\mathcal{L}}\ I_3(s)=V_1(s).\cdots(1)\qquad i_4=\dfrac{v_2}{2}.\ \xrightarrow{\mathcal{L}}\ I_4(s)=0.5V_2(s).\cdots(2)$

$i_1=0.1\dfrac{\mathrm{d}v_1}{\mathrm{d}t}.\ \xrightarrow{\mathcal{L}}\ I_1(s)=0.1sV_1(s).\cdots(3)\qquad i_2=0.2\dfrac{\mathrm{d}v_2}{\mathrm{d}t}.\ \xrightarrow{\mathcal{L}}\ I_2(s)=0.2sV_2(s).\cdots(4)$

$i_1+i_3=i_2+i_4.\ \xrightarrow{\mathcal{L}}\ I_1(s)+I_3(s)=I_2(s)+I_4(s).\cdots(5).\quad v_1+v_2=6.\ \xrightarrow{\mathcal{L}}\ V_1(s)+V_2(s)=\dfrac{6}{s}.\cdots(6)$

式(1)〜(4)を式(5)に代入し，$(0.1s+1)V_1(s)=(0.2s+0.5)V_2(s)\overset{(6)}{=}(0.2s+0.5)\Bigl[\dfrac{6}{s}-V_1(s)\Bigr].$

$(0.3s+1.5)V_1(s)=\dfrac{6(0.2s+0.5)}{s}.\quad\therefore V_1(s)=\dfrac{6(0.2s+0.5)}{s(0.3s+1.5)}=\dfrac{4s+10}{s(s+5)}=\dfrac{2}{s}+\dfrac{2}{s+5}.\ \xrightarrow{\mathcal{L}^{-1}}$

$v_1(t)=2+2e^{-5t}$ [V].　$V_2(s)\overset{(6)}{=}\dfrac{6}{s}-V_1(s)=\dfrac{4}{s}-\dfrac{2}{s+5}\ \xrightarrow{\mathcal{L}^{-1}}\ v_2(t)=4-2e^{-5t}$ [V].

$I_1(s)\overset{(3)}{=}0.1sV_1(s)=\dfrac{0.4s+1}{s+5}=0.4-\dfrac{1}{s+5}.\ \xrightarrow{\mathcal{L}^{-1}}\ i_1(t)=0.4\,\delta(t)-e^{-5t}$ [A].　$I_2(s)\overset{(4)}{=}0.2sV_2(s)$

$=0.4+\dfrac{2}{s+5}\ \xrightarrow{\mathcal{L}^{-1}}\ i_2(t)=0.4\,\delta(t)+2e^{-5t}$ [A].　第2種初期条件 $v_1(0_+)=4$ [V]，$v_2(0_+)=2$ [V].

| ドリル No.44 | Class | | No. | | Name | |
|---|---|---|---|---|---|---|

**問題 44.1**　$s$ 関数 $V(s)$ が次のようなとき，$t$ 関数 $v(t)$ の初期値 $v(0)$ と最終値 $v(\infty)$ を求めよ．

(1) $V(s)=\dfrac{12}{s(s+3)}$.

（答）$v(0)=$　　．$v(\infty)=$　　．

(2) $V(s)=\dfrac{(5s+8)(2s+3)}{s(s+2)(s+6)}$.

（答）$v(0)=$　　．$v(\infty)=$　　．

**問題 44.2**　右の回路のスイッチを時刻 $t=0$ に閉じたとき，ラプラス変換を使って，電流 $i(t)$，電圧 $v(t)$，時定数 $\tau$ を求めよ．

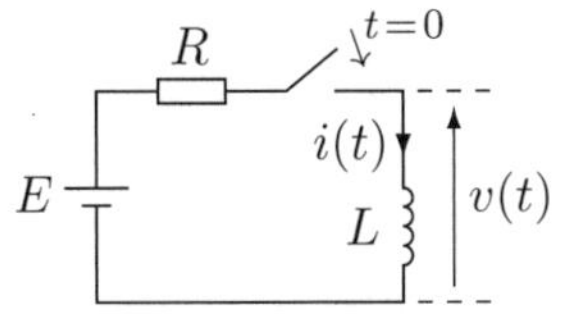


（答）$i(t)=$　　．$v(t)=$　　．$\tau=$　　．

**問題 44.3**　右の回路のスイッチを時刻 $t=0$ に開いたとき，ラプラス変換を使って，電流 $i(t)$ と時定数 $\tau$ を求めよ．

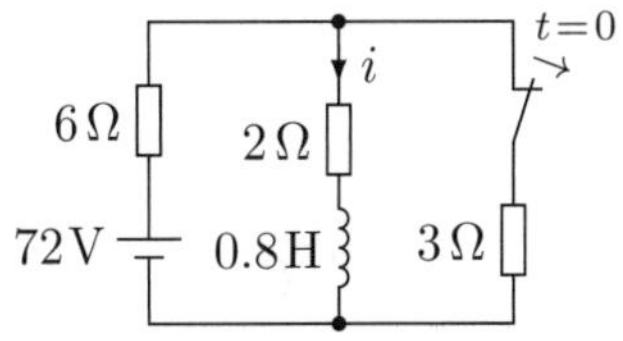


（答）$i(t)=$　　[　]．$\tau=$　　[　]．

**問題 44.4**　右の回路のスイッチを時刻 $t=0$ に閉じたとき，ラプラス変換を使って，電流 $i_1(t)$，$i_2(t)$，時定数 $\tau$ を求めよ．

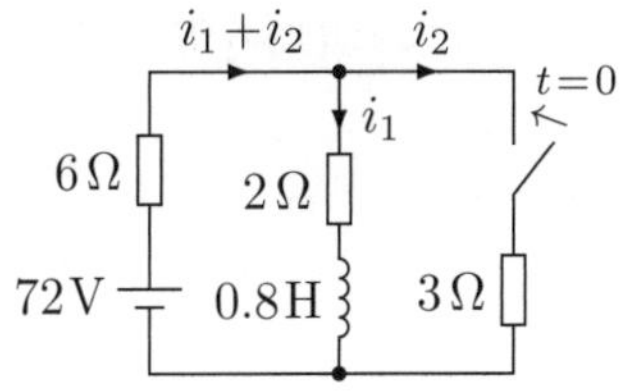


（答）$i_1(t)=$　　[　]．$i_2(t)=$　　[　]．$\tau=$　　[　]．

**問題 44.5**　右の回路のスイッチを時刻 $t=0$ に開いたとき，ラプラス変換を使って，電流 $i(t)$，電圧 $v(t)$，時定数 $\tau$ を求めよ．

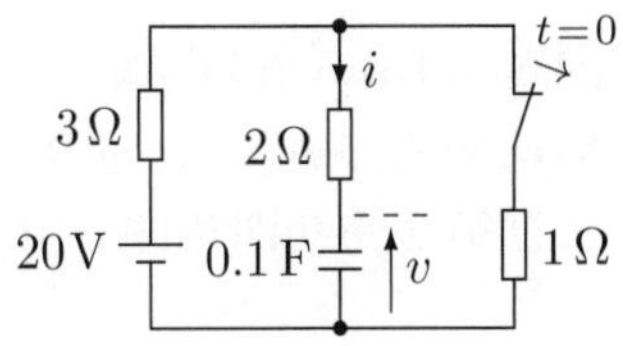


（答）$i(t)=$　　[　]．$v(t)=$　　[　]．$\tau=$　　[　]．

**問題 44.6**　右の回路で，$t=0$ にスイッチを (A) から (B) に倒したとき，ラプラス変換を使って，電流 $i(t)$ と電圧 $v(t)$ を求めよ．

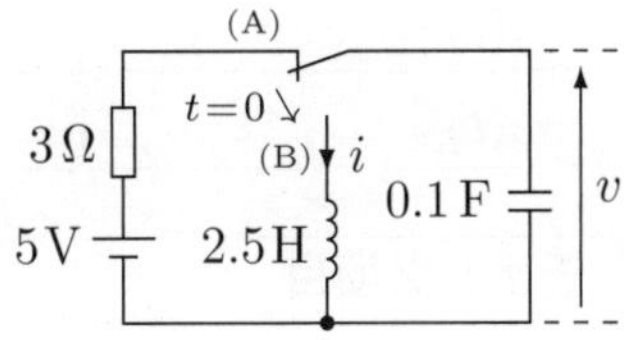


（答）$i(t)=$　　[　]．$v(t)=$　　[　]．

**問題 44.7**　右の回路の電源電圧 $e(t)$ [V] が次のような場合に電流 $i(t)$ と電圧 $v(t)$ を求め，概形を描け．(1)の場合，$i(t)$ が最大になる時刻 $t_0$ と最大値 $i(t_0)$，(2)の場合，$v(t)$ が最大になる時刻 $t_0$ と最大値 $v(t_0)$ を求めよ．

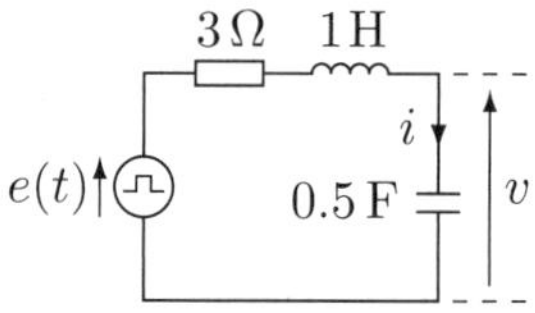


(1)　$e(t) = u(t)$．(単位ステップ関数)

(答) $v(t) =$ 　　　　　　　　[　]．

$i(t) =$ 　　　　　　　　[　]．

$t_0 =$ 　　　[　]．　$i(t_0) =$ 　　　[　]．

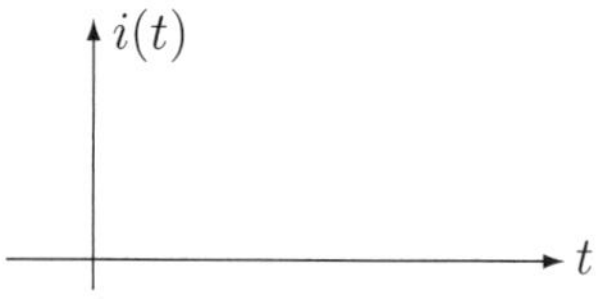


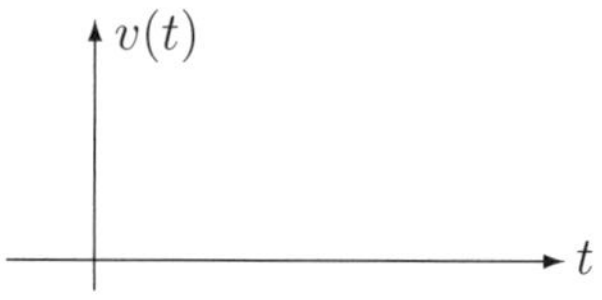


(2)　$e(t) = \delta(t)$．(デルタ関数)

(答) $v(t) =$ 　　　　　　　　[　]．

$i(t) =$ 　　　　　　　　[　]．

$t_0 =$ 　　　[　]．　$v(t_0) =$ 　　　[　]．

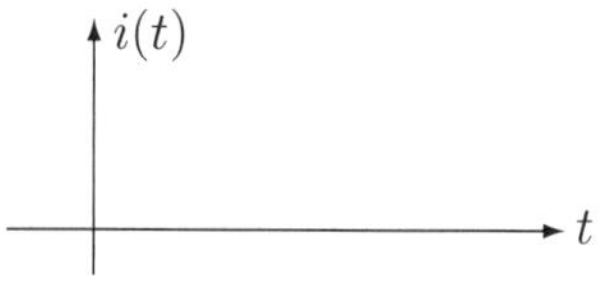


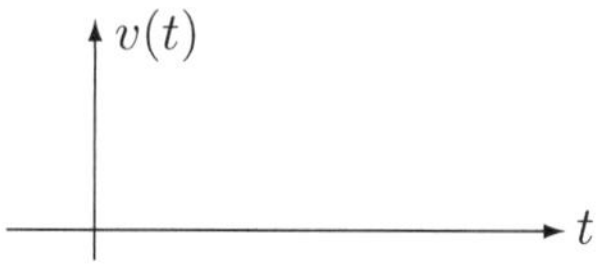


**問題 44.8**　右の回路のスイッチを時刻 $t=0$ で閉じたとき，ラプラス変換を使って，電圧 $v_1(t)$, $v_2(t)$, および $v_1(0_+)$, $v_2(0_+)$ を求め，$v_1(t)$ と $v_2(t)$ の概形を描け．ただし，$t<0$ のとき $v_1=v_2=0$ とする．

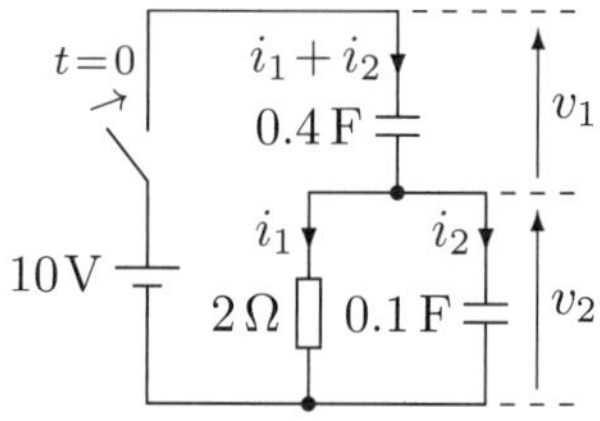


(答) $v_1(t) =$ 　　　　　[　]．　$v_1(0_+) =$ 　　[　]．

$v_2(t) =$ 　　　　　[　]．　$v_2(0_+) =$ 　　[　]．

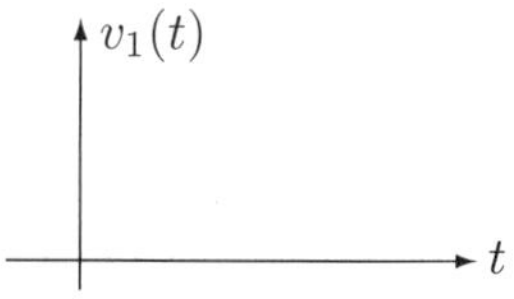


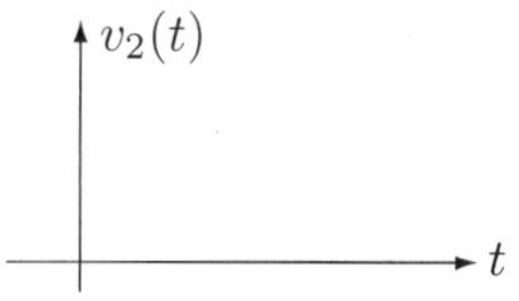


**問題 44.9**　右の回路のスイッチを時刻 $t=0$ で開いた．電流 $i_1, i_2$ の第1種初期条件 $i_1(0_-)$, $i_2(0_-)$ を使ってラプラス変換し，電流 $i_1(t)$, $i_2(t)$, および第2種初期条件 $i_1(0_+)$, $i_2(0_+)$ を求め，$i_1(t)$ と $i_2(t)$ の概形を描け．

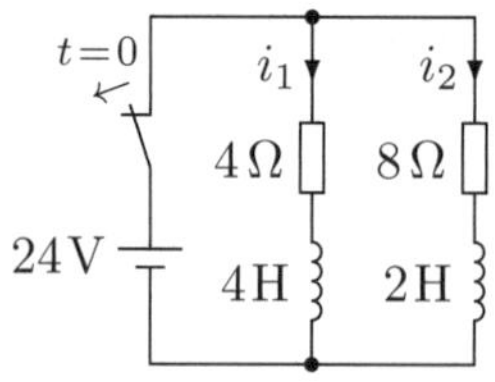


(答) $i_1(0_-) =$ 　　[　]．　$i_2(0_-) =$ 　　[　]．

$i_1(t) =$ 　　　　[　]．　$i_1(0_+) =$ 　　[　]．

$i_2(t) =$ 　　　　[　]．　$i_2(0_+) =$ 　　[　]．

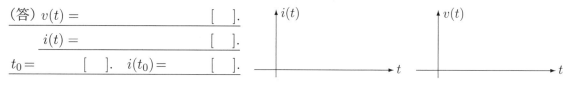

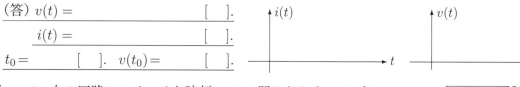

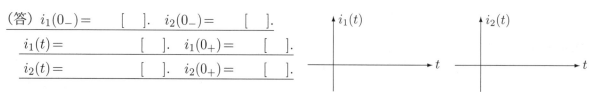

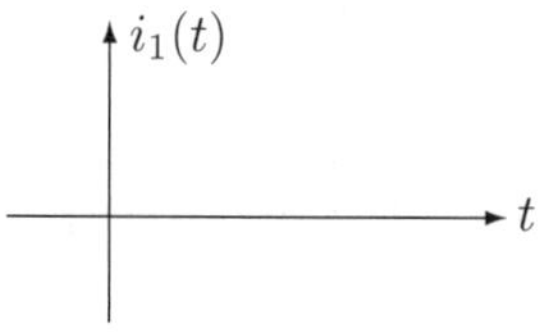


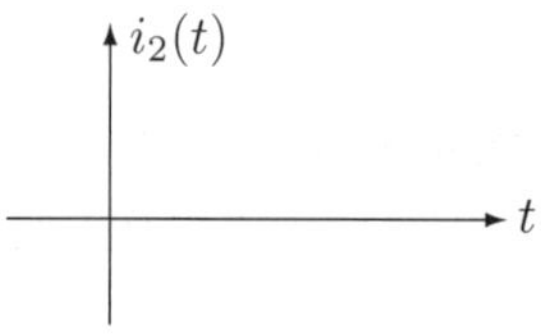


| チェック項目 | 月　日 | 月　日 |
|---|---|---|
| ラプラス変換を用いて過渡現象を解くことができる． | | |

s回路法を用いて過渡現象を解くことができる.

## ラプラス変換による過渡現象の解法は次の2種類がある

- 回路方程式(微分方程式)を立てて,それをラプラス変換する方法(前節の方法).

**回路** ⟶ 回路方程式(微分方程式) $\xrightarrow{\mathcal{L}}$ 代数方程式を解く 解 $V(s), I(s)$ $\xrightarrow{\mathcal{L}^{-1}}$ **解** $v(t), i(t)$

- 回路そのものをラプラス変換する方法(**s回路法**)

**回路** $\xrightarrow{\mathcal{L}}$ **s回路** ⟶ 代数方程式を解く 解 $V(s), I(s)$ $\xrightarrow{\mathcal{L}^{-1}}$ **解** $v(t), i(t)$

## s回路法

- $s$ 領域に移した回路を**s回路**という.
  s回路には,コイル電流とコンデンサ電圧の初期値が含まれる.
  s回路の電圧は $V(s)$(磁束の次元をもつ),電流は $I(s)$(電荷の次元をもつ)である.
  s回路には,テブナンの定理などを適用することができる.

【$t$ 領域の式】 【$s$ 領域の式】 【s回路($s$ 領域の回路)】

- **抵抗**

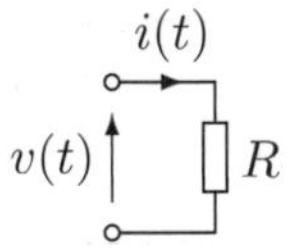


$v(t) = Ri(t) \xrightarrow{\mathcal{L}} V(s) = RI(s).$

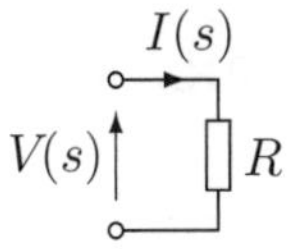


($R$ のs回路はもとの回路と同じである.)

- **コイル**

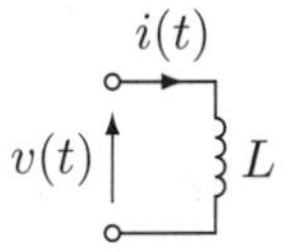


$v(t) = L\frac{\mathrm{d}i}{\mathrm{d}t} \xrightarrow{\mathcal{L}} V(s) = L\,[sI(s) - i(0)].$

$\therefore V(s) = LsI(s) - Li(0).$

$I(s) = \frac{V(s)}{Ls} + \frac{i(0)}{s}.$

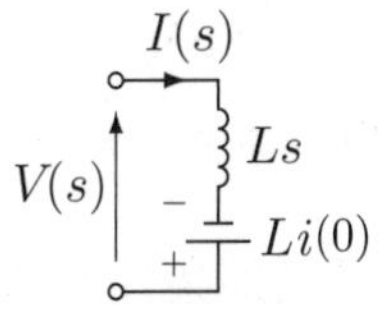


電圧源形式

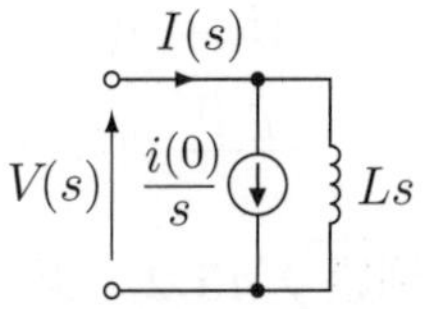


電流源形式

**通常は電圧源形式を使う**.交流では $j\omega L$ だが,s回路では $Ls$ である($j\omega \to s$).
電圧源も電流源も**下向き**である.$Li(0)$ は $t=0$ のときの磁束鎖交数.

- **コンデンサ**

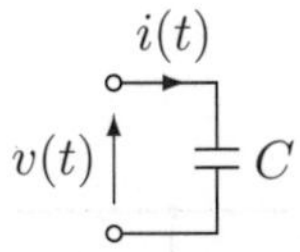


$i(t) = C\frac{\mathrm{d}v}{\mathrm{d}t} \xrightarrow{\mathcal{L}} I(s) = C\,[sV(s) - v(0)].$

$\therefore I(s) = CsV(s) - Cv(0).$

$V(s) = \frac{1}{Cs}I(s) + \frac{v(0)}{s}.$

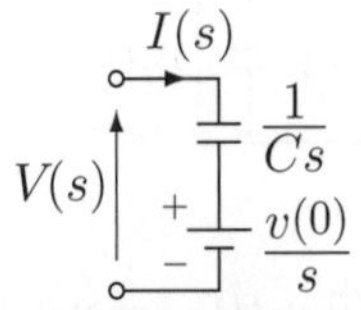


電圧源形式

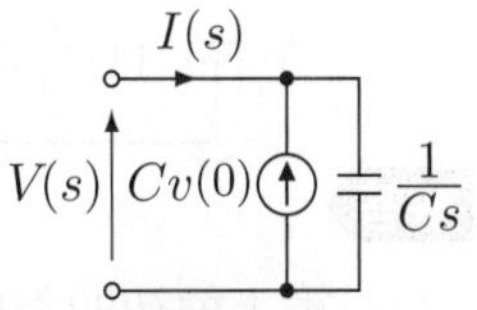


電流源形式

**通常は電圧源形式を使う**.交流では $\frac{1}{j\omega C}$ だが,s回路では $\frac{1}{Cs}$ である($j\omega \to s$).
電圧源も電流源も**上向き**である.$Cv(0)$ は $t=0$ のときの電荷量.

- **直流電源**

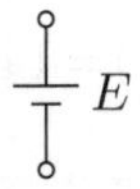


$E \xrightarrow{\mathcal{L}} \frac{E}{s}$

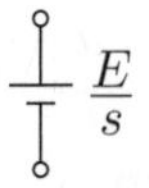


- **交流電源**

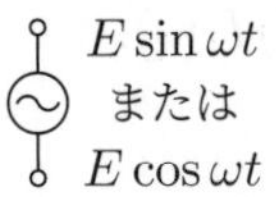


$E\sin\omega t \xrightarrow{\mathcal{L}} \frac{\omega}{s^2+\omega^2}E$

$E\cos\omega t \xrightarrow{\mathcal{L}} \frac{s}{s^2+\omega^2}E$

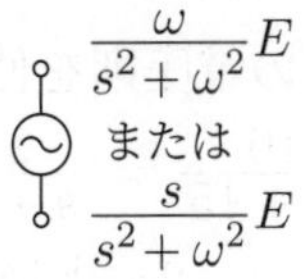

**例題** **45.1**　次の各回路は，時刻 $t=0$ でスイッチを (A) から (B) に倒している．それぞれの回路をｓ回路に変換して，電流 $i(t)$ と電圧 $v(t)$ を求めよ．

(1)
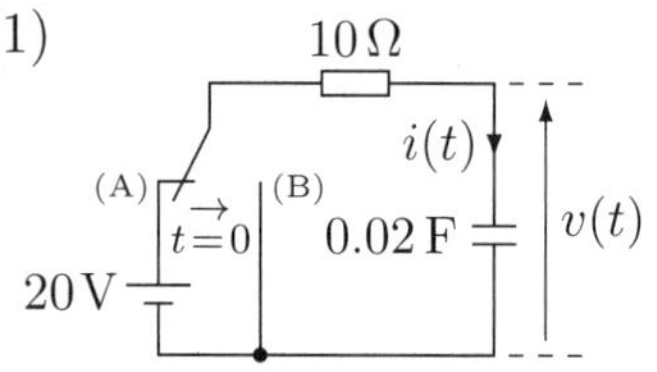


(2)
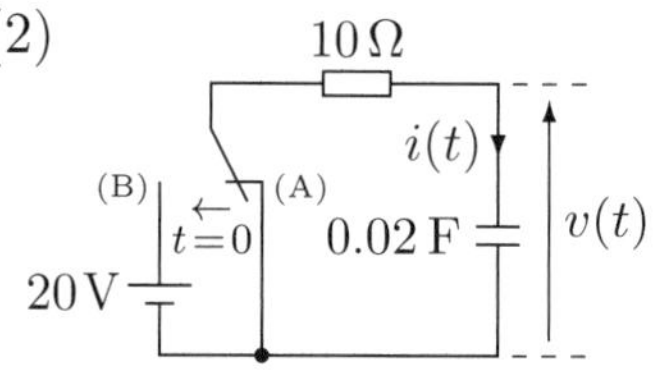


(3)
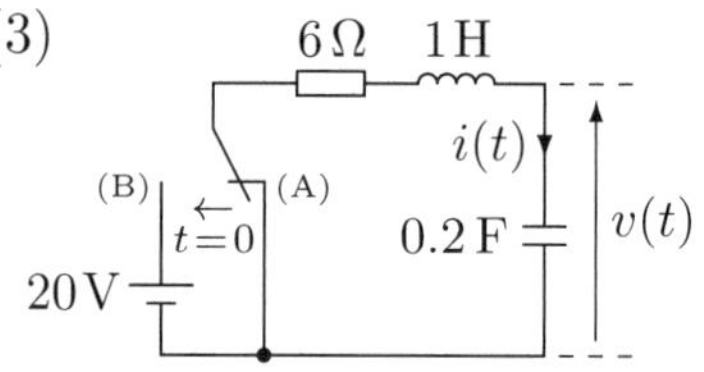


**解答**

(1) 初期条件 $v(0)=20$．$t>0$ で電源は短絡だから，ｓ回路は右図となる．電流 $I(s)$ の向きは電圧源 $\frac{20}{s}$ の向きと逆だから，$I(s)=-\dfrac{\frac{20}{s}}{10+\frac{1}{0.02s}}$

$=\dfrac{-20}{10s+50}=\dfrac{-2}{s+5}$．$\xrightarrow{\mathcal{L}^{-1}}$ $i(t)=-2e^{-5t}$ [A]．　$V(s)=0-10I(s)$

$=\dfrac{20}{s+5}$．$\xrightarrow{\mathcal{L}^{-1}}$ $v(t)=20e^{-5t}$ [V]．$\left(V(s)=\dfrac{20}{s}+\dfrac{1}{0.02s}I(s)\right.$ から求めてもよい$\left.\right)$

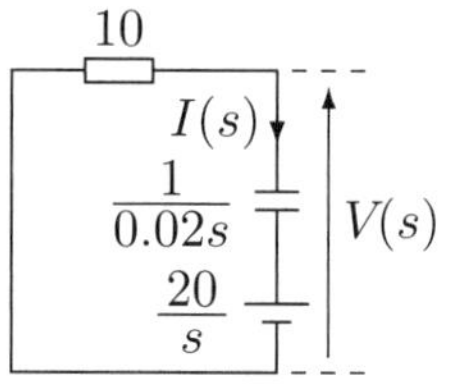


(2) $v(0)=0$ だから，ｓ回路は右図となる．$I(s)=\dfrac{\frac{20}{s}}{10+\frac{1}{0.02s}}$

$=\dfrac{20}{10s+50}=\dfrac{2}{s+5}$．$\xrightarrow{\mathcal{L}}$ $i(t)=2e^{-5t}$ [A]．　$V(s)=\dfrac{1}{0.02s}I(s)$

$=\dfrac{2}{0.02s(s+5)}=\dfrac{100}{s(s+5)}=\dfrac{20}{s}-\dfrac{20}{s+5}$．$\xrightarrow{\mathcal{L}^{-1}}$ $v(t)=20\left(1-e^{-5t}\right)$ [V]．

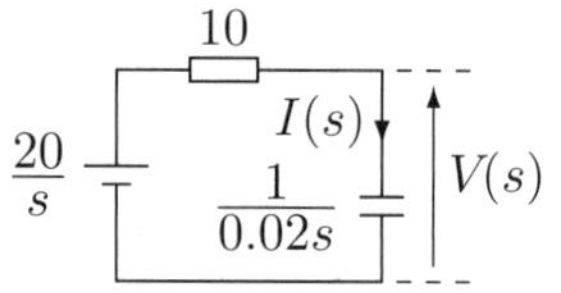


(3) $v(0)=0,\ i(0)=0$ ゆえ，ｓ回路は右図．$I(s)=\dfrac{\frac{20}{s}}{1s+6+\frac{1}{0.2s}}$

$=\dfrac{20}{s^2+6s+5}=\dfrac{20}{(s+1)(s+5)}=\dfrac{5}{s+1}-\dfrac{5}{s+5}$．$\xrightarrow{\mathcal{L}^{-1}}$

$i(t)=5\left(e^{-t}-e^{-5t}\right)$ [A]．　$V(s)=\dfrac{1}{0.2s}I(s)=\dfrac{100}{s(s+1)(s+5)}=\dfrac{20}{s}-\dfrac{25}{s+1}+\dfrac{5}{s+5}$．

$\xrightarrow{\mathcal{L}^{-1}}$ $v(t)=20-25e^{-t}+5e^{-5t}$ [V]．

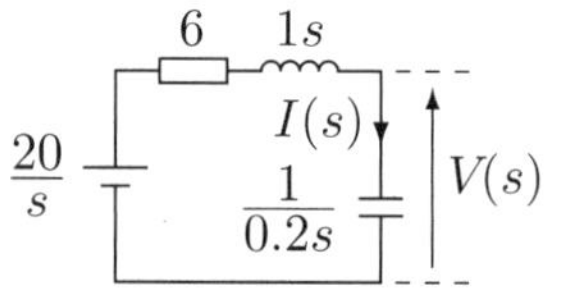


**例題** **45.2**　第1種初期条件と第2種初期条件が異なる次の回路をｓ回路法で解け．(1) は $t=0$ でスイッチを閉じ，(2) は $t=0$ でスイッチを開く．(1) は $v_1(t), v_2(t)$ を，(2) は $i_1(t), i_2(t)$ を求めよ．

(1)
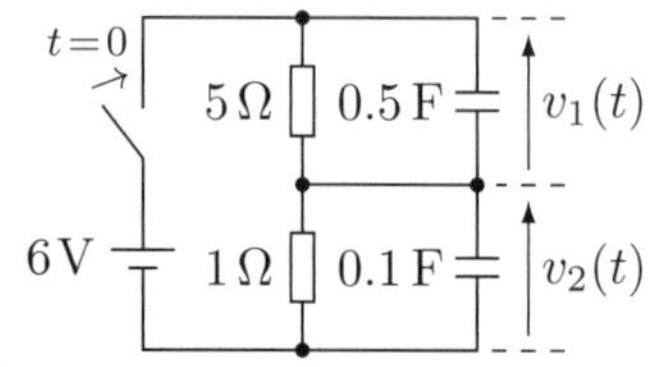


(2)
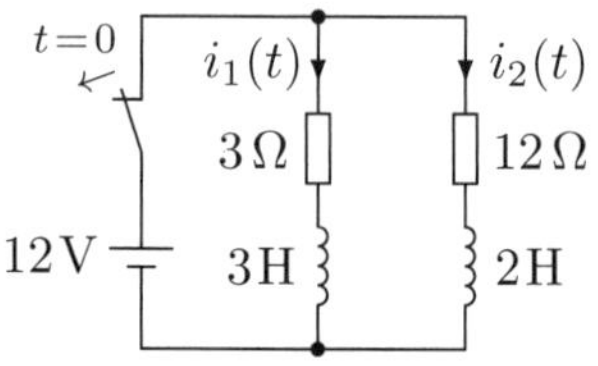


**解答**

(1) 第1種初期条件 $v_1(0_-)=v_2(0_-)=0$ ゆえ，ｓ回路は右図．分圧より，$V_1(s)=\dfrac{5/\!/\frac{1}{0.5s}}{\left(5/\!/\frac{1}{0.5s}\right)+\left(1/\!/\frac{1}{0.1s}\right)}\times\dfrac{6}{s}=\dfrac{\frac{5}{2.5s+1}}{\frac{5}{2.5s+1}+\frac{1}{0.1s+1}}\times\dfrac{6}{s}$

$=\dfrac{5(0.1s+1)}{5(0.1s+1)+(2.5s+1)}\times\dfrac{6}{s}=\dfrac{3s+30}{s(3s+6)}=\dfrac{s+10}{s(s+2)}=\dfrac{5}{s}-\dfrac{4}{s+2}$．

$\xrightarrow{\mathcal{L}^{-1}}$ $v_1(t)=5-4e^{-2t}$ [V]．$v_2(t)=6-v_1=1+4e^{-2t}$ [V]．$v_1(0_+)=1$ [V]．$v_2(0_+)=5$ [V]．

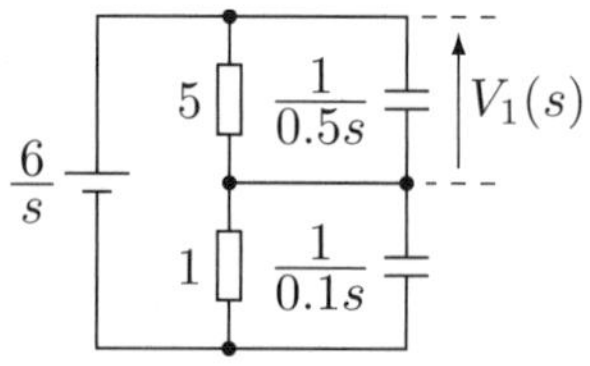


(2) $i_1(0_-)=\dfrac{12}{3}=4,\ i_2(0_-)=\dfrac{12}{12}=1$ ゆえ，ｓ回路は右図．反時計方向にキルヒホッフの電圧則を使うと，$12-2=(3s+2s+12+3)I_1(s)$．

$\therefore\ I_1(s)=\dfrac{10}{5s+15}=\dfrac{2}{s+3}$．$\xrightarrow{\mathcal{L}^{-1}}$ $i_1(t)=2e^{-3t}$ [A]．

$i_2(t)=-i_1(t)=-2e^{-3t}$ [A]．$i_1(0_+)=2$ [A]．$i_2(0_+)=-2$ [A]．

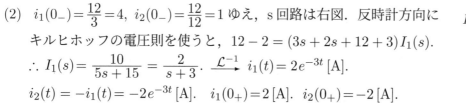

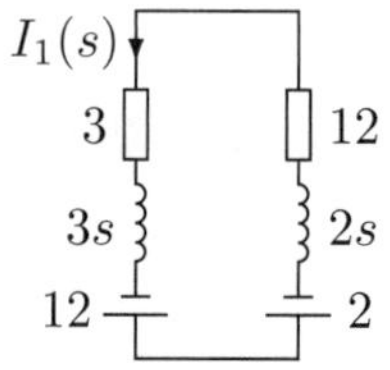

| ドリル No.45 | Class | | No. | | Name | |
|---|---|---|---|---|---|---|

**問題 45.1**　次の各回路のスイッチを時刻 $t=0$ に閉じた．s 回路法を使って，電流 $i(t)$ と電圧 $v(t)$ を求めよ．ただし，$t<0$ のとき $v(t)=0$ とする．

(1)

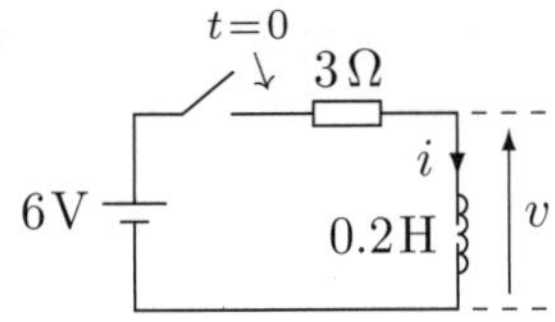


（答）$i(t)=$　　　　　　[　]．　$v(t)=$　　　　　　[　]．

(2)

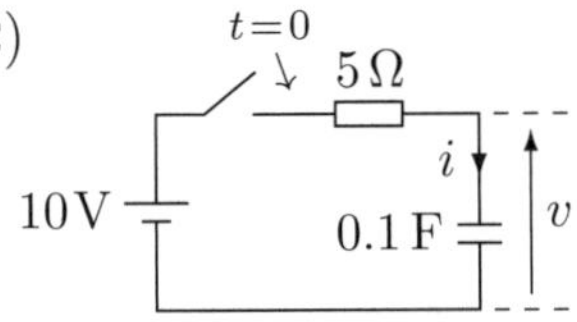


（答）$i(t)=$　　　　　　[　]．　$v(t)=$　　　　　　[　]．

(3)

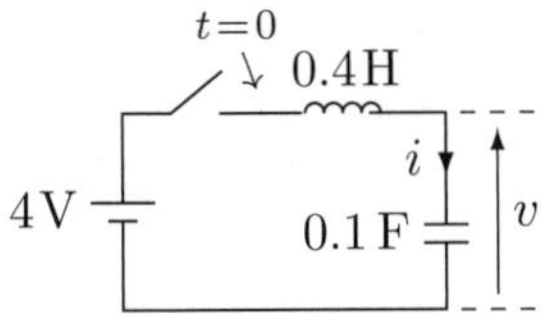


（答）$i(t)=$　　　　　　[　]．　$v(t)=$　　　　　　[　]．

**問題 45.2**　s 回路法を使って，次の各回路の電流 $i(t)$ と時定数 $\tau$ を求めよ．ただし，(1) は時刻 $t=0$ にスイッチを開き，(2) は時刻 $t=0$ にスイッチを閉じる．

(1)

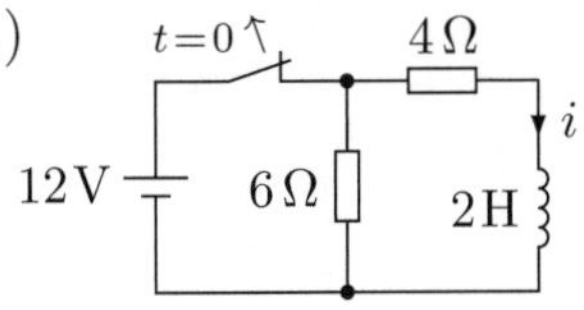


（答）$i(t)=$　　　　　　[　]．　$\tau=$　　　　[　]．

(2)

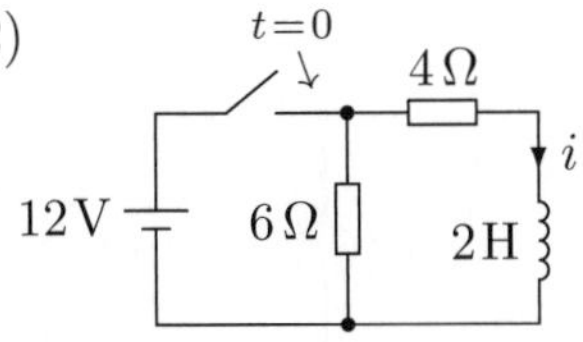


（答）$i(t)=$　　　　　　[　]．　$\tau=$　　　　[　]．

**問題 45.3**　s 回路法を使って，次の各回路の電圧 $v(t)$ と時定数 $\tau$ を求めよ．ただし，(1) は時刻 $t=0$ にスイッチを開き，(2) は時刻 $t=0$ にスイッチを閉じる．

(1)

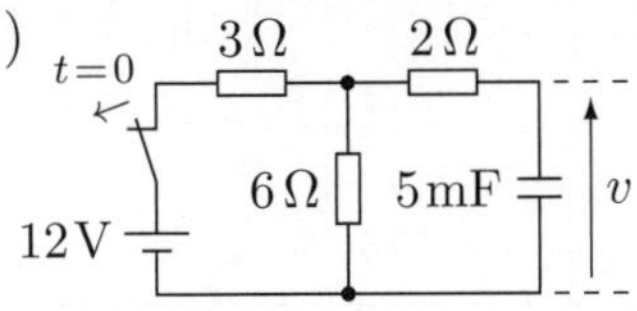


（答）$v(t)=$　　　　　　[　]．　$\tau=$　　　　[　]．

(2)

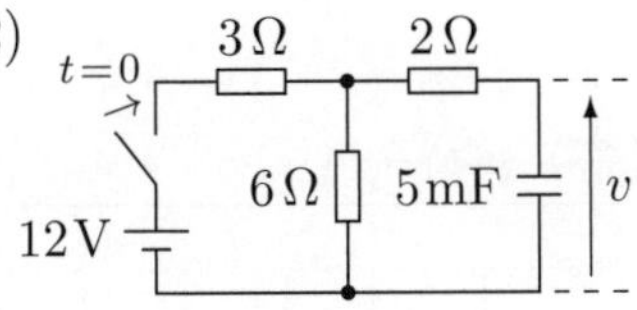


（答）$v(t)=$　　　　　　[　]．　$\tau=$　　　　[　]．

**問題 45.4**　s 回路法を使って，次の各回路の電流 $i(t)$ と電圧 $v(t)$ を求めよ．ただし，(1) は時刻 $t=0$ にスイッチを開き，(2) は時刻 $t=0$ にスイッチを閉じる．

(1)
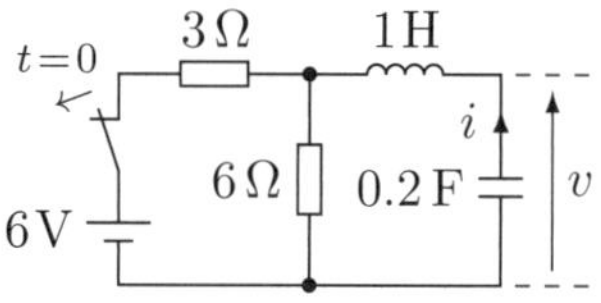


（答）$i(t)=$　　　　　　　　　　　[　]．$v(t)=$　　　　　　　　　　　[　]．

(2)
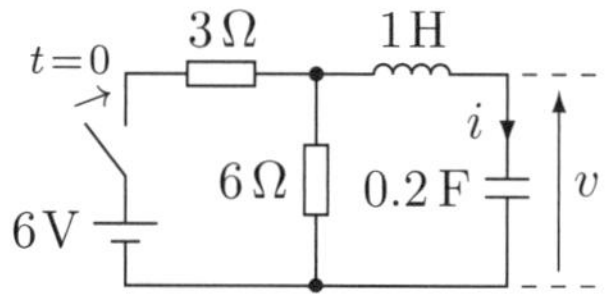


（答）$i(t)=$　　　　　　　　　　　[　]．$v(t)=$　　　　　　　　　　　[　]．

**問題 45.5**　s 回路法を使って，次の各回路の電流 $i_1(t), i_2(t)$ を求めよ．ただし，(1) は時刻 $t=0$ にスイッチを開き，(2) は時刻 $t=0$ にスイッチを閉じる．

(1)
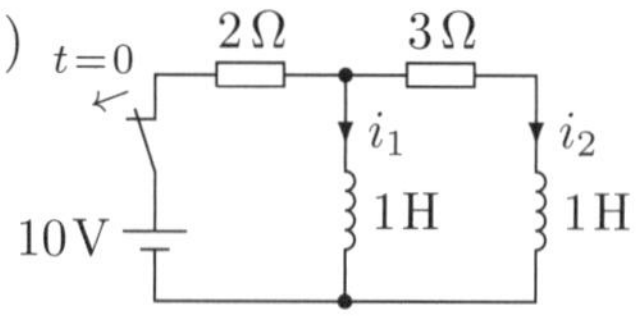


（答）$i_1(t)=$　　　　　　　　　　　[　]．$i_2(t)=$　　　　　　　　　　　[　]．

(2)
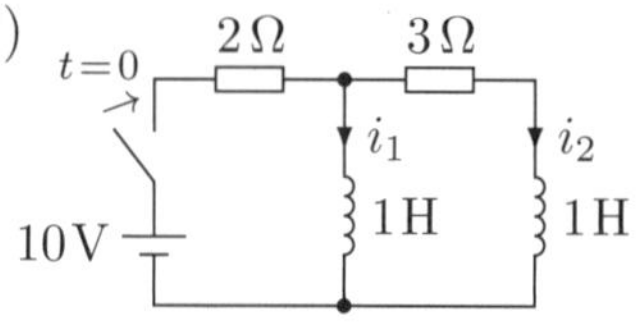


（答）$i_1(t)=$　　　　　　　　　　　[　]．$i_2(t)=$　　　　　　　　　　　[　]．

**問題 45.6**　右の回路の電圧 $e(t)$ と $v(t)$ に関して，以下に答えよ．ただし，時刻 $t<0$ のとき $e(t)=0$ である．

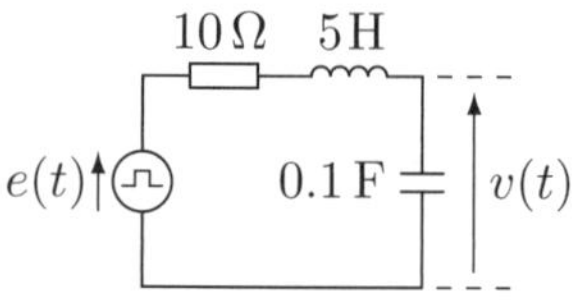


(1) s 回路を描き，$E(s)=\mathcal{L}[e(t)]$ と $V(s)=\mathcal{L}[v(t)]$ の関係式を求めよ．

（答）$V(s)=$　　　　　　　　　　　．

(2) $e(t)=u(t)$（単位ステップ関数）のときの $v(t)$ を求めよ．

（答）$v(t)=$　　　　　　　　　　　．

(3) $e(t)=\delta(t)$（デルタ関数）のときの $v(t)$ を求めよ．

（答）$v(t)=$　　　　　　　　　　　．

| チェック項目 | 月　日 | 月　日 |
|---|---|---|
| s 回路法を用いて過渡現象を解くことができる． | | |

# 解答

## 第 1 章　直流回路

### 1.1

(1) $1\,[\mathrm{min}]=60\,[\mathrm{s}]$.　$\therefore I=\dfrac{\Delta Q}{\Delta t}=\dfrac{6\,[\mathrm{C}]}{60\,[\mathrm{s}]}=0.1\,[\mathrm{A}]$.

(2) $10\,[\mathrm{mA}]=0.01\,[\mathrm{A}]$.　$1\,[\mathrm{h}]=60\,[\mathrm{min}]=3600\,[\mathrm{s}]$.
$\therefore Q=It=0.01\,[\mathrm{A}]\times 3600\,[\mathrm{s}]=36\,[\mathrm{C}]$.

(3) $Q=It=(50\times10^{-3})\times(40\times10^{-3})=2000\times10^{-6}$
$=2\times10^{-3}[\mathrm{C}]=2\,[\mathrm{mC}]$.

(4) $t=\dfrac{Q}{I}=\dfrac{3\times96000}{4}=72000\,[\mathrm{s}]=20\,[\mathrm{h}]$.

(5) $i=\dfrac{\mathrm{d}Q}{\mathrm{d}t}=200(e^{-100t}-e^{-200t})\,[\mathrm{mA}]$. $\begin{pmatrix}Q\,[\mathrm{mC}]\\ \to i\,[\mathrm{mA}]\end{pmatrix}$
$i$ 最大時に $\dfrac{\mathrm{d}i}{\mathrm{d}t}=0$ ゆえ，$(e^{-100t}-e^{-200t})'$
$=-100\,e^{-100t}+200\,e^{-200t}=0$,　$e^{100t}=2$,
$100t=\ln 2$.　$\therefore t_0=0.01\ln 2\,[\mathrm{s}]\fallingdotseq 7\,[\mathrm{ms}]$.
$i_0=i(t_0)=200(e^{-\ln 2}-e^{-2\ln 2})=200(\frac{1}{2}-\frac{1}{4})$
$=50\,[\mathrm{mA}]$.　$(e^{-\ln 2}=(e^{\ln 2})^{-1}=2^{-1}=\frac{1}{2}.)$

(6) $i=\dfrac{\mathrm{d}Q}{\mathrm{d}t}$
$=[2(1-\cos 1000t)]'$
$=2000\sin 1000t\,[\mu\mathrm{A}]$
$=2\sin 1000t\,[\mathrm{mA}]$.

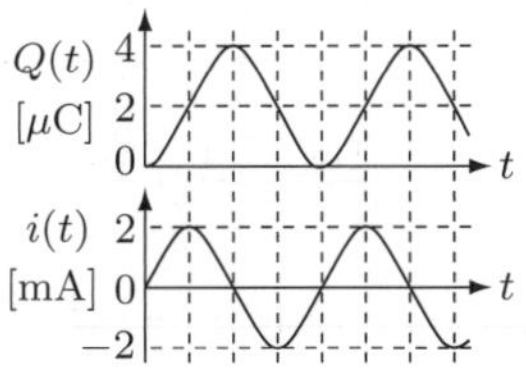


### 1.2

(1) $I_4=2\,[\mathrm{A}]$.　$I_5=5-I_4=3\,[\mathrm{A}]$.
$I_3=I_5+4-2=5\,[\mathrm{A}]$.　$I_1=I_3+2=7\,[\mathrm{A}]$.
$I_2=14-I_1=7\,[\mathrm{A}]$.　$I_6=I_2-2=5\,[\mathrm{A}]$.
$I_7=4+5=9\,[\mathrm{A}]$.　$I_8=I_6+I_7=14\,[\mathrm{A}]$.

(2) $I_1=3+14=17\,[\mathrm{A}]$.　$I_4=15-I_1=-2\,[\mathrm{A}]$.
$I_6=7+2-4=5\,[\mathrm{A}]$.　$I_5=3+I_4-I_6=-4\,[\mathrm{A}]$.
$I_2=2+3-I_5=9\,[\mathrm{A}]$.　$I_3=14-I_2=5\,[\mathrm{A}]$.
$I_7=2+I_3=7\,[\mathrm{A}]$.　$I_{11}=3\,[\mathrm{A}]$.
$I_8=I_{11}-I_7=-4\,[\mathrm{A}]$.　$I_9=15+4=19\,[\mathrm{A}]$.
$I_{10}=2+3-I_8=9\,[\mathrm{A}]$.　$I_{12}=I_{10}+3=12\,[\mathrm{A}]$.

(3) $I_5=3-7=-4\,[\mathrm{A}]$.　$I_3=3+2-I_5=9\,[\mathrm{A}]$.
$I_2=I_3+8=17\,[\mathrm{A}]$.　$I_1=I_2+3=20\,[\mathrm{A}]$.
$I_4=8-5=3\,[\mathrm{A}]$.　$I_6=2-5=-3\,[\mathrm{A}]$.
$I_7=I_4+3-I_6=9\,[\mathrm{A}]$.　$I_9=I_7+2=11\,[\mathrm{A}]$.
$I_8=I_9+2=13\,[\mathrm{A}]$.　$I_{10}=I_8+7=20\,[\mathrm{A}]=I_1$.

### 2.1

電圧は2点間の電位差であり，同一導線上は等電位であることに注意する．

(1) $E=V_\mathrm{B}-V_\mathrm{D}=9\,[\mathrm{V}]$.　$V_1=V_\mathrm{B}-V_\mathrm{A}=3\,[\mathrm{V}]$.
$V_2=V_\mathrm{B}-V_\mathrm{C}=5\,[\mathrm{V}]$.　$V_3=V_\mathrm{A}-V_\mathrm{C}=2\,[\mathrm{V}]$.
$V_4=V_\mathrm{A}-V_\mathrm{D}=6\,[\mathrm{V}]$.　$V_5=V_\mathrm{C}-V_\mathrm{D}=4\,[\mathrm{V}]$.

(2) $E=V_1=V_3=V_4=V_\mathrm{A}-V_\mathrm{B}=5\,[\mathrm{V}]$.
$V_2=V_\mathrm{B}-V_\mathrm{A}=-5\,[\mathrm{V}]$.

(3) $E=V_2=V_4=V_\mathrm{A}-V_\mathrm{B}=5\,[\mathrm{V}]$.
$V_1=V_3=V_\mathrm{B}-V_\mathrm{A}=-5\,[\mathrm{V}]$.

### 2.2

(1) $8=2+V_1=V_3+5=2+V_2+5$ より，
$V_1=8-2=6\,[\mathrm{V}]$.　$V_2=8-2-5=1\,[\mathrm{V}]$.
$V_3=8-5=3\,[\mathrm{V}]$.

(2) $V_1$ は両端が導線でつながっている（短絡されている）ので，$V_1=0\,[\mathrm{V}]$.　$V_2=V_3=8\,[\mathrm{V}]$.

(3) $V_2$ と $V_4$ は両端が短絡されているので，
$V_2=V_4=0\,[\mathrm{V}]$.　$V_1=V_5=8\,[\mathrm{V}]$.
$V_3$ は $V_1, V_5$ と逆向きなので，$V_3=-8\,[\mathrm{V}]$.

### 2.3

k（キロ）$=10^3$ の逆数は m（ミリ）$=10^{-3}$ になる．

(1) (a) $I=\dfrac{2}{2\mathrm{k}}=1\,[\mathrm{mA}]$.　(b) $I=\dfrac{4}{2\mathrm{k}}=2\,[\mathrm{mA}]$.
(c) $I=\dfrac{6}{2\mathrm{k}}=3\,[\mathrm{mA}]$.　(d) $I=\dfrac{8}{2\mathrm{k}}=4\,[\mathrm{mA}]$.

(2) (a) $I=\dfrac{12}{1\mathrm{k}}=12\,[\mathrm{mA}]$.　(b) $I=\dfrac{12}{2\mathrm{k}}=6\,[\mathrm{mA}]$.
(c) $I=\dfrac{12}{3\mathrm{k}}=4\,[\mathrm{mA}]$.　(d) $I=\dfrac{12}{4\mathrm{k}}=3\,[\mathrm{mA}]$.

### 2.4

(1) $I_2=\dfrac{8}{2\mathrm{k}}=4\,[\mathrm{mA}]$.　$I_3=\dfrac{8}{4\mathrm{k}}=2\,[\mathrm{mA}]$.
$I_1=I_2+I_3=6\,[\mathrm{mA}]$.

(2) 右図に電位を示す．抵抗中の電流の向きは高電位から低電位へ向かうことに注意する．
$I_1=\dfrac{8}{4}=2\,[\mathrm{A}]$.　$I_2=\dfrac{8}{4}=2\,[\mathrm{A}]$.
$I_3=I_1+I_2=4\,[\mathrm{A}]$.

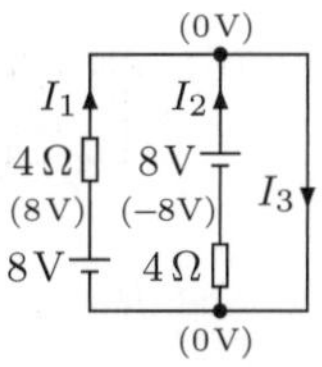


(3) $I_2=\dfrac{20}{5}=4\,[\mathrm{A}]$.　$I_5=\dfrac{10}{2}=5\,[\mathrm{A}]$.　$I_3=\dfrac{20-10}{5}$
$=2\,[\mathrm{A}]$.　$I_1=I_2+I_3=6\,[\mathrm{A}]$.　$I_4=I_5-I_3$
$=3\,[\mathrm{A}]$.　$I_6=I_1-I_2=I_5-I_4=I_3=2\,[\mathrm{A}]$

(4) $3\,\Omega$ は短絡され電圧は 0V ゆえ，$I_2=\dfrac{0}{3}=0\,[\mathrm{A}]$.
$4\,\Omega$ と $6\,\Omega$ には 12V が印加されるから，
$I_3=\dfrac{12}{4}=3\,[\mathrm{A}]$.　$I_6=\dfrac{12}{6}=2\,[\mathrm{A}]$.
$I_5=I_3=3\,[\mathrm{A}]$.　$I_1=I_4=I_5+I_6=5\,[\mathrm{A}]$.

(5) $4\,\Omega, 3\,\Omega, 6\,\Omega$ には 12V が印加されるから，
$I_3=\dfrac{12}{4}=3\,[\mathrm{A}]$.　$I_5=\dfrac{12}{3}=4\,[\mathrm{A}]$.　$I_4=\dfrac{12}{6}$
$=2\,[\mathrm{A}]$.　$I_2=I_3+I_5=7\,[\mathrm{A}]$.　$I_6=I_4+I_5$
$=6\,[\mathrm{A}]$.　$I_1=I_2+I_4=I_3+I_6=9\,[\mathrm{A}]$.

(6) $18\,\mathrm{k}\Omega$ と $2\,\mathrm{k}\Omega$ には同一の電圧 $V$ がかかる．
$V=18\mathrm{k}\times 1\mathrm{m}=18\,[\mathrm{V}]$.（キロ $10^3\times$ ミリ $10^{-3}=1$）
$I_2=\dfrac{V}{2\mathrm{k}}=9\,[\mathrm{mA}]$.　$I_1=I_3=I_2+1=10\,[\mathrm{mA}]$.

### 2.5

(1) $G=\dfrac{1}{R}=\dfrac{1}{100\mathrm{k}}=\dfrac{1}{100}\,[\mathrm{mS}]=10\,[\mu\mathrm{S}]$.

(2) $I=GV=2\mathrm{m}\times 5=10\,[\mathrm{mA}]$.

(3) $R=\dfrac{V}{I}=\dfrac{10}{5\mathrm{m}}=2\,[\mathrm{k}\Omega]$.　$G=\dfrac{I}{V}=\dfrac{5\mathrm{m}}{10}$
$=0.5\,[\mathrm{mS}]=500\,[\mu\mathrm{S}]$.

**3.1**

(1) $R = (4 /\!/ 12) + (8 /\!/ 20 /\!/ 40) = \dfrac{1}{\frac{1}{4}+\frac{1}{12}} + \dfrac{1}{\frac{1}{8}+\frac{1}{20}+\frac{1}{40}}$

$= \dfrac{12}{3+1} + \dfrac{40}{5+2+1} = 3+5 = 8\,[\Omega].$

(2) $R = (10+70) /\!/ (90+30) = 80 /\!/ 120 = \dfrac{1}{\frac{1}{80}+\frac{1}{120}}$

$= \dfrac{240}{3+2} = 48\,[\Omega].$

(3)

一点にまとめる

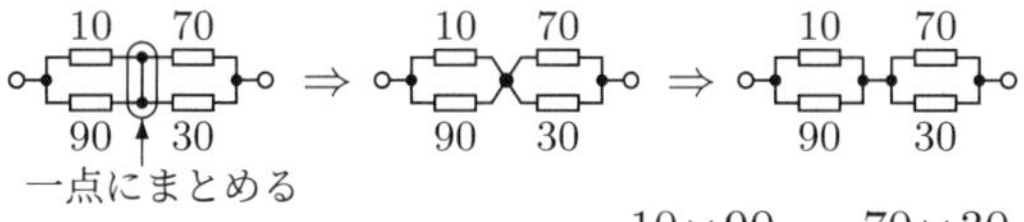

$R = (10 /\!/ 90) + (70 /\!/ 30) = \dfrac{10\times 90}{10+90} + \dfrac{70\times 30}{70+30}$

$= 9 + 21 = 30\,[\Omega].$

(4)

一点にまとめる

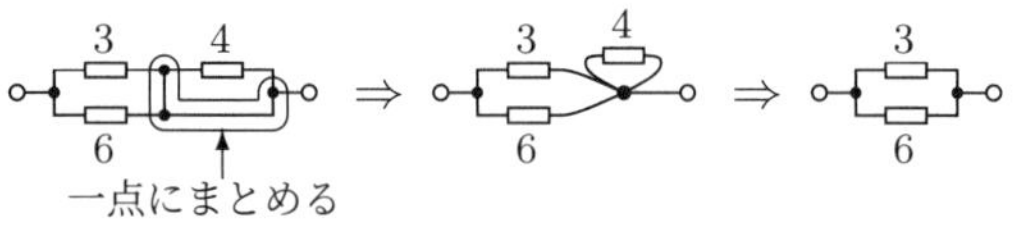

$R = 3 /\!/ 6 = \dfrac{3\times 6}{3+6} = \dfrac{18}{9} = 2\,[\Omega].$

(5)

一点にまとめる

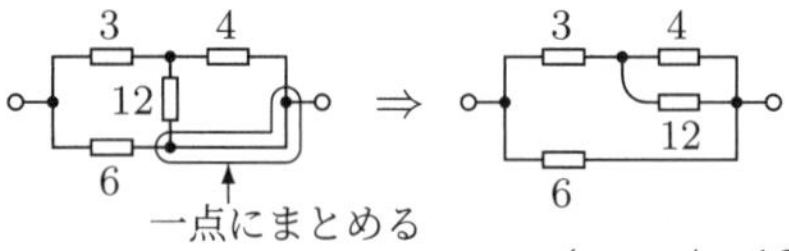

$R = [\,3 + (4 /\!/ 12)\,] /\!/ 6 = \left(3 + \dfrac{4\times 12}{4+12}\right) /\!/ 6$

$= (3+3) /\!/ 6 = 6 /\!/ 6 = 3\,[\Omega].$

(6)

一点にまとめる

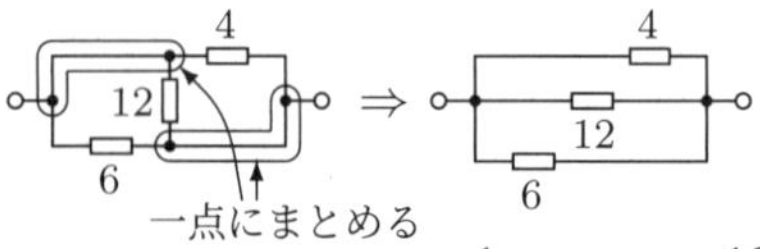

$R = 4 /\!/ 12 /\!/ 6 = \dfrac{1}{\frac{1}{4}+\frac{1}{12}+\frac{1}{6}} = \dfrac{12}{3+1+2} = 2\,[\Omega].$

(7)

一点にまとめる　各8Ω

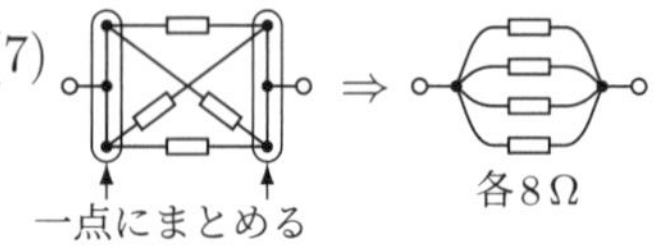

$R = 8 /\!/ 8 /\!/ 8 /\!/ 8 = \dfrac{8}{4} = 2\,[\Omega].$

(8)

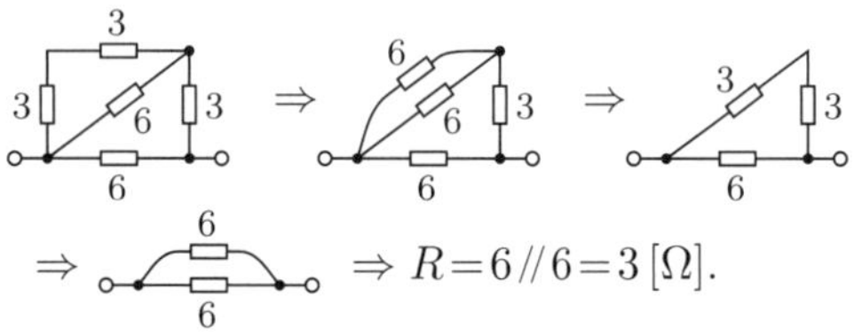

$\Rightarrow R = 6 /\!/ 6 = 3\,[\Omega].$

(9)

一点にまとめる

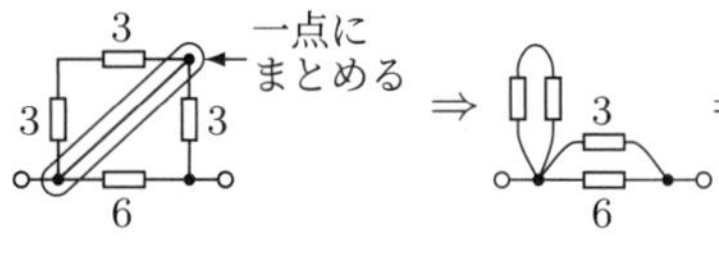

$\Rightarrow R = 3 /\!/ 6 = 2\,[\Omega].$

(10)

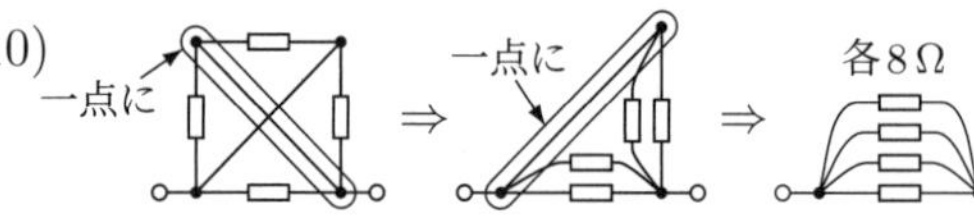

一点に　一点に　各8Ω

$R = 8 /\!/ 8 /\!/ 8 /\!/ 8 = 2\,[\Omega].$

(11)

一点に　各8Ω

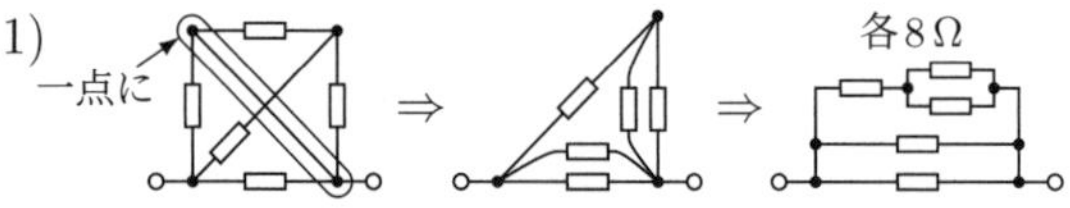

$R = [\,8 + (8 /\!/ 8)\,] /\!/ 8 /\!/ 8 = (8+4) /\!/ 8 /\!/ 8$

$= 12 /\!/ 8 /\!/ 8 = \dfrac{1}{\frac{1}{12}+\frac{1}{8}+\frac{1}{8}} = \dfrac{24}{2+3+3} = 3\,[\Omega].$

(12)

変形 ⇒　a-b は，同電位なので開放 ⇒　各8Ω

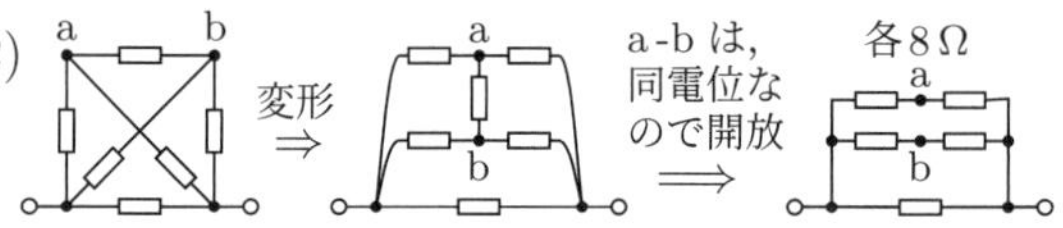

$R = [\,(8+8) /\!/ (8+8)\,] /\!/ 8 = (16 /\!/ 16) /\!/ 8$

$= 8 /\!/ 8 = 4\,[\Omega].$　（a-b を短絡して求めてもよい）

(13)

a-b-c, d-e-f は，同電位なので短絡 ⇒　各6Ω

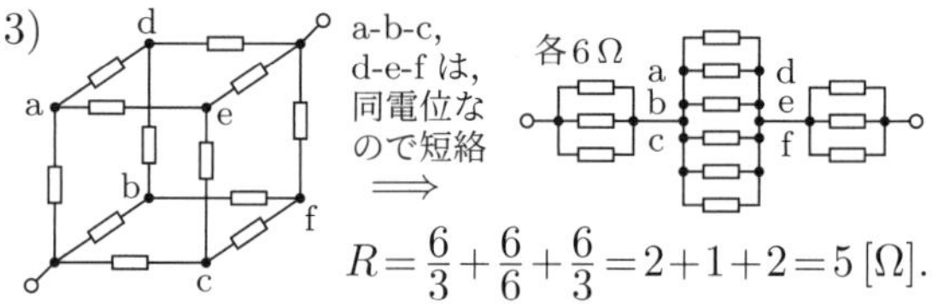

$R = \dfrac{6}{3} + \dfrac{6}{6} + \dfrac{6}{3} = 2+1+2 = 5\,[\Omega].$

(14)

⇒　a-b は，同電位なので開放 ⇒　各6Ω

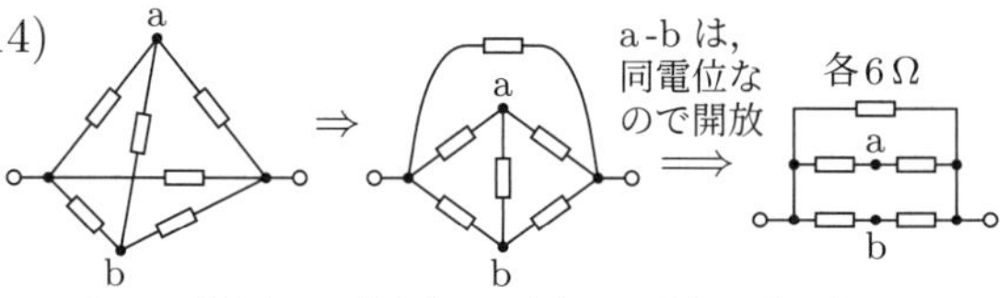

$R = 6 /\!/ [\,(6+6) /\!/ (6+6)\,] = 6 /\!/ (12 /\!/ 12)$

$= 6 /\!/ 6 = 3\,[\Omega].$　（a-b を短絡して求めてもよい）

(15)

c-h, a-f-k-p, i-n は，同電位なので短絡 ⇒　（b-g の電位は異なる）

⇒　各14Ω

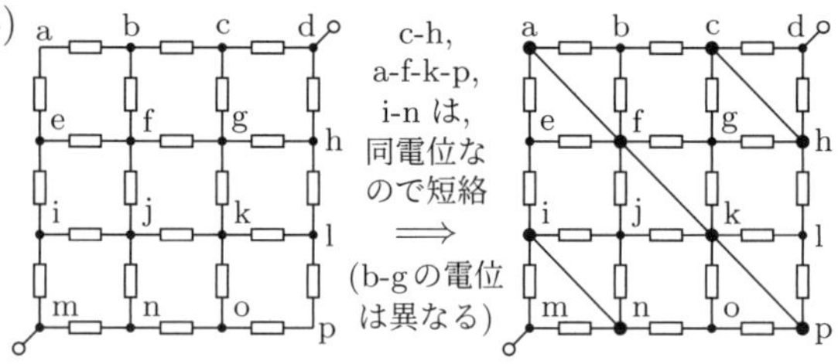

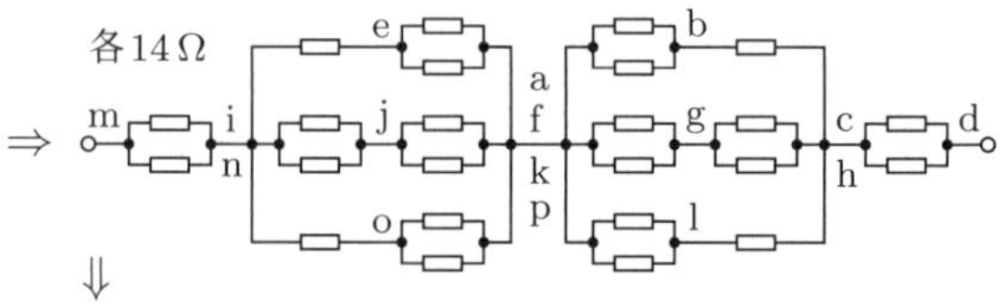

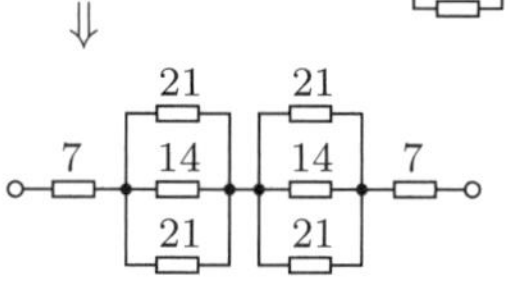

$R = [\,7 + (21 /\!/ 14 /\!/ 21)\,] \times 2$

$= \left(7 + \dfrac{1}{\frac{1}{21}+\frac{1}{14}+\frac{1}{21}}\right) \times 2$

$= \left(7 + \dfrac{42}{2+3+2}\right) \times 2 = (7+6)\times 2 = 26\,[\Omega].$

【別解】

s-t, u-v, w-x, y-z 間は電流 0 なので開放 ⇒

各14Ω ⇒

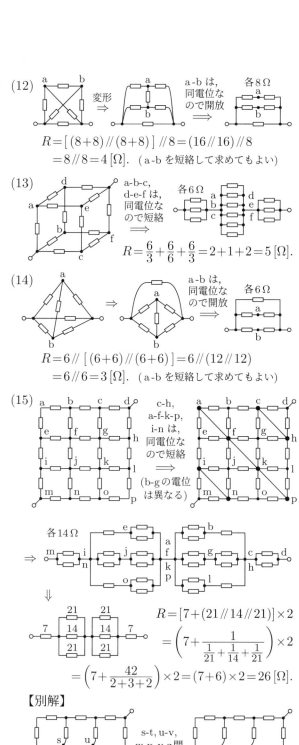

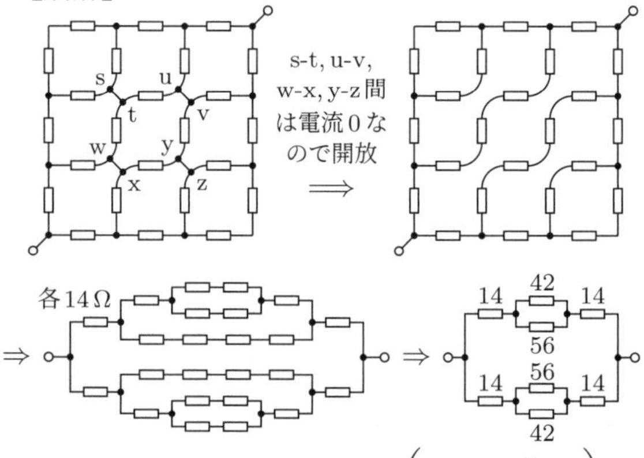

$R = [\,14 + (42 /\!/ 56) + 14\,] \div 2 = \left(28 + \dfrac{1}{\frac{1}{42}+\frac{1}{56}}\right) \div 2$

$= \left(28 + \dfrac{168}{4+3}\right) \div 2 = (28+24) \div 2 = 26\,[\Omega].$

**3.2**

(1) $R = 1\mathrm{k} + 2\mathrm{k} = 3\,[\mathrm{k\Omega}].$　$I = \dfrac{6}{3\mathrm{k}} = 2\,[\mathrm{mA}].$

$V = 2\mathrm{k} \times 2\mathrm{m} = 4\,[\mathrm{V}].$

(2) $R=10+(6/\!/3)=10+\dfrac{6\times 3}{6+3}=10+2=12\,[\Omega]$.
$I=\dfrac{6}{12}=0.5\,[\mathrm{A}]$. $V=10\times 0.5=5\,[\mathrm{V}]$.

**3.3** 合成抵抗を$R$と置く．$\dfrac{1}{R}=\dfrac{1}{R_1}+\dfrac{1}{R_2}$ より，
$\dfrac{1}{R_2}=\dfrac{1}{R}-\dfrac{1}{R_1}=\dfrac{1}{10}-\dfrac{1}{14}=\dfrac{14-10}{140}=\dfrac{1}{35}$. $R_2=35\,[\Omega]$.

**3.4** Aだけオン: $x+y=\dfrac{40}{5}=8.\to y=8-x.\cdots$①
Bだけオン: $x+z=\dfrac{40}{8}=5.\to z=5-x.\cdots$②
A,Bオン: $x+\dfrac{yz}{y+z}=\dfrac{40}{10}=4.\to yz=(4-x)(y+z)$.
①,②を代入して，$(8-x)(5-x)=(4-x)(13-2x)$.
$\therefore x^2-8x+12=(x-2)(x-6)=0$.
②より $x<5$ だから，$x=2\,[\Omega]$. $y=6\,[\Omega]$. $z=3\,[\Omega]$.

**4.1**

(1) $V_1=\dfrac{20\mathrm{k}}{20\mathrm{k}+10\mathrm{k}}\times 12=\dfrac{2}{3}\times 12=8\,[\mathrm{V}]$.
$V_2=\dfrac{10\mathrm{k}}{20\mathrm{k}+10\mathrm{k}}\times 12=\dfrac{1}{3}\times 12=4\,[\mathrm{V}]$.

(2) $V_1=\dfrac{2\mathrm{k}}{1\mathrm{k}+2\mathrm{k}+3\mathrm{k}}\times 12=\dfrac{2}{6}\times 12=4\,[\mathrm{V}]$.
$V_2=\dfrac{3\mathrm{k}}{1\mathrm{k}+2\mathrm{k}+3\mathrm{k}}\times 12=\dfrac{3}{6}\times 12=6\,[\mathrm{V}]$.

(3) $4/\!/12=\dfrac{4\times 12}{4+12}=3\,[\Omega]$. $6/\!/3=\dfrac{6\times 3}{6+3}=2\,[\Omega]$.
$V_1=V_1'=\dfrac{4/\!/12}{(4/\!/12)+(6/\!/3)}\times 10=6\,[\mathrm{V}]$.
$V_2=V_2'=\dfrac{6/\!/3}{(4/\!/12)+(6/\!/3)}\times 10=4\,[\mathrm{V}]$.

(4) $V_1=\dfrac{4}{4+6}\times 10=4\,[\mathrm{V}]$. $V_2=\dfrac{6}{4+6}\times 10=6\,[\mathrm{V}]$.
$V_1'=\dfrac{12}{12+3}\times 10=8\,[\mathrm{V}]$. $V_2'=\dfrac{3}{12+3}\times 10$
$=2\,[\mathrm{V}]$. $V_3=V_2-V_2'=6-2=4\,[\mathrm{V}]$.

(5) $6/\!/30=\dfrac{6\times 30}{6+30}=5\,[\Omega]$. $V_1=V_1'=V_2=V_2'$
$=\dfrac{5}{6+5+5}\times 16=5\,[\mathrm{V}]$. $V_0=V_1+V_2=10\,[\mathrm{V}]$.

(6) $V_0=\dfrac{(6+30)/\!/(30+6)}{6+[(6+30)/\!/(30+6)]}\times 16=\dfrac{18}{6+18}\times 16$
$=12\,[\mathrm{V}]$. $V_1=V_2'=\dfrac{6}{30+6}V_0=2\,[\mathrm{V}]$. $V_2=V_1'$
$=\dfrac{30}{30+6}V_0=10\,[\mathrm{V}]$. $V_3=V_2-V_2'=8\,[\mathrm{V}]$.

(7) 右図の$R_1, R_2$を使うと，
$R_2=15/\!/(15+15)=10$.
$R_1=10/\!/(5+R_2)=6$.
$V_1=\dfrac{R_1}{2+R_1}\times 40=30\,[\mathrm{V}]$.

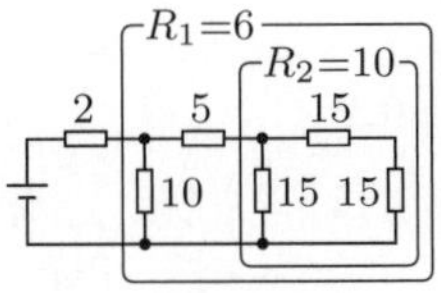


$V_2=\dfrac{R_2}{5+R_2}\times V_1=20\,[\mathrm{V}]$. $V_3=\dfrac{15}{15+15}\times V_2$
$=10\,[\mathrm{V}]$.

(8) 右図の$R_1\sim R_3$を使う．
$R_1=R_2=R_3$
$=6/\!/(3+3)=3$.
$V_1=\dfrac{R_1}{3+R_1}\times 80=40\,[\mathrm{V}]$.

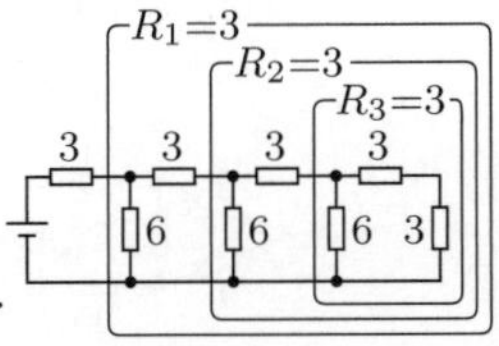


$V_2=\dfrac{R_2}{3+R_2}\times V_1=20\,[\mathrm{V}]$. $V_3=\dfrac{R_3}{3+R_3}\times V_2$
$=10\,[\mathrm{V}]$. $V_4=\dfrac{3}{3+3}\times V_3=5\,[\mathrm{V}]$.

**4.2**

(1) $I_0=20\,[\mathrm{mA}]$. $I_1=\dfrac{5\mathrm{k}}{20\mathrm{k}+5\mathrm{k}}\times I_0=4\,[\mathrm{mA}]$.
$I_2=\dfrac{20\mathrm{k}}{20\mathrm{k}+5\mathrm{k}}\times I_0=16\,[\mathrm{mA}]$.

(2) $I_0=\dfrac{90}{2\mathrm{k}+(20\mathrm{k}/\!/5\mathrm{k})}=\dfrac{90}{2\mathrm{k}+4\mathrm{k}}=15\,[\mathrm{mA}]$.
$I_1=\dfrac{5\mathrm{k}}{20\mathrm{k}+5\mathrm{k}}\times I_0=3\,[\mathrm{mA}]$.
$I_2=\dfrac{20\mathrm{k}}{20\mathrm{k}+5\mathrm{k}}\times I_0=12\,[\mathrm{mA}]$.

(3) $I_0=\dfrac{60}{(3/\!/6)+(12/\!/4)}=\dfrac{60}{2+3}=12\,[\mathrm{A}]$.
$I_1=\dfrac{6}{3+6}\times I_0=8\,[\mathrm{A}]$. $I_2=\dfrac{3}{3+6}\times I_0=4\,[\mathrm{A}]$.
$I_4=\dfrac{4}{12+4}\times I_0=3\,[\mathrm{A}]$. $I_5=\dfrac{12}{12+4}\times I_0=9\,[\mathrm{A}]$.
$I_3=I_1-I_4=I_5-I_2=5\,[\mathrm{A}]$.

**4.3**

(1)【分圧を使う方法】$V=\dfrac{10/\!/15}{2+(10/\!/15)}\times 40$
$=\dfrac{6}{2+6}\times 40=30\,[\mathrm{V}]$. $I_1=\dfrac{V}{10}=3\,[\mathrm{A}]$.
$I_2=\dfrac{V}{15}=2\,[\mathrm{A}]$. $I_0=I_1+I_2=5\,[\mathrm{A}]$.
【分流を使う方法】$I_0=\dfrac{40}{2+(10/\!/15)}=5\,[\mathrm{A}]$.
$I_1=\dfrac{15}{10+15}\times I_0=3\,[\mathrm{A}]$. $I_2=\dfrac{10}{10+15}\times I_0$
$=2\,[\mathrm{A}]$. $V=10I_1=15I_2=(10/\!/15)I_0=30\,[\mathrm{V}]$.

(2)【分圧を使う方法】$V_1=\dfrac{4/\!/(3+9)}{2+[4/\!/(3+9)]}\times 40$
$=\dfrac{3}{2+3}\times 40=24\,[\mathrm{V}]$. $V_2=\dfrac{9}{3+9}\times V_1=18\,[\mathrm{V}]$.
$I_1=\dfrac{V_1}{4}=6\,[\mathrm{A}]$. $I_2=\dfrac{V_2}{9}=2\,[\mathrm{A}]$. $I_0=8\,[\mathrm{A}]$.
【分流を使う方法】$I_0=\dfrac{40}{2+[4/\!/(3+9)]}=8\,[\mathrm{A}]$.
$I_1=\dfrac{12}{4+12}\times I_0=6\,[\mathrm{A}]$. $I_2=\dfrac{4}{4+12}\times I_0=2\,[\mathrm{A}]$.
$V_1=4I_1=24\,[\mathrm{V}]$. $V_2=9I_2=18\,[\mathrm{V}]$.

**4.4** $I_1=\dfrac{R_2}{R_1+R_2}\times I_0$. 題意より $I_1=0.1I_0$ だから，
$\dfrac{R_2}{R_1+R_2}=0.1.\to 10R_2=R_1+R_2$. $R_2=\dfrac{R_1}{9}=5\,[\Omega]$.

**4.5** 各抵抗の電圧 $V=\dfrac{I_0}{\frac{1}{R_1}+\frac{1}{R_2}+\frac{1}{R_3}}$. $\therefore I_1=\dfrac{V}{R_1}$
$=\dfrac{\frac{1}{R_1}\times I_0}{\frac{1}{R_1}+\frac{1}{R_2}+\frac{1}{R_3}}=\dfrac{1\times 55}{1+\frac{1}{2}+\frac{1}{3}}=30\,[\mathrm{mA}]$. 同様にして，
$I_2=\dfrac{\frac{1}{2}\times 55}{1+\frac{1}{2}+\frac{1}{3}}=15\,[\mathrm{mA}]$. $I_3=\dfrac{\frac{1}{3}\times 55}{1+\frac{1}{2}+\frac{1}{3}}=10\,[\mathrm{mA}]$.
または，$I_1:I_2:I_3=\dfrac{1}{R_1}:\dfrac{1}{R_2}:\dfrac{1}{R_3}=1:\dfrac{1}{2}:\dfrac{1}{3}=6:3:2$ より，$I_1=\dfrac{6}{6+3+2}\times I_0=30\,[\mathrm{mA}]$ などと求めてもよい．

**5.1**

(1) 右図の閉路に沿ってキルヒホッフの第2法則を使う．
$E_1-5=(1\mathrm{k}+2\mathrm{k}+3\mathrm{k})\times 3\mathrm{m}$
$=18$. $\therefore E_1=23\,[\mathrm{V}]$.

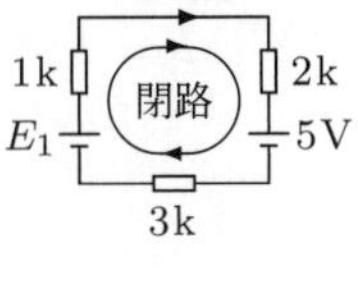

(2) $I_1 = 0.2 + 0.3 = 0.5$ [A]. 右図の閉路1で，$E_1 = 20 \times 0.2 + 8 \times 0.5 = 8$ [V]. 閉路2で，$E_2 = 10 \times 0.3 + 8 \times 0.5 = 7$ [V].

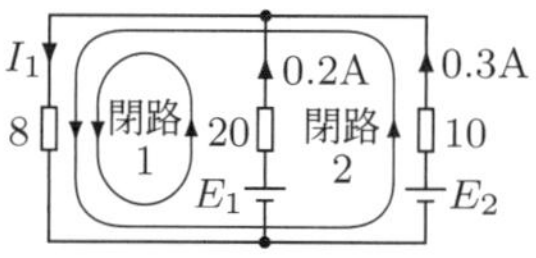


(3) $I_1 = 5 - 2 = 3$ [A]. 右図の閉路1で，$20 - E_1 = 2 \times 5 + 3 \times 3 = 19$. $\therefore E_1 = 1$ [V]. 閉路2で，$20 - E_2 = 2 \times 5 + 4 \times 2 = 18$. $\therefore E_2 = 2$ [V].

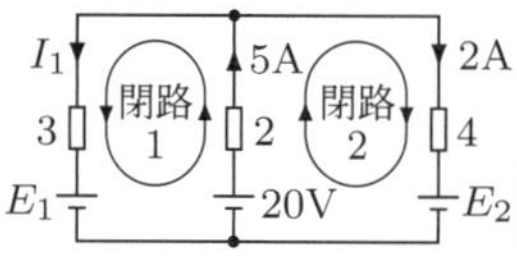


(4) $I_1 = 4 - 2 = 2$ [A]. $I_2 = 4 - 3 = 1$ [A]. $E_1 = 2 \times 4 + 3I_1 + 4I_2 + 3 \times 4 = 30$ [V].

(5) $I_1 = 1 + 2 = 3$ [A]. $I_2 = I_1 + 3 = 6$ [A]. $I_3 = I_2 - 2 = 4$ [A]. $E_1 = 12 \times 1 + 4I_1 + 2I_2 + 3I_3 = 48$ [V].

**5.2**

(1) 右図の閉路に沿って，$18 - 9 + 6 = (7 + 5 + 3)I_1$. $\therefore I_1 = 1$ [A].

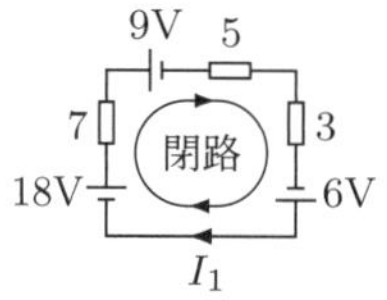


(2) $I_3 = I_1 + I_2$. 閉路1で，$16 = 2I_1 + 2I_3$. 閉路2で，$18 = 4I_2 + 2I_3$. 上式より，$I_1 = 3$ [A]. $I_2 = 2$ [A]. $I_3 = 5$ [A].

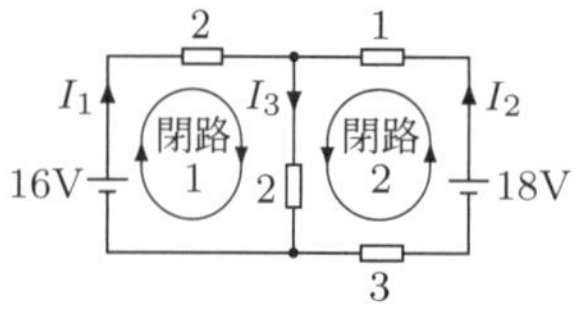


(3) $I_2 = I_1 + I_3$. 閉路1で，$20 = 2I_2 + 4I_1$. 閉路2で，$24 = 2I_2 + 3I_3$. 上式より，$I_1 = 2$ [A]. $I_2 = 6$ [A]. $I_3 = 4$ [A].

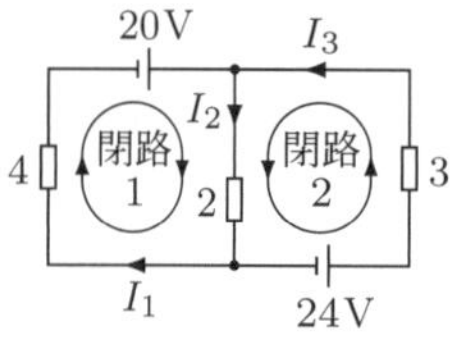


**5.3**

(1) $I_3 = I_1 + I_2$. 閉路1で，$7 = 3I_1 + 1I_3$. 閉路2で，$10 = 2I_2 + 1I_3$. これらを解けば，$I_1 = 1$ [A]. $I_2 = 3$ [A]. $I_3 = 4$ [A]. $V_1 = 1I_3 = 4$ [V].

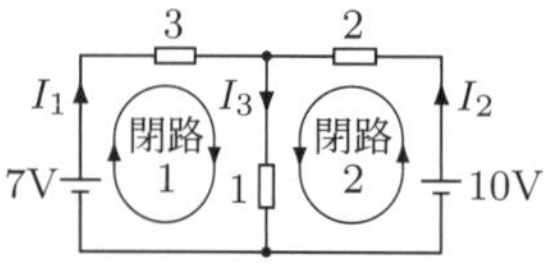


(2) $I_1 + I_2 + I_3 = 0$. 閉路1で，$20 - 3 = 2I_1 - 3I_2$. 閉路2で，$6 - 3 = 6I_3 - 3I_2$. $\therefore I_1 = 4$ [A]. $I_2 = -3$ [A]. $I_3 = -1$ [A]. $V_1 = 6 - 6I_3 = 12$ [V].

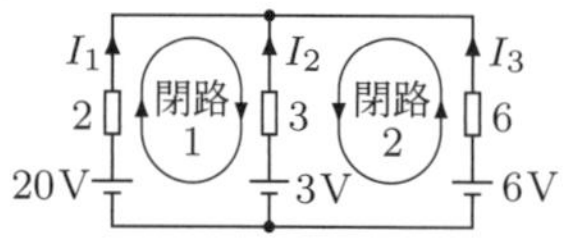


(3) $I_2 = I_1 + I_3$. 閉路1で，$2 = 3I_1 - 4I_3$. 閉路2で，$10 = 4I_3 + 2I_2$. $\therefore I_1 = 2$ [A]. $I_2 = 3$ [A]. $I_3 = 1$ [A]. $V_1 = 3I_1 = 6$ [V]. $V_2 = 2I_2 = 6$ [V].

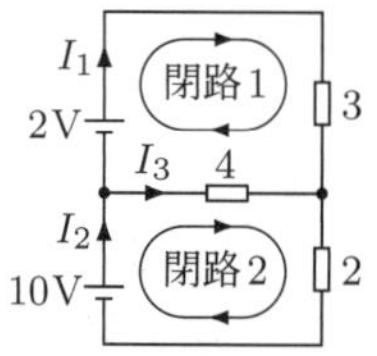


(4) $I_2 = I_1 + I_3$. 閉路1で，$10 = 2I_2 + 4I_3$. 閉路2で，$12 = 3I_1 + 2I_2$. $\therefore I_1 = 2$ [A]. $I_2 = 3$ [A]. $I_3 = 1$ [A]. $V_1 = 4I_3 = 4$ [V]. $V_2 = 3I_1 = 6$ [V].

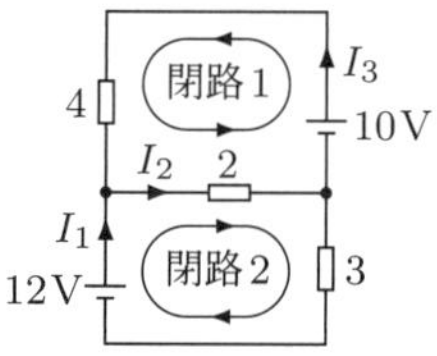


(5) $I_2 = I_1 + 2$. 電流源の電圧は未知なので，電流源を避けた閉路を選ぶ. $20 = 4I_1 + 3I_2 = 4I_1 + 3(I_1 + 2)$. $\therefore I_1 = 2$ [A]. $I_2 = 4$ [A]. $V_1 = 3I_2 = 12$ [V].

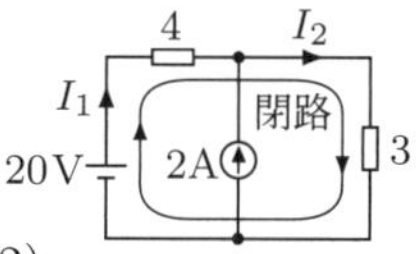


(6) $I_1 + I_2 = 5$. 右図の閉路で，$7 - 6 = 3I_1 - 4I_2$. $\therefore I_1 = 3$ [A]. $I_2 = 2$ [A]. $V_1 = 7 - 3I_1 = 6 - 4I_2 = -2$ [V].

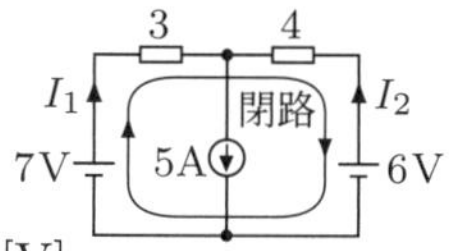


(7) $I_1 = 2 + 3 = 5$ [A]. $V_1 = 3 \times 2 + 2I_1 = 16$ [V]. $V_2 = 2I_1 = 10$ [V]. $V_3 = 4 \times 3 + 2I_1 = 22$ [V].

**6.1**

(1)

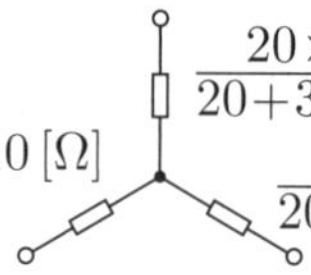

$\dfrac{20 \times 30}{20 + 30 + 50} = 6$ [Ω]

$\dfrac{20 \times 50}{20 + 30 + 50} = 10$ [Ω]

$\dfrac{30 \times 50}{20 + 30 + 50} = 15$ [Ω]

(2)

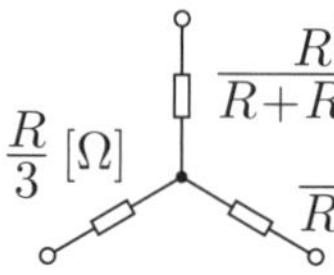

$\dfrac{R^2}{R + R + R} = \dfrac{R}{3}$ [Ω]

$\dfrac{R^2}{R + R + R} = \dfrac{R}{3}$ [Ω]

$\dfrac{R^2}{R + R + R} = \dfrac{R}{3}$ [Ω]

(3)

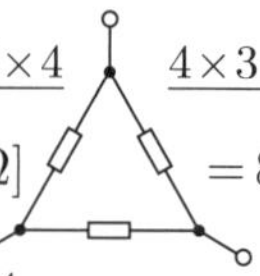

$\dfrac{4 \times 3 + 3 \times 12 + 12 \times 4}{3} = 32$ [Ω]

$\dfrac{4 \times 3 + 3 \times 12 + 12 \times 4}{12} = 8$ [Ω]

$\dfrac{4 \times 3 + 3 \times 12 + 12 \times 4}{4} = 24$ [Ω]

(4)

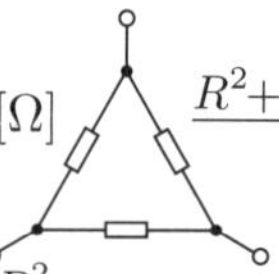

$\dfrac{R^2 + R^2 + R^2}{R} = 3R$ [Ω]

$\dfrac{R^2 + R^2 + R^2}{R} = 3R$ [Ω]

$\dfrac{R^2 + R^2 + R^2}{R} = 3R$ [Ω]

**6.2**

(1)

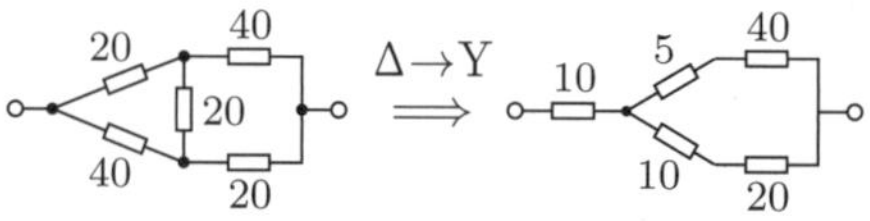


$R = 10 + [(5 + 40) /\!/ (10 + 20)] = 10 + (45 /\!/ 30)$

$= 10 + \dfrac{45 \times 30}{45 + 30} = 10 + 18 = 28$ [Ω].

(2)

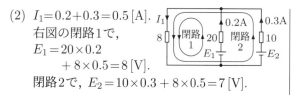

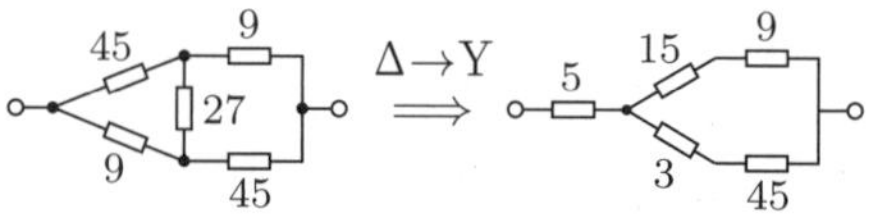


$R = 5 + [(15 + 9) /\!/ (3 + 45)] = 5 + (24 /\!/ 48)$

$= 5 + \dfrac{24 \times 48}{24 + 48} = 5 + 16 = 21$ [Ω].

(3)
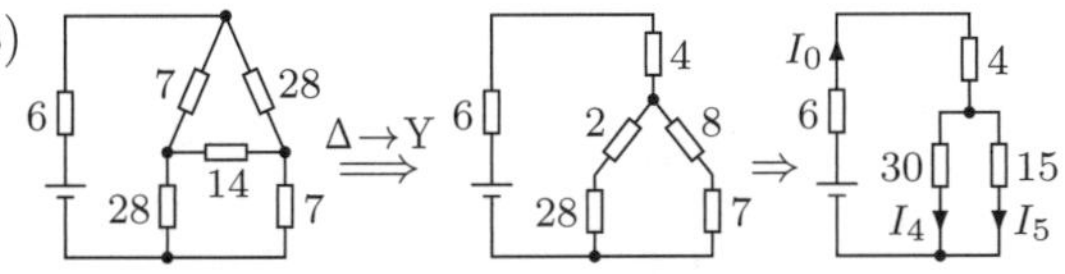


$$I_0=\frac{60}{6+4+(30/\!/15)}=\frac{60}{20}=3\,[\mathrm{A}].$$

$I_4=\dfrac{15}{30+15}I_0=1\,[\mathrm{A}]$. $I_5=\dfrac{30}{30+15}I_0=2\,[\mathrm{A}]$.

もとの回路の右半分の上段と下段は7Ωと28Ωが交換されているので，$I_1=I_5$，$I_2=I_4$ となる．$I_1=2\,[\mathrm{A}]$．$I_2=1\,[\mathrm{A}]$．$I_3=I_1-I_4=1\,[\mathrm{A}]$．

**6.3**

(1)
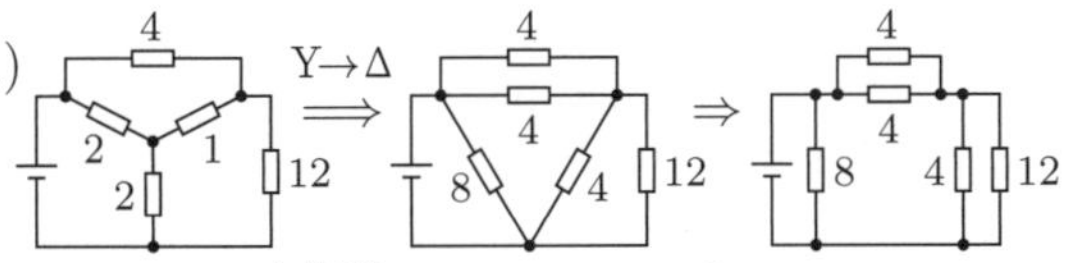


$$V=\frac{4/\!/12}{(4/\!/4)+(4/\!/12)}\times 10=\frac{3}{2+3}\times 10=6\,[\mathrm{V}].$$

(2)
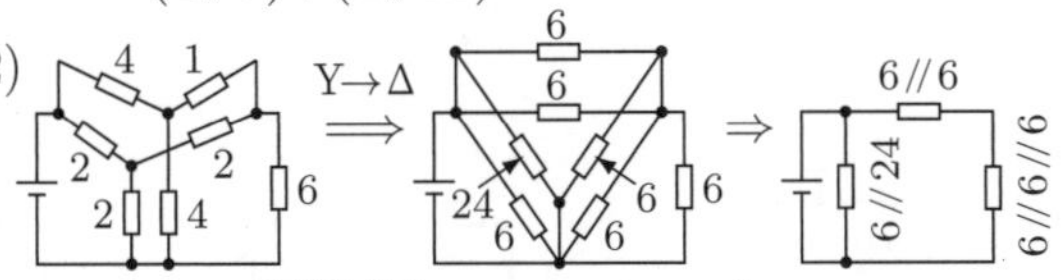


$$V=\frac{6/\!/6/\!/6}{(6/\!/6)+(6/\!/6/\!/6)}\times 10=\frac{2}{3+2}\times 10=4\,[\mathrm{V}].$$

**6.4**
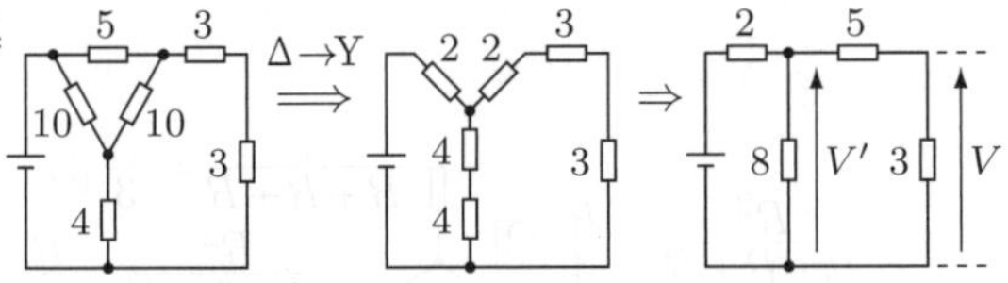


$$V'=\frac{8/\!/(5+3)}{2+[8/\!/(5+3)]}\times 12=\frac{4}{2+4}\times 12=8\,[\mathrm{V}].$$

$$V=\frac{3}{5+3}\times V'=3\,[\mathrm{V}].$$

**または，**

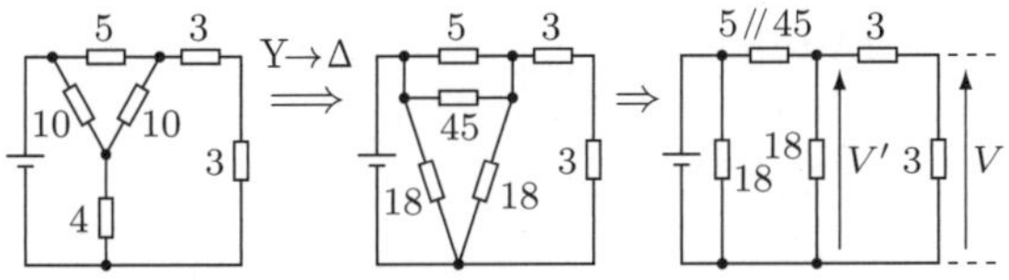


$$V'=\frac{18/\!/(3+3)}{(5/\!/45)+[18/\!/(3+3)]}\times 12=\frac{4.5}{4.5+4.5}\times 12$$

$$=6\,[\mathrm{V}].\quad V=\frac{3}{3+3}\times V'=3\,[\mathrm{V}].$$

**6.5**

(1) 左側の電圧源だけのとき，

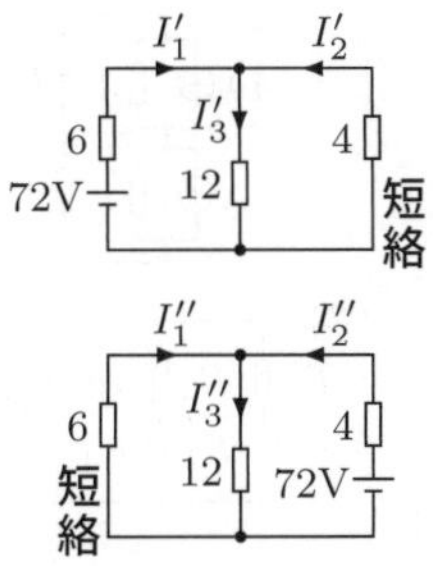


$I'_1=\dfrac{72}{6+(12/\!/4)}=8.$

$I'_3=\dfrac{4}{12+4}\times I'_1=2.$

$I'_2=-\dfrac{12}{12+4}\times I'_1=-6.$

右側の電圧源だけのとき，

$I''_2=\dfrac{72}{4+(6/\!/12)}=9.$

$I''_3=\dfrac{6}{6+12}\times I''_2=3.$

$I''_1=-\dfrac{12}{6+12}\times I''_2=-6.$ 両方を合計して，

$I_1=I'_1+I''_1=2\,[\mathrm{A}]$. $I_2=I'_2+I''_2=3\,[\mathrm{A}]$.

$I_3=I'_3+I''_3=5\,[\mathrm{A}]$. $V=12I_3=60\,[\mathrm{V}]$.

(2) 左側の電流源だけのとき，

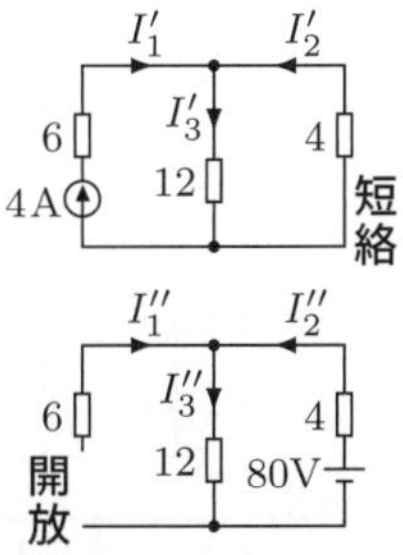


$I'_1=4.$ $I'_3=\dfrac{4}{12+4}I'_1=1.$

$I'_2=-\dfrac{12}{12+4}I'_1=-3.$

右側の電圧源だけのとき，

$I''_1=0.$ $I''_2=I''_3=\dfrac{80}{4+12}=5.$

$\therefore\ I_1=I'_1+I''_1=4\,[\mathrm{A}].$

$I_2=I'_2+I''_2=2\,[\mathrm{A}].$

$I_3=I'_3+I''_3=6\,[\mathrm{A}].$ $V=12I_3=72\,[\mathrm{V}].$

(3) 左側の電流源だけのとき，

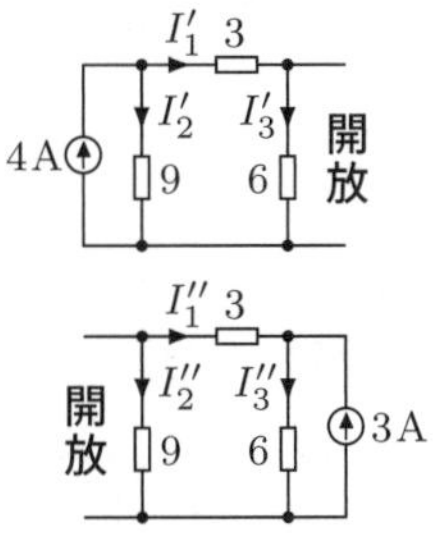


$I'_1=I'_2=I'_3=\dfrac{4}{2}=2.$

右側の電流源だけのとき，

$I''_3=\dfrac{12}{6+12}\times 3=2.$

$I''_2=\dfrac{6}{6+12}\times 3=1.$

$I''_1=-I''_2=-1.$

$\therefore\ I_1=I'_1+I''_1=1\,[\mathrm{A}].$

$I_2=I'_2+I''_2=3\,[\mathrm{A}].$ $I_3=I'_3+I''_3=4\,[\mathrm{A}].$

(4) 左側の電流源だけのとき，

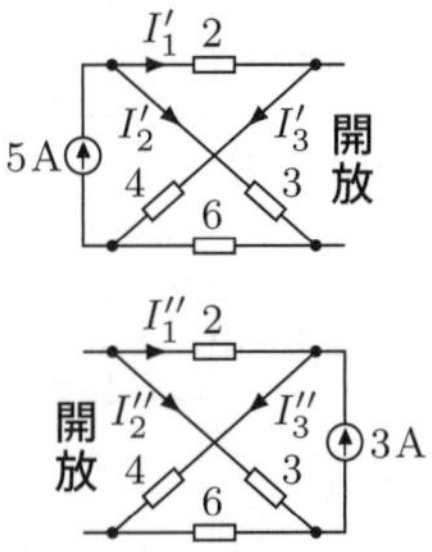


$I'_1=I'_3=\dfrac{9}{6+9}\times 5=3.$

$I'_2=\dfrac{6}{6+9}\times 5=2.$

右側の電流源だけのとき，

$I''_3=\dfrac{5}{10+5}\times 3=1.$

$I''_2=\dfrac{10}{10+5}\times 3=2.$

$I''_1=-I''_2=-2.$

$\therefore\ I_1=I'_1+I''_1=1\,[\mathrm{A}].$ $I_2=4\,[\mathrm{A}].$ $I_3=4\,[\mathrm{A}].$

(5) 左側の電圧源だけのとき，

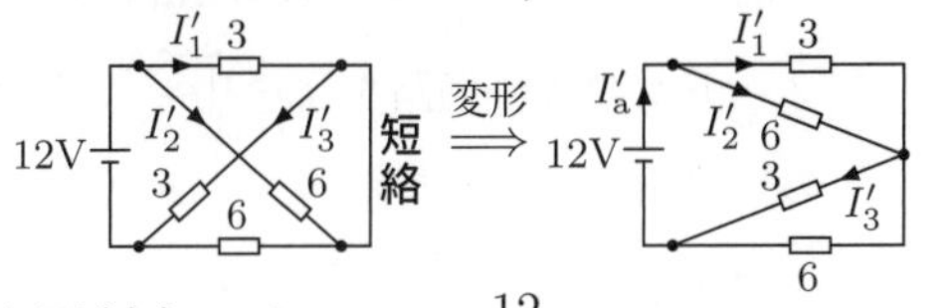


上図(右)で $I'_{\mathrm{a}}=\dfrac{12}{(3/\!/6)+(3/\!/6)}=3.$

$I'_1=I'_3=\dfrac{6}{3+6}\times I'_{\mathrm{a}}=2.$ $I'_2=\dfrac{3}{3+6}\times I'_{\mathrm{a}}=1.$

右側の電圧源だけのとき，

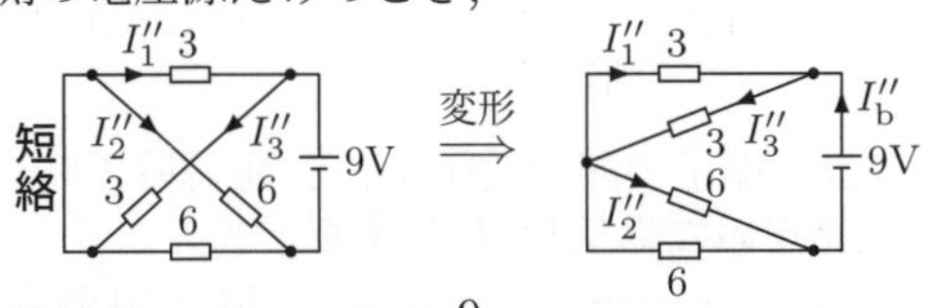


上図(右)で $I''_{\mathrm{b}}=\dfrac{9}{(3/\!/3)+(6/\!/6)}=2.$

$I''_2=I''_3=\dfrac{I''_{\mathrm{b}}}{2}=1.$ $I''_1=-\dfrac{I''_{\mathrm{b}}}{2}=-1.$

$\therefore\ I_1=I'_1+I''_1=1\,[\mathrm{A}].$ $I_2=2\,[\mathrm{A}].$ $I_3=3\,[\mathrm{A}].$

**7.1** 端子の開放電圧を$E_0$，電源除去時に端子から回路をみた抵抗を$R_0$とする．

(1) $E_0=\dfrac{30}{3+30+3}\times 12=10\,[\mathrm{V}].$

$R_0=30/\!/(3+3)=30/\!/6=5\,[\Omega].$

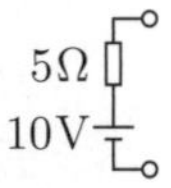


(2) $E_0=\dfrac{30}{3+30+3}\times 12=10\,[\mathrm{V}].$

$R_0=3+[30/\!/(3+3)]+3=11\,[\Omega].$

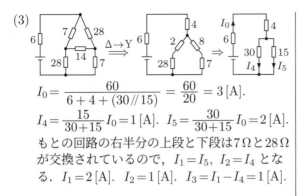

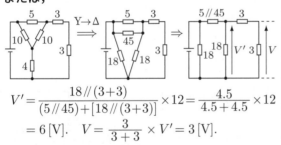

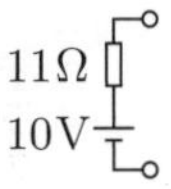

(3)
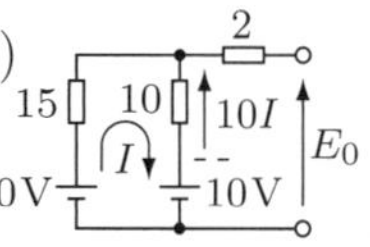


$I=\dfrac{60-10}{15+10}=2\,[\mathrm{A}].$

$E_0=10+10I=30\,[\mathrm{V}].$

$R_0=2+(10\,/\!/\,15)=8\,[\Omega].$

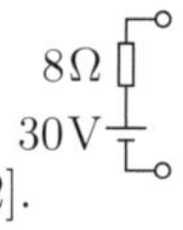


(4)
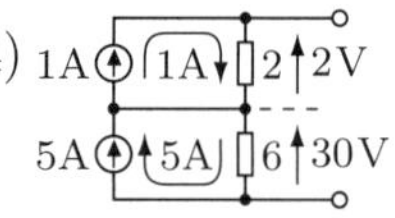


$E_0=2+30=32\,[\mathrm{V}].$

$R_0=2+6=8\,[\Omega].$

(5)
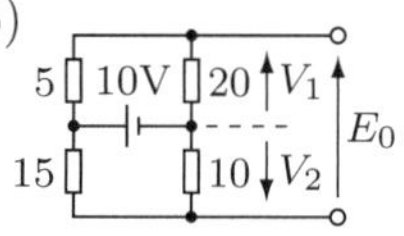


左図で 10Vの分圧より，

$V_1=\dfrac{20}{5+20}\times10=8\,[\mathrm{V}].$

$V_2=\dfrac{10}{15+10}\times10=4\,[\mathrm{V}].$

$\therefore\ E_0=V_1-V_2=4\,[\mathrm{V}].$

$R_0=(5\,/\!/\,20)+(15\,/\!/\,10)=10\,[\Omega].$

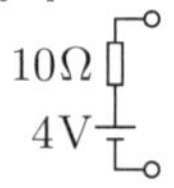


**7.2**　端子の短絡電流を$J_0$，電源除去時に端子から回路をみた抵抗を$R_0$とする．

(1)
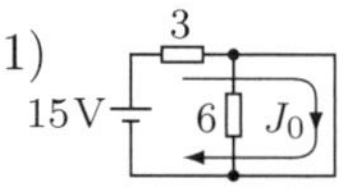


$J_0=\dfrac{15}{3}=5\,[\mathrm{A}].$

$R_0=3\,/\!/\,6=2\,[\Omega].$

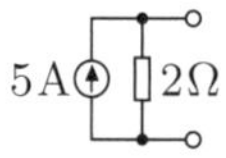


(2)
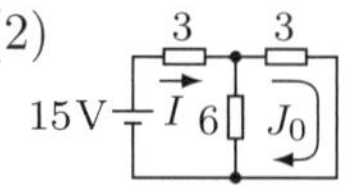


$I=\dfrac{15}{4+(3\,/\!/\,6)}=3\,[\mathrm{A}].$

$J_0=\dfrac{6}{6+3}I=2\,[\mathrm{A}].$

$R_0=3+(3\,/\!/\,6)=3+2=5\,[\Omega].$

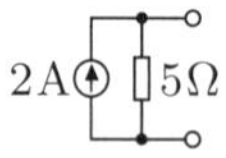


(3)
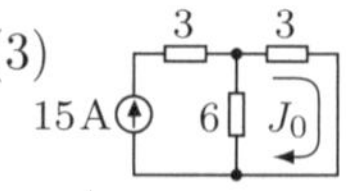


$J_0=\dfrac{6}{6+3}\times15=10\,[\mathrm{A}].$

$R_0=3+6=9\,[\Omega].$

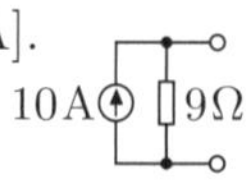


**7.3**

(1) テブナンの等価回路を 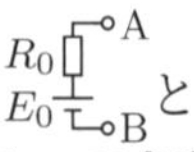 と置く．A, Bの開放電圧$=60\mathrm{V}$ ゆえ $E_0=60\,[\mathrm{V}]$．A, Bの短絡電流$=3\mathrm{A}$ ゆえ $\dfrac{E_0}{R_0}=3$ より $R_0=20\,[\Omega]$．



ノートンの等価回路を 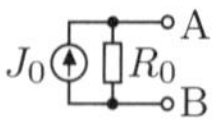 と置く．A, Bの短絡電流$=3\mathrm{A}$ ゆえ $J_0=3\,[\mathrm{A}]$．



**テブナンの等価回路**

**ノートンの等価回路**
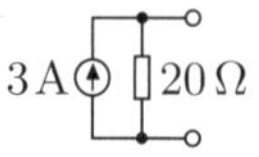


(2)
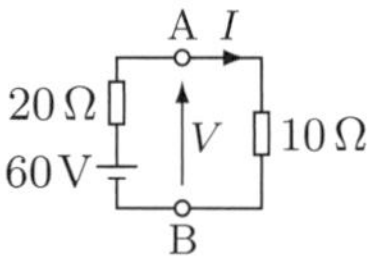


$I=\dfrac{60}{20+10}=2\,[\mathrm{A}].$

$V=10\,I=20\,[\mathrm{V}].$

**7.4**　端子の開放電圧を$E_0$，電源除去時に端子から回路をみた抵抗を$R_0$とする．

(1)
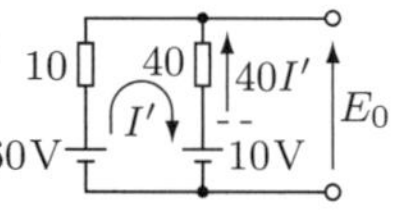


$I'=\dfrac{60-10}{10+40}=1\,[\mathrm{A}].$

$E_0=10+40I'=50\,[\mathrm{V}].$

$R_0=10\,/\!/\,40=8\,[\Omega].$

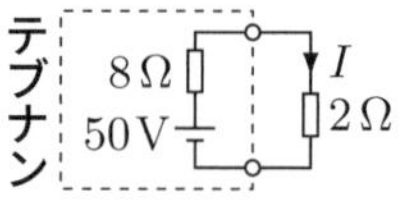


$I=\dfrac{50}{8+2}=5\,[\mathrm{A}].$

(2) 左側の破線部では，$E_0=\dfrac{6}{3+6}\times60=40\,[\mathrm{V}].$

$R_0=3\,/\!/\,6=2\,[\Omega].$　　右側の破線部では，

$E_0=\dfrac{3}{6+3}\times60=20\,[\mathrm{V}].$　$R_0=6\,/\!/\,3=2\,[\Omega].$

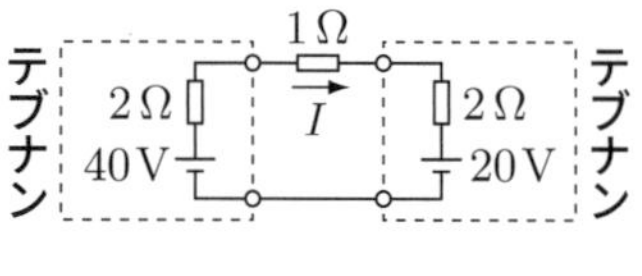


$I=\dfrac{40-20}{2+1+2}=4\,[\mathrm{A}].$

(3)
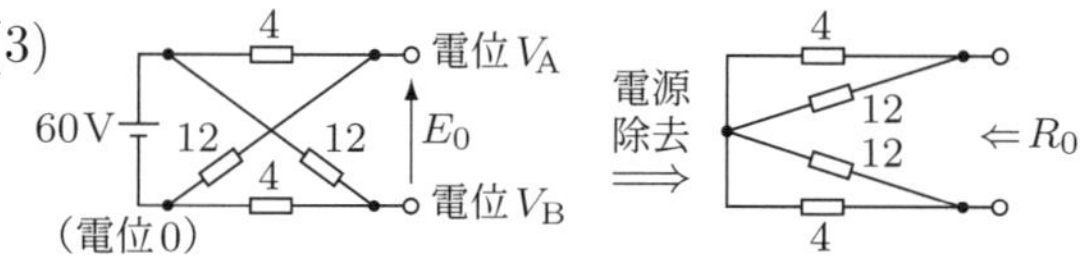


$V_\mathrm{A}=\dfrac{12}{4+12}\times60=45\,[\mathrm{V}].$　$V_\mathrm{B}=\dfrac{4}{12+4}\times60=15\,[\mathrm{V}].$　$E_0=V_\mathrm{A}-V_\mathrm{B}=45-15=30\,[\mathrm{V}].$

$R_0=(4\,/\!/\,12)+(4\,/\!/\,12)=3+3=6\,[\Omega].$

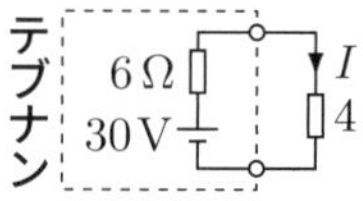


$I=\dfrac{30}{6+4}=3\,[\mathrm{A}].$

**7.5**

(1)
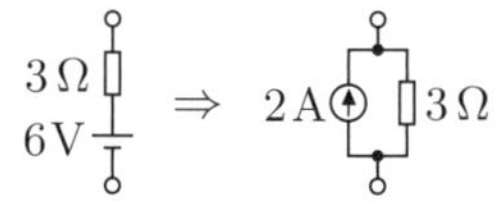


(2)
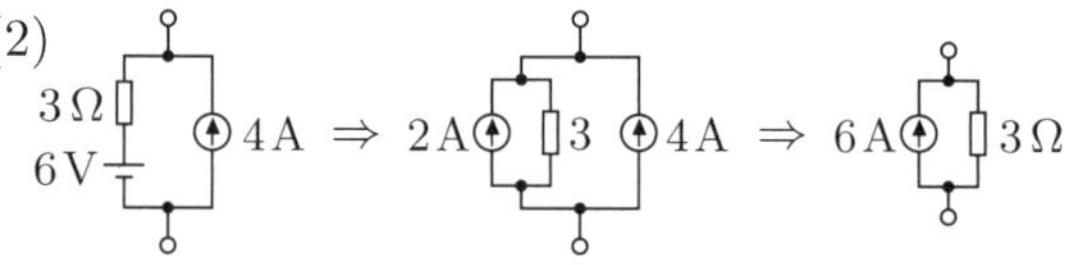


(3)
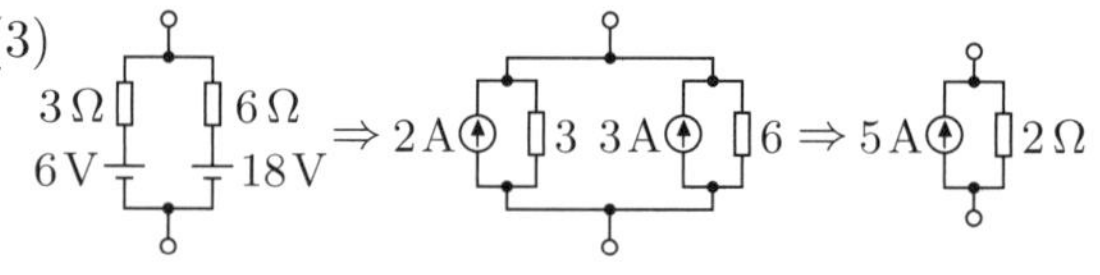


(4)
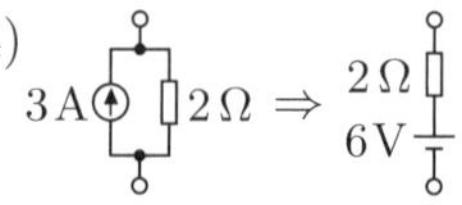


(5)
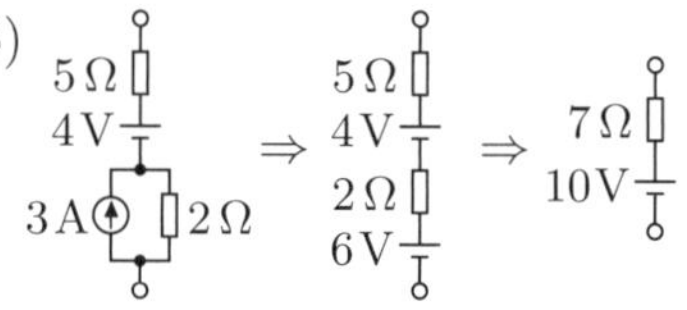


(6)
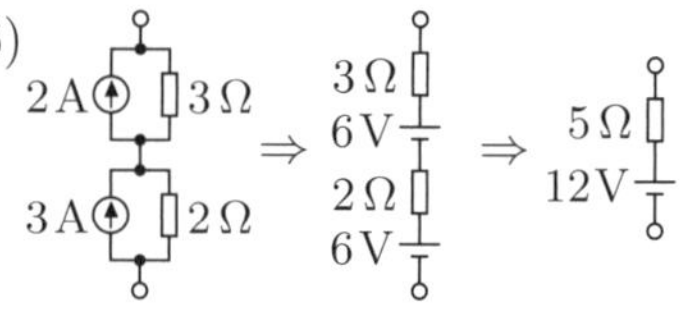


**7.6**

(1)
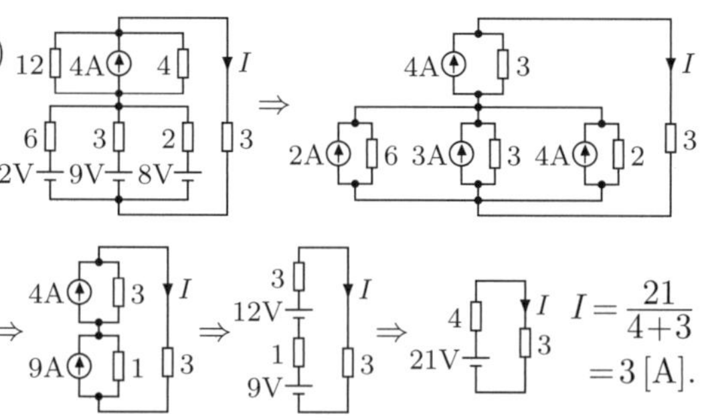


$I=\dfrac{21}{4+3}=3\,[\mathrm{A}].$

(2)
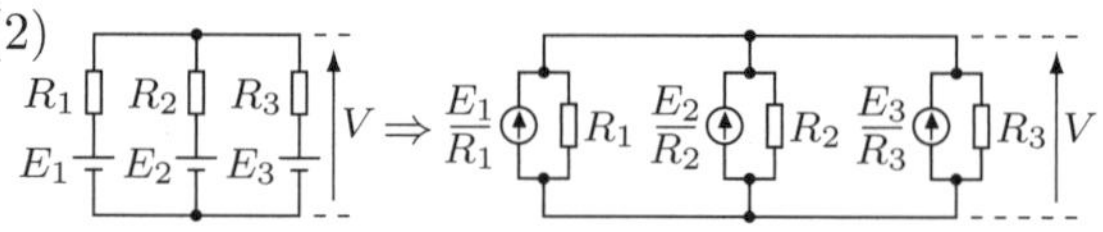


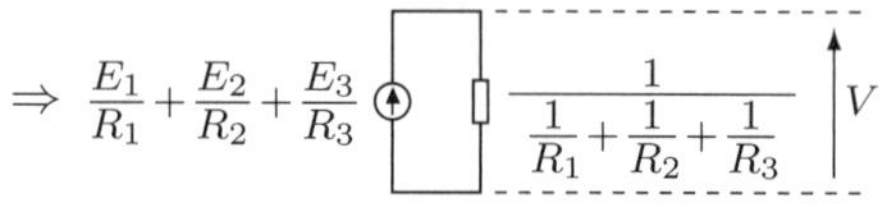


$$V=\dfrac{\dfrac{E_1}{R_1}+\dfrac{E_2}{R_2}+\dfrac{E_3}{R_3}}{\dfrac{1}{R_1}+\dfrac{1}{R_2}+\dfrac{1}{R_3}}.$$ **（ミルマンの定理）**

**8.1**　平衡時は，検流計Ⓖを除去（開放）して考える．

(1) 平衡条件 $6R=9\times4$ より $R=6\,[\Omega]$.
$I_1=I_2=\dfrac{30}{6+9}=2\,[\mathrm{A}]$.　$I_3=I_4=\dfrac{30}{4+6}=3\,[\mathrm{A}]$.
$V_1=6I_1=12\,[\mathrm{V}]$.　$V_2=9I_2=18\,[\mathrm{V}]$.
$V_3=4I_3=12\,[\mathrm{V}]$.　$V_4=6I_4=18\,[\mathrm{V}]$.
$I_0=I_1+I_3=5\,[\mathrm{A}]$.

(2) 平衡条件 $8\times6=2R$ より $R=24\,[\Omega]$. $I_0=4\,[\mathrm{A}]$.
$I_1=I_2=\dfrac{24+6}{(8+2)+(24+6)}\times I_0=3\,[\mathrm{A}]$.
$I_3=I_4=\dfrac{8+2}{(8+2)+(24+6)}\times I_0=1\,[\mathrm{A}]$.
$V_1=8I_1=24\,[\mathrm{V}]$.　$V_2=2I_2=6\,[\mathrm{V}]$.
$V_3=24I_3=24\,[\mathrm{V}]$.　$V_4=6I_4=6\,[\mathrm{V}]$.

(3) 平衡条件 $4R=2\times8$ より $R=4\,[\Omega]$.
$I_0=\dfrac{30}{6+[(4+2)/\!/(8+4)]}=\dfrac{30}{6+4}=3\,[\mathrm{A}]$.
$I_1=I_2=\dfrac{8+4}{(4+2)+(8+4)}\times I_0=2\,[\mathrm{A}]$.
$I_3=I_4=\dfrac{4+2}{(4+2)+(8+4)}\times I_0=1\,[\mathrm{A}]$.
$V_1=4I_1=8\,[\mathrm{V}]$.　$V_2=2I_2=4\,[\mathrm{V}]$.
$V_3=8I_3=8\,[\mathrm{V}]$.　$V_4=4I_4=4\,[\mathrm{V}]$.

**8.2**

(1) 平衡条件 $9\times10\mathrm{k}=R\times6\mathrm{k}$. $\to R=\dfrac{90}{6}=15\,[\Omega]$.

(2) 平衡条件 $10R=1\mathrm{k}\times100$. $\to R=10\,[\mathrm{k}\Omega]$.
（ブリッジ回路外の $50\,\Omega$ は平衡条件に無関係）

(3)

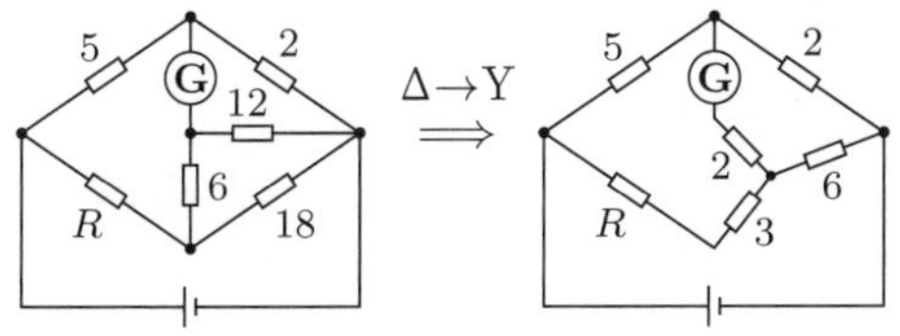


Δ→Y 変換後の平衡条件は，$5\times6=2(R+3)$.
$R+3=\dfrac{30}{2}=15$.　$\therefore\ R=12\,[\Omega]$.

(4)

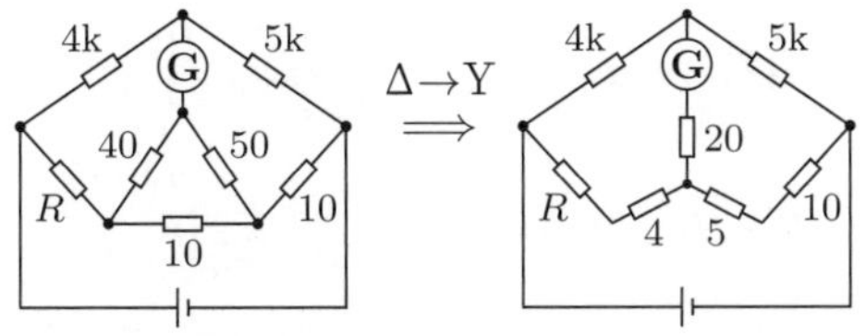


Δ→Y 変換後の平衡条件 $4\mathrm{k}(5+10)=5\mathrm{k}(R+4)$ より，$R+4=\dfrac{4\times15}{5}=12$.　$\therefore\ R=8\,[\Omega]$.
Δ部を無視した平衡条件 $4\mathrm{k}\times10=5\mathrm{k}\times R$ から得られる値と一致する．（理由は問題**8.5**参照）

**8.3**　この回路を右のブリッジ回路に変形すると，平衡条件 $2\times6=3\times4$ を満たすので $5\,\Omega$ に電流は流れない．これを除去（開放）して計算すると，

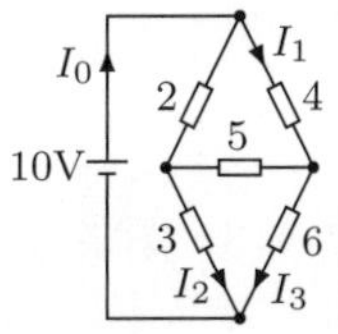


$I_1=I_3=\dfrac{10}{4+6}=1\,[\mathrm{A}]$.
$I_2=\dfrac{10}{2+3}=2\,[\mathrm{A}]$.　$I_0=I_1+I_2=3\,[\mathrm{A}]$.

**8.4**　スイッチを開閉しても電流が変化しないから，スイッチに電流は流れず，ブリッジは平衡している．ゆえに，$4R=20r$. $\to R=5r$.　スイッチ短絡時に，$20\,\Omega$ の電流は，分流の式より $\dfrac{4}{4+20}I=\dfrac{1}{3}\,[\mathrm{A}]$ であり，これが $R$ にも流れる．キルヒホッフの第2法則より，$20=5\times2+(20+R)\times\dfrac{1}{3}$.　$\therefore\ R=10\,[\Omega]$.　$r=2\,[\Omega]$.

**8.5**

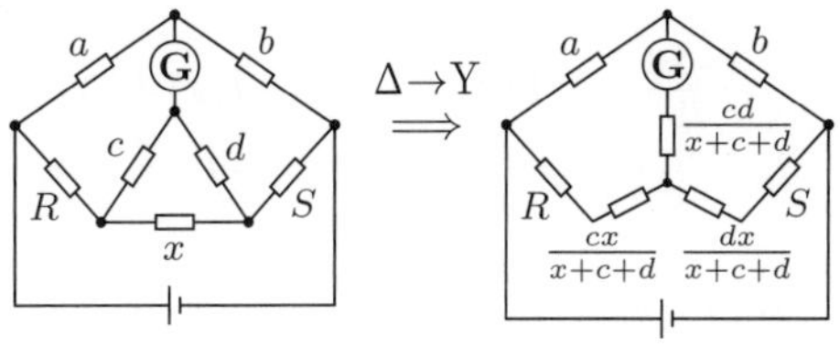


平衡条件は，$a\Big(S+\dfrac{dx}{x+c+d}\Big)=b\Big(R+\dfrac{cx}{x+c+d}\Big)$.
上式を整理すると，$aS+\dfrac{(ad-bc)x}{x+c+d}=bR$.
$ad=bc$ の条件下で，$x$ を含まない式 $aS=bR$ となる．

**8.6**　相反定理より，$I:2\,[\mathrm{mA}]=20\,[\mathrm{V}]:8\,[\mathrm{V}]$.
$\therefore\ I=\dfrac{20}{8}\times2\,[\mathrm{mA}]=5\,[\mathrm{mA}]$.

**8.7**

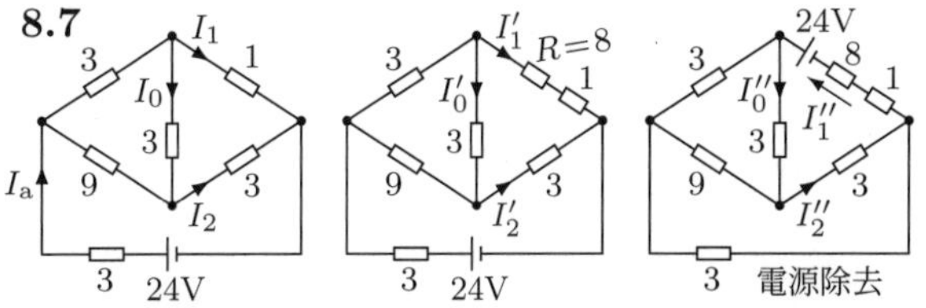


**図1**. 平衡状態　**図2**. $R=8$ 挿入　**図3**. 変化分(1)

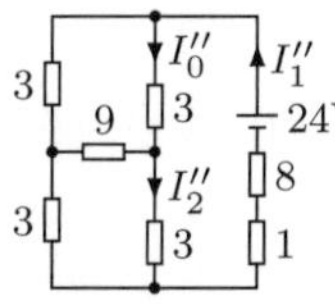


**図4**. 変化分(2)

**図1** は平衡状態ゆえ，$I_0=0\,[\mathrm{A}]$.
$I_\mathrm{a}=\dfrac{24}{3+[(3+1)/\!/(9+3)]}=4\,[\mathrm{A}]$.
$I_1=\dfrac{9+3}{(3+1)+(9+3)}\times I_\mathrm{a}=3\,[\mathrm{A}]$.
$I_2=\dfrac{3+1}{(3+1)+(9+3)}\times I_\mathrm{a}=1\,[\mathrm{A}]$.

**図2** のように右上に $R=8\,\Omega$ を挿入したときの変化分を求める回路が**図3**，その整形図が**図4** であり，$RI_1=24\,[\mathrm{V}]$ を挿入し電源を除去した．**図4** の左側のブリッジは平衡しているので，$I''_1=\dfrac{24}{8+1+[(3+3)/\!/(3+3)]}=2$，$I''_0=I''_2=1$ となる．$\therefore\ I'_0=I_0+I''_0=1\,[\mathrm{A}]$.
$I'_1=I_1-I''_1=1\,[\mathrm{A}]$.　$I'_2=I_2+I''_2=2\,[\mathrm{A}]$.

**8.8**

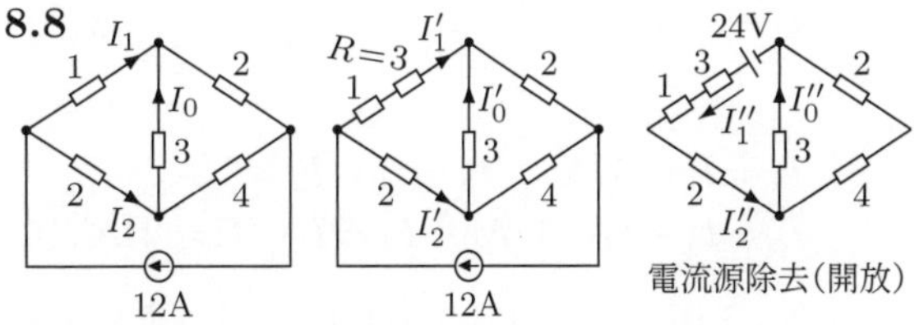


**図1**. 平衡状態　**図2**. $R=3$ 挿入　**図3**. 変化分

**図1** は平衡ゆえ $I_0=0\,[\mathrm{A}]$，$I_1=\dfrac{2+4}{(1+2)+(2+4)}\times12=8\,[\mathrm{A}]$，$I_2=\dfrac{1+2}{(1+2)+(2+4)}\times12=4\,[\mathrm{A}]$ となる．

**図2** のように左上に $R=3\,\Omega$ を挿入したときの変化分を求める回路が**図3** であり，$RI_1=24\,[\mathrm{V}]$ を挿入し電流源を除去（開放）してある．**図3** において，$I''_1=I''_2=\dfrac{24}{3+1+2+[(2+4)/\!/3]}=3$.　$I''_0=\dfrac{2+4}{(2+4)+3}\times I''_2=2$.
$\therefore\ I'_0=I_0+I''_0=2\,[\mathrm{A}]$.　$I'_1=I_1-I''_1=5\,[\mathrm{A}]$.
$I'_2=I_2+I''_2=7\,[\mathrm{A}]$.

**9.1**

(1) 網目方程式 $\begin{bmatrix} 8 & -2 \\ -2 & 3 \end{bmatrix}\begin{bmatrix} I_1 \\ I_2 \end{bmatrix}=\begin{bmatrix} 10 \\ -5 \end{bmatrix}$.

$$I_1=\frac{\begin{vmatrix} 10 & -2 \\ -5 & 3 \end{vmatrix}}{\begin{vmatrix} 8 & -2 \\ -2 & 3 \end{vmatrix}}=\frac{20}{20}=1\,[\mathrm{A}].\quad I_2=\frac{\begin{vmatrix} 8 & 10 \\ -2 & -5 \end{vmatrix}}{\begin{vmatrix} 8 & -2 \\ -2 & 3 \end{vmatrix}}$$

$$=\frac{-20}{20}=-1\,[\mathrm{A}].\quad \therefore I_\mathrm{a}=I_1=1\,[\mathrm{A}].$$

$I_\mathrm{b}=I_1-I_2=2\,[\mathrm{A}].\quad I_\mathrm{c}=-I_2=1\,[\mathrm{A}].$

(2) 網目方程式 $\begin{bmatrix} 2 & -1 & 0 \\ -1 & 3 & -1 \\ 0 & -1 & 2 \end{bmatrix}\begin{bmatrix} I_1 \\ I_2 \\ I_3 \end{bmatrix}=\begin{bmatrix} 7 \\ 0 \\ -3 \end{bmatrix}$.

$$I_1=\frac{\begin{vmatrix} 7 & -1 & 0 \\ 0 & 3 & -1 \\ -3 & -1 & 2 \end{vmatrix}}{\begin{vmatrix} 2 & -1 & 0 \\ -1 & 3 & -1 \\ 0 & -1 & 2 \end{vmatrix}}=\frac{32}{8}=4\,[\mathrm{A}].$$

$$I_2=\frac{\begin{vmatrix} 2 & 7 & 0 \\ -1 & 0 & -1 \\ 0 & -3 & 2 \end{vmatrix}}{\begin{vmatrix} 2 & -1 & 0 \\ -1 & 3 & -1 \\ 0 & -1 & 2 \end{vmatrix}}=\frac{8}{8}=1\,[\mathrm{A}].$$

$$I_3=\frac{\begin{vmatrix} 2 & -1 & 7 \\ -1 & 3 & 0 \\ 0 & -1 & -3 \end{vmatrix}}{\begin{vmatrix} 2 & -1 & 0 \\ -1 & 3 & -1 \\ 0 & -1 & 2 \end{vmatrix}}=\frac{-8}{8}=-1\,[\mathrm{A}].$$

$I_\mathrm{a}=I_1=4\,[\mathrm{A}].\quad I_\mathrm{b}=I_1-I_2=3\,[\mathrm{A}].$
$I_\mathrm{c}=I_2=1\,[\mathrm{A}].\quad I_\mathrm{d}=I_2-I_3=2\,[\mathrm{A}].$

(3) 網目方程式 $\begin{bmatrix} 4 & -1 & -2 \\ -1 & 4 & -1 \\ -2 & -1 & 4 \end{bmatrix}\begin{bmatrix} I_1 \\ I_2 \\ I_3 \end{bmatrix}=\begin{bmatrix} 12 \\ 0 \\ 0 \end{bmatrix}$.

$$I_1=\frac{\begin{vmatrix} 12 & -1 & -2 \\ 0 & 4 & -1 \\ 0 & -1 & 4 \end{vmatrix}}{\begin{vmatrix} 4 & -1 & -2 \\ -1 & 4 & -1 \\ -2 & -1 & 4 \end{vmatrix}}=\frac{12\times\begin{vmatrix} 4 & -1 \\ -1 & 4 \end{vmatrix}}{36}=5\,[\mathrm{A}].$$

$$I_2=\frac{\begin{vmatrix} 4 & 12 & 0 \\ -1 & 0 & -1 \\ -2 & 0 & 4 \end{vmatrix}}{\begin{vmatrix} 4 & -1 & -2 \\ -1 & 4 & -1 \\ -2 & -1 & 4 \end{vmatrix}}=\frac{-12\times\begin{vmatrix} -1 & -1 \\ -2 & 4 \end{vmatrix}}{36}=2\,[\mathrm{A}].$$

$$I_3=\frac{\begin{vmatrix} 4 & -1 & 12 \\ -1 & 4 & 0 \\ -2 & -1 & 0 \end{vmatrix}}{\begin{vmatrix} 4 & -1 & -2 \\ -1 & 4 & -1 \\ -2 & -1 & 4 \end{vmatrix}}=\frac{12\times\begin{vmatrix} -1 & 4 \\ -2 & -1 \end{vmatrix}}{36}=3\,[\mathrm{A}].$$

$I_\mathrm{a}=I_1=5\,[\mathrm{A}].\quad I_\mathrm{b}=I_1-I_2=3\,[\mathrm{A}].$
$I_\mathrm{c}=I_3-I_2=1\,[\mathrm{A}].\quad I_\mathrm{d}=I_1-I_3=2\,[\mathrm{A}].$

(4) 網目方程式 $\begin{bmatrix} 4 & -2 & -1 \\ -2 & 4 & -1 \\ -1 & -1 & 3 \end{bmatrix}\begin{bmatrix} I_1 \\ I_2 \\ I_3 \end{bmatrix}=\begin{bmatrix} 0 \\ 12 \\ -10 \end{bmatrix}$.

$$I_1=\frac{\begin{vmatrix} 0 & -2 & -1 \\ 12 & 4 & -1 \\ -10 & -1 & 3 \end{vmatrix}}{\begin{vmatrix} 4 & -2 & -1 \\ -2 & 4 & -1 \\ -1 & -1 & 3 \end{vmatrix}}=\frac{24}{24}=1\,[\mathrm{A}].$$

$$I_2=\frac{\begin{vmatrix} 4 & 0 & -1 \\ -2 & 12 & -1 \\ -1 & -10 & 3 \end{vmatrix}}{\begin{vmatrix} 4 & -2 & -1 \\ -2 & 4 & -1 \\ -1 & -1 & 3 \end{vmatrix}}=\frac{72}{24}=3\,[\mathrm{A}].$$

$$I_3=\frac{\begin{vmatrix} 4 & -2 & 0 \\ -2 & 4 & 12 \\ -1 & -1 & -10 \end{vmatrix}}{\begin{vmatrix} 4 & -2 & -1 \\ -2 & 4 & -1 \\ -1 & -1 & 3 \end{vmatrix}}=\frac{-48}{24}=-2\,[\mathrm{A}].$$

$I_\mathrm{a}=I_1=1\,[\mathrm{A}].\quad I_\mathrm{b}=I_2-I_1=2\,[\mathrm{A}].$
$I_\mathrm{c}=I_2-I_3=5\,[\mathrm{A}].\quad I_\mathrm{d}=I_1-I_3=3\,[\mathrm{A}].$

(5) $I_1=3\,[\mathrm{A}]$.
電流源を電圧源に変換すると右図になる．この網目方程式は，

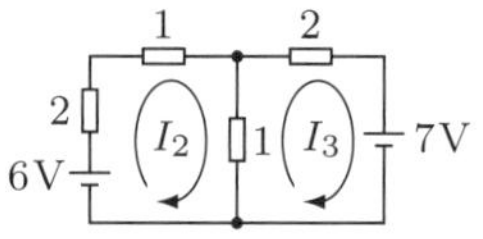


$\begin{bmatrix} 4 & -1 \\ -1 & 3 \end{bmatrix}\begin{bmatrix} I_2 \\ I_3 \end{bmatrix}=\begin{bmatrix} 6 \\ -7 \end{bmatrix}$.

$$I_2=\frac{\begin{vmatrix} 6 & -1 \\ -7 & 3 \end{vmatrix}}{\begin{vmatrix} 4 & -1 \\ -1 & 3 \end{vmatrix}}=\frac{11}{11}=1\,[\mathrm{A}].\quad I_3=\frac{\begin{vmatrix} 4 & 6 \\ -1 & -7 \end{vmatrix}}{\begin{vmatrix} 4 & -1 \\ -1 & 3 \end{vmatrix}}$$

$=\frac{-22}{11}=-2\,[\mathrm{A}].\quad I_\mathrm{a}=I_1-I_2=2\,[\mathrm{A}].\quad I_\mathrm{b}=I_2=1\,[\mathrm{A}].\quad I_\mathrm{c}=I_2-I_3=3\,[\mathrm{A}].\quad I_\mathrm{d}=-I_3=2\,[\mathrm{A}].$

(6) $I_1=3\,[\mathrm{A}]$.
$4\,\Omega$ と $1\,\Omega$ の $I_1$ による電圧降下 12V, 3Vを，電圧源で表わすと右図になる．この網目方程式は，

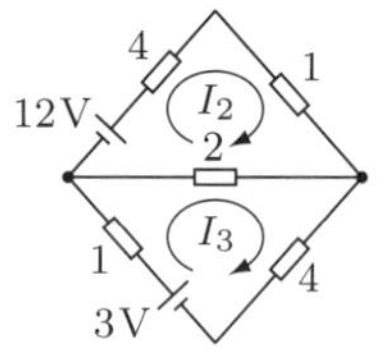


$\begin{bmatrix} 7 & -2 \\ -2 & 7 \end{bmatrix}\begin{bmatrix} I_2 \\ I_3 \end{bmatrix}=\begin{bmatrix} 12 \\ 3 \end{bmatrix}$.

$$I_2=\frac{\begin{vmatrix} 12 & -2 \\ 3 & 7 \end{vmatrix}}{\begin{vmatrix} 7 & -2 \\ -2 & 7 \end{vmatrix}}=\frac{90}{45}=2\,[\mathrm{A}].\quad I_3=\frac{\begin{vmatrix} 7 & 12 \\ -2 & 3 \end{vmatrix}}{\begin{vmatrix} 7 & -2 \\ -2 & 7 \end{vmatrix}}$$

$$=\frac{45}{45}=1\,[\mathrm{A}].$$

$I_\mathrm{a}=I_1-I_2=1\,[\mathrm{A}].\quad I_\mathrm{b}=I_2=2\,[\mathrm{A}].$
$I_\mathrm{c}=I_2-I_3=1\,[\mathrm{A}].\quad I_\mathrm{d}=I_1-I_3=2\,[\mathrm{A}].$

**9.2** 網目電流法ではすべての網目電流を同方向にすれば行列の非対角成分はマイナスとなったが，閉路電流法ではこれが成立しないので注意を要する．

(1) 閉路方程式 $\begin{bmatrix} 6 & 2 \\ 2 & 9 \end{bmatrix}\begin{bmatrix} I_1 \\ I_2 \end{bmatrix}=\begin{bmatrix} 10 \\ -5 \end{bmatrix}$.

($-5$ ↑ $10-15$)

$$I_\mathrm{a}=I_1=\frac{\begin{vmatrix} 10 & 2 \\ -5 & 9 \end{vmatrix}}{\begin{vmatrix} 6 & 2 \\ 2 & 9 \end{vmatrix}}=\frac{100}{50}=2\,[\mathrm{A}].$$

(2) 閉路方程式 $\begin{bmatrix} 3 & 1 & 0 \\ 1 & 3 & 1 \\ 0 & 1 & 2 \end{bmatrix}\begin{bmatrix} I_1 \\ I_2 \\ I_3 \end{bmatrix}=\begin{bmatrix} 4 \\ 7 \\ 7 \end{bmatrix}$.

$$I_\mathrm{a}=I_3=\frac{\begin{vmatrix} 3 & 1 & 4 \\ 1 & 3 & 7 \\ 0 & 1 & 7 \end{vmatrix}}{\begin{vmatrix} 3 & 1 & 0 \\ 1 & 3 & 1 \\ 0 & 1 & 2 \end{vmatrix}}=\frac{39}{13}=3\,[\mathrm{A}].$$

(3) 閉路方程式 $\begin{bmatrix} 4 & 1 & 4 \\ 1 & 5 & 4 \\ 4 & 4 & 8 \end{bmatrix}\begin{bmatrix} I_1 \\ I_2 \\ I_3 \end{bmatrix}=\begin{bmatrix} 10 \\ 0 \\ 0 \end{bmatrix}$.

$$I_\mathrm{a}=I_2=\frac{\begin{vmatrix} 4 & 10 & 4 \\ 1 & 0 & 4 \\ 4 & 0 & 8 \end{vmatrix}}{\begin{vmatrix} 4 & 1 & 4 \\ 1 & 5 & 4 \\ 4 & 4 & 8 \end{vmatrix}}=\frac{80}{40}=2\,[\mathrm{A}].$$

**10.1**

(1) 節点方程式 $\begin{bmatrix} \frac{1}{2}+1 & -1 \\ -1 & 1+1 \end{bmatrix}\begin{bmatrix} V_1 \\ V_2 \end{bmatrix}=\begin{bmatrix} 3 \\ 2 \end{bmatrix}$.

両辺を2倍して，$\begin{bmatrix} 3 & -2 \\ -2 & 4 \end{bmatrix}\begin{bmatrix} V_1 \\ V_2 \end{bmatrix}=\begin{bmatrix} 6 \\ 4 \end{bmatrix}$.

$V_1=\dfrac{\begin{vmatrix} 6 & -2 \\ 4 & 4 \end{vmatrix}}{\begin{vmatrix} 3 & -2 \\ -2 & 4 \end{vmatrix}}=\dfrac{32}{8}=4\,[\mathrm{V}]$. $V_2=\dfrac{\begin{vmatrix} 3 & 6 \\ -2 & 4 \end{vmatrix}}{\begin{vmatrix} 3 & -2 \\ -2 & 4 \end{vmatrix}}$

$=\dfrac{24}{8}=3\,[\mathrm{V}]$. $\therefore\ I_\mathrm{a}=\dfrac{V_1}{2}=2\,[\mathrm{A}]$.

$I_\mathrm{b}=\dfrac{V_1-V_2}{1}=1\,[\mathrm{A}]$. $I_\mathrm{c}=\dfrac{V_2}{1}=3\,[\mathrm{A}]$.

(2) 節点方程式 $\begin{bmatrix} \frac{1}{10}+\frac{1}{5} & -\frac{1}{5} \\ -\frac{1}{5} & \frac{1}{10}+\frac{1}{5} \end{bmatrix}\begin{bmatrix} V_1 \\ V_2 \end{bmatrix}=\begin{bmatrix} 2 \\ 1 \end{bmatrix}$.

10倍して，$\begin{bmatrix} 3 & -2 \\ -2 & 3 \end{bmatrix}\begin{bmatrix} V_1 \\ V_2 \end{bmatrix}=\begin{bmatrix} 20 \\ 10 \end{bmatrix}$.

$V_1=\dfrac{\begin{vmatrix} 20 & -2 \\ 10 & 3 \end{vmatrix}}{\begin{vmatrix} 3 & -2 \\ -2 & 3 \end{vmatrix}}=\dfrac{80}{5}=16\,[\mathrm{V}]$. $V_2=\dfrac{\begin{vmatrix} 3 & 20 \\ -2 & 10 \end{vmatrix}}{\begin{vmatrix} 3 & -2 \\ -2 & 3 \end{vmatrix}}$

$=\dfrac{70}{5}=14\,[\mathrm{V}]$. $\therefore\ I_\mathrm{a}=\dfrac{V_1}{10}=1.6\,[\mathrm{A}]$.

$I_\mathrm{b}=\dfrac{V_1-V_2}{5}=0.4\,[\mathrm{A}]$. $I_\mathrm{c}=\dfrac{V_2}{10}=1.4\,[\mathrm{A}]$.

(3) $\begin{bmatrix} \frac{1}{2}+\frac{1}{2} & -\frac{1}{2} & 0 \\ -\frac{1}{2} & 1+\frac{1}{2}+\frac{1}{2} & -\frac{1}{2} \\ 0 & -\frac{1}{2} & \frac{1}{2}+\frac{1}{2} \end{bmatrix}\begin{bmatrix} V_1 \\ V_2 \\ V_3 \end{bmatrix}=\begin{bmatrix} 4 \\ 0 \\ 2 \end{bmatrix}$.

2倍して，$\begin{bmatrix} 2 & -1 & 0 \\ -1 & 4 & -1 \\ 0 & -1 & 2 \end{bmatrix}\begin{bmatrix} V_1 \\ V_2 \\ V_3 \end{bmatrix}=\begin{bmatrix} 8 \\ 0 \\ 4 \end{bmatrix}$.

$$V_1=\frac{\begin{vmatrix} 8 & -1 & 0 \\ 0 & 4 & -1 \\ 4 & -1 & 2 \end{vmatrix}}{\begin{vmatrix} 2 & -1 & 0 \\ -1 & 4 & -1 \\ 0 & -1 & 2 \end{vmatrix}}=\frac{60}{12}=5\,[\mathrm{V}].$$

$$V_2=\frac{\begin{vmatrix} 2 & 8 & 0 \\ -1 & 0 & -1 \\ 0 & 4 & 2 \end{vmatrix}}{\begin{vmatrix} 2 & -1 & 0 \\ -1 & 4 & -1 \\ 0 & -1 & 2 \end{vmatrix}}=\frac{24}{12}=2\,[\mathrm{V}].$$

$$V_3=\frac{\begin{vmatrix} 2 & -1 & 8 \\ -1 & 4 & 0 \\ 0 & -1 & 4 \end{vmatrix}}{\begin{vmatrix} 2 & -1 & 0 \\ -1 & 4 & -1 \\ 0 & -1 & 2 \end{vmatrix}}=\frac{36}{12}=3\,[\mathrm{V}].$$

$I_\mathrm{a}=\dfrac{V_1}{2}=2.5\,[\mathrm{A}]$. $I_\mathrm{b}=\dfrac{V_1-V_2}{2}=1.5\,[\mathrm{A}]$.

$I_\mathrm{c}=\dfrac{V_2}{1}=2\,[\mathrm{A}]$. $I_\mathrm{d}=\dfrac{V_3-V_2}{2}=0.5\,[\mathrm{A}]$.

$I_\mathrm{e}=\dfrac{V_3}{2}=1.5\,[\mathrm{A}]$.

(4) $\begin{bmatrix} 1+\frac{1}{2} & -\frac{1}{2} & 0 \\ -\frac{1}{2} & 1+\frac{1}{2}+\frac{1}{2} & -\frac{1}{2} \\ 0 & -\frac{1}{2} & 1+\frac{1}{2} \end{bmatrix}\begin{bmatrix} V_1 \\ V_2 \\ V_3 \end{bmatrix}=\begin{bmatrix} 5 \\ -5 \\ 5 \end{bmatrix}$.

2倍して，$\begin{bmatrix} 3 & -1 & 0 \\ -1 & 4 & -1 \\ 0 & -1 & 3 \end{bmatrix}\begin{bmatrix} V_1 \\ V_2 \\ V_3 \end{bmatrix}=\begin{bmatrix} 10 \\ -10 \\ 10 \end{bmatrix}$.

$$V_1=\frac{\begin{vmatrix} 10 & -1 & 0 \\ -10 & 4 & -1 \\ 10 & -1 & 3 \end{vmatrix}}{\begin{vmatrix} 3 & -1 & 0 \\ -1 & 4 & -1 \\ 0 & -1 & 3 \end{vmatrix}}=\frac{90}{30}=3\,[\mathrm{V}].$$

$$V_2=\frac{\begin{vmatrix} 3 & 10 & 0 \\ -1 & -10 & -1 \\ 0 & 10 & 3 \end{vmatrix}}{\begin{vmatrix} 3 & -1 & 0 \\ -1 & 4 & -1 \\ 0 & -1 & 3 \end{vmatrix}}=\frac{-30}{30}=-1\,[\mathrm{V}].$$

$$V_3=\frac{\begin{vmatrix} 3 & -1 & 10 \\ -1 & 4 & -10 \\ 0 & -1 & 10 \end{vmatrix}}{\begin{vmatrix} 3 & -1 & 0 \\ -1 & 4 & -1 \\ 0 & -1 & 3 \end{vmatrix}}=\frac{90}{30}=3\,[\mathrm{V}].$$

$I_\mathrm{a}=\dfrac{V_1}{1}=3\,[\mathrm{A}]$. $I_\mathrm{b}=\dfrac{V_1-V_2}{2}=2\,[\mathrm{A}]$.

$I_\mathrm{c}=\dfrac{V_2}{1}=-1\,[\mathrm{A}]$. $I_\mathrm{d}=\dfrac{V_3-V_2}{2}=2\,[\mathrm{A}]$.

$I_\mathrm{e}=\dfrac{V_3}{1}=3\,[\mathrm{A}]$.

本問題の回路は右図と等価であり，左右対称形である．

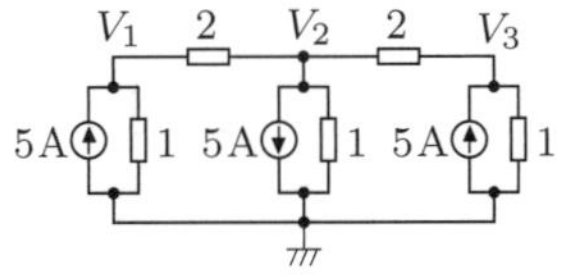


(5) 節点方程式 $\begin{bmatrix} \frac{1}{10}+1 & -1 \\ -1 & \frac{1}{5}+1 \end{bmatrix}\begin{bmatrix} V_1 \\ V_2 \end{bmatrix}=\begin{bmatrix} 0.4+0.8 \\ -0.8 \end{bmatrix}$.

10倍して，$\begin{bmatrix} 11 & -10 \\ -10 & 12 \end{bmatrix}\begin{bmatrix} V_1 \\ V_2 \end{bmatrix}=\begin{bmatrix} 12 \\ -8 \end{bmatrix}$.

$$V_1=\frac{\begin{vmatrix} 12 & -10 \\ -8 & 12 \end{vmatrix}}{\begin{vmatrix} 11 & -10 \\ -10 & 12 \end{vmatrix}}=\frac{64}{32}=2\,[\mathrm{V}].$$

$$V_2=\frac{\begin{vmatrix} 11 & 12 \\ -10 & -8 \end{vmatrix}}{\begin{vmatrix} 11 & -10 \\ -10 & 12 \end{vmatrix}}=\frac{32}{32}=1\,[\mathrm{V}].$$

$I_\mathrm{a}=\dfrac{V_1}{10}=0.2\,[\mathrm{A}]$. $I_\mathrm{b}=\dfrac{V_1-V_2}{1}=1\,[\mathrm{A}]$.

$I_\mathrm{c}=\dfrac{V_2}{5}=0.2\,[\mathrm{A}]$.

(6) $\begin{bmatrix} 1+\frac{1}{2} & -1 & -\frac{1}{2} \\ -1 & 1+\frac{1}{2}+\frac{1}{2} & -\frac{1}{2} \\ -\frac{1}{2} & -\frac{1}{2} & 1+\frac{1}{2}+\frac{1}{2} \end{bmatrix}\begin{bmatrix} V_1 \\ V_2 \\ V_3 \end{bmatrix}=\begin{bmatrix} 2.5 \\ -2 \\ 2 \end{bmatrix}$.

2倍して，$\begin{bmatrix} 3 & -2 & -1 \\ -2 & 4 & -1 \\ -1 & -1 & 4 \end{bmatrix}\begin{bmatrix} V_1 \\ V_2 \\ V_3 \end{bmatrix}=\begin{bmatrix} 5 \\ -4 \\ 4 \end{bmatrix}$.

$$V_1=\frac{\begin{vmatrix} 5 & -2 & -1 \\ -4 & 4 & -1 \\ 4 & -1 & 4 \end{vmatrix}}{\begin{vmatrix} 3 & -2 & -1 \\ -2 & 4 & -1 \\ -1 & -1 & 4 \end{vmatrix}}=\frac{63}{21}=3\,[\mathrm{V}].$$

$$V_2=\frac{\begin{vmatrix} 3 & 5 & -1 \\ -2 & -4 & -1 \\ -1 & 4 & 4 \end{vmatrix}}{\begin{vmatrix} 3 & -2 & -1 \\ -2 & 4 & -1 \\ -1 & -1 & 4 \end{vmatrix}}=\frac{21}{21}=1\,[\mathrm{V}].$$

$$V_3=\frac{\begin{vmatrix} 3 & -2 & 5 \\ -2 & 4 & -4 \\ -1 & -1 & 4 \end{vmatrix}}{\begin{vmatrix} 3 & -2 & -1 \\ -2 & 4 & -1 \\ -1 & -1 & 4 \end{vmatrix}}=\frac{42}{21}=2\,[\mathrm{V}].$$

$I_\mathrm{a}=\dfrac{V_1-V_2}{1}=2\,[\mathrm{A}]$. $I_\mathrm{b}=\dfrac{V_1-V_3}{2}=0.5\,[\mathrm{A}]$.

$I_\mathrm{c}=\dfrac{V_3-V_2}{1}=0.5\,[\mathrm{A}]$. $I_\mathrm{d}=\dfrac{V_2}{2}=0.5\,[\mathrm{A}]$.

$I_\mathrm{e}=\dfrac{V_3}{1}=2\,[\mathrm{A}]$.

(7) 電圧源を電流源に変換する．

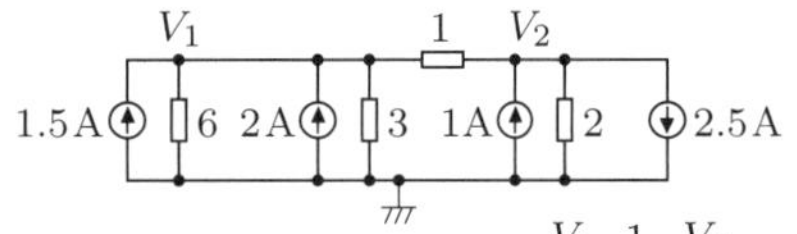


上の回路を整理すると，右の回路になる．節点方程式は，

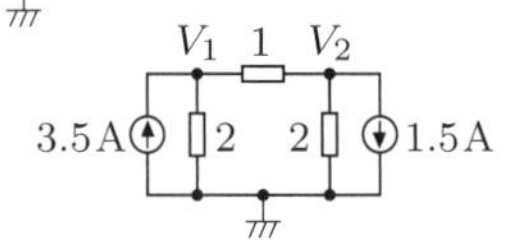


$$\begin{bmatrix} \frac{1}{2}+1 & -1 \\ -1 & \frac{1}{2}+1 \end{bmatrix} \begin{bmatrix} V_1 \\ V_2 \end{bmatrix} = \begin{bmatrix} 3.5 \\ -1.5 \end{bmatrix}.$$

両辺を2倍して，$\begin{bmatrix} 3 & -2 \\ -2 & 3 \end{bmatrix} \begin{bmatrix} V_1 \\ V_2 \end{bmatrix} = \begin{bmatrix} 7 \\ -3 \end{bmatrix}$.

$$V_1 = \frac{\begin{vmatrix} 7 & -2 \\ -3 & 3 \end{vmatrix}}{\begin{vmatrix} 3 & -2 \\ -2 & 3 \end{vmatrix}} = \frac{15}{5} = 3\,[\mathrm{V}]. \quad V_2 = \frac{\begin{vmatrix} 3 & 7 \\ -2 & -3 \end{vmatrix}}{\begin{vmatrix} 3 & -2 \\ -2 & 3 \end{vmatrix}}$$

$= \dfrac{5}{5} = 1\,[\mathrm{V}]$. $I_\mathrm{a} = \dfrac{V_1}{6} = 0.5\,[\mathrm{A}]$.

$I_\mathrm{b} = \dfrac{6-V_1}{3} = 1\,[\mathrm{A}]$. $I_\mathrm{c} = \dfrac{V_1-V_2}{1} = 2\,[\mathrm{A}]$.

$I_\mathrm{d} = \dfrac{2-V_2}{2} = 0.5\,[\mathrm{A}]$.

(8) 右の回路に変形してから，電流源に変換する．

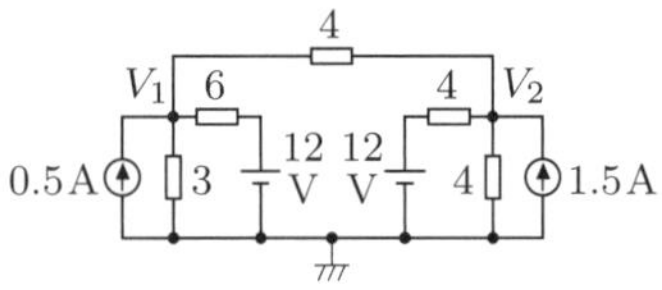


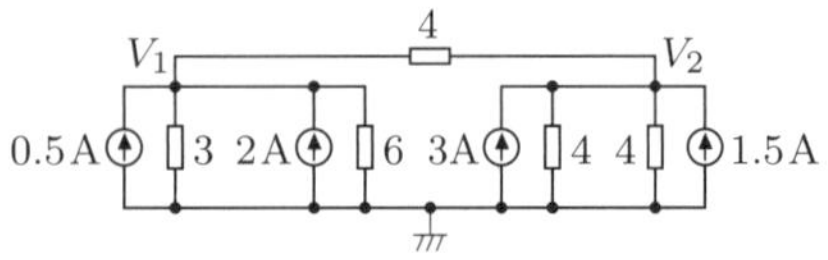


上の回路を整理すると，右の回路になる．節点方程式は，

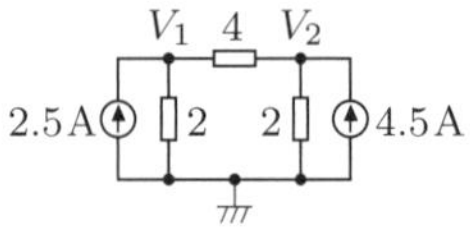


$$\begin{bmatrix} \frac{1}{2}+\frac{1}{4} & -\frac{1}{4} \\ -\frac{1}{4} & \frac{1}{2}+\frac{1}{4} \end{bmatrix} \begin{bmatrix} V_1 \\ V_2 \end{bmatrix} = \begin{bmatrix} 2.5 \\ 4.5 \end{bmatrix}.$$

両辺を4倍して，$\begin{bmatrix} 3 & -1 \\ -1 & 3 \end{bmatrix} \begin{bmatrix} V_1 \\ V_2 \end{bmatrix} = \begin{bmatrix} 10 \\ 18 \end{bmatrix}$.

$$V_1 = \frac{\begin{vmatrix} 10 & -1 \\ 18 & 3 \end{vmatrix}}{\begin{vmatrix} 3 & -1 \\ -1 & 3 \end{vmatrix}} = \frac{48}{8} = 6\,[\mathrm{V}]. \quad V_2 = \frac{\begin{vmatrix} 3 & 10 \\ -1 & 18 \end{vmatrix}}{\begin{vmatrix} 3 & -1 \\ -1 & 3 \end{vmatrix}}$$

$= \dfrac{64}{8} = 8\,[\mathrm{V}]$. $I_\mathrm{a} = \dfrac{V_1}{3} = 2\,[\mathrm{A}]$.

$I_\mathrm{b} = \dfrac{12-V_1}{6} = 1\,[\mathrm{A}]$. $I_\mathrm{c} = \dfrac{V_2-V_1}{4} = 0.5\,[\mathrm{A}]$.

$I_\mathrm{d} = \dfrac{12-V_2}{4} = 1\,[\mathrm{A}]$. $I_\mathrm{e} = \dfrac{V_2}{4} = 2\,[\mathrm{A}]$.

**11.1**

(1) $P = 0.2\times 100 = 20\,[\mathrm{W}]$. $R = \dfrac{100}{0.2} = 500\,[\Omega]$.

$W = 20\,[\mathrm{W}]\times 1800\,[\mathrm{s}] = 3.6\times 10^4\,[\mathrm{J}] = 36\,[\mathrm{kJ}]$.

または，$W = 20\,[\mathrm{W}]\times 0.5\,[\mathrm{h}] = 10\,[\mathrm{W\cdot h}]$.

【注意】直流の章なので直流電源としたが，負荷が純抵抗の場合は交流でも同じ答となる．

(2) $I = \dfrac{400}{100} = 4\,[\mathrm{A}]$. $R = \dfrac{100}{4} = 25\,[\Omega]$.

(3) $W = 500\,[\mathrm{W}] \times (5\times 3600\,[\mathrm{s}]) = 9\times 10^6\,[\mathrm{J}]$

$= 9\,[\mathrm{MJ}]$. または，$W = 500\,[\mathrm{W}]\times 5\,[\mathrm{h}]$

$= 2500\,[\mathrm{W\cdot h}] = 2.5\,[\mathrm{kW\cdot h}]$.

**11.2**

(1) $I = \dfrac{18}{3+6} = 2\,[\mathrm{A}]$. $P_0 = 18I = 36\,[\mathrm{W}]$.

$P_1 = R_1 I^2 = 12\,[\mathrm{W}]$. $P_2 = R_2 I^2 = 24\,[\mathrm{W}]$.

(2) $I = \dfrac{18}{3/\!/6} = \dfrac{18}{2} = 9\,[\mathrm{A}]$. $P_0 = 18I = 162\,[\mathrm{W}]$.

$P_1 = \dfrac{18^2}{R_1} = 108\,[\mathrm{W}]$. $P_2 = \dfrac{18^2}{R_2} = 54\,[\mathrm{W}]$.

(3) $I_0 = \dfrac{18}{4+(3/\!/6)} = \dfrac{18}{4+2} = 3\,[\mathrm{A}]$.

$I_1 = \dfrac{6}{3+6}I_0 = 2\,[\mathrm{A}]$. $I_2 = \dfrac{3}{3+6}I_0 = 1\,[\mathrm{A}]$.

$P_0 = 18I_0 = 54\,[\mathrm{W}]$. $P_1 = R_1 {I_1}^2 = 12\,[\mathrm{W}]$.

$P_2 = R_2 {I_2}^2 = 6\,[\mathrm{W}]$. $P_3 = R_3 {I_0}^2 = 36\,[\mathrm{W}]$.

(4) $I_0 = \dfrac{20}{2+[4/\!/(8+4)]} = \dfrac{20}{2+3} = 4\,[\mathrm{A}]$.

$I_2 = \dfrac{12}{4+12}I_0 = 3\,[\mathrm{A}]$. $I_3 = \dfrac{4}{4+12}I_0 = 1\,[\mathrm{A}]$.

$P_0 = 20I_0 = 80\,[\mathrm{W}]$. $P_1 = R_1 {I_0}^2 = 32\,[\mathrm{W}]$.

$P_2 = R_2 {I_2}^2 = 36\,[\mathrm{W}]$. $P_3 = R_3 {I_3}^2 = 8\,[\mathrm{W}]$.

$P_4 = R_4 {I_3}^2 = 4\,[\mathrm{W}]$.

**11.3**

(1) テブナンの等価回路を 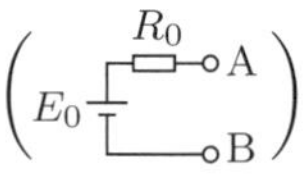

とする．

開放電圧 $E_0 = 12\,[\mathrm{V}]$.

短絡電流 $\dfrac{E_0}{R_0} = 6\,[\mathrm{A}]$ より，

$R_0 = 2\,[\Omega]$.

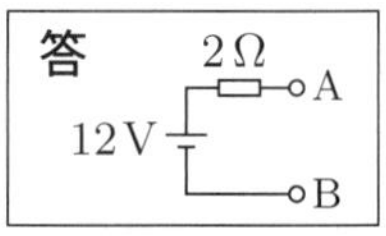


(2) $I = \dfrac{12}{R+2}$,

$V = RI$,

$P = VI$ を用いて右の表を作る．

| $R$ [Ω] | $I$ [A] | $V$ [V] | $P$ [W] |
|---|---|---|---|
| 0 | 6 | 0 | 0 |
| 0.4 | 5 | 2 | 10 |
| 1 | 4 | 4 | 16 |
| 2 | 3 | 6 | 18 |
| 4 | 2 | 8 | 16 |
| 10 | 1 | 10 | 10 |
| ∞ | 0 | 12 | 0 |

(3) $R = R_0 = 2\,[\Omega]$.

**11.4** (2)〜(4) は $R$ 以外の部分をテブナンの等価回路に変形する．

(1) $R = 6\,[\Omega]$.

$P_\mathrm{max} = RI^2 = 6\times\left(\dfrac{60}{6+6}\right)^2 = 6\times 5^2 = 150\,[\mathrm{W}]$.

(2)

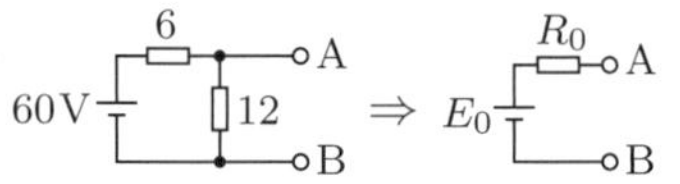


$E_0 =$ (A,Bの開放電圧) $= \dfrac{12}{6+12}\times 60 = 40\,[\mathrm{V}]$.

$R_0 = 6/\!/12 = 4\,[\Omega]$. $\therefore R = 4\,[\Omega]$.

$P_\mathrm{max} = RI^2 = R\left(\dfrac{E_0}{R+R_0}\right)^2 = 4\times 5^2 = 100\,[\mathrm{W}]$.

(3)

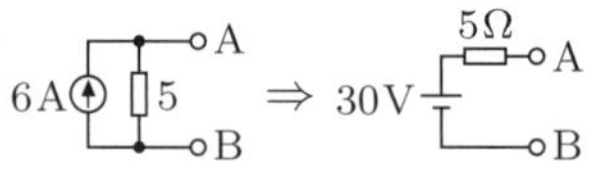


(電流源→電圧源変換)

上図より，$R = 5\,[\Omega]$, $P_\mathrm{max} = \dfrac{30^2}{4\times 5} = 45\,[\mathrm{W}]$.

(4)

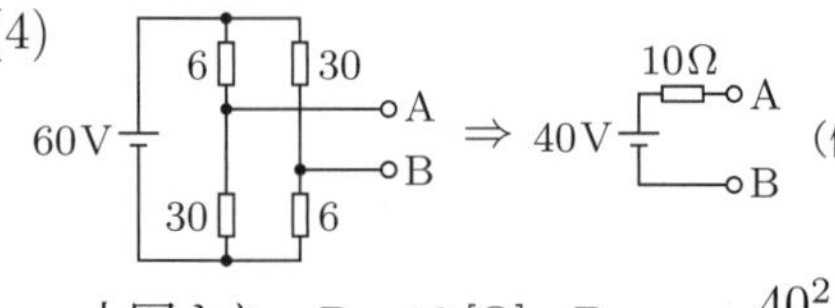


(例題**8.3**参照)

上図より，$R = 10\,[\Omega]$, $P_\mathrm{max} = \dfrac{40^2}{4\times 10} = 40\,[\mathrm{W}]$.

**11.5** $P_{\max}=\dfrac{E^2}{4r}$ を使う．

(1) • $R=2r$ のとき，$I=\dfrac{E}{r+2r}=\dfrac{E}{3r}$.

$P=RI^2=2r\left(\dfrac{E}{3r}\right)^2=\dfrac{2}{9}\dfrac{E^2}{r}=\dfrac{8}{9}P_{\max}$.

• $R=0.5r$ のとき，$I=\dfrac{E}{r+0.5r}=\dfrac{2E}{3r}$.

$P=RI^2=0.5r\left(\dfrac{2E}{3r}\right)^2=\dfrac{2}{9}\dfrac{E^2}{r}=\dfrac{8}{9}P_{\max}$.

どちらの場合も $\dfrac{8}{9}\fallingdotseq 0.9$ 倍．**問題11.3** も参照．このように，$R$ が 2 倍または半分になっても，最大電力の 1 割減で済む．$R$ がいくらになったら最大電力の半分になるかを(2)で求める．

(2) $P=RI^2=\dfrac{RE^2}{(R+r)^2}=\dfrac{P_{\max}}{2}=\dfrac{E^2}{8r}$ より，

$(R+r)^2=8rR.\quad R^2-6rR+r^2=0.$

$R=3r\pm\sqrt{(3r)^2-r^2}=(3\pm2\sqrt{2})r\fallingdotseq\begin{cases}0.17r\\5.83r\end{cases}.$

## 第 2 章 正弦波交流回路

**12.1**

(4)

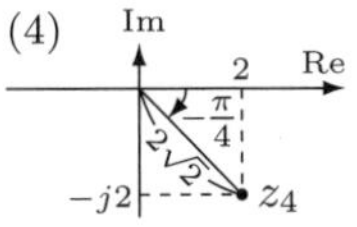


(5)

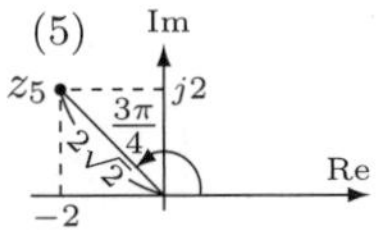


(6)

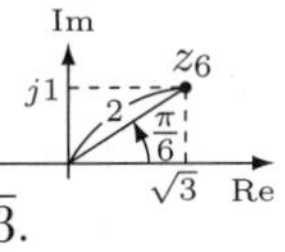


(1) $z_1=0+j1=1\,e^{j\frac{\pi}{2}}$.

(2) $z_2=0-j2=2\,e^{-j\frac{\pi}{2}}$.

(3) $z_3=-3+j0=3\,e^{j\pi}$.

(4) $z_4=2-j2=2\sqrt{2}\,e^{-j\frac{\pi}{4}}$.

(5) $z_5=-2+j2=2\sqrt{2}\,e^{j\frac{3\pi}{4}}$.

(6) $z_6=\sqrt{3}+j1=2\,e^{j\frac{\pi}{6}}$.

(7) $z_7=\left(2\,e^{j\frac{\pi}{6}}\right)^2=4\,e^{j\frac{\pi}{3}}=2+j2\sqrt{3}$.

(8) $z_8=\left(2\,e^{j\frac{\pi}{6}}\right)^3=8\,e^{j\frac{\pi}{2}}=0+j8$.

(9) $z_9=\left(2\,e^{j\frac{\pi}{6}}\right)^{-1}=\dfrac{1}{2}\,e^{-j\frac{\pi}{6}}=\dfrac{\sqrt{3}}{4}-j\dfrac{1}{4}$.

| | 実部 | 虚部 | 絶対値 | 偏角 |
|---|---|---|---|---|
| $z_1$ | $0$ | $1$ | $1$ | $\frac{\pi}{2}$ |
| $z_2$ | $0$ | $-2$ | $2$ | $-\frac{\pi}{2}$ |
| $z_3$ | $-3$ | $0$ | $3$ | $\pi$ |
| $z_4$ | $2$ | $-2$ | $2\sqrt{2}$ | $-\frac{\pi}{4}$ |
| $z_5$ | $-2$ | $2$ | $2\sqrt{2}$ | $\frac{3\pi}{4}$ |
| $z_6$ | $\sqrt{3}$ | $1$ | $2$ | $\frac{\pi}{6}$ |
| $z_7$ | $2$ | $2\sqrt{3}$ | $4$ | $\frac{\pi}{3}$ |
| $z_8$ | $0$ | $8$ | $8$ | $\frac{\pi}{2}$ |
| $z_9$ | $\frac{\sqrt{3}}{4}$ | $-\frac{1}{4}$ | $\frac{1}{2}$ | $-\frac{\pi}{6}$ |

**12.2**

(1) $|3+j4|=\sqrt{3^2+4^2}=\sqrt{25}=5$.

(2) $|3-j4|=\sqrt{3^2+(-4)^2}=\sqrt{25}=5$.

(3) $\overline{3+j4}=3-j4$.

(4) $|(3+j4)(1+j2)^2|=|3+j4|\times|1+j2|^2$
$=\sqrt{3^2+4^2}\times(1^2+2^2)=5\times5=25$.

(5) $\left|\dfrac{a+jb}{a-jb}\right|=\dfrac{|a+jb|}{|a-jb|}=\dfrac{\sqrt{a^2+b^2}}{\sqrt{a^2+b^2}}=1$.

(6) $(a+jb)(a-jb)=a^2-(jb)^2=a^2+b^2$.

(7) $(a+jb)(b+ja)=(a+jb)j(a-jb)=j(a^2+b^2)$.

(8) $\dfrac{a+jb}{b-ja}=\dfrac{(a+jb)(b+ja)}{(b-ja)(b+ja)}=\dfrac{j(a^2+b^2)}{b^2+a^2}=j$.

(9) $|e^{j\theta}|=|\cos\theta+j\sin\theta|=\sqrt{\cos^2\theta+\sin^2\theta}=1$.

(10) $\overline{e^{j\theta}}=\overline{\cos\theta+j\sin\theta}=\cos\theta-j\sin\theta=e^{-j\theta}$.

(11) $\dfrac{e^{j\theta}+e^{-j\theta}}{2}=\dfrac{(\cos\theta+j\sin\theta)+(\cos\theta-j\sin\theta)}{2}$
$=\cos\theta$.

(12) $\dfrac{e^{j\theta}-e^{-j\theta}}{2j}=\dfrac{(\cos\theta+j\sin\theta)-(\cos\theta-j\sin\theta)}{2j}$
$=\sin\theta$.

**12.3**

(1) $z=4\,e^{j\frac{\pi}{2}}=4(\cos\frac{\pi}{2}+j\sin\frac{\pi}{2})=j4$.

(2) $z=\sqrt{2}\,e^{j\frac{\pi}{4}}=\sqrt{2}\,(\cos\frac{\pi}{4}+j\sin\frac{\pi}{4})=1+j1$.

(3) $z=2\,e^{-j\frac{\pi}{6}}=2(\cos\frac{\pi}{6}-j\sin\frac{\pi}{6})=\sqrt{3}-j1$.

(4) $z=\left(2\,e^{-j\frac{\pi}{6}}\right)^5=2^5e^{-j\frac{5\pi}{6}}=32(\cos\frac{5\pi}{6}-j\sin\frac{5\pi}{6})$
$=32\left(-\frac{\sqrt{3}}{2}-j\frac{1}{2}\right)=-16\sqrt{3}-j16$.

(5) $z=\left(\sqrt{3}-j\right)^6=\left(2\,e^{-j\frac{\pi}{6}}\right)^6=2^6e^{-j\pi}=-64$.

(6) $z=(1+j)^5(1-j)^3=\left(\sqrt{2}\,e^{j\frac{\pi}{4}}\right)^5\left(\sqrt{2}\,e^{-j\frac{\pi}{4}}\right)^3$
$=\left(\sqrt{2}\right)^8e^{j(\frac{5\pi}{4}-\frac{3\pi}{4})}=16\,e^{j\frac{\pi}{2}}=j16$.

(7) $z=\left(\dfrac{1+j\sqrt{3}}{1+j}\right)^6=\left(\dfrac{2\,e^{j\frac{\pi}{3}}}{\sqrt{2}\,e^{j\frac{\pi}{4}}}\right)^6$
$=\left[\sqrt{2}\,e^{j(\frac{\pi}{3}-\frac{\pi}{4})}\right]^6=\left(\sqrt{2}\right)^6e^{j\frac{\pi}{2}}=j8$.

(8) $z=e^{-j\frac{2\pi}{3}}+e^{j\frac{2\pi}{3}}=\left(-\frac{1}{2}-j\frac{\sqrt{3}}{2}\right)+\left(-\frac{1}{2}+j\frac{\sqrt{3}}{2}\right)$
$=-1$.

**12.4**

(1) $z=j3=3\,e^{j\frac{\pi}{2}}$.

(2) $-3\,e^{-j\frac{\pi}{8}}=3\,e^{j\pi}\times e^{-j\frac{\pi}{8}}=3\,e^{j(\pi-\frac{\pi}{8})}=3\,e^{j\frac{7\pi}{8}}$.

(3) $z=\dfrac{4\,e^{j\frac{5\pi}{8}}}{j}=\dfrac{4\,e^{j\frac{5\pi}{8}}}{e^{j\frac{\pi}{2}}}=4\,e^{j(\frac{5\pi}{8}-\frac{\pi}{2})}=4\,e^{j\frac{\pi}{8}}$.

(4) $z=1+j=\sqrt{2}\,e^{j\frac{\pi}{4}}$.

(5) $z=\dfrac{6}{1+j}=\dfrac{6}{\sqrt{2}\,e^{j\frac{\pi}{4}}}=3\sqrt{2}\,e^{-j\frac{\pi}{4}}$.

(6) $z=(1+j)^8=\left(\sqrt{2}\,e^{j\frac{\pi}{4}}\right)^8=16\,e^{j2\pi}=16\,e^{j0}$.

(7) $z=(1-j)(1+j\sqrt{3})=\sqrt{2}\,e^{-j\frac{\pi}{4}}\times2\,e^{j\frac{\pi}{3}}$
$=2\sqrt{2}\,e^{j(-\frac{\pi}{4}+\frac{\pi}{3})}=2\sqrt{2}\,e^{j\frac{\pi}{12}}$.

(8) $z=\dfrac{(\sqrt{3}+j)^5}{(1+j)^3}=\dfrac{\left(2\,e^{j\frac{\pi}{6}}\right)^5}{\left(\sqrt{2}\,e^{j\frac{\pi}{4}}\right)^3}$
$=2^{5-\frac{3}{2}}\,e^{j(\frac{5\pi}{6}-\frac{3\pi}{4})}=8\sqrt{2}\,e^{j\frac{\pi}{12}}$.

**12.5** $z = re^{j\theta}$（$r, \theta$ は実数．$r \geqq 0,\ -\pi < \theta \leqq \pi$）．

(1) $z = re^{j\theta}$ と置いて $z^3 = 1$ に代入すると，

$(re^{j\theta})^3 = r^3 e^{j3\theta} = 1 = 1\,e^{j2n\pi}$（$n$ は整数）．

$$\therefore \begin{cases} r^3 = 1. & \to\ r = 1. \\ 3\theta = 2n\pi. & \to\ \theta = \dfrac{2n\pi}{3} = 0,\ \pm\dfrac{2}{3}\pi. \end{cases}$$

$z = 1$，　および　$z = 1\,e^{\pm j\frac{2}{3}\pi} = -\dfrac{1}{2} \pm j\dfrac{\sqrt{3}}{2}$.

(2) $z = re^{j\theta}$ を $z^2 = j$ に代入すれば，

$(re^{j\theta})^2 = r^2 e^{j2\theta} = j = 1\,e^{j\frac{\pi}{2}} = 1\,e^{j(\frac{\pi}{2} + 2n\pi)}$.

$$\therefore \begin{cases} r^2 = 1. & \to\ r = 1. \\ 2\theta = \dfrac{\pi}{2} + 2n\pi. & \to \theta = \dfrac{\pi}{4} + n\pi = \dfrac{\pi}{4}, -\dfrac{3\pi}{4}. \end{cases}$$

$$z = \begin{cases} 1\,e^{j\frac{\pi}{4}} = \dfrac{1}{\sqrt{2}} + j\dfrac{1}{\sqrt{2}} \\ 1\,e^{-j\frac{3\pi}{4}} = -\dfrac{1}{\sqrt{2}} - j\dfrac{1}{\sqrt{2}} \end{cases}.$$

**13.1**

(1) $f = \dfrac{1}{T} = \dfrac{1}{10^{-6}} = 10^6\,[\mathrm{Hz}] = 1\,[\mathrm{MHz}]$.

$\omega = 2\pi f = 2\pi \times 10^6 \fallingdotseq 6.28 \times 10^6\,[\mathrm{rad/s}]$.

(2) $\omega = 2\pi f = \pi \times 10^5 \fallingdotseq 3.14 \times 10^5\,[\mathrm{rad/s}]$.

$T = \dfrac{1}{f} = \dfrac{1}{5 \times 10^4} = 2 \times 10^{-5}\,[\mathrm{s}] = 20\,[\mu\mathrm{s}]$.

(3) $V = \dfrac{V_\mathrm{m}}{\sqrt{2}} = 5\sqrt{2} \fallingdotseq 7.07\,[\mathrm{V}]$.

(4) $V_\mathrm{m} = \sqrt{2} \times V = 100\sqrt{2} \fallingdotseq 141\,[\mathrm{V}]$.

(5) $i_2(t) = 3\cos\omega t = 3\sin(\omega t + \frac{\pi}{2})$ だから，

位相差 $\phi = \dfrac{\pi}{2} - \left(-\dfrac{\pi}{6}\right) = \dfrac{2\pi}{3}\,[\mathrm{rad}]$.

$\left(i_2(t)\text{ は } i_1(t) \text{ より } \dfrac{2\pi}{3}\,[\mathrm{rad}]\text{ だけ位相が進む．}\right)$

**13.2**

(1)

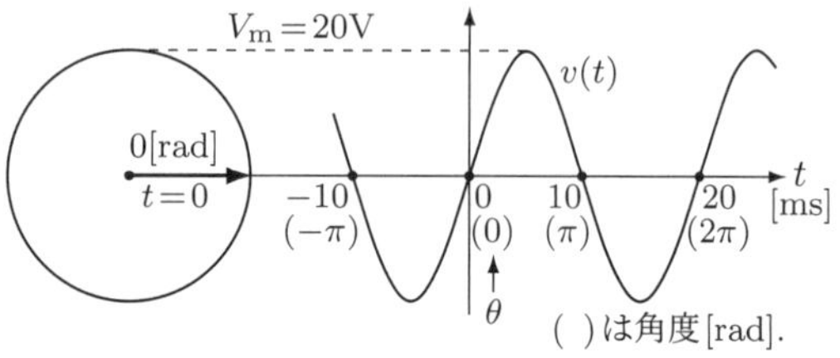


$T = 20\,[\mathrm{ms}]$.　$f = \dfrac{1}{T} = \dfrac{1}{0.02} = 50\,[\mathrm{Hz}]$.

$\omega = 2\pi f = 100\pi\,[\mathrm{rad/s}]$.

$\theta =$（$t = 0$ のときの角度）$= 0\,[\mathrm{rad}]$.

$V_\mathrm{m} = 20\,[\mathrm{V}]$.　$v(t) = 20\sin(100\pi t)\,[\mathrm{V}]$.

(2)

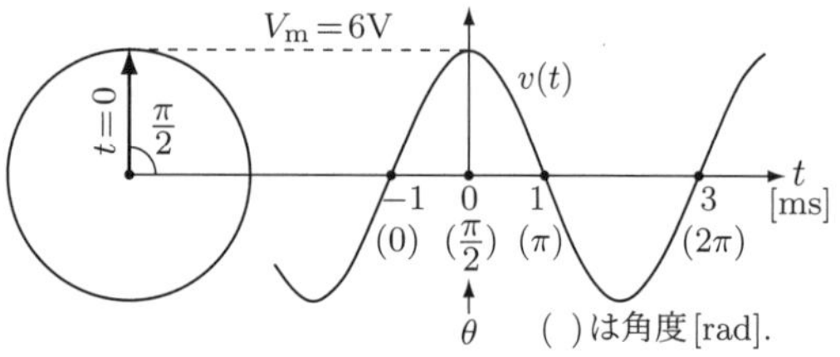


$T = 4\,[\mathrm{ms}]$.　$f = \dfrac{1}{T} = \dfrac{1}{4 \times 10^{-3}} = 250\,[\mathrm{Hz}]$.

$\omega = 2\pi f = 500\pi\,[\mathrm{rad/s}]$.

$\theta =$（$t = 0$ のときの角度）$= \dfrac{\pi}{2}\,[\mathrm{rad}]$.

$V_\mathrm{m} = 6\,[\mathrm{V}]$.　$v(t) = 6\sin(500\pi t + \frac{\pi}{2})\,[\mathrm{V}]$.

(3)

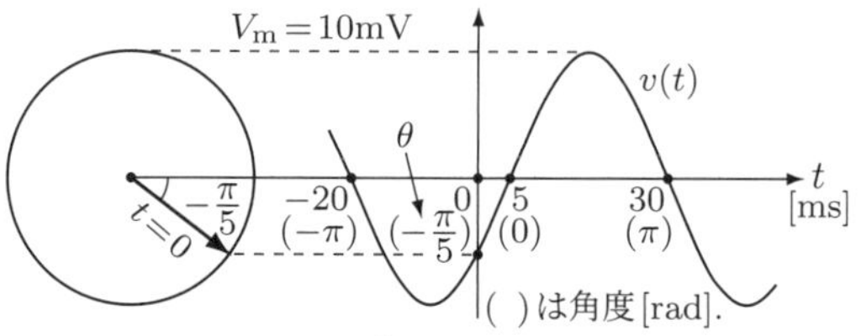


$T = 50\,[\mathrm{ms}]$.　$f = \dfrac{1}{0.05} = 20\,[\mathrm{Hz}]$.

$\omega = 2\pi f = 40\pi\,[\mathrm{rad/s}]$.　$\theta = -\dfrac{\pi}{5}\,[\mathrm{rad}]$.

$V_\mathrm{m} = 10\,[\mathrm{mV}]$.　$v(t) = 10\sin(40\pi t - \frac{\pi}{5})\,[\mathrm{mV}]$.

(4)

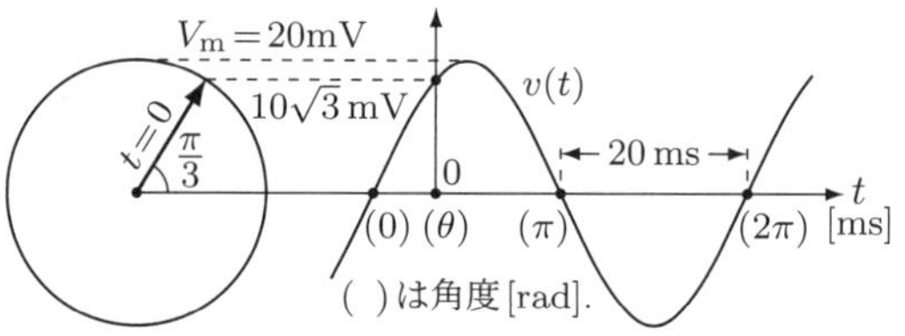


$T = 40\,[\mathrm{ms}]$.　$f = \dfrac{1}{0.04} = 25\,[\mathrm{Hz}]$.

$\omega = 2\pi f = 50\pi\,[\mathrm{rad/s}]$.　$V_\mathrm{m} = 20\,[\mathrm{mV}]$.

$v(t) = 20\sin(50\pi t + \theta)$ において，

$v(0) = 20\sin\theta = 10\sqrt{3}$ より，$\theta = \dfrac{\pi}{3}\,[\mathrm{rad}]$.

$\therefore\ v(t) = 20\sin(50\pi t + \frac{\pi}{3})\,[\mathrm{mV}]$.

**13.3**

(1)

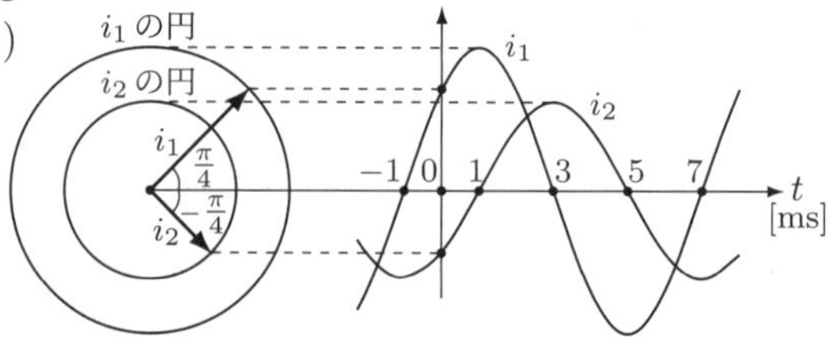


1周期$= 2\pi\,[\mathrm{rad}] = 8\,[\mathrm{ms}]$ ゆえ，$1\,[\mathrm{ms}] = \dfrac{\pi}{4}\,[\mathrm{rad}]$.

$T = 8\,[\mathrm{ms}]$.　$\theta_1 = \dfrac{\pi}{4}\,[\mathrm{rad}]$.　$\theta_2 = -\dfrac{\pi}{4}\,[\mathrm{rad}]$.

$i_1$ の方が時間的に先だから，$i_1$ は $i_2$ より

$\theta_1 - \theta_2 = \dfrac{\pi}{2}\,[\mathrm{rad}]$ だけ位相が進んでいる．

(2)

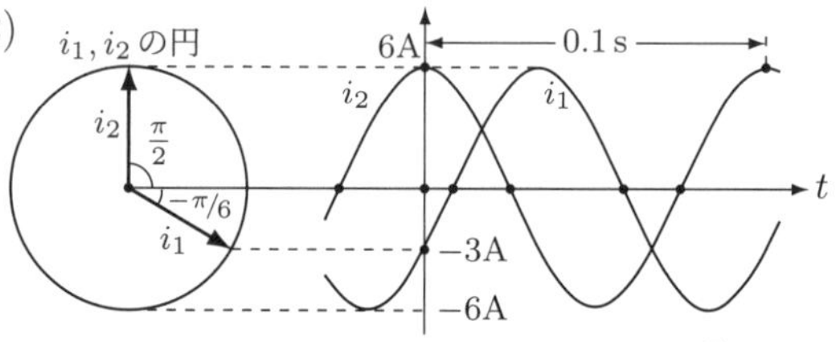


$T = 0.1\,[\mathrm{s}]$.　$6\sin\theta_1 = -3$ より $\theta_1 = -\dfrac{\pi}{6}\,[\mathrm{rad}]$.

$\theta_2 = \dfrac{\pi}{2}\,[\mathrm{rad}]$.　$i_2$ の方が時間的に先だから，$i_1$ は $i_2$ より $\theta_2 - \theta_1 = \dfrac{2\pi}{3}\,[\mathrm{rad}]$ だけ位相が遅れる．

**13.4**　加法定理より，$i(t) = i_1(t) + i_2(t)$

$= I_{\mathrm{m}1}\sin\omega t + I_{\mathrm{m}2}\sin(\omega t + \theta)$

$= I_{\mathrm{m}1}\sin\omega t + I_{\mathrm{m}2}\cos\theta\sin\omega t + I_{\mathrm{m}2}\sin\theta\cos\omega t$

$= (I_{\mathrm{m}1} + I_{\mathrm{m}2}\cos\theta)\sin\omega t + I_{\mathrm{m}2}\sin\theta\cos\omega t.\ \cdots$①

一方，$i(t) = I_\mathrm{m}\sin(\omega t + \phi)$

$= I_\mathrm{m}\cos\phi\sin\omega t + I_\mathrm{m}\sin\phi\cos\omega t.\ \cdots$②

式①，②の $\sin\omega t$, $\cos\omega t$ の係数を等置して，

$I_\mathrm{m}\cos\phi = I_{\mathrm{m}1} + I_{\mathrm{m}2}\cos\theta.\ \cdots$③

$I_\mathrm{m}\sin\phi = I_{\mathrm{m}2}\sin\theta.\ \cdots$④

③$^2$＋④$^2$：$I_\mathrm{m}{}^2 = (I_{\mathrm{m}1} + I_{\mathrm{m}2}\cos\theta)^2 + (I_{\mathrm{m}2}\sin\theta)^2$.

$\therefore\ I_\mathrm{m} = \sqrt{I_{\mathrm{m}1}{}^2 + I_{\mathrm{m}2}{}^2 + 2I_{\mathrm{m}1}I_{\mathrm{m}2}\cos\theta}$.

④÷③：$\tan\phi = \dfrac{I_{\mathrm{m}2}\sin\theta}{I_{\mathrm{m}1} + I_{\mathrm{m}2}\cos\theta}$.

$\therefore\ \phi = \tan^{-1}\dfrac{I_{\mathrm{m}2}\sin\theta}{I_{\mathrm{m}1} + I_{\mathrm{m}2}\cos\theta}$.

$i_1(t)=I_0\sin\omega t,\ i_2(t)=I_0\sin(\omega t+\frac{\pi}{3})$ の場合は，

$I_{\mathrm{m}}=\sqrt{{I_0}^2+{I_0}^2+2{I_0}^2\cos\frac{\pi}{3}}=I_0\sqrt{3}\,,$

$\phi=\tan^{-1}\dfrac{I_0\sin\frac{\pi}{3}}{I_0+I_0\cos\frac{\pi}{3}}=\tan^{-1}\dfrac{1}{\sqrt{3}}=\dfrac{\pi}{6}.$

$\therefore\ I_0\sin\omega t+I_0\sin(\omega t+\frac{\pi}{3})=I_0\sqrt{3}\,\sin(\omega t+\frac{\pi}{6}).$

**14.1**

(1) $V=L\dfrac{\Delta i}{\Delta t}=0.5\times\dfrac{1.2}{0.2}=3\,[\mathrm{V}].$

(2) $2=L\dfrac{100}{5}=20L$ より，$L=0.1\,[\mathrm{H}]=100\,[\mathrm{mH}].$

(3) $I=C\dfrac{\Delta V}{\Delta t}=10^{-5}\times\dfrac{10}{0.1}=10^{-3}\,[\mathrm{A}]=1\,[\mathrm{mA}].$

(4) $1.5\times10^{-3}=2\times10^{-6}\times\dfrac{V}{4\times10^{-2}}$ より，

$V=\dfrac{1.5\times10^{-3}\times4\times10^{-2}}{2\times10^{-6}}=30\,[\mathrm{V}].$

**14.2**

(1) $v_{\mathrm{R}}=Ri=30\times0.2=6\,[\mathrm{V}].\quad v_{\mathrm{L}}=L\dfrac{\mathrm{d}i}{\mathrm{d}t}=0\,[\mathrm{V}].$

$v=v_{\mathrm{R}}+v_{\mathrm{L}}=6\,[\mathrm{V}].$

(2) $v_{\mathrm{R}}=Ri=30\times0.1\sin400t=3\sin400t\,[\mathrm{V}].$

$v_{\mathrm{L}}=L\dfrac{\mathrm{d}i}{\mathrm{d}t}=0.1\dfrac{\mathrm{d}}{\mathrm{d}t}(0.1\sin400t)=4\cos400t\,[\mathrm{V}].$

$v=v_{\mathrm{R}}+v_{\mathrm{L}}=3\sin400t+4\cos400t\,[\mathrm{V}].$

例題**13.6** より，$v=5\sin(400t+\tan^{-1}\frac{4}{3})\,[\mathrm{V}].$

(3)

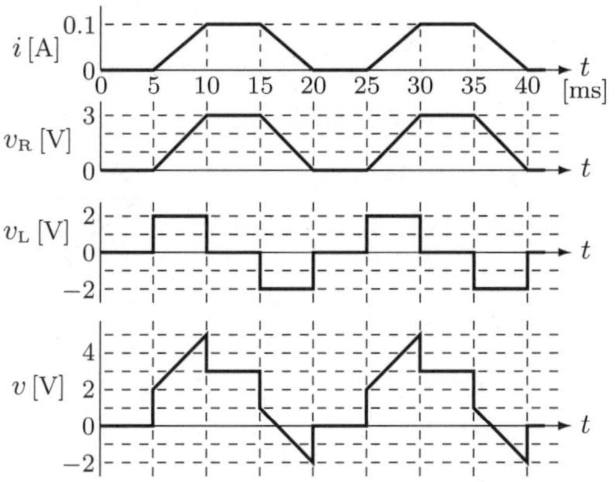


**14.3**

(1) $i_{\mathrm{R}}=\dfrac{v}{R}=\dfrac{20}{5}=4\,[\mathrm{A}].\quad i_{\mathrm{C}}=C\dfrac{\mathrm{d}v}{\mathrm{d}t}=0\,[\mathrm{A}].$

$i=i_{\mathrm{R}}+i_{\mathrm{C}}=4\,[\mathrm{A}].$

(2) $i_{\mathrm{R}}=\dfrac{v}{R}=\dfrac{10\sin200t}{5}=2\sin200t\,[\mathrm{A}].$

$i_{\mathrm{C}}=10^{-3}\dfrac{\mathrm{d}}{\mathrm{d}t}(10\sin200t)=2\cos200t\,[\mathrm{A}].$

$i=i_{\mathrm{R}}+i_{\mathrm{C}}=2\sin200t+2\cos200t\,[\mathrm{A}].$

例題**13.6** より，$i=2\sqrt{2}\,\sin(200t+45°)\,[\mathrm{A}].$

**14.4**

(1) $i=C\dfrac{\mathrm{d}v_{\mathrm{C}}}{\mathrm{d}t}=C\dfrac{\mathrm{d}}{\mathrm{d}t}(V_{\mathrm{m}}\sin\omega t)=\omega CV_{\mathrm{m}}\cos\omega t\,[\mathrm{A}].$

$v_{\mathrm{R}}=Ri=\omega RCV_{\mathrm{m}}\cos\omega t.$

$v_{\mathrm{L}}=L\dfrac{\mathrm{d}i}{\mathrm{d}t}=-\omega^2LCV_{\mathrm{m}}\sin\omega t.$

$v=v_{\mathrm{R}}+v_{\mathrm{C}}+v_L$

$=\omega RCV_{\mathrm{m}}\cos\omega t+(1-\omega^2LC)\,V_{\mathrm{m}}\sin\omega t\,[\mathrm{V}].$

(2) $v$ の式の sin の項がゼロのとき $v$ と $i$ は同相ゆえ，$\omega^2LC=1.\rightarrow\omega=\dfrac{1}{\sqrt{LC}}\,[\mathrm{rad/s}].$

**14.5** $W=\displaystyle\int_{t_0}^{t_1}v\,i\,\mathrm{d}t$ に $i=C\dfrac{\mathrm{d}v}{\mathrm{d}t}$ を代入して，

$W=C\displaystyle\int_{t_0}^{t_1}v\,\dfrac{\mathrm{d}v}{\mathrm{d}t}\,\mathrm{d}t=C\int_0^V v\,\mathrm{d}v=C\left[\dfrac{v^2}{2}\right]_0^V=\dfrac{1}{2}CV^2\,[\mathrm{J}].$

**14.6** $W=\displaystyle\int_{t_0}^{t_1}i\,v\,\mathrm{d}t$ に $v=L\dfrac{\mathrm{d}i}{\mathrm{d}t}$ を代入して，

$W=L\displaystyle\int_{t_0}^{t_1}i\,\dfrac{\mathrm{d}i}{\mathrm{d}t}\,\mathrm{d}t=L\int_0^I i\,\mathrm{d}i=L\left[\dfrac{i^2}{2}\right]_0^I=\dfrac{1}{2}LI^2\,[\mathrm{J}].$

**15.1**

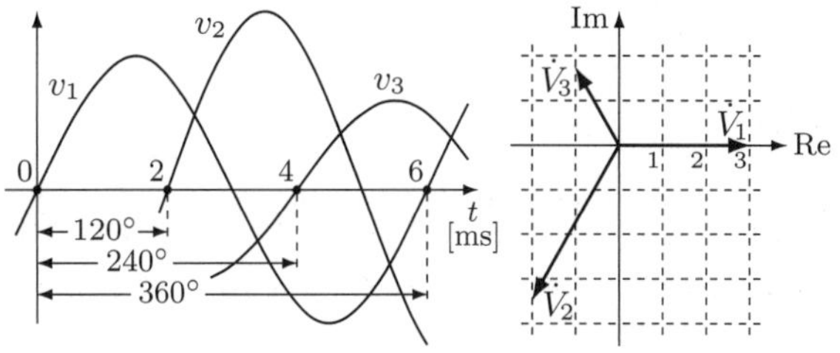


各実効値は $V_1=3\,[\mathrm{V}],\ V_2=4\,[\mathrm{V}],\ V_3=2\,[\mathrm{V}].$

$6\,\mathrm{ms}=1$ 周期$=360°$．$v_1$ は原点を通るから $\theta_1=0°$.

$v_2$ は $2\,\mathrm{ms}=120°$ 遅れているから $\theta_2=-120°$.

$v_3$ は $4\,\mathrm{ms}=240°$ 遅れているから $\theta_3=-240°=120°$.

$\dot{V}_1=3\angle0°\,[\mathrm{V}].\ \ \dot{V}_2=4\angle-120°\,[\mathrm{V}].\ \ \dot{V}_3=2\angle120°\,[\mathrm{V}].$

**15.2** 直列結合のインピーダンス $\dot{Z}$ は，各素子のインピーダンスの和になる．

(1) $\dot{Z}=R+j\omega L=2+j2\sqrt{3}=4\angle60°\,[\Omega].$

$\dot{Y}=\dfrac{1}{4\angle60°}=0.25\angle-60°\,[\mathrm{S}]=250\angle-60°\,[\mathrm{mS}].$

(2) $\dot{Z}=R+\dfrac{1}{j\omega C}=5\sqrt{3}-j5=10\angle-30°\,[\Omega].$

$\dot{Y}=\dfrac{1}{10\angle-30°}=0.1\angle30°\,[\mathrm{S}]=100\angle30°\,[\mathrm{mS}].$

(3) $\dot{Z}=R+j\omega L+\dfrac{1}{j\omega C}=10+j50-j40=10+j10$

$=10\sqrt{2}\angle45°\,[\Omega].\qquad\dot{Y}=\dfrac{1}{10\sqrt{2}\angle45°}$

$=0.05\sqrt{2}\angle-45°\,[\mathrm{S}]=50\sqrt{2}\angle-45°\,[\mathrm{mS}].$

**15.3** 並列結合のアドミタンス $\dot{Y}$ は，各素子のアドミタンスの和になる．

(1) $\dot{Y}=\dfrac{1}{R}+\dfrac{1}{j\omega L}=\dfrac{1}{4}-j\dfrac{1}{4}=\dfrac{\sqrt{2}}{4}\angle-45°\,[\mathrm{S}]$

$=250\sqrt{2}\angle-45°\,[\mathrm{mS}].\qquad\dot{Z}=\dfrac{4}{\sqrt{2}\angle-45°}$

$=2\sqrt{2}\angle45°\,[\Omega].$

(2) $\dot{Y}=\dfrac{1}{R}+j\omega C=\dfrac{1}{2}+j\dfrac{\sqrt{3}}{2}=1\angle60°\,[\mathrm{S}].$

$\dot{Z}=1\angle-60°\,[\Omega].$

**15.4** 電流 $\dot{I}$ を基準方向 $0°$ とすれば $\dot{V}_{\mathrm{R}},\dot{V}_{\mathrm{L}},\dot{V}_{\mathrm{C}}$ の位相角は $0°,90°,-90°$ となる．$\therefore\ \dot{V}_{\mathrm{R}}=4,\ \dot{V}_{\mathrm{L}}=j7,\ \dot{V}_{\mathrm{C}}=-j10,$

$\dot{V}=\dot{V}_{\mathrm{R}}+\dot{V}_{\mathrm{L}}+\dot{V}_{\mathrm{C}}=4-j3\,[\mathrm{V}].$

$V=|\dot{V}|=\sqrt{4^2+3^2}=\sqrt{25}=5\,[\mathrm{V}].$

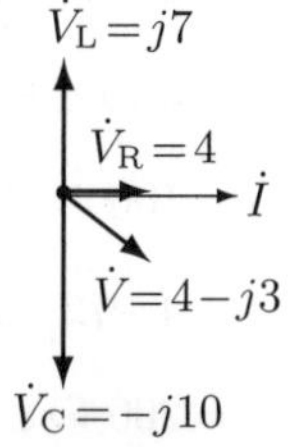


**15.5** 電流 $\dot{I}$ を基準方向 $0°$ とすれば $\dot{V}_{\mathrm{R}},\dot{V}_{\mathrm{L}},\dot{V}$ のフェーザは右図となる．${V_{\mathrm{L}}}^2+6^2=10^2$ より，$V_{\mathrm{L}}=\sqrt{10^2-6^2}$

$=\sqrt{64}=8\,[\mathrm{V}].$

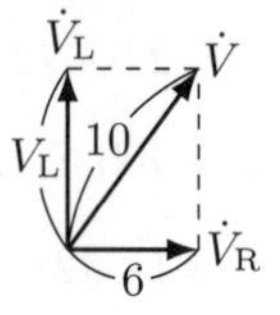

**15.6**

(1) $\dot{V}=\dot{Z}\,\dot{I}=10\,e^{j60^\circ}\times 2\,e^{j30^\circ}=10\times 2\,e^{j(60^\circ+30^\circ)}$
$=20\,e^{j90^\circ}=20\angle 90^\circ$ [V].

(2) $\dot{V}=\dot{Z}\,\dot{I}=(3+j)(2+j)=3\times 2+3\times j+j\times 2+j\times j$
$=5+j5=5\sqrt{2}\angle 45^\circ$ [V].

(3) $\dot{I}=\dfrac{\dot{V}}{\dot{Z}}=\dfrac{20\,e^{j30^\circ}}{5\,e^{j40^\circ}}=\dfrac{20}{5}\,e^{j(30^\circ-40^\circ)}=4\,e^{-j10^\circ}$
$=4\angle -10^\circ$ [A].

(4) $\dot{I}=\dfrac{\dot{V}}{\dot{Z}}=\dfrac{2+j2}{\sqrt{3}+j1}=\dfrac{2\sqrt{2}\,e^{j45^\circ}}{2\,e^{j30^\circ}}=\sqrt{2}\,e^{j(45^\circ-30^\circ)}$
$=\sqrt{2}\,e^{j15^\circ}=\sqrt{2}\angle 15^\circ$ [A].

**15.7** アドミタンス$\dot{Y}=\dfrac{1}{1-j3}=\dfrac{1+j3}{(1-j3)(1+j3)}$
$=\dfrac{1}{10}+j\dfrac{3}{10}$. $\dot{Y}=\dfrac{1}{R}+j\omega C$ と等置して，$\dfrac{1}{R}=\dfrac{1}{10}$.
$\to R=10\,[\Omega]$. $\omega C=\dfrac{3}{10}$. $\to C=3\times 10^{-6}\,[\mathrm{F}]=3\,[\mu\mathrm{F}]$.

**15.8** 実効値は$V=40$ [V]，$I=\sqrt{2}$ [A]. 1周期$T$
$=360^\circ=40$ ms. $v$ は原点を通るから位相角$=0^\circ$.
$i$ は 5 ms$=45^\circ$進んでいるから位相角$=45^\circ$.
$\therefore \dot{V}=40\angle 0^\circ$[V]. $\dot{I}=\sqrt{2}\angle 45^\circ$[A]. $\dot{Z}=\dfrac{40\angle 0^\circ}{\sqrt{2}\angle 45^\circ}$
$=20\sqrt{2}\angle -45^\circ=20-j20\,[\Omega]$. $\dot{Z}=R-j\dfrac{1}{\omega C}$ より，
$R=20\,[\Omega]$. $\dfrac{1}{\omega C}=20$. $\omega=\dfrac{2\pi}{T}=\dfrac{2\pi}{0.04}=50\pi$ [rad/s].
$\therefore C=\dfrac{1}{20\omega}=\dfrac{1}{1000\pi}$ [F]$=\dfrac{1}{\pi}$ [mF].

**15.9** $\dot{Z}=5+j5=5\sqrt{2}\angle 45^\circ[\Omega]$.
$v(t)=20\sin\omega t$ [V]. $\to \dot{V}=10\sqrt{2}\angle 0^\circ$[V].
$\dot{I}=\dfrac{\dot{V}}{\dot{Z}}=\dfrac{10\sqrt{2}\angle 0^\circ}{5\sqrt{2}\angle 45^\circ}=2\angle -45^\circ$[A]. $\to$
$i(t)=2\sqrt{2}\sin(\omega t-45^\circ)$ [A]. $\dot{Z}=5\sqrt{2}\angle 45^\circ$ゆえ，
$v(t)$を$5\sqrt{2}$で割り，$45^\circ$遅らせると，$i(t)$になる.

**16.1** $\dot{V}=(R+j\omega L)\dot{I}$

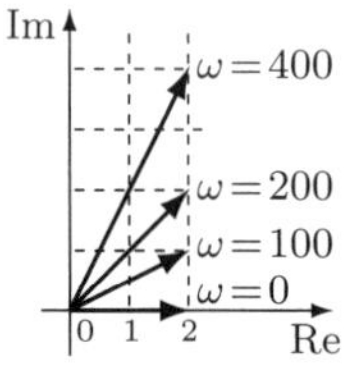


$=(4+j0.02\omega)\times 0.5=2+j0.01\omega$.
$\omega=0$ のとき $\dot{V}=2+j0=2\angle 0^\circ$[V].
$\omega=100$ のとき $\dot{V}=2+j1$
$=\sqrt{5}\angle\tan^{-1}\frac{1}{2}\fallingdotseq 2.24\angle 26.6^\circ$[V].
$\omega=200$ のとき $\dot{V}=2+j2=2\sqrt{2}\angle 45^\circ\fallingdotseq 2.83\angle 45^\circ$[V].
$\omega=400$ のとき $\dot{V}=2+j4=2\sqrt{5}\angle\tan^{-1}2$
$\fallingdotseq 4.47\angle 63.4^\circ$[V].

**16.2** $\dot{I}=\dfrac{\dot{E}}{R+j\omega L}=\dfrac{20}{4+j0.02\omega}$.

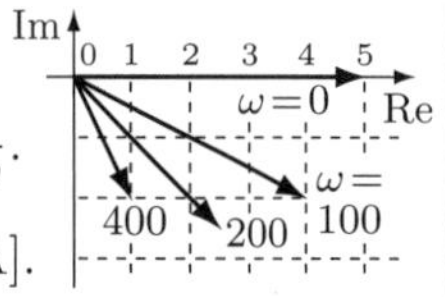


$\omega=0$ のとき $\dot{I}=\dfrac{20}{4}=5=5\angle 0^\circ$[A].
$\omega=100$ のとき $\dot{I}=\dfrac{20}{4+j2}=\dfrac{10}{2+j}=\dfrac{10(2-j)}{(2+j)(2-j)}$
$=4-j2=2\sqrt{5}\angle-\tan^{-1}\frac{1}{2}\fallingdotseq 4.47\angle -26.6^\circ$[A].
$\omega=200$ のとき $\dot{I}=\dfrac{20}{4+j4}=\dfrac{5}{1+j}=\dfrac{5(1-j)}{(1+j)(1-j)}$
$=2.5-j2.5=2.5\sqrt{2}\angle -45^\circ\fallingdotseq 3.54\angle -45^\circ$[A].
$\omega=400$ のとき $\dot{I}=\dfrac{20}{4+j8}=\dfrac{5}{1+j2}=\dfrac{5(1-j2)}{(1+j2)(1-j2)}$
$=1-j2=\sqrt{5}\angle-\tan^{-1}2\fallingdotseq 2.24\angle -63.4^\circ$[A].

**16.3** $\dot{V}=\left(R+\dfrac{1}{j\omega C}\right)\dot{I}$

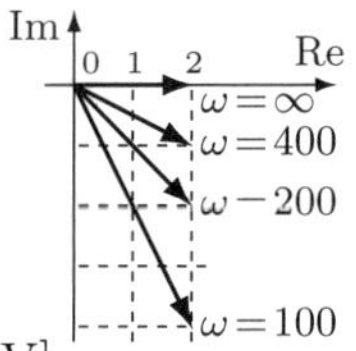


$=\left(10-j\dfrac{10^3}{0.5\omega}\right)\times 0.2=2-j\dfrac{400}{\omega}$.
$\omega=100$ のとき $\dot{V}=2-j4$
$=2\sqrt{5}\angle-\tan^{-1}2\fallingdotseq 4.47\angle -63.4^\circ$[V].
$\omega=200$ のとき $\dot{V}=2-j2=2\sqrt{2}\angle -45^\circ$[V].
$\omega=400$ のとき $\dot{V}=2-j1=\sqrt{5}\angle-\tan^{-1}\frac{1}{2}$
$\fallingdotseq 2.24\angle -26.6^\circ$[V].
$\omega=\infty$ のとき $\dot{V}=2+j0=2\angle 0^\circ$[V].

**16.4** $\dot{I}=\dfrac{\dot{E}}{R+\frac{1}{j\omega C}}=\dfrac{50}{10-j\frac{10^3}{0.5\omega}}$

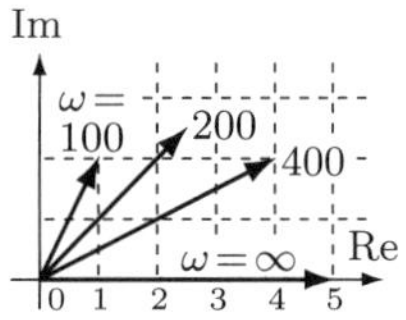


$=\dfrac{5}{1-j\frac{200}{\omega}}$.
$\omega=100$ のとき $\dot{I}=\dfrac{5}{1-j2}$
$=\dfrac{5(1+j2)}{(1-j2)(1+j2)}=1+j2\fallingdotseq 2.24\angle 63.4^\circ$[A].
$\omega=200$ のとき $\dot{I}=\dfrac{5}{1-j}=\dfrac{5(1+j)}{(1-j)(1+j)}=2.5+j2.5$
$=2.5\sqrt{2}\angle 45^\circ\fallingdotseq 3.54\angle 45^\circ$[A].
$\omega=400$ のとき $\dot{I}=\dfrac{10}{2-j}=\dfrac{10(2+j)}{(2-j)(2+j)}=4+j2$
$=2\sqrt{5}\angle\tan^{-1}\frac{1}{2}\fallingdotseq 4.47\angle 26.6^\circ$[A].
$\omega=\infty$ のとき $\dot{I}=5=5\angle 0^\circ$[A].

**16.5** $\dot{I}=\dfrac{\dot{E}}{R+j\omega L}=\dfrac{10}{4+j3}=\dfrac{10}{\sqrt{4^2+3^2}\angle\tan^{-1}\frac{3}{4}}$
$\fallingdotseq\dfrac{10}{5\angle 36.9^\circ}=2\angle -36.9^\circ$[A].

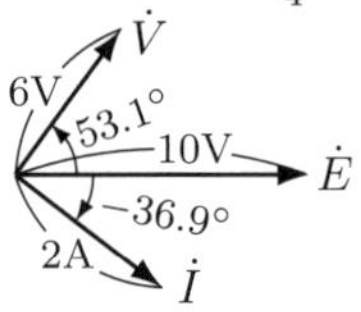


$\dot{V}=j\omega L\dot{I}=3\angle 90^\circ\times 2\angle -36.9^\circ$
$=6\angle 53.1^\circ$[V]. $V=|\dot{V}|=6$ [V].

**16.6** $\omega=0$ のとき $I=\dfrac{E}{R}$. $\to R=\dfrac{E}{I}=\dfrac{15}{5}=3\,[\Omega]$.
$\omega=100$ のとき $\dot{I}=\dfrac{\dot{E}}{R+j\omega L}$. この絶対値は，
$I=\dfrac{E}{\sqrt{R^2+(\omega L)^2}}$. $\to\sqrt{R^2+(\omega L)^2}=\dfrac{E}{I}=\dfrac{15}{3}=5$.
$R=3$ だから，$\omega L=4$. $\to L=0.04$ [H]$=40$ [mH].

**16.7**

(1) $\dot{Z}=\dfrac{\dot{E}}{\dot{I}}=\dfrac{20\angle 0^\circ}{\sqrt{3}\angle -30^\circ}=\dfrac{20}{\sqrt{3}}\angle 30^\circ[\Omega]$.

$\dot{Z}=\dfrac{20\,e^{j30^\circ}}{\sqrt{3}}=\dfrac{10\sqrt{3}+j10}{\sqrt{3}}=10+j\dfrac{10}{\sqrt{3}}$ と
$\dot{Z}=R+j\omega L$ とを等値すれば，$R=10\,[\Omega]$，
$\omega L=\dfrac{10}{\sqrt{3}}$. $\therefore L=\dfrac{10}{\omega\sqrt{3}}=\dfrac{1}{10\sqrt{3}}$ [H]$\fallingdotseq 58$ [mH].

(2) $\dot{Z}=R+j\omega L=10+j\times 300\times\dfrac{1}{10\sqrt{3}}$
$=10+j10\sqrt{3}=20\angle 60^\circ[\Omega]$.
$\dot{I}=\dfrac{\dot{E}}{\dot{Z}}=\dfrac{20\angle 0^\circ}{20\angle 60^\circ}=1\angle -60^\circ$[A].

**16.8** $\dot{V}_{\mathrm{R}}$と$\dot{V}_{\mathrm{C}}$は直交するから，

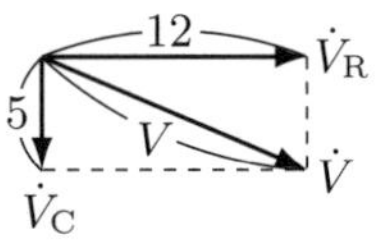


その和は，$V=\sqrt{V_{\mathrm{R}}{}^2+V_{\mathrm{C}}{}^2}$
$=\sqrt{12^2+5^2}=13$ [V].

**16.9** $v$ は $i$ より位相が進むから，RL回路である．$v$ の最大値 $V_{\mathrm{m}}=8\,[\mathrm{V}]$，$i$ の最大値 $I_{\mathrm{m}}=40\,[\mathrm{mA}]$．
$v, i$ の位相角を $\theta_{\mathrm{V}}, \theta_{\mathrm{I}}$ と置けば，$8\sin\theta_{\mathrm{V}}=4$ なので，$\theta_{\mathrm{V}}=30°$．$40\sin\theta_{\mathrm{I}}=-20$ ゆえ，$\theta_{\mathrm{I}}=-30°$．
実効値は $V=\dfrac{V_{\mathrm{m}}}{\sqrt{2}}=4\sqrt{2}\,[\mathrm{V}]$，$I=\dfrac{I_{\mathrm{m}}}{\sqrt{2}}=20\sqrt{2}\,[\mathrm{mA}]$．
フェーザは $\dot{V}=4\sqrt{2}\angle 30°\,[\mathrm{V}]$，$\dot{I}=20\sqrt{2}\angle -30°\,[\mathrm{mA}]$．
$\dot{Z}=\dfrac{\dot{V}}{\dot{I}}=\dfrac{4\sqrt{2}\angle 30°}{0.02\sqrt{2}\angle -30°}=200\angle 60°=100+j100\sqrt{3}$．
$\dot{Z}=R+j\omega L$ より，$R=100\,[\Omega]$，$\omega L=100\sqrt{3}\,[\Omega]$．
$\omega=\dfrac{2\pi}{2\times 10^{-3}}=1000\pi$ より，$L=\dfrac{\sqrt{3}}{10\pi}\,[\mathrm{H}]\fallingdotseq 55\,[\mathrm{mH}]$．

**17.1** $\dot{V}=\left(R+j\omega L+\dfrac{1}{j\omega C}\right)\dot{I}$
$=\left[15+j\left(0.1\omega-\dfrac{10^3}{\omega}\right)\right]\times 0.2$
$=3+j\left(0.02\omega-\dfrac{200}{\omega}\right)$.

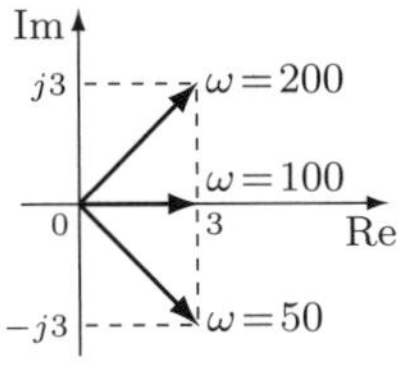


$\omega=50$ のとき $\dot{V}=3-j3=3\sqrt{2}\angle -45°\,[\mathrm{V}]$．
$\omega=100$ のとき $\dot{V}=3+j0=3\angle 0°\,[\mathrm{V}]$．
$\omega=200$ のとき $\dot{V}=3+j3=3\sqrt{2}\angle 45°\,[\mathrm{V}]$．

**17.2** $\dot{I}=\dfrac{\dot{E}}{R+j\omega L+\frac{1}{j\omega C}}$
$=\dfrac{60}{15+j\left(0.1\omega-\frac{10^3}{\omega}\right)}$.

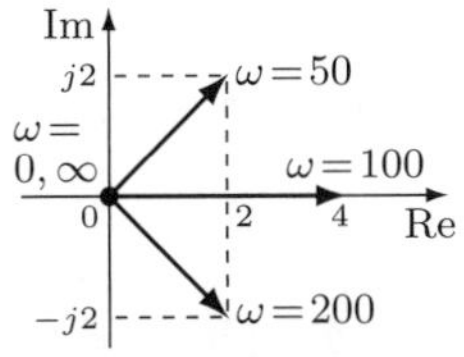


$\omega=0$ のとき $\dot{I}=\dfrac{60}{15+j(0-\infty)}=0\,[\mathrm{A}]$.（位相無し）
$\omega=50$ のとき $\dot{I}=\dfrac{60}{15-j15}=\dfrac{4}{1-j}=\dfrac{4(1+j)}{(1-j)(1+j)}$
$=2+j2=2\sqrt{2}\angle 45°\,[\mathrm{A}]$.
$\omega=100$ のとき $\dot{I}=\dfrac{60}{15+j0}=4=4\angle 0°\,[\mathrm{A}]$.
$\omega=200$ のとき $\dot{I}=\dfrac{60}{15+j15}=\dfrac{4}{1+j}=\dfrac{4(1-j)}{(1+j)(1-j)}$
$=2-j2=2\sqrt{2}\angle -45°\,[\mathrm{A}]$.
$\omega=\infty$ のとき $\dot{I}=\dfrac{60}{15+j(\infty-0)}=0\,[\mathrm{A}]$.（位相無し）

**17.3** $\dot{I}=\dfrac{\dot{E}}{j\omega L+\frac{1}{j\omega C}}=\dfrac{20}{j20-j10}=\dfrac{20}{j10}=\dfrac{20}{10\angle 90°}$
$=2\angle -90°\,[\mathrm{A}]$.
$\dot{V}_{\mathrm{L}}=j\omega L\dot{I}=j20\times\dot{I}=20\angle 90°\times 2\angle -90°=40\angle 0°\,[\mathrm{V}]$.
$\dot{V}_{\mathrm{C}}=\dfrac{\dot{I}}{j\omega C}=\dfrac{\dot{I}}{j0.1}=\dfrac{2\angle -90°}{0.1\angle 90°}$
$=20\angle -180°\,[\mathrm{V}]$.

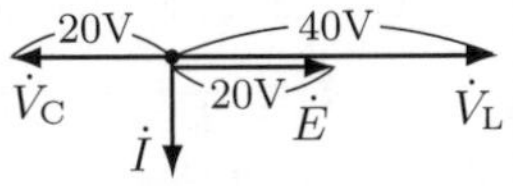


**17.4** 電流 $\dot{I}$ を基準方向 $(0°)$ とすれば，$\dot{V}_{\mathrm{L}}=j5$，$\dot{V}_{\mathrm{C}}=-j3$ ゆえ，$\dot{V}=\dot{V}_{\mathrm{L}}+\dot{V}_{\mathrm{C}}=j2$．$\therefore V=|\dot{V}|=2\,[\mathrm{V}]$.

**17.5** $\dot{V}=V\angle 0°\,[\mathrm{V}]$. $\to v(t)=\sqrt{2}\,V\sin\omega t\,[\mathrm{V}]$.
$\dot{I}=j\omega C\dot{V}=\omega CV\angle 90°\,[\mathrm{A}]$.
$\to i(t)=\sqrt{2}\,\omega CV\sin(\omega t+90°)=\sqrt{2}\,\omega CV\cos\omega t\,[\mathrm{A}]$.
$W_{\mathrm{C}}(t)=\dfrac{1}{2}Cv^2=CV^2\sin^2\omega t\,[\mathrm{J}]$. $\quad\omega^2=\dfrac{1}{LC}$
$W_{\mathrm{L}}(t)=\dfrac{1}{2}Li^2=\omega^2 LC^2V^2\cos^2\omega t=CV^2\cos^2\omega t\,[\mathrm{J}]$.
$\therefore W_{\mathrm{C}}(t)+W_{\mathrm{L}}(t)=CV^2=$ 一定.
電源からのエネルギー供給が無くても，総エネルギーは減少せずに一定値を保ちつつ $L, C$ 間を往復する.（共振状態）

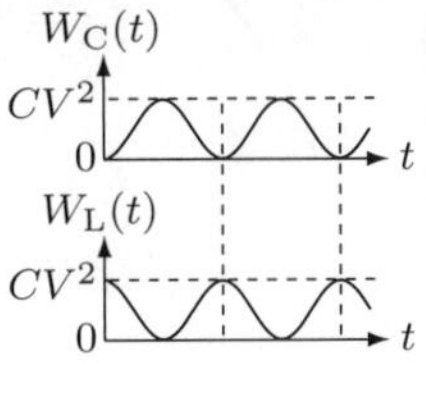


**17.6**
(1) $\dot{I}=\dfrac{10}{5-j5}=\dfrac{10}{5\sqrt{2}\angle -45°}=\sqrt{2}\angle 45°\,[\mathrm{A}]$.
$\dot{V}_{\mathrm{R}}=R\dot{I}=5\times\sqrt{2}\angle 45°=5\sqrt{2}\angle 45°\,[\mathrm{V}]$.
$\dot{V}_{\mathrm{L}}=j\omega L\dot{I}=5\angle 90°\times\sqrt{2}\angle 45°=5\sqrt{2}\angle 135°\,[\mathrm{V}]$.
$\dot{V}_{\mathrm{C}}=\dfrac{\dot{I}}{j\omega C}=\dfrac{\sqrt{2}\angle 45°}{0.1\angle 90°}=10\sqrt{2}\angle -45°\,[\mathrm{V}]$.

(2) $\dot{I}=\dfrac{10}{5+j5}=\dfrac{10}{5\sqrt{2}\angle 45°}=\sqrt{2}\angle -45°\,[\mathrm{A}]$.
$\dot{V}_{\mathrm{R}}=R\dot{I}=5\times\sqrt{2}\angle -45°=5\sqrt{2}\angle -45°\,[\mathrm{V}]$.
$\dot{V}_{\mathrm{L}}=j\omega L\dot{I}=10\angle 90°\times\sqrt{2}\angle -45°$
$=10\sqrt{2}\angle 45°\,[\mathrm{V}]$.
$\dot{V}_{\mathrm{C}}=\dfrac{\dot{I}}{j\omega C}=\dfrac{\sqrt{2}\angle -45°}{0.2\angle 90°}=5\sqrt{2}\angle -135°\,[\mathrm{V}]$.

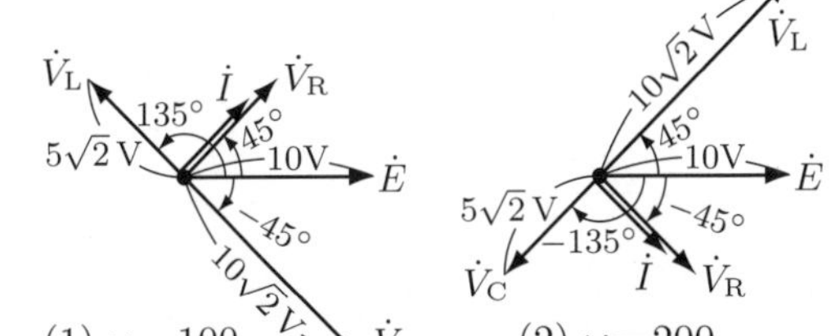


(1) $\omega=100$ (2) $\omega=200$

**17.7**
(1) $S_1, S_2$ 開放時，$\dot{I}$ と $\dot{E}$ が同相ゆえ，インピーダンス $\dot{Z}=$ 実数 $R$，リアクタンス $\omega L-\dfrac{1}{\omega C}=0$.
$\therefore R=Z=\dfrac{E}{I}=\dfrac{150}{5}=30\,[\Omega]$.
$S_2$ 短絡時，$Z=\sqrt{R^2+(\omega L)^2}=\dfrac{E}{I}=\dfrac{150}{3}=50$.
$R=30$ ゆえ，$\omega L=40$. $\to L=40\,[\mathrm{mH}]$.
$\omega L=\dfrac{1}{\omega C}$. $\to C=\dfrac{1}{\omega^2 L}=\dfrac{1}{4\times 10^4}\,[\mathrm{F}]=25\,[\mu\mathrm{F}]$.

(2) $I=\dfrac{E}{\sqrt{R^2+(\frac{1}{\omega C})^2}}=\dfrac{E}{\sqrt{R^2+(\omega L)^2}}=3\,[\mathrm{A}]$.

(3) $I=\dfrac{E}{R}=5\,[\mathrm{A}]$.

**17.8** $R, L, C$ のインピーダンスはそれぞれ，$10\sqrt{3}$，$j15$，$-j5\,[\Omega]$ となるから，$\dot{Z}=10\sqrt{3}+j15-j5$
$=10\sqrt{3}+j10=20\angle 30°\,[\Omega]$.
$\dot{I}=\dfrac{40}{20\angle 30°}=2\angle -30°\,[\mathrm{A}]$.
$I=|\dot{I}|=2\,[\mathrm{A}]$. $\quad\theta=-30°$.

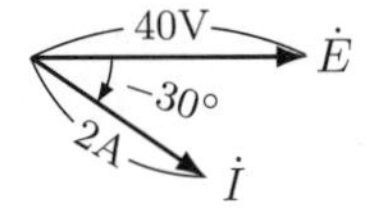


**17.9** $\dot{Z}=40+j30\,[\Omega]$.
$Z=|\dot{Z}|=\sqrt{40^2+30^2}=50\,[\Omega]$.
$I=\dfrac{E}{Z}=\dfrac{100}{50}=2\,[\mathrm{A}]$.

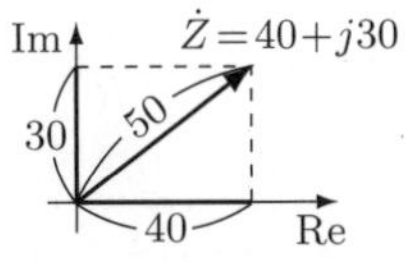


**17.10** インピーダンス $\dot{Z}=30+j10\,[\Omega]$ だから，
アドミタンス $\dot{Y}=\dfrac{1}{30+j10}=\dfrac{30-j10}{(30+j10)(30-j10)}$
$=\dfrac{30-j10}{30^2+10^2}=0.03-j0.01\,[\mathrm{S}]=30-j10\,[\mathrm{mS}]$.
$\therefore G=30\,[\mathrm{mS}]$. $\quad B=-10\,[\mathrm{mS}]$.

**18.1** $\dot{I}_1=\dot{Y}_1\dot{E}=2\sqrt{2}\angle -45°\,[\mathrm{A}]$.
$\dot{I}_2=\dot{Y}_2\dot{E}=3\angle 90°\,[\mathrm{A}]$.
$\dot{I}=\dot{I}_1+\dot{I}_2=(2-j2)+j3=2+j1$
$=\sqrt{5}\angle\tan^{-1}\dfrac{1}{2}\fallingdotseq 2.24\angle 26.6°\,[\mathrm{A}]$.

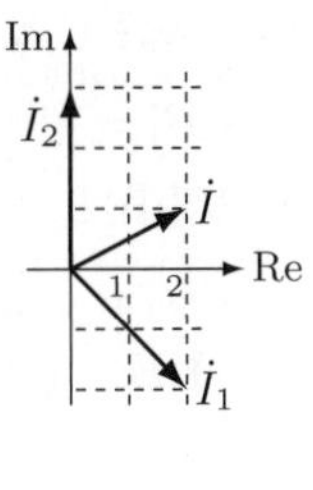

**18.2** $\dot{Y}=\dfrac{1}{R}+j\omega C=0.2+j\omega\times10^{-3}$.

$\omega=0$ のとき $\dot{Y}=0.2\,[\mathrm{S}]$, $\dot{Z}=\dfrac{1}{\dot{Y}}=\dfrac{1}{0.2}=5\,[\Omega]$.

$\omega=100$ のとき $\dot{Y}=0.2+j0.1\,[\mathrm{S}]$, $\dot{Z}=\dfrac{1}{0.2+j0.1}$

$=\dfrac{10}{2+j}=\dfrac{10(2-j)}{(2+j)(2-j)}=\dfrac{10(2-j)}{5}=4-j2\,[\Omega]$.

$\omega=200$ のとき $\dot{Y}=0.2+j0.2\,[\mathrm{S}]$, $\dot{Z}=\dfrac{1}{0.2+j0.2}$

$=\dfrac{5}{1+j}=\dfrac{5(1-j)}{(1+j)(1-j)}=\dfrac{5(1-j)}{2}=2.5-j2.5\,[\Omega]$.

$\omega=400$ のとき $\dot{Y}=0.2+j0.4\,[\mathrm{S}]$, $\dot{Z}=\dfrac{1}{0.2+j0.4}$

$=\dfrac{5}{1+j2}=\dfrac{5(1-j2)}{(1+j2)(1-j2)}=\dfrac{5(1-j2)}{5}=1-j2\,[\Omega]$.

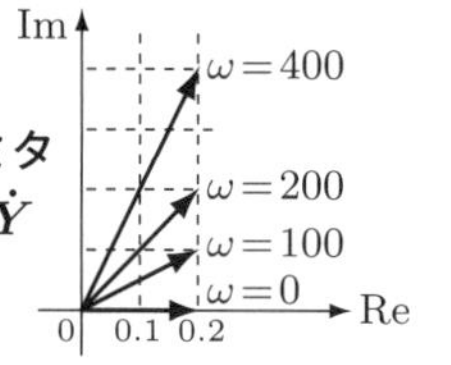

アドミタンス$\dot{Y}$

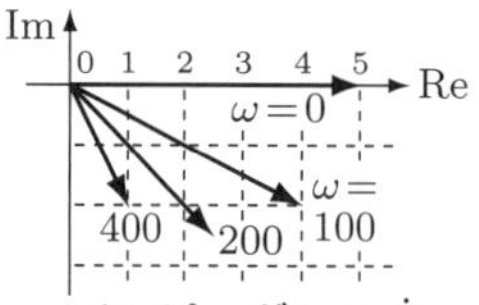

インピーダンス$\dot{Z}$

**18.3** $\dot{Y}=\dfrac{1}{R}+\dfrac{1}{j\omega L}=\dfrac{1}{5}+\dfrac{1}{j0.025\omega}=0.2-j\dfrac{40}{\omega}$.

$\dot{Z}$を求める計算は前問と同様なので省略する.

$\omega=100$ のとき $\dot{Y}=0.2-j0.4\,[\mathrm{S}]$, $\dot{Z}=1+j2\,[\Omega]$.

$\omega=200$ のとき $\dot{Y}=0.2-j0.2\,[\mathrm{S}]$, $\dot{Z}=2.5+j2.5\,[\Omega]$.

$\omega=400$ のとき $\dot{Y}=0.2-j0.1\,[\mathrm{S}]$, $\dot{Z}=4+j2\,[\Omega]$.

$\omega=\infty$ のとき $\dot{Y}=0.2\,[\mathrm{S}]$, $\dot{Z}=5\,[\Omega]$.

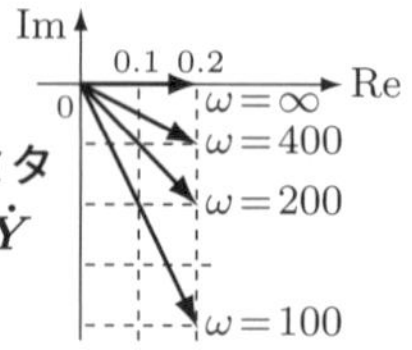

アドミタンス$\dot{Y}$

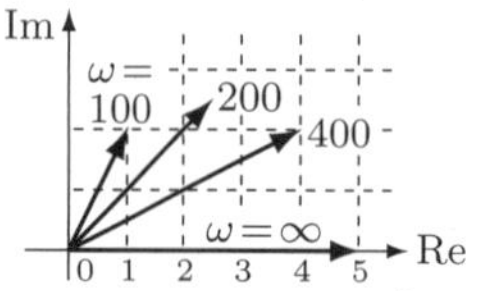

インピーダンス$\dot{Z}$

**18.4** 向きをもつフェーザに直してから加算する.
電源電圧の向きを基準方向(0°)にする.

(1) $\dot{I}_\mathrm{R}=3$, $\dot{I}_\mathrm{L}=-j7$, $\dot{I}_\mathrm{C}=j7$.
$\dot{I}_2=\dot{I}_\mathrm{L}+\dot{I}_\mathrm{C}=0.$ $\to I_2=0\,[\mathrm{A}]$.
$\dot{I}_1=\dot{I}_2+\dot{I}_\mathrm{R}=3+j0.$ $\to I_1=3\,[\mathrm{A}]$.

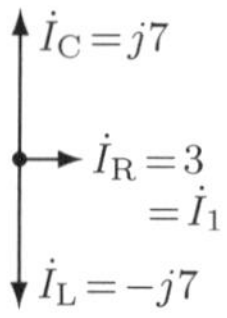


(2) $\dot{I}_\mathrm{R}=3$, $\dot{I}_\mathrm{L}=-j3$, $\dot{I}_\mathrm{C}=j7$.
$\dot{I}_2=\dot{I}_\mathrm{L}+\dot{I}_\mathrm{C}=j4.$ $\to I_2=4\,[\mathrm{A}]$.
$\dot{I}_1=\dot{I}_2+\dot{I}_\mathrm{R}=3+j4.$
$\to I_1=|\dot{I}_1|=\sqrt{3^2+4^2}=5\,[\mathrm{A}]$.

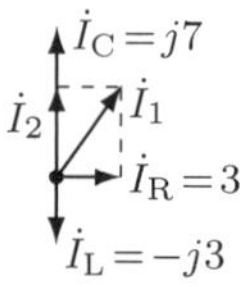


**18.5** $\dot{Y}=\dfrac{1}{R}+j\left(\omega C-\dfrac{1}{\omega L}\right)$の実部が$G$, 虚部が$B$.

$G=\dfrac{1}{R}=0.2\,[\mathrm{S}]$. $B=\omega C-\dfrac{1}{\omega L}=0.1-0.25$

$=-0.15\,[\mathrm{S}]$. $\dot{Y}=G+jB=0.2-j0.15\,[\mathrm{S}]$.

$\dot{I}=\dot{Y}\dot{E}=4-j3=5\angle-\tan^{-1}\dfrac{3}{4}\fallingdotseq5\angle-36.9°\,[\mathrm{A}]$.

**18.6** 並列のアドミタンス $\dot{Y}=\dfrac{1}{R}-j\dfrac{1}{\omega L}+j\omega C$

$=G+jB_1+jB_2.$ $(B_1<0,\ B_2>0)$.

$\mathrm{S}_1,\mathrm{S}_2$を開いたとき, $\dfrac{I}{E}=\dfrac{1.2}{100}=12\,[\mathrm{mS}]=G$.

$\mathrm{S}_1$のみ閉じると, $\dfrac{I}{E}=\dfrac{1.5}{100}=15\,[\mathrm{mS}]=\sqrt{G^2+B_1^{\,2}}$.

$\to B_1=-\sqrt{15^2-G^2}=-\sqrt{15^2-12^2}=-9\,[\mathrm{mS}]$.

$\mathrm{S}_2$のみ閉じると, $\dfrac{I}{E}=\dfrac{2}{100}=20\,[\mathrm{mS}]=\sqrt{G^2+B_2^{\,2}}$.

$\to B_2=\sqrt{20^2-G^2}=\sqrt{20^2-12^2}=16\,[\mathrm{mS}]$.

$I=YE=\sqrt{G^2+(B_1+B_2)^2}\times E\fallingdotseq1.39\,[\mathrm{A}]$.

**18.7** $\dot{Y}=\dfrac{1}{R}+j\left(\omega C-\dfrac{1}{\omega L}\right)$

$=0.1+j0.1=0.1\sqrt{2}\angle45°\,[\mathrm{S}]$.

$\dot{V}=\dfrac{\dot{I}}{\dot{Y}}=10\sqrt{2}\angle-45°\,[\mathrm{V}]$.

$I_\mathrm{R}=\dfrac{\dot{V}}{R}=\sqrt{2}\angle-45°\,[\mathrm{A}]$.

$I_\mathrm{L}=\dfrac{\dot{V}}{j\omega L}=\dfrac{10\sqrt{2}\angle-45°}{5\angle90°}=2\sqrt{2}\angle-135°\,[\mathrm{A}]$.

$I_\mathrm{C}=j\omega C\dot{V}=(0.3\angle90°)(10\sqrt{2}\angle-45°)=3\sqrt{2}\angle45°\,[\mathrm{A}]$.

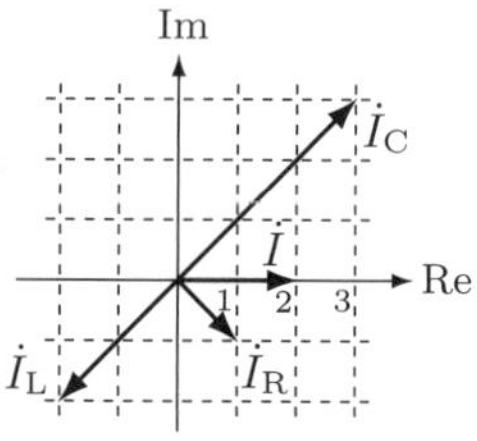


**18.8** $i$は$v$より位相が進むから, RC回路.

$v$の最大値 $V_\mathrm{m}=10\,[\mathrm{V}]$. $\to$ 実効値 $V=5\sqrt{2}\,[\mathrm{V}]$.

$i$の最大値 $I_\mathrm{m}=2\,[\mathrm{A}]$. $\to$ 実効値 $I=\sqrt{2}\,[\mathrm{A}]$.

$20\,[\mathrm{ms}]=1$ 周期 $=360°$.

$v$は原点を通るから, $\dot{V}=5\sqrt{2}\angle0°\,[\mathrm{V}]$.

$i$は$(10/3)\,[\mathrm{ms}]=60°$進むから, $\dot{I}=\sqrt{2}\angle60°\,[\mathrm{A}]$.

$\dot{Y}=\dfrac{\dot{I}}{\dot{V}}=\dfrac{\sqrt{2}\angle60°}{5\sqrt{2}\angle0°}=0.2\angle60°=0.1+j0.1\sqrt{3}\,[\mathrm{S}]$.

$\dot{Y}=\dfrac{1}{R}+j\omega C$ より, $R=10\,[\Omega]$, $\omega C=0.1\sqrt{3}\,[\mathrm{S}]$.

$\omega=\dfrac{2\pi}{0.02\,[\mathrm{s}]}=100\pi$ より, $C=\dfrac{\sqrt{3}}{1000\pi}\,[\mathrm{F}]\fallingdotseq551\,[\mu\mathrm{F}]$.

**18.9** RL並列のインピーダンス $\dot{Z}=\dfrac{1}{\dot{Y}}=\dfrac{1}{\frac{1}{R'}-j\frac{1}{\omega L'}}$

$=\dfrac{1}{\frac{1}{30}-j\frac{1}{10}}=\dfrac{30}{1-j3}=\dfrac{30(1+j3)}{(1-j3)(1+j3)}=3(1+j3)$

$=3+j9\,[\Omega]$. これが, RL直列のインピーダンス $\dot{Z}=R+j\omega L$ と等しくなればよい.

$\therefore R=3\,[\Omega]$. $\omega L=9.\to L=9\,[\mathrm{mH}]$.

**18.10** 直流時は, $I_\mathrm{C}=0$ だから $I=I_\mathrm{R}=\dfrac{E}{R}$.

$\therefore R=\dfrac{E}{I}=\dfrac{100}{4}=25\,[\Omega]$.

交流時は, $I=5\,[\mathrm{A}]$, $I_\mathrm{R}=4\,[\mathrm{A}]$,

$I^2=I_\mathrm{R}^{\,2}+I_\mathrm{C}^{\,2}$ より $I_\mathrm{C}=3\,[\mathrm{A}]$.

$I_\mathrm{C}=\omega CE$ より, $C=\dfrac{I_\mathrm{C}}{\omega E}$

$=\dfrac{3}{1000\times100}=3\times10^{-5}\,[\mathrm{F}]=30\,[\mu\mathrm{F}]$.

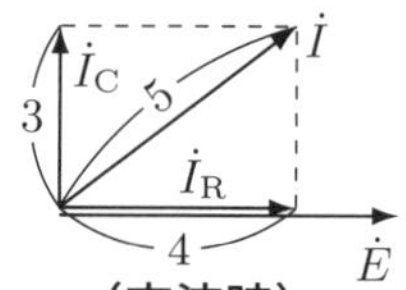

(交流時)

**19.1** (加算は直角座標, 逆数は極座標が便利)

(1) 2Ω と 40 mH の合成インピーダンスは $2+j4$.

$\dot{Y}=\dfrac{1}{2+j4}+\dfrac{1}{10}=\dfrac{2-j4}{(2+j4)(2-j4)}+\dfrac{1}{10}$

$=\dfrac{2-j4}{20}+\dfrac{1}{10}=\dfrac{1}{5}-j\dfrac{1}{5}=\dfrac{\sqrt{2}}{5}\angle-45°\,[\mathrm{S}]$.

$\dot{Z}=\dfrac{1}{\dot{Y}}=\dfrac{5}{\sqrt{2}\angle-45°}=2.5\sqrt{2}\angle45°\,[\Omega]$.

(2) 1Ω と 30 mH の合成インピーダンスは $1+j3$.
1Ω と 5 mF の合成インピーダンスは $1-j2$.

$\dot{Y}=\dfrac{1}{1+j3}+\dfrac{1}{1-j2}=\dfrac{1-j3}{10}+\dfrac{1+j2}{5}$

$=0.3+j0.1=\sqrt{0.1}\angle\tan^{-1}\dfrac{1}{3}\fallingdotseq\dfrac{1}{\sqrt{10}}\angle18.4°\,[\mathrm{S}]$.

$\dot{Z}=\dfrac{1}{\dot{Y}}\fallingdotseq\sqrt{10}\angle-18.4°\,[\Omega]$.

(3) $\dot{Z}=\dfrac{1}{\frac{1}{R}+j\omega C}+j\omega L=\dfrac{2}{1+j}+j2=1-j+j2$

$=\sqrt{2}\angle45°\,[\Omega]$. $\dot{Y}=\dfrac{1}{\dot{Z}}=\dfrac{1}{\sqrt{2}}\angle-45°\,[\mathrm{S}]$.

**19.2**

(1) 2mF および 5Ω//100mH のインピーダンスを $\dot{Z}_1$ および $\dot{Z}_2$ とすれば，$\dot{Z}_1=\dfrac{1}{j\omega C}=-j5$ $=5\angle-90^\circ$．$\dot{Z}_2=\dfrac{1}{\frac{1}{R}+\frac{1}{j\omega L}}=\dfrac{1}{\frac{1}{5}-j\frac{1}{10}}=\dfrac{10}{2-j}$ $=\dfrac{10(2+j)}{(2-j)(2+j)}=4+j2\risingdotseq 2\sqrt{5}\angle 26.6^\circ$．

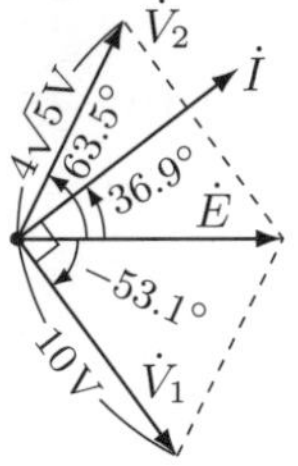


$\dot{I}=\dfrac{\dot{E}}{\dot{Z}_1+\dot{Z}_2}=\dfrac{10}{4-j3}\risingdotseq\dfrac{10}{5\angle-36.9^\circ}$ $=2\angle 36.9^\circ$[A].

$\dot{V}_1=\dot{Z}_1\dot{I}\risingdotseq(5\angle-90^\circ)$ $\times(2\angle 36.9^\circ)=10\angle-53.1^\circ$[V].

$\dot{V}_2=\dot{Z}_2\dot{I}\risingdotseq(2\sqrt{5}\angle 26.6^\circ)$ $\times(2\angle 36.9^\circ)=4\sqrt{5}\angle 63.5^\circ$[V].

(2) 30Ω//100mH および 30Ω//1mF のインピーダンスを $\dot{Z}_1$ および $\dot{Z}_2$ とする．$\dot{Z}_1=\dfrac{1}{\frac{1}{30}+\frac{1}{j10}}$ $=\dfrac{30}{1-j3}=3+j9\risingdotseq 3\sqrt{10}\angle 71.6^\circ$．

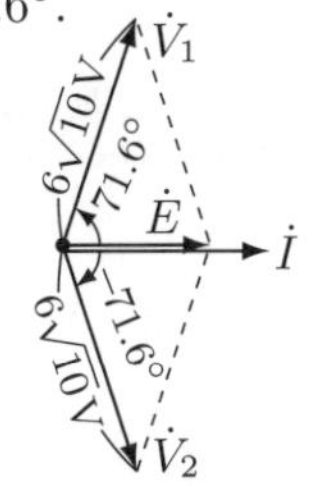


$\dot{Z}_2=3-j9\risingdotseq 3\sqrt{10}\angle-71.6^\circ$．

$\dot{I}=\dfrac{\dot{E}}{\dot{Z}_1+\dot{Z}_2}=\dfrac{12}{6}=2\angle 0^\circ$[A].

$\dot{V}_1=\dot{Z}_1\dot{I}\risingdotseq 6\sqrt{10}\angle 71.6^\circ$[V].

$\dot{V}_2=\dot{Z}_2\dot{I}\risingdotseq 6\sqrt{10}\angle-71.6^\circ$[V].

**19.3**

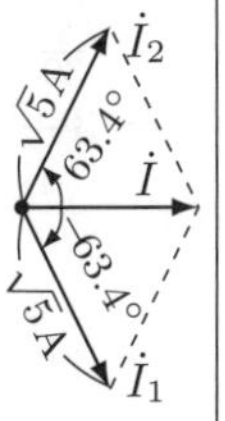


(1) $\dot{I}_1=\dfrac{10}{2+j4}=1-j2\risingdotseq\sqrt{5}\angle-63.4^\circ$[A].

$\dot{I}_2=\dfrac{10}{2-j4}=1+j2\risingdotseq\sqrt{5}\angle 63.4^\circ$[A].

$\dot{I}=\dot{I}_1+\dot{I}_2=2+j0=2\angle 0^\circ$[A].

(2) $\dot{I}_1=\dfrac{10}{2+j4}=1-j2\risingdotseq\sqrt{5}\angle-63.4^\circ$[A].

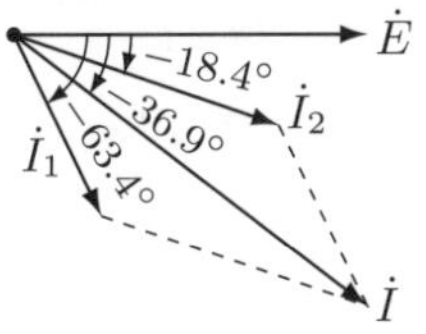


$\dot{I}_2=\dfrac{10}{3+j1}=3-j1$ $\risingdotseq\sqrt{10}\angle-18.4^\circ$[A].

$\dot{I}=\dot{I}_1+\dot{I}_2=4-j3$ $\risingdotseq 5\angle-36.9^\circ$[A].

**19.4** $\omega=100$[rad/s]．$\dot{E}=10\angle 0^\circ$[V]．60mH および 20Ω//1mF のインピーダンスを $\dot{Z}_1,\dot{Z}_2$ とすれば，

$\dot{Z}_1=j\omega L=j6$，$\dot{Z}_2=\dfrac{1}{\frac{1}{20}+j0.1}=\dfrac{20}{1+j2}=4-j8$.

$\dot{V}_1=\dfrac{\dot{Z}_1}{\dot{Z}_1+\dot{Z}_2}\dot{E}=\dfrac{j6\times 10}{4-j2}=\dfrac{j30}{2-j1}\risingdotseq\dfrac{30\angle 90^\circ}{\sqrt{5}\angle-26.6^\circ}$ $=6\sqrt{5}\angle 116.6^\circ$[V]．$\dot{V}_2=\dfrac{\dot{Z}_2}{\dot{Z}_1+\dot{Z}_2}\dot{E}=\dfrac{10(4-j8)}{4-j2}$ $=\dfrac{20(1-j2)}{2-j1}\risingdotseq\dfrac{20\sqrt{5}\angle-63.4^\circ}{\sqrt{5}\angle-26.6^\circ}=20\angle-36.8^\circ$[V].

$\therefore\ v_1(t)=6\sqrt{10}\sin(100t+116.6^\circ)$[V].

$v_2(t)=20\sqrt{2}\sin(100t-36.8^\circ)$[V].

**19.5** $\dot{I}_2$ は $\dot{E}$ より 90° 進むから，$\dot{I}_1,\dot{I}_2,\dot{I}$ は右図の正三角形を作る．

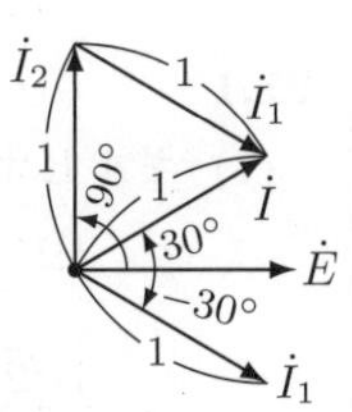


$\therefore\ \dot{I}_2=1\angle 90^\circ=j1$，$\dot{I}_1=1\angle-30^\circ$.

$\dot{I}_2=j\omega C\dot{E}=j10^3C.\to C=1$[mF].

$R+j\omega L=\dfrac{\dot{E}}{\dot{I}_1}=\dfrac{10}{1\angle-30^\circ}=10\angle 30^\circ$ $=5\sqrt{3}+j5$ より，$R=5\sqrt{3}$[Ω]，$L=50$[mH].

**19.6**

(1) $\dot{I}_1=\dfrac{\dot{E}}{R+j\omega L}=\dfrac{10}{1+j3}=\dfrac{10(1-j3)}{(1+j3)(1-j3)}$ $=1-j3$[A]．$I_1=|\dot{I}_1|=\sqrt{10}$[A].

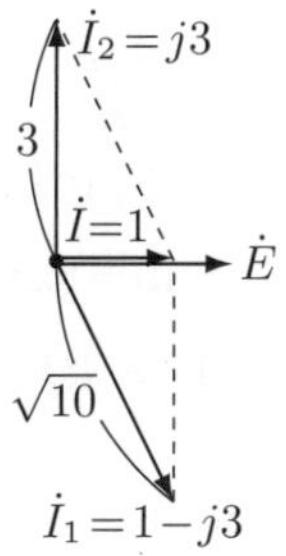


(2) $\dot{I}_2=j\omega C\dot{E}=j10^4C$[A].

$\dot{I}=\dot{I}_1+\dot{I}_2=1+j(10^4C-3)$[A].

(3) $I=|\dot{I}|=\sqrt{1^2+(10^4C-3)^2}$ は，$10^4C=3$ のとき最小になる．

$\therefore C=300$[μF]．このとき，

$\dot{I}_2=j3$[A]．$\dot{I}=1$[A].

**19.7** 点A, Bの電位 $\dot{V}_A,\dot{V}_B$ は分圧の式より，

$\dot{V}_A=\dfrac{R}{R+j\omega L}\dot{E}$，$\dot{V}_B=\dfrac{j\omega L}{R+j\omega L}\dot{E}$．$\therefore\dot{V}=\dot{V}_A-\dot{V}_B$ $=\dfrac{R-j\omega L}{R+j\omega L}\dot{E}$．$V=|\dot{V}|=\dfrac{|R-j\omega L|}{|R+j\omega L|}E=E$.(一定値)

$\omega=0$ のときは，$\dot{V}=\dot{E}=E\angle 0^\circ$．$\omega=\dfrac{R}{L}$ のとき，

$\dot{V}=\dfrac{R-jR}{R+jR}\dot{E}=\dfrac{1-j}{1+j}E=\dfrac{\sqrt{2}\angle-45^\circ}{\sqrt{2}\angle 45^\circ}E=E\angle-90^\circ$.

$\omega\to\infty$ で，$\dot{V}=\dfrac{\frac{R}{\omega L}-j}{\frac{R}{\omega L}+j}\dot{E}\to\dfrac{1\angle-90^\circ}{1\angle 90^\circ}E=E\angle-180^\circ$.

$|\dot{V}|$ はつねに電源電圧 $E$ に等しく，$\dot{V}$ の位相だけが $\omega$ とともに変化する．この回路を**位相推移器**という．

**19.8** $\dot{Y}=\dfrac{1}{R+j\omega L}+\dfrac{1}{R+\frac{1}{j\omega C}}$ に $L=CR^2$ を代入：

$\dot{Y}=\dfrac{1}{R+j\omega CR^2}+\dfrac{j\omega C}{1+j\omega CR}=\dfrac{1+j\omega CR}{R(1+j\omega CR)}=\dfrac{1}{R}$.

$\therefore\dot{Z}=R$．このように，$L,C$ を含むのに $\dot{Z}$ が $\omega$ に依存せず，一定の抵抗値となる回路を**定抵抗回路**という．

$L=CR^2$ のとき，下図 (a) はブリッジの平衡条件 $R^2=j\omega L\times\dfrac{1}{j\omega C}$ を満たすので，$\dot{Z}_0$ に電流は流れず，$\dot{Z}_0$ を短絡または開放した (b), (c) と等価である．(c) は本問題の回路で，全インピーダンス $=R$ だから，$L=CR^2$ のとき，回路 (a), (b), (c) はどれも，全インピーダンス $=R$ の定抵抗回路である．

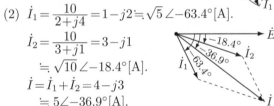

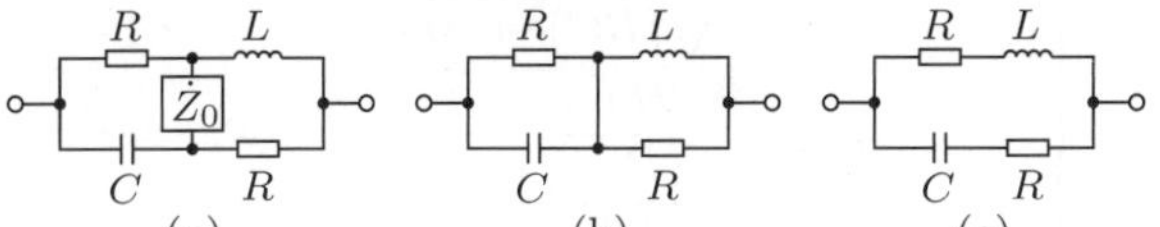


(a)　(b)　(c)

**20.1**

(1) $\omega_r=\dfrac{1}{\sqrt{LC}}=\dfrac{1}{\sqrt{5\times 10^{-3}\times 5\times 10^{-7}}}$ $=\dfrac{1}{\sqrt{25\times 10^{-10}}}=\dfrac{1}{5\times 10^{-5}}=2\times 10^4$[rad/s].

$Q=\dfrac{\omega_r L}{R}=\dfrac{2\times 10^4\times 5\times 10^{-3}}{5}=20.$

(2) $\omega_r=\dfrac{1}{\sqrt{LC}}$ より $C=\dfrac{1}{L\omega_r{}^2}=\dfrac{1}{2\times 10^{-3}\times(10^4)^2}$ $=5\times 10^{-6}$[F]$=5$[μF].

(3) $C=\dfrac{1}{(2\pi f_r)^2L}$ ゆえ，$C$ を 1/4 倍すればよい．

(4) $V_L=V_C$ ゆえ，共振していて，電源電圧 $E=V_R$ $=0.5$[V]．$\therefore\ Q=$ 共振時の $\dfrac{V_L}{E}=\dfrac{10}{0.5}=20.$

(5) $Q=\dfrac{\omega_r}{\Delta\omega}=\dfrac{f_r}{\Delta f}=\dfrac{90\,\mathrm{k}}{6\,\mathrm{k}}=15.$

**20.2** $\omega_r=\dfrac{1}{\sqrt{LC}}=\dfrac{1}{\sqrt{5\times10^{-2}\times5\times10^{-6}}}=\dfrac{1}{5\times10^{-4}}$ $=2000\,[\text{rad/s}]$. $f_r=\dfrac{\omega_r}{2\pi}=\dfrac{1000}{\pi}\fallingdotseq318\,[\text{Hz}]$. $Q=\dfrac{\omega_r L}{R}=\dfrac{100}{4}=25$. 共振時に，$\dot{I}=\dfrac{\dot{E}}{R}=0.05\angle0°$ $=50\angle0°\,[\text{mA}]$. $\dot{V}_R=\dot{E}=0.2\angle0°\,[\text{V}]$. $\dot{V}_L=j\omega_r L\dot{I}$ $=j5=5\angle90°\,[\text{V}]$. $\dot{V}_C=\dfrac{\dot{I}}{j\omega_r C}=-j5=5\angle-90°\,[\text{V}]$. ($\dot{V}_L=jQ\dot{E}$, $\dot{V}_C=-jQ\dot{E}$)

**20.3** $R=\dfrac{E}{I_r}=\dfrac{0.1}{5\times10^{-3}}=20\,[\Omega]$. $Q=\dfrac{\omega_r L}{R}$ より $L=\dfrac{QR}{\omega_r}=\dfrac{50\times20}{10^6}=10^{-3}[\text{H}]=1\,[\text{mH}]$. $Q=\dfrac{1}{\omega_r CR}$ より $C=\dfrac{1}{\omega_r QR}=\dfrac{1}{10^6\times50\times20}=10^{-9}\,[\text{F}]=1\,[\text{nF}]$.

**20.4** $Q=\dfrac{\omega_r}{\Delta\omega}=\dfrac{2\times10^4}{10^3}=20$.
$L=\dfrac{QR}{\omega_r}=\dfrac{20\times5}{2\times10^4}=5\times10^{-3}\,[\text{H}]=5\,[\text{mH}]$.
$C=\dfrac{1}{\omega_r QR}=\dfrac{1}{2\times10^4\times20\times5}=5\times10^{-7}[\text{F}]=0.5\,[\mu\text{F}]$.

**20.5** 共振時に $I_r=\dfrac{E}{R}=0.2\,[\text{A}]$，$V_L=V_C=10\,[\text{V}]$. $V_L=\omega_r L I_r$ より，$\omega_r=\dfrac{V_L}{LI_r}=\dfrac{10}{10^{-3}}=10^4\,[\text{rad/s}]$. $V_C=\dfrac{I_r}{\omega_r C}$ より，$C=\dfrac{I_r}{\omega_r V_C}=\dfrac{0.2}{10^4\times10}=2\,[\mu\text{F}]$.

**20.6** $I=\dfrac{I_r}{\sqrt{2}}$ になる $\omega$ を $\omega_1,\omega_2$ ($\omega_1<\omega_2$) と置く. $I=\dfrac{E}{\sqrt{R^2+(\omega L-\frac{1}{\omega C})^2}}$ と $\dfrac{I_r}{\sqrt{2}}=\dfrac{E}{\sqrt{2}\,R}$ を等値して，
$R^2+\left(\omega L-\dfrac{1}{\omega C}\right)^2=2R^2$. $\to$ $\left(\omega L-\dfrac{1}{\omega C}\right)^2=R^2$.
$\therefore\ \omega L-\dfrac{1}{\omega C}=\pm R$. $\to$ $LC\omega^2\mp RC\omega-1=0$.
この二次方程式の解（負の解は除く）が $\omega_1,\omega_2$ ゆえ，

$$\begin{cases}\omega_1=\dfrac{-RC+\sqrt{(RC)^2+4LC}}{2LC}\\ \omega_2=\dfrac{RC+\sqrt{(RC)^2+4LC}}{2LC}\end{cases}.\quad(\omega_1<\omega_2)$$

$\therefore\ \Delta\omega=\omega_2-\omega_1=\dfrac{2RC}{2LC}=\dfrac{R}{L}$. $\to$ $\dfrac{\omega_r}{\Delta\omega}=\dfrac{\omega_r L}{R}$.

**20.7** $\omega_r=500\,[\text{rad/s}]$. $\Delta\omega=525-475=50\,[\text{rad/s}]$. $Q=\dfrac{\omega_r}{\Delta\omega}=\dfrac{500}{50}=10$. $R=\dfrac{E}{I_r}=\dfrac{0.2}{0.1}=2\,[\Omega]$. $Q=\dfrac{\omega_r L}{R}$ より $L=\dfrac{QR}{\omega_r}=\dfrac{10\times2}{500}=40\,[\text{mH}]$. $Q=\dfrac{1}{\omega_r CR}$ より $C=\dfrac{1}{\omega_r QR}=\dfrac{1}{500\times10\times2}=10^{-4}\,[\text{F}]=100\,[\mu\text{F}]$.

**20.8** $E=V_C|_{\omega\to0}=50\,[\text{mV}]$.
$Q=\dfrac{V_C}{E}\Big|_{\omega=\omega_r}=\dfrac{2}{0.05}=40$. $R=\dfrac{E}{I_r}=\dfrac{0.05}{0.1}=0.5\,[\Omega]$.
$L=\dfrac{QR}{\omega_r}=\dfrac{40\times0.5}{10^6}=2\times10^{-5}\,[\text{H}]=20\,[\mu\text{H}]$.
$C=\dfrac{1}{\omega_r QR}=\dfrac{1}{10^6\times40\times0.5}=5\times10^{-8}\,[\text{F}]=50\,[\text{nF}]$.

**20.9** $\omega_r=\dfrac{1}{\sqrt{LC}}=\dfrac{1}{\sqrt{10^{-4}\times10^{-6}}}=10^5[\text{rad/s}]$.
$f_r=\dfrac{\omega_r}{2\pi}\fallingdotseq15.9\,[\text{kHz}]$. 反共振時 $\dot{I}_R=\dfrac{\dot{E}}{R}=8\angle0°[\text{mA}]$.
$\dot{I}_L=\dfrac{\dot{E}}{j\omega_r L}=\dfrac{8}{j10^5\times10^{-4}}=-j0.8=800\angle-90°[\text{mA}]$.
$\dot{I}_C=j\omega_r C\dot{E}=j10^5\times10^{-6}\times8=j0.8=800\angle90°[\text{mA}]$.
$\dot{I}'=\dot{I}_L+\dot{I}_C=0\,[\text{mA}]$（位相なし）. $\dot{I}=\dot{I}_R=8\angle0°[\text{mA}]$.

**20.10** 交流時 ($\omega=10^4$)，$L,C$ のリアクタンスは $X_L=\omega L=10$，$X_C=-\dfrac{1}{\omega C}=-10$. $|X_L|=|X_C|$ ゆえ，LC は並列共振で開放と等価. $\to$ 電流は $R_2$ に流れず，$R_1$ だけに流れる. $\therefore R_1=\dfrac{E}{I}=\dfrac{6}{0.3}=20\,[\Omega]$. 直流時，$R_1$ に 0.3 [A] が流れ，$R_2$ に $0.5-0.3=0.2$ [A] が流れる．直流時に $L$ は短絡と等価ゆえ，$R_2=\dfrac{6}{0.2}=30\,[\Omega]$.

**20.11** 直列時，$V_R=RI=8\times0.5=4\,[\text{V}]$ が $E$ と等しいので，LC は直列共振している（短絡と等価）. RLC を並列に直すと LC は並列共振（開放と等価）となるので，電源電流 $I=R$ の電流 $=0.5\,[\text{A}]$ となる．

**20.12** $\dot{Y}=\dfrac{1}{\frac{1}{j\omega C}+r}+\dfrac{1}{R+j\omega L}=\dfrac{j\omega C}{1+j\omega Cr}$ $+\dfrac{1}{R+j\omega L}=\dfrac{j\omega C(1-j\omega Cr)}{1+(\omega Cr)^2}+\dfrac{R-j\omega L}{R^2+(\omega L)^2}$.
$\omega=\omega_r$ のとき $\text{Im}(\dot{Y})=\dfrac{\omega_r C}{1+(\omega_r Cr)^2}-\dfrac{\omega_r L}{R^2+(\omega_r L)^2}=0$ ゆえ，$\dfrac{C}{1+(\omega_r Cr)^2}=\dfrac{L}{R^2+(\omega_r L)^2}$. $[R^2+(\omega_r L)^2]C$ $=[1+(\omega_r Cr)^2]L$. $(L^2C-LC^2r^2){\omega_r}^2=L-CR^2$.
${\omega_r}^2=\dfrac{L-CR^2}{LC(L-Cr^2)}$. $\therefore\ \omega_r=\dfrac{1}{\sqrt{LC}}\sqrt{\dfrac{L-CR^2}{L-Cr^2}}$.
特に，$R^2,r^2\ll\dfrac{L}{C}$ のときは，$\omega_r\fallingdotseq\dfrac{1}{\sqrt{LC}}$.

**20.13**

(a) $\dot{Y}=\dfrac{1}{j\omega L+\frac{1}{j\omega C}}+\dfrac{1}{j\omega L'}=\dfrac{j\omega C}{1-\omega^2LC}+\dfrac{1}{j\omega L'}$ $=\dfrac{1-\omega^2(L+L')C}{j\omega L'(1-\omega^2LC)}$. LC の共振時に $\dot{Z}=0$, $\dot{Y}=\infty$，反共振時に $\dot{Z}=\infty$, $\dot{Y}=0$ となるから，$\omega_r=\dfrac{1}{\sqrt{LC}}$，$\omega_r'=\dfrac{1}{\sqrt{(L+L')C}}$.

(b) $\dot{Y}=\dfrac{1}{j\omega L+\frac{1}{j\omega C}}+j\omega C'=\dfrac{j\omega C}{1-\omega^2LC}+j\omega C'$ $=\dfrac{j\omega(C+C'-\omega^2LCC')}{1-\omega^2LC}$. $\therefore\ \omega_r=\dfrac{1}{\sqrt{LC}}$, $\omega_r'=\sqrt{\dfrac{C+C'}{LCC'}}$.

**21.1**

(1) キルヒホッフの電圧則より，$\dot{E}_1-\dot{E}_2=\dot{Z}\dot{I}$.
$\dot{I}=\dfrac{\dot{E}_1-\dot{E}_2}{\dot{Z}}=\dfrac{4\angle0°-4\angle90°}{\sqrt{3}-j1}=\dfrac{4-j4}{\sqrt{3}-j1}$ $=\dfrac{4\sqrt{2}\angle-45°}{2\angle-30°}=2\sqrt{2}\angle-15°[\text{A}]$.

(2) 重ねの理を使う．

$\dot{E}_1$だけのときは，$\dot{I}_1' = \dfrac{\dot{E}_1}{2+(2/\!/2)} = 4\angle 30°$
$= 2\sqrt{3}+j2$．$\dot{I}_3' = \dfrac{\dot{I}_1'}{2} = \sqrt{3}+j1$．$\dot{I}_2' = -\sqrt{3}-j1$．

$\dot{E}_2$だけのときは，$\dot{I}_2'' = \dfrac{\dot{E}_2}{2+(2/\!/2)} = 4\angle -30°$
$= 2\sqrt{3}-j2$．$\dot{I}_3'' = \dfrac{\dot{I}_2''}{2} = \sqrt{3}-j1$．$\dot{I}_1'' = -\sqrt{3}+j1$．

$\dot{I}_1 = \dot{I}_1' + \dot{I}_1'' = \sqrt{3}+j3 = 2\sqrt{3}\angle 60°$[A]．
$\dot{I}_2 = \dot{I}_2' + \dot{I}_2'' = \sqrt{3}-j3 = 2\sqrt{3}\angle -60°$[A]．
$\dot{I}_3 = \dot{I}_3' + \dot{I}_3'' = 2\sqrt{3}\angle 0°$[A]．

(3) 重ねの理を使う．20mH と 5mF のインピーダンスはそれぞれ $j\omega L = j2$，$\frac{1}{j\omega C} = -j2$ となる．

$\dot{E}_1$だけのときは，$\dot{I}_1' = \dfrac{\dot{E}_1}{j2+[2/\!/(-j2)]}$
$= \dfrac{\dot{E}_1}{j2+1-j} = \dfrac{8\angle 45°}{\sqrt{2}\angle 45°} = 4\sqrt{2}$．$\dot{I}_3' = \dfrac{-j2}{2-j2}\dot{I}_1'$
$= 2\sqrt{2}-j2\sqrt{2}$．$\dot{I}_2' = \dfrac{-2}{2-j2}\dot{I}_1' = -2\sqrt{2}-j2\sqrt{2}$．

$\dot{E}_2$だけのときは，$\dot{I}_2'' = \dfrac{\dot{E}_2}{-j2+(2/\!/j2)} = \dfrac{\dot{E}_2}{1-j1}$
$= \dfrac{8\angle -45°}{\sqrt{2}\angle -45°} = 4\sqrt{2}$．$\dot{I}_3'' = \dfrac{j2}{2+j2}\dot{I}_2''$
$= 2\sqrt{2}+j2\sqrt{2}$．$\dot{I}_1'' = \dfrac{-2}{2+j2}\dot{I}_2'' = -2\sqrt{2}+j2\sqrt{2}$．

$\dot{I}_1 = \dot{I}_1' + \dot{I}_1'' = 2\sqrt{2}+j2\sqrt{2} = 4\angle 45°$[A]．
$\dot{I}_2 = \dot{I}_2' + \dot{I}_2'' = 2\sqrt{2}-j2\sqrt{2} = 4\angle -45°$[A]
$\dot{I}_3 = \dot{I}_3' + \dot{I}_3'' = 4\sqrt{2}\angle 0°$[A]．

(4) 平衡三相交流の基本問題．$\dot{V}$を求めるための3つの解法を示す．$e^{j0°}+e^{-j120°}+e^{-j240°}$
$=1+(-\frac{1}{2}-j\frac{\sqrt{3}}{2})+(-\frac{1}{2}+j\frac{\sqrt{3}}{2})=0\cdots①$ を使う．

【電圧源→電流源変換】

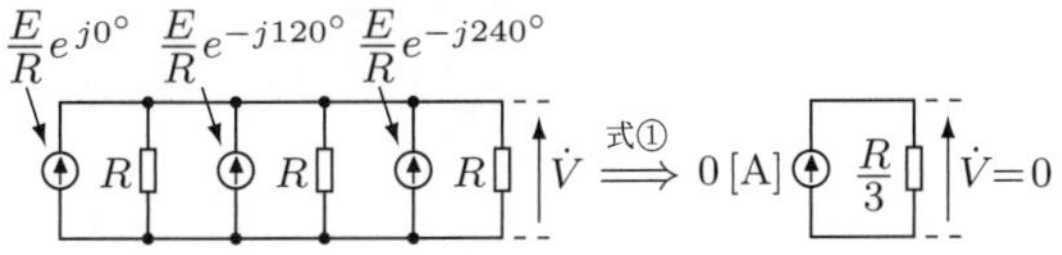


【重ねの理】

$\dot{E}_a$だけのとき，$\dot{V}' = \dfrac{R/\!/R}{R+(R/\!/R)}\dot{E}_a = \dfrac{E}{3}e^{j0°}$．

$\dot{E}_b$だけのとき，$\dot{V}'' = \dfrac{E}{3}e^{-j120°}$．$\dot{E}_c$だけのとき，$\dot{V}''' = \dfrac{E}{3}e^{-j240°}$．$\therefore \dot{V} = \dot{V}'+\dot{V}''+\dot{V}''' \overset{①}{=} 0$．

【キルヒホッフの法則】

$\dot{I}_a = \dfrac{\dot{E}_a-\dot{V}}{R}$，$\dot{I}_b = \dfrac{\dot{E}_b-\dot{V}}{R}$，$\dot{I}_c = \dfrac{\dot{E}_c-\dot{V}}{R}$ を
$\dot{I}_a+\dot{I}_b+\dot{I}_c=0$ に代入して$\dot{V}$について解くと，
$\dot{V} = \frac{1}{3}(\dot{E}_a+\dot{E}_b+\dot{E}_c) \overset{①}{=} 0$．したがって，
$\dot{I}_a = \dfrac{\dot{E}_a-\dot{V}}{R} = \dfrac{E}{R}\angle 0°$．$\dot{I}_b = \dfrac{\dot{E}_b-\dot{V}}{R} = \dfrac{E}{R}\angle -120°$．
$\dot{I}_c = \dfrac{\dot{E}_c-\dot{V}}{R} = \dfrac{E}{R}\angle -240°$．

**21.2** 破線部をテブナンの等価回路

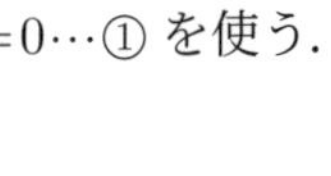


に変形してから答を求める．

(1) $\dot{E}_0 = \dfrac{\dot{J}}{j\omega C}$．$\dot{Z}_0 = j\left(\omega L - \dfrac{1}{\omega C}\right)$．$\dot{Z}_0 = 0$（直列共振）ならば，$\dot{Z}$ が変化しても $\dot{V}$ はつねに $\dot{E}_0$ に等しい．だから条件は $\omega L = \dfrac{1}{\omega C}$．$\to \omega = \dfrac{1}{\sqrt{LC}}$．
このとき $\dot{V} = \dot{E}_0 = \dfrac{\dot{J}}{j\omega C} = -j\omega L\dot{J}$．

(2) $\dot{E}_0 = \dfrac{\frac{1}{j\omega C_2}}{\frac{1}{j\omega C_1}+\frac{1}{j\omega C_2}} \times \dot{E} = \dfrac{C_1\dot{E}}{C_1+C_2}$．
$\dot{Z}_0 = j\left[\omega L - \dfrac{1}{\omega(C_1+C_2)}\right]$．求める条件は，
$\dot{Z}_0 = 0$（直列共振）より，$\omega L = \dfrac{1}{\omega(C_1+C_2)}$．
$\omega = \dfrac{1}{\sqrt{L(C_1+C_2)}}$．このとき $\dot{V} = \dot{E}_0 = \dfrac{C_1\dot{E}}{C_1+C_2}$．

**21.3** $\dot{Z}$以外をノートンの等価回路

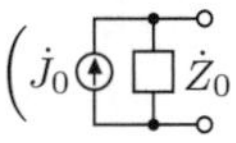


にすると，$\dot{J}_0 = \dfrac{\dot{E}}{j\omega L}$．$\dot{Z}_0 = \dfrac{1}{j\omega C}/\!/ j\omega L = \dfrac{1}{j\left(\omega C - \frac{1}{\omega L}\right)}$．
$\dot{Z}_0 = \infty$（並列共振）なら，$\dot{Z}$が変化しても $\dot{I}$ はつねに $\dot{J}_0$に等しい．だから条件は $\omega C = \dfrac{1}{\omega L}$．$\to \omega = \dfrac{1}{\sqrt{LC}}$．
このとき $\dot{I} = \dot{J}_0 = \dfrac{\dot{E}}{j\omega L} = -j\omega C\dot{E}$．

**21.4** 3つの$L$をY→Δ変換する．

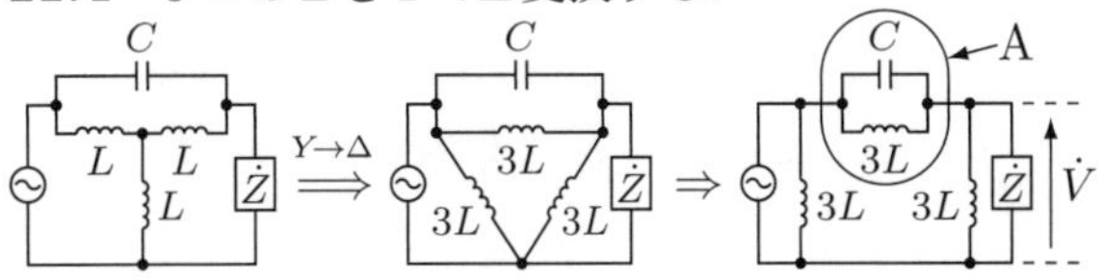


Aのインピーダンスが∞（アドミタンスが0，並列共振）ならば，$\dot{Z}$ へ電流が流れず，$\dot{V}=0$ となる．したがって，$j\omega C + \dfrac{1}{j\omega 3L} = 0$．$\therefore\ \omega = \dfrac{1}{\sqrt{3LC}}$．

**21.5**

(1) $R_1(R_4+j\omega L_4) = (R_2+j\omega L_2)R_3$．実部と虚部に分けて，$R_1R_4 = R_2R_3$，$R_1L_4 = R_3L_2$．

(2) $R_1\left(R_4+\dfrac{1}{j\omega C_4}\right) = \dfrac{1}{j\omega C_3}(R_2+j\omega L_2)$．
$R_1R_4 - j\dfrac{R_1}{\omega C_4} = -j\dfrac{R_2}{\omega C_3} + \dfrac{L_2}{C_3}$．
$\therefore L_2 = C_3R_1R_4$，$C_3R_1 = C_4R_2$．

(3) $\left(R_1+\dfrac{1}{j\omega C_1}\right)(R_4+j\omega L_4) = R_2R_3$．
$(j\omega C_1R_1+1)(R_4+j\omega L_4) = j\omega C_1R_2R_3$．
$\therefore R_4 = \omega^2 L_4C_1R_1$，$L_4 = C_1(R_2R_3-R_1R_4)$．

(4) $R_1 /\!/ \dfrac{1}{j\omega C_1} = \dfrac{1}{\frac{1}{R_1}+j\omega C_1} = \dfrac{R_1}{1+j\omega C_1R_1}$ だから，
$\dfrac{R_1}{1+j\omega C_1R_1}\left(R_4+\dfrac{1}{j\omega C_4}\right) = \dfrac{R_3}{j\omega C_2}$．
$j\omega C_2R_1(j\omega C_4R_4+1) = j\omega C_4R_3(1+j\omega C_1R_1)$．
$\therefore C_2R_1 = C_4R_3$，$C_2R_4 = C_1R_3$．

(5) $R_1\left(R_4+\dfrac{1}{j\omega C_4}\right) = \dfrac{R_2}{1+j\omega C_2R_2}\times R_3$．
$R_1(j\omega C_4R_4+1)(1+j\omega C_2R_2) = j\omega C_4R_2R_3$．
$\therefore \begin{cases} C_4(R_2R_3-R_1R_4) = C_2R_1R_2 \\ \omega^2C_2C_4R_2R_4 = 1 \end{cases}$．

(6)

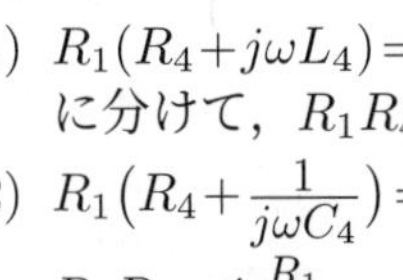


右下部分をΔ→Y変換する．

$\dot{b} = \dfrac{R_4\times\frac{1}{j\omega C_4}}{\frac{1}{j\omega C_4}+R_4+r} = \dfrac{R_4}{1+j\omega C_4(R_4+r)}$．

$\dot{c} = \dfrac{r\times\frac{1}{j\omega C_4}}{\frac{1}{j\omega C_4}+R_4+r} = \dfrac{r}{1+j\omega C_4(R_4+r)}$．

$\dot{b},\dot{c}$ を $(R_1+j\omega L_1)\dot{b} = R_2(R_3+\dot{c})$ に代入して，
$\dfrac{(R_1+j\omega L_1)R_4}{1+j\omega C_4(R_4+r)} = R_2\left[R_3 + \dfrac{r}{1+j\omega C_4(R_4+r)}\right]$．
$(R_1+j\omega L_1)R_4 = R_2\{R_3[1+j\omega C_4(R_4+r)]+r\}$．
$\therefore R_1R_4 = R_2(R_3+r)$，$L_1R_4 = C_4R_2R_3(R_4+r)$．

**22.1**　T 形回路に変換する．

(1)

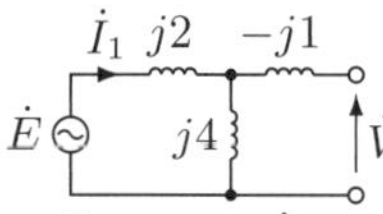


$\dot I_1=\dfrac{\dot E}{j2+j4}=\dfrac{6}{j6}=-j1$
$=1\angle-90°$[A].

分圧より $\dot V_2=\dfrac{j4}{j2+j4}\dot E=\dfrac{4}{6}\times6=4\angle0°$[V].

(2)

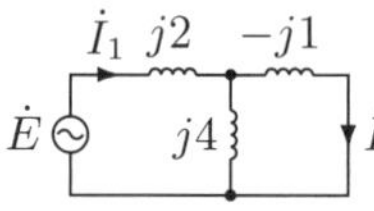


$\dot I_1=\dfrac{\dot E}{j2+(j4/\!/-j1)}$
$=\dfrac{6}{j2-j\frac{4}{3}}=9\angle-90°$[A].

$\dot I_2=\dfrac{j4}{j4-j1}\dot I_1=\dfrac{4}{3}\times9\angle-90°=12\angle-90°$[A].

(3)

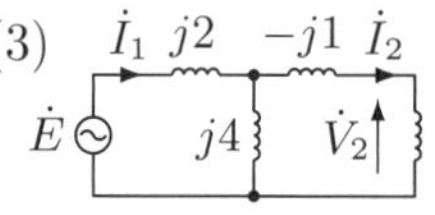


$\dot I_1=\dfrac{\dot E}{j2+[\,j4/\!/(j1-j1)]}$
$=\dfrac{6}{j2+j0}=3\angle-90°$[A].

$\dot I_2=\dot I_1=3\angle-90°$[A].　$\dot V_2=j1\times\dot I_2=3\angle0°$[V].

**22.2**　T 形回路に変換する．

(1)

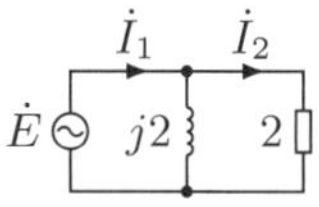


$L_1-M=L_2-M=0$ だから，T 形回路は左図になる．
$\dot I_2=\dfrac{\dot E}{2}=4\angle0°$[A].

$\dot I_1=\dfrac{\dot E}{2}+\dfrac{\dot E}{j2}=4-j4=4\sqrt{2}\angle-45°$[A].

(2)

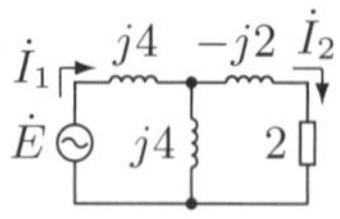


$j4+[\,j4/\!/(2-j2)]=4\sqrt{2}\angle45°$.
$\dot I_1=\dfrac{\dot E}{4\sqrt{2}\angle45°}=\sqrt{2}\angle-45°$[A].

$\dot I_2=\dfrac{j4}{j4+(2-j2)}\dot I_1=\dfrac{4\angle90°}{2\sqrt{2}\angle45°}\dot I_1=2\angle0°$[A].

● 密結合($L_1L_2=M^2$, $n=M/L_1=0.5$)ゆえ，
$\dot V_2=n\dot E=4\to\dot I_2=\dfrac{\dot V_2}{2}=2$, $\dot I_1=\dfrac{\dot E}{j\omega L_1}+\dfrac{\dot E}{2/n^2}$
$=-j+1$ と求めてもよい(例題**22.3**).

**22.3**　フェーザではなく，実効値(絶対値)を使う．

(1) $V_{\rm A}=\omega L_{\rm A}I_{\rm A}.\ \to\ L_{\rm A}=\dfrac{V_{\rm A}}{\omega I_{\rm A}}=\dfrac{2}{500}=4$[mH].
$V_{\rm B}=\omega MI_{\rm A}.\ \to\ M=\dfrac{V_{\rm B}}{\omega I_{\rm A}}=\dfrac{3}{500}=6$[mH].

(2) $\dot V_{\rm B}=0=j\omega M\dot I_{\rm A}+j\omega L_{\rm B}\dot I_{\rm B}.\to L_{\rm B}=\dfrac{-\dot I_{\rm A}}{\dot I_{\rm B}}M.$
$\xrightarrow{\text{絶対値}}L_{\rm B}=\dfrac{I_{\rm A}}{I_{\rm B}}M=\dfrac{1}{0.6}\times6=10$[mH].

(3) $V_{\rm A}=\omega MI_{\rm B}=10^4\times6\times10^{-3}\times0.1=6$[V].
$V_{\rm B}=\omega L_{\rm B}I_{\rm B}=10^4\times10\times10^{-3}\times0.1=10$[V].

**22.4**　$L_1, L_2, M$ はすべて [mH] として計算する．

(1) $k=\dfrac{M}{\sqrt{L_1L_2}}=\dfrac{9}{\sqrt{20\times5}}=\dfrac{9}{\sqrt{100}}=\dfrac{9}{10}=0.9$.

(2) 差動．$L_{\rm ad}=L_1+L_2-2M=25-18=7$[mH].

(3) 和動．$L_{\rm ac}=L_1+L_2+2M=25+18=43$[mH].

(2) 差動接続

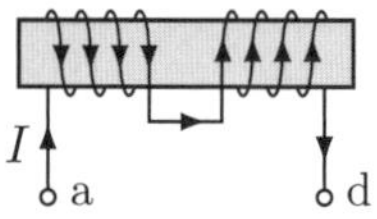


(3) 和動接続

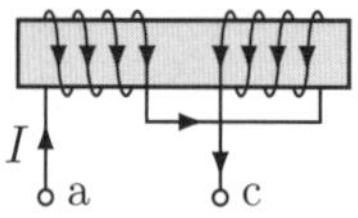


**22.5**

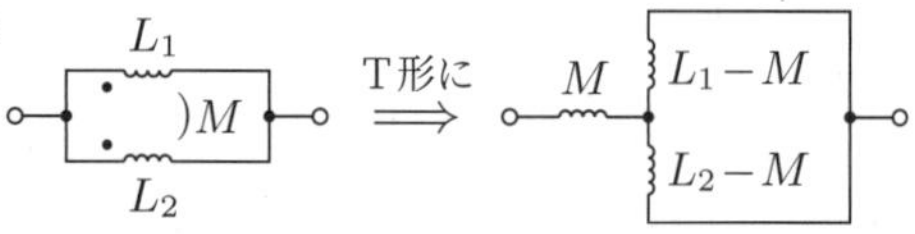


インピーダンスから $j\omega$ を抜いたインダクタンスで計算すると，$L_0=M+\dfrac{(L_1-M)(L_2-M)}{(L_1-M)+(L_2-M)}$
$=\dfrac{M(L_1+L_2-2M)+(L_1-M)(L_2-M)}{L_1+L_2-2M}$
$=\dfrac{L_1L_2-M^2}{L_1+L_2-2M}$.

**22.6**　巻数比 $n_2=\dfrac{N_2}{N_1}=2$, $n_3=\dfrac{N_3}{N_1}=4$.　二次側の $R=16$ を一次側からみると $\dfrac{R}{n_2^2}=4$, $\dfrac{R}{n_3^2}=1$ にみえる．

(1)

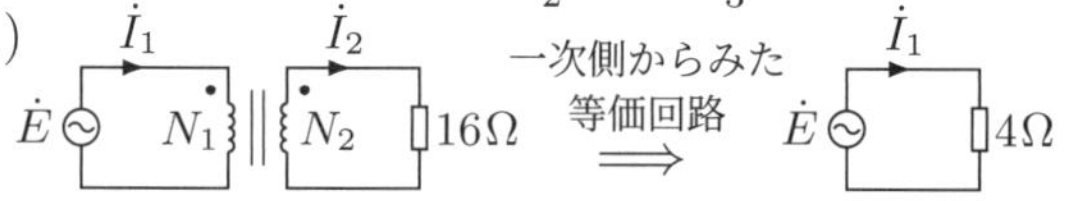


$\dot I_1=\dfrac{\dot E}{4}=2\angle0°$[A].　$\dot I_2=\dfrac{\dot I_1}{n_2}=1\angle0°$[A].

(2)

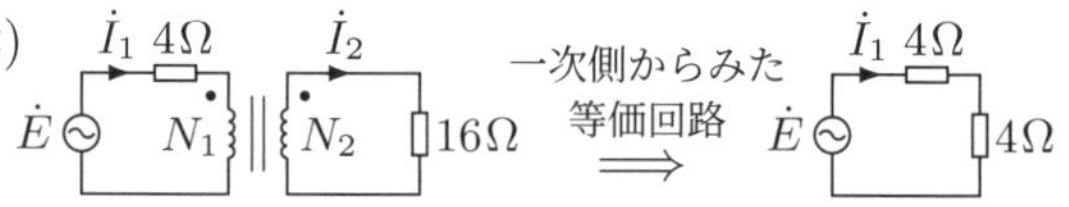


$\dot I_1=\dfrac{\dot E}{4+4}=1\angle0°$[A].　$\dot I_2=\dfrac{\dot I_1}{n_2}=0.5\angle0°$[A].

(3) 理想変圧器の起磁力 $N_1\dot I_1-N_2\dot I_2-N_3\dot I_3=0$.
$\dot V_2=n_2\dot E$, $\dot V_3=n_3\dot E$ より，$\dot I_1=n_2\dot I_2+n_3\dot I_3$
$=n_2\dfrac{\dot V_2}{R_2}+n_3\dfrac{\dot V_3}{R_3}=\dfrac{\dot E}{R_2/n_2^2}+\dfrac{\dot E}{R_3/n_3^2}$.

ゆえに，一次側からみた等価回路は右図となる．

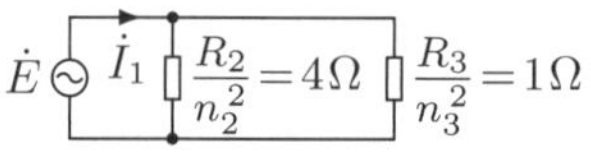


$\therefore\ \dot I_1=\dfrac{8}{4}+\dfrac{8}{1}=10\angle0°$[A].　$\dot I_2=\dfrac{\dot V_2}{R_2}=\dfrac{n_2\dot E}{16}$
$=1\angle0°$[A].　$\dot I_3=\dfrac{\dot V_3}{R_3}=\dfrac{n_3\dot E}{16}=2\angle0°$[A].

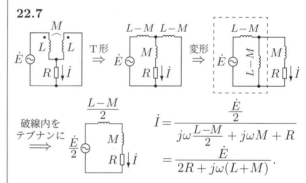

**22.7**

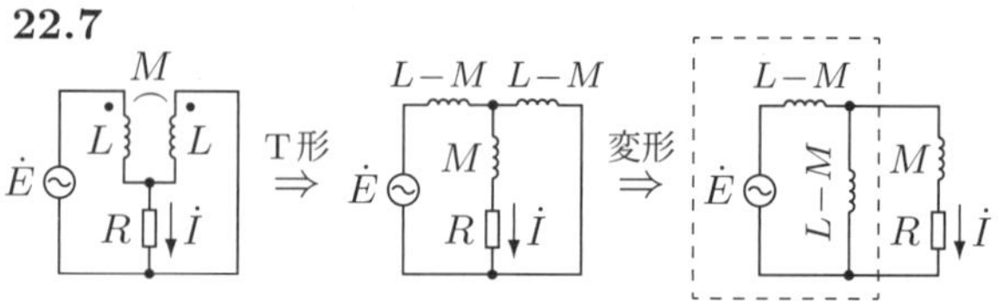


破線内をテブナンに

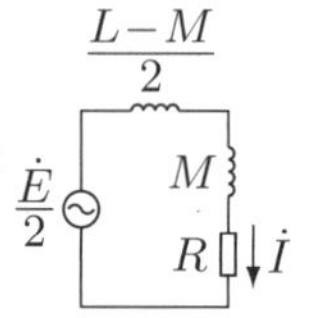


$\dot I=\dfrac{\dfrac{\dot E}{2}}{j\omega\dfrac{L-M}{2}+j\omega M+R}$
$=\dfrac{\dot E}{2R+j\omega(L+M)}$.

**22.8**

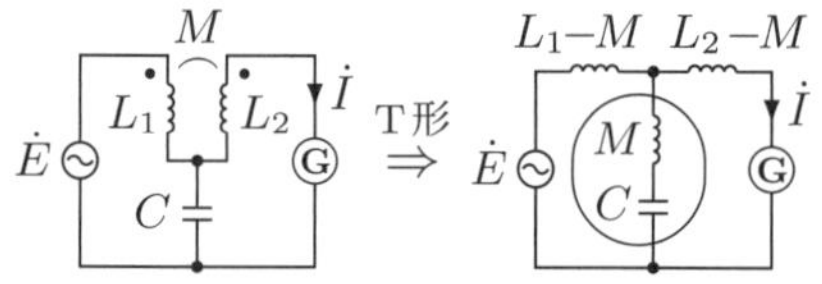


$M, C$ の合成インピーダンス $j\left(\omega M-\dfrac{1}{\omega C}\right)$ が 0 のときに $\dot I=0$ となるから，$\omega M=\dfrac{1}{\omega C}.\to\omega=\dfrac{1}{\sqrt{MC}}$.

**22.9**　T 形に変換する．

(1)

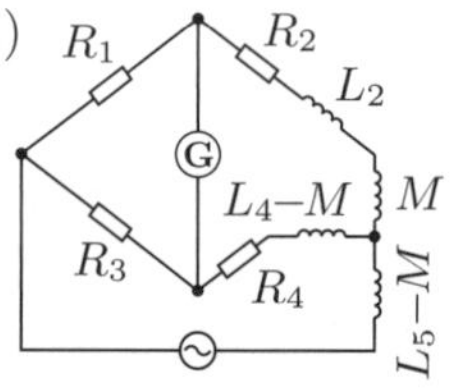


$R_1[R_4+j\omega(L_4-M)]$
$=R_3[R_2+j\omega(L_2+M)]$.
実部と虚部に分けて，
$R_1R_4=R_2R_3$,
$R_1(L_4-M)=R_3(L_2+M)$.

(2) 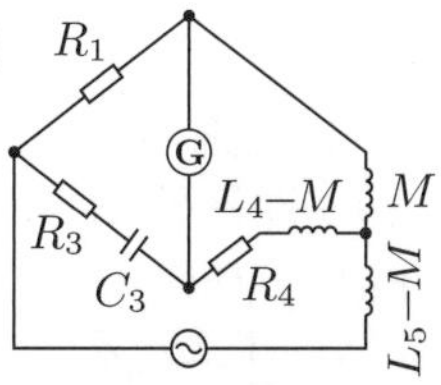


$R_1[R_4+j\omega(L_4-M)]$
$= j\omega M\left(R_3+\dfrac{1}{j\omega C_3}\right)$
$= j\omega R_3M+\dfrac{M}{C_3}$.
実部と虚部に分けて，
$R_1R_4C_3=M$,　$R_1L_4=(R_1+R_3)M$.

(3) 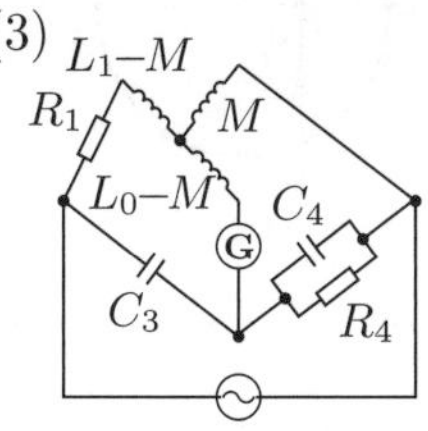


$R_4 /\!/ \dfrac{1}{j\omega C_4}=\dfrac{R_4}{1+j\omega R_4C_4}$.
$[R_1+j\omega(L_1-M)]$
$\times\dfrac{R_4}{1+j\omega R_4C_4}=j\omega M\dfrac{1}{j\omega C_3}$.
$[R_1+j\omega(L_1-M)]R_4$
$=\dfrac{M}{C_3}(1+j\omega R_4C_4)$.
$\therefore R_1R_4C_3=M$,　$L_1=M\left(1+\dfrac{C_4}{C_3}\right)$.

**23.1**

(1) 位相差 $\theta=\theta_{\rm V}-\theta_{\rm I}=-30-30=-60°$.
$P=VI\cos\theta=100\times2\times\frac{1}{2}=100$ [W].
$P_{\rm r}=VI\sin\theta=100\times2\times\left(-\frac{\sqrt3}{2}\right)=-100\sqrt3$
$\fallingdotseq -173$ [var].　$P_{\rm a}=VI=200$ [VA].

(2) $\dot P=\dot V\bar{\dot I}=(80+j20)(4+j1)=300+j160$.
$P={\rm Re}(\dot P)=300$ [W].　$P_{\rm r}={\rm Im}(\dot P)=160$ [var].
$P_{\rm a}=|\dot P|=\sqrt{300^2+160^2}=340$ [VA].

(3) $Z=|\dot Z|=\sqrt{40^2+20^2}=20\sqrt5$ [Ω].　$I=\dfrac{V}{Z}$
$=\sqrt5$ [A].　$P=RI^2=200$ [W].　$P_{\rm r}=XI^2$
$=100$ [var].　$P_{\rm a}=VI=100\sqrt5\fallingdotseq 224$ [VA].

(4) $P_{\rm a}=\sqrt{P^2+P_{\rm r}^2}=500$ [VA].　$I=\dfrac{P_{\rm a}}{V}=5$ [A].
$P=P_{\rm a}\cos\theta$ より $\cos\theta=\dfrac{P}{P_{\rm a}}=\dfrac{400}{500}=0.8$.

(5) $V=\dfrac{P}{I\cos\theta}=\dfrac{96}{2\times0.96}=50$ [V].
$Z=\dfrac{V}{I}=\dfrac{50}{2}=25$ [Ω].　$\dot Z$は容量性なので
$\theta<0$ ゆえ，$\sin\theta=-\sqrt{1-\cos^2\theta}=-0.28$.
$\dot Z=Z\angle\theta=Z(\cos\theta+j\sin\theta)=24-j7$ [Ω].

**23.2**

(1) $\dot Z=R+j\omega L=30+j40$ [Ω].　$Z=|\dot Z|=50$ [Ω].
$I=\dfrac{E}{Z}=2$ [A].　$P=RI^2=30\times4=120$ [W].
$P_{\rm r}=XI^2=160$ [var].　$P_{\rm a}=EI=200$ [VA].

(2) $\dot I=\dfrac{\dot E}{R}+j\omega C\dot E=\dfrac{100}{50}+j1=2+j1$ [A].
$\dot P=\dot E\bar{\dot I}=200-j100$.　$\therefore P=200$ [W].
$P_{\rm r}=-100$ [var].　$P_{\rm a}=|\dot P|=100\sqrt5\fallingdotseq224$ [VA].

(3) $\dot I=\dfrac{\dot E}{R_1+j\omega L}+\dfrac{\dot E}{R_2+\frac{1}{j\omega C}}=\dfrac{100}{10+j30}+\dfrac{100}{10-j20}$
$=\dfrac{10}{1+j3}+\dfrac{10}{1-j2}=\dfrac{10(1-j3)}{1^2+3^2}+\dfrac{10(1+j2)}{1^2+2^2}$
$=3+j1$.　$\dot P=\dot E\bar{\dot I}=300-j100$.　$P=300$ [W].
$P_{\rm r}=-100$ [var].　$P_{\rm a}=100\sqrt{10}\fallingdotseq 316$ [VA].

**23.3**　$\dot Z$は誘導性ゆえ，偏角 $\theta>0$.
$\dot Z$の力率 $\cos\theta=0.8$. → $\sin\theta=\sqrt{1-\cos^2\theta}=0.6$.
$P=P_{\rm a}\cos\theta$ より，$P_{\rm a}=\dfrac{P}{\cos\theta}=\dfrac{400}{0.8}=500$ [VA].
$P_{\rm r}=P_{\rm a}\sin\theta=500\times0.6=300$ [var].　$I=\dfrac{P_{\rm a}}{V}=\dfrac{500}{100}$
$=5$ [A].　$Z=\dfrac{V}{I}=\dfrac{100}{5}=20$ [Ω].　$\dot Z=Z\angle\theta$
$=Z(\cos\theta+j\sin\theta)=20(0.8+j0.6)=16+j12$ [Ω].

**23.4**　$\dot Z_1$は誘導性ゆえ，偏角 $\theta_1>0$.
$\dot Z_1$の力率 $\cos\theta_1=0.6$. → $\sin\theta_1=\sqrt{1-\cos^2\theta_1}=0.8$.
$\dot I_1=I_1\angle-\theta_1=I_1(\cos\theta_1-j\sin\theta_1)$
$=15(0.6-j0.8)=9-j12$ [A].
$\dot Z_2$の力率 $\cos\theta_2=1$. → $\theta_2=0°$.
$\dot I_2=I_2\angle0°=7\angle0°=7+j0$ [A].
$\dot I=\dot I_1+\dot I_2=16-j12$ [A].
$I=|\dot I|=\sqrt{16^2+12^2}=20$ [A].

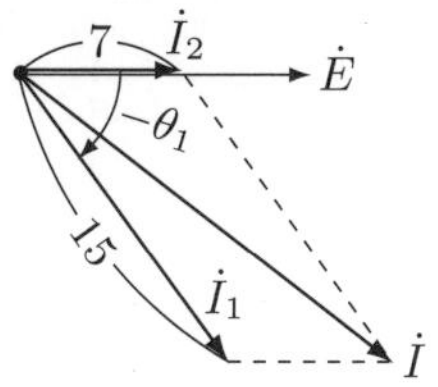


**23.5**　$\dot Z_1$の力率 $\cos\theta_1=0.8$. → $\sin\theta_1=0.6$.（誘導性ゆえ，$\theta_1>0$）　$I_1=\dfrac{P_1}{E\cos\theta_1}=\dfrac{1600}{100\times0.8}=20$ [A].
$\dot I_1=I_1\angle-\theta_1=I_1(\cos\theta_1-j\sin\theta_1)=16-j12$ [A].
$\dot Z_2$の力率 $\cos\theta_2=0.6$. → $\sin\theta_2$
$=-0.8$.（容量性ゆえ，$\theta_2<0$）
$I_2=\dfrac{P_2}{E\cos\theta_2}=\dfrac{900}{100\times0.6}=15$ [A].
$\dot I_2=I_2\angle-\theta_2=9+j12$ [A].
$\dot I=\dot I_1+\dot I_2=25+j0$ [A].

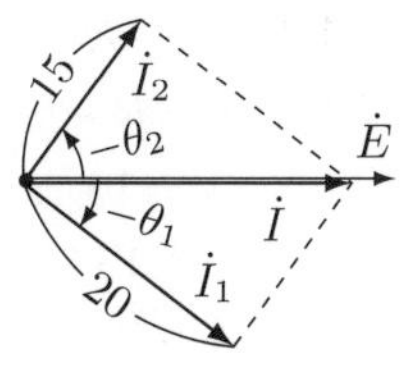


**23.6**

(1) $\cos\theta=0.6$. → $\sin\theta=0.8$.（誘導性ゆえ，$\theta>0$）
$P_{\rm a}=\dfrac{P}{\cos\theta}=\dfrac{1200}{0.6}=2000$ [VA].　$P_{\rm r}=P_{\rm a}\sin\theta$
$=1600$ [var].　$\dot P=P+jP_{\rm r}=1200+j1600$ [W].

(2) $\dot I_{\rm C}=j\omega C\dot E=j10^4C$ [A].
$\dot P_{\rm C}=\dot E\bar{\dot I}_{\rm C}=100\times(-j10^4C)=-j10^6C$ [W].

(3) 回路全体の皮相電力 $=|\dot P+\dot P_{\rm C}|$
$=\left|1200+j(1600-10^6C)\right|$
$=\sqrt{1200^2+(1600-10^6C)^2}$
$=1500$ を解いて，
$1600-10^6C=900$.
$10^6C=700$. → $C=700$ [$\mu$F].

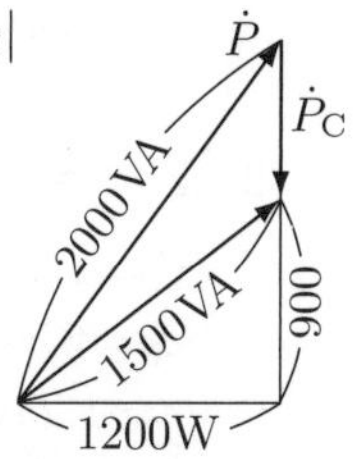


**23.7**　電源インピーダンスを $\dot Z_0$ と書けば，$\dot Z=\bar{\dot Z}_0$ のときに負荷電力 $P$ が最大になる．

(1) $\dot Z_0=10+j10$ [Ω] ゆえ，$\dot Z=10-j10$ [Ω] とすればよい．このとき $\dot I=\dfrac{\dot E}{\dot Z+\dot Z_0}=\dfrac{60}{20}=3\angle0°$ [A].
$P_{\max}=RI^2=10\times3^2=90$ [W].

(2) 電源側をテブナンの等価回路 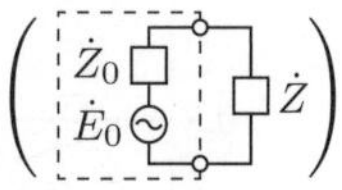 にする．分圧により，

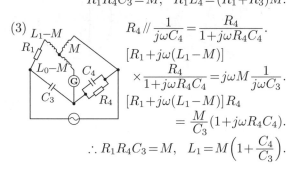

$\dot E_0=\dfrac{-j10}{10-j10}\times\dot E=\dfrac{10\angle-90°}{10\sqrt2\angle-45°}\times60$
$=30\sqrt2\angle-45°$ [V].　$\dot Z_0=10 /\!/ (-j10)$
$=\dfrac{10\times(-j10)}{10-j10}=\dfrac{-j10}{1-j}=5-j5$ [Ω].
$\therefore \dot Z=\bar{\dot Z}_0=5+j5$ [Ω].　このとき
$\dot I=\dfrac{\dot E_0}{\dot Z+\dot Z_0}=\dfrac{30\sqrt2\angle-45°}{10}=3\sqrt2\angle-45°$ [A].
$P=RI^2=5\times(3\sqrt2)^2=90$ [W].

**23.8**

(1) 一次側からみた等価回路は右図となるから，$\dfrac{R}{n^2}=r$ のときに $P$ が最大となる．$\therefore\ n=\sqrt{\dfrac{R}{r}}$.

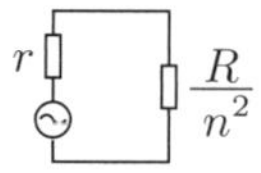


(2) $C, L, R$ の合成インピーダンスを $\dot{Z}$ と置くと，

$$\dot{Z}=\frac{1}{j\omega C}+(j\omega L /\!/ R)=\frac{1}{j\omega C}+\frac{j\omega LR}{R+j\omega L}$$
$$=-j\frac{1}{\omega C}+\frac{j\omega LR(R-j\omega L)}{R^2+(\omega L)^2}$$
$$=\frac{(\omega L)^2R}{R^2+(\omega L)^2}+j\left[\frac{\omega LR^2}{R^2+(\omega L)^2}-\frac{1}{\omega C}\right].$$

$\dot{Z}=r$ のときに，$\dot{Z}$ の電力 $=R$ の電力が最大になる（$L, C$ の電力はゼロ）．したがって，

$$\frac{(\omega L)^2R}{R^2+(\omega L)^2}=r.\ \rightarrow\ L=\frac{R}{\omega}\sqrt{\frac{r}{R-r}}.$$
$$\frac{\omega LR^2}{R^2+(\omega L)^2}=\frac{1}{\omega C}.\ \rightarrow\ C=\frac{1}{\omega\sqrt{r(R-r)}}.$$

**24.1** $0<$ 実部 $=\pm$ 虚部のとき偏角 $=\pm 45°$ になる．

(1) $\dot{Z}=R+j\omega L=2+j0.2\omega.\quad Z=\sqrt{2^2+(0.2\omega)^2}.$
$\omega_0=10\,[\mathrm{rad/s}]$ のとき，$\dot{Z}=2+j2=2\sqrt{2}\angle 45°.$
$\omega\ll 10$ のとき $Z\fallingdotseq 2.\quad \omega\gg 10$ のとき $Z\fallingdotseq 0.2\omega.$
$\dot{Z}$ の軌跡は上側の半直線（実部=2）．$\dot{Y}$ の軌跡は下側の半円（0と0.5を結ぶ線分が直径）．

矢印は $\omega$ が増える方向

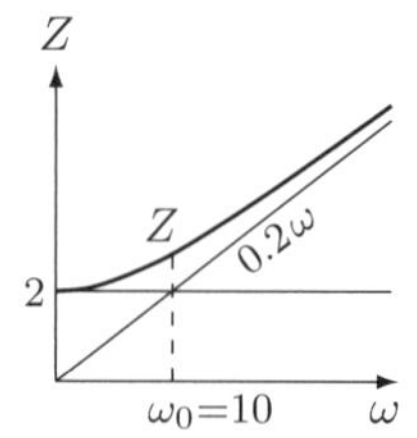


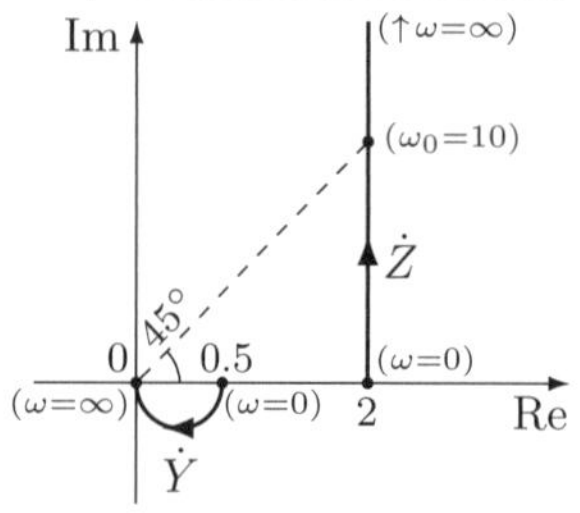


(2) $\dot{Y}=\dfrac{1}{R}+j\omega C=1.25+j0.25\omega.$
$Y=\sqrt{(1.25)^2+(0.25\omega)^2}.$
$\omega_0=5\,[\mathrm{rad/s}]$ のとき，$\dot{Y}=1.25+j1.25$
$=1.25\sqrt{2}\angle 45°.\rightarrow \dot{Z}=0.4\sqrt{2}\angle -45°.$
$\omega\ll 5$ のとき，$Y\fallingdotseq 1.25.\rightarrow Z\fallingdotseq 0.8.$
$\omega\gg 5$ のとき，$Y\fallingdotseq 0.25\omega.\rightarrow Z\fallingdotseq\dfrac{4}{\omega}.$
$\dot{Y}$ の軌跡は上側の半直線（実部=1.25）．$\dot{Z}$ の軌跡は下側の半円（0と0.8を結ぶ線分が直径）．

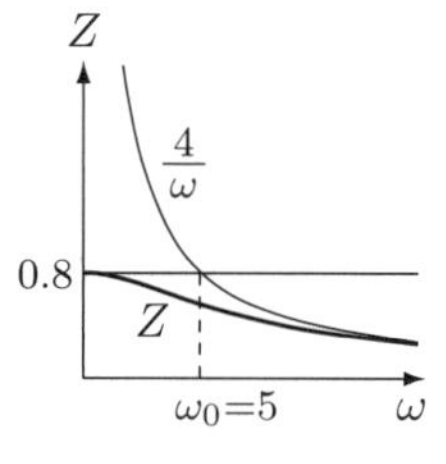


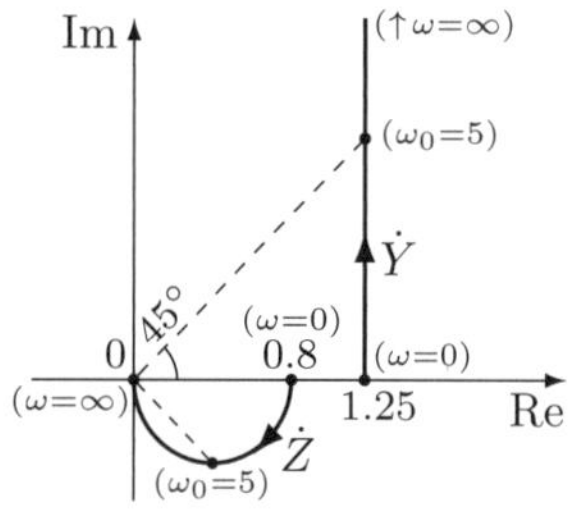


(3) $\dot{Y}=\dfrac{1}{R}+j\omega C+\dfrac{1}{j\omega L}=0.5+j\left(0.2\omega-\dfrac{20}{\omega}\right).$
$Y=\sqrt{0.5^2+\left(0.2\omega-\dfrac{20}{\omega}\right)^2}.$
反共振時($\omega_{\mathrm{r}}$) $0.2\omega_{\mathrm{r}}=\dfrac{20}{\omega_{\mathrm{r}}}.\rightarrow \omega_{\mathrm{r}}=10\,[\mathrm{rad/s}].$
$\omega=10$ のとき，$Y=0.5.\rightarrow Z=2.$
$\omega\ll 10$ のとき，$Y\fallingdotseq\dfrac{20}{\omega}.\rightarrow Z\fallingdotseq\dfrac{\omega}{20}.$
$\omega\gg 10$ のとき，$Y\fallingdotseq 0.2\omega.\rightarrow Z\fallingdotseq\dfrac{5}{\omega}.$
$\dot{Y}$ の軌跡は直線（実部=0.5，虚部=$-\infty\sim+\infty$）．
$\dot{Z}$ の軌跡は円（0と2を結ぶ線分が直径）．

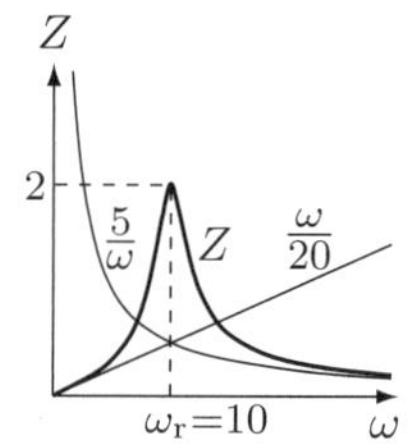


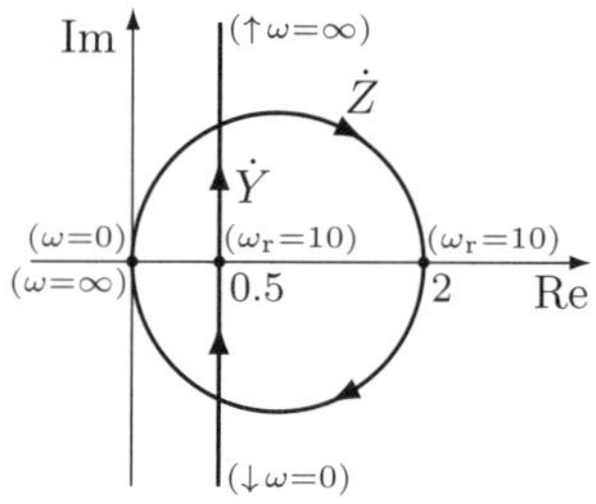


**24.2** $\dot{Y}=\dfrac{1}{2+j2\omega}+\dfrac{1}{2}$ と $\dot{Z}=\dfrac{1}{\dot{Y}}$ の軌跡は，逆数と平行移動の操作により，次の手順で描く．

① $2+j2\omega$ は実部=2，虚部=$0\sim\infty$ の上側の半直線．
② $\dfrac{1}{2+j2\omega}$ は下側の半円（線分 $[0,\frac{1}{2}]$ が直径）．
③ $\dot{Y}$ も下側の半円（線分 $[\frac{1}{2},1]$ が直径）．
④ $\dot{Z}$ は上側の半円（線分 $[1,2]$ が直径）．

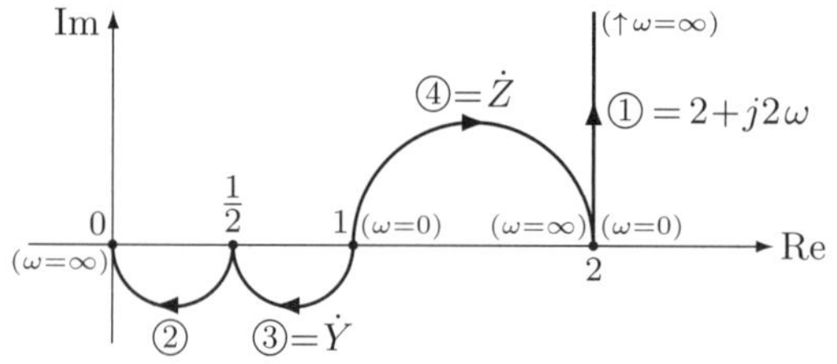


**24.3**

(1) $\dot{V}_0=\dfrac{5}{5+5}\times\dot{E}=2\,[\mathrm{V}].\quad \dot{V}=\dfrac{3}{3+j0.3\omega}\times\dot{E}$
$=\dfrac{1}{1+j0.1\omega}\times 4.\quad \dot{V}'=\dot{V}-\dot{V}_0=\dot{V}-2.$
逆数と平行移動の操作により次の手順で描く．
① $1+j0.1\omega$ は，実部=1 の上側の半直線．
② $\dfrac{1}{1+j0.1\omega}$ は下側の半円（直径は $[0,1]$）．
③ $\dot{V}=$②$\times 4$ は下側の半円（直径は $[0,4]$）．
④ $\dot{V}'=\dot{V}-2$ は原点を中心とする半径2の半円となるので，$V'=|\dot{V}'|=2\,[\mathrm{V}]$（一定値）．

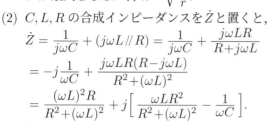

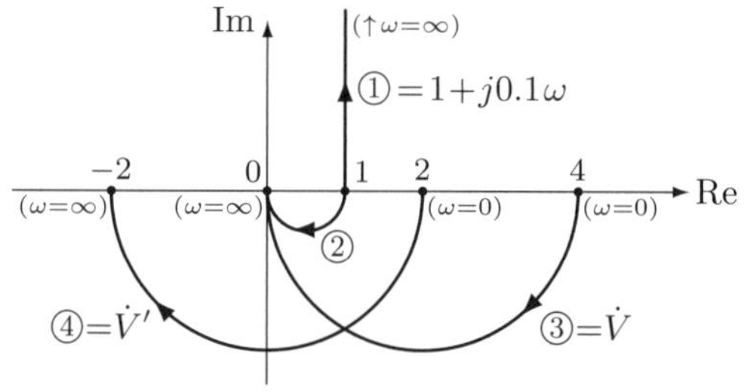


(2) $R=2,\ C=0.1,\ r=1$ と置けば分圧の式より，

$$\dot{V}=\frac{r}{\dfrac{1}{\frac{1}{R}+j\omega C}+r}\times\dot{E}=\frac{1}{\dfrac{1}{0.5+j0.1\omega}+1}\times 3.$$

① $0.5+j0.1\omega$ は，実部=0.5 の上側の半直線．
② $\dfrac{1}{0.5+j0.1\omega}$ は下側の半円（直径は $[0,2]$）．
③ $\dfrac{1}{0.5+j0.1\omega}+1$ も下側の半円（直径は $[1,3]$）．
④ $\dfrac{1}{\dfrac{1}{0.5+j0.1\omega}+1}$ は上側の半円（直径は $[\frac{1}{3},1]$）．
⑤ $\dot{V}=$④$\times 3$ は上側の半円（直径は $[1,3]$）．

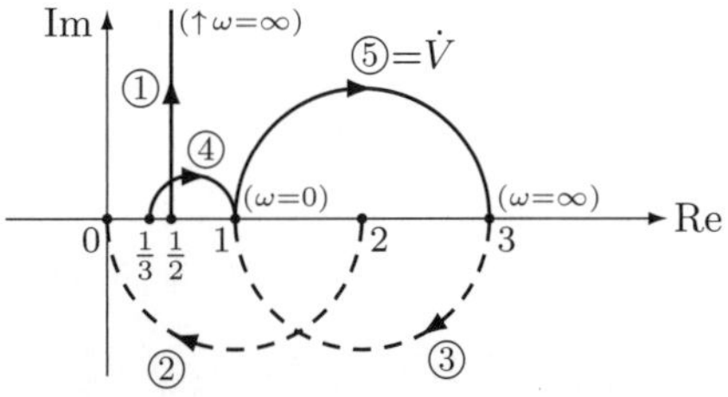


**24.4** $\dot{I}_1=\dfrac{2}{1+j100L}$. $\dot{I}_2=\dfrac{2}{2-j2}=\dfrac{1}{1-j}$
$=\dfrac{1+j}{(1-j)(1+j)}=0.5+j0.5$. $\dot{I}=\dot{I}_1+(0.5+j0.5)$.

① $1+j100L$ は，実部$=1$ の上側の半直線.
② $\dfrac{1}{1+j100L}$ は下側の半円（直径は $[0,1]$）.
③ $\dot{I}_1=$②$\times 2$ も下側の半円（直径は $[0,2]$）.
④ $\dot{I}=\dot{I}_1+\dot{I}_2$ は ③を $(0.5+j0.5)$ だけ平行移動する.

$\dot{I}$ の軌跡は 2 点で $\mathrm{Im}(\dot{I})=0$ となるので，2 個の共振点をもつ.

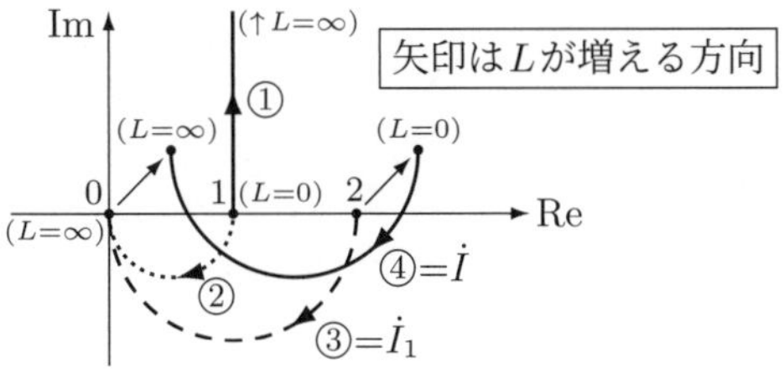


**24.5**
$$\dot{V}=\frac{\frac{1}{j\omega C}}{R+j\omega L+\frac{1}{j\omega C}}\times\dot{E}=\frac{\dot{E}}{j\omega C(R+j\omega L)+1}$$
$$=\frac{1}{j100C(10+j10)+1}=\frac{1}{1+(-1+j)\times 1000C}.$$
上式の分母は，1 を始点として $(-1+j)$ 方向に進む半直線で，原点からの垂線の足は $\frac{1}{\sqrt{2}}\angle 45°$ となる.
この半直線の逆数は，原点と $\sqrt{2}\angle-45°$ を結ぶ線分を直径とする下半面の円弧で，これが $\dot{V}$ の軌跡となる.
この軌跡より，$V=|\dot{V}|$ の最大値 $V_{\max}=\sqrt{2}$ [V].

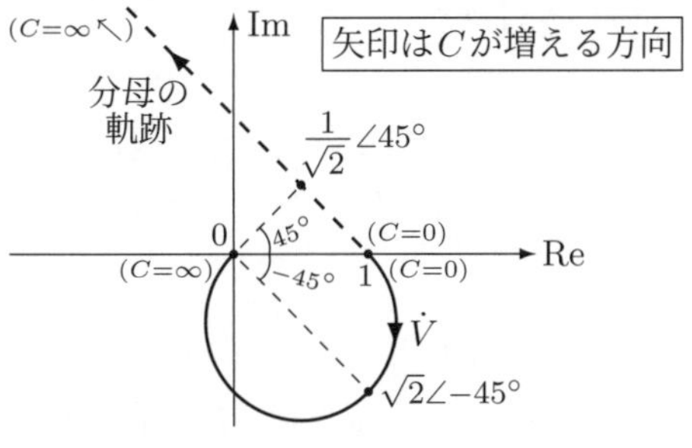


**24.6**

(1) $Z=|Z|\angle\theta$, $A=|A|\angle\alpha$ とすれば，
$Z'=Z^{-1}=\frac{1}{|Z|}\angle-\theta$, $A'=A^{-1}=\frac{1}{|A|}\angle-\alpha$.
このとき，$\angle AOZ=\theta-\alpha=\angle Z'OA'$.
$OA:OZ=|A|:|Z|=\frac{1}{|Z|}:\frac{1}{|A|}=OZ':OA'$.
したがって，$\triangle OAZ\propto\triangle OZ'A'$.

(2) 上記より，$\angle OZ'A'=\angle OAZ=90°$ となる.

**24.7**

(1) $Z=|Z|\angle\theta$, $A=|A|\angle\alpha$, $B=|B|\angle\alpha$ とすれば，
$Z'=\frac{1}{|Z|}\angle-\theta$, $A'=\frac{1}{|A|}\angle-\alpha$, $B'=\frac{1}{|B|}\angle-\alpha$.
このとき，$\angle AOZ=\theta-\alpha=\angle Z'OA'$.
$OA:OZ=|A|:|Z|=\frac{1}{|Z|}:\frac{1}{|A|}=OZ':OA'$.
したがって，$\triangle OAZ\propto\triangle OZ'A'$.
同様にして，$\angle BOZ=\angle Z'OB'$，$OB:OZ=OZ':OB'$ より，$\triangle OBZ\propto\triangle OZ'B'$.

(2) (1)より $\angle A'Z'O=\angle ZAO$, $\angle B'Z'O=\angle ZBO$.
$\therefore\ \angle A'Z'B'=\angle A'Z'O-\angle B'Z'O$
$=\angle ZAO-\angle ZBO=\angle AZB=90°$.

## 第 3 章 三相交流回路

**25.1**

(1) $e_a, e_b, e_c$ の最大値$=2\sqrt{2}$ [V].→ 実効値 $E_a, E_b, E_c=2$ [V]. 周期$=12$ ms$=360°$.
$e_a$ は 1 ms$=30°$ 進み.
→ $\dot{E}_a=2\angle 30°$[V].
$e_b$ は 3 ms$=90°$ 遅れ.
→ $\dot{E}_b=2\angle-90°$[V].
$e_c$ は 7 ms$=210°$ 遅れ.
→ $\dot{E}_c=2\angle-210°$[V].

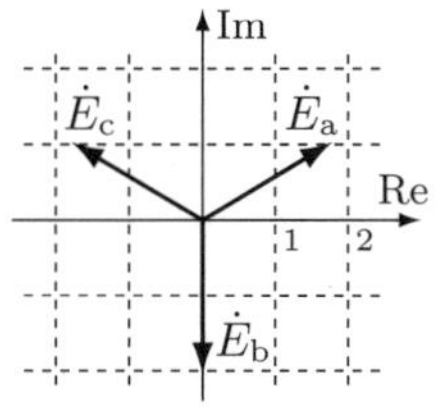


(2) $i_a, i_b$ の実効値 $I_a, I_b=2$ [A]. $i_c$ の実効値 $I_c=3$ [A]. 周期$=16$ ms$=360°$.
$i_a$ は 2 ms$=45°$ 進み.
→ $\dot{I}_a=2\angle 45°$[A].
$i_b$ は 2 ms$=45°$ 遅れ.
→ $\dot{I}_b=2\angle-45°$[A].
$i_c$ は 8 ms$=180°$ 遅れ.
→ $\dot{I}_c=3\angle-180°$[A].

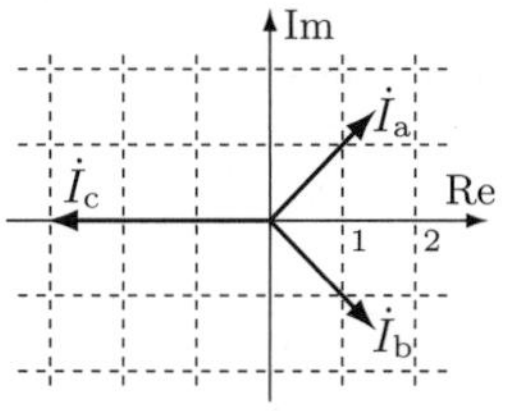


**25.2**

(1) $\dot{E}_a=-j4=4\angle-90°$[V].
$\dot{E}_b=2\sqrt{3}+j2=4\angle 30°$[V].
$\dot{E}_c=-2\sqrt{3}+j2=4\angle 150°$[V].
大きさが等しく 120° の位相差があるので，対称である.
（ただし，相順は逆）

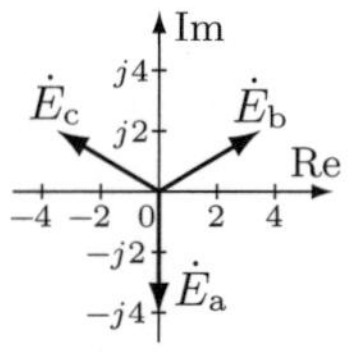


(2) $\dot{E}_a=-2=2\angle 180°$[V].
$\dot{E}_b=2+j2\sqrt{3}=4\angle 60°$[V].
$\dot{E}_c=2-j2\sqrt{3}=4\angle-60°$[V].
大きさが等しくないので，対称ではない.

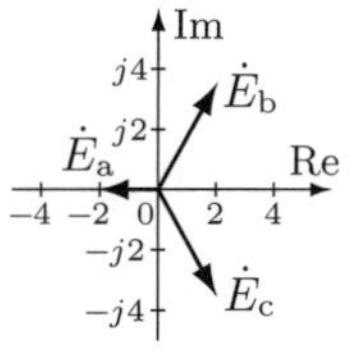


(3) $\dot{E}_a=j4=4\angle 90°$ [V].
$\dot{E}_b=2-j2\sqrt{3}=4\angle-60°$[V].
$\dot{E}_c=-2-j2\sqrt{3}=4\angle-120°$[V].
位相差が 120° ではないので，対称ではない.

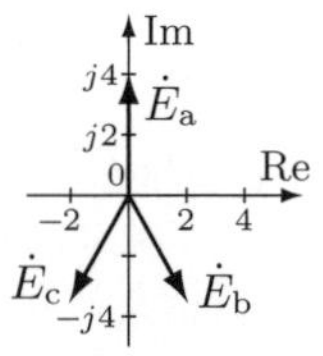


**25.3** $\dot{E}_a$ は $\dot{E}_b$ より 120° 進み，
$\dot{E}_c$ は $\dot{E}_b$ より 120° 遅れる.
$\dot{E}_b=1-j\sqrt{3}=2\angle-60°$[V].
$\dot{E}_a=\dot{E}_b\times e^{j120°}=2\angle 60°$[V].
$\dot{E}_c=\dot{E}_b\times e^{-j120°}=2\angle-180°$[V].

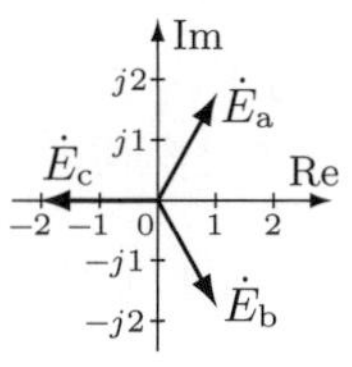


**25.4** 線間電圧 $E$，線電流 $I$，力率 $\cos\theta$ のとき，
$P=\sqrt{3}EI\cos\theta=\sqrt{3}\times 250\times 5\times 0.8=1000\sqrt{3}$ [W].

**25.5** $V_0=\dfrac{60}{\sqrt{3}}=20\sqrt{3}$ [V]. $I=\dfrac{V_0}{4}=5\sqrt{3}$ [A].
$P=\sqrt{3}EI=\sqrt{3}\times 60\times 5\sqrt{3}=900$ [W].
または $P=3V_0I=3\times 20\sqrt{3}\times 5\sqrt{3}=900$ [W].

**25.6**　Y結線の場合，線間電圧$\dot{E}_{\rm ab}$は相電圧$\dot{E}_{\rm a}$より30°だけ位相が進むから，$\dot{E}_{\rm a}$の位相角は10°．したがって，$\dot{E}_{\rm a}$と$\dot{I}_{\rm a}$の位相差は30°．
$P=\sqrt{3}\,E_{\rm ab}I_{\rm a}\cos 30°=\sqrt{3}\times 100\times 4\times\dfrac{\sqrt{3}}{2}=600\,[\mathrm{W}]$.
【注意】Δ結線の場合も同じ結果となる．

**25.7**　$\dot{E}_{\rm ab}$は，相電圧$\dot{E}_{\rm a}$を$\sqrt{3}$倍し30°進めて，$\dot{E}_{\rm ab}=30\sqrt{3}\angle 30°\,[\mathrm{V}]$．同様に，$\dot{E}_{\rm bc}=30\sqrt{3}\angle -90°\,[\mathrm{V}]$．$\dot{E}_{\rm ca}=30\sqrt{3}\angle -210°\,[\mathrm{V}]$．平衡三相回路の電源と負荷の中性点O,O′の電位は等しいので，両者をつなぐと，

a 相は 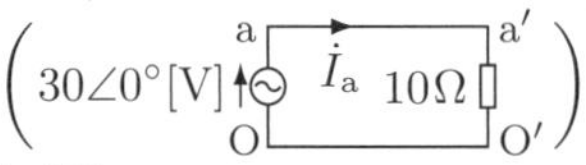

となるから，

$\dot{I}_{\rm a}=\dfrac{30\angle 0°}{10}=3\angle 0°\,[\mathrm{A}]$．同様に，$\dot{I}_{\rm b}=\dfrac{30\angle -120°}{10}=3\angle -120°\,[\mathrm{A}]$．$\dot{I}_{\rm c}=\dfrac{30\angle -240°}{10}=3\angle -240°\,[\mathrm{A}]$.
$P=\sqrt{3}\,E_{\rm ab}I_{\rm a}=\sqrt{3}\times 30\sqrt{3}\times 3=270\,[\mathrm{W}]$.
または $P=3E_{\rm a}I_{\rm a}=3\times 30\times 3=270\,[\mathrm{W}]$.

**25.8**　$\dot{E}_{\rm a}=30\angle 0°\,[\mathrm{V}]$．$\dot{E}_{\rm a}$を$\sqrt{3}$倍し30°進めて，$\dot{E}_{\rm ab}=30\sqrt{3}\angle 30°\,[\mathrm{V}]$．電源と負荷の中性点をつなぐと，a 相は 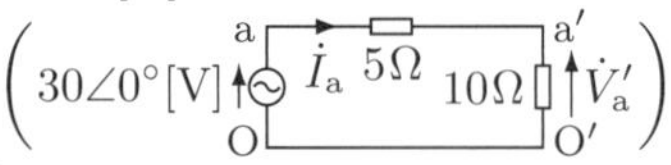

となる．

$\dot{I}_{\rm a}=\dfrac{30\angle 0°}{5+10}=2\angle 0°\,[\mathrm{A}]$．$\dot{V}'_{\rm a}=10\dot{I}_{\rm a}=20\angle 0°\,[\mathrm{V}]$.
$\dot{V}'_{\rm a}$を$\sqrt{3}$倍し30°進めて，$\dot{V}'_{\rm ab}=20\sqrt{3}\angle 30°\,[\mathrm{V}]$.
$P=\sqrt{3}\,E_{\rm ab}I_{\rm a}=\sqrt{3}\times 30\sqrt{3}\times 2=180\,[\mathrm{W}]$.
または $P=3E_{\rm a}I_{\rm a}=3\times 30\times 2=180\,[\mathrm{W}]$.
$P'=\sqrt{3}\,V'_{\rm ab}I_{\rm a}=\sqrt{3}\times 20\sqrt{3}\times 2=120\,[\mathrm{W}]$.
または $P'=3V'_{\rm a}I_{\rm a}=3\times 20\times 2=120\,[\mathrm{W}]$.

**25.9**　$\dot{E}_{\rm a}=40\angle 0°\,[\mathrm{V}]$．$\dot{E}_{\rm a}$を$\sqrt{3}$倍し30°進めて，$\dot{E}_{\rm ab}=40\sqrt{3}\angle 30°\,[\mathrm{V}]$．電源と負荷の中性点をつなぐと，a 相は 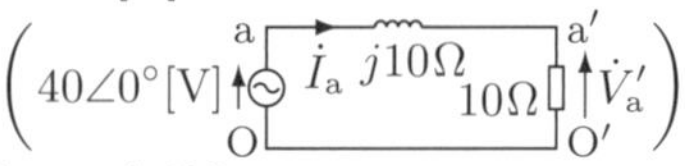

となる．

$\dot{I}_{\rm a}=\dfrac{40\angle 0°}{10+j10}=\dfrac{4\angle 0°}{\sqrt{2}\angle 45°}=2\sqrt{2}\angle -45°\,[\mathrm{A}]$．$\dot{V}'_{\rm a}=10\dot{I}_{\rm a}=20\sqrt{2}\angle -45°\,[\mathrm{V}]$．$\xrightarrow{\times\sqrt{3},\,+30°}\dot{V}'_{\rm ab}=20\sqrt{6}\angle -15°\,[\mathrm{V}]$.
$\dot{E}_{\rm a}$と$\dot{I}_{\rm a}$の位相差は45°ゆえ，$P=\sqrt{3}\,E_{\rm ab}I_{\rm a}\cos 45°=\sqrt{3}\times 40\sqrt{3}\times 2\sqrt{2}\times\frac{1}{\sqrt{2}}=240\,[\mathrm{W}]$.
$\dot{V}'_{\rm a}$と$\dot{I}_{\rm a}$の位相差は0°ゆえ，$P'=\sqrt{3}\,V'_{\rm ab}I_{\rm a}\cos 0°=\sqrt{3}\times 20\sqrt{6}\times 2\sqrt{2}=240\,[\mathrm{W}]$.
（抵抗だけが電力を消費するから，$P=P'=3\times RI_{\rm a}^2=3\times 10\times(2\sqrt{2})^2=240\,[\mathrm{W}]$と求めてもよい）

**25.10**　$\dot{E}_{\rm a}=40\angle 0°\,[\mathrm{V}]$．$\to\dot{E}_{\rm ab}=40\sqrt{3}\angle 30°\,[\mathrm{V}]$.
電源と負荷の中性点をつなぐと，a 相は下図となる．

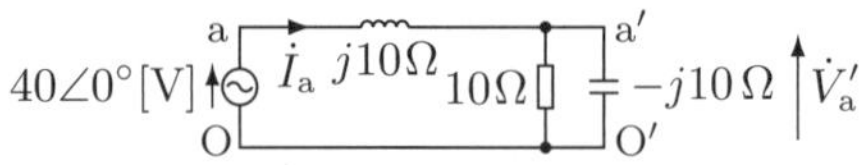


$10/\!/(-j10)=\dfrac{-j10\times 10}{10-j10}=5-j5=5\sqrt{2}\angle -45°$.
$\dot{I}_{\rm a}=\dfrac{40\angle 0°}{j10+(5-j5)}=\dfrac{8\angle 0°}{1+j}=4\sqrt{2}\angle -45°\,[\mathrm{A}]$.
$\dot{V}'_{\rm a}=(5\sqrt{2}\angle -45°)\times\dot{I}_{\rm a}=40\angle -90°\,[\mathrm{V}]$.
$\to\dot{V}'_{\rm ab}=40\sqrt{3}\angle -60°\,[\mathrm{V}]$．抵抗$R=10\,[\Omega]$だけが電力を消費するから，$P'=3\times\dfrac{V_{\rm a}'^2}{R}=3\times\dfrac{40^2}{10}=480\,[\mathrm{W}]$.

**26.1**　Δ結線では，線間電圧$E=$相電圧$=100\,[\mathrm{V}]$.

**26.2**　Δ結線では，線電流$I=\sqrt{3}\times$相電流$=10\sqrt{3}\fallingdotseq 17.3\,[\mathrm{A}]$.

**26.3**　相電流$=\dfrac{線電流}{\sqrt{3}}=2\sqrt{3}\,[\mathrm{A}]$ゆえ，$R=\dfrac{60}{2\sqrt{3}}=10\sqrt{3}\fallingdotseq 17.3\,[\Omega]$．$P=\sqrt{3}\times 60\times 6=360\sqrt{3}\fallingdotseq 624\,[\mathrm{W}]$.

**26.4**　相電流$I_0=\dfrac{線電流 I}{\sqrt{3}}=\sqrt{3}\,[\mathrm{A}]$．$V=V_0=RI_0=6\sqrt{3}\,[\mathrm{V}]$．$P=\sqrt{3}\,VI=\sqrt{3}\times 6\sqrt{3}\times 3=54\,[\mathrm{W}]$.
または $P=3V_0I_0=3\times 6\sqrt{3}\times\sqrt{3}=54\,[\mathrm{W}]$.

**26.5**　Δ-Y変換すると右図となる．

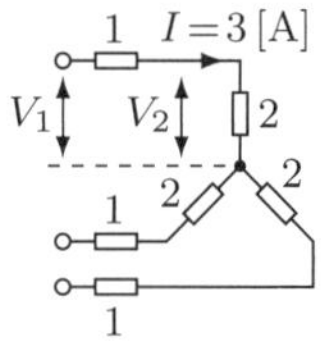


$V_2=2\times 3=6\,[\mathrm{V}]$．$\to V=V_0=\sqrt{3}\,V_2=6\sqrt{3}\,[\mathrm{V}]$．$V_1=(1+2)\times 3=9\,[\mathrm{V}]$．$\to V_{\rm g}=\sqrt{3}\,V_1=9\sqrt{3}\,[\mathrm{V}]$．$I_0=\dfrac{I}{\sqrt{3}}=\sqrt{3}\,[\mathrm{A}]$．$P=\sqrt{3}\,V_{\rm g}I=\sqrt{3}\times 9\sqrt{3}\times 3=81\,[\mathrm{W}]$.

**26.6**　$\dot{I}_{\rm ab}=\dot{I}'_{\rm ab}=\dfrac{\dot{E}_{\rm ab}}{5}=\dfrac{50\angle 0°}{5}=10\angle 0°\,[\mathrm{A}]$.
$\dot{I}_{\rm bc}=\dot{I}'_{\rm bc}=\dfrac{\dot{E}_{\rm bc}}{5}=\dfrac{50\angle -120°}{5}=10\angle -120°\,[\mathrm{A}]$.
$\dot{I}_{\rm ca}=\dot{I}'_{\rm ca}=\dfrac{\dot{E}_{\rm ca}}{5}=\dfrac{50\angle -240°}{5}=10\angle -240°\,[\mathrm{A}]$.
これらを$\sqrt{3}$倍し30°遅らせて，$\dot{I}_{\rm a}=10\sqrt{3}\angle -30°\,[\mathrm{A}]$，$\dot{I}_{\rm b}=10\sqrt{3}\angle -150°\,[\mathrm{A}]$，$\dot{I}_{\rm c}=10\sqrt{3}\angle -270°\,[\mathrm{A}]$.
$P=\sqrt{3}\,E_{\rm ab}I_{\rm a}=\sqrt{3}\times 50\times 10\sqrt{3}=1500\,[\mathrm{W}]$.
または $P=3E_{\rm ab}I'_{\rm ab}=3\times 50\times 10=1500\,[\mathrm{W}]$.

**26.7**　Y-Y結線かΔ-Δ結線に変換すればよいので，下図のように電源をY形に変換した解法を説明する．

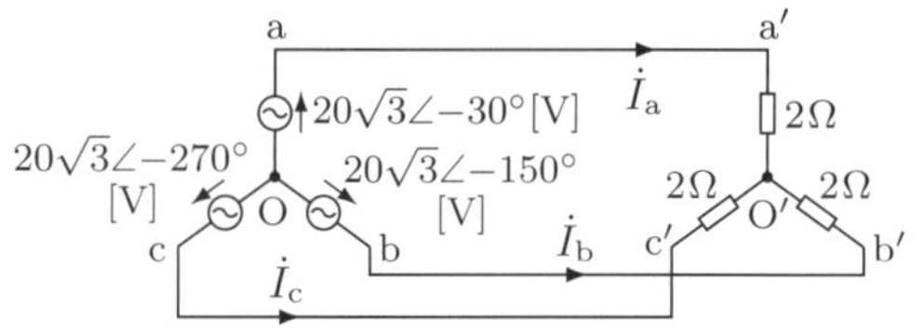


OとO′の電位が等しいので両者をつなぐと，a 相は 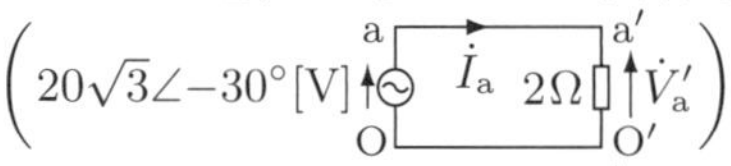

となるから，

$\dot{V}'_{\rm a}=20\sqrt{3}\angle -30°\,[\mathrm{V}]$．$\dot{I}_{\rm a}=\dfrac{\dot{V}'_{\rm a}}{2}=10\sqrt{3}\angle -30°\,[\mathrm{A}]$．同様に，$\dot{V}'_{\rm b}=20\sqrt{3}\angle -150°\,[\mathrm{V}]$．$\dot{I}_{\rm b}=10\sqrt{3}\angle -150°\,[\mathrm{A}]$．$\dot{V}'_{\rm c}=20\sqrt{3}\angle -270°\,[\mathrm{V}]$．$\dot{I}_{\rm c}=10\sqrt{3}\angle -270°\,[\mathrm{A}]$.
$\dot{I}_{\rm ab},\dot{I}_{\rm bc},\dot{I}_{\rm ca}$は，$\dot{I}_{\rm a},\dot{I}_{\rm b},\dot{I}_{\rm c}$を$\frac{1}{\sqrt{3}}$倍し30°進めて，$\dot{I}_{\rm ab}=10\angle 0°\,[\mathrm{A}]$，$\dot{I}_{\rm bc}=10\angle -120°\,[\mathrm{A}]$，$\dot{I}_{\rm ca}=10\angle -240°\,[\mathrm{A}]$.
$P=\sqrt{3}\,E_{\rm ab}I_{\rm a}=\sqrt{3}\times 60\times 10\sqrt{3}=1800\,[\mathrm{W}]$.
または $P=3V'_{\rm a}I_{\rm a}=3\times 20\sqrt{3}\times 10\sqrt{3}=1800\,[\mathrm{W}]$.

**26.8**　下図のようにY-Y結線に変換する．

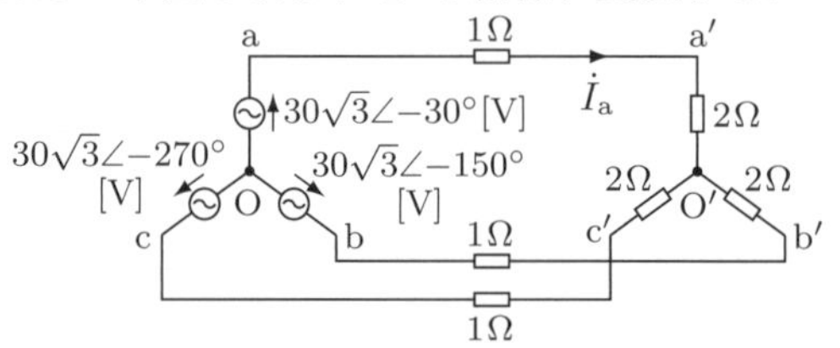


OとO′の電位が等しいので両者をつなぐと，a 相は

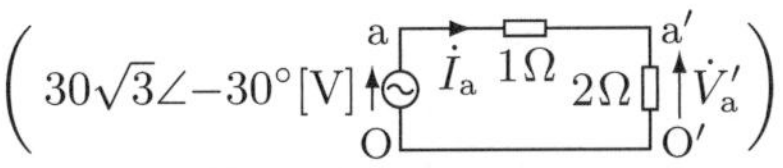


となるから，

$\dot{I}_a = \dfrac{30\sqrt{3}\angle-30°}{1+2} = 10\sqrt{3}\angle-30°$[A].

$\dot{V}'_a = 2\dot{I}_a = 20\sqrt{3}\angle-30°$[V]. $\dot{I}_{ab}, \dot{I}'_{ab}$ は $\dot{I}_a$ を $\frac{1}{\sqrt{3}}$ 倍し $30°$ 進めて，$\dot{I}_{ab} = \dot{I}'_{ab} = 10\angle0°$[A].

$\dot{V}'_{ab}$ は $\dot{V}'_a$ を $\sqrt{3}$ 倍し $30°$ 進めて，$\dot{V}'_{ab} = 60\angle0°$[V].

$P = \sqrt{3}\,E_{ab}I_a = \sqrt{3}\times 90\times 10\sqrt{3} = 2700$ [W].

$P' = \sqrt{3}\,V'_{ab}I_a = \sqrt{3}\times 60\times 10\sqrt{3} = 1800$ [W].

**26.9** 下図のように負荷をY結線に変換する．

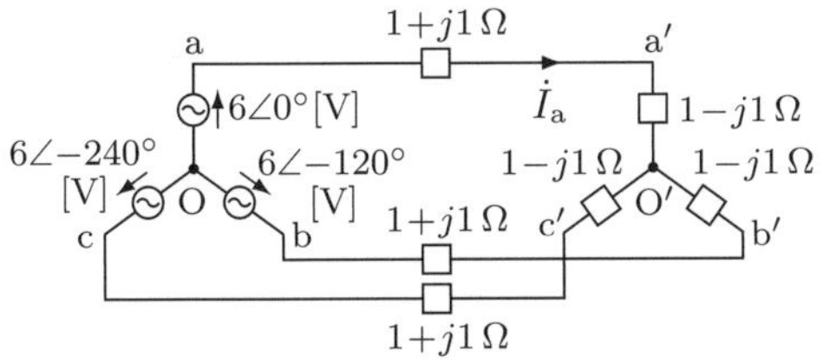


OとO′の電位が等しいので両者をつなぐと，a 相は

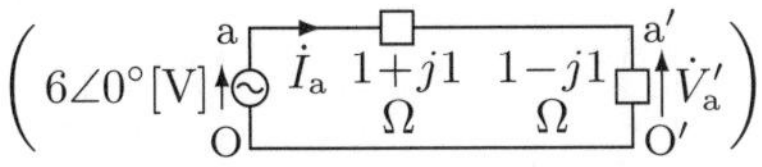


となるから，

$\dot{I}_a = \dfrac{6\angle0°}{(1+j1)+(1-j1)} = 3\angle0°$[A]. $\dot{V}'_a = (1-j1)\dot{I}_a = 3\sqrt{2}\angle-45°$[V]. $\dot{I}'_{ab}$ は $\dot{I}_a$ を $\frac{1}{\sqrt{3}}$ 倍し $30°$ 進めて，$\dot{I}'_{ab} = \sqrt{3}\angle30°$[A]. $\dot{E}_{ab}, \dot{V}'_{ab}$ は $\dot{E}_a, \dot{V}'_a$ を $\sqrt{3}$ 倍し $30°$ 進めて，$\dot{E}_{ab} = 6\sqrt{3}\angle30°$[V]，$\dot{V}'_{ab} = 3\sqrt{6}\angle-15°$[V].

$\dot{E}_a$ と $\dot{I}_a$ の位相差は $0°$ だから，

$P = \sqrt{3}\,E_{ab}I_a\cos0° = \sqrt{3}\times 6\sqrt{3}\times 3 = 54$ [W].

$\dot{V}'_{ab}$ と $\dot{I}'_{ab}$（または $\dot{V}'_a$ と $\dot{I}_a$）の位相差は $45°$ だから，

$P' = \sqrt{3}\,V'_{ab}I_a\cos45° = \sqrt{3}\times3\sqrt{6}\times3\times\frac{1}{\sqrt{2}} = 27$ [W].

**26.10** 下図のようにすべてをY結線に変換する．

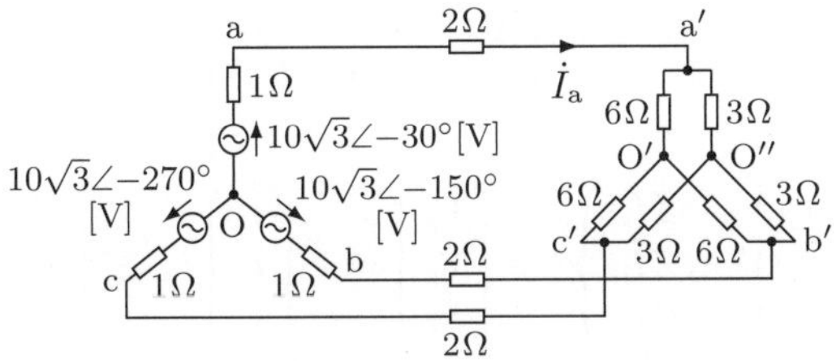


【注意】対称起電力とインピーダンスの直列結合のΔ-Y変換は，等インピーダンスならば，電圧源とインピーダンスを別々にΔ-Y変換したものを直列結合すればよい．このことは，電流源と並列インピーダンスに変換してからΔ-Y変換すれば，確認できる．

中性点O, O′, O″をつなぐと，a 相は

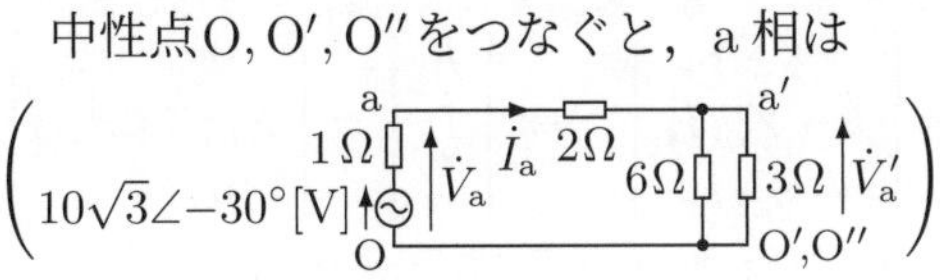


となる．

$\dot{I}_a = \dfrac{10\sqrt{3}\angle-30°}{1+2+(6/\!/3)} = 2\sqrt{3}\angle-30°$[A]. これを $\frac{1}{\sqrt{3}}$ 倍し $30°$ 進めて，$\dot{I}_{ab} = 2\angle0°$[A]. $\dot{V}_a = [2+(6/\!/3)]\dot{I}_a = 4\dot{I}_a = 8\sqrt{3}\angle-30°$[V]. $\rightarrow \dot{V}_{ab} = 24\angle0°$[V].

$\dot{V}'_a = (6/\!/3)\dot{I}_a = 4\sqrt{3}\angle-30°$[V]. $\rightarrow \dot{V}'_{ab} = 12\angle0°$[V].

**26.11** 負荷のΔ結線をY結線に変換する．

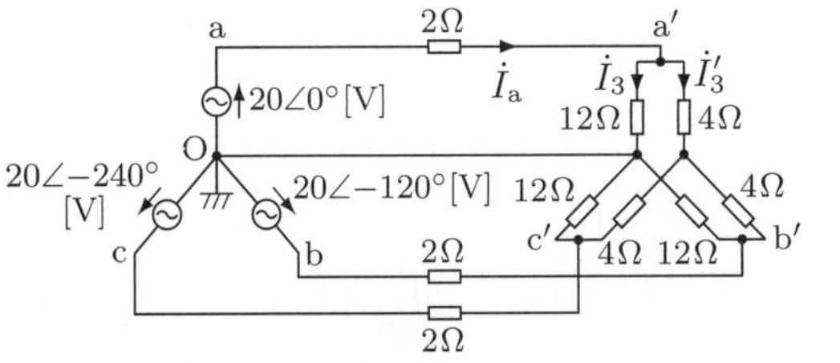


中性点をつなぐと，a 相は，

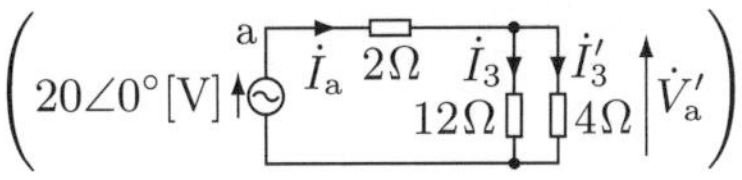


となる．$\dot{I}_3$ と $\dot{I}'_3$ に注意する．$\dot{I}_a = \dfrac{20\angle0°}{2+(12/\!/4)} = \dfrac{20\angle0°}{2+3} = 4\angle0°$[A].

$\dot{V}'_a = (12/\!/4)\times\dot{I}_a = 12\angle0°$[V]. $\dot{I}_3 = \dfrac{\dot{V}'_a}{12} = 1\angle0°$[A].

$\dot{I}'_3 = \dfrac{\dot{V}'_a}{4} = 3\angle0°$[A]. $\dot{I}_2$ は $\dot{I}'_3$ を $\frac{1}{\sqrt{3}}$ 倍し $30°$ 進めて，$\dot{I}_2 = \sqrt{3}\angle30°$[A]. $\dot{I}_1 = -\sqrt{3}\angle-210° = \sqrt{3}\angle-30°$[A].

$\dot{E}_{ab}$ は $\dot{E}_a$ を $\sqrt{3}$ 倍し $30°$ 進めて，$\dot{E}_{ab} = 20\sqrt{3}\angle30°$[V].

$\dot{V}'_{ab}$ は $\dot{V}'_a$ を $\sqrt{3}$ 倍し $30°$ 進めて，$\dot{V}'_{ab} = 12\sqrt{3}\angle30°$[V].

**27.1** 中性線が無いから $\dot{I}_a+\dot{I}_b+\dot{I}_c = 0$ となり，$\dot{I}_a$, $\dot{I}_b, \dot{I}_c$ は閉じた三角形を作る．この三角形は，辺の長さが $I_a:I_b:I_c = \sqrt{2}:1:1$ ゆえ，直角二等辺三角形となるから，$\dot{I}_b$ と $\dot{I}_c$ の位相差 $\theta_{bc} = 90°$.

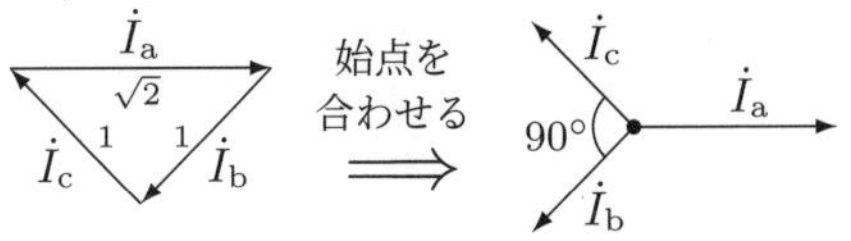


**27.2**

(1) $\dot{I}'_{ab} = \dfrac{\dot{E}_{ab}}{2} = \dfrac{6\angle0°}{2} = 3\angle0°$[A].

$\dot{I}'_{bc} = \dfrac{\dot{E}_{bc}}{\sqrt{3}-j1} = \dfrac{6\angle-120°}{2\angle-30°} = 3\angle-90°$[A].

$\dot{I}'_{ca} = \dfrac{\dot{E}_{ca}}{1-j\sqrt{3}} = \dfrac{6\angle-240°}{2\angle-60°} = 3\angle-180°$[A].

$\dot{I}_a = \dot{I}'_{ab} - \dot{I}'_{ca} = 3-(-3) = 6\angle0°$[A].

$\dot{I}_b = \dot{I}'_{bc} - \dot{I}'_{ab} = -j3-3 = 3\sqrt{2}\angle-135°$[A].

$\dot{I}_c = \dot{I}'_{ca} - \dot{I}'_{bc} = -3-(-j3) = 3\sqrt{2}\angle-225°$[A].

(2) キルヒホッフの電流則より，$\dot{I}_{ab}-\dot{I}_{ca} = \dot{I}_a$. ⋯①

$\dot{I}_{bc}-\dot{I}_{ab} = \dot{I}_b$. ⋯② $\dot{I}_{ca}-\dot{I}_{bc} = \dot{I}_c$. ⋯③

式①～③は従属（①+②=−③）ゆえ，他の式が必要となる．電源のΔ結線の各辺に微小な $\dot{Z}_0$ を直列に付加すると，キルヒホッフの電圧則より，

$$\dot{E}_{ab}+\dot{E}_{bc}+\dot{E}_{ca} = \dot{Z}_0\dot{I}_{ab}+\dot{Z}_0\dot{I}_{bc}+\dot{Z}_0\dot{I}_{ca}.$$

上式左辺 $=0$ ゆえ，$\dot{I}_{ab}+\dot{I}_{bc}+\dot{I}_{ca} = 0$. ⋯④

①−②+④：$3\dot{I}_{ab} = \dot{I}_a - \dot{I}_b = 9+j3$.

$\therefore\ \dot{I}_{ab} = 3+j1 \fallingdotseq \sqrt{10}\angle18°$[A].

②−③+④：$3\dot{I}_{bc} = \dot{I}_b - \dot{I}_c = -j6$.

$\therefore\ \dot{I}_{bc} = -j2 = 2\angle-90°$[A].

③−①+④：$3\dot{I}_{ca} = \dot{I}_c - \dot{I}_a = -9+j3$.

$\therefore\ \dot{I}_{ca} = -3+j1 \fallingdotseq \sqrt{10}\angle-198°$[A].

【注意】平衡三相では，式④は自動的に満足される．

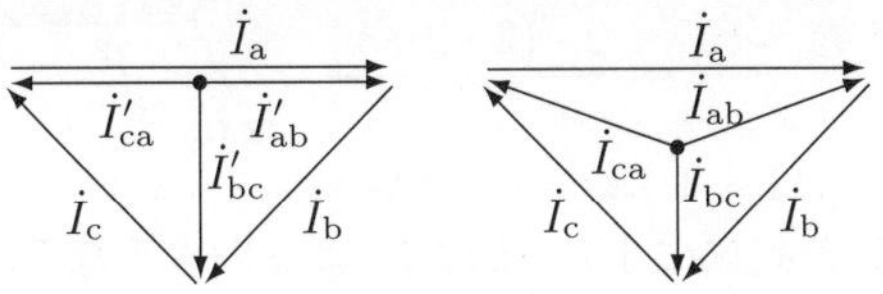

**27.3** $e^{-j120^\circ}+e^{-j240^\circ}=-1$ を利用する．

(1) $\dot{V}_\mathrm{n}=\dfrac{\dfrac{\dot{E}_\mathrm{a}}{\dot{Z}_\mathrm{a}}+\dfrac{\dot{E}_\mathrm{b}}{\dot{Z}_\mathrm{b}}+\dfrac{\dot{E}_\mathrm{c}}{\dot{Z}_\mathrm{c}}}{\dfrac{1}{\dot{Z}_\mathrm{a}}+\dfrac{1}{\dot{Z}_\mathrm{b}}+\dfrac{1}{\dot{Z}_\mathrm{c}}}=\dfrac{\dfrac{40}{2}+\dfrac{40e^{-j120^\circ}}{8}+\dfrac{40e^{-j240^\circ}}{8}}{\dfrac{1}{2}+\dfrac{1}{8}+\dfrac{1}{8}}$

分母分子×8

$=\dfrac{40}{6}\left(4+e^{-j120^\circ}+e^{-j240^\circ}\right)=20\angle 0^\circ\,[\mathrm{V}].$

$\dot{I}_\mathrm{a}=\dfrac{\dot{E}_\mathrm{a}-\dot{V}_\mathrm{n}}{\dot{Z}_\mathrm{a}}=\dfrac{40-20}{2}=10\angle 0^\circ[\mathrm{A}].$

(2) $\dot{V}_\mathrm{n}=\dfrac{\dfrac{40}{2}+\dfrac{40e^{-j120^\circ}}{8}+\dfrac{40e^{-j240^\circ}}{8}}{\dfrac{1}{2}+\dfrac{1}{8}+\dfrac{1}{8}+\dfrac{1}{2}}$

分母分子×8

$=\dfrac{40}{10}\left(4+e^{-j120^\circ}+e^{-j240^\circ}\right)=12\angle 0^\circ\,[\mathrm{V}].$

$\dot{I}_\mathrm{a}=\dfrac{\dot{E}_\mathrm{a}-\dot{V}_\mathrm{n}}{\dot{Z}_\mathrm{a}}=\dfrac{40-12}{2}=14\angle 0^\circ[\mathrm{A}].$

$\dot{I}_\mathrm{n}=\dfrac{\dot{V}_\mathrm{n}}{\dot{Z}_\mathrm{n}}=\dfrac{12}{2}=6\angle 0^\circ[\mathrm{A}].$

(3) $\dot{V}_\mathrm{n}=0\,[\mathrm{V}]$（位相なし）． $\dot{I}_\mathrm{a}=\dfrac{\dot{E}_\mathrm{a}}{\dot{Z}_\mathrm{a}}=20\angle 0^\circ[\mathrm{A}].$

$\dot{I}_\mathrm{n}=\dot{I}_\mathrm{a}+\dot{I}_\mathrm{b}+\dot{I}_\mathrm{c}=\dfrac{\dot{E}_\mathrm{a}}{\dot{Z}_\mathrm{a}}+\dfrac{\dot{E}_\mathrm{b}}{\dot{Z}_\mathrm{b}}+\dfrac{\dot{E}_\mathrm{c}}{\dot{Z}_\mathrm{c}}$

$=\dfrac{40}{2}+\dfrac{40}{8}(e^{-j120^\circ}+e^{-j240^\circ})=15\angle 0^\circ[\mathrm{A}].$

**27.4**

(1) $\dot{V}_\mathrm{n}=\dfrac{\dfrac{\dot{E}_\mathrm{a}}{\dot{Z}_\mathrm{a}}+\dfrac{\dot{E}_\mathrm{b}}{\dot{Z}_\mathrm{b}}+\dfrac{\dot{E}_\mathrm{c}}{\dot{Z}_\mathrm{c}}}{\dfrac{1}{\dot{Z}_\mathrm{a}}+\dfrac{1}{\dot{Z}_\mathrm{b}}+\dfrac{1}{\dot{Z}_\mathrm{c}}}=\dfrac{\dfrac{5}{j2}+\dfrac{5e^{-j120^\circ}}{2}+\dfrac{5e^{-j240^\circ}}{2}}{\dfrac{1}{j2}+\dfrac{1}{2}+\dfrac{1}{2}}$

分母分子×2

$=\dfrac{-j5+5(e^{-j120^\circ}+e^{-j240^\circ})}{-j+2}=\dfrac{5(-1-j)}{2-j}$

$=\dfrac{5(-1-j)(2+j)}{(2-j)(2+j)}=-1-j3$

$\fallingdotseq 3.16\angle{-108^\circ}\,[\mathrm{V}].$

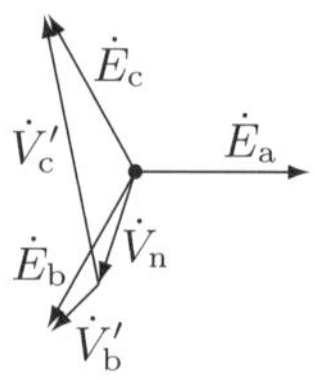


フェーザ図より，$|\dot{V}_\mathrm{c}'|>|\dot{V}_\mathrm{b}'|$.
→ c 相の電力が大きい．
（負荷 b,c を電球にすれば，
電球の明るさで相順を判定できる．
コイル → 暗 → 明の順が相順となる）

(2) $\dot{V}_\mathrm{n}=\dfrac{\dfrac{\dot{E}_\mathrm{a}}{\dot{Z}_\mathrm{a}}+\dfrac{\dot{E}_\mathrm{b}}{\dot{Z}_\mathrm{b}}+\dfrac{\dot{E}_\mathrm{c}}{\dot{Z}_\mathrm{c}}}{\dfrac{1}{\dot{Z}_\mathrm{a}}+\dfrac{1}{\dot{Z}_\mathrm{b}}+\dfrac{1}{\dot{Z}_\mathrm{c}}}=\dfrac{\dfrac{5}{-j2}+\dfrac{5e^{-j120^\circ}}{2}+\dfrac{5e^{-j240^\circ}}{2}}{\dfrac{1}{-j2}+\dfrac{1}{2}+\dfrac{1}{2}}$

$=\dfrac{j5+5(e^{-j120^\circ}+e^{-j240^\circ})}{j+2}=\dfrac{5(-1+j)}{2+j}$

$=-1+j3\fallingdotseq 3.16\angle 108^\circ\,[\mathrm{V}].$

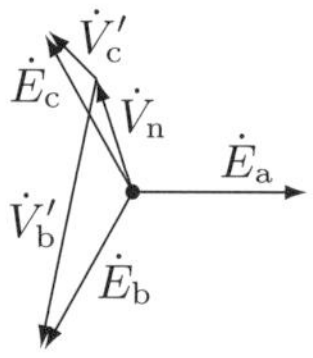


フェーザ図より，$|\dot{V}_\mathrm{b}'|>|\dot{V}_\mathrm{c}'|$
→ b 相の電力が大きい．
（b,c を電球にすれば，相順
はコンデンサ → 明 → 暗）

**27.5** $\dot{V}_\mathrm{n}=\dfrac{\dfrac{\dot{E}_a}{\dot{Z}_a}+\dfrac{\dot{E}_b}{\dot{Z}_b}+\dfrac{\dot{E}_c}{\dot{Z}_c}}{\dfrac{1}{\dot{Z}_a}+\dfrac{1}{\dot{Z}_b}+\dfrac{1}{\dot{Z}_c}}=\dfrac{\dfrac{2}{2}+\dfrac{2e^{-j120^\circ}}{-j2}+\dfrac{2e^{-j240^\circ}}{j2}}{\dfrac{1}{2}+\dfrac{1}{-j2}+\dfrac{1}{j2}}$

分母分子×2

$=\dfrac{2+2e^{-j30^\circ}+2e^{-j330^\circ}}{1+j-j}$

$=2+2\sqrt{3}\fallingdotseq 5.46\angle 0^\circ[\mathrm{V}].$

$\dot{I}_\mathrm{a}=\dfrac{\dot{E}_\mathrm{a}-\dot{V}_\mathrm{n}}{\dot{Z}_\mathrm{a}}=\dfrac{2-(2+2\sqrt{3})}{2}$

$=-\sqrt{3}\fallingdotseq 1.73\angle{-180^\circ}[\mathrm{A}].$

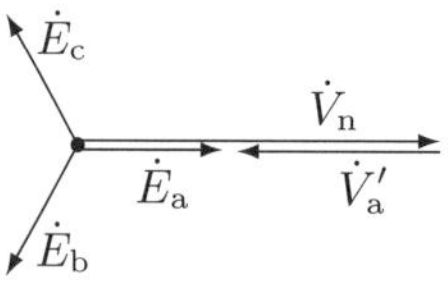


（LC の共振により $\dot{V}_\mathrm{n}$ は $\dot{E}_\mathrm{a}$ より大きくなる．）

**27.6** $a=e^{j120^\circ}$, $a^2=e^{j240^\circ}$, $1+a+a^2=0$ を使う．

(1) $\begin{bmatrix}\dot{V}_\mathrm{a}\\\dot{V}_\mathrm{b}\\\dot{V}_\mathrm{c}\end{bmatrix}=\begin{bmatrix}1&1&1\\1&a^2&a\\1&a&a^2\end{bmatrix}\begin{bmatrix}1\\2\\1\end{bmatrix}=\begin{bmatrix}4\\1+2a^2+a\\1+2a+a^2\end{bmatrix}$

$=\begin{bmatrix}4\\a^2\\a\end{bmatrix}=\begin{bmatrix}4\angle 0^\circ\\1\angle{-120^\circ}\\1\angle{-240^\circ}\end{bmatrix}[\mathrm{V}].$

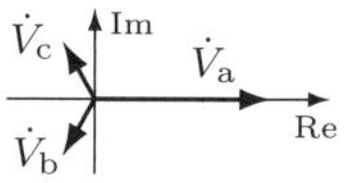


(2) $\begin{bmatrix}\dot{V}_\mathrm{a}\\\dot{V}_\mathrm{b}\\\dot{V}_\mathrm{c}\end{bmatrix}=\begin{bmatrix}1&1&1\\1&a^2&a\\1&a&a^2\end{bmatrix}\begin{bmatrix}1\\1\\2\end{bmatrix}=\begin{bmatrix}4\\1+a^2+2a\\1+a+2a^2\end{bmatrix}$

$=\begin{bmatrix}4\\a\\a^2\end{bmatrix}=\begin{bmatrix}4\angle 0^\circ\\1\angle{-240^\circ}\\1\angle{-120^\circ}\end{bmatrix}[\mathrm{V}].$

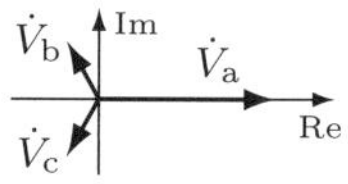


（逆相分が大きいと相順が逆になる．）

(3) $\begin{bmatrix}\dot{V}_\mathrm{a}\\\dot{V}_\mathrm{b}\\\dot{V}_\mathrm{c}\end{bmatrix}=\begin{bmatrix}1&1&1\\1&a^2&a\\1&a&a^2\end{bmatrix}\begin{bmatrix}2\\2\\0\end{bmatrix}=\begin{bmatrix}4\\2+2a^2\\2+2a\end{bmatrix}$

$=\begin{bmatrix}4\\-2a\\-2a^2\end{bmatrix}=\begin{bmatrix}4\angle 0^\circ\\2\angle{-60^\circ}\\2\angle 60^\circ\end{bmatrix}[\mathrm{V}].$

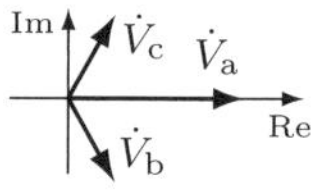


**27.7** $a=e^{j120^\circ}$, $a^2=e^{j240^\circ}$, $1+a+a^2=0$ を使う．

(1) 地絡ゆえ，$\dot{V}_\mathrm{a}=\dot{V}_\mathrm{b}=\dot{V}_\mathrm{c}=0.\to\dot{V}_0=\dot{V}_1=\dot{V}_2=0.$

$\begin{bmatrix}0\\0\\0\end{bmatrix}=\begin{bmatrix}0\\\dot{E}\\0\end{bmatrix}-\begin{bmatrix}\dot{Z}_\mathrm{g0}&0&0\\0&\dot{Z}_\mathrm{g1}&0\\0&0&\dot{Z}_\mathrm{g2}\end{bmatrix}\begin{bmatrix}\dot{I}_0\\\dot{I}_1\\\dot{I}_2\end{bmatrix}$

$=\begin{bmatrix}-\dot{Z}_\mathrm{g0}\dot{I}_0\\\dot{E}-\dot{Z}_\mathrm{g1}\dot{I}_1\\-\dot{Z}_\mathrm{g2}\dot{I}_2\end{bmatrix}.\quad\therefore\begin{bmatrix}\dot{I}_0\\\dot{I}_1\\\dot{I}_2\end{bmatrix}=\begin{bmatrix}0\\\dot{E}/\dot{Z}_\mathrm{g1}\\0\end{bmatrix}.$

$\begin{bmatrix}\dot{I}_\mathrm{a}\\\dot{I}_\mathrm{b}\\\dot{I}_\mathrm{c}\end{bmatrix}=\begin{bmatrix}1&1&1\\1&a^2&a\\1&a&a^2\end{bmatrix}\begin{bmatrix}0\\\dot{E}/\dot{Z}_\mathrm{g1}\\0\end{bmatrix}=\begin{bmatrix}\dfrac{\dot{E}}{\dot{Z}_\mathrm{g1}}\\\dfrac{\dot{E}}{\dot{Z}_\mathrm{g1}}e^{-j120^\circ}\\\dfrac{\dot{E}}{\dot{Z}_\mathrm{g1}}e^{-j240^\circ}\end{bmatrix}.$

(2) $\left.\begin{array}{l}\dot{V}_\mathrm{a}=\dot{Z}\dot{I}_\mathrm{a}\\\dot{V}_\mathrm{b}=\dot{Z}\dot{I}_\mathrm{b}\\\dot{V}_\mathrm{c}=\dot{Z}\dot{I}_\mathrm{c}\end{array}\right\}\to\begin{bmatrix}\dot{V}_\mathrm{a}\\\dot{V}_\mathrm{b}\\\dot{V}_\mathrm{c}\end{bmatrix}=\dot{Z}\begin{bmatrix}\dot{I}_\mathrm{a}\\\dot{I}_\mathrm{b}\\\dot{I}_\mathrm{c}\end{bmatrix}.$ 左から

$\dfrac{1}{3}\begin{bmatrix}1&1&1\\1&a&a^2\\1&a^2&a\end{bmatrix}$ を掛けて，$\begin{bmatrix}\dot{V}_0\\\dot{V}_1\\\dot{V}_2\end{bmatrix}=\dot{Z}\begin{bmatrix}\dot{I}_0\\\dot{I}_1\\\dot{I}_2\end{bmatrix}.$

$\therefore\dot{Z}\begin{bmatrix}\dot{I}_0\\\dot{I}_1\\\dot{I}_2\end{bmatrix}=\begin{bmatrix}0\\\dot{E}\\0\end{bmatrix}-\begin{bmatrix}\dot{Z}_\mathrm{g0}&0&0\\0&\dot{Z}_\mathrm{g1}&0\\0&0&\dot{Z}_\mathrm{g2}\end{bmatrix}\begin{bmatrix}\dot{I}_0\\\dot{I}_1\\\dot{I}_2\end{bmatrix}$

$=\begin{bmatrix}-\dot{Z}_\mathrm{g0}\dot{I}_0\\\dot{E}-\dot{Z}_\mathrm{g1}\dot{I}_1\\-\dot{Z}_\mathrm{g2}\dot{I}_2\end{bmatrix}.\to\begin{bmatrix}\dot{I}_0\\\dot{I}_1\\\dot{I}_2\end{bmatrix}=\begin{bmatrix}0\\\dot{E}/(\dot{Z}+\dot{Z}_\mathrm{g1})\\0\end{bmatrix}.$

$\begin{bmatrix}\dot{I}_\mathrm{a}\\\dot{I}_\mathrm{b}\\\dot{I}_\mathrm{c}\end{bmatrix}=\begin{bmatrix}1&1&1\\1&a^2&a\\1&a&a^2\end{bmatrix}\begin{bmatrix}0\\\dot{E}/(\dot{Z}+\dot{Z}_\mathrm{g1})\\0\end{bmatrix}$

$=\begin{bmatrix}\dfrac{\dot{E}}{\dot{Z}+\dot{Z}_\mathrm{g1}}\\\dfrac{\dot{E}}{\dot{Z}+\dot{Z}_\mathrm{g1}}e^{-j120^\circ}\\\dfrac{\dot{E}}{\dot{Z}+\dot{Z}_\mathrm{g1}}e^{-j240^\circ}\end{bmatrix}.$ （この式で $\dot{Z}=0$ の場合が，3 線地絡 (1) である）

(3) b,c 相地絡 → $\dot{V}_{\rm b}=\dot{V}_{\rm c}=0$. a 相開放 → $\dot{I}_{\rm a}=0$.

$$\begin{bmatrix}\dot{V}_0\\ \dot{V}_1\\ \dot{V}_2\end{bmatrix}=\frac{1}{3}\begin{bmatrix}1&1&1\\1&a&a^2\\1&a^2&a\end{bmatrix}\begin{bmatrix}\dot{V}_{\rm a}\\0\\0\end{bmatrix}=\begin{bmatrix}\dot{V}_{\rm a}/3\\ \dot{V}_{\rm a}/3\\ \dot{V}_{\rm a}/3\end{bmatrix}.$$

$$\therefore\begin{bmatrix}\dot{V}_{\rm a}/3\\ \dot{V}_{\rm a}/3\\ \dot{V}_{\rm a}/3\end{bmatrix}=\begin{bmatrix}0\\ \dot{E}\\0\end{bmatrix}-\begin{bmatrix}\dot{Z}_{\rm g0}&0&0\\0&\dot{Z}_{\rm g1}&0\\0&0&\dot{Z}_{\rm g2}\end{bmatrix}\begin{bmatrix}\dot{I}_0\\ \dot{I}_1\\ \dot{I}_2\end{bmatrix}$$

$$=\begin{bmatrix}-\dot{Z}_{\rm g0}\dot{I}_0\\ \dot{E}-\dot{Z}_{\rm g1}\dot{I}_1\\ -\dot{Z}_{\rm g2}\dot{I}_2\end{bmatrix}.$$ $\dot{I}_0,\dot{I}_1,\dot{I}_2$ について解けば,

$$\dot{I}_0=-\frac{\dot{V}_{\rm a}}{3\dot{Z}_{\rm g0}},\ \dot{I}_1=\frac{\dot{E}}{\dot{Z}_{\rm g1}}-\frac{\dot{V}_{\rm a}}{3\dot{Z}_{\rm g1}},\ \dot{I}_2=-\frac{\dot{V}_{\rm a}}{3\dot{Z}_{\rm g2}}.$$

上式を $\dot{I}_{\rm a}=\dot{I}_0+\dot{I}_1+\dot{I}_2=0$ に代入して,

$$\frac{\dot{E}}{\dot{Z}_{\rm g1}}-\frac{\dot{V}_{\rm a}}{3}\left(\frac{1}{\dot{Z}_{\rm g0}}+\frac{1}{\dot{Z}_{\rm g1}}+\frac{1}{\dot{Z}_{\rm g2}}\right)=0.$$

$$\therefore\dot{V}_{\rm a}=\frac{3\dot{E}}{\dot{Z}_{\rm g1}\left(\frac{1}{\dot{Z}_{\rm g0}}+\frac{1}{\dot{Z}_{\rm g1}}+\frac{1}{\dot{Z}_{\rm g2}}\right)}.$$

(4) $$\left.\begin{array}{l}\dot{I}_{\rm a}=0\\ \dot{I}_{\rm c}=-\dot{I}_{\rm b}\\ \dot{V}_{\rm c}=\dot{V}_{\rm b}\end{array}\right\}\rightarrow\begin{bmatrix}\dot{I}_0\\ \dot{I}_1\\ \dot{I}_2\end{bmatrix}=\frac{1}{3}\begin{bmatrix}1&1&1\\1&a&a^2\\1&a^2&a\end{bmatrix}\begin{bmatrix}0\\ \dot{I}_{\rm b}\\ -\dot{I}_{\rm b}\end{bmatrix}$$

$$=\begin{bmatrix}0\\ \frac{a-a^2}{3}\dot{I}_{\rm b}\\ \frac{a^2-a}{3}\dot{I}_{\rm b}\end{bmatrix}=\begin{bmatrix}0\\ j\frac{1}{\sqrt{3}}\dot{I}_{\rm b}\\ -j\frac{1}{\sqrt{3}}\dot{I}_{\rm b}\end{bmatrix}.\quad\left(\because a-a^2=j\sqrt{3}\right)$$

$$\therefore\begin{bmatrix}\dot{V}_0\\ \dot{V}_1\\ \dot{V}_2\end{bmatrix}=\begin{bmatrix}0\\ \dot{E}\\0\end{bmatrix}-\begin{bmatrix}\dot{Z}_{\rm g0}&0&0\\0&\dot{Z}_{\rm g1}&0\\0&0&\dot{Z}_{\rm g2}\end{bmatrix}\begin{bmatrix}0\\ j\frac{1}{\sqrt{3}}\dot{I}_{\rm b}\\ -j\frac{1}{\sqrt{3}}\dot{I}_{\rm b}\end{bmatrix}$$

$$=\begin{bmatrix}0\\ \dot{E}-j\frac{1}{\sqrt{3}}Z_{\rm g1}\dot{I}_{\rm b}\\ j\frac{1}{\sqrt{3}}Z_{\rm g2}\dot{I}_{\rm b}\end{bmatrix}.$$ 一方, $\dot{V}_{\rm c}=\dot{V}_{\rm b}$ ゆえ,

$$\begin{bmatrix}\dot{V}_0\\ \dot{V}_1\\ \dot{V}_2\end{bmatrix}=\frac{1}{3}\begin{bmatrix}1&1&1\\1&a&a^2\\1&a^2&a\end{bmatrix}\begin{bmatrix}\dot{V}_{\rm a}\\ \dot{V}_{\rm b}\\ \dot{V}_{\rm b}\end{bmatrix}.\rightarrow\dot{V}_1=\dot{V}_2.$$

$$\therefore\dot{E}-j\frac{1}{\sqrt{3}}\dot{Z}_{\rm g1}\dot{I}_{\rm b}=j\frac{1}{\sqrt{3}}\dot{Z}_{\rm g2}\dot{I}_{\rm b}.\quad\dot{I}_{\rm b}=\frac{-j\sqrt{3}\,\dot{E}}{\dot{Z}_{\rm g1}+\dot{Z}_{\rm g2}}.$$

**28.1** 二電力計法により $P=P_1+P_2$ となる.

(1) $P=200+300=500$ [W].

(2) $P=-200+300=100$ [W].

**28.2** 右のフェーザ図より,

$\dot{E}_{\rm a}=8\angle 0°$[V].

$\dot{E}_{\rm ab}=8\sqrt{3}\angle 30°$[V].

$\dot{E}_{\rm ac}=8\sqrt{3}\angle -30°$[V].

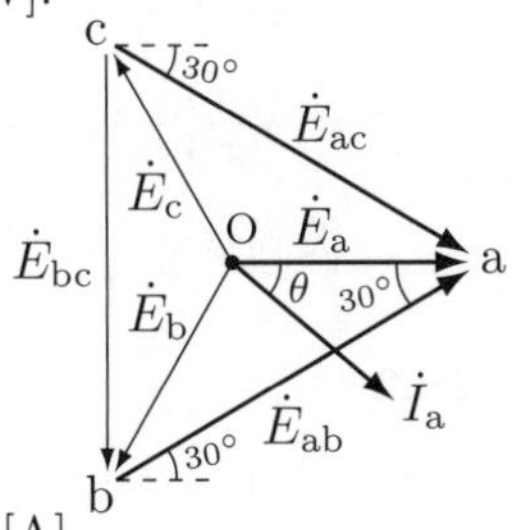


(1) $\dot{Z}=2\angle 0°.\rightarrow\theta=0°.$

中性点をつなぐと,

$\dot{I}_{\rm a}=\dfrac{\dot{E}_{\rm a}}{\dot{Z}}=\dfrac{8\angle 0°}{2\angle 0°}=4\angle 0°$[A].

$P_1=[\,\dot{E}_{\rm ab}$ と $\dot{I}_{\rm a}$ (位相差 30°) による電力 ]

$=|\dot{E}_{\rm ab}|\,|\dot{I}_{\rm a}|\cos 30°=8\sqrt{3}\times 4\times\frac{\sqrt{3}}{2}=48$ [W].

$P_2=[\,\dot{E}_{\rm ac}$ と $\dot{I}_{\rm a}$ (位相差 30°) による電力 ]

$=|\dot{E}_{\rm ac}|\,|\dot{I}_{\rm a}|\cos 30°=8\sqrt{3}\times 4\times\frac{\sqrt{3}}{2}=48$ [W].

$P=\sqrt{3}\,EI\cos\theta=\sqrt{3}\times 8\sqrt{3}\times 4\times\cos 0°$

$=96$ [W]. $\therefore P=P_1+P_2$.

(2) $\dot{Z}=\sqrt{3}+j1=2\angle 30°.\rightarrow\theta=30°.$ 中性点をつなぐと, $\dot{I}_{\rm a}=\dfrac{\dot{E}_{\rm a}}{\dot{Z}}=\dfrac{8\angle 0°}{2\angle 30°}=4\angle -30°$[A].

$\dot{E}_{\rm ab}$ と $\dot{I}_{\rm a}$ の位相差 $=60°$. $\dot{E}_{\rm ac}$ と $\dot{I}_{\rm a}$ の位相差 $=0°$.

$P_1=|\dot{E}_{\rm ab}|\,|\dot{I}_{\rm a}|\cos 60°=8\sqrt{3}\times 4\times\frac{1}{2}=16\sqrt{3}$ [W].

$P_2=|\dot{E}_{\rm ac}|\,|\dot{I}_{\rm a}|\cos 0°=8\sqrt{3}\times 4\times 1=32\sqrt{3}$ [W].

$P=\sqrt{3}\,EI\cos\theta=\sqrt{3}\times 8\sqrt{3}\times 4\times\cos 30°$

$=48\sqrt{3}$ [W]. $\therefore P=P_1+P_2$.

(3) $\dot{Z}=1-j\sqrt{3}=2\angle -60°.\rightarrow\theta=-60°.$ 中性点をつなぐと, $\dot{I}_{\rm a}=\dfrac{\dot{E}_{\rm a}}{\dot{Z}}=\dfrac{8\angle 0°}{2\angle -60°}=4\angle 60°$[A].

$\dot{E}_{\rm ab}$ と $\dot{I}_{\rm a}$ の位相差 $=30°$. $\dot{E}_{\rm ac}$ と $\dot{I}_{\rm a}$ の位相差 $=90°$.

$P_1=|\dot{E}_{\rm ab}|\,|\dot{I}_{\rm a}|\cos 30°=8\sqrt{3}\times 4\times\frac{\sqrt{3}}{2}=48$ [W].

$P_2=|\dot{E}_{\rm ac}|\,|\dot{I}_{\rm a}|\cos 90°=8\sqrt{3}\times 4\times 0=0$ [W].

$P=\sqrt{3}\,EI\cos\theta=\sqrt{3}\times 8\sqrt{3}\times 4\times\cos 60°$

$=48$ [W]. $\therefore P=P_1+P_2$.

**28.3** $\dot{E}_{\rm a}$ を基準方向 (0°) とすれば, $\dot{E}_{\rm a}=20\angle 0°$[V].

$\dot{E}_{\rm ac}=20\sqrt{3}\angle -30°$[V].

$\dot{E}_{\rm bc}=20\sqrt{3}\angle -90°$[V].

$\dot{I}_{\rm a}=\dfrac{\dot{E}_{\rm a}}{Z\angle\theta}=\dfrac{20}{Z}\angle -\theta$ [A].

$\dot{I}_{\rm b}=\dfrac{\dot{E}_{\rm b}}{Z\angle\theta}=\dfrac{20}{Z}\angle -\theta-120°$[A].

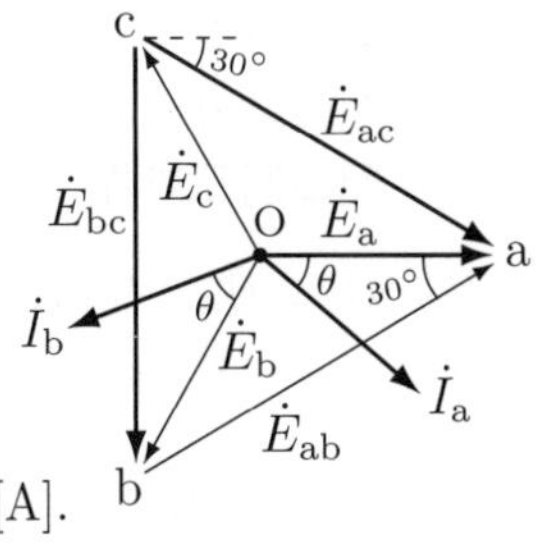


いま, $|\dot{E}_{\rm ac}|=|\dot{E}_{\rm bc}|=E$, $|\dot{I}_{\rm a}|=|\dot{I}_{\rm b}|=I$ と表すと,

$P_1=[\,\dot{E}_{\rm ac}$ と $\dot{I}_{\rm a}$ (位相差 $\theta-30°$) による電力 ]

$=|\dot{E}_{\rm ac}|\,|\dot{I}_{\rm a}|\cos(\theta-30°)=EI\cos(\theta-30°)$

$=EI(\cos\theta\cos 30°+\sin\theta\sin 30°).\ \cdots$ ①

$P_2=[\,\dot{E}_{\rm bc}$ と $\dot{I}_{\rm b}$ (位相差 $\theta+30°$) による電力 ]

$=|\dot{E}_{\rm bc}|\,|\dot{I}_{\rm b}|\cos(\theta+30°)=EI\cos(\theta+30°)$

$=EI(\cos\theta\cos 30°-\sin\theta\sin 30°).\ \cdots$ ②

①+② : $P_1+P_2=2EI\cos\theta\cos 30°=\sqrt{3}\,EI\cos\theta.$

①−② : $P_1-P_2=2EI\sin\theta\sin 30°=EI\sin\theta.$

$$\therefore\tan\theta=\frac{\sin\theta}{\cos\theta}=\frac{\sqrt{3}\,(P_1-P_2)}{P_1+P_2}.\quad I=\frac{P_1+P_2}{\sqrt{3}\,E\cos\theta}.$$

(1) $\tan\theta=\dfrac{\sqrt{3}\,(100-100)}{100+100}=0.\rightarrow\theta=0°.$

$I=\dfrac{100+100}{\sqrt{3}\times 20\sqrt{3}\cos 0°}=\dfrac{10}{3}.\quad Z=\dfrac{20}{I}=6.$

$\therefore\dot{Z}=6\angle 0°$ [Ω].

(2) $\tan\theta=\sqrt{3}.\rightarrow\theta=60°.\quad I=\dfrac{150+0}{60\cos 60°}=5.$

$Z=\dfrac{20}{I}=4.\ \therefore\dot{Z}=4\angle 60°$ [Ω].

(3) $\tan\theta=-\dfrac{1}{\sqrt{3}}.\rightarrow\theta=-30°.\quad I=\dfrac{100+200}{60\cos(-30°)}$

$=\dfrac{10}{\sqrt{3}}.\quad Z=\dfrac{20}{I}=2\sqrt{3}.\quad\dot{Z}=2\sqrt{3}\angle -30°$ [Ω].

**28.4** 問題**28.3** と同様に, $\tan\theta=\dfrac{\sqrt{3}\,(P_1-P_2)}{P_1+P_2}.$

(1) $P_1=P_2$ ゆえ $\tan\theta=0.\rightarrow\theta=0°.\quad\cos\theta=1.$

(2) $\tan\theta=\pm\dfrac{1}{\sqrt{3}}.\rightarrow\theta=\pm 30°.\quad\cos\theta=\dfrac{\sqrt{3}}{2}.$

(3) $\tan\theta=\pm\sqrt{3}.\rightarrow\theta=\pm 60°.\quad\cos\theta=\dfrac{1}{2}.$

(4) $\tan\theta=\pm\infty.\rightarrow\theta=\pm 90°.\quad\cos\theta=0.$

**28.5**

(1) $H_x = H_{\rm m}\cos\omega t.$　$H_y = H_{\rm m}\sin\omega t.$

$H = \sqrt{H_x^2 + H_y^2} = H_{\rm m}\sqrt{\cos^2\omega t + \sin^2\omega t} = H_{\rm m}.$

$\tan\phi = \dfrac{H_y}{H_x} = \dfrac{H_{\rm m}\sin\omega t}{H_{\rm m}\cos\omega t} = \tan\omega t.$

$\therefore \phi = \omega t + n\pi.$　$t=0$ のとき $\phi=0$ ゆえ，$n=0$，$\phi=\omega t.$ 大きさ $H$ が一定で，方向 $\phi$ が反時計方向に角速度 $\omega$ で回る回転磁界 $\overrightarrow{H}$ が発生する．

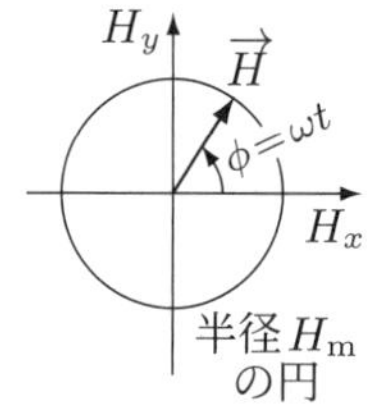


(2) $H_x = H_{\rm m}\cos\omega t.$　$H_y = -H_{\rm m}\sin\omega t.$

$H = \sqrt{H_x^2 + H_y^2} = H_{\rm m}\sqrt{\cos^2\omega t + \sin^2\omega t} = H_{\rm m}.$

$\tan\phi = \dfrac{H_y}{H_x} = \dfrac{-H_{\rm m}\sin\omega t}{H_{\rm m}\cos\omega t} = -\tan\omega t.$

$\therefore \phi = -\omega t + n\pi.$　$t=0$ のとき $\phi=0$ ゆえ，$n=0$，$\phi=-\omega t.$ 大きさ $H$ が一定で，方向 $\phi$ が時計方向に角速度 $-\omega$ で回る回転磁界 $\overrightarrow{H}$ が発生する．

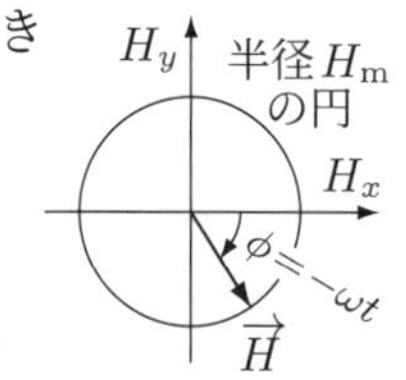


(3) $H_x = H_y = H_{\rm m}\cos\omega t.$

$H = \sqrt{H_x^2 + H_y^2} = \sqrt{2}\,H_{\rm m}|\cos\omega t|.$

$\tan\phi = \dfrac{H_y}{H_x} = 1.$

$\therefore \phi = 45^\circ$ または $-135^\circ.$

$\overrightarrow{H}$ は $45^\circ$ の線分上を往復する．

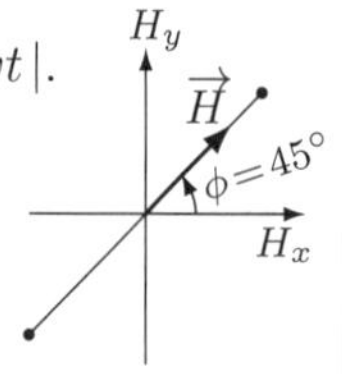


**28.6**　負荷 $\dot{Z} = \sqrt{3} + j1 = 2\angle 30^\circ[\Omega].$

$\dot{E}_{\rm ab} = 20\angle 0^\circ[{\rm V}].\ \to \dot{I}'_{\rm ab} = \dfrac{\dot{E}_{\rm ab}}{2\angle 30^\circ} = 10\angle -30^\circ[{\rm A}].$

$\dot{E}_{\rm bc} = 20\angle -120^\circ[{\rm V}].\to \dot{I}'_{\rm bc} = \dfrac{\dot{E}_{\rm bc}}{2\angle 30^\circ} = 10\angle -150^\circ[{\rm A}].$

$\dot{E}_{\rm ca} = 20\angle -240^\circ[{\rm V}].\to \dot{I}'_{\rm ca} = \dfrac{\dot{E}_{\rm ca}}{2\angle 30^\circ} = 10\angle -270^\circ[{\rm A}].$

$\dot{I}_{\rm a}$ は $\dot{I}'_{\rm ab}$ を $\sqrt{3}$ 倍し $30^\circ$ 遅らせて，

$\dot{I}_{\rm a} = 10\sqrt{3}\angle -60^\circ[{\rm A}].$ 同様に，

$\dot{I}_{\rm b} = 10\sqrt{3}\angle -180^\circ[{\rm A}].$

$\dot{I}_{\rm c} = 10\sqrt{3}\angle -300^\circ[{\rm A}] = \dot{I}_{\rm ca}.$

$\dot{I}_{\rm ab} = -\dot{I}_{\rm b} = 10\sqrt{3}\angle 0^\circ[{\rm A}].$

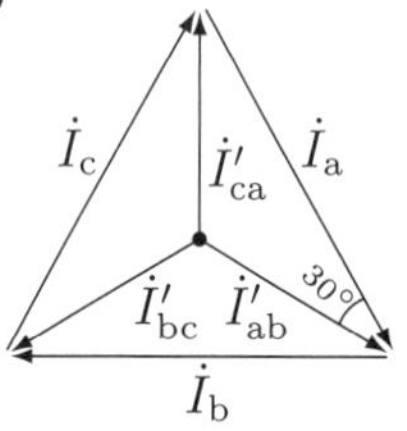


$P'_{\rm ab} = P'_{\rm bc} = P'_{\rm ca} = |\dot{E}_{\rm ab}|\,|\dot{I}'_{\rm ab}|\cos 30^\circ = 100\sqrt{3}$ [W].

$P_{\rm ab} = [\,\dot{E}_{\rm ab}$ と $\dot{I}_{\rm ab}$ (位相差 $0^\circ$) による電力 $]$

$= |\dot{E}_{\rm ab}|\,|\dot{I}_{\rm ab}|\cos 0^\circ = 20\times 10\sqrt{3}\times 1 = 200\sqrt{3}$ [W].

$P_{\rm ca} = [\,\dot{E}_{\rm ca}$ と $\dot{I}_{\rm ca}$ (位相差 $60^\circ$) による電力 $]$

$= |\dot{E}_{\rm ca}|\,|\dot{I}_{\rm ca}|\cos 60^\circ = 20\times 10\sqrt{3}\times\dfrac{1}{2} = 100\sqrt{3}$ [W].

供給電力 $(P_{\rm ab}+P_{\rm ca})$ = 消費電力 $(P'_{\rm ab}+P'_{\rm bc}+P'_{\rm ca})$ となっているが，各電源の負担が均等ではない．

## 第 4 章　非正弦波交流

**29.1**

(1) $V_{\rm m} = A.$　$v(t) = \pm A$ ゆえ，$[v(t)]^2 = A^2.$

したがって，$V = \sqrt{[v(t)]^2\text{の平均}} = \sqrt{A^2} = A.$

$|v(t)| = A$ ゆえ，$|v(t)|$ の平均値 $V_{\rm a} = A.$

波高率 $= \dfrac{V_{\rm m}}{V} = 1.$　波形率 $= \dfrac{V}{V_{\rm a}} = 1.$

(2) $V_{\rm m} = A.$　$[v(t)]^2$ は 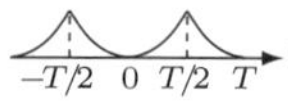 の形なので，区間 $0 \leqq t \leqq T/2$ で平均すれば十分である．この区間で $v(t) = \dfrac{2A}{T}t$ だから，$[v(t)]^2$ の平均

$= \dfrac{1}{\frac{T}{2}}\displaystyle\int_0^{\frac{T}{2}}[v(t)]^2{\rm d}t = \dfrac{2}{T}\int_0^{\frac{T}{2}}\Big(\dfrac{2A}{T}t\Big)^2{\rm d}t$

$= \dfrac{8A^2}{T^3}\Big[\dfrac{t^3}{3}\Big]_0^{\frac{T}{2}} = \dfrac{A^2}{3}.$　$V = \sqrt{[v(t)]^2\text{の平均}} = \dfrac{A}{\sqrt{3}}.$

$|v(t)|$ は 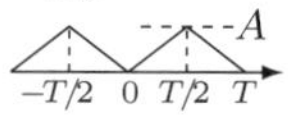 のように 0 と $A$ の間を往復するので，$|v(t)|$ の平均値 $V_{\rm a} = \dfrac{A}{2}.$　波高率 $= \dfrac{V_{\rm m}}{V} = \sqrt{3} \fallingdotseq 1.73.$　波形率 $= \dfrac{V}{V_{\rm a}} = \dfrac{2}{\sqrt{3}} \fallingdotseq 1.15.$

(3) $V_{\rm m} = A.$　周期は $\dfrac{\pi}{\omega}$ だから，$[v(t)]^2$ の平均

$= \dfrac{\omega}{\pi}\displaystyle\int_0^{\frac{\pi}{\omega}}[v(t)]^2{\rm d}t = \dfrac{\omega A^2}{\pi}\int_0^{\frac{\pi}{\omega}}\sin^2\omega t\,{\rm d}t$

$= \dfrac{\omega A^2}{2\pi}\displaystyle\int_0^{\frac{\pi}{\omega}}(1-\cos 2\omega t)\,{\rm d}t = \dfrac{\omega A^2}{2\pi}\Big[t - \dfrac{\sin 2\omega t}{2\omega}\Big]_0^{\frac{\pi}{\omega}}$

$= \dfrac{\omega A^2}{2\pi}\Big(\dfrac{\pi}{\omega} - \dfrac{\sin 2\pi - \sin 0}{2\omega}\Big) = \dfrac{A^2}{2}.$　$\therefore V = \dfrac{A}{\sqrt{2}}.$

$V_{\rm a} = \dfrac{\omega}{\pi}\displaystyle\int_0^{\frac{\pi}{\omega}}|v(t)|\,{\rm d}t = \dfrac{\omega A}{\pi}\int_0^{\frac{\pi}{\omega}}\sin\omega t\,{\rm d}t$

$= \dfrac{\omega A}{\pi}\Big[-\dfrac{\cos\omega t}{\omega}\Big]_0^{\frac{\pi}{\omega}} = \dfrac{A}{\pi}(-\cos\pi + \cos 0) = \dfrac{2A}{\pi}.$

波高率 $= \dfrac{V_{\rm m}}{V} = \sqrt{2} \fallingdotseq 1.41.$　波形率 $= \dfrac{V}{V_{\rm a}}$

$= \dfrac{\pi}{2\sqrt{2}} \fallingdotseq 1.11.$ （正弦波交流と同じになる）

(4) $V_{\rm m} = A.$ 周期 $\dfrac{2\pi}{\omega}.$　$v(t) = \begin{cases} A\sin\omega t\ (0 \leqq t \leqq \frac{\pi}{\omega}) \\ 0\qquad (\frac{\pi}{\omega} \leqq t \leqq \frac{2\pi}{\omega}) \end{cases}$

$[v(t)]^2$ の平均 $= \dfrac{\omega}{2\pi}\displaystyle\int_0^{\frac{2\pi}{\omega}}[v(t)]^2\,{\rm d}t$

$= \dfrac{\omega}{2\pi}\Big\{\displaystyle\int_0^{\frac{\pi}{\omega}}(A\sin\omega t)^2\,{\rm d}t + \int_{\frac{\pi}{\omega}}^{\frac{2\pi}{\omega}}0^2\,{\rm d}t\Big\}$

$= \dfrac{\omega A^2}{2\pi}\displaystyle\int_0^{\frac{\pi}{\omega}}\sin^2\omega t\,{\rm d}t = \dfrac{\omega A^2}{4\pi}\int_0^{\frac{\pi}{\omega}}(1-\cos 2\omega t)\,{\rm d}t$

$= \dfrac{\omega A^2}{4\pi}\Big[t - \dfrac{\sin 2\omega t}{2\omega}\Big]_0^{\frac{\pi}{\omega}} = \dfrac{A^2}{4}.$　$\therefore V = \dfrac{A}{2}.$

$|v(t)|$ の平均 $V_{\rm a} = \dfrac{\omega}{2\pi}\displaystyle\int_0^{\frac{2\pi}{\omega}}|v(t)|\,{\rm d}t$

$= \dfrac{\omega}{2\pi}\Big\{\displaystyle\int_0^{\frac{\pi}{\omega}}A\sin\omega t\,{\rm d}t + \int_{\frac{\pi}{\omega}}^{\frac{2\pi}{\omega}}0\,{\rm d}t\Big\}$

$= \dfrac{\omega A}{2\pi}\Big[-\dfrac{\cos\omega t}{\omega}\Big]_0^{\frac{\pi}{\omega}} = \dfrac{A}{2\pi}(-\cos\pi + \cos 0) = \dfrac{A}{\pi}.$

波高率 $= \dfrac{V_{\rm m}}{V} = 2.$　波形率 $= \dfrac{V}{V_{\rm a}} = \dfrac{\pi}{2} \fallingdotseq 1.57.$

**29.2**

(1) $[v(t)]^2$ は 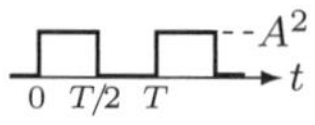 の形なので，$[v(t)]^2$ の平均 $= \dfrac{A^2}{2}.$　$\therefore V = \sqrt{[v(t)]^2\text{の平均}} = \dfrac{A}{\sqrt{2}}.$

$|v(t)|$ は  の形なので，$|v(t)|$ の平均 $V_{\rm a} = \dfrac{A}{2}.$

(2) $[v(t)]^2$ と $|v(t)|$ は (1) と同じ．$V = \dfrac{A}{\sqrt{2}}.$ $V_{\rm a} = \dfrac{A}{2}.$

(3) $0<t<T$ のとき，$v(t)=\dfrac{A}{T}t$ と書けるから，

$$[v(t)]^2\text{の平均} = \frac{1}{T}\int_0^T [v(t)]^2\,\mathrm{d}t = \frac{A^2}{T^3}\int_0^T t^2\mathrm{d}t$$
$$= \frac{A^2}{T^3}\left[\frac{t^3}{3}\right]_0^T = \frac{A^2}{T^3}\times\frac{T^3}{3} = \frac{A^2}{3}.\quad \therefore V = \frac{A}{\sqrt{3}}.$$
$$V_\mathrm{a} = \frac{1}{T}\int_0^T |v(t)|\,\mathrm{d}t = \frac{A}{T^2}\int_0^T t\,\mathrm{d}t = \frac{A}{T^2}\left[\frac{t^2}{2}\right]_0^T$$
$= \dfrac{A}{2}$.（図形から平均値 $V_\mathrm{a}$ を求めてもよい）

(4) $v(t) = \begin{cases} \dfrac{2A}{T}t & (0\leqq t<\frac{T}{2}) \\ 0 & (\frac{T}{2}<t\leqq T) \end{cases}$.　$[v(t)]^2$ の平均

$$= \frac{1}{T}\int_0^T [v(t)]^2\,\mathrm{d}t = \frac{1}{T}\int_0^{\frac{T}{2}}\left(\frac{2A}{T}t\right)^2\mathrm{d}t$$
$$= \frac{4A^2}{T^3}\left[\frac{t^3}{3}\right]_0^{\frac{T}{2}} = \frac{4A^2}{T^3}\times\frac{T^3}{24} = \frac{A^2}{6}.\quad \therefore V = \frac{A}{\sqrt{6}}.$$
$$V_\mathrm{a} = \frac{1}{T}\int_0^T |v(t)|\,\mathrm{d}t = \frac{2A}{T^2}\int_0^{\frac{T}{2}} t\,\mathrm{d}t = \frac{2A}{T^2}\left[\frac{t^2}{2}\right]_0^{\frac{T}{2}}$$
$= \dfrac{A}{4}$.（図形から平均値 $V_\mathrm{a}$ を求めてもよい）

(5) $|t|\leqq\dfrac{T}{2}$ のとき，$v(t)=\dfrac{4A}{T^2}t^2$ と書けるから，

$$[v(t)]^2\text{の平均} = \frac{2}{T}\int_0^{\frac{T}{2}} [v(t)]^2\mathrm{d}t = \frac{32A^2}{T^5}\int_0^{\frac{T}{2}} t^4\mathrm{d}t$$
$$= \frac{32A^2}{T^5}\left[\frac{t^5}{5}\right]_0^{\frac{T}{2}} = \frac{A^2}{5}.\quad \therefore V = \frac{A}{\sqrt{5}}.$$
$$V_\mathrm{a} = \frac{2}{T}\int_0^{\frac{T}{2}} |v(t)|\,\mathrm{d}t = \frac{8A}{T^3}\int_0^{\frac{T}{2}} t^2\mathrm{d}t = \frac{A}{3}.$$

**29.3**

(1) $v_1\leqq 0$ のとき，$v_2=0$.
$v_1\geqq 0$ のとき，$v_2=v_1$.
（半波整流）

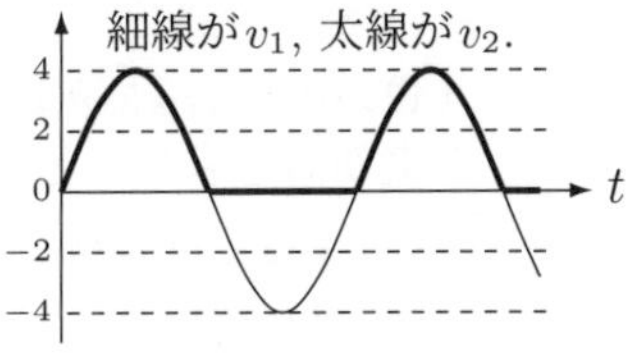


(2) $v_2=|v_1|$.
（全波整流）

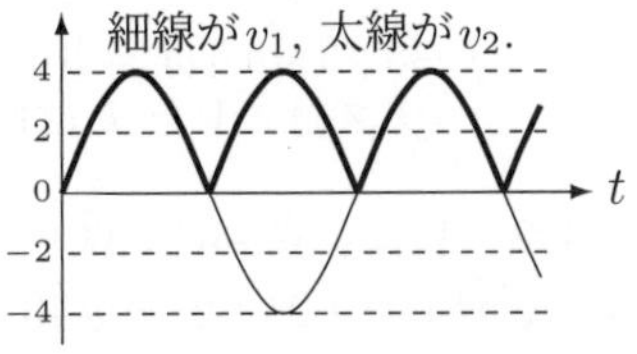


(3) $v_1<-2$ のとき，$v_2=-2$.
$|v_1|<2$ のとき，$v_2=0$.
$v_1>2$ のとき，$v_2=2$.

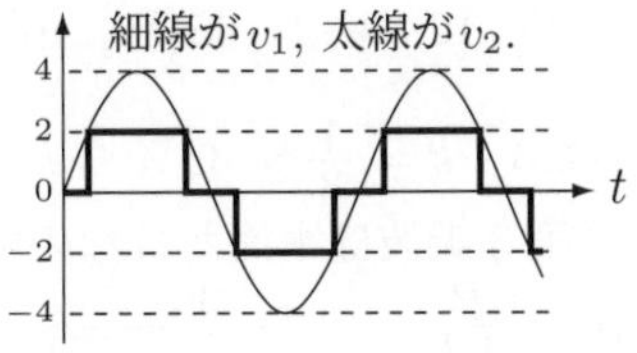


(4) $v_1$ 増加時：
$v_2=v_1-2$.
ただし $v_2$ は減少しない．
$v_1$ 減少時：
$v_2=v_1+2$.
ただし $v_2$ は増加しない．

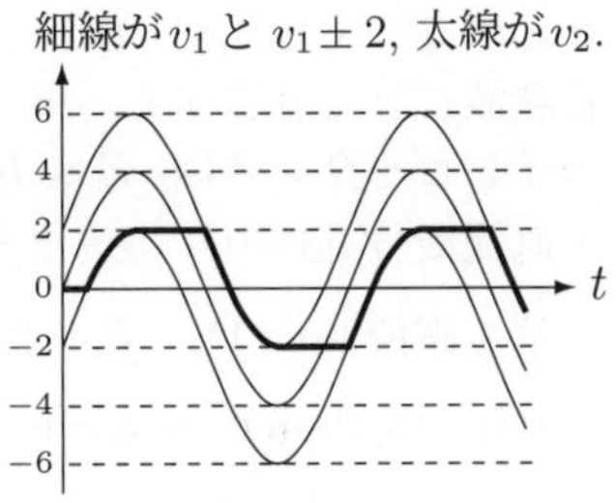


**30.1**　波形の対称性を利用する．$\omega T=2\pi$ に注意．

(1) $v(t)$ は偶関数ゆえ，$b_n=0$．$a_0=$ 平均値 $=\dfrac{A}{2}$.

$$a_n = \frac{4}{T}\int_0^{\frac{T}{2}} v(t)\cos n\omega t\,\mathrm{d}t$$
$$= \frac{4}{T}\left\{\int_0^{\frac{T}{4}} \overset{\boxed{v(t)=A}}{v(t)}\cos n\omega t\,\mathrm{d}t + \int_{\frac{T}{4}}^{\frac{T}{2}} \overset{\boxed{v(t)=0}}{v(t)}\cos n\omega t\,\mathrm{d}t\right\}$$
$$= \frac{4A}{T}\int_0^{\frac{T}{4}} \cos n\omega t\,\mathrm{d}t = \frac{4A}{n\omega T}\Big[\sin n\omega t\Big]_0^{\frac{T}{4}}$$
$$= \frac{2A}{n\pi}\left(\sin\frac{n\overset{\boxed{\omega T=2\pi}}{\omega T}}{4} - \sin 0\right) = \frac{2A}{n\pi}\sin\frac{n\pi}{2}$$
$$= \frac{2A}{n\pi}\times\begin{cases} 1 & (n=1,5,9,13,\cdots) \\ -1 & (n=3,7,11,15,\cdots) \\ 0 & (n=2,4,6,8,10,12,14,\cdots) \end{cases}$$
$$v(t) = \frac{A}{2} + \frac{2A}{\pi}\left(\cos\omega t - \frac{\cos 3\omega t}{3} + \frac{\cos 5\omega t}{5} - \cdots\right).$$
（$v(t)-\frac{A}{2}$ は対称波なので偶数調波は無い）

(2) $v(t)$ は奇関数ゆえ，$a_0=a_n=0$.

$$b_n = \frac{4}{T}\int_0^{\frac{T}{2}} v(t)\sin n\omega t\,\mathrm{d}t$$
$$= \frac{4}{T}\left\{\int_0^{\frac{T}{4}} \overset{\boxed{v(t)=A}}{v(t)}\sin n\omega t\,\mathrm{d}t + \int_{\frac{T}{4}}^{\frac{T}{2}} \overset{\boxed{v(t)=0}}{v(t)}\sin n\omega t\,\mathrm{d}t\right\}$$
$$= \frac{4A}{T}\int_0^{\frac{T}{4}} \sin n\omega t\,\mathrm{d}t = \frac{4A}{n\omega T}\Big[-\cos n\omega t\Big]_0^{\frac{T}{4}}$$
$$= \frac{2A}{n\pi}\left(-\cos\frac{n\overset{\boxed{\omega T=2\pi}}{\omega T}}{4} + \cos 0\right) = \frac{2A}{n\pi}\left(1-\cos\frac{n\pi}{2}\right)$$
$$= \frac{2A}{n\pi}\times\begin{cases} 1 & (n=1,3,5,7,9,11,13,15,\cdots) \\ 2 & (n=2,6,10,14,\cdots) \\ 0 & (n=4,8,12,16,\cdots) \end{cases}$$
$$v(t) = \frac{2A}{\pi}\left(\sin\omega t + \frac{2\sin 2\omega t}{2} + \frac{\sin 3\omega t}{3} + \frac{\sin 5\omega t}{5} + \frac{2\sin 6\omega t}{6} + \frac{\sin 7\omega t}{7} + \cdots\right).$$

(3) 偶関数ゆえ，$b_n=0$. 対称波ゆえ，$a_0=a_{2n}=0$.

$n$ が奇数のとき，$a_n = \dfrac{4}{T}\displaystyle\int_0^{\frac{T}{2}} v(t)\cos n\omega t\,\mathrm{d}t$

$$= \frac{4}{T}\left\{\int_0^{\frac{T}{8}} A\cos n\omega t\,\mathrm{d}t + \int_{\frac{3T}{8}}^{\frac{T}{2}} (-A)\cos n\omega t\,\mathrm{d}t\right\}$$
$$= \frac{4A}{n\omega T}\left\{\Big[\sin n\omega t\Big]_0^{\frac{T}{8}} - \Big[\sin n\omega t\Big]_{\frac{3T}{8}}^{\frac{T}{2}}\right\}$$
$$\overset{\boxed{\omega T=2\pi}}{=} \frac{2A}{n\pi}\left(\sin\frac{n\pi}{4} + \sin\frac{3n\pi}{4}\right)$$
$$= \frac{2\sqrt{2}A}{n\pi}\times\begin{cases} 1 & (n=1,3,9,11,17,19,\cdots) \\ -1 & (n=5,7,13,15,21,23,\cdots) \end{cases}$$
$$v(t) = \frac{2\sqrt{2}A}{\pi}\left(\cos\omega t + \frac{\cos 3\omega t}{3} - \frac{\cos 5\omega t}{5} - \frac{\cos 7\omega t}{7} + \frac{\cos 9\omega t}{9} + \frac{\cos 11\omega t}{11} - - + + \cdots\right).$$

(4) $|t|<\frac{T}{2}$ のとき $v(t)=\frac{2A}{T}t$. 奇関数 $a_0=a_n=0$.

$$b_n=\frac{4}{T}\int_0^{\frac{T}{2}}v(t)\sin n\omega t\,\mathrm{d}t=\frac{8A}{T^2}\int_0^{\frac{T}{2}}t\sin n\omega t\,\mathrm{d}t$$

部分積分
$$=\frac{8A}{T^2}\left\{\left[-t\,\frac{\cos n\omega t}{n\omega}\right]_0^{\frac{T}{2}}+\int_0^{\frac{T}{2}}\frac{\cos n\omega t}{n\omega}\,\mathrm{d}t\right\}$$
$$=-\frac{4A}{n\omega T}\cos\frac{n\omega T}{2}+\frac{8A}{(n\omega T)^2}\Big[\sin n\omega t\Big]_0^{\frac{T}{2}}$$

$\omega T=2\pi$
$$=-\frac{2A}{n\pi}\cos n\pi+\frac{2A}{(n\pi)^2}\sin n\pi.$$
$$=\frac{2A}{n\pi}(-1)^{n+1}.\quad (\because \cos n\pi=(-1)^n,\ \sin n\pi=0.)$$
$$b_1=\frac{2A}{\pi},\ b_2=-\frac{2A}{2\pi},\ b_3=\frac{2A}{3\pi},\ b_4=-\frac{2A}{4\pi},\ \cdots.$$
$$v(t)=\frac{2A}{\pi}\left(\sin\omega t-\frac{\sin 2\omega t}{2}+\frac{\sin 3\omega t}{3}-\cdots\right).$$

(5) 周期 $T=\frac{\pi}{\omega}$, 基本角周波数$=\frac{2\pi}{T}=2\omega$ に注意.

偶関数ゆえ, $b_n=0$. $a_0=\frac{2}{T}\int_0^{\frac{T}{2}}v(t)\,\mathrm{d}t$
$$=\frac{2}{T}\int_0^{\frac{T}{2}}A\sin\omega t\,\mathrm{d}t=\frac{2A}{\omega T}\Big[-\cos\omega t\Big]_0^{\frac{T}{2}}$$
$$=\frac{2A}{\pi}\left(-\cos\frac{\omega T}{2}+\cos 0\right)=\frac{2A}{\pi}.$$ 本問題では $\omega T=\pi$.

$$a_n=\frac{4}{T}\int_0^{\frac{T}{2}}v(t)\cos 2n\omega t\,\mathrm{d}t$$ $v(t)=A\sin\omega t$. 基本角周波数$=2\omega$.
$$=\frac{4A}{T}\int_0^{\frac{T}{2}}\cos 2n\omega t\,\sin\omega t\,\mathrm{d}t$$ $2\cos\alpha\sin\beta=\sin(\alpha+\beta)-\sin(\alpha-\beta)$.
$$=\frac{2A}{T}\int_0^{\frac{T}{2}}\Big[\sin(2n+1)\omega t-\sin(2n-1)\omega t\Big]\mathrm{d}t$$
$$=\frac{2A}{T}\left[\frac{-\cos(2n+1)\omega t}{(2n+1)\omega}+\frac{\cos(2n-1)\omega t}{(2n-1)\omega}\right]_0^{\frac{T}{2}}$$

$\omega T=\pi$
$$=\frac{2A}{\pi}\left[\frac{-\cos(n+\frac{1}{2})\pi+1}{2n+1}+\frac{\cos(n-\frac{1}{2})\pi-1}{2n-1}\right]$$
$$=\frac{2A}{\pi}\left(\frac{1}{2n+1}-\frac{1}{2n-1}\right)=\frac{-4A}{(2n-1)(2n+1)\pi}.$$
$$a_1=-\frac{4A}{1\cdot 3\pi},\ a_2=-\frac{4A}{3\cdot 5\pi},\ a_3=-\frac{4A}{5\cdot 7\pi},\ \cdots.$$
$$v(t)=\frac{4A}{\pi}\left(\frac{1}{2}-\frac{\cos 2\omega t}{1\cdot 3}-\frac{\cos 4\omega t}{3\cdot 5}-\cdots\right).$$

(6) 右図のように, 半波整流波 $v(t)$ は, 正弦波 $A\sin\omega t$ と全波整流波 $A|\sin\omega t|$ の和の半分になるから, 前問題(5)より,

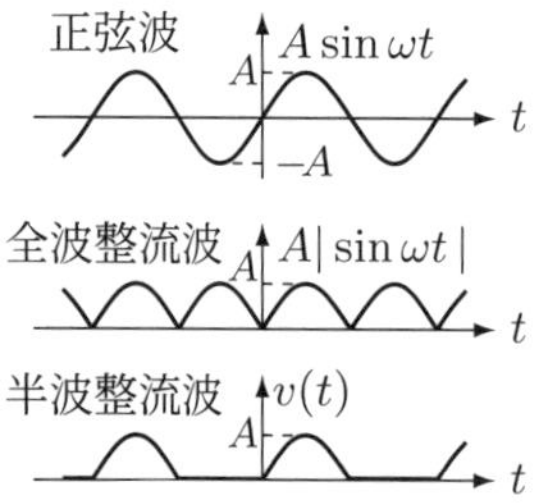


$$v(t)=\frac{1}{2}\big(A\sin\omega t+A\,|\sin\omega t|\big)$$
$$=\frac{2A}{\pi}\left(\frac{1}{2}+\frac{\pi}{4}\sin\omega t-\frac{\cos 2\omega t}{1\cdot 3}-\frac{\cos 4\omega t}{3\cdot 5}-\cdots\right).$$

**30.2** 周期 $T=2\pi$. 基本角周波数 $\omega=1$ に注意.

(1) $0<t<\pi$ のとき $v(t)=1-\frac{t}{\pi}$.

奇関数ゆえ, $a_0=a_n=0$.
$$b_n=\frac{2}{\pi}\int_0^{\pi}v(t)\sin nt\,\mathrm{d}t=\frac{2}{\pi}\int_0^{\pi}\left(1-\frac{t}{\pi}\right)\sin nt\,\mathrm{d}t$$

部分積分
$$=\frac{2}{\pi}\left\{\left[-\left(1-\frac{t}{\pi}\right)\frac{\cos nt}{n}\right]_0^{\pi}-\int_0^{\pi}\frac{\cos nt}{n\pi}\,\mathrm{d}t\right\}$$
$$=\frac{2}{\pi}\left\{\frac{\cos 0}{n}-\left[\frac{\sin nt}{n^2\pi}\right]_0^{\pi}\right\}=\frac{2}{n\pi}.$$
$$b_1=\frac{2}{\pi},\ b_2=\frac{2}{2\pi},\ b_3=\frac{2}{3\pi},\ b_4=\frac{2}{4\pi},\ \cdots.$$
$$v(t)=\frac{2}{\pi}\left(\sin t+\frac{\sin 2t}{2}+\frac{\sin 3t}{3}+\cdots\right).$$

(2) 偶関数ゆえ, $b_n=0$. $a_0=$ 平均値 $=\frac{1}{2\pi}$.
$$a_n=\frac{2}{\pi}\int_0^{\pi}v(t)\cos nt\,\mathrm{d}t$$
$$=\frac{2}{\pi}\left\{\int_0^{\delta}v(t)\cos nt\,\mathrm{d}t+\int_{\delta}^{\pi}v(t)\cos nt\,\mathrm{d}t\right\}$$ （$v(t)=\frac{1}{2\delta}$）（$v(t)=0$）
$$=\frac{1}{\delta\pi}\int_0^{\delta}\cos nt\,\mathrm{d}t=\frac{1}{n\delta\pi}\Big[\sin nt\Big]_0^{\delta}=\frac{\sin n\delta}{n\delta\pi}.$$
$$a_1=\frac{\sin\delta}{\delta\pi},\ a_2=\frac{\sin 2\delta}{2\delta\pi},\ a_3=\frac{\sin 3\delta}{3\delta\pi},\ \cdots.$$
$$v(t)=\frac{1}{\pi}\left(\frac{1}{2}+\frac{\sin\delta}{\delta}\cos t+\frac{\sin 2\delta}{2\delta}\cos 2t+\cdots\right).$$
特に $\delta\to 0$ のとき, $\lim_{\delta\to 0}\frac{\sin n\delta}{n\delta}=1$ ゆえ,
$$v(t)=\frac{1}{\pi}\left(\frac{1}{2}+\cos t+\cos 2t+\cos 3t+\cdots\right).$$
上式の定数項以外は, 前問の $v(t)$ の微分の半分に等しい. $v(t)=\frac{1}{2\pi}\sum_{n=-\infty}^{\infty}e^{jnt}$ とも書ける.

**31.1**

(1) $V_0=7$, $V_1=\frac{8}{\sqrt{2}}=4\sqrt{2}$ ゆえ, $V=\sqrt{V_0{}^2+V_1{}^2}$
$=\sqrt{7^2+(4\sqrt{2})^2}=\sqrt{49+32}=\sqrt{81}=9$ [V].

(2) $I=\sqrt{8^2+4^2+1^2}=\sqrt{64+16+1}=\sqrt{81}=9$ [A].
（式の中に $\cos 5\omega t=\sin(5\omega t+90^\circ)$ があるが, 実効値を求めるとき, 位相は無関係）

(3) $V=\sqrt{12^2+4^2+3^2}=\sqrt{169}=13$ [V].
$k=\frac{\sqrt{4^2+3^2}}{12}=\frac{5}{12}\fallingdotseq 42\%$.
（$-3\sqrt{2}\sin 5\omega t=3\sqrt{2}\sin(5\omega t+180^\circ)$ のマイナスは, $V$ と $k$ に影響しない）

**31.2** $V=\sqrt{5^2+6^2+4^2+2^2}=\sqrt{81}=9$ [V].
$I=\sqrt{5^2+4^2+2^2+2^2}=\sqrt{49}=7$ [A].
$P=5\times 5+6\times 4\cos 60^\circ+4\times 2\cos 90^\circ+2\times 2\cos 120^\circ$
$=25+12+0-2=35$ [W]. $\mathrm{pf}=\frac{P}{VI}=\frac{35}{9\times 7}=\frac{5}{9}\fallingdotseq 0.56$.

**31.3** $k=\frac{1}{3}\fallingdotseq 33\%$. $P=10\times 3\cos 0^\circ=30$ [W].
（第 3 調波は電流だけなので電力を作らない）
$\mathrm{pf}=\frac{P}{EI}=\frac{30}{10\times\sqrt{3^2+1^2}}=\frac{3}{\sqrt{10}}\fallingdotseq 0.95$.

**31.4** $E=\sqrt{3^2+6^2+6^2}=\sqrt{81}=9$ [V].
各調波ごとに計算する. 単一の正弦波に対する回路のインピーダンスは, $\dot{Z}=R+j\omega L=3+j\sqrt{3}\,\omega$ [Ω].

・直流成分 ($\omega=0$). $\dot{Z}=3$ だから, $i(t)=\frac{3}{3}=1$.

・第 1 調波 ($\omega=1$). $\dot{Z}=3+j\sqrt{3}=2\sqrt{3}\angle 30^\circ$.
$e(t)=6\sqrt{2}\sin t.\to\dot{E}=6\angle 0^\circ$. $\dot{I}=\frac{\dot{E}}{\dot{Z}}=\frac{6\angle 0^\circ}{2\sqrt{3}\angle 30^\circ}$
$=\sqrt{3}\angle -30^\circ.\to i(t)=\sqrt{6}\sin(t-30^\circ)$.

・第 3 調波 ($\omega=3$)．　$\dot{Z}=3+j3\sqrt{3}=6\angle 60°$．

$e(t)=6\sqrt{2}\sin 3t.\to\dot{E}=6\angle 0°$．　$\dot{I}=\dfrac{\dot{E}}{\dot{Z}}=\dfrac{6\angle 0°}{6\angle 60°}$

$=1\angle -60°.\to i(t)=\sqrt{2}\sin(3t-60°)$．

以上を合計して，

$i(t)=1+\sqrt{6}\sin(t-30°)+\sqrt{2}\sin(3t-60°)$ [A]．

$I=\sqrt{1^2+(\sqrt{3})^2+1^2}=\sqrt{5}$ [A]．

$P=3\times 1+6\times\sqrt{3}\cos 30°+6\times 1\cos 60°=3+9+3$

$=15$ [W]．　または $P=RI^2=3\times(\sqrt{5})^2=15$ [W]．

$\mathrm{pf}=\dfrac{P}{EI}=\dfrac{15}{9\sqrt{5}}=\dfrac{\sqrt{5}}{3}\fallingdotseq 0.75$．

**31.5**　$E=\sqrt{3^2+6^2+2^2}=\sqrt{49}=7$ [V]．

各調波ごとに計算する．単一の正弦波に対し，分圧の式より，$\dot{V}=\dfrac{R}{R+j\omega L}\dot{E}=\dfrac{\sqrt{3}}{\sqrt{3}+j0.1\omega}\dot{E}$．

・直流成分 ($\omega=0$)．　$\dot{V}=\dot{E}.\to v(t)=e(t)=3$．

・第 1 調波 ($\omega=10$)．

$\dot{V}=\dfrac{\sqrt{3}}{\sqrt{3}+j1}\dot{E}=\dfrac{\sqrt{3}}{2\angle 30°}\dot{E}=\left(\dfrac{\sqrt{3}}{2}\angle -30°\right)\dot{E}$．

$e(t)=6\sqrt{2}\cos 10t.\to v(t)=3\sqrt{6}\cos(10t-30°)$．

・第 3 調波 ($\omega=30$)．

$\dot{V}=\dfrac{\sqrt{3}}{\sqrt{3}+j3}\dot{E}=\dfrac{\sqrt{3}}{2\sqrt{3}\angle 60°}\dot{E}=\left(\frac{1}{2}\angle -60°\right)\dot{E}$．

$e(t)=2\sqrt{2}\cos 30t.\to v(t)=\sqrt{2}\cos(30t-60°)$．

以上を合計して，

$v(t)=3+3\sqrt{6}\cos(10t-30°)+\sqrt{2}\cos(30t-60°)$ [V]．

$V=\sqrt{3^2+(3\sqrt{3})^2+1^2}=\sqrt{37}\fallingdotseq 6.08$ [V]．

**31.6**　$E=\sqrt{2^2+2^2+2^2+2^2}=\sqrt{16}=4$ [V]．

各調波ごとに計算する．単一の正弦波に対し，分圧の式より $\dot{V}=\dfrac{R}{R+j\omega L+\frac{1}{j\omega C}}\dot{E}=\dfrac{8}{8+j(\omega-\frac{9}{\omega})}\dot{E}$．

・直流成分 ($\omega=0$)．　$\dot{V}=\dfrac{8}{8-j\infty}\dot{E}=0.\to v(t)=0$．

・第 1 調波 ($\omega=1$)．　$\dot{V}=\dfrac{8}{8-j8}\dot{E}=\left(\dfrac{1}{\sqrt{2}}\angle 45°\right)\dot{E}$．

$e(t)=2\sqrt{2}\sin t.\to v(t)=2\sin(t+45°)$．

・第 3 調波 ($\omega=3$)．　$\dot{V}=\dfrac{8}{8+j0}\dot{E}=\dot{E}$．

$e(t)=2\sqrt{2}\sin 3t.\to v(t)=2\sqrt{2}\sin 3t$．

・第 9 調波 ($\omega=9$)．　$\dot{V}=\dfrac{8}{8+j8}\dot{E}=\left(\dfrac{1}{\sqrt{2}}\angle -45°\right)\dot{E}$．

$e(t)=2\sqrt{2}\sin 9t.\to v(t)=2\sin(9t-45°)$．

以上を合計して，

$v(t)=2\sin(t+45°)+2\sqrt{2}\sin 3t+2\sin(9t-45°)$ [V]．

$V=\sqrt{(\sqrt{2})^2+2^2+(\sqrt{2})^2}=\sqrt{8}\fallingdotseq 2.83$ [V]．

**31.7**　$\omega=10,30$の各調波にインピーダンスを使う．

$\dot{V}_\mathrm{R}=R\dot{I}=2\dot{I}$（$\omega$には依存しない）ゆえ，

$v_\mathrm{R}(t)=2i(t)=20\sqrt{2}\sin 10t+6\sqrt{2}\sin 30t$ [V]．

$\dot{V}_\mathrm{L}=j\omega L\dot{I}=(0.2\omega\angle 90°)\times\dot{I}.\to$ $\omega=10$ のとき，

$\dot{V}_\mathrm{L}=(2\angle 90°)\times\dot{I}$．　$\omega=30$ のとき，$\dot{V}_\mathrm{L}=(6\angle 90°)\times\dot{I}$．

$v_\mathrm{L}(t)=20\sqrt{2}\sin(10t+90°)+18\sqrt{2}\sin(30t+90°)$ [V]．

$\dot{V}_\mathrm{C}=\dfrac{1}{j\omega C}\dot{I}=\left(\frac{20}{\omega}\angle -90°\right)\times\dot{I}.\to$ $\omega=10$ のとき，

$\dot{V}_\mathrm{C}=(2\angle -90°)\dot{I}$．　$\omega=30$ のとき，$\dot{V}_\mathrm{C}=\left(\frac{2}{3}\angle -90°\right)\dot{I}$．

$v_\mathrm{C}(t)=20\sqrt{2}\sin(10t-90°)+2\sqrt{2}\sin(30t-90°)$ [V]．

$\therefore k_i=\dfrac{3}{10}=30\%$．　$k_\mathrm{R}=\dfrac{6}{20}=30\%$．　$k_\mathrm{L}=\dfrac{18}{20}=90\%$．

$k_\mathrm{C}=\dfrac{2}{20}=10\%$．

【補足】各電圧は下記のように求めてもよい．

$v_\mathrm{R}(t)=Ri(t)=20\sqrt{2}\sin 10t+6\sqrt{2}\sin 30t$ [V]．

$v_\mathrm{L}(t)=L\dfrac{\mathrm{d}i(t)}{\mathrm{d}t}=20\sqrt{2}\cos 10t+18\sqrt{2}\cos 30t$

$=20\sqrt{2}\sin(10t+90°)+18\sqrt{2}\sin(30t+90°)$ [V]．

$v_\mathrm{C}(t)=\dfrac{1}{C}\displaystyle\int i(t)\,\mathrm{d}t=-20\sqrt{2}\cos 10t-2\sqrt{2}\cos 30t$

$=20\sqrt{2}\sin(10t-90°)+2\sqrt{2}\sin(30t-90°)$ [V]．

上の積分で積分定数(直流成分に相当)は無視した．

**31.8**　$e(t),v(t)$の直流成分 ($\omega=0$) を $E_0,V_0$，交流成分 ($\omega=100$) のフェーザを$\dot{E}_1,\dot{V}_1$とする．

直流成分は，$V_0=E_0=20$．交流成分のフェーザは，

$\dot{V}_1=\dfrac{\frac{1}{j\omega C}}{\frac{1}{j\omega C}+R}\dot{E}_1=\dfrac{\dot{E}_1}{1+j\omega CR}=\dfrac{2\angle 0°}{1+j10^6C}$．

$V_1=\dfrac{2}{\sqrt{1+(10^6C)^2}}$．　$V_1\leqq\dfrac{V_0}{100}\to\dfrac{2}{\sqrt{1+(10^6C)^2}}\leqq 0.2$．

$\sqrt{1+(10^6C)^2}\geqq 10$．　$1+(10^6C)^2\geqq 100$．　$(10^6C)^2\geqq 99$．

$\therefore\ C\geqq\sqrt{99}\times 10^{-6}$[F] $=\sqrt{99}$ [$\mu$F] $\fallingdotseq 10$ [$\mu$F]．

**31.9**　$k_e=\dfrac{2}{10}=20\%$．　$LC$ は $\omega=100$ で共振するから，$\dfrac{1}{\sqrt{LC}}=100$．　$\dfrac{1}{LC}=10^4$．　$\therefore\dfrac{1}{C}=10^4L$．$\cdots$①

$e(t),v(t)$の第 1 調波 ($\omega=100$) のフェーザを $\dot{E}_1,\dot{V}_1$，第 2 調波 ($\omega=200$) のフェーザを $\dot{E}_2,\dot{V}_2$ とする．

$\omega=100$ のとき $LC$ は直列共振して $0\,\Omega$ になるから，$\dot{V}_1=\dot{E}_1=10$．　$\omega=200$ のとき $\dot{V}_2=\dfrac{R}{R+j\omega L+\frac{1}{j\omega C}}\dot{E}_2$

$\overset{①}{=}\dfrac{10\times 2\angle 0°}{10+j(200-50)L}=\dfrac{2}{1+j15L}$．　$V_2=\dfrac{2}{\sqrt{1+(15L)^2}}$．

$k_v=\dfrac{V_2}{V_1}=0.05$ より，　$\dfrac{2}{\sqrt{1+(15L)^2}}=10\times 0.05=0.5$．

$\sqrt{1+(15L)^2}=4$．　$(15L)^2=15$．$\therefore L=\dfrac{1}{\sqrt{15}}\fallingdotseq 0.26$ [H]．

$C\overset{①}{=}\dfrac{1}{10^4L}=\sqrt{15}\times 10^{-4}$[F] $\fallingdotseq 390$ [$\mu$F]．

**31.10**　$LC$は$\omega=200$で共振するから，$\dfrac{1}{\sqrt{LC}}=200$．

$LC=\dfrac{1}{200^2}$．　$C=\dfrac{1}{200^2L}=\dfrac{1}{4000}$ [F] $=250$ [$\mu$F]．

$e(t),v(t)$の第 1 調波 ($\omega=100$) のフェーザを$\dot{E}_1,\dot{V}_1$とすれば，$\dot{V}_1=\dfrac{R}{R+\dfrac{1}{\dfrac{1}{j\omega L}+j\omega C}}\dot{E}_1=\dfrac{R}{R+\dfrac{j\omega L}{1-\omega^2LC}}\dot{E}_1$

$=\dfrac{10\times 10\angle 0°}{10+\dfrac{j10}{1-\frac{1}{4}}}=\dfrac{10}{1+j\frac{4}{3}}=\dfrac{30}{3+j4}\fallingdotseq\dfrac{30}{5\angle 53°}=6\angle -53°$．

$\omega=200$ のとき，$LC$は並列共振して $\infty$ [$\Omega$] になるから，$v(t)$の第 2 調波 ($\omega=200$) はゼロである．

$\therefore v(t)=6\sqrt{2}\,\sin(100t-53°)$ [V]．

（並列共振により特定の周波数成分が阻止される）

## 第 5 章　二端子対回路

### 32.1

(1)

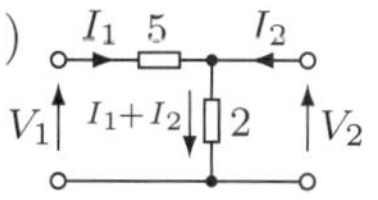


キルヒホッフの電圧則より，
$V_1=5I_1+2(I_1+I_2)=7I_1+2I_2$.
$V_2=2(I_1+I_2)=2I_1+2I_2$.

$\begin{bmatrix}V_1\\V_2\end{bmatrix}=\begin{bmatrix}7&2\\2&2\end{bmatrix}\begin{bmatrix}I_1\\I_2\end{bmatrix}$.　$\therefore \boldsymbol{Z}=\begin{bmatrix}7&2\\2&2\end{bmatrix}$.

$\boldsymbol{Y}=\boldsymbol{Z}^{-1}=\dfrac{\begin{bmatrix}2&-2\\-2&7\end{bmatrix}}{7\times2-2\times2}=\begin{bmatrix}0.2&-0.2\\-0.2&0.7\end{bmatrix}$.

(2)

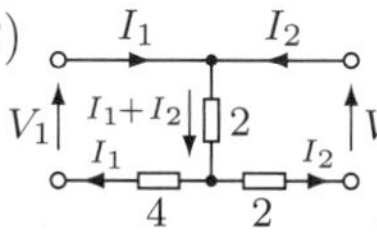


キルヒホッフの電圧則より，
$V_1=2(I_1+I_2)+4I_1$
$\quad=6I_1+2I_2$.
$V_2=2(I_1+I_2)+2I_2=2I_1+4I_2$.

$\begin{bmatrix}V_1\\V_2\end{bmatrix}=\begin{bmatrix}6&2\\2&4\end{bmatrix}\begin{bmatrix}I_1\\I_2\end{bmatrix}$.　$\therefore \boldsymbol{Z}=\begin{bmatrix}6&2\\2&4\end{bmatrix}$.

$\boldsymbol{Y}=\boldsymbol{Z}^{-1}=\dfrac{\begin{bmatrix}4&-2\\-2&6\end{bmatrix}}{6\times4-2\times2}=\begin{bmatrix}0.2&-0.1\\-0.1&0.3\end{bmatrix}$.

(3)

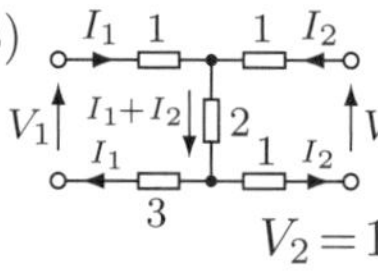


キルヒホッフの電圧則より，
$V_1=1I_1+2(I_1+I_2)+3I_1$
$\quad=6I_1+2I_2$.
$V_2=1I_2+2(I_1+I_2)+1I_2=2I_1+4I_2$.

前の問題(2)と同一の式となるから，

$\boldsymbol{Z}=\begin{bmatrix}6&2\\2&4\end{bmatrix}$.　$\boldsymbol{Y}=\boldsymbol{Z}^{-1}=\begin{bmatrix}0.2&-0.1\\-0.1&0.3\end{bmatrix}$.

(4) $V_1=2I_1$.　$V_2=5I_2$.　$\begin{bmatrix}V_1\\V_2\end{bmatrix}=\begin{bmatrix}2&0\\0&5\end{bmatrix}\begin{bmatrix}I_1\\I_2\end{bmatrix}$.

$\therefore \boldsymbol{Z}=\begin{bmatrix}2&0\\0&5\end{bmatrix}$.　$\boldsymbol{Y}=\boldsymbol{Z}^{-1}=\begin{bmatrix}0.5&0\\0&0.2\end{bmatrix}$.

(5)

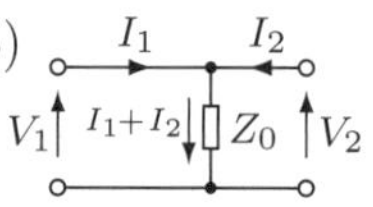


$V_1=V_2=Z_0(I_1+I_2)$.
$\begin{bmatrix}V_1\\V_2\end{bmatrix}=\begin{bmatrix}Z_0&Z_0\\Z_0&Z_0\end{bmatrix}\begin{bmatrix}I_1\\I_2\end{bmatrix}$.

$\boldsymbol{Z}=\begin{bmatrix}Z_0&Z_0\\Z_0&Z_0\end{bmatrix}$.　$\boldsymbol{Z}^{-1}$は存在せず，$\boldsymbol{Y}$も存在しない．$V_1$と$V_2$は独立ではなく($V_1=V_2$)，$V_1$と$V_2$から$I_1$と$I_2$を求めることはできない．

(6)

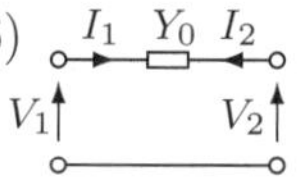


$I_1=Y_0(V_1-V_2)=Y_0V_1-Y_0V_2$.
$I_2=Y_0(V_2-V_1)=-Y_0V_1+Y_0V_2$.
$\begin{bmatrix}I_1\\I_2\end{bmatrix}=\begin{bmatrix}Y_0&-Y_0\\-Y_0&Y_0\end{bmatrix}\begin{bmatrix}V_1\\V_2\end{bmatrix}$.

$\boldsymbol{Y}=\begin{bmatrix}Y_0&-Y_0\\-Y_0&Y_0\end{bmatrix}$.　$\boldsymbol{Y}^{-1}$は存在せず，$\boldsymbol{Z}$も存在しない．$I_1$と$I_2$は独立ではなく($I_2=-I_1$)，$I_1$と$I_2$から$V_1$と$V_2$を求めることはできない．

(7)

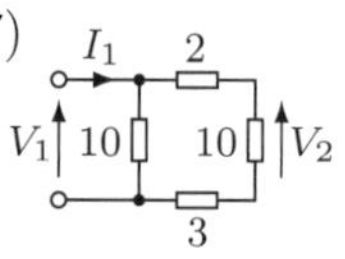


Z パラメータを個別に求める．
$Z_{11}=\left.\dfrac{V_1}{I_1}\right|_{I_2=0}$，$Z_{21}=\left.\dfrac{V_2}{I_1}\right|_{I_2=0}$を求めるため二次側を開放($I_2=0$)すると左図となる．このとき，

$Z_{11}=\dfrac{V_1}{I_1}=10/\!/(2+10+3)=10/\!/15=6$.

$Z_{21}=\dfrac{V_2}{I_1}=\dfrac{V_1}{I_1}\times\dfrac{V_2}{V_1}=6\times\dfrac{10}{2+10+3}=4$.

対称回路ゆえ，$\begin{cases}Z_{22}=Z_{11}=6.\\Z_{12}=Z_{21}=4.\end{cases}$　$\therefore \boldsymbol{Z}=\begin{bmatrix}6&4\\4&6\end{bmatrix}$.

$\boldsymbol{Y}=\boldsymbol{Z}^{-1}=\dfrac{\begin{bmatrix}6&-4\\-4&6\end{bmatrix}}{6^2-4^2}=\begin{bmatrix}0.3&-0.2\\-0.2&0.3\end{bmatrix}$.

(8)

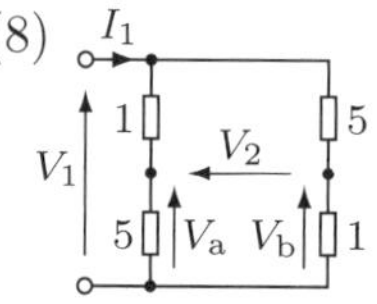


Z パラメータを個別に求める．
$Z_{11}=\left.\dfrac{V_1}{I_1}\right|_{I_2=0}$，$Z_{21}=\left.\dfrac{V_2}{I_1}\right|_{I_2=0}$を求めるため二次側を開放($I_2=0$)すると左図となる．このとき，

$Z_{11}=\dfrac{V_1}{I_1}=(1+5)/\!/(5+1)=3$.　$Z_{21}=\dfrac{V_2}{I_1}$
$=\dfrac{V_1}{I_1}\times\dfrac{V_2}{V_1}=3\times\left(\dfrac{V_\mathrm{a}}{V_1}-\dfrac{V_\mathrm{b}}{V_1}\right)=3\times\left(\dfrac{5}{6}-\dfrac{1}{6}\right)=2$.

対称回路ゆえ，$\begin{cases}Z_{22}=Z_{11}=3.\\Z_{12}=Z_{21}=2.\end{cases}$　$\therefore \boldsymbol{Z}=\begin{bmatrix}3&2\\2&3\end{bmatrix}$.

$\boldsymbol{Y}=\boldsymbol{Z}^{-1}=\dfrac{\begin{bmatrix}3&-2\\-2&3\end{bmatrix}}{3^2-2^2}=\begin{bmatrix}0.6&-0.4\\-0.4&0.6\end{bmatrix}$.

### 32.2

(1) $V_1=R_1I_1+rI_2$，$V_2=R_2I_2$.
$\begin{bmatrix}V_1\\V_2\end{bmatrix}=\begin{bmatrix}R_1&r\\0&R_2\end{bmatrix}\begin{bmatrix}I_1\\I_2\end{bmatrix}$.　$\therefore \boldsymbol{Z}=\begin{bmatrix}R_1&r\\0&R_2\end{bmatrix}$.
$Z_{12}\neq Z_{21}$である．

(2) $V_1=RI_1+rI_2$，$V_2=RI_2+rI_1$.
$\begin{bmatrix}V_1\\V_2\end{bmatrix}=\begin{bmatrix}R&r\\r&R\end{bmatrix}\begin{bmatrix}I_1\\I_2\end{bmatrix}$.　$\therefore \boldsymbol{Z}=\begin{bmatrix}R&r\\r&R\end{bmatrix}$.
$Z_{11}=Z_{22}$，$Z_{12}=Z_{21}$である．

### 32.3

(1) キルヒホッフの電圧則より，
$V_1=1I_1+4(I_1+I_2)+1I_1=6I_1+4I_2$.
$V_2=2I_2+4(I_1+I_2)+5I_2=4I_1+11I_2$.
$\begin{bmatrix}V_1\\V_2\end{bmatrix}=\begin{bmatrix}6&4\\4&11\end{bmatrix}\begin{bmatrix}I_1\\I_2\end{bmatrix}$.　$\therefore \boldsymbol{Z}=\begin{bmatrix}6&4\\4&11\end{bmatrix}$.

$\boldsymbol{Y}=\boldsymbol{Z}^{-1}=\dfrac{\begin{bmatrix}11&-4\\-4&6\end{bmatrix}}{6\times11-4\times4}=\begin{bmatrix}0.22&-0.08\\-0.08&0.12\end{bmatrix}$.

$\begin{bmatrix}I_1\\I_2\end{bmatrix}=\begin{bmatrix}0.22&-0.08\\-0.08&0.12\end{bmatrix}\begin{bmatrix}10\\15\end{bmatrix}=\begin{bmatrix}1\\1\end{bmatrix}$ [A].

(2)

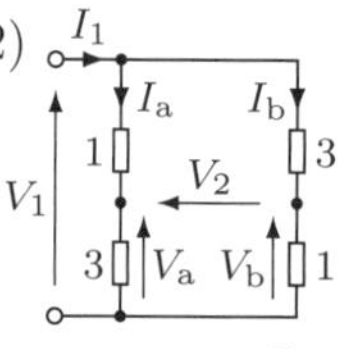


$Z_{11}=\left.\dfrac{V_1}{I_1}\right|_{I_2=0}$，$Z_{21}=\left.\dfrac{V_2}{I_1}\right|_{I_2=0}$を求めるため二次側を開放($I_2=0$)すると左図となる．このとき，
$Z_{11}=\dfrac{V_1}{I_1}=(1+3)/\!/(3+1)=2$.

$I_\mathrm{a}=I_\mathrm{b}=\dfrac{I_1}{2}$.　$V_2=V_\mathrm{a}-V_\mathrm{b}=3I_\mathrm{a}-1I_\mathrm{b}=1I_1$.

$Z_{21}=\dfrac{V_2}{I_1}=1$.　対称回路ゆえ，$\begin{cases}Z_{22}=Z_{11}=2.\\Z_{12}=Z_{21}=1.\end{cases}$

$\boldsymbol{Z}=\begin{bmatrix}2&1\\1&2\end{bmatrix}$.　$\boldsymbol{Y}=\boldsymbol{Z}^{-1}=\dfrac{\begin{bmatrix}2&-1\\-1&2\end{bmatrix}}{2^2-1^2}=\begin{bmatrix}\frac{2}{3}&-\frac{1}{3}\\-\frac{1}{3}&\frac{2}{3}\end{bmatrix}$.

$\begin{bmatrix}I_1\\I_2\end{bmatrix}=\begin{bmatrix}\frac{2}{3}&-\frac{1}{3}\\-\frac{1}{3}&\frac{2}{3}\end{bmatrix}\begin{bmatrix}9\\6\end{bmatrix}=\begin{bmatrix}4\\1\end{bmatrix}$ [A].

### 32.4

(1) $\begin{bmatrix}6\\5\end{bmatrix}=\boldsymbol{Z}\begin{bmatrix}1\\1\end{bmatrix}$と$\begin{bmatrix}8\\8\end{bmatrix}=\boldsymbol{Z}\begin{bmatrix}1\\2\end{bmatrix}$を合併して，

$\begin{bmatrix}6&8\\5&8\end{bmatrix}=\boldsymbol{Z}\begin{bmatrix}1&1\\1&2\end{bmatrix}$.　右から$\begin{bmatrix}1&1\\1&2\end{bmatrix}^{-1}$を掛けて，

$\boldsymbol{Z}=\begin{bmatrix}6&8\\5&8\end{bmatrix}\begin{bmatrix}1&1\\1&2\end{bmatrix}^{-1}=\begin{bmatrix}6&8\\5&8\end{bmatrix}\begin{bmatrix}2&-1\\-1&1\end{bmatrix}=\begin{bmatrix}4&2\\2&3\end{bmatrix}$.

(2) $\begin{bmatrix}10\\7\end{bmatrix}=\begin{bmatrix}4&2\\2&3\end{bmatrix}\begin{bmatrix}I_1\\I_2\end{bmatrix}$.　$I_1=\dfrac{\begin{vmatrix}10&2\\7&3\end{vmatrix}}{\begin{vmatrix}4&2\\2&3\end{vmatrix}}=\dfrac{16}{8}=2$ [A].

$I_2=\dfrac{\begin{vmatrix}4&10\\2&7\end{vmatrix}}{\begin{vmatrix}4&2\\2&3\end{vmatrix}}=\dfrac{8}{8}=1$ [A].

(3) T形回路 ( 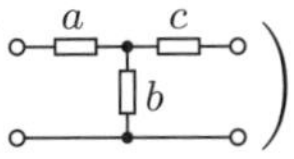 ) の $\boldsymbol{Z}$ 行列は，$\boldsymbol{Z}=\begin{bmatrix} a+b & b \\ b & b+c \end{bmatrix}$ だから，$\begin{cases} a+b=4. \\ b\ \ =2. \\ b+c=3. \end{cases} \Rightarrow \begin{cases} a=2. \\ b=2. \\ c=1. \end{cases}$

(答) 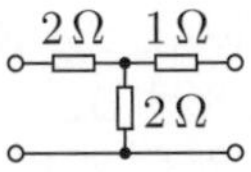


**32.5**

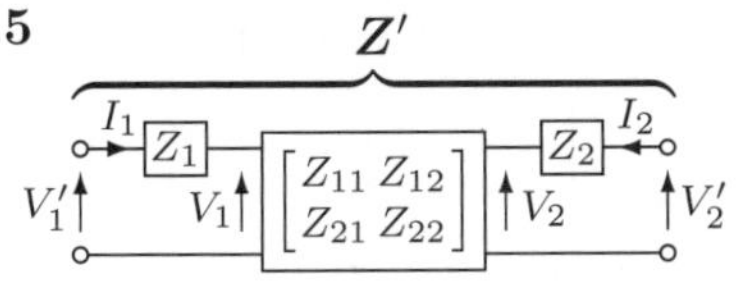


$\begin{bmatrix} V_1 \\ V_2 \end{bmatrix}=\begin{bmatrix} Z_{11} & Z_{12} \\ Z_{21} & Z_{22} \end{bmatrix}\begin{bmatrix} I_1 \\ I_2 \end{bmatrix}. \rightarrow \begin{cases} V_1=Z_{11}I_1+Z_{12}I_2. \\ V_2=Z_{21}I_1+Z_{22}I_2. \end{cases}$

$\rightarrow \begin{cases} V_1'=Z_1I_1+V_1=(Z_{11}+Z_1)I_1+Z_{12}I_2. \\ V_2'=Z_2I_2+V_2=Z_{21}I_1+(Z_{22}+Z_2)I_2. \end{cases}$

$\begin{bmatrix} V_1' \\ V_2' \end{bmatrix}=\begin{bmatrix} Z_{11}+Z_1 & Z_{12} \\ Z_{21} & Z_{22}+Z_2 \end{bmatrix}\begin{bmatrix} I_1 \\ I_2 \end{bmatrix}.$

$\therefore \boldsymbol{Z}'=\begin{bmatrix} Z_{11}+Z_1 & Z_{12} \\ Z_{21} & Z_{22}+Z_2 \end{bmatrix}.$

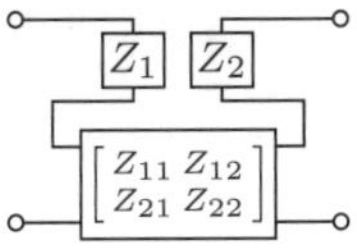


$\boldsymbol{Z}'$ は ( 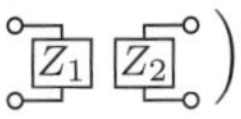 ) と $\boldsymbol{Z}$ の直列結合.

**32.6**

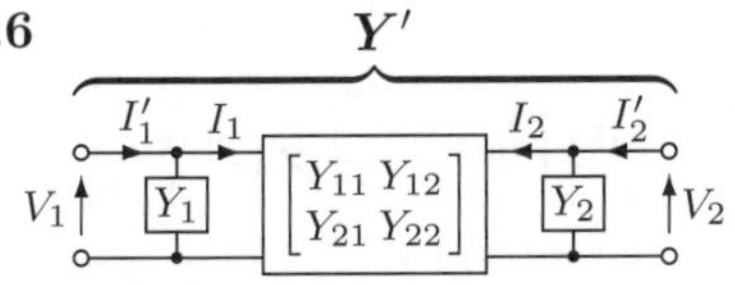


$\begin{bmatrix} I_1 \\ I_2 \end{bmatrix}=\begin{bmatrix} Y_{11} & Y_{12} \\ Y_{21} & Y_{22} \end{bmatrix}\begin{bmatrix} V_1 \\ V_2 \end{bmatrix}. \rightarrow \begin{cases} I_1=Y_{11}V_1+Y_{12}V_2. \\ I_2=Y_{21}V_1+Y_{22}V_2. \end{cases}$

$\rightarrow \begin{cases} I_1'=Y_1V_1+I_1=(Y_{11}+Y_1)V_1+Y_{12}V_2. \\ I_2'=Y_2V_2+I_2=Y_{21}V_1+(Y_{22}+Y_2)V_2. \end{cases}$

$\begin{bmatrix} I_1' \\ I_2' \end{bmatrix}=\begin{bmatrix} Y_{11}+Y_1 & Y_{12} \\ Y_{21} & Y_{22}+Y_2 \end{bmatrix}\begin{bmatrix} V_1 \\ V_2 \end{bmatrix}.$

$\therefore \boldsymbol{Y}'=\begin{bmatrix} Y_{11}+Y_1 & Y_{12} \\ Y_{21} & Y_{22}+Y_2 \end{bmatrix}.$

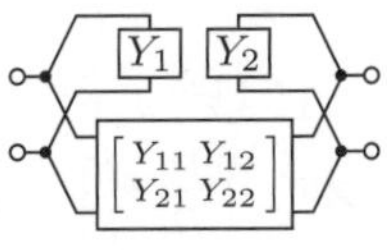


$\boldsymbol{Y}'$ は ( 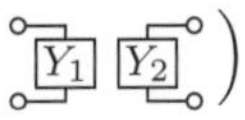 ) と $\boldsymbol{Y}$ の並列結合.

次に，( 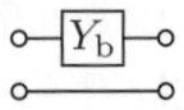 ) の $\boldsymbol{Y}$ 行列は，問題**32.1**(6) より，$\begin{bmatrix} Y_b & -Y_b \\ -Y_b & Y_b \end{bmatrix}$ ゆえ，右図の $\pi$ 形回路を作れば

$\boldsymbol{Y}'=\begin{bmatrix} Y_a & -Y_b \\ -Y_b & Y_c \end{bmatrix}$ となる.

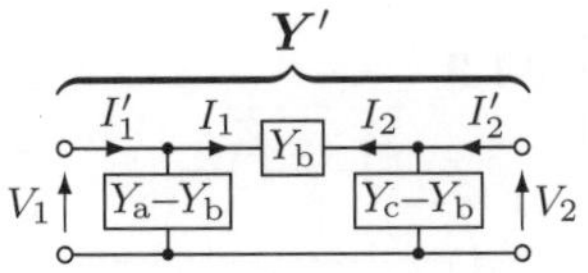


**33.1** 抵抗だけなので $|\boldsymbol{F}|=AD-BC=1$ となる.

(1) $|\boldsymbol{F}|=5\times9-2x=1$ より，$x=22$.

(2) 対称回路ゆえ，$x=y$. $|\boldsymbol{F}|=xy-24\times2=1$ より，$x=y=7$.

**33.2** すべて受動回路なので $|\boldsymbol{F}|=AD-BC=1$.

(1) $\boldsymbol{F}=\begin{bmatrix} 1 & 3 \\ 0 & 1 \end{bmatrix}\begin{bmatrix} 1 & 0 \\ 1 & 1 \end{bmatrix}=\begin{bmatrix} 4 & 3 \\ 1 & 1 \end{bmatrix}.$

(2) $\boldsymbol{F}=\begin{bmatrix} 1 & 0 \\ 1 & 1 \end{bmatrix}\begin{bmatrix} 1 & 3 \\ 0 & 1 \end{bmatrix}=\begin{bmatrix} 1 & 3 \\ 1 & 4 \end{bmatrix}.$ ← (1)の裏返し.

(3) $\boldsymbol{F}=\begin{bmatrix} 1 & 3 \\ 0 & 1 \end{bmatrix}\begin{bmatrix} 1 & 0 \\ 1 & 1 \end{bmatrix}\begin{bmatrix} 1 & 3 \\ 0 & 1 \end{bmatrix}=\begin{bmatrix} 4 & 3 \\ 1 & 1 \end{bmatrix}\begin{bmatrix} 1 & 3 \\ 0 & 1 \end{bmatrix}$

$=\begin{bmatrix} 4 & 15 \\ 1 & 4 \end{bmatrix}.$ ← 対称回路なので $A=D$.

(4) $\boldsymbol{F}=\begin{bmatrix} 1 & 0 \\ 1/5 & 1 \end{bmatrix}\begin{bmatrix} 1 & 15 \\ 0 & 1 \end{bmatrix}\begin{bmatrix} 1 & 0 \\ 1/5 & 1 \end{bmatrix}=\begin{bmatrix} 1 & 15 \\ 1/5 & 4 \end{bmatrix}\begin{bmatrix} 1 & 0 \\ 1/5 & 1 \end{bmatrix}$

$=\begin{bmatrix} 4 & 15 \\ 1 & 4 \end{bmatrix}.$ ← 対称回路なので $A=D$.

(5) $\boldsymbol{F}=\begin{bmatrix} 1 & 2 \\ 0 & 1 \end{bmatrix}\begin{bmatrix} 1 & 0 \\ 1/3 & 1 \end{bmatrix}\begin{bmatrix} 1 & 3 \\ 0 & 1 \end{bmatrix}\begin{bmatrix} 1 & 0 \\ 1/3 & 1 \end{bmatrix}\begin{bmatrix} 1 & 2 \\ 0 & 1 \end{bmatrix}$

$=\begin{bmatrix} 5/3 & 2 \\ 1/3 & 1 \end{bmatrix}\begin{bmatrix} 1 & 3 \\ 0 & 1 \end{bmatrix}\begin{bmatrix} 1 & 0 \\ 1/3 & 1 \end{bmatrix}\begin{bmatrix} 1 & 2 \\ 0 & 1 \end{bmatrix}$

$=\begin{bmatrix} 5/3 & 7 \\ 1/3 & 2 \end{bmatrix}\begin{bmatrix} 1 & 0 \\ 1/3 & 1 \end{bmatrix}\begin{bmatrix} 1 & 2 \\ 0 & 1 \end{bmatrix}=\begin{bmatrix} 4 & 7 \\ 1 & 2 \end{bmatrix}\begin{bmatrix} 1 & 2 \\ 0 & 1 \end{bmatrix}$

$=\begin{bmatrix} 4 & 15 \\ 1 & 4 \end{bmatrix}.$ ← 対称回路なので $A=D$.

(6) 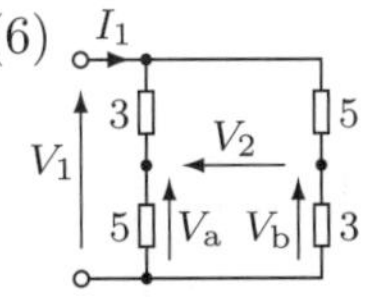


$A=\left.\dfrac{V_1}{V_2}\right|_{I_2=0}$，$C=\left.\dfrac{I_1}{V_2}\right|_{I_2=0}$ を求めるため二次側を開放 ($I_2=0$) すると，左図となる．このとき，

$V_2=V_a-V_b=\dfrac{5}{3+5}V_1-\dfrac{3}{5+3}V_1$

$=\dfrac{V_1}{4}. \rightarrow A=\dfrac{V_1}{V_2}=4.$ $\dfrac{V_1}{I_1}=(3+5)/\!/(5+3)=4.$

$C=\dfrac{I_1}{V_2}=\dfrac{I_1}{V_1}\dfrac{V_1}{V_2}=1.$ 対称回路ゆえ, $D=A=4.$

$|\boldsymbol{F}|=AD-BC=1$ ゆえ，$B=\dfrac{AD-1}{C}=15.$

$\therefore \boldsymbol{F}=\begin{bmatrix} 4 & 15 \\ 1 & 4 \end{bmatrix}.$

(3)～(6)は同じ $\boldsymbol{F}$ になったが，これは例題**33.4**のバートレットの二等分定理から導かれる．すなわち，(3)～(5)の回路を中心軸の左右に分割して $Z_s$ と $Z_f$ を求めると，$Z_s=3$, $Z_f=5$ となるので，(6)の対称格子形回路と等価になる．

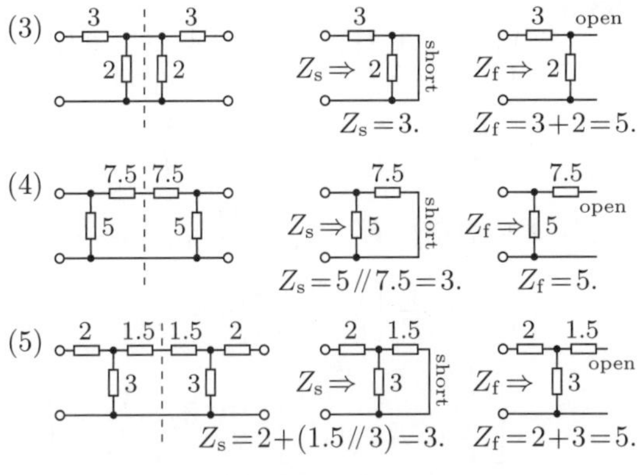


(7) $\boldsymbol{F}=\begin{bmatrix} 0.1 & 0 \\ 0 & 10 \end{bmatrix}\begin{bmatrix} 1 & 400 \\ 0 & 1 \end{bmatrix}\begin{bmatrix} 10 & 0 \\ 0 & 0.1 \end{bmatrix}$

$=\begin{bmatrix} 0.1 & 40 \\ 0 & 10 \end{bmatrix}\begin{bmatrix} 10 & 0 \\ 0 & 0.1 \end{bmatrix}=\begin{bmatrix} 1 & 4 \\ 0 & 1 \end{bmatrix}.$ ← 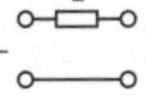 と等価.


**33.3**

(1) $\begin{bmatrix} V_1 \\ I_1 \end{bmatrix}=\begin{bmatrix} A & B \\ C & D \end{bmatrix}\begin{bmatrix} V_2 \\ I_2 \end{bmatrix}.$ ab 短絡時 ($V_2=0$) に，

$\begin{bmatrix} 10 \\ 6 \end{bmatrix}=\begin{bmatrix} A & B \\ C & D \end{bmatrix}\begin{bmatrix} 0 \\ 2 \end{bmatrix}=\begin{bmatrix} 2B \\ 2D \end{bmatrix}. \rightarrow \begin{cases} B=5. \\ D=3. \end{cases}$

ab 開放時 ($I_2=0$) に，$\begin{bmatrix} 10 \\ 5 \end{bmatrix}=\begin{bmatrix} A & B \\ C & D \end{bmatrix}\begin{bmatrix} 5 \\ 0 \end{bmatrix}$

$=\begin{bmatrix} 5A \\ 5C \end{bmatrix}. \rightarrow \begin{cases} A=2. \\ C=1. \end{cases}$ $\therefore \boldsymbol{F}=\begin{bmatrix} 2 & 5 \\ 1 & 3 \end{bmatrix}.$

(2) $\begin{bmatrix}10\\I_1\end{bmatrix}=\begin{bmatrix}2&5\\1&3\end{bmatrix}\begin{bmatrix}V_2\\I_2\end{bmatrix}=\begin{bmatrix}2&5\\1&3\end{bmatrix}\begin{bmatrix}V_2\\V_2/10\end{bmatrix}=\begin{bmatrix}2.5V_2\\1.3V_2\end{bmatrix}$.

$\therefore V_2=4\,[\mathrm{V}]$.

(3) $\begin{bmatrix}10\\I_1\end{bmatrix}=\begin{bmatrix}2&5\\1&3\end{bmatrix}\begin{bmatrix}10\\I_2\end{bmatrix}=\begin{bmatrix}20+5I_2\\10+3I_2\end{bmatrix}$.

$\therefore I_1=4\,[\mathrm{A}]$. $I_2=-2\,[\mathrm{A}]$.

**33.4**

(1) 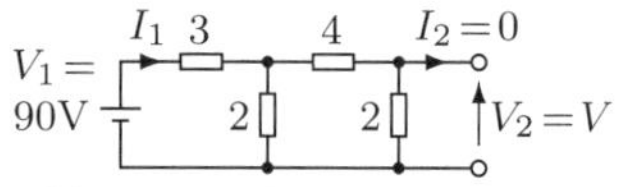


$\begin{bmatrix}90\\I_1\end{bmatrix}=\begin{bmatrix}1&3\\0&1\end{bmatrix}\begin{bmatrix}1&0\\\frac{1}{2}&1\end{bmatrix}\begin{bmatrix}1&4\\0&1\end{bmatrix}\begin{bmatrix}1&0\\\frac{1}{2}&1\end{bmatrix}\begin{bmatrix}V\\0\end{bmatrix}$

$=\begin{bmatrix}\frac{5}{2}&3\\\frac{1}{2}&1\end{bmatrix}\begin{bmatrix}1&4\\0&1\end{bmatrix}\begin{bmatrix}1&0\\\frac{1}{2}&1\end{bmatrix}\begin{bmatrix}V\\0\end{bmatrix}$

$=\begin{bmatrix}\frac{5}{2}&13\\\frac{1}{2}&3\end{bmatrix}\begin{bmatrix}1&0\\\frac{1}{2}&1\end{bmatrix}\begin{bmatrix}V\\0\end{bmatrix}=\begin{bmatrix}9&13\\2&3\end{bmatrix}\begin{bmatrix}V\\0\end{bmatrix}=\begin{bmatrix}9V\\2V\end{bmatrix}$.

第 1 行目から，$90=9V$. $\therefore V=10\,[\mathrm{V}]$.

(2) $\begin{bmatrix}82\\I_1\end{bmatrix}=\left\{\begin{bmatrix}1&2\\0&1\end{bmatrix}\begin{bmatrix}1&0\\1&1\end{bmatrix}\right\}^3\begin{bmatrix}V\\0\end{bmatrix}=\begin{bmatrix}3&2\\1&1\end{bmatrix}^3\begin{bmatrix}V\\0\end{bmatrix}$

$=\begin{bmatrix}41&30\\15&11\end{bmatrix}\begin{bmatrix}V\\0\end{bmatrix}=\begin{bmatrix}41V\\15V\end{bmatrix}$. $\therefore V=\frac{82}{41}=2\,[\mathrm{V}]$.

(3) $\begin{bmatrix}102\\I_1\end{bmatrix}=\left\{\begin{bmatrix}1&1\\0&1\end{bmatrix}\begin{bmatrix}1&0\\1&1\end{bmatrix}\right\}^4\begin{bmatrix}V\\0\end{bmatrix}=\begin{bmatrix}2&1\\1&1\end{bmatrix}^4\begin{bmatrix}V\\0\end{bmatrix}$

$=\begin{bmatrix}34&21\\21&13\end{bmatrix}\begin{bmatrix}V\\0\end{bmatrix}=\begin{bmatrix}34V\\21V\end{bmatrix}$. $\therefore V=\frac{102}{34}=3\,[\mathrm{V}]$.

(4) $\begin{bmatrix}22\\I_1\end{bmatrix}=\begin{bmatrix}0.1&0\\0&10\end{bmatrix}\begin{bmatrix}1&100\\0&1\end{bmatrix}\begin{bmatrix}10&0\\0&0.1\end{bmatrix}\begin{bmatrix}1&0\\0.1&1\end{bmatrix}\begin{bmatrix}V\\0\end{bmatrix}$

$=\begin{bmatrix}1&1\\0&1\end{bmatrix}\begin{bmatrix}1&0\\0.1&1\end{bmatrix}\begin{bmatrix}V\\0\end{bmatrix}=\begin{bmatrix}1.1&1\\0.1&1\end{bmatrix}\begin{bmatrix}V\\0\end{bmatrix}$

$=\begin{bmatrix}1.1V\\0.1V\end{bmatrix}$. $\therefore V=\frac{22}{1.1}=20\,[\mathrm{V}]$.

**33.5**

(1) $\begin{bmatrix}V_1\\I_1\end{bmatrix}=\begin{bmatrix}A&B\\C&D\end{bmatrix}\begin{bmatrix}V_2\\I_2\end{bmatrix}=\begin{bmatrix}A&B\\C&D\end{bmatrix}\begin{bmatrix}RI_2\\I_2\end{bmatrix}$

$=\begin{bmatrix}(AR+B)I_2\\(CR+D)I_2\end{bmatrix}$. $\therefore Z_1=\frac{V_1}{I_1}=\frac{AR+B}{CR+D}$.

(2) $\boldsymbol{F}$の裏返し $\boldsymbol{F}'=\frac{1}{|\boldsymbol{F}|}\begin{bmatrix}D&B\\C&A\end{bmatrix}$を使う．

$\begin{bmatrix}V_2\\I_2'\end{bmatrix}=\frac{1}{|\boldsymbol{F}|}\begin{bmatrix}D&B\\C&A\end{bmatrix}\begin{bmatrix}V_1\\I_1'\end{bmatrix}=\frac{1}{|\boldsymbol{F}|}\begin{bmatrix}D&B\\C&A\end{bmatrix}\begin{bmatrix}RI_1'\\I_1'\end{bmatrix}$

$=\begin{bmatrix}\frac{1}{|\boldsymbol{F}|}(DR+B)I_1'\\\frac{1}{|\boldsymbol{F}|}(CR+A)I_1'\end{bmatrix}$. $\therefore Z_2=\frac{V_2}{I_2'}=\frac{DR+B}{CR+A}$.

（$Z_1$の $A$と$D$を交換すれば $Z_2$となる.）

**33.6**

(1) $\boldsymbol{F}=\begin{bmatrix}1&a\\0&1\end{bmatrix}\begin{bmatrix}1&0\\\frac{1}{b}&1\end{bmatrix}\begin{bmatrix}1&c\\0&1\end{bmatrix}=\begin{bmatrix}1+\frac{a}{b}&a\\\frac{1}{b}&1\end{bmatrix}\begin{bmatrix}1&c\\0&1\end{bmatrix}$

$=\begin{bmatrix}1+\frac{a}{b}&a+c+\frac{ac}{b}\\\frac{1}{b}&1+\frac{c}{b}\end{bmatrix}=\begin{bmatrix}2&4\\0.5&1.5\end{bmatrix}$. 各成分を比較して，$\frac{1}{b}=0.5.\to b=2\,[\Omega]$. $1+\frac{a}{b}=2.$ $\to a=2\,[\Omega]$. $1+\frac{c}{b}=1.5.\to c=1\,[\Omega]$.

(2) $\boldsymbol{F}=\begin{bmatrix}1&0\\\frac{1}{d}&1\end{bmatrix}\begin{bmatrix}1&e\\0&1\end{bmatrix}\begin{bmatrix}1&0\\\frac{1}{f}&1\end{bmatrix}=\begin{bmatrix}1&e\\\frac{1}{d}&1+\frac{e}{d}\end{bmatrix}\begin{bmatrix}1&0\\\frac{1}{f}&1\end{bmatrix}$

$=\begin{bmatrix}1+\frac{e}{f}&e\\\frac{d+e+f}{df}&1+\frac{e}{d}\end{bmatrix}=\begin{bmatrix}2&4\\0.5&1.5\end{bmatrix}$. 各成分を比較して，$e=4\,[\Omega]$. $1+\frac{e}{f}=2.\to f=4\,[\Omega]$. $1+\frac{e}{d}=1.5.\to d=8\,[\Omega]$.

**34.1**

(1) 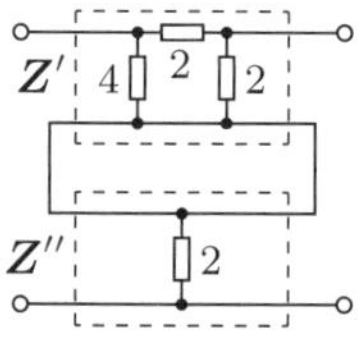


左図のように $\boldsymbol{Z}'$と$\boldsymbol{Z}''$の直列に変形する．$\boldsymbol{Z}'$は，$\boldsymbol{F}$を求めてから$\boldsymbol{Z}'$に変換すると，

$\boldsymbol{F}=\begin{bmatrix}1&0\\\frac{1}{4}&1\end{bmatrix}\begin{bmatrix}1&2\\0&1\end{bmatrix}\begin{bmatrix}1&0\\\frac{1}{2}&1\end{bmatrix}$

$=\begin{bmatrix}1&2\\\frac{1}{4}&\frac{3}{2}\end{bmatrix}\begin{bmatrix}1&0\\\frac{1}{2}&1\end{bmatrix}=\begin{bmatrix}2&2\\1&\frac{3}{2}\end{bmatrix}.\xrightarrow{\text{変換}}\boldsymbol{Z}'=\begin{bmatrix}2&1\\1&\frac{3}{2}\end{bmatrix}$.

$\boldsymbol{Z}''=\begin{bmatrix}2&2\\2&2\end{bmatrix}$ゆえ，$\boldsymbol{Z}=\boldsymbol{Z}'+\boldsymbol{Z}''=\begin{bmatrix}4&3\\3&3.5\end{bmatrix}$.

$\boldsymbol{Y}=\boldsymbol{Z}^{-1}=\frac{1}{5}\begin{bmatrix}3.5&-3\\-3&4\end{bmatrix}=\begin{bmatrix}0.7&-0.6\\-0.6&0.8\end{bmatrix}$.

(2) 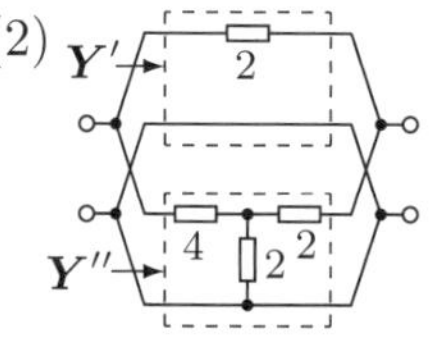


左図のように $\boldsymbol{Y}'$と$\boldsymbol{Y}''$の並列に変形する．$\boldsymbol{Y}''$は，$\boldsymbol{F}$を求めてから$\boldsymbol{Y}''$に変換すると，

$\boldsymbol{F}=\begin{bmatrix}1&4\\0&1\end{bmatrix}\begin{bmatrix}1&0\\\frac{1}{2}&1\end{bmatrix}\begin{bmatrix}1&2\\0&1\end{bmatrix}$

$=\begin{bmatrix}3&4\\\frac{1}{2}&1\end{bmatrix}\begin{bmatrix}1&2\\0&1\end{bmatrix}=\begin{bmatrix}3&10\\\frac{1}{2}&2\end{bmatrix}.\to\boldsymbol{Y}''=\begin{bmatrix}\frac{2}{10}&\frac{-1}{10}\\\frac{-1}{10}&\frac{3}{10}\end{bmatrix}$.

$\boldsymbol{Y}'=\begin{bmatrix}\frac{1}{2}&-\frac{1}{2}\\-\frac{1}{2}&\frac{1}{2}\end{bmatrix}$. $\boldsymbol{Y}=\boldsymbol{Y}'+\boldsymbol{Y}''=\begin{bmatrix}0.7&-0.6\\-0.6&0.8\end{bmatrix}$.

$\boldsymbol{Z}=\boldsymbol{Y}^{-1}=\frac{1}{0.2}\begin{bmatrix}0.8&0.6\\0.6&0.7\end{bmatrix}=\begin{bmatrix}4&3\\3&3.5\end{bmatrix}$.

**34.2**

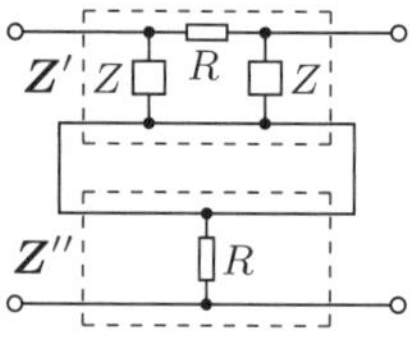


左図のように $\boldsymbol{Z}'$と$\boldsymbol{Z}''$の直列に変形する．$\boldsymbol{Z}'$は，$\boldsymbol{F}$を求めてから$\boldsymbol{Z}'$に変換すると，

$\boldsymbol{F}=\begin{bmatrix}1&0\\\frac{1}{Z}&1\end{bmatrix}\begin{bmatrix}1&R\\0&1\end{bmatrix}\begin{bmatrix}1&0\\\frac{1}{Z}&1\end{bmatrix}$

$=\begin{bmatrix}1&R\\\frac{1}{Z}&\frac{Z+R}{Z}\end{bmatrix}\begin{bmatrix}1&0\\\frac{1}{Z}&1\end{bmatrix}$

$=\begin{bmatrix}\frac{Z+R}{Z}&R\\\frac{2Z+R}{Z^2}&\frac{Z+R}{Z}\end{bmatrix}.\to\boldsymbol{Z}'=\frac{1}{2Z+R}\begin{bmatrix}Z(Z+R)&Z^2\\Z^2&Z(Z+R)\end{bmatrix}$.

$\boldsymbol{Z}''=\begin{bmatrix}R&R\\R&R\end{bmatrix}$ゆえ，$\boldsymbol{Z}=\boldsymbol{Z}'+\boldsymbol{Z}''$

$=\frac{1}{2Z+R}\begin{bmatrix}Z^2+3ZR+R^2&Z^2+2ZR+R^2\\Z^2+2ZR+R^2&Z^2+3ZR+R^2\end{bmatrix}$.

**34.3**

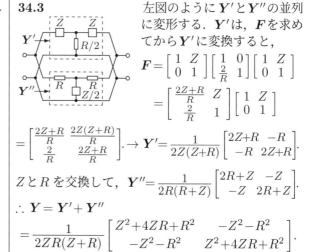

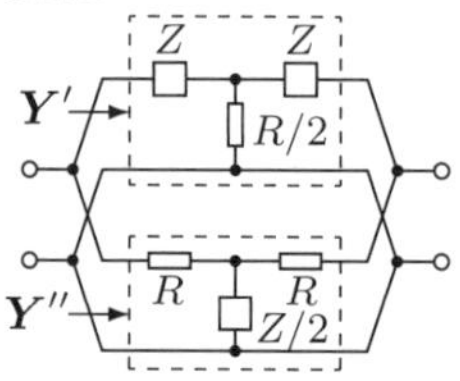


左図のように $\boldsymbol{Y}'$と$\boldsymbol{Y}''$の並列に変形する．$\boldsymbol{Y}'$は，$\boldsymbol{F}$を求めてから$\boldsymbol{Y}'$に変換すると，

$\boldsymbol{F}=\begin{bmatrix}1&Z\\0&1\end{bmatrix}\begin{bmatrix}1&0\\\frac{2}{R}&1\end{bmatrix}\begin{bmatrix}1&Z\\0&1\end{bmatrix}$

$=\begin{bmatrix}\frac{2Z+R}{R}&Z\\\frac{2}{R}&1\end{bmatrix}\begin{bmatrix}1&Z\\0&1\end{bmatrix}$

$=\begin{bmatrix}\frac{2Z+R}{R}&\frac{2Z(Z+R)}{R}\\\frac{2}{R}&\frac{2Z+R}{R}\end{bmatrix}.\to\boldsymbol{Y}'=\frac{1}{2Z(Z+R)}\begin{bmatrix}2Z+R&-R\\-R&2Z+R\end{bmatrix}$.

$Z$と$R$を交換して，$\boldsymbol{Y}''=\frac{1}{2R(R+Z)}\begin{bmatrix}2R+Z&-Z\\-Z&2R+Z\end{bmatrix}$.

$\therefore\boldsymbol{Y}=\boldsymbol{Y}'+\boldsymbol{Y}''$

$=\frac{1}{2ZR(Z+R)}\begin{bmatrix}Z^2+4ZR+R^2&-Z^2-R^2\\-Z^2-R^2&Z^2+4ZR+R^2\end{bmatrix}$.

**34.4** テブナンの等価回路を 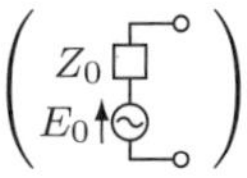 とする．


(1) $\begin{bmatrix} E \\ I_1 \end{bmatrix} = \begin{bmatrix} A & B \\ C & D \end{bmatrix} \begin{bmatrix} V_2 \\ I_2 \end{bmatrix}$. $\to E = AV_2 + BI_2$. $\cdots$ ①

$E_0$ は，a,b 開放時($I_2=0$)の $V_2$ ゆえ，①より $E_0 = \dfrac{E}{A}$. $Z_0$ は，電源除去時($E=0$)に a,b からみたインピーダンスゆえ，

$Z_0 = \dfrac{V_2}{-I_2}\Big|_{E=0} \overset{①}{=} \dfrac{B}{A}$.

(答) 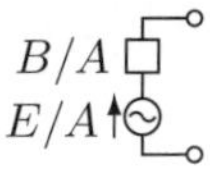


(2) $\boldsymbol{F} = \begin{bmatrix} 1 & Z \\ 0 & 1 \end{bmatrix} \begin{bmatrix} \frac{1}{n} & 0 \\ 0 & n \end{bmatrix} = \begin{bmatrix} \frac{1}{n} & nZ \\ 0 & n \end{bmatrix}$.

$E_0 = \dfrac{E}{A} = nE$. $Z_0 = \dfrac{B}{A} = n^2 Z$.

(答) 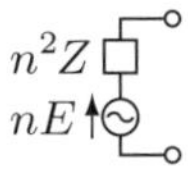


**34.5** ノートンの等価回路を 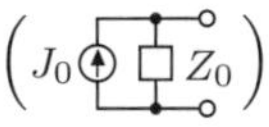 とする．


(1) $\begin{bmatrix} V_1 \\ J \end{bmatrix} = \begin{bmatrix} A & B \\ C & D \end{bmatrix} \begin{bmatrix} V_2 \\ I_2 \end{bmatrix}$. $\to J = CV_2 + DI_2$. $\cdots$ ①

$J_0$ は，a,b 短絡時($V_2=0$)の $I_2$ ゆえ，①より $J_0 = \dfrac{J}{D}$. $Z_0$ は，電源除去時($J=0$)に a,b からみたインピーダンスゆえ，

$Z_0 = \dfrac{V_2}{-I_2}\Big|_{J=0} \overset{①}{=} \dfrac{D}{C}$.

(答) 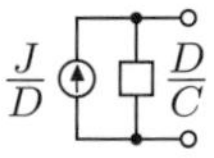


【注意】前問**34.4**(1)と比べて $Z_0$ は異なる．前問は電圧源除去(短絡)，本問は電流源除去(開放)ゆえ，a,b からみたインピーダンスが異なるためである．

(2) $\boldsymbol{F} = \begin{bmatrix} 1 & 0 \\ \frac{1}{Z} & 1 \end{bmatrix} \begin{bmatrix} \frac{1}{n} & 0 \\ 0 & n \end{bmatrix} = \begin{bmatrix} \frac{1}{n} & 0 \\ \frac{1}{nZ} & n \end{bmatrix}$.

$J_0 = \dfrac{J}{D} = \dfrac{J}{n}$. $Z_0 = \dfrac{D}{C} = n^2 Z$.

(答) 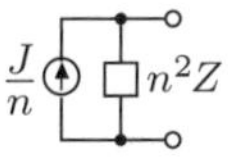


**34.6**

(1) $\boldsymbol{F} = \begin{bmatrix} 1 & 0 \\ \frac{1}{j\omega L_1} & 1 \end{bmatrix} \begin{bmatrix} \frac{1}{n} & 0 \\ 0 & n \end{bmatrix} = \begin{bmatrix} \frac{1}{n} & 0 \\ \frac{1}{j\omega n L_1} & n \end{bmatrix}$.

(2) $\boldsymbol{F} = \begin{bmatrix} \frac{1}{n} & 0 \\ 0 & n \end{bmatrix} \begin{bmatrix} 1 & 0 \\ \frac{1}{j\omega L_2} & 1 \end{bmatrix} = \begin{bmatrix} \frac{1}{n} & 0 \\ \frac{1}{j\omega(L_2/n)} & n \end{bmatrix}$.

(3) $\begin{cases} V_1 = j\omega L_1 I_1 + j\omega M I_2. \\ V_2 = j\omega M I_1 + j\omega L_2 I_2. \end{cases} \to \boldsymbol{Z} = \begin{bmatrix} j\omega L_1 & j\omega M \\ j\omega M & j\omega L_2 \end{bmatrix}$.

変換表より，$\boldsymbol{F} = \begin{bmatrix} \frac{j\omega L_1}{j\omega M} & \frac{-\omega^2(L_1L_2-M^2)}{j\omega M} \\ \frac{1}{j\omega M} & \frac{j\omega L_2}{j\omega M} \end{bmatrix}$

$= \begin{bmatrix} \frac{L_1}{M} & j\omega\frac{L_1L_2-M^2}{M} \\ \frac{1}{j\omega M} & \frac{L_2}{M} \end{bmatrix}$.

密結合の場合は，$M = nL_1$, $L_2 = n^2 L_1$ ゆえ，

$\boldsymbol{F} = \begin{bmatrix} \frac{1}{n} & 0 \\ \frac{1}{j\omega M} & n \end{bmatrix}$ となる．

$M = nL_1 = L_2/n$ なので，(1)～(3)の $\boldsymbol{F}$ は同一となり，(1)～(3)の回路は等価となる．

**34.7**

(1) $\begin{bmatrix} V_1 \\ I_1 \end{bmatrix} = \begin{bmatrix} A & B \\ C & A \end{bmatrix} \begin{bmatrix} V_2 \\ I_2 \end{bmatrix}$. $\to \begin{cases} V_1 = AV_2 + BI_2. \\ I_1 = CV_2 + AI_2. \end{cases}$

$Z =$(一次側からみたインピーダンス)$= \dfrac{V_1}{I_1}$

$= \dfrac{AV_2+BI_2}{CV_2+AI_2} = \dfrac{AZI_2+BI_2}{CZI_2+AI_2} = \dfrac{AZ+B}{CZ+A}$.

$(CZ+A)Z = (AZ+B)$. $CZ^2 = B$. $Z = \sqrt{\dfrac{B}{C}}$.

(2) 無限にあるから $V_2$ の地点から右をみたインピーダンスも $Z_0$ になり，(1)と同じ条件なので，

$Z_0 = \sqrt{\dfrac{B}{C}}$. $G = \dfrac{V_1}{V_2} = \dfrac{AV_2+BI_2}{V_2} = A + \dfrac{B}{Z_0}$

$= A + \sqrt{BC}$. (または，$G = A + \sqrt{A^2-1}$.)

(3) (a) $\boldsymbol{F} = \begin{bmatrix} 1 & 1 \\ 0 & 1 \end{bmatrix} \begin{bmatrix} 1 & 0 \\ \frac{1}{4} & 1 \end{bmatrix} \begin{bmatrix} 1 & 1 \\ 0 & 1 \end{bmatrix} = \begin{bmatrix} \frac{5}{4} & 1 \\ \frac{1}{4} & 1 \end{bmatrix} \begin{bmatrix} 1 & 1 \\ 0 & 1 \end{bmatrix}$

$= \begin{bmatrix} \frac{5}{4} & \frac{9}{4} \\ \frac{1}{4} & \frac{5}{4} \end{bmatrix}$. $\therefore Z_0 = \sqrt{\dfrac{9/4}{1/4}} = \sqrt{9} = 3\,[\Omega]$.

(b) $\boldsymbol{F} = \begin{bmatrix} 1 & \frac{j\omega L_0}{2} \\ 0 & 1 \end{bmatrix} \begin{bmatrix} 1 & 0 \\ j\omega C_0 & 1 \end{bmatrix} \begin{bmatrix} 1 & \frac{j\omega L_0}{2} \\ 0 & 1 \end{bmatrix}$

$= \begin{bmatrix} 1-\frac{\omega^2 L_0 C_0}{2} & \frac{j\omega L_0}{2} \\ j\omega C_0 & 1 \end{bmatrix} \begin{bmatrix} 1 & \frac{j\omega L_0}{2} \\ 0 & 1 \end{bmatrix}$

$= \begin{bmatrix} 1-\frac{\omega^2 L_0 C_0}{2} & j\omega L_0\left(1-\frac{\omega^2 L_0 C_0}{4}\right) \\ j\omega C_0 & 1-\frac{\omega^2 L_0 C_0}{2} \end{bmatrix}$.

$\therefore\ Z_0 = \sqrt{\dfrac{L_0}{C_0}\left(1-\dfrac{\omega^2 L_0 C_0}{4}\right)}\ [\Omega]$.

【注意】$\omega < \dfrac{2}{\sqrt{L_0 C_0}}$ のとき，リアクタンスだけの回路なのに $Z_0$ が実数になる．無限遠方にエネルギーが伝搬していくことが，抵抗がエネルギーを消費することと等価だからである．

## 第 6 章　分布定数回路

**35.1**

(1) $v = \dfrac{1}{\sqrt{\mu_0 \epsilon_0}} = 3\times 10^8\,[\text{m/s}]$.

(2) $\lambda = \dfrac{v}{f} = \dfrac{3\times 10^8}{2\times 10^9} = 0.15\,[\text{m}] = 15\,[\text{cm}]$.

(3) $f = \dfrac{v}{\lambda} = \dfrac{3\times 10^8}{5\times 10^{-2}} = 6\times 10^9\,[\text{Hz}] = 6\,[\text{GHz}]$.

(4) $\beta = 2\,[\text{rad/m}]$. $\lambda = \dfrac{2\pi}{\beta} = \pi \fallingdotseq 3.14\,[\text{m}]$.

$\omega = \beta v = 2\times 3\times 10^8 = 6\times 10^8\,[\text{rad/s}]$.

$f = \dfrac{\omega}{2\pi} = \dfrac{3}{\pi}\times 10^8 \fallingdotseq 9.5\times 10^7 = 95\,[\text{MHz}]$.

**35.2**

(1) $v = \dfrac{1}{\sqrt{\mu_0 \epsilon_0 \epsilon_s}} = \dfrac{3\times 10^8}{\sqrt{2.25}} = \dfrac{3\times 10^8}{1.5} = 2\times 10^8\,[\text{m/s}]$.

(2) $\lambda = \dfrac{v}{f} = \dfrac{2\times 10^8}{2\times 10^9} = 0.1\,[\text{m}] = 10\,[\text{cm}]$.

(3) $f = \dfrac{v}{\lambda} = \dfrac{2\times 10^8}{5\times 10^{-2}} = 4\times 10^9\,[\text{Hz}] = 4\,[\text{GHz}]$.

(4) $\beta = 2\,[\text{rad/m}]$. $\lambda = \dfrac{2\pi}{\beta} = \pi \fallingdotseq 3.14\,[\text{m}]$.

$\omega = \beta v = 2\times 2\times 10^8 = 4\times 10^8\,[\text{rad/s}]$.

$f = \dfrac{\omega}{2\pi} = \dfrac{2}{\pi}\times 10^8 \fallingdotseq 6.4\times 10^7 = 64\,[\text{MHz}]$.

**35.3**

(1) $Z_0 = \sqrt{\dfrac{L}{C}} = \sqrt{\left(\dfrac{\mu_0}{2\pi}\ln\dfrac{b}{a}\right)\times\left(\dfrac{1}{2\pi\epsilon_0}\ln\dfrac{b}{a}\right)}$

$= \dfrac{1}{2\pi}\sqrt{\dfrac{\mu_0}{\epsilon_0}}\ln\dfrac{b}{a}$. ここで，$\sqrt{\dfrac{\mu_0}{\epsilon_0}} = \dfrac{\mu_0}{\sqrt{\mu_0\epsilon_0}}$

$= 4\pi\times 10^{-7}\times 3\times 10^8 = 120\pi\,[\Omega]$, $\ln\dfrac{b}{a} = \ln 3.5$

$\fallingdotseq 1.25$ だから，$Z_0 = 60\times 1.25 = 75\,[\Omega]$.

(2) $Z_0 = \dfrac{1}{2\pi}\sqrt{\dfrac{\mu_0}{\epsilon_0\epsilon_s}}\ln\dfrac{b}{a} = \dfrac{1}{2\pi}\times\dfrac{120\pi}{\sqrt{\epsilon_s}}\times\ln 3.5$

$\fallingdotseq \dfrac{60\times 1.25}{\sqrt{2.25}} = \dfrac{75}{1.5} = 50\,[\Omega]$. ←(1)の結果$/\sqrt{\epsilon_s}$.

**35.4** $\beta = 0.4\,[\mathrm{rad/m}]$. $\omega = 10^8\,[\mathrm{rad/s}]$. $\lambda = \dfrac{2\pi}{\beta}$ $= \dfrac{2\pi}{0.4} = 5\pi \fallingdotseq 15.7\,[\mathrm{m}]$. $v = \dfrac{\omega}{\beta} = \dfrac{10^8}{0.4} = 2.5\times 10^8\,[\mathrm{m/s}]$.

**35.5**

(1) 波の速度 $v$ は，位相 $(\omega t + kx) =$ 一定の点（たとえば波頭点）が動く速度である．

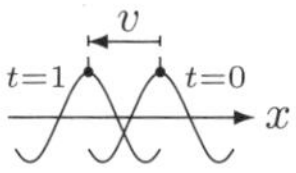


$\omega t + kx =$ 一定 を $t$ で微分して，

$\omega + k\dfrac{\mathrm{d}x}{\mathrm{d}t} = 0. \to v = \dfrac{\mathrm{d}x}{\mathrm{d}t} = -\dfrac{\omega}{k}$.

伝搬方向は $-x$ 方向．

【別解】$t=0$ のとき $V(x,0) = V_0 e^{jkx}$. $t=1$ のとき $V(x,1) = V_0 e^{j(\omega+kx)} = V_0 e^{jk(x+\frac{\omega}{k})}$. 1 秒後に $-x$ 方向に $\frac{\omega}{k}$ だけ移動するから，$v = -\dfrac{\omega}{k}$.

(2) $\omega t - kx =$ 一定 を $t$ で微分して，$\omega - k\dfrac{\mathrm{d}x}{\mathrm{d}t} = 0$.

$\to v = \dfrac{\mathrm{d}x}{\mathrm{d}t} = +\dfrac{\omega}{k}$. 伝搬方向は $+x$ 方向．

【別解】$t = 0, 1$ のとき，$V(x,0) = V_0\cos kx$, $V(x,1) = V_0\cos(\omega - kx) = V_0\cos k(x - \frac{\omega}{k})$. 1 秒後に $+x$ 方向に $\frac{\omega}{k}$ だけ移動するから，$v = +\dfrac{\omega}{k}$.

**35.6** $Z = R + j\omega L = 20 + j10^9\times 10^{-6} = 20 + j1000$.
$Y = G + j\omega C = 0 + j10^9\times 10^{-10} = j0.1$.
$\gamma = \sqrt{ZY} = \sqrt{(20+j1000)\times j0.1} = \sqrt{-100+j2}$
$= j10\sqrt{1-j0.02} \fallingdotseq j10(1-j0.01) = 0.1 + j10$.
$\therefore \alpha = 0.1\,[\mathrm{Np/m}]$. $\beta = 10\,[\mathrm{rad/m}]$. $\lambda = \dfrac{2\pi}{\beta} = \dfrac{\pi}{5}\,[\mathrm{m}]$
$\fallingdotseq 63\,[\mathrm{cm}]$. $v = \dfrac{\omega}{\beta} = \dfrac{10^9}{10} = 10^8\,[\mathrm{m/s}]$.

$Z_0 = \sqrt{\dfrac{Z}{Y}} = \dfrac{\gamma}{Y} = \dfrac{0.1+j10}{j0.1} = 100 - j1\,[\Omega]$.

**35.7** $e^{-\alpha x_0} = \dfrac{1}{2}$. $e^{\alpha x_0} = 2$. $\alpha x_0 = \ln 2$.
$\therefore\ x_0 = \dfrac{\ln 2}{\alpha} \fallingdotseq \dfrac{0.693}{0.1} = 6.93\,[\mathrm{km}]$.

**35.8** $Z = R$, $Y = j\omega C$ だから，伝搬定数は
$\gamma = \sqrt{ZY} = \sqrt{j\omega CR} = \sqrt{e^{j90^\circ}\omega CR} = e^{j45^\circ}\sqrt{\omega CR}$
$= \left(\dfrac{1}{\sqrt{2}} + j\dfrac{1}{\sqrt{2}}\right)\sqrt{\omega CR} = \sqrt{\dfrac{\omega CR}{2}} + j\sqrt{\dfrac{\omega CR}{2}}$.
$\alpha = \beta = \sqrt{\dfrac{\omega CR}{2}}$. （$\sqrt{e^{j90^\circ}} = e^{j45^\circ}$, $e^{-j135^\circ}$ であるが $e^{-j135^\circ}$ のとき $\alpha < 0$ ゆえ不適当．）

**35.9** 双曲線関数 $\cosh\theta = \dfrac{e^\theta + e^{-\theta}}{2}$, $\sinh\theta = \dfrac{e^\theta - e^{-\theta}}{2}$, $\tanh\theta = \dfrac{\sinh\theta}{\cosh\theta}$, $\coth\theta = \dfrac{\cosh\theta}{\sinh\theta}$ を使う．

(1) $\dfrac{\mathrm{d}V}{\mathrm{d}x} = -RI.\cdots①$　　$\dfrac{\mathrm{d}I}{\mathrm{d}x} = -GV.\cdots②$

$\dfrac{\mathrm{d}^2V}{\mathrm{d}x^2} \overset{①}{=} -R\dfrac{\mathrm{d}I}{\mathrm{d}x} \overset{②}{=} RGV$.

一般解は，$V(x) = Ae^{-\sqrt{RG}x} + Be^{\sqrt{RG}x}$
$= Ae^{-\alpha x} + Be^{\alpha x}.\cdots③$ ←$\alpha = \sqrt{RG}\,[\mathrm{Np/m}]$.

$I(x) \overset{①}{=} -\dfrac{1}{R}\dfrac{\mathrm{d}V}{\mathrm{d}x} \overset{③}{=} \sqrt{\dfrac{G}{R}}(Ae^{-\alpha x} - Be^{\alpha x})$
$= \dfrac{1}{Z_0}(Ae^{-\alpha x} - Be^{\alpha x}).\cdots④$ ←$Z_0 = \sqrt{\dfrac{R}{G}}\,[\Omega]$.

(2) $V(0) \overset{③}{=} A + B = 0. \to B = -A$.
$\therefore\ V(-l) \overset{③}{=} A(e^{\alpha l} - e^{-\alpha l}) = 2A\sinh\alpha l = E$.
$\to A = \dfrac{E}{2\sinh\alpha l}$.
$I(-l) \overset{④}{=} \dfrac{1}{Z_0}\dfrac{E(e^{\alpha l} + e^{-\alpha l})}{2\sinh\alpha l} = \dfrac{E}{Z_0}\coth\alpha l$.

(3) $I(0) \overset{④}{=} \dfrac{1}{Z_0}(A - B) = 0. \to B = A$.
$\therefore\ V(-l) \overset{③}{=} A(e^{\alpha l} + e^{-\alpha l})$
$= 2A\cosh\alpha l = E$.
$\to A = \dfrac{E}{2\cosh\alpha l}$.
$I(-l) \overset{④}{=} \dfrac{1}{Z_0}\dfrac{E(e^{\alpha l} - e^{-\alpha l})}{2\cosh\alpha l}$
$= \dfrac{E}{Z_0}\tanh\alpha l$.

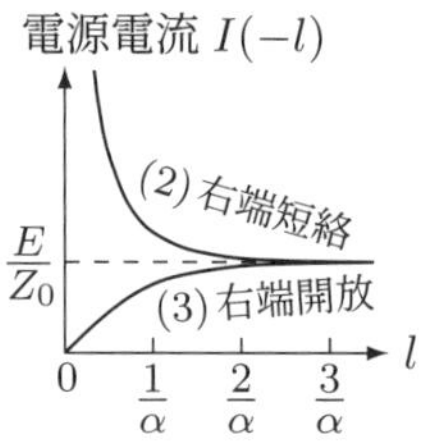


**36.1** 長さ $l$ の無損失線路の $\boldsymbol{F}$ 行列は，
$\boldsymbol{F} = \begin{bmatrix}\cos\beta l & jZ_0\sin\beta l\\ j\frac{1}{Z_0}\sin\beta l & \cos\beta l\end{bmatrix}$. ただし，$\beta = \dfrac{2\pi}{\lambda}$.

(1) $l = 1.5\lambda. \to \beta l = \dfrac{2\pi}{\lambda}\times 1.5\lambda = 3\pi$.
$\boldsymbol{F} = \begin{bmatrix}\cos 3\pi & jZ_0\sin 3\pi\\ j\frac{1}{Z_0}\sin 3\pi & \cos 3\pi\end{bmatrix} = \begin{bmatrix}-1 & 0\\ 0 & -1\end{bmatrix}$.
$V_1 = -V_2$, $I_1 = -I_2$.

(2) $l = \dfrac{\lambda}{8}. \to \beta l = \dfrac{2\pi}{\lambda}\times\dfrac{\lambda}{8} = \dfrac{\pi}{4}$.
$\boldsymbol{F} = \begin{bmatrix}\cos\frac{\pi}{4} & jZ_0\sin\frac{\pi}{4}\\ j\frac{1}{Z_0}\sin\frac{\pi}{4} & \cos\frac{\pi}{4}\end{bmatrix} = \begin{bmatrix}\frac{1}{\sqrt{2}} & j\frac{Z_0}{\sqrt{2}}\\ j\frac{1}{Z_0\sqrt{2}} & \frac{1}{\sqrt{2}}\end{bmatrix}$.
$V_1 = \dfrac{1}{\sqrt{2}}(V_2 + jZ_0I_2)$, $I_1 = \dfrac{1}{\sqrt{2}}\left(I_2 + j\dfrac{V_2}{Z_0}\right)$.

(3) $\beta l = \dfrac{2\pi}{\lambda}\times\dfrac{\lambda}{4} = \dfrac{\pi}{2}$. $\beta' l' = \dfrac{2\pi}{\lambda'}\times\dfrac{\lambda'}{4} = \dfrac{\pi}{2}$.
$\boldsymbol{F} = \begin{bmatrix}\cos\frac{\pi}{2} & jZ_0\sin\frac{\pi}{2}\\ j\frac{1}{Z_0}\sin\frac{\pi}{2} & \cos\frac{\pi}{2}\end{bmatrix}\begin{bmatrix}\cos\frac{\pi}{2} & jZ'_0\sin\frac{\pi}{2}\\ j\frac{1}{Z'_0}\sin\frac{\pi}{2} & \cos\frac{\pi}{2}\end{bmatrix}$
$= \begin{bmatrix}0 & jZ_0\\ j\frac{1}{Z_0} & 0\end{bmatrix}\begin{bmatrix}0 & jZ'_0\\ j\frac{1}{Z'_0} & 0\end{bmatrix} = \begin{bmatrix}-\frac{Z_0}{Z'_0} & 0\\ 0 & -\frac{Z'_0}{Z_0}\end{bmatrix}$.
$V_1 = -\dfrac{Z_0}{Z'_0}V_2$, $I_1 = -\dfrac{Z'_0}{Z_0}I_2$.

(4) $\beta l = \dfrac{2\pi}{\lambda}\times\dfrac{\lambda}{4} = \dfrac{\pi}{2}$. $\beta' l' = \dfrac{2\pi}{\lambda'}\times\dfrac{3\lambda'}{4} = \dfrac{3\pi}{2}$.
$\boldsymbol{F} = \begin{bmatrix}0 & jZ_0\\ j\frac{1}{Z_0} & 0\end{bmatrix}\begin{bmatrix}\cos\frac{3\pi}{2} & jZ'_0\sin\frac{3\pi}{2}\\ j\frac{1}{Z'_0}\sin\frac{3\pi}{2} & \cos\frac{3\pi}{2}\end{bmatrix}$
$= \begin{bmatrix}0 & jZ_0\\ j\frac{1}{Z_0} & 0\end{bmatrix}\begin{bmatrix}0 & -jZ'_0\\ -j\frac{1}{Z'_0} & 0\end{bmatrix} = \begin{bmatrix}\frac{Z_0}{Z'_0} & 0\\ 0 & \frac{Z'_0}{Z_0}\end{bmatrix}$.
$V_1 = \dfrac{Z_0}{Z'_0}V_2$, $I_1 = \dfrac{Z'_0}{Z_0}I_2$.

**36.2** 長さ $l$ の無損失線路の $\boldsymbol{F}$ 行列は,,
$\boldsymbol{F} = \begin{bmatrix}\cos\beta l & jZ_0\sin\beta l\\ j\frac{1}{Z_0}\sin\beta l & \cos\beta l\end{bmatrix}$. $Z_0 = 100$, $\beta = \dfrac{2\pi}{\lambda}$.

(1) $l = \dfrac{\lambda}{4}. \to \beta l = \dfrac{2\pi}{\lambda}\times\dfrac{\lambda}{4} = \dfrac{\pi}{2}$.
$\begin{bmatrix}30\\ I_1\end{bmatrix} = \begin{bmatrix}\cos\frac{\pi}{2} & j100\sin\frac{\pi}{2}\\ j\frac{1}{100}\sin\frac{\pi}{2} & \cos\frac{\pi}{2}\end{bmatrix}\begin{bmatrix}V_2\\ I_2\end{bmatrix}$
$= \begin{bmatrix}0 & j100\\ j0.01 & 0\end{bmatrix}\begin{bmatrix}V_2\\ I_2\end{bmatrix} = \begin{bmatrix}j100I_2\\ j0.01V_2\end{bmatrix}$.

$I_2 = \dfrac{30}{j100} = 0.3\angle{-90^\circ}$ [A]. $V_2 = 100 I_2$
$= 30\angle{-90^\circ}$ [V]. $I_1 = j0.01 V_2 = 0.3\angle 0^\circ$ [A].
（$\lambda/4$ の伝搬で $90^\circ$ の位相遅れが生じる）

(2) $\boldsymbol{F}$ は (1) と同じゆえ，$\begin{bmatrix} 30 \\ I_1 \end{bmatrix} = \begin{bmatrix} j100 I_2 \\ j0.01 V_2 \end{bmatrix}$.
$I_2 = \dfrac{30}{j100} = 0.3\angle{-90^\circ}$ [A]. $V_2 = 200 I_2$
$= 60\angle{-90^\circ}$ [V]. $I_1 = j0.01 V_2 = 0.6\angle 0^\circ$ [A].
（前問(1)の結果と比較するとよい）

(3) $I_2 = 0$ [A]. $l = \dfrac{\lambda}{6}$. $\to \beta l = \dfrac{2\pi}{\lambda} \times \dfrac{\lambda}{6} = \dfrac{\pi}{3}$.
$$\begin{bmatrix} 30 \\ I_1 \end{bmatrix} = \begin{bmatrix} \cos\frac{\pi}{3} & j100\sin\frac{\pi}{3} \\ j\frac{1}{100}\sin\frac{\pi}{3} & \cos\frac{\pi}{3} \end{bmatrix} \begin{bmatrix} V_2 \\ 0 \end{bmatrix}$$
$$= \begin{bmatrix} \frac{1}{2} & j50\sqrt{3} \\ j\frac{\sqrt{3}}{200} & \frac{1}{2} \end{bmatrix} \begin{bmatrix} V_2 \\ 0 \end{bmatrix} = \begin{bmatrix} \frac{1}{2} V_2 \\ j\frac{\sqrt{3}}{200} V_2 \end{bmatrix}.$$
$V_2 = 60\angle 0^\circ$ [V]. $I_1 = j\dfrac{\sqrt{3}}{200} V_2 = 0.3\sqrt{3}\angle 90^\circ$ [A].

(4) $V_2 = 0$ [V]. $\boldsymbol{F}$ は (3) と同じゆえ，
$$\begin{bmatrix} 30 \\ I_1 \end{bmatrix} = \begin{bmatrix} \frac{1}{2} & j50\sqrt{3} \\ j\frac{\sqrt{3}}{200} & \frac{1}{2} \end{bmatrix} \begin{bmatrix} 0 \\ I_2 \end{bmatrix} = \begin{bmatrix} j50\sqrt{3} I_2 \\ \frac{1}{2} I_2 \end{bmatrix}.$$
$I_2 = \dfrac{30}{j50\sqrt{3}} = 0.2\sqrt{3}\angle{-90^\circ}$ [A]. $I_1 = \dfrac{1}{2} I_2$
$= 0.1\sqrt{3}\angle{-90^\circ}$ [A].

**36.3** T 形回路の $\boldsymbol{F}$ 行列は，$\begin{bmatrix} 1 & a \\ 0 & 1 \end{bmatrix} \begin{bmatrix} 1 & 0 \\ \frac{1}{b} & 1 \end{bmatrix} \begin{bmatrix} 1 & c \\ 0 & 1 \end{bmatrix}$
$= \begin{bmatrix} 1+\frac{a}{b} & a \\ \frac{1}{b} & 1 \end{bmatrix} \begin{bmatrix} 1 & c \\ 0 & 1 \end{bmatrix} = \begin{bmatrix} 1+\frac{a}{b} & a+c+\frac{ac}{b} \\ \frac{1}{b} & 1+\frac{c}{b} \end{bmatrix}$. これを伝送線路の $\boldsymbol{F}$ 行列 $\begin{bmatrix} \cosh\gamma l & Z_0 \sinh\gamma l \\ \frac{1}{Z_0}\sinh\gamma l & \cosh\gamma l \end{bmatrix}$ と等置して，
$\dfrac{1}{b} = \dfrac{\sinh\gamma l}{Z_0}$. $\to$ $b = \dfrac{Z_0}{\sinh\gamma l} = Z_0 \operatorname{cosech}\gamma l$.
$1 + \dfrac{a}{b} = 1 + \dfrac{c}{b} = \cosh\gamma l$. $\to$ $a = c = b(\cosh\gamma l - 1)$
$= \dfrac{Z_0(\cosh\gamma l - 1)}{\sinh\gamma l}$
$= \dfrac{Z_0 \times 2\sinh^2\frac{\gamma l}{2}}{2\sinh\frac{\gamma l}{2}\cosh\frac{\gamma l}{2}} = Z_0 \tanh\dfrac{\gamma l}{2}$.

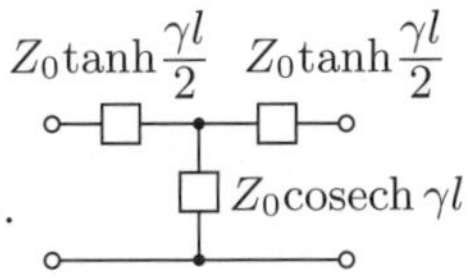


**36.4** $Z_{\text{in}} = Z_0 \dfrac{Z_{\text{L}}\cos\beta l + jZ_0 \sin\beta l}{jZ_{\text{L}}\sin\beta l + Z_0\cos\beta l}$. $\beta = \dfrac{2\pi}{\lambda}$.

(1) $l = \lambda$, $\beta l = 2\pi$. $Z_{\text{in}} = Z_0 \dfrac{Z_{\text{L}}\cos 2\pi + jZ_0\sin 2\pi}{jZ_{\text{L}}\sin 2\pi + Z_0\cos 2\pi}$
$= Z_0 \dfrac{Z_{\text{L}} + 0}{0 + Z_0} = Z_{\text{L}}$.

(2) $l = \dfrac{\lambda}{2}$, $\beta l = \pi$. $Z_{\text{in}} = Z_0 \dfrac{Z_{\text{L}}\cos\pi + jZ_0\sin\pi}{jZ_{\text{L}}\sin\pi + Z_0\cos\pi}$
$= Z_0 \dfrac{-Z_{\text{L}} + 0}{0 - Z_0} = Z_{\text{L}}$.

(3) $l = \dfrac{\lambda}{4}$, $\beta l = \dfrac{\pi}{2}$. $Z_{\text{in}} = Z_0 \dfrac{Z_{\text{L}}\cos\frac{\pi}{2} + jZ_0\sin\frac{\pi}{2}}{jZ_{\text{L}}\sin\frac{\pi}{2} + Z_0\cos\frac{\pi}{2}}$
$= Z_0 \dfrac{0 + jZ_0}{jZ_{\text{L}} + 0} = \dfrac{Z_0^2}{Z_{\text{L}}}$.

(4) $l = \dfrac{\lambda}{8}$, $\beta l = \dfrac{\pi}{4}$. $Z_{\text{in}} = Z_0 \dfrac{Z_{\text{L}}\cos\frac{\pi}{4} + jZ_0\sin\frac{\pi}{4}}{jZ_{\text{L}}\sin\frac{\pi}{4} + Z_0\cos\frac{\pi}{4}}$
$= Z_0 \dfrac{\frac{1}{\sqrt{2}} Z_{\text{L}} + j\frac{1}{\sqrt{2}} Z_0}{j\frac{1}{\sqrt{2}} Z_{\text{L}} + \frac{1}{\sqrt{2}} Z_0} = Z_0 \dfrac{Z_{\text{L}} + jZ_0}{Z_0 + jZ_{\text{L}}}$.

**36.5** $l = \dfrac{\lambda}{4}$. $\to \beta l = \dfrac{2\pi}{\lambda} \times \dfrac{\lambda}{4} = \dfrac{\pi}{2}$. $Z_0 = 50$ [Ω].
$\therefore$ $Z_{\text{in}} = Z_0 \dfrac{Z_{\text{L}}\cos\frac{\pi}{2} + jZ_0\sin\frac{\pi}{2}}{jZ_{\text{L}}\sin\frac{\pi}{2} + Z_0\cos\frac{\pi}{2}} = \dfrac{Z_0^2}{Z_{\text{L}}} = \dfrac{50^2}{Z_{\text{L}}}$.

(1) $Z_{\text{in}} = \dfrac{50^2}{0} = \infty$ [Ω]. (2) $Z_{\text{in}} = \dfrac{50^2}{25} = 100$ [Ω].
(3) $Z_{\text{in}} = \dfrac{50^2}{50} = 50$ [Ω]. (4) $Z_{\text{in}} = \dfrac{50^2}{100} = 25$ [Ω].
(5) $Z_{\text{in}} = \dfrac{50^2}{\infty} = 0$ [Ω].

**36.6** $Z_{\text{in}} = Z_0 \dfrac{Z_{\text{L}}\cos\beta l + jZ_0\sin\beta l}{jZ_{\text{L}}\sin\beta l + Z_0\cos\beta l}$. $\beta = \dfrac{2\pi}{\lambda}$.
$Z_0 = 60$ [Ω].

(1) $\beta l = \dfrac{\pi}{4}$, $Z_{\text{L}} = 0$. $Z_{\text{in}} = 60 \times \dfrac{j\sin\frac{\pi}{4}}{\cos\frac{\pi}{4}} = j60$ [Ω].

(2) $\beta l = \dfrac{\pi}{4}$, $Z_{\text{L}} = 60\sqrt{3}$.
$Z_{\text{in}} = 60 \times \dfrac{60\sqrt{3}\cos\frac{\pi}{4} + j60\sin\frac{\pi}{4}}{j60\sqrt{3}\sin\frac{\pi}{4} + 60\cos\frac{\pi}{4}}$
$= 60 \times \dfrac{\sqrt{3} + j1}{j\sqrt{3} + 1} = 60 \times \dfrac{2\angle 30^\circ}{2\angle 60^\circ} = 60\angle{-30^\circ}$ [Ω].

(3) $l' = \dfrac{\lambda}{3}$, $l'' = \dfrac{\lambda}{6}$ とすると，$\beta l' = \dfrac{2\pi}{3}$, $\beta l'' = \dfrac{\pi}{3}$.
どちらも $Z_{\text{L}} = 0$ ゆえ，$Z'_{\text{in}} = jZ_0\tan\beta l'$
$= j60\tan\dfrac{2\pi}{3} = j60 \times (-\sqrt{3}) = -j60\sqrt{3}$.
$Z''_{\text{in}} = jZ_0\tan\beta l'' = j60\tan\dfrac{\pi}{3} = j60\sqrt{3}$.
$Z_{\text{in}} = Z'_{\text{in}} /\!/ Z''_{\text{in}} = (-j60\sqrt{3}) /\!/ (j60\sqrt{3}) = \infty$ [Ω].

(4) $\dfrac{\lambda}{4}$ 先の $Z_{\text{L}}$ は $\dfrac{Z_0^2}{Z_{\text{L}}}$ にみえるから，右図で，

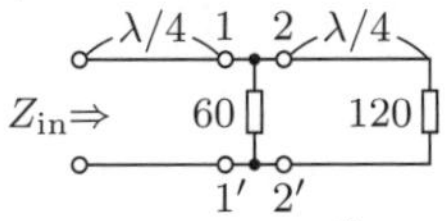


2-2′ から右をみたインピーダンス $= \dfrac{60^2}{120} = 30$.
1-1′ から右をみたインピーダンス $= 60 /\!/ 30$
$= 20$. $\therefore$ $Z_{\text{in}} = \dfrac{60^2}{20} = 180$ [Ω].

(5) (4) と同様に，2-2′ から右をみたインピーダンス $= \dfrac{60^2}{120} = 30$.

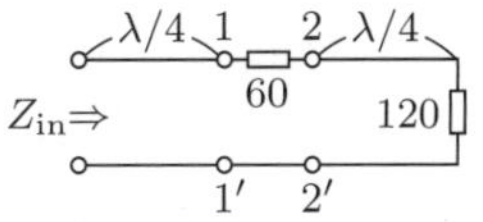


1-1′ から右をみたインピーダンス $= 60 + 30$
$= 90$. $\therefore$ $Z_{\text{in}} = \dfrac{60^2}{90} = 40$ [Ω].

**37.1** $\Gamma = \dfrac{Z_{\text{L}} - Z_0}{Z_{\text{L}} + Z_0}$. $\rho = \dfrac{1 + |\Gamma|}{1 - |\Gamma|}$. $Z_0 = 40$ [Ω].

(1) $Z_{\text{L}} = 40$. $\Gamma = \dfrac{40 - 40}{40 + 40} = 0$. $\rho = \dfrac{1 + 0}{1 - 0} = 1$.
$B = \Gamma A = 0$ [V].
$|V|_{\max} = |V|_{\min}$
$= |A| = 5$ [V].
（$|V|$ は一定値）

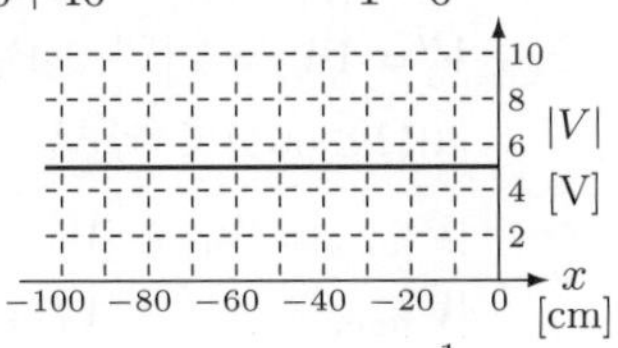


(2) $Z_{\text{L}} = 60$. $\Gamma = \dfrac{60 - 40}{60 + 40} = \dfrac{1}{5}$. $\rho = \dfrac{1 + \frac{1}{5}}{1 - \frac{1}{5}} = 1.5$.
$B = \Gamma A = 1$ [V]. $|V|_{\max} = |A| + |B| = 5 + 1$
$= 6$ [V]. $|V|_{\min} = |A| - |B| = 5 - 1 = 4$ [V].
$V(0) = A + B$
$= 5 + 1 = 6$ [V].
最大点と最小点の間隔は $\dfrac{\lambda}{4}$.

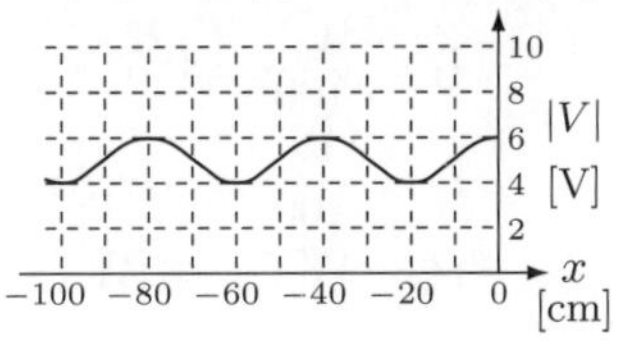

(3) $Z_L=10$.　$\Gamma=\dfrac{10-40}{10+40}=-\dfrac{3}{5}$.　$\rho=\dfrac{1+\frac{3}{5}}{1-\frac{3}{5}}=4$.

$B=\Gamma A=-3\,[\mathrm{V}]$.　$|V|_{\max}=|A|+|B|=5+3=8\,[\mathrm{V}]$.　$|V|_{\min}=|A|-|B|=5-3=2\,[\mathrm{V}]$.

$V(0)=A+B=5-3=2\,[\mathrm{V}]$.

最大点と最小点の間隔は $\dfrac{\lambda}{4}$.

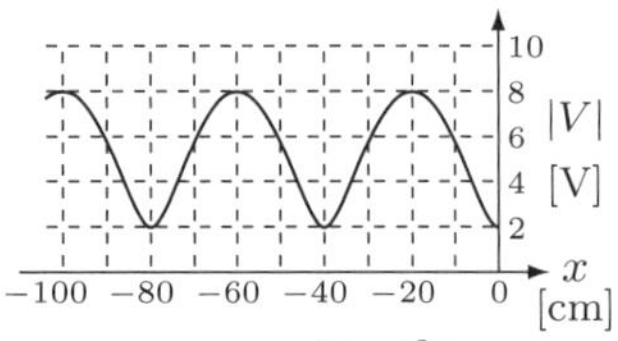


(4) $Z_L=j40$.　$\Gamma=\dfrac{j40-40}{j40+40}=\dfrac{40\sqrt{2}\,e^{j\frac{3\pi}{4}}}{40\sqrt{2}\,e^{j\frac{\pi}{4}}}=e^{j\frac{\pi}{2}}$.

$\rho=\dfrac{1+1}{1-1}=\infty$.　$B=\Gamma A=5\,e^{j\frac{\pi}{2}}\,[\mathrm{V}]$.

$|V|_{\max}=|A|+|B|=5+5=10\,[\mathrm{V}]$.

$|V|_{\min}=|A|-|B|=5-5=0\,[\mathrm{V}]$.

$V(x)=Ae^{-j\beta x}+Be^{j\beta x}=5\left[e^{-j\beta x}+e^{j(\beta x+\frac{\pi}{2})}\right]$

$=5\,e^{j\frac{\pi}{4}}\left[e^{-j(\beta x+\frac{\pi}{4})}+e^{j(\beta x+\frac{\pi}{4})}\right]$

$=10\,e^{j\frac{\pi}{4}}\cos(\beta x+\frac{\pi}{4})=10\,e^{j\frac{\pi}{4}}\cos\beta(x+\frac{\lambda}{8})$.

$|V(x)|=10\left|\cos\beta(x+\frac{\lambda}{8})\right|$.

$-x$ 方向に $\dfrac{\lambda}{8}$ だけずれた cos 曲線となる.

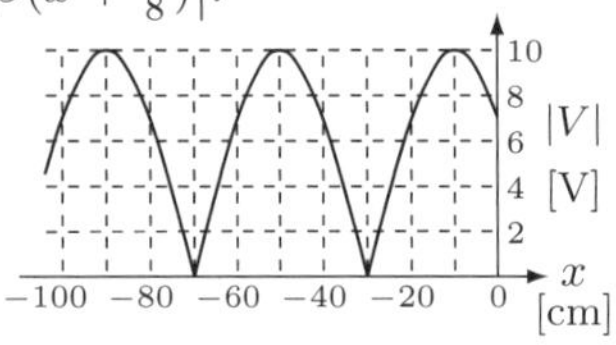


**37.2**

(1) $\Gamma=\dfrac{140-60}{140+60}=0.4$.　$V_1'=\Gamma V_1=0.4\times 10=4\,[\mathrm{V}]$.　$V_2=V_1+V_1'=10+4=14\,[\mathrm{V}]$.

$|V|_{\max}=|V_1|+|V_1'|=10+4=14\,[\mathrm{V}]$.

$|V|_{\min}=|V_1|-|V_1'|=10-4=6\,[\mathrm{V}]$.

(2) $\Gamma=\dfrac{(105/\!/140)-60}{(105/\!/140)+60}=\dfrac{60-60}{60+60}=0$.

$V_1'=\Gamma V_1=0\,[\mathrm{V}]$.　$V_2=V_1+V_1'=10\,[\mathrm{V}]$.

$|V|_{\max}=|V|_{\min}=|V_1|=10\,[\mathrm{V}]$.

105 Ω の抵抗により反射波が除去される.

(3) $\Gamma=\dfrac{(30/\!/60)-60}{(30/\!/60)+60}=\dfrac{20-60}{20+60}=-0.5$.

$V_1'=\Gamma V_1=-5\,[\mathrm{V}]$.　$V_2=V_1+V_1'=5\,[\mathrm{V}]$.

$|V|_{\max}=|V_1|+|V_1'|=10+5=15\,[\mathrm{V}]$.

$|V|_{\min}=|V_1|+|V_1'|=10-5=5\,[\mathrm{V}]$.

(4) $\Gamma=\dfrac{(30+60)-60}{(30+60)+60}=\dfrac{90-60}{90+60}=0.2$.

$V_1'=\Gamma V_1=2\,[\mathrm{V}]$.　$V_2$ は $V_1+V_1'=12\,[\mathrm{V}]$ を 30 Ω と 60 Ω で分圧し, $V_2=\dfrac{60}{30+60}\times 12=8\,[\mathrm{V}]$.

$|V|_{\max}=|V_1|+|V_1'|=10+2=12\,[\mathrm{V}]$.

$|V|_{\min}=|V_1|-|V_1'|=10-2=8\,[\mathrm{V}]$.

**37.3**

(1) $\Gamma=\dfrac{100-100}{100+100}=0$.　$V_1=60\,[\mathrm{V}]$.

$V_1'=\Gamma V_1=0\,[\mathrm{V}]$.　$V_2=V_1+V_1'=60\,[\mathrm{V}]$.

$I_1=\dfrac{V_1}{100}=0.6\,[\mathrm{A}]$.　$I_1'=\dfrac{V_1'}{100}=0\,[\mathrm{A}]$.

$I_2=\dfrac{V_2}{100}=0.6\,[\mathrm{A}]$.　$P_1=V_1I_1=36\,[\mathrm{W}]$.

$P_1'=V_1'I_1'=0\,[\mathrm{W}]$.　$P_2=V_2I_2=36\,[\mathrm{W}]$.

(2) $\Gamma=\dfrac{300-100}{300+100}=0.5$.　$V_1=60\,[\mathrm{V}]$.

$V_1'=\Gamma V_1=30\,[\mathrm{V}]$.　$V_2=V_1+V_1'-90\,[\mathrm{V}]$.

$I_1=\dfrac{V_1}{100}=0.6\,[\mathrm{A}]$.　$I_1'=\dfrac{V_1'}{100}=0.3\,[\mathrm{A}]$.

$I_2=\dfrac{V_2}{300}=0.3\,[\mathrm{A}]$.　$P_1=V_1I_1=36\,[\mathrm{W}]$.

$P_1'=V_1'I_1'=9\,[\mathrm{W}]$.　$P_2=V_2I_2=27\,[\mathrm{W}]$.

(3) $\Gamma=\dfrac{(150/\!/300)-100}{(150/\!/300)+100}=\dfrac{100-100}{100+100}=0$.

$V_1=60\,[\mathrm{V}]$.　$V_1'=0\,[\mathrm{V}]$.　$V_2=60\,[\mathrm{V}]$.

$I_1=\dfrac{V_1}{100}=0.6\,[\mathrm{A}]$.　$I_1'=\dfrac{V_1'}{100}=0\,[\mathrm{A}]$.

$I_2=\dfrac{V_2}{300}=0.2\,[\mathrm{A}]$.　$P_1=V_1I_1=36\,[\mathrm{W}]$.

$P_1'=V_1'I_1'=0\,[\mathrm{W}]$.　$P_2=V_2I_2=12\,[\mathrm{W}]$.

(残りの電流 $I_1-I_2=0.4\,[\mathrm{A}]$ と電力 $P_1-P_2=24\,[\mathrm{W}]$ は, 150 Ω の抵抗が消費する.)

**37.4**　$P(x)=\mathrm{Re}\,(V\bar{I})$

$=\mathrm{Re}\left[\left(Ae^{-j\beta x}+Be^{j\beta x}\right)\times\dfrac{1}{Z_0}\left(\bar{A}e^{j\beta x}-\bar{B}e^{-j\beta x}\right)\right]$

$=\dfrac{1}{Z_0}\mathrm{Re}\left(A\bar{A}-B\bar{B}+\bar{A}Be^{j2\beta x}-A\bar{B}e^{-j2\beta x}\right)$. ここで, $A\bar{A}=|A|^2$.　$B\bar{B}=|B|^2$.　$\bar{A}Be^{j2\beta x}$ と $A\bar{B}e^{-j2\beta x}$ は互いに共役なので, その差は純虚数になるから,

$P(x)=\dfrac{|A|^2-|B|^2}{Z_0}=\dfrac{(|A|+|B|)(|A|-|B|)}{Z_0}$

$=\dfrac{|V|_{\max}|V|_{\min}}{Z_0}$.

**37.5**　$Z_{01}$ と $Z_{02}$ の接続点から右をみたインピーダンス $Z_{\mathrm{in}}$ を $Z_{01}$ と等しくすればよい. $Z_{02}$ は $\frac{1}{4}$ 波長線路ゆえ $Z_{\mathrm{in}}=\dfrac{{Z_{02}}^2}{R}$ であるから, $\dfrac{{Z_{02}}^2}{R}=Z_{01}$.

$\therefore\ Z_{02}=\sqrt{Z_{01}\times R}=\sqrt{100\times 400}=200\,[\Omega]$.

**37.6**

(1) 最大点と最小点の間隔 $=\dfrac{\lambda}{4}=5\,[\mathrm{cm}]$. $\to\lambda=20\,[\mathrm{cm}]$. 空気中の伝搬速度 $=c=3\times 10^8\,[\mathrm{m/s}]$. $\to f=\dfrac{c}{\lambda}=\dfrac{3\times 10^8}{0.2}=1.5\times 10^9\,[\mathrm{Hz}]=1.5\,[\mathrm{GHz}]$.

$\rho=\dfrac{30}{20}=1.5$.　$|V|_{\max}=|A|+|B|=30$, $|V|_{\min}=|A|-|B|=20$ より, $|A|=25$. $A$ は正の実数ゆえ $A=25\,[\mathrm{V}]$.　$|V(0)|=|A+B|=20$ より, $B=-5\,[\mathrm{V}]$.　$\Gamma=\dfrac{B}{A}=-\dfrac{1}{5}$.　$\Gamma=\dfrac{R-Z_0}{R+Z_0}=-\dfrac{1}{5}$ より $R=200\,[\Omega]$.

(2) 最大点と最小点の間隔 $=\dfrac{\lambda}{4}=15\,[\mathrm{cm}]$. $\to\lambda=60\,[\mathrm{cm}]$.　$f=\dfrac{c}{\lambda}=\dfrac{3\times 10^8}{0.6}=5\times 10^8=500\,[\mathrm{MHz}]$.

$\rho=\dfrac{16}{4}=4$.　$|V|_{\max}=|A|+|B|=16$, $|V|_{\min}=|A|-|B|=4$ より, $|A|=10$. $A$ は正の実数ゆえ $A=10\,[\mathrm{V}]$.　$|V(0)|=|A+B|=16$ より, $B=6\,[\mathrm{V}]$.　$\Gamma=\dfrac{B}{A}=\dfrac{3}{5}$.　$\Gamma=\dfrac{R-Z_0}{R+Z_0}=\dfrac{3}{5}$ より $R=1200\,[\Omega]$.

**38.1** 負荷点Lの規格化インピーダンス $\hat{Z}_{\mathrm{L}}=\frac{Z_{\mathrm{L}}}{Z_0}=0.5+j1$ をスミスチャートに記入し，Lを通り，原点が中心の円を描く．負荷から距離 $l=2,4,6$ [cm] の点A, B, Cはそれぞれ，Lから電源方向（時計方向）に $\frac{1}{12}\lambda, \frac{2}{12}\lambda, \frac{3}{12}\lambda \to \frac{1}{6}, \frac{2}{6}, \frac{3}{6}$周 $\to 60°, 120°, 180°$ の点となる．スミスチャートから $\hat{Z}=\hat{R}+j\hat{X}$ を読み取ると，

$\hat{Z}_{\mathrm{A}}=2.6+j2.0. \to Z_{\mathrm{A}}=\hat{Z}_{\mathrm{A}}Z_0=260+j200\,[\Omega]$.

$\hat{Z}_{\mathrm{B}}=1.6-j1.9. \to Z_{\mathrm{B}}=\hat{Z}_{\mathrm{B}}Z_0=160-j190\,[\Omega]$.

$\hat{Z}_{\mathrm{C}}=0.4-j0.8. \to Z_{\mathrm{C}}=\hat{Z}_{\mathrm{C}}Z_0=40-j80\,[\Omega]$.

$\rho=$（円と正の実軸との交点の $\hat{Z}=\hat{R}$ の値）$=4.2$.

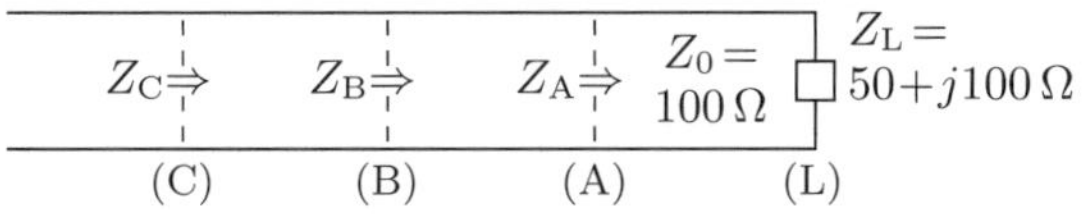


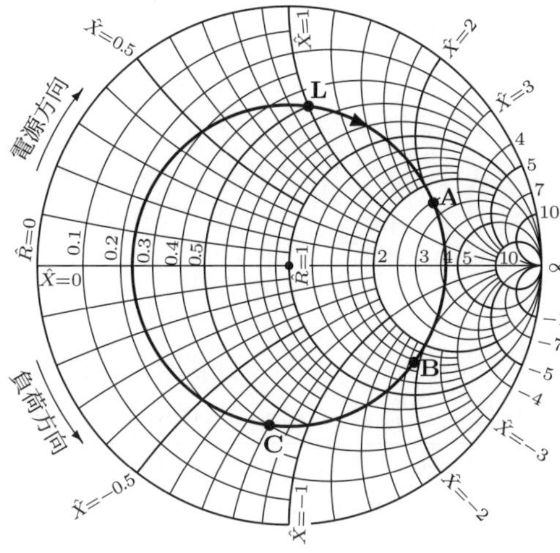


**38.2** 受電端L（$\hat{Z}_{\mathrm{L}}=0+j0$）をスミスチャートに記入し円を描く．Lから距離 $l=2,4,6$ [cm] の点A, B, Cは，Lから電源方向（時計方向）に $\frac{1}{10}\lambda, \frac{2}{10}\lambda, \frac{3}{10}\lambda \to \frac{1}{5}, \frac{2}{5}, \frac{3}{5}$周 $\to 72°, 144°, 216°$ の点となるから，

$\hat{Z}_{\mathrm{A}}=0+j0.72. \to Z_{\mathrm{A}}=\hat{Z}_{\mathrm{A}}Z_0=0+j72\,[\Omega]$.

$\hat{Z}_{\mathrm{B}}=0+j3.1. \quad \to Z_{\mathrm{B}}=\hat{Z}_{\mathrm{B}}Z_0=0+j310\,[\Omega]$.

$\hat{Z}_{\mathrm{C}}=0-j3.1. \quad \to Z_{\mathrm{A}}=\hat{Z}_{\mathrm{C}}Z_0=0-j310\,[\Omega]$.

$\rho=$（円と正の実軸との交点の $\hat{Z}=\hat{R}$ の値）$=\infty$.

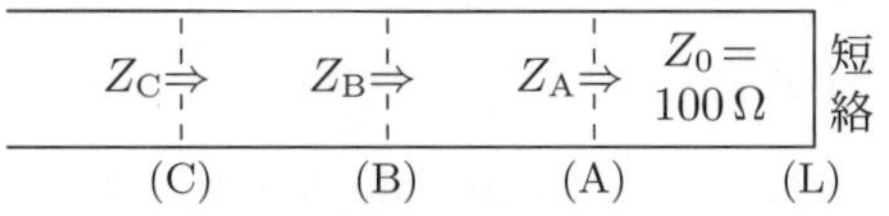


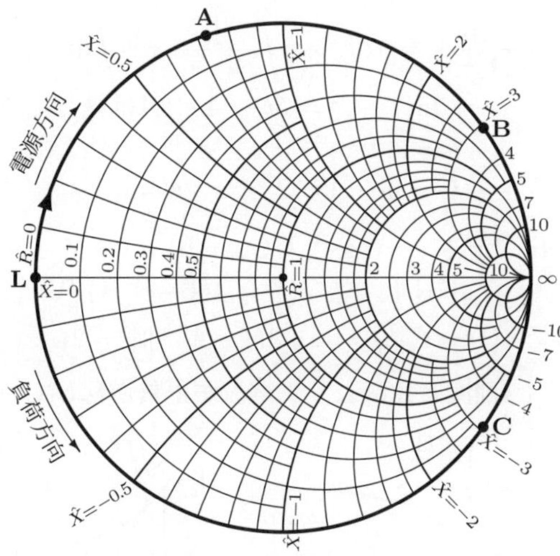


**38.3** 点P（$\hat{Z}_{\mathrm{in}}=\frac{Z_{\mathrm{in}}}{Z_0}=1+j2$）をスミスチャートに記入し円を描く．負荷点Lは，Pから負荷方向（反時計方向）に $4\,\mathrm{cm} \to \frac{\lambda}{8} \to \frac{1}{4}$周 $\to 90°$ の点となるから，

$\hat{Z}_{\mathrm{L}}=0.2+j0.4. \to Z_{\mathrm{L}}=\hat{Z}_{\mathrm{L}}Z_0=20+j40\,[\Omega]$.

$\rho=$（円と正の実軸との交点の $\hat{Z}=\hat{R}$ の値）$=6$.

点Pから時計方向（電源方向）に $45° \to \frac{\lambda}{16} \to 2\,\mathrm{cm}$ の点Aが電圧最大点である．

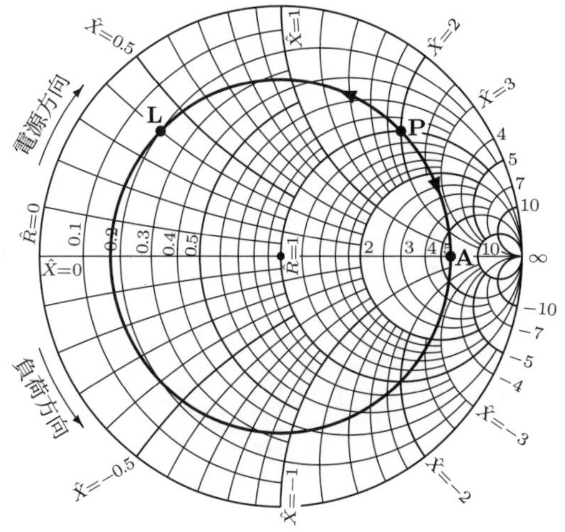


**38.4**

(1) $\rho=\dfrac{6}{3}=2$. 最大点と最小点の間隔 $=\dfrac{\lambda}{4}=4\,\mathrm{cm}$. $\to \lambda=16$ [cm]. スミスチャートの実軸上で，$\hat{R}=\rho=2$ の点Aが電圧最大点，$\hat{R}=\dfrac{1}{\rho}=\dfrac{1}{2}$ の点Bが電圧最小点．直径ABの円（下図の実線の円）で，負荷点Lは電圧最小点Bから負荷方向（反時計方向）に $2\,\mathrm{cm} \to \frac{\lambda}{8} \to 90°$ の点ゆえ，$\hat{Z}_{\mathrm{L}}=0.8-j0.6. \to Z_{\mathrm{L}}=\hat{Z}_{\mathrm{L}}Z_0=40-j30\,[\Omega]$.

(2) $\rho=\dfrac{6}{2}=3$. 最大点と最小点の間隔 $=\dfrac{\lambda}{4}=6\,\mathrm{cm}$. $\to \lambda=24$ [cm]. スミスチャートの実軸上で，$\hat{R}=\rho=3$ の点A′が電圧最大点，$\hat{R}=\dfrac{1}{\rho}=\dfrac{1}{3}$ の点B′が電圧最小点．直径A′B′の円（下図の破線の円）で，負荷点L′は電圧最大点A′から負荷方向（反時計方向）に $3\,\mathrm{cm} \to \frac{\lambda}{8} \to 90°$ の点ゆえ，$\hat{Z}_{\mathrm{L}}=0.6+j0.8$. $Z_{\mathrm{L}}=\hat{Z}_{\mathrm{L}}Z_0=30+j40\,[\Omega]$.

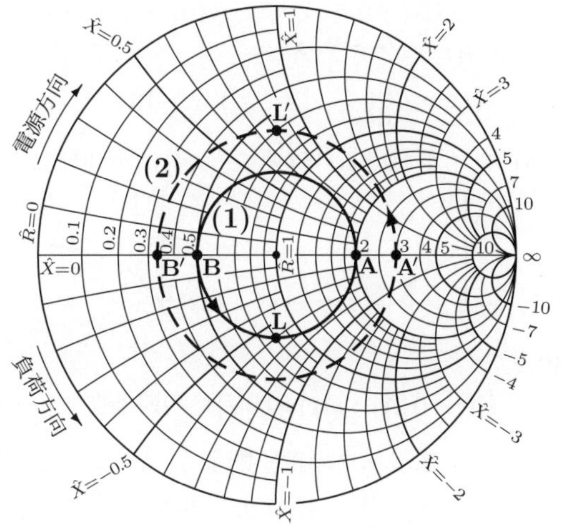

**38.5** 並列ゆえ規格化アドミタンス$\hat{Y}=\frac{1}{\hat{Z}}=\hat{G}+j\hat{B}$を使う．$\hat{Y}$の位置は原点をはさんで$\hat{Z}$の反対側．$\hat{R},\hat{X}$の等高線は$\hat{G},\hat{B}$に読み替える．$\hat{Z}_\mathrm{L}=\frac{Z_\mathrm{L}}{Z_0}=0.2-j0.2$と$\hat{Y}_\mathrm{L}=\frac{1}{\hat{Z}_\mathrm{L}}$を記入し，$\hat{Y}_\mathrm{L}$を$l$だけ電源側(時計方向)へ回し，スタブの接続点Aの$\hat{Y}_\mathrm{A1}$の実部$\hat{G}$が1になるようにする($\hat{Y}_\mathrm{A1}=1+j\hat{B}_\mathrm{A}$)．このとき，スタブを$\hat{Y}_\mathrm{A2}=0-jB_\mathrm{A}$にすれば，$\hat{Y}_\mathrm{A}=\hat{Y}_\mathrm{A1}+\hat{Y}_\mathrm{A2}=1$となり，$\hat{Z}_\mathrm{A}=1$，$Z_\mathrm{A}=Z_0$と整合する．図より，$\hat{B}_\mathrm{A}\fallingdotseq-1.85$．
$\hat{Y}_\mathrm{L}\to\hat{Y}_\mathrm{A1}$の角度$=72°$．$\to l=\frac{72°}{360°}\times\frac{\lambda}{2}=3.6\,[\mathrm{cm}]$．
短絡$\to\hat{Y}_\mathrm{A2}$の角度$=303°$．$\to l_\mathrm{s}=\frac{303°}{360°}\times\frac{\lambda}{2}=15.2\,[\mathrm{cm}]$．

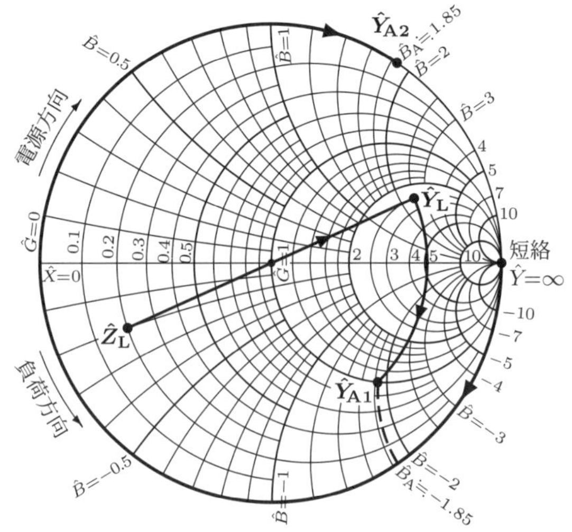


## 第7章　過渡現象

**39.1**

(1) $t<0$では定常状態(直流)で，$L$は短絡と同じだから，$v(t)=0\,[\mathrm{V}]$．　$i(t)=\frac{20}{4+6}=2\,[\mathrm{A}]$．
$i(0)=2\,[\mathrm{A}]$が初期条件となる．

(2) キルヒホッフの電圧則より，$0=6i+2\frac{\mathrm{d}i}{\mathrm{d}t}$．
または，$\frac{\mathrm{d}i}{\mathrm{d}t}=-3i$．

(3) $\frac{\mathrm{d}i}{i}=-3\,\mathrm{d}t.\ \to\int\frac{\mathrm{d}i}{i}=-3\int\mathrm{d}t.$
$\to\ \ln i=-3t+A.$ ($A$は積分定数)
$i(t)=e^{-3t+A}=e^Ae^{-3t}=A'e^{-3t}.$ $(A'=e^A)$

(4) 上式に$t=0$を代入し，$i(0)=2=A'e^0=A'$．
$\therefore\ i(t)=2\,e^{-3t}\,[\mathrm{A}]$．
$v(t)=L\frac{\mathrm{d}i}{\mathrm{d}t}=2(2\,e^{-3t})'=-12\,e^{-3t}\,[\mathrm{V}]$．

(5) コイル電流$i(t)$は連続，$v(t)$は不連続となる．

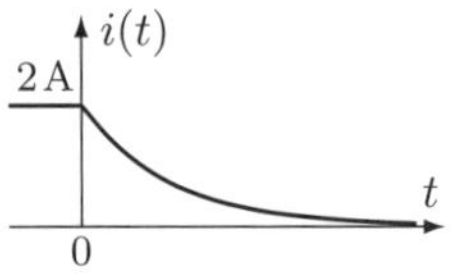


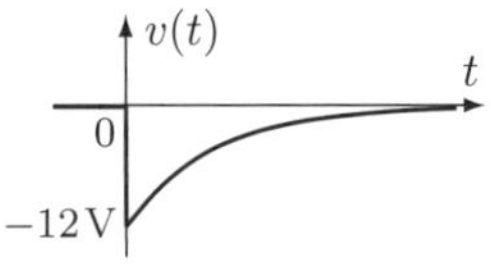


**39.2**

(1) $i(t)=0\,[\mathrm{A}]$．$v(t)=0\,[\mathrm{V}]$．初期条件$i(0)=0$．

(2) キルヒホッフの電圧則より，$20=4i+2\frac{\mathrm{d}i}{\mathrm{d}t}$．
または，$\frac{\mathrm{d}i}{\mathrm{d}t}=10-2i=2(5-i)$．

(3) $\frac{\mathrm{d}i}{5-i}=2\,\mathrm{d}t.\ \to\int\frac{\mathrm{d}i}{5-i}=2\int\mathrm{d}t.$
$\to\ -\ln(5-i)=2t+A.$ ($A$は積分定数)
$5-i=e^{-(2t+A)}=e^{-A}e^{-2t}=A'e^{-2t}.$
$\therefore\ i(t)=5-A'e^{-2t}.$ $(A'=e^{-A})$

(4) 上式に$t=0$を代入し，$i(0)=0=5-A'$．
$\to\ A'=5.\quad\therefore\ i(t)=5(1-e^{-2t})\,[\mathrm{A}]$．
$v(t)=L\frac{\mathrm{d}i}{\mathrm{d}t}=2\big[5(1-e^{-2t})\big]'=20\,e^{-2t}\,[\mathrm{V}]$．

(5)

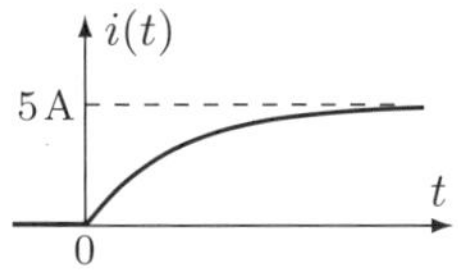


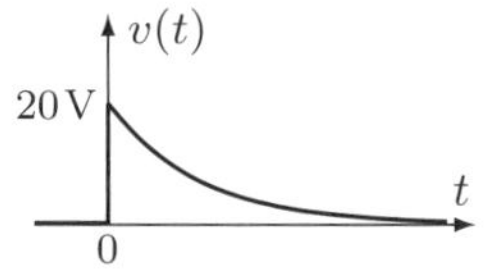


**39.3**

(1) 定常状態(直流)で$C$は開放と同じだから，
$i(t)=0\,[\mathrm{A}]$．$v(t)=4\,[\mathrm{V}]$．初期条件$v(0)=4$．

(2) キルヒホッフの電圧則より，$0=2i+v$．
上式に$i=0.1\frac{\mathrm{d}v}{\mathrm{d}t}$を代入し，$0=0.2\frac{\mathrm{d}v}{\mathrm{d}t}+v$．
または，$\frac{\mathrm{d}v}{\mathrm{d}t}=-5v$．

(3) $\frac{\mathrm{d}v}{v}=-5\,\mathrm{d}t.\ \to\int\frac{\mathrm{d}v}{v}=-5\int\mathrm{d}t.$
$\to\ \ln v=-5t+A.$ ($A$は積分定数)
$v(t)=e^{-5t+A}=e^Ae^{-5t}=A'e^{-5t}.$ $(A'=e^A)$

(4) 上式に$t=0$を代入し，$v(0)=4=A'e^0=A'$．
$\therefore\ v(t)=4\,e^{-5t}\,[\mathrm{V}]$．
$i(t)=C\frac{\mathrm{d}v}{\mathrm{d}t}=0.1(4\,e^{-5t})'=-2\,e^{-5t}\,[\mathrm{A}]$．
(放電するため，マイナス方向に電流が流れる．)

(5)

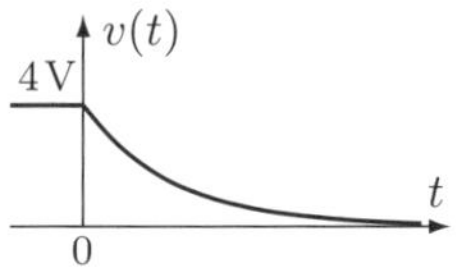


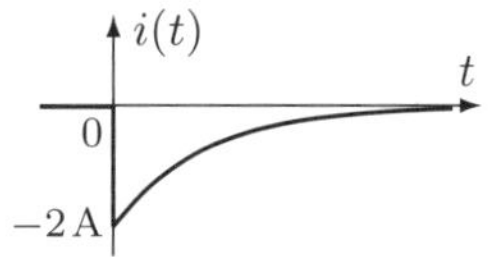


**39.4**

(1) $v(t)=0\,[\mathrm{V}]$．$i(t)=0\,[\mathrm{A}]$．初期条件$v(0)=0$．

(2) キルヒホッフの電圧則より，$4=2i+v$．
上式に$i=0.1\frac{\mathrm{d}v}{\mathrm{d}t}$を代入し，$4=0.2\frac{\mathrm{d}v}{\mathrm{d}t}+v$．
または，$\frac{\mathrm{d}v}{\mathrm{d}t}=20-5v=5(4-v)$．

(3) $\frac{\mathrm{d}v}{4-v}=5\,\mathrm{d}t.\ \to\int\frac{\mathrm{d}v}{4-v}=5\int\mathrm{d}t.$
$\to\ -\ln(4-v)=5t+A.$ ($A$は積分定数)
$4-v=e^{-(5t+A)}=e^{-A}e^{-5t}=A'e^{-5t}.$
$\therefore\ v(t)=4-A'e^{-5t}.\qquad(A'=e^{-A})$

(4) 上式に$t=0$を代入し，$v(0)=0=4-A'$．
$\to\ A'=4.\quad\therefore\ v(t)=4(1-e^{-5t})\,[\mathrm{V}]$．
$i(t)=C\frac{\mathrm{d}v}{\mathrm{d}t}=0.1\big[4(1-e^{-5t})\big]'=2\,e^{-5t}\,[\mathrm{A}]$．
(前問と比較して，電流が正負逆転している)

(5)

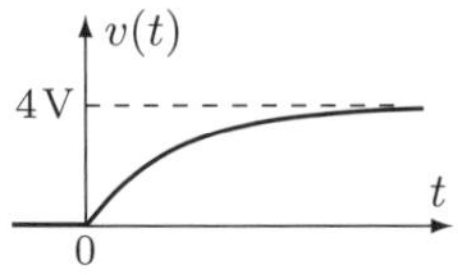


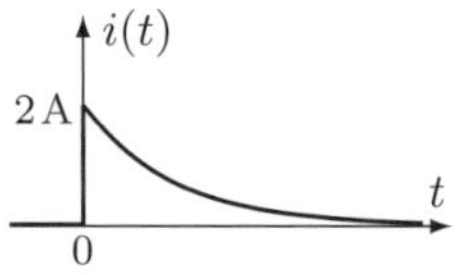

**40.1**　下記の $A, B$ は任意定数とする．

(1) 特性方程式 $\lambda+2=0. \to \lambda=-2.$ 斉次なので定常解は無い．一般解は $v(t)=Ae^{-2t}$.

(2) 特性方程式 $\lambda+3=0. \to \lambda=-3.$ 過渡解は $v=Ae^{-3t}$.　定常解は，$3v=6$ より $v=2$. 一般解は $v(t)=2+Ae^{-3t}$.

(3) 特性方程式 $\lambda+4=0. \to \lambda=-4.$ 過渡解は $v=Ae^{-4t}$.　定常解を $v=P\sin 2t+Q\cos 2t$ と置けば，$\dfrac{dv}{dt}+4v$
$=(P\sin 2t+Q\cos 2t)'+4(P\sin 2t+Q\cos 2t)$
$=(4P-2Q)\sin 2t+(2P+4Q)\cos 2t=10\cos 2t$.
$\to 4P=2Q,\ 2P+4Q=10.$　$\therefore P=1,\ Q=2.$
一般解は $v(t)=\sin 2t+2\cos 2t+Ae^{-4t}$.

(4) 特性方程式 $\lambda^2+4\lambda+3=(\lambda+1)(\lambda+3)=0.$
$\to \lambda=-1,-3.$ 過渡解は $v=Ae^{-t}+Be^{-3t}$.
定常解は，$3v=30$ より $v=10$.
一般解は $v(t)=10+Ae^{-t}+Be^{-3t}$.

(5) 特性方程式 $\lambda^2+25=0. \to \lambda=\pm j5.$
過渡解は $v=A\cos 5t+B\sin 5t$.
定常解は，$25v=100$ より $v=4$.
一般解は $v(t)=4+A\cos 5t+B\sin 5t$.

(6) 特性方程式 $\lambda^2+8\lambda+25=0. \to \lambda=-4\pm j3.$
過渡解は $v=e^{-4t}(A\cos 3t+B\sin 3t)$.
定常解は，$25v=100$ より $v=4$.
一般解は $v(t)=4+e^{-4t}(A\cos 3t+B\sin 3t)$.

**40.2**　各問題の解 $v(t)$ の概形図を示した．この概形図より，$t$ の増加とともに過渡解が減衰し，$t\to\infty$ のとき，解 $v(t)$ は定常解と一致することがわかる．

(1) 特性方程式 $\lambda+7=0. \to \lambda=-7.$　斉次なので定常解は無い．一般解は $v(t)=Ae^{-7t}$.
初期条件より $v(0)=A$
$=10.$　$\therefore v(t)=10\,e^{-7t}$.

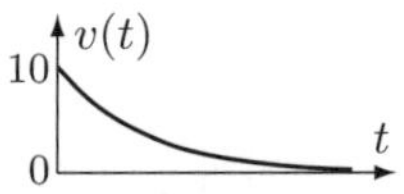


(2) 特性方程式 $\lambda+8=0. \to \lambda=-8.$　過渡解は $v=Ae^{-8t}$.　定常解は，$8v=40$ より $v=5$.
一般解は $v(t)=5+Ae^{-8t}$.
初期条件より $v(0)=5+A$
$=0. \to A=-5.$
$\therefore v(t)=5(1-e^{-8t})$.

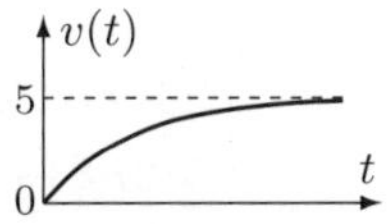


(3) 特性方程式 $\lambda+10=0. \to \lambda=-10.$ 過渡解は $v=Ae^{-10t}$.　定常解は，$10v=40$ より $v=4$.
一般解は $v(t)=4+Ae^{-10t}$.
初期条件より $v(0)=4+A$
$=10. \to A=6.$
$\therefore v(t)=4+6\,e^{-10t}$.

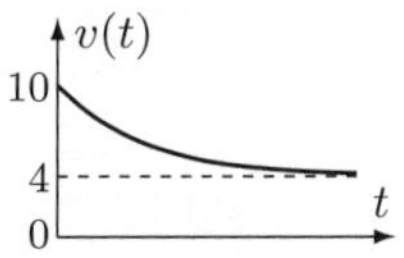


(4) 特性方程式 $\lambda+1=0. \to \lambda=-1.$ 過渡解は $v=Ae^{-t}$.　定常解を $v=P\sin 3t+Q\cos 3t$ と置けば，$\dfrac{dv}{dt}+v$
$=(P\sin 3t+Q\cos 3t)'+(P\sin 3t+Q\cos 3t)$
$=(P-3Q)\sin 3t+(3P+Q)\cos 3t=20\sin 3t$.
$\to P-3Q=20,\ 3P+Q=0.$　$\therefore P=2,\ Q=-6.$
一般解は $v(t)=2\sin 3t-6\cos 3t+Ae^{-t}$.
初期条件より $v(0)=-6+A=0. \to A=6.$
$\therefore v(t)=2\sin 3t-6\cos 3t+6\,e^{-t}$.

太線が $v(t)$
細線が定常解

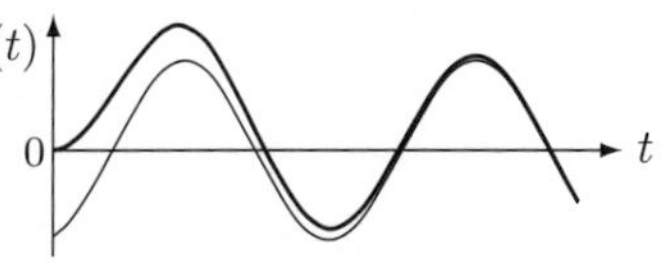


(5) 第 2 式を第 1 式に代入し，$\dfrac{d^2v}{dt^2}+6\dfrac{dv}{dt}+8v=0.$
特性方程式 $\lambda^2+6\lambda+8=(\lambda+2)(\lambda+4)=0.$
$\to \lambda=-2,-4.$　斉次なので定常解は無い．
一般解は $v(t)=Ae^{-2t}+Be^{-4t}$.
$i(t)=\dfrac{dv}{dt}=-2Ae^{-2t}-4Be^{-4t}$.　初期条件より
$v(0)=A+B=0.$
$i(0)=-2A-4B=4.$
$\to A=2,\ B=-2.$
$\therefore v(t)=2(e^{-2t}-e^{-4t})$.
$i(t)=-4\,e^{-2t}+8\,e^{-4t}$.

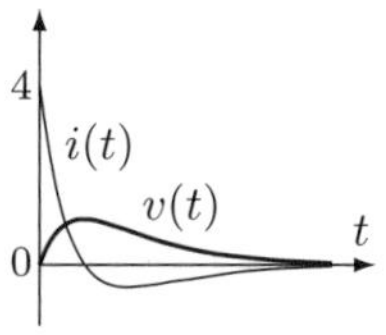


(6) 第 2 式を第 1 式に代入して両辺を 2 倍して，
$\dfrac{d^2v}{dt^2}+5\dfrac{dv}{dt}+4v=12.$　特性方程式 $\lambda^2+5\lambda+4$
$=(\lambda+1)(\lambda+4)=0. \to \lambda=-1,-4.$ 過渡解は $v=Ae^{-t}+Be^{-4t}$.　定常解は，$4v=12$ より $v=3$.　一般解は $v(t)=3+Ae^{-t}+Be^{-4t}$.
$i(t)=\dfrac{1}{2}\dfrac{dv}{dt}=-\dfrac{A}{2}e^{-t}-2Be^{-4t}$.　初期条件より
$v(0)=3+A+B=0,$
$i(0)=-\dfrac{A}{2}-2B=0.$
$\to A=-4,\ B=1.$
$\therefore v(t)=3-4\,e^{-t}+e^{-4t}$.
$i(t)=2(e^{-t}-e^{-4t})$.

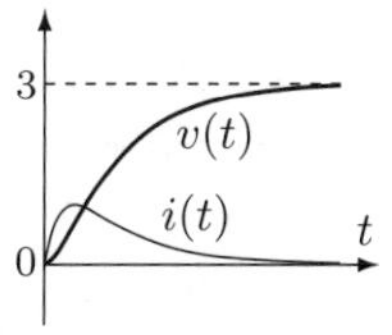


(7) 第 2 式を第 1 式に代入して両辺を 8 倍して，
$\dfrac{d^2v}{dt^2}+16v=0.$　特性方程式 $\lambda^2+16=0. \to$
$\lambda=\pm j4.$　斉次なので定常解は無く，一般解は
$v(t)=A\cos 4t+B\sin 4t$.
$i(t)=\dfrac{1}{8}\dfrac{dv}{dt}=-\dfrac{A}{2}\sin 4t+\dfrac{B}{2}\cos 4t.$　初期条件より $v(0)=A=10,$　$i(0)=\dfrac{B}{2}=0. \to B=0.$
$\therefore v(t)=10\cos 4t.$
$i(t)=-5\sin 4t.$
過渡解は減衰しない
（共振状態にある）．

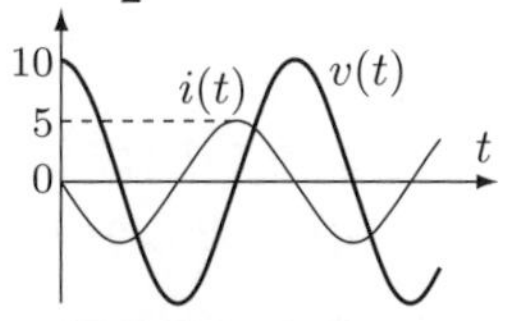


(8) 第 2 式を第 1 式に代入して両辺を 20 倍して，
$\dfrac{d^2v}{dt^2}+100v=400.$　特性方程式 $\lambda^2+100=0. \to$
$\lambda=\pm j10.$　過渡解は $v=A\cos 10t+B\sin 10t$.
定常解は，$100v=400$ より $v=4$.
一般解は $v(t)=4+A\cos 10t+B\sin 10t$.
$i(t)=\dfrac{1}{20}\dfrac{dv}{dt}=-\dfrac{A}{2}\sin 10t+\dfrac{B}{2}\cos 10t.$
初期条件より $v(0)=4+A=0,$　$i(0)=\dfrac{B}{2}=0.$
$\to A=-4,\ B=0.$
$v(t)=4(1-\cos 10t).$
$i(t)=2\sin 10t.$
過渡解は減衰しない
（共振状態にある）．

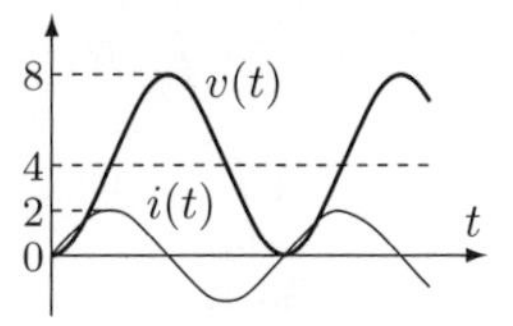

(9) 第 2 式を第 1 式に代入して両辺を 5 倍して，
$\dfrac{\mathrm{d}^2v}{\mathrm{d}t^2}+2\dfrac{\mathrm{d}v}{\mathrm{d}t}+10v=30.$
特性方程式 $\lambda^2+2\lambda+10=0.\ \to\ \lambda=-1\pm j3.$
過渡解は $v=e^{-t}(A\cos 3t+B\sin 3t).$
定常解は，$10v=30$ より $v=3.$
一般解は $v(t)=3+e^{-t}(A\cos 3t+B\sin 3t).$
$i(t)=\dfrac{1}{5}\dfrac{\mathrm{d}v}{\mathrm{d}t}=\dfrac{1}{5}\Big[-e^{-t}(A\cos 3t+B\sin 3t)+e^{-t}(-3A\sin 3t+3B\cos 3t)\Big]$
$=\dfrac{1}{5}e^{-t}\big[\,(3B-A)\cos 3t-(3A+B)\sin 3t\,\big].$
初期条件 $v(0)=3+A=0,\ i(0)=\dfrac{3B-A}{5}=0.$
$\to A=-3,\ B=-1.$
$\therefore\ v(t)=3-e^{-t}(3\cos 3t+\sin 3t).$
$i(t)=2\,e^{-t}\sin 3t.$
右図のように，振動しながら減衰する．

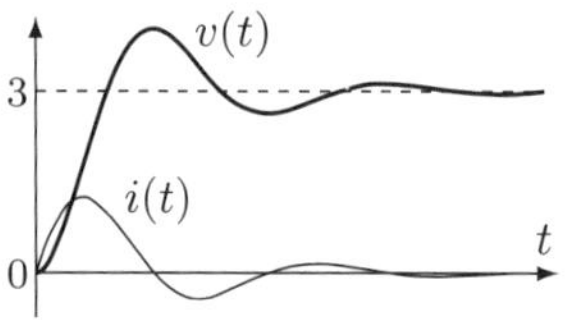


**41.1**

(1) 直流で $C$ は開放と同じゆえ，$i(t)=0$ [A].
分圧の式より $v(t)=\dfrac{2}{3+2}\times 10=4$ [V].
初期条件は $v(0)=4.$

(2) キルヒホッフの電圧則より，$0=2i+v.$
上式に $i=0.05\dfrac{\mathrm{d}v}{\mathrm{d}t}$ を代入し，$0.1\dfrac{\mathrm{d}v}{\mathrm{d}t}+v=0.$
特性方程式 $0.1\lambda+1=0$ より $\lambda=-10$ ゆえ，
一般解は $v(t)=Ae^{-10t}.$ 初期条件より，
$v(0)=A=4.\quad\therefore\ v(t)=4\,e^{-10t}$ [V].
$i(t)=0.05\dfrac{\mathrm{d}v}{\mathrm{d}t}=0.05\big(4\,e^{-10t}\big)'=-2\,e^{-10t}$ [A].
$\tau=\dfrac{1}{10}=0.1$ [s]. 放電なので $i$ は逆向きになる．

(3) $W_{\mathrm{e}}=\dfrac{1}{2}C\big[v(0)\big]^2=\dfrac{1}{2}\times 0.05\times 4^2=0.4$ [J].
$W_{\mathrm{R}}=\displaystyle\int_0^{\infty}Ri^2\,\mathrm{d}t=\int_0^{\infty}2\times\big(2\,e^{-10t}\big)^2\,\mathrm{d}t$
$=8\displaystyle\int_0^{\infty}e^{-20t}\,\mathrm{d}t=8\Big[-\frac{1}{20}e^{-20t}\Big]_0^{\infty}=0.4$ [J].
静電エネルギー $W_{\mathrm{e}}$ はすべて抵抗が消費する．

**41.2**

(1) 直流で $L$ は短絡と同じゆえ，$v(t)=0$ [V].
$i(t)=\dfrac{6}{3}=2$ [A]. 初期条件は $i(0)=2.$

(2) キルヒホッフの電圧則より，$0=2i+0.1\dfrac{\mathrm{d}i}{\mathrm{d}t}.$
特性方程式 $2+0.1\lambda=0$ より $\lambda=-20$ ゆえ，
一般解は $i(t)=Ae^{-20t}.$ 初期条件より，
$i(0)=A=2.\quad\therefore\ i(t)=2\,e^{-20t}$ [A].
$v(t)=0.1\dfrac{\mathrm{d}i}{\mathrm{d}t}=0.1\big(2\,e^{-20t}\big)'=-4\,e^{-20t}$ [V].
$\tau=\dfrac{1}{20}=0.05$ [s] $=50$ [ms].

(3) $W_{\mathrm{m}}=\dfrac{1}{2}L\big[i(0)\big]^2=\dfrac{1}{2}\times 0.1\times 2^2=0.2$ [J].
$W_{\mathrm{R}}=\displaystyle\int_0^{\infty}Ri^2\,\mathrm{d}t=\int_0^{\infty}2\times\big(2\,e^{-20t}\big)^2\,\mathrm{d}t$
$=8\displaystyle\int_0^{\infty}e^{-40t}\,\mathrm{d}t=8\Big[-\frac{1}{40}e^{-40t}\Big]_0^{\infty}=0.2$ [J].
電磁エネルギー $W_{\mathrm{m}}$ はすべて抵抗が消費する．

**41.3**

(1) 直流で $L$ は短絡と同じゆえ，$i_1(t)=\dfrac{6}{2}=3$ [A].
$i_2(t)=\dfrac{6}{3}=2$ [A]. $v(t)=6$ [V].
初期条件はコイル電流 $i_1(0)=3.$

(2) $t>0$ のとき $i_1+i_2=0.\ \to\ i_2=-i_1.$
$v=2i_1+0.5\dfrac{\mathrm{d}i_1}{\mathrm{d}t}$ および $v=3i_2=-3i_1$ より，
$5i_1+0.5\dfrac{\mathrm{d}i_1}{\mathrm{d}t}=0.$ 特性方程式 $5+0.5\lambda=0$ より $\lambda=-10$ ゆえ，一般解は $i_1(t)=Ae^{-10t}.$
初期条件より，$i_1(0)=A=3$ となるから，
$i_1(t)=3e^{-10t}$ [A]. $\quad i_2(t)=-3e^{-10t}$ [A].
$v(t)=3i_2=-9e^{-10t}$ [V]. $\quad\tau=\dfrac{1}{10}=0.1$ [s].

(3)

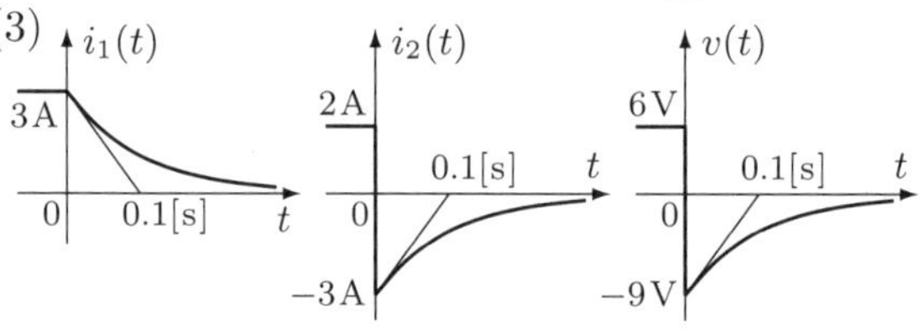


**41.4**

(1) $t<0$ のとき，$i_1=i_2=0.$ 初期条件は $i_2(0)=0.$
$t>0$ のとき，$15=3(i_1+i_2)+0.6\dfrac{\mathrm{d}i_2}{\mathrm{d}t}.$
$2i_1=0.6\dfrac{\mathrm{d}i_2}{\mathrm{d}t}.\to i_1=0.3\dfrac{\mathrm{d}i_2}{\mathrm{d}t}$ を上式に代入して，
$15=3\Big(0.3\dfrac{\mathrm{d}i_2}{\mathrm{d}t}+i_2\Big)+0.6\dfrac{\mathrm{d}i_2}{\mathrm{d}t}=1.5\dfrac{\mathrm{d}i_2}{\mathrm{d}t}+3i_2.$
$\therefore\ \dfrac{\mathrm{d}i_2}{\mathrm{d}t}+2i_2=10.$ 特性方程式 $\lambda+2=0$ より
$\lambda=-2.$ 過渡解は $Ae^{-2t}.$ 定常解は $\dfrac{10}{2}=5.$
一般解は $i_2(t)=5+Ae^{-2t}.$
初期条件より $i_2(0)=5+A=0.\ \to\ A=-5.$
$\therefore i_2(t)=5\big(1-e^{-2t}\big)$ [A].
$i_1(t)=0.3\dfrac{\mathrm{d}i_2}{\mathrm{d}t}=3\,e^{-2t}$ [A]. $\quad\tau=\dfrac{1}{2}=0.5$ [s].

(2)

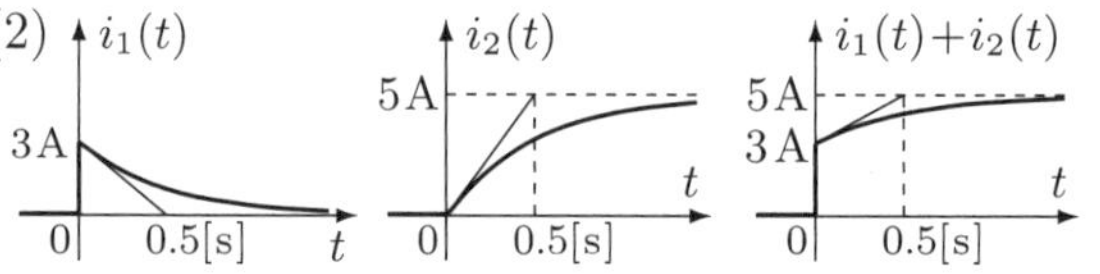


**41.5**

(1) $t<0$ のとき，$v=0.$ 初期条件は $v(0)=0.$
$t>0$ のとき，$8=2(i_1+i_2)+v.$
$v=2i_1.\to i_1=\dfrac{v}{2}$ と $i_2=0.1\dfrac{\mathrm{d}v}{\mathrm{d}t}$ を上式に代入して，$8=2\Big(\dfrac{v}{2}+0.1\dfrac{\mathrm{d}v}{\mathrm{d}t}\Big)+v=0.2\dfrac{\mathrm{d}v}{\mathrm{d}t}+2v.$
$\therefore\ \dfrac{\mathrm{d}v}{\mathrm{d}t}+10v=40.$ 特性方程式 $\lambda+10=0$ より
$\lambda=-10.$ 過渡解は $Ae^{-10t}.$ 定常解は $\dfrac{40}{10}=4.$
一般解は $v(t)=4+Ae^{-10t}.$
初期条件より $v(0)=4+A=0.\ \to\ A=-4.$
$\therefore v(t)=4\big(1-e^{-10t}\big)$ [V]. $\quad\tau=\dfrac{1}{10}=0.1$ [s].

(2) $v(0.1)=4\big(1-\frac{1}{e}\big).\quad t>0.1$ のとき，
$0.1\dfrac{\mathrm{d}v}{\mathrm{d}t}=i_2=-i_1=-\dfrac{v}{2}.\ \to\ \dfrac{\mathrm{d}v}{\mathrm{d}t}+5v=0.$
特性方程式 $\lambda+5=0$ より $\lambda=-5.$ 一般解は，
$v(t)=Ae^{-5t}.\ v(0.1)=Ae^{-0.5}=4\big(1-\frac{1}{e}\big)$ ゆえ

$A=4\left(1-\frac{1}{e}\right)e^{0.5}$. $\therefore\ v(t)=4\left(1-\frac{1}{e}\right)e^{0.5}e^{-5t}$
$=4\left(1-\frac{1}{e}\right)e^{-5(t-0.1)}$ [V]. $\tau'=\frac{1}{5}=0.2$ [s].

(3)

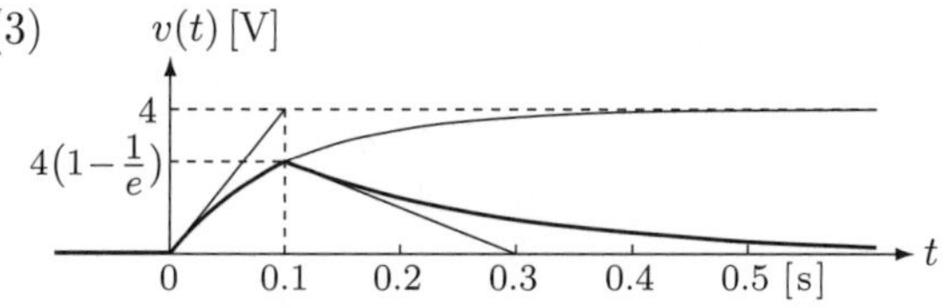


**41.6** $t<0$ のとき，$i=0$. 初期条件は $i(0)=0$.
$t>0$ のとき，キルヒホッフの電圧則より，
$40\sin 5t=10i+2\frac{di}{dt}$. $\rightarrow \frac{di}{dt}+5i=20\sin 5t$. $\cdots$ ①
特性方程式 $\lambda+5=0$ より $\lambda=-5$. → 過渡解は $Ae^{-5t}$.

【定常解の求めかた(1)】
$i=P\sin 5t+Q\cos 5t$ と仮定して式①に代入すると，
$(P\sin 5t+Q\cos 5t)'+5(P\sin 5t+Q\cos 5t)$
$=(5P-5Q)\sin 5t+(5P+5Q)\cos 5t=20\sin 5t$.
$\rightarrow 5P-5Q=20,\ 5P+5Q=0$ より $P=2,\ Q=-2$.
$\therefore$ 定常解 $i=2\sin 5t-2\cos 5t$.

【定常解の求めかた(2)】
角周波数 $\omega=5$ に対する回路のインピーダンスは，
$\dot{Z}=R+j\omega L=10+j10=10\sqrt{2}\angle 45^\circ$. したがって，
電流の大きさは電圧 $\div 10\sqrt{2}$ で，位相は $45^\circ$ 遅れる.
$\therefore$ 定常解 $i=\frac{40}{10\sqrt{2}}\sin(5t-45^\circ)=2\sqrt{2}\sin(5t-45^\circ)$.
一般解は $i(t)=2\sin 5t-2\cos 5t+Ae^{-5t}$.
初期条件より $i(0)=-2+A=0$. $\rightarrow A=2$.
$\therefore\ i(t)=2\sin 5t-2\cos 5t+2e^{-5t}$
$=2\sqrt{2}\sin(5t-45^\circ)+2e^{-5t}$ [A].

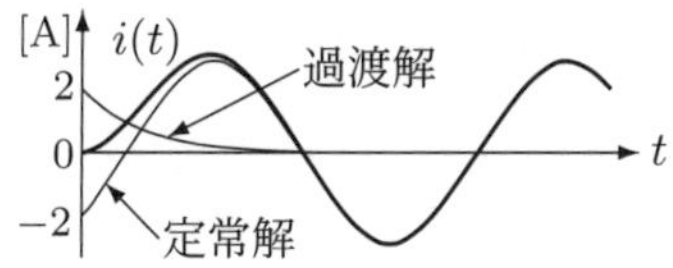


過渡解はすぐに減衰し，定常解だけが残る.

**42.1**

(1) 直流で $L$ は短絡，$C$ は開放と同じゆえ，
$v(t)=L$ の電圧 $=0$ [V]，$i(t)=\frac{6}{3}=2$ [A].
初期条件は $v(0)=0$ と $i(0)=2$.

(2) $v=L\frac{di}{dt}=1\frac{di}{dt}$ に $-i=C\frac{dv}{dt}=0.01\frac{dv}{dt}$ を代入して，$v=-0.01\frac{d^2v}{dt^2}$. $\rightarrow \frac{d^2v}{dt^2}=-100v$.
特性方程式 $\lambda^2=-100$. $\rightarrow \lambda=\pm j10$ ゆえ，
一般解は $v(t)=A\cos 10t+B\sin 10t$.
$i(t)=-0.01\frac{dv}{dt}=0.1A\sin 10t-0.1B\cos 10t$.
初期条件より $v(0)=A=0$，$i(0)=-0.1B=2$.
$\rightarrow B=-20$.
$\therefore v(t)=-20\sin 10t$ [V]. $i(t)=2\cos 10t$ [A].

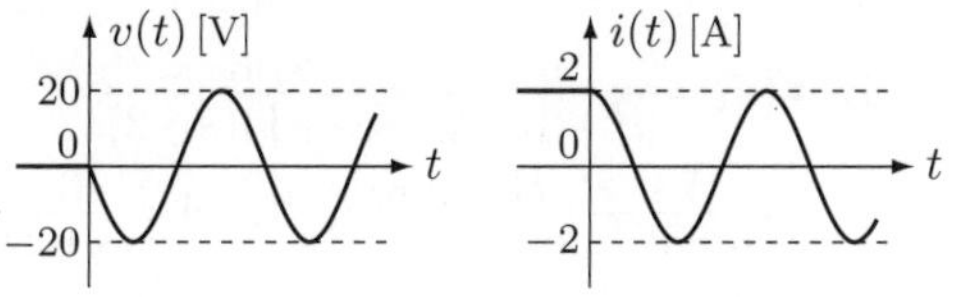


(3) $W_e(t)=\frac{1}{2}Cv^2=\frac{1}{2}\times 0.01\times(20\sin 10t)^2$
$=2\sin^2 10t=1-\cos 20t$ [J]. $W_m(t)=\frac{1}{2}Li^2$
$=\frac{1}{2}\times(2\cos 10t)^2=2\cos^2 10t=1+\cos 20t$ [J].
$W(t)=W_e(t)+W_m(t)=2$ [J] $=$ 一定値.
($t=0$ のとき $L$ にあったエネルギー $W_m(0)$ $=2$ [J] が振動をおこす．電圧源が 6 [V] であるのに 20 [V] で振動することに注意.)

**42.2** 初期条件は $v(0)=0$ と $i(0)=0$.
$t>0$ のとき，$5=2.5\frac{di}{dt}+v$ に $i=0.1\frac{dv}{dt}$ を代入して
$5=0.25\frac{d^2v}{dt^2}+v$. $\rightarrow \frac{d^2v}{dt^2}+4v=20$. 特性方程式
$\lambda^2+4=0$ より $\lambda=\pm j2$. 定常解は $\frac{20}{4}=5$.
一般解は $v(t)=5+A\cos 2t+B\sin 2t$.
$i(t)=0.1\frac{dv}{dt}=-0.2A\sin 2t+0.2B\cos 2t$.
初期条件より，$v(0)=5+A=0$. $\rightarrow A=-5$.
$i(0)=0.2B=0$. $\rightarrow B=0$.
$\therefore\ v(t)=5(1-\cos 2t)$ [V]. $i(t)=1\sin 2t$ [A].

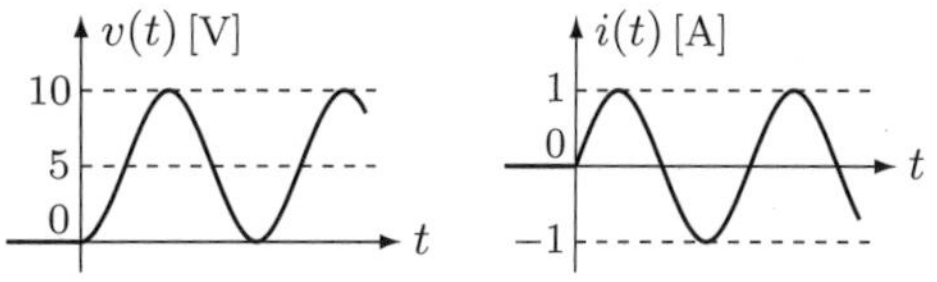


($v(t)$ は電圧源の電圧 5 [V] を中心に振動する.)

**42.3** 初期条件は $v(0)=0$ と $i(0)=0$.
$t>0$ のとき，$J-i=2-i=C\frac{dv}{dt}=0.1\frac{dv}{dt}$ に
$v=L\frac{di}{dt}=0.4\frac{di}{dt}$ を代入して，$2-i=0.04\frac{d^2i}{dt^2}$.
$\rightarrow \frac{d^2i}{dt^2}+25i=50$. 特性方程式 $\lambda^2+25=0$ より，
$\lambda=\pm j5$. 定常解は $\frac{50}{25}=2$.
一般解は $i(t)=2+A\cos 5t+B\sin 5t$.
$v(t)=0.4\frac{di}{dt}=-2A\sin 5t+2B\cos 5t$.
初期条件より，$v(0)=2B=0$. $\rightarrow B=0$.
$i(0)=2+A=0$. $\rightarrow A=-2$.
$\therefore\ v(t)=4\sin 5t$ [V]. $i(t)=2(1-\cos 5t)$ [A].

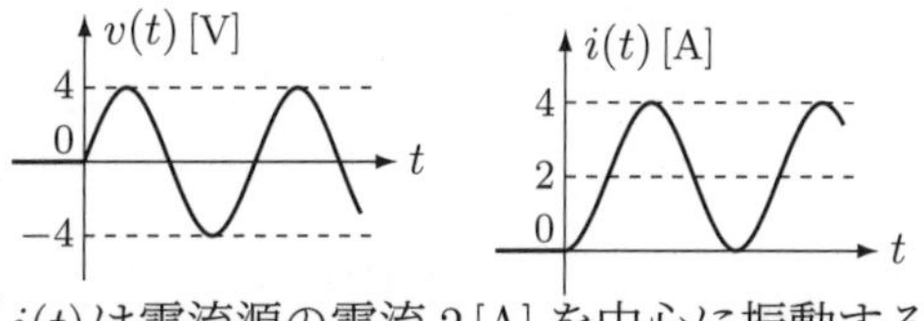


($i(t)$ は電流源の電流 2 [A] を中心に振動する.)

**42.4** 初期条件は $v(0)=40$ と $i(0)=0$.
$t>0$ のとき，$v=2.5\frac{di}{dt}+15i$ に $i=-0.05\frac{dv}{dt}$ を代入し，$v=-0.125\frac{d^2v}{dt^2}-0.75\frac{dv}{dt}$. $\rightarrow \frac{d^2v}{dt^2}+6\frac{dv}{dt}+8v=0$.
特性方程式 $\lambda^2+6\lambda+8=(\lambda+2)(\lambda+4)=0$ より，
$\lambda=-2,-4$ ゆえ，一般解は $v(t)=Ae^{-2t}+Be^{-4t}$.
$i(t)=-0.05\frac{dv}{dt}=0.1Ae^{-2t}+0.2Be^{-4t}$. 初期条件より，$v(0)=A+B=40$，$i(0)=0.1A+0.2B=0$.
$\rightarrow A=80,\ B=-40$. $\therefore v(t)=40\left(2e^{-2t}-e^{-4t}\right)$ [V].
$i(t)=8\left(e^{-2t}-e^{-4t}\right)$ [A]. $\left.\frac{di}{dt}\right|_{t_0}=8\left(-2e^{-2t_0}+4e^{-4t_0}\right)$
$=0$ より，$e^{2t_0}=2$. $\rightarrow 2t_0=\ln 2$. $\rightarrow t_0=\frac{1}{2}\ln 2$ [s].

$v(t_0)=40\left(2e^{-\ln 2}-e^{-2\ln 2}\right)=40\left(2\times\frac{1}{2}-\frac{1}{4}\right)=30\,[\mathrm{V}]$.
$i(t_0)=8\left(e^{-\ln 2}-e^{-2\ln 2}\right)=8\left(\frac{1}{2}-\frac{1}{4}\right)=2\,[\mathrm{A}]$.

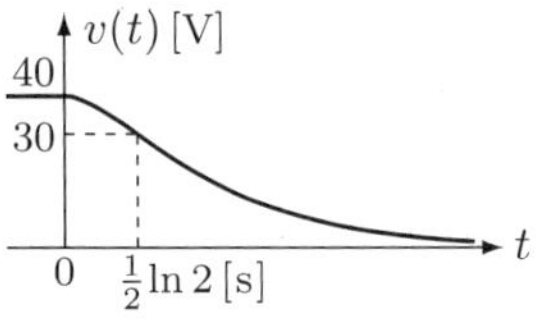


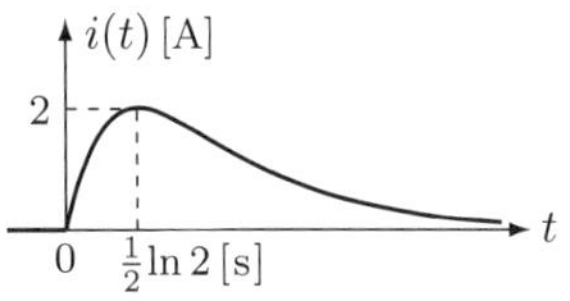


**42.5**　初期条件は $v(0)=4$ と $i(0)=0$.
$t>0$ のとき，$v=2\dfrac{\mathrm{d}i}{\mathrm{d}t}+4i$ に $i=-0.1\dfrac{\mathrm{d}v}{\mathrm{d}t}$ を代入して
$v=-0.2\dfrac{\mathrm{d}^2v}{\mathrm{d}t^2}-0.4\dfrac{\mathrm{d}v}{\mathrm{d}t}.\ \rightarrow\ \dfrac{\mathrm{d}^2v}{\mathrm{d}t^2}+2\dfrac{\mathrm{d}v}{\mathrm{d}t}+5v=0.$
特性方程式 $\lambda^2+2\lambda+5=0$ より，$\lambda=-1\pm j2$ ゆえ，一般解は $v(t)=e^{-t}(A\cos 2t+B\sin 2t)$.

$$i(t)=-0.1\frac{\mathrm{d}v}{\mathrm{d}t}=-0.1\big[-e^{-t}(A\cos 2t+B\sin 2t)+e^{-t}(-2A\sin 2t+2B\cos 2t)\big]$$
$$=e^{-t}\big[(0.1A-0.2B)\cos 2t+(0.2A+0.1B)\sin 2t\big].$$

初期条件より，$v(0)=A=4$，$i(0)=0.1A-0.2B=0$.
$\rightarrow B=2$.　$\therefore\ v(t)=2e^{-t}(2\cos 2t+\sin 2t)$ [V].
$i(t)=e^{-t}\sin 2t$ [A].
特性方程式の解が複素数なので，不足制動である．

**42.6**　初期条件は $v(0)=0$ と $i(0)=0$.
$t>0$ のとき，$20=5\dfrac{\mathrm{d}i}{\mathrm{d}t}+15i+v$ に $i=0.1\dfrac{\mathrm{d}v}{\mathrm{d}t}$ を代入し，$20=0.5\dfrac{\mathrm{d}^2v}{\mathrm{d}t^2}+1.5\dfrac{\mathrm{d}v}{\mathrm{d}t}+v.\rightarrow\dfrac{\mathrm{d}^2v}{\mathrm{d}t^2}+3\dfrac{\mathrm{d}v}{\mathrm{d}t}+2v=40.$
特性方程式 $\lambda^2+3\lambda+2=(\lambda+1)(\lambda+2)=0$ より，$\lambda=-1,-2$.　定常解は $\dfrac{40}{2}=20$.
一般解は $v(t)=20+Ae^{-t}+Be^{-2t}$.
$i(t)=0.1\dfrac{\mathrm{d}v}{\mathrm{d}t}=-0.1Ae^{-t}-0.2Be^{-2t}$.　初期条件より，
$v(0)=20+A+B=0$，$i(0)=-0.1A-0.2B=0$. $\rightarrow$
$A=-40,\ B=20$.　$\therefore v(t)=20\left(1-2e^{-t}+e^{-2t}\right)$ [V].
$i(t)=4\left(e^{-t}-e^{-2t}\right)$ [A].　$\left.\dfrac{\mathrm{d}i}{\mathrm{d}t}\right|_{t_0}=4\left(-e^{-t_0}+2e^{-2t_0}\right)=0$
より，$e^{t_0}=2$. $\rightarrow$ $t_0=\ln 2$ [s].
$v(t_0)=20\left(1-2e^{-\ln 2}+e^{-2\ln 2}\right)=20\left(1-2\times\frac{1}{2}+\frac{1}{4}\right)$
$=5\,[\mathrm{V}]$.　$i(t_0)=4\left(e^{-\ln 2}-e^{-2\ln 2}\right)=4\left(\frac{1}{2}-\frac{1}{4}\right)=1\,[\mathrm{A}]$.

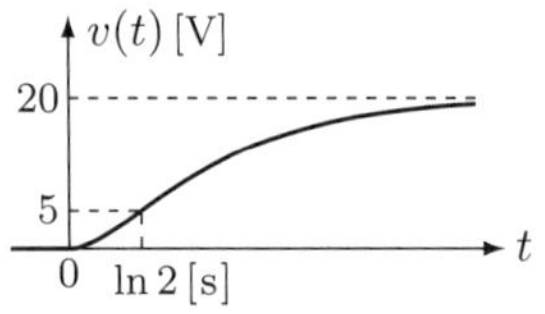


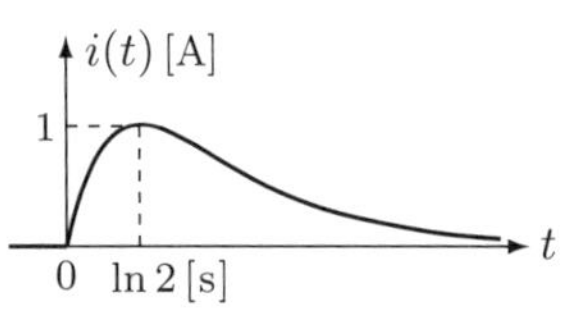


**42.7**　$L=50\,[\mu\mathrm{H}]$，$C=2\,[\mu\mathrm{F}]$ とする．
$t>0$ のとき，$6=(R+7)i+L\dfrac{\mathrm{d}i}{\mathrm{d}t}+v$ に $i=C\dfrac{\mathrm{d}v}{\mathrm{d}t}$ を代入して，$6=LC\dfrac{\mathrm{d}^2v}{\mathrm{d}t^2}+(R+7)C\dfrac{\mathrm{d}v}{\mathrm{d}t}+v$.
特性方程式 $LC\lambda^2+(R+7)C\lambda+1=0$ の解：

$$\lambda=\frac{-(R+7)C\pm\sqrt{[(R+7)C]^2-4LC}}{2LC}$$

が重解のとき臨界制動となる．$[(R+7)C]^2=4LC$.
$R+7=2\sqrt{\dfrac{L}{C}}=2\sqrt{\dfrac{50}{2}}=10$.　$\therefore R=3\,[\Omega]$.

**43.1**　推移則 $f(t-a)\,u(t-a)\xrightarrow{\mathcal{L}}F(s)e^{-as}$ を使う．

(1) $v(t)=Au(t)$. $\xrightarrow{\mathcal{L}}$ $V(s)=\dfrac{A}{s}$.

(2) $v(t)=Au(t-a)$. $\xrightarrow{\mathcal{L}}$ $V(s)=\dfrac{A}{s}e^{-as}$.

(3) $v(t)=Au(t)-Au(t-a)$.
$\xrightarrow{\mathcal{L}}$ $V(s)=\dfrac{A}{s}-\dfrac{A}{s}e^{-as}=\dfrac{A}{s}\left(1-e^{-as}\right)$.

(4) $v(t)=Au(t)-Au(t-a)+Au(t-2a)-+\cdots$.

$$\xrightarrow{\mathcal{L}}\ V(s)=\frac{A}{s}-\frac{A}{s}e^{-as}+\frac{A}{s}e^{-2as}-+\cdots$$
$$=\frac{A}{s}\Big[1+\left(-e^{-as}\right)+\left(-e^{-as}\right)^2+\cdots\Big]$$
$$=\frac{A}{s\left(1+e^{-as}\right)}.\ \left(\because\ 1+r+r^2+\cdots=\frac{1}{1-r}.\right)$$

(5) 周期 $=2a$ なので，角周波数 $\omega=\dfrac{2\pi}{2a}=\dfrac{\pi}{a}$.
$v(t)=\sin\dfrac{\pi}{a}t$. $\xrightarrow{\mathcal{L}}$ $V(s)=\dfrac{\pi/a}{s^2+(\pi/a)^2}$.

(6) 前問(5) の $v(t)$ を $a$ だけ移動したので推移則より，$V(s)=\dfrac{\pi/a}{s^2+(\pi/a)^2}\,e^{-as}$.

(7) 前問(5) と (6) の和であるから，
$V(s)=\dfrac{\pi/a}{s^2+(\pi/a)^2}\left(1+e^{-as}\right)$.

(8) 前問(7) の波形を $t=a$ ずつ移動して合計すればよいから，

$$V(s)=\frac{\pi/a}{s^2+(\pi/a)^2}\left(1+e^{-as}\right)\times\left(1+e^{-as}+e^{-2as}+e^{-3as}+\cdots\right)$$
$$=\frac{\pi/a}{s^2+(\pi/a)^2}\,\frac{1+e^{-as}}{1-e^{-as}}$$
$$=\frac{\pi/a}{s^2+(\pi/a)^2}\,\frac{e^{\frac{as}{2}}+e^{-\frac{as}{2}}}{e^{\frac{as}{2}}-e^{-\frac{as}{2}}}$$
$$=\frac{\pi/a}{s^2+(\pi/a)^2}\coth\frac{as}{2}.$$

**43.2**

(1) $V(s)=\dfrac{12}{s+4}$. $\xrightarrow{\mathcal{L}^{-1}}$ $v(t)=12\,e^{-4t}$.

(2) $V(s)=\dfrac{12}{s(s+4)}=\dfrac{A}{s}+\dfrac{B}{s+4}.\cdots$① と置く．
①を $s$ 倍して $\dfrac{12}{s+4}=A+\dfrac{Bs}{s+4}$ としてから，
$s=0$ を代入すれば，$A=\left.\dfrac{12}{s+4}\right|_{s=0}=\dfrac{12}{4}=3$.
①を $(s+4)$ 倍して $\dfrac{12}{s}=\dfrac{A(s+4)}{s}+B$ として，
$s=-4$ を代入すれば，$B=\left.\dfrac{12}{s}\right|_{s=-4}=\dfrac{12}{-4}=-3$.
$\therefore\ V(s)=\dfrac{3}{s}-\dfrac{3}{s+4}$. $\xrightarrow{\mathcal{L}^{-1}}$ $v(t)=3\left(1-e^{-4t}\right)$.

(3) $V(s)=\dfrac{6}{s^2+3s+2}=\dfrac{6}{(s+1)(s+2)}$
$=\dfrac{A}{s+1}+\dfrac{B}{s+2}$ と置くと，$A=\left.\dfrac{6}{s+2}\right|_{s=-1}$
$=\dfrac{6}{1}=6$.　$B=\left.\dfrac{6}{s+1}\right|_{s=-2}=\dfrac{6}{-1}=-6$.
$V(s)=\dfrac{6}{s+1}-\dfrac{6}{s+2}$. $\xrightarrow{\mathcal{L}^{-1}}$ $v(t)=6\left(e^{-t}-e^{-2t}\right)$.

(4) $V(s)=\dfrac{s+4}{s(s+1)(s+2)}=\dfrac{A}{s}+\dfrac{B}{s+1}+\dfrac{C}{s+2}$ と置くと，$A=\dfrac{s+4}{(s+1)(s+2)}\Big|_{s=0}=\dfrac{4}{1\times2}=2.$

$B=\dfrac{s+4}{s(s+2)}\Big|_{s=-1}=\dfrac{3}{(-1)\times1}=-3.$

$C=\dfrac{s+4}{s(s+1)}\Big|_{s=-2}=\dfrac{2}{(-2)\times(-1)}=1.$

$V(s)=\dfrac{2}{s}-\dfrac{3}{s+1}+\dfrac{1}{s+2}.$

$\xrightarrow{\mathcal{L}^{-1}}\ v(t)=2-3\,e^{-t}+e^{-2t}.$

(5) $V(s)=\dfrac{s+6}{s^2+9}=\dfrac{s}{s^2+3^2}+2\times\dfrac{3}{s^2+3^2}.$

$\xrightarrow{\mathcal{L}^{-1}}\ v(t)=\cos 3t+2\sin 3t.$

(6) $V(s)=\dfrac{2s+20}{s^2+2s+10}$

$=2\times\dfrac{s+1}{(s+1)^2+3^2}+6\times\dfrac{3}{(s+1)^2+3^2}.$

$\xrightarrow{\mathcal{L}^{-1}}\ v(t)=2\,e^{-t}(\cos 3t+3\sin 3t).$

(7) $\dfrac{50}{s^2+25}=10\times\dfrac{5}{s^2+5^2}.\ \xrightarrow{\mathcal{L}^{-1}}\ 10\sin 5t.$ 積分則より，$\dfrac{50}{s(s^2+25)}\ \xrightarrow{\mathcal{L}^{-1}}\ v(t)=\displaystyle\int_0^t 10\sin 5t\,\mathrm{d}t$

$=\big[-2\cos 5t\big]_0^t=2(1-\cos 5t).$

(8) $V(s)=\dfrac{s-4}{(s^2+4)(s+1)}=\dfrac{As+B}{s^2+4}+\dfrac{C}{s+1}$ と置くと，$C=\dfrac{s-4}{s^2+4}\Big|_{s=-1}=-1.\quad\therefore As+B$

$=\dfrac{s-4}{s+1}-\dfrac{(s^2+4)C}{s+1}=\dfrac{s^2+s}{s+1}=s.$ ゆえに，

$V(s)=\dfrac{s}{s^2+4}-\dfrac{1}{s+1}.\ \xrightarrow{\mathcal{L}^{-1}}\ v(t)=\cos 2t-e^{-t}.$

(9) $\dfrac{1}{s(s+1)}=\dfrac{1}{s}-\dfrac{1}{s+1}.\ \xrightarrow{\mathcal{L}^{-1}}\ 1-e^{-t}.$ 推移則より，$\dfrac{e^{-s}}{s(s+1)}\ \xrightarrow{\mathcal{L}^{-1}}\ \big[1-e^{-(t-1)}\big]\,u(t-1).$

ここで，$u(t-1)=\begin{cases}0 & (t<1)\\ 1 & (t>1)\end{cases}$ ゆえ，

$v(t)=\big(1-e^{-t}\big)-\big[1-e^{-(t-1)}\big]\,u(t-1)$

$=\begin{cases}1-e^{-t} & (t<1)\\ e^{-(t-1)}-e^{-t}=(1-e^{-1})\,e^{-(t-1)} & (t>1)\end{cases}.$

$v(t)$は右図の波形となる．

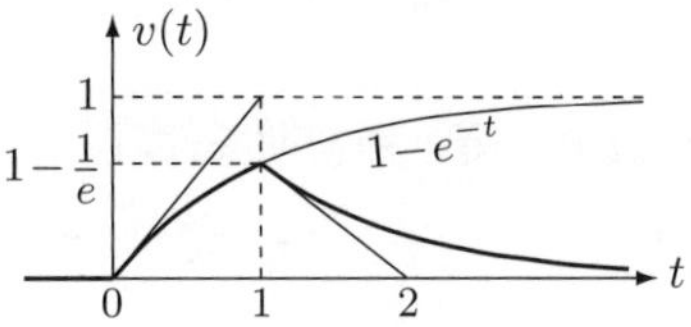


**43.3**

(1) $\dfrac{\mathrm{d}v}{\mathrm{d}t}+4v=0.\ \xrightarrow{\mathcal{L}}\ \big[sV(s)-8\big]+4V(s)=0.$

$(s+4)V(s)=8.\quad V(s)=\dfrac{8}{s+4}.$

$\xrightarrow{\mathcal{L}^{-1}}\ v(t)=8\,e^{-4t}.$

(2) $\dfrac{\mathrm{d}v}{\mathrm{d}t}+4v=8.\ \xrightarrow{\mathcal{L}}\ \big[sV(s)-0\big]+4V(s)=\dfrac{8}{s}.$

$(s+4)V(s)=\dfrac{8}{s}.\quad V(s)=\dfrac{8}{s(s+4)}=\dfrac{2}{s}-\dfrac{2}{s+4}.$

$\xrightarrow{\mathcal{L}^{-1}}\ v(t)=2\big(1-e^{-4t}\big).$

(3) $\dfrac{\mathrm{d}v}{\mathrm{d}t}+4v=10\cos 2t.$

$\xrightarrow{\mathcal{L}}\ \big[sV(s)-0\big]+4V(s)=\dfrac{10s}{s^2+4}.$

$V(s)=\dfrac{10s}{(s^2+4)(s+4)}=\dfrac{As+B}{s^2+4}+\dfrac{C}{s+4}$ と置くと，$C=\dfrac{10s}{s^2+4}\Big|_{s=-4}=-2.\quad\therefore As+B$

$=\dfrac{10s}{s+4}-\dfrac{(s^2+4)C}{s+4}=\dfrac{2s^2+10s+8}{s+4}=2s+2.$

$\therefore V(s)=\dfrac{2s}{s^2+4}+\dfrac{2}{s^2+4}-\dfrac{2}{s+4}.$

$\xrightarrow{\mathcal{L}^{-1}}\ v(t)=2\cos 2t+\sin 2t-2\,e^{-4t}.$

(4) $\dfrac{\mathrm{d}^2v}{\mathrm{d}t^2}+5\dfrac{\mathrm{d}v}{\mathrm{d}t}+6v=6.\ \xrightarrow{\mathcal{L}}$

$\big[s^2V(s)-0s-0\big]+5\big[sV(s)-0\big]+6V(s)=\dfrac{6}{s}.$

$V(s)=\dfrac{6}{s(s^2+5s+6)}=\dfrac{6}{s(s+2)(s+3)}$

$=\dfrac{A}{s}+\dfrac{B}{s+2}+\dfrac{C}{s+3}$ と置く．

$A=\dfrac{6}{(s+2)(s+3)}\Big|_{s=0}=\dfrac{6}{2\times3}=1.$

$B=\dfrac{6}{s(s+3)}\Big|_{s=-2}=\dfrac{6}{(-2)\times1}=-3.$

$C=\dfrac{6}{s(s+2)}\Big|_{s=-3}=\dfrac{6}{(-3)\times(-1)}=2.$

$\therefore V(s)=\dfrac{1}{s}-\dfrac{3}{s+2}+\dfrac{2}{s+3}.$

$\xrightarrow{\mathcal{L}^{-1}}\ v(t)=1-3e^{-2t}+2e^{-3t}.$

(5) $\dfrac{\mathrm{d}^2v}{\mathrm{d}t^2}+9v=18.$

$\xrightarrow{\mathcal{L}}\ \big[s^2V(s)-0s-0\big]+9V(s)=\dfrac{18}{s}.$

$V(s)=\dfrac{18}{s(s^2+9)}=\dfrac{A}{s}+\dfrac{Bs+C}{s^2+9}$ と置くと，

$A=\dfrac{18}{s^2+9}\Big|_{s=0}=2.\quad Bs+C=\dfrac{18}{s}-\dfrac{(s^2+9)A}{s}$

$=\dfrac{-2s^2}{s}=-2s.\quad\therefore V(s)=\dfrac{2}{s}-\dfrac{2s}{s^2+9}.$

$\xrightarrow{\mathcal{L}^{-1}}\ v(t)=2(1-\cos 3t).$

(6) $\dfrac{\mathrm{d}^2v}{\mathrm{d}t^2}+2\dfrac{\mathrm{d}v}{\mathrm{d}t}+5v=0.\ \xrightarrow{\mathcal{L}}$

$\big[s^2V(s)-0s-6\big]+2\big[sV(s)-0\big]+5V(s)=0.$

$V(s)=\dfrac{6}{s^2+2s+5}=3\times\dfrac{2}{(s+1)^2+2^2}.$

$\xrightarrow{\mathcal{L}^{-1}}\ v(t)=3\,e^{-t}\sin 2t.$

**44.1**

(1) $v(0)=\displaystyle\lim_{s\to\infty}sV(s)=\lim_{s\to\infty}\dfrac{12}{s+3}=0.$

$v(\infty)=\displaystyle\lim_{s\to 0}sV(s)=\lim_{s\to 0}\dfrac{12}{s+3}=4.$

(2) $v(0)=\displaystyle\lim_{s\to\infty}\dfrac{(5s+8)(2s+3)}{(s+2)(s+6)}$

$=\displaystyle\lim_{s\to\infty}\dfrac{\left(5+\frac{8}{s}\right)\left(2+\frac{3}{s}\right)}{\left(1+\frac{2}{s}\right)\left(1+\frac{6}{s}\right)}=\dfrac{5\times2}{1\times1}=10.$

$v(\infty)=\displaystyle\lim_{s\to 0}\dfrac{(5s+8)(2s+3)}{(s+2)(s+6)}=\dfrac{8\times3}{2\times6}=2.$

**44.2**　初期条件は $i(0)=0$.

$E=Ri(t)+v(t).\ \xrightarrow{\mathcal{L}}\ \dfrac{E}{s}=RI(s)+V(s).\cdots①$

$v(t)=L\dfrac{\mathrm{d}i}{\mathrm{d}t}.\ \xrightarrow{\mathcal{L}} V(s)=L\big[sI(s)-i(0)\big]=LsI(s).\cdots②$

②→① : $\dfrac{E}{s}=(Ls+R)I(s).\quad I(s)=\dfrac{E}{s(Ls+R)}$

$=\dfrac{\frac{E}{L}}{s\left(s+\frac{R}{L}\right)}=\dfrac{\frac{E}{R}}{s}-\dfrac{\frac{E}{R}}{s+\frac{R}{L}}.\ \xrightarrow{\mathcal{L}^{-1}}\ i(t)=\dfrac{E}{R}\left(1-e^{-\frac{R}{L}t}\right).$

$V(s)=LsI(s)=\dfrac{E}{s+\frac{R}{L}}.\ \xrightarrow{\mathcal{L}^{-1}}\ v(t)=Ee^{-\frac{R}{L}t}.\quad \tau=\dfrac{L}{R}.$

**44.3**　$t<0$ のとき，分流の式より，

$i(t)=\dfrac{72}{6+(2/\!/3)}\times\dfrac{3}{2+3}=6\,[\mathrm{A}]=i(0).$　$t>0$ のとき，

$72=(6+2)i+0.8\dfrac{\mathrm{d}i}{\mathrm{d}t}.\ \xrightarrow{\mathcal{L}}\ \dfrac{72}{s}=8I(s)+0.8\big[sI(s)-6\big].$

$\xrightarrow{\times 10/8}\ \dfrac{90}{s}=(s+10)I(s)-6.$

$I(s)=\dfrac{1}{s+10}\left(6+\dfrac{90}{s}\right)=\dfrac{6s+90}{s(s+10)}=\dfrac{9}{s}-\dfrac{3}{s+10}.$

$\xrightarrow{\mathcal{L}^{-1}}\ i(t)=9-3e^{-10t}\,[\mathrm{A}].\quad \tau=\dfrac{1}{10}=0.1\,[\mathrm{s}].$

**44.4**　初期条件 $i_1(0)=\dfrac{72}{6+2}=\dfrac{72}{8}=9\,[\mathrm{A}].$

$t>0$ のとき，72V と 6Ω と 3Ω を通る閉路で，

$72=6(i_1+i_2)+3i_2.\ \xrightarrow{\mathcal{L}}\ \dfrac{72}{s}=6I_1(s)+9I_2(s).$

$\therefore\ 3I_2(s)=\dfrac{24}{s}-2I_1(s).\cdots①$

3Ω, 2Ω, 0.8Hを通る閉路では，$3i_2=2i_1+0.8\dfrac{\mathrm{d}i_1}{\mathrm{d}t}.$

$\xrightarrow{\mathcal{L}}\ 3I_2(s)=2I_1(s)+0.8\big[sI_1(s)-9\big].\cdots②$

①より，$\dfrac{24}{s}-2I_1(s)=2I_1(s)+0.8sI_1(s)-7.2.$

$(0.8s+4)I_1(s)=7.2+\dfrac{24}{s}.\to I_1(s)=\dfrac{7.2s+24}{s(0.8s+4)}$

$=\dfrac{9s+30}{s(s+5)}=\dfrac{6}{s}+\dfrac{3}{s+5}.\ \xrightarrow{\mathcal{L}^{-1}}\ i_1(t)=6+3e^{-5t}\,[\mathrm{A}].$

①より，$I_2(s)=\dfrac{8}{s}-\dfrac{2}{3}\times\left(\dfrac{6}{s}+\dfrac{3}{s+5}\right)=\dfrac{4}{s}-\dfrac{2}{s+5}.$

$\xrightarrow{\mathcal{L}^{-1}}\ i_2(t)=4-2e^{-5t}\,[\mathrm{A}].\quad \tau=\dfrac{1}{5}=0.2\,[\mathrm{s}].$

**44.5**　$t<0$ の定常状態で，$C$ は開放と等価で電流は 2Ωに流れないから，分圧の式より

$v(0)=\dfrac{1}{3+1}\times 20=5\,[\mathrm{V}].$　$t>0$ のとき，

$20=(3+2)i+v.\ \xrightarrow{\mathcal{L}}\ \dfrac{20}{s}=5I(s)+V(s).\cdots①$

$i=0.1\dfrac{\mathrm{d}v}{\mathrm{d}t}.\ \xrightarrow{\mathcal{L}}\ I(s)=0.1\big[sV(s)-5\big].\cdots②$

②を①に代入して，$\dfrac{20}{s}=0.5sV(s)-2.5+V(s).$

$(s+2)V(s)=5+\dfrac{40}{s}.\quad V(s)=\dfrac{5s+40}{s(s+2)}=\dfrac{20}{s}-\dfrac{15}{s+2}.$

$\xrightarrow{\mathcal{L}^{-1}}\ v(t)=20-15e^{-2t}\,[\mathrm{V}].$

$i(t)=0.1\dfrac{\mathrm{d}v}{\mathrm{d}t}=3e^{-2t}\,[\mathrm{A}].\quad \tau=\dfrac{1}{2}=0.5\,[\mathrm{s}].$

**44.6**　初期条件は，$v(0)=5\,[\mathrm{V}]$，$i(0)=0\,[\mathrm{A}]$.

$t>0$ のとき，$v=2.5\dfrac{\mathrm{d}i}{\mathrm{d}t}.\ \xrightarrow{\mathcal{L}}\ V(s)=2.5sI(s)\cdots①$

$-i=0.1\dfrac{\mathrm{d}v}{\mathrm{d}t}.\ \xrightarrow{\mathcal{L}}\ -I(s)=0.1\big[sV(s)-5\big]$

$\overset{①}{=}0.25s^2I(s)-0.5.\quad \therefore\ (s^2+4)I(s)=2.$

$I(s)=\dfrac{2}{s^2+2^2}.\ \xrightarrow{\mathcal{L}^{-1}}\ i(t)=1\sin 2t\,[\mathrm{A}].$

$V(s)\overset{①}{=}2.5sI(s)=\dfrac{5s}{s^2+2^2}.\ \xrightarrow{\mathcal{L}^{-1}}\ v(t)=5\cos 2t\,[\mathrm{V}].$

**44.7**　$t<0$ のとき $e(t)=0$ ゆえ $i(0_-)=0,\ v(0_-)=0.$

【注意】$e(t)=\delta(t)$ の場合，$i(0_-)\neq i(0_+)$ となるので，$i(0)$ ではなく，$i(0_-)$ と表記した.

$t>0$ のとき，$e(t)=3i+1\dfrac{\mathrm{d}i}{\mathrm{d}t}+v.$

$\xrightarrow{\mathcal{L}}\ E(s)=3I(s)+sI(s)+V(s).\cdots①$

$i(t)=0.5\dfrac{\mathrm{d}v}{\mathrm{d}t}.\ \xrightarrow{\mathcal{L}}\ I(s)=0.5sV(s).\ \cdots②$

②→① : $E(s)=(1.5s+0.5s^2+1)V(s).$

$\therefore\ V(s)=\dfrac{2}{s^2+3s+2}E(s)=\dfrac{2}{(s+1)(s+2)}E(s).$

$I(s)\overset{②}{=}0.5sV(s)=\dfrac{s}{(s+1)(s+2)}E(s).$

(1) $e(t)=u(t).\ \xrightarrow{\mathcal{L}}\ E(s)=\dfrac{1}{s}.$

$V(s)=\dfrac{2}{s(s+1)(s+2)}=\dfrac{1}{s}-\dfrac{2}{s+1}+\dfrac{1}{s+2}.$

$\xrightarrow{\mathcal{L}^{-1}}\ v(t)=1-2e^{-t}+e^{-2t}\,[\mathrm{V}].$

$I(s)=\dfrac{1}{(s+1)(s+2)}=\dfrac{1}{s+1}-\dfrac{1}{s+2}.$

$\xrightarrow{\mathcal{L}^{-1}}\ i(t)=e^{-t}-e^{-2t}\,[\mathrm{A}].$

$\left.\dfrac{\mathrm{d}i}{\mathrm{d}t}\right|_{t_0}=-e^{-t_0}+2e^{-2t_0}=0$ より，$e^{t_0}=2.$

$t_0=\ln 2\,[\mathrm{s}].\quad i(t_0)=e^{-\ln 2}-e^{-2\ln 2}=\dfrac{1}{4}\,[\mathrm{A}].$

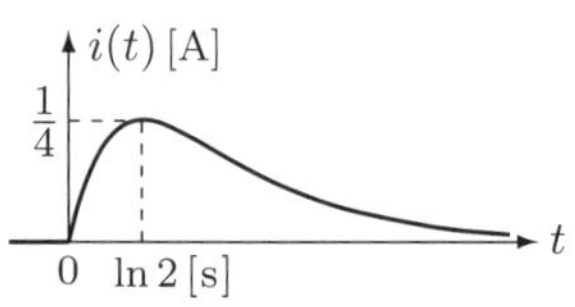


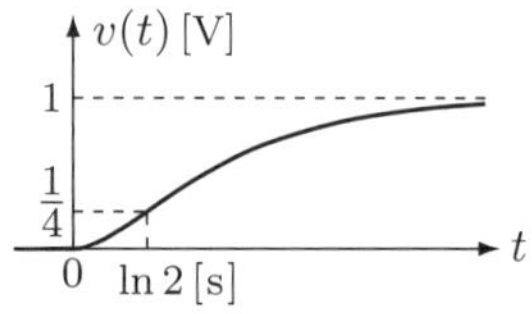


(2) $e(t)=\delta(t).\ \xrightarrow{\mathcal{L}}\ E(s)=1.$

$V(s)=\dfrac{2}{(s+1)(s+2)}=\dfrac{2}{s+1}-\dfrac{2}{s+2}.$

$\xrightarrow{\mathcal{L}^{-1}}\ v(t)=2\left(e^{-t}-e^{-2t}\right)\,[\mathrm{V}].$

$I(s)=\dfrac{s}{(s+1)(s+2)}=-\dfrac{1}{s+1}+\dfrac{2}{s+2}.$

$\xrightarrow{\mathcal{L}^{-1}}\ i(t)=-e^{-t}+2e^{-2t}\,[\mathrm{A}].\quad i(0_+)=1\,[\mathrm{A}].$

$\left.\dfrac{\mathrm{d}v}{\mathrm{d}t}\right|_{t_0}=2\left(-e^{-t_0}+2e^{-2t_0}\right)=0$ より，$e^{t_0}=2.$

$t_0=\ln 2\,[\mathrm{s}].\quad v(t_0)=2\left(e^{-t_0}-e^{-2t_0}\right)=\dfrac{1}{2}\,[\mathrm{V}].$

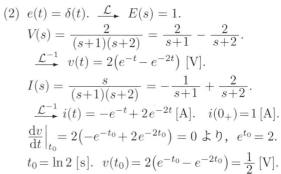

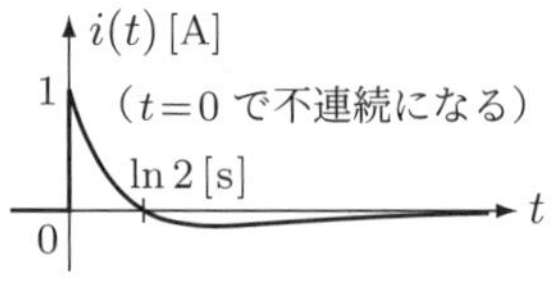


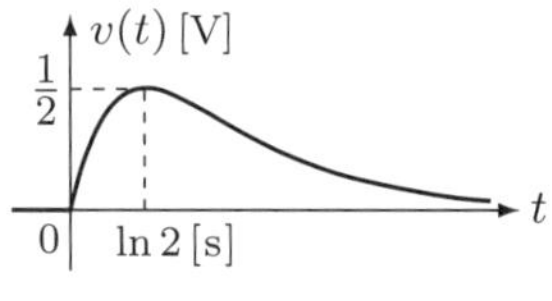


**44.8**　第 1 種初期条件は $v_1(0_-)=v_2(0_-)=0\,[\mathrm{V}].$

$10=v_1+v_2.\ \xrightarrow{\mathcal{L}}\ \dfrac{10}{s}=V_1(s)+V_2(s).\ \cdots①$

$i_1+i_2=0.4\dfrac{\mathrm{d}v_1}{\mathrm{d}t}.\ \xrightarrow{\mathcal{L}}\ I_1(s)+I_2(s)=0.4sV_1(s).\cdots②$

$v_2=2i_1.\ \xrightarrow{\mathcal{L}}\ I_1(s)=0.5V_2(s).\ \cdots③$

$i_2=0.1\dfrac{\mathrm{d}v_2}{\mathrm{d}t}.\ \xrightarrow{\mathcal{L}}\ I_2(s)=0.1sV_2(s).\cdots④$

②を $V_1(s)$ について解いてから，③,④を代入して，

$V_1(s)\overset{②}{=}\dfrac{2.5}{s}\big[I_1(s)+I_2(s)\big]=\dfrac{0.25(s+5)}{s}V_2(s).\cdots⑤$

$①\to\dfrac{10}{s}\overset{⑤}{=}\left[\dfrac{0.25(s+5)}{s}+1\right]V_2(s)=\dfrac{1.25(s+1)}{s}V_2(s).$

$V_2(s)=\dfrac{8}{s+1}.\ \xrightarrow{\mathcal{L}^{-1}}\ v_2(t)=8e^{-t}\,[\mathrm{V}].\quad v_2(0_+)=8\,[\mathrm{V}].$

$v_1(t)=10-v_2(t)=10-8e^{-t}\,[\mathrm{V}].\quad v_1(0_+)=2\,[\mathrm{V}].$

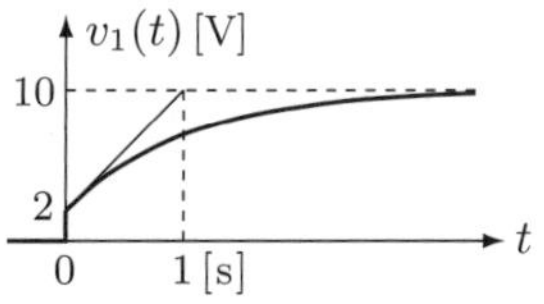

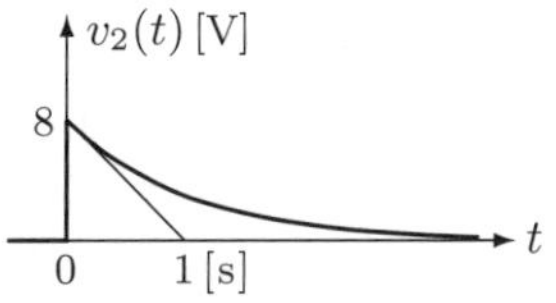


**44.9** $i_1(0_-)=\dfrac{24}{4}=6$ [A]. $i_2(0_-)=\dfrac{24}{8}=3$ [A].
$t>0$ のとき，$i_2=-i_1$. $\xrightarrow{\mathcal{L}}$ $I_2(s)=-I_1(s)$. ⋯①
$4i_1+4\dfrac{\mathrm{d}i_1}{\mathrm{d}t}=8i_2+2\dfrac{\mathrm{d}i_2}{\mathrm{d}t}$. $\xrightarrow{\mathcal{L}}$ $4I_1(s)+4\bigl[sI_1(s)-6\bigr]$
$=8I_2(s)+2\bigl[sI_2(s)-3\bigr]\overset{①}{=}-(2s+8)I_1(s)-6$.
$\therefore$ $(6s+12)I_1(s)=18$. $I_1(s)=\dfrac{3}{s+2}$. $\xrightarrow{\mathcal{L}^{-1}}$
$i_1(t)=3e^{-2t}$ [A]. $i_2(t)=-i_1(t)=-3e^{-2t}$ [A].
$i_1(0_+)=3$ [A]. $i_2(0_+)=-3$ [A].

【注意】$t$ 領域で $i_2=-i_1$ を代入して $i_1$ だけの微分方程式にしてからラプラス変換すると，誤った結果を得る（$i_2(0_-)$ が使われなくなるため）.

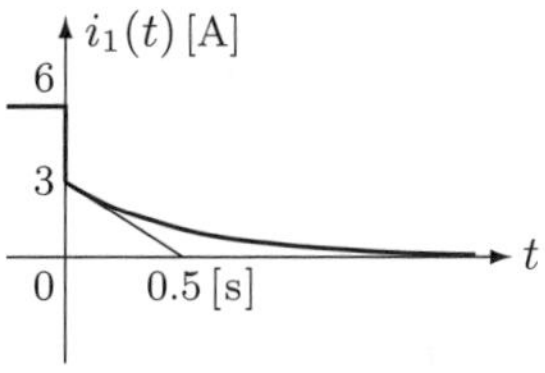

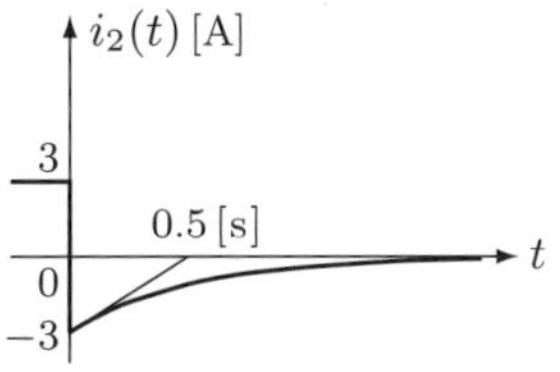


**45.1**

(1) 初期条件 $i(0)=0$ [A] ゆえ，s 回路は右図となる.

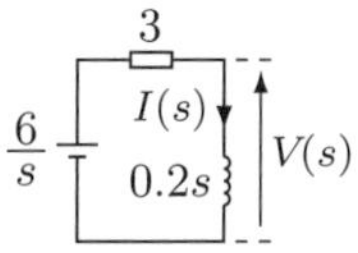


$I(s)=\dfrac{\frac{6}{s}}{0.2s+3}=\dfrac{30}{s(s+15)}=\dfrac{2}{s}-\dfrac{2}{s+15}$.
$\xrightarrow{\mathcal{L}^{-1}}$ $i(t)=2\bigl(1-e^{-15t}\bigr)$ [A]. $V(s)=0.2sI(s)$
$=\dfrac{6}{s+15}$. $\xrightarrow{\mathcal{L}^{-1}}$ $v(t)=6\,e^{-15t}$ [V].

(2) 初期条件 $v(0)=0$ [V] ゆえ，s 回路は右図となる.

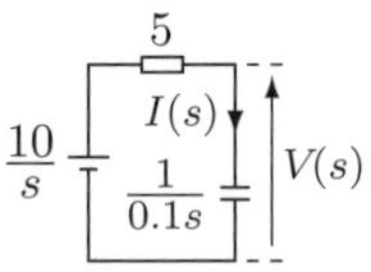


$I(s)=\dfrac{\frac{10}{s}}{5+\frac{1}{0.1s}}=\dfrac{10}{5s+10}$
$=\dfrac{2}{s+2}$. $\xrightarrow{\mathcal{L}^{-1}}$ $i(t)=2\,e^{-2t}$ [A].
$V(s)=\dfrac{1}{0.1s}I(s)=\dfrac{20}{s(s+2)}=\dfrac{10}{s}-\dfrac{10}{s+2}$.
$\xrightarrow{\mathcal{L}^{-1}}$ $v(t)=10\bigl(1-e^{-2t}\bigr)$ [V].

(3) $i(0)=0$ [A], $v(0)=0$ [V] ゆえ，s 回路は右図となる.

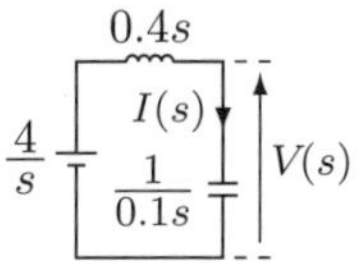


$I(s)=\dfrac{\frac{4}{s}}{0.4s+\frac{1}{0.1s}}=\dfrac{4}{0.4s^2+10}$
$=\dfrac{10}{s^2+25}=\dfrac{2\times 5}{s^2+5^2}$. $\xrightarrow{\mathcal{L}^{-1}}$ $i(t)=2\sin 5t$ [A].
$V(s)=\dfrac{1}{0.1s}I(s)=\dfrac{100}{s(s^2+25)}=\dfrac{4}{s}-\dfrac{4s}{s^2+5^2}$.
$\xrightarrow{\mathcal{L}^{-1}}$ $v(t)=4(1-\cos 5t)$ [V].

**45.2**

(1) 初期条件 $i(0)=\dfrac{12}{4}=3$ [A] ゆえ，s 回路は右図となる.

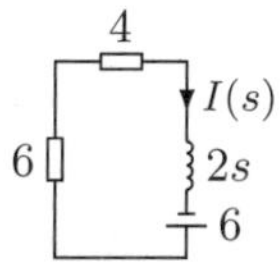


$I(s)=\dfrac{6}{2s+4+6}=\dfrac{3}{s+5}$.
$\xrightarrow{\mathcal{L}^{-1}}$ $i(t)=3e^{-5t}$ [A]. $\tau=\dfrac{1}{5}=0.2$ [s].

(2) 初期条件 $i(0)=0$ [A] ゆえ，s 回路は右図となる.

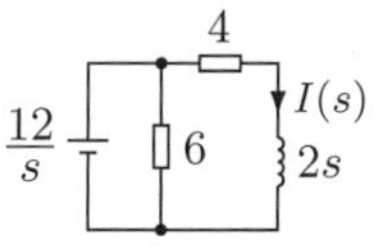


$I(s)=\dfrac{\frac{12}{s}}{2s+4}=\dfrac{6}{s(s+2)}$
$=\dfrac{3}{s}-\dfrac{3}{s+2}$. $\xrightarrow{\mathcal{L}^{-1}}$ $i(t)=3\bigl(1-e^{-2t}\bigr)$ [A].
$\tau=\dfrac{1}{2}=0.5$ [s].

**45.3**

(1) $t<0$ の定常状態で $C$ は開放と等価ゆえ，分圧より，
$v(0)=\dfrac{6}{3+6}\times 12=8$ [V].

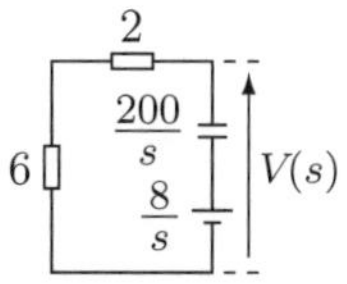


s 回路は右図. $V(s)$ は $2\,\Omega$ と $6\,\Omega$ にかかる電圧ゆえ，分圧より，$V(s)=\dfrac{2+6}{(2+6)+\frac{200}{s}}\times\dfrac{8}{s}$
$=\dfrac{8\times 8}{8s+200}=\dfrac{8}{s+25}$. $\xrightarrow{\mathcal{L}^{-1}}$ $v(t)=8e^{-25t}$ [V].
$\tau=\dfrac{1}{25}=0.04$ [s] $=40$ [ms].

(2) 初期条件は $v(0)=0$ ゆえ s 回路は右図. 破線部をテブナンの等価回路に変形すると右下図になるから，

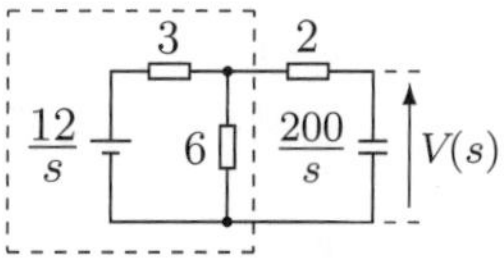

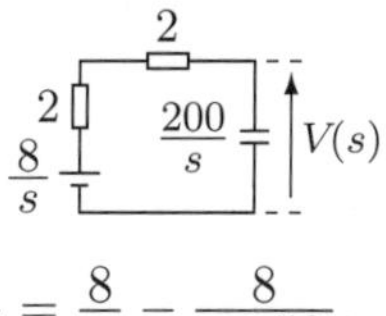


$V(s)=\dfrac{\frac{200}{s}}{2+2+\frac{200}{s}}\times\dfrac{8}{s}$
$=\dfrac{200\times 8}{s(4s+200)}=\dfrac{400}{s(s+50)}=\dfrac{8}{s}-\dfrac{8}{s+50}$.
$\xrightarrow{\mathcal{L}^{-1}}$ $v(t)=8\bigl(1-e^{-50t}\bigr)$ [V].
$\tau=\dfrac{1}{50}=0.02$ [s] $=20$ [ms].

**45.4**

(1) $t<0$ の定常状態で $C$ は開放と等価ゆえ $i(0)=0$ [A],
$v(0)=\dfrac{6}{3+6}\times 6=4$ [V].

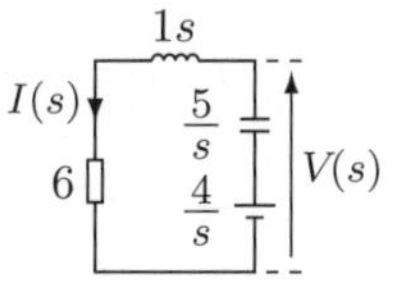


右図の s 回路より，
$I(s)=\dfrac{\frac{4}{s}}{1s+6+\frac{5}{s}}=\dfrac{4}{s^2+6s+5}=\dfrac{4}{(s+1)(s+5)}$
$=\dfrac{1}{s+1}-\dfrac{1}{s+5}$. $\xrightarrow{\mathcal{L}^{-1}}$ $i(t)=e^{-t}-e^{-5t}$ [A].
$V(s)$ は $(1s+6)$ にかかる電圧だから，
$V(s)=(1s+6)I(s)=\dfrac{4s+24}{(s+1)(s+5)}$
$=\dfrac{5}{s+1}-\dfrac{1}{s+5}$. $\xrightarrow{\mathcal{L}^{-1}}$ $v(t)=5e^{-t}-e^{-5t}$ [V].

(2) 初期条件は $v(0)=0$ と $i(0)=0$ だから，s 回路は右図となる．破線部をテブナンの等価回路に変形すると右下図になるから，

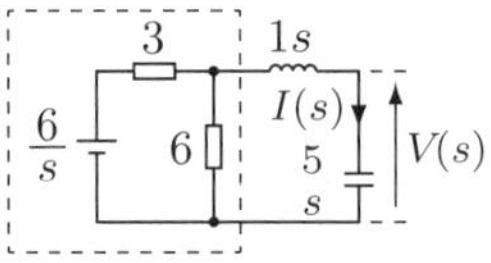


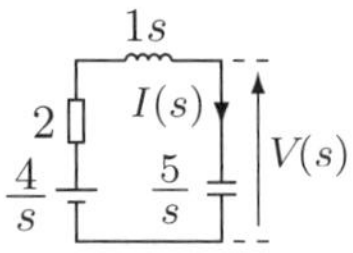


$$I(s)=\frac{\frac{4}{s}}{1s+2+\frac{5}{s}}=\frac{4}{s^2+2s+5}$$

$$=2\times\frac{2}{(s+1)^2+2^2}.\ \xrightarrow{\mathcal{L}^{-1}}\ i(t)=2\,e^{-t}\sin 2t\ [\mathrm{A}].$$

$$V(s)=\frac{5}{s}I(s)=\frac{20}{s(s^2+2s+5)}=\frac{4}{s}-\frac{4s+8}{s^2+2s+5}$$

$$=\frac{4}{s}-4\times\frac{s+1}{(s+1)^2+2^2}-2\times\frac{2}{(s+1)^2+2^2}.$$

$$\xrightarrow{\mathcal{L}^{-1}}\ v(t)=4-e^{-t}(4\cos 2t+2\sin 2t)\ [\mathrm{V}].$$

**45.5**

(1) 第 1 種初期条件と第 2 種初期条件が異なる．$t<0$ の定常状態で $L$ は短絡と等価ゆえ，

$i_1(0_-)=\frac{10}{2}=5\,[\mathrm{A}]$.

$i_2(0_-)=0\,[\mathrm{A}]$．s 回路より，

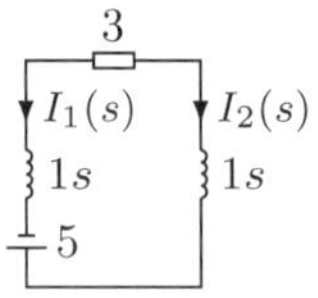


$$I_1(s)=\frac{5}{1s+1s+3}=\frac{2.5}{s+1.5}.$$

$$\xrightarrow{\mathcal{L}^{-1}}\ i_1(t)=2.5\,e^{-1.5t}\,[\mathrm{A}].$$

$i_2(t)=-i_1(t)=-2.5\,e^{-1.5t}\,[\mathrm{A}]$.

$i_1(0_+)=2.5\,[\mathrm{A}]$.　$i_2(0_+)=-2.5\,[\mathrm{A}]$.

(2) $i_1(0)=i_2(0)=0\,[\mathrm{A}]$.
右図の s 回路で，

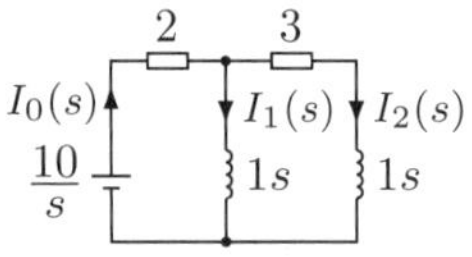


$$I_0(s)=\frac{\frac{10}{s}}{2+[1s\,/\!/\,(1s+3)]}$$

$$=\frac{\frac{10}{s}}{2+\frac{s(s+3)}{2s+3}}=\frac{10(2s+3)}{s(s^2+7s+6)}$$

$$=\frac{10(2s+3)}{s(s+1)(s+6)}.$$ この $I_0(s)$ を分流して，

$$I_1(s)=\frac{1s+3}{1s+(1s+3)}\times I_0(s)=\frac{10(1s+3)}{s(s+1)(s+6)}$$

$$=\frac{5}{s}-\frac{4}{s+1}-\frac{1}{s+6}.$$

$$\xrightarrow{\mathcal{L}^{-1}}\ i_1(t)=5-4e^{-t}-e^{-6t}\ [\mathrm{A}].$$

$$I_2(s)=\frac{1s}{1s+(1s+3)}\times I_0(s)=\frac{10}{(s+1)(s+6)}$$

$$=\frac{2}{s+1}-\frac{2}{s+6}.\ \xrightarrow{\mathcal{L}^{-1}}\ i_2(t)=2\left(e^{-t}-e^{-6t}\right)\ [\mathrm{A}].$$

**45.6**

(1) 初期状態はすべて 0．右の s 回路において，分圧の式より，

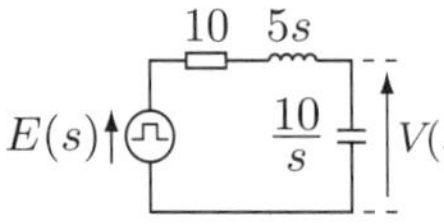


$$V(s)=\frac{\frac{10}{s}}{5s+10+\frac{10}{s}}E(s)=\frac{2}{s^2+2s+2}E(s).$$

(2) $e(t)=u(t)$. $\xrightarrow{\mathcal{L}}$ $E(s)=\frac{1}{s}$ を上式に代入して，

$$V(s)=\frac{2}{s(s^2+2s+2)}=\frac{1}{s}-\frac{s+2}{s^2+2s+2}$$

$$=\frac{1}{s}-\frac{s+1}{(s+1)^2+1^2}-\frac{1}{(s+1)^2+1^2}.$$

$$\xrightarrow{\mathcal{L}^{-1}}\ v(t)=1-e^{-t}(\cos t+\sin t).$$

(3) $e(t)=\delta(t)$. $\xrightarrow{\mathcal{L}}$ $E(s)=1$.　$V(s)=\frac{2}{s^2+2s+2}$

$$=2\times\frac{1}{(s+1)^2+1^2}.\ \xrightarrow{\mathcal{L}^{-1}}\ v(t)=2\,e^{-t}\sin t.$$

【参考】

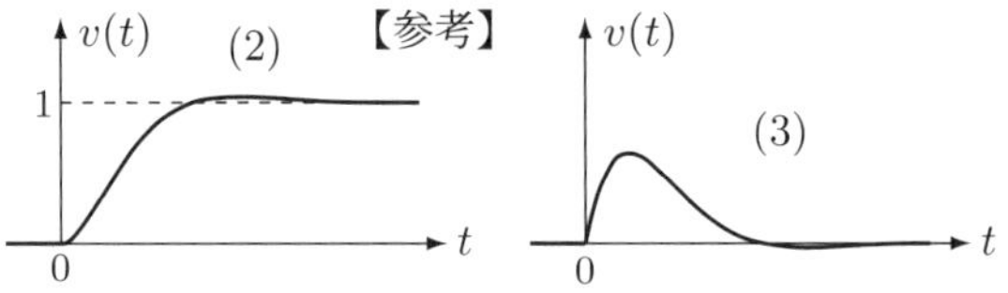

―― 著 者 略 歴 ――

**上原　正啓**（うえはら　まさひろ）

1981年　千葉大学工学部電子工学科卒業
1983年　千葉大学大学院工学研究科修士課程修了
1988年　木更津工業高等専門学校電気工学科講師
1999年　博士（工学）（千葉大学）
2004年　木更津工業高等専門学校電気電子工学科教授

©Masahiro Uehara 2024

改訂新版 ドリルと演習シリーズ　電気回路

2014年　6月16日　　第1版第1刷発行
2024年　3月31日　　改訂第1版第1刷発行

著　者　上原　正啓（うえはら　まさひろ）
発行者　田中　聡

発 行 所
株式会社 電 気 書 院
ホームページ　www.denkishoin.co.jp
（振替口座　00190-5-18837）
〒101-0051　東京都千代田区神田神保町1-3ミヤタビル2F
電話(03)5259-9160／FAX(03)5259-9162

印刷　創栄図書印刷株式会社
Printed in Japan／ISBN978-4-485-30269-9

• 落丁・乱丁の際は，送料弊社負担にてお取り替えいたします．

JCOPY 〈出版者著作権管理機構 委託出版物〉
本書の無断複写（電子化含む）は著作権法上での例外を除き禁じられています．複写される場合は，そのつど事前に，出版者著作権管理機構（電話：03-5244-5088，FAX：03-5244-5089，e-mail：info@jcopy.or.jp）の許諾を得てください．
また本書を代行業者等の第三者に依頼してスキャンやデジタル化することは，たとえ個人や家庭内での利用であっても一切認められません．

# 書籍の正誤について

万一，内容に誤りと思われる箇所がございましたら，以下の方法でご確認いただきますようお願いいたします．

なお，正誤のお問合せ以外の書籍の内容に関する解説や受験指導などは**行っておりません**．このようなお問合せにつきましては，お答えいたしかねますので，予めご了承ください．

## 正誤表の確認方法

最新の正誤表は，弊社Webページに掲載しております．書籍検索で「正誤表あり」や「キーワード検索」などを用いて，書籍詳細ページをご覧ください．
正誤表があるものに関しましては，書影の下の方に正誤表をダウンロードできるリンクが表示されます．表示されないものに関しましては，正誤表がございません．

**弊社Webページアドレス**
**https://www.denkishoin.co.jp/**

## 正誤のお問合せ方法

正誤表がない場合，あるいは当該箇所が掲載されていない場合は，書名，版刷，発行年月日，お客様のお名前，ご連絡先を明記の上，具体的な記載場所とお問合せの内容を添えて，下記のいずれかの方法でお問合せください．
回答まで，時間がかかる場合もございますので，予めご了承ください．

| | | |
|---|---|---|
| **郵便**で問い合わせる | 郵送先 | 〒101-0051<br>東京都千代田区神田神保町1-3<br>ミヤタビル2F<br>㈱電気書院　編集部　正誤問合せ係 |
| **FAX**で問い合わせる | ファクス番号 | **03-5259-9162** |
| **ネット**で問い合わせる | | 弊社Webページ右上の「**お問い合わせ**」から<br>**https://www.denkishoin.co.jp/** |

**お電話でのお問合せは，承れません**

(2022年5月現在)